基层农产品质量安全检测人员指导用书

# 食品中农药最大残留限量查询手册

2020 版

欧阳喜辉　刘伟　肖志勇　主编

中国农业出版社
农村设物出版社
北　京

# 编 写 人 员 名 单


**主　　编：** 欧阳喜辉　刘　伟　肖志勇

**副 主 编：** 刘潇威　王　艳

**参编人员：** 王　璐　赵　源　刘　斌
马　啸　郭　阳　闫建茹
董　崭　杨红菊　黄宝勇
武丽芬　庞　博　陈显柳
侯　雪

# 前　言

《植物源性食品中农药最大残留限量查询手册　2018 版》是在《食品安全国家标准　食品中农药最大残留限量》（GB 2763—2016）的基础上，从使用者视角出发，在全国首次从通过产品名称查询农药最大残留限量的角度进行编写。该书为《基层农产品质量安全检测人员指导用书》丛书中的一本，深受广大从业人员的欢迎和好评，2019 年出版后很快售罄。

2019 年 8 月，国家卫生健康委员会、农业农村部和国家市场监督管理总局三部委联合发布《食品安全国家标准　食品中农药最大残留限量》（GB 2763—2019)，并于 2020 年 2 月 15 日起实施。此次发布的新版农药残留限量标准规定了 483 种农药的 7 107 项最大残留限量，与 GB 2763—2016 相比新增农药品种 50 个、农药最大残留限量 2 967 项，在涵盖的农药品种和最大残留限量数量上均首次超过国际食品法典委员会的规定。

GB 2763—2019 按照农药的顺序编写和查询，如果要查询某一种农药在所有食品中的最大残留限量，根据目录查到具体农药即可，相对简单。但如果要查询某一食品中所有农药的最大残留限量，不仅需要把 483 种农药全部查询一遍，而且还要汇总其所在食品类别中的限量标准，方可最终确定。这给广大读者带来诸多不便。鉴于此，我们编写了本书。

本书从使用者的视角出发，按照食品类别及名称，将 GB 2763—2019 中对应的所有农药最大残留限量整合在一起进行编写。读者查询某一食品中所有农药最大残留限量时，只需要按目录查找到指定的食品类别及名称即可将其定位，或者按书后索引食品名称首字母进行定位，应用十分简单。本书按照 GB 2763—2019 所明确的食品类别和测定部位列出其残留限量，每一种食品中农药最大残留限量都包括其通用指标和食品类别指标。例如，“小黑麦”农药最大残留限量标准包括“谷物”“麦类”通用标准及“小黑麦”特定标准，还包括“谷物单列的除外”“小麦除外”等特定标准，涵盖的指标明晰而完整。为避免歧义，对其他参照执行的指标未明确列明。特别需要说明的是，在 GB 2763—2019 附录 A 中列出了食品类别但没有明确农药最大残留限量的食品和在 GB 2763—2019 中明确了农药最大残留限量但却没有在附录 A 中归属食品类别的食品，在此书附录4、附录5中分别标注，供读者参考。

本书包括谷物类、油料作物类、蔬菜类、水果类、糖料类、饮料类、食用菌类、调味料类、药用植物类、动物源性食品类共10大类、325种（类）食品品种。本书适合广大食品安全检验检测部门、食品安全监管部门、食品生产经营等单位使用，同时可供科研单位和广大消费者参考。

本书所有的数据均来源于GB 2763—2019，并经过专家严格审核。受编者水平所限，如有遗漏或冲突，以《食品安全国家标准 食品中农药最大残留限量》（GB 2763—2019）为准。本书会根据GB 2763的进一步完善而修订再版。

特别说明：本书表格中带星号（*）的最大残留限量为临时限量。

编 者

2020年3月

# 目　录

# 1 谷物类

## 1.1 稻谷

稻谷中农药最大残留限量见表 1-1。

表 1-1 稻谷中农药最大残留限量

| 序号 | 农药中文名 | 最大残留限量 (mg/kg) | 农药主要用途 | 检测方法 |
|---|---|---|---|---|
| 1 | 氯丹 | 0.02 | 杀虫剂 | GB/T 5009.19 |
| 2 | 2,4-滴二甲胺盐 | 0.05 | 除草剂 | SN/T 2228 |
| 3 | 2甲4氯异辛酯 | 0.05* | 除草剂 | 无指定 |
| 4 | 百草枯 | 0.05 | 除草剂 | SN/T 0293（参照） |
| 5 | 百菌清 | 0.2 | 杀菌剂 | SN/T 2320 |
| 6 | 倍硫磷 | 0.05 | 杀虫剂 | GB 23200.113 |
| 7 | 苯嘧磺草胺 | 0.01* | 除草剂 | 无指定 |
| 8 | 苯线磷 | 0.02 | 杀虫剂 | GB/T 20770 |
| 9 | 吡蚜酮 | 1 | 杀虫剂 | GB/T 20770 |
| 10 | 丙硫多菌灵 | 0.1* | 杀菌剂 | 无指定 |
| 11 | 丙嗪嘧磺隆 | 0.05* | 除草剂 | 无指定 |
| 12 | 丙森锌 | 2 | 杀菌剂 | SN 0139 |
| 13 | 草铵膦 | 0.9* | 除草剂 | 无指定 |
| 14 | 草甘膦 | 0.1 | 除草剂 | GB/T 23750、SN/T 1923 |
| 15 | 虫酰肼 | 5 | 杀虫剂 | GB/T 20769（参照） |
| 16 | 除虫菊素 | 0.3 | 杀虫剂 | GB/T 20769（参照） |
| 17 | 除虫脲 | 0.01 | 杀虫剂 | GB/T 5009.147 |
| 18 | 哒螨灵 | 1 | 杀螨剂 | GB 23200.9、GB 23200.113 |
| 19 | 代森铵 | 2 | 杀菌剂 | SN/T 1541（参照） |
| 20 | 敌百虫 | 0.1 | 杀虫剂 | GB/T 20770 |
| 21 | 敌草腈 | 0.01* | 除草剂 | 无指定 |
| 22 | 敌敌畏 | 0.1 | 杀虫剂 | GB 23200.113、GB/T 5009.20、SN/T 2324 |

（续）

| 序号 | 农药中文名 | 最大残留限量（mg/kg） | 农药主要用途 | 检测方法 |
|---|---|---|---|---|
| 23 | 敌磺钠 | 0.5* | 杀菌剂 | 无指定 |
| 24 | 敌菌灵 | 0.2 | 杀菌剂 | GB/T 5009.220 |
| 25 | 地虫硫磷 | 0.05 | 杀虫剂 | GB 23200.113、GB/T 20770 |
| 26 | 丁虫腈 | 0.1* | 杀虫剂 | 无指定 |
| 27 | 丁硫克百威 | 0.5 | 杀虫剂 | GB 23200.33 |
| 28 | 丁香菌酯 | 0.5* | 杀菌剂 | 无指定 |
| 29 | 啶酰菌胺 | 0.1 | 杀菌剂 | GB/T 20770 |
| 30 | 毒草胺 | 0.05 | 除草剂 | GB 23200.34 |
| 31 | 毒氟磷 | 5* | 杀菌剂 | 无指定 |
| 32 | 毒死蜱 | 0.5 | 杀虫剂 | GB 23200.113、GB/T 5009.145、SN/T 2158 |
| 33 | 对硫磷 | 0.1 | 杀虫剂 | GB 23200.113、GB/T 5009.20 |
| 34 | 多杀霉素 | 1 | 杀虫剂 | GB/T 20769、NY/T 1379、NY/T 1453（参照） |
| 35 | 多效唑 | 0.5 | 植物生长调节剂 | GB 23200.113、SN/T 1477 |
| 36 | 噁草酮 | 0.05 | 除草剂 | GB/T 5009.180 |
| 37 | 噁唑酰草胺 | 0.05* | 除草剂 | 无指定 |
| 38 | 二甲戊灵 | 0.2 | 除草剂 | GB 23200.9、GB 23200.24 |
| 39 | 二嗪磷 | 0.1 | 杀虫剂 | GB 23200.113、GB/T 5009.107 |
| 40 | 粉唑醇 | 1 | 杀菌剂 | GB 23200.9、GB/T 20770 |
| 41 | 呋虫胺 | 10 | 杀虫剂 | GB 23200.37、GB/T 20770 |
| 42 | 氟苯虫酰胺 | 0.5* | 杀虫剂 | 无指定 |
| 43 | 氟啶虫胺腈 | 5* | 杀虫剂 | 无指定 |
| 44 | 氟啶虫酰胺 | 0.5 | 杀虫剂 | GB 23200.75 |
| 45 | 氟硅唑 | 0.2 | 杀菌剂 | GB 23200.9、GB/T 20770 |
| 46 | 氟唑环菌胺 | 0.01* | 杀菌剂 | 无指定 |
| 47 | 氟唑菌酰胺 | 5* | 杀菌剂 | 无指定 |
| 48 | 福美双 | 2 | 杀菌剂 | SN 0139 |
| 49 | 咯菌腈 | 0.05 | 杀菌剂 | GB 23200.9、GB 23200.113、GB/T 20770 |

（续）

| 序号 | 农药中文名 | 最大残留限量（mg/kg） | 农药主要用途 | 检测方法 |
|---|---|---|---|---|
| 50 | 环丙唑醇 | 0.08 | 杀菌剂 | GB/T 20770、GB 23200.113、GB 23200.9 |
| 51 | 环酯草醚 | 0.1 | 除草剂 | GB/T 20770、GB 23200.9 |
| 52 | 甲拌磷 | 0.05 | 杀虫剂 | GB 23200.113 |
| 53 | 甲基毒死蜱 | 5* | 杀虫剂 | GB 23200.9、GB 23200.113 |
| 54 | 甲基对硫磷 | 0.2 | 杀虫剂 | GB 23200.113、GB/T 5009.20 |
| 55 | 甲基硫环磷 | 0.03* | 杀虫剂 | NY/T 761（参照） |
| 56 | 甲基嘧啶磷 | 5 | 杀虫剂 | GB 23200.113、GB/T 5009.145 |
| 57 | 甲咪唑烟酸 | 0.05 | 除草剂 | GB/T 20770 |
| 58 | 甲氧虫酰肼 | 0.2 | 杀虫剂 | GB/T 20770 |
| 59 | 甲氧咪草烟 | 0.01* | 杀虫剂 | 无指定 |
| 60 | 井冈霉素 | 0.5 | 杀菌剂 | GB 23200.74 |
| 61 | 久效磷 | 0.02 | 杀虫剂 | GB 23200.113、GB/T 5009.20 |
| 62 | 抗蚜威 | 0.05 | 杀虫剂 | GB/T 20770、GB 23200.113、GB 23200.9、SN/T 0134 |
| 63 | 喹硫磷 | 2* | 杀虫剂 | GB 23200.9、GB 23200.113、GB/T5009.20 |
| 64 | 乐果 | 0.05* | 杀虫剂 | GB 23200.113、GB/T 5009.20 |
| 65 | 磷胺 | 0.02 | 杀虫剂 | GB 23200.113、SN 0701 |
| 66 | 磷化铝 | 0.05 | 杀虫剂 | GB/T 5009.36、GB/T 25222 |
| 67 | 磷化镁 | 0.05 | 杀虫剂 | GB/T 5009.36、GB/T 25222 |
| 68 | 硫酰氟 | 0.05* | 杀虫剂 | 无指定 |
| 69 | 硫线磷 | 0.02 | 杀虫剂 | GB/T 20770 |
| 70 | 氯虫苯甲酰胺 | 0.5* | 杀虫剂 | 无指定 |
| 71 | 氯啶菌酯 | 5* | 杀菌剂 | 无指定 |
| 72 | 氯氟吡氧乙酸和氯氟吡氧乙酸异辛酯 | 0.2 | 除草剂 | GB/T 22243 |
| 73 | 氯化苦 | 0.1 | 熏蒸剂 | GB/T 5009.36 |
| 74 | 氯菊酯 | 2 | 杀虫剂 | GB 23200.113、GB/T 5009.146、SN/T 2151 |
| 75 | 氯氰菊酯和高效氯氰菊酯 | 2 | 杀虫剂 | GB 23200.9、GB 23200.113、GB/T 5009.110 |

（续）

| 序号 | 农药中文名 | 最大残留限量（mg/kg） | 农药主要用途 | 检测方法 |
| --- | --- | --- | --- | --- |
| 76 | 氯噻啉 | 0.1* | 杀虫剂 | 无指定 |
| 77 | 氯溴异氰尿酸 | 0.2* | 杀菌剂 | 无指定 |
| 78 | 马拉硫磷 | 8 | 杀虫剂 | GB 23200.9、GB 23200.113、GB/T 5009.145 |
| 79 | 咪鲜胺和咪鲜胺锰盐 | 0.5 | 杀菌剂 | NY/T 1456（参照） |
| 80 | 醚菌酯 | 1 | 杀菌剂 | GB 23200.9、GB/T 20770 |
| 81 | 嘧菌环胺 | 0.2 | 杀菌剂 | GB 23200.9、GB/T 20770 |
| 82 | 嘧苯胺磺隆 | 0.05* | 除草剂 | 无指定 |
| 83 | 嘧草醚 | 0.2* | 除草剂 | 无指定 |
| 84 | 嘧啶肟草醚 | 0.05* | 除草剂 | 无指定 |
| 85 | 嘧菌环胺 | 0.2 | 杀菌剂 | GB 23200.9、GB 23200.113、GB/T 20770 |
| 86 | 嘧菌酯 | 1 | 杀菌剂 | GB/T 20770 |
| 87 | 灭草松 | 0.1 | 除草剂 | SN/T 0292 |
| 88 | 宁南霉素 | 0.2* | 杀菌剂 | 无指定 |
| 89 | 扑草净 | 0.05 | 除草剂 | GB 23200.9、GB 23200.113、GB/T 20770、SN/T 1968 |
| 90 | 嗪氨灵 | 0.1 | 杀菌剂 | SN 0695 |
| 91 | 嗪吡嘧磺隆 | 0.05* | 除草剂 | 无指定 |
| 92 | 氰氟虫腙 | 0.5* | 杀虫剂 | 无指定 |
| 93 | 噻草酮 | 0.09* | 除草剂 | 无指定 |
| 94 | 噻虫胺 | 0.5 | 杀虫剂 | GB/T 20770 |
| 95 | 噻虫啉 | 10 | 杀虫剂 | GB/T 20770 |
| 96 | 噻呋酰胺 | 7 | 杀菌剂 | GB 23200.9 |
| 97 | 噻霉酮 | 1* | 杀菌剂 | 无指定 |
| 98 | 噻嗪酮 | 0.3 | 杀虫剂 | GB/T 5009.184、GB 23200.34 |
| 99 | 噻唑锌 | 0.2* | 杀菌剂 | 无指定 |
| 100 | 三苯基乙酸锡 | 5* | 杀菌剂 | 无指定 |
| 101 | 三环唑 | 2 | 杀菌剂 | GB/T 5009.115 |
| 102 | 三唑醇 | 0.5 | 杀菌剂 | GB 23200.9、GB 23200.113 |
| 103 | 三唑磷 | 0.05 | 杀虫剂 | GB 23200.9、GB 23200.113、GB/T 20770 |

（续）

| 序号 | 农药中文名 | 最大残留限量<br>(mg/kg) | 农药<br>主要用途 | 检测方法 |
|---|---|---|---|---|
| 104 | 三唑酮 | 0.5 | 杀菌剂 | GB 23200.9、GB 23200.113、GB/T 5009.126、GB/T 20770 |
| 105 | 杀虫脒 | 0.01 | 杀虫剂 | GB/T 20770 |
| 106 | 杀虫双 | 1 | 杀虫剂 | GB/T 5009.114 |
| 107 | 杀螺胺乙醇胺盐 | 2* | 杀虫剂 | 无指定 |
| 108 | 杀螟硫磷 | 5* | 杀虫剂 | GB 23200.113、GB/T 14553、GB/T 5009.20 |
| 109 | 杀扑磷 | 0.05 | 杀虫剂 | GB 23200.113 |
| 110 | 莎稗磷 | 0.1 | 除草剂 | GB 23200.113 |
| 111 | 双草醚 | 0.1* | 除草剂 | 无指定 |
| 112 | 霜霉威和霜霉威盐酸盐 | 0.2 | 杀菌剂 | GB/T 20770 |
| 113 | 水胺硫磷 | 0.05 | 杀虫剂 | GB 23200.9、GB 23200.113 |
| 114 | 四氯苯酞 | 0.5* | 杀菌剂 | SN/T 3768 |
| 115 | 调环酸钙 | 0.05 | 植物生长调节剂 | SN/T 0931（参照） |
| 116 | 肟菌酯 | 0.1 | 杀菌剂 | GB 23200.113 |
| 117 | 五氟磺草胺 | 0.02* | 除草剂 | 无指定 |
| 118 | 烯丙苯噻唑 | 1* | 杀菌剂 | 无指定 |
| 119 | 烯虫酯 | 10 | 杀虫剂 | GB 23200.9、GB 23200.113 |
| 120 | 烯啶虫胺 | 0.5* | 杀虫剂 | GB/T 20770 |
| 121 | 烯肟菌胺 | 1* | 杀菌剂 | 无指定 |
| 122 | 烯唑醇 | 0.05 | 杀菌剂 | GB 23200.113、GB/T 20770 |
| 123 | 硝磺草酮 | 0.05 | 除草剂 | GB/T 20770 |
| 124 | 辛硫磷 | 0.05 | 杀虫剂 | GB/T 5009.102、SN/T 3769 |
| 125 | 溴甲烷 | 5* | 熏蒸剂 | 无指定 |
| 126 | 溴氰虫酰胺 | 0.2* | 杀虫剂 | 无指定 |
| 127 | 溴氰菊酯 | 0.5 | 杀虫剂 | GB 23200.9、GB 23200.113、GB/T 5009.110 |
| 128 | 溴硝醇 | 0.2* | 杀菌剂 | 无指定 |
| 129 | 亚胺硫磷 | 0.5 | 杀虫剂 | GB 23200.113、GB/T 5009.131 |
| 130 | 乙基多杀菌素 | 0.5* | 杀虫剂 | 无指定 |
| 131 | 乙硫磷 | 0.2 | 杀虫剂 | GB 23200.113、GB/T 5009.20 |

（续）

| 序号 | 农药中文名 | 最大残留限量（mg/kg） | 农药主要用途 | 检测方法 |
|---|---|---|---|---|
| 132 | 乙蒜素 | 0.05* | 杀菌剂 | 无指定 |
| 133 | 异丙草胺 | 0.05* | 除草剂 | GB 23200.9、GB/T 20770 |
| 134 | 吲唑磺菌胺 | 0.05* | 杀菌剂 | 无指定 |
| 135 | 茚虫威 | 0.1 | 杀虫剂 | GB/T 20770 |
| 136 | 增效醚 | 30 | 增效剂 | GB 23200.34、GB 23200.113 |
| 137 | 仲丁灵 | 0.05 | 除草剂 | GB/T 20770 |
| 138 | 仲丁威 | 0.5 | 杀虫剂 | GB 23200.112、GB 23200.113、GB/T 5009.145 |
| 139 | 艾氏剂 | 0.02 | 杀虫剂 | GB 23200.113、GB/T 5009.19 |
| 140 | 滴滴涕 | 0.1 | 杀虫剂 | GB 23200.113、GB/T 5009.19 |
| 141 | 狄氏剂 | 0.02 | 杀虫剂 | GB 23200.113、GB/T 5009.19 |
| 142 | 毒杀芬 | 0.01* | 杀虫剂 | YC/T 180（参照） |
| 143 | 六六六 | 0.05 | 杀虫剂 | GB 23200.113、GB/T 5009.19 |
| 144 | 灭蚁灵 | 0.01 | 杀虫剂 | GB/T 5009.19 |
| 145 | 七氯 | 0.02 | 杀虫剂 | GB/T 5009.19 |
| 146 | 异狄氏剂 | 0.01 | 杀虫剂 | GB/T 5009.19 |

## 1.2 小麦

小麦中农药最大残留限量见表1-2。

**表1-2 小麦中农药最大残留限量**

| 序号 | 农药中文名 | 最大残留限量（mg/kg） | 农药主要用途 | 检测方法 |
|---|---|---|---|---|
| 1 | 氯丹 | 0.02 | 杀虫剂 | GB/T 5009.19 |
| 2 | 苯线磷 | 0.02 | 杀虫剂 | GB/T 20770 |
| 3 | 敌草腈 | 0.01* | 除草剂 | 无指定 |
| 4 | 敌敌畏 | 0.1 | 杀虫剂 | GB 23200.113、GB/T 5009.20、SN/T 2324 |
| 5 | 地虫硫磷 | 0.05 | 杀虫剂 | GB 23200.113、GB/T 20770 |
| 6 | 对硫磷 | 0.1 | 杀虫剂 | GB 23200.113、GB/T 5009.20 |
| 7 | 多杀霉素 | 1 | 杀虫剂 | GB/T 20769、NY/T 1379、NY/T 1453（参照） |

（续）

| 序号 | 农药中文名 | 最大残留限量（mg/kg） | 农药主要用途 | 检测方法 |
|---|---|---|---|---|
| 8 | 氟硅唑 | 0.2 | 杀菌剂 | GB 23200.9、GB/T 20770 |
| 9 | 甲胺磷 | 0.05 | 杀虫剂 | GB 23200.113、GB/T 5009.103、GB/T 20770 |
| 10 | 甲基毒死蜱 | 5* | 杀虫剂 | GB 23200.9、GB 23200.113 |
| 11 | 甲基对硫磷 | 0.02 | 杀虫剂 | GB 23200.113、GB/T 5009.20 |
| 12 | 甲基硫环磷 | 0.03* | 杀虫剂 | NY/T 761（参照） |
| 13 | 甲基异柳磷 | 0.02* | 杀虫剂 | GB 23200.113、GB/T 5009.144 |
| 14 | 甲霜灵和精甲霜灵 | 0.05 | 杀菌剂 | GB 23200.9、GB 23200.113、GB/T 20770 |
| 15 | 腈菌唑 | 0.1 | 杀菌剂 | GB 23200.113、GB/T 20770 |
| 16 | 久效磷 | 0.02 | 杀虫剂 | GB 23200.113、GB/T 5009.20 |
| 17 | 克百威 | 0.05 | 杀虫剂 | NY/T 761 |
| 18 | 磷化铝 | 0.05 | 杀虫剂 | GB/T 5009.36、GB/T 25222 |
| 19 | 硫线磷 | 0.02 | 杀虫剂 | GB/T 20770 |
| 20 | 绿麦隆 | 0.1 | 除草剂 | GB/T 5009.133 |
| 21 | 氯虫苯甲酰胺 | 0.02* | 杀虫剂 | 无指定 |
| 22 | 氯化苦 | 0.1 | 熏蒸剂 | GB/T 5009.36 |
| 23 | 氯菊酯 | 2 | 杀虫剂 | GB 23200.113、GB/T 5009.146、SN/T 2151 |
| 24 | 马拉硫磷 | 8 | 杀虫剂 | GB 23200.9、GB 23200.113、GB/T 5009.145 |
| 25 | 咪鲜胺和咪鲜胺锰盐 | 2 | 杀菌剂 | NY/T 1456（参照） |
| 26 | 灭草松 | 0.1 | 除草剂 | GB/T 20770 |
| 27 | 灭多威 | 0.2 | 杀虫剂 | SN/T 0134 |
| 28 | 灭线磷 | 0.05 | 杀线虫剂 | GB 23200.113 |
| 29 | 嗪氨灵 | 0.1 | 杀菌剂 | SN/T 0695 |
| 30 | 杀虫脒 | 0.01 | 杀虫剂 | GB/T 20770 |
| 31 | 杀螟硫磷 | 5* | 杀虫剂 | GB 23200.113、GB/T 14553、GB/T 5009.20 |
| 32 | 杀扑磷 | 0.05 | 杀虫剂 | GB 23200.113 |
| 33 | 水胺硫磷 | 0.05 | 杀虫剂 | GB 23200.9、GB 23200.113 |

（续）

| 序号 | 农药中文名 | 最大残留限量（mg/kg） | 农药主要用途 | 检测方法 |
|---|---|---|---|---|
| 34 | 特丁硫磷 | 0.01 | 杀虫剂 | SN/T 3768 |
| 35 | 酰嘧磺隆 | 0.01* | 除草剂 | 无指定 |
| 36 | 辛硫磷 | 0.05 | 杀虫剂 | GB/T 5009.102、SN/T 3769 |
| 37 | 溴甲烷 | 5* | 熏蒸剂 | 无指定 |
| 38 | 溴氰菊酯 | 0.5 | 杀虫剂 | GB 23200.9、GB 23200.113、GB/T 5009.110 |
| 39 | 氧乐果 | 0.02 | 杀虫剂 | GB 23200.113、GB/T 20770 |
| 40 | 野燕枯 | 0.1 | 除草剂 | GB/T 5009.200 |
| 41 | 增效醚 | 30 | 增效剂 | GB 23200.34、GB 23200.113 |
| 42 | 艾氏剂 | 0.02 | 杀虫剂 | GB 23200.113、GB/T 5009.19 |
| 43 | 滴滴涕 | 0.1 | 杀虫剂 | GB 23200.113、GB/T 5009.19 |
| 44 | 狄氏剂 | 0.02 | 杀虫剂 | GB 23200.113、GB/T 5009.19 |
| 45 | 毒杀芬 | 0.01* | 杀虫剂 | YC/T 180（参照） |
| 46 | 六六六 | 0.05 | 杀虫剂 | GB 23200.113、GB/T 5009.19 |
| 47 | 灭蚁灵 | 0.01 | 杀虫剂 | GB/T 5009.19 |
| 48 | 七氯 | 0.02 | 杀虫剂 | GB/T 5009.19 |
| 49 | 异狄氏剂 | 0.01 | 杀虫剂 | GB/T 5009.19 |
| 50 | 2,4-滴和2,4-滴钠盐 | 2 | 除草剂 | GB/T 5009.175 |
| 51 | 2,4-滴丁酯 | 0.05 | 除草剂 | GB/T 5009.165、GB/T 5009.175 |
| 52 | 2,4-滴二甲胺盐 | 2 | 除草剂 | N/T 2228 |
| 53 | 2,4-滴异辛酯 | 2* | 除草剂 | 无指定 |
| 54 | 2甲4氯（钠） | 0.1 | 除草剂 | SN/T 2228、NY/T 1434（参照） |
| 55 | 2甲4氯异辛酯 | 0.1* | 除草剂 | 无指定 |
| 56 | 阿维菌素 | 0.01 | 杀虫剂 | GB 23200.20 |
| 57 | 矮壮素 | 5 | 植物生长调节剂 | GB/T 5009.219 |
| 58 | 氨氯吡啶酸 | 0.2* | 除草剂 | 无指定 |
| 59 | 氨氯吡啶酸三异丙醇胺盐 | 0.2* | 除草剂 | 无指定 |
| 60 | 百菌清 | 0.1 | 杀菌剂 | SN/T 2320 |
| 61 | 倍硫磷 | 0.05 | 杀虫剂 | GB 23200.113 |
| 62 | 苯磺隆 | 0.05 | 除草剂 | SN/T 2325 |
| 63 | 苯菌酮 | 0.06* | 杀菌剂 | 无指定 |

（续）

| 序号 | 农药中文名 | 最大残留限量（mg/kg） | 农药主要用途 | 检测方法 |
|---|---|---|---|---|
| 64 | 苯醚甲环唑 | 0.1 | 杀菌剂 | GB 23200.9、GB 23200.113 |
| 65 | 苯嘧磺草胺 | 0.01* | 除草剂 | 无指定 |
| 66 | 苯锈啶 | 1 | 杀菌剂 | GB/T 20770 |
| 67 | 吡草醚 | 0.03 | 除草剂 | GB 23200.9 |
| 68 | 吡虫啉 | 0.05 | 杀虫剂 | GB/T 20770 |
| 69 | 吡氟酰草胺 | 0.05 | 除草剂 | GB 23200.24 |
| 70 | 吡噻菌胺 | 0.1* | 杀菌剂 | 无指定 |
| 71 | 吡蚜酮 | 0.02 | 杀虫剂 | GB/T 20770 |
| 72 | 吡唑醚菌酯 | 0.2 | 杀菌剂 | GB 23200.113、GB/T 20770 |
| 73 | 吡唑萘菌胺 | 0.03* | 杀菌剂 | 无指定 |
| 74 | 苄嘧磺隆 | 0.02 | 除草剂 | SN/T 2212、SN/T 2325 |
| 75 | 丙草胺 | 0.05 | 除草剂 | GB 23200.24、GB 23200.113 |
| 76 | 丙环唑 | 0.05 | 杀菌剂 | GB 23200.9、GB/T 20770 |
| 77 | 丙硫菌唑 | 0.1* | 杀菌剂 | 无指定 |
| 78 | 草甘膦 | 5 | 除草剂 | GB/T 23750、SN/T 1923 |
| 79 | 除虫菊素 | 0.3 | 杀虫剂 | GB/T 20769（参照） |
| 80 | 除虫脲 | 0.2 | 杀虫剂 | GB/T 5009.147 |
| 81 | 代森联 | 1 | 杀菌剂 | SN 0139 |
| 82 | 代森锰锌 | 1 | 杀菌剂 | SN 0139 |
| 83 | 单嘧磺隆 | 0.1* | 除草剂 | 无指定 |
| 84 | 敌百虫 | 0.1 | 杀虫剂 | GB/T 20770 |
| 85 | 敌草快 | 2 | 除草剂 | GB/T 5009.221、SN/T 0293 |
| 86 | 丁苯吗啉 | 0.5 | 杀菌剂 | GB 23200.37、GB/T 20770 |
| 87 | 丁硫克百威 | 0.1 | 杀虫剂 | GB 23200.33 |
| 88 | 啶虫脒 | 0.5 | 杀虫剂 | GB/T 20770 |
| 89 | 啶酰菌胺 | 0.5 | 杀菌剂 | GB/T 20770 |
| 90 | 啶氧菌酯 | 0.07 | 杀菌剂 | GB 23200.9 |
| 91 | 毒死蜱 | 0.5 | 杀虫剂 | GB 23200.113、GB/T 5009.145、SN/T 2158 |
| 92 | 多菌灵 | 0.5 | 杀菌剂 | GB/T 20770 |
| 93 | 多抗霉素 | 0.5* | 杀菌剂 | 无指定 |

（续）

| 序号 | 农药中文名 | 最大残留限量（mg/kg） | 农药主要用途 | 检测方法 |
|---|---|---|---|---|
| 94 | 多效唑 | 0.5 | 植物生长调节剂 | GB 23200.113、SN/T 1477 |
| 95 | 噁唑菌酮 | 0.1 | 杀菌剂 | GB/T 20769（参照） |
| 96 | 二氯吡啶酸 | 2 | 除草剂 | NY/T 1434 |
| 97 | 二嗪磷 | 0.1 | 杀虫剂 | GB 23200.113、GB/T 5009.107 |
| 98 | 粉唑醇 | 0.5 | 杀菌剂 | GB 23200.9、GB/T 20770 |
| 99 | 呋草酮 | 0.05 | 除草剂 | GB/T 20770 |
| 100 | 氟虫腈 | 0.002 | 杀虫剂 | GB 23200.34 |
| 101 | 氟啶虫胺腈 | 0.2* | 杀虫剂 | 无指定 |
| 102 | 氟环唑 | 0.05 | 杀菌剂 | GB 23200.113、GB/T 20770 |
| 103 | 氟氯氰菊酯和高效氟氯氰菊酯 | 0.5 | 杀虫剂 | GB 23200.113 |
| 104 | 氟噻草胺 | 0.5 | 除草剂 | GB 23200.72 |
| 105 | 氟唑环菌胺 | 0.01* | 杀菌剂 | 无指定 |
| 106 | 氟唑磺隆 | 0.01* | 除草剂 | 无指定 |
| 107 | 氟唑菌酰胺 | 0.3* | 杀菌剂 | 无指定 |
| 108 | 福美双 | 1 | 杀菌剂 | SN 0139 |
| 109 | 复硝酚钠 | 0.2* | 植物生长调节剂 | 无指定 |
| 110 | 咯菌腈 | 0.05 | 杀菌剂 | GB 23200.9、GB 23200.113、GB/T 20770 |
| 111 | 硅噻菌胺 | 0.01* | 杀菌剂 | 无指定 |
| 112 | 禾草灵 | 0.1 | 除草剂 | GB 23200.8 |
| 113 | 环丙唑醇 | 0.2 | 杀菌剂 | GB/T 20770、GB 23200.113、GB 23200.9 |
| 114 | 己唑醇 | 0.1 | 杀菌剂 | GB 23200.8、GB 23200.113、GB/T 20770 |
| 115 | 甲拌磷 | 0.02 | 杀虫剂 | GB 23200.113 |
| 116 | 甲磺隆 | 0.05 | 除草剂 | SN/T 2325 |
| 117 | 甲基碘磺隆钠盐 | 0.02* | 除草剂 | 无指定 |
| 118 | 甲基二磺隆 | 0.02* | 除草剂 | 无指定 |
| 119 | 甲基硫菌灵 | 0.5 | 杀菌剂 | NY/T 1680 |
| 120 | 甲基嘧啶磷 | 5 | 杀虫剂 | GB/T 5009.145 |

（续）

| 序号 | 农药中文名 | 最大残留限量（mg/kg） | 农药主要用途 | 检测方法 |
|---|---|---|---|---|
| 121 | 甲硫威 | 0.05 | 杀软体动物剂 | GB 23200.11 |
| 122 | 甲咪唑烟酸 | 0.05 | 除草剂 | GB/T 20770 |
| 123 | 甲哌鎓 | 0.5* | 植物生长调节剂 | 无指定 |
| 124 | 甲氰菊酯 | 0.1 | 杀虫剂 | GB 23200.9、GB 23200.113、GB/T 20770、SN/T 2233 |
| 125 | 甲氧咪草烟 | 0.05* | 杀虫剂 | 无指定 |
| 126 | 腈苯唑 | 0.1 | 杀菌剂 | GB 23200.9、GB 23200.113、GB/T 20770 |
| 127 | 精噁唑禾草灵 | 0.05 | 除草剂 | NY/T 1379（参照） |
| 128 | 井冈霉素 | 0.5 | 杀菌剂 | GB 23200.74 |
| 129 | 抗蚜威 | 0.05 | 杀虫剂 | GB/T 20770、GB 23200.113、GB 23200.9、SN/T 0134 |
| 130 | 喹氧灵 | 0.01* | 杀菌剂 | GB 23200.113 |
| 131 | 乐果 | 0.05* | 杀虫剂 | GB/T 5009.20 |
| 132 | 联苯菊酯 | 0.5 | 杀虫/杀螨剂 | GB 23200.113、SN/T 2151 |
| 133 | 联苯三唑醇 | 0.05 | 杀菌剂 | GB 23200.9、GB/T 20770 |
| 134 | 硫环磷 | 0.03 | 杀虫剂 | GB 23200.113、GB/T 20770 |
| 135 | 硫酰氟 | 0.1* | 杀虫剂 | 无指定 |
| 136 | 氯氨吡啶酸 | 0.1* | 除草剂 | 无指定 |
| 137 | 氯啶菌酯 | 0.2* | 杀菌剂 | 无指定 |
| 138 | 氯氟吡氧乙酸和氯氟吡氧乙酸异辛酯 | 0.2 | 除草剂 | GB/T 22243 |
| 139 | 氯氟氰菊酯和高效氯氟氰菊酯 | 0.05 | 杀虫剂 | GB 23200.9、GB 23200.113、GB/T 5009.146、SN/T 2151 |
| 140 | 氯磺隆 | 0.1 | 除草剂 | GB/T 20770 |
| 141 | 氯氰菊酯和高效氯氰菊酯 | 0.2 | 杀虫剂 | GB 23200.9、GB 23200.113、GB/T 5009.110 |
| 142 | 氯噻啉 | 0.2* | 杀虫剂 | 无指定 |
| 143 | 麦草畏 | 0.5 | 除草剂 | SN/T 1606、SN/T 2228 |
| 144 | 咪鲜胺和咪鲜胺锰盐 | 0.5 | 杀菌剂 | NY/T 1456（参照） |
| 145 | 咪唑烟酸 | 0.05 | 除草剂 | GB/T 23818（参照） |

（续）

| 序号 | 农药中文名 | 最大残留限量（mg/kg） | 农药主要用途 | 检测方法 |
|---|---|---|---|---|
| 146 | 醚苯磺隆 | 0.05 | 除草剂 | SN/T 2325 |
| 147 | 醚菌酯 | 0.05 | 杀菌剂 | GB 23200.9、GB/T 20770 |
| 148 | 嘧菌环胺 | 0.5 | 杀菌剂 | GB 23200.9、GB 23200.113、GB 20770 |
| 149 | 嘧菌酯 | 0.5 | 杀菌剂 | GB/T 20770 |
| 150 | 灭幼脲 | 3 | 杀虫剂 | GB/T 5009.135 |
| 151 | 萘乙酸和萘乙酸钠 | 0.05 | 植物生长调节剂 | SN/T 2228 |
| 152 | 氰戊菊酯和S-氰戊菊酯 | 2 | 杀虫剂 | GB 23200.113、GB/T 5009.110 |
| 153 | 氰烯菌酯 | 0.05* | 杀菌剂 | 无指定 |
| 154 | 炔草酯 | 0.1 | 除草剂 | GB 23200.60（参照） |
| 155 | 噻虫胺 | 0.02 | 杀虫剂 | GB/T 20770 |
| 156 | 噻虫啉 | 0.1 | 杀虫剂 | GB/T 20770 |
| 157 | 噻虫嗪 | 0.1 | 杀虫剂 | GB 23200.9、GB/T 20770 |
| 158 | 噻吩磺隆 | 0.05 | 除草剂 | GB/T 20770 |
| 159 | 噻霉酮 | 0.2* | 杀菌剂 | 无指定 |
| 160 | 三甲苯草酮 | 0.02 | 除草剂 | GB 23200.3 |
| 161 | 三唑醇 | 0.2 | 杀菌剂 | GB 23200.9、GB 23200.113 |
| 162 | 三唑磷 | 0.05 | 杀虫剂 | GB 23200.9、GB 23200.113、GB/T 20770 |
| 163 | 三唑酮 | 0.2 | 杀菌剂 | GB 23200.9、GB 23200.113、GB/T 5009.126、GB/T 20770 |
| 164 | 杀虫双 | 0.2 | 杀虫剂 | GB/T 5009.114 |
| 165 | 生物苄呋菊酯 | 1 | 杀虫剂 | GB/T 20770、SN/T 2151 |
| 166 | 双氟磺草胺 | 0.01 | 除草剂 | GB/T 20769（参照） |
| 167 | 特丁津 | 0.05 | 除草剂 | GB 23200.9、GB 23200.113、GB/T 20770 |
| 168 | 涕灭威 | 0.02 | 杀虫剂 | SN/T 2441 |
| 169 | 萎锈灵 | 0.05 | 杀菌剂 | GB 23200.9、GB/T 20770 |
| 170 | 肟菌酯 | 0.2 | 杀菌剂 | GB 23200.113 |
| 171 | 五氯硝基苯 | 0.01 | 杀菌剂 | GB 23200.113、GB/T 5009.19、GB/T 5009.136 |

（续）

| 序号 | 农药中文名 | 最大残留限量(mg/kg) | 农药主要用途 | 检测方法 |
|---|---|---|---|---|
| 172 | 戊唑醇 | 0.05 | 杀菌剂 | GB 23200.113、GB/T 20770 |
| 173 | 烯肟菌胺 | 0.1* | 杀菌剂 | 无指定 |
| 174 | 烯效唑 | 0.05 | 植物生长调节剂 | GB 23200.9、GB/T 20770 |
| 175 | 烯唑醇 | 0.05 | 杀菌剂 | GB 23200.113、GB/T 20770 |
| 176 | 辛酰溴苯腈 | 0.1* | 除草剂 | 无指定 |
| 177 | 溴苯腈 | 0.05 | 除草剂 | SN/T 2228 |
| 178 | 亚砜磷 | 0.02* | 杀虫剂 | 无指定 |
| 179 | 野麦畏 | 0.05 | 除草剂 | GB/T 20770 |
| 180 | 乙羧氟草醚 | 0.05 | 除草剂 | GB 23200.2 |
| 181 | 乙烯利 | 1 | 植物生长调节剂 | GB 23200.16 |
| 182 | 乙酰甲胺磷 | 0.2 | 杀虫剂 | GB 23200.113、GB/T 5009.103、SN/T 3768 |
| 183 | 异丙隆 | 0.05 | 除草剂 | GB/T 20770 |
| 184 | 抑霉唑 | 0.01 | 杀菌剂 | GB/T 20770 |
| 185 | 唑草酮 | 0.1 | 除草剂 | GB 23200.15 |
| 186 | 唑啉草酯 | 0.1* | 除草剂 | 无指定 |
| 187 | 唑嘧磺草胺 | 0.05* | 除草剂 | GB 23200.113 |
| 188 | 林丹 | 0.05 | 杀虫剂 | GB/T 5009.19、GB/T 5009.146 |

## 1.3 大麦

大麦中农药最大残留限量见表1-3。

**表1-3 大麦中农药最大残留限量**

| 序号 | 农药中文名 | 最大残留限量(mg/kg) | 农药主要用途 | 检测方法 |
|---|---|---|---|---|
| 1 | 氯丹 | 0.02 | 杀虫剂 | GB/T 5009.19 |
| 2 | 苯线磷 | 0.02 | 杀虫剂 | GB/T 20770 |
| 3 | 敌草腈 | 0.01* | 除草剂 | 无指定 |
| 4 | 敌敌畏 | 0.1 | 杀虫剂 | GB 23200.113、GB/T 5009.20、SN/T 2324 |
| 5 | 地虫硫磷 | 0.05 | 杀虫剂 | GB 23200.113、GB/T 20770 |

（续）

| 序号 | 农药中文名 | 最大残留限量（mg/kg） | 农药主要用途 | 检测方法 |
|---|---|---|---|---|
| 6 | 对硫磷 | 0.1 | 杀虫剂 | GB 23200.113、GB/T 5009.20 |
| 7 | 多杀霉素 | 1 | 杀虫剂 | GB/T 20769、NY/T 1379、NY/T 1453（参照） |
| 8 | 氟硅唑 | 0.2 | 杀菌剂 | GB 23200.9、GB/T 20770 |
| 9 | 甲胺磷 | 0.05 | 杀虫剂 | GB 23200.113、GB/T 5009.103、GB/T 20770 |
| 10 | 甲基毒死蜱 | 5* | 杀虫剂 | GB 23200.9、GB 23200.113 |
| 11 | 甲基对硫磷 | 0.02 | 杀虫剂 | GB 23200.113、GB/T 5009.20 |
| 12 | 甲基硫环磷 | 0.03* | 杀虫剂 | NY/T 761（参照） |
| 13 | 甲基异柳磷 | 0.02* | 杀虫剂 | GB 23200.113、GB/T 5009.144 |
| 14 | 甲霜灵和精甲霜灵 | 0.05 | 杀菌剂 | GB 23200.9、GB 23200.113、GB/T 20770 |
| 15 | 腈菌唑 | 0.1 | 杀菌剂 | GB 23200.113、GB/T 20770 |
| 16 | 久效磷 | 0.02 | 杀虫剂 | GB 23200.113、GB/T 5009.20 |
| 17 | 克百威 | 0.05 | 杀虫剂 | NY/T 761 |
| 18 | 磷化铝 | 0.05 | 杀虫剂 | GB/T 5009.36、GB/T 25222 |
| 19 | 硫线磷 | 0.02 | 杀虫剂 | GB/T 20770 |
| 20 | 绿麦隆 | 0.1 | 除草剂 | GB/T 5009.133 |
| 21 | 氯虫苯甲酰胺 | 0.02* | 杀虫剂 | 无指定 |
| 22 | 氯化苦 | 0.1 | 熏蒸剂 | GB/T 5009.36 |
| 23 | 氯菊酯 | 2 | 杀虫剂 | GB 23200.113、GB/T 5009.146、SN/T 2151 |
| 24 | 马拉硫磷 | 8 | 杀虫剂 | GB 23200.9、GB 23200.113、GB/T 5009.145 |
| 25 | 咪鲜胺和咪鲜胺锰盐 | 2 | 杀菌剂 | NY/T 1456 |
| 26 | 灭草松 | 0.1 | 除草剂 | GB/T 20770 |
| 27 | 灭线磷 | 0.05 | 杀线虫剂 | GB 23200.113 |
| 28 | 嗪氨灵 | 0.1 | 杀菌剂 | SN/T 0695 |
| 29 | 杀虫脒 | 0.01 | 杀虫剂 | GB/T 20770 |
| 30 | 杀螟硫磷 | 5* | 杀虫剂 | GB 23200.113、GB/T 14553、GB/T 5009.20 |

（续）

| 序号 | 农药中文名 | 最大残留限量（mg/kg） | 农药主要用途 | 检测方法 |
|---|---|---|---|---|
| 31 | 杀扑磷 | 0.05 | 杀虫剂 | GB 23200.113 |
| 32 | 水胺硫磷 | 0.05 | 杀虫剂 | GB 23200.9、GB 23200.113 |
| 33 | 特丁硫磷 | 0.01 | 杀虫剂 | SN/T 3768 |
| 34 | 酰嘧磺隆 | 0.01* | 除草剂 | 无指定 |
| 35 | 辛硫磷 | 0.05 | 杀虫剂 | GB/T 5009.102、SN/T 3769 |
| 36 | 溴甲烷 | 5* | 熏蒸剂 | 无指定 |
| 37 | 溴氰菊酯 | 0.5 | 杀虫剂 | GB 23200.9、GB 23200.113、GB/T 5009.110 |
| 38 | 氧乐果 | 0.02 | 杀虫剂 | GB 23200.113、GB/T 20770 |
| 39 | 野燕枯 | 0.1 | 除草剂 | GB/T 5009.200 |
| 40 | 增效醚 | 30 | 增效剂 | GB 23200.34、GB 23200.113 |
| 41 | 艾氏剂 | 0.02 | 杀虫剂 | GB 23200.113、GB/T 5009.19 |
| 42 | 滴滴涕 | 0.1 | 杀虫剂 | GB 23200.113、GB/T 5009.19 |
| 43 | 狄氏剂 | 0.02 | 杀虫剂 | GB 23200.113、GB/T 5009.19 |
| 44 | 毒杀芬 | 0.01* | 杀虫剂 | YC/T 180（参照） |
| 45 | 六六六 | 0.05 | 杀虫剂 | GB 23200.113、GB/T 5009.19 |
| 46 | 灭蚁灵 | 0.01 | 杀虫剂 | GB/T 5009.19 |
| 47 | 七氯 | 0.02 | 杀虫剂 | GB/T 5009.19 |
| 48 | 异狄氏剂 | 0.01 | 杀虫剂 | GB/T 5009.19 |
| 49 | 2甲4氯（钠） | 0.2 | 除草剂 | SN/T 2228、NY/T 1434（参照） |
| 50 | 矮壮素 | 2 | 植物生长调节剂 | GB/T 5009.219 |
| 51 | 苯菌酮 | 0.5* | 杀菌剂 | 无指定 |
| 52 | 吡噻菌胺 | 0.2* | 杀虫剂 | 无指定 |
| 53 | 吡唑醚菌酯 | 1 | 杀菌剂 | GB 23200.113、GB/T 20770 |
| 54 | 吡唑萘菌胺 | 0.07* | 杀菌剂 | 无指定 |
| 55 | 丙环唑 | 0.2 | 杀菌剂 | GB 23200.9、GB/T 20770 |
| 56 | 丙硫菌唑 | 0.2* | 杀菌剂 | 无指定 |
| 57 | 除虫脲 | 0.05 | 杀虫剂 | GB/T 5009.147 |
| 58 | 代森联 | 1 | 杀菌剂 | SN 0139 |
| 59 | 代森锰锌 | 1 | 杀菌剂 | SN 0139 |
| 60 | 丁苯吗啉 | 0.5 | 杀菌剂 | GB/T 20770 |

（续）

| 序号 | 农药中文名 | 最大残留限量（mg/kg） | 农药主要用途 | 检测方法 |
|---|---|---|---|---|
| 61 | 多菌灵 | 0.5 | 除草剂 | GB/T 20770 |
| 62 | 噁唑菌酮 | 0.2 | 杀菌剂 | GB/T 20769（参照） |
| 63 | 氟虫腈 | 0.002 | 杀虫剂 | GB 23200.34 |
| 64 | 氟啶虫胺腈 | 0.6* | 杀虫剂 | 无指定 |
| 65 | 氟唑环菌胺 | 0.01* | 杀菌剂 | 无指定 |
| 66 | 氟唑菌酰胺 | 2* | 杀菌剂 | 无指定 |
| 67 | 福美双 | 1 | 杀菌剂 | SN 0139 |
| 68 | 咯菌腈 | 0.05 | 杀菌剂 | GB 23200.9、GB 23200.113、GB/T 20770 |
| 69 | 甲拌磷 | 0.02 | 杀虫剂 | GB 23200.113 |
| 70 | 甲硫威 | 0.05 | 杀软体动物剂 | SN/T 2560 |
| 71 | 腈苯唑 | 0.2 | 杀菌剂 | GB 23200.9、GB 23200.113、GB/T 20770 |
| 72 | 精噁唑禾草灵 | 0.2 | 除草剂 | NY/T 1379 |
| 73 | 抗倒酯 | 3* | 植物生长调节剂 | GB/T 20769 |
| 74 | 抗蚜威 | 0.05 | 杀虫剂 | GB/T 20770、GB 23200.113、GB 23200.9、SN/T 0134 |
| 75 | 喹氧灵 | 0.01* | 杀菌剂 | GB 23200.113 |
| 76 | 联苯菊酯 | 0.05 | 杀虫/杀螨剂 | GB 23200.113、SN/T 2151 |
| 77 | 联苯三唑醇 | 0.05 | 杀菌剂 | GB 23200.9、GB/T 20770 |
| 78 | 氯氨吡啶酸 | 0.1* | 除草剂 | 无指定 |
| 79 | 氯氟氰菊酯和高效氯氟氰菊酯 | 0.5 | 熏蒸剂 | GB 23200.9、GB 23200.113、GB/T 5009.146、SN/T 2151 |
| 80 | 氯氰菊酯和高效氯氰菊酯 | 2 | 杀虫剂 | GB 23200.9、GB 23200.113、GB/T 5009.110 |
| 81 | 麦草畏 | 7 | 除草剂 | SN/T 1606、SN/T 2228 |
| 82 | 醚菌酯 | 0.1 | 杀菌剂 | GB 23200.9、GB/T 20770 |
| 83 | 嘧菌环胺 | 3 | 杀菌剂 | GB 23200.9、GB 23200.113、GB/T 20770 |
| 84 | 嘧菌酯 | 1.5 | 杀菌剂 | GB/T 20770 |
| 85 | 灭多威 | 2 | 杀虫剂 | SN/T 0134 |

（续）

| 序号 | 农药中文名 | 最大残留限量（mg/kg） | 农药主要用途 | 检测方法 |
|---|---|---|---|---|
| 86 | 噻虫胺 | 0.04 | 杀虫剂 | GB/T 20770 |
| 87 | 噻虫嗪 | 0.4 | 杀虫剂 | GB 23200.9、GB/T 20770 |
| 88 | 三唑醇 | 0.2 | 杀菌剂 | GB 23200.9、GB 23200.113 |
| 89 | 三唑磷 | 0.05 | 杀虫剂 | GB 23200.9、GB 23200.113、GB/T 20770 |
| 90 | 三唑酮 | 0.2 | 杀菌剂 | GB 23200.9、GB 23200.113、GB/T 5009.126、GB/T 20770 |
| 91 | 涕灭威 | 0.02 | 杀虫剂 | SN/T 2441 |
| 92 | 肟菌酯 | 0.5 | 杀菌剂 | GB 23200.113 |
| 93 | 五氯硝基苯 | 0.01 | 杀菌剂 | GB 23200.113、GB/T 5009.19、GB/T 5009.136 |
| 94 | 戊唑醇 | 2 | 杀菌剂 | GB 23200.113、GB/T 20770 |
| 95 | 亚砜磷 | 0.02* | 杀虫剂 | 无指定 |
| 96 | 乙烯利 | 1 | 植物生长调节剂 | GB 23200.16 |
| 97 | 异菌脲 | 2 | 杀菌剂 | GB 23200.113、NY/T 761 |
| 98 | 林丹 | 0.01 | 杀虫剂 | GB/T 5009.19、GB/T 5009.146 |
| 99 | 啶酰菌胺 | 0.5 | 杀菌剂 | GB/T 20770 |

## 1.4 燕麦

燕麦中农药最大残留限量见表 1－4。

**表 1－4 燕麦中农药最大残留限量**

| 序号 | 农药中文名 | 最大残留限量（mg/kg） | 农药主要用途 | 检测方法 |
|---|---|---|---|---|
| 1 | 氯丹 | 0.02 | 杀虫剂 | GB/T 5009.19 |
| 2 | 苯线磷 | 0.02 | 杀虫剂 | GB/T 20770 |
| 3 | 敌草腈 | 0.01* | 除草剂 | 无指定 |
| 4 | 敌敌畏 | 0.1 | 杀虫剂 | GB 23200.113、GB/T 5009.20、SN/T 2324 |
| 5 | 地虫硫磷 | 0.05 | 杀虫剂 | GB 23200.113、GB/T 20770 |
| 6 | 对硫磷 | 0.1 | 杀虫剂 | GB 23200.113、GB/T 5009.20 |

（续）

| 序号 | 农药中文名 | 最大残留限量（mg/kg） | 农药主要用途 | 检测方法 |
|---|---|---|---|---|
| 7 | 多杀霉素 | 1 | 杀虫剂 | GB/T 20769、NY/T 1379、NY/T 1453（参照） |
| 8 | 氟硅唑 | 0.2 | 杀菌剂 | GB 23200.9、GB/T 20770 |
| 9 | 甲胺磷 | 0.05 | 杀虫剂 | GB 23200.113、GB/T 5009.103、GB/T 20770 |
| 10 | 甲基毒死蜱 | 5* | 杀虫剂 | GB 23200.9、GB 23200.113 |
| 11 | 甲基对硫磷 | 0.02 | 杀虫剂 | GB 23200.113、GB/T 5009.20 |
| 12 | 甲基硫环磷 | 0.03* | 杀虫剂 | NY/T 761（参照） |
| 13 | 甲基异柳磷 | 0.02* | 杀虫剂 | GB 23200.113、GB/T 5009.144 |
| 14 | 甲霜灵和精甲霜灵 | 0.05 | 杀菌剂 | GB 23200.9、GB 23200.113、GB/T 20770 |
| 15 | 腈菌唑 | 0.1 | 杀菌剂 | GB 23200.113、GB/T 20770 |
| 16 | 精噁唑禾草灵 | 0.1 | 除草剂 | NY/T 1379（参照） |
| 17 | 久效磷 | 0.02 | 杀虫剂 | GB 23200.113、GB/T 5009.20 |
| 18 | 克百威 | 0.05 | 杀虫剂 | NY/T 761 |
| 19 | 磷化铝 | 0.05 | 杀虫剂 | GB/T 5009.36、GB/T 25222 |
| 20 | 硫线磷 | 0.02 | 杀虫剂 | GB/T 20770 |
| 21 | 绿麦隆 | 0.1 | 除草剂 | GB/T 5009.133 |
| 22 | 氯虫苯甲酰胺 | 0.02* | 杀虫剂 | 无指定 |
| 23 | 氯化苦 | 0.1 | 熏蒸剂 | GB/T 5009.36 |
| 24 | 氯菊酯 | 2 | 杀虫剂 | GB 23200.113、GB/T 5009.146、SN/T 2151 |
| 25 | 马拉硫磷 | 8 | 杀虫剂 | GB 23200.9、GB 23200.113、GB/T 5009.145 |
| 26 | 咪鲜胺和咪鲜胺锰盐 | 2 | 杀菌剂 | NY/T 1456（参照） |
| 27 | 灭草松 | 0.1 | 除草剂 | GB/T 20770 |
| 28 | 灭线磷 | 0.05 | 杀线虫剂 | GB 23200.113 |
| 29 | 嗪氨灵 | 0.1 | 杀菌剂 | SN/T 0695 |
| 30 | 杀虫脒 | 0.01 | 杀虫剂 | GB/T 20770 |
| 31 | 杀螟硫磷 | 5* | 杀虫剂 | GB 23200.113、GB/T 14553、GB/T 5009.20 |

（续）

| 序号 | 农药中文名 | 最大残留限量（mg/kg） | 农药主要用途 | 检测方法 |
|---|---|---|---|---|
| 32 | 杀扑磷 | 0.05 | 杀虫剂 | GB 23200.113 |
| 33 | 水胺硫磷 | 0.05 | 杀虫剂 | GB 23200.9、GB 23200.113 |
| 34 | 特丁硫磷 | 0.01 | 杀虫剂 | SN/T 3768 |
| 35 | 酰嘧磺隆 | 0.01* | 除草剂 | 无指定 |
| 36 | 辛硫磷 | 0.05 | 杀虫剂 | GB/T 5009.102、SN/T 3769 |
| 37 | 溴甲烷 | 5* | 熏蒸剂 | 无指定 |
| 38 | 溴氰菊酯 | 0.5 | 杀虫剂 | GB 23200.9、GB 23200.113、GB/T 5009.110 |
| 39 | 氧乐果 | 0.02 | 杀虫剂 | GB 23200.113、GB/T 20770 |
| 40 | 野燕枯 | 0.1 | 除草剂 | GB/T 5009.200 |
| 41 | 增效醚 | 30 | 增效剂 | GB 23200.34、GB 23200.113 |
| 42 | 艾氏剂 | 0.02 | 杀虫剂 | GB 23200.113、GB/T 5009.19 |
| 43 | 滴滴涕 | 0.1 | 杀虫剂 | GB 23200.113、GB/T 5009.19 |
| 44 | 狄氏剂 | 0.02 | 杀虫剂 | GB 23200.113、GB/T 5009.19 |
| 45 | 毒杀芬 | 0.01* | 杀虫剂 | YC/T 180（参照） |
| 46 | 六六六 | 0.05 | 杀虫剂 | GB 23200.113、GB/T 5009.19 |
| 47 | 灭蚁灵 | 0.01 | 杀虫剂 | GB/T 5009.19 |
| 48 | 七氯 | 0.02 | 杀虫剂 | GB/T 5009.19 |
| 49 | 异狄氏剂 | 0.01 | 杀虫剂 | GB/T 5009.19 |
| 50 | 2甲4氯（钠） | 0.2 | 除草剂 | SN/T 2228、NY/T 1434（参照） |
| 51 | 矮壮素 | 10 | 植物生长调节剂 | GB/T 5009.219 |
| 52 | 苯菌酮 | 0.5* | 杀菌剂 | 无指定 |
| 53 | 吡噻菌胺 | 0.2* | 杀菌剂 | 无指定 |
| 54 | 吡唑醚菌酯 | 1 | 杀菌剂 | GB 23200.113、GB/T 20770 |
| 55 | 丙硫菌唑 | 0.05* | 杀菌剂 | 无指定 |
| 56 | 除虫脲 | 0.05 | 杀虫剂 | GB/T 5009.147 |
| 57 | 敌草快 | 2 | 除草剂 | GB/T 5009.221、SN/T 0293 |
| 58 | 丁苯吗啉 | 0.5 | 杀菌剂 | GB 23200.37、GB/T 20770 |
| 59 | 啶酰菌胺 | 0.5 | 杀菌剂 | GB/T 20770 |
| 60 | 氟虫腈 | 0.002 | 杀虫剂 | GB 23200.34 |
| 61 | 氟唑环菌胺 | 0.01* | 杀菌剂 | 无指定 |

（续）

| 序号 | 农药中文名 | 最大残留限量（mg/kg） | 农药主要用途 | 检测方法 |
| --- | --- | --- | --- | --- |
| 62 | 氟唑菌酰胺 | 2* | 杀菌剂 | 无指定 |
| 63 | 福美双 | 1 | 杀菌剂 | SN 0139 |
| 64 | 咯菌腈 | 0.05 | 杀菌剂 | GB 23200.9、GB 23200.113、GB/T 20770 |
| 65 | 甲拌磷 | 0.02 | 杀虫剂 | GB 23200.113 |
| 66 | 抗倒酯 | 3* | 植物生长调节剂 | 无指定 |
| 67 | 抗蚜威 | 0.05 | 杀虫剂 | GB/T 20770、GB 23200.113、GB 23200.9、SN/T 0134 |
| 68 | 联苯三唑醇 | 0.05 | 杀菌剂 | GB 23200.9、GB/T 20770 |
| 69 | 氯氨吡啶酸 | 0.1* | 除草剂 | 无指定 |
| 70 | 氯氟氰菊酯和高效氯氟氰菊酯 | 0.05 | 杀虫剂 | GB 23200.9、GB 23200.113、GB/T 5009.146、SN/T 2151 |
| 71 | 氯氰菊酯和高效氯氰菊酯 | 2 | 杀虫剂 | GB 23200.9、GB 23200.113、GB/T 5009.110 |
| 72 | 嘧菌酯 | 1.5 | 杀菌剂 | GB/T 20770 |
| 73 | 灭多威 | 0.02 | 杀虫剂 | SN/T 0134 |
| 74 | 三唑醇 | 0.2 | 杀菌剂 | GB 23200.9、GB 23200.113 |
| 75 | 三唑磷 | 0.05 | 杀虫剂 | GB 23200.9、GB 23200.113、GB/T 20770 |
| 76 | 三唑酮 | 0.2 | 杀菌剂 | GB 23200.9、GB 23200.113、GB/T 5009.126、GB/T 20770 |
| 77 | 戊唑醇 | 2 | 杀菌剂 | GB 23200.113、GB/T 20770 |
| 78 | 硝磺草酮 | 0.01 | 除草剂 | GB/T 20770 |
| 79 | 乙拌磷 | 0.02 | 杀虫剂 | GB/T 20769（参照） |
| 80 | 林丹 | 0.01 | 杀虫剂 | GB/T 5009.19、GB/T 5009.146 |

## 1.5 黑麦

黑麦中农药最大残留限量见表1-5。

**表1-5 黑麦中农药最大残留限量**

| 序号 | 农药中文名 | 最大残留限量（mg/kg） | 农药主要用途 | 检测方法 |
| --- | --- | --- | --- | --- |
| 1 | 氯丹 | 0.02 | 杀虫剂 | GB/T 5009.19 |
| 2 | 苯线磷 | 0.02 | 杀虫剂 | GB/T 20770 |

（续）

| 序号 | 农药中文名 | 最大残留限量（mg/kg） | 农药主要用途 | 检测方法 |
|---|---|---|---|---|
| 3 | 敌草腈 | 0.01* | 除草剂 | 无指定 |
| 4 | 敌敌畏 | 0.1 | 杀虫剂 | GB 23200.113、GB/T 5009.20、SN/T 2324 |
| 5 | 地虫硫磷 | 0.05 | 杀虫剂 | GB 23200.113、GB/T 20770 |
| 6 | 对硫磷 | 0.1 | 杀虫剂 | GB 23200.113、GB/T 5009.20 |
| 7 | 多杀霉素 | 1 | 杀虫剂 | GB/T 20769、NY/T 1379、NY/T 1453（参照） |
| 8 | 氟硅唑 | 0.2 | 杀菌剂 | GB 23200.9、GB/T 20770 |
| 9 | 甲胺磷 | 0.05 | 杀虫剂 | GB 23200.113、GB/T 5009.103、GB/T 20770 |
| 10 | 甲基毒死蜱 | 5* | 杀虫剂 | GB 23200.9、GB 23200.113 |
| 11 | 甲基对硫磷 | 0.02 | 杀虫剂 | GB 23200.113、GB/T 5009.20 |
| 12 | 甲基硫环磷 | 0.03* | 杀虫剂 | NY/T 761（参照） |
| 13 | 甲基异柳磷 | 0.02* | 杀虫剂 | GB 23200.113、GB/T 5009.144 |
| 14 | 甲霜灵和精甲霜灵 | 0.05 | 杀菌剂 | GB 23200.9、GB 23200.113、GB/T 20770 |
| 15 | 腈菌唑 | 0.1 | 杀菌剂 | GB 23200.113、GB/T 20770 |
| 16 | 精噁唑禾草灵 | 0.1 | 除草剂 | NY/T 1379（参照） |
| 17 | 久效磷 | 0.02 | 杀虫剂 | GB 23200.113、GB/T 5009.20 |
| 18 | 克百威 | 0.05 | 杀虫剂 | NY/T 761 |
| 19 | 磷化铝 | 0.05 | 杀虫剂 | GB/T 5009.36、GB/T 25222 |
| 20 | 硫线磷 | 0.02 | 杀虫剂 | GB/T 20770 |
| 21 | 绿麦隆 | 0.1 | 除草剂 | GB/T 5009.133 |
| 22 | 氯虫苯甲酰胺 | 0.02* | 杀虫剂 | 无指定 |
| 23 | 氯化苦 | 0.1 | 熏蒸剂 | GB/T 5009.36 |
| 24 | 氯菊酯 | 2 | 杀虫剂 | GB 23200.113、GB/T 5009.146、SN/T 2151 |
| 25 | 马拉硫磷 | 8 | 杀虫剂 | GB 23200.9、GB 23200.113、GB/T 5009.145 |
| 26 | 咪鲜胺和咪鲜胺锰盐 | 2 | 杀菌剂 | NY/T 1456（参照） |
| 27 | 灭草松 | 0.1 | 除草剂 | GB/T 20770 |

（续）

| 序号 | 农药中文名 | 最大残留限量（mg/kg） | 农药主要用途 | 检测方法 |
|---|---|---|---|---|
| 28 | 灭多威 | 0.2 | 杀虫剂 | SN/T 0134 |
| 29 | 灭线磷 | 0.05 | 杀线虫剂 | GB 23200.113 |
| 30 | 嗪氨灵 | 0.1 | 杀菌剂 | SN/T 0695 |
| 31 | 杀虫脒 | 0.01 | 杀虫剂 | GB/T 20770 |
| 32 | 杀螟硫磷 | 5* | 杀虫剂 | GB 23200.113、GB/T 14553、GB/T 5009.20 |
| 33 | 杀扑磷 | 0.05 | 杀虫剂 | GB 23200.113 |
| 34 | 水胺硫磷 | 0.05 | 杀虫剂 | GB 23200.9、GB 23200.113 |
| 35 | 特丁硫磷 | 0.01 | 杀虫剂 | SN/T 3768 |
| 36 | 酰嘧磺隆 | 0.01* | 除草剂 | 无指定 |
| 37 | 辛硫磷 | 0.05 | 杀虫剂 | GB/T 5009.102、SN/T 3769 |
| 38 | 溴甲烷 | 5* | 熏蒸剂 | 无指定 |
| 39 | 溴氰菊酯 | 0.5 | 杀虫剂 | GB 23200.9、GB 23200.113、GB/T 5009.110 |
| 40 | 氧乐果 | 0.02 | 杀虫剂 | GB 23200.113、GB/T 20770 |
| 41 | 野燕枯 | 0.1 | 除草剂 | GB/T 5009.200 |
| 42 | 增效醚 | 30 | 增效剂 | GB 23200.34、GB 23200.113 |
| 43 | 艾氏剂 | 0.02 | 杀虫剂 | GB 23200.113、GB/T 5009.19 |
| 44 | 滴滴涕 | 0.1 | 杀虫剂 | GB 23200.113、GB/T 5009.19 |
| 45 | 狄氏剂 | 0.02 | 杀虫剂 | GB 23200.113、GB/T 5009.19 |
| 46 | 毒杀芬 | 0.01* | 杀虫剂 | YC/T 180（参照） |
| 47 | 六六六 | 0.05 | 杀虫剂 | GB 23200.113、GB/T 5009.19 |
| 48 | 灭蚁灵 | 0.01 | 杀虫剂 | GB/T 5009.19 |
| 49 | 七氯 | 0.02 | 杀虫剂 | GB/T 5009.19 |
| 50 | 异狄氏剂 | 0.01 | 杀虫剂 | GB/T 5009.19 |
| 51 | 2,4-滴和2,4-滴钠盐 | 2 | 除草剂 | GB/T 5009.175 |
| 52 | 2甲4氯（钠） | 0.2 | 除草剂 | SN/T 2228、NY/T 1434（参照） |
| 53 | 矮壮素 | 3 | 植物生长调节剂 | GB/T 5009.219 |
| 54 | 苯菌酮 | 0.06* | 杀菌剂 | 无指定 |
| 55 | 吡噻菌胺 | 0.1* | 杀菌剂 | 无指定 |
| 56 | 吡唑醚菌酯 | 0.2 | 杀菌剂 | GB 23200.113、GB/T 20770 |

（续）

| 序号 | 农药中文名 | 最大残留限量（mg/kg） | 农药主要用途 | 检测方法 |
|---|---|---|---|---|
| 57 | 吡唑萘菌胺 | 0.03* | 杀菌剂 | 无指定 |
| 58 | 丙环唑 | 0.02 | 杀菌剂 | GB 23200.9、GB/T 20770 |
| 59 | 丙硫菌唑 | 0.05* | 杀菌剂 | 无指定 |
| 60 | 丁苯吗啉 | 0.5 | 杀菌剂 | GB 23200.37、GB/T 20770 |
| 61 | 啶酰菌胺 | 0.5 | 杀菌剂 | GB/T 20770 |
| 62 | 多菌灵 | 0.05 | 杀菌剂 | GB/T 20770 |
| 63 | 氟虫腈 | 0.002 | 杀虫剂 | GB 23200.34 |
| 64 | 氟唑环菌胺 | 0.01* | 杀菌剂 | 无指定 |
| 65 | 氟唑菌酰胺 | 0.3* | 杀菌剂 | 无指定 |
| 66 | 福美双 | 1 | 杀菌剂 | SN 0139 |
| 67 | 咯菌腈 | 0.05 | 杀菌剂 | GB 23200.9、GB 23200.113、GB/T 20770 |
| 68 | 甲拌磷 | 0.02 | 杀虫剂 | GB 23200.113 |
| 69 | 腈苯唑 | 0.1 | 杀菌剂 | GB 23200.9、GB 23200.113、GB/T 20770 |
| 70 | 抗蚜威 | 0.05 | 杀虫剂 | GB/T 20770、GB 23200.113、GB 23200.9、SN/T 0134 |
| 71 | 联苯三唑醇 | 0.05 | 杀菌剂 | GB 23200.9、GB/T 20770 |
| 72 | 氯氟氰菊酯和高效氯氟氰菊酯 | 0.05 | 杀虫剂 | GB 23200.9、GB 23200.113、GB/T 5009.146、SN/T 2151 |
| 73 | 氯氰菊酯和高效氯氰菊酯 | 2 | 杀虫剂 | GB 23200.9、GB 23200.113、GB/T 5009.110 |
| 74 | 醚菌酯 | 0.05 | 杀菌剂 | GB 23200.9、GB/T 20770 |
| 75 | 嘧菌酯 | 0.2 | 杀菌剂 | GB/T 20770 |
| 76 | 三唑醇 | 0.2 | 杀菌剂 | GB 23200.9、GB 23200.113 |
| 77 | 三唑磷 | 0.05 | 杀虫剂 | GB 23200.9、GB 23200.113、GB/T 20770 |
| 78 | 三唑酮 | 0.2 | 杀菌剂 | GB 23200.9、GB 23200.113、GB/T 5009.126、GB/T 20770 |
| 79 | 戊唑醇 | 0.15 | 杀菌剂 | GB 23200.113、GB/T 20770 |
| 80 | 亚砜磷 | 0.02* | 杀虫剂 | 无指定 |

（续）

| 序号 | 农药中文名 | 最大残留限量(mg/kg) | 农药主要用途 | 检测方法 |
|---|---|---|---|---|
| 81 | 乙烯利 | 1 | 植物生长调节剂 | GB 23200.16（参照） |
| 82 | 林丹 | 0.01 | 杀虫剂 | GB/T 5009.19、GB/T 5009.146 |

## 1.6　小黑麦

小黑麦中农药最大残留限量见表 1－6。

**表 1－6　小黑麦中农药最大残留限量**

| 序号 | 农药中文名 | 最大残留限量(mg/kg) | 农药主要用途 | 检测方法 |
|---|---|---|---|---|
| 1 | 氯氰菊酯和高效氯氰菊酯 | 0.3 | 杀虫剂 | GB 23200.9、GB 23200.113、GB/T 5009.110 |
| 2 | 氯丹 | 0.02 | 杀虫剂 | GB/T 5009.19 |
| 3 | 苯线磷 | 0.02 | 杀虫剂 | GB/T 20770 |
| 4 | 敌草腈 | 0.01* | 除草剂 | 无指定 |
| 5 | 敌敌畏 | 0.1 | 杀虫剂 | GB 23200.113、GB/T 5009.20、SN/T 2324 |
| 6 | 地虫硫磷 | 0.05 | 杀虫剂 | GB 23200.113、GB/T 20770 |
| 7 | 对硫磷 | 0.1 | 杀虫剂 | GB 23200.113、GB/T 5009.20 |
| 8 | 多杀霉素 | 1 | 杀虫剂 | GB/T 20769、NY/T 1379、NY/T 1453（参照） |
| 9 | 氟硅唑 | 0.2 | 杀菌剂 | GB 23200.9、GB/T 20770 |
| 10 | 甲胺磷 | 0.05 | 杀虫剂 | GB 23200.113、GB/T 5009.103、GB/T 20770 |
| 11 | 甲基毒死蜱 | 5* | 杀虫剂 | GB 23200.9、GB 23200.113 |
| 12 | 甲基对硫磷 | 0.02 | 杀虫剂 | GB 23200.113、GB/T 5009.20 |
| 13 | 甲基硫环磷 | 0.03* | 杀虫剂 | NY/T 761（参照） |
| 14 | 甲基异柳磷 | 0.02* | 杀虫剂 | GB 23200.113、GB/T 5009.144 |
| 15 | 甲霜灵和精甲霜灵 | 0.05 | 杀菌剂 | GB 23200.9、GB 23200.113、GB/T 20770 |
| 16 | 腈菌唑 | 0.1 | 杀菌剂 | GB 23200.113、GB/T 20770 |
| 17 | 精噁唑禾草灵 | 0.1 | 除草剂 | NY/T 1379（参照） |

（续）

| 序号 | 农药中文名 | 最大残留限量（mg/kg） | 农药主要用途 | 检测方法 |
|---|---|---|---|---|
| 18 | 久效磷 | 0.02 | 杀虫剂 | GB 23200.113、GB/T 5009.20 |
| 19 | 克百威 | 0.05 | 杀虫剂 | NY/T 761 |
| 20 | 磷化铝 | 0.05 | 杀虫剂 | GB/T 5009.36、GB/T 25222 |
| 21 | 硫线磷 | 0.02 | 杀虫剂 | GB/T 20770 |
| 22 | 绿麦隆 | 0.1 | 除草剂 | GB/T 5009.133 |
| 23 | 氯虫苯甲酰胺 | 0.02* | 杀虫剂 | 无指定 |
| 24 | 氯化苦 | 0.1 | 熏蒸剂 | GB/T 5009.36 |
| 25 | 氯菊酯 | 2 | 杀虫剂 | GB 23200.113、GB/T 5009.146、SN/T 2151 |
| 26 | 马拉硫磷 | 8 | 杀虫剂 | GB 23200.9、GB 23200.113、GB/T 5009.145 |
| 27 | 咪鲜胺和咪鲜胺锰盐 | 2 | 杀菌剂 | NY/T 1456（参照） |
| 28 | 灭草松 | 0.1 | 除草剂 | GB/T 20770 |
| 29 | 灭多威 | 0.2 | 杀虫剂 | SN/T 0134 |
| 30 | 灭线磷 | 0.05 | 杀线虫剂 | GB 23200.113 |
| 31 | 嗪氨灵 | 0.1 | 杀菌剂 | SN/T 0695 |
| 32 | 杀虫脒 | 0.01 | 杀虫剂 | GB/T 20770 |
| 33 | 杀螟硫磷 | 5* | 杀虫剂 | GB 23200.113、GB/T 14553、GB/T 5009.20 |
| 34 | 杀扑磷 | 0.05 | 杀虫剂 | GB 23200.113 |
| 35 | 水胺硫磷 | 0.05 | 杀虫剂 | GB 23200.9、GB 23200.113 |
| 36 | 特丁硫磷 | 0.01 | 杀虫剂 | SN/T 3768 |
| 37 | 酰嘧磺隆 | 0.01* | 除草剂 | 无指定 |
| 38 | 辛硫磷 | 0.05 | 杀虫剂 | GB/T 5009.102、SN/T 3769 |
| 39 | 溴甲烷 | 5* | 熏蒸剂 | 无指定 |
| 40 | 溴氰菊酯 | 0.5 | 杀虫剂 | GB 23200.9、GB 23200.113、GB/T 5009.110 |
| 41 | 氧乐果 | 0.02 | 杀虫剂 | GB 23200.113、GB/T 20770 |
| 42 | 野燕枯 | 0.1 | 除草剂 | GB/T 5009.200 |
| 43 | 增效醚 | 30 | 增效剂 | GB 23200.34、GB 23200.113 |
| 44 | 艾氏剂 | 0.02 | 杀虫剂 | GB 23200.113、GB/T 5009.19 |

（续）

| 序号 | 农药中文名 | 最大残留限量（mg/kg） | 农药主要用途 | 检测方法 |
|---|---|---|---|---|
| 45 | 滴滴涕 | 0.1 | 杀虫剂 | GB 23200.113、GB/T 5009.19 |
| 46 | 狄氏剂 | 0.02 | 杀虫剂 | GB 23200.113、GB/T 5009.19 |
| 47 | 毒杀芬 | 0.01* | 杀虫剂 | YC/T 180（参照） |
| 48 | 六六六 | 0.05 | 杀虫剂 | GB 23200.113、GB/T 5009.19 |
| 49 | 灭蚁灵 | 0.01 | 杀虫剂 | GB/T 5009.19 |
| 50 | 七氯 | 0.02 | 杀虫剂 | GB/T 5009.19 |
| 51 | 异狄氏剂 | 0.01 | 杀虫剂 | GB/T 5009.19 |
| 52 | 2甲4氯（钠） | 0.2 | 除草剂 | SN/T 2228、NY/T 1434（参照） |
| 53 | 矮壮素 | 3 | 植物生长调节剂 | GB/T 5009.219 |
| 54 | 苯菌酮 | 0.06* | 杀菌剂 | 无指定 |
| 55 | 吡噻菌胺 | 0.1* | 杀菌剂 | 无指定 |
| 56 | 吡唑醚菌酯 | 0.2 | 杀菌剂 | GB 23200.113、GB/T 20770 |
| 57 | 吡唑萘菌胺 | 0.03* | 杀菌剂 | 无指定 |
| 58 | 丙环唑 | 0.02 | 杀菌剂 | GB 23200.9、GB/T 20770 |
| 59 | 丙硫菌唑 | 0.05* | 杀菌剂 | 无指定 |
| 60 | 除虫脲 | 0.05 | 杀虫剂 | GB/T 5009.147 |
| 61 | 氟虫腈 | 0.002 | 杀虫剂 | GB 23200.34 |
| 62 | 氟啶虫胺腈 | 0.2* | 杀虫剂 | 无指定 |
| 63 | 氟唑环菌胺 | 0.01* | 杀菌剂 | 无指定 |
| 64 | 氟唑菌酰胺 | 0.3* | 杀菌剂 | 无指定 |
| 65 | 福美双 | 1 | 杀菌剂 | SN 0139 |
| 66 | 咯菌腈 | 0.05 | 杀菌剂 | GB 23200.9、GB 23200.113、GB/T 20770 |
| 67 | 甲拌磷 | 0.02 | 杀虫剂 | GB 23200.113 |
| 68 | 抗倒酯 | 3* | 植物生长调节剂 | 无指定 |
| 69 | 联苯三唑醇 | 0.05 | 杀菌剂 | GB 23200.9、GB/T 20770 |
| 70 | 氯氨吡啶酸 | 0.1* | 除草剂 | 无指定 |
| 71 | 氯氟氰菊酯和高效氯氟氰菊酯 | 0.05 | 杀虫剂 | GB 23200.9、GB 23200.113、GB/T 5009.146、SN/T 2151 |
| 72 | 嘧菌酯 | 0.2 | 杀菌剂 | GB/T 20770 |
| 73 | 三唑醇 | 0.2 | 杀菌剂 | GB 23200.9、GB 23200.113 |

（续）

| 序号 | 农药中文名 | 最大残留限量（mg/kg） | 农药主要用途 | 检测方法 |
|---|---|---|---|---|
| 74 | 三唑磷 | 0.05 | 杀虫剂 | GB 23200.9、GB 23200.113、GB/T 20770 |
| 75 | 三唑酮 | 0.2 | 杀菌剂 | GB 23200.9、GB 23200.113、GB/T 5009.126、GB/T 20770 |
| 76 | 戊唑醇 | 0.15 | 杀菌剂 | GB 23200.113、GB/T 20770 |

## 1.7 玉米

玉米中农药最大残留限量见表 1-7。

**表 1-7 玉米中农药最大残留限量**

| 序号 | 农药中文名 | 最大残留限量（mg/kg） | 农药主要用途 | 检测方法 |
|---|---|---|---|---|
| 1 | 氯丹 | 0.02 | 杀虫剂 | GB/T 5009.19 |
| 2 | 苯线磷 | 0.02 | 杀虫剂 | GB/T 20770 |
| 3 | 敌草腈 | 0.01* | 杀虫剂 | 无指定 |
| 4 | 敌敌畏 | 0.1 | 杀虫剂 | SN/T 2324、GB/T 5009.20 |
| 5 | 地虫硫磷 | 0.05 | 杀虫剂 | GB 23200.113、GB/T 20770 |
| 6 | 对硫磷 | 0.1 | 杀虫剂 | GB 23200.113、GB/T 5009.20 |
| 7 | 多杀霉素 | 1 | 杀虫剂 | GB/T 20769、NY/T 1379、NY/T 1453（参照） |
| 8 | 氟硅唑 | 0.2 | 杀菌剂 | GB 23200.9、GB/T 20770 |
| 9 | 氟唑环菌胺 | 0.01* | 杀菌剂 | 无指定 |
| 10 | 咯菌腈 | 0.05 | 杀菌剂 | GB 23200.9、GB 23200.113、GB/T 20770 |
| 11 | 甲胺磷 | 0.1* | 杀虫剂 | GB 23200.113、GB/T 5009.103、GB/T 20770 |
| 12 | 甲基毒死蜱 | 5* | 杀虫剂 | GB 23200.9、GB 23200.113 |
| 13 | 甲基对硫磷 | 0.02 | 杀虫剂 | GB 23200.113、GB/T 5009.20 |
| 14 | 甲基硫环磷 | 0.03* | 杀虫剂 | NY/T 761（参照） |
| 15 | 甲基异柳磷 | 0.02* | 杀虫剂 | GB 23200.113、GB/T 5009.144 |
| 16 | 甲霜灵和精甲霜灵 | 0.05 | 杀菌剂 | GB 23200.9、GB 23200.113、GB/T 20770 |

（续）

| 序号 | 农药中文名 | 最大残留限量（mg/kg） | 农药主要用途 | 检测方法 |
|---|---|---|---|---|
| 17 | 久效磷 | 0.02 | 杀虫剂 | GB 23200.113、GB/T 5009.20 |
| 18 | 抗蚜威 | 0.05 | 杀虫剂 | GB 23200.9、GB 23200.113、GB/T 20770、SN/T 0134 |
| 19 | 克百威 | 0.05 | 杀虫剂 | NY/T 761 |
| 20 | 磷化铝 | 0.05 | 杀虫剂 | GB/T 5009.36、GB/T 25222 |
| 21 | 硫酰氟 | 0.05* | 杀虫剂 | 无指定 |
| 22 | 硫线磷 | 0.02 | 杀虫剂 | GB/T 20770 |
| 23 | 氯虫苯甲酰胺 | 0.02* | 杀虫剂 | 无指定 |
| 24 | 氯化苦 | 0.1 | 熏蒸剂 | GB/T 5009.36 |
| 25 | 氯菊酯 | 2 | 杀虫剂 | GB 23200.113、GB/T 5009.146、SN/T 2151 |
| 26 | 马拉硫磷 | 8 | 杀虫剂 | GB 23200.9、GB 23200.113、GB/T 5009.145 |
| 27 | 咪鲜胺和咪鲜胺锰盐 | 2 | 杀菌剂 | NY/T 1456（参照） |
| 28 | 灭多威 | 0.05 | 杀虫剂 | SN/T 0134 |
| 29 | 灭线磷 | 0.05 | 杀线虫剂 | GB 23200.113 |
| 30 | 嗪氨灵 | 0.1 | 杀菌剂 | SN 0695 |
| 31 | 三唑磷 | 0.05 | 杀虫剂 | GB 23200.9、GB 23200.113、GB/T 20770 |
| 32 | 杀虫脒 | 0.01 | 杀虫剂 | GB/T 20770 |
| 33 | 杀螟硫磷 | 5* | 杀虫剂 | GB 23200.113、GB/T 14553、GB/T 5009.20 |
| 34 | 杀扑磷 | 0.05 | 杀虫剂 | GB 23200.113 |
| 35 | 水胺硫磷 | 0.05 | 杀虫剂 | GB 23200.9、GB 23200.113 |
| 36 | 特丁硫磷 | 0.01 | 杀虫剂 | SN/T 3768 |
| 37 | 溴甲烷 | 5* | 熏蒸剂 | 无指定 |
| 38 | 溴氰菊酯 | 0.5 | 杀虫剂 | GB 23200.9、GB 23200.113、GB/T 5009.110 |
| 39 | 氧乐果 | 0.05 | 杀虫剂 | GB 23200.113、GB/T 20770 |
| 40 | 增效醚 | 30 | 增效剂 | GB 23200.34、GB 23200.113 |
| 41 | 艾氏剂 | 0.02 | 杀虫剂 | GB 23200.113、GB/T 5009.19 |

（续）

| 序号 | 农药中文名 | 最大残留限量（mg/kg） | 农药主要用途 | 检测方法 |
|---|---|---|---|---|
| 42 | 滴滴涕 | 0.1 | 杀虫剂 | GB 23200.113、GB/T 5009.19 |
| 43 | 狄氏剂 | 0.02 | 杀虫剂 | GB 23200.113、GB/T 5009.19 |
| 44 | 毒杀芬 | 0.01* | 杀虫剂 | YC/T 180（参照） |
| 45 | 六六六 | 0.05 | 杀虫剂 | GB 23200.113、GB/T 5009.19 |
| 46 | 灭蚁灵 | 0.01 | 杀虫剂 | GB/T 5009.19 |
| 47 | 七氯 | 0.02 | 杀虫剂 | GB/T 5009.19 |
| 48 | 异狄氏剂 | 0.01 | 杀虫剂 | GB/T 5009.19 |
| 49 | 2,4-滴和2,4-滴钠盐 | 0.05 | 除草剂 | GB/T 5009.175 |
| 50 | 2,4-滴丁酯 | 0.05 | 除草剂 | GB/T 5009.165、GB/T 5009.175 |
| 51 | 2,4-滴异辛酯 | 0.1* | 除草剂 | 无指定 |
| 52 | 2甲4氯（钠） | 0.05 | 除草剂 | SN/T 2228、NY/T 1434（参照） |
| 53 | 矮壮素 | 5 | 植物生长调节剂 | GB/T 5009.219 |
| 54 | 氨唑草酮 | 0.05* | 除草剂 | 无指定 |
| 55 | 胺鲜酯 | 0.2* | 植物生长调节剂 | 无指定 |
| 56 | 百草枯 | 0.1 | 除草剂 | SN/T 0293（参照） |
| 57 | 苯醚甲环唑 | 0.1 | 杀菌剂 | GB 23200.9、GB 23200.113 |
| 58 | 苯嘧磺草胺 | 0.01* | 除草剂 | 无指定 |
| 59 | 苯唑草酮 | 0.05* | 除草剂 | 无指定 |
| 60 | 吡虫啉 | 0.05 | 杀虫剂 | GB/T 20770 |
| 61 | 吡噻菌胺 | 0.01* | 杀菌剂 | 无指定 |
| 62 | 丙环唑 | 0.05 | 杀菌剂 | GB 23200.9、GB/T 20770 |
| 63 | 丙硫菌唑 | 0.1* | 杀菌剂 | 无指定 |
| 64 | 丙硫克百威 | 0.05 | 杀虫剂 | SN/T 2915 |
| 65 | 丙森锌 | 0.1 | 杀菌剂 | SN 0139 |
| 66 | 草铵膦 | 0.1* | 除草剂 | 无指定 |
| 67 | 草甘膦 | 1 | 除草剂 | GB/T 23750、SN/T 1923 |
| 68 | 除虫菊素 | 0.3 | 杀虫剂 | GB/T 20769（参照） |
| 69 | 除虫脲 | 0.2 | 杀虫剂 | GB/T 5009.147 |
| 70 | 代森铵 | 0.1 | 杀菌剂 | SN/T 1541（参照） |
| 71 | 敌草快 | 0.05 | 除草剂 | GB/T 5009.221、SN/T 0293 |

（续）

| 序号 | 农药中文名 | 最大残留限量（mg/kg） | 农药主要用途 | 检测方法 |
|---|---|---|---|---|
| 72 | 敌敌畏 | 0.2 | 杀虫剂 | GB 23200.113、GB/T 5009.20、SN/T 2324 |
| 73 | 丁草胺 | 0.5 | 除草剂 | GB 23200.9、GB 23200.113、GB/T 5009.164、GB/T 20770 |
| 74 | 丁硫克百威 | 0.1 | 杀虫剂 | GB 23200.33 |
| 75 | 啶酰菌胺 | 0.1 | 杀菌剂 | GB/T 20770 |
| 76 | 毒死蜱 | 0.05 | 杀虫剂 | GB 23200.113、GB/T 5009.145、SN/T 2158 |
| 77 | 多菌灵 | 0.5 | 杀菌剂 | GB/T 20770 |
| 78 | 二甲戊灵 | 0.1 | 除草剂 | GB 23200.9、GB 23200.24 |
| 79 | 二氯吡啶酸 | 1 | 除草剂 | NY/T 1434 |
| 80 | 二嗪磷 | 0.02 | 杀虫剂 | GB 23200.113、GB/T 5009.107 |
| 81 | 砜嘧磺隆 | 0.1 | 除草剂 | SN/T 2325 |
| 82 | 氟苯虫酰胺 | 0.02* | 杀虫剂 | 无指定 |
| 83 | 氟虫腈 | 0.1 | 杀虫剂 | GB 23200.34 |
| 84 | 氟环唑 | 0.1 | 杀菌剂 | GB 23200.113、GB/T 20770 |
| 85 | 氟乐灵 | 0.05 | 除草剂 | GB 23200.9 |
| 86 | 氟唑菌酰胺 | 0.01* | 杀菌剂 | 无指定 |
| 87 | 福美双 | 0.1 | 杀菌剂 | SN 0139 |
| 88 | 环丙唑醇 | 0.01 | 杀菌剂 | GB/T 20770、GB 23200.113、GB 23200.9 |
| 89 | 磺草酮 | 0.05* | 除草剂 | 无指定 |
| 90 | 甲拌磷 | 0.05 | 杀虫剂 | GB 23200.113 |
| 91 | 甲草胺 | 0.2 | 除草剂 | GB 23200.9、GB 23200.113、GB/T 20770 |
| 92 | 甲基异柳磷 | 0.02* | 杀虫剂 | GB 23200.113、GB/T 5009.144 |
| 93 | 甲硫威 | 0.05 | 杀软体动物剂 | GB 23200.11 |
| 94 | 甲咪唑烟酸 | 0.01 | 除草剂 | GB/T 20770 |
| 95 | 甲萘威 | 0.02 | 杀虫剂 | GB/T 5009.21 |
| 96 | 甲氧虫酰肼 | 0.02 | 杀虫剂 | GB/T 20770 |
| 97 | 腈菌唑 | 0.02 | 杀菌剂 | GB 23200.113、GB/T 20770 |

（续）

| 序号 | 农药中文名 | 最大残留限量（mg/kg） | 农药主要用途 | 检测方法 |
|---|---|---|---|---|
| 98 | 精二甲吩草胺 | 0.01 | 除草剂 | GB 23200.9、GB/T 20770(参照) |
| 99 | 克菌丹 | 0.05 | 杀菌剂 | GB 23200.8（参照） |
| 100 | 联苯菊酯 | 0.05 | 杀虫/杀螨剂 | GB 23200.113、SN/T 2151 |
| 101 | 绿麦隆 | 0.1 | 除草剂 | GB/T 5009.133 |
| 102 | 氯吡嘧磺隆 | 0.05 | 除草剂 | SN/T 2325 |
| 103 | 氯氟吡氧乙酸和氯氟吡氧乙酸异辛酯 | 0.5 | 除草剂 | GB/T 22243 |
| 104 | 氯氟氰菊酯和高效氯氟氰菊酯 | 0.02 | 杀虫剂 | GB 23200.9、GB 23200.113、GB/T 5009.146、SN/T 2151 |
| 105 | 氯氰菊酯和高效氯氰菊酯 | 0.05 | 杀虫剂 | GB 23200.9、GB 23200.113、GB/T 5009.110 |
| 106 | 麦草畏 | 0.5 | 除草剂 | SN/T 1606、SN/T 2228 |
| 107 | 咪唑烟酸 | 0.05 | 除草剂 | GB/T 23818（参照） |
| 108 | 醚菊酯 | 0.05 | 杀虫剂 | GB 23200.9、SN/T 2151 |
| 109 | 嘧菌酯 | 0.02 | 杀菌剂 | GB/T 20770 |
| 110 | 灭草松 | 0.2 | 除草剂 | GB/T 20770 |
| 111 | 萘乙酸和萘乙酸钠 | 0.05 | 植物生长调节剂 | SN/T 2228 |
| 112 | 扑草净 | 0.02 | 除草剂 | GB 23200.9、GB 23200.113、GB/T 20770、SN/T 1968 |
| 113 | 嗪草酸甲酯 | 0.05* | 除草剂 | 无指定 |
| 114 | 嗪草酮 | 0.05 | 除草剂 | GB 23200.9、GB 23200.113 |
| 115 | 氰草津 | 0.05 | 除草剂 | SN/T 1605（参照） |
| 116 | 氰戊菊酯和S-氰戊菊酯 | 0.02 | 杀虫剂 | GB 23200.113、GB/T 5009.110 |
| 117 | 噻草酮 | 0.2* | 除草剂 | GB 23200.38（参照） |
| 118 | 噻虫胺 | 0.02 | 杀虫剂 | GB/T 20770 |
| 119 | 噻虫嗪 | 0.05 | 杀虫剂 | GB 23200.9、GB/T 20770 |
| 120 | 噻吩磺隆 | 0.05 | 除草剂 | GB/T 20770 |
| 121 | 噻酮磺隆 | 0.05* | 除草剂 | 无指定 |
| 122 | 三唑醇 | 0.5 | 杀菌剂 | GB 23200.9、GB 23200.113 |
| 123 | 三唑酮 | 0.5 | 杀菌剂 | GB 23200.9、GB 23200.113、GB/T 5009.126、GB/T 20770 |

（续）

| 序号 | 农药中文名 | 最大残留限量（mg/kg） | 农药主要用途 | 检测方法 |
|---|---|---|---|---|
| 124 | 杀虫双 | 0.2 | 杀虫剂 | GB/T 5009.114 |
| 125 | 特丁津 | 0.1 | 除草剂 | GB 23200.9、GB 23200.113、GB/T 20770 |
| 126 | 涕灭威 | 0.05 | 杀虫剂 | SN/T 2441 |
| 127 | 萎锈灵 | 0.2 | 杀菌剂 | GB 23200.9、GB/T 20770 |
| 128 | 肟菌酯 | 0.02 | 杀菌剂 | GB 23200.113 |
| 129 | 五氯硝基苯 | 0.01 | 杀菌剂 | GB 23200.113、GB/T 5009.19、GB/T 5009.136 |
| 130 | 西玛津 | 0.1 | 除草剂 | GB 23200.113 |
| 131 | 烯唑醇 | 0.05 | 杀菌剂 | GB 23200.113、GB/T 20770 |
| 132 | 硝磺草酮 | 0.01 | 除草剂 | GB/T 20770 |
| 133 | 辛硫磷 | 0.1 | 杀虫剂 | GB/T 5009.102、SN/T 3769 |
| 134 | 辛酰溴苯腈 | 0.05* | 除草剂 | 无指定 |
| 135 | 溴苯腈 | 0.1 | 除草剂 | SN/T 2228 |
| 136 | 亚胺硫磷 | 0.05 | 杀虫剂 | GB 23200.113、GB/T 5009.131 |
| 137 | 烟嘧磺隆 | 0.1 | 除草剂 | NY/T 1616（参照） |
| 138 | 乙拌磷 | 0.02 | 杀虫剂 | GB/T 20769（参照） |
| 139 | 乙草胺 | 0.05 | 除草剂 | GB 23200.9、GB 23200.57、GB 2320.113、GB/T 20770 |
| 140 | 乙烯利 | 0.5 | 植物生长调节剂 | GB 23200.16（参照） |
| 141 | 乙酰甲胺磷 | 0.2 | 杀虫剂 | GB 23200.113、GB/T 5009.103、SN/T 3768 |
| 142 | 异丙草胺 | 0.1* | 除草剂 | GB 23200.9、GB/T 20770 |
| 143 | 异丙甲草胺和精异丙甲草胺 | 0.1 | 除草剂 | GB 23200.9、GB 23200.113、GB/T 20770 |
| 144 | 异噁唑草酮 | 0.02 | 除草剂 | GB/T 20770 |
| 145 | 莠去津 | 0.05 | 除草剂 | GB/T 5009.132 |
| 146 | 种菌唑 | 0.01* | 杀菌剂 | 无指定 |
| 147 | 唑嘧磺草胺 | 0.05* | 除草剂 | GB 23200.113 |
| 148 | 林丹 | 0.01 | 杀虫剂 | GB/T 5009.19、GB/T 5009.146 |
| 149 | 氟啶虫酰胺 | 0.7 | 杀虫剂 | GB/T 23200.75 |

## 1.8 鲜食玉米

鲜食玉米中农药最大残留限量见表1-8。

**表1-8 鲜食玉米中农药最大残留限量**

| 序号 | 农药中文名 | 最大残留限量（mg/kg） | 农药主要用途 | 检测方法 |
|---|---|---|---|---|
| 1 | 氯丹 | 0.02 | 杀虫剂 | GB/T 5009.19 |
| 2 | 苯线磷 | 0.02 | 杀虫剂 | GB/T 20770 |
| 3 | 敌草腈 | 0.01* | 杀虫剂 | 无指定 |
| 4 | 敌敌畏 | 0.1 | 杀虫剂 | GB 23200.113、GB/T 5009.20、SN/T 2324 |
| 5 | 地虫硫磷 | 0.05 | 杀虫剂 | GB 23200.113、GB/T 20770 |
| 6 | 对硫磷 | 0.1 | 杀虫剂 | GB 23200.113、GB/T 5009.20 |
| 7 | 多杀霉素 | 1 | 杀虫剂 | GB/T 20769、NY/T 1379、NY/T 1453（参照） |
| 8 | 氟硅唑 | 0.2 | 杀菌剂 | GB 23200.9、GB/T 20770 |
| 9 | 氟唑环菌胺 | 0.01* | 杀菌剂 | 无指定 |
| 10 | 咯菌腈 | 0.05 | 杀菌剂 | GB 23200.9、GB 23200.113、GB/T 20770 |
| 11 | 甲胺磷 | 0.05 | 杀虫剂 | GB 23200.113、GB/T 5009.103、GB/T 20770 |
| 12 | 甲拌磷 | 0.02 | 杀虫剂 | GB 23200.113 |
| 13 | 甲基毒死蜱 | 5* | 杀虫剂 | GB 23200.9、GB 23200.113 |
| 14 | 甲基对硫磷 | 0.02 | 杀虫剂 | GB 23200.113、GB/T 5009.20 |
| 15 | 甲基硫环磷 | 0.03* | 杀虫剂 | NY/T 761（参照） |
| 16 | 甲基异柳磷 | 0.02* | 杀虫剂 | GB 23200.113、GB/T 5009.144 |
| 17 | 甲霜灵和精甲霜灵 | 0.05 | 杀菌剂 | GB 23200.9、GB 23200.113、GB/T 20770 |
| 18 | 久效磷 | 0.02 | 杀虫剂 | GB 23200.113、GB/T 5009.20 |
| 19 | 抗蚜威 | 0.05 | 杀虫剂 | GB 23200.9、GB 23200.113、GB/T 20770、SN/T 0134 |
| 20 | 克百威 | 0.05 | 杀虫剂 | NY/T 761 |
| 21 | 磷化铝 | 0.05 | 杀虫剂 | GB/T 5009.36、GB/T 25222 |
| 22 | 硫酰氟 | 0.05* | 杀虫剂 | 无指定 |

（续）

| 序号 | 农药中文名 | 最大残留限量（mg/kg） | 农药主要用途 | 检测方法 |
|---|---|---|---|---|
| 23 | 硫线磷 | 0.02 | 杀虫剂 | GB/T 20770 |
| 24 | 氯虫苯甲酰胺 | 0.02* | 杀虫剂 | 无指定 |
| 25 | 氯化苦 | 0.1 | 熏蒸剂 | GB/T 5009.36 |
| 26 | 氯菊酯 | 2 | 杀虫剂 | GB 23200.113、GB/T 5009.146、SN/T 2151 |
| 27 | 咪鲜胺和咪鲜胺锰盐 | 2 | 杀菌剂 | NY/T 1456（参照） |
| 28 | 灭多威 | 0.05 | 杀虫剂 | SN/T 0134 |
| 29 | 灭线磷 | 0.05 | 杀线虫剂 | GB 23200.113 |
| 30 | 嗪氨灵 | 0.1 | 杀菌剂 | SN 0695 |
| 31 | 三唑醇 | 0.2 | 杀菌剂 | GB 23200.9、GB 23200.113 |
| 32 | 三唑磷 | 0.05 | 杀虫剂 | GB 23200.9、GB 23200.113、GB/T 20770 |
| 33 | 三唑酮 | 0.2 | 杀菌剂 | GB 23200.9、GB 23200.113、GB/T 5009.126、GB/T 20770 |
| 34 | 杀虫脒 | 0.01 | 杀虫剂 | GB/T 20770 |
| 35 | 杀螟硫磷 | 5* | 杀虫剂 | GB 23200.113、GB/T 14553、GB/T 5009.20 |
| 36 | 杀扑磷 | 0.05 | 杀虫剂 | GB 23200.113 |
| 37 | 水胺硫磷 | 0.05 | 杀虫剂 | GB 23200.9、GB 23200.113 |
| 38 | 特丁硫磷 | 0.01 | 杀虫剂 | SN/T 3768 |
| 39 | 溴甲烷 | 5* | 熏蒸剂 | 无指定 |
| 40 | 氧乐果 | 0.05 | 杀虫剂 | GB 23200.113、GB/T 20770 |
| 41 | 增效醚 | 30 | 增效剂 | GB 23200.34、GB 23200.113 |
| 42 | 艾氏剂 | 0.02 | 杀虫剂 | GB 23200.113、GB/T 5009.19 |
| 43 | 滴滴涕 | 0.1 | 杀虫剂 | GB 23200.113、GB/T 5009.19 |
| 44 | 狄氏剂 | 0.02 | 杀虫剂 | GB 23200.113、GB/T 5009.19 |
| 45 | 毒杀芬 | 0.01* | 杀虫剂 | YC/T 180（参照） |
| 46 | 六六六 | 0.05 | 杀虫剂 | GB 23200.113、GB/T 5009.19 |
| 47 | 灭蚁灵 | 0.01 | 杀虫剂 | GB/T 5009.19 |
| 48 | 七氯 | 0.02 | 杀虫剂 | GB/T 5009.19 |
| 49 | 异狄氏剂 | 0.01 | 杀虫剂 | GB/T 5009.19 |

（续）

| 序号 | 农药中文名 | 最大残留限量（mg/kg） | 农药主要用途 | 检测方法 |
|---|---|---|---|---|
| 50 | 2,4-滴和2,4-滴钠盐 | 0.1 | 除草剂 | GB/T 5009.175 |
| 51 | 2,4-滴异辛酯 | 0.1* | 除草剂 | 无指定 |
| 52 | 氨唑草酮 | 0.05* | 除草剂 | 无指定 |
| 53 | 百菌清 | 5 | 杀菌剂 | SN/T 2320 |
| 54 | 苯唑草酮 | 0.05* | 除草剂 | 无指定 |
| 55 | 吡虫啉 | 0.05 | 杀虫剂 | GB/T 20770 |
| 56 | 丙硫克百威 | 0.05 | 杀虫剂 | SN/T 2915 |
| 57 | 丙森锌 | 1 | 杀菌剂 | SN 0139 |
| 58 | 草甘膦 | 1 | 除草剂 | GB/T 23750、SN/T 1923 |
| 59 | 代森铵 | 1 | 杀菌剂 | SN/T 1541（参照） |
| 60 | 代森锰锌 | 1 | 杀菌剂 | SN 0139 |
| 61 | 氟虫腈 | 0.1 | 杀虫剂 | GB 23200.34 |
| 62 | 氟氰戊菊酯 | 0.2 | 杀虫剂 | GB 23200.9、GB 23200.113 |
| 63 | 腐霉利 | 5 | 杀菌剂 | GB 23200.9、GB 23200.113 |
| 64 | 甲萘威 | 0.02 | 杀虫剂 | GB/T 5009.21 |
| 65 | 克菌丹 | 0.05 | 杀菌剂 | GB 23200.8（参照） |
| 66 | 乐果 | 0.5* | 杀虫剂 | GB/T 5009.20 |
| 67 | 氯氟氰菊酯和高效氯氟氰菊酯 | 0.2 | 杀虫剂 | GB 23200.9、GB 23200.113、GB/T 5009.146、SN/T 2151 |
| 68 | 氯氰菊酯和高效氯氰菊酯 | 0.5 | 杀虫剂 | GB 23200.9、GB 23200.113、GB/T 5009.110 |
| 69 | 马拉硫磷 | 0.5 | 杀虫剂 | GB 23200.9、GB 23200.113、GB/T 5009.145 |
| 70 | 萘乙酸和萘乙酸钠 | 0.05 | 植物生长调节剂 | SN/T 2228 |
| 71 | 扑草净 | 0.02 | 除草剂 | GB 23200.9、GB 23200.113、GB/T 20770、SN/T 1968 |
| 72 | 嗪草酸甲酯 | 0.05* | 除草剂 | 无指定 |
| 73 | 氰戊菊酯和S-氰戊菊酯 | 0.2 | 杀虫剂 | GB 23200.113、GB/T 5009.110 |
| 74 | 噻虫嗪 | 0.05 | 杀虫剂 | GB 23200.9、GB/T 20770 |
| 75 | 噻酮磺隆 | 0.05* | 除草剂 | 无指定 |

（续）

| 序号 | 农药中文名 | 最大残留限量（mg/kg） | 农药主要用途 | 检测方法 |
| --- | --- | --- | --- | --- |
| 76 | 杀虫双 | 0.2 | 杀虫剂 | GB/T 5009.114 |
| 77 | 双甲脒 | 0.5 | 杀螨剂 | GB/T 5009.143 |
| 78 | 特丁津 | 0.1 | 除草剂 | GB 23200.9、GB 23200.113、GB/T 20770 |
| 79 | 五氯硝基苯 | 0.1 | 杀菌剂 | GB 23200.113、GB/T 5009.19、GB/T 5009.136 |
| 80 | 辛硫磷 | 0.1 | 杀虫剂 | GB/T 5009.102、SN/T 3769 |
| 81 | 溴氰菊酯 | 0.2 | 杀虫剂 | GB 23200.9、GB 23200.113、GB/T 5009.110 |
| 82 | 乙拌磷 | 0.02 | 杀虫剂 | GB/T 20769（参照） |
| 83 | 异噁唑草酮 | 0.02 | 除草剂 | GB/T 20770 |
| 84 | 种菌唑 | 0.01* | 杀菌剂 | 无指定 |
| 85 | 林丹 | 0.01 | 杀虫剂 | GB/T 5009.19、GB/T 5009.146 |

## 1.9　高粱

高粱中农药最大残留限量见表1-9。

**表1-9　高粱中农药最大残留限量**

| 序号 | 农药中文名 | 最大残留限量（mg/kg） | 农药主要用途 | 检测方法 |
| --- | --- | --- | --- | --- |
| 1 | 氯丹 | 0.02 | 杀虫剂 | GB/T 5009.19 |
| 2 | 氯氰菊酯和高效氯氰菊酯 | 0.3 | 杀虫剂 | GB 23200.9、GB 23200.113、GB/T 5009.110 |
| 3 | 苯线磷 | 0.02 | 杀虫剂 | GB/T 20770 |
| 4 | 敌草腈 | 0.01* | 杀虫剂 | 无指定 |
| 5 | 敌敌畏 | 0.1 | 杀虫剂 | GB 23200.113、GB/T 5009.20、SN/T 2324 |
| 6 | 地虫硫磷 | 0.05 | 杀虫剂 | GB 23200.113、GB/T 20770 |
| 7 | 对硫磷 | 0.1 | 杀虫剂 | GB 23200.113、GB/T 5009.20 |
| 8 | 多杀霉素 | 1 | 杀虫剂 | GB/T 20769、NY/T 1379、NY/T 1453（参照） |

（续）

| 序号 | 农药中文名 | 最大残留限量（mg/kg） | 农药主要用途 | 检测方法 |
|---|---|---|---|---|
| 9 | 氟硅唑 | 0.2 | 杀菌剂 | GB 23200.9、GB/T 20770 |
| 10 | 氟唑环菌胺 | 0.01* | 杀菌剂 | 无指定 |
| 11 | 咯菌腈 | 0.05 | 杀菌剂 | GB 23200.9、GB 23200.113、GB/T 20770 |
| 12 | 甲胺磷 | 0.05 | 杀虫剂 | GB 23200.113、GB/T 5009.103、GB/T 20770 |
| 13 | 甲拌磷 | 0.02 | 杀虫剂 | GB 23200.113 |
| 14 | 甲基毒死蜱 | 5* | 杀虫剂 | GB 23200.9、GB 23200.113 |
| 15 | 甲基对硫磷 | 0.02 | 杀虫剂 | GB 23200.113、GB/T 5009.20 |
| 16 | 甲基硫环磷 | 0.03* | 杀虫剂 | NY/T 761（参照） |
| 17 | 甲基异柳磷 | 0.02* | 杀虫剂 | GB 23200.113、GB/T 5009.144 |
| 18 | 甲霜灵和精甲霜灵 | 0.05 | 杀菌剂 | GB 23200.9、GB 23200.113、GB/T 20770 |
| 19 | 久效磷 | 0.02 | 杀虫剂 | GB 23200.113、GB/T 5009.20 |
| 20 | 抗蚜威 | 0.05 | 杀虫剂 | GB 23200.9、GB 23200.113、GB/T 20770、SN/T 0134 |
| 21 | 克百威 | 0.05 | 杀虫剂 | NY/T 761 |
| 22 | 磷化铝 | 0.05 | 杀虫剂 | GB/T 5009.36、GB/T 25222 |
| 23 | 硫酰氟 | 0.05* | 杀虫剂 | 无指定 |
| 24 | 硫线磷 | 0.02 | 杀虫剂 | GB/T 20770 |
| 25 | 氯虫苯甲酰胺 | 0.02* | 杀虫剂 | 无指定 |
| 26 | 氯化苦 | 0.1 | 熏蒸剂 | GB/T 5009.36 |
| 27 | 氯菊酯 | 2 | 杀虫剂 | GB 23200.113、GB/T 5009.146、SN/T 2151 |
| 28 | 咪鲜胺和咪鲜胺锰盐 | 2 | 杀菌剂 | NY/T 1456（参照） |
| 29 | 灭多威 | 0.05 | 杀虫剂 | SN/T 0134 |
| 30 | 灭线磷 | 0.05 | 杀线虫剂 | NY/T 761 |
| 31 | 嗪氨灵 | 0.1 | 杀菌剂 | SN 0695 |
| 32 | 三唑磷 | 0.05 | 杀虫剂 | GB 23200.9、GB 23200.113、GB/T 20770 |
| 33 | 三唑酮 | 0.2 | 杀菌剂 | GB 23200.9、GB 23200.113、GB/T 5009.126、GB/T 20770 |

（续）

| 序号 | 农药中文名 | 最大残留限量（mg/kg） | 农药主要用途 | 检测方法 |
|---|---|---|---|---|
| 34 | 杀虫脒 | 0.01 | 杀虫剂 | GB/T 20770 |
| 35 | 杀螟硫磷 | 5* | 杀虫剂 | GB 23200.113、GB/T 14553、GB/T 5009.20 |
| 36 | 杀扑磷 | 0.05 | 杀虫剂 | GB 23200.113 |
| 37 | 水胺硫磷 | 0.05 | 杀虫剂 | GB 23200.9、GB 23200.113 |
| 38 | 特丁硫磷 | 0.01 | 杀虫剂 | SN/T 3768 |
| 39 | 辛硫磷 | 0.05 | 杀虫剂 | GB/T 5009.102、SN/T 3769 |
| 40 | 溴甲烷 | 5* | 熏蒸剂 | 无指定 |
| 41 | 溴氰菊酯 | 0.5 | 杀虫剂 | GB 23200.9、GB 23200.113、GB/T 5009.110 |
| 42 | 氧乐果 | 0.05 | 杀虫剂 | GB 23200.113、GB/T 20770 |
| 43 | 增效醚 | 30 | 增效剂 | GB 23200.34、GB 23200.113 |
| 44 | 艾氏剂 | 0.02 | 杀虫剂 | GB 23200.113、GB/T 5009.19 |
| 45 | 滴滴涕 | 0.1 | 杀虫剂 | GB 23200.113、GB/T 5009.19 |
| 46 | 狄氏剂 | 0.02 | 杀虫剂 | GB 23200.113、GB/T 5009.19 |
| 47 | 毒杀芬 | 0.01* | 杀虫剂 | YC/T 180（参照） |
| 48 | 六六六 | 0.05 | 杀虫剂 | GB 23200.113、GB/T 5009.19 |
| 49 | 灭蚁灵 | 0.01 | 杀虫剂 | GB/T 5009.19 |
| 50 | 七氯 | 0.02 | 杀虫剂 | GB/T 5009.19 |
| 51 | 异狄氏剂 | 0.01 | 杀虫剂 | GB/T 5009.19 |
| 52 | 2,4-滴和 2,4-滴钠盐 | 0.01 | 除草剂 | NY/T 1434 |
| 53 | 2 甲 4 氯（钠） | 0.05 | 除草剂 | SN/T 2228、NY/T 1434（参照） |
| 54 | 百草枯 | 0.03 | 除草剂 | SN/T 0293（参照） |
| 55 | 苯嘧磺草胺 | 0.01* | 除草剂 | 无指定 |
| 56 | 吡虫啉 | 0.05 | 杀虫剂 | GB/T 20770 |
| 57 | 吡噻菌胺 | 0.8* | 杀菌剂 | 无指定 |
| 58 | 吡唑醚菌酯 | 0.5 | 杀菌剂 | GB 23200.113、GB/T 20770 |
| 59 | 除虫菊素 | 0.3 | 杀虫剂 | GB/T 20769（参照） |
| 60 | 敌草快 | 2 | 除草剂 | GB/T 5009.221、SN/T 0293 |
| 61 | 丁硫克百威 | 0.1 | 杀虫剂 | GB 23200.33 |
| 62 | 啶酰菌胺 | 0.1 | 杀菌剂 | GB/T 20770 |

（续）

| 序号 | 农药中文名 | 最大残留限量（mg/kg） | 农药主要用途 | 检测方法 |
|---|---|---|---|---|
| 63 | 二氯喹啉酸 | 0.1 | 除草剂 | GB 23200.43 |
| 64 | 环丙唑醇 | 0.08 | 杀菌剂 | GB/T 20770、GB 23200.113、GB 23200.9 |
| 65 | 腈菌唑 | 0.02 | 杀菌剂 | GB 23200.113、GB/T 20770 |
| 66 | 精二甲吩草胺 | 0.01 | 除草剂 | GB 23200.9、GB/T 20770(参照) |
| 67 | 氯吡嘧磺隆 | 0.02 | 除草剂 | SN/T 2325 |
| 68 | 马拉硫磷 | 3 | 杀虫剂 | GB 23200.9、GB 23200.113、GB/T 5009.145 |
| 69 | 麦草畏 | 4 | 除草剂 | SN/T 1606、SN/T 2228 |
| 70 | 灭草松 | 0.1 | 除草剂 | GB/T 20770 |
| 71 | 噻虫胺 | 0.01 | 杀虫剂 | GB/T 20770 |
| 72 | 三唑醇 | 0.1 | 杀菌剂 | GB 23200.9、GB 23200.113 |
| 73 | 戊唑醇 | 0.05 | 杀菌剂 | GB 23200.113、GB/T 20770 |
| 74 | 烯唑醇 | 0.05 | 杀菌剂 | GB 23200.113、GB/T 20770 |
| 75 | 硝磺草酮 | 0.01 | 除草剂 | GB/T 20770 |
| 76 | 异丙甲草胺和精异丙甲草胺 | 0.05 | 除草剂 | GB 23200.9、GB 23200.113、GB/T 20770 |
| 77 | 莠去津 | 0.05 | 除草剂 | GB/T 5009.132 |
| 78 | 林丹 | 0.01 | 杀虫剂 | GB/T 5009.19、GB/T 5009.146 |

## 1.10 粟

粟中农药最大残留限量见表 1 - 10。

**表 1 - 10 粟中农药最大残留限量**

| 序号 | 农药中文名 | 最大残留限量（mg/kg） | 农药主要用途 | 检测方法 |
|---|---|---|---|---|
| 1 | 氯丹 | 0.02 | 杀虫剂 | GB/T 5009.19 |
| 2 | 氯氰菊酯和高效氯氰菊酯 | 0.3 | 杀虫剂 | GB 23200.9、GB 23200.113、GB/T 5009.110 |
| 3 | 苯线磷 | 0.02 | 杀虫剂 | GB/T 20770 |
| 4 | 敌草腈 | 0.01* | 杀虫剂 | 无指定 |

（续）

| 序号 | 农药中文名 | 最大残留限量（mg/kg） | 农药主要用途 | 检测方法 |
|---|---|---|---|---|
| 5 | 敌敌畏 | 0.1 | 杀虫剂 | GB 23200.113、GB/T 5009.20、SN/T 2324 |
| 6 | 地虫硫磷 | 0.05 | 杀虫剂 | GB 23200.113、GB/T 20770 |
| 7 | 对硫磷 | 0.1 | 杀虫剂 | GB 23200.113、GB/T 5009.20 |
| 8 | 多杀霉素 | 1 | 杀虫剂 | GB/T 20769、NY/T 1379、NY/T 1453（参照） |
| 9 | 氟硅唑 | 0.2 | 杀菌剂 | GB 23200.9、GB/T 20770 |
| 10 | 氟唑环菌胺 | 0.01* | 杀菌剂 | 无指定 |
| 11 | 咯菌腈 | 0.05 | 杀菌剂 | GB 23200.9、GB 23200.113、GB/T 20770 |
| 12 | 甲胺磷 | 0.05 | 杀虫剂 | GB 23200.113、GB/T 5009.103、GB/T 20770 |
| 13 | 甲拌磷 | 0.02 | 杀虫剂 | GB 23200.113 |
| 14 | 甲基毒死蜱 | 5* | 杀虫剂 | GB 23200.9、GB 23200.113 |
| 15 | 甲基对硫磷 | 0.02 | 杀虫剂 | GB 23200.113、GB/T 5009.20 |
| 16 | 甲基硫环磷 | 0.03* | 杀虫剂 | NY/T 761（参照） |
| 17 | 甲基异柳磷 | 0.02* | 杀虫剂 | GB 23200.113、GB/T 5009.144 |
| 18 | 甲霜灵和精甲霜灵 | 0.05 | 杀菌剂 | GB 23200.9、GB 23200.113、GB/T 20770 |
| 19 | 久效磷 | 0.02 | 杀虫剂 | GB 23200.113、GB/T 5009.20 |
| 20 | 抗蚜威 | 0.05 | 杀虫剂 | GB 23200.9、GB 23200.113、GB/T 20770、SN/T 0134 |
| 21 | 克百威 | 0.05 | 杀虫剂 | NY/T 761 |
| 22 | 磷化铝 | 0.05 | 杀虫剂 | GB/T 5009.36、GB/T 25222 |
| 23 | 硫酰氟 | 0.05* | 杀虫剂 | 无指定 |
| 24 | 硫线磷 | 0.02 | 杀虫剂 | GB/T 20770 |
| 25 | 氯虫苯甲酰胺 | 0.02* | 杀虫剂 | 无指定 |
| 26 | 氯化苦 | 0.1 | 熏蒸剂 | GB/T 5009.36 |
| 27 | 氯菊酯 | 2 | 杀虫剂 | GB 23200.113、GB/T 5009.146、SN/T 2151 |
| 28 | 马拉硫磷 | 8 | 杀虫剂 | GB 23200.9、GB 23200.113、GB/T 5009.145 |

（续）

| 序号 | 农药中文名 | 最大残留限量（mg/kg） | 农药主要用途 | 检测方法 |
|---|---|---|---|---|
| 29 | 咪鲜胺和咪鲜胺锰盐 | 2 | 杀菌剂 | NY/T 1456（参照） |
| 30 | 灭多威 | 0.05 | 杀虫剂 | SN/T 0134 |
| 31 | 灭线磷 | 0.05 | 杀线虫剂 | GB 23200.113 |
| 32 | 嗪氨灵 | 0.1 | 杀菌剂 | SN 0695 |
| 33 | 三唑醇 | 0.2 | 杀菌剂 | GB 23200.9、GB 23200.113 |
| 34 | 三唑磷 | 0.05 | 杀虫剂 | GB 23200.9、GB 23200.113、GB/T 20770 |
| 35 | 三唑酮 | 0.2 | 杀菌剂 | GB 23200.9、GB 23200.113、GB/T 5009.126、GB/T 20770 |
| 36 | 杀虫脒 | 0.01 | 杀虫剂 | GB/T 20770 |
| 37 | 杀螟硫磷 | 5* | 杀虫剂 | GB 23200.113、GB/T 14553、GB/T 5009.20 |
| 38 | 杀扑磷 | 0.05 | 杀虫剂 | GB 23200.113 |
| 39 | 水胺硫磷 | 0.05 | 杀虫剂 | GB 23200.9、GB 23200.113 |
| 40 | 特丁硫磷 | 0.01 | 杀虫剂 | SN/T 3768 |
| 41 | 辛硫磷 | 0.05 | 杀虫剂 | GB/T 5009.102、SN/T 3769 |
| 42 | 溴甲烷 | 5* | 熏蒸剂 | 无指定 |
| 43 | 溴氰菊酯 | 0.5 | 杀虫剂 | GB 23200.9、GB 23200.113、GB/T 5009.110 |
| 44 | 氧乐果 | 0.05 | 杀虫剂 | GB 23200.113、GB/T 20770 |
| 45 | 增效醚 | 30 | 增效剂 | GB 23200.34、GB 23200.113 |
| 46 | 艾氏剂 | 0.02 | 杀虫剂 | GB 23200.113、GB/T 5009.19 |
| 47 | 滴滴涕 | 0.1 | 杀虫剂 | GB 23200.113、GB/T 5009.19 |
| 48 | 狄氏剂 | 0.02 | 杀虫剂 | GB 23200.113、GB/T 5009.19 |
| 49 | 毒杀芬 | 0.01* | 杀虫剂 | YC/T 180（参照） |
| 50 | 六六六 | 0.05 | 杀虫剂 | GB 23200.113、GB/T 5009.19 |
| 51 | 灭蚁灵 | 0.01 | 杀虫剂 | GB/T 5009.19 |
| 52 | 七氯 | 0.02 | 杀虫剂 | GB/T 5009.19 |
| 53 | 异狄氏剂 | 0.01 | 杀虫剂 | GB/T 5009.19 |
| 54 | 苯嘧磺草胺 | 0.01* | 除草剂 | 无指定 |
| 55 | 吡虫啉 | 0.05 | 杀虫剂 | GB/T 20770 |

（续）

| 序号 | 农药中文名 | 最大残留限量（mg/kg） | 农药主要用途 | 检测方法 |
|---|---|---|---|---|
| 56 | 吡噻菌胺 | 0.8* | 杀菌剂 | 无指定 |
| 57 | 除虫菊素 | 0.3 | 杀虫剂 | GB/T 20769（参照） |
| 58 | 单嘧磺隆 | 0.1* | 除草剂 | 无指定 |
| 59 | 丁硫克百威 | 0.1 | 杀虫剂 | GB 23200.33 |
| 60 | 啶酰菌胺 | 0.1 | 杀菌剂 | GB/T 20770 |
| 61 | 环丙唑醇 | 0.08 | 杀菌剂 | GB/T 20770、GB 23200.113、GB 23200.9 |
| 62 | 腈菌唑 | 0.02 | 杀菌剂 | GB 23200.113、GB/T 20770 |
| 63 | 灭草松 | 0.01 | 除草剂 | GB/T 20770 |
| 64 | 灭幼脲 | 3 | 杀虫剂 | GB/T 5009.135 |
| 65 | 扑草净 | 0.05 | 除草剂 | GB 23200.9、GB 23200.113、GB/T 20770、SN/T 1968 |
| 66 | 烯唑醇 | 0.05 | 杀菌剂 | GB 23200.113、GB/T 20770 |
| 67 | 硝磺草酮 | 0.01 | 除草剂 | GB/T 20770 |

## 1.11 稷

稷中农药最大残留限量见表1-11。

**表1-11 稷中农药最大残留限量**

| 序号 | 农药中文名 | 最大残留限量（mg/kg） | 农药主要用途 | 检测方法 |
|---|---|---|---|---|
| 1 | 氯丹 | 0.02 | 杀虫剂 | GB/T 5009.19 |
| 2 | 氯氰菊酯和高效氯氰菊酯 | 0.3 | 杀虫剂 | GB 23200.9、GB 23200.113、GB/T 5009.110 |
| 3 | 苯线磷 | 0.02 | 杀虫剂 | GB/T 20770 |
| 4 | 敌草腈 | 0.01* | 杀虫剂 | 无指定 |
| 5 | 敌敌畏 | 0.1 | 杀虫剂 | GB 23200.113、GB/T 5009.20、SN/T 2324 |
| 6 | 地虫硫磷 | 0.05 | 杀虫剂 | GB 23200.113、GB/T 20770 |
| 7 | 对硫磷 | 0.1 | 杀虫剂 | GB 23200.113、GB/T 5009.20 |

（续）

| 序号 | 农药中文名 | 最大残留限量（mg/kg） | 农药主要用途 | 检测方法 |
|---|---|---|---|---|
| 8 | 多杀霉素 | 1 | 杀虫剂 | GB/T 20769、NY/T 1379、NY/T 1453（参照） |
| 9 | 氟硅唑 | 0.2 | 杀菌剂 | GB 23200.9、GB/T 20770 |
| 10 | 氟唑环菌胺 | 0.01* | 杀菌剂 | 无指定 |
| 11 | 咯菌腈 | 0.05 | 杀菌剂 | GB 23200.9、GB 23200.113、GB/T 20770 |
| 12 | 甲胺磷 | 0.05 | 杀虫剂 | GB 23200.113、GB/T 5009.103、GB/T 20770 |
| 13 | 甲拌磷 | 0.02 | 杀虫剂 | GB 23200.113 |
| 14 | 甲基毒死蜱 | 5* | 杀虫剂 | GB 23200.9、GB 23200.113 |
| 15 | 甲基对硫磷 | 0.02 | 杀虫剂 | GB 23200.113、GB/T 5009.20 |
| 16 | 甲基硫环磷 | 0.03* | 杀虫剂 | NY/T 761（参照） |
| 17 | 甲基异柳磷 | 0.02* | 杀虫剂 | GB 23200.113、GB/T 5009.144 |
| 18 | 甲霜灵和精甲霜灵 | 0.05 | 杀菌剂 | GB 23200.9、GB 23200.113、GB/T 20770 |
| 19 | 久效磷 | 0.02 | 杀虫剂 | GB 23200.113、GB/T 5009.20 |
| 20 | 抗蚜威 | 0.05 | 杀虫剂 | GB 23200.9、GB 23200.113、GB/T 20770、SN/T 0134 |
| 21 | 克百威 | 0.05 | 杀虫剂 | NY/T 761 |
| 22 | 磷化铝 | 0.05 | 杀虫剂 | GB/T 5009.36、GB/T 25222 |
| 23 | 硫酰氟 | 0.05* | 杀虫剂 | 无指定 |
| 24 | 硫线磷 | 0.02 | 杀虫剂 | GB/T 20770 |
| 25 | 氯虫苯甲酰胺 | 0.02* | 杀虫剂 | 无指定 |
| 26 | 氯化苦 | 0.1 | 熏蒸剂 | GB/T 5009.36 |
| 27 | 氯菊酯 | 2 | 杀虫剂 | GB 23200.113、GB/T 5009.146、SN/T 2151 |
| 28 | 马拉硫磷 | 8 | 杀虫剂 | GB 23200.9、GB 23200.113、GB/T 5009.145 |
| 29 | 咪鲜胺和咪鲜胺锰盐 | 2 | 杀菌剂 | NY/T 1456（参照） |
| 30 | 灭多威 | 0.05 | 杀虫剂 | SN/T 0134 |
| 31 | 灭线磷 | 0.05 | 杀线虫剂 | GB 23200.113 |

（续）

| 序号 | 农药中文名 | 最大残留限量（mg/kg） | 农药主要用途 | 检测方法 |
|---|---|---|---|---|
| 32 | 嗪氨灵 | 0.1 | 杀菌剂 | SN 0695 |
| 33 | 三唑醇 | 0.2 | 杀菌剂 | GB 23200.9、GB 23200.113 |
| 34 | 三唑磷 | 0.05 | 杀虫剂 | GB 23200.9、GB 23200.113、GB/T 20770 |
| 35 | 三唑酮 | 0.2 | 杀菌剂 | GB 23200.9、GB 23200.113、GB/T 5009.126、GB/T 20770 |
| 36 | 杀虫脒 | 0.01 | 杀虫剂 | GB/T 20770 |
| 37 | 杀螟硫磷 | 5* | 杀虫剂 | GB 23200.113、GB/T 14553、GB/T 5009.20 |
| 38 | 杀扑磷 | 0.05 | 杀虫剂 | GB 23200.113 |
| 39 | 水胺硫磷 | 0.05 | 杀虫剂 | GB 23200.9、GB 23200.113 |
| 40 | 特丁硫磷 | 0.01 | 杀虫剂 | SN/T 3768 |
| 41 | 辛硫磷 | 0.05 | 杀虫剂 | GB/T 5009.102、SN/T 3769 |
| 42 | 溴甲烷 | 5* | 熏蒸剂 | 无指定 |
| 43 | 溴氰菊酯 | 0.5 | 杀虫剂 | GB 23200.9、GB 23200.113、GB/T 5009.110 |
| 44 | 氧乐果 | 0.05 | 杀虫剂 | GB 23200.113、GB/T 20770 |
| 45 | 增效醚 | 30 | 增效剂 | GB 23200.34、GB 23200.113 |
| 46 | 艾氏剂 | 0.02 | 杀虫剂 | GB 23200.113、GB/T 5009.19 |
| 47 | 滴滴涕 | 0.1 | 杀虫剂 | GB 23200.113、GB/T 5009.19 |
| 48 | 狄氏剂 | 0.02 | 杀虫剂 | GB 23200.113、GB/T 5009.19 |
| 49 | 毒杀芬 | 0.01* | 杀虫剂 | YC/T 180（参照） |
| 50 | 六六六 | 0.05 | 杀虫剂 | GB 23200.113、GB/T 5009.19 |
| 51 | 灭蚁灵 | 0.01 | 杀虫剂 | GB/T 5009.19 |
| 52 | 七氯 | 0.02 | 杀虫剂 | GB/T 5009.19 |
| 53 | 异狄氏剂 | 0.01 | 杀虫剂 | GB/T 5009.19 |
| 54 | 烯唑醇 | 0.05 | 杀菌剂 | GB 23200.113、GB/T 20770 |
| 55 | 莠去津 | 0.05 | 除草剂 | GB/T 5009.132 |

## 1.12　薏仁

薏仁中农药最大残留限量见表 1-12。

**表 1－12 薏仁中农药最大残留限量**

| 序号 | 农药中文名 | 最大残留限量（mg/kg） | 农药主要用途 | 检测方法 |
|---|---|---|---|---|
| 1 | 氯丹 | 0.02 | 杀虫剂 | GB/T 5009.19 |
| 2 | 氯氰菊酯和高效氯氰菊酯 | 0.3 | 杀虫剂 | GB 23200.9、GB 23200.113、GB/T 5009.110 |
| 3 | 苯线磷 | 0.02 | 杀虫剂 | GB/T 20770 |
| 4 | 敌草腈 | 0.01* | 杀虫剂 | 无指定 |
| 5 | 敌敌畏 | 0.1 | 杀虫剂 | GB 23200.113、GB/T 5009.20、SN/T 2324 |
| 6 | 地虫硫磷 | 0.05 | 杀虫剂 | GB 23200.113、GB/T 20770 |
| 7 | 对硫磷 | 0.1 | 杀虫剂 | GB 23200.113、GB/T 5009.20 |
| 8 | 多杀霉素 | 1 | 杀虫剂 | GB/T 20769、NY/T 1379、NY/T 1453（参照） |
| 9 | 氟硅唑 | 0.2 | 杀菌剂 | GB 23200.9、GB/T 20770 |
| 10 | 氟唑环菌胺 | 0.01* | 杀菌剂 | 无指定 |
| 11 | 咯菌腈 | 0.05 | 杀菌剂 | GB 23200.9、GB 23200.113、GB/T 20770 |
| 12 | 甲胺磷 | 0.05 | 杀虫剂 | GB 23200.113、GB/T 5009.103、GB/T 20770 |
| 13 | 甲拌磷 | 0.02 | 杀虫剂 | GB 23200.113 |
| 14 | 甲基毒死蜱 | 5* | 杀虫剂 | GB 23200.9、GB 23200.113 |
| 15 | 甲基对硫磷 | 0.02 | 杀虫剂 | GB 23200.113、GB/T 5009.20 |
| 16 | 甲基硫环磷 | 0.03* | 杀虫剂 | NY/T 761（参照） |
| 17 | 甲基异柳磷 | 0.02* | 杀虫剂 | GB 23200.113、GB/T 5009.144 |
| 18 | 甲霜灵和精甲霜灵 | 0.05 | 杀菌剂 | GB 23200.9、GB 23200.113、GB/T 20770 |
| 19 | 久效磷 | 0.02 | 杀虫剂 | GB 23200.113、GB/T 5009.20 |
| 20 | 抗蚜威 | 0.05 | 杀虫剂 | GB 23200.9、GB 23200.113、GB/T 20770、SN/T 0134 |
| 21 | 克百威 | 0.05 | 杀虫剂 | NY/T 761 |
| 22 | 磷化铝 | 0.05 | 杀虫剂 | GB/T 5009.36、GB/T 25222 |
| 23 | 硫酰氟 | 0.05* | 杀虫剂 | 无指定 |

（续）

| 序号 | 农药中文名 | 最大残留限量（mg/kg） | 农药主要用途 | 检测方法 |
|---|---|---|---|---|
| 24 | 硫线磷 | 0.02 | 杀虫剂 | GB/T 20770 |
| 25 | 氯虫苯甲酰胺 | 0.02* | 杀虫剂 | 无指定 |
| 26 | 氯化苦 | 0.1 | 熏蒸剂 | GB/T 5009.36 |
| 27 | 氯菊酯 | 2 | 杀虫剂 | GB 23200.113、GB/T 5009.146、SN/T 2151 |
| 28 | 马拉硫磷 | 8 | 杀虫剂 | GB 23200.9、GB 23200.113、GB/T 5009.145 |
| 29 | 咪鲜胺和咪鲜胺锰盐 | 2 | 杀菌剂 | NY/T 1456（参照） |
| 30 | 灭多威 | 0.05 | 杀虫剂 | SN/T 0134 |
| 31 | 灭线磷 | 0.05 | 杀线虫剂 | GB 23200.113 |
| 32 | 嗪氨灵 | 0.1 | 杀菌剂 | SN 0695 |
| 33 | 三唑醇 | 0.2 | 杀菌剂 | GB 23200.9、GB 23200.113 |
| 34 | 三唑磷 | 0.05 | 杀虫剂 | GB 23200.9、GB 23200.113、GB/T 20770 |
| 35 | 三唑酮 | 0.2 | 杀菌剂 | GB 23200.9、GB 23200.113、GB/T 5009.126、GB/T 20770 |
| 36 | 杀虫脒 | 0.01 | 杀虫剂 | GB/T 20770 |
| 37 | 杀螟硫磷 | 5* | 杀虫剂 | GB 23200.113、GB/T 14553、GB/T 5009.20 |
| 38 | 杀扑磷 | 0.05 | 杀虫剂 | GB 23200.113 |
| 39 | 水胺硫磷 | 0.05 | 杀虫剂 | GB 23200.9、GB 23200.113 |
| 40 | 特丁硫磷 | 0.01 | 杀虫剂 | SN/T 3768 |
| 41 | 辛硫磷 | 0.05 | 杀虫剂 | GB/T 5009.102、SN/T 3769 |
| 42 | 溴甲烷 | 5* | 熏蒸剂 | 无指定 |
| 43 | 溴氰菊酯 | 0.5 | 杀虫剂 | GB 23200.9、GB 23200.113、GB/T 5009.110 |
| 44 | 氧乐果 | 0.05 | 杀虫剂 | GB 23200.113、GB/T 20770 |
| 45 | 增效醚 | 30 | 增效剂 | GB 23200.34、GB 23200.113 |
| 46 | 艾氏剂 | 0.02 | 杀虫剂 | GB 23200.113、GB/T 5009.19 |
| 47 | 滴滴涕 | 0.1 | 杀虫剂 | GB 23200.113、GB/T 5009.19 |
| 48 | 狄氏剂 | 0.02 | 杀虫剂 | GB 23200.113、GB/T 5009.19 |

（续）

| 序号 | 农药中文名 | 最大残留限量（mg/kg） | 农药主要用途 | 检测方法 |
|---|---|---|---|---|
| 49 | 毒杀芬 | 0.01* | 杀虫剂 | YC/T 180（参照） |
| 50 | 六六六 | 0.05 | 杀虫剂 | GB 23200.113、GB/T 5009.19 |
| 51 | 灭蚁灵 | 0.01 | 杀虫剂 | GB/T 5009.19 |
| 52 | 七氯 | 0.02 | 杀虫剂 | GB/T 5009.19 |
| 53 | 异狄氏剂 | 0.01 | 杀虫剂 | GB/T 5009.19 |

## 1.13 荞麦

荞麦中农药最大残留限量见表1-13。

**表1-13 荞麦中农药最大残留限量**

| 序号 | 农药中文名 | 最大残留限量（mg/kg） | 农药主要用途 | 检测方法 |
|---|---|---|---|---|
| 1 | 氯丹 | 0.02 | 杀虫剂 | GB/T 5009.19 |
| 2 | 氯氰菊酯和高效氯氰菊酯 | 0.3 | 杀虫剂 | GB 23200.9、GB 23200.113、GB/T 5009.110 |
| 3 | 苯线磷 | 0.02 | 杀虫剂 | GB/T 20770 |
| 4 | 敌草腈 | 0.01* | 杀虫剂 | 无指定 |
| 5 | 敌敌畏 | 0.1 | 杀虫剂 | GB 23200.113、GB/T 5009.20、SN/T 2324 |
| 6 | 地虫硫磷 | 0.05 | 杀虫剂 | GB 23200.113、GB/T 20770 |
| 7 | 对硫磷 | 0.1 | 杀虫剂 | GB 23200.113、GB/T 5009.20 |
| 8 | 多杀霉素 | 1 | 杀虫剂 | GB/T 20769、NY/T 1379、NY/T 1453（参照） |
| 9 | 氟硅唑 | 0.2 | 杀菌剂 | GB 23200.9、GB/T 20770 |
| 10 | 氟唑环菌胺 | 0.01* | 杀菌剂 | 无指定 |
| 11 | 咯菌腈 | 0.05 | 杀菌剂 | GB 23200.9、GB 23200.113、GB/T 20770 |
| 12 | 甲胺磷 | 0.05 | 杀虫剂 | GB 23200.113、GB/T 5009.103、GB/T 20770 |
| 13 | 甲拌磷 | 0.02 | 杀虫剂 | GB 23200.113 |
| 14 | 甲基毒死蜱 | 5* | 杀虫剂 | GB 23200.9、GB 23200.113 |

（续）

| 序号 | 农药中文名 | 最大残留限量（mg/kg） | 农药主要用途 | 检测方法 |
|---|---|---|---|---|
| 15 | 甲基对硫磷 | 0.02 | 杀虫剂 | GB 23200.113、GB/T 5009.20 |
| 16 | 甲基硫环磷 | 0.03* | 杀虫剂 | NY/T 761（参照） |
| 17 | 甲基异柳磷 | 0.02* | 杀虫剂 | GB 23200.113、GB/T 5009.144 |
| 18 | 甲霜灵和精甲霜灵 | 0.05 | 杀菌剂 | GB 23200.9、GB 23200.113、GB/T 20770 |
| 19 | 久效磷 | 0.02 | 杀虫剂 | GB 23200.113、GB/T 5009.20 |
| 20 | 抗蚜威 | 0.05 | 杀虫剂 | GB 23200.9、GB 23200.113、GB/T 20770、SN/T 0134 |
| 21 | 克百威 | 0.05 | 杀虫剂 | NY/T 761 |
| 22 | 磷化铝 | 0.05 | 杀虫剂 | GB/T 5009.36、GB/T 25222 |
| 23 | 硫酰氟 | 0.05* | 杀虫剂 | 无指定 |
| 24 | 硫线磷 | 0.02 | 杀虫剂 | GB/T 20770 |
| 25 | 氯虫苯甲酰胺 | 0.02* | 杀虫剂 | 无指定 |
| 26 | 氯化苦 | 0.1 | 熏蒸剂 | GB/T 5009.36 |
| 27 | 氯菊酯 | 2 | 杀虫剂 | GB 23200.113、GB/T 5009.146、SN/T 2151 |
| 28 | 马拉硫磷 | 8 | 杀虫剂 | GB 23200.9、GB 23200.113、GB/T 5009.145 |
| 29 | 咪鲜胺和咪鲜胺锰盐 | 2 | 杀菌剂 | NY/T 1456（参照） |
| 30 | 灭多威 | 0.05 | 杀虫剂 | SN/T 0134 |
| 31 | 灭线磷 | 0.05 | 杀线虫剂 | GB 23200.113 |
| 32 | 嗪氨灵 | 0.1 | 杀菌剂 | SN 0695 |
| 33 | 三唑醇 | 0.2 | 杀菌剂 | GB 23200.9、GB 23200.113 |
| 34 | 三唑磷 | 0.05 | 杀虫剂 | GB 23200.9、GB 23200.113、GB/T 20770 |
| 35 | 三唑酮 | 0.2 | 杀菌剂 | GB 23200.9、GB 23200.113、GB/T 5009.126、GB/T 20770 |
| 36 | 杀虫脒 | 0.01 | 杀虫剂 | GB/T 20770 |
| 37 | 杀螟硫磷 | 5* | 杀虫剂 | GB 23200.113、GB/T 14553、GB/T 5009.20 |
| 38 | 杀扑磷 | 0.05 | 杀虫剂 | GB 23200.113 |

（续）

| 序号 | 农药中文名 | 最大残留限量（mg/kg） | 农药主要用途 | 检测方法 |
|---|---|---|---|---|
| 39 | 水胺硫磷 | 0.05 | 杀虫剂 | GB 23200.9、GB 23200.113 |
| 40 | 特丁硫磷 | 0.01 | 杀虫剂 | SN/T 3768 |
| 41 | 辛硫磷 | 0.05 | 杀虫剂 | GB/T 5009.102、SN/T 3769 |
| 42 | 溴甲烷 | 5* | 熏蒸剂 | 无指定 |
| 43 | 溴氰菊酯 | 0.5 | 杀虫剂 | GB 23200.9、GB 23200.113、GB/T 5009.110 |
| 44 | 氧乐果 | 0.05 | 杀虫剂 | GB 23200.113、GB/T 20770 |
| 45 | 增效醚 | 30 | 增效剂 | GB 23200.34、GB 23200.113 |
| 46 | 艾氏剂 | 0.02 | 杀虫剂 | GB 23200.113、GB/T 5009.19 |
| 47 | 滴滴涕 | 0.1 | 杀虫剂 | GB 23200.113、GB/T 5009.19 |
| 48 | 狄氏剂 | 0.02 | 杀虫剂 | GB 23200.113、GB/T 5009.19 |
| 49 | 毒杀芬 | 0.01* | 杀虫剂 | YC/T 180（参照） |
| 50 | 六六六 | 0.05 | 杀虫剂 | GB 23200.113、GB/T 5009.19 |
| 51 | 灭蚁灵 | 0.01 | 杀虫剂 | GB/T 5009.19 |
| 52 | 七氯 | 0.02 | 杀虫剂 | GB/T 5009.19 |
| 53 | 异狄氏剂 | 0.01 | 杀虫剂 | GB/T 5009.19 |

## 1.14 绿豆

绿豆中农药最大残留限量见表 1－14。

**表 1－14 绿豆中农药最大残留限量**

| 序号 | 农药中文名 | 最大残留限量（mg/kg） | 农药主要用途 | 检测方法 |
|---|---|---|---|---|
| 1 | 氯丹 | 0.02 | 杀虫剂 | GB/T 5009.19 |
| 2 | 氯氰菊酯和高效氯氰菊酯 | 0.3 | 杀虫剂 | GB 23200.9、GB 23200.113、GB/T 5009.110 |
| 3 | 百草枯 | 0.5 | 除草剂 | SN/T 0293（参照） |
| 4 | 苯醚甲环唑 | 0.02 | 杀菌剂 | GB 23200.9、GB 23200.113 |
| 5 | 苯嘧磺草胺 | 0.3* | 除草剂 | 无指定 |
| 6 | 苯线磷 | 0.02 | 杀虫剂 | GB/T 20770 |
| 7 | 吡虫啉 | 2 | 杀虫剂 | GB/T 20770 |

（续）

| 序号 | 农药中文名 | 最大残留限量（mg/kg） | 农药主要用途 | 检测方法 |
|---|---|---|---|---|
| 8 | 吡噻菌胺 | 3* | 杀菌剂 | 无指定 |
| 9 | 吡唑醚菌酯 | 0.2 | 杀菌剂 | GB 23200.113、GB/T 20770 |
| 10 | 丙硫菌唑 | 1* | 杀菌剂 | 无指定 |
| 11 | 草甘膦 | 2 | 除草剂 | GB/T 23750、SN/T 1923 |
| 12 | 除虫菊素 | 0.1 | 杀虫剂 | GB/T 20769（参照） |
| 13 | 敌草腈 | 0.01* | 杀虫剂 | 无指定 |
| 14 | 敌草快 | 0.2 | 除草剂 | GB/T 5009.221、SN/T 0293 |
| 15 | 敌敌畏 | 0.1 | 杀虫剂 | GB 23200.113、GB/T 5009.20、SN/T 2324 |
| 16 | 地虫硫磷 | 0.05 | 杀虫剂 | GB 23200.113、GB/T 20770 |
| 17 | 啶酰菌胺 | 3 | 杀菌剂 | GB/T 20770 |
| 18 | 对硫磷 | 0.1 | 杀虫剂 | GB 23200.113、GB/T 5009.20 |
| 19 | 多菌灵 | 0.5 | 杀菌剂 | GB/T 20770 |
| 20 | 氟苯虫酰胺 | 1* | 杀虫剂 | 无指定 |
| 21 | 氟吡甲禾灵和高效氟吡甲禾灵 | 3* | 除草剂 | 无指定 |
| 22 | 氟吡菌酰胺 | 0.07* | 杀菌剂 | 无指定 |
| 23 | 氟啶虫胺腈 | 0.3* | 杀虫剂 | 无指定 |
| 24 | 氟酰脲 | 0.1 | 杀虫剂 | GB 23200.34（参照） |
| 25 | 氟唑菌酰胺 | 0.3* | 杀菌剂 | 无指定 |
| 26 | 咯菌腈 | 0.5 | 杀菌剂 | GB 23200.9、GB 23200.113、GB/T 20770 |
| 27 | 环丙唑醇 | 0.02 | 杀菌剂 | GB/T 20770、GB 23200.113、GB 23200.9 |
| 28 | 甲胺磷 | 0.05 | 杀虫剂 | GB 23200.113、GB/T 5009.103、GB/T 20770 |
| 29 | 甲拌磷 | 0.05 | 杀虫剂 | GB 23200.113 |
| 30 | 甲基毒死蜱 | 5* | 杀虫剂 | GB 23200.9、GB 23200.113 |
| 31 | 甲基对硫磷 | 0.02 | 杀虫剂 | GB 23200.113、GB/T 5009.20 |
| 32 | 甲基硫环磷 | 0.03* | 杀虫剂 | NY/T 761（参照） |
| 33 | 甲基异柳磷 | 0.02* | 杀虫剂 | GB 23200.113、GB/T 5009.144 |
| 34 | 甲氧咪草烟 | 0.05* | 除草剂 | 无指定 |

（续）

| 序号 | 农药中文名 | 最大残留限量（mg/kg） | 农药主要用途 | 检测方法 |
|---|---|---|---|---|
| 35 | 精二甲吩草胺 | 0.01 | 除草剂 | GB 23200.9、GB/T 20770(参照) |
| 36 | 久效磷 | 0.02 | 杀虫剂 | GB 23200.113、GB/T 5009.20 |
| 37 | 抗蚜威 | 0.2 | 杀虫剂 | GB 23200.9、GB 23200.113、GB/T 20770、SN/T 0134 |
| 38 | 克百威 | 0.05 | 杀虫剂 | NY/T 761 |
| 39 | 联苯肼酯 | 0.3 | 杀螨剂 | GB 23200.34（参照） |
| 40 | 联苯菊酯 | 0.3 | 杀虫/杀螨剂 | GB 23200.113、SN/T 2151 |
| 41 | 磷化铝 | 0.05 | 杀虫剂 | GB/T 5009.36、GB/T 25222 |
| 42 | 硫线磷 | 0.02 | 杀虫剂 | GB/T 20770 |
| 43 | 螺虫乙酯 | 2* | 杀虫剂 | 无指定 |
| 44 | 氯虫苯甲酰胺 | 0.02* | 杀虫剂 | 无指定 |
| 45 | 氯氟氰菊酯和高效氯氟氰菊酯 | 0.05 | 杀虫剂 | GB 23200.9、GB 23200.113、GB/T 5009.146、SN/T 2151 |
| 46 | 氯化苦 | 0.1 | 熏蒸剂 | GB/T 5009.36 |
| 47 | 氯菊酯 | 2 | 杀虫剂 | GB 23200.113、GB/T 5009.146、SN/T 2151 |
| 48 | 氯氰菊酯和高效氯氰菊酯 | 0.05 | 杀虫剂 | GB 23200.9、GB 23200.113、GB/T 5009.110 |
| 49 | 马拉硫磷 | 8 | 杀虫剂 | GB 23200.9、GB 23200.113、GB/T 5009.145 |
| 50 | 醚菊酯 | 0.05 | 杀虫剂 | GB 23200.9、SN/T 2151 |
| 51 | 嘧菌环胺 | 0.2 | 杀菌剂 | GB 23200.9、GB 23200.113、GB/T 20770 |
| 52 | 灭草松 | 0.05 | 除草剂 | GB/T 20770 |
| 53 | 灭多威 | 0.2 | 杀虫剂 | SN/T 0134 |
| 54 | 灭线磷 | 0.05 | 杀线虫剂 | GB 23200.113 |
| 55 | 灭蝇胺 | 3 | 杀虫剂 | NY/T 1725（参照） |
| 56 | 噻虫胺 | 0.02 | 杀虫剂 | GB/T 20770 |
| 57 | 杀虫脒 | 0.01 | 杀虫剂 | GB/T 20770 |

（续）

| 序号 | 农药中文名 | 最大残留限量（mg/kg） | 农药主要用途 | 检测方法 |
|---|---|---|---|---|
| 58 | 杀螟硫磷 | 5* | 杀虫剂 | GB 23200.113、GB/T 14553、GB/T 5009.20 |
| 59 | 杀扑磷 | 0.05 | 杀虫剂 | GB 23200.113 |
| 60 | 水胺硫磷 | 0.05 | 杀虫剂 | GB 23200.9、GB 23200.113 |
| 61 | 特丁硫磷 | 0.01 | 杀虫剂 | SN/T 3768 |
| 62 | 五氯硝基苯 | 0.02 | 杀菌剂 | GB 23200.113、GB/T 5009.19、GB/T 5009.136 |
| 63 | 戊唑醇 | 0.3 | 杀菌剂 | GB 23200.113、GB/T 20770 |
| 64 | 烯草酮 | 2 | 除草剂 | GB 23200.9、GB/T 20770 |
| 65 | 辛硫磷 | 0.05 | 杀虫剂 | GB/T 5009.102、SN/T 3769 |
| 66 | 溴甲烷 | 5* | 熏蒸剂 | 无指定 |
| 67 | 溴氰菊酯 | 0.5 | 杀虫剂 | GB 23200.9、GB 23200.113、GB/T 5009.110 |
| 68 | 亚砜磷 | 0.1* | 杀虫剂 | 无指定 |
| 69 | 氧乐果 | 0.05 | 杀虫剂 | GB 23200.113、GB/T 20770 |
| 70 | 异菌脲 | 0.1 | 杀菌剂 | GB 23200.113、NY/T 761 |
| 71 | 增效醚 | 0.2 | 增效剂 | GB 23200.34、GB 23200.113 |
| 72 | 艾氏剂 | 0.02 | 杀虫剂 | GB 23200.113、GB/T 5009.19 |
| 73 | 滴滴涕 | 0.05 | 杀虫剂 | GB 23200.113、GB/T 5009.19 |
| 74 | 狄氏剂 | 0.02 | 杀虫剂 | GB 23200.113、GB/T 5009.19 |
| 75 | 毒杀芬 | 0.01* | 杀虫剂 | YC/T 180（参照） |
| 76 | 六六六 | 0.05 | 杀虫剂 | GB 23200.113、GB/T 5009.19 |
| 77 | 灭蚁灵 | 0.01 | 杀虫剂 | GB/T 5009.19 |
| 78 | 七氯 | 0.02 | 杀虫剂 | GB/T 5009.19 |
| 79 | 异狄氏剂 | 0.01 | 杀虫剂 | GB/T 5009.19 |
| 80 | 百菌清 | 0.2 | 杀菌剂 | SN/T 2320 |
| 81 | 氟磺胺草醚 | 0.05 | 除草剂 | GB/T 5009.130 |
| 82 | 氟氰戊菊酯 | 0.05 | 杀虫剂 | GB 23200.9、GB 23200.113 |
| 83 | 福美双 | 0.2 | 杀菌剂 | SN 0139 |
| 84 | 茚虫威 | 0.2 | 杀虫剂 | GB/T 20770 |

## 1.15 豌豆

豌豆中农药最大残留限量见表1-15。

**表1-15 豌豆中农药最大残留限量**

| 序号 | 农药中文名 | 最大残留限量（mg/kg） | 农药主要用途 | 检测方法 |
|---|---|---|---|---|
| 1 | 氯丹 | 0.02 | 杀虫剂 | GB/T 5009.19 |
| 2 | 氯氰菊酯和高效氯氰菊酯 | 0.5 | 杀虫剂 | GB 23200.9、GB 23200.113、GB/T 5009.110 |
| 3 | 百草枯 | 0.5 | 除草剂 | SN/T 0293（参照） |
| 4 | 百菌清 | 1 | 杀菌剂 | SN/T 2320 |
| 5 | 苯醚甲环唑 | 0.02 | 杀菌剂 | GB 23200.9、GB 23200.113 |
| 6 | 苯嘧磺草胺 | 0.3* | 除草剂 | 无指定 |
| 7 | 苯线磷 | 0.02 | 杀虫剂 | GB/T 20770 |
| 8 | 吡虫啉 | 2 | 杀虫剂 | GB/T 20770 |
| 9 | 吡噻菌胺 | 3* | 杀菌剂 | 无指定 |
| 10 | 丙硫菌唑 | 1* | 杀菌剂 | 无指定 |
| 11 | 除虫菊素 | 0.1 | 杀虫剂 | GB/T 20769（参照） |
| 12 | 敌草腈 | 0.01* | 杀虫剂 | 无指定 |
| 13 | 敌敌畏 | 0.1 | 杀虫剂 | GB 23200.113、GB/T 5009.20、SN/T 2324 |
| 14 | 地虫硫磷 | 0.05 | 杀虫剂 | GB 23200.113、GB/T 20770 |
| 15 | 啶酰菌胺 | 3 | 杀菌剂 | GB/T 20770 |
| 16 | 对硫磷 | 0.1 | 杀虫剂 | GB 23200.113、GB/T 5009.20 |
| 17 | 多菌灵 | 0.5 | 杀菌剂 | GB/T 20770 |
| 18 | 氟苯虫酰胺 | 1* | 杀虫剂 | 无指定 |
| 19 | 氟吡菌酰胺 | 0.07* | 杀菌剂 | 无指定 |
| 20 | 氟啶虫胺腈 | 0.3* | 杀虫剂 | 无指定 |
| 21 | 氟酰脲 | 0.1 | 杀虫剂 | GB 23200.34（参照） |
| 22 | 咯菌腈 | 0.5 | 杀菌剂 | GB 23200.9、GB 23200.113、GB/T 20770 |
| 23 | 环丙唑醇 | 0.02 | 杀菌剂 | GB/T 20770、GB 23200.113、GB 23200.9 |
| 24 | 甲胺磷 | 0.05 | 杀虫剂 | GB 23200.113、GB/T 5009.103、GB/T 20770 |

（续）

| 序号 | 农药中文名 | 最大残留限量（mg/kg） | 农药主要用途 | 检测方法 |
|---|---|---|---|---|
| 25 | 甲拌磷 | 0.05 | 杀虫剂 | GB 23200.113 |
| 26 | 甲基毒死蜱 | 5* | 杀虫剂 | GB 23200.9、GB 23200.113 |
| 27 | 甲基对硫磷 | 0.02 | 杀虫剂 | GB 23200.113、GB/T 5009.20 |
| 28 | 甲基硫环磷 | 0.03* | 杀虫剂 | NY/T 761（参照） |
| 29 | 甲基异柳磷 | 0.02* | 杀虫剂 | GB 23200.113、GB/T 5009.144 |
| 30 | 甲氧咪草烟 | 0.05* | 除草剂 | 无指定 |
| 31 | 精二甲吩草胺 | 0.01 | 除草剂 | GB 23200.9、GB/T 20770(参照) |
| 32 | 久效磷 | 0.02 | 杀虫剂 | GB 23200.113、GB/T 5009.20 |
| 33 | 抗蚜威 | 0.2 | 杀虫剂 | GB 23200.9、GB 23200.113、GB/T 20770、SN/T 0134 |
| 34 | 克百威 | 0.05 | 杀虫剂 | NY/T 761 |
| 35 | 联苯肼酯 | 0.3 | 杀螨剂 | GB 23200.34（参照） |
| 36 | 联苯菊酯 | 0.3 | 杀虫/杀螨剂 | GB 23200.113、SN/T 2151 |
| 37 | 磷化铝 | 0.05 | 杀虫剂 | GB/T 5009.36、GB/T 25222 |
| 38 | 硫线磷 | 0.02 | 杀虫剂 | GB/T 20770 |
| 39 | 螺虫乙酯 | 2* | 杀虫剂 | 无指定 |
| 40 | 氯虫苯甲酰胺 | 0.02* | 杀虫剂 | 无指定 |
| 41 | 氯氟氰菊酯和高效氯氟氰菊酯 | 0.05 | 杀虫剂 | GB 23200.9、GB 23200.113、GB/T 5009.146、SN/T 2151 |
| 42 | 氯化苦 | 0.1 | 熏蒸剂 | GB/T 5009.36 |
| 43 | 氯菊酯 | 2 | 杀虫剂 | GB 23200.113、GB/T 5009.146、SN/T 2151 |
| 44 | 氯氰菊酯和高效氯氰菊酯 | 0.05 | 杀虫剂 | GB 23200.9、GB 23200.113、GB/T 5009.110 |
| 45 | 马拉硫磷 | 8 | 杀虫剂 | GB 23200.9、GB 23200.113、GB/T 5009.145 |
| 46 | 醚菊酯 | 0.05 | 杀虫剂 | GB 23200.9、SN/T 2151 |
| 47 | 嘧菌环胺 | 0.2 | 杀菌剂 | GB 23200.9、GB 23200.113、GB/T 20770 |
| 48 | 灭草松 | 0.2*（鲜豌豆） | 除草剂 | GB/T 20770 |

（续）

| 序号 | 农药中文名 | 最大残留限量（mg/kg） | 农药主要用途 | 检测方法 |
|---|---|---|---|---|
| 49 | 灭多威 | 0.2 | 杀虫剂 | SN/T 0134 |
| 50 | 灭线磷 | 0.05 | 杀线虫剂 | GB 23200.113 |
| 51 | 灭蝇胺 | 3 | 杀虫剂 | NY/T 1725（参照） |
| 52 | 噻虫胺 | 0.02 | 杀虫剂 | GB/T 20770 |
| 53 | 杀虫脒 | 0.01 | 杀虫剂 | GB/T 20770 |
| 54 | 杀螟硫磷 | 5* | 杀虫剂 | GB 23200.113、GB/T 14553、GB/T 5009.20 |
| 55 | 杀扑磷 | 0.05 | 杀虫剂 | GB 23200.113 |
| 56 | 水胺硫磷 | 0.05 | 杀虫剂 | GB 23200.9、GB 23200.113 |
| 57 | 特丁硫磷 | 0.01 | 杀虫剂 | SN/T 3768 |
| 58 | 戊唑醇 | 0.3 | 杀菌剂 | GB 23200.113、GB/T 20770 |
| 59 | 烯草酮 | 2 | 除草剂 | GB 23200.9、GB/T 20770 |
| 60 | 辛硫磷 | 0.05 | 杀虫剂 | GB/T 5009.102、SN/T 3769 |
| 61 | 溴甲烷 | 5* | 熏蒸剂 | 无指定 |
| 62 | 亚砜磷 | 0.1* | 杀虫剂 | 无指定 |
| 63 | 氧乐果 | 0.05 | 杀虫剂 | GB 23200.113、GB/T 20770 |
| 64 | 异菌脲 | 0.1 | 杀菌剂 | GB 23200.113、NY/T 761 |
| 65 | 增效醚 | 0.2 | 增效剂 | GB 23200.34、GB 23200.113 |
| 66 | 艾氏剂 | 0.02 | 杀虫剂 | GB 23200.113、GB/T 5009.19 |
| 67 | 滴滴涕 | 0.05 | 杀虫剂 | GB 23200.113、GB/T 5009.19 |
| 68 | 狄氏剂 | 0.02 | 杀虫剂 | GB 23200.113、GB/T 5009.19 |
| 69 | 毒杀芬 | 0.01* | 杀虫剂 | YC/T 180（参照） |
| 70 | 六六六 | 0.05 | 杀虫剂 | GB 23200.113、GB/T 5009.19 |
| 71 | 灭蚁灵 | 0.01 | 杀虫剂 | GB/T 5009.19 |
| 72 | 七氯 | 0.02 | 杀虫剂 | GB/T 5009.19 |
| 73 | 异狄氏剂 | 0.01 | 杀虫剂 | GB/T 5009.19 |
| 74 | 2甲4氯（钠） | 0.01 | 除草剂 | SN/T 2228、NY/T 1434（参照） |
| 75 | 苯菌酮 | 0.05* | 杀菌剂 | 无指定 |
| 76 | 吡唑醚菌酯 | 0.3 | 杀菌剂 | GB 23200.113、GB/T 20770 |
| 77 | 草铵膦 | 0.05* | 除草剂 | 无指定 |
| 78 | 草甘膦 | 5 | 除草剂 | GB/T 23750、SN/T 1923 |

（续）

| 序号 | 农药中文名 | 最大残留限量（mg/kg） | 农药主要用途 | 检测方法 |
|---|---|---|---|---|
| 79 | 敌草快 | 0.3 | 除草剂 | GB/T 5009.221、SN/T 0293 |
| 80 | 氟吡甲禾灵和高效氟吡甲禾灵 | 0.2* | 除草剂 | 无指定 |
| 81 | 氟唑菌酰胺 | 0.4* | 杀菌剂 | 无指定 |
| 82 | 甲硫威 | 0.1 | 杀软体动物剂 | GB 23200.11 |
| 83 | 甲氧虫酰肼 | 5 | 杀虫剂 | GB/T 20770 |
| 84 | 乐果 | 0.5* | 杀虫剂 | GB/T 5009.145、GB/T 20769、NY/T 761 |
| 85 | 氯氰菊酯和高效氯氰菊酯 | 0.5 | 杀虫剂 | GB 23200.9、GB 23200.113、GB/T 5009.110 |
| 86 | 马拉硫磷 | 2 | 杀虫剂 | GB 23200.9、GB 23200.113、GB/T 5009.145 |
| 87 | 嘧霉胺 | 0.5 | 杀菌剂 | GB 23200.9、GB 23200.113、GB/T 20770 |
| 88 | 灭蝇胺 | 0.5 | 杀虫剂 | NY/T 1725（参照） |
| 89 | 三唑酮 | 0.05 | 杀菌剂 | GB 23200.9、GB 23200.113、GB/T 5009.126、GB/T 20770 |
| 90 | 五氯硝基苯 | 0.01 | 杀菌剂 | GB 23200.113、GB/T 5009.19、GB/T 5009.136 |
| 91 | 溴氰菊酯 | 1 | 杀虫剂 | GB 23200.9、GB 23200.113、GB/T 5009.110 |
| 92 | 乙拌磷 | 0.02 | 杀虫剂 | GB/T 20769（参照） |

## 1.16　赤豆

赤豆中农药最大残留限量见表 1－16。

**表 1－16　赤豆中农药最大残留限量**

| 序号 | 农药中文名 | 最大残留限量（mg/kg） | 农药主要用途 | 检测方法 |
|---|---|---|---|---|
| 1 | 氯丹 | 0.02 | 杀虫剂 | GB/T 5009.19 |
| 2 | 氯氰菊酯和高效氯氰菊酯 | 0.3 | 杀虫剂 | GB 23200.9、GB 23200.113、GB/T 5009.110 |

（续）

| 序号 | 农药中文名 | 最大残留限量（mg/kg） | 农药主要用途 | 检测方法 |
|---|---|---|---|---|
| 3 | 百草枯 | 0.5 | 除草剂 | SN/T 0293（参照） |
| 4 | 苯醚甲环唑 | 0.02 | 杀菌剂 | GB 23200.9、GB 23200.113 |
| 5 | 苯嘧磺草胺 | 0.3* | 除草剂 | 无指定 |
| 6 | 苯线磷 | 0.02 | 杀虫剂 | GB/T 20770 |
| 7 | 吡虫啉 | 2 | 杀虫剂 | GB/T 20770 |
| 8 | 吡噻菌胺 | 3* | 杀菌剂 | 无指定 |
| 9 | 吡唑醚菌酯 | 0.2 | 杀菌剂 | GB 23200.113、GB/T 20770 |
| 10 | 丙硫菌唑 | 1* | 杀菌剂 | 无指定 |
| 11 | 草甘膦 | 2 | 除草剂 | GB/T 23750、SN/T 1923 |
| 12 | 除虫菊素 | 0.1 | 杀虫剂 | GB/T 20769（参照） |
| 13 | 敌草腈 | 0.01* | 杀虫剂 | 无指定 |
| 14 | 敌草快 | 0.2 | 除草剂 | GB/T 5009.221、SN/T 0293 |
| 15 | 敌敌畏 | 0.1 | 杀虫剂 | GB 23200.113、GB/T 5009.20、SN/T 2324 |
| 16 | 地虫硫磷 | 0.05 | 杀虫剂 | GB 23200.113、GB/T 20770 |
| 17 | 啶酰菌胺 | 3 | 杀菌剂 | GB/T 20770 |
| 18 | 对硫磷 | 0.1 | 杀虫剂 | GB 23200.113、GB/T 5009.20 |
| 19 | 多菌灵 | 0.5 | 杀菌剂 | GB/T 20770 |
| 20 | 氟苯虫酰胺 | 1* | 杀虫剂 | 无指定 |
| 21 | 氟吡甲禾灵和高效氟吡甲禾灵 | 3* | 除草剂 | 无指定 |
| 22 | 氟吡菌酰胺 | 0.07* | 杀菌剂 | 无指定 |
| 23 | 氟啶虫胺腈 | 0.3* | 杀虫剂 | 无指定 |
| 24 | 氟酰脲 | 0.1 | 杀虫剂 | GB 23200.34（参照） |
| 25 | 氟唑菌酰胺 | 0.3* | 杀菌剂 | 无指定 |
| 26 | 咯菌腈 | 0.5 | 杀菌剂 | GB 23200.9、GB 23200.113、GB/T 20770 |
| 27 | 环丙唑醇 | 0.02 | 杀菌剂 | GB/T 20770、GB 23200.113、GB 23200.9 |
| 28 | 甲胺磷 | 0.05 | 杀虫剂 | GB 23200.113、GB/T 5009.103、GB/T 20770 |

（续）

| 序号 | 农药中文名 | 最大残留限量（mg/kg） | 农药主要用途 | 检测方法 |
|---|---|---|---|---|
| 29 | 甲拌磷 | 0.05 | 杀虫剂 | GB 23200.113 |
| 30 | 甲基毒死蜱 | 5* | 杀虫剂 | GB 23200.9、GB 23200.113 |
| 31 | 甲基对硫磷 | 0.02 | 杀虫剂 | GB 23200.113、GB/T 5009.20 |
| 32 | 甲基硫环磷 | 0.03* | 杀虫剂 | NY/T 761（参照） |
| 33 | 甲基异柳磷 | 0.02* | 杀虫剂 | GB 23200.113、GB/T 5009.144 |
| 34 | 甲氧咪草烟 | 0.05* | 除草剂 | 无指定 |
| 35 | 精二甲吩草胺 | 0.01 | 除草剂 | GB 23200.9、GB/T 20770(参照) |
| 36 | 久效磷 | 0.02 | 杀虫剂 | GB 23200.113、GB/T 5009.20 |
| 37 | 抗蚜威 | 0.2 | 杀虫剂 | GB 23200.9、GB 23200.113、GB/T 20770、SN/T 0134 |
| 38 | 克百威 | 0.05 | 杀虫剂 | NY/T 761 |
| 39 | 联苯肼酯 | 0.3 | 杀螨剂 | GB 23200.34（参照） |
| 40 | 联苯菊酯 | 0.3 | 杀虫/杀螨剂 | GB 23200.113、SN/T 2151 |
| 41 | 磷化铝 | 0.05 | 杀虫剂 | GB/T 5009.36、GB/T 25222 |
| 42 | 硫线磷 | 0.02 | 杀虫剂 | GB/T 20770 |
| 43 | 螺虫乙酯 | 2* | 杀虫剂 | 无指定 |
| 44 | 氯虫苯甲酰胺 | 0.02* | 杀虫剂 | 无指定 |
| 45 | 氯氟氰菊酯和高效氯氟氰菊酯 | 0.05 | 杀虫剂 | GB 23200.9、GB 23200.113、GB/T 5009.146、SN/T 2151 |
| 46 | 氯化苦 | 0.1 | 熏蒸剂 | GB/T 5009.36 |
| 47 | 氯菊酯 | 2 | 杀虫剂 | GB 23200.113、GB/T 5009.146、SN/T 2151 |
| 48 | 氯氰菊酯和高效氯氰菊酯 | 0.05 | 杀虫剂 | GB 23200.9、GB 23200.113、GB/T 5009.110 |
| 49 | 马拉硫磷 | 8 | 杀虫剂 | GB 23200.9、GB 23200.113、GB/T 5009.145 |
| 50 | 醚菊酯 | 0.05 | 杀虫剂 | GB 23200.9、SN/T 2151 |
| 51 | 嘧菌环胺 | 0.2 | 杀菌剂 | GB 23200.9、GB 23200.113、GB/T 20770 |
| 52 | 灭草松 | 0.05 | 除草剂 | GB/T 20770 |
| 53 | 灭多威 | 0.2 | 杀虫剂 | SN/T 0134 |

（续）

| 序号 | 农药中文名 | 最大残留限量（mg/kg） | 农药主要用途 | 检测方法 |
| --- | --- | --- | --- | --- |
| 54 | 灭线磷 | 0.05 | 杀线虫剂 | GB 23200.113 |
| 55 | 灭蝇胺 | 3 | 杀虫剂 | NY/T 1725（参照） |
| 56 | 噻虫胺 | 0.02 | 杀虫剂 | GB/T 20770 |
| 57 | 杀虫脒 | 0.01 | 杀虫剂 | GB/T 20770 |
| 58 | 杀螟硫磷 | 5* | 杀虫剂 | GB 23200.113、GB/T 14553、GB/T 5009.20 |
| 59 | 杀扑磷 | 0.05 | 杀虫剂 | GB 23200.113 |
| 60 | 水胺硫磷 | 0.05 | 杀虫剂 | GB 23200.9、GB 23200.113 |
| 61 | 特丁硫磷 | 0.01 | 杀虫剂 | SN/T 3768 |
| 62 | 五氯硝基苯 | 0.02 | 杀菌剂 | GB 23200.113、GB/T 5009.19、GB/T 5009.136 |
| 63 | 戊唑醇 | 0.3 | 杀菌剂 | GB 23200.113、GB/T 20770 |
| 64 | 烯草酮 | 2 | 除草剂 | GB 23200.9、GB/T 20770 |
| 65 | 辛硫磷 | 0.05 | 杀虫剂 | GB/T 5009.102、SN/T 3769 |
| 66 | 溴甲烷 | 5* | 熏蒸剂 | 无指定 |
| 67 | 溴氰菊酯 | 0.5 | 杀虫剂 | GB 23200.9、GB 23200.113、GB/T 5009.110 |
| 68 | 亚砜磷 | 0.1* | 杀虫剂 | 无指定 |
| 69 | 氧乐果 | 0.05 | 杀虫剂 | GB 23200.113、GB/T 20770 |
| 70 | 异菌脲 | 0.1 | 杀菌剂 | GB 23200.113、NY/T 761 |
| 71 | 增效醚 | 0.2 | 增效剂 | GB 23200.34、GB 23200.113 |
| 72 | 艾氏剂 | 0.02 | 杀虫剂 | GB 23200.113、GB/T 5009.19 |
| 73 | 滴滴涕 | 0.05 | 杀虫剂 | GB 23200.113、GB/T 5009.19 |
| 74 | 狄氏剂 | 0.02 | 杀虫剂 | GB 23200.113、GB/T 5009.19 |
| 75 | 毒杀芬 | 0.01* | 杀虫剂 | YC/T 180（参照） |
| 76 | 六六六 | 0.05 | 杀虫剂 | GB 23200.113、GB/T 5009.19 |
| 77 | 灭蚁灵 | 0.01 | 杀虫剂 | GB/T 5009.19 |
| 78 | 七氯 | 0.02 | 杀虫剂 | GB/T 5009.19 |
| 79 | 异狄氏剂 | 0.01 | 杀虫剂 | GB/T 5009.19 |
| 80 | 百菌清 | 0.2 | 杀菌剂 | SN/T 2320 |
| 81 | 氟氰戊菊酯 | 0.05 | 杀虫剂 | GB 23200.9、GB 23200.113 |
| 82 | 喹禾灵和精喹禾灵 | 0.1 | 除草剂 | GB/T 20770 |

## 1.17 小扁豆

小扁豆中农药最大残留限量见表1-17。

**表1-17 小扁豆中农药最大残留限量**

| 序号 | 农药中文名 | 最大残留限量（mg/kg） | 农药主要用途 | 检测方法 |
|---|---|---|---|---|
| 1 | 氯丹 | 0.02 | 杀虫剂 | GB/T 5009.19 |
| 2 | 氯氰菊酯和高效氯氰菊酯 | 0.3 | 杀虫剂 | GB 23200.9、GB 23200.113、GB/T 5009.110 |
| 3 | 百草枯 | 0.5 | 除草剂 | SN/T 0293（参照） |
| 4 | 百菌清 | 1 | 杀菌剂 | SN/T 2320 |
| 5 | 苯醚甲环唑 | 0.02 | 杀菌剂 | GB 23200.9、GB 23200.113 |
| 6 | 苯嘧磺草胺 | 0.3* | 除草剂 | 无指定 |
| 7 | 苯线磷 | 0.02 | 杀虫剂 | GB/T 20770 |
| 8 | 吡虫啉 | 2 | 杀虫剂 | GB/T 20770 |
| 9 | 吡噻菌胺 | 3* | 杀菌剂 | 无指定 |
| 10 | 丙硫菌唑 | 1* | 杀菌剂 | 无指定 |
| 11 | 除虫菊素 | 0.1 | 杀虫剂 | GB/T 20769（参照） |
| 12 | 敌草腈 | 0.01* | 杀虫剂 | 无指定 |
| 13 | 敌草快 | 0.2 | 除草剂 | GB/T 5009.221、SN/T 0293 |
| 14 | 敌敌畏 | 0.1 | 杀虫剂 | GB 23200.113、GB/T 5009.20、SN/T 2324 |
| 15 | 地虫硫磷 | 0.05 | 杀虫剂 | GB 23200.113、GB/T 20770 |
| 16 | 啶酰菌胺 | 3 | 杀菌剂 | GB/T 20770 |
| 17 | 对硫磷 | 0.1 | 杀虫剂 | GB 23200.113、GB/T 5009.20 |
| 18 | 多菌灵 | 0.5 | 杀菌剂 | GB/T 20770 |
| 19 | 氟苯虫酰胺 | 1* | 杀虫剂 | 无指定 |
| 20 | 氟吡甲禾灵和高效氟吡甲禾灵 | 3* | 除草剂 | 无指定 |
| 21 | 氟吡菌酰胺 | 0.07* | 杀菌剂 | 无指定 |
| 22 | 氟啶虫胺腈 | 0.3* | 杀虫剂 | 无指定 |
| 23 | 氟酰脲 | 0.1 | 杀虫剂 | GB 23200.34（参照） |
| 24 | 咯菌腈 | 0.5 | 杀菌剂 | GB 23200.9、GB 23200.113、GB/T 20770 |

（续）

| 序号 | 农药中文名 | 最大残留限量（mg/kg） | 农药主要用途 | 检测方法 |
|---|---|---|---|---|
| 25 | 环丙唑醇 | 0.02 | 杀菌剂 | GB/T 20770、GB 23200.113、GB 23200.9 |
| 26 | 甲胺磷 | 0.05 | 杀虫剂 | GB 23200.113、GB/T 5009.103、GB/T 20770 |
| 27 | 甲拌磷 | 0.05 | 杀虫剂 | GB 23200.113 |
| 28 | 甲基毒死蜱 | 5* | 杀虫剂 | GB 23200.9、GB 23200.113 |
| 29 | 甲基对硫磷 | 0.02 | 杀虫剂 | GB 23200.113、GB/T 5009.20 |
| 30 | 甲基硫环磷 | 0.03* | 杀虫剂 | NY/T 761（参照） |
| 31 | 甲基异柳磷 | 0.02* | 杀虫剂 | GB 23200.113、GB/T 5009.144 |
| 32 | 甲氧咪草烟 | 0.05* | 除草剂 | 无指定 |
| 33 | 精二甲吩草胺 | 0.01 | 除草剂 | GB 23200.9、GB/T 20770(参照) |
| 34 | 久效磷 | 0.02 | 杀虫剂 | GB 23200.113、GB/T 5009.20 |
| 35 | 抗蚜威 | 0.2 | 杀虫剂 | GB 23200.9、GB 23200.113、GB/T 20770、SN/T 0134 |
| 36 | 克百威 | 0.05 | 杀虫剂 | NY/T 761 |
| 37 | 联苯肼酯 | 0.3 | 杀螨剂 | GB 23200.34（参照） |
| 38 | 联苯菊酯 | 0.3 | 杀虫/杀螨剂 | GB 23200.113、SN/T 2151 |
| 39 | 磷化铝 | 0.05 | 杀虫剂 | GB/T 5009.36、GB/T 25222 |
| 40 | 硫线磷 | 0.02 | 杀虫剂 | GB/T 20770 |
| 41 | 螺虫乙酯 | 2* | 杀虫剂 | 无指定 |
| 42 | 氯虫苯甲酰胺 | 0.02* | 杀虫剂 | 无指定 |
| 43 | 氯氟氰菊酯和高效氯氟氰菊酯 | 0.05 | 杀虫剂 | GB 23200.9、GB 23200.113、GB/T 5009.146、SN/T 2151 |
| 44 | 氯化苦 | 0.1 | 熏蒸剂 | GB/T 5009.36 |
| 45 | 氯菊酯 | 2 | 杀虫剂 | GB 23200.113、GB/T 5009.146、SN/T 2151 |
| 46 | 氯氰菊酯和高效氯氰菊酯 | 0.05 | 杀虫剂 | GB 23200.9、GB 23200.113、GB/T 5009.110 |
| 47 | 马拉硫磷 | 8 | 杀虫剂 | GB 23200.9、GB 23200.113、GB/T 5009.145 |
| 48 | 醚菊酯 | 0.05 | 杀虫剂 | GB 23200.9、SN/T 2151 |

（续）

| 序号 | 农药中文名 | 最大残留限量（mg/kg） | 农药主要用途 | 检测方法 |
|---|---|---|---|---|
| 49 | 嘧菌环胺 | 0.2 | 杀菌剂 | GB 23200.9、GB 23200.113、GB/T 20770 |
| 50 | 灭草松 | 0.05 | 除草剂 | GB/T 20770 |
| 51 | 灭多威 | 0.2 | 杀虫剂 | SN/T 0134 |
| 52 | 灭线磷 | 0.05 | 杀线虫剂 | GB 23200.113 |
| 53 | 灭蝇胺 | 3 | 杀虫剂 | NY/T 1725（参照） |
| 54 | 噻虫胺 | 0.02 | 杀虫剂 | GB/T 20770 |
| 55 | 杀虫脒 | 0.01 | 杀虫剂 | GB/T 20770 |
| 56 | 杀螟硫磷 | 5* | 杀虫剂 | GB 23200.113、GB/T 14553、GB/T 5009.20 |
| 57 | 杀扑磷 | 0.05 | 杀虫剂 | GB 23200.113 |
| 58 | 水胺硫磷 | 0.05 | 杀虫剂 | GB 23200.9、GB 23200.113 |
| 59 | 特丁硫磷 | 0.01 | 杀虫剂 | SN/T 3768 |
| 60 | 五氯硝基苯 | 0.02 | 杀菌剂 | GB 23200.113、GB/T 5009.19、GB/T 5009.136 |
| 61 | 戊唑醇 | 0.3 | 杀菌剂 | GB 23200.113、GB/T 20770 |
| 62 | 烯草酮 | 2 | 除草剂 | GB 23200.9、GB/T 20770 |
| 63 | 辛硫磷 | 0.05 | 杀虫剂 | GB/T 5009.102、SN/T 3769 |
| 64 | 溴甲烷 | 5* | 熏蒸剂 | 无指定 |
| 65 | 亚砜磷 | 0.1* | 杀虫剂 | 无指定 |
| 66 | 氧乐果 | 0.05 | 杀虫剂 | GB 23200.113、GB/T 20770 |
| 67 | 异菌脲 | 0.1 | 杀菌剂 | GB 23200.113、NY/T 761 |
| 68 | 增效醚 | 0.2 | 增效剂 | GB 23200.34、GB 23200.113 |
| 69 | 艾氏剂 | 0.02 | 杀虫剂 | GB 23200.113、GB/T 5009.19 |
| 70 | 滴滴涕 | 0.05 | 杀虫剂 | GB 23200.113、GB/T 5009.19 |
| 71 | 狄氏剂 | 0.02 | 杀虫剂 | GB 23200.113、GB/T 5009.19 |
| 72 | 毒杀芬 | 0.01* | 杀虫剂 | YC/T 180（参照） |
| 73 | 六六六 | 0.05 | 杀虫剂 | GB 23200.113、GB/T 5009.19 |
| 74 | 灭蚁灵 | 0.01 | 杀虫剂 | GB/T 5009.19 |
| 75 | 七氯 | 0.02 | 杀虫剂 | GB/T 5009.19 |
| 76 | 异狄氏剂 | 0.01 | 杀虫剂 | GB/T 5009.19 |

（续）

| 序号 | 农药中文名 | 最大残留限量（mg/kg） | 农药主要用途 | 检测方法 |
|---|---|---|---|---|
| 77 | 吡唑醚菌酯 | 0.5 | 杀菌剂 | GB 23200.113、GB/T 20770 |
| 78 | 草甘膦 | 5 | 除草剂 | GB/T 23750、SN/T 1923 |
| 79 | 氟唑菌酰胺 | 0.4* | 杀菌剂 | 无指定 |
| 80 | 甲氧咪草烟 | 0.2* | 除草剂 | 无限定 |
| 81 | 咪唑烟酸 | 0.3 | 除草剂 | GB/T 23818（参照） |
| 82 | 溴氰菊酯 | 1 | 杀虫剂 | GB 23200.9、GB 23200.113、GB/T 5009.110 |

## 1.18 鹰嘴豆

鹰嘴豆中农药最大残留限量见表 1-18。

**表 1-18 鹰嘴豆中农药最大残留限量**

| 序号 | 农药中文名 | 最大残留限量（mg/kg） | 农药主要用途 | 检测方法 |
|---|---|---|---|---|
| 1 | 氯丹 | 0.02 | 杀虫剂 | GB/T 5009.19 |
| 2 | 氯氰菊酯和高效氯氰菊酯 | 0.3 | 杀虫剂 | GB 23200.9、GB 23200.113、GB/T 5009.110 |
| 3 | 百草枯 | 0.5 | 除草剂 | SN/T 0293（参照） |
| 4 | 百菌清 | 1 | 杀菌剂 | SN/T 2320 |
| 5 | 苯醚甲环唑 | 0.02 | 杀菌剂 | GB 23200.9、GB 23200.113 |
| 6 | 苯嘧磺草胺 | 0.3* | 除草剂 | 无指定 |
| 7 | 苯线磷 | 0.02 | 杀虫剂 | GB/T 20770 |
| 8 | 吡虫啉 | 2 | 杀虫剂 | GB/T 20770 |
| 9 | 吡噻菌胺 | 3* | 杀菌剂 | 无指定 |
| 10 | 吡唑醚菌酯 | 0.2 | 杀菌剂 | GB 23200.113、GB/T 20770 |
| 11 | 丙硫菌唑 | 1* | 杀菌剂 | 无指定 |
| 12 | 草甘膦 | 2 | 除草剂 | GB/T 23750、SN/T 1923 |
| 13 | 除虫菊素 | 0.1 | 杀虫剂 | GB/T 20769（参照） |
| 14 | 敌草腈 | 0.01* | 杀虫剂 | 无指定 |
| 15 | 敌草快 | 0.2 | 除草剂 | GB/T 5009.221、SN/T 0293 |
| 16 | 敌敌畏 | 0.1 | 杀虫剂 | GB 23200.113、GB/T 5009.20、SN/T 2324 |

（续）

| 序号 | 农药中文名 | 最大残留限量（mg/kg） | 农药主要用途 | 检测方法 |
|---|---|---|---|---|
| 17 | 地虫硫磷 | 0.05 | 杀虫剂 | GB 23200.113、GB/T 20770 |
| 18 | 啶酰菌胺 | 3 | 杀菌剂 | GB/T 20770 |
| 19 | 对硫磷 | 0.1 | 杀虫剂 | GB 23200.113、GB/T 5009.20 |
| 20 | 多菌灵 | 0.5 | 杀菌剂 | GB/T 20770 |
| 21 | 氟苯虫酰胺 | 1* | 杀虫剂 | 无指定 |
| 22 | 氟吡菌酰胺 | 0.07* | 杀菌剂 | 无指定 |
| 23 | 氟啶虫胺腈 | 0.3* | 杀虫剂 | 无指定 |
| 24 | 氟酰脲 | 0.1 | 杀虫剂 | GB 23200.34（参照） |
| 25 | 咯菌腈 | 0.5 | 杀菌剂 | GB 23200.9、GB 23200.113、GB/T 20770 |
| 26 | 环丙唑醇 | 0.02 | 杀菌剂 | GB/T 20770、GB 23200.113、GB 23200.9 |
| 27 | 甲胺磷 | 0.05 | 杀虫剂 | GB 23200.113、GB/T 5009.103、GB/T 20770 |
| 28 | 甲拌磷 | 0.05 | 杀虫剂 | GB 23200.113 |
| 29 | 甲基毒死蜱 | 5* | 杀虫剂 | GB 23200.9、GB 23200.113 |
| 30 | 甲基对硫磷 | 0.02 | 杀虫剂 | GB 23200.113、GB/T 5009.20 |
| 31 | 甲基硫环磷 | 0.03* | 杀虫剂 | NY/T 761（参照） |
| 32 | 甲基异柳磷 | 0.02* | 杀虫剂 | GB 23200.113、GB/T 5009.144 |
| 33 | 甲氧咪草烟 | 0.05* | 除草剂 | 无指定 |
| 34 | 精二甲吩草胺 | 0.01 | 除草剂 | GB 23200.9、GB/T 20770(参照) |
| 35 | 久效磷 | 0.02 | 杀虫剂 | GB 23200.113、GB/T 5009.20 |
| 36 | 抗蚜威 | 0.2 | 杀虫剂 | GB 23200.9、GB 23200.113、GB/T 20770、SN/T 0134 |
| 37 | 克百威 | 0.05 | 杀虫剂 | NY/T 761 |
| 38 | 联苯肼酯 | 0.3 | 杀螨剂 | GB 23200.34（参照） |
| 39 | 联苯菊酯 | 0.3 | 杀虫/杀螨剂 | GB 23200.113、SN/T 2151 |
| 40 | 磷化铝 | 0.05 | 杀虫剂 | GB/T 5009.36、GB/T 25222 |
| 41 | 硫线磷 | 0.02 | 杀虫剂 | GB/T 20770 |
| 42 | 螺虫乙酯 | 2* | 杀虫剂 | 无指定 |
| 43 | 氯虫苯甲酰胺 | 0.02* | 杀虫剂 | 无指定 |

（续）

| 序号 | 农药中文名 | 最大残留限量（mg/kg） | 农药主要用途 | 检测方法 |
|---|---|---|---|---|
| 44 | 氯氟氰菊酯和高效氯氟氰菊酯 | 0.05 | 杀虫剂 | GB 23200.9、GB 23200.113、GB/T 5009.146、SN/T 2151 |
| 45 | 氯化苦 | 0.1 | 熏蒸剂 | GB/T 5009.36 |
| 46 | 氯菊酯 | 2 | 杀虫剂 | GB 23200.113、GB/T 5009.146、SN/T 2151 |
| 47 | 氯氰菊酯和高效氯氰菊酯 | 0.05 | 杀虫剂 | GB 23200.9、GB 23200.113、GB/T 5009.110 |
| 48 | 马拉硫磷 | 8 | 杀虫剂 | GB 23200.9、GB 23200.113、GB/T 5009.145 |
| 49 | 醚菊酯 | 0.05 | 杀虫剂 | GB 23200.9、SN/T 2151 |
| 50 | 嘧菌环胺 | 0.2 | 杀菌剂 | GB 23200.9、GB 23200.113、GB/T 20770 |
| 51 | 灭草松 | 0.05 | 除草剂 | GB/T 20770 |
| 52 | 灭多威 | 0.2 | 杀虫剂 | SN/T 0134 |
| 53 | 灭线磷 | 0.05 | 杀线虫剂 | GB 23200.113 |
| 54 | 灭蝇胺 | 3 | 杀虫剂 | NY/T 1725（参照） |
| 55 | 噻虫胺 | 0.02 | 杀虫剂 | GB/T 20770 |
| 56 | 杀虫脒 | 0.01 | 杀虫剂 | GB/T 20770 |
| 57 | 杀螟硫磷 | 5* | 杀虫剂 | GB 23200.113、GB/T 14553、GB/T 5009.20 |
| 58 | 杀扑磷 | 0.05 | 杀虫剂 | GB 23200.113 |
| 59 | 水胺硫磷 | 0.05 | 杀虫剂 | GB 23200.9 |
| 60 | 特丁硫磷 | 0.01 | 杀虫剂 | SN/T 3768 |
| 61 | 五氯硝基苯 | 0.02 | 杀菌剂 | GB 23200.113、GB/T 5009.19、GB/T 5009.136 |
| 62 | 戊唑醇 | 0.3 | 杀菌剂 | GB 23200.113、GB/T 20770 |
| 63 | 烯草酮 | 2 | 除草剂 | GB 23200.9、GB/T 20770 |
| 64 | 辛硫磷 | 0.05 | 杀虫剂 | GB/T 5009.102、SN/T 3769 |
| 65 | 溴甲烷 | 5* | 熏蒸剂 | 无指定 |
| 66 | 溴氰菊酯 | 0.5 | 杀虫剂 | GB 23200.9、GB 23200.113、GB/T 5009.110 |

（续）

| 序号 | 农药中文名 | 最大残留限量（mg/kg） | 农药主要用途 | 检测方法 |
| --- | --- | --- | --- | --- |
| 67 | 亚砜磷 | 0.1* | 杀虫剂 | 无指定 |
| 68 | 氧乐果 | 0.05 | 杀虫剂 | GB 23200.113、GB/T 20770 |
| 69 | 异菌脲 | 0.1 | 杀菌剂 | GB 23200.113、NY/T 761 |
| 70 | 增效醚 | 0.2 | 增效剂 | GB 23200.34、GB 23200.113 |
| 71 | 艾氏剂 | 0.02 | 杀虫剂 | GB 23200.113、GB/T 5009.19 |
| 72 | 滴滴涕 | 0.05 | 杀虫剂 | GB 23200.113、GB/T 5009.19 |
| 73 | 狄氏剂 | 0.02 | 杀虫剂 | GB 23200.113、GB/T 5009.19 |
| 74 | 毒杀芬 | 0.01* | 杀虫剂 | YC/T 180（参照） |
| 75 | 六六六 | 0.05 | 杀虫剂 | GB 23200.113、GB/T 5009.19 |
| 76 | 灭蚁灵 | 0.01 | 杀虫剂 | GB/T 5009.19 |
| 77 | 七氯 | 0.02 | 杀虫剂 | GB/T 5009.19 |
| 78 | 异狄氏剂 | 0.01 | 杀虫剂 | GB/T 5009.19 |
| 79 | 氟吡甲禾灵和高效氟吡甲禾灵 | 0.05* | 除草剂 | 无指定 |
| 80 | 氟唑菌酰胺 | 0.4* | 杀菌剂 | 无指定 |
| 81 | 异噁唑草酮 | 0.01 | 除草剂 | GB/T 20770 |
| 82 | 茚虫威 | 0.2 | 杀虫剂 | GB/T 20770 |

## 1.19　羽扇豆

羽扇豆中农药最大残留限量见表 1－19。

**表 1－19　羽扇豆中农药最大残留限量**

| 序号 | 农药中文名 | 最大残留限量（mg/kg） | 农药主要用途 | 检测方法 |
| --- | --- | --- | --- | --- |
| 1 | 氯丹 | 0.02 | 杀虫剂 | GB/T 5009.19 |
| 2 | 氯氰菊酯和高效氯氰菊酯 | 0.3 | 杀虫剂 | GB 23200.9、GB 23200.113、GB/T 5009.110 |
| 3 | 百草枯 | 0.5 | 除草剂 | SN/T 0293（参照） |
| 4 | 百菌清 | 1 | 杀菌剂 | SN/T 2320 |
| 5 | 苯醚甲环唑 | 0.02 | 杀菌剂 | GB 23200.9、GB 23200.113 |
| 6 | 苯嘧磺草胺 | 0.3* | 除草剂 | 无指定 |

（续）

| 序号 | 农药中文名 | 最大残留限量（mg/kg） | 农药主要用途 | 检测方法 |
|---|---|---|---|---|
| 7 | 苯线磷 | 0.02 | 杀虫剂 | GB/T 20770 |
| 8 | 吡虫啉 | 2 | 杀虫剂 | GB/T 20770 |
| 9 | 吡噻菌胺 | 3* | 杀菌剂 | 无指定 |
| 10 | 吡唑醚菌酯 | 0.2 | 杀菌剂 | GB 23200.113、GB/T 20770 |
| 11 | 丙硫菌唑 | 1* | 杀菌剂 | 无指定 |
| 12 | 草甘膦 | 2 | 除草剂 | GB/T 23750、SN/T 1923 |
| 13 | 除虫菊素 | 0.1 | 杀虫剂 | GB/T 20769（参照） |
| 14 | 敌草腈 | 0.01* | 杀虫剂 | 无指定 |
| 15 | 敌草快 | 0.2 | 除草剂 | GB/T 5009.221、SN/T 0293 |
| 16 | 敌敌畏 | 0.1 | 杀虫剂 | GB 23200.113、GB/T 5009.20、SN/T 2324 |
| 17 | 地虫硫磷 | 0.05 | 杀虫剂 | GB 23200.113、GB/T 20770 |
| 18 | 啶酰菌胺 | 3 | 杀菌剂 | GB/T 20770 |
| 19 | 对硫磷 | 0.1 | 杀虫剂 | GB 23200.113、GB/T 5009.20 |
| 20 | 多菌灵 | 0.5 | 杀菌剂 | GB/T 20770 |
| 21 | 氟苯虫酰胺 | 1* | 杀虫剂 | 无指定 |
| 22 | 氟吡甲禾灵和高效氟吡甲禾灵 | 3* | 除草剂 | 无指定 |
| 23 | 氟吡菌酰胺 | 0.07* | 杀菌剂 | 无指定 |
| 24 | 氟啶虫胺腈 | 0.3* | 杀虫剂 | 无指定 |
| 25 | 氟酰脲 | 0.1 | 杀虫剂 | GB 23200.34（参照） |
| 26 | 氟唑菌酰胺 | 0.3* | 杀菌剂 | 无指定 |
| 27 | 咯菌腈 | 0.5 | 杀菌剂 | GB 23200.9、GB 23200.113、GB/T 20770 |
| 28 | 环丙唑醇 | 0.02 | 杀菌剂 | GB/T 20770、GB 23200.113、GB 23200.9 |
| 29 | 甲胺磷 | 0.05 | 杀虫剂 | GB 23200.113、GB/T 5009.103、GB/T 20770 |
| 30 | 甲拌磷 | 0.05 | 杀虫剂 | GB 23200.113 |
| 31 | 甲基毒死蜱 | 5* | 杀虫剂 | GB 23200.9、GB 23200.113 |
| 32 | 甲基对硫磷 | 0.02 | 杀虫剂 | GB 23200.113、GB/T 5009.20 |

（续）

| 序号 | 农药中文名 | 最大残留限量（mg/kg） | 农药主要用途 | 检测方法 |
|---|---|---|---|---|
| 33 | 甲基硫环磷 | 0.03* | 杀虫剂 | NY/T 761（参照） |
| 34 | 甲基异柳磷 | 0.02* | 杀虫剂 | GB 23200.113、GB/T 5009.144 |
| 35 | 甲氧咪草烟 | 0.05* | 除草剂 | 无指定 |
| 36 | 精二甲吩草胺 | 0.01 | 除草剂 | GB 23200.9、GB/T 20770(参照) |
| 37 | 久效磷 | 0.02 | 杀虫剂 | GB 23200.113、GB/T 5009.20 |
| 38 | 抗蚜威 | 0.2 | 杀虫剂 | GB 23200.9、GB 23200.113、GB/T 20770、SN/T 0134 |
| 39 | 克百威 | 0.05 | 杀虫剂 | NY/T 761 |
| 40 | 联苯肼酯 | 0.3 | 杀螨剂 | GB 23200.34（参照） |
| 41 | 联苯菊酯 | 0.3 | 杀虫/杀螨剂 | GB 23200.113、SN/T 2151 |
| 42 | 磷化铝 | 0.05 | 杀虫剂 | GB/T 5009.36、GB/T 25222 |
| 43 | 硫线磷 | 0.02 | 杀虫剂 | GB/T 20770 |
| 44 | 螺虫乙酯 | 2* | 杀虫剂 | 无指定 |
| 45 | 氯虫苯甲酰胺 | 0.02* | 杀虫剂 | 无指定 |
| 46 | 氯氟氰菊酯和高效氯氟氰菊酯 | 0.05 | 杀虫剂 | GB 23200.9、GB 23200.113、GB/T 5009.146、SN/T 2151 |
| 47 | 氯化苦 | 0.1 | 熏蒸剂 | GB/T 5009.36 |
| 48 | 氯菊酯 | 2 | 杀虫剂 | GB 23200.113、GB/T 5009.146、SN/T 2151 |
| 49 | 氯氰菊酯和高效氯氰菊酯 | 0.05 | 杀虫剂 | GB 23200.9、GB 23200.113、GB/T 5009.110 |
| 50 | 马拉硫磷 | 8 | 杀虫剂 | GB 23200.9、GB 23200.113、GB/T 5009.145 |
| 51 | 醚菊酯 | 0.05 | 杀虫剂 | GB 23200.9、SN/T 2151 |
| 52 | 嘧菌环胺 | 0.2 | 杀菌剂 | GB 23200.9、GB 23200.113、GB/T 20770 |
| 53 | 灭草松 | 0.05 | 除草剂 | GB/T 20770 |
| 54 | 灭多威 | 0.2 | 杀虫剂 | SN/T 0134 |
| 55 | 灭线磷 | 0.05 | 杀线虫剂 | GB 23200.113 |
| 56 | 灭蝇胺 | 3 | 杀虫剂 | NY/T 1725（参照） |
| 57 | 噻虫胺 | 0.02 | 杀虫剂 | GB/T 20770 |

（续）

| 序号 | 农药中文名 | 最大残留限量（mg/kg） | 农药主要用途 | 检测方法 |
|---|---|---|---|---|
| 58 | 杀虫脒 | 0.01 | 杀虫剂 | GB/T 20770 |
| 59 | 杀螟硫磷 | 5* | 杀虫剂 | GB 23200.113、GB/T 14553、GB/T 5009.20 |
| 60 | 杀扑磷 | 0.05 | 杀虫剂 | GB 23200.113 |
| 61 | 水胺硫磷 | 0.05 | 杀虫剂 | GB 23200.9、GB 23200.113 |
| 62 | 特丁硫磷 | 0.01 | 杀虫剂 | SN/T 3768 |
| 63 | 五氯硝基苯 | 0.02 | 杀菌剂 | GB 23200.113、GB/T 5009.19、GB/T 5009.136 |
| 64 | 戊唑醇 | 0.3 | 杀菌剂 | GB 23200.113、GB/T 20770 |
| 65 | 烯草酮 | 2 | 除草剂 | GB 23200.9、GB/T 20770 |
| 66 | 辛硫磷 | 0.05 | 杀虫剂 | GB/T 5009.102、SN/T 3769 |
| 67 | 溴甲烷 | 5* | 熏蒸剂 | 无指定 |
| 68 | 溴氰菊酯 | 0.5 | 杀虫剂 | GB 23200.9、GB 23200.113、GB/T 5009.110 |
| 69 | 亚砜磷 | 0.1* | 杀虫剂 | 无指定 |
| 70 | 氧乐果 | 0.05 | 杀虫剂 | GB 23200.113、GB/T 20770 |
| 71 | 异菌脲 | 0.1 | 杀菌剂 | GB 23200.113、NY/T 761 |
| 72 | 增效醚 | 0.2 | 增效剂 | GB 23200.34、GB 23200.113 |
| 73 | 艾氏剂 | 0.02 | 杀虫剂 | GB 23200.113、GB/T 5009.19 |
| 74 | 滴滴涕 | 0.05 | 杀虫剂 | GB 23200.113、GB/T 5009.19 |
| 75 | 狄氏剂 | 0.02 | 杀虫剂 | GB 23200.113、GB/T 5009.19 |
| 76 | 毒杀芬 | 0.01* | 杀虫剂 | YC/T 180（参照） |
| 77 | 六六六 | 0.05 | 杀虫剂 | GB 23200.113、GB/T 5009.19 |
| 78 | 灭蚁灵 | 0.01 | 杀虫剂 | GB/T 5009.19 |
| 79 | 七氯 | 0.02 | 杀虫剂 | GB/T 5009.19 |
| 80 | 异狄氏剂 | 0.01 | 杀虫剂 | GB/T 5009.19 |

## 1.20 豇豆（杂粮豆）

豇豆（杂粮豆）中农药最大残留限量见表1-20。

**表1-20 豇豆（杂粮豆）中农药最大残留限量**

| 序号 | 农药中文名 | 最大残留限量（mg/kg） | 农药主要用途 | 检测方法 |
|---|---|---|---|---|
| 1 | 氯丹 | 0.02 | 杀虫剂 | GB/T 5009.19 |
| 2 | 氯氰菊酯和高效氯氰菊酯 | 0.3 | 杀虫剂 | GB 23200.9、GB 23200.113、GB/T 5009.110 |
| 3 | 百草枯 | 0.5 | 除草剂 | SN/T 0293（参照） |
| 4 | 百菌清 | 1 | 杀菌剂 | SN/T 2320 |
| 5 | 苯醚甲环唑 | 0.02 | 杀菌剂 | GB 23200.9、GB 23200.113 |
| 6 | 苯嘧磺草胺 | 0.3* | 除草剂 | 无指定 |
| 7 | 苯线磷 | 0.02 | 杀虫剂 | GB/T 20770 |
| 8 | 吡虫啉 | 2 | 杀虫剂 | GB/T 20770 |
| 9 | 吡噻菌胺 | 3* | 杀菌剂 | 无指定 |
| 10 | 吡唑醚菌酯 | 0.2 | 杀菌剂 | GB 23200.113、GB/T 20770 |
| 11 | 丙硫菌唑 | 1* | 杀菌剂 | 无指定 |
| 12 | 草甘膦 | 2 | 除草剂 | GB/T 23750、SN/T 1923 |
| 13 | 除虫菊素 | 0.1 | 杀虫剂 | GB/T 20769（参照） |
| 14 | 敌草腈 | 0.01* | 杀虫剂 | 无指定 |
| 15 | 敌草快 | 0.2 | 除草剂 | GB/T 5009.221、SN/T 0293 |
| 16 | 敌敌畏 | 0.1 | 杀虫剂 | GB 23200.113、GB/T 5009.20、SN/T 2324 |
| 17 | 地虫硫磷 | 0.05 | 杀虫剂 | GB 23200.113、GB/T 20770 |
| 18 | 啶酰菌胺 | 3 | 杀菌剂 | GB/T 20770 |
| 19 | 对硫磷 | 0.1 | 杀虫剂 | GB 23200.113、GB/T 5009.20 |
| 20 | 多菌灵 | 0.5 | 杀菌剂 | GB/T 20770 |
| 21 | 氟苯虫酰胺 | 1* | 杀虫剂 | 无指定 |
| 22 | 氟吡甲禾灵和高效氟吡甲禾灵 | 3* | 除草剂 | 无指定 |
| 23 | 氟吡菌酰胺 | 0.07* | 杀菌剂 | 无指定 |
| 24 | 氟啶虫胺腈 | 0.3* | 杀虫剂 | 无指定 |
| 25 | 氟酰脲 | 0.1 | 杀虫剂 | GB 23200.34（参照） |
| 26 | 氟唑菌酰胺 | 0.3* | 杀菌剂 | 无指定 |
| 27 | 咯菌腈 | 0.5 | 杀菌剂 | GB 23200.9、GB 23200.113、GB/T 20770 |

（续）

| 序号 | 农药中文名 | 最大残留限量（mg/kg） | 农药主要用途 | 检测方法 |
|---|---|---|---|---|
| 28 | 环丙唑醇 | 0.02 | 杀菌剂 | GB/T 20770、GB 23200.113、GB 23200.9 |
| 29 | 甲胺磷 | 0.05 | 杀虫剂 | GB 23200.113、GB/T 5009.103、GB/T 20770 |
| 30 | 甲拌磷 | 0.05 | 杀虫剂 | GB 23200.113 |
| 31 | 甲基毒死蜱 | 5* | 杀虫剂 | GB 23200.9、GB 23200.113 |
| 32 | 甲基对硫磷 | 0.02 | 杀虫剂 | GB 23200.113、GB/T 5009.20 |
| 33 | 甲基硫环磷 | 0.03* | 杀虫剂 | NY/T 761（参照） |
| 34 | 甲基异柳磷 | 0.02* | 杀虫剂 | GB 23200.113、GB/T 5009.144 |
| 35 | 甲氧咪草烟 | 0.05* | 除草剂 | 无指定 |
| 36 | 精二甲吩草胺 | 0.01 | 除草剂 | GB 23200.9、GB/T 20770 |
| 37 | 久效磷 | 0.02 | 杀虫剂 | GB 23200.113、GB/T 5009.20 |
| 38 | 抗蚜威 | 0.2 | 杀虫剂 | GB 23200.9、GB 23200.113、GB/T 20770、SN/T 0134 |
| 39 | 克百威 | 0.05 | 杀虫剂 | NY/T 761 |
| 40 | 联苯肼酯 | 0.3 | 杀螨剂 | GB 23200.34（参照） |
| 41 | 联苯菊酯 | 0.3 | 杀虫/杀螨剂 | GB 23200.113、SN/T 2151 |
| 42 | 磷化铝 | 0.05 | 杀虫剂 | GB/T 5009.36、GB/T 25222 |
| 43 | 硫线磷 | 0.02 | 杀虫剂 | GB/T 20770 |
| 44 | 螺虫乙酯 | 2* | 杀虫剂 | 无指定 |
| 45 | 氯虫苯甲酰胺 | 0.02* | 杀虫剂 | 无指定 |
| 46 | 氯氟氰菊酯和高效氯氟氰菊酯 | 0.05 | 杀虫剂 | GB 23200.9、GB 23200.113、GB/T 5009.146、SN/T 2151 |
| 47 | 氯化苦 | 0.1 | 熏蒸剂 | GB/T 5009.36 |
| 48 | 氯菊酯 | 2 | 杀虫剂 | GB 23200.113、GB/T 5009.146、SN/T 2151 |
| 49 | 氯氰菊酯和高效氯氰菊酯 | 0.05 | 杀虫剂 | GB 23200.9、GB 23200.113、GB/T 5009.110 |
| 50 | 马拉硫磷 | 8 | 杀虫剂 | GB 23200.9、GB 23200.113、GB/T 5009.145 |
| 51 | 醚菊酯 | 0.05 | 杀虫剂 | GB 23200.9、SN/T 2151 |

（续）

| 序号 | 农药中文名 | 最大残留限量（mg/kg） | 农药主要用途 | 检测方法 |
|---|---|---|---|---|
| 52 | 嘧菌环胺 | 0.2 | 杀菌剂 | GB 23200.9、GB/T 20770 |
| 53 | 灭草松 | 0.05 | 除草剂 | GB/T 20770 |
| 54 | 灭多威 | 0.2 | 杀虫剂 | SN/T 0134 |
| 55 | 灭线磷 | 0.05 | 杀线虫剂 | GB 23200.113 |
| 56 | 灭蝇胺 | 3 | 杀虫剂 | NY/T 1725（参照） |
| 57 | 噻虫胺 | 0.02 | 杀虫剂 | GB/T 20770 |
| 58 | 杀虫脒 | 0.01 | 杀虫剂 | GB/T 20770 |
| 59 | 杀螟硫磷 | 5* | 杀虫剂 | GB 23200.113、GB/T 14553、GB/T 5009.20 |
| 60 | 杀扑磷 | 0.05 | 杀虫剂 | GB 23200.113 |
| 61 | 水胺硫磷 | 0.05 | 杀虫剂 | GB 23200.9、GB 23200.113 |
| 62 | 特丁硫磷 | 0.01 | 杀虫剂 | SN/T 3768 |
| 63 | 五氯硝基苯 | 0.02 | 杀菌剂 | GB 23200.113、GB/T 5009.19、GB/T 5009.136 |
| 64 | 戊唑醇 | 0.3 | 杀菌剂 | GB 23200.113、GB/T 20770 |
| 65 | 烯草酮 | 2 | 除草剂 | GB 23200.9、GB/T 20770 |
| 66 | 辛硫磷 | 0.05 | 杀虫剂 | GB/T 5009.102、SN/T 3769 |
| 67 | 溴甲烷 | 5* | 熏蒸剂 | 无指定 |
| 68 | 溴氰菊酯 | 0.5 | 杀虫剂 | GB 23200.9、GB 23200.113、GB/T 5009.110 |
| 69 | 亚砜磷 | 0.1* | 杀虫剂 | 无指定 |
| 70 | 氧乐果 | 0.05 | 杀虫剂 | GB 23200.113、GB/T 20770 |
| 71 | 异菌脲 | 0.1 | 杀菌剂 | GB 23200.113、NY/T 761 |
| 72 | 增效醚 | 0.2 | 增效剂 | GB 23200.34、GB 23200.113 |
| 73 | 艾氏剂 | 0.02 | 杀虫剂 | GB 23200.113、GB/T 5009.19 |
| 74 | 滴滴涕 | 0.05 | 杀虫剂 | GB 23200.113、GB/T 5009.19 |
| 75 | 狄氏剂 | 0.02 | 杀虫剂 | GB 23200.113、GB/T 5009.19 |
| 76 | 毒杀芬 | 0.01* | 杀虫剂 | YC/T 180（参照） |
| 77 | 六六六 | 0.05 | 杀虫剂 | GB 23200.113、GB/T 5009.19 |
| 78 | 灭蚁灵 | 0.01 | 杀虫剂 | GB/T 5009.19 |
| 79 | 七氯 | 0.02 | 杀虫剂 | GB/T 5009.19 |

（续）

| 序号 | 农药中文名 | 最大残留限量（mg/kg） | 农药主要用途 | 检测方法 |
|---|---|---|---|---|
| 80 | 异狄氏剂 | 0.01 | 杀虫剂 | GB/T 5009.19 |
| 81 | 阿维菌素 | 0.05 | 杀虫剂 | GB 23200.19、GB 23200.20、NY/T 1379 |
| 82 | 百菌清 | 5 | 杀菌剂 | GB/T 5009.105、NY/T 761、SN/T 2320 |
| 83 | 草铵膦 | 0.5* | 除草剂 | 无指定 |
| 84 | 代森锰锌 | 3 | 杀菌剂 | SN 0157、SN/T 1541 |
| 85 | 甲氧虫酰肼 | 5 | 杀虫剂 | GB/T 20770 |
| 86 | 腈菌唑 | 2 | 杀菌剂 | GB 23200.113、GB/T 20770 |
| 87 | 乐果 | 0.5* | 杀虫剂 | GB/T 5009.145、GB/T 20769、NY/T 761 |
| 88 | 氯虫苯甲酰胺 | 1* | 杀虫剂 | 无指定 |
| 89 | 氯氰菊酯和高效氯氰菊酯 | 0.5 | 杀虫剂 | GB 23200.9、GB 23200.113、GB/T 5009.110 |
| 90 | 马拉硫磷 | 2 | 杀虫剂 | GB 23200.9、GB 23200.113、GB/T 5009.145 |
| 91 | 灭蝇胺 | 0.5 | 杀虫剂 | NY/T 1725（参照） |
| 92 | 乙基多杀菌素 | 0.1* | 杀虫剂 | 无指定 |
| 93 | 茚虫威 | 0.1 | 杀虫剂 | GB/T 20770 |

## 1.21 利马豆（杂粮豆）

利马豆（杂粮豆）中农药最大残留限量见表1-21。

**表1-21 利马豆（杂粮豆）中农药最大残留限量**

| 序号 | 农药中文名 | 最大残留限量（mg/kg） | 农药主要用途 | 检测方法 |
|---|---|---|---|---|
| 1 | 氯丹 | 0.02 | 杀虫剂 | GB/T 5009.19 |
| 2 | 氯氰菊酯和高效氯氰菊酯 | 0.3 | 杀虫剂 | GB 23200.9、GB 23200.113、GB/T 5009.110 |
| 3 | 百草枯 | 0.5* | 除草剂 | SN/T 0293（参照） |
| 4 | 百菌清 | 1 | 杀菌剂 | SN/T 2320 |

（续）

| 序号 | 农药中文名 | 最大残留限量（mg/kg） | 农药主要用途 | 检测方法 |
|---|---|---|---|---|
| 5 | 苯醚甲环唑 | 0.02 | 杀菌剂 | GB 23200.9、GB 23200.113 |
| 6 | 苯嘧磺草胺 | 0.3* | 除草剂 | 无指定 |
| 7 | 苯线磷 | 0.02 | 杀虫剂 | GB/T 20770 |
| 8 | 吡虫啉 | 2 | 杀虫剂 | GB/T 20770 |
| 9 | 吡噻菌胺 | 3* | 杀菌剂 | 无指定 |
| 10 | 吡唑醚菌酯 | 0.2 | 杀菌剂 | GB 23200.113、GB/T 20770 |
| 11 | 丙硫菌唑 | 1* | 杀菌剂 | 无指定 |
| 12 | 草甘膦 | 2 | 除草剂 | GB/T 23750、SN/T 1923 |
| 13 | 除虫菊素 | 0.1 | 杀虫剂 | GB/T 20769（参照） |
| 14 | 敌草腈 | 0.01* | 杀虫剂 | 无指定 |
| 15 | 敌草快 | 0.2 | 除草剂 | GB/T 5009.221、SN/T 0293 |
| 16 | 敌敌畏 | 0.1 | 杀虫剂 | GB 23200.113、GB/T 5009.20、SN/T 2324 |
| 17 | 地虫硫磷 | 0.05 | 杀虫剂 | GB 23200.113、GB/T 20770 |
| 18 | 啶酰菌胺 | 3 | 杀菌剂 | GB/T 20770 |
| 19 | 对硫磷 | 0.1 | 杀虫剂 | GB 23200.113、GB/T 5009.20 |
| 20 | 多菌灵 | 0.5 | 杀菌剂 | GB/T 20770 |
| 21 | 氟苯虫酰胺 | 1* | 杀虫剂 | 无指定 |
| 22 | 氟吡甲禾灵和高效氟吡甲禾灵 | 3* | 除草剂 | 无指定 |
| 23 | 氟吡菌酰胺 | 0.07* | 杀菌剂 | 无指定 |
| 24 | 氟啶虫胺腈 | 0.3* | 杀虫剂 | 无指定 |
| 25 | 氟酰脲 | 0.1 | 杀虫剂 | GB 23200.34（参照） |
| 26 | 氟唑菌酰胺 | 0.3* | 杀菌剂 | 无指定 |
| 27 | 咯菌腈 | 0.5 | 杀菌剂 | GB 23200.9、GB 23200.113、GB/T 20770 |
| 28 | 环丙唑醇 | 0.02 | 杀菌剂 | GB/T 20770、GB 23200.113、GB 23200.9 |
| 29 | 甲胺磷 | 0.05 | 杀虫剂 | GB 23200.113、GB/T 5009.103、GB/T 20770 |
| 30 | 甲拌磷 | 0.05 | 杀虫剂 | GB 23200.113 |

（续）

| 序号 | 农药中文名 | 最大残留限量（mg/kg） | 农药主要用途 | 检测方法 |
|---|---|---|---|---|
| 31 | 甲基毒死蜱 | 5* | 杀虫剂 | GB 23200.9、GB 23200.113 |
| 32 | 甲基对硫磷 | 0.02 | 杀虫剂 | GB 23200.113、GB/T 5009.20 |
| 33 | 甲基硫环磷 | 0.03* | 杀虫剂 | NY/T 761（参照） |
| 34 | 甲基异柳磷 | 0.02* | 杀虫剂 | GB 23200.113、GB/T 5009.144 |
| 35 | 甲氧咪草烟 | 0.05* | 除草剂 | 无指定 |
| 36 | 精二甲吩草胺 | 0.01 | 除草剂 | GB 23200.9、GB/T 20770(参照) |
| 37 | 久效磷 | 0.02 | 杀虫剂 | GB 23200.113、GB/T 5009.20 |
| 38 | 抗蚜威 | 0.2 | 杀虫剂 | GB 23200.9、GB 23200.113、GB/T 20770、SN/T 0134 |
| 39 | 克百威 | 0.05 | 杀虫剂 | NY/T 761 |
| 40 | 联苯肼酯 | 0.3 | 杀螨剂 | GB 23200.34（参照） |
| 41 | 联苯菊酯 | 0.3 | 杀虫/杀螨剂 | GB 23200.113、SN/T 2151 |
| 42 | 磷化铝 | 0.05 | 杀虫剂 | GB/T 5009.36、GB/T 25222 |
| 43 | 硫线磷 | 0.02 | 杀虫剂 | GB/T 20770 |
| 44 | 螺虫乙酯 | 2* | 杀虫剂 | 无指定 |
| 45 | 氯虫苯甲酰胺 | 0.02* | 杀虫剂 | 无指定 |
| 46 | 氯氟氰菊酯和高效氯氟氰菊酯 | 0.05 | 杀虫剂 | GB 23200.9、GB 23200.113、GB/T 5009.146、SN/T 2151 |
| 47 | 氯化苦 | 0.1 | 熏蒸剂 | GB/T 5009.36 |
| 48 | 氯菊酯 | 2 | 杀虫剂 | GB 23200.113、GB/T 5009.146、SN/T 2151 |
| 49 | 氯氰菊酯和高效氯氰菊酯 | 0.05 | 杀虫剂 | GB 23200.9、GB 23200.113、GB/T 5009.110 |
| 50 | 马拉硫磷 | 8 | 杀虫剂 | GB 23200.9、GB 23200.113、GB/T 5009.145 |
| 51 | 醚菊酯 | 0.05 | 杀虫剂 | GB 23200.9、SN/T 2151 |
| 52 | 嘧菌环胺 | 0.2 | 杀菌剂 | GB 23200.9、GB 23200.113、GB/T 20770 |
| 53 | 灭草松 | 0.05 | 除草剂 | GB/T 20770 |
| 54 | 灭多威 | 0.2 | 杀虫剂 | SN/T 0134 |
| 55 | 灭线磷 | 0.05 | 杀线虫剂 | GB 23200.113 |

（续）

| 序号 | 农药中文名 | 最大残留限量（mg/kg） | 农药主要用途 | 检测方法 |
|---|---|---|---|---|
| 56 | 灭蝇胺 | 3 | 杀虫剂 | NY/T 1725（参照） |
| 57 | 噻虫胺 | 0.02 | 杀虫剂 | GB/T 20770 |
| 58 | 杀虫脒 | 0.01 | 杀虫剂 | GB/T 20770 |
| 59 | 杀螟硫磷 | 5* | 杀虫剂 | GB 23200.113、GB/T 14553、GB/T 5009.20 |
| 60 | 杀扑磷 | 0.05 | 杀虫剂 | GB 23200.113 |
| 61 | 水胺硫磷 | 0.05 | 杀虫剂 | GB 23200.9、GB 23200.113 |
| 62 | 特丁硫磷 | 0.01 | 杀虫剂 | SN/T 3768 |
| 63 | 五氯硝基苯 | 0.02 | 杀菌剂 | GB 23200.113、GB/T 5009.19、GB/T 5009.136 |
| 64 | 戊唑醇 | 0.3 | 杀菌剂 | GB 23200.113、GB/T 20770 |
| 65 | 烯草酮 | 2 | 除草剂 | GB 23200.9、GB/T 20770 |
| 66 | 辛硫磷 | 0.05 | 杀虫剂 | GB/T 5009.102、SN/T 3769 |
| 67 | 溴甲烷 | 5* | 熏蒸剂 | 无指定 |
| 68 | 溴氰菊酯 | 0.5 | 杀虫剂 | GB 23200.9、GB 23200.113、GB/T 5009.110 |
| 69 | 亚砜磷 | 0.1* | 杀虫剂 | 无指定 |
| 70 | 氧乐果 | 0.05 | 杀虫剂 | GB 23200.113、GB/T 20770 |
| 71 | 异菌脲 | 0.1 | 杀菌剂 | GB 23200.113、NY/T 761 |
| 72 | 增效醚 | 0.2 | 增效剂 | GB 23200.34、GB 23200.113 |
| 73 | 艾氏剂 | 0.02 | 杀虫剂 | GB 23200.113、GB/T 5009.19 |
| 74 | 滴滴涕 | 0.05 | 杀虫剂 | GB 23200.113、GB/T 5009.19 |
| 75 | 狄氏剂 | 0.02 | 杀虫剂 | GB 23200.113、GB/T 5009.19 |
| 76 | 毒杀芬 | 0.01* | 杀虫剂 | YC/T 180（参照） |
| 77 | 六六六 | 0.05 | 杀虫剂 | GB 23200.113、GB/T 5009.19 |
| 78 | 灭蚁灵 | 0.01 | 杀虫剂 | GB/T 5009.19 |
| 79 | 七氯 | 0.02 | 杀虫剂 | GB/T 5009.19 |
| 80 | 异狄氏剂 | 0.01 | 杀虫剂 | GB/T 5009.19 |
| 81 | 灭草松 | 0.05 | 除草剂 | GB/T 20769 |

## 1.22 大米粉

大米粉中农药最大残留限量见表 1 - 22。

**表 1 - 22 大米粉中农药最大残留限量**

| 序号 | 农药中文名 | 最大残留限量（mg/kg） | 农药主要用途 | 检测方法 |
|---|---|---|---|---|
| 1 | 氯丹 | 0.02 | 杀虫剂 | GB/T 5009.19 |
| 2 | 氯氰菊酯和高效氯氰菊酯 | 0.3 | 杀虫剂 | GB 23200.9、GB 23200.113、GB/T 5009.110 |
| 3 | 甲基毒死蜱 | 5* | 杀虫剂 | GB 23200.9、GB 23200.113 |
| 4 | 磷化铝 | 0.05 | 杀虫剂 | GB/T 5009.36、GB/T 25222 |
| 5 | 氯虫苯甲酰胺 | 0.02* | 杀虫剂 | 无指定 |
| 6 | 溴甲烷 | 5* | 熏蒸剂 | 无指定 |
| 7 | 溴氰菊酯 | 0.5 | 杀虫剂 | GB 23200.9、GB 23200.113、GB/T 5009.110 |
| 8 | 艾氏剂 | 0.02 | 杀虫剂 | GB 23200.113、GB/T 5009.19 |
| 9 | 滴滴涕 | 0.05 | 杀虫剂 | GB 23200.113、GB/T 5009.19 |
| 10 | 狄氏剂 | 0.02 | 杀虫剂 | GB 23200.113、GB/T 5009.19 |
| 11 | 六六六 | 0.05 | 杀虫剂 | GB 23200.113、GB/T 5009.19 |
| 12 | 七氯 | 0.02 | 杀虫剂 | GB/T 5009.19 |

## 1.23 小麦粉

小麦粉中农药最大残留限量见表 1 - 23。

**表 1 - 23 小麦粉中农药最大残留限量**

| 序号 | 农药中文名 | 最大残留限量（mg/kg） | 农药主要用途 | 检测方法 |
|---|---|---|---|---|
| 1 | 氯丹 | 0.02 | 杀虫剂 | GB/T 5009.19 |
| 2 | 氯氰菊酯和高效氯氰菊酯 | 0.3 | 杀虫剂 | GB 23200.9、GB 23200.113、GB/T 5009.110 |
| 3 | 甲基毒死蜱 | 5* | 杀虫剂 | GB 23200.9、GB 23200.113 |

（续）

| 序号 | 农药中文名 | 最大残留限量（mg/kg） | 农药主要用途 | 检测方法 |
|---|---|---|---|---|
| 4 | 磷化铝 | 0.05 | 杀虫剂 | GB/T 5009.36、GB/T 25222 |
| 5 | 氯虫苯甲酰胺 | 0.02* | 杀虫剂 | 无指定 |
| 6 | 溴甲烷 | 5* | 熏蒸剂 | 无指定 |
| 7 | 艾氏剂 | 0.02 | 杀虫剂 | GB 23200.113、GB/T 5009.19 |
| 8 | 滴滴涕 | 0.05 | 杀虫剂 | GB 23200.113、GB/T 5009.19 |
| 9 | 狄氏剂 | 0.02 | 杀虫剂 | GB 23200.113、GB/T 5009.19 |
| 10 | 六六六 | 0.05 | 杀虫剂 | GB 23200.113、GB/T 5009.19 |
| 11 | 七氯 | 0.02 | 杀虫剂 | GB/T 5009.19 |
| 12 | 矮壮素 | 2 | 植物生长调节剂 | GB/T 5009.219 |
| 13 | 百草枯 | 0.5 | 除草剂 | SN/T 0293（参照） |
| 14 | 草甘膦 | 0.5 | 除草剂 | GB/T 23750、SN/T 1923 |
| 15 | 敌草快 | 0.5 | 除草剂 | GB/T 5009.221、SN/T 0293 |
| 16 | 毒死蜱 | 0.1 | 杀虫剂 | GB 23200.113、GB/T 5009.145、SN/T 2158 |
| 17 | 甲基嘧啶磷 | 2 | 杀虫剂 | GB 23200.113、GB/T 5009.145 |
| 18 | 硫酰氟 | 0.1* | 杀虫剂 | 无指定 |
| 19 | 氯菊酯 | 0.5 | 杀虫剂 | GB 23200.113、GB/T 5009.146、SN/T 2151 |
| 20 | 氰戊菊酯和S-氰戊菊酯 | 0.2 | 杀虫剂 | GB 23200.113、GB/T 5009.110 |
| 21 | 杀螟硫磷 | 1* | 杀虫剂 | GB 23200.113、GB/T 14553、GB/T 5009.20 |
| 22 | 生物苄呋菊酯 | 1 | 杀虫剂 | GB/T 20770、SN/T 2151 |
| 23 | 溴氰菊酯 | 0.2 | 杀虫剂 | GB 23200.9、GB 23200.113、GB/T 5009.110 |
| 24 | 增效醚 | 10 | 增效剂 | GB 23200.34、GB 23200.113 |

## 1.24 全麦粉

全麦粉中农药最大残留限量见表 1－24。

**表 1－24 全麦粉中农药最大残留限量**

| 序号 | 农药中文名 | 最大残留限量 (mg/kg) | 农药主要用途 | 检测方法 |
|---|---|---|---|---|
| 1 | 氯丹 | 0.02 | 杀虫剂 | GB/T 5009.19 |
| 2 | 氯氰菊酯和高效氯氰菊酯 | 0.3 | 杀虫剂 | GB 23200.9、GB 23200.113、GB/T 5009.110 |
| 3 | 甲基毒死蜱 | 5* | 杀虫剂 | GB 23200.9、GB 23200.113 |
| 4 | 磷化铝 | 0.05 | 杀虫剂 | GB/T 5009.36、GB/T 25222 |
| 5 | 氯虫苯甲酰胺 | 0.02* | 杀虫剂 | 无指定 |
| 6 | 溴甲烷 | 5* | 熏蒸剂 | 无指定 |
| 7 | 溴氰菊酯 | 0.5 | 杀虫剂 | GB 23200.9、GB 23200.113、GB/T 5009.110 |
| 8 | 艾氏剂 | 0.02 | 杀虫剂 | GB 23200.113、GB/T 5009.19 |
| 9 | 滴滴涕 | 0.05 | 杀虫剂 | GB 23200.113、GB/T 5009.19 |
| 10 | 狄氏剂 | 0.02 | 杀虫剂 | GB 23200.113、GB/T 5009.19 |
| 11 | 六六六 | 0.05 | 杀虫剂 | GB 23200.113、GB/T 5009.19 |
| 12 | 七氯 | 0.02 | 杀虫剂 | GB/T 5009.19 |
| 13 | 草甘膦 | 5 | 除草剂 | GB/T 23750、SN/T 1923 |
| 14 | 敌草快 | 2 | 除草剂 | GB/T 5009.221、SN/T 0293 |
| 15 | 甲基嘧啶磷 | 5 | 杀虫剂 | GB 23200.113、GB/T 5009.145 |
| 16 | 硫酰氟 | 0.1* | 杀虫剂 | 无指定 |
| 17 | 氯菊酯 | 2 | 杀虫剂 | GB 23200.113、GB/T 5009.146、SN/T 2151 |
| 18 | 氰戊菊酯和 S-氰戊菊酯 | 2 | 杀虫剂 | GB 23200.113、GB/T 5009.110 |
| 19 | 杀螟硫磷 | 5* | 杀虫剂 | GB 23200.113、GB/T 14553、GB/T 5009.20 |
| 20 | 生物苄呋菊酯 | 1 | 杀虫剂 | GB/T 20770、SN/T 2151 |
| 21 | 增效醚 | 30 | 增效剂 | GB 23200.34、GB 23200.113 |

## 1.25 玉米糁

玉米糁中农药最大残留限量见表1-25。

**表1-25 玉米糁中农药最大残留限量**

| 序号 | 农药中文名 | 最大残留限量(mg/kg) | 农药主要用途 | 检测方法 |
|---|---|---|---|---|
| 1 | 氯丹 | 0.02 | 杀虫剂 | GB/T 5009.19 |
| 2 | 氯氰菊酯和高效氯氰菊酯 | 0.3 | 杀虫剂 | GB 23200.9、GB 23200.113、GB/T 5009.110 |
| 3 | 甲基毒死蜱 | 5* | 杀虫剂 | GB 23200.9、GB 23200.113 |
| 4 | 磷化铝 | 0.05 | 杀虫剂 | GB/T 5009.36、GB/T 25222 |
| 5 | 氯虫苯甲酰胺 | 0.02* | 杀虫剂 | 无指定 |
| 6 | 溴甲烷 | 5* | 熏蒸剂 | 无指定 |
| 7 | 溴氰菊酯 | 0.5 | 杀虫剂 | GB 23200.9、GB 23200.113、GB/T 5009.110 |
| 8 | 艾氏剂 | 0.02 | 杀虫剂 | GB 23200.113、GB/T 5009.19 |
| 9 | 滴滴涕 | 0.05 | 杀虫剂 | GB 23200.113、GB/T 5009.19 |
| 10 | 狄氏剂 | 0.02 | 杀虫剂 | GB 23200.113、GB/T 5009.19 |
| 11 | 六六六 | 0.05 | 杀虫剂 | GB 23200.113、GB/T 5009.19 |
| 12 | 七氯 | 0.02 | 杀虫剂 | GB/T 5009.19 |
| 13 | 硫酰氟 | 0.1* | 杀虫剂 | 无指定 |

## 1.26 玉米粉

玉米粉中农药最大残留限量见表1-26。

**表1-26 玉米粉中农药最大残留限量**

| 序号 | 农药中文名 | 最大残留限量(mg/kg) | 农药主要用途 | 检测方法 |
|---|---|---|---|---|
| 1 | 氯丹 | 0.02 | 杀虫剂 | GB/T 5009.19 |
| 2 | 氯氰菊酯和高效氯氰菊酯 | 0.3 | 杀虫剂 | GB 23200.9、GB 23200.113、GB/T 5009.110 |
| 3 | 甲基毒死蜱 | 5* | 杀虫剂 | GB 23200.9、GB 23200.113 |
| 4 | 磷化铝 | 0.05 | 杀虫剂 | GB/T 5009.36、GB/T 25222 |
| 5 | 氯虫苯甲酰胺 | 0.02* | 杀虫剂 | 无指定 |

（续）

| 序号 | 农药中文名 | 最大残留限量（mg/kg） | 农药主要用途 | 检测方法 |
|---|---|---|---|---|
| 6 | 溴甲烷 | 5* | 熏蒸剂 | 无指定 |
| 7 | 溴氰菊酯 | 0.5 | 杀虫剂 | GB 23200.9、GB 23200.113、GB/T 5009.110 |
| 8 | 艾氏剂 | 0.02 | 杀虫剂 | GB 23200.113、GB/T 5009.19 |
| 9 | 滴滴涕 | 0.05 | 杀虫剂 | GB 23200.113、GB/T 5009.19 |
| 10 | 狄氏剂 | 0.02 | 杀虫剂 | GB 23200.113、GB/T 5009.19 |
| 11 | 六六六 | 0.05 | 杀虫剂 | GB 23200.113、GB/T 5009.19 |
| 12 | 七氯 | 0.02 | 杀虫剂 | GB/T 5009.19 |
| 13 | 硫酰氟 | 0.1* | 杀虫剂 | 无指定 |
| 14 | 吡噻菌胺 | 0.05* | 杀菌剂 | 无指定 |

## 1.27 高粱米

高粱米中农药最大残留限量见表 1－27。

**表 1－27 高粱米中农药最大残留限量**

| 序号 | 农药中文名 | 最大残留限量（mg/kg） | 农药主要用途 | 检测方法 |
|---|---|---|---|---|
| 1 | 氯丹 | 0.02 | 杀虫剂 | GB/T 5009.19 |
| 2 | 氯氰菊酯和高效氯氰菊酯 | 0.3 | 杀虫剂 | GB 23200.9、GB 23200.113、GB/T 5009.110 |
| 3 | 甲基毒死蜱 | 5* | 杀虫剂 | GB 23200.9、GB 23200.113 |
| 4 | 磷化铝 | 0.05 | 杀虫剂 | GB/T 5009.36、GB/T 25222 |
| 5 | 氯虫苯甲酰胺 | 0.02* | 杀虫剂 | 无指定 |
| 6 | 溴甲烷 | 5* | 熏蒸剂 | 无指定 |
| 7 | 溴氰菊酯 | 0.5 | 杀虫剂 | GB 23200.9、GB 23200.113、GB/T 5009.110 |
| 8 | 艾氏剂 | 0.02 | 杀虫剂 | GB 23200.113、GB/T 5009.19 |
| 9 | 滴滴涕 | 0.05 | 杀虫剂 | GB 23200.113、GB/T 5009.19 |
| 10 | 狄氏剂 | 0.02 | 杀虫剂 | GB 23200.113、GB/T 5009.19 |
| 11 | 六六六 | 0.05 | 杀虫剂 | GB 23200.113、GB/T 5009.19 |
| 12 | 七氯 | 0.02 | 杀虫剂 | GB/T 5009.19 |

## 1.28 大麦粉

大麦粉中农药最大残留限量见表1-28。

**表1-28 大麦粉中农药最大残留限量**

| 序号 | 农药中文名 | 最大残留限量（mg/kg） | 农药主要用途 | 检测方法 |
| --- | --- | --- | --- | --- |
| 1 | 氯丹 | 0.02 | 杀虫剂 | GB/T 5009.19 |
| 2 | 氯氰菊酯和高效氯氰菊酯 | 0.3 | 杀虫剂 | GB 23200.9、GB 23200.113、GB/T 5009.110 |
| 3 | 甲基毒死蜱 | 5* | 杀虫剂 | GB 23200.9、GB 23200.113 |
| 4 | 磷化铝 | 0.05 | 杀虫剂 | GB/T 5009.36、GB/T 25222 |
| 5 | 氯虫苯甲酰胺 | 0.02* | 杀虫剂 | 无指定 |
| 6 | 溴甲烷 | 5* | 熏蒸剂 | 无指定 |
| 7 | 溴氰菊酯 | 0.5 | 杀虫剂 | GB 23200.9、GB 23200.113、GB/T 5009.110 |
| 8 | 艾氏剂 | 0.02 | 杀虫剂 | GB 23200.113、GB/T 5009.19 |
| 9 | 滴滴涕 | 0.05 | 杀虫剂 | GB 23200.113、GB/T 5009.19 |
| 10 | 狄氏剂 | 0.02 | 杀虫剂 | GB 23200.113、GB/T 5009.19 |
| 11 | 六六六 | 0.05 | 杀虫剂 | GB 23200.113、GB/T 5009.19 |
| 12 | 七氯 | 0.02 | 杀虫剂 | GB/T 5009.19 |

## 1.29 荞麦粉

荞麦粉中农药最大残留限量见表1-29。

**表1-29 荞麦粉中农药最大残留限量**

| 序号 | 农药中文名 | 最大残留限量（mg/kg） | 农药主要用途 | 检测方法 |
| --- | --- | --- | --- | --- |
| 1 | 氯丹 | 0.02 | 杀虫剂 | GB/T 5009.19 |
| 2 | 氯氰菊酯和高效氯氰菊酯 | 0.3 | 杀虫剂 | GB 23200.9、GB 23200.113、GB/T 5009.110 |
| 3 | 甲基毒死蜱 | 5* | 杀虫剂 | GB 23200.9、GB 23200.113 |
| 4 | 磷化铝 | 0.05 | 杀虫剂 | GB/T 5009.36、GB/T 25222 |
| 5 | 氯虫苯甲酰胺 | 0.02* | 杀虫剂 | 无指定 |

（续）

| 序号 | 农药中文名 | 最大残留限量（mg/kg） | 农药主要用途 | 检测方法 |
|---|---|---|---|---|
| 6 | 溴甲烷 | 5* | 熏蒸剂 | 无指定 |
| 7 | 溴氰菊酯 | 0.5 | 杀虫剂 | GB 23200.9、GB 23200.113、GB/T 5009.110 |
| 8 | 艾氏剂 | 0.02 | 杀虫剂 | GB 23200.113、GB/T 5009.19 |
| 9 | 滴滴涕 | 0.05 | 杀虫剂 | GB 23200.113、GB/T 5009.19 |
| 10 | 狄氏剂 | 0.02 | 杀虫剂 | GB 23200.113、GB/T 5009.19 |
| 11 | 六六六 | 0.05 | 杀虫剂 | GB 23200.113、GB/T 5009.19 |
| 12 | 七氯 | 0.02 | 杀虫剂 | GB/T 5009.19 |

## 1.30 甘薯粉

甘薯粉中农药最大残留限量见表1-30。

**表1-30 甘薯粉中农药最大残留限量**

| 序号 | 农药中文名 | 最大残留限量（mg/kg） | 农药主要用途 | 检测方法 |
|---|---|---|---|---|
| 1 | 氯丹 | 0.02 | 杀虫剂 | GB/T 5009.19 |
| 2 | 氯氰菊酯和高效氯氰菊酯 | 0.3 | 杀虫剂 | GB 23200.9、GB 23200.113、GB/T 5009.110 |
| 3 | 甲基毒死蜱 | 5* | 杀虫剂 | GB 23200.9、GB 23200.113 |
| 4 | 磷化铝 | 0.05 | 杀虫剂 | GB/T 5009.36、GB/T 25222 |
| 5 | 氯虫苯甲酰胺 | 0.02* | 杀虫剂 | 无指定 |
| 6 | 溴甲烷 | 5* | 熏蒸剂 | 无指定 |
| 7 | 溴氰菊酯 | 0.5 | 杀虫剂 | GB 23200.9、GB 23200.113、GB/T 5009.110 |
| 8 | 艾氏剂 | 0.02 | 杀虫剂 | GB 23200.113、GB/T 5009.19 |
| 9 | 滴滴涕 | 0.05 | 杀虫剂 | GB 23200.113、GB/T 5009.19 |
| 10 | 狄氏剂 | 0.02 | 杀虫剂 | GB 23200.113、GB/T 5009.19 |
| 11 | 六六六 | 0.05 | 杀虫剂 | GB 23200.113、GB/T 5009.19 |
| 12 | 七氯 | 0.02 | 杀虫剂 | GB/T 5009.19 |

## 1.31 高粱粉

高粱粉中农药最大残留限量见表1-31。

**表1-31 高粱粉中农药最大残留限量**

| 序号 | 农药中文名 | 最大残留限量(mg/kg) | 农药主要用途 | 检测方法 |
| --- | --- | --- | --- | --- |
| 1 | 氯丹 | 0.02 | 杀虫剂 | GB/T 5009.19 |
| 2 | 氯氰菊酯和高效氯氰菊酯 | 0.3 | 杀虫剂 | GB 23200.9、GB 23200.113、GB/T 5009.110 |
| 3 | 甲基毒死蜱 | 5* | 杀虫剂 | GB 23200.9、GB 23200.113 |
| 4 | 磷化铝 | 0.05 | 杀虫剂 | GB/T 5009.36、GB/T 25222 |
| 5 | 氯虫苯甲酰胺 | 0.02* | 杀虫剂 | 无指定 |
| 6 | 溴甲烷 | 5* | 熏蒸剂 | 无指定 |
| 7 | 溴氰菊酯 | 0.5 | 杀虫剂 | GB 23200.9、GB 23200.113、GB/T 5009.110 |
| 8 | 艾氏剂 | 0.02 | 杀虫剂 | GB 23200.113、GB/T 5009.19 |
| 9 | 滴滴涕 | 0.05 | 杀虫剂 | GB 23200.113、GB/T 5009.19 |
| 10 | 狄氏剂 | 0.02 | 杀虫剂 | GB 23200.113、GB/T 5009.19 |
| 11 | 六六六 | 0.05 | 杀虫剂 | GB 23200.113、GB/T 5009.19 |
| 12 | 七氯 | 0.02 | 杀虫剂 | GB/T 5009.19 |

## 1.32 黑麦粉

黑麦粉中农药最大残留限量见表1-32。

**表1-32 黑麦粉中农药最大残留限量**

| 序号 | 农药中文名 | 最大残留限量(mg/kg) | 农药主要用途 | 检测方法 |
| --- | --- | --- | --- | --- |
| 1 | 氯丹 | 0.02 | 杀虫剂 | GB/T 5009.19 |
| 2 | 氯氰菊酯和高效氯氰菊酯 | 0.3 | 杀虫剂 | GB 23200.9、GB 23200.113、GB/T 5009.110 |
| 3 | 甲基毒死蜱 | 5* | 杀虫剂 | GB 23200.9、GB 23200.113 |
| 4 | 磷化铝 | 0.05 | 杀虫剂 | GB/T 5009.36、GB/T 25222 |
| 5 | 氯虫苯甲酰胺 | 0.02* | 杀虫剂 | 无指定 |

（续）

| 序号 | 农药中文名 | 最大残留限量（mg/kg） | 农药主要用途 | 检测方法 |
|---|---|---|---|---|
| 6 | 溴甲烷 | 5* | 熏蒸剂 | 无指定 |
| 7 | 溴氰菊酯 | 0.5 | 杀虫剂 | GB 23200.9、GB 23200.113、GB/T 5009.110 |
| 8 | 艾氏剂 | 0.02 | 杀虫剂 | GB 23200.113、GB/T 5009.19 |
| 9 | 滴滴涕 | 0.05 | 杀虫剂 | GB 23200.113、GB/T 5009.19 |
| 10 | 狄氏剂 | 0.02 | 杀虫剂 | GB 23200.113、GB/T 5009.19 |
| 11 | 六六六 | 0.05 | 杀虫剂 | GB 23200.113、GB/T 5009.19 |
| 12 | 七氯 | 0.02 | 杀虫剂 | GB/T 5009.19 |
| 13 | 矮壮素 | 3 | 植物生长调节剂 | GB/T 5009.219 |
| 14 | 硫酰氟 | 0.1* | 杀虫剂 | 无指定 |

## 1.33 黑麦全粉

黑麦全粉中农药最大残留限量见表 1－33。

**表 1－33 黑麦全粉中农药最大残留限量**

| 序号 | 农药中文名 | 最大残留限量（mg/kg） | 农药主要用途 | 检测方法 |
|---|---|---|---|---|
| 1 | 氯丹 | 0.02 | 杀虫剂 | GB/T 5009.19 |
| 2 | 氯氰菊酯和高效氯氰菊酯 | 0.3 | 杀虫剂 | GB 23200.9、GB 23200.113、GB/T 5009.110 |
| 3 | 甲基毒死蜱 | 5* | 杀虫剂 | GB 23200.9、GB 23200.113 |
| 4 | 磷化铝 | 0.05 | 杀虫剂 | GB/T 5009.36、GB/T 25222 |
| 5 | 氯虫苯甲酰胺 | 0.02* | 杀虫剂 | 无指定 |
| 6 | 溴甲烷 | 5* | 熏蒸剂 | 无指定 |
| 7 | 溴氰菊酯 | 0.5 | 杀虫剂 | GB 23200.9、GB 23200.113、GB/T 5009.110 |
| 8 | 艾氏剂 | 0.02 | 杀虫剂 | GB 23200.113、GB/T 5009.19 |
| 9 | 滴滴涕 | 0.05 | 杀虫剂 | GB 23200.113、GB/T 5009.19 |
| 10 | 狄氏剂 | 0.02 | 杀虫剂 | GB 23200.113、GB/T 5009.19 |
| 11 | 六六六 | 0.05 | 杀虫剂 | GB 23200.113、GB/T 5009.19 |
| 12 | 七氯 | 0.02 | 杀虫剂 | GB/T 5009.19 |

（续）

| 序号 | 农药中文名 | 最大残留限量（mg/kg） | 农药主要用途 | 检测方法 |
|---|---|---|---|---|
| 13 | 矮壮素 | 4 | 植物生长调节剂 | GB/T 5009.219 |
| 14 | 硫酰氟 | 0.1* | 杀虫剂 | 无指定 |

## 1.34 大米

大米中农药最大残留限量见表1-34。

**表1-34 大米中农药最大残留限量**

| 序号 | 农药中文名 | 最大残留限量（mg/kg） | 农药主要用途 | 检测方法 |
|---|---|---|---|---|
| 1 | 氯丹 | 0.02 | 杀虫剂 | GB/T 5009.19 |
| 2 | 氯氰菊酯和高效氯氰菊酯 | 0.3 | 杀虫剂 | GB 23200.9、GB 23200.113、GB/T 5009.110 |
| 3 | 甲基毒死蜱 | 5* | 杀虫剂 | GB 23200.9、GB 23200.113 |
| 4 | 磷化铝 | 0.05 | 杀虫剂 | GB/T 5009.36、GB/T 25222 |
| 5 | 溴甲烷 | 5* | 熏蒸剂 | 无指定 |
| 6 | 溴氰菊酯 | 0.5 | 杀虫剂 | GB 23200.9、GB 23200.113、GB/T 5009.110 |
| 7 | 艾氏剂 | 0.02 | 杀虫剂 | GB 23200.113、GB/T 5009.19 |
| 8 | 滴滴涕 | 0.05 | 杀虫剂 | GB 23200.113、GB/T 5009.19 |
| 9 | 狄氏剂 | 0.02 | 杀虫剂 | GB 23200.113、GB/T 5009.19 |
| 10 | 六六六 | 0.05 | 杀虫剂 | GB 23200.113、GB/T 5009.19 |
| 11 | 七氯 | 0.02 | 杀虫剂 | GB/T 5009.19 |
| 12 | 苄嘧磺隆 | 0.05 | 除草剂 | SN/T 2212、SN/T 2325 |
| 13 | 丙草胺 | 0.1 | 除草剂 | GB 23200.24、GB 23200.113 |
| 14 | 丙硫克百威 | 0.2 | 杀虫剂 | SN/T 2915 |
| 15 | 稻丰散 | 0.05 | 杀虫剂 | GB/T 5009.20 |
| 16 | 稻瘟灵 | 1 | 杀菌剂 | GB 23200.113、GB/T 5009.155 |
| 17 | 敌稗 | 2 | 除草剂 | GB 23200.113、GB/T 5009.177 |
| 18 | 敌瘟磷 | 0.1 | 杀菌剂 | GB 23200.113、GB/T 20770、SN/T 2324 |
| 19 | 丁草胺 | 0.5 | 除草剂 | GB 23200.9、GB 23200.113、GB/T 5009.164、GB/T 20770 |

（续）

| 序号 | 农药中文名 | 最大残留限量（mg/kg） | 农药主要用途 | 检测方法 |
| --- | --- | --- | --- | --- |
| 20 | 多菌灵 | 2 | 杀菌剂 | GB/T 20770 |
| 21 | 氟酰胺 | 1 | 杀菌剂 | GB 23200.9、GB 23200.113 |
| 22 | 禾草敌 | 0.1 | 除草剂 | GB/T 5009.134 |
| 23 | 甲基嘧啶磷 | 1 | 杀虫剂 | GB 23200.113、GB/T 5009.145 |
| 24 | 甲萘威 | 1 | 杀虫剂 | GB/T 5009.21 |
| 25 | 喹硫磷 | 0.2* | 杀虫剂 | GB 23200.9、GB 23200.113、GB/T5009.20 |
| 26 | 硫酰氟 | 0.1* | 杀虫剂 | 无指定 |
| 27 | 氯虫苯甲酰胺 | 0.04* | 杀虫剂 | 无指定 |
| 28 | 马拉硫磷 | 0.1 | 杀虫剂 | GB 23200.9、GB 23200.113、GB/T 5009.145 |
| 29 | 三唑磷 | 0.6 | 杀虫剂 | GB 23200.9、GB 23200.113、GB/T 20770 |
| 30 | 杀虫环 | 0.2 | 杀虫剂 | GB/T 5009.113 |
| 31 | 杀虫双 | 0.2 | 杀虫剂 | GB/T 5009.114 |
| 32 | 杀螟丹 | 0.1 | 杀虫剂 | GB/T 20770 |
| 33 | 杀螟硫磷 | 1* | 杀虫剂 | GB 23200.113、GB/T 14553、GB/T 5009.20 |
| 34 | 异丙威 | 0.2 | 杀虫剂 | GB/T 5009.104 |

## 1.35 糙米

糙米中农药最大残留限量见表 1－35。

**表 1－35 糙米中农药最大残留限量**

| 序号 | 农药中文名 | 最大残留限量（mg/kg） | 农药主要用途 | 检测方法 |
| --- | --- | --- | --- | --- |
| 1 | 氯丹 | 0.02 | 杀虫剂 | GB/T 5009.19 |
| 2 | 氯氰菊酯和高效氯氰菊酯 | 0.3 | 杀虫剂 | GB 23200.9、GB 23200.113、GB/T 5009.110 |
| 3 | 甲基毒死蜱 | 5* | 杀虫剂 | GB 23200.9、GB 23200.113 |
| 4 | 磷化铝 | 0.05 | 杀虫剂 | GB/T 5009.36、GB/T 25222 |

（续）

| 序号 | 农药中文名 | 最大残留限量（mg/kg） | 农药主要用途 | 检测方法 |
|---|---|---|---|---|
| 5 | 溴甲烷 | 5* | 熏蒸剂 | 无指定 |
| 6 | 溴氰菊酯 | 0.5 | 杀虫剂 | GB 23200.9、GB 23200.113、GB/T 5009.110 |
| 7 | 艾氏剂 | 0.02 | 杀虫剂 | GB 23200.113、GB/T 5009.19 |
| 8 | 滴滴涕 | 0.05 | 杀虫剂 | GB 23200.113、GB/T 5009.19 |
| 9 | 狄氏剂 | 0.02 | 杀虫剂 | GB 23200.113、GB/T 5009.19 |
| 10 | 六六六 | 0.05 | 杀虫剂 | GB 23200.113、GB/T 5009.19 |
| 11 | 七氯 | 0.02 | 杀虫剂 | GB/T 5009.19 |
| 12 | 2,4-滴二甲胺盐 | 0.05 | 除草剂 | SN/T 2228 |
| 13 | 2 甲 4 氯（钠） | 0.05 | 除草剂 | SN/T 2228、NY/T 1434（参照） |
| 14 | 2 甲 4 氯异辛酯 | 0.05* | 除草剂 | 无指定 |
| 15 | 阿维菌素 | 0.02 | 杀虫剂 | GB 23200.20 |
| 16 | 倍硫磷 | 0.05 | 杀虫剂 | GB 23200.113 |
| 17 | 苯醚甲环唑 | 0.5 | 杀菌剂 | GB 23200.9、GB 23200.113 |
| 18 | 苯噻酰草胺 | 0.05* | 除草剂 | GB 23200.9、GB 23200.24、GB 23200.113、GB/T 20770 |
| 19 | 苯线磷 | 0.02 | 杀虫剂 | GB/T 20770 |
| 20 | 吡虫啉 | 0.05 | 杀虫剂 | GB/T 20770 |
| 21 | 吡嘧磺隆 | 0.1 | 除草剂 | SN/T 2325 |
| 22 | 吡蚜酮 | 0.2 | 杀虫剂 | GB/T 20770 |
| 23 | 苄嘧磺隆 | 0.05 | 除草剂 | SN/T 2212、SN/T 2325 |
| 24 | 丙环唑 | 0.1 | 杀菌剂 | GB 23200.9、GB/T 20770 |
| 25 | 丙硫多菌灵 | 0.1* | 杀菌剂 | 无指定 |
| 26 | 丙硫克百威 | 0.2 | 杀虫剂 | SN/T 2915 |
| 27 | 丙嗪嘧磺隆 | 0.05* | 除草剂 | 无指定 |
| 28 | 丙炔噁草酮 | 0.02* | 除草剂 | 无指定 |
| 29 | 丙森锌 | 1 | 杀菌剂 | SN 0139 |
| 30 | 丙溴磷 | 0.02 | 杀虫剂 | GB 23200.13、GB/T 20770、SN/T 2234 |
| 31 | 虫酰肼 | 2 | 杀虫剂 | GB/T 20769（参照） |
| 32 | 春雷霉素 | 0.1* | 杀菌剂 | 无指定 |

（续）

| 序号 | 农药中文名 | 最大残留限量（mg/kg） | 农药主要用途 | 检测方法 |
|---|---|---|---|---|
| 33 | 哒螨灵 | 0.1 | 杀螨剂 | GB 23200.9、GB 23200.113 |
| 34 | 代森铵 | 1 | 杀菌剂 | SN/T 1541（参照） |
| 35 | 稻丰散 | 0.2 | 杀虫剂 | GB/T 5009.20 |
| 36 | 稻瘟酰胺 | 1 | 杀菌剂 | GB 23200.9、GB/T 20770 |
| 37 | 敌百虫 | 0.1 | 杀虫剂 | GB/T 20770 |
| 38 | 敌草快 | 1 | 除草剂 | GB/T 5009.221、SN/T 0293 |
| 39 | 敌敌畏 | 0.2 | 杀虫剂 | GB 23200.113、GB/T 5009.20、SN/T 2324 |
| 40 | 敌磺钠 | 0.5* | 杀菌剂 | 无指定 |
| 41 | 敌瘟磷 | 0.2 | 杀菌剂 | GB 23200.113、GB/T 20770、SN/T 2324 |
| 42 | 丁虫腈 | 0.02* | 杀虫剂 | 无指定 |
| 43 | 丁硫克百威 | 0.5 | 杀虫剂 | GB 23200.33 |
| 44 | 丁香菌酯 | 0.2* | 杀菌剂 | 无指定 |
| 45 | 啶虫脒 | 0.5 | 杀虫剂 | GB/T 20770 |
| 46 | 毒草胺 | 0.05 | 除草剂 | GB 23200.34 |
| 47 | 毒氟磷 | 1* | 杀菌剂 | 无指定 |
| 48 | 多杀霉素 | 0.5 | 杀虫剂 | GB/T 20769、NY/T 1379、NY/T 1453（参照） |
| 49 | 噁草酮 | 0.05 | 除草剂 | GB/T 5009.180 |
| 50 | 噁霉灵 | 0.1* | 杀菌剂 | 无指定 |
| 51 | 噁嗪草酮 | 0.05 | 除草剂 | GB 23200.34 |
| 52 | 噁唑酰草胺 | 0.05* | 除草剂 | 无指定 |
| 53 | 二甲戊灵 | 0.1 | 除草剂 | GB 23200.9、GB 23200.24 |
| 54 | 二氯喹啉酸 | 1 | 除草剂 | GB 23200.43 |
| 55 | 粉唑醇 | 0.5 | 杀菌剂 | GB 23200.9、GB/T 20770 |
| 56 | 呋虫胺 | 5 | 杀虫剂 | GB 23200.37、GB/T 20770 |
| 57 | 氟苯虫酰胺 | 0.2* | 杀虫剂 | 无指定 |
| 58 | 氟吡磺隆 | 0.05* | 除草剂 | 无指定 |
| 59 | 氟虫腈 | 0.02 | 杀虫剂 | GB 23200.34 |
| 60 | 氟啶虫胺腈 | 2* | 杀虫剂 | 无指定 |

（续）

| 序号 | 农药中文名 | 最大残留限量（mg/kg） | 农药主要用途 | 检测方法 |
| --- | --- | --- | --- | --- |
| 61 | 氟啶虫酰胺 | 0.1 | 杀虫剂 | GB 23200.75 |
| 62 | 氟环唑 | 0.5 | 杀菌剂 | GB 23200.113、GB/T 20770 |
| 63 | 氟酰胺 | 2 | 杀菌剂 | GB 23200.9、GB 23200.113 |
| 64 | 氟唑菌酰胺 | 1* | 杀菌剂 | 无指定 |
| 65 | 福美双 | 1 | 杀菌剂 | SN 0139 |
| 66 | 咯菌腈 | 0.05 | 杀菌剂 | GB 23200.9、GB 23200.113、GB/T 20770 |
| 67 | 禾草丹 | 0.2* | 除草剂 | GB 23200.113 |
| 68 | 禾草敌 | 0.1 | 除草剂 | GB/T 5009.134 |
| 69 | 环丙嘧磺隆 | 0.1* | 除草剂 | SN/T 2325 |
| 70 | 环酯草醚 | 0.1 | 除草剂 | GB/T 20770、GB 23200.9(参照) |
| 71 | 灰瘟素 | 0.1* | 杀菌剂 | 无指定 |
| 72 | 己唑醇 | 0.1 | 杀菌剂 | GB 23200.8、GB 23200.113、GB/T 20770 |
| 73 | 甲氨基阿维菌素苯甲酸盐 | 0.02 | 杀虫剂 | GB/T 20769（参照） |
| 74 | 甲胺磷 | 0.5 | 杀虫剂 | GB 23200.113、GB/T 5009.103、GB/T 20770 |
| 75 | 甲拌磷 | 0.05 | 杀虫剂 | GB 23200.113 |
| 76 | 甲草胺 | 0.05 | 除草剂 | GB 23200.9、GB 23200.113、GB/T 20770 |
| 77 | 甲磺隆 | 0.05 | 除草剂 | SN/T 2325 |
| 78 | 甲基立枯磷 | 0.05 | 杀菌剂 | GB 23200.9、SN/T 2324 |
| 79 | 甲基硫菌灵 | 1 | 杀菌剂 | NY/T 1680 |
| 80 | 甲基嘧啶磷 | 2 | 杀虫剂 | GB 23200.113、GB/T 5009.145 |
| 81 | 甲基异柳磷 | 0.02* | 杀虫剂 | GB 23200.113、GB/T 5009.144 |
| 82 | 甲霜灵和精甲霜灵 | 0.1 | 杀菌剂 | GB 23200.9、GB 23200.113、GB/T 20770 |
| 83 | 甲氧虫酰肼 | 0.1 | 杀虫剂 | GB/T 20770 |
| 84 | 腈苯唑 | 0.1 | 杀菌剂 | GB 23200.9、GB 23200.113、GB/T 20770 |
| 85 | 精噁唑禾草灵 | 0.1 | 除草剂 | NY/T 1379（参照） |

（续）

| 序号 | 农药中文名 | 最大残留限量（mg/kg） | 农药主要用途 | 检测方法 |
|---|---|---|---|---|
| 86 | 井冈霉素 | 0.5 | 杀菌剂 | GB 23200.74 |
| 87 | 克百威 | 0.1 | 杀虫剂 | NY/T 761 |
| 88 | 喹硫磷 | 1* | 杀虫剂 | GB 23200.9、GB 23200.113、GB/T5009.20 |
| 89 | 硫酰氟 | 0.1* | 杀虫剂 | 无指定 |
| 90 | 氯虫苯甲酰胺 | 0.5* | 杀虫剂 | 无指定 |
| 91 | 氯啶菌酯 | 2* | 杀菌剂 | 无指定 |
| 92 | 氯氟氰菊酯和高效氯氟氰菊酯 | 1 | 杀虫剂 | GB 23200.113 |
| 93 | 氯噻啉 | 0.1* | 杀虫剂 | 无指定 |
| 94 | 氯溴异氰尿酸 | 0.2* | 杀菌剂 | 无指定 |
| 95 | 氯唑磷 | 0.05 | 杀虫剂 | GB 23200.9、GB 23200.113 |
| 96 | 马拉硫磷 | 1 | 杀虫剂 | GB 23200.113、GB/T 5009.145 |
| 97 | 醚磺隆 | 0.1 | 除草剂 | SN/T 2325 |
| 98 | 醚菊酯 | 0.01 | 杀虫剂 | GB 23200.9、SN/T 2151 |
| 99 | 醚菌酯 | 0.1 | 杀菌剂 | GB 23200.9、GB/T 20770 |
| 100 | 嘧苯胺磺隆 | 0.05* | 除草剂 | 无指定 |
| 101 | 嘧草醚 | 0.1* | 除草剂 | 无指定 |
| 102 | 嘧啶肟草醚 | 0.05* | 除草剂 | 无指定 |
| 103 | 嘧菌环胺 | 0.2 | 杀菌剂 | GB 23200.9、GB 23200.113、GB/T 20770 |
| 104 | 嘧菌酯 | 0.5 | 杀菌剂 | GB/T 20770 |
| 105 | 灭线磷 | 0.02 | 杀线虫剂 | GB 23200.113 |
| 106 | 灭锈胺 | 0.2* | 杀菌剂 | GB 23200.9 |
| 107 | 萘乙酸和萘乙酸钠 | 0.1 | 植物生长调节剂 | SN/T 2228 |
| 108 | 宁南霉素 | 0.2* | 杀菌剂 | 无指定 |
| 109 | 哌草丹 | 0.05* | 除草剂 | NY/T 1379（参照） |
| 110 | 扑草净 | 0.05 | 除草剂 | GB 23200.113、SN/T 1968 |
| 111 | 嗪吡嘧磺隆 | 0.05* | 除草剂 | 无指定 |

（续）

| 序号 | 农药中文名 | 最大残留限量（mg/kg） | 农药主要用途 | 检测方法 |
|---|---|---|---|---|
| 112 | 氰氟草酯 | 0.1 | 除草剂 | GB/T 23204 |
| 113 | 氰氟虫腙 | 0.1* | 杀虫剂 | 无指定 |
| 114 | 噻虫胺 | 0.2 | 杀虫剂 | GB/T 20770 |
| 115 | 噻虫啉 | 0.2 | 杀虫剂 | GB/T 20770 |
| 116 | 噻虫嗪 | 0.1 | 杀虫剂 | GB 23200.9、GB/T 20770 |
| 117 | 噻呋酰胺 | 3 | 杀菌剂 | GB 23200.9 |
| 118 | 噻霉酮 | 0.5* | 杀菌剂 | 无指定 |
| 119 | 噻嗪酮 | 0.3 | 杀虫剂 | GB/T 5009.184、GB 23200.34 |
| 120 | 噻唑锌 | 0.2* | 杀菌剂 | 无指定 |
| 121 | 三苯基乙酸锡 | 0.05* | 杀菌剂 | 无指定 |
| 122 | 三唑醇 | 0.05 | 杀菌剂 | GB 23200.9、GB 23200.113 |
| 123 | 杀虫单 | 1 | 杀虫剂 | GB/T 5009.114 |
| 124 | 杀虫脒 | 0.01 | 杀虫剂 | GB/T 20770 |
| 125 | 杀虫双 | 1 | 杀虫剂 | GB/T 5009.114 |
| 126 | 杀螺胺乙醇胺盐 | 0.5* | 杀虫剂 | 无指定 |
| 127 | 杀螟丹 | 0.1 | 杀虫剂 | GB/T 20770 |
| 128 | 杀扑磷 | 0.05 | 杀虫剂 | GB 23200.113 |
| 129 | 莎稗磷 | 0.1 | 除草剂 | GB 23200.113 |
| 130 | 双草醚 | 0.1* | 除草剂 | 无指定 |
| 131 | 霜霉威和霜霉威盐酸盐 | 0.1 | 杀菌剂 | GB/T 20770 |
| 132 | 水胺硫磷 | 0.05 | 杀虫剂 | GB 23200.113 |
| 133 | 四聚乙醛 | 0.2* | 杀螺剂 | 无指定 |
| 134 | 四氯苯酞 | 1* | 杀菌剂 | SN/T 3768 |
| 135 | 调环酸钙 | 0.05 | 植物生长调节剂 | SN/T 0931（参照） |
| 136 | 萎锈灵 | 0.2 | 杀菌剂 | GB 23200.9、GB/T 20770 |
| 137 | 肟菌酯 | 0.1 | 杀菌剂 | GB 23200.113 |
| 138 | 五氟磺草胺 | 0.02* | 除草剂 | 无指定 |
| 139 | 戊唑醇 | 0.5 | 杀菌剂 | GB 23200.113、GB/T 20770 |

（续）

| 序号 | 农药中文名 | 最大残留限量（mg/kg） | 农药主要用途 | 检测方法 |
|---|---|---|---|---|
| 140 | 西草净 | 0.05 | 除草剂 | GB/T 20770 |
| 141 | 烯丙苯噻唑 | 1* | 杀菌剂 | 无指定 |
| 142 | 烯啶虫胺 | 0.1* | 杀虫剂 | GB/T 20770 |
| 143 | 烯肟菌胺 | 1* | 杀菌剂 | 无指定 |
| 144 | 烯效唑 | 0.1 | 植物生长调节剂 | GB 23200.9、GB/T 20770 |
| 145 | 硝磺草酮 | 0.05 | 除草剂 | GB/T 20770 |
| 146 | 溴氰虫酰胺 | 0.2* | 杀虫剂 | 无指定 |
| 147 | 溴硝醇 | 0.2* | 杀菌剂 | 无指定 |
| 148 | 乙草胺 | 0.05 | 除草剂 | GB 23200.9、GB 23200.57、GB 2320.113、GB/T 20770 |
| 149 | 乙虫腈 | 0.2 | 杀虫剂 | GB/T 20769（参照） |
| 150 | 乙基多杀菌素 | 0.2* | 杀虫剂 | 无指定 |
| 151 | 乙蒜素 | 0.05* | 杀菌剂 | 无指定 |
| 152 | 乙酰甲胺磷 | 1 | 杀虫剂 | GB 23200.113、GB/T 5009.103、SN/T 3768 |
| 153 | 乙氧氟草醚 | 0.05 | 除草剂 | GB 23200.9、GB/T 20770 |
| 154 | 乙氧磺隆 | 0.05 | 除草剂 | GB/T 20770 |
| 155 | 异丙草胺 | 0.05* | 除草剂 | GB 23200.9、GB/T 20770 |
| 156 | 异丙甲草胺和精异丙甲草胺 | 0.1 | 除草剂 | GB 23200.9、GB 23200.113、GB/T 20770 |
| 157 | 异丙隆 | 0.05 | 除草剂 | GB/T 20770 |
| 158 | 异稻瘟净 | 0.5 | 杀菌剂 | GB 23200.9、GB 23200.113、GB 23200.83、GB/T 20770 |
| 159 | 异噁草酮 | 0.02 | 除草剂 | GB 23200.9 |
| 160 | 异菌脲 | 10 | 杀菌剂 | GB 23200.113、NY/T 761 |
| 161 | 吲唑磺菌胺 | 0.05* | 杀菌剂 | 无指定 |
| 162 | 茚虫威 | 0.1 | 杀虫剂 | GB/T 20770 |
| 163 | 仲丁灵 | 0.05 | 除草剂 | GB/T 20770 |
| 164 | 唑草酮 | 0.1 | 除草剂 | GB 23200.15（参照） |

## 1.36 麦胚

麦胚中农药最大残留限量见表 1-36。

表 1-36 麦胚中农药最大残留限量

| 序号 | 农药中文名 | 最大残留限量(mg/kg) | 农药主要用途 | 检测方法 |
|---|---|---|---|---|
| 1 | 氯丹 | 0.02 | 杀虫剂 | GB/T 5009.19 |
| 2 | 氯氰菊酯和高效氯氰菊酯 | 0.3 | 杀虫剂 | GB 23200.9、GB 23200.113、GB/T 5009.110 |
| 3 | 甲基毒死蜱 | 5* | 杀虫剂 | GB 23200.9、GB 23200.113 |
| 4 | 磷化铝 | 0.05 | 杀虫剂 | GB/T 5009.36、GB/T 25222 |
| 5 | 氯虫苯甲酰胺 | 0.02* | 杀虫剂 | 无指定 |
| 6 | 溴甲烷 | 5* | 熏蒸剂 | 无指定 |
| 7 | 溴氰菊酯 | 0.5 | 杀虫剂 | GB 23200.9、GB 23200.113、GB/T 5009.110 |
| 8 | 艾氏剂 | 0.02 | 杀虫剂 | GB 23200.113、GB/T 5009.19 |
| 9 | 滴滴涕 | 0.05 | 杀虫剂 | GB 23200.113、GB/T 5009.19 |
| 10 | 狄氏剂 | 0.02 | 杀虫剂 | GB 23200.113、GB/T 5009.19 |
| 11 | 六六六 | 0.05 | 杀虫剂 | GB 23200.113、GB/T 5009.19 |
| 12 | 七氯 | 0.02 | 杀虫剂 | GB/T 5009.19 |
| 13 | 吡噻菌胺 | 0.2* | 杀菌剂 | 无指定 |
| 14 | 甲氧咪草烟 | 0.1* | 杀虫剂 | 无指定 |
| 15 | 硫酰氟 | 0.1* | 杀虫剂 | 无指定 |
| 16 | 氯菊酯 | 2 | 杀虫剂 | GB 23200.113 |
| 17 | 生物苄呋菊酯 | 3 | 杀虫剂 | GB/T 20770、SN/T 2151 |
| 18 | 增效醚 | 90 | 增效剂 | GB 23200.34、GB 23200.113 |

## 1.37 小麦全粉

小麦全粉中农药最大残留限量见表 1-37。

## 表 1-37 小麦全粉中农药最大残留限量

| 序号 | 农药中文名 | 最大残留限量（mg/kg） | 农药主要用途 | 检测方法 |
|---|---|---|---|---|
| 1 | 氯丹 | 0.02 | 杀虫剂 | GB/T 5009.19 |
| 2 | 氯氰菊酯和高效氯氰菊酯 | 0.3 | 杀虫剂 | GB 23200.9、GB 23200.113、GB/T 5009.110 |
| 3 | 甲基毒死蜱 | 5* | 杀虫剂 | GB 23200.9、GB 23200.113 |
| 4 | 磷化铝 | 0.05 | 杀虫剂 | GB/T 5009.36、GB/T 25222 |
| 5 | 氯虫苯甲酰胺 | 0.02* | 杀虫剂 | 无指定 |
| 6 | 溴甲烷 | 5* | 熏蒸剂 | 无指定 |
| 7 | 溴氰菊酯 | 0.5 | 杀虫剂 | GB 23200.9、GB 23200.113、GB/T 5009.110 |
| 8 | 艾氏剂 | 0.02 | 杀虫剂 | GB 23200.113、GB/T 5009.19 |
| 9 | 滴滴涕 | 0.05 | 杀虫剂 | GB 23200.113、GB/T 5009.19 |
| 10 | 狄氏剂 | 0.02 | 杀虫剂 | GB 23200.113、GB/T 5009.19 |
| 11 | 六六六 | 0.05 | 杀虫剂 | GB 23200.113、GB/T 5009.19 |
| 12 | 七氯 | 0.02 | 杀虫剂 | GB/T 5009.19 |
| 13 | 矮壮素 | 5 | 植物生长调节剂 | GB/T 5009.219 |
| 14 | 苯菌酮 | 0.08* | 杀菌剂 | 无指定 |

# 2 油料作物类

## 2.1 油菜籽

油菜籽中农药最大残留限量见表 2-1。

表 2-1 油菜籽中农药最大残留限量

| 序号 | 农药中文名 | 最大残留限量（mg/kg） | 农药主要用途 | 检测方法 |
|---|---|---|---|---|
| 1 | 噻虫胺 | 0.02 | 杀虫剂 | GB 23200.39（参照） |
| 2 | 吡唑醚菌酯 | 0.4 | 杀菌剂 | GB 23200.113 |
| 3 | 氟唑菌酰胺 | 0.8* | 杀菌剂 | 无指定 |
| 4 | 氯氰菊酯和高效氯氰菊酯 | 0.1 | 杀虫剂 | GB 23200.113 |
| 5 | 矮壮素 | 5 | 植物生长调节剂 | GB/T 5009.219（参照） |
| 6 | 氨氯吡啶酸 | 0.1* | 除草剂 | 无指定 |
| 7 | 胺苯磺隆 | 0.02 | 除草剂 | NY/T 1616（参照） |
| 8 | 苯醚甲环唑 | 0.05 | 杀菌剂 | GB 23200.49、GB 23200.113 |
| 9 | 苯嘧磺草胺 | 0.6* | 除草剂 | 无指定 |
| 10 | 吡噻菌胺 | 0.5* | 杀菌剂 | 无指定 |
| 11 | 吡唑草胺 | 0.5 | 除草剂 | GB/T 20770（参照） |
| 12 | 丙环唑 | 0.02 | 杀菌剂 | SN/T 0519（参照） |
| 13 | 丙硫菌唑 | 0.1* | 杀菌剂 | 无指定 |
| 14 | 草铵膦 | 1.5* | 除草剂 | 无指定 |
| 15 | 草除灵 | 0.2* | 除草剂 | 无指定 |
| 16 | 草甘膦 | 2 | 除草剂 | GB/T 23750、SN/T 1923 |
| 17 | 虫酰肼 | 2 | 杀虫剂 | GB 23200.34、GB/T 20770（参照） |
| 18 | 代森锌 | 10 | 杀菌剂 | SN 0139、SN/T 1541（参照） |
| 19 | 敌草快 | 1 | 除草剂 | SN/T 0293 |

（续）

| 序号 | 农药中文名 | 最大残留限量（mg/kg） | 农药主要用途 | 检测方法 |
|---|---|---|---|---|
| 20 | 啶酰菌胺 | 2 | 杀菌剂 | GB/T 20769、GB/T 20770（参照） |
| 21 | 多菌灵 | 0.1 | 杀菌剂 | NY/T 1680（参照） |
| 22 | 多效唑 | 0.2 | 植物生长调节剂 | GB 23200.113 |
| 23 | 二氯吡啶酸 | 2* | 除草剂 | 无指定 |
| 24 | 氟吡甲禾灵和高效氟吡甲禾灵 | 3* | 除草剂 | 无指定 |
| 25 | 氟吡菌酰胺 | 1* | 杀菌剂 | 无指定 |
| 26 | 氟啶虫胺腈 | 0.15* | 杀虫剂 | 无指定 |
| 27 | 氟硅唑 | 0.1 | 杀菌剂 | GB 23200.9、GB/T 20770(参照) |
| 28 | 氟氯氰菊酯和高效氟氯氰菊酯 | 0.07 | 杀虫剂 | GB 23200.113 |
| 29 | 氟唑环菌胺 | 0.01* | 杀菌剂 | 无指定 |
| 30 | 腐霉利 | 2 | 杀菌剂 | GB 23200.113 |
| 31 | 咯菌腈 | 0.02 | 杀菌剂 | GB 23200.113 |
| 32 | 环丙唑醇 | 0.4 | 杀菌剂 | GB 23200.113 |
| 33 | 甲氨基阿维菌素苯甲酸盐 | 0.005 | 杀虫剂 | GB/T 20769（参照） |
| 34 | 甲基硫菌灵 | 0.1 | 杀菌剂 | NY/T 1680（参照） |
| 35 | 甲硫威 | 0.05 | 杀软体动物剂 | SN/T 2560（参照） |
| 36 | 甲咪唑烟酸 | 0.05 | 除草剂 | GB/T 20770（参照） |
| 37 | 甲氧咪草烟 | 0.05* | 除草剂 | 无指定 |
| 38 | 腈苯唑 | 0.05 | 杀菌剂 | GB 23200.113 |
| 39 | 精噁唑禾草灵 | 0.5 | 除草剂 | NY/T 1379（参照） |
| 40 | 抗倒酯 | 1.5 | 植物生长调节剂 | GB/T 20769（参照） |
| 41 | 抗蚜威 | 0.2 | 杀虫剂 | GB 23200.113 |
| 42 | 克百威 | 0.05 | 杀虫剂 | NY/T 761（参照） |
| 43 | 喹禾灵和精喹禾灵 | 0.1 | 除草剂 | GB/T 20770、SN/T 2228(参照) |
| 44 | 联苯菊酯 | 0.05 | 杀虫/杀螨剂 | GB 23200.113 |
| 45 | 氯虫苯甲酰胺 | 2* | 杀虫剂 | 无指定 |

（续）

| 序号 | 农药中文名 | 最大残留限量（mg/kg） | 农药主要用途 | 检测方法 |
|---|---|---|---|---|
| 46 | 氯啶菌酯 | 0.5* | 杀菌剂 | 无指定 |
| 47 | 氯菊酯 | 0.05 | 杀虫剂 | GB 23200.113 |
| 48 | 咪鲜胺和咪鲜胺锰盐 | 0.5 | 杀菌剂 | NY/T 1456（参照） |
| 49 | 咪唑烟酸 | 0.05 | 除草剂 | GB/T 23818 |
| 50 | 醚菊酯 | 0.01 | 杀虫剂 | GB 23200.9（参照） |
| 51 | 灭多威 | 0.05 | 杀虫剂 | SN/T 0134 |
| 52 | 噻草酮 | 7* | 除草剂 | GB 23200.3（参照） |
| 53 | 噻虫啉 | 0.5 | 杀虫剂 | GB/T 20770（参照） |
| 54 | 噻虫嗪 | 0.05 | 杀虫剂 | GB 23200.39 |
| 55 | 噻节因 | 0.2 | 调节剂 | GB/T 23210 |
| 56 | 三氯吡氧乙酸 | 0.5 | 除草剂 | GB/T 20769（参照） |
| 57 | 三唑酮 | 0.2 | 杀菌剂 | GB 23200.113 |
| 58 | 戊唑醇 | 0.3 | 杀菌剂 | GB 23200.113 |
| 59 | 烯草酮 | 0.5 | 除草剂 | GB 23200.9、GB/T 20770、SN/T 2325（参照） |
| 60 | 烯禾啶 | 0.5 | 除草剂 | GB 23200.9、GB/T 20770(参照) |
| 61 | 烯效唑 | 0.05 | 植物生长调节剂 | GB 23200.9、GB/T 20770(参照) |
| 62 | 辛硫磷 | 0.1 | 杀虫剂 | GB/T 5009.102、GB/T 20769、SN/T 3769（参照） |
| 63 | 溴氰菊酯 | 0.1 | 杀虫剂 | GB 23200.9、GB 23200.113、GB/T 5009.110 |
| 64 | 乙草胺 | 0.2 | 除草剂 | GB 23200.57、GB 2320.113 |
| 65 | 异丙甲草胺和精异丙甲草胺 | 0.1 | 除草剂 | GB 23200.113、GB/T 5009.174 |
| 66 | 异噁草酮 | 0.1 | 除草剂 | GB 23200.9（参照） |
| 67 | 异菌脲 | 2 | 杀菌剂 | GB 23200.113 |

## 2.2 芝麻

芝麻中农药最大残留限量见表2-2。

**表 2-2 芝麻中农药最大残留限量**

| 序号 | 农药中文名 | 最大残留限量（mg/kg） | 农药主要用途 | 检测方法 |
|---|---|---|---|---|
| 1 | 噻虫胺 | 0.02 | 杀虫剂 | GB 23200.39（参照） |
| 2 | 吡唑醚菌酯 | 0.4 | 杀菌剂 | GB 23200.113 |
| 3 | 氟唑菌酰胺 | 0.8* | 杀菌剂 | 无指定 |
| 4 | 噻虫嗪 | 0.02 | 杀虫剂 | GB 23200.39 |
| 5 | 啶酰菌胺 | 1 | 杀菌剂 | GB/T 20769、GB/T 20770（参照） |
| 6 | 氯氰菊酯和高效氯氰菊酯 | 0.1 | 杀虫剂 | GB 23200.113 |
| 7 | 喹禾灵和精喹禾灵 | 0.1 | 除草剂 | GB/T 20770、SN/T 2228(参照) |
| 8 | 异丙甲草胺和精异丙甲草胺 | 0.1 | 除草剂 | GB 23200.113、GB/T 5009.174 |

## 2.3 亚麻籽

亚麻籽中农药最大残留限量见表 2-3。

**表 2-3 亚麻籽中农药最大残留限量**

| 序号 | 农药中文名 | 最大残留限量（mg/kg） | 农药主要用途 | 检测方法 |
|---|---|---|---|---|
| 1 | 噻虫胺 | 0.02 | 杀虫剂 | GB 23200.39（参照） |
| 2 | 吡唑醚菌酯 | 0.4 | 杀菌剂 | GB 23200.113 |
| 3 | 氟唑菌酰胺 | 0.8* | 杀菌剂 | 无指定 |
| 4 | 噻虫嗪 | 0.02 | 杀虫剂 | GB 23200.39 |
| 5 | 啶酰菌胺 | 1 | 杀菌剂 | GB/T 20769、GB/T 20770（参照） |
| 6 | 氯氰菊酯和高效氯氰菊酯 | 0.1 | 杀虫剂 | GB 23200.113 |
| 7 | 2甲4氯（钠） | 0.01 | 除草剂 | NY/T 1434（参照） |
| 8 | 咪鲜胺和咪鲜胺锰盐 | 0.05 | 杀菌剂 | NY/T 1456（参照） |
| 9 | 灭草松 | 0.1 | 除草剂 | GB/T 20770（参照） |
| 10 | 噻草酮 | 7* | 除草剂 | GB 23200.3（参照） |
| 11 | 烯禾啶 | 0.5 | 除草剂 | GB 23200.9、GB/T 20770(参照) |
| 12 | 硝磺草酮 | 0.01 | 除草剂 | GB/T 20770（参照） |

## 2.4 芥菜籽

芥菜籽中农药最大残留限量见表2-4。

**表2-4 芥菜籽中农药最大残留限量**

| 序号 | 农药中文名 | 最大残留限量(mg/kg) | 农药主要用途 | 检测方法 |
| --- | --- | --- | --- | --- |
| 1 | 噻虫胺 | 0.02 | 杀虫剂 | GB 23200.39(参照) |
| 2 | 吡唑醚菌酯 | 0.4 | 杀菌剂 | GB 23200.113 |
| 3 | 氟唑菌酰胺 | 0.8* | 杀菌剂 | 无指定 |
| 4 | 噻虫嗪 | 0.02 | 杀虫剂 | GB 23200.39 |
| 5 | 啶酰菌胺 | 1 | 杀菌剂 | GB/T 20769、GB/T 20770(参照) |
| 6 | 氯氰菊酯和高效氯氰菊酯 | 0.1 | 杀虫剂 | GB 23200.113 |
| 7 | 噻虫啉 | 0.5 | 杀虫剂 | GB/T 20770(参照) |

## 2.5 棉籽

棉籽中农药最大残留限量见表2-5。

**表2-5 棉籽中农药最大残留限量**

| 序号 | 农药中文名 | 最大残留限量(mg/kg) | 农药主要用途 | 检测方法 |
| --- | --- | --- | --- | --- |
| 1 | 噻虫胺 | 0.02 | 杀虫剂 | GB 23200.39(参照) |
| 2 | 噻虫嗪 | 0.02 | 杀虫剂 | GB 23200.39 |
| 3 | 啶酰菌胺 | 1 | 杀菌剂 | GB/T 20769、GB/T 20770(参照) |
| 4 | 阿维菌素 | 0.01 | 杀虫剂 | GB 23200.20(参照) |
| 5 | 矮壮素 | 0.5 | 植物生长调节剂 | GB/T 5009.219(参照) |
| 6 | 百草枯 | 0.2* | 除草剂 | 无指定 |
| 7 | 保棉磷 | 0.2 | 杀虫剂 | SN/T 1739(参照) |
| 8 | 苯醚甲环唑 | 0.1 | 杀菌剂 | GB 23200.49、GB 23200.113 |
| 9 | 苯嘧磺草胺 | 0.2* | 除草剂 | 无指定 |
| 10 | 苯线磷 | 0.05 | 杀虫剂 | GB/T 20770(参照) |
| 11 | 吡丙醚 | 0.05 | 杀虫剂 | GB 23200.113 |

（续）

| 序号 | 农药中文名 | 最大残留限量（mg/kg） | 农药主要用途 | 检测方法 |
|---|---|---|---|---|
| 12 | 吡草醚 | 0.1 | 除草剂 | GB 23200.9（参照） |
| 13 | 吡虫啉 | 0.5 | 杀虫剂 | GB/T 20769、GB/T 20770（参照） |
| 14 | 吡氟禾草灵和精吡氟禾草灵 | 0.1 | 除草剂 | GB/T 5009.142 |
| 15 | 吡噻菌胺 | 0.5* | 杀菌剂 | 无指定 |
| 16 | 吡蚜酮 | 0.1 | 杀虫剂 | GB/T 20770（参照） |
| 17 | 吡唑醚菌酯 | 0.1 | 杀菌剂 | GB 23200.113 |
| 18 | 丙硫克百威 | 0.5* | 杀虫剂 | 无指定 |
| 19 | 丙溴磷 | 1 | 杀虫剂 | GB 23200.113 |
| 20 | 草铵膦 | 5* | 除草剂 | 无指定 |
| 21 | 除虫脲 | 0.2 | 杀虫剂 | GB 23200.45 |
| 22 | 哒螨灵 | 0.1 | 杀螨剂 | GB 23200.113 |
| 23 | 代森锰锌 | 0.1 | 杀菌剂 | SN 0139、SN/T 1541（参照） |
| 24 | 敌百虫 | 0.1 | 杀虫剂 | GB/T 20770（参照） |
| 25 | 敌草胺 | 0.05 | 除草剂 | GB 23200.14（参照） |
| 26 | 敌草快 | 0.1 | 除草剂 | SN/T 0293 |
| 27 | 敌草隆 | 0.1 | 除草剂 | GB/T 20770（参照） |
| 28 | 敌敌畏 | 0.1 | 杀虫剂 | GB 23200.113、GB/T 5009.20 |
| 29 | 敌磺钠 | 0.1* | 杀菌剂 | 无指定 |
| 30 | 丁草胺 | 0.2 | 除草剂 | GB 23200.113 |
| 31 | 丁硫克百威 | 0.05 | 杀虫剂 | GB 23200.13、GB 23200.33（参照） |
| 32 | 丁醚脲 | 0.2* | 杀虫/杀螨剂 | 无指定 |
| 33 | 啶虫脒 | 0.1 | 杀虫剂 | GB/T 20770（参照） |
| 34 | 毒死蜱 | 0.3 | 杀虫剂 | GB 23200.113 |
| 35 | 多菌灵 | 0.1 | 杀菌剂 | NY/T 1680（参照） |
| 36 | 多杀霉素 | 0.1 | 杀虫剂 | GB/T 20769、NY/T 1379、NY/T 1453（参照） |
| 37 | 噁草酮 | 0.1 | 除草剂 | GB/T 5009.180（参照） |
| 38 | 二甲戊灵 | 0.1 | 除草剂 | GB 23200.8、GB 23200.9(参照) |

（续）

| 序号 | 农药中文名 | 最大残留限量（mg/kg） | 农药主要用途 | 检测方法 |
| --- | --- | --- | --- | --- |
| 39 | 二嗪磷 | 0.2 | 杀虫剂 | GB 23200.113 |
| 40 | 呋虫胺 | 1 | 杀虫剂 | GB 23200.37、GB/T 20770（参照） |
| 41 | 氟苯虫酰胺 | 1.5* | 杀虫剂 | 无指定 |
| 42 | 氟吡甲禾灵和高效氟吡甲禾灵 | 0.2* | 除草剂 | 无指定 |
| 43 | 氟吡菌酰胺 | 0.01* | 杀菌剂 | 无指定 |
| 44 | 氟啶虫胺腈 | 0.4* | 杀虫剂 | 无指定 |
| 45 | 氟啶脲 | 0.1 | 杀虫剂 | GB 23200.8（参照） |
| 46 | 氟节胺 | 1 | 植物生长调节剂 | GB 23200.8（参照） |
| 47 | 氟乐灵 | 0.05 | 除草剂 | GB/T 5009.172 |
| 48 | 氟铃脲 | 0.1 | 杀虫剂 | GB 23200.8、NY/T 1720（参照） |
| 49 | 氟氯氰菊酯和高效氟氯氰菊酯 | 0.05 | 杀虫剂 | GB 23200.113 |
| 50 | 氟烯草酸 | 0.05 | 除草剂 | GB 23200.62（参照） |
| 51 | 氟酰脲 | 0.5 | 杀虫剂 | GB 23200.34（参照） |
| 52 | 氟唑菌酰胺 | 0.01* | 杀菌剂 | 无指定 |
| 53 | 福美双 | 0.1 | 杀菌剂 | SN 0139（参照） |
| 54 | 福美锌 | 0.1 | 杀菌剂 | SN/T 1541（参照） |
| 55 | 咯菌腈 | 0.05 | 杀菌剂 | GB 23200.113 |
| 56 | 甲氨基阿维菌素苯甲酸盐 | 0.02 | 杀虫剂 | GB/T 20769（参照） |
| 57 | 甲胺磷 | 0.1 | 杀虫剂 | GB 23200.113、GB/T 5009.103 |
| 58 | 甲拌磷 | 0.05 | 杀虫剂 | GB 23200.113 |
| 59 | 甲草胺 | 0.02 | 除草剂 | GB 23200.113 |
| 60 | 甲基毒死蜱 | 0.02* | 杀虫剂 | GB 23200.113 |
| 61 | 甲基立枯磷 | 0.05 | 杀菌剂 | GB 23200.9（参照） |
| 62 | 甲基硫环磷 | 0.03* | 杀虫剂 | NY/T 761（参照） |
| 63 | 甲萘威 | 1 | 杀虫剂 | GB/T 5009.21 |
| 64 | 甲哌鎓 | 1* | 植物生长调节剂 | 无指定 |
| 65 | 甲氰菊酯 | 1 | 杀虫剂 | GB 23200.9、GB 23200.113、GB/T 20770、SN/T 2233 |

（续）

| 序号 | 农药中文名 | 最大残留限量（mg/kg） | 农药主要用途 | 检测方法 |
|---|---|---|---|---|
| 66 | 甲霜灵和精甲霜灵 | 0.05 | 杀菌剂 | GB 23200.9、GB 23200.113、GB/T 20770 |
| 67 | 甲氧虫酰肼 | 7 | 杀虫剂 | GB/T 20769（参照） |
| 68 | 精噁唑禾草灵 | 0.02 | 除草剂 | NY/T 1379（参照） |
| 69 | 克百威 | 0.1 | 杀虫剂 | NY/T 761（参照） |
| 70 | 喹禾灵和精喹禾灵 | 0.05 | 除草剂 | GB/T 20770、SN/T 2228(参照) |
| 71 | 喹硫磷 | 0.05* | 杀虫剂 | GB 23200.9、GB 23200.113、GB/T5009.20 |
| 72 | 联苯肼酯 | 0.3 | 杀螨剂 | GB 23200.34（参照） |
| 73 | 联苯菊酯 | 0.5 | 杀虫/杀螨剂 | GB 23200.113 |
| 74 | 硫丹 | 0.05 | 杀虫剂 | GB/T 5009.19（参照） |
| 75 | 螺虫乙酯 | 0.4* | 杀虫剂 | 无指定 |
| 76 | 螺螨酯 | 0.02 | 杀螨剂 | GB 23200.9（参照） |
| 77 | 氯虫苯甲酰胺 | 0.3* | 杀虫剂 | 无指定 |
| 78 | 氯氟氰菊酯和高效氯氟氰菊酯 | 0.05 | 杀虫剂 | GB 23200.113 |
| 79 | 氯菊酯 | 0.5 | 杀虫剂 | GB 23200.113 |
| 80 | 氯氰菊酯和高效氯氰菊酯 | 0.2 | 杀虫剂 | GB 23200.113 |
| 81 | 马拉硫磷 | 0.05 | 杀虫剂 | GB 23200.9、GB 23200.113、GB/T 5009.145 |
| 82 | 麦草畏 | 0.04 | 除草剂 | SN/T 1606 |
| 83 | 咪唑菌酮 | 0.02 | 杀菌剂 | GB 23200.113 |
| 84 | 嘧菌酯 | 0.05 | 杀菌剂 | GB 23200.46、GB/T 20770、NY/T 1453（参照） |
| 85 | 灭多威 | 0.5 | 杀虫剂 | SN/T 0134 |
| 86 | 萘乙酸和萘乙酸钠 | 0.05 | 植物生长调节剂 | SN/T 2228（参照） |
| 87 | 内吸磷 | 0.02 | 杀虫/杀螨剂 | GB/T 20770（参照） |
| 88 | 扑草净 | 0.05 | 除草剂 | GB 23200.113、SN/T 1968 |
| 89 | 氰戊菊酯和S-氰戊菊酯 | 0.2 | 杀虫剂 | GB 23200.113 |
| 90 | 炔螨特 | 0.1 | 杀螨剂 | GB 23200.9、NY/T 1652（参照） |
| 91 | 噻苯隆 | 1 | 植物生长调节剂 | SN/T 4586 |

（续）

| 序号 | 农药中文名 | 最大残留限量（mg/kg） | 农药主要用途 | 检测方法 |
|---|---|---|---|---|
| 92 | 噻虫啉 | 0.02 | 杀虫剂 | GB/T 20770（参照） |
| 93 | 噻节因 | 1 | 调节剂 | GB/T 23210 |
| 94 | 噻螨酮 | 0.05 | 杀螨剂 | GB/T 20770（参照） |
| 95 | 三唑磷 | 0.1 | 杀虫剂 | GB 23200.113 |
| 96 | 三唑酮 | 0.05 | 杀菌剂 | GB 23200.113 |
| 97 | 杀虫脒 | 0.01 | 杀虫剂 | GB/T 20770（参照） |
| 98 | 杀螟硫磷 | 0.1* | 杀虫剂 | GB 23200.113 |
| 99 | 杀线威 | 0.2 | 杀虫剂 | SN/T 0134（参照） |
| 100 | 虱螨脲 | 0.05* | 杀虫剂 | 无指定 |
| 101 | 双甲脒 | 0.5 | 杀螨剂 | GB/T 5009.143 |
| 102 | 水胺硫磷 | 0.05 | 杀虫剂 | GB 23200.113 |
| 103 | 四聚乙醛 | 0.2* | 杀螺剂 | 无指定 |
| 104 | 特丁硫磷 | 0.01 | 杀虫剂 | NY/T 761、SN/T 3768（参照） |
| 105 | 涕灭威 | 0.1 | 杀虫剂 | GB/T 14929.2 |
| 106 | 萎锈灵 | 0.2 | 杀菌剂 | GB 23200.9、GB/T 20770(参照) |
| 107 | 五氯硝基苯 | 0.01 | 杀菌剂 | GB 23200.113 |
| 108 | 戊唑醇 | 2 | 杀菌剂 | GB 23200.113 |
| 109 | 烯草酮 | 0.5 | 除草剂 | GB 23200.9、GB/T 20770、SN/T 2325（参照） |
| 110 | 烯啶虫胺 | 0.05* | 杀虫剂 | GB/T 20769（参照） |
| 111 | 烯禾啶 | 0.5 | 除草剂 | GB 23200.9、GB/T 20770(参照) |
| 112 | 辛菌胺 | 0.1* | 杀菌剂 | 无指定 |
| 113 | 辛硫磷 | 0.1 | 杀虫剂 | GB/T 5009.102、GB/T 20769、SN/T 3769（参照） |
| 114 | 溴氰菊酯 | 0.1 | 杀虫剂 | GB 23200.9、GB 23200.113、GB/T 5009.110 |
| 115 | 亚胺硫磷 | 0.05 | 杀虫剂 | GB 23200.113 |
| 116 | 亚砜磷 | 0.05* | 杀虫剂 | 无指定 |
| 117 | 烟碱 | 0.05* | 杀虫剂 | 无指定 |
| 118 | 氧乐果 | 0.02 | 杀虫剂 | GB 23200.113 |
| 119 | 乙蒜素 | 0.05* | 杀菌剂 | 无指定 |

（续）

| 序号 | 农药中文名 | 最大残留限量（mg/kg） | 农药主要用途 | 检测方法 |
|---|---|---|---|---|
| 120 | 乙羧氟草醚 | 0.05 | 除草剂 | GB 23200.2 |
| 121 | 乙烯利 | 2 | 植物生长调节剂 | GB 23200.16（参照） |
| 122 | 乙酰甲胺磷 | 2 | 杀虫剂 | GB 23200.113、GB/T 5009.103、SN/T 3768 |
| 123 | 乙氧氟草醚 | 0.05 | 除草剂 | GB 23200.2 |
| 124 | 异丙甲草胺和精异丙甲草胺 | 0.1 | 除草剂 | GB 23200.113、GB/T 5009.174 |
| 125 | 茚虫威 | 0.1 | 杀虫剂 | GB/T 20770（参照） |
| 126 | 种菌唑 | 0.01* | 杀菌剂 | 无指定 |
| 127 | 仲丁灵 | 0.05 | 除草剂 | GB 23200.9、GB/T 20770、SN/T 3859（参照） |
| 128 | 唑螨酯 | 0.1 | 杀螨剂 | GB 23200.9、GB/T 20770(参照) |
| 129 | 七氯 | 0.02 | 杀虫剂 | GB/T 5009.19 |

## 2.6 大豆

大豆中农药最大残留限量见表 2-6。

**表 2-6 大豆中农药最大残留限量**

| 序号 | 农药中文名 | 最大残留限量（mg/kg） | 农药主要用途 | 检测方法 |
|---|---|---|---|---|
| 1 | 噻虫胺 | 0.02 | 杀虫剂 | GB 23200.39（参照） |
| 2 | 噻虫嗪 | 0.02 | 杀虫剂 | GB 23200.39 |
| 3 | 啶酰菌胺 | 1 | 杀菌剂 | GB/T 20769、GB/T 20770（参照） |
| 4 | 2,4-滴和2,4-滴钠盐 | 0.01 | 除草剂 | NY/T 1434（参照） |
| 5 | 2,4-滴丁酯 | 0.05 | 除草剂 | GB/T 5009.165（参照） |
| 6 | 阿维菌素 | 0.05 | 杀虫剂 | GB 23200.20（参照） |
| 7 | 百草枯 | 0.5* | 除草剂 | 无指定 |
| 8 | 百菌清 | 0.2 | 杀菌剂 | SN/T 2320（参照） |
| 9 | 保棉磷 | 0.05 | 杀虫剂 | SN/T 1739（参照） |
| 10 | 苯并烯氟菌唑 | 0.08* | 杀菌剂 | 无指定 |

（续）

| 序号 | 农药中文名 | 最大残留限量（mg/kg） | 农药主要用途 | 检测方法 |
|---|---|---|---|---|
| 11 | 苯醚甲环唑 | 0.05 | 杀菌剂 | GB 23200.49、GB 23200.113 |
| 12 | 苯线磷 | 0.02 | 杀虫剂 | GB/T 20770（参照） |
| 13 | 吡虫啉 | 0.05 | 杀虫剂 | GB/T 20769、GB/T 20770（参照） |
| 14 | 吡氟禾草灵和精吡氟禾草灵 | 0.1 | 除草剂 | GB/T 5009.142 |
| 15 | 吡噻菌胺 | 0.3* | 杀菌剂 | 无指定 |
| 16 | 吡唑醚菌酯 | 0.2 | 杀菌剂 | GB 23200.113 |
| 17 | 丙环唑 | 0.2 | 杀菌剂 | SN/T 0519（参照） |
| 18 | 丙硫菌唑 | 1* | 杀菌剂 | 无指定 |
| 19 | 丙炔氟草胺 | 0.02 | 除草剂 | GB 23200.31 |
| 20 | 草铵膦 | 2* | 除草剂 | 无指定 |
| 21 | 哒螨灵 | 0.1 | 杀螨剂 | GB 23200.113 |
| 22 | 敌百虫 | 0.1 | 杀虫剂 | GB/T 20770（参照） |
| 23 | 敌草快 | 0.2 | 除草剂 | SN/T 0293 |
| 24 | 敌敌畏 | 0.1 | 杀虫剂 | GB 23200.113、GB/T 5009.20 |
| 25 | 地虫硫磷 | 0.05 | 杀虫剂 | GB 23200.113 |
| 26 | 丁硫克百威 | 0.1 | 杀虫剂 | GB 23200.13、GB 23200.33（参照） |
| 27 | 毒死蜱 | 0.1 | 杀虫剂 | GB 23200.113 |
| 28 | 对硫磷 | 0.1 | 杀虫剂 | GB 23200.113 |
| 29 | 多菌灵 | 0.2 | 杀菌剂 | NY/T 1680（参照） |
| 30 | 多杀霉素 | 0.01 | 杀虫剂 | GB/T 20769、NY/T 1379、NY/T 1453（参照） |
| 31 | 多效唑 | 0.05 | 植物生长调节剂 | GB 23200.113 |
| 32 | 噁草酮 | 0.05 | 除草剂 | GB/T 5009.180（参照） |
| 33 | 粉唑醇 | 0.4 | 杀菌剂 | GB/T 20769（参照） |
| 34 | 氟吡甲禾灵和高效氟吡甲禾灵 | 0.1* | 除草剂 | GB/T 20770 |
| 35 | 氟吡菌酰胺 | 0.05* | 杀菌剂 | 无指定 |
| 36 | 氟啶虫胺腈 | 0.4* | 杀虫剂 | 无指定 |

（续）

| 序号 | 农药中文名 | 最大残留限量（mg/kg） | 农药主要用途 | 检测方法 |
| --- | --- | --- | --- | --- |
| 37 | 氟硅唑 | 0.05 | 杀菌剂 | GB 23200.9、GB/T 20770(参照) |
| 38 | 氟环唑 | 0.3 | 杀菌剂 | GB 23200.113 |
| 39 | 氟磺胺草醚 | 0.1 | 除草剂 | GB/T 5009.130 |
| 40 | 氟乐灵 | 0.05 | 除草剂 | GB/T 5009.172 |
| 41 | 氟氯氰菊酯和高效氟氯氰菊酯 | 0.03 | 杀虫剂 | GB 23200.113 |
| 42 | 氟氰戊菊酯 | 0.05 | 杀虫剂 | GB 23200.113 |
| 43 | 氟唑菌酰胺 | 0.01* | 杀菌剂 | 无指定 |
| 44 | 福美双 | 0.3 | 杀菌剂 | SN 0139（参照） |
| 45 | 复硝酚钠 | 0.1* | 植物生长调节剂 | 无指定 |
| 46 | 咯菌腈 | 0.05 | 杀菌剂 | GB 23200.113 |
| 47 | 环丙唑醇 | 0.07 | 杀菌剂 | GB 23200.113 |
| 48 | 甲氨基阿维菌素苯甲酸盐 | 0.05 | 杀虫剂 | GB/T 20769（参照） |
| 49 | 甲拌磷 | 0.05 | 杀虫剂 | GB 23200.113 |
| 50 | 甲草胺 | 0.2 | 除草剂 | GB 23200.113 |
| 51 | 甲基毒死蜱 | 5* | 杀虫剂 | GB 23200.113 |
| 52 | 甲基硫环磷 | 0.03* | 杀虫剂 | NY/T 761（参照） |
| 53 | 甲基异柳磷 | 0.02* | 杀虫剂 | GB 23200.113、GB/T 5009.144 |
| 54 | 甲萘威 | 1 | 杀虫剂 | GB/T 5009.21 |
| 55 | 甲哌鎓 | 0.05* | 植物生长调节剂 | 无指定 |
| 56 | 甲氰菊酯 | 0.1 | 杀虫剂 | GB 23200.9、GB 23200.113、GB/T 20770、SN/T 2233 |
| 57 | 甲霜灵和精甲霜灵 | 0.05 | 杀菌剂 | GB 23200.113 |
| 58 | 甲羧除草醚 | 0.05 | 除草剂 | GB 23200.113 |
| 59 | 甲氧虫酰肼 | 0.5 | 杀虫剂 | GB/T 20769（参照） |
| 60 | 甲氧咪草烟 | 0.1* | 除草剂 | 无指定 |
| 61 | 精二甲吩草胺 | 0.01 | 除草剂 | GB 23200.9、GB/T 20770(参照) |
| 62 | 久效磷 | 0.03 | 杀虫剂 | GB 23200.113、GB/T 5009.20 |
| 63 | 抗蚜威 | 0.05 | 杀虫剂 | GB 23200.113 |
| 64 | 克百威 | 0.2 | 杀虫剂 | NY/T 761（参照） |
| 65 | 喹禾糠酯 | 0.1* | 除草剂 | 无指定 |

（续）

| 序号 | 农药中文名 | 最大残留限量（mg/kg） | 农药主要用途 | 检测方法 |
|---|---|---|---|---|
| 66 | 喹禾灵和精喹禾灵 | 0.1 | 除草剂 | GB/T 20770、SN/T 2228(参照) |
| 67 | 乐果 | 0.05* | 杀虫剂 | GB 23200.113、GB/T 5009.20 |
| 68 | 联苯菊酯 | 0.3 | 杀虫/杀螨剂 | GB 23200.113 |
| 69 | 磷化铝 | 0.05 | 杀虫剂 | GB/T 5009.36、GB/T 25222 |
| 70 | 硫丹 | 0.05 | 杀虫剂 | GB/T 5009.19（参照） |
| 71 | 硫环磷 | 0.03 | 杀虫剂 | GB 23200.113 |
| 72 | 硫线磷 | 0.02 | 杀虫剂 | GB/T 20770（参照） |
| 73 | 螺虫乙酯 | 4* | 杀虫剂 | 无指定 |
| 74 | 绿麦隆 | 0.1 | 除草剂 | GB/T 5009.133 |
| 75 | 氯虫苯甲酰胺 | 0.05* | 杀虫剂 | 无指定 |
| 76 | 氯氟氰菊酯和高效氯氟氰菊酯 | 0.02 | 杀虫剂 | GB 23200.113 |
| 77 | 氯化苦 | 0.1 | 熏蒸剂 | GB/T 5009.36（参照） |
| 78 | 氯菊酯 | 2 | 杀虫剂 | GB 23200.113 |
| 79 | 氯嘧磺隆 | 0.02 | 除草剂 | GB/T 20770（参照） |
| 80 | 氯氰菊酯和高效氯氰菊酯 | 0.05 | 杀虫剂 | GB 23200.113 |
| 81 | 马拉硫磷 | 8 | 杀虫剂 | GB 23200.113、GB/T 5009.145 |
| 82 | 麦草畏 | 10 | 除草剂 | SN/T 1606 |
| 83 | 咪唑喹啉酸 | 0.05 | 除草剂 | GB/T 23818 |
| 84 | 咪唑乙烟酸 | 0.1 | 除草剂 | GB/T 23818 |
| 85 | 嘧菌酯 | 0.5* | 杀菌剂 | GB 23200.46、GB/T 20770、NY/T 1453（参照） |
| 86 | 灭草松 | 0.05 | 除草剂 | SN/T 0292（参照） |
| 87 | 灭多威 | 0.2 | 杀虫剂 | SN/T 0134 |
| 88 | 灭线磷 | 0.05 | 杀线虫剂 | GB 23200.113、SN/T 3768 |
| 89 | 萘乙酸和萘乙酸钠 | 0.05 | 植物生长调节剂 | SN/T 2228（参照） |
| 90 | 扑草净 | 0.05 | 除草剂 | GB 23200.113、SN/T 1968 |
| 91 | 嗪草酮 | 0.05 | 除草剂 | GB 23200.113 |
| 92 | 氰戊菊酯和 S-氰戊菊酯 | 0.1 | 杀虫剂 | GB 23200.113 |
| 93 | 乳氟禾草灵 | 0.05 | 除草剂 | GB/T 20769（参照） |
| 94 | 噻吩磺隆 | 0.05 | 除草剂 | GB/T 20770（参照） |

（续）

| 序号 | 农药中文名 | 最大残留限量（mg/kg） | 农药主要用途 | 检测方法 |
|---|---|---|---|---|
| 95 | 三氟羧草醚 | 0.1 | 除草剂 | GB 23200.70、SN/T 2228(参照) |
| 96 | 杀螟硫磷 | 5* | 杀虫剂 | GB 23200.113 |
| 97 | 涕灭威 | 0.02 | 杀虫剂 | GB/T 14929.2 |
| 98 | 萎锈灵 | 0.2 | 杀菌剂 | GB 23200.9、GB/T 20770(参照) |
| 99 | 五氯硝基苯 | 0.01 | 杀菌剂 | GB 23200.113 |
| 100 | 戊唑醇 | 0.05 | 杀菌剂 | GB 23200.113 |
| 101 | 烯草酮 | 0.1 | 除草剂 | GB 23200.9、GB/T 20770、SN/T 2325（参照） |
| 102 | 烯禾啶 | 2 | 除草剂 | GB 23200.9、GB/T 20770(参照) |
| 103 | 硝磺草酮 | 0.03 | 除草剂 | GB/T 20770（参照） |
| 104 | 辛硫磷 | 0.05 | 杀虫剂 | GB/T 5009.102、GB/T 20769、SN/T 3769（参照） |
| 105 | 溴甲烷 | 5* | 熏蒸剂 | 无指定 |
| 106 | 溴氰菊酯 | 0.05 | 杀虫剂 | GB 23200.9、GB 23200.113、GB/T 5009.110 |
| 107 | 氧乐果 | 0.05 | 杀虫剂 | GB 23200.113 |
| 108 | 乙草胺 | 0.1 | 除草剂 | GB 23200.57、GB 2320.113 |
| 109 | 乙蒜素 | 0.1* | 杀菌剂 | 无指定 |
| 110 | 乙羧氟草醚 | 0.05 | 除草剂 | GB 23200.2 |
| 111 | 乙酰甲胺磷 | 0.3 | 杀虫剂 | GB 23200.113、GB/T 5009.103、SN/T 3768 |
| 112 | 异丙草胺 | 0.1* | 除草剂 | GB 23200.9（参照） |
| 113 | 异丙甲草胺和精异丙甲草胺 | 0.5 | 除草剂 | GB 23200.113、GB/T 5009.174 |
| 114 | 异噁草酮 | 0.05 | 除草剂 | GB 23200.9（参照） |
| 115 | 茚虫威 | 0.5 | 杀虫剂 | GB/T 20770（参照） |
| 116 | 增效醚 | 0.2 | 增效剂 | GB 23200.113 |
| 117 | 仲丁灵 | 0.02 | 除草剂 | GB 23200.9、GB/T 20770、SN/T 3859（参照） |
| 118 | 唑嘧磺草胺 | 0.05* | 除草剂 | GB 23200.113 |
| 119 | 艾氏剂 | 0.05 | 杀虫剂 | GB 23200.113、GB/T 5009.19 |

（续）

| 序号 | 农药中文名 | 最大残留限量（mg/kg） | 农药主要用途 | 检测方法 |
|---|---|---|---|---|
| 120 | 滴滴涕 | 0.05 | 杀虫剂 | GB 23200.113、GB/T 5009.19 |
| 121 | 狄氏剂 | 0.05 | 杀虫剂 | GB 23200.113、GB/T 5009.19 |
| 122 | 毒杀芬 | 0.01* | 杀虫剂 | YC/T 180（参照） |
| 123 | 六六六 | 0.05 | 杀虫剂 | GB 23200.113、GB/T 5009.19 |
| 124 | 氯丹 | 0.02 | 杀虫剂 | GB/T 5009.19 |
| 125 | 灭蚁灵 | 0.01 | 杀虫剂 | GB/T 5009.19 |
| 126 | 七氯 | 0.02 | 杀虫剂 | GB/T 5009.19 |
| 127 | 异狄氏剂 | 0.01 | 杀虫剂 | GB/T 5009.19 |
| 128 | 胺鲜酯 | 0.05* | 植物生长调节剂 | 无指定 |
| 129 | 氟唑环菌胺 | 0.01* | 杀菌剂 | 无指定 |

## 2.7 花生仁

花生仁中农药最大残留限量见表2-7。

**表2-7 花生仁中农药最大残留限量**

| 序号 | 农药中文名 | 最大残留限量（mg/kg） | 农药主要用途 | 检测方法 |
|---|---|---|---|---|
| 1 | 噻虫胺 | 0.02 | 杀虫剂 | GB 23200.39（参照） |
| 2 | 啶酰菌胺 | 1 | 杀菌剂 | GB/T 20769、GB/T 20770（参照） |
| 3 | 氯氰菊酯和高效氯氰菊酯 | 0.1 | 杀虫剂 | GB 23200.113 |
| 4 | 阿维菌素 | 0.05 | 杀虫剂 | GB 23200.20（参照） |
| 5 | 矮壮素 | 0.2 | 植物生长调节剂 | GB/T 5009.219（参照） |
| 6 | 胺鲜酯 | 0.1* | 植物生长调节剂 | 无指定 |
| 7 | 百菌清 | 0.05 | 杀菌剂 | SN/T 2320（参照） |
| 8 | 苯醚甲环唑 | 0.2 | 杀菌剂 | GB 23200.49、GB 23200.113 |
| 9 | 苯线磷 | 0.02 | 杀虫剂 | GB/T 20770（参照） |
| 10 | 吡虫啉 | 0.5 | 杀虫剂 | GB/T 20769、GB/T 20770（参照） |
| 11 | 吡氟禾草灵和精吡氟禾草灵 | 0.1 | 除草剂 | GB/T 5009.142 |

（续）

| 序号 | 农药中文名 | 最大残留限量（mg/kg） | 农药主要用途 | 检测方法 |
| --- | --- | --- | --- | --- |
| 12 | 吡噻菌胺 | 0.05* | 杀菌剂 | 无指定 |
| 13 | 吡蚜酮 | 0.1 | 杀虫剂 | GB/T 20770（参照） |
| 14 | 吡唑醚菌酯 | 0.05 | 杀菌剂 | GB 23200.113 |
| 15 | 丙硫克百威 | 0.5* | 杀虫剂 | 无指定 |
| 16 | 丙环唑 | 0.1 | 杀菌剂 | SN/T 0519（参照） |
| 17 | 丙硫菌唑 | 0.02* | 杀菌剂 | 无指定 |
| 18 | 丙炔氟草胺 | 0.02 | 除草剂 | GB 23200.31 |
| 19 | 除虫菊素 | 0.5 | 杀虫剂 | GB/T 20769（参照） |
| 20 | 除虫脲 | 0.1 | 杀虫剂 | GB 23200.45 |
| 21 | 哒螨灵 | 0.1 | 杀螨剂 | GB 23200.113 |
| 22 | 代森锰锌 | 0.1 | 杀菌剂 | SN 0139、SN/T 1541（参照） |
| 23 | 代森锌 | 0.1 | 杀菌剂 | SN 0139、SN/T 1541（参照） |
| 24 | 敌百虫 | 0.1 | 杀虫剂 | GB/T 20770（参照） |
| 25 | 地虫硫磷 | 0.05 | 杀虫剂 | GB 23200.113 |
| 26 | 丁硫克百威 | 0.05 | 杀虫剂 | GB 23200.13、GB 23200.33（参照） |
| 27 | 丁酰肼 | 0.05 | 植物生长调节剂 | GB 23200.32 |
| 28 | 毒死蜱 | 0.2 | 杀虫剂 | GB 23200.113 |
| 29 | 多菌灵 | 0.1 | 杀菌剂 | NY/T 1680（参照） |
| 30 | 多效唑 | 0.5 | 植物生长调节剂 | GB 23200.113 |
| 31 | 噁草酮 | 0.1 | 除草剂 | GB/T 5009.180（参照） |
| 32 | 二甲戊灵 | 0.1 | 除草剂 | GB 23200.8、GB 23200.9(参照) |
| 33 | 二嗪磷 | 0.5 | 杀虫剂 | GB 23200.113 |
| 34 | 粉唑醇 | 0.15 | 杀菌剂 | GB/T 20769（参照） |
| 35 | 氟吡甲禾灵和高效氟吡甲禾灵 | 0.1* | 除草剂 | GB/T 20770 |
| 36 | 氟吡菌酰胺 | 0.03* | 杀菌剂 | 无指定 |
| 37 | 氟虫腈 | 0.02 | 杀虫剂 | SN/T 1982（参照） |
| 38 | 氟环唑 | 0.3 | 杀菌剂 | GB 23200.113 |
| 39 | 氟磺胺草醚 | 0.2 | 除草剂 | GB/T 5009.130 |
| 40 | 氟啶虫胺腈 | 0.3* | 杀虫剂 | 无指定 |

（续）

| 序号 | 农药中文名 | 最大残留限量（mg/kg） | 农药主要用途 | 检测方法 |
|---|---|---|---|---|
| 41 | 氟乐灵 | 0.05 | 除草剂 | GB/T 5009.172 |
| 42 | 氟酰胺 | 0.5 | 杀菌剂 | GB 23200.113 |
| 43 | 氟唑菌酰胺 | 0.01* | 杀菌剂 | 无指定 |
| 44 | 咯菌腈 | 0.05 | 杀菌剂 | GB 23200.113 |
| 45 | 甲拌磷 | 0.1 | 杀虫剂 | GB 23200.113 |
| 46 | 甲草胺 | 0.05 | 除草剂 | GB 23200.113 |
| 47 | 甲基硫菌灵 | 0.1 | 杀菌剂 | NY/T 1680（参照） |
| 48 | 甲基异柳磷 | 0.05* | 杀虫剂 | GB 23200.113、GB/T 5009.144 |
| 49 | 甲咪唑烟酸 | 0.1 | 除草剂 | GB/T 20770（参照） |
| 50 | 甲霜灵和精甲霜灵 | 0.1 | 杀菌剂 | GB 23200.113 |
| 51 | 甲氧虫酰肼 | 0.03 | 杀虫剂 | GB/T 20769（参照） |
| 52 | 甲氧咪草烟 | 0.01* | 除草剂 | 无指定 |
| 53 | 腈苯唑 | 0.1 | 杀菌剂 | GB 23200.113 |
| 54 | 精噁唑禾草灵 | 0.1 | 除草剂 | NY/T 1379（参照） |
| 55 | 精二甲吩草胺 | 0.01 | 除草剂 | GB 23200.9、GB/T 20770(参照) |
| 56 | 克百威 | 0.2 | 杀虫剂 | NY/T 761（参照） |
| 57 | 喹禾灵和精喹禾灵 | 0.1 | 除草剂 | GB/T 20770、SN/T 2228(参照) |
| 58 | 联苯三唑醇 | 0.1 | 杀菌剂 | GB 23200.9、GB/T 20770(参照) |
| 59 | 硫线磷 | 0.02 | 杀虫剂 | GB/T 20770（参照） |
| 60 | 氯化苦 | 0.05 | 熏蒸剂 | GB/T 5009.36（参照） |
| 61 | 氯菊酯 | 0.1 | 杀虫剂 | GB 23200.113 |
| 62 | 马拉硫磷 | 0.05 | 杀虫剂 | GB 23200.113、GB/T 5009.145 |
| 63 | 嘧菌酯 | 0.5 | 杀菌剂 | GB 23200.46、GB/T 20770、NY/T 1453（参照） |
| 64 | 灭草松 | 0.05 | 除草剂 | SN/T 0292（参照） |
| 65 | 灭线磷 | 0.02 | 杀线虫剂 | GB 23200.113、SN/T 3768 |
| 66 | 萘乙酸和萘乙酸钠 | 0.05 | 植物生长调节剂 | SN/T 2228（参照） |
| 67 | 内吸磷 | 0.02 | 杀虫/杀螨剂 | GB/T 20770（参照） |
| 68 | 扑草净 | 0.1 | 除草剂 | GB 23200.113、SN/T 1968 |
| 69 | 氰戊菊酯和S-氰戊菊酯 | 0.1 | 杀虫剂 | GB 23200.113 |
| 70 | 乳氟禾草灵 | 0.05 | 除草剂 | GB/T 20769（参照） |

（续）

| 序号 | 农药中文名 | 最大残留限量（mg/kg） | 农药主要用途 | 检测方法 |
|---|---|---|---|---|
| 71 | 噻虫嗪 | 0.05 | 杀虫剂 | GB 23200.39 |
| 72 | 噻吩磺隆 | 0.05 | 除草剂 | GB/T 20770（参照） |
| 73 | 噻呋酰胺 | 0.3 | 杀菌剂 | GB 23200.9（参照） |
| 74 | 三氟羧草醚 | 0.1 | 除草剂 | GB 23200.70、SN/T 2228(参照) |
| 75 | 杀线威 | 0.05 | 杀虫剂 | SN/T 0134（参照） |
| 76 | 水胺硫磷 | 0.05 | 杀虫剂 | GB 23200.113 |
| 77 | 特丁硫磷 | 0.02 | 杀虫剂 | NY/T 761、SN/T 3768（参照） |
| 78 | 涕灭威 | 0.02 | 杀虫剂 | GB/T 14929.2 |
| 79 | 肟菌酯 | 0.02 | 杀菌剂 | GB 23200.113 |
| 80 | 五氯硝基苯 | 0.5 | 杀菌剂 | GB 23200.113 |
| 81 | 戊唑醇 | 0.1 | 杀菌剂 | GB 23200.113 |
| 82 | 西草净 | 0.05 | 除草剂 | GB/T 20770（参照） |
| 83 | 烯草酮 | 5 | 除草剂 | GB 23200.9、GB/T 20770、SN/T 2325（参照） |
| 84 | 烯啶虫胺 | 0.05* | 杀虫剂 | GB/T 20769（参照） |
| 85 | 烯禾啶 | 2 | 除草剂 | GB 23200.9、GB/T 20770(参照) |
| 86 | 烯效唑 | 0.05 | 植物生长调节剂 | GB 23200.9、GB/T 20770(参照) |
| 87 | 烯唑醇 | 0.5 | 杀菌剂 | GB 23200.113、GB/T 20770 |
| 88 | 辛硫磷 | 0.05 | 杀虫剂 | GB/T 5009.102、GB/T 20769、SN/T 3769（参照） |
| 89 | 溴氰菊酯 | 0.01 | 杀虫剂 | GB 23200.9、GB 23200.113、GB/T 5009.110 |
| 90 | 乙草胺 | 0.1 | 除草剂 | GB 23200.57、GB 2320.113 |
| 91 | 亚胺硫磷 | 0.05 | 杀虫剂 | GB/T 5009.131（参照） |
| 92 | 乙羧氟草醚 | 0.05 | 除草剂 | GB 23200.2 |
| 93 | 异丙草胺 | 0.05* | 除草剂 | GB 23200.9（参照） |
| 94 | 异丙甲草胺和精异丙甲草胺 | 0.5 | 除草剂 | GB 23200.113、GB/T 5009.174 |
| 95 | 茚虫威 | 0.02 | 杀虫剂 | GB/T 20770（参照） |
| 96 | 增效醚 | 1 | 增效剂 | GB 23200.113 |

（续）

| 序号 | 农药中文名 | 最大残留限量 (mg/kg) | 农药主要用途 | 检测方法 |
|---|---|---|---|---|
| 97 | 仲丁灵 | 0.05 | 除草剂 | GB 23200.9、GB/T 20770、SN/T 3859（参照） |
| 98 | 氯氟氰菊酯和高效氯氟氰菊酯 | 0.2 | 杀虫剂 | GB 23200.113 |

## 2.8　葵花籽

葵花籽中农药最大残留限量见表 2－8。

**表 2－8　葵花籽中农药最大残留限量**

| 序号 | 农药中文名 | 最大残留限量 (mg/kg) | 农药主要用途 | 检测方法 |
|---|---|---|---|---|
| 1 | 噻虫胺 | 0.02 | 杀虫剂 | GB 23200.39（参照） |
| 2 | 吡唑醚菌酯 | 0.4 | 杀菌剂 | GB 23200.113 |
| 3 | 氟唑菌酰胺 | 0.8* | 杀菌剂 | 无指定 |
| 4 | 噻虫嗪 | 0.02 | 杀虫剂 | GB 23200.39 |
| 5 | 啶酰菌胺 | 1 | 杀菌剂 | GB/T 20769、GB/T 20770（参照） |
| 6 | 氯氰菊酯和高效氯氰菊酯 | 0.1 | 杀虫剂 | GB 23200.113 |
| 7 | 百草枯 | 2* | 除草剂 | 无指定 |
| 8 | 苯醚甲环唑 | 0.02 | 杀菌剂 | GB 23200.49、GB 23200.113 |
| 9 | 苯嘧磺草胺 | 0.7* | 除草剂 | 无指定 |
| 10 | 吡虫啉 | 0.05 | 杀虫剂 | GB/T 20769、GB/T 20770（参照） |
| 11 | 吡噻菌胺 | 1.5* | 杀菌剂 | 无指定 |
| 12 | 草甘膦 | 7 | 除草剂 | GB/T 23750、SN/T 1923 |
| 13 | 敌草快 | 1 | 除草剂 | SN/T 0293 |
| 14 | 氟吡甲禾灵和高效氟吡甲禾灵 | 0.05* | 除草剂 | 无指定 |
| 15 | 氟虫腈 | 0.002 | 杀虫剂 | SN/T 1982（参照） |
| 16 | 氟硅唑 | 0.1 | 杀菌剂 | GB 23200.9、GB/T 20770(参照) |
| 17 | 福美双 | 0.2 | 杀菌剂 | SN 0139（参照） |

（续）

| 序号 | 农药中文名 | 最大残留限量（mg/kg） | 农药主要用途 | 检测方法 |
| --- | --- | --- | --- | --- |
| 18 | 咯菌腈 | 0.05 | 杀菌剂 | GB 23200.113 |
| 19 | 甲硫威 | 0.05 | 杀软体动物剂 | SN/T 2560（参照） |
| 20 | 甲霜灵和精甲霜灵 | 0.05 | 杀菌剂 | GB 23200.113 |
| 21 | 甲氧咪草烟 | 0.3* | 除草剂 | 无指定 |
| 22 | 腈苯唑 | 0.05 | 杀菌剂 | GB 23200.113 |
| 23 | 抗蚜威 | 0.1 | 杀虫剂 | GB 23200.113 |
| 24 | 克百威 | 0.1 | 杀虫剂 | NY/T 761（参照） |
| 25 | 氯虫苯甲酰胺 | 2* | 杀虫剂 | 无指定 |
| 26 | 氯菊酯 | 1 | 杀虫剂 | GB 23200.113 |
| 27 | 咪鲜胺和咪鲜胺锰盐 | 0.5 | 杀菌剂 | NY/T 1456（参照） |
| 28 | 咪唑菌酮 | 0.02 | 杀菌剂 | GB 23200.113 |
| 29 | 咪唑烟酸 | 0.08 | 除草剂 | GB/T 23818 |
| 30 | 嘧菌酯 | 0.5 | 杀菌剂 | GB 23200.46、GB/T 20770、NY/T 1453（参照） |
| 31 | 噻草酮 | 6* | 除草剂 | GB 23200.3（参照） |
| 32 | 噻节因 | 1 | 植物生长调节剂 | GB/T 23210 |
| 33 | 涕灭威 | 0.05 | 杀虫剂 | GB/T 14929.2 |
| 34 | 烯草酮 | 0.5 | 除草剂 | GB 23200.9、GB/T 20770、SN/T 2325（参照） |
| 35 | 溴氰菊酯 | 0.05 | 杀虫剂 | GB 23200.9、GB 23200.113、GB/T 5009.110 |
| 36 | 氯氟氰菊酯和高效氯氟氰菊酯 | 0.2 | 杀虫剂 | GB 23200.113 |

## 2.9 油茶籽

油茶籽中农药最大残留限量见表 2-9。

**表 2-9 油茶籽中农药最大残留限量**

| 序号 | 农药中文名 | 最大残留限量（mg/kg） | 农药主要用途 | 检测方法 |
| --- | --- | --- | --- | --- |
| 1 | 噻虫胺 | 0.02 | 杀虫剂 | GB 23200.39（参照） |
| 2 | 吡唑醚菌酯 | 0.4 | 杀菌剂 | GB 23200.113 |

（续）

| 序号 | 农药中文名 | 最大残留限量（mg/kg） | 农药主要用途 | 检测方法 |
|---|---|---|---|---|
| 3 | 氟唑菌酰胺 | 0.8* | 杀菌剂 | 无指定 |
| 4 | 噻虫嗪 | 0.02 | 杀虫剂 | GB 23200.39 |
| 5 | 啶酰菌胺 | 1 | 杀菌剂 | GB/T 20769、GB/T 20770（参照） |
| 6 | 氯氰菊酯和高效氯氰菊酯 | 0.1 | 杀虫剂 | GB 23200.113 |

## 2.10　含油种籽

含油种籽中农药最大残留限量见表 2－10。

**表 2－10　含油种籽中农药最大残留限量**

| 序号 | 农药中文名 | 最大残留限量（mg/kg） | 农药主要用途 | 检测方法 |
|---|---|---|---|---|
| 1 | 氯氟氰菊酯和高效氯氟氰菊酯 | 0.2 | 杀虫剂 | GB 23200.113 |

## 2.11　大豆毛油

大豆毛油中农药最大残留限量见表 2－11。

**表 2－11　大豆毛油中农药最大残留限量**

| 序号 | 农药中文名 | 最大残留限量（mg/kg） | 农药主要用途 | 检测方法 |
|---|---|---|---|---|
| 1 | 氯丹 | 0.05 | 杀虫剂 | GB/T 5009.19 |
| 2 | 硫丹 | 0.05 | 杀虫剂 | GB/T 5009.19（参照） |
| 3 | 氯菊酯 | 0.1 | 杀虫剂 | GB 23200.113 |
| 4 | 灭多威 | 0.2 | 杀虫剂 | SN/T 0134 |
| 5 | 烯草酮 | 1 | 除草剂 | GB 23200.9、GB/T 20770、SN/T 2325（参照） |
| 6 | 七氯 | 0.05 | 杀虫剂 | GB/T 5009.19 |

## 2.12　菜籽毛油

菜籽毛油中农药最大残留限量见表 2－12。

**表 2-12 菜籽毛油中农药最大残留限量**

| 序号 | 农药中文名 | 最大残留限量（mg/kg） | 农药主要用途 | 检测方法 |
|---|---|---|---|---|
| 1 | 氯丹 | 0.05 | 杀虫剂 | GB/T 5009.19 |
| 2 | 矮壮素 | 0.1 | 植物生长调节剂 | GB/T 5009.219（参照） |
| 3 | 吡噻菌胺 | 1* | 杀菌剂 | 无指定 |
| 4 | 草铵膦 | 0.05* | 除草剂 | 无指定 |
| 5 | 烯草酮 | 0.5 | 除草剂 | GB 23200.9、GB/T 20770、SN/T 2325（参照） |

## 2.13 花生毛油

花生毛油中农药最大残留限量见表 2-13。

**表 2-13 花生毛油中农药最大残留限量**

| 序号 | 农药中文名 | 最大残留限量（mg/kg） | 农药主要用途 | 检测方法 |
|---|---|---|---|---|
| 1 | 氯丹 | 0.05 | 杀虫剂 | GB/T 5009.19 |
| 2 | 苯线磷 | 0.02 | 杀虫剂 | GB/T 20770（参照） |

## 2.14 棉籽毛油

棉籽毛油中农药最大残留限量见表 2-14。

**表 2-14 棉籽毛油中农药最大残留限量**

| 序号 | 农药中文名 | 最大残留限量（mg/kg） | 农药主要用途 | 检测方法 |
|---|---|---|---|---|
| 1 | 氯丹 | 0.05 | 杀虫剂 | GB/T 5009.19 |
| 2 | 苯线磷 | 0.05 | 杀虫剂 | GB/T 20770（参照） |
| 3 | 吡丙醚 | 0.01 | 杀虫剂 | GB 23200.113 |
| 4 | 氟氯氰菊酯和高效氟氯氰菊酯 | 1 | 杀虫剂 | GB 23200.113 |
| 5 | 甲氰菊酯 | 3 | 杀虫剂 | GB 23200.9、GB 23200.113、GB/T 20770、SN/T 2233 |
| 6 | 马拉硫磷 | 13 | 杀虫剂 | GB 23200.113、GB/T 5009.145 |

（续）

| 序号 | 农药中文名 | 最大残留限量（mg/kg） | 农药主要用途 | 检测方法 |
|---|---|---|---|---|
| 7 | 噻节因 | 0.1 | 调节剂 | GB/T 23210 |
| 8 | 三唑磷 | 1 | 杀虫剂 | GB 23200.113 |
| 9 | 烯草酮 | 0.5 | 除草剂 | GB 23200.9、GB/T 20770、SN/T 2325（参照） |

## 2.15 玉米毛油

玉米毛油中农药最大残留限量见表 2-15。

**表 2-15 玉米毛油中农药最大残留限量**

| 序号 | 农药中文名 | 最大残留限量（mg/kg） | 农药主要用途 | 检测方法 |
|---|---|---|---|---|
| 1 | 氯丹 | 0.05 | 杀虫剂 | GB/T 5009.19 |
| 2 | 吡噻菌胺 | 0.15* | 杀菌剂 | 无指定 |
| 3 | 甲拌磷 | 0.1 | 杀虫剂 | GB 23200.113 |
| 4 | 增效醚 | 80 | 增效剂 | GB 23200.113 |

## 2.16 葵花籽毛油

葵花籽毛油中农药最大残留限量见表 2-16。

**表 2-16 葵花籽毛油中农药最大残留限量**

| 序号 | 农药中文名 | 最大残留限量（mg/kg） | 农药主要用途 | 检测方法 |
|---|---|---|---|---|
| 1 | 氯丹 | 0.05 | 杀虫剂 | GB/T 5009.19 |
| 2 | 氯菊酯 | 1 | 杀虫剂 | GB 23200.113 |
| 3 | 咪鲜胺和咪鲜胺锰盐 | 1 | 杀菌剂 | NY/T 1456（参照） |
| 4 | 烯草酮 | 0.1 | 除草剂 | GB 23200.9、GB/T 20770、SN/T 2325（参照） |

## 2.17 葵花油毛油

葵花油毛油中农药最大残留限量见表 2-17。

**表 2 - 17 葵花油毛油中农药最大残留限量**

| 序号 | 农药中文名 | 最大残留限量（mg/kg） | 农药主要用途 | 检测方法 |
|---|---|---|---|---|
| 1 | 氯丹 | 0.05 | 杀虫剂 | GB/T 5009.19 |

## 2.18 大豆油

大豆油中农药最大残留限量见表 2 - 18。

**表 2 - 18 大豆油中农药最大残留限量**

| 序号 | 农药中文名 | 最大残留限量（mg/kg） | 农药主要用途 | 检测方法 |
|---|---|---|---|---|
| 1 | 敌草快 | 0.05 | 除草剂 | SN/T 0293 |
| 2 | 氟吡甲禾灵和高效氟吡甲禾灵 | 1* | 除草剂 | 无指定 |
| 3 | 腐霉利 | 0.5 | 杀菌剂 | GB 23200.113 |
| 4 | 乐果 | 0.05* | 杀虫剂 | GB 23200.113、GB/T 5009.20 |
| 5 | 氯丹 | 0.02 | 杀虫剂 | GB/T 5009.19 |
| 6 | 倍硫磷 | 0.01 | 杀虫剂 | GB 23200.113 |
| 7 | 毒死蜱 | 0.03 | 杀虫剂 | GB 23200.113 |
| 8 | 氟硅唑 | 0.1 | 杀菌剂 | GB 23200.9、GB/T 20770(参照) |
| 9 | 氟乐灵 | 0.05 | 除草剂 | GB/T 5009.172 |
| 10 | 环丙唑醇 | 0.1 | 杀菌剂 | GB 23200.113 |
| 11 | 灭多威 | 0.2 | 杀虫剂 | SN/T 0134 |
| 12 | 烯草酮 | 0.5 | 除草剂 | GB 23200.9、GB/T 20770、SN/T 2325（参照） |
| 13 | 七氯 | 0.02 | 杀虫剂 | GB/T 5009.19 |

## 2.19 菜籽油

菜籽油中农药最大残留限量见表 2 - 19。

**表 2 - 19 菜籽油中农药最大残留限量**

| 序号 | 农药中文名 | 最大残留限量（mg/kg） | 农药主要用途 | 检测方法 |
|---|---|---|---|---|
| 1 | 敌草快 | 0.05 | 除草剂 | SN/T 0293 |
| 2 | 氟吡甲禾灵和高效氟吡甲禾灵 | 1* | 除草剂 | 无指定 |

（续）

| 序号 | 农药中文名 | 最大残留限量（mg/kg） | 农药主要用途 | 检测方法 |
| --- | --- | --- | --- | --- |
| 3 | 腐霉利 | 0.5 | 杀菌剂 | GB 23200.113 |
| 4 | 乐果 | 0.05* | 杀虫剂 | GB 23200.113、GB/T 5009.20 |
| 5 | 氯丹 | 0.02 | 杀虫剂 | GB 5009.19 |
| 6 | 倍硫磷 | 0.01 | 杀虫剂 | GB 23200.113 |
| 7 | 百草枯 | 0.05* | 除草剂 | 无指定 |
| 8 | 吡噻菌胺 | 1* | 杀菌剂 | 无指定 |
| 9 | 多效唑 | 0.5 | 植物生长调节剂 | GB 23200.113 |
| 10 | 烯草酮 | 0.5 | 除草剂 | GB 23200.9、GB/T 20770、SN/T 2325（参照） |

## 2.20　花生油

花生油中农药最大残留限量见表 2－20。

**表 2－20　花生油中农药最大残留限量**

| 序号 | 农药中文名 | 最大残留限量（mg/kg） | 农药主要用途 | 检测方法 |
| --- | --- | --- | --- | --- |
| 1 | 敌草快 | 0.05 | 除草剂 | SN/T 0293 |
| 2 | 氟吡甲禾灵和高效氟吡甲禾灵 | 1* | 除草剂 | 无指定 |
| 3 | 腐霉利 | 0.5 | 杀菌剂 | GB 23200.113 |
| 4 | 乐果 | 0.05* | 杀虫剂 | GB 23200.113、GB/T 5009.20 |
| 5 | 氯丹 | 0.02 | 杀虫剂 | GB/T 5009.19 |
| 6 | 倍硫磷 | 0.01 | 杀虫剂 | GB 23200.113 |
| 7 | 苯线磷 | 0.02 | 杀虫剂 | GB/T 20770（参照） |
| 8 | 吡噻菌胺 | 0.5* | 杀菌剂 | 无指定 |
| 9 | 氟乐灵 | 0.05 | 除草剂 | GB/T 5009.172 |
| 10 | 甲拌磷 | 0.05 | 杀虫剂 | GB 23200.113 |
| 11 | 甲氧虫酰肼 | 0.1 | 杀虫剂 | GB/T 20769（参照） |
| 12 | 涕灭威 | 0.02 | 杀虫剂 | GB/T 14929.2 |

## 2.21　棉籽油

棉籽油中农药最大残留限量见表 2－21。

## 表 2－21　棉籽油中农药最大残留限量

| 序号 | 农药中文名 | 最大残留限量（mg/kg） | 农药主要用途 | 检测方法 |
|---|---|---|---|---|
| 1 | 敌草快 | 0.05 | 除草剂 | SN/T 0293 |
| 2 | 氟吡甲禾灵和高效氟吡甲禾灵 | 1* | 除草剂 | 无指定 |
| 3 | 腐霉利 | 0.5 | 杀菌剂 | GB 23200.113 |
| 4 | 乐果 | 0.05* | 杀虫剂 | GB 23200.113、GB/T 5009.20 |
| 5 | 氯丹 | 0.02 | 杀虫剂 | GB/T 5009.19 |
| 6 | 倍硫磷 | 0.01 | 杀虫剂 | GB 23200.113 |
| 7 | 吡丙醚 | 0.01 | 杀虫剂 | GB 23200.113 |
| 8 | 丙硫克百威 | 0.05* | 杀虫剂 | 无指定 |
| 9 | 丙溴磷 | 0.05 | 杀虫剂 | GB 23200.113 |
| 10 | 草甘膦 | 0.05 | 除草剂 | GB/T 23750、SN/T 1923 |
| 11 | 毒死蜱 | 0.05 | 杀虫剂 | GB 23200.113 |
| 12 | 对硫磷 | 0.1 | 杀虫剂 | GB 23200.113 |
| 13 | 伏杀硫磷 | 0.1 | 杀虫剂 | GB 23200.113 |
| 14 | 氟胺氰菊酯 | 0.2 | 杀虫剂 | NY/T 761（参照） |
| 15 | 氟氰戊菊酯 | 0.2 | 杀虫剂 | GB 23200.113 |
| 16 | 甲基对硫磷 | 0.02 | 杀虫剂 | GB 23200.113 |
| 17 | 久效磷 | 0.05 | 杀虫剂 | GB 23200.113、GB/T 5009.20 |
| 18 | 硫双威 | 0.1 | 杀虫剂 | GB/T 20770（参照） |
| 19 | 氯氟氰菊酯和高效氯氟氰菊酯 | 0.02 | 杀虫剂 | GB 23200.113 |
| 20 | 氯菊酯 | 0.1 | 杀虫剂 | GB 23200.113 |
| 21 | 马拉硫磷 | 13 | 杀虫剂 | GB 23200.113、GB/T 5009.145 |
| 22 | 灭多威 | 0.04 | 杀虫剂 | SN/T 0134 |
| 23 | 氰戊菊酯和 S-氰戊菊酯 | 0.1 | 杀虫剂 | GB 23200.113 |
| 24 | 炔螨特 | 0.1 | 杀螨剂 | GB 23200.9、NY/T 1652（参照） |
| 25 | 三氯杀螨醇 | 0.5 | 杀螨剂 | GB 23200.113、GB/T 5009.176 |
| 26 | 双甲脒 | 0.05 | 杀螨剂 | GB/T 5009.143 |
| 27 | 涕灭威 | 0.01 | 杀虫剂 | GB/T 14929.2 |
| 28 | 五氯硝基苯 | 0.01 | 杀菌剂 | GB 23200.113 |
| 29 | 乙硫磷 | 0.5 | 杀虫剂 | GB 23200.113 |

## 2.22 初榨橄榄油

初榨橄榄油中农药最大残留限量见表2-22。

**表2-22 初榨橄榄油中农药最大残留限量**

| 序号 | 农药中文名 | 最大残留限量(mg/kg) | 农药主要用途 | 检测方法 |
|---|---|---|---|---|
| 1 | 敌草快 | 0.05 | 除草剂 | SN/T 0293 |
| 2 | 氟吡甲禾灵和高效氟吡甲禾灵 | 1* | 除草剂 | 无指定 |
| 3 | 腐霉利 | 0.5 | 杀菌剂 | GB 23200.113 |
| 4 | 乐果 | 0.05* | 杀虫剂 | GB 23200.113、GB/T 5009.20 |
| 5 | 氯丹 | 0.02 | 杀虫剂 | GB/T 5009.19 |
| 6 | 倍硫磷 | 1 | 杀虫剂 | GB 23200.113 |
| 7 | 氯氰菊酯和高效氯氰菊酯 | 0.5 | 杀虫剂 | GB 23200.113 |
| 8 | 醚菌酯 | 0.7 | 杀菌剂 | GB 23200.9(参照) |
| 9 | 肟菌酯 | 0.9 | 杀菌剂 | GB 23200.113 |

## 2.23 精炼橄榄油

精炼橄榄油中农药最大残留限量见表2-23。

**表2-23 精炼橄榄油中农药最大残留限量**

| 序号 | 农药中文名 | 最大残留限量(mg/kg) | 农药主要用途 | 检测方法 |
|---|---|---|---|---|
| 1 | 敌草快 | 0.05 | 除草剂 | SN/T 0293 |
| 2 | 氟吡甲禾灵和高效氟吡甲禾灵 | 1* | 除草剂 | 无指定 |
| 3 | 腐霉利 | 0.5 | 杀菌剂 | GB 23200.113 |
| 4 | 乐果 | 0.05* | 杀虫剂 | GB 23200.113、GB/T 5009.20 |
| 5 | 氯丹 | 0.02 | 杀虫剂 | GB/T 5009.19 |
| 6 | 倍硫磷 | 0.01 | 杀虫剂 | GB 23200.113 |
| 7 | 氯氰菊酯和高效氯氰菊酯 | 0.5 | 杀虫剂 | GB 23200.113 |
| 8 | 肟菌酯 | 1.2 | 杀菌剂 | GB 23200.113 |

## 2.24 葵花籽油

葵花籽油中农药最大残留限量见表 2-24。

**表 2-24 葵花籽油中农药最大残留限量**

| 序号 | 农药中文名 | 最大残留限量(mg/kg) | 农药主要用途 | 检测方法 |
|---|---|---|---|---|
| 1 | 敌草快 | 0.05 | 除草剂 | SN/T 0293 |
| 2 | 氟吡甲禾灵和高效氟吡甲禾灵 | 1* | 除草剂 | 无指定 |
| 3 | 腐霉利 | 0.5 | 杀菌剂 | GB 23200.113 |
| 4 | 乐果 | 0.05* | 杀虫剂 | GB 23200.113、GB/T 5009.20 |
| 5 | 氯丹 | 0.02 | 杀虫剂 | GB/T 5009.19 |
| 6 | 倍硫磷 | 0.01 | 杀虫剂 | GB 23200.113 |

## 2.25 玉米油

玉米油中农药最大残留限量见表 2-25。

**表 2-25 玉米油中农药最大残留限量**

| 序号 | 农药中文名 | 最大残留限量(mg/kg) | 农药主要用途 | 检测方法 |
|---|---|---|---|---|
| 1 | 敌草快 | 0.05 | 除草剂 | SN/T 0293 |
| 2 | 氟吡甲禾灵和高效氟吡甲禾灵 | 1* | 除草剂 | 无指定 |
| 3 | 腐霉利 | 0.5 | 杀菌剂 | GB 23200.113 |
| 4 | 乐果 | 0.05* | 杀虫剂 | GB 23200.113、GB/T 5009.20 |
| 5 | 氯丹 | 0.02 | 杀虫剂 | GB/T 5009.19 |
| 6 | 倍硫磷 | 0.01 | 杀虫剂 | GB 23200.113 |
| 7 | 毒死蜱 | 0.2 | 杀虫剂 | GB 23200.113 |
| 8 | 甲拌磷 | 0.02 | 杀虫剂 | GB 23200.113 |
| 9 | 嘧菌酯 | 0.1 | 杀菌剂 | GB 23200.46、GB/T 20770、NY/T 1453（参照） |
| 10 | 灭多威 | 0.02 | 杀虫剂 | SN/T 0134 |

## 2.26 食用菜籽油

食用菜籽油中农药最大残留限量见表2-26。

**表2-26 食用菜籽油中农药最大残留限量**

| 序号 | 农药中文名 | 最大残留限量（mg/kg） | 农药主要用途 | 检测方法 |
| --- | --- | --- | --- | --- |
| 1 | 敌草快 | 0.05 | 除草剂 | SN/T 0293 |
| 2 | 氟吡甲禾灵和高效氟吡甲禾灵 | 1* | 除草剂 | 无指定 |
| 3 | 腐霉利 | 0.5 | 杀菌剂 | GB 23200.113 |
| 4 | 乐果 | 0.05* | 杀虫剂 | GB 23200.113、GB/T 5009.20 |
| 5 | 氯丹 | 0.02 | 杀虫剂 | GB/T 5009.19 |
| 6 | 倍硫磷 | 0.01 | 杀虫剂 | GB 23200.113 |
| 7 | 联苯菊酯 | 0.1 | 杀虫/杀螨剂 | GB 23200.113 |

## 2.27 食用棉籽油

食用棉籽油中农药最大残留限量见表2-27。

**表2-27 食用棉籽油中农药最大残留限量**

| 序号 | 农药中文名 | 最大残留限量（mg/kg） | 农药主要用途 | 检测方法 |
| --- | --- | --- | --- | --- |
| 1 | 敌草快 | 0.05 | 除草剂 | SN/T 0293 |
| 2 | 氟吡甲禾灵和高效氟吡甲禾灵 | 1* | 除草剂 | 无指定 |
| 3 | 腐霉利 | 0.5 | 杀菌剂 | GB 23200.113 |
| 4 | 乐果 | 0.05* | 杀虫剂 | GB 23200.113、GB/T 5009.20 |
| 5 | 氯丹 | 0.02 | 杀虫剂 | GB/T 5009.19 |
| 6 | 倍硫磷 | 0.01 | 杀虫剂 | GB 23200.113 |
| 7 | 噻节因 | 0.1 | 调节剂 | GB/T 23210 |
| 8 | 烯草酮 | 0.5 | 除草剂 | GB 23200.9、GB/T 20770、SN/T 2325（参照） |

# 3 蔬菜类

## 3.1 大蒜

大蒜中农药最大残留限量见表 3-1。

**表 3-1 大蒜中农药最大残留限量**

| 序号 | 农药中文名 | 最大残留限量(mg/kg) | 农药主要用途 | 检测方法 |
|---|---|---|---|---|
| 1 | 保棉磷 | 0.5 | 杀虫剂 | NY/T 761 |
| 2 | 百草枯 | 0.05* | 除草剂 | 无指定 |
| 3 | 倍硫磷 | 0.05 | 杀虫剂 | GB 23200.8、GB 23200.113、GB/T 20769 |
| 4 | 苯线磷 | 0.02 | 杀虫剂 | GB 23200.8、GB/T 5009.145 |
| 5 | 敌百虫 | 0.2 | 杀虫剂 | GB/T 20769、NY/T 761 |
| 6 | 敌敌畏 | 0.2 | 杀虫剂 | GB 23200.8、GB 23200.113、GB/T 5009.20、NY/T 761 |
| 7 | 地虫硫磷 | 0.01 | 杀虫剂 | GB 23200.8、GB 23200.113 |
| 8 | 啶酰菌胺 | 5 | 杀菌剂 | GB 23200.68、GB/T 20769 |
| 9 | 对硫磷 | 0.01 | 杀虫剂 | GB 23200.113、GB/T 5009.145 |
| 10 | 氟虫腈 | 0.02 | 杀虫剂 | SN/T 1982 |
| 11 | 甲胺磷 | 0.05 | 杀虫剂 | GB 23200.113、GB/T 5009.103、NY/T 761 |
| 12 | 甲拌磷 | 0.01 | 杀虫剂 | GB 23200.113 |
| 13 | 甲基对硫磷 | 0.02 | 杀虫剂 | GB 23200.113、NY/T 761 |
| 14 | 甲基硫环磷 | 0.03* | 杀虫剂 | NY/T 761 |
| 15 | 甲基异柳磷 | 0.01* | 杀虫剂 | GB 23200.113、GB/T 5009.144 |
| 16 | 甲萘威 | 1 | 杀虫剂 | GB/T 5009.145、GB/T 20769、NY/T 761 |
| 17 | 腈菌唑 | 0.06 | 杀菌剂 | GB 23200.8、GB 23200.113、GB/T 20769、NY/T 1455 |

（续）

| 序号 | 农药中文名 | 最大残留限量（mg/kg） | 农药主要用途 | 检测方法 |
|---|---|---|---|---|
| 18 | 久效磷 | 0.03 | 杀虫剂 | GB 23200.113、NY/T 761 |
| 19 | 克百威 | 0.02 | 杀虫剂 | NY/T 761 |
| 20 | 磷胺 | 0.05 | 杀虫剂 | GB 23200.113、NY/T 761 |
| 21 | 硫环磷 | 0.03 | 杀虫剂 | GB 23200.113、NY/T 761 |
| 22 | 硫线磷 | 0.02 | 杀虫剂 | GB/T 20769 |
| 23 | 氯氟氰菊酯和高效氯氟氰菊酯 | 0.2 | 杀虫剂 | GB 23200.8、GB 23200.113、GB/T 5009.146、NY/T 761 |
| 24 | 氯唑磷 | 0.01 | 杀虫剂 | GB 23200.113、GB/T 20769 |
| 25 | 嘧菌酯 | 1 | 杀菌剂 | GB/T 20769、NY/T 1453、SN/T 1976 |
| 26 | 灭多威 | 0.2 | 杀虫剂 | NY/T 761 |
| 27 | 灭线磷 | 0.02 | 杀线虫剂 | NY/T 761 |
| 28 | 内吸磷 | 0.02 | 杀虫/杀螨剂 | GB/T 20769 |
| 29 | 杀虫脒 | 0.01 | 杀虫剂 | GB/T 20769 |
| 30 | 杀螟硫磷 | 0.5* | 杀虫剂 | GB 23200.113、GB/T 14553、GB/T 20769、NY/T 761 |
| 31 | 杀扑磷 | 0.05 | 杀虫剂 | GB 23200.113、NY/T 761 |
| 32 | 水胺硫磷 | 0.05 | 杀虫剂 | GB 23200.113、NY/T 761 |
| 33 | 特丁硫磷 | 0.01 | 杀虫剂 | NY/T 761、NY/T 1379 |
| 34 | 涕灭威 | 0.03 | 杀虫剂 | NY/T 761 |
| 35 | 氧乐果 | 0.02 | 杀虫剂 | GB 23200.113、NY/T 761、NY/T 1379 |
| 36 | 乙酰甲胺磷 | 1 | 杀虫剂 | GB 23200.113、GB/T 5009.103、GB/T 5009.145、NY/T 761 |
| 37 | 蝇毒磷 | 0.05 | 杀虫剂 | GB 23200.113、GB 23200.8 |
| 38 | 治螟磷 | 0.01 | 杀虫剂 | GB 23200.113、GB 23200.8、NY/T 761 |
| 39 | 艾氏剂 | 0.05 | 杀虫剂 | GB 23200.113、GB/T 5009.19、NY/T 761 |
| 40 | 滴滴涕 | 0.05 | 杀虫剂 | GB 23200.113、GB/T 5009.19、NY/T 761 |

（续）

| 序号 | 农药中文名 | 最大残留限量（mg/kg） | 农药主要用途 | 检测方法 |
|---|---|---|---|---|
| 41 | 狄氏剂 | 0.05 | 杀虫剂 | GB 23200.113、GB/T 5009.19、NY/T 761 |
| 42 | 毒杀芬 | 0.05* | 杀虫剂 | YC/T 180（参照） |
| 43 | 六六六 | 0.05 | 杀虫剂 | GB 23200.113、GB/T 5009.19、NY/T 761 |
| 44 | 氯丹 | 0.02 | 杀虫剂 | GB/T 5009.19 |
| 45 | 灭蚁灵 | 0.01 | 杀虫剂 | GB/T 5009.19 |
| 46 | 七氯 | 0.02 | 杀虫剂 | GB/T 5009.19、NY/T 761 |
| 47 | 异狄氏剂 | 0.05 | 杀虫剂 | GB/T 5009.19、NY/T 761 |
| 48 | 氯菊酯 | 1 | 杀虫剂 | GB 23200.113、GB 23200.8、NY/T 761 |
| 49 | 啶虫脒 | 0.02 | 杀虫剂 | GB/T 20769、GB/T 23584 |
| 50 | 苯醚甲环唑 | 0.2 | 杀菌剂 | GB 23200.8、GB 23200.49、GB 23200.113、GB/T 5009.218 |
| 51 | 丙森锌 | 0.5 | 杀菌剂 | SN 0139、SN 0157、SN/T 1541（参照） |
| 52 | 代森联 | 0.5 | 杀菌剂 | SN 0139、SN 0157、SN/T 1541（参照） |
| 53 | 代森锰锌 | 0.5 | 杀菌剂 | SN 0157、SN/T 1541（参照） |
| 54 | 代森锌 | 0.5 | 杀菌剂 | SN 0139、SN 0157、SN/T 1541（参照） |
| 55 | 噁草酮 | 0.1 | 除草剂 | GB 23200.8、GB 23200.113、NY/T 1379 |
| 56 | 二甲戊灵 | 0.1 | 除草剂 | GB 23200.8、GB 23200.113、NY/T 1379 |
| 57 | 氟吡菌酰胺 | 0.07* | 杀菌剂 | 无指定 |
| 58 | 福美双 | 0.5 | 杀菌剂 | SN 0157、SN/T 0525、SN/T 1541（参照） |
| 59 | 精二甲吩草胺 | 0.01 | 除草剂 | GB 23200.8、GB/T 20769、NY/T 1379 |
| 60 | 抗蚜威 | 0.1 | 杀虫剂 | GB 23200.8、GB 23200.113、GB/T 20769、SN/T 0134 |

（续）

| 序号 | 农药中文名 | 最大残留限量（mg/kg） | 农药主要用途 | 检测方法 |
|---|---|---|---|---|
| 61 | 乐果 | 0.2* | 杀虫剂 | GB 23200.113、GB/T5009.145、GB/T 20769、NY/T 761 |
| 62 | 马拉硫磷 | 0.5 | 杀虫剂 | GB 23200.8、GB 23200.113、GB/T 20769、NY/T 761 |
| 63 | 咪鲜胺和咪鲜胺锰盐 | 0.1 | 杀菌剂 | GB/T 20769、NY/T 1456 |
| 64 | 咪唑菌酮 | 0.15 | 杀菌剂 | GB 23200.8、GB 23200.113 |
| 65 | 萘乙酸和萘乙酸钠 | 0.05 | 植物生长调节剂 | SN/T 2228（参照） |
| 66 | 扑草净 | 0.05 | 除草剂 | GB 23200.113、GB/T 20769、SN/T 1968 |
| 67 | 戊唑醇 | 0.1 | 杀菌剂 | GB 23200.8、GB 23200.113、GB/T 20769 |
| 68 | 烯草酮 | 0.5 | 除草剂 | GB 23200.8 |
| 69 | 烯酰吗啉 | 0.6 | 杀菌剂 | GB/T 20769 |
| 70 | 辛硫磷 | 0.1 | 杀虫剂 | GB/T 5009.102、GB/T 20769 |
| 71 | 辛酰溴苯腈 | 0.1* | 除草剂 | 无指定 |
| 72 | 溴氰虫酰胺 | 0.05* | 杀虫剂 | 无指定 |
| 73 | 乙草胺 | 0.05 | 除草剂 | GB 23200.113、GB/T 20769 |
| 74 | 乙氧氟草醚 | 0.05 | 除草剂 | GB 23200.8、GB 23200.113、GB/T 20769 |
| 75 | 抑芽丹 | 15 | 植物生长调节剂/除草剂 | GB 23200.22（参照） |

## 3.2　洋葱

洋葱中农药最大残留限量见表3-2。

**表3-2　洋葱中农药最大残留限量**

| 序号 | 农药中文名 | 最大残留限量（mg/kg） | 农药主要用途 | 检测方法 |
|---|---|---|---|---|
| 1 | 保棉磷 | 0.5 | 杀虫剂 | NY/T 761 |
| 2 | 百草枯 | 0.05* | 除草剂 | 无指定 |
| 3 | 倍硫磷 | 0.05 | 杀虫剂 | GB 23200.8、GB 23200.113、GB/T 20769 |

（续）

| 序号 | 农药中文名 | 最大残留限量（mg/kg） | 农药主要用途 | 检测方法 |
|---|---|---|---|---|
| 4 | 苯线磷 | 0.02 | 杀虫剂 | GB 23200.8、GB/T 5009.145 |
| 5 | 敌百虫 | 0.2 | 杀虫剂 | GB/T 20769、NY/T 761 |
| 6 | 敌敌畏 | 0.2 | 杀虫剂 | GB 23200.8、GB 23200.113、GB/T 5009.20、NY/T 761 |
| 7 | 地虫硫磷 | 0.01 | 杀虫剂 | GB 23200.8、GB 23200.113 |
| 8 | 啶酰菌胺 | 5 | 杀菌剂 | GB 23200.68、GB/T 20769 |
| 9 | 对硫磷 | 0.01 | 杀虫剂 | GB 23200.113、GB/T 5009.145 |
| 10 | 氟虫腈 | 0.02 | 杀虫剂 | SN/T 1982 |
| 11 | 甲胺磷 | 0.05 | 杀虫剂 | GB 23200.113、GB/T 5009.103、NY/T 761 |
| 12 | 甲拌磷 | 0.01 | 杀虫剂 | GB 23200.113 |
| 13 | 甲基对硫磷 | 0.02 | 杀虫剂 | GB 23200.113、NY/T 761 |
| 14 | 甲基硫环磷 | 0.03* | 杀虫剂 | NY/T 761 |
| 15 | 甲基异柳磷 | 0.01* | 杀虫剂 | GB 23200.113、GB/T 5009.144 |
| 16 | 甲萘威 | 1 | 杀虫剂 | GB/T 5009.145、GB/T 20769、NY/T 761 |
| 17 | 腈菌唑 | 0.06 | 杀菌剂 | GB 23200.8、GB 23200.113、GB/T 20769、NY/T 1455 |
| 18 | 久效磷 | 0.03 | 杀虫剂 | GB 23200.113、NY/T 761 |
| 19 | 克百威 | 0.02 | 杀虫剂 | NY/T 761 |
| 20 | 磷胺 | 0.05 | 杀虫剂 | GB 23200.113、NY/T 761 |
| 21 | 硫环磷 | 0.03 | 杀虫剂 | GB 23200.113、NY/T 761 |
| 22 | 硫线磷 | 0.02 | 杀虫剂 | GB/T 20769 |
| 23 | 氯氟氰菊酯和高效氯氟氰菊酯 | 0.2 | 杀虫剂 | GB 23200.8、GB 23200.113、GB/T 5009.146、NY/T 761 |
| 24 | 氯唑磷 | 0.01 | 杀虫剂 | GB 23200.113、GB/T 20769 |
| 25 | 嘧菌酯 | 1 | 杀菌剂 | GB/T 20769、NY/T 1453、SN/T 1976 |
| 26 | 灭多威 | 0.2 | 杀虫剂 | NY/T 761 |
| 27 | 灭线磷 | 0.02 | 杀线虫剂 | NY/T 761 |
| 28 | 内吸磷 | 0.02 | 杀虫/杀螨剂 | GB/T 20769 |

（续）

| 序号 | 农药中文名 | 最大残留限量（mg/kg） | 农药主要用途 | 检测方法 |
|---|---|---|---|---|
| 29 | 杀虫脒 | 0.01 | 杀虫剂 | GB/T 20769 |
| 30 | 杀螟硫磷 | 0.5* | 杀虫剂 | GB 23200.113、GB/T 14553、GB/T 20769、NY/T 761 |
| 31 | 杀扑磷 | 0.05 | 杀虫剂 | GB 23200.113、NY/T 761 |
| 32 | 水胺硫磷 | 0.05 | 杀虫剂 | GB 23200.113、NY/T 761 |
| 33 | 特丁硫磷 | 0.01 | 杀虫剂 | NY/T 761、NY/T 1379 |
| 34 | 涕灭威 | 0.03 | 杀虫剂 | NY/T 761 |
| 35 | 氧乐果 | 0.02 | 杀虫剂 | GB 23200.113、NY/T 761、NY/T 1379 |
| 36 | 乙酰甲胺磷 | 1 | 杀虫剂 | GB 23200.113、GB/T 5009.103、GB/T 5009.145、NY/T 761 |
| 37 | 蝇毒磷 | 0.05 | 杀虫剂 | GB 23200.8、GB 23200.113 |
| 38 | 治螟磷 | 0.01 | 杀虫剂 | GB 23200.8、GB 23200.113、NY/T 761 |
| 39 | 艾氏剂 | 0.05 | 杀虫剂 | GB 23200.113、GB/T 5009.19、NY/T 761 |
| 40 | 滴滴涕 | 0.05 | 杀虫剂 | GB 23200.113、GB/T 5009.19、NY/T 761 |
| 41 | 狄氏剂 | 0.05 | 杀虫剂 | GB 23200.113、GB/T 5009.19、NY/T 761 |
| 42 | 毒杀芬 | 0.05* | 杀虫剂 | YC/T 180（参照） |
| 43 | 六六六 | 0.05 | 杀虫剂 | GB 23200.113、GB/T 5009.19、NY/T 761 |
| 44 | 氯丹 | 0.02 | 杀虫剂 | GB/T 5009.19 |
| 45 | 灭蚁灵 | 0.01 | 杀虫剂 | GB/T 5009.19 |
| 46 | 七氯 | 0.02 | 杀虫剂 | GB/T 5009.19、NY/T 761 |
| 47 | 异狄氏剂 | 0.05 | 杀虫剂 | GB/T 5009.19、NY/T 761 |
| 48 | 辛硫磷 | 0.05 | 杀虫剂 | GB/T 5009.102、GB/T 20769 |
| 49 | 氯菊酯 | 1 | 杀虫剂 | GB 23200.8、GB 23200.113、NY/T 761 |
| 50 | 啶虫脒 | 0.02 | 杀虫剂 | GB/T 20769、GB/T 23584 |

（续）

| 序号 | 农药中文名 | 最大残留限量（mg/kg） | 农药主要用途 | 检测方法 |
|---|---|---|---|---|
| 51 | 百菌清 | 10 | 杀菌剂 | GB/T 5009.105、NY/T 761、SN/T 2320 |
| 52 | 苯氟磺胺 | 0.1 | 杀菌剂 | SN/T 2320（参照） |
| 53 | 苯醚甲环唑 | 0.5 | 杀菌剂 | GB 23200.8、GB 23200.49、GB 23200.113、GB/T 5009.218 |
| 54 | 苯霜灵 | 0.02 | 杀菌剂 | GB 23200.8、GB 23200.113、GB/T 20769 |
| 55 | 吡虫啉 | 0.1 | 杀虫剂 | GB/T 20769、GB/T 23379 |
| 56 | 吡噻菌胺 | 0.7* | 杀菌剂 | 无指定 |
| 57 | 吡唑醚菌酯 | 1.5 | 杀菌剂 | GB 23200.8 |
| 58 | 丙森锌 | 0.5 | 杀菌剂 | SN 0139、SN 0157、SN/T 1541 |
| 59 | 草铵膦 | 0.1* | 除草剂 | 无指定 |
| 60 | 代森联 | 0.5 | 杀菌剂 | SN 0139、SN 0157、SN/T 1541（参照） |
| 61 | 代森锰锌 | 0.5 | 杀菌剂 | SN 0157、SN/T 1541（参照） |
| 62 | 代森锌 | 0.5 | 杀菌剂 | SN 0139、SN 0157、SN/T 1541（参照） |
| 63 | 敌草腈 | 0.01* | 除草剂 | 无指定 |
| 64 | 多杀霉素 | 0.1 | 杀虫剂 | GB/T 20769 |
| 65 | 二嗪磷 | 0.05 | 杀虫剂 | GB 23200.8、GB 23200.113、GB/T 20769、GB/T 5009.107 |
| 66 | 呋虫胺 | 0.1 | 杀虫剂 | GB 23200.37、GB 23200.51、GB/T 20769 |
| 67 | 氟吡甲禾灵和高效氟吡甲禾灵 | 0.2* | 除草剂 | 无指定 |
| 68 | 氟吡菌胺 | 1* | 杀菌剂 | 无指定 |
| 69 | 氟吡菌酰胺 | 0.07* | 杀菌剂 | 无指定 |
| 70 | 氟啶虫胺腈 | 0.01* | 杀虫剂 | 无指定 |
| 71 | 福美双 | 0.5 | 杀菌剂 | SN 0157、SN/T 0525、SN/T 1541（参照） |

（续）

| 序号 | 农药中文名 | 最大残留限量（mg/kg） | 农药主要用途 | 检测方法 |
|---|---|---|---|---|
| 72 | 咯菌腈 | 0.5 | 杀菌剂 | GB 23200.8、GB 23200.113、GB/T 20769 |
| 73 | 甲硫威 | 0.5 | 杀软体动物剂 | SN/T 2560（参照） |
| 74 | 甲霜灵和精甲霜灵 | 2 | 杀菌剂 | GB 23200.8、GB/T 20769 |
| 75 | 精二甲吩草胺 | 0.01 | 除草剂 | GB 23200.8、GB/T 20769、NY/T 1379 |
| 76 | 抗蚜威 | 0.1 | 杀虫剂 | GB 23200.8、GB 23200.113、GB/T 20769、SN/T 0134 |
| 77 | 乐果 | 0.2* | 杀虫剂 | GB 23200.113、GB/T 5009.145、GB/T 20769、NY/T 761 |
| 78 | 螺虫乙酯 | 0.4 | 杀虫剂 | SN/T 4891 |
| 79 | 氯氰菊酯和高效氯氰菊酯 | 0.01 | 杀虫剂 | GB 23200.8、GB 23200.113、GB/T 5009.146、NY/T 761 |
| 80 | 氯硝胺 | 0.2 | 杀菌剂 | GB 23200.8、GB 23200.113、GB/T 20769、NY/T 1379 |
| 81 | 马拉硫磷 | 1 | 杀虫剂 | GB 23200.8、GB 23200.113、GB/T 20769、NY/T 761 |
| 82 | 咪唑菌酮 | 0.15 | 杀菌剂 | GB 23200.8、GB 23200.113 |
| 83 | 嘧菌环胺 | 0.3 | 杀菌剂 | GB 23200.8、GB 23200.113、GB/T 20769、NY/T 1379 |
| 84 | 嘧霉胺 | 0.2 | 杀菌剂 | GB 23200.8、GB 23200.113、GB/T 20769 |
| 85 | 灭草松 | 0.1 | 除草剂 | GB/T 20769 |
| 86 | 灭菌丹 | 1 | 杀菌剂 | GB/T 20769、SN/T 2320 |
| 87 | 灭蝇胺 | 0.1 | 杀虫剂 | NY/T 1725 |
| 88 | 氰戊菊酯和S-氰戊菊酯 | 0.5 | 杀虫剂 | GB 23200.8、GB 23200.113、NY/T 761 |
| 89 | 嗪草酮 | 3* | 除草剂 | GB 23200.38（参照） |
| 90 | 双炔酰菌胺 | 0.1* | 杀菌剂 | 无指定 |
| 91 | 霜霉威和霜霉威盐酸盐 | 2 | 杀菌剂 | GB/T 20769、NY/T 1379 |
| 92 | 戊唑醇 | 0.1 | 杀菌剂 | GB 23200.8、GB 23200.113、GB/T 20769 |

（续）

| 序号 | 农药中文名 | 最大残留限量（mg/kg） | 农药主要用途 | 检测方法 |
|---|---|---|---|---|
| 93 | 烯草酮 | 0.5 | 除草剂 | GB 23200.8 |
| 94 | 烯酰吗啉 | 0.6 | 杀菌剂 | GB/T 20769 |
| 95 | 溴氰虫酰胺 | 0.05* | 杀虫剂 | 无指定 |
| 96 | 溴氰菊酯 | 0.05 | 杀虫剂 | GB 23200.8、GB 23200.113、NY/T 761、SN/T 0217 |
| 97 | 乙基多杀菌素 | 0.8* | 杀虫剂 | 无指定 |
| 98 | 异菌脲 | 0.2 | 杀菌剂 | GB 23200.8、GB 23200.113、NY/T 761、NY/T 1277 |
| 99 | 抑芽丹 | 15 | 植物生长调节剂/除草剂 | GB 23200.22（参照） |

## 3.3 薤

薤中农药最大残留限量见表 3－3。

**表 3－3 薤中农药最大残留限量**

| 序号 | 农药中文名 | 最大残留限量（mg/kg） | 农药主要用途 | 检测方法 |
|---|---|---|---|---|
| 1 | 保棉磷 | 0.5 | 杀虫剂 | NY/T 761 |
| 2 | 百草枯 | 0.05* | 除草剂 | 无指定 |
| 3 | 倍硫磷 | 0.05 | 杀虫剂 | GB 23200.8、GB 23200.113、GB/T 20769 |
| 4 | 苯线磷 | 0.02 | 杀虫剂 | GB 23200.8、GB/T 5009.145 |
| 5 | 敌百虫 | 0.2 | 杀虫剂 | GB/T 20769、NY/T 761 |
| 6 | 敌敌畏 | 0.2 | 杀虫剂 | GB 23200.8、GB 23200.113、GB/T 5009.20、NY/T 761 |
| 7 | 地虫硫磷 | 0.01 | 杀虫剂 | GB 23200.8、GB 23200.113 |
| 8 | 啶酰菌胺 | 5 | 杀菌剂 | GB 23200.68、GB/T 20769 |
| 9 | 对硫磷 | 0.01 | 杀虫剂 | GB 23200.113、GB/T 5009.145 |
| 10 | 氟虫腈 | 0.02 | 杀虫剂 | SN/T 1982 |
| 11 | 甲胺磷 | 0.05 | 杀虫剂 | GB 23200.113、GB/T 5009.103、NY/T 761 |

（续）

| 序号 | 农药中文名 | 最大残留限量（mg/kg） | 农药主要用途 | 检测方法 |
|---|---|---|---|---|
| 12 | 甲拌磷 | 0.01 | 杀虫剂 | GB 23200.113 |
| 13 | 甲基对硫磷 | 0.02 | 杀虫剂 | GB 23200.113、NY/T 761 |
| 14 | 甲基硫环磷 | 0.03* | 杀虫剂 | NY/T 761 |
| 15 | 甲基异柳磷 | 0.01* | 杀虫剂 | GB 23200.113、GB/T 5009.144 |
| 16 | 甲萘威 | 1 | 杀虫剂 | GB/T 5009.145、GB/T 20769、NY/T 761 |
| 17 | 腈菌唑 | 0.06 | 杀菌剂 | GB 23200.8、GB 23200.113、GB/T 20769、NY/T 1455 |
| 18 | 久效磷 | 0.03 | 杀虫剂 | GB 23200.113、NY/T 761 |
| 19 | 克百威 | 0.02 | 杀虫剂 | NY/T 761 |
| 20 | 磷胺 | 0.05 | 杀虫剂 | GB 23200.113、NY/T 761 |
| 21 | 硫环磷 | 0.03 | 杀虫剂 | GB 23200.113、NY/T 761 |
| 22 | 硫线磷 | 0.02 | 杀虫剂 | GB/T 20769 |
| 23 | 氯氟氰菊酯和高效氯氟氰菊酯 | 0.2 | 杀虫剂 | GB 23200.8、GB 23200.113、GB/T 5009.146、NY/T 761 |
| 24 | 氯唑磷 | 0.01 | 杀虫剂 | GB 23200.113、GB/T 20769 |
| 25 | 嘧菌酯 | 1 | 杀菌剂 | GB/T 20769、NY/T 1453、SN/T 1976 |
| 26 | 灭多威 | 0.2 | 杀虫剂 | NY/T 761 |
| 27 | 灭线磷 | 0.02 | 杀线虫剂 | NY/T 761 |
| 28 | 内吸磷 | 0.02 | 杀虫/杀螨剂 | GB/T 20769 |
| 29 | 杀虫脒 | 0.01 | 杀虫剂 | GB/T 20769 |
| 30 | 杀螟硫磷 | 0.5* | 杀虫剂 | GB 23200.113、GB/T 14553、GB/T 20769、NY/T 761 |
| 31 | 杀扑磷 | 0.05 | 杀虫剂 | GB 23200.113、NY/T 761 |
| 32 | 水胺硫磷 | 0.05 | 杀虫剂 | GB 23200.113、NY/T 761 |
| 33 | 特丁硫磷 | 0.01 | 杀虫剂 | NY/T 761、NY/T 1379 |
| 34 | 涕灭威 | 0.03 | 杀虫剂 | NY/T 761 |
| 35 | 氧乐果 | 0.02 | 杀虫剂 | GB 23200.113、NY/T 761、NY/T 1379 |
| 36 | 乙酰甲胺磷 | 1 | 杀虫剂 | GB 23200.113、GB/T 5009.103、GB/T 5009.145、NY/T 761 |

（续）

| 序号 | 农药中文名 | 最大残留限量(mg/kg) | 农药主要用途 | 检测方法 |
| --- | --- | --- | --- | --- |
| 37 | 蝇毒磷 | 0.05 | 杀虫剂 | GB 23200.8、GB 23200.113 |
| 38 | 治螟磷 | 0.01 | 杀虫剂 | GB 23200.8、GB 23200.113、NY/T 761 |
| 39 | 艾氏剂 | 0.05 | 杀虫剂 | GB 23200.113、GB/T 5009.19、NY/T 761 |
| 40 | 滴滴涕 | 0.05 | 杀虫剂 | GB 23200.113、GB/T 5009.19、NY/T 761 |
| 41 | 狄氏剂 | 0.05 | 杀虫剂 | GB 23200.113、GB/T 5009.19、NY/T 761 |
| 42 | 毒杀芬 | 0.05* | 杀虫剂 | YC/T 180（参照） |
| 43 | 六六六 | 0.05 | 杀虫剂 | GB 23200.113、GB/T 5009.19、NY/T 761 |
| 44 | 氯丹 | 0.02 | 杀虫剂 | GB/T 5009.19 |
| 45 | 灭蚁灵 | 0.01 | 杀虫剂 | GB/T 5009.19 |
| 46 | 七氯 | 0.02 | 杀虫剂 | GB/T 5009.19、NY/T 761 |
| 47 | 异狄氏剂 | 0.05 | 杀虫剂 | GB/T 5009.19、NY/T 761 |
| 48 | 辛硫磷 | 0.05 | 杀虫剂 | GB/T 5009.102、GB/T 20769 |
| 49 | 氯菊酯 | 1 | 杀虫剂 | GB 23200.8、GB 23200.113、NY/T 761 |
| 50 | 啶虫脒 | 0.02 | 杀虫剂 | GB/T 20769、GB/T 23584 |

## 3.4 韭菜

韭菜中农药最大残留限量见表 3－4。

**表 3－4 韭菜中农药最大残留限量**

| 序号 | 农药中文名 | 最大残留限量(mg/kg) | 农药主要用途 | 检测方法 |
| --- | --- | --- | --- | --- |
| 1 | 保棉磷 | 0.5 | 杀虫剂 | NY/T 761 |
| 2 | 百草枯 | 0.05* | 除草剂 | 无指定 |
| 3 | 倍硫磷 | 0.05 | 杀虫剂 | GB 23200.8、GB 23200.113、GB/T 20769 |

（续）

| 序号 | 农药中文名 | 最大残留限量（mg/kg） | 农药主要用途 | 检测方法 |
|---|---|---|---|---|
| 4 | 苯线磷 | 0.02 | 杀虫剂 | GB 23200.8、GB/T 5009.145 |
| 5 | 敌百虫 | 0.2 | 杀虫剂 | GB/T 20769、NY/T 761 |
| 6 | 敌敌畏 | 0.2 | 杀虫剂 | GB 23200.8、GB 23200.113、GB/T 5009.20、NY/T 761 |
| 7 | 地虫硫磷 | 0.01 | 杀虫剂 | GB 23200.8、GB 23200.113 |
| 8 | 啶酰菌胺 | 5 | 杀菌剂 | GB 23200.68、GB/T 20769 |
| 9 | 对硫磷 | 0.01 | 杀虫剂 | GB 23200.113、GB/T 5009.145 |
| 10 | 氟虫腈 | 0.02 | 杀虫剂 | SN/T 1982 |
| 11 | 甲胺磷 | 0.05 | 杀虫剂 | GB 23200.113、GB/T 5009.103、NY/T 761 |
| 12 | 甲拌磷 | 0.01 | 杀虫剂 | GB 23200.113 |
| 13 | 甲基对硫磷 | 0.02 | 杀虫剂 | GB 23200.113、NY/T 761 |
| 14 | 甲基硫环磷 | 0.03* | 杀虫剂 | NY/T 761 |
| 15 | 甲基异柳磷 | 0.01* | 杀虫剂 | GB 23200.113、GB/T 5009.144 |
| 16 | 甲萘威 | 1 | 杀虫剂 | GB/T 5009.145、GB/T 20769、NY/T 761 |
| 17 | 腈菌唑 | 0.06 | 杀菌剂 | GB 23200.8、GB 23200.113、GB/T 20769、NY/T 1455 |
| 18 | 久效磷 | 0.03 | 杀虫剂 | GB 23200.113、NY/T 761 |
| 19 | 克百威 | 0.02 | 杀虫剂 | NY/T 761 |
| 20 | 磷胺 | 0.05 | 杀虫剂 | GB 23200.113、NY/T 761 |
| 21 | 硫环磷 | 0.03 | 杀虫剂 | GB 23200.113、NY/T 761 |
| 22 | 硫线磷 | 0.02 | 杀虫剂 | GB/T 20769 |
| 23 | 氯唑磷 | 0.01 | 杀虫剂 | GB 23200.113、GB/T 20769 |
| 24 | 嘧菌酯 | 1 | 杀菌剂 | GB/T 20769、NY/T 1453、SN/T 1976 |
| 25 | 灭多威 | 0.2 | 杀虫剂 | NY/T 761 |
| 26 | 灭线磷 | 0.02 | 杀线虫剂 | NY/T 761 |
| 27 | 内吸磷 | 0.02 | 杀虫/杀螨剂 | GB/T 20769 |
| 28 | 杀虫脒 | 0.01 | 杀虫剂 | GB/T 20769 |

（续）

| 序号 | 农药中文名 | 最大残留限量（mg/kg） | 农药主要用途 | 检测方法 |
| --- | --- | --- | --- | --- |
| 29 | 杀螟硫磷 | 0.5* | 杀虫剂 | GB 23200.113、GB/T 14553、GB/T 20769、NY/T 761 |
| 30 | 杀扑磷 | 0.05 | 杀虫剂 | GB 23200.113、NY/T 761 |
| 31 | 水胺硫磷 | 0.05 | 杀虫剂 | GB 23200.113、NY/T 761 |
| 32 | 特丁硫磷 | 0.01 | 杀虫剂 | NY/T 761、NY/T 1379 |
| 33 | 涕灭威 | 0.03 | 杀虫剂 | NY/T 761 |
| 34 | 氧乐果 | 0.02 | 杀虫剂 | GB 23200.113、NY/T 761、NY/T 1379 |
| 35 | 乙酰甲胺磷 | 1 | 杀虫剂 | GB 23200.113、GB/T 5009.103、GB/T 5009.145、NY/T 761 |
| 36 | 蝇毒磷 | 0.05 | 杀虫剂 | GB 23200.8、GB 23200.113 |
| 37 | 治螟磷 | 0.01 | 杀虫剂 | GB 23200.8、GB 23200.113、NY/T 761 |
| 38 | 艾氏剂 | 0.05 | 杀虫剂 | GB 23200.113、GB/T 5009.19、NY/T 761 |
| 39 | 滴滴涕 | 0.05 | 杀虫剂 | GB 23200.113、GB/T 5009.19、NY/T 761 |
| 40 | 狄氏剂 | 0.05 | 杀虫剂 | GB 23200.113、GB/T 5009.19、NY/T 761 |
| 41 | 毒杀芬 | 0.05* | 杀虫剂 | YC/T 180（参照） |
| 42 | 六六六 | 0.05 | 杀虫剂 | GB 23200.113、GB/T 5009.19、NY/T 761 |
| 43 | 氯丹 | 0.02 | 杀虫剂 | GB/T 5009.19 |
| 44 | 灭蚁灵 | 0.01 | 杀虫剂 | GB/T 5009.19 |
| 45 | 七氯 | 0.02 | 杀虫剂 | GB/T 5009.19、NY/T 761 |
| 46 | 异狄氏剂 | 0.05 | 杀虫剂 | GB/T 5009.19、NY/T 761 |
| 47 | 辛硫磷 | 0.05 | 杀虫剂 | GB/T 5009.102、GB/T 20769 |
| 48 | 氯菊酯 | 1 | 杀虫剂 | GB 23200.8、GB 23200.113、NY/T 761 |

（续）

| 序号 | 农药中文名 | 最大残留限量（mg/kg） | 农药主要用途 | 检测方法 |
|---|---|---|---|---|
| 49 | 啶虫脒 | 0.02 | 杀虫剂 | GB/T 20769、GB/T 23584 |
| 50 | 阿维菌素 | 0.05 | 杀虫剂 | GB 23200.19、GB 23200.20、NY/T 1379 |
| 51 | 吡虫啉 | 1 | 杀虫剂 | GB/T 20769、GB/T 23379 |
| 52 | 丁硫克百威 | 0.05 | 杀虫剂 | GB 23200.13 |
| 53 | 毒死蜱 | 0.1 | 杀虫剂 | GB 23200.8、GB 23200.113、NY/T 761、SN/T 2158 |
| 54 | 多菌灵 | 2 | 杀菌剂 | GB/T 20769、NY/T 1453 |
| 55 | 二甲戊灵 | 0.2 | 除草剂 | GB 23200.8、GB 23200.113、NY/T 1379 |
| 56 | 氟胺氰菊酯 | 0.5 | 杀虫剂 | GB 23200.113、NY/T 761 |
| 57 | 氟苯脲 | 0.5 | 杀虫剂 | NY/T 1453 |
| 58 | 氟啶脲 | 1 | 杀虫剂 | GB 23200.8、GB/T 20769、SN/T 2095 |
| 59 | 氟氯氰菊酯和高效氟氯氰菊酯 | 0.5 | 杀虫剂 | GB 23200.8、GB 23200.113、GB/T 5009.146、NY/T 761 |
| 60 | 腐霉利 | 0.2 | 杀菌剂 | GB 23200.8、NY/T 761 |
| 61 | 甲氰菊酯 | 1 | 杀虫剂 | GB 23200.8、GB 23200.113、NY/T 761、SN/T 2233 |
| 62 | 乐果 | 0.2* | 杀虫剂 | GB 23200.113、GB/T 5009.145、GB/T 20769、NY/T 761 |
| 63 | 氯氟氰菊酯和高效氯氟氰菊酯 | 0.5 | 杀虫剂 | GB 23200.8、GB 23200.113、GB/T 5009.146、NY/T 761 |
| 64 | 氯氰菊酯和高效氯氰菊酯 | 1 | 杀虫剂 | GB 23200.8、GB 23200.113、GB/T 5009.146、NY/T 761 |
| 65 | 醚菊酯 | 1 | 杀虫剂 | GB 23200.8、SN/T 2151（参照） |
| 66 | 四聚乙醛 | 1* | 杀螺剂 | 无指定 |
| 67 | 肟菌酯 | 0.7 | 杀菌剂 | GB 23200.8、GB 23200.113、GB/T 20769 |

## 3.5 葱

葱中农药最大残留限量见表 3－5。

**表 3－5 葱中农药最大残留限量**

| 序号 | 农药中文名 | 最大残留限量（mg/kg） | 农药主要用途 | 检测方法 |
|---|---|---|---|---|
| 1 | 保棉磷 | 0.5 | 杀虫剂 | NY/T 761 |
| 2 | 百草枯 | 0.05* | 除草剂 | 无指定 |
| 3 | 倍硫磷 | 0.05 | 杀虫剂 | GB 23200.8、GB 23200.113、GB/T 20769 |
| 4 | 苯线磷 | 0.02 | 杀虫剂 | GB 23200.8、GB/T 5009.145 |
| 5 | 敌百虫 | 0.2 | 杀虫剂 | GB/T 20769、NY/T 761 |
| 6 | 敌敌畏 | 0.2 | 杀虫剂 | GB 23200.8、GB 23200.113、GB/T 5009.20、NY/T 761 |
| 7 | 地虫硫磷 | 0.01 | 杀虫剂 | GB 23200.8、GB 23200.113 |
| 8 | 啶酰菌胺 | 5 | 杀菌剂 | GB 23200.68、GB/T 20769 |
| 9 | 对硫磷 | 0.01 | 杀虫剂 | GB 23200.113、GB/T 5009.145 |
| 10 | 氟虫腈 | 0.02 | 杀虫剂 | SN/T 1982 |
| 11 | 甲胺磷 | 0.05 | 杀虫剂 | GB 23200.113、GB/T 5009.103、NY/T 761 |
| 12 | 甲拌磷 | 0.01 | 杀虫剂 | GB 23200.113 |
| 13 | 甲基对硫磷 | 0.02 | 杀虫剂 | GB 23200.113、NY/T 761 |
| 14 | 甲基硫环磷 | 0.03* | 杀虫剂 | NY/T 761 |
| 15 | 甲基异柳磷 | 0.01* | 杀虫剂 | GB 23200.113、GB/T 5009.144 |
| 16 | 甲萘威 | 1 | 杀虫剂 | GB/T 5009.145、GB/T 20769、NY/T 761 |
| 17 | 腈菌唑 | 0.06 | 杀菌剂 | GB 23200.8、GB 23200.113、GB/T 20769、NY/T 1455 |
| 18 | 久效磷 | 0.03 | 杀虫剂 | GB 23200.113、NY/T 761 |
| 19 | 克百威 | 0.02 | 杀虫剂 | NY/T 761 |
| 20 | 磷胺 | 0.05 | 杀虫剂 | GB 23200.113、NY/T 761 |
| 21 | 硫环磷 | 0.03 | 杀虫剂 | GB 23200.113、NY/T 761 |
| 22 | 硫线磷 | 0.02 | 杀虫剂 | GB/T 20769 |

（续）

| 序号 | 农药中文名 | 最大残留限量（mg/kg） | 农药主要用途 | 检测方法 |
|---|---|---|---|---|
| 23 | 氯氟氰菊酯和高效氯氟氰菊酯 | 0.2 | 杀虫剂 | GB 23200.8、GB 23200.113、GB/T 5009.146、NY/T 761 |
| 24 | 氯唑磷 | 0.01 | 杀虫剂 | GB 23200.113、GB/T 20769 |
| 25 | 嘧菌酯 | 1 | 杀菌剂 | GB/T 20769、NY/T 1453、SN/T 1976 |
| 26 | 灭多威 | 0.2 | 杀虫剂 | NY/T 761 |
| 27 | 灭线磷 | 0.02 | 杀线虫剂 | NY/T 761 |
| 28 | 内吸磷 | 0.02 | 杀虫/杀螨剂 | GB/T 20769 |
| 29 | 杀虫脒 | 0.01 | 杀虫剂 | GB/T 20769 |
| 30 | 杀螟硫磷 | 0.5* | 杀虫剂 | GB 23200.113、GB/T 14553、GB/T 20769、NY/T 761 |
| 31 | 杀扑磷 | 0.05 | 杀虫剂 | GB 23200.113、NY/T 761 |
| 32 | 水胺硫磷 | 0.05 | 杀虫剂 | GB 23200.113、NY/T 761 |
| 33 | 特丁硫磷 | 0.01 | 杀虫剂 | NY/T 761、NY/T 1379 |
| 34 | 涕灭威 | 0.03 | 杀虫剂 | NY/T 761 |
| 35 | 氧乐果 | 0.02 | 杀虫剂 | GB 23200.113、NY/T 761、NY/T 1379 |
| 36 | 乙酰甲胺磷 | 1 | 杀虫剂 | GB 23200.113、GB/T 5009.103、GB/T 5009.145、NY/T 761 |
| 37 | 蝇毒磷 | 0.05 | 杀虫剂 | GB 23200.8、GB 23200.113 |
| 38 | 治螟磷 | 0.01 | 杀虫剂 | GB 23200.8、GB 23200.113、NY/T 761 |
| 39 | 艾氏剂 | 0.05 | 杀虫剂 | GB 23200.113、GB/T 5009.19、NY/T 761 |
| 40 | 滴滴涕 | 0.05 | 杀虫剂 | GB 23200.113、GB/T 5009.19、NY/T 761 |
| 41 | 狄氏剂 | 0.05 | 杀虫剂 | GB 23200.113、GB/T 5009.19、NY/T 761 |
| 42 | 毒杀芬 | 0.05* | 杀虫剂 | YC/T 180（参照） |
| 43 | 六六六 | 0.05 | 杀虫剂 | GB 23200.113、GB/T 5009.19、NY/T 761 |

（续）

| 序号 | 农药中文名 | 最大残留限量（mg/kg） | 农药主要用途 | 检测方法 |
|---|---|---|---|---|
| 44 | 氯丹 | 0.02 | 杀虫剂 | GB/T 5009.19 |
| 45 | 灭蚁灵 | 0.01 | 杀虫剂 | GB/T 5009.19 |
| 46 | 七氯 | 0.02 | 杀虫剂 | GB/T 5009.19、NY/T 761 |
| 47 | 异狄氏剂 | 0.05 | 杀虫剂 | GB/T 5009.19、NY/T 761 |
| 48 | 辛硫磷 | 0.05 | 杀虫剂 | GB/T 5009.102、GB/T 20769 |
| 49 | 阿维菌素 | 0.1 | 杀虫剂 | GB 23200.19、GB 23200.20、NY/T 1379 |
| 50 | 苯醚甲环唑 | 0.3 | 杀菌剂 | GB 23200.8、GB 23200.49、GB 23200.113、GB/T 5009.218 |
| 51 | 吡虫啉 | 2 | 杀虫剂 | GB/T 20769、GB/T 23379 |
| 52 | 吡噻菌胺 | 4* | 杀菌剂 | 无指定 |
| 53 | 丙森锌 | 0.5 | 杀菌剂 | SN 0139、SN 0157、SN/T 1541（参照） |
| 54 | 代森联 | 0.5 | 杀菌剂 | SN 0139、SN 0157、SN/T 1541（参照） |
| 55 | 代森锰锌 | 0.5 | 杀菌剂 | SN 0157、SN/T 1541（参照） |
| 56 | 代森锌 | 0.5 | 杀菌剂 | SN 0139、SN 0157、SN/T 1541（参照） |
| 57 | 敌草腈 | 0.02* | 除草剂 | 无指定 |
| 58 | 啶虫脒 | 5 | 杀虫剂 | GB/T 20769、GB/T 23584 |
| 59 | 多杀霉素 | 4 | 杀虫剂 | GB/T 20769 |
| 60 | 二嗪磷 | 1 | 杀虫剂 | GB 23200.8、GB 23200.113、GB/T 20769、GB/T 5009.107 |
| 61 | 呋虫胺 | 4 | 杀虫剂 | GB 23200.37、GB 23200.51、GB/T 20769（参照） |
| 62 | 氟啶虫胺腈 | 0.7* | 杀虫剂 | 无指定 |
| 63 | 福美双 | 0.5 | 杀菌剂 | SN 0157、SN/T 0525、SN/T 1541（参照） |
| 64 | 甲氨基阿维菌素苯甲酸盐 | 0.1 | 杀虫剂 | GB/T 20769 |
| 65 | 甲草胺 | 0.05 | 除草剂 | GB 23200.113、GB/T 20769 |

（续）

| 序号 | 农药中文名 | 最大残留限量（mg/kg） | 农药主要用途 | 检测方法 |
|---|---|---|---|---|
| 66 | 精二甲吩草胺 | 0.01 | 除草剂 | GB 23200.8、GB/T 20769、NY/T 1379 |
| 67 | 乐果 | 0.2 | 杀虫剂 | GB 23200.113、GB/T 5009.145、GB/T 20769、NY/T 761 |
| 68 | 氯菊酯 | 0.5 | 杀虫剂 | GB 23200.8、GB 23200.113、NY/T 761 |
| 69 | 氯氰菊酯和高效氯氰菊酯 | 2 | 杀虫剂 | GB 23200.8、GB 23200.113、GB/T 5009.146、NY/T 761 |
| 70 | 马拉硫磷 | 5 | 杀虫剂 | GB 23200.8、GB 23200.113、GB/T 20769、NY/T 761 |
| 71 | 咪唑菌酮 | 3 | 杀菌剂 | GB 23200.8、GB 23200.113 |
| 72 | 醚菌酯 | 0.2 | 杀菌剂 | GB 23200.8、GB/T 20769 |
| 73 | 嘧霉胺 | 3 | 杀菌剂 | GB 23200.8、GB 23200.113、GB/T 20769 |
| 74 | 灭草松 | 0.08 | 除草剂 | GB/T 20769 |
| 75 | 灭蝇胺 | 3 | 杀虫剂 | NY/T 1725 |
| 76 | 氰戊菊酯和S-氰戊菊酯 | 2 | 杀虫剂 | GB 23200.8、GB 23200.113、NY/T 761 |
| 77 | 双炔酰菌胺 | 7* | 杀菌剂 | 无指定 |
| 78 | 烯酰吗啉 | 9 | 杀菌剂 | GB/T 20769 |
| 79 | 溴氰虫酰胺 | 8* | 杀虫剂 | 无指定 |
| 80 | 乙基多杀菌素 | 0.8* | 杀虫剂 | 无指定 |
| 81 | 抑芽丹 | 15 | 植物生长调节剂/除草剂 | GB 23200.22（参照） |
| 82 | 莠去津 | 0.05 | 除草剂 | GB 23200.8、GB 23200.113、GB/T 20769、NY/T 761 |

## 3.6 青蒜

青蒜中农药最大残留限量见表 3－6。

**表 3-6 青蒜中农药最大残留限量**

| 序号 | 农药中文名 | 最大残留限量(mg/kg) | 农药主要用途 | 检测方法 |
|---|---|---|---|---|
| 1 | 保棉磷 | 0.5 | 杀虫剂 | NY/T 761 |
| 2 | 百草枯 | 0.05* | 除草剂 | 无指定 |
| 3 | 倍硫磷 | 0.05 | 杀虫剂 | GB 23200.8、GB 23200.113、GB/T 20769 |
| 4 | 苯线磷 | 0.02 | 杀虫剂 | GB 23200.8、GB/T 5009.145 |
| 5 | 敌百虫 | 0.2 | 杀虫剂 | GB/T 20769、NY/T 761 |
| 6 | 敌敌畏 | 0.2 | 杀虫剂 | GB 23200.8、GB 23200.113、GB/T 5009.20、NY/T 761 |
| 7 | 地虫硫磷 | 0.01 | 杀虫剂 | GB 23200.8、GB 23200.113 |
| 8 | 啶酰菌胺 | 5 | 杀菌剂 | GB 23200.68、GB/T 20769 |
| 9 | 对硫磷 | 0.01 | 杀虫剂 | GB 23200.113、GB/T 5009.145 |
| 10 | 氟虫腈 | 0.02 | 杀虫剂 | SN/T 1982 |
| 11 | 甲胺磷 | 0.05 | 杀虫剂 | GB 23200.113、GB/T 5009.103、NY/T 761 |
| 12 | 甲拌磷 | 0.01 | 杀虫剂 | GB 23200.113 |
| 13 | 甲基对硫磷 | 0.02 | 杀虫剂 | GB 23200.113、NY/T 761 |
| 14 | 甲基硫环磷 | 0.03* | 杀虫剂 | NY/T 761 |
| 15 | 甲基异柳磷 | 0.01* | 杀虫剂 | GB 23200.113、GB/T 5009.144 |
| 16 | 甲萘威 | 1 | 杀虫剂 | GB/T 5009.145、GB/T 20769、NY/T 761 |
| 17 | 腈菌唑 | 0.06 | 杀菌剂 | GB 23200.8、GB 23200.113、GB/T 20769、NY/T 1455 |
| 18 | 久效磷 | 0.03 | 杀虫剂 | GB 23200.113、NY/T 761 |
| 19 | 克百威 | 0.02 | 杀虫剂 | NY/T 761 |
| 20 | 磷胺 | 0.05 | 杀虫剂 | GB 23200.113、NY/T 761 |
| 21 | 硫环磷 | 0.03 | 杀虫剂 | GB 23200.113、NY/T 761 |
| 22 | 硫线磷 | 0.02 | 杀虫剂 | GB/T 20769 |
| 23 | 氯氟氰菊酯和高效氯氟氰菊酯 | 0.2 | 杀虫剂 | GB 23200.8、GB 23200.113、GB/T 5009.146、NY/T 761 |
| 24 | 氯唑磷 | 0.01 | 杀虫剂 | GB 23200.113、GB/T 20769 |

（续）

| 序号 | 农药中文名 | 最大残留限量（mg/kg） | 农药主要用途 | 检测方法 |
|---|---|---|---|---|
| 25 | 嘧菌酯 | 1 | 杀菌剂 | GB/T 20769、NY/T 1453、SN/T 1976 |
| 26 | 灭多威 | 0.2 | 杀虫剂 | NY/T 761 |
| 27 | 灭线磷 | 0.02 | 杀线虫剂 | NY/T 761 |
| 28 | 内吸磷 | 0.02 | 杀虫/杀螨剂 | GB/T 20769 |
| 29 | 杀虫脒 | 0.01 | 杀虫剂 | GB/T 20769 |
| 30 | 杀螟硫磷 | 0.5* | 杀虫剂 | GB 23200.113、GB/T 14553、GB/T 20769、NY/T 761 |
| 31 | 杀扑磷 | 0.05 | 杀虫剂 | GB 23200.113、NY/T 761 |
| 32 | 水胺硫磷 | 0.05 | 杀虫剂 | GB 23200.113、NY/T 761 |
| 33 | 特丁硫磷 | 0.01 | 杀虫剂 | NY/T 761、NY/T 1379 |
| 34 | 涕灭威 | 0.03 | 杀虫剂 | NY/T 761 |
| 35 | 氧乐果 | 0.02 | 杀虫剂 | GB 23200.113、NY/T 761、NY/T 1379 |
| 36 | 乙酰甲胺磷 | 1 | 杀虫剂 | GB 23200.113、GB/T 5009.103、GB/T 5009.145、NY/T 761 |
| 37 | 蝇毒磷 | 0.05 | 杀虫剂 | GB 23200.8、GB 23200.113 |
| 38 | 治螟磷 | 0.01 | 杀虫剂 | GB 23200.8、GB 23200.113、NY/T 761 |
| 39 | 艾氏剂 | 0.05 | 杀虫剂 | GB 23200.113、GB/T 5009.19、NY/T 761 |
| 40 | 滴滴涕 | 0.05 | 杀虫剂 | GB 23200.113、GB/T 5009.19、NY/T 761 |
| 41 | 狄氏剂 | 0.05 | 杀虫剂 | GB 23200.113、GB/T 5009.19、NY/T 761 |
| 42 | 毒杀芬 | 0.05* | 杀虫剂 | YC/T 180（参照） |
| 43 | 六六六 | 0.05 | 杀虫剂 | GB 23200.113、GB/T 5009.19、NY/T 761 |
| 44 | 氯丹 | 0.02 | 杀虫剂 | GB/T 5009.19 |
| 45 | 灭蚁灵 | 0.01 | 杀虫剂 | GB/T 5009.19 |
| 46 | 七氯 | 0.02 | 杀虫剂 | GB/T 5009.19、NY/T 761 |

（续）

| 序号 | 农药中文名 | 最大残留限量（mg/kg） | 农药主要用途 | 检测方法 |
| --- | --- | --- | --- | --- |
| 47 | 异狄氏剂 | 0.05 | 杀虫剂 | GB/T 5009.19、NY/T 761 |
| 48 | 辛硫磷 | 0.05 | 杀虫剂 | GB/T 5009.102、GB/T 20769 |
| 49 | 氯菊酯 | 1 | 杀虫剂 | GB 23200.8、GB 23200.113、NY/T 761 |
| 50 | 啶虫脒 | 0.02 | 杀虫剂 | GB/T 20769、GB/T 23584 |
| 51 | 代森联 | 0.5 | 杀菌剂 | SN 0139、SN 0157、SN/T 1541（参照） |
| 52 | 辛酰溴苯腈 | 0.1* | 除草剂 | 无指定 |
| 53 | 乙氧氟草醚 | 0.1 | 除草剂 | GB 23200.8、GB 23200.113、GB/T 20769 |

## 3.7 蒜薹

蒜薹中农药最大残留限量见表 3-7。

**表 3-7 蒜薹中农药最大残留限量**

| 序号 | 农药中文名 | 最大残留限量（mg/kg） | 农药主要用途 | 检测方法 |
| --- | --- | --- | --- | --- |
| 1 | 保棉磷 | 0.5 | 杀虫剂 | NY/T 761 |
| 2 | 百草枯 | 0.05* | 除草剂 | 无指定 |
| 3 | 倍硫磷 | 0.05 | 杀虫剂 | GB 23200.8、GB 23200.113、GB/T 20769 |
| 4 | 苯线磷 | 0.02 | 杀虫剂 | GB 23200.8、GB/T 5009.145 |
| 5 | 敌百虫 | 0.2 | 杀虫剂 | GB/T 20769、NY/T 761 |
| 6 | 敌敌畏 | 0.2 | 杀虫剂 | GB 23200.8、GB 23200.113、GB/T 5009.20、NY/T 761 |
| 7 | 地虫硫磷 | 0.01 | 杀虫剂 | GB 23200.8、GB 23200.113 |
| 8 | 啶酰菌胺 | 5 | 杀菌剂 | GB 23200.68、GB/T 20769 |
| 9 | 对硫磷 | 0.01 | 杀虫剂 | GB 23200.113、GB/T 5009.145 |
| 10 | 氟虫腈 | 0.02 | 杀虫剂 | SN/T 1982 |
| 11 | 甲胺磷 | 0.05 | 杀虫剂 | GB 23200.113、GB/T 5009.103、NY/T 761 |

（续）

| 序号 | 农药中文名 | 最大残留限量（mg/kg） | 农药主要用途 | 检测方法 |
|---|---|---|---|---|
| 12 | 甲拌磷 | 0.01 | 杀虫剂 | GB 23200.113 |
| 13 | 甲基对硫磷 | 0.02 | 杀虫剂 | GB 23200.113、NY/T 761 |
| 14 | 甲基硫环磷 | 0.03* | 杀虫剂 | NY/T 761 |
| 15 | 甲基异柳磷 | 0.01* | 杀虫剂 | GB 23200.113、GB/T 5009.144 |
| 16 | 甲萘威 | 1 | 杀虫剂 | GB/T 5009.145、GB/T 20769、NY/T 761 |
| 17 | 腈菌唑 | 0.06 | 杀菌剂 | GB 23200.8、GB 23200.113、GB/T 20769、NY/T 1455 |
| 18 | 久效磷 | 0.03 | 杀虫剂 | GB 23200.113、NY/T 761 |
| 19 | 克百威 | 0.02 | 杀虫剂 | NY/T 761 |
| 20 | 磷胺 | 0.05 | 杀虫剂 | GB 23200.113、NY/T 761 |
| 21 | 硫环磷 | 0.03 | 杀虫剂 | GB 23200.113、NY/T 761 |
| 22 | 硫线磷 | 0.02 | 杀虫剂 | GB/T 20769 |
| 23 | 氯氟氰菊酯和高效氯氟氰菊酯 | 0.2 | 杀虫剂 | GB 23200.8、GB 23200.113、GB/T 5009.146、NY/T 761 |
| 24 | 氯唑磷 | 0.01 | 杀虫剂 | GB 23200.113、GB/T 20769 |
| 25 | 嘧菌酯 | 1 | 杀菌剂 | GB/T 20769、NY/T 1453、SN/T 1976 |
| 26 | 灭多威 | 0.2 | 杀虫剂 | NY/T 761 |
| 27 | 灭线磷 | 0.02 | 杀线虫剂 | NY/T 761 |
| 28 | 内吸磷 | 0.02 | 杀虫/杀螨剂 | GB/T 20769 |
| 29 | 杀虫脒 | 0.01 | 杀虫剂 | GB/T 20769 |
| 30 | 杀螟硫磷 | 0.5* | 杀虫剂 | GB 23200.113、GB/T 14553、GB/T 20769、NY/T 761 |
| 31 | 杀扑磷 | 0.05 | 杀虫剂 | GB 23200.113、NY/T 761 |
| 32 | 水胺硫磷 | 0.05 | 杀虫剂 | GB 23200.113、NY/T 761 |
| 33 | 特丁硫磷 | 0.01 | 杀虫剂 | NY/T 761、NY/T 1379 |
| 34 | 涕灭威 | 0.03 | 杀虫剂 | NY/T 761 |
| 35 | 氧乐果 | 0.02 | 杀虫剂 | GB 23200.113、NY/T 761、NY/T 1379 |
| 36 | 乙酰甲胺磷 | 1 | 杀虫剂 | GB 23200.113、GB/T 5009.103、GB/T 5009.145、NY/T 761 |

（续）

| 序号 | 农药中文名 | 最大残留限量（mg/kg） | 农药主要用途 | 检测方法 |
|---|---|---|---|---|
| 37 | 蝇毒磷 | 0.05 | 杀虫剂 | GB 23200.8、GB 23200.113 |
| 38 | 治螟磷 | 0.01 | 杀虫剂 | GB 23200.8、GB 23200.113、NY/T 761 |
| 39 | 艾氏剂 | 0.05 | 杀虫剂 | GB 23200.113、GB/T 5009.19、NY/T 761 |
| 40 | 滴滴涕 | 0.05 | 杀虫剂 | GB 23200.113、GB/T 5009.19、NY/T 761 |
| 41 | 狄氏剂 | 0.05 | 杀虫剂 | GB 23200.113、GB/T 5009.19、NY/T 761 |
| 42 | 毒杀芬 | 0.05* | 杀虫剂 | YC/T 180（参照） |
| 43 | 六六六 | 0.05 | 杀虫剂 | GB 23200.113、GB/T 5009.19、NY/T 761 |
| 44 | 氯丹 | 0.02 | 杀虫剂 | GB/T 5009.19 |
| 45 | 灭蚁灵 | 0.01 | 杀虫剂 | GB/T 5009.19 |
| 46 | 七氯 | 0.02 | 杀虫剂 | GB/T 5009.19、NY/T 761 |
| 47 | 异狄氏剂 | 0.05 | 杀虫剂 | GB/T 5009.19、NY/T 761 |
| 48 | 辛硫磷 | 0.05 | 杀虫剂 | GB/T 5009.102、GB/T 20769 |
| 49 | 氯菊酯 | 1 | 杀虫剂 | GB 23200.8、GB 23200.113、NY/T 761 |
| 50 | 啶虫脒 | 0.02 | 杀虫剂 | GB/T 20769、GB/T 23584 |
| 51 | 代森联 | 2 | 杀菌剂 | SN 0139、SN 0157、SN/T 1541（参照） |
| 52 | 噁草酮 | 0.05 | 除草剂 | GB 23200.8、GB 23200.113、NY/T 1379 |
| 53 | 咪鲜胺和咪鲜胺锰盐 | 2 | 杀菌剂 | GB/T 20769、NY/T 1456 |
| 54 | 萘乙酸和萘乙酸钠 | 0.05 | 植物生长调节剂 | SN/T 2228（参照） |
| 55 | 辛酰溴苯腈 | 0.1* | 除草剂 | 无指定 |
| 56 | 乙氧氟草醚 | 0.1 | 除草剂 | GB 23200.8、GB 23200.113、GB/T 20769 |

## 3.8　韭葱

韭葱中农药最大残留限量见表 3－8。

**表 3－8　韭葱中农药最大残留限量**

| 序号 | 农药中文名 | 最大残留限量（mg/kg） | 农药主要用途 | 检测方法 |
| --- | --- | --- | --- | --- |
| 1 | 保棉磷 | 0.5 | 杀虫剂 | NY/T 761 |
| 2 | 百草枯 | 0.05* | 除草剂 | 无指定 |
| 3 | 倍硫磷 | 0.05 | 杀虫剂 | GB 23200.8、GB 23200.113、GB/T 20769 |
| 4 | 苯线磷 | 0.02 | 杀虫剂 | GB 23200.8、GB/T 5009.145 |
| 5 | 敌百虫 | 0.2 | 杀虫剂 | GB/T 20769、NY/T 761 |
| 6 | 敌敌畏 | 0.2 | 杀虫剂 | GB 23200.8、GB 23200.113、GB/T 5009.20、NY/T 761 |
| 7 | 地虫硫磷 | 0.01 | 杀虫剂 | GB 23200.8、GB 23200.113 |
| 8 | 啶酰菌胺 | 5 | 杀菌剂 | GB 23200.68、GB/T 20769 |
| 9 | 对硫磷 | 0.01 | 杀虫剂 | GB 23200.113、GB/T 5009.145 |
| 10 | 氟虫腈 | 0.02 | 杀虫剂 | SN/T 1982 |
| 11 | 甲胺磷 | 0.05 | 杀虫剂 | GB 23200.113、GB/T 5009.103、NY/T 761 |
| 12 | 甲拌磷 | 0.01 | 杀虫剂 | GB 23200.113 |
| 13 | 甲基对硫磷 | 0.02 | 杀虫剂 | GB 23200.113、NY/T 761 |
| 14 | 甲基硫环磷 | 0.03* | 杀虫剂 | NY/T 761 |
| 15 | 甲基异柳磷 | 0.01* | 杀虫剂 | GB 23200.113、GB/T 5009.144 |
| 16 | 甲萘威 | 1 | 杀虫剂 | GB/T 5009.145、GB/T 20769、NY/T 761 |
| 17 | 腈菌唑 | 0.06 | 杀菌剂 | GB 23200.8、GB 23200.113、GB/T 20769、NY/T 1455 |
| 18 | 久效磷 | 0.03 | 杀虫剂 | GB 23200.113、NY/T 761 |
| 19 | 克百威 | 0.02 | 杀虫剂 | NY/T 761 |
| 20 | 磷胺 | 0.05 | 杀虫剂 | GB 23200.113、NY/T 761 |
| 21 | 硫环磷 | 0.03 | 杀虫剂 | GB 23200.113、NY/T 761 |
| 22 | 硫线磷 | 0.02 | 杀虫剂 | GB/T 20769 |

（续）

| 序号 | 农药中文名 | 最大残留限量（mg/kg） | 农药主要用途 | 检测方法 |
|---|---|---|---|---|
| 23 | 氯氟氰菊酯和高效氯氟氰菊酯 | 0.2 | 杀虫剂 | GB 23200.8、GB 23200.113、GB/T 5009.146、NY/T 761 |
| 24 | 氯唑磷 | 0.01 | 杀虫剂 | GB 23200.113、GB/T 20769 |
| 25 | 嘧菌酯 | 1 | 杀菌剂 | GB/T 20769、NY/T 1453、SN/T 1976 |
| 26 | 灭多威 | 0.2 | 杀虫剂 | NY/T 761 |
| 27 | 灭线磷 | 0.02 | 杀线虫剂 | NY/T 761 |
| 28 | 内吸磷 | 0.02 | 杀虫/杀螨剂 | GB/T 20769 |
| 29 | 杀虫脒 | 0.01 | 杀虫剂 | GB/T 20769 |
| 30 | 杀螟硫磷 | 0.5* | 杀虫剂 | GB 23200.113、GB/T 14553、GB/T 20769、NY/T 761 |
| 31 | 杀扑磷 | 0.05 | 杀虫剂 | GB 23200.113、NY/T 761 |
| 32 | 水胺硫磷 | 0.05 | 杀虫剂 | GB 23200.113、NY/T 761 |
| 33 | 特丁硫磷 | 0.01 | 杀虫剂 | NY/T 761、NY/T 1379 |
| 34 | 涕灭威 | 0.03 | 杀虫剂 | NY/T 761 |
| 35 | 氧乐果 | 0.02 | 杀虫剂 | GB 23200.113、NY/T 761、NY/T 1379 |
| 36 | 乙酰甲胺磷 | 1 | 杀虫剂 | GB 23200.113、GB/T 5009.103、GB/T 5009.145、NY/T 761 |
| 37 | 蝇毒磷 | 0.05 | 杀虫剂 | GB 23200.8、GB 23200.113 |
| 38 | 治螟磷 | 0.01 | 杀虫剂 | GB 23200.8、GB 23200.113、NY/T 761 |
| 39 | 艾氏剂 | 0.05 | 杀虫剂 | GB 23200.113、GB/T 5009.19、NY/T 761 |
| 40 | 滴滴涕 | 0.05 | 杀虫剂 | GB 23200.113、GB/T 5009.19、NY/T 761 |
| 41 | 狄氏剂 | 0.05 | 杀虫剂 | GB 23200.113、GB/T 5009.19、NY/T 761 |
| 42 | 毒杀芬 | 0.05* | 杀虫剂 | YC/T 180（参照） |
| 43 | 六六六 | 0.05 | 杀虫剂 | GB 23200.113、GB/T 5009.19、NY/T 761 |

（续）

| 序号 | 农药中文名 | 最大残留限量（mg/kg） | 农药主要用途 | 检测方法 |
|---|---|---|---|---|
| 44 | 氯丹 | 0.02 | 杀虫剂 | GB/T 5009.19 |
| 45 | 灭蚁灵 | 0.01 | 杀虫剂 | GB/T 5009.19 |
| 46 | 七氯 | 0.02 | 杀虫剂 | GB/T 5009.19、NY/T 761 |
| 47 | 异狄氏剂 | 0.05 | 杀虫剂 | GB/T 5009.19、NY/T 761 |
| 48 | 辛硫磷 | 0.05 | 杀虫剂 | GB/T 5009.102、GB/T 20769 |
| 49 | 啶虫脒 | 0.02 | 杀虫剂 | GB/T 20769、GB/T 23584 |
| 50 | 苯醚甲环唑 | 0.3 | 杀菌剂 | GB 23200.8、GB 23200.49、GB 23200.113、GB/T 5009.218 |
| 51 | 吡唑醚菌酯 | 0.7 | 杀菌剂 | GB 23200.8 |
| 52 | 丙森锌 | 0.5 | 杀菌剂 | SN 0139、SN 0157、SN/T 1541（参照） |
| 53 | 代森联 | 0.5 | 杀菌剂 | SN 0139、SN 0157、SN/T 1541（参照） |
| 54 | 代森锰锌 | 0.5 | 杀菌剂 | SN 0157、SN/T 1541（参照） |
| 55 | 代森锌 | 0.5 | 杀菌剂 | SN 0139、SN 0157、SN/T 1541（参照） |
| 56 | 氟吡菌酰胺 | 0.15* | 杀菌剂 | 无指定 |
| 57 | 福美双 | 0.5 | 杀菌剂 | SN 0157、SN/T 0525、SN/T 1541（参照） |
| 58 | 甲苯氟磺胺 | 2 | 杀菌剂 | GB 23200.8 |
| 59 | 甲硫威 | 0.5 | 杀软体动物剂 | SN/T 2560（参照） |
| 60 | 氯菊酯 | 0.5 | 杀虫剂 | GB 23200.8、GB 23200.113、NY/T 761 |
| 61 | 氯氰菊酯和高效氯氰菊酯 | 0.05 | 杀虫剂 | GB 23200.8、GB 23200.113、GB/T 5009.146、NY/T 761 |
| 62 | 咪唑菌酮 | 0.3 | 杀菌剂 | GB 23200.8、GB 23200.113 |
| 63 | 噻草酮 | 4* | 除草剂 | GB 23200.38（参照） |
| 64 | 霜霉威和霜霉威盐酸盐 | 30 | 杀菌剂 | GB/T 20769、NY/T 1379 |
| 65 | 戊唑醇 | 0.7 | 杀菌剂 | GB 23200.8、GB 23200.113、GB/T 20769 |
| 66 | 烯酰吗啉 | 0.8 | 杀菌剂 | GB/T 20769 |
| 67 | 溴氰菊酯 | 0.2 | 杀虫剂 | GB 23200.8、GB 23200.113、NY/T 761、SN/T 0217 |

## 3.9 百合

百合中农药最大残留限量见表 3-9。

**表 3-9 百合中农药最大残留限量**

| 序号 | 农药中文名 | 最大残留限量(mg/kg) | 农药主要用途 | 检测方法 |
| --- | --- | --- | --- | --- |
| 1 | 保棉磷 | 0.5 | 杀虫剂 | NY/T 761 |
| 2 | 百草枯 | 0.05* | 除草剂 | 无指定 |
| 3 | 倍硫磷 | 0.05 | 杀虫剂 | GB 23200.8、GB 23200.113、GB/T 20769 |
| 4 | 苯线磷 | 0.02 | 杀虫剂 | GB 23200.8、GB/T 5009.145 |
| 5 | 敌百虫 | 0.2 | 杀虫剂 | GB/T 20769、NY/T 761 |
| 6 | 敌敌畏 | 0.2 | 杀虫剂 | GB 23200.8、GB 23200.113、GB/T 5009.20、NY/T 761 |
| 7 | 地虫硫磷 | 0.01 | 杀虫剂 | GB 23200.8、GB 23200.113 |
| 8 | 啶酰菌胺 | 5 | 杀菌剂 | GB 23200.68、GB/T 20769 |
| 9 | 对硫磷 | 0.01 | 杀虫剂 | GB 23200.113、GB/T 5009.145 |
| 10 | 氟虫腈 | 0.02 | 杀虫剂 | SN/T 1982 |
| 11 | 甲胺磷 | 0.05 | 杀虫剂 | GB 23200.113、GB/T 5009.103、NY/T 761 |
| 12 | 甲拌磷 | 0.01 | 杀虫剂 | GB 23200.113 |
| 13 | 甲基对硫磷 | 0.02 | 杀虫剂 | GB 23200.113、NY/T 761 |
| 14 | 甲基硫环磷 | 0.03* | 杀虫剂 | NY/T 761 |
| 15 | 甲基异柳磷 | 0.01* | 杀虫剂 | GB 23200.113、GB/T 5009.144 |
| 16 | 甲萘威 | 1 | 杀虫剂 | GB/T 5009.145、GB/T 20769、NY/T 761 |
| 17 | 腈菌唑 | 0.06 | 杀菌剂 | GB 23200.8、GB 23200.113、GB/T 20769、NY/T 1455 |
| 18 | 久效磷 | 0.03 | 杀虫剂 | GB 23200.113、NY/T 761 |
| 19 | 克百威 | 0.02 | 杀虫剂 | NY/T 761 |
| 20 | 磷胺 | 0.05 | 杀虫剂 | GB 23200.113、NY/T 761 |
| 21 | 硫环磷 | 0.03 | 杀虫剂 | GB 23200.113、NY/T 761 |
| 22 | 硫线磷 | 0.02 | 杀虫剂 | GB/T 20769 |

（续）

| 序号 | 农药中文名 | 最大残留限量（mg/kg） | 农药主要用途 | 检测方法 |
|---|---|---|---|---|
| 23 | 氯氟氰菊酯和高效氯氟氰菊酯 | 0.2 | 杀虫剂 | GB 23200.8、GB 23200.113、GB/T 5009.146、NY/T 761 |
| 24 | 氯唑磷 | 0.01 | 杀虫剂 | GB 23200.113、GB/T 20769 |
| 25 | 嘧菌酯 | 1 | 杀菌剂 | GB/T 20769、NY/T 1453、SN/T 1976 |
| 26 | 灭多威 | 0.2 | 杀虫剂 | NY/T 761 |
| 27 | 灭线磷 | 0.02 | 杀线虫剂 | NY/T 761 |
| 28 | 内吸磷 | 0.02 | 杀虫/杀螨剂 | GB/T 20769 |
| 29 | 杀虫脒 | 0.01 | 杀虫剂 | GB/T 20769 |
| 30 | 杀螟硫磷 | 0.5* | 杀虫剂 | GB 23200.113、GB/T 14553、GB/T 20769、NY/T 761 |
| 31 | 杀扑磷 | 0.05 | 杀虫剂 | GB 23200.113、NY/T 761 |
| 32 | 水胺硫磷 | 0.05 | 杀虫剂 | GB 23200.113、NY/T 761 |
| 33 | 特丁硫磷 | 0.01 | 杀虫剂 | NY/T 761、NY/T 1379 |
| 34 | 涕灭威 | 0.03 | 杀虫剂 | NY/T 761 |
| 35 | 氧乐果 | 0.02 | 杀虫剂 | GB 23200.113、NY/T 761、NY/T 1379 |
| 36 | 乙酰甲胺磷 | 1 | 杀虫剂 | GB 23200.113、GB/T 5009.103、GB/T 5009.145、NY/T 761 |
| 37 | 蝇毒磷 | 0.05 | 杀虫剂 | GB 23200.8、GB 23200.113 |
| 38 | 治螟磷 | 0.01 | 杀虫剂 | GB 23200.8、GB 23200.113、NY/T 761 |
| 39 | 艾氏剂 | 0.05 | 杀虫剂 | GB 23200.113、GB/T 5009.19、NY/T 761 |
| 40 | 滴滴涕 | 0.05 | 杀虫剂 | GB 23200.113、GB/T 5009.19、NY/T 761 |
| 41 | 狄氏剂 | 0.05 | 杀虫剂 | GB 23200.113、GB/T 5009.19、NY/T 761 |
| 42 | 毒杀芬 | 0.05* | 杀虫剂 | YC/T 180（参照） |
| 43 | 六六六 | 0.05 | 杀虫剂 | GB 23200.113、GB/T 5009.19、NY/T 761 |

（续）

| 序号 | 农药中文名 | 最大残留限量（mg/kg） | 农药主要用途 | 检测方法 |
|---|---|---|---|---|
| 44 | 氯丹 | 0.02 | 杀虫剂 | GB/T 5009.19 |
| 45 | 灭蚁灵 | 0.01 | 杀虫剂 | GB/T 5009.19 |
| 46 | 七氯 | 0.02 | 杀虫剂 | GB/T 5009.19、NY/T 761 |
| 47 | 异狄氏剂 | 0.05 | 杀虫剂 | GB/T 5009.19、NY/T 761 |
| 48 | 辛硫磷 | 0.05 | 杀虫剂 | GB/T 5009.102、GB/T 20769 |
| 49 | 氯菊酯 | 1 | 杀虫剂 | GB 23200.8、GB 23200.113、NY/T 761 |
| 50 | 啶虫脒 | 0.02 | 杀虫剂 | GB/T 20769、GB/T 23584 |
| 51 | 草甘膦 | 0.2 | 除草剂 | SN/T 1923 |
| 52 | 乐果 | 0.2* | 杀虫剂 | GB 23200.113、GB/T 5009.145、GB/T 20769、NY/T 761 |

## 3.10 结球甘蓝

结球甘蓝中农药最大残留限量见表 3-10。

**表 3-10 结球甘蓝中农药最大残留限量**

| 序号 | 农药中文名 | 最大残留限量（mg/kg） | 农药主要用途 | 检测方法 |
|---|---|---|---|---|
| 1 | 保棉磷 | 0.5 | 杀虫剂 | NY/T 761 |
| 2 | 百草枯 | 0.05* | 除草剂 | 无指定 |
| 3 | 苯线磷 | 0.02 | 杀虫剂 | GB 23200.8、GB/T 5009.145 |
| 4 | 地虫硫磷 | 0.01 | 杀虫剂 | GB 23200.8、GB 23200.113 |
| 5 | 啶酰菌胺 | 5 | 杀菌剂 | GB 23200.68、GB/T 20769 |
| 6 | 对硫磷 | 0.01 | 杀虫剂 | GB 23200.113、GB/T 5009.145 |
| 7 | 多杀霉素 | 2 | 杀虫剂 | GB/T 20769 |
| 8 | 呋虫胺 | 2 | 杀虫剂 | GB 23200.37、GB 23200.51、GB/T 20769（参照） |
| 9 | 氟虫腈 | 0.02 | 杀虫剂 | SN/T 1982 |
| 10 | 氟酰脲 | 0.7 | 杀虫剂 | GB 23200.34（参照） |
| 11 | 甲胺磷 | 0.05 | 杀虫剂 | GB 23200.113、GB/T 5009.103、NY/T 761 |

（续）

| 序号 | 农药中文名 | 最大残留限量（mg/kg） | 农药主要用途 | 检测方法 |
|---|---|---|---|---|
| 12 | 甲拌磷 | 0.01 | 杀虫剂 | GB 23200.113 |
| 13 | 甲基对硫磷 | 0.02 | 杀虫剂 | GB 23200.113、NY/T 761 |
| 14 | 甲基硫环磷 | 0.03* | 杀虫剂 | NY/T 761 |
| 15 | 甲基异柳磷 | 0.01* | 杀虫剂 | GB 23200.113、GB/T 5009.144 |
| 16 | 久效磷 | 0.03 | 杀虫剂 | GB 23200.113、NY/T 761 |
| 17 | 克百威 | 0.02 | 杀虫剂 | NY/T 761 |
| 18 | 磷胺 | 0.05 | 杀虫剂 | GB 23200.113、NY/T 761 |
| 19 | 硫环磷 | 0.03 | 杀虫剂 | GB 23200.113、NY/T 761 |
| 20 | 硫线磷 | 0.02 | 杀虫剂 | GB/T 20769 |
| 21 | 氯虫苯甲酰胺 | 2* | 杀虫剂 | 无指定 |
| 22 | 氯唑磷 | 0.01 | 杀虫剂 | GB 23200.113、GB/T 20769 |
| 23 | 灭多威 | 0.2 | 杀虫剂 | NY/T 761 |
| 24 | 灭线磷 | 0.02 | 杀线虫剂 | NY/T 761 |
| 25 | 内吸磷 | 0.02 | 杀虫/杀螨剂 | GB/T 20769 |
| 26 | 杀虫脒 | 0.01 | 杀虫剂 | GB/T 20769 |
| 27 | 杀扑磷 | 0.05 | 杀虫剂 | GB 23200.113、NY/T 761 |
| 28 | 水胺硫磷 | 0.05 | 杀虫剂 | GB 23200.113、NY/T 761 |
| 29 | 特丁硫磷 | 0.01 | 杀虫剂 | NY/T 761、NY/T 1379 |
| 30 | 涕灭威 | 0.03 | 杀虫剂 | NY/T 761 |
| 31 | 氧乐果 | 0.02 | 杀虫剂 | GB 23200.113、NY/T 761、NY/T 1379 |
| 32 | 乙酰甲胺磷 | 1 | 杀虫剂 | GB 23200.113、GB/T 5009.103、GB/T 5009.145、NY/T 761 |
| 33 | 蝇毒磷 | 0.05 | 杀虫剂 | GB 23200.8、GB 23200.113 |
| 34 | 治螟磷 | 0.01 | 杀虫剂 | GB 23200.8、GB 23200.113、NY/T 761 |
| 35 | 艾氏剂 | 0.05 | 杀虫剂 | GB 23200.113、GB/T 5009.19、NY/T 761 |
| 36 | 滴滴涕 | 0.05 | 杀虫剂 | GB 23200.113、GB/T 5009.19、NY/T 761 |
| 37 | 狄氏剂 | 0.05 | 杀虫剂 | GB 23200.113、GB/T 5009.19、NY/T 761 |

（续）

| 序号 | 农药中文名 | 最大残留限量（mg/kg） | 农药主要用途 | 检测方法 |
| --- | --- | --- | --- | --- |
| 38 | 毒杀芬 | 0.05* | 杀虫剂 | YC/T 180（参照） |
| 39 | 六六六 | 0.05 | 杀虫剂 | GB 23200.113、GB/T 5009.19、NY/T 761 |
| 40 | 氯丹 | 0.02 | 杀虫剂 | GB/T 5009.19 |
| 41 | 灭蚁灵 | 0.01 | 杀虫剂 | GB/T 5009.19 |
| 42 | 七氯 | 0.02 | 杀虫剂 | GB/T 5009.19、NY/T 761 |
| 43 | 异狄氏剂 | 0.05 | 杀虫剂 | GB/T 5009.19、NY/T 761 |
| 44 | 嘧菌酯 | 5 | 杀菌剂 | GB/T 20769、NY/T 1453、SN/T 1976 |
| 45 | 噻草酮 | 9* | 除草剂 | GB 23200.38（参照） |
| 46 | 阿维菌素 | 0.05 | 杀虫剂 | GB 23200.19、GB 23200.20、NY/T 1379 |
| 47 | 倍硫磷 | 2 | 杀虫剂 | GB 23200.8、GB 23200.113、GB/T 20769 |
| 48 | 苯醚甲环唑 | 0.2 | 杀菌剂 | GB 23200.8、GB 23200.49、GB 23200.113、GB/T 5009.218 |
| 49 | 吡丙醚 | 3 | 杀虫剂 | GB 23200.8、GB 23200.113 |
| 50 | 吡虫啉 | 1 | 杀虫剂 | GB/T 20769、GB/T 23379 |
| 51 | 吡噻菌胺 | 4* | 杀菌剂 | 无指定 |
| 52 | 吡蚜酮 | 0.2 | 杀虫剂 | SN/T 3860 |
| 53 | 吡唑醚菌酯 | 0.5 | 杀菌剂 | GB 23200.8 |
| 54 | 丙溴磷 | 0.5 | 杀虫剂 | GB 23200.8、GB 23200.113、NY/T 761、SN/T 2234 |
| 55 | 虫螨腈 | 1 | 杀虫剂 | GB 23200.8、NY/T 1379、SN/T 1986 |
| 56 | 虫酰肼 | 1 | 杀虫剂 | GB/T 20769 |
| 57 | 除虫菊素 | 1 | 杀虫剂 | GB/T 20769 |
| 58 | 除虫脲 | 2 | 杀虫剂 | GB/T 5009.147、NY/T 1720 |
| 59 | 哒螨灵 | 2 | 杀螨剂 | GB/T 20769、GB 23200.113 |
| 60 | 哒嗪硫磷 | 0.3 | 杀虫剂 | GB 23200.8、GB 23200.113 |
| 61 | 代森锌 | 5 | 杀菌剂 | SN 0139、SN 0157、SN/T 1541（参照） |

（续）

| 序号 | 农药中文名 | 最大残留限量（mg/kg） | 农药主要用途 | 检测方法 |
|---|---|---|---|---|
| 62 | 敌百虫 | 0.1 | 杀虫剂 | GB/T 20769、NY/T 761 |
| 63 | 敌草腈 | 0.05* | 除草剂 | 无指定 |
| 64 | 敌敌畏 | 0.2 | 杀虫剂 | GB 23200.8、GB 23200.113、GB/T 5009.20、NY/T 761 |
| 65 | 丁虫腈 | 0.1* | 杀虫剂 | 无指定 |
| 66 | 丁硫克百威 | 1 | 杀虫剂 | GB 23200.13 |
| 67 | 丁醚脲 | 2* | 杀虫/杀螨剂 | 无指定 |
| 68 | 啶虫脒 | 0.5 | 杀虫剂 | GB/T 20769、GB/T 23584 |
| 69 | 毒死蜱 | 1 | 杀虫剂 | GB 23200.8、GB 23200.113、NY/T 761、SN/T 2158 |
| 70 | 二甲戊灵 | 0.2 | 除草剂 | GB 23200.8、GB 23200.113、NY/T 1379 |
| 71 | 二嗪磷 | 0.5 | 杀虫剂 | GB 23200.8、GB 23200.113、GB/T 20769、GB/T 5009.107 |
| 72 | 呋喃虫酰肼 | 0.05 | 杀虫剂 | NY/T 2820 |
| 73 | 氟胺氰菊酯 | 0.5 | 杀虫剂 | GB 23200.113、NY/T 761 |
| 74 | 氟苯虫酰胺 | 0.2* | 杀虫剂 | 无指定 |
| 75 | 氟苯脲 | 0.5 | 杀虫剂 | NY/T 1453 |
| 76 | 氟吡甲禾灵和高效氟吡甲禾灵 | 0.2* | 除草剂 | 无指定 |
| 77 | 氟吡菌胺 | 7* | 杀菌剂 | 无指定 |
| 78 | 氟吡菌酰胺 | 0.15* | 杀菌剂 | 无指定 |
| 79 | 氟啶虫胺腈 | 0.4* | 杀虫剂 | 无指定 |
| 80 | 氟啶脲 | 2 | 杀虫剂 | GB 23200.8、GB/T 20769、SN/T 2095 |
| 81 | 氟铃脲 | 0.5 | 杀虫剂 | GB/T 20769、NY/T 1720、SN/T 2152 |
| 82 | 氟氯氰菊酯和高效氟氯氰菊酯 | 0.5 | 杀虫剂 | GB 23200.8、GB 23200.113、GB/T 5009.146、NY/T 761 |
| 83 | 氟氰戊菊酯 | 0.5 | 杀虫剂 | GB 23200.113、NY/T 761 |
| 84 | 咯菌腈 | 2 | 杀菌剂 | GB 23200.8、GB 23200.113、GB/T 20769 |

（续）

| 序号 | 农药中文名 | 最大残留限量（mg/kg） | 农药主要用途 | 检测方法 |
| --- | --- | --- | --- | --- |
| 85 | 甲氨基阿维菌素苯甲酸盐 | 0.1 | 杀虫剂 | GB/T 20769 |
| 86 | 甲基毒死蜱 | 0.1* | 杀虫剂 | GB 23200.8、GB 23200.113、GB/T 20769、NY/T 761 |
| 87 | 甲硫威 | 0.1 | 杀软体动物剂 | SN/T 2560（参照） |
| 88 | 甲萘威 | 2 | 杀虫剂 | GB/T 5009.145、GB/T 20769、NY/T 761 |
| 89 | 甲氰菊酯 | 0.5 | 杀虫剂 | GB 23200.8、GB 23200.113、NY/T 761、SN/T 2233 |
| 90 | 甲霜灵和精甲霜灵 | 0.5 | 杀菌剂 | GB 23200.8、GB/T 20769 |
| 91 | 甲氧虫酰肼 | 2 | 杀虫剂 | GB/T 20769 |
| 92 | 抗蚜威 | 1 | 杀虫剂 | GB 23200.8、GB 23200.113、GB/T 20769、SN/T 0134 |
| 93 | 苦参碱 | 5* | 杀虫剂 | 无指定 |
| 94 | 乐果 | 1* | 杀虫剂 | GB 23200.113、GB/T 5009.145、GB/T 20769、NY/T 761 |
| 95 | 联苯菊酯 | 0.2 | 杀虫/杀螨剂 | GB/T 5009.146、NY/T 761、SN/T 1969 |
| 96 | 硫双威 | 1 | 杀虫剂 | GB/T 20770（参照） |
| 97 | 螺虫乙酯 | 2 | 杀虫剂 | 无指定 |
| 98 | 氯氟氰菊酯和高效氯氟氰菊酯 | 1 | 杀虫剂 | GB 23200.8、GB 23200.113、GB/T 5009.146、NY/T 761 |
| 99 | 氯菊酯 | 5 | 杀虫剂 | GB 23200.8、GB 23200.113、NY/T 761 |
| 100 | 氯氰菊酯和高效氯氰菊酯 | 5 | 杀虫剂 | GB 23200.8、GB 23200.113、GB/T 5009.146、NY/T 761 |
| 101 | 氯噻啉 | 0.5* | 杀虫剂 | 无指定 |
| 102 | 马拉硫磷 | 0.5 | 杀虫剂 | GB 23200.8、GB 23200.113、GB/T 20769、NY/T 761 |
| 103 | 咪唑菌酮 | 0.9 | 杀菌剂 | GB 23200.8、GB 23200.113 |
| 104 | 醚菊酯 | 0.5 | 杀虫剂 | GB 23200.8、SN/T 2151（参照） |

（续）

| 序号 | 农药中文名 | 最大残留限量（mg/kg） | 农药主要用途 | 检测方法 |
|---|---|---|---|---|
| 105 | 嘧菌环胺 | 0.7 | 杀菌剂 | GB 23200.8、GB 23200.113、GB/T 20769、NY/T 1379 |
| 106 | 灭幼脲 | 3 | 杀虫剂 | GB/T 5009.135、GB/T 20769 |
| 107 | 氰氟虫腙 | 2 | 杀虫剂 | SN/T 3852 |
| 108 | 氰戊菊酯和S-氰戊菊酯 | 0.5 | 杀虫剂 | GB 23200.8、GB 23200.113、NY/T 761 |
| 109 | 噻虫胺 | 0.5 | 杀虫剂 | GB/T 20769 |
| 110 | 噻虫啉 | 0.5 | 杀虫剂 | GB/T 20769 |
| 111 | 噻虫嗪 | 0.2 | 杀虫剂 | GB 23200.8、GB 23200.39、GB/T 20769 |
| 112 | 三氟甲吡醚 | 3* | 杀虫剂 | 无指定 |
| 113 | 三唑磷 | 0.1 | 杀虫剂 | GB 23200.113、NY/T 761 |
| 114 | 三唑酮 | 0.05 | 杀菌剂 | GB 23200.8、GB 23200.113、GB/T 20769 |
| 115 | 杀虫单 | 0.5* | 杀虫剂 | 无指定 |
| 116 | 杀虫环 | 0.2 | 杀虫剂 | GB/T 5009.113、GB/T 5009.114 |
| 117 | 杀虫双 | 0.5 | 杀虫剂 | GB/T 5009.114 |
| 118 | 杀铃脲 | 0.2 | 杀虫剂 | GB/T 20769 |
| 119 | 杀螟丹 | 0.5 | 杀虫剂 | GB/T 20769 |
| 120 | 杀螟硫磷 | 0.2* | 杀虫剂 | GB 23200.113、GB/T 14553、GB/T 20769、NY/T 761 |
| 121 | 虱螨脲 | 1* | 杀虫剂 | 无指定 |
| 122 | 双炔酰菌胺 | 3* | 杀菌剂 | 无指定 |
| 123 | 四聚乙醛 | 2* | 杀螺剂 | 无指定 |
| 124 | 肟菌酯 | 0.5 | 杀菌剂 | GB 23200.8、GB 23200.113、GB/T 20769 |
| 125 | 五氯硝基苯 | 0.1 | 杀菌剂 | GB 23200.113、GB/T 5009.19、GB/T 5009.136 |
| 126 | 戊唑醇 | 1 | 杀菌剂 | GB 23200.8、GB 23200.113、GB/T 20769 |
| 127 | 烯啶虫胺 | 0.2* | 杀虫剂 | GB/T 20769 |

（续）

| 序号 | 农药中文名 | 最大残留限量（mg/kg） | 农药主要用途 | 检测方法 |
|---|---|---|---|---|
| 128 | 烯酰吗啉 | 2 | 杀菌剂 | GB/T 20769 |
| 129 | 辛硫磷 | 0.1 | 杀虫剂 | GB/T 5009.102、GB/T 20769 |
| 130 | 溴氰虫酰胺 | 0.5* | 杀虫剂 | 无指定 |
| 131 | 溴氰菊酯 | 0.5 | 杀虫剂 | GB 23200.8、GB 23200.113、NY/T 761、SN/T 0217 |
| 132 | 烟碱 | 0.2 | 杀虫剂 | GB/T 20769、SN/T 2397 |
| 133 | 依维菌素 | 0.02* | 杀虫剂 | 无指定 |
| 134 | 乙基多杀菌素 | 0.5* | 杀虫剂 | 无指定 |
| 135 | 异丙甲草胺和精异丙甲草胺 | 0.1 | 除草剂 | GB 23200.8、GB 23200.113、GB/T 20769 |
| 136 | 印楝素 | 0.1 | 杀虫剂 | GB 23200.73 |
| 137 | 茚虫威 | 3 | 杀虫剂 | GB/T 20769 |
| 138 | 鱼藤酮 | 0.5 | 杀虫剂 | GB/T 20769（参照） |
| 139 | 仲丁威 | 1 | 杀虫剂 | NY/T 761、NY/T 1679、SN/T 2560 |
| 140 | 唑虫酰胺 | 0.5 | 杀虫剂 | GB/T 20769 |

## 3.11 球茎甘蓝

球茎甘蓝中农药最大残留限量见表 3-11。

**表 3-11 球茎甘蓝中农药最大残留限量**

| 序号 | 农药中文名 | 最大残留限量（mg/kg） | 农药主要用途 | 检测方法 |
|---|---|---|---|---|
| 1 | 保棉磷 | 0.5 | 杀虫剂 | NY/T 761 |
| 2 | 百草枯 | 0.05* | 除草剂 | 无指定 |
| 3 | 苯线磷 | 0.02 | 杀虫剂 | GB 23200.8、GB/T 5009.145 |
| 4 | 地虫硫磷 | 0.01 | 杀虫剂 | GB 23200.8、GB 23200.113 |
| 5 | 啶酰菌胺 | 5 | 杀菌剂 | GB 23200.68、GB/T 20769 |
| 6 | 对硫磷 | 0.01 | 杀虫剂 | GB 23200.113、GB/T 5009.145 |
| 7 | 多杀霉素 | 2 | 杀虫剂 | GB/T 20769 |
| 8 | 呋虫胺 | 2 | 杀虫剂 | GB 23200.37、GB 23200.51、GB/T 20769（参照） |

（续）

| 序号 | 农药中文名 | 最大残留限量（mg/kg） | 农药主要用途 | 检测方法 |
|---|---|---|---|---|
| 9 | 氟虫腈 | 0.02 | 杀虫剂 | SN/T 1982 |
| 10 | 氟酰脲 | 0.7 | 杀虫剂 | GB 23200.34（参照） |
| 11 | 甲胺磷 | 0.05 | 杀虫剂 | GB 23200.113、GB/T 5009.103、NY/T 761 |
| 12 | 甲拌磷 | 0.01 | 杀虫剂 | GB 23200.113 |
| 13 | 甲基对硫磷 | 0.02 | 杀虫剂 | GB 23200.113、NY/T 761 |
| 14 | 甲基硫环磷 | 0.03* | 杀虫剂 | NY/T 761 |
| 15 | 甲基异柳磷 | 0.01* | 杀虫剂 | GB 23200.113、GB/T 5009.144 |
| 16 | 久效磷 | 0.03 | 杀虫剂 | GB 23200.113、NY/T 761 |
| 17 | 克百威 | 0.02 | 杀虫剂 | NY/T 761 |
| 18 | 磷胺 | 0.05 | 杀虫剂 | GB 23200.113、NY/T 761 |
| 19 | 硫环磷 | 0.03 | 杀虫剂 | GB 23200.113、NY/T 761 |
| 20 | 硫线磷 | 0.02 | 杀虫剂 | GB/T 20769 |
| 21 | 氯虫苯甲酰胺 | 2* | 杀虫剂 | 无指定 |
| 22 | 氯唑磷 | 0.01 | 杀虫剂 | GB 23200.113、GB/T 20769 |
| 23 | 灭多威 | 0.2 | 杀虫剂 | NY/T 761 |
| 24 | 灭线磷 | 0.02 | 杀线虫剂 | NY/T 761 |
| 25 | 内吸磷 | 0.02 | 杀虫/杀螨剂 | GB/T 20769 |
| 26 | 杀虫脒 | 0.01 | 杀虫剂 | GB/T 20769 |
| 27 | 杀扑磷 | 0.05 | 杀虫剂 | NY/T 761 |
| 28 | 水胺硫磷 | 0.05 | 杀虫剂 | GB 23200.113、NY/T 761 |
| 29 | 特丁硫磷 | 0.01 | 杀虫剂 | NY/T 761、NY/T 1379 |
| 30 | 涕灭威 | 0.03 | 杀虫剂 | NY/T 761 |
| 31 | 氧乐果 | 0.02 | 杀虫剂 | GB 23200.113、NY/T 761、NY/T 1379 |
| 32 | 乙酰甲胺磷 | 1 | 杀虫剂 | GB 23200.113、GB/T 5009.103、GB/T 5009.145、NY/T 761 |
| 33 | 蝇毒磷 | 0.05 | 杀虫剂 | GB 23200.8、GB 23200.113 |
| 34 | 治螟磷 | 0.01 | 杀虫剂 | GB 23200.8、GB 23200.113、NY/T 761 |

（续）

| 序号 | 农药中文名 | 最大残留限量（mg/kg） | 农药主要用途 | 检测方法 |
| --- | --- | --- | --- | --- |
| 35 | 艾氏剂 | 0.05 | 杀虫剂 | GB 23200.113、GB/T 5009.19、NY/T 761 |
| 36 | 滴滴涕 | 0.05 | 杀虫剂 | GB 23200.113、GB/T 5009.19、NY/T 761 |
| 37 | 狄氏剂 | 0.05 | 杀虫剂 | GB 23200.113、GB/T 5009.19、NY/T 761 |
| 38 | 毒杀芬 | 0.05* | 杀虫剂 | YC/T 180（参照） |
| 39 | 六六六 | 0.05 | 杀虫剂 | GB 23200.113、GB/T 5009.19、NY/T 761 |
| 40 | 氯丹 | 0.02 | 杀虫剂 | GB/T 5009.19 |
| 41 | 灭蚁灵 | 0.01 | 杀虫剂 | GB/T 5009.19 |
| 42 | 七氯 | 0.02 | 杀虫剂 | GB/T 5009.19、NY/T 761 |
| 43 | 异狄氏剂 | 0.05 | 杀虫剂 | GB/T 5009.19、NY/T 761 |
| 44 | 倍硫磷 | 0.05 | 杀虫剂 | GB 23200.8、GB 23200.113、GB/T 20769 |
| 45 | 甲萘威 | 1 | 杀虫剂 | GB/T 5009.145、GB/T 20769、NY/T 761 |
| 46 | 联苯菊酯 | 0.4 | 杀虫/杀螨剂 | GB/T 5009.146、NY/T 761、SN/T 1969 |
| 47 | 噻虫胺 | 0.2 | 杀虫剂 | GB/T 20769 |
| 48 | 噻虫嗪 | 5 | 杀虫剂 | GB 23200.8、GB 23200.39、GB/T 20769 |
| 49 | 杀螟硫磷 | 0.5* | 杀虫剂 | GB 23200.113、GB/T 14553、GB/T 20769、NY/T 761 |
| 50 | 辛硫磷 | 0.05 | 杀虫剂 | GB/T 5009.102、GB/T 20769 |
| 51 | 溴氰虫酰胺 | 2* | 杀虫剂 | 无指定 |
| 52 | 乙基多杀菌素 | 0.3* | 杀虫剂 | 无指定 |
| 53 | 敌百虫 | 0.2 | 杀虫剂 | GB/T 20769、NY/T 761 |
| 54 | 敌敌畏 | 0.2 | 杀虫剂 | GB 23200.8、GB 23200.113、GB/T 5009.20、NY/T 761 |

（续）

| 序号 | 农药中文名 | 最大残留限量（mg/kg） | 农药主要用途 | 检测方法 |
| --- | --- | --- | --- | --- |
| 55 | 抗蚜威 | 0.5 | 杀虫剂 | GB 23200.8、GB 23200.113、GB/T 20769、SN/T 0134 |
| 56 | 氯氰菊酯和高效氯氰菊酯 | 1 | 杀虫剂 | GB 23200.8、GB 23200.113、GB/T 5009.146、NY/T 761 |
| 57 | 嘧菌酯 | 5 | 杀菌剂 | GB/T 20769、NY/T 1453、SN/T 1976 |
| 58 | 噻草酮 | 9* | 除草剂 | GB 23200.38（参照） |
| 59 | 二嗪磷 | 0.2 | 杀虫剂 | GB 23200.8、GB 23200.113、GB/T 20769、GB/T 5009.107 |
| 60 | 氯菊酯 | 0.1 | 杀虫剂 | GB 23200.8、GB 23200.113、NY/T 761 |
| 61 | 亚砜磷 | 0.05* | 杀虫剂 | 无指定 |

## 3.12 抱子甘蓝

抱子甘蓝中农药最大残留限量见表3-12。

**表3-12 抱子甘蓝中农药最大残留限量**

| 序号 | 农药中文名 | 最大残留限量（mg/kg） | 农药主要用途 | 检测方法 |
| --- | --- | --- | --- | --- |
| 1 | 保棉磷 | 0.5 | 杀虫剂 | NY/T 761 |
| 2 | 百草枯 | 0.05* | 除草剂 | 无指定 |
| 3 | 苯线磷 | 0.02 | 杀虫剂 | GB 23200.8、GB/T 5009.145 |
| 4 | 地虫硫磷 | 0.01 | 杀虫剂 | GB 23200.8、GB 23200.113 |
| 5 | 啶酰菌胺 | 5 | 杀菌剂 | GB 23200.68、GB/T 20769 |
| 6 | 对硫磷 | 0.01 | 杀虫剂 | GB 23200.113、GB/T 5009.145 |
| 7 | 多杀霉素 | 2 | 杀虫剂 | GB/T 20769 |
| 8 | 呋虫胺 | 2 | 杀虫剂 | GB 23200.37、GB 23200.51、GB/T 20769（参照） |
| 9 | 氟虫腈 | 0.02 | 杀虫剂 | SN/T 1982 |
| 10 | 氟酰脲 | 0.7 | 杀虫剂 | GB 23200.34（参照） |
| 11 | 甲胺磷 | 0.05 | 杀虫剂 | GB 23200.113、GB/T 5009.103、NY/T 761 |

（续）

| 序号 | 农药中文名 | 最大残留限量（mg/kg） | 农药主要用途 | 检测方法 |
|---|---|---|---|---|
| 12 | 甲拌磷 | 0.01 | 杀虫剂 | GB 23200.113 |
| 13 | 甲基对硫磷 | 0.02 | 杀虫剂 | GB 23200.113、NY/T 761 |
| 14 | 甲基硫环磷 | 0.03* | 杀虫剂 | NY/T 761 |
| 15 | 甲基异柳磷 | 0.01* | 杀虫剂 | GB 23200.113、GB/T 5009.144 |
| 16 | 久效磷 | 0.03 | 杀虫剂 | GB 23200.113、NY/T 761 |
| 17 | 克百威 | 0.02 | 杀虫剂 | NY/T 761 |
| 18 | 磷胺 | 0.05 | 杀虫剂 | GB 23200.113、NY/T 761 |
| 19 | 硫环磷 | 0.03 | 杀虫剂 | GB 23200.113、NY/T 761 |
| 20 | 硫线磷 | 0.02 | 杀虫剂 | GB/T 20769 |
| 21 | 氯虫苯甲酰胺 | 2* | 杀虫剂 | 无指定 |
| 22 | 氯唑磷 | 0.01 | 杀虫剂 | GB 23200.113、GB/T 20769 |
| 23 | 灭多威 | 0.2 | 杀虫剂 | NY/T 761 |
| 24 | 灭线磷 | 0.02 | 杀线虫剂 | NY/T 761 |
| 25 | 内吸磷 | 0.02 | 杀虫/杀螨剂 | GB/T 20769 |
| 26 | 杀虫脒 | 0.01 | 杀虫剂 | GB/T 20769 |
| 27 | 杀扑磷 | 0.05 | 杀虫剂 | GB 23200.113、NY/T 761 |
| 28 | 水胺硫磷 | 0.05 | 杀虫剂 | GB 23200.113、NY/T 761 |
| 29 | 特丁硫磷 | 0.01 | 杀虫剂 | NY/T 761、NY/T 1379 |
| 30 | 涕灭威 | 0.03 | 杀虫剂 | NY/T 761 |
| 31 | 氧乐果 | 0.02 | 杀虫剂 | GB 23200.113、NY/T 761、NY/T 1379 |
| 32 | 乙酰甲胺磷 | 1 | 杀虫剂 | GB 23200.113、GB/T 5009.103、GB/T 5009.145、NY/T 761 |
| 33 | 蝇毒磷 | 0.05 | 杀虫剂 | GB 23200.8、GB 23200.113 |
| 34 | 治螟磷 | 0.01 | 杀虫剂 | GB 23200.8、GB 23200.113、NY/T 761 |
| 35 | 艾氏剂 | 0.05 | 杀虫剂 | GB 23200.113、GB/T 5009.19、NY/T 761 |
| 36 | 滴滴涕 | 0.05 | 杀虫剂 | GB 23200.113、GB/T 5009.19、NY/T 761 |
| 37 | 狄氏剂 | 0.05 | 杀虫剂 | GB 23200.113、GB/T 5009.19、NY/T 761 |

（续）

| 序号 | 农药中文名 | 最大残留限量（mg/kg） | 农药主要用途 | 检测方法 |
|---|---|---|---|---|
| 38 | 毒杀芬 | 0.05* | 杀虫剂 | YC/T 180（参照） |
| 39 | 六六六 | 0.05 | 杀虫剂 | GB 23200.113、GB/T 5009.19、NY/T 761 |
| 40 | 氯丹 | 0.02 | 杀虫剂 | GB/T 5009.19 |
| 41 | 灭蚁灵 | 0.01 | 杀虫剂 | GB/T 5009.19 |
| 42 | 七氯 | 0.02 | 杀虫剂 | GB/T 5009.19、NY/T 761 |
| 43 | 异狄氏剂 | 0.05 | 杀虫剂 | GB/T 5009.19、NY/T 761 |
| 44 | 倍硫磷 | 0.05 | 杀虫剂 | GB 23200.8、GB 23200.113、GB/T 20769 |
| 45 | 甲萘威 | 1 | 杀虫剂 | GB/T 5009.145、GB/T 20769、NY/T 761 |
| 46 | 联苯菊酯 | 0.4 | 杀虫/杀螨剂 | GB/T 5009.146、NY/T 761、SN/T 1969 |
| 47 | 噻虫胺 | 0.2 | 杀虫剂 | GB/T 20769 |
| 48 | 噻虫嗪 | 5 | 杀虫剂 | GB 23200.8、GB 23200.39、GB/T 20769 |
| 49 | 杀螟硫磷 | 0.5* | 杀虫剂 | GB 23200.113、GB/T 14553、GB/T 20769、NY/T 761 |
| 50 | 辛硫磷 | 0.05 | 杀虫剂 | GB/T 5009.102、GB/T 20769 |
| 51 | 溴氰虫酰胺 | 2* | 杀虫剂 | 无指定 |
| 52 | 乙基多杀菌素 | 0.3* | 杀虫剂 | 无指定 |
| 53 | 敌百虫 | 0.2 | 杀虫剂 | GB/T 20769、NY/T 761 |
| 54 | 敌敌畏 | 0.2 | 杀虫剂 | GB 23200.8、GB 23200.113、GB/T 5009.20、NY/T 761 |
| 55 | 抗蚜威 | 0.5 | 杀虫剂 | GB 23200.8、GB 23200.113、GB/T 20769、SN/T 0134 |
| 56 | 氯菊酯 | 1 | 杀虫剂 | GB 23200.8、GB 23200.113、NY/T 761 |
| 57 | 氯氰菊酯和高效氯氰菊酯 | 1 | 杀虫剂 | GB 23200.8、GB 23200.113、GB/T 5009.146、NY/T 761 |
| 58 | 嘧菌酯 | 5 | 杀菌剂 | GB/T 20769、NY/T 1453、SN/T 1976 |
| 59 | 噻草酮 | 9* | 除草剂 | GB 23200.38（参照） |

（续）

| 序号 | 农药中文名 | 最大残留限量（mg/kg） | 农药主要用途 | 检测方法 |
|---|---|---|---|---|
| 60 | 百菌清 | 6 | 杀菌剂 | GB/T 5009.105、NY/T 761、SN/T 2320 |
| 61 | 苯醚甲环唑 | 0.2 | 杀菌剂 | GB 23200.8、GB 23200.49、GB 23200.113、GB/T 5009.218 |
| 62 | 吡唑醚菌酯 | 0.3 | 杀菌剂 | GB 23200.8 |
| 63 | 敌草腈 | 0.05* | 除草剂 | 无指定 |
| 64 | 多菌灵 | 0.5 | 杀菌剂 | GB/T 20769、NY/T 1453 |
| 65 | 氟苯脲 | 0.5 | 杀虫剂 | NY/T 1453 |
| 66 | 氟吡菌胺 | 0.2* | 杀菌剂 | 无指定 |
| 67 | 氟吡菌酰胺 | 0.3* | 杀菌剂 | 无指定 |
| 68 | 甲硫威 | 0.05 | 杀软体动物剂 | SN/T 2560 |
| 69 | 甲霜灵和精甲霜灵 | 0.2 | 杀菌剂 | GB 23200.8、GB/T 20769 |
| 70 | 乐果 | 0.2* | 杀虫剂 | GB 23200.113、GB/T 5009.145、GB/T 20769、NY/T 761 |
| 71 | 嗪氨灵 | 0.2 | 杀菌剂 | SN/T 0695 |
| 72 | 氰氟虫腙 | 0.8 | 杀虫剂 | SN/T 3852 |
| 73 | 霜霉威和霜霉威盐酸盐 | 2 | 杀菌剂 | GB/T 20769、NY/T 1379 |
| 74 | 肟菌酯 | 0.5 | 杀菌剂 | GB 23200.8、GB 23200.113、GB/T 20769 |
| 75 | 戊唑醇 | 0.3 | 杀菌剂 | GB 23200.8、GB 23200.113、GB/T 20769 |

## 3.13 赤球甘蓝

赤球甘蓝中农药最大残留限量见表 3-13。

**表 3-13 赤球甘蓝中农药最大残留限量**

| 序号 | 农药中文名 | 最大残留限量（mg/kg） | 农药主要用途 | 检测方法 |
|---|---|---|---|---|
| 1 | 保棉磷 | 0.5 | 杀虫剂 | NY/T 761 |
| 2 | 百草枯 | 0.05* | 除草剂 | 无指定 |
| 3 | 苯线磷 | 0.02 | 杀虫剂 | GB 23200.8、GB/T 5009.145 |
| 4 | 地虫硫磷 | 0.01 | 杀虫剂 | GB 23200.8、GB 23200.113 |

（续）

| 序号 | 农药中文名 | 最大残留限量（mg/kg） | 农药主要用途 | 检测方法 |
|---|---|---|---|---|
| 5 | 啶酰菌胺 | 5 | 杀菌剂 | GB 23200.68、GB/T 20769 |
| 6 | 对硫磷 | 0.01 | 杀虫剂 | GB 23200.113、GB/T 5009.145 |
| 7 | 多杀霉素 | 2 | 杀虫剂 | GB/T 20769 |
| 8 | 呋虫胺 | 2 | 杀虫剂 | GB 23200.37、GB 23200.51、GB/T 20769（参照） |
| 9 | 氟虫腈 | 0.02 | 杀虫剂 | SN/T 1982 |
| 10 | 氟酰脲 | 0.7 | 杀虫剂 | GB 23200.34（参照） |
| 11 | 甲胺磷 | 0.05 | 杀虫剂 | GB 23200.113、GB/T 5009.103、NY/T 761 |
| 12 | 甲拌磷 | 0.01 | 杀虫剂 | GB 23200.113 |
| 13 | 甲基对硫磷 | 0.02 | 杀虫剂 | GB 23200.113、NY/T 761 |
| 14 | 甲基硫环磷 | 0.03* | 杀虫剂 | NY/T 761 |
| 15 | 甲基异柳磷 | 0.01* | 杀虫剂 | GB 23200.113、GB/T 5009.144 |
| 16 | 久效磷 | 0.03 | 杀虫剂 | GB 23200.113、NY/T 761 |
| 17 | 克百威 | 0.02 | 杀虫剂 | NY/T 761 |
| 18 | 磷胺 | 0.05 | 杀虫剂 | GB 23200.113、NY/T 761 |
| 19 | 硫环磷 | 0.03 | 杀虫剂 | GB 23200.113、NY/T 761 |
| 20 | 硫线磷 | 0.02 | 杀虫剂 | GB/T 20769 |
| 21 | 氯虫苯甲酰胺 | 2* | 杀虫剂 | 无指定 |
| 22 | 氯唑磷 | 0.01 | 杀虫剂 | GB 23200.113、GB/T 20769 |
| 23 | 灭多威 | 0.2 | 杀虫剂 | NY/T 761 |
| 24 | 灭线磷 | 0.02 | 杀线虫剂 | NY/T 761 |
| 25 | 内吸磷 | 0.02 | 杀虫/杀螨剂 | GB/T 20769 |
| 26 | 杀虫脒 | 0.01 | 杀虫剂 | GB/T 20769 |
| 27 | 杀扑磷 | 0.05 | 杀虫剂 | GB 23200.113、NY/T 761 |
| 28 | 水胺硫磷 | 0.05 | 杀虫剂 | GB 23200.113、NY/T 761 |
| 29 | 特丁硫磷 | 0.01 | 杀虫剂 | NY/T 761、NY/T 1379 |
| 30 | 涕灭威 | 0.03 | 杀虫剂 | NY/T 761 |
| 31 | 氧乐果 | 0.02 | 杀虫剂 | GB 23200.113、NY/T 761、NY/T 1379 |
| 32 | 乙酰甲胺磷 | 1 | 杀虫剂 | GB 23200.113、GB/T 5009.103、GB/T 5009.145、NY/T 761 |

（续）

| 序号 | 农药中文名 | 最大残留限量（mg/kg） | 农药主要用途 | 检测方法 |
|---|---|---|---|---|
| 33 | 蝇毒磷 | 0.05 | 杀虫剂 | GB 23200.8、GB 23200.113 |
| 34 | 治螟磷 | 0.01 | 杀虫剂 | GB 23200.8、GB 23200.113、NY/T 761 |
| 35 | 艾氏剂 | 0.05 | 杀虫剂 | GB 23200.113、GB/T 5009.19、NY/T 761 |
| 36 | 滴滴涕 | 0.05 | 杀虫剂 | GB 23200.113、GB/T 5009.19、NY/T 761 |
| 37 | 狄氏剂 | 0.05 | 杀虫剂 | GB 23200.113、GB/T 5009.19、NY/T 761 |
| 38 | 毒杀芬 | 0.05* | 杀虫剂 | YC/T 180（参照） |
| 39 | 六六六 | 0.05 | 杀虫剂 | GB 23200.113、GB/T 5009.19、NY/T 761 |
| 40 | 氯丹 | 0.02 | 杀虫剂 | GB/T 5009.19 |
| 41 | 灭蚁灵 | 0.01 | 杀虫剂 | GB/T 5009.19 |
| 42 | 七氯 | 0.02 | 杀虫剂 | GB/T 5009.19、NY/T 761 |
| 43 | 异狄氏剂 | 0.05 | 杀虫剂 | GB/T 5009.19、NY/T 761 |
| 44 | 倍硫磷 | 0.05 | 杀虫剂 | GB 23200.8、GB 23200.113、GB/T 20769 |
| 45 | 甲萘威 | 1 | 杀虫剂 | GB/T 5009.145、GB/T 20769、NY/T 761 |
| 46 | 联苯菊酯 | 0.4 | 杀虫/杀螨剂 | GB/T 5009.146、NY/T 761、SN/T 1969 |
| 47 | 噻虫胺 | 0.2 | 杀虫剂 | GB/T 20769 |
| 48 | 噻虫嗪 | 5 | 杀虫剂 | GB 23200.8、GB 23200.39、GB/T 20769 |
| 49 | 杀螟硫磷 | 0.5* | 杀虫剂 | GB 23200.113、GB/T 14553、GB/T 20769、NY/T 761 |
| 50 | 辛硫磷 | 0.05 | 杀虫剂 | GB/T 5009.102、GB/T 20769 |
| 51 | 溴氰虫酰胺 | 2* | 杀虫剂 | 无指定 |
| 52 | 乙基多杀菌素 | 0.3* | 杀虫剂 | 无指定 |
| 53 | 敌百虫 | 0.2 | 杀虫剂 | GB/T 20769、NY/T 761 |
| 54 | 敌敌畏 | 0.2 | 杀虫剂 | GB 23200.8、GB 23200.113、GB/T 5009.20、NY/T 761 |

（续）

| 序号 | 农药中文名 | 最大残留限量（mg/kg） | 农药主要用途 | 检测方法 |
|---|---|---|---|---|
| 55 | 抗蚜威 | 0.5 | 杀虫剂 | GB 23200.8、GB 23200.113、GB/T 20769、SN/T 0134 |
| 56 | 氯菊酯 | 1 | 杀虫剂 | GB 23200.8、GB 23200.113、NY/T 761 |
| 57 | 氯氰菊酯和高效氯氰菊酯 | 1 | 杀虫剂 | GB 23200.8、GB 23200.113、GB/T 5009.146、NY/T 761 |
| 58 | 嘧菌酯 | 5 | 杀菌剂 | GB/T 20769、NY/T 1453、SN/T 1976 |
| 59 | 噻草酮 | 9* | 除草剂 | GB 23200.38（参照） |

## 3.14 羽衣甘蓝

羽衣甘蓝中农药最大残留限量见表 3－14。

**表 3－14 羽衣甘蓝中农药最大残留限量**

| 序号 | 农药中文名 | 最大残留限量（mg/kg） | 农药主要用途 | 检测方法 |
|---|---|---|---|---|
| 1 | 保棉磷 | 0.5 | 杀虫剂 | NY/T 761 |
| 2 | 百草枯 | 0.05* | 除草剂 | 无指定 |
| 3 | 苯线磷 | 0.02 | 杀虫剂 | GB 23200.8、GB/T 5009.145 |
| 4 | 地虫硫磷 | 0.01 | 杀虫剂 | GB 23200.8、GB 23200.113 |
| 5 | 啶酰菌胺 | 5 | 杀菌剂 | GB 23200.68、GB/T 20769 |
| 6 | 对硫磷 | 0.01 | 杀虫剂 | GB 23200.113、GB/T 5009.145 |
| 7 | 多杀霉素 | 2 | 杀虫剂 | GB/T 20769 |
| 8 | 呋虫胺 | 2 | 杀虫剂 | GB 23200.37、GB 23200.51、GB/T 20769（参照） |
| 9 | 氟虫腈 | 0.02 | 杀虫剂 | SN/T 1982 |
| 10 | 氟酰脲 | 0.7 | 杀虫剂 | GB 23200.34（参照） |
| 11 | 甲胺磷 | 0.05 | 杀虫剂 | GB 23200.113、GB/T 5009.103、NY/T 761 |
| 12 | 甲拌磷 | 0.01 | 杀虫剂 | GB 23200.113 |
| 13 | 甲基对硫磷 | 0.02 | 杀虫剂 | GB 23200.113、NY/T 761 |
| 14 | 甲基硫环磷 | 0.03* | 杀虫剂 | NY/T 761 |

（续）

| 序号 | 农药中文名 | 最大残留限量（mg/kg） | 农药主要用途 | 检测方法 |
| --- | --- | --- | --- | --- |
| 15 | 甲基异柳磷 | 0.01* | 杀虫剂 | GB 23200.113、GB/T 5009.144 |
| 16 | 久效磷 | 0.03 | 杀虫剂 | GB 23200.113、NY/T 761 |
| 17 | 克百威 | 0.02 | 杀虫剂 | NY/T 761 |
| 18 | 磷胺 | 0.05 | 杀虫剂 | GB 23200.113、NY/T 761 |
| 19 | 硫环磷 | 0.03 | 杀虫剂 | GB 23200.113、NY/T 761 |
| 20 | 硫线磷 | 0.02 | 杀虫剂 | GB/T 20769 |
| 21 | 氯虫苯甲酰胺 | 2* | 杀虫剂 | 无指定 |
| 22 | 氯唑磷 | 0.01 | 杀虫剂 | GB 23200.113、GB/T 20769 |
| 23 | 灭多威 | 0.2 | 杀虫剂 | NY/T 761 |
| 24 | 灭线磷 | 0.02 | 杀线虫剂 | NY/T 761 |
| 25 | 内吸磷 | 0.02 | 杀虫/杀螨剂 | GB/T 20769 |
| 26 | 杀虫脒 | 0.01 | 杀虫剂 | GB/T 20769 |
| 27 | 杀扑磷 | 0.05 | 杀虫剂 | GB 23200.113、NY/T 761 |
| 28 | 水胺硫磷 | 0.05 | 杀虫剂 | GB 23200.113、NY/T 761 |
| 29 | 特丁硫磷 | 0.01 | 杀虫剂 | NY/T 761、NY/T 1379 |
| 30 | 涕灭威 | 0.03 | 杀虫剂 | NY/T 761 |
| 31 | 氧乐果 | 0.02 | 杀虫剂 | GB 23200.113、NY/T 761、NY/T 1379 |
| 32 | 乙酰甲胺磷 | 1 | 杀虫剂 | GB 23200.113、GB/T 5009.103、GB/T 5009.145、NY/T 761 |
| 33 | 蝇毒磷 | 0.05 | 杀虫剂 | GB 23200.8、GB 23200.113 |
| 34 | 治螟磷 | 0.01 | 杀虫剂 | GB 23200.8、GB 23200.113、NY/T 761 |
| 35 | 艾氏剂 | 0.05 | 杀虫剂 | GB 23200.113、GB/T 5009.19、NY/T 761 |
| 36 | 滴滴涕 | 0.05 | 杀虫剂 | GB 23200.113、GB/T 5009.19、NY/T 761 |
| 37 | 狄氏剂 | 0.05 | 杀虫剂 | GB 23200.113、GB/T 5009.19、NY/T 761 |
| 38 | 毒杀芬 | 0.05* | 杀虫剂 | YC/T 180（参照） |
| 39 | 六六六 | 0.05 | 杀虫剂 | GB 23200.113、GB/T 5009.19、NY/T 761 |
| 40 | 氯丹 | 0.02 | 杀虫剂 | GB/T 5009.19 |

（续）

| 序号 | 农药中文名 | 最大残留限量（mg/kg） | 农药主要用途 | 检测方法 |
|---|---|---|---|---|
| 41 | 灭蚁灵 | 0.01 | 杀虫剂 | GB/T 5009.19 |
| 42 | 七氯 | 0.02 | 杀虫剂 | GB/T 5009.19、NY/T 761 |
| 43 | 异狄氏剂 | 0.05 | 杀虫剂 | GB/T 5009.19、NY/T 761 |
| 44 | 倍硫磷 | 0.05 | 杀虫剂 | GB 23200.8、GB 23200.113、GB/T 20769 |
| 45 | 甲萘威 | 1 | 杀虫剂 | GB/T 5009.145、GB/T 20769、NY/T 761 |
| 46 | 联苯菊酯 | 0.4 | 杀虫/杀螨剂 | GB/T 5009.146、NY/T 761、SN/T 1969 |
| 47 | 噻虫胺 | 0.2 | 杀虫剂 | GB/T 20769 |
| 48 | 噻虫嗪 | 5 | 杀虫剂 | GB 23200.8、GB 23200.39、GB/T 20769 |
| 49 | 杀螟硫磷 | 0.5* | 杀虫剂 | GB 23200.113、GB/T 14553、GB/T 20769、NY/T 761 |
| 50 | 辛硫磷 | 0.05 | 杀虫剂 | GB/T 5009.102、GB/T 20769 |
| 51 | 溴氰虫酰胺 | 2* | 杀虫剂 | 无指定 |
| 52 | 乙基多杀菌素 | 0.3* | 杀虫剂 | 无指定 |
| 53 | 敌百虫 | 0.2 | 杀虫剂 | GB/T 20769、NY/T 761 |
| 54 | 敌敌畏 | 0.2 | 杀虫剂 | GB 23200.8、GB 23200.113、GB/T 5009.20、NY/T 761 |
| 55 | 氯氰菊酯和高效氯氰菊酯 | 1 | 杀虫剂 | GB 23200.8、GB 23200.113、GB/T 5009.146、NY/T 761 |
| 56 | 嘧菌酯 | 5 | 杀菌剂 | GB/T 20769、NY/T 1453、SN/T 1976 |
| 57 | 吡唑醚菌酯 | 1 | 杀菌剂 | GB 23200.8 |
| 58 | 二嗪磷 | 0.05 | 杀虫剂 | GB 23200.8、GB 23200.113、GB/T 20769、GB/T 5009.107 |
| 59 | 抗蚜威 | 0.3 | 杀虫剂 | GB 23200.8、GB 23200.113、GB/T 20769、SN/T 0134 |
| 60 | 氯菊酯 | 5 | 杀虫剂 | GB 23200.8、GB 23200.113、NY/T 761 |
| 61 | 噻草酮 | 3* | 除草剂 | GB 23200.38 |
| 62 | 亚砜磷 | 0.01* | 杀虫剂 | 无指定 |

## 3.15 皱叶甘蓝

皱叶甘蓝中农药最大残留限量见表 3-15。

**表 3-15 皱叶甘蓝中农药最大残留限量**

| 序号 | 农药中文名 | 最大残留限量(mg/kg) | 农药主要用途 | 检测方法 |
|---|---|---|---|---|
| 1 | 保棉磷 | 0.5 | 杀虫剂 | NY/T 761 |
| 2 | 百草枯 | 0.05* | 除草剂 | 无指定 |
| 3 | 苯线磷 | 0.02 | 杀虫剂 | GB 23200.8、GB/T 5009.145 |
| 4 | 地虫硫磷 | 0.01 | 杀虫剂 | GB 23200.8、GB 23200.113 |
| 5 | 啶酰菌胺 | 5 | 杀菌剂 | GB 23200.68、GB/T 20769 |
| 6 | 对硫磷 | 0.01 | 杀虫剂 | GB 23200.113、GB/T 5009.145 |
| 7 | 多杀霉素 | 2 | 杀虫剂 | GB/T 20769 |
| 8 | 呋虫胺 | 2 | 杀虫剂 | GB 23200.37、GB 23200.51、GB/T 20769（参照） |
| 9 | 氟虫腈 | 0.02 | 杀虫剂 | SN/T 1982 |
| 10 | 氟酰脲 | 0.7 | 杀虫剂 | GB 23200.34（参照） |
| 11 | 甲胺磷 | 0.05 | 杀虫剂 | GB 23200.113、GB/T 5009.103、NY/T 761 |
| 12 | 甲拌磷 | 0.01 | 杀虫剂 | GB 23200.113 |
| 13 | 甲基对硫磷 | 0.02 | 杀虫剂 | GB 23200.113、NY/T 761 |
| 14 | 甲基硫环磷 | 0.03* | 杀虫剂 | NY/T 761 |
| 15 | 甲基异柳磷 | 0.01* | 杀虫剂 | GB 23200.113、GB/T 5009.144 |
| 16 | 久效磷 | 0.03 | 杀虫剂 | GB 23200.113、NY/T 761 |
| 17 | 克百威 | 0.02 | 杀虫剂 | NY/T 761 |
| 18 | 磷胺 | 0.05 | 杀虫剂 | GB 23200.113、NY/T 761 |
| 19 | 硫环磷 | 0.03 | 杀虫剂 | GB 23200.113、NY/T 761 |
| 20 | 硫线磷 | 0.02 | 杀虫剂 | GB/T 20769 |
| 21 | 氯虫苯甲酰胺 | 2* | 杀虫剂 | 无指定 |
| 22 | 氯唑磷 | 0.01 | 杀虫剂 | GB 23200.113、GB/T 20769 |
| 23 | 灭多威 | 0.2 | 杀虫剂 | NY/T 761 |
| 24 | 灭线磷 | 0.02 | 杀线虫剂 | NY/T 761 |
| 25 | 内吸磷 | 0.02 | 杀虫/杀螨剂 | GB/T 20769 |

（续）

| 序号 | 农药中文名 | 最大残留限量（mg/kg） | 农药主要用途 | 检测方法 |
|---|---|---|---|---|
| 26 | 杀虫脒 | 0.01 | 杀虫剂 | GB/T 20769 |
| 27 | 杀扑磷 | 0.05 | 杀虫剂 | GB 23200.113、NY/T 761 |
| 28 | 水胺硫磷 | 0.05 | 杀虫剂 | GB 23200.113、NY/T 761 |
| 29 | 特丁硫磷 | 0.01 | 杀虫剂 | NY/T 761、NY/T 1379 |
| 30 | 涕灭威 | 0.03 | 杀虫剂 | NY/T 761 |
| 31 | 氧乐果 | 0.02 | 杀虫剂 | GB 23200.113、NY/T 761、NY/T 1379 |
| 32 | 乙酰甲胺磷 | 1 | 杀虫剂 | GB 23200.113、GB/T 5009.103、GB/T 5009.145、NY/T 761 |
| 33 | 蝇毒磷 | 0.05 | 杀虫剂 | GB 23200.8、GB 23200.113 |
| 34 | 治螟磷 | 0.01 | 杀虫剂 | GB 23200.8、GB 23200.113、NY/T 761 |
| 35 | 艾氏剂 | 0.05 | 杀虫剂 | GB 23200.113、GB/T 5009.19、NY/T 761 |
| 36 | 滴滴涕 | 0.05 | 杀虫剂 | GB 23200.113、GB/T 5009.19、NY/T 761 |
| 37 | 狄氏剂 | 0.05 | 杀虫剂 | GB 23200.113、GB/T 5009.19、NY/T 761 |
| 38 | 毒杀芬 | 0.05* | 杀虫剂 | YC/T 180（参照） |
| 39 | 六六六 | 0.05 | 杀虫剂 | GB 23200.113、GB/T 5009.19、NY/T 761 |
| 40 | 氯丹 | 0.02 | 杀虫剂 | GB/T 5009.19 |
| 41 | 灭蚁灵 | 0.01 | 杀虫剂 | GB/T 5009.19 |
| 42 | 七氯 | 0.02 | 杀虫剂 | GB/T 5009.19、NY/T 761 |
| 43 | 异狄氏剂 | 0.05 | 杀虫剂 | GB/T 5009.19、NY/T 761 |
| 44 | 倍硫磷 | 0.05 | 杀虫剂 | GB 23200.8、GB 23200.113、GB/T 20769 |
| 45 | 甲萘威 | 1 | 杀虫剂 | GB/T 5009.145、GB/T 20769、NY/T 761 |
| 46 | 联苯菊酯 | 0.4 | 杀虫/杀螨剂 | GB/T 5009.146、NY/T 761、SN/T 1969 |
| 47 | 噻虫胺 | 0.2 | 杀虫剂 | GB/T 20769 |

（续）

| 序号 | 农药中文名 | 最大残留限量（mg/kg） | 农药主要用途 | 检测方法 |
|---|---|---|---|---|
| 48 | 噻虫嗪 | 5 | 杀虫剂 | GB 23200.8、GB 23200.39、GB/T 20769 |
| 49 | 杀螟硫磷 | 0.5* | 杀虫剂 | GB 23200.113、GB/T 14553、GB/T 20769、NY/T 761 |
| 50 | 辛硫磷 | 0.05 | 杀虫剂 | GB/T 5009.102、GB/T 20769 |
| 51 | 溴氰虫酰胺 | 2* | 杀虫剂 | 无指定 |
| 52 | 乙基多杀菌素 | 0.3* | 杀虫剂 | 无指定 |
| 53 | 敌百虫 | 0.2 | 杀虫剂 | GB/T 20769、NY/T 761 |
| 54 | 敌敌畏 | 0.2 | 杀虫剂 | GB 23200.8、GB 23200.113、GB/T 5009.20、NY/T 761 |
| 55 | 抗蚜威 | 0.5 | 杀虫剂 | GB 23200.8、GB 23200.113、GB/T 20769、SN/T 0134 |
| 56 | 氯菊酯 | 1 | 杀虫剂 | GB 23200.8、GB 23200.113、NY/T 761 |
| 57 | 氯氰菊酯和高效氯氰菊酯 | 1 | 杀虫剂 | GB 23200.8、GB 23200.113、GB/T 5009.146、NY/T 761 |
| 58 | 嘧菌酯 | 5 | 杀菌剂 | GB/T 20769、NY/T 1453、SN/T 1976 |
| 59 | 噻草酮 | 9* | 除草剂 | GB 23200.38（参照） |
| 60 | 乐果 | 0.05* | 杀虫剂 | GB 23200.113、GB/T 5009.145、GB/T 20769、NY/T 761 |

## 3.16 其他甘蓝

其他甘蓝中农药最大残留限量见表 3-16。

**表 3-16 其他甘蓝中农药最大残留限量**

| 序号 | 农药中文名 | 最大残留限量（mg/kg） | 农药主要用途 | 检测方法 |
|---|---|---|---|---|
| 1 | 保棉磷 | 0.5 | 杀虫剂 | NY/T 761 |
| 2 | 百草枯 | 0.05* | 除草剂 | 无指定 |
| 3 | 苯线磷 | 0.02 | 杀虫剂 | GB 23200.8、GB/T 5009.145 |
| 4 | 地虫硫磷 | 0.01 | 杀虫剂 | GB 23200.8、GB 23200.113 |

（续）

| 序号 | 农药中文名 | 最大残留限量（mg/kg） | 农药主要用途 | 检测方法 |
|---|---|---|---|---|
| 5 | 啶酰菌胺 | 5 | 杀菌剂 | GB 23200.68、GB/T 20769 |
| 6 | 对硫磷 | 0.01 | 杀虫剂 | GB 23200.113、GB/T 5009.145 |
| 7 | 多杀霉素 | 2 | 杀虫剂 | GB/T 20769 |
| 8 | 呋虫胺 | 2 | 杀虫剂 | GB 23200.37、GB 23200.51、GB/T 20769（参照） |
| 9 | 氟虫腈 | 0.02 | 杀虫剂 | SN/T 1982 |
| 10 | 氟酰脲 | 0.7 | 杀虫剂 | GB 23200.34（参照） |
| 11 | 甲胺磷 | 0.05 | 杀虫剂 | GB 23200.113、GB/T 5009.103、NY/T 761 |
| 12 | 甲拌磷 | 0.01 | 杀虫剂 | GB 23200.113 |
| 13 | 甲基对硫磷 | 0.02 | 杀虫剂 | GB 23200.113、NY/T 761 |
| 14 | 甲基硫环磷 | 0.03* | 杀虫剂 | NY/T 761 |
| 15 | 甲基异柳磷 | 0.01* | 杀虫剂 | GB 23200.113、GB/T 5009.144 |
| 16 | 久效磷 | 0.03 | 杀虫剂 | GB 23200.113、NY/T 761 |
| 17 | 克百威 | 0.02 | 杀虫剂 | NY/T 761 |
| 18 | 磷胺 | 0.05 | 杀虫剂 | GB 23200.113、NY/T 761 |
| 19 | 硫环磷 | 0.03 | 杀虫剂 | GB 23200.113、NY/T 761 |
| 20 | 硫线磷 | 0.02 | 杀虫剂 | GB/T 20769 |
| 21 | 氯虫苯甲酰胺 | 2* | 杀虫剂 | 无指定 |
| 22 | 氯唑磷 | 0.01 | 杀虫剂 | GB 23200.113、GB/T 20769 |
| 23 | 灭多威 | 0.2 | 杀虫剂 | NY/T 761 |
| 24 | 灭线磷 | 0.02 | 杀线虫剂 | NY/T 761 |
| 25 | 内吸磷 | 0.02 | 杀虫/杀螨剂 | GB/T 20769 |
| 26 | 杀虫脒 | 0.01 | 杀虫剂 | GB/T 20769 |
| 27 | 杀扑磷 | 0.05 | 杀虫剂 | GB 23200.113、NY/T 761 |
| 28 | 水胺硫磷 | 0.05 | 杀虫剂 | GB 23200.113、NY/T 761 |
| 29 | 特丁硫磷 | 0.01 | 杀虫剂 | NY/T 761、NY/T 1379 |
| 30 | 涕灭威 | 0.03 | 杀虫剂 | NY/T 761 |
| 31 | 氧乐果 | 0.02 | 杀虫剂 | GB 23200.113、NY/T 761、NY/T 1379 |
| 32 | 乙酰甲胺磷 | 1 | 杀虫剂 | GB 23200.113、GB/T 5009.103、GB/T 5009.145、NY/T 761 |

（续）

| 序号 | 农药中文名 | 最大残留限量（mg/kg） | 农药主要用途 | 检测方法 |
| --- | --- | --- | --- | --- |
| 33 | 蝇毒磷 | 0.05 | 杀虫剂 | GB 23200.8、GB 23200.113 |
| 34 | 治螟磷 | 0.01 | 杀虫剂 | GB 23200.8、GB 23200.113、NY/T 761 |
| 35 | 艾氏剂 | 0.05 | 杀虫剂 | GB 23200.113、GB/T 5009.19、NY/T 761 |
| 36 | 滴滴涕 | 0.05 | 杀虫剂 | GB 23200.113、GB/T 5009.19、NY/T 761 |
| 37 | 狄氏剂 | 0.05 | 杀虫剂 | GB 23200.113、GB/T 5009.19、NY/T 761 |
| 38 | 毒杀芬 | 0.05* | 杀虫剂 | YC/T 180（参照） |
| 39 | 六六六 | 0.05 | 杀虫剂 | GB 23200.113、GB/T 5009.19、NY/T 761 |
| 40 | 氯丹 | 0.02 | 杀虫剂 | GB/T 5009.19 |
| 41 | 灭蚁灵 | 0.01 | 杀虫剂 | GB/T 5009.19 |
| 42 | 七氯 | 0.02 | 杀虫剂 | GB/T 5009.19、NY/T 761 |
| 43 | 异狄氏剂 | 0.05 | 杀虫剂 | GB/T 5009.19、NY/T 761 |
| 44 | 倍硫磷 | 0.05 | 杀虫剂 | GB 23200.8、GB 23200.113、GB/T 20769 |
| 45 | 甲萘威 | 1 | 杀虫剂 | GB/T 5009.145、GB/T 20769、NY/T 761 |
| 46 | 联苯菊酯 | 0.4 | 杀虫/杀螨剂 | GB/T 5009.146、NY/T 761、SN/T 1969 |
| 47 | 噻虫胺 | 0.2 | 杀虫剂 | GB/T 20769 |
| 48 | 噻虫嗪 | 5 | 杀虫剂 | GB 23200.8、GB 23200.39、GB/T 20769 |
| 49 | 杀螟硫磷 | 0.5* | 杀虫剂 | GB 23200.113、GB/T 14553、GB/T 20769、NY/T 761 |
| 50 | 辛硫磷 | 0.05 | 杀虫剂 | GB/T 5009.102、GB/T 20769 |
| 51 | 溴氰虫酰胺 | 2* | 杀虫剂 | 无指定 |
| 52 | 乙基多杀菌素 | 0.3* | 杀虫剂 | 无指定 |
| 53 | 敌百虫 | 0.2 | 杀虫剂 | GB/T 20769、NY/T 761 |
| 54 | 敌敌畏 | 0.2 | 杀虫剂 | GB 23200.8、GB 23200.113、GB/T 5009.20、NY/T 761 |

（续）

| 序号 | 农药中文名 | 最大残留限量（mg/kg） | 农药主要用途 | 检测方法 |
|---|---|---|---|---|
| 55 | 抗蚜威 | 0.5 | 杀虫剂 | GB 23200.8、GB 23200.113、GB/T 20769、SN/T 0134 |
| 56 | 氯菊酯 | 1 | 杀虫剂 | GB 23200.8、GB 23200.113、NY/T 761 |
| 57 | 氯氰菊酯和高效氯氰菊酯 | 1 | 杀虫剂 | GB 23200.8、GB 23200.113、GB/T 5009.146、NY/T 761 |
| 58 | 嘧菌酯 | 5 | 杀菌剂 | GB/T 20769、NY/T 1453、SN/T 1976 |
| 59 | 噻草酮 | 9* | 除草剂 | GB 23200.38（参照） |

## 3.17　花椰菜

花椰菜中农药最大残留限量见表3-17。

**表3-17　花椰菜中农药最大残留限量**

| 序号 | 农药中文名 | 最大残留限量（mg/kg） | 农药主要用途 | 检测方法 |
|---|---|---|---|---|
| 1 | 百草枯 | 0.05* | 除草剂 | 无指定 |
| 2 | 苯线磷 | 0.02 | 杀虫剂 | GB 23200.8、GB/T 5009.145 |
| 3 | 地虫硫磷 | 0.01 | 杀虫剂 | GB 23200.8、GB 23200.113 |
| 4 | 啶酰菌胺 | 5 | 杀菌剂 | GB 23200.68、GB/T 20769 |
| 5 | 对硫磷 | 0.01 | 杀虫剂 | GB 23200.113、GB/T 5009.145 |
| 6 | 多杀霉素 | 2 | 杀虫剂 | GB/T 20769 |
| 7 | 呋虫胺 | 2 | 杀虫剂 | GB 23200.37、GB 23200.51、GB/T 20769（参照） |
| 8 | 氟虫腈 | 0.02 | 杀虫剂 | SN/T 1982 |
| 9 | 氟酰脲 | 0.7 | 杀虫剂 | GB 23200.34（参照） |
| 10 | 甲胺磷 | 0.05 | 杀虫剂 | GB 23200.113、GB/T 5009.103、NY/T 761 |
| 11 | 甲拌磷 | 0.01 | 杀虫剂 | GB 23200.113 |
| 12 | 甲基对硫磷 | 0.02 | 杀虫剂 | GB 23200.113、NY/T 761 |
| 13 | 甲基硫环磷 | 0.03* | 杀虫剂 | NY/T 761 |
| 14 | 甲基异柳磷 | 0.01* | 杀虫剂 | GB 23200.113、GB/T 5009.144 |

（续）

| 序号 | 农药中文名 | 最大残留限量（mg/kg） | 农药主要用途 | 检测方法 |
|---|---|---|---|---|
| 15 | 久效磷 | 0.03 | 杀虫剂 | GB 23200.113、NY/T 761 |
| 16 | 克百威 | 0.02 | 杀虫剂 | NY/T 761 |
| 17 | 磷胺 | 0.05 | 杀虫剂 | GB 23200.113、NY/T 761 |
| 18 | 硫环磷 | 0.03 | 杀虫剂 | GB 23200.113、NY/T 761 |
| 19 | 硫线磷 | 0.02 | 杀虫剂 | GB/T 20769 |
| 20 | 氯虫苯甲酰胺 | 2* | 杀虫剂 | 无指定 |
| 21 | 氯唑磷 | 0.01 | 杀虫剂 | GB 23200.113、GB/T 20769 |
| 22 | 灭多威 | 0.2 | 杀虫剂 | NY/T 761 |
| 23 | 灭线磷 | 0.02 | 杀线虫剂 | NY/T 761 |
| 24 | 内吸磷 | 0.02 | 杀虫/杀螨剂 | GB/T 20769 |
| 25 | 杀虫脒 | 0.01 | 杀虫剂 | GB/T 20769 |
| 26 | 杀扑磷 | 0.05 | 杀虫剂 | GB 23200.113、NY/T 761 |
| 27 | 水胺硫磷 | 0.05 | 杀虫剂 | GB 23200.113、NY/T 761 |
| 28 | 特丁硫磷 | 0.01 | 杀虫剂 | NY/T 761、NY/T 1379 |
| 29 | 涕灭威 | 0.03 | 杀虫剂 | NY/T 761 |
| 30 | 氧乐果 | 0.02 | 杀虫剂 | GB 23200.113、NY/T 761、NY/T 1379 |
| 31 | 乙酰甲胺磷 | 1 | 杀虫剂 | GB 23200.113、GB/T 5009.103、GB/T 5009.145、NY/T 761 |
| 32 | 蝇毒磷 | 0.05 | 杀虫剂 | GB 23200.8、GB 23200.113 |
| 33 | 治螟磷 | 0.01 | 杀虫剂 | GB 23200.8、GB 23200.113、NY/T 761 |
| 34 | 艾氏剂 | 0.05 | 杀虫剂 | GB 23200.113、GB/T 5009.19、NY/T 761 |
| 35 | 滴滴涕 | 0.05 | 杀虫剂 | GB 23200.113、GB/T 5009.19、NY/T 761 |
| 36 | 狄氏剂 | 0.05 | 杀虫剂 | GB 23200.113、GB/T 5009.19、NY/T 761 |
| 37 | 毒杀芬 | 0.05* | 杀虫剂 | YC/T 180（参照） |
| 38 | 六六六 | 0.05 | 杀虫剂 | GB 23200.113、GB/T 5009.19、NY/T 761 |
| 39 | 氯丹 | 0.02 | 杀虫剂 | GB/T 5009.19 |

（续）

| 序号 | 农药中文名 | 最大残留限量（mg/kg） | 农药主要用途 | 检测方法 |
| --- | --- | --- | --- | --- |
| 40 | 灭蚁灵 | 0.01 | 杀虫剂 | GB/T 5009.19 |
| 41 | 七氯 | 0.02 | 杀虫剂 | GB/T 5009.19、NY/T 761 |
| 42 | 异狄氏剂 | 0.05 | 杀虫剂 | GB/T 5009.19、NY/T 761 |
| 43 | 倍硫磷 | 0.05 | 杀虫剂 | GB 23200.8、GB 23200.113、GB/T 20769 |
| 44 | 甲萘威 | 1 | 杀虫剂 | GB/T 5009.145、GB/T 20769、NY/T 761 |
| 45 | 联苯菊酯 | 0.4 | 杀虫/杀螨剂 | GB/T 5009.146、NY/T 761、SN/T 1969 |
| 46 | 噻虫胺 | 0.2 | 杀虫剂 | GB/T 20769 |
| 47 | 噻虫嗪 | 5 | 杀虫剂 | GB 23200.8、GB 23200.39、GB/T 20769 |
| 48 | 杀螟硫磷 | 0.5* | 杀虫剂 | GB 23200.113、GB/T 14553、GB/T 20769、NY/T 761 |
| 49 | 辛硫磷 | 0.05 | 杀虫剂 | GB/T 5009.102、GB/T 20769 |
| 50 | 溴氰虫酰胺 | 2* | 杀虫剂 | 无指定 |
| 51 | 乙基多杀菌素 | 0.3* | 杀虫剂 | 无指定 |
| 52 | 氯氰菊酯和高效氯氰菊酯 | 1 | 杀虫剂 | GB 23200.8、GB 23200.113、GB/T 5009.146、NY/T 761 |
| 53 | 噻草酮 | 9* | 除草剂 | GB 23200.38（参照） |
| 54 | 百菌清 | 5 | 杀菌剂 | GB/T5009.105、NY/T 761、SN/T 2320 |
| 55 | 吡噻菌胺 | 5* | 杀菌剂 | 无指定 |
| 56 | 吡唑醚菌酯 | 0.1 | 杀菌剂 | GB 23200.8 |
| 57 | 氟吡菌胺 | 2* | 杀菌剂 | 无指定 |
| 58 | 氯氟氰菊酯和高效氯氟氰菊酯 | 0.5 | 杀虫剂 | GB 23200.8、GB 23200.113、GB/T 5009.146、NY/T 761 |
| 59 | 阿维菌素 | 0.5 | 杀虫剂 | GB 23200.19、GB 23200.20、NY/T 1379 |
| 60 | 保棉磷 | 1 | 杀虫剂 | NY/T 761 |
| 61 | 苯醚甲环唑 | 0.2 | 杀菌剂 | GB 23200.8、GB 23200.49、GB 23200.113、GB/T 5009.218 |
| 62 | 吡虫啉 | 1 | 杀虫剂 | GB/T 20769、GB/T 23379 |

（续）

| 序号 | 农药中文名 | 最大残留限量（mg/kg） | 农药主要用途 | 检测方法 |
|---|---|---|---|---|
| 63 | 丙溴磷 | 2 | 杀虫剂 | GB 23200.8、GB 23200.113、NY/T 761、SN/T 2234 |
| 64 | 虫酰肼 | 10 | 杀虫剂 | GB/T 20769 |
| 65 | 除虫菊素 | 1 | 杀虫剂 | GB/T 20769 |
| 66 | 除虫脲 | 1 | 杀虫剂 | GB/T 5009.147、NY/T 1720 |
| 67 | 代森锰锌 | 2 | 杀菌剂 | SN 0157、SN/T 1541（参照） |
| 68 | 敌百虫 | 0.1 | 杀虫剂 | GB/T 20769、NY/T 761 |
| 69 | 敌敌畏 | 0.1 | 杀虫剂 | GB 23200.8、GB 23200.113、GB/T 5009.20、NY/T 761 |
| 70 | 啶虫脒 | 0.5 | 杀虫剂 | GB/T 20769、GB/T 23584 |
| 71 | 毒死蜱 | 1 | 杀虫剂 | GB 23200.8、GB 23200.113、NY/T 761、SN/T 2158 |
| 72 | 二嗪磷 | 1 | 杀虫剂 | GB 23200.8、GB 23200.113、GB/T 20769、GB/T 5009.107 |
| 73 | 氟胺氰菊酯 | 0.5 | 杀虫剂 | GB 23200.113、NY/T 761 |
| 74 | 氟吡菌酰胺 | 0.09* | 杀菌剂 | 无指定 |
| 75 | 氟啶虫胺腈 | 0.04* | 杀虫剂 | 无指定 |
| 76 | 氟啶脲 | 2 | 杀虫剂 | GB 23200.8、GB/T 20769、SN/T 2095 |
| 77 | 氟氯氰菊酯和高效氟氯氰菊酯 | 0.1 | 杀虫剂 | GB 23200.8、GB 23200.113、GB/T 5009.146、NY/T 761 |
| 78 | 氟氰戊菊酯 | 0.5 | 杀虫剂 | GB 23200.113、NY/T 761 |
| 79 | 甲氨基阿维菌素苯甲酸盐 | 0.05 | 杀虫剂 | GB/T 20769 |
| 80 | 甲硫威 | 0.1 | 杀软体动物剂 | SN/T 2560（参照） |
| 81 | 甲氰菊酯 | 1 | 杀虫剂 | GB 23200.8、GB 23200.113、NY/T 761、SN/T 2233 |
| 82 | 甲霜灵和精甲霜灵 | 2 | 杀菌剂 | GB 23200.8、GB/T 20769 |
| 83 | 精噁唑禾草灵 | 0.1 | 除草剂 | NY/T 1379 |
| 84 | 抗蚜威 | 1 | 杀虫剂 | GB 23200.8、GB 23200.113、GB/T 20769、SN/T 0134 |
| 85 | 乐果 | 1* | 杀虫剂 | GB 23200.113、GB/T 5009.145、GB/T 20769、NY/T 761 |

（续）

| 序号 | 农药中文名 | 最大残留限量（mg/kg） | 农药主要用途 | 检测方法 |
|---|---|---|---|---|
| 86 | 螺虫乙酯 | 1 | 杀虫剂 | SN/T 4891 |
| 87 | 氯菊酯 | 0.5 | 杀虫剂 | GB 23200.8、GB 23200.113、NY/T 761 |
| 88 | 马拉硫磷 | 0.5 | 杀虫剂 | GB 23200.8、GB 23200.113、GB/T 20769、NY/T 761 |
| 89 | 咪唑菌酮 | 4 | 杀菌剂 | GB 23200.8、GB 23200.113 |
| 90 | 嘧菌酯 | 1 | 杀菌剂 | GB/T 20769、NY/T 1453、SN/T 1976 |
| 91 | 灭幼脲 | 3 | 杀虫剂 | GB/T 5009.135、GB/T 20769 |
| 92 | 氰戊菊酯和S-氰戊菊酯 | 0.5 | 杀虫剂 | GB 23200.8、GB 23200.113、NY/T 761 |
| 93 | 霜霉威和霜霉威盐酸盐 | 0.2 | 杀菌剂 | GB/T 20769、NY/T 1379 |
| 94 | 五氯硝基苯 | 0.05 | 杀菌剂 | GB 23200.113、GB/T 5009.19、GB/T 5009.136 |
| 95 | 戊唑醇 | 0.05 | 杀菌剂 | GB 23200.8、GB 23200.113、GB/T 20769 |
| 96 | 溴氰菊酯 | 0.5 | 杀虫剂 | GB 23200.8、GB 23200.113、NY/T 761、SN/T 0217 |
| 97 | 亚砜磷 | 0.01* | 杀虫剂 | 无指定 |
| 98 | 茚虫威 | 1 | 杀虫剂 | GB/T 20769 |

## 3.18　青花菜

青花菜中农药最大残留限量见表 3-18。

**表 3-18　青花菜中农药最大残留限量**

| 序号 | 农药中文名 | 最大残留限量（mg/kg） | 农药主要用途 | 检测方法 |
|---|---|---|---|---|
| 1 | 百草枯 | 0.05* | 除草剂 | 无指定 |
| 2 | 苯线磷 | 0.02 | 杀虫剂 | GB 23200.8、GB/T 5009.145 |
| 3 | 地虫硫磷 | 0.01 | 杀虫剂 | GB 23200.8、GB 23200.113 |
| 4 | 啶酰菌胺 | 5 | 杀菌剂 | GB 23200.68、GB/T 20769 |
| 5 | 对硫磷 | 0.01 | 杀虫剂 | GB 23200.113、GB/T 5009.145 |

（续）

| 序号 | 农药中文名 | 最大残留限量（mg/kg） | 农药主要用途 | 检测方法 |
|---|---|---|---|---|
| 6 | 多杀霉素 | 2 | 杀虫剂 | GB/T 20769 |
| 7 | 呋虫胺 | 2 | 杀虫剂 | GB 23200.37、GB 23200.51、GB/T 20769（参照） |
| 8 | 氟虫腈 | 0.02 | 杀虫剂 | SN/T 1982 |
| 9 | 氟酰脲 | 0.7 | 杀虫剂 | GB 23200.34（参照） |
| 10 | 甲胺磷 | 0.05 | 杀虫剂 | GB 23200.113、GB/T 5009.103、NY/T 761 |
| 11 | 甲拌磷 | 0.01 | 杀虫剂 | GB 23200.113 |
| 12 | 甲基对硫磷 | 0.02 | 杀虫剂 | GB 23200.113、NY/T 761 |
| 13 | 甲基硫环磷 | 0.03* | 杀虫剂 | NY/T 761 |
| 14 | 甲基异柳磷 | 0.01* | 杀虫剂 | GB 23200.113、GB/T 5009.144 |
| 15 | 久效磷 | 0.03 | 杀虫剂 | GB 23200.113、NY/T 761 |
| 16 | 克百威 | 0.02 | 杀虫剂 | NY/T 761 |
| 17 | 磷胺 | 0.05 | 杀虫剂 | GB 23200.113、NY/T 761 |
| 18 | 硫环磷 | 0.03 | 杀虫剂 | GB 23200.113、NY/T 761 |
| 19 | 硫线磷 | 0.02 | 杀虫剂 | GB/T 20769 |
| 20 | 氯虫苯甲酰胺 | 2* | 杀虫剂 | 无指定 |
| 21 | 氯唑磷 | 0.01 | 杀虫剂 | GB 23200.113、GB/T 20769 |
| 22 | 灭多威 | 0.2 | 杀虫剂 | NY/T 761 |
| 23 | 灭线磷 | 0.02 | 杀线虫剂 | NY/T 761 |
| 24 | 内吸磷 | 0.02 | 杀虫/杀螨剂 | GB/T 20769 |
| 25 | 杀虫脒 | 0.01 | 杀虫剂 | GB/T 20769 |
| 26 | 杀扑磷 | 0.05 | 杀虫剂 | GB 23200.113、NY/T 761 |
| 27 | 水胺硫磷 | 0.05 | 杀虫剂 | GB 23200.113、NY/T 761 |
| 28 | 特丁硫磷 | 0.01 | 杀虫剂 | NY/T 761、NY/T 1379 |
| 29 | 涕灭威 | 0.03 | 杀虫剂 | NY/T 761 |
| 30 | 氧乐果 | 0.02 | 杀虫剂 | GB 23200.113、NY/T 761、NY/T 1379 |
| 31 | 乙酰甲胺磷 | 1 | 杀虫剂 | GB 23200.113、GB/T 5009.103、GB/T 5009.145、NY/T 761 |
| 32 | 蝇毒磷 | 0.05 | 杀虫剂 | GB 23200.8、GB 23200.113 |

（续）

| 序号 | 农药中文名 | 最大残留限量（mg/kg） | 农药主要用途 | 检测方法 |
| --- | --- | --- | --- | --- |
| 33 | 治螟磷 | 0.01 | 杀虫剂 | GB 23200.8、GB 23200.113、NY/T 761 |
| 34 | 艾氏剂 | 0.05 | 杀虫剂 | GB 23200.113、GB/T 5009.19、NY/T 761 |
| 35 | 滴滴涕 | 0.05 | 杀虫剂 | GB 23200.113、GB/T 5009.19、NY/T 761 |
| 36 | 狄氏剂 | 0.05 | 杀虫剂 | GB 23200.113、GB/T 5009.19、NY/T 761 |
| 37 | 毒杀芬 | 0.05* | 杀虫剂 | YC/T 180（参照） |
| 38 | 六六六 | 0.05 | 杀虫剂 | GB 23200.113、GB/T 5009.19、NY/T 761 |
| 39 | 氯丹 | 0.02 | 杀虫剂 | GB/T 5009.19 |
| 40 | 灭蚁灵 | 0.01 | 杀虫剂 | GB/T 5009.19 |
| 41 | 七氯 | 0.02 | 杀虫剂 | GB/T 5009.19、NY/T 761 |
| 42 | 异狄氏剂 | 0.05 | 杀虫剂 | GB/T 5009.19、NY/T 761 |
| 43 | 倍硫磷 | 0.05 | 杀虫剂 | GB 23200.8、GB 23200.113、GB/T 20769 |
| 44 | 甲萘威 | 1 | 杀虫剂 | GB/T 5009.145、GB/T 20769、NY/T 761 |
| 45 | 联苯菊酯 | 0.4 | 杀虫/杀螨剂 | GB/T 5009.146、NY/T 761、SN/T 1969 |
| 46 | 噻虫胺 | 0.2 | 杀虫剂 | GB/T 20769 |
| 47 | 噻虫嗪 | 5 | 杀虫剂 | GB 23200.8、GB 23200.39、GB/T 20769 |
| 48 | 杀螟硫磷 | 0.5* | 杀虫剂 | GB 23200.113、GB/T 14553、GB/T 20769、NY/T 761 |
| 49 | 辛硫磷 | 0.05 | 杀虫剂 | GB/T 5009.102、GB/T 20769 |
| 50 | 溴氰虫酰胺 | 2* | 杀虫剂 | 无指定 |
| 51 | 乙基多杀菌素 | 0.3* | 杀虫剂 | 无指定 |
| 52 | 抗蚜威 | 0.5 | 杀虫剂 | GB 23200.8、GB 23200.113、GB/T 20769、SN/T 0134 |
| 53 | 氯氰菊酯和高效氯氰菊酯 | 1 | 杀虫剂 | GB 23200.8、GB 23200.113、GB/T 5009.146、NY/T 761 |

（续）

| 序号 | 农药中文名 | 最大残留限量（mg/kg） | 农药主要用途 | 检测方法 |
|---|---|---|---|---|
| 54 | 嘧菌酯 | 5 | 杀菌剂 | GB/T 20769、NY/T 1453、SN/T 1976 |
| 55 | 噻草酮 | 9* | 除草剂 | GB 23200.38（参照） |
| 56 | 百菌清 | 5 | 杀菌剂 | GB/T5009.105、NY/T 761、SN/T 2320 |
| 57 | 吡噻菌胺 | 5* | 杀菌剂 | 无指定 |
| 58 | 吡唑醚菌酯 | 0.1 | 杀菌剂 | GB 23200.8 |
| 59 | 氟吡菌胺 | 2* | 杀菌剂 | 无指定 |
| 60 | 阿维菌素 | 0.05 | 杀虫剂 | GB 23200.19、GB 23200.20、NY/T 1379 |
| 61 | 保棉磷 | 1 | 杀虫剂 | NY/T 761 |
| 62 | 苯醚甲环唑 | 0.5 | 杀菌剂 | GB 23200.8、GB 23200.49、GB 23200.113、GB/T 5009.218 |
| 63 | 吡虫啉 | 1 | 杀虫剂 | GB/T 20769、GB/T 23379 |
| 64 | 虫酰肼 | 0.5 | 杀虫剂 | GB/T 20769 |
| 65 | 除虫菊素 | 1 | 杀虫剂 | GB/T 20769 |
| 66 | 除虫脲 | 3 | 杀虫剂 | GB/T 5009.147、NY/T 1720 |
| 67 | 敌百虫 | 0.5 | 杀虫剂 | GB/T 20769、NY/T 761 |
| 68 | 敌敌畏 | 0.1 | 杀虫剂 | GB 23200.8、GB 23200.113、GB/T 5009.20、NY/T 761 |
| 69 | 啶虫脒 | 0.1 | 杀虫剂 | GB/T 20769、GB/T 23584 |
| 70 | 二嗪磷 | 0.5 | 杀虫剂 | GB 23200.8、GB 23200.113、GB/T 20769、GB/T 5009.107 |
| 71 | 氟吡菌酰胺 | 0.3* | 杀菌剂 | 无指定 |
| 72 | 氟啶虫胺腈 | 3* | 杀虫剂 | 无指定 |
| 73 | 氟啶脲 | 7 | 杀虫剂 | GB 23200.8、GB/T 20769、SN/T 2095 |
| 74 | 氟氯氰菊酯和高效氟氯氰菊酯 | 2 | 杀虫剂 | GB 23200.8、GB 23200.113、GB/T 5009.146、NY/T 761 |

（续）

| 序号 | 农药中文名 | 最大残留限量（mg/kg） | 农药主要用途 | 检测方法 |
|---|---|---|---|---|
| 75 | 咯菌腈 | 0.7 | 杀菌剂 | GB 23200.8、GB 23200.113、GB/T 20769 |
| 76 | 甲氨基阿维菌素苯甲酸盐 | 0.2 | 杀虫剂 | GB/T 20769 |
| 77 | 甲氰菊酯 | 5 | 杀虫剂 | GB 23200.8、GB 23200.113、NY/T 761、SN/T 2233 |
| 78 | 甲霜灵和精甲霜灵 | 0.5 | 杀菌剂 | GB 23200.8、GB/T 20769 |
| 79 | 甲氧虫酰肼 | 3 | 杀虫剂 | GB/T 20769 |
| 80 | 精噁唑禾草灵 | 0.1 | 除草剂 | NY/T 1379 |
| 81 | 氯氟氰菊酯和高效氯氟氰菊酯 | 2 | 杀虫剂 | GB 23200.8、GB 23200.113、GB/T 5009.146、NY/T 761 |
| 82 | 氯菊酯 | 2 | 杀虫剂 | GB 23200.8、GB 23200.113、NY/T 761 |
| 83 | 马拉硫磷 | 1 | 杀虫剂 | GB 23200.8、GB 23200.113、GB/T 20769、NY/T 761 |
| 84 | 嘧菌环胺 | 2 | 杀菌剂 | GB 23200.8、GB 23200.113、GB/T 20769、NY/T 1379 |
| 85 | 灭蝇胺 | 1 | 杀虫剂 | NY/T 1725 |
| 86 | 灭幼脲 | 15 | 杀虫剂 | GB/T 5009.135、GB/T 20769 |
| 87 | 氰戊菊酯和S-氰戊菊酯 | 5 | 杀虫剂 | GB 23200.8、GB 23200.113、NY/T 761 |
| 88 | 双炔酰菌胺 | 2* | 杀菌剂 | 无指定 |
| 89 | 霜霉威和霜霉威盐酸盐 | 3 | 杀菌剂 | GB/T 20769、NY/T 1379 |
| 90 | 戊唑醇 | 0.2 | 杀菌剂 | GB 23200.8、GB 23200.113、GB/T 20769 |
| 91 | 烯酰吗啉 | 1 | 杀菌剂 | GB/T 20769 |
| 92 | 溴氰菊酯 | 0.5 | 杀虫剂 | GB 23200.8、GB 23200.113、NY/T 761、SN/T 0217 |
| 93 | 茚虫威 | 0.5 | 杀虫剂 | GB/T 20769 |

## 3.19 芥蓝

芥蓝中农药最大残留限量见表3-19。

表3-19 芥蓝中农药最大残留限量

| 序号 | 农药中文名 | 最大残留限量(mg/kg) | 农药主要用途 | 检测方法 |
|---|---|---|---|---|
| 1 | 保棉磷 | 0.5 | 杀虫剂 | NY/T 761 |
| 2 | 百草枯 | 0.05* | 除草剂 | 无指定 |
| 3 | 苯线磷 | 0.02 | 杀虫剂 | GB 23200.8、GB/T 5009.145 |
| 4 | 地虫硫磷 | 0.01 | 杀虫剂 | GB 23200.8、GB 23200.113 |
| 5 | 啶酰菌胺 | 5 | 杀菌剂 | GB 23200.68、GB/T 20769 |
| 6 | 对硫磷 | 0.01 | 杀虫剂 | GB 23200.113、GB/T 5009.145 |
| 7 | 多杀霉素 | 2 | 杀虫剂 | GB/T 20769 |
| 8 | 呋虫胺 | 2 | 杀虫剂 | GB 23200.37、GB 23200.51、GB/T 20769(参照) |
| 9 | 氟虫腈 | 0.02 | 杀虫剂 | SN/T 1982 |
| 10 | 氟酰脲 | 0.7 | 杀虫剂 | GB 23200.34(参照) |
| 11 | 甲胺磷 | 0.05 | 杀虫剂 | GB 23200.113、GB/T 5009.103、NY/T 761 |
| 12 | 甲拌磷 | 0.01 | 杀虫剂 | GB 23200.113 |
| 13 | 甲基对硫磷 | 0.02 | 杀虫剂 | GB 23200.113、NY/T 761 |
| 14 | 甲基硫环磷 | 0.03* | 杀虫剂 | NY/T 761 |
| 15 | 甲基异柳磷 | 0.01* | 杀虫剂 | GB/T 5009.144 |
| 16 | 久效磷 | 0.03 | 杀虫剂 | GB 23200.113、NY/T 761 |
| 17 | 克百威 | 0.02 | 杀虫剂 | NY/T 761 |
| 18 | 磷胺 | 0.05 | 杀虫剂 | GB 23200.113、NY/T 761 |
| 19 | 硫环磷 | 0.03 | 杀虫剂 | GB 23200.113、NY/T 761 |
| 20 | 硫线磷 | 0.02 | 杀虫剂 | GB/T 20769 |
| 21 | 氯虫苯甲酰胺 | 2* | 杀虫剂 | 无指定 |
| 22 | 氯唑磷 | 0.01 | 杀虫剂 | GB 23200.113、GB/T 20769 |
| 23 | 灭多威 | 0.2 | 杀虫剂 | NY/T 761 |
| 24 | 灭线磷 | 0.02 | 杀线虫剂 | NY/T 761 |

（续）

| 序号 | 农药中文名 | 最大残留限量（mg/kg） | 农药主要用途 | 检测方法 |
|---|---|---|---|---|
| 25 | 内吸磷 | 0.02 | 杀虫/杀螨剂 | GB/T 20769 |
| 26 | 杀虫脒 | 0.01 | 杀虫剂 | GB/T 20769 |
| 27 | 杀扑磷 | 0.05 | 杀虫剂 | GB 23200.113、NY/T 761 |
| 28 | 水胺硫磷 | 0.05 | 杀虫剂 | GB 23200.113、NY/T 761 |
| 29 | 特丁硫磷 | 0.01 | 杀虫剂 | NY/T 761、NY/T 1379 |
| 30 | 涕灭威 | 0.03 | 杀虫剂 | NY/T 761 |
| 31 | 氧乐果 | 0.02 | 杀虫剂 | GB 23200.113、NY/T 761、NY/T 1379 |
| 32 | 乙酰甲胺磷 | 1 | 杀虫剂 | GB 23200.113、GB/T 5009.103、GB/T 5009.145、NY/T 761 |
| 33 | 蝇毒磷 | 0.05 | 杀虫剂 | GB 23200.8、GB 23200.113 |
| 34 | 治螟磷 | 0.01 | 杀虫剂 | GB 23200.8、GB 23200.113、NY/T 761 |
| 35 | 艾氏剂 | 0.05 | 杀虫剂 | GB 23200.113、GB/T 5009.19、NY/T 761 |
| 36 | 滴滴涕 | 0.05 | 杀虫剂 | GB 23200.113、GB/T 5009.19、NY/T 761 |
| 37 | 狄氏剂 | 0.05 | 杀虫剂 | GB 23200.113、GB/T 5009.19、NY/T 761 |
| 38 | 毒杀芬 | 0.05* | 杀虫剂 | YC/T 180（参照） |
| 39 | 六六六 | 0.05 | 杀虫剂 | GB 23200.113、GB/T 5009.19、NY/T 761 |
| 40 | 氯丹 | 0.02 | 杀虫剂 | GB/T 5009.19 |
| 41 | 灭蚁灵 | 0.01 | 杀虫剂 | GB/T 5009.19 |
| 42 | 七氯 | 0.02 | 杀虫剂 | GB/T 5009.19、NY/T 761 |
| 43 | 异狄氏剂 | 0.05 | 杀虫剂 | GB/T 5009.19、NY/T 761 |
| 44 | 倍硫磷 | 0.05 | 杀虫剂 | GB 23200.8、GB 23200.113、GB/T 20769 |
| 45 | 甲萘威 | 1 | 杀虫剂 | GB/T 5009.145、GB/T 20769、NY/T 761 |
| 46 | 联苯菊酯 | 0.4 | 杀虫/杀螨剂 | GB/T 5009.146、NY/T 761、SN/T 1969 |

（续）

| 序号 | 农药中文名 | 最大残留限量（mg/kg） | 农药主要用途 | 检测方法 |
| --- | --- | --- | --- | --- |
| 47 | 噻虫胺 | 0.2 | 杀虫剂 | GB/T 20769 |
| 48 | 噻虫嗪 | 5 | 杀虫剂 | GB 23200.8、GB 23200.39、GB/T 20769 |
| 49 | 杀螟硫磷 | 0.5* | 杀虫剂 | GB 23200.113、GB/T 14553、GB/T 20769、NY/T 761 |
| 50 | 辛硫磷 | 0.05 | 杀虫剂 | GB/T 5009.102、GB/T 20769 |
| 51 | 溴氰虫酰胺 | 2* | 杀虫剂 | 无指定 |
| 52 | 乙基多杀菌素 | 0.3* | 杀虫剂 | 无指定 |
| 53 | 抗蚜威 | 0.5 | 杀虫剂 | GB 23200.8、GB 23200.113、GB/T 20769、SN/T 0134 |
| 54 | 氯氰菊酯和高效氯氰菊酯 | 1 | 杀虫剂 | GB 23200.8、GB 23200.113、GB/T 5009.146、NY/T 761 |
| 55 | 嘧菌酯 | 5 | 杀菌剂 | GB/T 20769、NY/T 1453、SN/T 1976 |
| 56 | 噻草酮 | 9* | 除草剂 | GB 23200.38（参照） |
| 57 | 阿维菌素 | 0.02 | 杀虫剂 | GB 23200.19、GB 23200.20、NY/T 1379 |
| 58 | 吡虫啉 | 1 | 杀虫剂 | GB/T 20769、GB/T 23379 |
| 59 | 丙溴磷 | 2 | 杀虫剂 | GB 23200.8、GB 23200.113、NY/T 761、SN/T 2234 |
| 60 | 虫螨腈 | 0.1 | 杀虫剂 | GB 23200.8、NY/T 1379、SN/T 1986 |
| 61 | 虫酰肼 | 10 | 杀虫剂 | GB/T 20769 |
| 62 | 除虫菊素 | 2 | 杀虫剂 | GB/T 20769 |
| 63 | 除虫脲 | 2 | 杀虫剂 | GB/T 5009.147、NY/T 1720 |
| 64 | 敌百虫 | 1 | 杀虫剂 | GB/T 20769、NY/T 761 |
| 65 | 敌敌畏 | 0.1 | 杀虫剂 | GB 23200.8、GB 23200.113、GB/T 5009.20、NY/T 761 |
| 66 | 啶虫脒 | 5 | 杀虫剂 | GB/T 20769、GB/T 23584 |
| 67 | 氟啶脲 | 7 | 杀虫剂 | GB 23200.8、GB/T 20769、SN/T 2095 |
| 68 | 氟氯氰菊酯和高效氟氯氰菊酯 | 3 | 杀虫剂 | GB 23200.8、GB 23200.113、GB/T 5009.146、NY/T 761 |

（续）

| 序号 | 农药中文名 | 最大残留限量（mg/kg） | 农药主要用途 | 检测方法 |
| --- | --- | --- | --- | --- |
| 69 | 甲氨基阿维菌素苯甲酸盐 | 0.05 | 杀虫剂 | GB/T 20769 |
| 70 | 甲氰菊酯 | 3 | 杀虫剂 | GB 23200.8、GB 23200.113、NY/T 761、SN/T 2233 |
| 71 | 乐果 | 2* | 杀虫剂 | GB 23200.113、GB/T 5009.145、GB/T 20769、NY/T 761 |
| 72 | 氯氟氰菊酯和高效氯氟氰菊酯 | 2 | 杀虫剂 | GB 23200.8、GB 23200.113、GB/T 5009.146、NY/T 761 |
| 73 | 氯菊酯 | 5 | 杀虫剂 | GB 23200.8、GB 23200.113、NY/T 761 |
| 74 | 马拉硫磷 | 5 | 杀虫剂 | GB 23200.8、GB 23200.113、GB/T 20769、NY/T 761 |
| 75 | 灭幼脲 | 30 | 杀虫剂 | GB/T 5009.135、GB/T 20769 |
| 76 | 氰戊菊酯和 S-氰戊菊酯 | 7 | 杀虫剂 | GB 23200.8、GB 23200.113、NY/T 761 |
| 77 | 茚虫威 | 2 | 杀虫剂 | GB/T 20769 |

## 3.20　菜薹

菜薹中农药最大残留限量见表 3－20。

**表 3－20　菜薹中农药最大残留限量**

| 序号 | 农药中文名 | 最大残留限量（mg/kg） | 农药主要用途 | 检测方法 |
| --- | --- | --- | --- | --- |
| 1 | 保棉磷 | 0.5 | 杀虫剂 | NY/T 761 |
| 2 | 百草枯 | 0.05* | 除草剂 | 无指定 |
| 3 | 苯线磷 | 0.02 | 杀虫剂 | GB 23200.8、GB/T 5009.145 |
| 4 | 地虫硫磷 | 0.01 | 杀虫剂 | GB 23200.8、GB 23200.113 |
| 5 | 啶酰菌胺 | 5 | 杀菌剂 | GB 23200.68、GB/T 20769 |
| 6 | 对硫磷 | 0.01 | 杀虫剂 | GB 23200.113、GB/T 5009.145 |
| 7 | 多杀霉素 | 2 | 杀虫剂 | GB/T 20769 |
| 8 | 呋虫胺 | 2 | 杀虫剂 | GB 23200.37、GB 23200.51、GB/T 20769（参照） |
| 9 | 氟虫腈 | 0.02 | 杀虫剂 | SN/T 1982 |

（续）

| 序号 | 农药中文名 | 最大残留限量（mg/kg） | 农药主要用途 | 检测方法 |
|---|---|---|---|---|
| 10 | 氟酰脲 | 0.7 | 杀虫剂 | GB 23200.34（参照） |
| 11 | 甲胺磷 | 0.05 | 杀虫剂 | GB 23200.113、GB/T 5009.103、NY/T 761 |
| 12 | 甲拌磷 | 0.01 | 杀虫剂 | GB 23200.113 |
| 13 | 甲基对硫磷 | 0.02 | 杀虫剂 | GB 23200.113、NY/T 761 |
| 14 | 甲基硫环磷 | 0.03* | 杀虫剂 | NY/T 761 |
| 15 | 甲基异柳磷 | 0.01* | 杀虫剂 | GB 23200.113、GB/T 5009.144 |
| 16 | 久效磷 | 0.03 | 杀虫剂 | GB 23200.113、NY/T 761 |
| 17 | 克百威 | 0.02 | 杀虫剂 | NY/T 761 |
| 18 | 磷胺 | 0.05 | 杀虫剂 | GB 23200.113、NY/T 761 |
| 19 | 硫环磷 | 0.03 | 杀虫剂 | GB 23200.113、NY/T 761 |
| 20 | 硫线磷 | 0.02 | 杀虫剂 | GB/T 20769 |
| 21 | 氯虫苯甲酰胺 | 2* | 杀虫剂 | 无指定 |
| 22 | 氯唑磷 | 0.01 | 杀虫剂 | GB 23200.113、GB/T 20769 |
| 23 | 灭多威 | 0.2 | 杀虫剂 | NY/T 761 |
| 24 | 灭线磷 | 0.02 | 杀线虫剂 | NY/T 761 |
| 25 | 内吸磷 | 0.02 | 杀虫/杀螨剂 | GB/T 20769 |
| 26 | 杀虫脒 | 0.01 | 杀虫剂 | GB/T 20769 |
| 27 | 杀扑磷 | 0.05 | 杀虫剂 | GB 23200.113、NY/T 761 |
| 28 | 水胺硫磷 | 0.05 | 杀虫剂 | GB 23200.113、NY/T 761 |
| 29 | 特丁硫磷 | 0.01 | 杀虫剂 | NY/T 761、NY/T 1379 |
| 30 | 涕灭威 | 0.03 | 杀虫剂 | NY/T 761 |
| 31 | 氧乐果 | 0.02 | 杀虫剂 | GB 23200.113、NY/T 761、NY/T 1379 |
| 32 | 乙酰甲胺磷 | 1 | 杀虫剂 | GB 23200.113、GB/T 5009.103、GB/T 5009.145、NY/T 761 |
| 33 | 蝇毒磷 | 0.05 | 杀虫剂 | GB 23200.8、GB 23200.113 |
| 34 | 治螟磷 | 0.01 | 杀虫剂 | GB 23200.8、GB 23200.113、NY/T 761 |

（续）

| 序号 | 农药中文名 | 最大残留限量（mg/kg） | 农药主要用途 | 检测方法 |
|---|---|---|---|---|
| 35 | 艾氏剂 | 0.05 | 杀虫剂 | GB 23200.113、GB/T 5009.19、NY/T 761 |
| 36 | 滴滴涕 | 0.05 | 杀虫剂 | GB 23200.113、GB/T 5009.19、NY/T 761 |
| 37 | 狄氏剂 | 0.05 | 杀虫剂 | GB 23200.113、GB/T 5009.19、NY/T 761 |
| 38 | 毒杀芬 | 0.05* | 杀虫剂 | YC/T 180（参照） |
| 39 | 六六六 | 0.05 | 杀虫剂 | GB 23200.113、GB/T 5009.19、NY/T 761 |
| 40 | 氯丹 | 0.02 | 杀虫剂 | GB/T 5009.19 |
| 41 | 灭蚁灵 | 0.01 | 杀虫剂 | GB/T 5009.19 |
| 42 | 七氯 | 0.02 | 杀虫剂 | GB/T 5009.19、NY/T 761 |
| 43 | 异狄氏剂 | 0.05 | 杀虫剂 | GB/T 5009.19、NY/T 761 |
| 44 | 倍硫磷 | 0.05 | 杀虫剂 | GB 23200.8、GB 23200.113、GB/T 20769 |
| 45 | 甲萘威 | 1 | 杀虫剂 | GB/T 5009.145、GB/T 20769、NY/T 761 |
| 46 | 联苯菊酯 | 0.4 | 杀虫/杀螨剂 | GB/T 5009.146、NY/T 761、SN/T 1969 |
| 47 | 噻虫胺 | 0.2 | 杀虫剂 | GB/T 20769 |
| 48 | 噻虫嗪 | 5 | 杀虫剂 | GB 23200.8、GB 23200.39、GB/T 20769 |
| 49 | 杀螟硫磷 | 0.5* | 杀虫剂 | GB 23200.113、GB/T 14553、GB/T 20769、NY/T 761 |
| 50 | 辛硫磷 | 0.05 | 杀虫剂 | GB/T 5009.102、GB/T 20769 |
| 51 | 溴氰虫酰胺 | 2* | 杀虫剂 | 无指定 |
| 52 | 乙基多杀菌素 | 0.3* | 杀虫剂 | 无指定 |
| 53 | 敌百虫 | 0.2 | 杀虫剂 | GB/T 20769、NY/T 761 |
| 54 | 抗蚜威 | 0.5 | 杀虫剂 | GB 23200.8、GB 23200.113、GB/T 20769、SN/T 0134 |
| 55 | 嘧菌酯 | 5 | 杀菌剂 | GB/T 20769、NY/T 1453、SN/T 1976 |

（续）

| 序号 | 农药中文名 | 最大残留限量（mg/kg） | 农药主要用途 | 检测方法 |
|---|---|---|---|---|
| 56 | 噻草酮 | 9* | 除草剂 | GB 23200.38（参照） |
| 57 | 阿维菌素 | 0.1 | 杀虫剂 | GB 23200.19、GB 23200.20、NY/T 1379 |
| 58 | 吡虫啉 | 0.5 | 杀虫剂 | GB/T 20769、GB/T 23379 |
| 59 | 虫酰肼 | 10 | 杀虫剂 | GB/T 20769 |
| 60 | 除虫脲 | 7 | 杀虫剂 | GB/T 5009.147、NY/T 1720 |
| 61 | 敌敌畏 | 0.1 | 杀虫剂 | GB 23200.8、GB 23200.113、GB/T 5009.20、NY/T 761 |
| 62 | 啶虫脒 | 3 | 杀虫剂 | GB/T 20769、GB/T 23584 |
| 63 | 氟啶脲 | 5 | 杀虫剂 | GB 23200.8、GB/T 20769、SN/T 2095 |
| 64 | 甲氨基阿维菌素苯甲酸盐 | 0.05 | 杀虫剂 | GB/T 20769 |
| 65 | 甲氰菊酯 | 3 | 杀虫剂 | GB 23200.8、GB 23200.113、NY/T 761、SN/T 2233 |
| 66 | 乐果 | 3* | 杀虫剂 | GB 23200.113、GB/T 5009.145、GB/T 20769、NY/T 761 |
| 67 | 氯氟氰菊酯和高效氯氟氰菊酯 | 1 | 杀虫剂 | GB 23200.8、GB 23200.113、GB/T 5009.146、NY/T 761 |
| 68 | 氯菊酯 | 0.5 | 杀虫剂 | GB 23200.8、GB 23200.113、NY/T 761 |
| 69 | 氯氰菊酯和高效氯氰菊酯 | 5 | 杀虫剂 | GB 23200.8、GB 23200.113、GB/T 5009.146、NY/T 761 |
| 70 | 马拉硫磷 | 7 | 杀虫剂 | GB 23200.8、GB 23200.113、GB/T 20769、NY/T 761 |
| 71 | 咪鲜胺和咪鲜胺锰盐 | 2 | 杀菌剂 | GB/T 20769、NY/T 1456 |
| 72 | 灭幼脲 | 30 | 杀虫剂 | GB/T 5009.135、GB/T 20769 |
| 73 | 氰戊菊酯和S-氰戊菊酯 | 10 | 杀虫剂 | GB 23200.8、GB 23200.113、NY/T 761 |
| 74 | 三环唑 | 2 | 杀菌剂 | NY/T 1379 |
| 75 | 茚虫威 | 3 | 杀虫剂 | GB/T 20769 |

## 3.21　茎芥菜

茎芥菜中农药最大残留限量见表 3-21。

表 3-21　茎芥菜中农药最大残留限量

| 序号 | 农药中文名 | 最大残留限量（mg/kg） | 农药主要用途 | 检测方法 |
|---|---|---|---|---|
| 1 | 保棉磷 | 0.5 | 杀虫剂 | NY/T 761 |
| 2 | 百草枯 | 0.05* | 除草剂 | 无指定 |
| 3 | 苯线磷 | 0.02 | 杀虫剂 | GB 23200.8、GB/T 5009.145 |
| 4 | 地虫硫磷 | 0.01 | 杀虫剂 | GB 23200.8、GB 23200.113 |
| 5 | 啶酰菌胺 | 5 | 杀菌剂 | GB 23200.68、GB/T 20769 |
| 6 | 对硫磷 | 0.01 | 杀虫剂 | GB 23200.113、GB/T 5009.145 |
| 7 | 多杀霉素 | 2 | 杀虫剂 | GB/T 20769 |
| 8 | 呋虫胺 | 2 | 杀虫剂 | GB 23200.37、GB 23200.51、GB/T 20769（参照） |
| 9 | 氟虫腈 | 0.02 | 杀虫剂 | SN/T 1982 |
| 10 | 氟酰脲 | 0.7 | 杀虫剂 | GB 23200.34（参照） |
| 11 | 甲胺磷 | 0.05 | 杀虫剂 | GB 23200.113、GB/T 5009.103、NY/T 761 |
| 12 | 甲拌磷 | 0.01 | 杀虫剂 | GB 23200.113 |
| 13 | 甲基对硫磷 | 0.02 | 杀虫剂 | GB 23200.113、NY/T 761 |
| 14 | 甲基硫环磷 | 0.03* | 杀虫剂 | NY/T 761 |
| 15 | 甲基异柳磷 | 0.01* | 杀虫剂 | GB 23200.113、GB/T 5009.144 |
| 16 | 久效磷 | 0.03 | 杀虫剂 | GB 23200.113、NY/T 761 |
| 17 | 克百威 | 0.02 | 杀虫剂 | NY/T 761 |
| 18 | 磷胺 | 0.05 | 杀虫剂 | GB 23200.113、NY/T 761 |
| 19 | 硫环磷 | 0.03 | 杀虫剂 | GB 23200.113、NY/T 761 |
| 20 | 硫线磷 | 0.02 | 杀虫剂 | GB/T 20769 |
| 21 | 氯虫苯甲酰胺 | 2* | 杀虫剂 | 无指定 |
| 22 | 氯唑磷 | 0.01 | 杀虫剂 | GB 23200.113、GB/T 20769 |
| 23 | 灭多威 | 0.2 | 杀虫剂 | NY/T 761 |
| 24 | 灭线磷 | 0.02 | 杀线虫剂 | NY/T 761 |
| 25 | 内吸磷 | 0.02 | 杀虫/杀螨剂 | GB/T 20769 |

（续）

| 序号 | 农药中文名 | 最大残留限量（mg/kg） | 农药主要用途 | 检测方法 |
|---|---|---|---|---|
| 26 | 杀虫脒 | 0.01 | 杀虫剂 | GB/T 20769 |
| 27 | 杀扑磷 | 0.05 | 杀虫剂 | GB 23200.113、NY/T 761 |
| 28 | 水胺硫磷 | 0.05 | 杀虫剂 | GB 23200.113、NY/T 761 |
| 29 | 特丁硫磷 | 0.01 | 杀虫剂 | NY/T 761、NY/T 1379 |
| 30 | 涕灭威 | 0.03 | 杀虫剂 | NY/T 761 |
| 31 | 氧乐果 | 0.02 | 杀虫剂 | GB 23200.113、NY/T 761、NY/T 1379 |
| 32 | 乙酰甲胺磷 | 1 | 杀虫剂 | GB 23200.113、GB/T 5009.103、GB/T 5009.145、NY/T 761 |
| 33 | 蝇毒磷 | 0.05 | 杀虫剂 | GB 23200.8、GB 23200.113 |
| 34 | 治螟磷 | 0.01 | 杀虫剂 | GB 23200.8、GB 23200.113、NY/T 761 |
| 35 | 艾氏剂 | 0.05 | 杀虫剂 | GB 23200.113、GB/T 5009.19、NY/T 761 |
| 36 | 滴滴涕 | 0.05 | 杀虫剂 | GB 23200.113、GB/T 5009.19、NY/T 761 |
| 37 | 狄氏剂 | 0.05 | 杀虫剂 | GB 23200.113、GB/T 5009.19、NY/T 761 |
| 38 | 毒杀芬 | 0.05* | 杀虫剂 | YC/T 180（参照） |
| 39 | 六六六 | 0.05 | 杀虫剂 | GB 23200.113、GB/T 5009.19、NY/T 761 |
| 40 | 氯丹 | 0.02 | 杀虫剂 | GB/T 5009.19 |
| 41 | 灭蚁灵 | 0.01 | 杀虫剂 | GB/T 5009.19 |
| 42 | 七氯 | 0.02 | 杀虫剂 | GB/T 5009.19、NY/T 761 |
| 43 | 异狄氏剂 | 0.05 | 杀虫剂 | GB/T 5009.19、NY/T 761 |
| 44 | 倍硫磷 | 0.05 | 杀虫剂 | GB 23200.8、GB 23200.113、GB/T 20769 |
| 45 | 甲萘威 | 1 | 杀虫剂 | GB/T 5009.145、GB/T 20769、NY/T 761 |
| 46 | 联苯菊酯 | 0.4 | 杀虫/杀螨剂 | GB/T 5009.146、NY/T 761、SN/T 1969 |
| 47 | 噻虫胺 | 0.2 | 杀虫剂 | GB/T 20769 |

（续）

| 序号 | 农药中文名 | 最大残留限量（mg/kg） | 农药主要用途 | 检测方法 |
|---|---|---|---|---|
| 48 | 噻虫嗪 | 5 | 杀虫剂 | GB 23200.8、GB 23200.39、GB/T 20769 |
| 49 | 杀螟硫磷 | 0.5* | 杀虫剂 | GB 23200.113、GB/T 14553、GB/T 20769、NY/T 761 |
| 50 | 辛硫磷 | 0.05 | 杀虫剂 | GB/T 5009.102、GB/T 20769 |
| 51 | 溴氰虫酰胺 | 2* | 杀虫剂 | 无指定 |
| 52 | 乙基多杀菌素 | 0.3* | 杀虫剂 | 无指定 |
| 53 | 敌百虫 | 0.2 | 杀虫剂 | GB/T 20769、NY/T 761 |
| 54 | 敌敌畏 | 0.2 | 杀虫剂 | GB 23200.8、GB 23200.113、GB/T 5009.20、NY/T 761 |
| 55 | 抗蚜威 | 0.5 | 杀虫剂 | GB 23200.8、GB 23200.113、GB/T 20769、SN/T 0134 |
| 56 | 氯菊酯 | 1 | 杀虫剂 | GB 23200.8、GB 23200.113、NY/T 761 |
| 57 | 氯氰菊酯和高效氯氰菊酯 | 1 | 杀虫剂 | GB 23200.8、GB 23200.113、GB/T 5009.146、NY/T 761 |
| 58 | 嘧菌酯 | 5 | 杀菌剂 | GB/T 20769、NY/T 1453、SN/T 1976 |
| 59 | 噻草酮 | 9* | 除草剂 | GB 23200.38（参照） |

## 3.22 菠菜

菠菜中农药最大残留限量见表 3-22。

**表 3-22 菠菜中农药最大残留限量**

| 序号 | 农药中文名 | 最大残留限量（mg/kg） | 农药主要用途 | 检测方法 |
|---|---|---|---|---|
| 1 | 保棉磷 | 0.5 | 杀虫剂 | NY/T 761 |
| 2 | 百草枯 | 0.05* | 除草剂 | 无指定 |
| 3 | 倍硫磷 | 0.05 | 杀虫剂 | GB 23200.8、GB 23200.113、GB/T 20769 |
| 4 | 苯线磷 | 0.02 | 杀虫剂 | GB 23200.8、GB/T 5009.145 |
| 5 | 地虫硫磷 | 0.01 | 杀虫剂 | GB 23200.8、GB 23200.113 |

（续）

| 序号 | 农药中文名 | 最大残留限量（mg/kg） | 农药主要用途 | 检测方法 |
|---|---|---|---|---|
| 6 | 对硫磷 | 0.01 | 杀虫剂 | GB 23200.113、GB/T 5009.145 |
| 7 | 氟虫腈 | 0.02 | 杀虫剂 | SN/T 1982 |
| 8 | 甲胺磷 | 0.05 | 杀虫剂 | GB 23200.113、GB/T 5009.103、NY/T 761 |
| 9 | 甲拌磷 | 0.01 | 杀虫剂 | GB 23200.113 |
| 10 | 甲基对硫磷 | 0.02 | 杀虫剂 | GB 23200.113、NY/T 761 |
| 11 | 甲基硫环磷 | 0.03* | 杀虫剂 | NY/T 761 |
| 12 | 甲基异柳磷 | 0.01* | 杀虫剂 | GB 23200.113、GB/T 5009.144 |
| 13 | 腈菌唑 | 0.05 | 杀菌剂 | GB 23200.8、GB 23200.113、GB/T 20769、NY/T 1455 |
| 14 | 久效磷 | 0.03 | 杀虫剂 | GB 23200.113、NY/T 761 |
| 15 | 克百威 | 0.02 | 杀虫剂 | NY/T 761 |
| 16 | 磷胺 | 0.05 | 杀虫剂 | GB 23200.113、NY/T 761 |
| 17 | 硫环磷 | 0.03 | 杀虫剂 | GB 23200.113、NY/T 761 |
| 18 | 硫线磷 | 0.02 | 杀虫剂 | GB/T 20769 |
| 19 | 氯唑磷 | 0.01 | 杀虫剂 | GB 23200.113、GB/T 20769 |
| 20 | 灭多威 | 0.2 | 杀虫剂 | NY/T 761 |
| 21 | 灭线磷 | 0.02 | 杀线虫剂 | NY/T 761 |
| 22 | 内吸磷 | 0.02 | 杀虫/杀螨剂 | GB/T 20769 |
| 23 | 杀虫脒 | 0.01 | 杀虫剂 | GB/T 20769 |
| 24 | 杀螟硫磷 | 0.5* | 杀虫剂 | GB 23200.113、GB/T 14553、GB/T 20769、NY/T 761 |
| 25 | 杀扑磷 | 0.05 | 杀虫剂 | GB 23200.113、NY/T 761 |
| 26 | 水胺硫磷 | 0.05 | 杀虫剂 | GB 23200.113、NY/T 761 |
| 27 | 特丁硫磷 | 0.01 | 杀虫剂 | NY/T 761、NY/T 1379 |
| 28 | 涕灭威 | 0.03 | 杀虫剂 | NY/T 761 |
| 29 | 氧乐果 | 0.02 | 杀虫剂 | GB 23200.113、NY/T 761、NY/T 1379 |
| 30 | 乙酰甲胺磷 | 1 | 杀虫剂 | GB 23200.113、GB/T 5009.103、GB/T 5009.145、NY/T 761 |
| 31 | 蝇毒磷 | 0.05 | 杀虫剂 | GB 23200.8、GB 23200.113 |

（续）

| 序号 | 农药中文名 | 最大残留限量（mg/kg） | 农药主要用途 | 检测方法 |
|---|---|---|---|---|
| 32 | 治螟磷 | 0.01 | 杀虫剂 | GB 23200.8、GB 23200.113、NY/T 761 |
| 33 | 艾氏剂 | 0.05 | 杀虫剂 | GB 23200.113、GB/T 5009.19、NY/T 761 |
| 34 | 滴滴涕 | 0.05 | 杀虫剂 | GB 23200.113、GB/T 5009.19、NY/T 761 |
| 35 | 狄氏剂 | 0.05 | 杀虫剂 | GB 23200.113、GB/T 5009.19、NY/T 761 |
| 36 | 毒杀芬 | 0.05* | 杀虫剂 | YC/T 180（参照） |
| 37 | 六六六 | 0.05 | 杀虫剂 | GB 23200.113、GB/T 5009.19、NY/T 761 |
| 38 | 氯丹 | 0.02 | 杀虫剂 | GB/T 5009.19 |
| 39 | 灭蚁灵 | 0.01 | 杀虫剂 | GB/T 5009.19 |
| 40 | 七氯 | 0.02 | 杀虫剂 | GB/T 5009.19、NY/T 761 |
| 41 | 异狄氏剂 | 0.05 | 杀虫剂 | GB/T 5009.19、NY/T 761 |
| 42 | 虫酰肼 | 10 | 杀虫剂 | GB/T 20769 |
| 43 | 敌百虫 | 0.2 | 杀虫剂 | GB/T 20769、NY/T 761 |
| 44 | 敌草腈 | 0.3* | 除草剂 | 无指定 |
| 45 | 呋虫胺 | 6 | 杀虫剂 | GB 23200.37、GB 23200.51、GB/T 20769 |
| 46 | 氟啶虫胺腈 | 6* | 杀虫剂 | 无指定 |
| 47 | 螺虫乙酯 | 7 | 杀虫剂 | SN/T 4891 |
| 48 | 噻虫胺 | 2 | 杀虫剂 | GB/T 20769 |
| 49 | 多杀霉素 | 10 | 杀虫剂 | GB/T 20769 |
| 50 | 氟吡菌胺 | 30* | 杀菌剂 | 无指定 |
| 51 | 甲萘威 | 1 | 杀虫剂 | GB/T 5009.145、GB/T 20769、NY/T 761 |
| 52 | 辛硫磷 | 0.05 | 杀虫剂 | GB/T 5009.102、GB/T 20769 |
| 53 | 氯虫苯甲酰胺 | 20* | 杀虫剂 | 无指定 |
| 54 | 溴氰虫酰胺 | 20* | 杀虫剂 | 无指定 |
| 55 | 阿维菌素 | 0.05 | 杀虫剂 | GB 23200.19、GB 23200.20、NY/T 1379 |

（续）

| 序号 | 农药中文名 | 最大残留限量（mg/kg） | 农药主要用途 | 检测方法 |
|---|---|---|---|---|
| 56 | 百菌清 | 5 | 杀菌剂 | GB/T 5009.105、NY/T 761、SN/T 2320 |
| 57 | 吡虫啉 | 5 | 杀虫剂 | GB/T 20769、GB/T 23379 |
| 58 | 吡蚜酮 | 15 | 杀虫剂 | SN/T 3860 |
| 59 | 除虫菊素 | 5 | 杀虫剂 | GB/T 20769 |
| 60 | 除虫脲 | 1 | 杀虫剂 | GB/T 5009.147、NY/T 1720 |
| 61 | 敌敌畏 | 0.5 | 杀虫剂 | GB 23200.8、GB 23200.113、GB/T 5009.20、NY/T 761 |
| 62 | 丁硫克百威 | 0.05 | 杀虫剂 | GB 23200.13 |
| 63 | 啶虫脒 | 5 | 杀虫剂 | GB/T 20769、GB/T 23584 |
| 64 | 毒死蜱 | 0.1 | 杀虫剂 | GB 23200.8、GB 23200.113、NY/T 761、SN/T 2158 |
| 65 | 二甲戊灵 | 0.2 | 除草剂 | GB 23200.8、GB 23200.113、NY/T 1379 |
| 66 | 二嗪磷 | 0.5 | 杀虫剂 | GB 23200.8、GB 23200.113、GB/T 20769、GB/T 5009.107 |
| 67 | 伏杀硫磷 | 1 | 杀虫剂 | GB 23200.8、GB 23200.113、NY/T 761 |
| 68 | 氟胺氰菊酯 | 0.5 | 杀虫剂 | GB 23200.113、NY/T 761 |
| 69 | 氟苯脲 | 0.5 | 杀虫剂 | NY/T 1453 |
| 70 | 氟啶脲 | 10 | 杀虫剂 | GB 23200.8、GB/T 20769、SN/T 2095 |
| 71 | 氟氯氰菊酯和高效氟氯氰菊酯 | 0.5 | 杀虫剂 | GB 23200.8、GB 23200.113、GB/T 5009.146、NY/T 761 |
| 72 | 咯菌腈 | 30 | 杀菌剂 | GB 23200.8、GB 23200.113、GB/T 20769 |
| 73 | 甲氨基阿维菌素苯甲酸盐 | 0.2 | 杀虫剂 | GB/T 20769 |
| 74 | 甲氰菊酯 | 1 | 杀虫剂 | GB 23200.8、GB 23200.113、NY/T 761、SN/T 2233 |
| 75 | 甲霜灵和精甲霜灵 | 2 | 杀菌剂 | GB 23200.8、GB/T 20769 |
| 76 | 乐果 | 1* | 杀虫剂 | GB 23200.113、GB/T 5009.145、GB/T 20769、NY/T 761 |
| 77 | 氯氟氰菊酯和高效氯氟氰菊酯 | 2 | 杀虫剂 | GB 23200.8、GB 23200.113、GB/T 5009.146、NY/T 761 |

（续）

| 序号 | 农药中文名 | 最大残留限量（mg/kg） | 农药主要用途 | 检测方法 |
|---|---|---|---|---|
| 78 | 氯菊酯 | 2 | 杀虫剂 | GB 23200.8、GB 23200.113、NY/T 761 |
| 79 | 氯氰菊酯和高效氯氰菊酯 | 2 | 杀虫剂 | GB 23200.8、GB 23200.113、GB/T 5009.146、NY/T 761 |
| 80 | 马拉硫磷 | 2 | 杀虫剂 | GB 23200.8、GB 23200.113、GB/T 20769、NY/T 761 |
| 81 | 醚菊酯 | 1 | 杀虫剂 | GB 23200.8、SN/T 2151 |
| 82 | 灭幼脲 | 30 | 杀虫剂 | GB/T 5009.135、GB/T 20769 |
| 83 | 氰戊菊酯和S-氰戊菊酯 | 1 | 杀虫剂 | GB 23200.8、GB 23200.113、NY/T 761 |
| 84 | 炔螨特 | 2 | 杀螨剂 | NY/T 1652 |
| 85 | 噻虫嗪 | 5 | 杀虫剂 | GB 23200.8、GB 23200.39、GB/T 20769 |
| 86 | 霜霉威和霜霉威盐酸盐 | 100 | 杀菌剂 | GB/T 20769、NY/T 1379 |
| 87 | 四聚乙醛 | 1* | 杀螺剂 | 无指定 |
| 88 | 烯酰吗啉 | 30 | 杀菌剂 | GB/T 20769 |
| 89 | 溴氰菊酯 | 0.5 | 杀虫剂 | GB 23200.8、GB 23200.113、NY/T 761、SN/T 0217 |
| 90 | 乙基多杀菌素 | 8* | 杀虫剂 | 无指定 |
| 91 | 茚虫威 | 3 | 杀虫剂 | GB/T 20769 |
| 92 | 增效醚 | 50 | 增效剂 | GB 23200.8、GB 23200.113 |
| 93 | 双炔酰菌胺 | 25* | 杀菌剂 | 无指定 |

## 3.23 普通白菜（小白菜、小油菜、青菜）

普通白菜中农药最大残留限量见表3-23。

**表3-23 普通白菜中农药最大残留限量**

| 序号 | 农药中文名 | 最大残留限量（mg/kg） | 农药主要用途 | 检测方法 |
|---|---|---|---|---|
| 1 | 保棉磷 | 0.5 | 杀虫剂 | NY/T 761 |
| 2 | 百草枯 | 0.05* | 除草剂 | 无指定 |
| 3 | 倍硫磷 | 0.05 | 杀虫剂 | GB 23200.8、GB 23200.113、GB/T 20769 |

（续）

| 序号 | 农药中文名 | 最大残留限量（mg/kg） | 农药主要用途 | 检测方法 |
|---|---|---|---|---|
| 4 | 苯线磷 | 0.02 | 杀虫剂 | GB 23200.8、GB/T 5009.145 |
| 5 | 地虫硫磷 | 0.01 | 杀虫剂 | GB 23200.8、GB 23200.113 |
| 6 | 对硫磷 | 0.01 | 杀虫剂 | GB 23200.113、GB/T 5009.145 |
| 7 | 氟虫腈 | 0.02 | 杀虫剂 | SN/T 1982 |
| 8 | 甲胺磷 | 0.05 | 杀虫剂 | GB 23200.113、GB/T 5009.103、NY/T 761 |
| 9 | 甲拌磷 | 0.01 | 杀虫剂 | GB 23200.113 |
| 10 | 甲基对硫磷 | 0.02 | 杀虫剂 | GB 23200.113、NY/T 761 |
| 11 | 甲基硫环磷 | 0.03* | 杀虫剂 | NY/T 761 |
| 12 | 甲基异柳磷 | 0.01* | 杀虫剂 | GB 23200.113、GB/T 5009.144 |
| 13 | 腈菌唑 | 0.05 | 杀菌剂 | GB 23200.8、GB 23200.113、GB/T 20769、NY/T 1455 |
| 14 | 久效磷 | 0.03 | 杀虫剂 | GB 23200.113、NY/T 761 |
| 15 | 克百威 | 0.02 | 杀虫剂 | NY/T 761 |
| 16 | 磷胺 | 0.05 | 杀虫剂 | GB 23200.113、NY/T 761 |
| 17 | 硫环磷 | 0.03 | 杀虫剂 | GB 23200.113、NY/T 761 |
| 18 | 硫线磷 | 0.02 | 杀虫剂 | GB/T 20769 |
| 19 | 氯唑磷 | 0.01 | 杀虫剂 | GB 23200.113、GB/T 20769 |
| 20 | 灭多威 | 0.2 | 杀虫剂 | NY/T 761 |
| 21 | 灭线磷 | 0.02 | 杀线虫剂 | NY/T 761 |
| 22 | 内吸磷 | 0.02 | 杀虫/杀螨剂 | GB/T 20769 |
| 23 | 杀虫脒 | 0.01 | 杀虫剂 | GB/T 20769 |
| 24 | 杀螟硫磷 | 0.5* | 杀虫剂 | GB 23200.113、GB/T 14553、GB/T 20769、NY/T 761 |
| 25 | 杀扑磷 | 0.05 | 杀虫剂 | GB 23200.113、NY/T 761 |
| 26 | 水胺硫磷 | 0.05 | 杀虫剂 | GB 23200.113、NY/T 761 |
| 27 | 特丁硫磷 | 0.01 | 杀虫剂 | NY/T 761、NY/T 1379 |
| 28 | 涕灭威 | 0.03 | 杀虫剂 | NY/T 761 |
| 29 | 氧乐果 | 0.02 | 杀虫剂 | GB 23200.113、NY/T 761、NY/T 1379 |

（续）

| 序号 | 农药中文名 | 最大残留限量（mg/kg） | 农药主要用途 | 检测方法 |
| --- | --- | --- | --- | --- |
| 30 | 乙酰甲胺磷 | 1 | 杀虫剂 | GB 23200.113、GB/T 5009.103、GB/T 5009.145、NY/T 761 |
| 31 | 蝇毒磷 | 0.05 | 杀虫剂 | GB 23200.8、GB 23200.113 |
| 32 | 治螟磷 | 0.01 | 杀虫剂 | GB 23200.8、GB 23200.113、NY/T 761 |
| 33 | 艾氏剂 | 0.05 | 杀虫剂 | GB 23200.113、GB/T 5009.19、NY/T 761 |
| 34 | 滴滴涕 | 0.05 | 杀虫剂 | GB 23200.113、GB/T 5009.19、NY/T 761 |
| 35 | 狄氏剂 | 0.05 | 杀虫剂 | GB 23200.113、GB/T 5009.19、NY/T 761 |
| 36 | 毒杀芬 | 0.05* | 杀虫剂 | YC/T 180（参照） |
| 37 | 六六六 | 0.05 | 杀虫剂 | GB 23200.113、GB/T 5009.19、NY/T 761 |
| 38 | 氯丹 | 0.02 | 杀虫剂 | GB/T 5009.19 |
| 39 | 灭蚁灵 | 0.01 | 杀虫剂 | GB/T 5009.19 |
| 40 | 七氯 | 0.02 | 杀虫剂 | GB/T 5009.19、NY/T 761 |
| 41 | 异狄氏剂 | 0.05 | 杀虫剂 | GB/T 5009.19、NY/T 761 |
| 42 | 虫酰肼 | 10 | 杀虫剂 | GB/T 20769 |
| 43 | 敌草腈 | 0.3* | 除草剂 | 无指定 |
| 44 | 呋虫胺 | 6 | 杀虫剂 | GB 23200.37、GB 23200.51、GB/T 20769 |
| 45 | 氟啶虫胺腈 | 6* | 杀虫剂 | 无指定 |
| 46 | 螺虫乙酯 | 7 | 杀虫剂 | SN/T 4891 |
| 47 | 噻虫胺 | 2 | 杀虫剂 | GB/T 20769 |
| 48 | 多杀霉素 | 10 | 杀虫剂 | GB/T 20769 |
| 49 | 氟吡菌胺 | 30* | 杀菌剂 | 无指定 |
| 50 | 氯虫苯甲酰胺 | 20* | 杀虫剂 | 无指定 |
| 51 | 氯菊酯 | 1 | 杀虫剂 | GB 23200.8、GB 23200.113、NY/T 761 |
| 52 | 噻虫嗪 | 3 | 杀虫剂 | GB 23200.8、GB 23200.39、GB/T 20769 |

（续）

| 序号 | 农药中文名 | 最大残留限量（mg/kg） | 农药主要用途 | 检测方法 |
| --- | --- | --- | --- | --- |
| 53 | 阿维菌素 | 0.05（小白菜）<br>0.1（小油菜）<br>0.05（青菜） | 杀虫剂 | GB 23200.19、GB 23200.20、NY/T 1379 |
| 54 | 胺鲜酯 | 0.05* | 植物生长调节剂 | 无指定 |
| 55 | 百菌清 | 5 | 杀菌剂 | GB/T 5009.105、NY/T 761、SN/T 2320 |
| 56 | 吡虫啉 | 0.5 | 杀虫剂 | GB/T 20769、GB/T 23379 |
| 57 | 丙溴磷 | 5 | 杀虫剂 | GB 23200.8、GB 23200.113、NY/T 761、SN/T 2234 |
| 58 | 虫螨腈 | 10 | 杀虫剂 | GB 23200.8、NY/T 1379、SN/T 1986 |
| 59 | 除虫菊素 | 5 | 杀虫剂 | GB/T 20769 |
| 60 | 除虫脲 | 1 | 杀虫剂 | GB/T 5009.147、NY/T 1720 |
| 61 | 敌百虫 | 0.1 | 杀虫剂 | GB/T 20769、NY/T 761 |
| 62 | 敌敌畏 | 0.1 | 杀虫剂 | GB 23200.8、GB 23200.113、GB/T 5009.20、NY/T 761 |
| 63 | 丁硫克百威 | 0.05 | 杀虫剂 | GB 23200.13 |
| 64 | 丁醚脲 | 1* | 杀虫/杀螨剂 | 无指定 |
| 65 | 啶虫脒 | 1 | 杀虫剂 | GB/T 20769、GB/T 23584 |
| 66 | 毒死蜱 | 0.1 | 杀虫剂 | GB 23200.8、GB 23200.113、NY/T 761、SN/T 2158 |
| 67 | 二甲戊灵 | 0.2 | 除草剂 | GB 23200.8、GB 23200.113、NY/T 1379 |
| 68 | 二嗪磷 | 0.2 | 杀虫剂 | GB 23200.8、GB 23200.113、GB/T 20769、GB/T 5009.107 |
| 69 | 伏杀硫磷 | 1 | 杀虫剂 | GB 23200.8、GB 23200.113、NY/T 761 |
| 70 | 氟胺氰菊酯 | 0.5 | 杀虫剂 | GB 23200.113、NY/T 761 |
| 71 | 氟苯脲 | 0.5 | 杀虫剂 | NY/T 1453 |
| 72 | 氟啶脲 | 7 | 杀虫剂 | GB 23200.8、GB/T 20769、SN/T 2095 |

（续）

| 序号 | 农药中文名 | 最大残留限量（mg/kg） | 农药主要用途 | 检测方法 |
|---|---|---|---|---|
| 73 | 氟氯氰菊酯和高效氟氯氰菊酯 | 0.5 | 杀虫剂 | GB 23200.8、GB 23200.113、GB/T 5009.146、NY/T 761 |
| 74 | 甲氨基阿维菌素苯甲酸盐 | 0.1 | 杀虫剂 | GB/T 20769 |
| 75 | 甲萘威 | 5 | 杀虫剂 | GB/T 5009.145、GB/T 20769、NY/T 761 |
| 76 | 甲氰菊酯 | 1 | 杀虫剂 | GB 23200.8、GB 23200.113、NY/T 761、SN/T 2233 |
| 77 | 抗蚜威 | 5 | 杀虫剂 | GB 23200.8、GB 23200.113、GB/T 20769、SN/T 0134 |
| 78 | 乐果 | 1* | 杀虫剂 | GB 23200.113、GB/T 5009.145、GB/T 20769、NY/T 761 |
| 79 | 氯氟氰菊酯和高效氯氟氰菊酯 | 2 | 杀虫剂 | GB 23200.8、GB 23200.113、GB/T 5009.146、NY/T 761 |
| 80 | 氯氰菊酯和高效氯氰菊酯 | 2 | 杀虫剂 | GB 23200.8、GB 23200.113、GB/T 5009.146、NY/T 761 |
| 81 | 马拉硫磷 | 8 | 杀虫剂 | GB 23200.8、GB 23200.113、GB/T 20769、NY/T 761 |
| 82 | 醚菊酯 | 1 | 杀虫剂 | GB 23200.8、SN/T 2151 |
| 83 | 灭幼脲 | 30 | 杀虫剂 | GB/T 5009.135、GB/T 20769 |
| 84 | 氰戊菊酯和S-氰戊菊酯 | 1 | 杀虫剂 | GB 23200.8、GB 23200.113、NY/T 761 |
| 85 | 炔螨特 | 2 | 杀螨剂 | NY/T 1652 |
| 86 | 杀虫单 | 1* | 杀虫剂 | 无指定 |
| 87 | 杀虫双 | 1 | 杀虫剂 | GB/T 5009.114 |
| 88 | 四聚乙醛 | 3* | 杀螺剂 | 无指定 |
| 89 | 辛硫磷 | 0.1 | 杀虫剂 | GB/T 5009.102、GB/T 20769 |
| 90 | 溴氰虫酰胺 | 7* | 杀虫剂 | 无指定 |
| 91 | 溴氰菊酯 | 0.5 | 杀虫剂 | GB 23200.8、GB 23200.113、NY/T 761、SN/T 0217 |
| 92 | 茚虫威 | 2 | 杀虫剂 | GB/T 20769 |

## 3.24 白菜

白菜中农药最大残留限量见表 3－24。

**表 3－24 白菜中农药最大残留限量**

| 序号 | 农药中文名 | 最大残留限量（mg/kg） | 农药主要用途 | 检测方法 |
| --- | --- | --- | --- | --- |
| 1 | 保棉磷 | 0.5 | 杀虫剂 | NY/T 761 |
| 2 | 百草枯 | 0.05* | 除草剂 | 无指定 |
| 3 | 倍硫磷 | 0.05 | 杀虫剂 | GB 23200.8、GB 23200.113、GB/T 20769 |
| 4 | 苯线磷 | 0.02 | 杀虫剂 | GB 23200.8、GB/T 5009.145 |
| 5 | 地虫硫磷 | 0.01 | 杀虫剂 | GB 23200.8、GB 23200.113 |
| 6 | 对硫磷 | 0.01 | 杀虫剂 | GB 23200.113、GB/T 5009.145 |
| 7 | 氟虫腈 | 0.02 | 杀虫剂 | SN/T 1982 |
| 8 | 甲胺磷 | 0.05 | 杀虫剂 | GB 23200.113、GB/T 5009.103、NY/T 761 |
| 9 | 甲拌磷 | 0.01 | 杀虫剂 | GB 23200.113 |
| 10 | 甲基对硫磷 | 0.02 | 杀虫剂 | GB 23200.113、NY/T 761 |
| 11 | 甲基硫环磷 | 0.03* | 杀虫剂 | NY/T 761 |
| 12 | 甲基异柳磷 | 0.01* | 杀虫剂 | GB 23200.113、GB/T 5009.144 |
| 13 | 腈菌唑 | 0.05 | 杀菌剂 | GB 23200.8、GB 23200.113、GB/T 20769、NY/T 1455 |
| 14 | 久效磷 | 0.03 | 杀虫剂 | GB 23200.113、NY/T 761 |
| 15 | 克百威 | 0.02 | 杀虫剂 | NY/T 761 |
| 16 | 磷胺 | 0.05 | 杀虫剂 | GB 23200.113、NY/T 761 |
| 17 | 硫环磷 | 0.03 | 杀虫剂 | GB 23200.113、NY/T 761 |
| 18 | 硫线磷 | 0.02 | 杀虫剂 | GB/T 20769 |
| 19 | 氯唑磷 | 0.01 | 杀虫剂 | GB 23200.113、GB/T 20769 |
| 20 | 灭多威 | 0.2 | 杀虫剂 | NY/T 761 |
| 21 | 灭线磷 | 0.02 | 杀线虫剂 | NY/T 761 |
| 22 | 内吸磷 | 0.02 | 杀虫/杀螨剂 | GB/T 20769 |
| 23 | 杀虫脒 | 0.01 | 杀虫剂 | GB/T 20769 |
| 24 | 杀螟硫磷 | 0.5* | 杀虫剂 | GB 23200.113、GB/T 14553、GB/T 20769、NY/T 761 |

（续）

| 序号 | 农药中文名 | 最大残留限量（mg/kg） | 农药主要用途 | 检测方法 |
|---|---|---|---|---|
| 25 | 杀扑磷 | 0.05 | 杀虫剂 | GB 23200.113、NY/T 761 |
| 26 | 水胺硫磷 | 0.05 | 杀虫剂 | GB 23200.113、NY/T 761 |
| 27 | 特丁硫磷 | 0.01 | 杀虫剂 | NY/T 761、NY/T 1379 |
| 28 | 涕灭威 | 0.03 | 杀虫剂 | NY/T 761 |
| 29 | 氧乐果 | 0.02 | 杀虫剂 | GB 23200.113、NY/T 761、NY/T 1379 |
| 30 | 乙酰甲胺磷 | 1 | 杀虫剂 | GB 23200.113、GB/T 5009.103、GB/T 5009.145、NY/T 761 |
| 31 | 蝇毒磷 | 0.05 | 杀虫剂 | GB 23200.8、GB 23200.113 |
| 32 | 治螟磷 | 0.01 | 杀虫剂 | GB 23200.8、GB 23200.113、NY/T 761 |
| 33 | 艾氏剂 | 0.05 | 杀虫剂 | GB 23200.113、GB/T 5009.19、NY/T 761 |
| 34 | 滴滴涕 | 0.05 | 杀虫剂 | GB 23200.113、GB/T 5009.19、NY/T 761 |
| 35 | 狄氏剂 | 0.05 | 杀虫剂 | GB 23200.113、GB/T 5009.19、NY/T 761 |
| 36 | 毒杀芬 | 0.05* | 杀虫剂 | YC/T 180（参照） |
| 37 | 六六六 | 0.05 | 杀虫剂 | GB 23200.113、GB/T 5009.19、NY/T 761 |
| 38 | 氯丹 | 0.02 | 杀虫剂 | GB/T 5009.19 |
| 39 | 灭蚁灵 | 0.01 | 杀虫剂 | GB/T 5009.19 |
| 40 | 七氯 | 0.02 | 杀虫剂 | GB/T 5009.19、NY/T 761 |
| 41 | 异狄氏剂 | 0.05 | 杀虫剂 | GB/T 5009.19、NY/T 761 |
| 42 | 双炔酰菌胺 | 25* | 杀菌剂 | 无指定 |
| 43 | 氯菊酯 | 1 | 杀虫剂 | GB 23200.8、GB 23200.113、NY/T 761 |
| 44 | 敌敌畏 | 0.1 | 杀虫剂 | GB 23200.8、GB 23200.113、GB/T 5009.20、NY/T 761 |
| 45 | 啶虫脒 | 1 | 杀虫剂 | GB/T 20769、GB/T 23584 |
| 46 | 噻虫嗪 | 3 | 杀虫剂 | GB 23200.8、GB 23200.39、GB/T 20769 |

（续）

| 序号 | 农药中文名 | 最大残留限量(mg/kg) | 农药主要用途 | 检测方法 |
|---|---|---|---|---|
| 47 | 氯氟氰菊酯和高效氯氟氰菊酯 | 2 | 杀虫剂 | GB 23200.8、GB 23200.113、GB/T 5009.146、NY/T 761 |
| 48 | 虫酰肼 | 10 | 杀虫剂 | GB/T 20769 |
| 49 | 氯虫苯甲酰胺 | 20* | 杀虫剂 | 无指定 |
| 50 | 敌百虫 | 0.1 | 杀虫剂 | GB/T 20769、NY/T 761 |
| 51 | 溴氰虫酰胺 | 7* | 杀虫剂 | 无指定 |
| 52 | 辛硫磷 | 0.1 | 杀虫剂 | GB/T 5009.102、GB/T 20769 |
| 53 | 甲萘威 | 5 | 杀虫剂 | GB/T 5009.145、GB/T 20769、NY/T 761 |
| 54 | 多杀霉素 | 10 | 杀虫剂 | GB/T 20769 |
| 55 | 氟吡菌胺 | 30* | 杀菌剂 | 无指定 |
| 56 | 敌草腈 | 0.3* | 除草剂 | 无指定 |
| 57 | 呋虫胺 | 6 | 杀虫剂 | GB 23200.37、GB 23200.51、GB/T 20769 |
| 58 | 氟啶虫胺腈 | 6* | 杀虫剂 | 无指定 |
| 59 | 螺虫乙酯 | 7 | 杀虫剂 | SN/T 4891 |
| 60 | 噻虫胺 | 2 | 杀虫剂 | GB/T 20769 |
| 61 | 氰氟虫腙 | 6 | 杀虫剂 | SN/T 3852 |

## 3.25 苋菜

苋菜中农药最大残留限量见表 3－25。

**表 3－25 苋菜中农药最大残留限量**

| 序号 | 农药中文名 | 最大残留限量(mg/kg) | 农药主要用途 | 检测方法 |
|---|---|---|---|---|
| 1 | 保棉磷 | 0.5 | 杀虫剂 | NY/T 761 |
| 2 | 百草枯 | 0.05* | 除草剂 | 无指定 |
| 3 | 倍硫磷 | 0.05 | 杀虫剂 | GB 23200.8、GB 23200.113、GB/T 20769 |
| 4 | 苯线磷 | 0.02 | 杀虫剂 | GB 23200.8、GB/T 5009.145 |
| 5 | 地虫硫磷 | 0.01 | 杀虫剂 | GB 23200.8、GB 23200.113 |

（续）

| 序号 | 农药中文名 | 最大残留限量（mg/kg） | 农药主要用途 | 检测方法 |
|---|---|---|---|---|
| 6 | 对硫磷 | 0.01 | 杀虫剂 | GB 23200.113、GB/T 5009.145 |
| 7 | 氰虫腈 | 0.02 | 杀虫剂 | SN/T 1982 |
| 8 | 甲胺磷 | 0.05 | 杀虫剂 | GB 23200.113、GB/T 5009.103、NY/T 761 |
| 9 | 甲拌磷 | 0.01 | 杀虫剂 | GB 23200.113 |
| 10 | 甲基对硫磷 | 0.02 | 杀虫剂 | GB 23200.113、NY/T 761 |
| 11 | 甲基硫环磷 | 0.03* | 杀虫剂 | NY/T 761 |
| 12 | 甲基异柳磷 | 0.01* | 杀虫剂 | GB/T 5009.144 |
| 13 | 腈菌唑 | 0.05 | 杀菌剂 | GB 23200.8、GB 23200.113、GB/T 20769、NY/T 1455 |
| 14 | 久效磷 | 0.03 | 杀虫剂 | GB 23200.113、NY/T 761 |
| 15 | 克百威 | 0.02 | 杀虫剂 | NY/T 761 |
| 16 | 磷胺 | 0.05 | 杀虫剂 | GB 23200.113、NY/T 761 |
| 17 | 硫环磷 | 0.03 | 杀虫剂 | GB 23200.113、NY/T 761 |
| 18 | 硫线磷 | 0.02 | 杀虫剂 | GB/T 20769 |
| 19 | 氯唑磷 | 0.01 | 杀虫剂 | GB 23200.113、GB/T 20769 |
| 20 | 灭多威 | 0.2 | 杀虫剂 | NY/T 761 |
| 21 | 灭线磷 | 0.02 | 杀线虫剂 | NY/T 761 |
| 22 | 内吸磷 | 0.02 | 杀虫/杀螨剂 | GB/T 20769 |
| 23 | 杀虫脒 | 0.01 | 杀虫剂 | GB/T 20769 |
| 24 | 杀螟硫磷 | 0.5* | 杀虫剂 | GB 23200.113、GB/T 14553、GB/T 20769、NY/T 761 |
| 25 | 杀扑磷 | 0.05 | 杀虫剂 | GB 23200.113、NY/T 761 |
| 26 | 水胺硫磷 | 0.05 | 杀虫剂 | GB 23200.113、NY/T 761 |
| 27 | 特丁硫磷 | 0.01 | 杀虫剂 | NY/T 761、NY/T 1379 |
| 28 | 涕灭威 | 0.03 | 杀虫剂 | NY/T 761 |
| 29 | 氧乐果 | 0.02 | 杀虫剂 | GB 23200.113、NY/T 761、NY/T 1379 |
| 30 | 乙酰甲胺磷 | 1 | 杀虫剂 | GB 23200.113、GB/T 5009.103、GB/T 5009.145、NY/T 761 |
| 31 | 蝇毒磷 | 0.05 | 杀虫剂 | GB 23200.8、GB 23200.113 |

（续）

| 序号 | 农药中文名 | 最大残留限量（mg/kg） | 农药主要用途 | 检测方法 |
|---|---|---|---|---|
| 32 | 治螟磷 | 0.01 | 杀虫剂 | GB 23200.8、GB 23200.113、NY/T 761 |
| 33 | 艾氏剂 | 0.05 | 杀虫剂 | GB 23200.113、GB/T 5009.19、NY/T 761 |
| 34 | 滴滴涕 | 0.05 | 杀虫剂 | GB 23200.113、GB/T 5009.19、NY/T 761 |
| 35 | 狄氏剂 | 0.05 | 杀虫剂 | GB 23200.113、GB/T 5009.19、NY/T 761 |
| 36 | 毒杀芬 | 0.05* | 杀虫剂 | YC/T 180（参照） |
| 37 | 六六六 | 0.05 | 杀虫剂 | GB 23200.113、GB/T 5009.19、NY/T 761 |
| 38 | 氯丹 | 0.02 | 杀虫剂 | GB/T 5009.19 |
| 39 | 灭蚁灵 | 0.01 | 杀虫剂 | GB/T 5009.19 |
| 40 | 七氯 | 0.02 | 杀虫剂 | GB/T 5009.19、NY/T 761 |
| 41 | 异狄氏剂 | 0.05 | 杀虫剂 | GB/T 5009.19、NY/T 761 |
| 42 | 虫酰肼 | 10 | 杀虫剂 | GB/T 20769 |
| 43 | 敌百虫 | 0.2 | 杀虫剂 | GB/T 20769、NY/T 761 |
| 44 | 敌草腈 | 0.3* | 除草剂 | 无指定 |
| 45 | 呋虫胺 | 6 | 杀虫剂 | GB 23200.37、GB 23200.51、GB/T 20769 |
| 46 | 氟啶虫胺腈 | 6* | 杀虫剂 | 无指定 |
| 47 | 螺虫乙酯 | 7 | 杀虫剂 | SN/T 4891 |
| 48 | 噻虫胺 | 2 | 杀虫剂 | GB/T 20769 |
| 49 | 敌敌畏 | 0.2 | 杀虫剂 | GB 23200.8、GB 23200.113、GB/T 5009.20、NY/T 761 |
| 50 | 啶虫脒 | 1.5 | 杀虫剂 | GB/T 20769、GB/T 23584 |
| 51 | 多杀霉素 | 10 | 杀虫剂 | GB/T 20769 |
| 52 | 氟吡菌胺 | 30* | 杀菌剂 | 无指定 |
| 53 | 甲萘威 | 1 | 杀虫剂 | GB/T 5009.145、GB/T 20769、NY/T 761 |
| 54 | 辛硫磷 | 0.05 | 杀虫剂 | GB/T 5009.102、GB/T 20769 |

（续）

| 序号 | 农药中文名 | 最大残留限量（mg/kg） | 农药主要用途 | 检测方法 |
| --- | --- | --- | --- | --- |
| 55 | 氯虫苯甲酰胺 | 20* | 杀虫剂 | 无指定 |
| 56 | 氯菊酯 | 1 | 杀虫剂 | GB 23200.8、GB 23200.113、NY/T 761 |
| 57 | 噻虫嗪 | 3 | 杀虫剂 | GB 23200.8、GB 23200.39、GB/T 20769 |
| 58 | 溴氰虫酰胺 | 20* | 杀虫剂 | 无指定 |
| 59 | 阿维菌素 | 0.05 | 杀虫剂 | GB 23200.19、GB 23200.20、NY/T 1379 |
| 60 | 氯氟氰菊酯和高效氯氟氰菊酯 | 5 | 杀虫剂 | GB 23200.8、GB 23200.113、GB/T 5009.146、NY/T 761 |
| 61 | 氯氰菊酯和高效氯氰菊酯 | 3 | 杀虫剂 | GB 23200.8、GB 23200.113、GB/T 5009.146、NY/T 761 |
| 62 | 氰戊菊酯和S-氰戊菊酯 | 5 | 杀虫剂 | GB 23200.8、GB 23200.113、NY/T 761 |
| 63 | 四聚乙醛 | 3* | 杀螺剂 | 无指定 |
| 64 | 双炔酰菌胺 | 23* | 杀菌剂 | 无指定 |

## 3.26　蕹菜

蕹菜中农药最大残留限量见表 3-26。

**表 3-26　蕹菜中农药最大残留限量**

| 序号 | 农药中文名 | 最大残留限量（mg/kg） | 农药主要用途 | 检测方法 |
| --- | --- | --- | --- | --- |
| 1 | 保棉磷 | 0.5 | 杀虫剂 | NY/T 761 |
| 2 | 百草枯 | 0.05 | 除草剂 | 无指定 |
| 3 | 倍硫磷 | 0.05* | 杀虫剂 | GB 23200.8、GB 23200.113、GB/T 20769 |
| 4 | 苯线磷 | 0.02 | 杀虫剂 | GB 23200.8、GB/T 5009.145 |
| 5 | 地虫硫磷 | 0.01 | 杀虫剂 | GB 23200.8、GB 23200.113 |
| 6 | 对硫磷 | 0.01 | 杀虫剂 | GB 23200.113、GB/T 5009.145 |
| 7 | 氟虫腈 | 0.02 | 杀虫剂 | SN/T 1982 |

（续）

| 序号 | 农药中文名 | 最大残留限量（mg/kg） | 农药主要用途 | 检测方法 |
|---|---|---|---|---|
| 8 | 甲胺磷 | 0.05 | 杀虫剂 | GB 23200.113、GB/T 5009.103、NY/T 761 |
| 9 | 甲拌磷 | 0.01 | 杀虫剂 | GB 23200.113 |
| 10 | 甲基对硫磷 | 0.02 | 杀虫剂 | GB 23200.113、NY/T 761 |
| 11 | 甲基硫环磷 | 0.03* | 杀虫剂 | NY/T 761 |
| 12 | 甲基异柳磷 | 0.01* | 杀虫剂 | GB/T 5009.144 |
| 13 | 腈菌唑 | 0.05 | 杀菌剂 | GB 23200.8、GB 23200.113、GB/T 20769、NY/T 1455 |
| 14 | 久效磷 | 0.03 | 杀虫剂 | GB 23200.113、NY/T 761 |
| 15 | 克百威 | 0.02 | 杀虫剂 | NY/T 761 |
| 16 | 磷胺 | 0.05 | 杀虫剂 | GB 23200.113、NY/T 761 |
| 17 | 硫环磷 | 0.03 | 杀虫剂 | GB 23200.113、NY/T 761 |
| 18 | 硫线磷 | 0.02 | 杀虫剂 | GB/T 20769 |
| 19 | 氯唑磷 | 0.01 | 杀虫剂 | GB 23200.113、GB/T 20769 |
| 20 | 灭多威 | 0.2 | 杀虫剂 | NY/T 761 |
| 21 | 灭线磷 | 0.02 | 杀线虫剂 | NY/T 761 |
| 22 | 内吸磷 | 0.02 | 杀虫/杀螨剂 | GB/T 20769 |
| 23 | 杀虫脒 | 0.01 | 杀虫剂 | GB/T 20769 |
| 24 | 杀螟硫磷 | 0.5* | 杀虫剂 | GB 23200.113、GB/T 14553、GB/T 20769、NY/T 761 |
| 25 | 杀扑磷 | 0.05 | 杀虫剂 | GB 23200.113、NY/T 761 |
| 26 | 水胺硫磷 | 0.05 | 杀虫剂 | GB 23200.113、NY/T 761 |
| 27 | 特丁硫磷 | 0.01 | 杀虫剂 | NY/T 761、NY/T 1379 |
| 28 | 涕灭威 | 0.03 | 杀虫剂 | NY/T 761 |
| 29 | 氧乐果 | 0.02 | 杀虫剂 | GB 23200.113、NY/T 761、NY/T 1379 |
| 30 | 乙酰甲胺磷 | 1 | 杀虫剂 | GB 23200.113、GB/T 5009.103、GB/T 5009.145、NY/T 761 |
| 31 | 蝇毒磷 | 0.05 | 杀虫剂 | GB 23200.8、GB 23200.113 |
| 32 | 治螟磷 | 0.01 | 杀虫剂 | GB 23200.8、GB 23200.113、NY/T 761 |

（续）

| 序号 | 农药中文名 | 最大残留限量（mg/kg） | 农药主要用途 | 检测方法 |
| --- | --- | --- | --- | --- |
| 33 | 艾氏剂 | 0.05 | 杀虫剂 | GB 23200.113、GB/T 5009.19、NY/T 761 |
| 34 | 滴滴涕 | 0.05 | 杀虫剂 | GB 23200.113、GB/T 5009.19、NY/T 761 |
| 35 | 狄氏剂 | 0.05 | 杀虫剂 | GB 23200.113、GB/T 5009.19、NY/T 761 |
| 36 | 毒杀芬 | 0.05* | 杀虫剂 | YC/T 180（参照） |
| 37 | 六六六 | 0.05 | 杀虫剂 | GB 23200.113、GB/T 5009.19、NY/T 761 |
| 38 | 氯丹 | 0.02 | 杀虫剂 | GB/T 5009.19 |
| 39 | 灭蚁灵 | 0.01 | 杀虫剂 | GB/T 5009.19 |
| 40 | 七氯 | 0.02 | 杀虫剂 | GB/T 5009.19、NY/T 761 |
| 41 | 异狄氏剂 | 0.05 | 杀虫剂 | GB/T 5009.19、NY/T 761 |
| 42 | 虫酰肼 | 10 | 杀虫剂 | GB/T 20769 |
| 43 | 敌百虫 | 0.2 | 杀虫剂 | GB/T 20769、NY/T 761 |
| 44 | 敌草腈 | 0.3* | 除草剂 | 无指定 |
| 45 | 呋虫胺 | 6 | 杀虫剂 | GB 23200.37、GB 23200.51、GB/T 20769 |
| 46 | 氟啶虫胺腈 | 6* | 杀虫剂 | 无指定 |
| 47 | 螺虫乙酯 | 7 | 杀虫剂 | SN/T 4891 |
| 48 | 噻虫胺 | 2 | 杀虫剂 | GB/T 20769 |
| 49 | 敌敌畏 | 0.2 | 杀虫剂 | GB 23200.8、GB 23200.113、GB/T 5009.20、NY/T 761 |
| 50 | 啶虫脒 | 1.5 | 杀虫剂 | GB/T 20769、GB/T 23584 |
| 51 | 多杀霉素 | 10 | 杀虫剂 | GB/T 20769 |
| 52 | 氟吡菌胺 | 30* | 杀菌剂 | 无指定 |
| 53 | 甲萘威 | 1 | 杀虫剂 | GB/T 5009.145、GB/T 20769、NY/T 761 |
| 54 | 辛硫磷 | 0.05 | 杀虫剂 | GB/T 5009.102、GB/T 20769 |
| 55 | 氯虫苯甲酰胺 | 20* | 杀虫剂 | 无指定 |
| 56 | 氯菊酯 | 1 | 杀虫剂 | GB 23200.8、GB 23200.113、NY/T 761 |

（续）

| 序号 | 农药中文名 | 最大残留限量（mg/kg） | 农药主要用途 | 检测方法 |
| --- | --- | --- | --- | --- |
| 57 | 氯氰菊酯和高效氯氰菊酯 | 0.7 | 杀虫剂 | GB 23200.8、GB 23200.113、GB/T 5009.146、NY/T 761 |
| 58 | 噻虫嗪 | 3 | 杀虫剂 | GB 23200.8、GB 23200.39、GB/T 20769 |
| 59 | 溴氰虫酰胺 | 20* | 杀虫剂 | 无指定 |
| 60 | 嘧菌酯 | 10 | 杀菌剂 | GB/T 20769、NY/T 1453、SN/T 1976 |
| 61 | 双炔酰菌胺 | 25* | 杀菌剂 | 无指定 |

## 3.27 茼蒿

茼蒿中农药最大残留限量见表3-27。

**表3-27 茼蒿中农药最大残留限量**

| 序号 | 农药中文名 | 最大残留限量（mg/kg） | 农药主要用途 | 检测方法 |
| --- | --- | --- | --- | --- |
| 1 | 保棉磷 | 0.5 | 杀虫剂 | NY/T 761 |
| 2 | 百草枯 | 0.05* | 除草剂 | 无指定 |
| 3 | 倍硫磷 | 0.05 | 杀虫剂 | GB 23200.8、GB 23200.113、GB/T 20769 |
| 4 | 苯线磷 | 0.02 | 杀虫剂 | GB 23200.8、GB/T 5009.145 |
| 5 | 地虫硫磷 | 0.01 | 杀虫剂 | GB 23200.8、GB 23200.113 |
| 6 | 对硫磷 | 0.01 | 杀虫剂 | GB 23200.113、GB/T 5009.145 |
| 7 | 氟虫腈 | 0.02 | 杀虫剂 | SN/T 1982 |
| 8 | 甲胺磷 | 0.05 | 杀虫剂 | GB 23200.113、GB/T 5009.103、NY/T 761 |
| 9 | 甲拌磷 | 0.01 | 杀虫剂 | GB 23200.113 |
| 10 | 甲基对硫磷 | 0.02 | 杀虫剂 | GB 23200.113、NY/T 761 |
| 11 | 甲基硫环磷 | 0.03* | 杀虫剂 | NY/T 761 |
| 12 | 甲基异柳磷 | 0.01* | 杀虫剂 | GB 23200.113、GB/T 5009.144 |
| 13 | 腈菌唑 | 0.05 | 杀菌剂 | GB 23200.8、GB 23200.113、GB/T 20769、NY/T 1455 |
| 14 | 久效磷 | 0.03 | 杀虫剂 | GB 23200.113、NY/T 761 |

（续）

| 序号 | 农药中文名 | 最大残留限量（mg/kg） | 农药主要用途 | 检测方法 |
|---|---|---|---|---|
| 15 | 克百威 | 0.02 | 杀虫剂 | NY/T 761 |
| 16 | 磷胺 | 0.05 | 杀虫剂 | GB 23200.113、NY/T 761 |
| 17 | 硫环磷 | 0.03 | 杀虫剂 | GB 23200.113、NY/T 761 |
| 18 | 硫线磷 | 0.02 | 杀虫剂 | GB/T 20769 |
| 19 | 氯唑磷 | 0.01 | 杀虫剂 | GB 23200.113、GB/T 20769 |
| 20 | 灭多威 | 0.2 | 杀虫剂 | NY/T 761 |
| 21 | 灭线磷 | 0.02 | 杀线虫剂 | NY/T 761 |
| 22 | 内吸磷 | 0.02 | 杀虫/杀螨剂 | GB/T 20769 |
| 23 | 杀虫脒 | 0.01 | 杀虫剂 | GB/T 20769 |
| 24 | 杀螟硫磷 | 0.5* | 杀虫剂 | GB 23200.113、GB/T 14553、GB/T 20769、NY/T 761 |
| 25 | 杀扑磷 | 0.05 | 杀虫剂 | GB 23200.113、NY/T 761 |
| 26 | 水胺硫磷 | 0.05 | 杀虫剂 | GB 23200.113、NY/T 761 |
| 27 | 特丁硫磷 | 0.01 | 杀虫剂 | NY/T 761、NY/T 1379 |
| 28 | 涕灭威 | 0.03 | 杀虫剂 | NY/T 761 |
| 29 | 氧乐果 | 0.02 | 杀虫剂 | GB 23200.113、NY/T 761、NY/T 1379 |
| 30 | 乙酰甲胺磷 | 1 | 杀虫剂 | GB 23200.113、GB/T 5009.103、GB/T 5009.145、NY/T 761 |
| 31 | 蝇毒磷 | 0.05 | 杀虫剂 | GB 23200.8、GB 23200.113 |
| 32 | 治螟磷 | 0.01 | 杀虫剂 | GB 23200.8、GB 23200.113、NY/T 761 |
| 33 | 艾氏剂 | 0.05 | 杀虫剂 | GB 23200.113、GB/T 5009.19、NY/T 761 |
| 34 | 滴滴涕 | 0.05 | 杀虫剂 | GB 23200.113、GB/T 5009.19、NY/T 761 |
| 35 | 狄氏剂 | 0.05 | 杀虫剂 | GB 23200.113、GB/T 5009.19、NY/T 761 |
| 36 | 毒杀芬 | 0.05* | 杀虫剂 | YC/T 180（参照） |
| 37 | 六六六 | 0.05 | 杀虫剂 | GB 23200.113、GB/T 5009.19、NY/T 761 |
| 38 | 氯丹 | 0.02 | 杀虫剂 | GB/T 5009.19 |

（续）

| 序号 | 农药中文名 | 最大残留限量（mg/kg） | 农药主要用途 | 检测方法 |
|---|---|---|---|---|
| 39 | 灭蚁灵 | 0.01 | 杀虫剂 | GB/T 5009.19 |
| 40 | 七氯 | 0.02 | 杀虫剂 | GB/T 5009.19、NY/T 761 |
| 41 | 异狄氏剂 | 0.05 | 杀虫剂 | GB/T 5009.19、NY/T 761 |
| 42 | 虫酰肼 | 10 | 杀虫剂 | GB/T 20769 |
| 43 | 敌百虫 | 0.2 | 杀虫剂 | GB/T 20769、NY/T 761 |
| 44 | 敌草腈 | 0.3* | 除草剂 | 无指定 |
| 45 | 呋虫胺 | 6 | 杀虫剂 | GB 23200.37、GB 23200.51、GB/T 20769 |
| 46 | 氟啶虫胺腈 | 6* | 杀虫剂 | 无指定 |
| 47 | 螺虫乙酯 | 7 | 杀虫剂 | SN/T 4891 |
| 48 | 噻虫胺 | 2 | 杀虫剂 | GB/T 20769 |
| 49 | 敌敌畏 | 0.2 | 杀虫剂 | GB 23200.8、GB 23200.113、GB/T 5009.20、NY/T 761 |
| 50 | 啶虫脒 | 1.5 | 杀虫剂 | GB/T 20769、GB/T 23584 |
| 51 | 多杀霉素 | 10 | 杀虫剂 | GB/T 20769 |
| 52 | 氟吡菌胺 | 30* | 杀菌剂 | 无指定 |
| 53 | 甲萘威 | 1 | 杀虫剂 | GB/T 5009.145、GB/T 20769、NY/T 761 |
| 54 | 辛硫磷 | 0.05 | 杀虫剂 | GB/T 5009.102、GB/T 20769 |
| 55 | 氯虫苯甲酰胺 | 20* | 杀虫剂 | 无指定 |
| 56 | 氯菊酯 | 1 | 杀虫剂 | GB 23200.8、GB 23200.113、NY/T 761 |
| 57 | 噻虫嗪 | 3 | 杀虫剂 | GB 23200.8、GB 23200.39、GB/T 20769 |
| 58 | 溴氰虫酰胺 | 20* | 杀虫剂 | 无指定 |
| 59 | 阿维菌素 | 0.05 | 杀虫剂 | GB 23200.19、GB 23200.20、NY/T 1379 |
| 60 | 除虫菊素 | 5 | 杀虫剂 | GB/T 20769 |
| 61 | 甲氰菊酯 | 7 | 杀虫剂 | GB 23200.8、GB 23200.113、NY/T 761、SN/T 2233 |
| 62 | 氯氟氰菊酯和高效氯氟氰菊酯 | 5 | 杀虫剂 | GB 23200.8、GB 23200.113、GB/T 5009.146、NY/T 761 |

（续）

| 序号 | 农药中文名 | 最大残留限量（mg/kg） | 农药主要用途 | 检测方法 |
|---|---|---|---|---|
| 63 | 氯氰菊酯和高效氯氰菊酯 | 7 | 杀虫剂 | GB 23200.8、GB 23200.113、GB/T 5009.146、NY/T 761 |
| 64 | 氰戊菊酯和S-氰戊菊酯 | 10 | 杀虫剂 | GB 23200.8、GB 23200.113、NY/T 761 |
| 65 | 四聚乙醛 | 10* | 杀螺剂 | 无指定 |
| 66 | 溴氰菊酯 | 2 | 杀虫剂 | GB 23200.8、GB 23200.113、NY/T 761、SN/T 0217 |
| 67 | 双炔酰菌胺 | 25* | 杀菌剂 | 无指定 |

## 3.28 大叶茼蒿

大叶茼蒿中农药最大残留限量见表 3-28。

**表 3-28 大叶茼蒿中农药最大残留限量**

| 序号 | 农药中文名 | 最大残留限量（mg/kg） | 农药主要用途 | 检测方法 |
|---|---|---|---|---|
| 1 | 保棉磷 | 0.5 | 杀虫剂 | NY/T 761 |
| 2 | 百草枯 | 0.05* | 除草剂 | 无指定 |
| 3 | 倍硫磷 | 0.05 | 杀虫剂 | GB 23200.8、GB 23200.113、GB/T 20769 |
| 4 | 苯线磷 | 0.02 | 杀虫剂 | GB 23200.8、GB/T 5009.145 |
| 5 | 地虫硫磷 | 0.01 | 杀虫剂 | GB 23200.8、GB 23200.113 |
| 6 | 对硫磷 | 0.01 | 杀虫剂 | GB 23200.113、GB/T 5009.145 |
| 7 | 氟虫腈 | 0.02 | 杀虫剂 | SN/T 1982 |
| 8 | 甲胺磷 | 0.05 | 杀虫剂 | GB 23200.113、GB/T 5009.103、NY/T 761 |
| 9 | 甲拌磷 | 0.01 | 杀虫剂 | GB 23200.113 |
| 10 | 甲基对硫磷 | 0.02 | 杀虫剂 | GB 23200.113、NY/T 761 |
| 11 | 甲基硫环磷 | 0.03* | 杀虫剂 | NY/T 761 |
| 12 | 甲基异柳磷 | 0.01* | 杀虫剂 | GB 23200.113、GB/T 5009.144 |
| 13 | 腈菌唑 | 0.05 | 杀菌剂 | GB 23200.8、GB 23200.113、GB/T 20769、NY/T 1455 |
| 14 | 久效磷 | 0.03 | 杀虫剂 | GB 23200.113、NY/T 761 |

（续）

| 序号 | 农药中文名 | 最大残留限量（mg/kg） | 农药主要用途 | 检测方法 |
|---|---|---|---|---|
| 15 | 克百威 | 0.02 | 杀虫剂 | NY/T 761 |
| 16 | 磷胺 | 0.05 | 杀虫剂 | GB 23200.113、NY/T 761 |
| 17 | 硫环磷 | 0.03 | 杀虫剂 | GB 23200.113、NY/T 761 |
| 18 | 硫线磷 | 0.02 | 杀虫剂 | GB/T 20769 |
| 19 | 氯唑磷 | 0.01 | 杀虫剂 | GB 23200.113、GB/T 20769 |
| 20 | 灭多威 | 0.2 | 杀虫剂 | NY/T 761 |
| 21 | 灭线磷 | 0.02 | 杀线虫剂 | NY/T 761 |
| 22 | 内吸磷 | 0.02 | 杀虫/杀螨剂 | GB/T 20769 |
| 23 | 杀虫脒 | 0.01 | 杀虫剂 | GB/T 20769 |
| 24 | 杀螟硫磷 | 0.5* | 杀虫剂 | GB 23200.113、GB/T 14553、GB/T 20769、NY/T 761 |
| 25 | 杀扑磷 | 0.05 | 杀虫剂 | GB 23200.113、NY/T 761 |
| 26 | 水胺硫磷 | 0.05 | 杀虫剂 | GB 23200.113、NY/T 761 |
| 27 | 特丁硫磷 | 0.01 | 杀虫剂 | NY/T 761、NY/T 1379 |
| 28 | 涕灭威 | 0.03 | 杀虫剂 | NY/T 761 |
| 29 | 氧乐果 | 0.02 | 杀虫剂 | GB 23200.113、NY/T 761、NY/T 1379 |
| 30 | 乙酰甲胺磷 | 1 | 杀虫剂 | GB 23200.113、GB/T 5009.103、GB/T 5009.145、NY/T 761 |
| 31 | 蝇毒磷 | 0.05 | 杀虫剂 | GB 23200.8、GB 23200.113 |
| 32 | 治螟磷 | 0.01 | 杀虫剂 | GB 23200.8、GB 23200.113、NY/T 761 |
| 33 | 艾氏剂 | 0.05 | 杀虫剂 | GB 23200.113、GB/T 5009.19、NY/T 761 |
| 34 | 滴滴涕 | 0.05 | 杀虫剂 | GB 23200.113、GB/T 5009.19、NY/T 761 |
| 35 | 狄氏剂 | 0.05 | 杀虫剂 | GB 23200.113、GB/T 5009.19、NY/T 761 |
| 36 | 毒杀芬 | 0.05* | 杀虫剂 | YC/T 180（参照） |
| 37 | 六六六 | 0.05 | 杀虫剂 | GB 23200.113、GB/T 5009.19、NY/T 761 |
| 38 | 氯丹 | 0.02 | 杀虫剂 | GB/T 5009.19 |

（续）

| 序号 | 农药中文名 | 最大残留限量（mg/kg） | 农药主要用途 | 检测方法 |
|---|---|---|---|---|
| 39 | 灭蚁灵 | 0.01 | 杀虫剂 | GB/T 5009.19 |
| 40 | 七氯 | 0.02 | 杀虫剂 | GB/T 5009.19、NY/T 761 |
| 41 | 异狄氏剂 | 0.05 | 杀虫剂 | GB/T 5009.19、NY/T 761 |
| 42 | 虫酰肼 | 10 | 杀虫剂 | GB/T 20769 |
| 43 | 敌百虫 | 0.2 | 杀虫剂 | GB/T 20769、NY/T 761 |
| 44 | 敌草腈 | 0.3* | 除草剂 | 无指定 |
| 45 | 呋虫胺 | 6 | 杀虫剂 | GB 23200.37、GB 23200.51、GB/T 20769 |
| 46 | 氟啶虫胺腈 | 6* | 杀虫剂 | 无指定 |
| 47 | 螺虫乙酯 | 7 | 杀虫剂 | SN/T 4891 |
| 48 | 噻虫胺 | 2 | 杀虫剂 | GB/T 20769 |
| 49 | 敌敌畏 | 0.2 | 杀虫剂 | GB 23200.8、GB 23200.113、GB/T 5009.20、NY/T 761 |
| 50 | 啶虫脒 | 1.5 | 杀虫剂 | GB/T 20769、GB/T 23584 |
| 51 | 多杀霉素 | 10 | 杀虫剂 | GB/T 20769 |
| 52 | 氟吡菌胺 | 30* | 杀菌剂 | 无指定 |
| 53 | 甲萘威 | 1 | 杀虫剂 | GB/T 5009.145、GB/T 20769、NY/T 761 |
| 54 | 辛硫磷 | 0.05 | 杀虫剂 | GB/T 5009.102、GB/T 20769 |
| 55 | 氯虫苯甲酰胺 | 20* | 杀虫剂 | 无指定 |
| 56 | 氯菊酯 | 1 | 杀虫剂 | GB 23200.8、GB 23200.113、NY/T 761 |
| 57 | 氯氰菊酯和高效氯氰菊酯 | 0.7 | 杀虫剂 | GB 23200.8、GB 23200.113、GB/T 5009.146、NY/T 761 |
| 58 | 噻虫嗪 | 3 | 杀虫剂 | GB 23200.8、GB 23200.39、GB/T 20769 |
| 59 | 溴氰虫酰胺 | 20* | 杀虫剂 | 无指定 |
| 60 | 双炔酰菌胺 | 25* | 杀菌剂 | 无指定 |

## 3.29　叶用莴苣

叶用莴苣中农药最大残留限量见表 3－29。

**表 3-29 叶用莴苣中农药最大残留限量**

| 序号 | 农药中文名 | 最大残留限量(mg/kg) | 农药主要用途 | 检测方法 |
|---|---|---|---|---|
| 1 | 保棉磷 | 0.5 | 杀虫剂 | NY/T 761 |
| 2 | 百草枯 | 0.05* | 除草剂 | 无指定 |
| 3 | 倍硫磷 | 0.05 | 杀虫剂 | GB 23200.8、GB 23200.113、GB/T 20769 |
| 4 | 苯线磷 | 0.02 | 杀虫剂 | GB 23200.8、GB/T 5009.145 |
| 5 | 地虫硫磷 | 0.01 | 杀虫剂 | GB 23200.8、GB 23200.113 |
| 6 | 对硫磷 | 0.01 | 杀虫剂 | GB 23200.113、GB/T 5009.145 |
| 7 | 氟虫腈 | 0.02 | 杀虫剂 | SN/T 1982 |
| 8 | 甲胺磷 | 0.05 | 杀虫剂 | GB 23200.113、GB/T 5009.103、NY/T 761 |
| 9 | 甲拌磷 | 0.01 | 杀虫剂 | GB 23200.113 |
| 10 | 甲基对硫磷 | 0.02 | 杀虫剂 | GB 23200.113、NY/T 761 |
| 11 | 甲基硫环磷 | 0.03* | 杀虫剂 | NY/T 761 |
| 12 | 甲基异柳磷 | 0.01* | 杀虫剂 | GB 23200.113、GB/T 5009.144 |
| 13 | 腈菌唑 | 0.05 | 杀菌剂 | GB 23200.8、GB 23200.113、GB/T 20769、NY/T 1455 |
| 14 | 久效磷 | 0.03 | 杀虫剂 | GB 23200.113、NY/T 761 |
| 15 | 克百威 | 0.02 | 杀虫剂 | NY/T 761 |
| 16 | 磷胺 | 0.05 | 杀虫剂 | GB 23200.113、NY/T 761 |
| 17 | 硫环磷 | 0.03 | 杀虫剂 | GB 23200.113、NY/T 761 |
| 18 | 硫线磷 | 0.02 | 杀虫剂 | GB/T 20769 |
| 19 | 氯唑磷 | 0.01 | 杀虫剂 | GB 23200.113、GB/T 20769 |
| 20 | 灭多威 | 0.2 | 杀虫剂 | NY/T 761 |
| 21 | 灭线磷 | 0.02 | 杀线虫剂 | NY/T 761 |
| 22 | 内吸磷 | 0.02 | 杀虫/杀螨剂 | GB/T 20769 |
| 23 | 杀虫脒 | 0.01 | 杀虫剂 | GB/T 20769 |
| 24 | 杀螟硫磷 | 0.5* | 杀虫剂 | GB 23200.113、GB/T 14553、GB/T 20769、NY/T 761 |
| 25 | 杀扑磷 | 0.05 | 杀虫剂 | GB 23200.113、NY/T 761 |
| 26 | 水胺硫磷 | 0.05 | 杀虫剂 | GB 23200.113、NY/T 761 |

（续）

| 序号 | 农药中文名 | 最大残留限量（mg/kg） | 农药主要用途 | 检测方法 |
|---|---|---|---|---|
| 27 | 特丁硫磷 | 0.01 | 杀虫剂 | NY/T 761、NY/T 1379 |
| 28 | 涕灭威 | 0.03 | 杀虫剂 | NY/T 761 |
| 29 | 氧乐果 | 0.02 | 杀虫剂 | GB 23200.113、NY/T 761、NY/T 1379 |
| 30 | 乙酰甲胺磷 | 1 | 杀虫剂 | GB 23200.113、GB/T 5009.103、GB/T 5009.145、NY/T 761 |
| 31 | 蝇毒磷 | 0.05 | 杀虫剂 | GB 23200.8、GB 23200.113 |
| 32 | 治螟磷 | 0.01 | 杀虫剂 | GB 23200.8、GB 23200.113、NY/T 761 |
| 33 | 艾氏剂 | 0.05 | 杀虫剂 | GB 23200.113、GB/T 5009.19、NY/T 761 |
| 34 | 滴滴涕 | 0.05 | 杀虫剂 | GB 23200.113、GB/T 5009.19、NY/T 761 |
| 35 | 狄氏剂 | 0.05 | 杀虫剂 | GB 23200.113、GB/T 5009.19、NY/T 761 |
| 36 | 毒杀芬 | 0.05* | 杀虫剂 | YC/T 180（参照） |
| 37 | 六六六 | 0.05 | 杀虫剂 | GB 23200.113、GB/T 5009.19、NY/T 761 |
| 38 | 氯丹 | 0.02 | 杀虫剂 | GB/T 5009.19 |
| 39 | 灭蚁灵 | 0.01 | 杀虫剂 | GB/T 5009.19 |
| 40 | 七氯 | 0.02 | 杀虫剂 | GB/T 5009.19、NY/T 761 |
| 41 | 异狄氏剂 | 0.05 | 杀虫剂 | GB/T 5009.19、NY/T 761 |
| 42 | 虫酰肼 | 10 | 杀虫剂 | GB/T 20769 |
| 43 | 敌百虫 | 0.2 | 杀虫剂 | GB/T 20769、NY/T 761 |
| 44 | 敌草腈 | 0.3* | 除草剂 | 无指定 |
| 45 | 呋虫胺 | 6 | 杀虫剂 | GB 23200.37、GB 23200.51、GB/T 20769 |
| 46 | 氟啶虫胺腈 | 6* | 杀虫剂 | 无指定 |
| 47 | 螺虫乙酯 | 7 | 杀虫剂 | SN/T 4891 |
| 48 | 噻虫胺 | 2 | 杀虫剂 | GB/T 20769 |
| 49 | 敌敌畏 | 0.2 | 杀虫剂 | GB 23200.8、GB 23200.113、GB/T 5009.20、NY/T 761 |

（续）

| 序号 | 农药中文名 | 最大残留限量（mg/kg） | 农药主要用途 | 检测方法 |
| --- | --- | --- | --- | --- |
| 50 | 啶虫脒 | 1.5 | 杀虫剂 | GB/T 20769、GB/T 23584 |
| 51 | 多杀霉素 | 10 | 杀虫剂 | GB/T 20769 |
| 52 | 氟吡菌胺 | 30* | 杀菌剂 | 无指定 |
| 53 | 甲萘威 | 1 | 杀虫剂 | GB/T 5009.145、GB/T 20769、NY/T 761 |
| 54 | 辛硫磷 | 0.05 | 杀虫剂 | GB/T 5009.102、GB/T 20769 |
| 55 | 氯虫苯甲酰胺 | 20* | 杀虫剂 | 无指定 |
| 56 | 氯菊酯 | 1 | 杀虫剂 | GB 23200.8、GB 23200.113、NY/T 761 |
| 57 | 噻虫嗪 | 3 | 杀虫剂 | GB 23200.8、GB 23200.39、GB/T 20769 |
| 58 | 溴氰虫酰胺 | 20* | 杀虫剂 | 无指定 |
| 59 | 阿维菌素 | 0.05 | 杀虫剂 | GB 23200.19、GB 23200.20、NY/T 1379 |
| 60 | 百菌清 | 5 | 杀菌剂 | GB/T 5009.105、NY/T 761、SN/T 2320 |
| 61 | 苯氟磺胺 | 10 | 杀菌剂 | SN/T 2320（参照） |
| 62 | 苯醚甲环唑 | 2 | 杀菌剂 | GB 23200.8、GB 23200.49、GB 23200.113、GB/T 5009.218 |
| 63 | 吡虫啉 | 1 | 杀虫剂 | GB/T 20769、GB/T 23379 |
| 64 | 吡唑醚菌酯 | 2 | 杀菌剂 | GB 23200.8 |
| 65 | 草铵膦 | 0.4* | 除草剂 | 无指定 |
| 66 | 除虫菊素 | 5 | 杀虫剂 | GB/T 20769 |
| 67 | 除虫脲 | 1 | 杀虫剂 | GB/T 5009.147、NY/T 1720 |
| 68 | 毒死蜱 | 0.1 | 杀虫剂 | GB 23200.8、GB 23200.113、NY/T 761、SN/T 2158 |
| 69 | 二甲戊灵 | 0.1 | 除草剂 | GB 23200.8、GB 23200.113、NY/T 1379 |
| 70 | 二嗪磷 | 0.5 | 杀虫剂 | GB 23200.8、GB 23200.113、GB/T 20769、GB/T 5009.107 |
| 71 | 伏杀硫磷 | 1 | 杀虫剂 | GB 23200.8、GB 23200.113、NY/T 761 |

（续）

| 序号 | 农药中文名 | 最大残留限量（mg/kg） | 农药主要用途 | 检测方法 |
|---|---|---|---|---|
| 72 | 氟苯虫酰胺 | 7* | 杀虫剂 | 无指定 |
| 73 | 咯菌腈 | 40 | 杀菌剂 | GB 23200.8、GB 23200.113、GB/T 20769 |
| 74 | 环酰菌胺 | 30* | 杀菌剂 | 无指定 |
| 75 | 甲基立枯磷 | 2 | 杀菌剂 | GB 23200.8、GB 23200.113 |
| 76 | 甲氰菊酯 | 0.5 | 杀虫剂 | GB 23200.8、GB 23200.113、NY/T 761、SN/T 2233 |
| 77 | 抗蚜威 | 5 | 杀虫剂 | GB 23200.8、GB 23200.113、GB/T 20769、SN/T 0134 |
| 78 | 喹氧灵 | 20* | 杀菌剂 | 无指定 |
| 79 | 乐果 | 1* | 杀虫剂 | GB 23200.113、GB/T 5009.145、GB/T 20769、NY/T 761 |
| 80 | 氯氟氰菊酯和高效氯氟氰菊酯 | 2 | 杀虫剂 | GB 23200.8、GB 23200.113、GB/T 5009.146、NY/T 761 |
| 81 | 氯氰菊酯和高效氯氰菊酯 | 2 | 杀虫剂 | GB 23200.8、GB 23200.113、GB/T 5009.146、NY/T 761 |
| 82 | 马拉硫磷 | 8 | 杀虫剂 | GB 23200.8、GB 23200.113、GB/T 20769、NY/T 761 |
| 83 | 咪唑菌酮 | 0.9 | 杀菌剂 | GB 23200.8、GB 23200.113 |
| 84 | 嘧菌环胺 | 10 | 杀菌剂 | GB 23200.8、GB 23200.113、GB/T 20769、NY/T 1379 |
| 85 | 嘧菌酯 | 3 | 杀菌剂 | GB/T 20769、NY/T 1453、SN/T 1976 |
| 86 | 灭蝇胺 | 4 | 杀虫剂 | NY/T 1725 |
| 87 | 氰戊菊酯和S-氰戊菊酯 | 1 | 杀虫剂 | GB 23200.8、GB 23200.113、NY/T 761 |
| 88 | 炔苯酰草胺 | 0.05 | 除草剂 | GB 23200.113、GB/T 20769 |
| 89 | 炔螨特 | 2 | 杀螨剂 | NY/T 1652 |
| 90 | 噻草酮 | 1.5* | 除草剂 | GB 23200.38 |
| 91 | 四聚乙醛 | 3* | 杀螺剂 | 无指定 |
| 92 | 溴氰菊酯 | 2 | 杀虫剂 | GB 23200.8、GB 23200.113、NY/T 761、SN/T 0217 |

（续）

| 序号 | 农药中文名 | 最大残留限量（mg/kg） | 农药主要用途 | 检测方法 |
|---|---|---|---|---|
| 93 | 乙基多杀菌素 | 10* | 杀虫剂 | 无指定 |
| 94 | 茚虫威 | 10 | 杀虫剂 | GB/T 20769 |
| 95 | 增效醚 | 50 | 增效剂 | GB 23200.8、GB 23200.113 |
| 96 | 双炔酰菌胺 | 25* | 杀菌剂 | 无指定 |

## 3.30 结球莴苣

结球莴苣中农药最大残留限量见表 3－30。

**表 3－30 结球莴苣中农药最大残留限量**

| 序号 | 农药中文名 | 最大残留限量（mg/kg） | 农药主要用途 | 检测方法 |
|---|---|---|---|---|
| 1 | 保棉磷 | 0.5 | 杀虫剂 | NY/T 761 |
| 2 | 百草枯 | 0.05* | 除草剂 | 无指定 |
| 3 | 倍硫磷 | 0.05 | 杀虫剂 | GB 23200.8、GB 23200.113、GB/T 20769 |
| 4 | 苯线磷 | 0.02 | 杀虫剂 | GB 23200.8、GB/T 5009.145 |
| 5 | 地虫硫磷 | 0.01 | 杀虫剂 | GB 23200.8、GB 23200.113 |
| 6 | 对硫磷 | 0.01 | 杀虫剂 | GB 23200.113、GB/T 5009.145 |
| 7 | 氰虫腈 | 0.02 | 杀虫剂 | SN/T 1982 |
| 8 | 甲胺磷 | 0.05 | 杀虫剂 | GB 23200.113、GB/T 5009.103、NY/T 761 |
| 9 | 甲拌磷 | 0.01 | 杀虫剂 | GB 23200.113 |
| 10 | 甲基对硫磷 | 0.02 | 杀虫剂 | GB 23200.113、NY/T 761 |
| 11 | 甲基硫环磷 | 0.03* | 杀虫剂 | NY/T 761 |
| 12 | 甲基异柳磷 | 0.01* | 杀虫剂 | GB/T 5009.144 |
| 13 | 腈菌唑 | 0.05 | 杀菌剂 | GB 23200.8、GB 23200.113、GB/T 20769、NY/T 1455 |
| 14 | 久效磷 | 0.03 | 杀虫剂 | GB 23200.113、NY/T 761 |
| 15 | 克百威 | 0.02 | 杀虫剂 | NY/T 761 |
| 16 | 磷胺 | 0.05 | 杀虫剂 | GB 23200.113、NY/T 761 |
| 17 | 硫环磷 | 0.03 | 杀虫剂 | GB 23200.113、NY/T 761 |

（续）

| 序号 | 农药中文名 | 最大残留限量（mg/kg） | 农药主要用途 | 检测方法 |
|---|---|---|---|---|
| 18 | 硫线磷 | 0.02 | 杀虫剂 | GB/T 20769 |
| 19 | 氯唑磷 | 0.01 | 杀虫剂 | GB 23200.113、GB/T 20769 |
| 20 | 灭多威 | 0.2 | 杀虫剂 | NY/T 761 |
| 21 | 灭线磷 | 0.02 | 杀线虫剂 | NY/T 761 |
| 22 | 内吸磷 | 0.02 | 杀虫/杀螨剂 | GB/T 20769 |
| 23 | 杀虫脒 | 0.01 | 杀虫剂 | GB/T 20769 |
| 24 | 杀螟硫磷 | 0.5* | 杀虫剂 | GB 23200.113、GB/T 14553、GB/T 20769、NY/T 761 |
| 25 | 杀扑磷 | 0.05 | 杀虫剂 | GB 23200.113、NY/T 761 |
| 26 | 水胺硫磷 | 0.05 | 杀虫剂 | GB 23200.113、NY/T 761 |
| 27 | 特丁硫磷 | 0.01 | 杀虫剂 | NY/T 761、NY/T 1379 |
| 28 | 涕灭威 | 0.03 | 杀虫剂 | NY/T 761 |
| 29 | 氧乐果 | 0.02 | 杀虫剂 | GB 23200.113、NY/T 761、NY/T 1379 |
| 30 | 乙酰甲胺磷 | 1 | 杀虫剂 | GB 23200.113、GB/T 5009.103、GB/T 5009.145、NY/T 761 |
| 31 | 蝇毒磷 | 0.05 | 杀虫剂 | GB 23200.8、GB 23200.113 |
| 32 | 治螟磷 | 0.01 | 杀虫剂 | GB 23200.8、GB 23200.113、NY/T 761 |
| 33 | 艾氏剂 | 0.05 | 杀虫剂 | GB 23200.113、GB/T 5009.19、NY/T 761 |
| 34 | 滴滴涕 | 0.05 | 杀虫剂 | GB 23200.113、GB/T 5009.19、NY/T 761 |
| 35 | 狄氏剂 | 0.05 | 杀虫剂 | GB 23200.113、GB/T 5009.19、NY/T 761 |
| 36 | 毒杀芬 | 0.05* | 杀虫剂 | YC/T 180（参照） |
| 37 | 六六六 | 0.05 | 杀虫剂 | GB 23200.113、GB/T 5009.19、NY/T 761 |
| 38 | 氯丹 | 0.02 | 杀虫剂 | GB/T 5009.19 |
| 39 | 灭蚁灵 | 0.01 | 杀虫剂 | GB/T 5009.19 |
| 40 | 七氯 | 0.02 | 杀虫剂 | GB/T 5009.19、NY/T 761 |
| 41 | 异狄氏剂 | 0.05 | 杀虫剂 | GB/T 5009.19、NY/T 761 |

（续）

| 序号 | 农药中文名 | 最大残留限量（mg/kg） | 农药主要用途 | 检测方法 |
|---|---|---|---|---|
| 42 | 虫酰肼 | 10 | 杀虫剂 | GB/T 20769 |
| 43 | 敌百虫 | 0.2 | 杀虫剂 | GB/T 20769、NY/T 761 |
| 44 | 敌草腈 | 0.3* | 除草剂 | 无指定 |
| 45 | 呋虫胺 | 6 | 杀虫剂 | GB 23200.37、GB 23200.51、GB/T 20769 |
| 46 | 氟啶虫胺腈 | 6* | 杀虫剂 | 无指定 |
| 47 | 螺虫乙酯 | 7 | 杀虫剂 | SN/T 4891 |
| 48 | 噻虫胺 | 2 | 杀虫剂 | GB/T 20769 |
| 49 | 敌敌畏 | 0.2 | 杀虫剂 | GB 23200.8、GB 23200.113、GB/T 5009.20、NY/T 761 |
| 50 | 啶虫脒 | 1.5 | 杀虫剂 | GB/T 20769、GB/T 23584 |
| 51 | 多杀霉素 | 10 | 杀虫剂 | GB/T 20769 |
| 52 | 氟吡菌胺 | 30* | 杀菌剂 | 无指定 |
| 53 | 甲萘威 | 1 | 杀虫剂 | GB/T 5009.145、GB/T 20769、NY/T 761 |
| 54 | 辛硫磷 | 0.05 | 杀虫剂 | GB/T 5009.102、GB/T 20769 |
| 55 | 氯虫苯甲酰胺 | 20* | 杀虫剂 | 无指定 |
| 56 | 氯菊酯 | 1 | 杀虫剂 | GB 23200.8、GB 23200.113、NY/T 761 |
| 57 | 噻虫嗪 | 3 | 杀虫剂 | GB 23200.8、GB 23200.39、GB/T 20769 |
| 58 | 苯醚甲环唑 | 2 | 杀菌剂 | GB 23200.8、GB 23200.49、GB 23200.113、GB/T 5009.218 |
| 59 | 苯霜灵 | 1 | 杀菌剂 | GB 23200.8、GB 23200.113、GB/T 20769 |
| 60 | 吡虫啉 | 2 | 杀虫剂 | GB/T 20769、GB/T 23379 |
| 61 | 草铵膦 | 0.4* | 除草剂 | 无指定 |
| 62 | 代森联 | 0.5 | 杀菌剂 | SN 0139、SN 0157、SN/T 1541（参照） |
| 63 | 多菌灵 | 5 | 杀菌剂 | GB/T 20769、NY/T 1453 |
| 64 | 二嗪磷 | 0.5 | 杀虫剂 | GB 23200.8、GB 23200.113、GB/T 20769、GB/T 5009.107 |

（续）

| 序号 | 农药中文名 | 最大残留限量（mg/kg） | 农药主要用途 | 检测方法 |
| --- | --- | --- | --- | --- |
| 65 | 氟苯虫酰胺 | 5* | 杀虫剂 | 无指定 |
| 66 | 咯菌腈 | 10 | 杀菌剂 | GB 23200.8、GB 23200.113、GB/T 20769 |
| 67 | 环酰菌胺 | 30* | 杀菌剂 | 无指定 |
| 68 | 甲苯氟磺胺 | 15 | 杀菌剂 | GB 23200.8 |
| 69 | 甲基立枯磷 | 2 | 杀菌剂 | GB 23200.8、GB 23200.113 |
| 70 | 甲硫威 | 0.05 | 杀软体动物剂 | SN/T 2560（参照） |
| 71 | 甲霜灵和精甲霜灵 | 2 | 杀菌剂 | GB 23200.8、GB/T 20769 |
| 72 | 抗蚜威 | 5 | 杀虫剂 | GB 23200.8、GB 23200.113、GB/T 20769、SN/T 0134 |
| 73 | 喹氧灵 | 8* | 杀菌剂 | 无指定 |
| 74 | 氯菊酯 | 2 | 杀虫剂 | GB 23200.8、GB 23200.113、NY/T 761 |
| 75 | 咪唑菌酮 | 20 | 杀菌剂 | GB 23200.8、GB 23200.113 |
| 76 | 嘧菌环胺 | 10 | 杀菌剂 | GB 23200.8、GB 23200.113、GB/T 20769、NY/T 1379 |
| 77 | 嘧霉胺 | 3 | 杀菌剂 | GB 23200.8、GB 23200.113、GB/T 20769 |
| 78 | 灭菌丹 | 50 | 杀菌剂 | GB/T 20769、SN/T 2320 |
| 79 | 灭蝇胺 | 4 | 杀虫剂 | NY/T 1725 |
| 80 | 氰氟虫腙 | 7 | 杀虫剂 | SN/T 3852（参照） |
| 81 | 噻草酮 | 1.5* | 除草剂 | GB 23200.38 |
| 82 | 肟菌酯 | 15 | 杀菌剂 | GB 23200.8、GB 23200.113、GB/T 20769 |
| 83 | 戊唑醇 | 5 | 杀菌剂 | GB 23200.8、GB 23200.113、GB/T 20769 |
| 84 | 烯酰吗啉 | 10 | 杀菌剂 | GB/T 20769 |
| 85 | 溴氰虫酰胺 | 5* | 杀虫剂 | 无指定 |
| 86 | 乙基多杀菌素 | 10* | 杀虫剂 | 无指定 |
| 87 | 茚虫威 | 7 | 杀虫剂 | GB/T 20769 |
| 88 | 双炔酰菌胺 | 25* | 杀菌剂 | 无指定 |

## 3.31 苦苣

苦苣中农药最大残留限量见表 3－31。

**表 3－31 苦苣中农药最大残留限量**

| 序号 | 农药中文名 | 最大残留限量（mg/kg） | 农药主要用途 | 检测方法 |
|---|---|---|---|---|
| 1 | 保棉磷 | 0.5 | 杀虫剂 | NY/T 761 |
| 2 | 百草枯 | 0.05* | 除草剂 | 无指定 |
| 3 | 倍硫磷 | 0.05 | 杀虫剂 | GB 23200.8、GB 23200.113、GB/T 20769 |
| 4 | 苯线磷 | 0.02 | 杀虫剂 | GB 23200.8、GB/T 5009.145 |
| 5 | 地虫硫磷 | 0.01 | 杀虫剂 | GB 23200.8、GB 23200.113 |
| 6 | 对硫磷 | 0.01 | 杀虫剂 | GB 23200.113、GB/T 5009.145 |
| 7 | 氟虫腈 | 0.02 | 杀虫剂 | SN/T 1982 |
| 8 | 甲胺磷 | 0.05 | 杀虫剂 | GB 23200.113、GB/T 5009.103、NY/T 761 |
| 9 | 甲拌磷 | 0.01 | 杀虫剂 | GB 23200.113 |
| 10 | 甲基对硫磷 | 0.02 | 杀虫剂 | GB 23200.113、NY/T 761 |
| 11 | 甲基硫环磷 | 0.03* | 杀虫剂 | NY/T 761 |
| 12 | 甲基异柳磷 | 0.01* | 杀虫剂 | GB 23200.113、GB/T 5009.144 |
| 13 | 腈菌唑 | 0.05 | 杀菌剂 | GB 23200.8、GB 23200.113、GB/T 20769、NY/T 1455 |
| 14 | 久效磷 | 0.03 | 杀虫剂 | GB 23200.113、NY/T 761 |
| 15 | 克百威 | 0.02 | 杀虫剂 | NY/T 761 |
| 16 | 磷胺 | 0.05 | 杀虫剂 | GB 23200.113、NY/T 761 |
| 17 | 硫环磷 | 0.03 | 杀虫剂 | GB 23200.113、NY/T 761 |
| 18 | 硫线磷 | 0.02 | 杀虫剂 | GB/T 20769 |
| 19 | 氯唑磷 | 0.01 | 杀虫剂 | GB 23200.113、GB/T 20769 |
| 20 | 灭多威 | 0.2 | 杀虫剂 | NY/T 761 |
| 21 | 灭线磷 | 0.02 | 杀线虫剂 | NY/T 761 |
| 22 | 内吸磷 | 0.02 | 杀虫/杀螨剂 | GB/T 20769 |
| 23 | 杀虫脒 | 0.01 | 杀虫剂 | GB/T 20769 |
| 24 | 杀螟硫磷 | 0.5* | 杀虫剂 | GB 23200.113、GB/T 14553、GB/T 20769、NY/T 761 |

（续）

| 序号 | 农药中文名 | 最大残留限量（mg/kg） | 农药主要用途 | 检测方法 |
|---|---|---|---|---|
| 25 | 杀扑磷 | 0.05 | 杀虫剂 | GB 23200.113、NY/T 761 |
| 26 | 水胺硫磷 | 0.05 | 杀虫剂 | GB 23200.113、NY/T 761 |
| 27 | 特丁硫磷 | 0.01 | 杀虫剂 | NY/T 761、NY/T 1379 |
| 28 | 涕灭威 | 0.03 | 杀虫剂 | NY/T 761 |
| 29 | 氧乐果 | 0.02 | 杀虫剂 | GB 23200.113、NY/T 761、NY/T 1379 |
| 30 | 乙酰甲胺磷 | 1 | 杀虫剂 | GB 23200.113、GB/T 5009.103、GB/T 5009.145、NY/T 761 |
| 31 | 蝇毒磷 | 0.05 | 杀虫剂 | GB 23200.8、GB 23200.113 |
| 32 | 治螟磷 | 0.01 | 杀虫剂 | GB 23200.8、GB 23200.113、NY/T 761 |
| 33 | 艾氏剂 | 0.05 | 杀虫剂 | GB 23200.113、GB/T 5009.19、NY/T 761 |
| 34 | 滴滴涕 | 0.05 | 杀虫剂 | GB 23200.113、GB/T 5009.19、NY/T 761 |
| 35 | 狄氏剂 | 0.05 | 杀虫剂 | GB 23200.113、GB/T 5009.19、NY/T 761 |
| 36 | 毒杀芬 | 0.05* | 杀虫剂 | YC/T 180（参照） |
| 37 | 六六六 | 0.05 | 杀虫剂 | GB 23200.113、GB/T 5009.19、NY/T 761 |
| 38 | 氯丹 | 0.02 | 杀虫剂 | GB/T 5009.19 |
| 39 | 灭蚁灵 | 0.01 | 杀虫剂 | GB/T 5009.19 |
| 40 | 七氯 | 0.02 | 杀虫剂 | GB/T 5009.19、NY/T 761 |
| 41 | 异狄氏剂 | 0.05 | 杀虫剂 | GB/T 5009.19、NY/T 761 |
| 42 | 虫酰肼 | 10 | 杀虫剂 | GB/T 20769 |
| 43 | 敌百虫 | 0.2 | 杀虫剂 | GB/T 20769、NY/T 761 |
| 44 | 敌草腈 | 0.3* | 除草剂 | 无指定 |
| 45 | 呋虫胺 | 6 | 杀虫剂 | GB 23200.37、GB 23200.51、GB/T 20769 |
| 46 | 氟啶虫胺腈 | 6* | 杀虫剂 | 无指定 |
| 47 | 螺虫乙酯 | 7 | 杀虫剂 | SN/T 4891 |
| 48 | 噻虫胺 | 2 | 杀虫剂 | GB/T 20769 |

（续）

| 序号 | 农药中文名 | 最大残留限量（mg/kg） | 农药主要用途 | 检测方法 |
|---|---|---|---|---|
| 49 | 敌敌畏 | 0.2 | 杀虫剂 | GB 23200.8、GB 23200.113、GB/T 5009.20、NY/T 761 |
| 50 | 啶虫脒 | 1.5 | 杀虫剂 | GB/T 20769、GB/T 23584 |
| 51 | 多杀霉素 | 10 | 杀虫剂 | GB/T 20769 |
| 52 | 氟吡菌胺 | 30* | 杀菌剂 | 无指定 |
| 53 | 甲萘威 | 1 | 杀虫剂 | GB/T 5009.145、GB/T 20769、NY/T 761 |
| 54 | 辛硫磷 | 0.05 | 杀虫剂 | GB/T 5009.102、GB/T 20769 |
| 55 | 氯虫苯甲酰胺 | 20* | 杀虫剂 | 无指定 |
| 56 | 氯菊酯 | 1 | 杀虫剂 | GB 23200.8、GB 23200.113、NY/T 761 |
| 57 | 氯氰菊酯和高效氯氰菊酯 | 0.7 | 杀虫剂 | GB 23200.8、GB 23200.113、GB/T 5009.146、NY/T 761 |
| 58 | 噻虫嗪 | 3 | 杀虫剂 | GB 23200.8、GB 23200.39、GB/T 20769 |
| 59 | 溴氰虫酰胺 | 20* | 杀虫剂 | 无指定 |
| 60 | 双炔酰菌胺 | 25* | 杀菌剂 | 无指定 |

## 3.32 野苣

野苣中农药最大残留限量见表 3－32。

**表 3－32 野苣中农药最大残留限量**

| 序号 | 农药中文名 | 最大残留限量（mg/kg） | 农药主要用途 | 检测方法 |
|---|---|---|---|---|
| 1 | 保棉磷 | 0.5 | 杀虫剂 | NY/T 761 |
| 2 | 百草枯 | 0.05* | 除草剂 | 无指定 |
| 3 | 倍硫磷 | 0.05 | 杀虫剂 | GB 23200.8、GB 23200.113、GB/T 20769 |
| 4 | 苯线磷 | 0.02 | 杀虫剂 | GB 23200.8、GB/T 5009.145 |
| 5 | 地虫硫磷 | 0.01 | 杀虫剂 | GB 23200.8、GB 23200.113 |
| 6 | 对硫磷 | 0.01 | 杀虫剂 | GB 23200.113、GB/T 5009.145 |
| 7 | 氟虫腈 | 0.02 | 杀虫剂 | SN/T 1982 |

（续）

| 序号 | 农药中文名 | 最大残留限量（mg/kg） | 农药主要用途 | 检测方法 |
|---|---|---|---|---|
| 8 | 甲胺磷 | 0.05 | 杀虫剂 | GB 23200.113、GB/T 5009.103、NY/T 761 |
| 9 | 甲拌磷 | 0.01 | 杀虫剂 | GB 23200.113 |
| 10 | 甲基对硫磷 | 0.02 | 杀虫剂 | GB 23200.113、NY/T 761 |
| 11 | 甲基硫环磷 | 0.03* | 杀虫剂 | NY/T 761 |
| 12 | 甲基异柳磷 | 0.01* | 杀虫剂 | GB 23200.113、GB/T 5009.144 |
| 13 | 腈菌唑 | 0.05 | 杀菌剂 | GB 23200.8、GB 23200.113、GB/T 20769、NY/T 1455 |
| 14 | 久效磷 | 0.03 | 杀虫剂 | GB 23200.113、NY/T 761 |
| 15 | 克百威 | 0.02 | 杀虫剂 | NY/T 761 |
| 16 | 磷胺 | 0.05 | 杀虫剂 | GB 23200.113、NY/T 761 |
| 17 | 硫环磷 | 0.03 | 杀虫剂 | GB 23200.113、NY/T 761 |
| 18 | 硫线磷 | 0.02 | 杀虫剂 | GB/T 20769 |
| 19 | 氯唑磷 | 0.01 | 杀虫剂 | GB 23200.113、GB/T 20769 |
| 20 | 灭多威 | 0.2 | 杀虫剂 | NY/T 761 |
| 21 | 灭线磷 | 0.02 | 杀线虫剂 | NY/T 761 |
| 22 | 内吸磷 | 0.02 | 杀虫/杀螨剂 | GB/T 20769 |
| 23 | 杀虫脒 | 0.01 | 杀虫剂 | GB/T 20769 |
| 24 | 杀螟硫磷 | 0.5* | 杀虫剂 | GB 23200.113、GB/T 14553、GB/T 20769、NY/T 761 |
| 25 | 杀扑磷 | 0.05 | 杀虫剂 | GB 23200.113、NY/T 761 |
| 26 | 水胺硫磷 | 0.05 | 杀虫剂 | GB 23200.113、NY/T 761 |
| 27 | 特丁硫磷 | 0.01 | 杀虫剂 | NY/T 761、NY/T 1379 |
| 28 | 涕灭威 | 0.03 | 杀虫剂 | NY/T 761 |
| 29 | 氧乐果 | 0.02 | 杀虫剂 | GB 23200.113、NY/T 761、NY/T 1379 |
| 30 | 乙酰甲胺磷 | 1 | 杀虫剂 | GB 23200.113、GB/T 5009.103、GB/T 5009.145、NY/T 761 |
| 31 | 蝇毒磷 | 0.05 | 杀虫剂 | GB 23200.8、GB 23200.113 |
| 32 | 治螟磷 | 0.01 | 杀虫剂 | GB 23200.8、GB 23200.113、NY/T 761 |

（续）

| 序号 | 农药中文名 | 最大残留限量（mg/kg） | 农药主要用途 | 检测方法 |
| --- | --- | --- | --- | --- |
| 33 | 艾氏剂 | 0.05 | 杀虫剂 | GB 23200.113、GB/T 5009.19、NY/T 761 |
| 34 | 滴滴涕 | 0.05 | 杀虫剂 | GB 23200.113、GB/T 5009.19、NY/T 761 |
| 35 | 狄氏剂 | 0.05 | 杀虫剂 | GB 23200.113、GB/T 5009.19、NY/T 761 |
| 36 | 毒杀芬 | 0.05* | 杀虫剂 | YC/T 180（参照） |
| 37 | 六六六 | 0.05 | 杀虫剂 | GB 23200.113、GB/T 5009.19、NY/T 761 |
| 38 | 氯丹 | 0.02 | 杀虫剂 | GB/T 5009.19 |
| 39 | 灭蚁灵 | 0.01 | 杀虫剂 | GB/T 5009.19 |
| 40 | 七氯 | 0.02 | 杀虫剂 | GB/T 5009.19、NY/T 761 |
| 41 | 异狄氏剂 | 0.05 | 杀虫剂 | GB/T 5009.19、NY/T 761 |
| 42 | 虫酰肼 | 10 | 杀虫剂 | GB/T 20769 |
| 43 | 敌百虫 | 0.2 | 杀虫剂 | GB/T 20769、NY/T 761 |
| 44 | 敌草腈 | 0.3* | 除草剂 | 无指定 |
| 45 | 呋虫胺 | 6 | 杀虫剂 | GB 23200.37、GB 23200.51、GB/T 20769 |
| 46 | 氟啶虫胺腈 | 6* | 杀虫剂 | 无指定 |
| 47 | 螺虫乙酯 | 7 | 杀虫剂 | SN/T 4891 |
| 48 | 噻虫胺 | 2 | 杀虫剂 | GB/T 20769 |
| 49 | 敌敌畏 | 0.2 | 杀虫剂 | GB 23200.8、GB 23200.113、GB/T 5009.20、NY/T 761 |
| 50 | 啶虫脒 | 1.5 | 杀虫剂 | GB/T 20769、GB/T 23584 |
| 51 | 多杀霉素 | 10 | 杀虫剂 | GB/T 20769 |
| 52 | 氟吡菌胺 | 30* | 杀菌剂 | 无指定 |
| 53 | 甲萘威 | 1 | 杀虫剂 | GB/T 5009.145、GB/T 20769、NY/T 761 |
| 54 | 辛硫磷 | 0.05 | 杀虫剂 | GB/T 5009.102、GB/T 20769 |
| 55 | 氯虫苯甲酰胺 | 20* | 杀虫剂 | 无指定 |
| 56 | 氯菊酯 | 1 | 杀虫剂 | GB 23200.8、GB 23200.113、NY/T 761 |

（续）

| 序号 | 农药中文名 | 最大残留限量（mg/kg） | 农药主要用途 | 检测方法 |
| --- | --- | --- | --- | --- |
| 57 | 氯氰菊酯和高效氯氰菊酯 | 0.7 | 杀虫剂 | GB 23200.8、GB 23200.113、GB/T 5009.146、NY/T 761 |
| 58 | 噻虫嗪 | 3 | 杀虫剂 | GB 23200.8、GB 23200.39、GB/T 20769 |
| 59 | 溴氰虫酰胺 | 20* | 杀虫剂 | 无指定 |
| 60 | 烯酰吗啉 | 10 | 杀菌剂 | GB/T 20769 |
| 61 | 双炔酰菌胺 | 25* | 杀菌剂 | 无指定 |

## 3.33 落葵

落葵中农药最大残留限量见表3-33。

**表3-33 落葵中农药最大残留限量**

| 序号 | 农药中文名 | 最大残留限量（mg/kg） | 农药主要用途 | 检测方法 |
| --- | --- | --- | --- | --- |
| 1 | 保棉磷 | 0.5 | 杀虫剂 | NY/T 761 |
| 2 | 百草枯 | 0.05* | 除草剂 | 无指定 |
| 3 | 倍硫磷 | 0.05 | 杀虫剂 | GB 23200.8、GB 23200.113、GB/T 20769 |
| 4 | 苯线磷 | 0.02 | 杀虫剂 | GB 23200.8、GB/T 5009.145 |
| 5 | 地虫硫磷 | 0.01 | 杀虫剂 | GB 23200.8、GB 23200.113 |
| 6 | 对硫磷 | 0.01 | 杀虫剂 | GB 23200.113、GB/T 5009.145 |
| 7 | 氟虫腈 | 0.02 | 杀虫剂 | SN/T 1982 |
| 8 | 甲胺磷 | 0.05 | 杀虫剂 | GB 23200.113、GB/T 5009.103、NY/T 761 |
| 9 | 甲拌磷 | 0.01 | 杀虫剂 | GB 23200.113 |
| 10 | 甲基对硫磷 | 0.02 | 杀虫剂 | GB 23200.113、NY/T 761 |
| 11 | 甲基硫环磷 | 0.03* | 杀虫剂 | NY/T 761 |
| 12 | 甲基异柳磷 | 0.01* | 杀虫剂 | GB 23200.113、GB/T 5009.144 |
| 13 | 腈菌唑 | 0.05 | 杀菌剂 | GB 23200.8、GB 23200.113、GB/T 20769、NY/T 1455 |
| 14 | 久效磷 | 0.03 | 杀虫剂 | GB 23200.113、NY/T 761 |

（续）

| 序号 | 农药中文名 | 最大残留限量（mg/kg） | 农药主要用途 | 检测方法 |
|---|---|---|---|---|
| 15 | 克百威 | 0.02 | 杀虫剂 | NY/T 761 |
| 16 | 磷胺 | 0.05 | 杀虫剂 | GB 23200.113、NY/T 761 |
| 17 | 硫环磷 | 0.03 | 杀虫剂 | GB 23200.113、NY/T 761 |
| 18 | 硫线磷 | 0.02 | 杀虫剂 | GB/T 20769 |
| 19 | 氯唑磷 | 0.01 | 杀虫剂 | GB 23200.113、GB/T 20769 |
| 20 | 灭多威 | 0.2 | 杀虫剂 | NY/T 761 |
| 21 | 灭线磷 | 0.02 | 杀线虫剂 | NY/T 761 |
| 22 | 内吸磷 | 0.02 | 杀虫/杀螨剂 | GB/T 20769 |
| 23 | 杀虫脒 | 0.01 | 杀虫剂 | GB/T 20769 |
| 24 | 杀螟硫磷 | 0.5* | 杀虫剂 | GB 23200.113、GB/T 14553、GB/T 20769、NY/T 761 |
| 25 | 杀扑磷 | 0.05 | 杀虫剂 | GB 23200.113、NY/T 761 |
| 26 | 水胺硫磷 | 0.05 | 杀虫剂 | GB 23200.113、NY/T 761 |
| 27 | 特丁硫磷 | 0.01 | 杀虫剂 | NY/T 761、NY/T 1379 |
| 28 | 涕灭威 | 0.03 | 杀虫剂 | NY/T 761 |
| 29 | 氧乐果 | 0.02 | 杀虫剂 | GB 23200.113、NY/T 761、NY/T 1379 |
| 30 | 乙酰甲胺磷 | 1 | 杀虫剂 | GB 23200.113、GB/T 5009.103、GB/T 5009.145、NY/T 761 |
| 31 | 蝇毒磷 | 0.05 | 杀虫剂 | GB 23200.8、GB 23200.113 |
| 32 | 治螟磷 | 0.01 | 杀虫剂 | GB 23200.8、GB 23200.113、NY/T 761 |
| 33 | 艾氏剂 | 0.05 | 杀虫剂 | GB 23200.113、GB/T 5009.19、NY/T 761 |
| 34 | 滴滴涕 | 0.05 | 杀虫剂 | GB 23200.113、GB/T 5009.19、NY/T 761 |
| 35 | 狄氏剂 | 0.05 | 杀虫剂 | GB 23200.113、GB/T 5009.19、NY/T 761 |
| 36 | 毒杀芬 | 0.05* | 杀虫剂 | YC/T 180（参照） |
| 37 | 六六六 | 0.05 | 杀虫剂 | GB 23200.113、GB/T 5009.19、NY/T 761 |
| 38 | 氯丹 | 0.02 | 杀虫剂 | GB/T 5009.19 |

（续）

| 序号 | 农药中文名 | 最大残留限量（mg/kg） | 农药主要用途 | 检测方法 |
|---|---|---|---|---|
| 39 | 灭蚁灵 | 0.01 | 杀虫剂 | GB/T 5009.19 |
| 40 | 七氯 | 0.02 | 杀虫剂 | GB/T 5009.19、NY/T 761 |
| 41 | 异狄氏剂 | 0.05 | 杀虫剂 | GB/T 5009.19、NY/T 761 |
| 42 | 虫酰肼 | 10 | 杀虫剂 | GB/T 20769 |
| 43 | 敌百虫 | 0.2 | 杀虫剂 | GB/T 20769、NY/T 761 |
| 44 | 敌草腈 | 0.3* | 除草剂 | 无指定 |
| 45 | 呋虫胺 | 6 | 杀虫剂 | GB 23200.37、GB 23200.51、GB/T 20769 |
| 46 | 氟啶虫胺腈 | 6* | 杀虫剂 | 无指定 |
| 47 | 螺虫乙酯 | 7 | 杀虫剂 | SN/T 4891 |
| 48 | 噻虫胺 | 2 | 杀虫剂 | GB/T 20769 |
| 49 | 敌敌畏 | 0.2 | 杀虫剂 | GB 23200.8、GB 23200.113、GB/T 5009.20、NY/T 761 |
| 50 | 啶虫脒 | 1.5 | 杀虫剂 | GB/T 20769、GB/T 23584 |
| 51 | 多杀霉素 | 10 | 杀虫剂 | GB/T 20769 |
| 52 | 氟吡菌胺 | 30* | 杀菌剂 | 无指定 |
| 53 | 甲萘威 | 1 | 杀虫剂 | GB/T 5009.145、GB/T 20769、NY/T 761 |
| 54 | 辛硫磷 | 0.05 | 杀虫剂 | GB/T 5009.102、GB/T 20769 |
| 55 | 氯虫苯甲酰胺 | 20* | 杀虫剂 | 无指定 |
| 56 | 氯菊酯 | 1 | 杀虫剂 | GB 23200.8、GB 23200.113、NY/T 761 |
| 57 | 氯氰菊酯和高效氯氰菊酯 | 0.7 | 杀虫剂 | GB 23200.8、GB 23200.113、GB/T 5009.146、NY/T 761 |
| 58 | 噻虫嗪 | 3 | 杀虫剂 | GB 23200.8、GB 23200.39、GB/T 20769 |
| 59 | 溴氰虫酰胺 | 20* | 杀虫剂 | 无指定 |
| 60 | 双炔酰菌胺 | 25* | 杀菌剂 | 无指定 |

## 3.34　油麦菜

油麦菜中农药最大残留限量见表 3－34。

## 表 3-34 油麦菜中农药最大残留限量

| 序号 | 农药中文名 | 最大残留限量（mg/kg） | 农药主要用途 | 检测方法 |
|---|---|---|---|---|
| 1 | 保棉磷 | 0.5 | 杀虫剂 | NY/T 761 |
| 2 | 百草枯 | 0.05* | 除草剂 | 无指定 |
| 3 | 倍硫磷 | 0.05 | 杀虫剂 | GB 23200.8、GB 23200.113、GB/T 20769 |
| 4 | 苯线磷 | 0.02 | 杀虫剂 | GB 23200.8、GB/T 5009.145 |
| 5 | 地虫硫磷 | 0.01 | 杀虫剂 | GB 23200.8、GB 23200.113 |
| 6 | 对硫磷 | 0.01 | 杀虫剂 | GB 23200.113、GB/T 5009.145 |
| 7 | 氟虫腈 | 0.02 | 杀虫剂 | SN/T 1982 |
| 8 | 甲胺磷 | 0.05 | 杀虫剂 | GB 23200.113、GB/T 5009.103、NY/T 761 |
| 9 | 甲拌磷 | 0.01 | 杀虫剂 | GB 23200.113 |
| 10 | 甲基对硫磷 | 0.02 | 杀虫剂 | GB 23200.113、NY/T 761 |
| 11 | 甲基硫环磷 | 0.03* | 杀虫剂 | NY/T 761 |
| 12 | 甲基异柳磷 | 0.01* | 杀虫剂 | GB 23200.113、GB/T 5009.144 |
| 13 | 腈菌唑 | 0.05 | 杀菌剂 | GB 23200.8、GB 23200.113、GB/T 20769、NY/T 1455 |
| 14 | 久效磷 | 0.03 | 杀虫剂 | GB 23200.113、NY/T 761 |
| 15 | 克百威 | 0.02 | 杀虫剂 | NY/T 761 |
| 16 | 磷胺 | 0.05 | 杀虫剂 | GB 23200.113、NY/T 761 |
| 17 | 硫环磷 | 0.03 | 杀虫剂 | GB 23200.113、NY/T 761 |
| 18 | 硫线磷 | 0.02 | 杀虫剂 | GB/T 20769 |
| 19 | 氯唑磷 | 0.01 | 杀虫剂 | GB 23200.113、GB/T 20769 |
| 20 | 灭多威 | 0.2 | 杀虫剂 | NY/T 761 |
| 21 | 灭线磷 | 0.02 | 杀线虫剂 | NY/T 761 |
| 22 | 内吸磷 | 0.02 | 杀虫/杀螨剂 | GB/T 20769 |
| 23 | 杀虫脒 | 0.01 | 杀虫剂 | GB/T 20769 |
| 24 | 杀螟硫磷 | 0.5* | 杀虫剂 | GB 23200.113、GB/T 14553、GB/T 20769、NY/T 761 |
| 25 | 杀扑磷 | 0.05 | 杀虫剂 | GB 23200.113、NY/T 761 |
| 26 | 水胺硫磷 | 0.05 | 杀虫剂 | GB 23200.113、NY/T 761 |
| 27 | 特丁硫磷 | 0.01 | 杀虫剂 | NY/T 761、NY/T 1379 |

（续）

| 序号 | 农药中文名 | 最大残留限量（mg/kg） | 农药主要用途 | 检测方法 |
| --- | --- | --- | --- | --- |
| 28 | 涕灭威 | 0.03 | 杀虫剂 | NY/T 761 |
| 29 | 氧乐果 | 0.02 | 杀虫剂 | GB 23200.113、NY/T 761、NY/T 1379 |
| 30 | 乙酰甲胺磷 | 1 | 杀虫剂 | GB 23200.113、GB/T 5009.103、GB/T 5009.145、NY/T 761 |
| 31 | 蝇毒磷 | 0.05 | 杀虫剂 | GB 23200.8、GB 23200.113 |
| 32 | 治螟磷 | 0.01 | 杀虫剂 | GB 23200.8、GB 23200.113、NY/T 761 |
| 33 | 艾氏剂 | 0.05 | 杀虫剂 | GB 23200.113、GB/T 5009.19、NY/T 761 |
| 34 | 滴滴涕 | 0.05 | 杀虫剂 | GB 23200.113、GB/T 5009.19、NY/T 761 |
| 35 | 狄氏剂 | 0.05 | 杀虫剂 | GB 23200.113、GB/T 5009.19、NY/T 761 |
| 36 | 毒杀芬 | 0.05* | 杀虫剂 | YC/T 180（参照） |
| 37 | 六六六 | 0.05 | 杀虫剂 | GB 23200.113、GB/T 5009.19、NY/T 761 |
| 38 | 氯丹 | 0.02 | 杀虫剂 | GB/T 5009.19 |
| 39 | 灭蚁灵 | 0.01 | 杀虫剂 | GB/T 5009.19 |
| 40 | 七氯 | 0.02 | 杀虫剂 | GB/T 5009.19、NY/T 761 |
| 41 | 异狄氏剂 | 0.05 | 杀虫剂 | GB/T 5009.19、NY/T 761 |
| 42 | 虫酰肼 | 10 | 杀虫剂 | GB/T 20769 |
| 43 | 敌百虫 | 0.2 | 杀虫剂 | GB/T 20769、NY/T 761 |
| 44 | 敌草腈 | 0.3* | 除草剂 | 无指定 |
| 45 | 呋虫胺 | 6 | 杀虫剂 | GB 23200.37、GB 23200.51、GB/T 20769 |
| 46 | 氟啶虫胺腈 | 6* | 杀虫剂 | 无指定 |
| 47 | 螺虫乙酯 | 7 | 杀虫剂 | SN/T 4891 |
| 48 | 噻虫胺 | 2 | 杀虫剂 | GB/T 20769 |
| 49 | 敌敌畏 | 0.2 | 杀虫剂 | GB 23200.8、GB 23200.113、GB/T 5009.20、NY/T 761 |

（续）

| 序号 | 农药中文名 | 最大残留限量（mg/kg） | 农药主要用途 | 检测方法 |
|---|---|---|---|---|
| 50 | 啶虫脒 | 1.5 | 杀虫剂 | GB/T 20769、GB/T 23584 |
| 51 | 多杀霉素 | 10 | 杀虫剂 | GB/T 20769 |
| 52 | 氟吡菌胺 | 30 | 杀菌剂 | 无指定 |
| 53 | 甲萘威 | 1 | 杀虫剂 | GB/T 5009.145、GB/T 20769、NY/T 761 |
| 54 | 辛硫磷 | 0.05 | 杀虫剂 | GB/T 5009.102、GB/T 20769 |
| 55 | 氯虫苯甲酰胺 | 20* | 杀虫剂 | 无指定 |
| 56 | 氯菊酯 | 1 | 杀虫剂 | GB 23200.8、GB 23200.113、NY/T 761 |
| 57 | 噻虫嗪 | 3 | 杀虫剂 | GB 23200.8、GB 23200.39、GB/T 20769 |
| 58 | 溴氰虫酰胺 | 20* | 杀虫剂 | 无指定 |
| 59 | 阿维菌素 | 0.05 | 杀虫剂 | GB 23200.19、GB 23200.20、NY/T 1379 |
| 60 | 除虫菊素 | 1 | 杀虫剂 | GB/T 20769 |
| 61 | 氯氟氰菊酯和高效氯氟氰菊酯 | 2 | 杀虫剂 | GB 23200.8、GB 23200.113、GB/T 5009.146、NY/T 761 |
| 62 | 氯氰菊酯和高效氯氰菊酯 | 7 | 杀虫剂 | GB 23200.8、GB 23200.113、GB/T 5009.146、NY/T 761 |
| 63 | 四聚乙醛 | 5* | 杀螺剂 | 无指定 |
| 64 | 溴氰菊酯 | 2 | 杀虫剂 | GB 23200.8、GB 23200.113、NY/T 761、SN/T 0217 |
| 65 | 双炔酰菌胺 | 25* | 杀菌剂 | 无指定 |

## 3.35 叶芥菜

叶芥菜中农药最大残留限量见表 3-35。

**表 3-35 叶芥菜中农药最大残留限量**

| 序号 | 农药中文名 | 最大残留限量（mg/kg） | 农药主要用途 | 检测方法 |
|---|---|---|---|---|
| 1 | 保棉磷 | 0.5 | 杀虫剂 | NY/T 761 |
| 2 | 百草枯 | 0.05* | 除草剂 | 无指定 |

（续）

| 序号 | 农药中文名 | 最大残留限量（mg/kg） | 农药主要用途 | 检测方法 |
|---|---|---|---|---|
| 3 | 倍硫磷 | 0.05 | 杀虫剂 | GB 23200.8、GB 23200.113、GB/T 20769 |
| 4 | 苯线磷 | 0.02 | 杀虫剂 | GB 23200.8、GB/T 5009.145 |
| 5 | 地虫硫磷 | 0.01 | 杀虫剂 | GB 23200.8、GB 23200.113 |
| 6 | 对硫磷 | 0.01 | 杀虫剂 | GB 23200.113、GB/T 5009.145 |
| 7 | 氟虫腈 | 0.02 | 杀虫剂 | SN/T 1982 |
| 8 | 甲胺磷 | 0.05 | 杀虫剂 | GB 23200.113、GB/T 5009.103、NY/T 761 |
| 9 | 甲拌磷 | 0.01 | 杀虫剂 | GB 23200.113 |
| 10 | 甲基对硫磷 | 0.02 | 杀虫剂 | GB 23200.113、NY/T 761 |
| 11 | 甲基硫环磷 | 0.03* | 杀虫剂 | NY/T 761 |
| 12 | 甲基异柳磷 | 0.01* | 杀虫剂 | GB 23200.113、GB/T 5009.144 |
| 13 | 腈菌唑 | 0.05 | 杀菌剂 | GB 23200.8、GB 23200.113、GB/T 20769、NY/T 1455 |
| 14 | 久效磷 | 0.03 | 杀虫剂 | GB 23200.113、NY/T 761 |
| 15 | 克百威 | 0.02 | 杀虫剂 | NY/T 761 |
| 16 | 磷胺 | 0.05 | 杀虫剂 | GB 23200.113、NY/T 761 |
| 17 | 硫环磷 | 0.03 | 杀虫剂 | GB 23200.113、NY/T 761 |
| 18 | 硫线磷 | 0.02 | 杀虫剂 | GB/T 20769 |
| 19 | 氯唑磷 | 0.01 | 杀虫剂 | GB 23200.113、GB/T 20769 |
| 20 | 灭多威 | 0.2 | 杀虫剂 | NY/T 761 |
| 21 | 灭线磷 | 0.02 | 杀线虫剂 | NY/T 761 |
| 22 | 内吸磷 | 0.02 | 杀虫/杀螨剂 | GB/T 20769 |
| 23 | 杀虫脒 | 0.01 | 杀虫剂 | GB/T 20769 |
| 24 | 杀螟硫磷 | 0.5* | 杀虫剂 | GB 23200.113、GB/T 14553、GB/T 20769、NY/T 761 |
| 25 | 杀扑磷 | 0.05 | 杀虫剂 | GB 23200.113、NY/T 761 |
| 26 | 水胺硫磷 | 0.05 | 杀虫剂 | GB 23200.113、NY/T 761 |
| 27 | 特丁硫磷 | 0.01 | 杀虫剂 | NY/T 761、NY/T 1379 |
| 28 | 涕灭威 | 0.03 | 杀虫剂 | NY/T 761 |

（续）

| 序号 | 农药中文名 | 最大残留限量（mg/kg） | 农药主要用途 | 检测方法 |
| --- | --- | --- | --- | --- |
| 29 | 氧乐果 | 0.02 | 杀虫剂 | GB 23200.113、NY/T 761、NY/T 1379 |
| 30 | 乙酰甲胺磷 | 1 | 杀虫剂 | GB 23200.113、GB/T 5009.103、GB/T 5009.145、NY/T 761 |
| 31 | 蝇毒磷 | 0.05 | 杀虫剂 | GB 23200.8、GB 23200.113 |
| 32 | 治螟磷 | 0.01 | 杀虫剂 | GB 23200.8、GB 23200.113、NY/T 761 |
| 33 | 艾氏剂 | 0.05 | 杀虫剂 | GB 23200.113、GB/T 5009.19、NY/T 761 |
| 34 | 滴滴涕 | 0.05 | 杀虫剂 | GB 23200.113、GB/T 5009.19、NY/T 761 |
| 35 | 狄氏剂 | 0.05 | 杀虫剂 | GB 23200.113、GB/T 5009.19、NY/T 761 |
| 36 | 毒杀芬 | 0.05* | 杀虫剂 | YC/T 180（参照） |
| 37 | 六六六 | 0.05 | 杀虫剂 | GB 23200.113、GB/T 5009.19、NY/T 761 |
| 38 | 氯丹 | 0.02 | 杀虫剂 | GB/T 5009.19 |
| 39 | 灭蚁灵 | 0.01 | 杀虫剂 | GB/T 5009.19 |
| 40 | 七氯 | 0.02 | 杀虫剂 | GB/T 5009.19、NY/T 761 |
| 41 | 异狄氏剂 | 0.05 | 杀虫剂 | GB/T 5009.19、NY/T 761 |
| 42 | 虫酰肼 | 10 | 杀虫剂 | GB/T 20769 |
| 43 | 敌百虫 | 0.2 | 杀虫剂 | GB/T 20769、NY/T 761 |
| 44 | 敌草腈 | 0.3* | 除草剂 | 无指定 |
| 45 | 呋虫胺 | 6 | 杀虫剂 | GB 23200.37、GB 23200.51、GB/T 20769 |
| 46 | 氟啶虫胺腈 | 6* | 杀虫剂 | 无指定 |
| 47 | 螺虫乙酯 | 7 | 杀虫剂 | SN/T 4891 |
| 48 | 噻虫胺 | 2 | 杀虫剂 | GB/T 20769 |
| 49 | 敌敌畏 | 0.2 | 杀虫剂 | GB 23200.8、GB 23200.113、GB/T 5009.20、NY/T 761 |
| 50 | 啶虫脒 | 1.5 | 杀虫剂 | GB/T 20769、GB/T 23584 |

（续）

| 序号 | 农药中文名 | 最大残留限量（mg/kg） | 农药主要用途 | 检测方法 |
|---|---|---|---|---|
| 51 | 多杀霉素 | 10 | 杀虫剂 | GB/T 20769 |
| 52 | 氟吡菌胺 | 30* | 杀菌剂 | 无指定 |
| 53 | 甲萘威 | 1 | 杀虫剂 | GB/T 5009.145、GB/T 20769、NY/T 761 |
| 54 | 辛硫磷 | 0.05 | 杀虫剂 | GB/T 5009.102、GB/T 20769 |
| 55 | 氯虫苯甲酰胺 | 20* | 杀虫剂 | 无指定 |
| 56 | 氯菊酯 | 1 | 杀虫剂 | GB 23200.8、GB 23200.113、NY/T 761 |
| 57 | 氯氰菊酯和高效氯氰菊酯 | 0.7 | 杀虫剂 | GB 23200.8、GB 23200.113、GB/T 5009.146、NY/T 761 |
| 58 | 噻虫嗪 | 3 | 杀虫剂 | GB 23200.8、GB 23200.39、GB/T 20769 |
| 59 | 溴氰虫酰胺 | 20* | 杀虫剂 | 无指定 |
| 60 | 阿维菌素 | 0.2 | 杀虫剂 | GB 23200.19、GB 23200.20、NY/T 1379 |
| 61 | 除虫脲 | 10 | 杀虫剂 | GB/T 5009.147、NY/T 1720 |
| 62 | 氟酰胺 | 0.07 | 杀菌剂 | GB 23200.8 |
| 63 | 氟酰脲 | 25 | 杀虫剂 | GB 23200.34 |
| 64 | 咯菌腈 | 10 | 杀菌剂 | GB 23200.8、GB 23200.113、GB/T 20769 |
| 65 | 甲氨基阿维菌素苯甲酸盐 | 0.2 | 杀虫剂 | GB/T 20769 |
| 66 | 联苯菊酯 | 4 | 杀虫/杀螨剂 | GB/T 5009.146、NY/T 761、SN/T 1969 |
| 67 | 马拉硫磷 | 2 | 杀虫剂 | GB 23200.8、GB 23200.113、GB/T 20769、NY/T 761 |
| 68 | 嘧菌环胺 | 15 | 杀菌剂 | GB 23200.8、GB 23200.113、GB/T 20769、NY/T 1379 |
| 69 | 灭蝇胺 | 10 | 杀虫剂 | NY/T 1725 |
| 70 | 增效醚 | 50 | 增效剂 | GB 23200.8、GB 23200.113 |
| 71 | 双炔酰菌胺 | 25* | 杀菌剂 | 无指定 |

## 3.36 萝卜叶

萝卜叶中农药最大残留限量见表3-36。

**表3-36 萝卜叶中农药最大残留限量**

| 序号 | 农药中文名 | 最大残留限量（mg/kg） | 农药主要用途 | 检测方法 |
|---|---|---|---|---|
| 1 | 保棉磷 | 0.5 | 杀虫剂 | NY/T 761 |
| 2 | 百草枯 | 0.05* | 除草剂 | 无指定 |
| 3 | 倍硫磷 | 0.05 | 杀虫剂 | GB 23200.8、GB 23200.113、GB/T 20769 |
| 4 | 苯线磷 | 0.02 | 杀虫剂 | GB 23200.8、GB/T 5009.145 |
| 5 | 地虫硫磷 | 0.01 | 杀虫剂 | GB 23200.8、GB 23200.113 |
| 6 | 对硫磷 | 0.01 | 杀虫剂 | GB 23200.113、GB/T 5009.145 |
| 7 | 氟虫腈 | 0.02 | 杀虫剂 | SN/T 1982 |
| 8 | 甲胺磷 | 0.05 | 杀虫剂 | GB 23200.113、GB/T 5009.103、NY/T 761 |
| 9 | 甲拌磷 | 0.01 | 杀虫剂 | GB 23200.113 |
| 10 | 甲基对硫磷 | 0.02 | 杀虫剂 | GB 23200.113、NY/T 761 |
| 11 | 甲基硫环磷 | 0.03* | 杀虫剂 | NY/T 761 |
| 12 | 甲基异柳磷 | 0.01* | 杀虫剂 | GB 23200.113、GB/T 5009.144 |
| 13 | 腈菌唑 | 0.05 | 杀菌剂 | GB 23200.8、GB 23200.113、GB/T 20769、NY/T 1455 |
| 14 | 久效磷 | 0.03 | 杀虫剂 | GB 23200.113、NY/T 761 |
| 15 | 克百威 | 0.02 | 杀虫剂 | NY/T 761 |
| 16 | 磷胺 | 0.05 | 杀虫剂 | GB 23200.113、NY/T 761 |
| 17 | 硫环磷 | 0.03 | 杀虫剂 | GB 23200.113、NY/T 761 |
| 18 | 硫线磷 | 0.02 | 杀虫剂 | GB/T 20769 |
| 19 | 氯唑磷 | 0.01 | 杀虫剂 | GB 23200.113、GB/T 20769 |
| 20 | 灭多威 | 0.2 | 杀虫剂 | NY/T 761 |
| 21 | 灭线磷 | 0.02 | 杀线虫剂 | NY/T 761 |
| 22 | 内吸磷 | 0.02 | 杀虫/杀螨剂 | GB/T 20769 |
| 23 | 杀虫脒 | 0.01 | 杀虫剂 | GB/T 20769 |
| 24 | 杀螟硫磷 | 0.5* | 杀虫剂 | GB 23200.113、GB/T 14553、GB/T 20769、NY/T 761 |

（续）

| 序号 | 农药中文名 | 最大残留限量（mg/kg） | 农药主要用途 | 检测方法 |
|---|---|---|---|---|
| 25 | 杀扑磷 | 0.05 | 杀虫剂 | GB 23200.113、NY/T 761 |
| 26 | 水胺硫磷 | 0.05 | 杀虫剂 | GB 23200.113、NY/T 761 |
| 27 | 特丁硫磷 | 0.01 | 杀虫剂 | NY/T 761、NY/T 1379 |
| 28 | 涕灭威 | 0.03 | 杀虫剂 | NY/T 761 |
| 29 | 氧乐果 | 0.02 | 杀虫剂 | GB 23200.113、NY/T 761、NY/T 1379 |
| 30 | 乙酰甲胺磷 | 1 | 杀虫剂 | GB 23200.113、GB/T 5009.103、GB/T 5009.145、NY/T 761 |
| 31 | 蝇毒磷 | 0.05 | 杀虫剂 | GB 23200.8、GB 23200.113 |
| 32 | 治螟磷 | 0.01 | 杀虫剂 | GB 23200.113、GB 23200.8、NY/T 761 |
| 33 | 艾氏剂 | 0.05 | 杀虫剂 | GB 23200.113、GB/T 5009.19、NY/T 761 |
| 34 | 滴滴涕 | 0.05 | 杀虫剂 | GB 23200.113、GB/T 5009.19、NY/T 761 |
| 35 | 狄氏剂 | 0.05 | 杀虫剂 | GB 23200.113、GB/T 5009.19、NY/T 761 |
| 36 | 毒杀芬 | 0.05* | 杀虫剂 | YC/T 180（参照） |
| 37 | 六六六 | 0.05 | 杀虫剂 | GB 23200.113、GB/T 5009.19、NY/T 761 |
| 38 | 氯丹 | 0.02 | 杀虫剂 | GB/T 5009.19 |
| 39 | 灭蚁灵 | 0.01 | 杀虫剂 | GB/T 5009.19 |
| 40 | 七氯 | 0.02 | 杀虫剂 | GB/T 5009.19、NY/T 761 |
| 41 | 异狄氏剂 | 0.05 | 杀虫剂 | GB/T 5009.19、NY/T 761 |
| 42 | 虫酰肼 | 10 | 杀虫剂 | GB/T 20769 |
| 43 | 敌百虫 | 0.2 | 杀虫剂 | GB/T 20769、NY/T 761 |
| 44 | 敌草腈 | 0.3* | 除草剂 | 无指定 |
| 45 | 呋虫胺 | 6 | 杀虫剂 | GB 23200.37、GB 23200.51、GB/T 20769 |
| 46 | 氟啶虫胺腈 | 6* | 杀虫剂 | 无指定 |
| 47 | 螺虫乙酯 | 7 | 杀虫剂 | SN/T 4891 |
| 48 | 噻虫胺 | 2 | 杀虫剂 | GB/T 20769 |

（续）

| 序号 | 农药中文名 | 最大残留限量（mg/kg） | 农药主要用途 | 检测方法 |
|---|---|---|---|---|
| 49 | 敌敌畏 | 0.2 | 杀虫剂 | GB 23200.8、GB 23200.113、GB/T 5009.20、NY/T 761 |
| 50 | 啶虫脒 | 1.5 | 杀虫剂 | GB/T 20769、GB/T 23584 |
| 51 | 多杀霉素 | 10 | 杀虫剂 | GB/T 20769 |
| 52 | 氟吡菌胺 | 30* | 杀菌剂 | 无指定 |
| 53 | 甲萘威 | 1 | 杀虫剂 | GB/T 5009.145、GB/T 20769、NY/T 761 |
| 54 | 辛硫磷 | 0.05 | 杀虫剂 | GB/T 5009.102、GB/T 20769 |
| 55 | 氯菊酯 | 1 | 杀虫剂 | GB 23200.8、GB 23200.113、NY/T 761 |
| 56 | 氯氰菊酯和高效氯氰菊酯 | 0.7 | 杀虫剂 | GB 23200.8、GB 23200.113、GB/T 5009.146、NY/T 761 |
| 57 | 噻虫嗪 | 3 | 杀虫剂 | GB 23200.8、GB 23200.39、GB/T 20769 |
| 58 | 溴氰虫酰胺 | 20* | 杀虫剂 | 无指定 |
| 59 | 吡虫啉 | 5 | 杀虫剂 | GB/T 20769、GB/T 23379 |
| 60 | 吡唑醚菌酯 | 20 | 杀菌剂 | GB 23200.8 |
| 61 | 丙溴磷 | 5 | 杀虫剂 | GB 23200.8、GB 23200.113、NY/T 761、SN/T 2234 |
| 62 | 除虫菊素 | 1 | 杀虫剂 | GB/T 20769 |
| 63 | 除虫脲 | 7 | 杀虫剂 | GB/T 5009.147、NY/T 1720 |
| 64 | 咯菌腈 | 20 | 杀菌剂 | GB 23200.8、GB 23200.113、GB/T 20769 |
| 65 | 甲氨基阿维菌素苯甲酸盐 | 0.05 | 杀虫剂 | GB/T 20769 |
| 66 | 甲氧虫酰肼 | 7 | 杀虫剂 | GB/T 20769 |
| 67 | 联苯菊酯 | 4 | 杀虫/杀螨剂 | GB/T 5009.146、NY/T 761、SN/T 1969 |
| 68 | 氯虫苯甲酰胺 | 40* | 杀虫剂 | 无指定 |
| 69 | 醚菊酯 | 5 | 杀虫剂 | GB 23200.8、SN/T 2151 |
| 70 | 肟菌酯 | 15 | 杀菌剂 | GB 23200.8、GB 23200.113、GB/T 20769 |
| 71 | 增效醚 | 50 | 增效剂 | GB 23200.8、GB 23200.113 |
| 72 | 双炔酰菌胺 | 25* | 杀菌剂 | 无指定 |

## 3.37 芜菁叶

芜菁叶中农药最大残留限量见表3-37。

**表3-37 芜菁叶中农药最大残留限量**

| 序号 | 农药中文名 | 最大残留限量（mg/kg） | 农药主要用途 | 检测方法 |
|---|---|---|---|---|
| 1 | 保棉磷 | 0.5 | 杀虫剂 | NY/T 761 |
| 2 | 百草枯 | 0.05* | 除草剂 | 无指定 |
| 3 | 倍硫磷 | 0.05 | 杀虫剂 | GB 23200.8、GB 23200.113、GB/T 20769 |
| 4 | 苯线磷 | 0.02 | 杀虫剂 | GB 23200.8、GB/T 5009.145 |
| 5 | 地虫硫磷 | 0.01 | 杀虫剂 | GB 23200.8、GB 23200.113 |
| 6 | 对硫磷 | 0.01 | 杀虫剂 | GB 23200.113、GB/T 5009.145 |
| 7 | 氟虫腈 | 0.02 | 杀虫剂 | SN/T 1982 |
| 8 | 甲胺磷 | 0.05 | 杀虫剂 | GB 23200.113、GB/T 5009.103、NY/T 761 |
| 9 | 甲拌磷 | 0.01 | 杀虫剂 | GB 23200.113 |
| 10 | 甲基对硫磷 | 0.02 | 杀虫剂 | GB 23200.113、NY/T 761 |
| 11 | 甲基硫环磷 | 0.03* | 杀虫剂 | NY/T 761 |
| 12 | 甲基异柳磷 | 0.01* | 杀虫剂 | GB 23200.113、GB/T 5009.144 |
| 13 | 腈菌唑 | 0.05 | 杀菌剂 | GB 23200.8、GB 23200.113、GB/T 20769、NY/T 1455 |
| 14 | 久效磷 | 0.03 | 杀虫剂 | GB 23200.113、NY/T 761 |
| 15 | 克百威 | 0.02 | 杀虫剂 | NY/T 761 |
| 16 | 磷胺 | 0.05 | 杀虫剂 | GB 23200.113、NY/T 761 |
| 17 | 硫环磷 | 0.03 | 杀虫剂 | GB 23200.113、NY/T 761 |
| 18 | 硫线磷 | 0.02 | 杀虫剂 | GB/T 20769 |
| 19 | 氯唑磷 | 0.01 | 杀虫剂 | GB 23200.113、GB/T 20769 |
| 20 | 灭多威 | 0.2 | 杀虫剂 | NY/T 761 |
| 21 | 灭线磷 | 0.02 | 杀线虫剂 | NY/T 761 |
| 22 | 内吸磷 | 0.02 | 杀虫/杀螨剂 | GB/T 20769 |
| 23 | 杀虫脒 | 0.01 | 杀虫剂 | GB/T 20769 |
| 24 | 杀螟硫磷 | 0.5* | 杀虫剂 | GB 23200.113、GB/T 14553、GB/T 20769、NY/T 761 |

（续）

| 序号 | 农药中文名 | 最大残留限量（mg/kg） | 农药主要用途 | 检测方法 |
|---|---|---|---|---|
| 25 | 杀扑磷 | 0.05 | 杀虫剂 | GB 23200.113、NY/T 761 |
| 26 | 水胺硫磷 | 0.05 | 杀虫剂 | GB 23200.113、NY/T 761 |
| 27 | 特丁硫磷 | 0.01 | 杀虫剂 | NY/T 761、NY/T 1379 |
| 28 | 涕灭威 | 0.03 | 杀虫剂 | NY/T 761 |
| 29 | 氧乐果 | 0.02 | 杀虫剂 | GB 23200.113、NY/T 761、NY/T 1379 |
| 30 | 乙酰甲胺磷 | 1 | 杀虫剂 | GB 23200.113、GB/T 5009.103、GB/T 5009.145、NY/T 761 |
| 31 | 蝇毒磷 | 0.05 | 杀虫剂 | GB 23200.8、GB 23200.113 |
| 32 | 治螟磷 | 0.01 | 杀虫剂 | GB 23200.8、GB 23200.113、NY/T 761 |
| 33 | 艾氏剂 | 0.05 | 杀虫剂 | GB 23200.113、GB/T 5009.19、NY/T 761 |
| 34 | 滴滴涕 | 0.05 | 杀虫剂 | GB 23200.113、GB/T 5009.19、NY/T 761 |
| 35 | 狄氏剂 | 0.05 | 杀虫剂 | GB 23200.113、GB/T 5009.19、NY/T 761 |
| 36 | 毒杀芬 | 0.05* | 杀虫剂 | YC/T 180（参照） |
| 37 | 六六六 | 0.05 | 杀虫剂 | GB 23200.113、GB/T 5009.19、NY/T 761 |
| 38 | 氯丹 | 0.02 | 杀虫剂 | GB/T 5009.19 |
| 39 | 灭蚁灵 | 0.01 | 杀虫剂 | GB/T 5009.19 |
| 40 | 七氯 | 0.02 | 杀虫剂 | GB/T 5009.19、NY/T 761 |
| 41 | 异狄氏剂 | 0.05 | 杀虫剂 | GB/T 5009.19、NY/T 761 |
| 42 | 虫酰肼 | 10 | 杀虫剂 | GB/T 20769 |
| 43 | 敌百虫 | 0.2 | 杀虫剂 | GB/T 20769、NY/T 761 |
| 44 | 敌草腈 | 0.3* | 除草剂 | 无指定 |
| 45 | 呋虫胺 | 6 | 杀虫剂 | GB 23200.37、GB 23200.51、GB/T 20769 |
| 46 | 氟啶虫胺腈 | 6* | 杀虫剂 | 无指定 |
| 47 | 螺虫乙酯 | 7 | 杀虫剂 | SN/T 4891 |
| 48 | 噻虫胺 | 2 | 杀虫剂 | GB/T 20769 |

（续）

| 序号 | 农药中文名 | 最大残留限量（mg/kg） | 农药主要用途 | 检测方法 |
|---|---|---|---|---|
| 49 | 敌敌畏 | 0.2 | 杀虫剂 | GB 23200.8、GB 23200.113、GB/T 5009.20、NY/T 761 |
| 50 | 啶虫脒 | 1.5 | 杀虫剂 | GB/T 20769、GB/T 23584 |
| 51 | 多杀霉素 | 10 | 杀虫剂 | GB/T 20769 |
| 52 | 氟吡菌胺 | 30* | 杀菌剂 | 无指定 |
| 53 | 甲萘威 | 1 | 杀虫剂 | GB/T 5009.145、GB/T 20769、NY/T 761 |
| 54 | 辛硫磷 | 0.05 | 杀虫剂 | GB/T 5009.102、GB/T 20769 |
| 55 | 氯虫苯甲酰胺 | 20* | 杀虫剂 | 无指定 |
| 56 | 氯菊酯 | 1 | 杀虫剂 | GB 23200.8、GB 23200.113、NY/T 761 |
| 57 | 氯氰菊酯和高效氯氰菊酯 | 0.7 | 杀虫剂 | GB 23200.8、GB 23200.113、GB/T 5009.146、NY/T 761 |
| 58 | 噻虫嗪 | 3 | 杀虫剂 | GB 23200.8、GB 23200.39、GB/T 20769 |
| 59 | 溴氰虫酰胺 | 20* | 杀虫剂 | 无指定 |
| 60 | 阿维菌素 | 0.05 | 杀虫剂 | GB 23200.19、GB 23200.20、NY/T 1379 |
| 61 | 除虫菊素 | 1 | 杀虫剂 | GB/T 20769 |
| 62 | 马拉硫磷 | 5 | 杀虫剂 | GB 23200.8、GB 23200.113、GB/T 20769、NY/T 761 |
| 63 | 四聚乙醛 | 7* | 杀螺剂 | 无指定 |
| 64 | 双炔酰菌胺 | 25* | 杀菌剂 | 无指定 |

## 3.38 菊苣

菊苣中农药最大残留限量见表3-38。

**表3-38 菊苣中农药最大残留限量**

| 序号 | 农药中文名 | 最大残留限量（mg/kg） | 农药主要用途 | 检测方法 |
|---|---|---|---|---|
| 1 | 保棉磷 | 0.5 | 杀虫剂 | NY/T 761 |
| 2 | 百草枯 | 0.05* | 除草剂 | 无指定 |

（续）

| 序号 | 农药中文名 | 最大残留限量（mg/kg） | 农药主要用途 | 检测方法 |
|---|---|---|---|---|
| 3 | 倍硫磷 | 0.05 | 杀虫剂 | GB 23200.8、GB 23200.113、GB/T 20769 |
| 4 | 苯线磷 | 0.02 | 杀虫剂 | GB 23200.8、GB/T 5009.145 |
| 5 | 地虫硫磷 | 0.01 | 杀虫剂 | GB 23200.8、GB 23200.113 |
| 6 | 对硫磷 | 0.01 | 杀虫剂 | GB 23200.113、GB/T 5009.145 |
| 7 | 氟虫腈 | 0.02 | 杀虫剂 | SN/T 1982 |
| 8 | 甲胺磷 | 0.05 | 杀虫剂 | GB 23200.113、GB/T 5009.103、NY/T 761 |
| 9 | 甲拌磷 | 0.01 | 杀虫剂 | GB 23200.113 |
| 10 | 甲基对硫磷 | 0.02 | 杀虫剂 | GB 23200.113、NY/T 761 |
| 11 | 甲基硫环磷 | 0.03* | 杀虫剂 | NY/T 761 |
| 12 | 甲基异柳磷 | 0.01* | 杀虫剂 | GB 23200.113、GB/T 5009.144 |
| 13 | 腈菌唑 | 0.05 | 杀菌剂 | GB 23200.8、GB 23200.113、GB/T 20769、NY/T 1455 |
| 14 | 久效磷 | 0.03 | 杀虫剂 | GB 23200.113、NY/T 761 |
| 15 | 克百威 | 0.02 | 杀虫剂 | NY/T 761 |
| 16 | 磷胺 | 0.05 | 杀虫剂 | GB 23200.113、NY/T 761 |
| 17 | 硫环磷 | 0.03 | 杀虫剂 | GB 23200.113、NY/T 761 |
| 18 | 硫线磷 | 0.02 | 杀虫剂 | GB/T 20769 |
| 19 | 氯唑磷 | 0.01 | 杀虫剂 | GB 23200.113、GB/T 20769 |
| 20 | 灭多威 | 0.2 | 杀虫剂 | NY/T 761 |
| 21 | 灭线磷 | 0.02 | 杀线虫剂 | NY/T 761 |
| 22 | 内吸磷 | 0.02 | 杀虫/杀螨剂 | GB/T 20769 |
| 23 | 杀虫脒 | 0.01 | 杀虫剂 | GB/T 20769 |
| 24 | 杀螟硫磷 | 0.5* | 杀虫剂 | GB 23200.113、GB/T 14553、GB/T 20769、NY/T 761 |
| 25 | 杀扑磷 | 0.05 | 杀虫剂 | GB 23200.113、NY/T 761 |
| 26 | 水胺硫磷 | 0.05 | 杀虫剂 | GB 23200.113、NY/T 761 |
| 27 | 特丁硫磷 | 0.01 | 杀虫剂 | NY/T 761、NY/T 1379 |
| 28 | 涕灭威 | 0.03 | 杀虫剂 | NY/T 761 |
| 29 | 氧乐果 | 0.02 | 杀虫剂 | GB 23200.113、NY/T 761、NY/T 1379 |

（续）

| 序号 | 农药中文名 | 最大残留限量（mg/kg） | 农药主要用途 | 检测方法 |
|---|---|---|---|---|
| 30 | 乙酰甲胺磷 | 1 | 杀虫剂 | GB 23200.113、GB/T 5009.103、GB/T 5009.145、NY/T 761 |
| 31 | 蝇毒磷 | 0.05 | 杀虫剂 | GB 23200.8、GB 23200.113 |
| 32 | 治螟磷 | 0.01 | 杀虫剂 | GB 23200.8、GB 23200.113、NY/T 761 |
| 33 | 艾氏剂 | 0.05 | 杀虫剂 | GB 23200.113、GB/T 5009.19、NY/T 761 |
| 34 | 滴滴涕 | 0.05 | 杀虫剂 | GB 23200.113、GB/T 5009.19、NY/T 761 |
| 35 | 狄氏剂 | 0.05 | 杀虫剂 | GB 23200.113、GB/T 5009.19、NY/T 761 |
| 36 | 毒杀芬 | 0.05* | 杀虫剂 | YC/T 180（参照） |
| 37 | 六六六 | 0.05 | 杀虫剂 | GB 23200.113、GB/T 5009.19、NY/T 761 |
| 38 | 氯丹 | 0.02 | 杀虫剂 | GB/T 5009.19 |
| 39 | 灭蚁灵 | 0.01 | 杀虫剂 | GB/T 5009.19 |
| 40 | 七氯 | 0.02 | 杀虫剂 | GB/T 5009.19、NY/T 761 |
| 41 | 异狄氏剂 | 0.05 | 杀虫剂 | GB/T 5009.19、NY/T 761 |
| 42 | 虫酰肼 | 10 | 杀虫剂 | GB/T 20769 |
| 43 | 敌百虫 | 0.2 | 杀虫剂 | GB/T 20769、NY/T 761 |
| 44 | 敌草腈 | 0.3* | 除草剂 | 无指定 |
| 45 | 呋虫胺 | 6 | 杀虫剂 | GB 23200.37、GB 23200.51、GB/T 20769 |
| 46 | 氟啶虫胺腈 | 6* | 杀虫剂 | 无指定 |
| 47 | 螺虫乙酯 | 7 | 杀虫剂 | SN/T 4891 |
| 48 | 噻虫胺 | 2 | 杀虫剂 | GB/T 20769 |
| 49 | 敌敌畏 | 0.2 | 杀虫剂 | GB 23200.8、GB 23200.113、GB/T 5009.20、NY/T 761 |
| 50 | 啶虫脒 | 1.5 | 杀虫剂 | GB/T 20769、GB/T 23584 |
| 51 | 多杀霉素 | 10 | 杀虫剂 | GB/T 20769 |
| 52 | 氟吡菌胺 | 30* | 杀菌剂 | 无指定 |
| 53 | 甲萘威 | 1 | 杀虫剂 | GB/T 5009.145、GB/T 20769、NY/T 761 |

（续）

| 序号 | 农药中文名 | 最大残留限量（mg/kg） | 农药主要用途 | 检测方法 |
|---|---|---|---|---|
| 54 | 辛硫磷 | 0.05 | 杀虫剂 | GB/T 5009.102、GB/T 20769 |
| 55 | 氯虫苯甲酰胺 | 20* | 杀虫剂 | 无指定 |
| 56 | 氯菊酯 | 1 | 杀虫剂 | GB 23200.8、GB 23200.113、NY/T 761 |
| 57 | 氯氰菊酯和高效氯氰菊酯 | 0.7 | 杀虫剂 | GB 23200.8、GB 23200.113、GB/T 5009.146、NY/T 761 |
| 58 | 噻虫嗪 | 3 | 杀虫剂 | GB 23200.8、GB 23200.39、GB/T 20769 |
| 59 | 溴氰虫酰胺 | 20* | 杀虫剂 | 无指定 |
| 60 | 咪唑菌酮 | 0.01 | 杀菌剂 | GB 23200.8、GB 23200.113 |
| 61 | 嘧菌酯 | 0.3 | 杀菌剂 | GB/T 20769、NY/T 1453、SN/T 1976 |
| 62 | 噻菌灵 | 0.05 | 杀菌剂 | GB/T 20769、NY/T 1453、NY/T 1680 |
| 63 | 霜霉威和霜霉威盐酸盐 | 2 | 杀菌剂 | GB/T 20769、NY/T 1379 |
| 64 | 双炔酰菌胺 | 25* | 杀菌剂 | 无指定 |

## 3.39 芋头叶

芋头叶中农药最大残留限量见表 3-39。

**表 3-39 芋头叶中农药最大残留限量**

| 序号 | 农药中文名 | 最大残留限量（mg/kg） | 农药主要用途 | 检测方法 |
|---|---|---|---|---|
| 1 | 保棉磷 | 0.5 | 杀虫剂 | NY/T 761 |
| 2 | 百草枯 | 0.05* | 除草剂 | 无指定 |
| 3 | 倍硫磷 | 0.05 | 杀虫剂 | GB 23200.8、GB 23200.113、GB/T 20769 |
| 4 | 苯线磷 | 0.02 | 杀虫剂 | GB 23200.8、GB/T 5009.145 |
| 5 | 地虫硫磷 | 0.01 | 杀虫剂 | GB 23200.8、GB 23200.113 |
| 6 | 对硫磷 | 0.01 | 杀虫剂 | GB 23200.113、GB/T 5009.145 |
| 7 | 氟虫腈 | 0.02 | 杀虫剂 | SN/T 1982 |

（续）

| 序号 | 农药中文名 | 最大残留限量（mg/kg） | 农药主要用途 | 检测方法 |
|---|---|---|---|---|
| 8 | 甲胺磷 | 0.05 | 杀虫剂 | GB 23200.113、GB/T 5009.103、NY/T 761 |
| 9 | 甲拌磷 | 0.01 | 杀虫剂 | GB 23200.113 |
| 10 | 甲基对硫磷 | 0.02 | 杀虫剂 | GB 23200.113、NY/T 761 |
| 11 | 甲基硫环磷 | 0.03* | 杀虫剂 | NY/T 761 |
| 12 | 甲基异柳磷 | 0.01* | 杀虫剂 | GB 23200.113、GB/T 5009.144 |
| 13 | 腈菌唑 | 0.05 | 杀菌剂 | GB 23200.8、GB 23200.113、GB/T 20769、NY/T 1455 |
| 14 | 久效磷 | 0.03 | 杀虫剂 | GB 23200.113、NY/T 761 |
| 15 | 克百威 | 0.02 | 杀虫剂 | NY/T 761 |
| 16 | 磷胺 | 0.05 | 杀虫剂 | GB 23200.113、NY/T 761 |
| 17 | 硫环磷 | 0.03 | 杀虫剂 | GB 23200.113、NY/T 761 |
| 18 | 硫线磷 | 0.02 | 杀虫剂 | GB/T 20769 |
| 19 | 氯唑磷 | 0.01 | 杀虫剂 | GB 23200.113、GB/T 20769 |
| 20 | 灭多威 | 0.2 | 杀虫剂 | NY/T 761 |
| 21 | 灭线磷 | 0.02 | 杀线虫剂 | NY/T 761 |
| 22 | 内吸磷 | 0.02 | 杀虫/杀螨剂 | GB/T 20769 |
| 23 | 杀虫脒 | 0.01 | 杀虫剂 | GB/T 20769 |
| 24 | 杀螟硫磷 | 0.5* | 杀虫剂 | GB 23200.113、GB/T 14553、GB/T 20769、NY/T 761 |
| 25 | 杀扑磷 | 0.05 | 杀虫剂 | GB 23200.113、NY/T 761 |
| 26 | 水胺硫磷 | 0.05 | 杀虫剂 | GB 23200.113、NY/T 761 |
| 27 | 特丁硫磷 | 0.01 | 杀虫剂 | NY/T 761、NY/T 1379 |
| 28 | 涕灭威 | 0.03 | 杀虫剂 | NY/T 761 |
| 29 | 氧乐果 | 0.02 | 杀虫剂 | GB 23200.113、NY/T 761、NY/T 1379 |
| 30 | 乙酰甲胺磷 | 1 | 杀虫剂 | GB 23200.113、GB/T 5009.103、GB/T 5009.145、NY/T 761 |
| 31 | 蝇毒磷 | 0.05 | 杀虫剂 | GB 23200.8、GB 23200.113 |
| 32 | 治螟磷 | 0.01 | 杀虫剂 | GB 23200.8、GB 23200.113、NY/T 761 |

（续）

| 序号 | 农药中文名 | 最大残留限量（mg/kg） | 农药主要用途 | 检测方法 |
| --- | --- | --- | --- | --- |
| 33 | 艾氏剂 | 0.05 | 杀虫剂 | GB 23200.113、GB/T 5009.19、NY/T 761 |
| 34 | 滴滴涕 | 0.05 | 杀虫剂 | GB 23200.113、GB/T 5009.19、NY/T 761 |
| 35 | 狄氏剂 | 0.05 | 杀虫剂 | GB 23200.113、GB/T 5009.19、NY/T 761 |
| 36 | 毒杀芬 | 0.05* | 杀虫剂 | YC/T 180（参照） |
| 37 | 六六六 | 0.05 | 杀虫剂 | GB 23200.113、GB/T 5009.19、NY/T 761 |
| 38 | 氯丹 | 0.02 | 杀虫剂 | GB/T 5009.19 |
| 39 | 灭蚁灵 | 0.01 | 杀虫剂 | GB/T 5009.19 |
| 40 | 七氯 | 0.02 | 杀虫剂 | GB/T 5009.19、NY/T 761 |
| 41 | 异狄氏剂 | 0.05 | 杀虫剂 | GB/T 5009.19、NY/T 761 |
| 42 | 虫酰肼 | 10 | 杀虫剂 | GB/T 20769 |
| 43 | 敌百虫 | 0.2 | 杀虫剂 | GB/T 20769、NY/T 761 |
| 44 | 敌草腈 | 0.3* | 除草剂 | 无指定 |
| 45 | 呋虫胺 | 6 | 杀虫剂 | GB 23200.37、GB 23200.51、GB/T 20769 |
| 46 | 氟啶虫胺腈 | 6* | 杀虫剂 | 无指定 |
| 47 | 螺虫乙酯 | 7 | 杀虫剂 | SN/T 4891 |
| 48 | 噻虫胺 | 2 | 杀虫剂 | GB/T 20769 |
| 49 | 敌敌畏 | 0.2 | 杀虫剂 | GB 23200.8、GB 23200.113、GB/T 5009.20、NY/T 761 |
| 50 | 啶虫脒 | 1.5 | 杀虫剂 | GB/T 20769、GB/T 23584 |
| 51 | 多杀霉素 | 10 | 杀虫剂 | GB/T 20769 |
| 52 | 氟吡菌胺 | 30* | 杀菌剂 | 无指定 |
| 53 | 甲萘威 | 1 | 杀虫剂 | GB/T 5009.145、GB/T 20769、NY/T 761 |
| 54 | 辛硫磷 | 0.05 | 杀虫剂 | GB/T 5009.102、GB/T 20769 |
| 55 | 氯虫苯甲酰胺 | 20* | 杀虫剂 | 无指定 |
| 56 | 氯菊酯 | 1 | 杀虫剂 | GB 23200.8、GB 23200.113、NY/T 761 |

（续）

| 序号 | 农药中文名 | 最大残留限量（mg/kg） | 农药主要用途 | 检测方法 |
| --- | --- | --- | --- | --- |
| 57 | 氯氰菊酯和高效氯氰菊酯 | 0.7 | 杀虫剂 | GB 23200.8、GB 23200.113、GB/T 5009.146、NY/T 761 |
| 58 | 噻虫嗪 | 3 | 杀虫剂 | GB 23200.8、GB 23200.39、GB/T 20769 |
| 59 | 溴氰虫酰胺 | 20* | 杀虫剂 | 无指定 |
| 60 | 烯酰吗啉 | 10 | 杀菌剂 | GB/T 20769 |
| 61 | 双炔酰菌胺 | 25* | 杀菌剂 | 无指定 |

## 3.40 茎用莴苣叶

茎用莴苣叶中农药最大残留限量见表 3-40。

**表 3-40 茎用莴苣叶中农药最大残留限量**

| 序号 | 农药中文名 | 最大残留限量（mg/kg） | 农药主要用途 | 检测方法 |
| --- | --- | --- | --- | --- |
| 1 | 保棉磷 | 0.5 | 杀虫剂 | NY/T 761 |
| 2 | 百草枯 | 0.05* | 除草剂 | 无指定 |
| 3 | 倍硫磷 | 0.05 | 杀虫剂 | GB 23200.8、GB 23200.113、GB/T 20769 |
| 4 | 苯线磷 | 0.02 | 杀虫剂 | GB 23200.8、GB/T 5009.145 |
| 5 | 地虫硫磷 | 0.01 | 杀虫剂 | GB 23200.8、GB 23200.113 |
| 6 | 对硫磷 | 0.01 | 杀虫剂 | GB 23200.113、GB/T 5009.145 |
| 7 | 氟虫腈 | 0.02 | 杀虫剂 | SN/T 1982 |
| 8 | 甲胺磷 | 0.05 | 杀虫剂 | GB 23200.113、GB/T 5009.103、NY/T 761 |
| 9 | 甲拌磷 | 0.01 | 杀虫剂 | GB 23200.113 |
| 10 | 甲基对硫磷 | 0.02 | 杀虫剂 | GB 23200.113、NY/T 761 |
| 11 | 甲基硫环磷 | 0.03* | 杀虫剂 | NY/T 761 |
| 12 | 甲基异柳磷 | 0.01* | 杀虫剂 | GB 23200.113、GB/T 5009.144 |
| 13 | 腈菌唑 | 0.05 | 杀菌剂 | GB 23200.8、GB 23200.113、GB/T 20769、NY/T 1455 |
| 14 | 久效磷 | 0.03 | 杀虫剂 | GB 23200.113、NY/T 761 |
| 15 | 克百威 | 0.02 | 杀虫剂 | NY/T 761 |

（续）

| 序号 | 农药中文名 | 最大残留限量（mg/kg） | 农药主要用途 | 检测方法 |
|---|---|---|---|---|
| 16 | 磷胺 | 0.05 | 杀虫剂 | GB 23200.113、NY/T 761 |
| 17 | 硫环磷 | 0.03 | 杀虫剂 | GB 23200.113、NY/T 761 |
| 18 | 硫线磷 | 0.02 | 杀虫剂 | GB/T 20769 |
| 19 | 氯唑磷 | 0.01 | 杀虫剂 | GB 23200.113、GB/T 20769 |
| 20 | 灭多威 | 0.2 | 杀虫剂 | NY/T 761 |
| 21 | 灭线磷 | 0.02 | 杀线虫剂 | NY/T 761 |
| 22 | 内吸磷 | 0.02 | 杀虫/杀螨剂 | GB/T 20769 |
| 23 | 杀虫脒 | 0.01 | 杀虫剂 | GB/T 20769 |
| 24 | 杀螟硫磷 | 0.5* | 杀虫剂 | GB 23200.113、GB/T 14553、GB/T 20769、NY/T 761 |
| 25 | 杀扑磷 | 0.05 | 杀虫剂 | GB 23200.113、NY/T 761 |
| 26 | 水胺硫磷 | 0.05 | 杀虫剂 | GB 23200.113、NY/T 761 |
| 27 | 特丁硫磷 | 0.01 | 杀虫剂 | NY/T 761、NY/T 1379 |
| 28 | 涕灭威 | 0.03 | 杀虫剂 | NY/T 761 |
| 29 | 氧乐果 | 0.02 | 杀虫剂 | GB 23200.113、NY/T 761、NY/T 1379 |
| 30 | 乙酰甲胺磷 | 1 | 杀虫剂 | GB 23200.113、GB/T 5009.103、GB/T 5009.145、NY/T 761 |
| 31 | 蝇毒磷 | 0.05 | 杀虫剂 | GB 23200.8、GB 23200.113 |
| 32 | 治螟磷 | 0.01 | 杀虫剂 | GB 23200.8、GB 23200.113、NY/T 761 |
| 33 | 艾氏剂 | 0.05 | 杀虫剂 | GB 23200.113、GB/T 5009.19、NY/T 761 |
| 34 | 滴滴涕 | 0.05 | 杀虫剂 | GB 23200.113、GB/T 5009.19、NY/T 761 |
| 35 | 狄氏剂 | 0.05 | 杀虫剂 | GB 23200.113、GB/T 5009.19、NY/T 761 |
| 36 | 毒杀芬 | 0.05* | 杀虫剂 | YC/T 180（参照） |
| 37 | 六六六 | 0.05 | 杀虫剂 | GB 23200.113、GB/T 5009.19、NY/T 761 |
| 38 | 氯丹 | 0.02 | 杀虫剂 | GB/T 5009.19 |
| 39 | 灭蚁灵 | 0.01 | 杀虫剂 | GB/T 5009.19 |

（续）

| 序号 | 农药中文名 | 最大残留限量（mg/kg） | 农药主要用途 | 检测方法 |
|---|---|---|---|---|
| 40 | 七氯 | 0.02 | 杀虫剂 | GB/T 5009.19、NY/T 761 |
| 41 | 异狄氏剂 | 0.05 | 杀虫剂 | GB/T 5009.19、NY/T 761 |
| 42 | 敌百虫 | 0.2 | 杀虫剂 | GB/T 20769、NY/T 761 |
| 43 | 敌草腈 | 0.3* | 除草剂 | 无指定 |
| 44 | 呋虫胺 | 6 | 杀虫剂 | GB 23200.37、GB 23200.51、GB/T 20769 |
| 45 | 氟啶虫胺腈 | 6* | 杀虫剂 | 无指定 |
| 46 | 螺虫乙酯 | 7 | 杀虫剂 | SN/T 4891 |
| 47 | 噻虫胺 | 2 | 杀虫剂 | GB/T 20769 |
| 48 | 多杀霉素 | 10 | 杀虫剂 | GB/T 20769 |
| 49 | 氟吡菌胺 | 30* | 杀菌剂 | 无指定 |
| 50 | 甲萘威 | 1 | 杀虫剂 | GB/T 5009.145、GB/T 20769、NY/T 761 |
| 51 | 辛硫磷 | 0.05 | 杀虫剂 | GB/T 5009.102、GB/T 20769 |
| 52 | 氯虫苯甲酰胺 | 20* | 杀虫剂 | 无指定 |
| 53 | 氯菊酯 | 1 | 杀虫剂 | GB 23200.8、GB 23200.113、NY/T 761 |
| 54 | 噻虫嗪 | 3 | 杀虫剂 | GB 23200.8、GB 23200.39、GB/T 20769 |
| 55 | 溴氰虫酰胺 | 20* | 杀虫剂 | 无指定 |
| 56 | 虫酰肼 | 20 | 杀虫剂 | GB/T 20769 |
| 57 | 敌敌畏 | 0.3 | 杀虫剂 | GB 23200.8、GB 23200.113、GB/T 5009.20、NY/T 761 |
| 58 | 啶虫脒 | 5 | 杀虫剂 | GB/T 20769、GB/T 23584 |
| 59 | 氟啶脲 | 20 | 杀虫剂 | GB 23200.8、GB/T 20769、SN/T 2095 |
| 60 | 甲氨基阿维菌素苯甲酸盐 | 0.1 | 杀虫剂 | GB/T 20769 |
| 61 | 甲氰菊酯 | 7 | 杀虫剂 | GB 23200.8、GB 23200.113、NY/T 761、SN/T 2233 |
| 62 | 氯氟氰菊酯和高效氯氟氰菊酯 | 2 | 杀虫剂 | GB 23200.8、GB 23200.113、GB/T 5009.146、NY/T 761 |

（续）

| 序号 | 农药中文名 | 最大残留限量（mg/kg） | 农药主要用途 | 检测方法 |
|---|---|---|---|---|
| 63 | 氯氰菊酯和高效氯氰菊酯 | 5 | 杀虫剂 | GB 23200.8、GB 23200.113、GB/T 5009.146、NY/T 761 |
| 64 | 马拉硫磷 | 8 | 杀虫剂 | GB 23200.8、GB 23200.113、GB/T 20769、NY/T 761 |
| 65 | 氰戊菊酯和S-氰戊菊酯 | 7 | 杀虫剂 | GB 23200.8、GB 23200.113、NY/T 761 |
| 66 | 四聚乙醛 | 10* | 杀螺剂 | 无指定 |
| 67 | 双炔酰菌胺 | 25* | 杀菌剂 | 无指定 |

## 3.41 甘薯叶

甘薯叶中农药最大残留限量见表3-41。

**表3-41 甘薯叶中农药最大残留限量**

| 序号 | 农药中文名 | 最大残留限量（mg/kg） | 农药主要用途 | 检测方法 |
|---|---|---|---|---|
| 1 | 保棉磷 | 0.5 | 杀虫剂 | NY/T 761 |
| 2 | 百草枯 | 0.05* | 除草剂 | 无指定 |
| 3 | 倍硫磷 | 0.05 | 杀虫剂 | GB 23200.8、GB 23200.113、GB/T 20769 |
| 4 | 苯线磷 | 0.02 | 杀虫剂 | GB 23200.8、GB/T 5009.145 |
| 5 | 地虫硫磷 | 0.01 | 杀虫剂 | GB 23200.8、GB 23200.113 |
| 6 | 对硫磷 | 0.01 | 杀虫剂 | GB 23200.113、GB/T 5009.145 |
| 7 | 氟虫腈 | 0.02 | 杀虫剂 | SN/T 1982 |
| 8 | 甲胺磷 | 0.05 | 杀虫剂 | GB 23200.113、GB/T 5009.103、NY/T 761 |
| 9 | 甲拌磷 | 0.01 | 杀虫剂 | GB 23200.113 |
| 10 | 甲基对硫磷 | 0.02 | 杀虫剂 | GB 23200.113、NY/T 761 |
| 11 | 甲基硫环磷 | 0.03* | 杀虫剂 | NY/T 761 |
| 12 | 甲基异柳磷 | 0.01* | 杀虫剂 | GB 23200.113、GB/T 5009.144 |
| 13 | 腈菌唑 | 0.05 | 杀菌剂 | GB 23200.8、GB 23200.113、GB/T 20769、NY/T 1455 |
| 14 | 久效磷 | 0.03 | 杀虫剂 | GB 23200.113、NY/T 761 |

（续）

| 序号 | 农药中文名 | 最大残留限量（mg/kg） | 农药主要用途 | 检测方法 |
|---|---|---|---|---|
| 15 | 克百威 | 0.02 | 杀虫剂 | NY/T 761 |
| 16 | 磷胺 | 0.05 | 杀虫剂 | GB 23200.113、NY/T 761 |
| 17 | 硫环磷 | 0.03 | 杀虫剂 | GB 23200.113、NY/T 761 |
| 18 | 硫线磷 | 0.02 | 杀虫剂 | GB/T 20769 |
| 19 | 氯唑磷 | 0.01 | 杀虫剂 | GB 23200.113、GB/T 20769 |
| 20 | 灭多威 | 0.2 | 杀虫剂 | NY/T 761 |
| 21 | 灭线磷 | 0.02 | 杀线虫剂 | NY/T 761 |
| 22 | 内吸磷 | 0.02 | 杀虫/杀螨剂 | GB/T 20769 |
| 23 | 杀虫脒 | 0.01 | 杀虫剂 | GB/T 20769 |
| 24 | 杀螟硫磷 | 0.5* | 杀虫剂 | GB 23200.113、GB/T 14553、GB/T 20769、NY/T 761 |
| 25 | 杀扑磷 | 0.05 | 杀虫剂 | GB 23200.113、NY/T 761 |
| 26 | 水胺硫磷 | 0.05 | 杀虫剂 | GB 23200.113、NY/T 761 |
| 27 | 特丁硫磷 | 0.01 | 杀虫剂 | NY/T 761、NY/T 1379 |
| 28 | 涕灭威 | 0.03 | 杀虫剂 | NY/T 761 |
| 29 | 氧乐果 | 0.02 | 杀虫剂 | GB 23200.113、NY/T 761、NY/T 1379 |
| 30 | 乙酰甲胺磷 | 1 | 杀虫剂 | GB 23200.113、GB/T 5009.103、GB/T 5009.145、NY/T 761 |
| 31 | 蝇毒磷 | 0.05 | 杀虫剂 | GB 23200.8、GB 23200.113 |
| 32 | 治螟磷 | 0.01 | 杀虫剂 | GB 23200.8、GB 23200.113、NY/T 761 |
| 33 | 艾氏剂 | 0.05 | 杀虫剂 | GB 23200.113、GB/T 5009.19、NY/T 761 |
| 34 | 滴滴涕 | 0.05 | 杀虫剂 | GB 23200.113、GB/T 5009.19、NY/T 761 |
| 35 | 狄氏剂 | 0.05 | 杀虫剂 | GB 23200.113、GB/T 5009.19、NY/T 761 |
| 36 | 毒杀芬 | 0.05* | 杀虫剂 | YC/T 180（参照） |
| 37 | 六六六 | 0.05 | 杀虫剂 | GB 23200.113、GB/T 5009.19、NY/T 761 |

（续）

| 序号 | 农药中文名 | 最大残留限量（mg/kg） | 农药主要用途 | 检测方法 |
|---|---|---|---|---|
| 38 | 氯丹 | 0.02 | 杀虫剂 | GB/T 5009.19 |
| 39 | 灭蚁灵 | 0.01 | 杀虫剂 | GB/T 5009.19 |
| 40 | 七氯 | 0.02 | 杀虫剂 | GB/T 5009.19、NY/T 761 |
| 41 | 异狄氏剂 | 0.05 | 杀虫剂 | GB/T 5009.19、NY/T 761 |
| 42 | 虫酰肼 | 10 | 杀虫剂 | GB/T 20769 |
| 43 | 敌百虫 | 0.2 | 杀虫剂 | GB/T 20769、NY/T 761 |
| 44 | 敌草腈 | 0.3* | 除草剂 | 无指定 |
| 45 | 呋虫胺 | 6 | 杀虫剂 | GB 23200.37、GB 23200.51、GB/T 20769 |
| 46 | 氟啶虫胺腈 | 6* | 杀虫剂 | 无指定 |
| 47 | 螺虫乙酯 | 7 | 杀虫剂 | SN/T 4891 |
| 48 | 噻虫胺 | 2 | 杀虫剂 | GB/T 20769 |
| 49 | 敌敌畏 | 0.2 | 杀虫剂 | GB 23200.8、GB 23200.113、GB/T 5009.20、NY/T 761 |
| 50 | 啶虫脒 | 1.5 | 杀虫剂 | GB/T 20769、GB/T 23584 |
| 51 | 多杀霉素 | 10 | 杀虫剂 | GB/T 20769 |
| 52 | 氟吡菌胺 | 30* | 杀菌剂 | 无指定 |
| 53 | 甲萘威 | 1 | 杀虫剂 | GB/T 5009.145、GB/T 20769、NY/T 761 |
| 54 | 辛硫磷 | 0.05 | 杀虫剂 | GB/T 5009.102、GB/T 20769 |
| 55 | 氯虫苯甲酰胺 | 20* | 杀虫剂 | 无指定 |
| 56 | 氯菊酯 | 1 | 杀虫剂 | GB 23200.8、GB 23200.113、NY/T 761 |
| 57 | 氯氰菊酯和高效氯氰菊酯 | 0.7 | 杀虫剂 | GB 23200.8、GB 23200.113、GB/T 5009.146、NY/T 761 |
| 58 | 噻虫嗪 | 3 | 杀虫剂 | GB 23200.8、GB 23200.39、GB/T 20769 |
| 59 | 氯虫苯甲酰胺 | 20* | 杀虫剂 | 无指定 |
| 60 | 氰戊菊酯和S-氰戊菊酯 | 7 | 杀虫剂 | GB 23200.8、GB 23200.113、NY/T 761 |
| 61 | 双炔酰菌胺 | 25* | 杀菌剂 | 无指定 |

## 3.42 芹菜

芹菜中农药最大残留限量见表3-42。

表3-42 芹菜中农药最大残留限量

| 序号 | 农药中文名 | 最大残留限量(mg/kg) | 农药主要用途 | 检测方法 |
| --- | --- | --- | --- | --- |
| 1 | 保棉磷 | 0.5 | 杀虫剂 | NY/T 761 |
| 2 | 百草枯 | 0.05* | 除草剂 | 无指定 |
| 3 | 倍硫磷 | 0.05 | 杀虫剂 | GB 23200.8、GB 23200.113、GB/T 20769 |
| 4 | 苯线磷 | 0.02 | 杀虫剂 | GB 23200.8、GB/T 5009.145 |
| 5 | 地虫硫磷 | 0.01 | 杀虫剂 | GB 23200.8、GB 23200.113 |
| 6 | 对硫磷 | 0.01 | 杀虫剂 | GB 23200.113、GB/T 5009.145 |
| 7 | 氟虫腈 | 0.02 | 杀虫剂 | SN/T 1982 |
| 8 | 甲胺磷 | 0.05 | 杀虫剂 | GB 23200.113、GB/T 5009.103、NY/T 761 |
| 9 | 甲拌磷 | 0.01 | 杀虫剂 | GB 23200.113 |
| 10 | 甲基对硫磷 | 0.02 | 杀虫剂 | GB 23200.113、NY/T 761 |
| 11 | 甲基硫环磷 | 0.03* | 杀虫剂 | NY/T 761 |
| 12 | 甲基异柳磷 | 0.01* | 杀虫剂 | GB 23200.113、GB/T 5009.144 |
| 13 | 腈菌唑 | 0.05 | 杀菌剂 | GB 23200.8、GB 23200.113、GB/T 20769、NY/T 1455 |
| 14 | 久效磷 | 0.03 | 杀虫剂 | GB 23200.113、NY/T 761 |
| 15 | 克百威 | 0.02 | 杀虫剂 | NY/T 761 |
| 16 | 磷胺 | 0.05 | 杀虫剂 | GB 23200.113、NY/T 761 |
| 17 | 硫环磷 | 0.03 | 杀虫剂 | GB 23200.113、NY/T 761 |
| 18 | 硫线磷 | 0.02 | 杀虫剂 | GB/T 20769 |
| 19 | 氯唑磷 | 0.01 | 杀虫剂 | GB 23200.113、GB/T 20769 |
| 20 | 灭多威 | 0.2 | 杀虫剂 | NY/T 761 |
| 21 | 灭线磷 | 0.02 | 杀线虫剂 | NY/T 761 |
| 22 | 内吸磷 | 0.02 | 杀虫/杀螨剂 | GB/T 20769 |
| 23 | 杀虫脒 | 0.01 | 杀虫剂 | GB/T 20769 |
| 24 | 杀螟硫磷 | 0.5* | 杀虫剂 | GB 23200.113、GB/T 14553、GB/T 20769、NY/T 761 |

（续）

| 序号 | 农药中文名 | 最大残留限量（mg/kg） | 农药主要用途 | 检测方法 |
|---|---|---|---|---|
| 25 | 杀扑磷 | 0.05 | 杀虫剂 | GB 23200.113、NY/T 761 |
| 26 | 水胺硫磷 | 0.05 | 杀虫剂 | GB 23200.113、NY/T 761 |
| 27 | 特丁硫磷 | 0.01 | 杀虫剂 | NY/T 761、NY/T 1379 |
| 28 | 涕灭威 | 0.03 | 杀虫剂 | NY/T 761 |
| 29 | 氧乐果 | 0.02 | 杀虫剂 | GB 23200.113、NY/T 761、NY/T 1379 |
| 30 | 乙酰甲胺磷 | 1 | 杀虫剂 | GB 23200.113、GB/T 5009.103、GB/T 5009.145、NY/T 761 |
| 31 | 蝇毒磷 | 0.05 | 杀虫剂 | GB 23200.8、GB 23200.113 |
| 32 | 治螟磷 | 0.01 | 杀虫剂 | GB 23200.113、GB 23200.8、NY/T 761 |
| 33 | 艾氏剂 | 0.05 | 杀虫剂 | GB 23200.113、GB/T 5009.19、NY/T 761 |
| 34 | 滴滴涕 | 0.05 | 杀虫剂 | GB 23200.113、GB/T 5009.19、NY/T 761 |
| 35 | 狄氏剂 | 0.05 | 杀虫剂 | GB 23200.113、GB/T 5009.19、NY/T 761 |
| 36 | 毒杀芬 | 0.05* | 杀虫剂 | YC/T 180（参照） |
| 37 | 六六六 | 0.05 | 杀虫剂 | GB 23200.113、GB/T 5009.19、NY/T 761 |
| 38 | 氯丹 | 0.02 | 杀虫剂 | GB/T 5009.19 |
| 39 | 灭蚁灵 | 0.01 | 杀虫剂 | GB/T 5009.19 |
| 40 | 七氯 | 0.02 | 杀虫剂 | GB/T 5009.19、NY/T 761 |
| 41 | 异狄氏剂 | 0.05 | 杀虫剂 | GB/T 5009.19、NY/T 761 |
| 42 | 虫酰肼 | 10 | 杀虫剂 | GB/T 20769 |
| 43 | 敌百虫 | 0.2 | 杀虫剂 | GB/T 20769、NY/T 761 |
| 44 | 敌敌畏 | 0.2 | 杀虫剂 | GB 23200.8、GB 23200.113、GB/T 5009.20、NY/T 761 |
| 45 | 甲萘威 | 1 | 杀虫剂 | GB/T 5009.145、GB/T 20769、NY/T 761 |
| 46 | 辛硫磷 | 0.05 | 杀虫剂 | GB/T 5009.102、GB/T 20769 |
| 47 | 阿维菌素 | 0.05 | 杀虫剂 | GB 23200.19、GB 23200.20、NY/T 1379 |

（续）

| 序号 | 农药中文名 | 最大残留限量（mg/kg） | 农药主要用途 | 检测方法 |
|---|---|---|---|---|
| 48 | 百菌清 | 5 | 杀菌剂 | GB/T 5009.105、NY/T 761、SN/T 2320 |
| 49 | 苯醚甲环唑 | 3 | 杀菌剂 | GB 23200.8、GB 23200.49、GB 23200.113、GB/T 5009.218 |
| 50 | 吡虫啉 | 5 | 杀虫剂 | GB/T 20769、GB/T 23379 |
| 51 | 除虫菊素 | 1 | 杀虫剂 | GB/T 20769 |
| 52 | 敌草腈 | 0.07* | 除草剂 | 无指定 |
| 53 | 丁硫克百威 | 0.05 | 杀虫剂 | GB 23200.13 |
| 54 | 啶虫脒 | 3 | 杀虫剂 | GB/T 20769、GB/T 23584 |
| 55 | 毒死蜱 | 0.05 | 杀虫剂 | GB 23200.8、GB 23200.113、NY/T 761、SN/T 2158 |
| 56 | 多杀霉素 | 2 | 杀虫剂 | GB/T 20769 |
| 57 | 二甲戊灵 | 0.2 | 除草剂 | GB 23200.8、GB 23200.113、NY/T 1379 |
| 58 | 呋虫胺 | 0.6 | 杀虫剂 | GB 23200.37、GB 23200.51、GB/T 20769 |
| 59 | 氟胺氰菊酯 | 0.5 | 杀虫剂 | GB 23200.113、NY/T 761 |
| 60 | 氟苯虫酰胺 | 5* | 杀虫剂 | 无指定 |
| 61 | 氟苯脲 | 0.5 | 杀虫剂 | NY/T 1453 |
| 62 | 氟吡菌胺 | 20* | 杀菌剂 | 无指定 |
| 63 | 氟啶虫胺腈 | 1.5* | 杀虫剂 | 无指定 |
| 64 | 氟氯氰菊酯和高效氟氯氰菊酯 | 0.5 | 杀虫剂 | GB 23200.8、GB 23200.113、GB/T 5009.146、NY/T 761 |
| 65 | 甲氰菊酯 | 1 | 杀虫剂 | GB 23200.8、GB 23200.113、NY/T 761、SN/T 2233 |
| 66 | 甲氧虫酰肼 | 15 | 杀虫剂 | GB/T 20769 |
| 67 | 乐果 | 0.5* | 杀虫剂 | GB 23200.113、GB/T 5009.145、GB/T 20769、NY/T 761 |
| 68 | 螺虫乙酯 | 4 | 杀虫剂 | SN/T 4891 |
| 69 | 氯虫苯甲酰胺 | 7* | 杀虫剂 | 无指定 |
| 70 | 氯氟氰菊酯和高效氯氟氰菊酯 | 0.5 | 杀虫剂 | GB 23200.8、GB 23200.113、GB/T 5009.146、NY/T 761 |

（续）

| 序号 | 农药中文名 | 最大残留限量（mg/kg） | 农药主要用途 | 检测方法 |
| --- | --- | --- | --- | --- |
| 71 | 氯菊酯 | 2 | 杀虫剂 | GB 23200.8、GB 23200.113、NY/T 761 |
| 72 | 氯氰菊酯和高效氯氰菊酯 | 1 | 杀虫剂 | GB 23200.8、GB 23200.113、GB/T 5009.146、NY/T 761 |
| 73 | 马拉硫磷 | 1 | 杀虫剂 | GB 23200.8、GB 23200.113、GB/T 20769、NY/T 761 |
| 74 | 咪唑菌酮 | 40 | 杀菌剂 | GB 23200.8、GB 23200.113 |
| 75 | 醚菊酯 | 1 | 杀虫剂 | GB 23200.8、SN/T 2151 |
| 76 | 嘧菌酯 | 5 | 杀菌剂 | GB/T 20769、NY/T 1453、SN/T 1976 |
| 77 | 灭蝇胺 | 4 | 杀虫剂 | NY/T 1725 |
| 78 | 噻虫胺 | 0.04 | 杀虫剂 | GB/T 20769 |
| 79 | 噻虫嗪 | 1 | 杀虫剂 | GB 23200.8、GB 23200.39、GB/T 20769 |
| 80 | 双炔酰菌胺 | 20* | 杀菌剂 | 无指定 |
| 81 | 四聚乙醛 | 1* | 杀螺剂 | 无指定 |
| 82 | 肟菌酯 | 1 | 杀菌剂 | GB 23200.8、GB 23200.113、GB/T 20769 |
| 83 | 烯酰吗啉 | 15 | 杀菌剂 | GB/T 20769 |
| 84 | 溴氰虫酰胺 | 15* | 杀虫剂 | 无指定 |
| 85 | 溴氰菊酯 | 2 | 杀虫剂 | GB 23200.8、GB 23200.113、NY/T 761、SN/T 0217 |
| 86 | 乙基多杀菌素 | 6* | 杀虫剂 | 无指定 |

## 3.43 小茴香

小茴香中农药最大残留限量见表 3-43。

**表 3-43 小茴香中农药最大残留限量**

| 序号 | 农药中文名 | 最大残留限量（mg/kg） | 农药主要用途 | 检测方法 |
| --- | --- | --- | --- | --- |
| 1 | 保棉磷 | 0.5 | 杀虫剂 | NY/T 761 |
| 2 | 百草枯 | 0.05* | 除草剂 | 无指定 |

（续）

| 序号 | 农药中文名 | 最大残留限量（mg/kg） | 农药主要用途 | 检测方法 |
|---|---|---|---|---|
| 3 | 倍硫磷 | 0.05 | 杀虫剂 | GB 23200.8、GB 23200.113、GB/T 20769 |
| 4 | 苯线磷 | 0.02 | 杀虫剂 | GB 23200.8、GB/T 5009.145 |
| 5 | 地虫硫磷 | 0.01 | 杀虫剂 | GB 23200.8、GB 23200.113 |
| 6 | 对硫磷 | 0.01 | 杀虫剂 | GB 23200.113、GB/T 5009.145 |
| 7 | 氟虫腈 | 0.02 | 杀虫剂 | SN/T 1982 |
| 8 | 甲胺磷 | 0.05 | 杀虫剂 | GB 23200.113、GB/T 5009.103、NY/T 761 |
| 9 | 甲拌磷 | 0.01 | 杀虫剂 | GB 23200.113 |
| 10 | 甲基对硫磷 | 0.02 | 杀虫剂 | GB 23200.113、NY/T 761 |
| 11 | 甲基硫环磷 | 0.03* | 杀虫剂 | NY/T 761 |
| 12 | 甲基异柳磷 | 0.01* | 杀虫剂 | GB 23200.113、GB/T 5009.144 |
| 13 | 腈菌唑 | 0.05 | 杀菌剂 | GB 23200.8、GB 23200.113、GB/T 20769、NY/T 1455 |
| 14 | 久效磷 | 0.03 | 杀虫剂 | GB 23200.113、NY/T 761 |
| 15 | 克百威 | 0.02 | 杀虫剂 | NY/T 761 |
| 16 | 磷胺 | 0.05 | 杀虫剂 | GB 23200.113、NY/T 761 |
| 17 | 硫环磷 | 0.03 | 杀虫剂 | GB 23200.113、NY/T 761 |
| 18 | 硫线磷 | 0.02 | 杀虫剂 | GB/T 20769 |
| 19 | 氯唑磷 | 0.01 | 杀虫剂 | GB 23200.113、GB/T 20769 |
| 20 | 灭多威 | 0.2 | 杀虫剂 | NY/T 761 |
| 21 | 灭线磷 | 0.02 | 杀线虫剂 | NY/T 761 |
| 22 | 内吸磷 | 0.02 | 杀虫/杀螨剂 | GB/T 20769 |
| 23 | 杀虫脒 | 0.01 | 杀虫剂 | GB/T 20769 |
| 24 | 杀螟硫磷 | 0.5* | 杀虫剂 | GB 23200.113、GB/T 14553、GB/T 20769、NY/T 761 |
| 25 | 杀扑磷 | 0.05 | 杀虫剂 | GB 23200.113、NY/T 761 |
| 26 | 水胺硫磷 | 0.05 | 杀虫剂 | GB 23200.113、NY/T 761 |
| 27 | 特丁硫磷 | 0.01 | 杀虫剂 | NY/T 761、NY/T 1379 |
| 28 | 涕灭威 | 0.03 | 杀虫剂 | NY/T 761 |
| 29 | 氧乐果 | 0.02 | 杀虫剂 | GB 23200.113、NY/T 761、NY/T 1379 |

（续）

| 序号 | 农药中文名 | 最大残留限量（mg/kg） | 农药主要用途 | 检测方法 |
| --- | --- | --- | --- | --- |
| 30 | 乙酰甲胺磷 | 1 | 杀虫剂 | GB 23200.113、GB/T 5009.103、GB/T 5009.145、NY/T 761 |
| 31 | 蝇毒磷 | 0.05 | 杀虫剂 | GB 23200.8、GB 23200.113 |
| 32 | 治螟磷 | 0.01 | 杀虫剂 | GB 23200.8、GB 23200.113、NY/T 761 |
| 33 | 艾氏剂 | 0.05 | 杀虫剂 | GB 23200.113、GB/T 5009.19、NY/T 761 |
| 34 | 滴滴涕 | 0.05 | 杀虫剂 | GB 23200.113、GB/T 5009.19、NY/T 761 |
| 35 | 狄氏剂 | 0.05 | 杀虫剂 | GB 23200.113、GB/T 5009.19、NY/T 761 |
| 36 | 毒杀芬 | 0.05* | 杀虫剂 | YC/T 180（参照） |
| 37 | 六六六 | 0.05 | 杀虫剂 | GB 23200.113、GB/T 5009.19、NY/T 761 |
| 38 | 氯丹 | 0.02 | 杀虫剂 | GB/T 5009.19 |
| 39 | 灭蚁灵 | 0.01 | 杀虫剂 | GB/T 5009.19 |
| 40 | 七氯 | 0.02 | 杀虫剂 | GB/T 5009.19、NY/T 761 |
| 41 | 异狄氏剂 | 0.05 | 杀虫剂 | GB/T 5009.19、NY/T 761 |
| 42 | 虫酰肼 | 10 | 杀虫剂 | GB/T 20769 |
| 43 | 敌百虫 | 0.2 | 杀虫剂 | GB/T 20769、NY/T 761 |
| 44 | 敌草腈 | 0.3* | 除草剂 | 无指定 |
| 45 | 呋虫胺 | 6 | 杀虫剂 | GB 23200.37、GB 23200.51、GB/T 20769 |
| 46 | 氟啶虫胺腈 | 6* | 杀虫剂 | 无指定 |
| 47 | 螺虫乙酯 | 7 | 杀虫剂 | SN/T 4891 |
| 48 | 噻虫胺 | 2 | 杀虫剂 | GB/T 20769 |
| 49 | 敌敌畏 | 0.2 | 杀虫剂 | GB 23200.8、GB 23200.113、GB/T 5009.20、NY/T 761 |
| 50 | 啶虫脒 | 1.5 | 杀虫剂 | GB/T 20769、GB/T 23584 |
| 51 | 多杀霉素 | 10 | 杀虫剂 | GB/T 20769 |
| 52 | 氟吡菌胺 | 30* | 杀菌剂 | 无指定 |
| 53 | 甲萘威 | 1 | 杀虫剂 | GB/T 5009.145、GB/T 20769、NY/T 761 |

（续）

| 序号 | 农药中文名 | 最大残留限量（mg/kg） | 农药主要用途 | 检测方法 |
|---|---|---|---|---|
| 54 | 辛硫磷 | 0.05 | 杀虫剂 | GB/T 5009.102、GB/T 20769 |
| 55 | 氯虫苯甲酰胺 | 20* | 杀虫剂 | 无指定 |
| 56 | 氯菊酯 | 1 | 杀虫剂 | GB 23200.8、GB 23200.113、NY/T 761 |
| 57 | 氯氰菊酯和高效氯氰菊酯 | 0.7 | 杀虫剂 | GB 23200.8、GB 23200.113、GB/T 5009.146、NY/T 761 |
| 58 | 噻虫嗪 | 3 | 杀虫剂 | GB 23200.8、GB 23200.39、GB/T 20769 |
| 59 | 溴氰虫酰胺 | 20* | 杀虫剂 | 无指定 |
| 60 | 阿维菌素 | 0.02 | 杀虫剂 | GB 23200.19、GB 23200.20、NY/T 1379 |
| 61 | 除虫菊素 | 1 | 杀虫剂 | GB/T 20769 |
| 62 | 四聚乙醛 | 2* | 杀螺剂 | 无指定 |
| 63 | 双炔酰菌胺 | 25* | 杀菌剂 | 无指定 |

## 3.44 球茎茴香

球茎茴香中农药最大残留限量见表 3-44。

**表 3-44 球茎茴香中农药最大残留限量**

| 序号 | 农药中文名 | 最大残留限量（mg/kg） | 农药主要用途 | 检测方法 |
|---|---|---|---|---|
| 1 | 保棉磷 | 0.5 | 杀虫剂 | NY/T 761 |
| 2 | 百草枯 | 0.05* | 除草剂 | 无指定 |
| 3 | 倍硫磷 | 0.05 | 杀虫剂 | GB 23200.8、GB 23200.113、GB/T 20769 |
| 4 | 苯线磷 | 0.02 | 杀虫剂 | GB 23200.8、GB/T 5009.145 |
| 5 | 地虫硫磷 | 0.01 | 杀虫剂 | GB 23200.8、GB 23200.113 |
| 6 | 对硫磷 | 0.01 | 杀虫剂 | GB 23200.113、GB/T 5009.145 |
| 7 | 氟虫腈 | 0.02 | 杀虫剂 | SN/T 1982 |
| 8 | 甲胺磷 | 0.05 | 杀虫剂 | GB 23200.113、GB/T 5009.103、NY/T 761 |
| 9 | 甲拌磷 | 0.01 | 杀虫剂 | GB 23200.113 |

（续）

| 序号 | 农药中文名 | 最大残留限量（mg/kg） | 农药主要用途 | 检测方法 |
|---|---|---|---|---|
| 10 | 甲基对硫磷 | 0.02 | 杀虫剂 | GB 23200.113、NY/T 761 |
| 11 | 甲基硫环磷 | 0.03* | 杀虫剂 | NY/T 761 |
| 12 | 甲基异柳磷 | 0.01* | 杀虫剂 | GB 23200.113、GB/T 5009.144 |
| 13 | 腈菌唑 | 0.05 | 杀菌剂 | GB 23200.8、GB 23200.113、GB/T 20769、NY/T 1455 |
| 14 | 久效磷 | 0.03 | 杀虫剂 | GB 23200.113、NY/T 761 |
| 15 | 克百威 | 0.02 | 杀虫剂 | NY/T 761 |
| 16 | 磷胺 | 0.05 | 杀虫剂 | GB 23200.113、NY/T 761 |
| 17 | 硫环磷 | 0.03 | 杀虫剂 | GB 23200.113、NY/T 761 |
| 18 | 硫线磷 | 0.02 | 杀虫剂 | GB/T 20769 |
| 19 | 氯唑磷 | 0.01 | 杀虫剂 | GB 23200.113、GB/T 20769 |
| 20 | 灭多威 | 0.2 | 杀虫剂 | NY/T 761 |
| 21 | 灭线磷 | 0.02 | 杀线虫剂 | NY/T 761 |
| 22 | 内吸磷 | 0.02 | 杀虫/杀螨剂 | GB/T 20769 |
| 23 | 杀虫脒 | 0.01 | 杀虫剂 | GB/T 20769 |
| 24 | 杀螟硫磷 | 0.5* | 杀虫剂 | GB 23200.113、GB/T 14553、GB/T 20769、NY/T 761 |
| 25 | 杀扑磷 | 0.05 | 杀虫剂 | GB 23200.113、NY/T 761 |
| 26 | 水胺硫磷 | 0.05 | 杀虫剂 | GB 23200.113、NY/T 761 |
| 27 | 特丁硫磷 | 0.01 | 杀虫剂 | NY/T 761、NY/T 1379 |
| 28 | 涕灭威 | 0.03 | 杀虫剂 | NY/T 761 |
| 29 | 氧乐果 | 0.02 | 杀虫剂 | GB 23200.113、NY/T 761、NY/T 1379 |
| 30 | 乙酰甲胺磷 | 1 | 杀虫剂 | GB 23200.113、GB/T 5009.103、GB/T 5009.145、NY/T 761 |
| 31 | 蝇毒磷 | 0.05 | 杀虫剂 | GB 23200.8、GB 23200.113 |
| 32 | 治螟磷 | 0.01 | 杀虫剂 | GB 23200.8、GB 23200.113、NY/T 761 |
| 33 | 艾氏剂 | 0.05 | 杀虫剂 | GB 23200.113、GB/T 5009.19、NY/T 761 |
| 34 | 滴滴涕 | 0.05 | 杀虫剂 | GB 23200.113、GB/T 5009.19、NY/T 761 |

（续）

| 序号 | 农药中文名 | 最大残留限量（mg/kg） | 农药主要用途 | 检测方法 |
|---|---|---|---|---|
| 35 | 狄氏剂 | 0.05 | 杀虫剂 | GB 23200.113、GB/T 5009.19、NY/T 761 |
| 36 | 毒杀芬 | 0.05* | 杀虫剂 | YC/T 180（参照） |
| 37 | 六六六 | 0.05 | 杀虫剂 | GB 23200.113、GB/T 5009.19、NY/T 761 |
| 38 | 氯丹 | 0.02 | 杀虫剂 | GB/T 5009.19 |
| 39 | 灭蚁灵 | 0.01 | 杀虫剂 | GB/T 5009.19 |
| 40 | 七氯 | 0.02 | 杀虫剂 | GB/T 5009.19、NY/T 761 |
| 41 | 异狄氏剂 | 0.05 | 杀虫剂 | GB/T 5009.19、NY/T 761 |
| 42 | 虫酰肼 | 10 | 杀虫剂 | GB/T 20769 |
| 43 | 敌百虫 | 0.2 | 杀虫剂 | GB/T 20769、NY/T 761 |
| 44 | 敌草腈 | 0.3* | 除草剂 | 无指定 |
| 45 | 呋虫胺 | 6 | 杀虫剂 | GB 23200.37、GB 23200.51、GB/T 20769 |
| 46 | 氟啶虫胺腈 | 6* | 杀虫剂 | 无指定 |
| 47 | 螺虫乙酯 | 7 | 杀虫剂 | SN/T 4891 |
| 48 | 噻虫胺 | 2 | 杀虫剂 | GB/T 20769 |
| 49 | 敌敌畏 | 0.2 | 杀虫剂 | GB 23200.8、GB 23200.113、GB/T 5009.20、NY/T 761 |
| 50 | 啶虫脒 | 1.5 | 杀虫剂 | GB/T 20769、GB/T 23584 |
| 51 | 多杀霉素 | 10 | 杀虫剂 | GB/T 20769 |
| 52 | 氟吡菌胺 | 30* | 杀菌剂 | 无指定 |
| 53 | 甲萘威 | 1 | 杀虫剂 | GB/T 5009.145、GB/T 20769、NY/T 761 |
| 54 | 辛硫磷 | 0.05 | 杀虫剂 | GB/T 5009.102、GB/T 20769 |
| 55 | 氯虫苯甲酰胺 | 20* | 杀虫剂 | 无指定 |
| 56 | 氯菊酯 | 1 | 杀虫剂 | GB 23200.8、GB 23200.113、NY/T 761 |
| 57 | 氯氰菊酯和高效氯氰菊酯 | 0.7 | 杀虫剂 | GB 23200.8、GB 23200.113、GB/T 5009.146、NY/T 761 |
| 58 | 噻虫嗪 | 3 | 杀虫剂 | GB 23200.8、GB 23200.39、GB/T 20769 |

（续）

| 序号 | 农药中文名 | 最大残留限量（mg/kg） | 农药主要用途 | 检测方法 |
| --- | --- | --- | --- | --- |
| 59 | 溴氰虫酰胺 | 20* | 杀虫剂 | 无指定 |
| 60 | 氟啶脲 | 0.1 | 杀虫剂 | GB 23200.8、GB/T 20769、SN/T 2095 |
| 61 | 双炔酰菌胺 | 25* | 杀菌剂 | 无指定 |

## 3.45 大白菜

大白菜中农药最大残留限量见表3-45。

**表3-45 大白菜中农药最大残留限量**

| 序号 | 农药中文名 | 最大残留限量（mg/kg） | 农药主要用途 | 检测方法 |
| --- | --- | --- | --- | --- |
| 1 | 保棉磷 | 0.5 | 杀虫剂 | NY/T 761 |
| 2 | 百草枯 | 0.05* | 除草剂 | 无指定 |
| 3 | 倍硫磷 | 0.05 | 杀虫剂 | GB 23200.8、GB 23200.113、GB/T 20769 |
| 4 | 苯线磷 | 0.02 | 杀虫剂 | GB 23200.8、GB/T 5009.145 |
| 5 | 地虫硫磷 | 0.01 | 杀虫剂 | GB 23200.8、GB 23200.113 |
| 6 | 对硫磷 | 0.01 | 杀虫剂 | GB 23200.113、GB/T 5009.145 |
| 7 | 氟虫腈 | 0.02 | 杀虫剂 | SN/T 1982 |
| 8 | 甲胺磷 | 0.05 | 杀虫剂 | GB 23200.113、GB/T 5009.103、NY/T 761 |
| 9 | 甲拌磷 | 0.01 | 杀虫剂 | GB 23200.113 |
| 10 | 甲基对硫磷 | 0.02 | 杀虫剂 | GB 23200.113、NY/T 761 |
| 11 | 甲基硫环磷 | 0.03* | 杀虫剂 | NY/T 761 |
| 12 | 甲基异柳磷 | 0.01* | 杀虫剂 | GB 23200.113、GB/T 5009.144 |
| 13 | 腈菌唑 | 0.05 | 杀菌剂 | GB 23200.8、GB 23200.113、GB/T 20769、NY/T 1455 |
| 14 | 久效磷 | 0.03 | 杀虫剂 | GB 23200.113、NY/T 761 |
| 15 | 克百威 | 0.02 | 杀虫剂 | NY/T 761 |
| 16 | 磷胺 | 0.05 | 杀虫剂 | GB 23200.113、NY/T 761 |
| 17 | 硫环磷 | 0.03 | 杀虫剂 | GB 23200.113、NY/T 761 |

（续）

| 序号 | 农药中文名 | 最大残留限量（mg/kg） | 农药主要用途 | 检测方法 |
|---|---|---|---|---|
| 18 | 硫线磷 | 0.02 | 杀虫剂 | GB/T 20769 |
| 19 | 氯唑磷 | 0.01 | 杀虫剂 | GB 23200.113、GB/T 20769 |
| 20 | 灭多威 | 0.2 | 杀虫剂 | NY/T 761 |
| 21 | 灭线磷 | 0.02 | 杀线虫剂 | NY/T 761 |
| 22 | 内吸磷 | 0.02 | 杀虫/杀螨剂 | GB/T 20769 |
| 23 | 杀虫脒 | 0.01 | 杀虫剂 | GB/T 20769 |
| 24 | 杀螟硫磷 | 0.5* | 杀虫剂 | GB 23200.113、GB/T 14553、GB/T 20769、NY/T 761 |
| 25 | 杀扑磷 | 0.05 | 杀虫剂 | GB 23200.113、NY/T 761 |
| 26 | 水胺硫磷 | 0.05 | 杀虫剂 | GB 23200.113、NY/T 761 |
| 27 | 特丁硫磷 | 0.01 | 杀虫剂 | NY/T 761、NY/T 1379 |
| 28 | 涕灭威 | 0.03 | 杀虫剂 | NY/T 761 |
| 29 | 氧乐果 | 0.02 | 杀虫剂 | GB 23200.113、NY/T 761、NY/T 1379 |
| 30 | 乙酰甲胺磷 | 1 | 杀虫剂 | GB 23200.113、GB/T 5009.103、GB/T 5009.145、NY/T 761 |
| 31 | 蝇毒磷 | 0.05 | 杀虫剂 | GB 23200.8、GB 23200.113 |
| 32 | 治螟磷 | 0.01 | 杀虫剂 | GB 23200.8、GB 23200.113、NY/T 761 |
| 33 | 艾氏剂 | 0.05 | 杀虫剂 | GB 23200.113、GB/T 5009.19、NY/T 761 |
| 34 | 滴滴涕 | 0.05 | 杀虫剂 | GB 23200.113、GB/T 5009.19、NY/T 761 |
| 35 | 狄氏剂 | 0.05 | 杀虫剂 | GB 23200.113、GB/T 5009.19、NY/T 761 |
| 36 | 毒杀芬 | 0.05* | 杀虫剂 | YC/T 180（参照） |
| 37 | 六六六 | 0.05 | 杀虫剂 | GB 23200.113、GB/T 5009.19、NY/T 761 |
| 38 | 氯丹 | 0.02 | 杀虫剂 | GB/T 5009.19 |
| 39 | 灭蚁灵 | 0.01 | 杀虫剂 | GB/T 5009.19 |
| 40 | 七氯 | 0.02 | 杀虫剂 | GB/T 5009.19、NY/T 761 |
| 41 | 异狄氏剂 | 0.05 | 杀虫剂 | GB/T 5009.19、NY/T 761 |

（续）

| 序号 | 农药中文名 | 最大残留限量（mg/kg） | 农药主要用途 | 检测方法 |
| --- | --- | --- | --- | --- |
| 42 | 敌草腈 | 0.3* | 除草剂 | 无指定 |
| 43 | 呋虫胺 | 6 | 杀虫剂 | GB 23200.37、GB 23200.51、GB/T 20769 |
| 44 | 氟啶虫胺腈 | 6* | 杀虫剂 | 无指定 |
| 45 | 螺虫乙酯 | 7 | 杀虫剂 | SN/T 4891 |
| 46 | 噻虫胺 | 2 | 杀虫剂 | GB/T 20769 |
| 47 | 甲萘威 | 1 | 杀虫剂 | GB/T 5009.145、GB/T 20769、NY/T 761 |
| 48 | 辛硫磷 | 0.05 | 杀虫剂 | GB/T 5009.102、GB/T 20769 |
| 49 | 氯虫苯甲酰胺 | 20* | 杀虫剂 | 无指定 |
| 50 | 噻虫嗪 | 3 | 杀虫剂 | GB 23200.8、GB 23200.39、GB/T 20769 |
| 51 | 溴氰虫酰胺 | 20* | 杀虫剂 | 无指定 |
| 52 | 2,4-滴和2,4-滴钠盐 | 0.2 | 除草剂 | GB/T 5009.175 |
| 53 | 阿维菌素 | 0.05 | 杀虫剂 | GB 23200.19、GB 23200.20、NY/T 1379 |
| 54 | 胺鲜酯 | 0.2* | 植物生长调节剂 | 无指定 |
| 55 | 百菌清 | 5 | 杀菌剂 | GB/T 5009.105、NY/T 761、SN/T 2320 |
| 56 | 苯醚甲环唑 | 1 | 杀菌剂 | GB 23200.8、GB 23200.49、GB 23200.113、GB/T 5009.218 |
| 57 | 吡虫啉 | 0.2 | 杀虫剂 | GB/T 20769、GB/T 23379 |
| 58 | 吡唑醚菌酯 | 5 | 杀菌剂 | GB 23200.8 |
| 59 | 丙森锌 | 50 | 杀菌剂 | SN 0139、SN 0157、SN/T 1541（参照） |
| 60 | 虫螨腈 | 2 | 杀虫剂 | GB 23200.8、NY/T 1379、SN/T 1986 |
| 61 | 虫酰肼 | 0.5 | 杀虫剂 | GB/T 20769 |
| 62 | 除虫菊素 | 1 | 杀虫剂 | GB/T 20769 |
| 63 | 除虫脲 | 1 | 杀虫剂 | GB/T 5009.147、NY/T 1720 |
| 64 | 代森铵 | 50 | 杀菌剂 | SN/T 1541（参照） |
| 65 | 代森联 | 50 | 杀菌剂 | SN 0139、SN 0157、SN/T 1541（参照） |

（续）

| 序号 | 农药中文名 | 最大残留限量（mg/kg） | 农药主要用途 | 检测方法 |
|---|---|---|---|---|
| 66 | 代森锰锌 | 50 | 杀菌剂 | SN 0157、SN/T 1541（参照） |
| 67 | 代森锌 | 50 | 杀菌剂 | SN 0139、SN 0157、SN/T 1541（参照） |
| 68 | 敌百虫 | 2 | 杀虫剂 | GB/T 20769、NY/T 761 |
| 69 | 敌敌畏 | 0.5 | 杀虫剂 | GB 23200.8、GB 23200.113、GB/T 5009.20、NY/T 761 |
| 70 | 敌磺钠 | 0.2* | 杀菌剂 | 无指定 |
| 71 | 丁硫克百威 | 0.05 | 杀虫剂 | GB 23200.13 |
| 72 | 啶虫脒 | 1 | 杀虫剂 | GB/T 20769、GB/T 23584 |
| 73 | 毒死蜱 | 0.1 | 杀虫剂 | GB 23200.8、GB 23200.113、NY/T 761、SN/T 2158 |
| 74 | 多杀霉素 | 0.5 | 杀虫剂 | GB/T 20769 |
| 75 | 噁唑菌酮 | 2 | 杀菌剂 | GB/T 20769 |
| 76 | 二甲戊灵 | 0.2 | 除草剂 | GB 23200.8、GB 23200.113、NY/T 1379 |
| 77 | 二嗪磷 | 0.05 | 杀虫剂 | GB 23200.8、GB 23200.113、GB/T 20769、GB/T 5009.107 |
| 78 | 伏杀硫磷 | 1 | 杀虫剂 | GB 23200.8、GB 23200.113、NY/T 761 |
| 79 | 氟胺氰菊酯 | 0.5 | 杀虫剂 | GB 23200.113、NY/T 761 |
| 80 | 氟苯虫酰胺 | 10* | 杀虫剂 | 无指定 |
| 81 | 氟苯脲 | 0.5 | 杀虫剂 | NY/T 1453 |
| 82 | 氟吡菌胺 | 0.5* | 杀菌剂 | 无指定 |
| 83 | 氟啶胺 | 0.2 | 杀菌剂 | GB 23200.34 |
| 84 | 氟啶脲 | 2 | 杀虫剂 | GB 23200.8、GB/T 20769、SN/T 2095 |
| 85 | 氟氯氰菊酯和高效氟氯氰菊酯 | 0.5 | 杀虫剂 | GB 23200.8、GB 23200.113、GB/T 5009.146、NY/T 761 |
| 86 | 甲氨基阿维菌素苯甲酸盐 | 0.05 | 杀虫剂 | GB/T 20769 |
| 87 | 甲氰菊酯 | 1 | 杀虫剂 | GB 23200.8、GB 23200.113、NY/T 761、SN/T 2233 |

（续）

| 序号 | 农药中文名 | 最大残留限量(mg/kg) | 农药主要用途 | 检测方法 |
|---|---|---|---|---|
| 88 | 抗蚜威 | 1 | 杀虫剂 | GB 23200.8、GB 23200.113、GB/T 20769、SN/T 0134 |
| 89 | 喹禾灵和精喹禾灵 | 0.5 | 除草剂 | GB/T 20769 |
| 90 | 乐果 | 1* | 杀虫剂 | GB 23200.113、GB/T 5009.145、GB/T 20769、NY/T 761 |
| 91 | 硫酸链霉素 | 1* | 杀菌剂 | 无指定 |
| 92 | 氯氟氰菊酯和高效氯氟氰菊酯 | 1 | 杀虫剂 | GB 23200.8、GB 23200.113、GB/T 5009.146、NY/T 761 |
| 93 | 氯菊酯 | 5 | 杀虫剂 | GB 23200.8、GB 23200.113、NY/T 761 |
| 94 | 氯氰菊酯和高效氯氰菊酯 | 2 | 杀虫剂 | GB 23200.8、GB 23200.113、GB/T 5009.146、NY/T 761 |
| 95 | 氯溴异氰尿酸 | 0.2* | 杀菌剂 | 无指定 |
| 96 | 马拉硫磷 | 8 | 杀虫剂 | GB 23200.8、GB 23200.113、GB/T 20769、NY/T 761 |
| 97 | 醚菊酯 | 1 | 杀虫剂 | GB 23200.8、SN/T 2151 |
| 98 | 氰戊菊酯和S-氰戊菊酯 | 3 | 杀虫剂 | GB 23200.8、GB 23200.113、NY/T 761 |
| 99 | 炔螨特 | 2 | 杀螨剂 | NY/T 1652 |
| 100 | 噻菌铜 | 0.1* | 杀菌剂 | 无指定 |
| 101 | 杀螟丹 | 3 | 杀虫剂 | GB/T 20769 |
| 102 | 霜霉威和霜霉威盐酸盐 | 10 | 杀菌剂 | GB/T 20769、NY/T 1379 |
| 103 | 四聚乙醛 | 1* | 杀螺剂 | 无指定 |
| 104 | 戊唑醇 | 7 | 杀菌剂 | GB 23200.8、GB 23200.113、GB/T 20769 |
| 105 | 溴氰菊酯 | 0.5 | 杀虫剂 | GB 23200.8、GB 23200.113、NY/T 761、SN/T 0217 |
| 106 | 亚胺硫磷 | 0.5 | 杀虫剂 | GB 23200.113、GB/T 5009.131、NY/T 761 |
| 107 | 唑虫酰胺 | 0.5 | 杀虫剂 | GB/T 20769 |
| 108 | 双炔酰菌胺 | 25* | 杀菌剂 | 无指定 |

## 3.46　番茄

番茄中农药最大残留限量见表 3-46。

**表 3-46　番茄中农药最大残留限量**

| 序号 | 农药中文名 | 最大残留限量（mg/kg） | 农药主要用途 | 检测方法 |
| --- | --- | --- | --- | --- |
| 1 | 百草枯 | 0.05* | 除草剂 | 无指定 |
| 2 | 倍硫磷 | 0.05 | 杀虫剂 | GB 23200.8、GB 23200.113、GB/T 20769 |
| 3 | 苯线磷 | 0.02 | 杀虫剂 | GB 23200.8、GB/T 5009.145 |
| 4 | 吡噻菌胺 | 2* | 杀菌剂 | 无指定 |
| 5 | 丙硫菌唑 | 0.2* | 杀菌剂 | 无指定 |
| 6 | 除虫菊素 | 0.05 | 杀虫剂 | GB/T 20769 |
| 7 | 敌百虫 | 0.2 | 杀虫剂 | GB/T 20769、NY/T 761 |
| 8 | 敌草腈 | 0.01* | 除草剂 | 无指定 |
| 9 | 敌草快 | 0.01 | 除草剂 | SN/T 0293 |
| 10 | 敌敌畏 | 0.2 | 杀虫剂 | GB 23200.8、GB 23200.113、GB/T 5009.20、NY/T 761 |
| 11 | 地虫硫磷 | 0.01 | 杀虫剂 | GB 23200.8、GB 23200.113 |
| 12 | 对硫磷 | 0.01 | 杀虫剂 | GB 23200.113、GB/T 5009.145 |
| 13 | 呋虫胺 | 0.5 | 杀虫剂 | GB 23200.37、GB 23200.51、GB/T 20769 |
| 14 | 氟虫腈 | 0.02 | 杀虫剂 | SN/T 1982 |
| 15 | 氟啶虫胺腈 | 1.5* | 杀虫剂 | 无指定 |
| 16 | 甲氨基阿维菌素苯甲酸盐 | 0.02 | 杀虫剂 | GB/T 20769 |
| 17 | 甲胺磷 | 0.05 | 杀虫剂 | GB 23200.113、GB/T 5009.103、NY/T 761 |
| 18 | 甲拌磷 | 0.01 | 杀虫剂 | GB 23200.113 |
| 19 | 甲基对硫磷 | 0.02 | 杀虫剂 | GB 23200.113、NY/T 761 |
| 20 | 甲基硫环磷 | 0.03* | 杀虫剂 | NY/T 761 |
| 21 | 甲基异柳磷 | 0.01* | 杀虫剂 | GB 23200.113、GB/T 5009.144 |
| 22 | 久效磷 | 0.03 | 杀虫剂 | GB 23200.113、NY/T 761 |
| 23 | 抗蚜威 | 0.5 | 杀虫剂 | GB 23200.8、GB 23200.113、GB/T 20769、SN/T 0134 |

（续）

| 序号 | 农药中文名 | 最大残留限量（mg/kg） | 农药主要用途 | 检测方法 |
|---|---|---|---|---|
| 24 | 克百威 | 0.02 | 杀虫剂 | NY/T 761 |
| 25 | 磷胺 | 0.05 | 杀虫剂 | GB 23200.113、NY/T 761 |
| 26 | 硫环磷 | 0.03 | 杀虫剂 | GB 23200.113、NY/T 761 |
| 27 | 硫线磷 | 0.02 | 杀虫剂 | GB/T 20769 |
| 28 | 氯虫苯甲酰胺 | 0.6* | 杀虫剂 | 无指定 |
| 29 | 氯菊酯 | 1 | 杀虫剂 | GB 23200.8、GB 23200.113、NY/T 761 |
| 30 | 氯唑磷 | 0.01 | 杀虫剂 | GB 23200.113、GB/T 20769 |
| 31 | 灭多威 | 0.2 | 杀虫剂 | NY/T 761 |
| 32 | 灭线磷 | 0.02 | 杀线虫剂 | NY/T 761 |
| 33 | 内吸磷 | 0.02 | 杀虫/杀螨剂 | GB/T 20769 |
| 34 | 三唑醇 | 1 | 杀菌剂 | GB 23200.8、GB 23200.113 |
| 35 | 三唑酮 | 1 | 杀菌剂 | GB 23200.8、GB 23200.113、GB/T 20769 |
| 36 | 杀虫脒 | 0.01 | 杀虫剂 | GB/T 20769 |
| 37 | 杀螟硫磷 | 0.5* | 杀虫剂 | GB 23200.113、GB/T 14553、GB/T 20769、NY/T 761 |
| 38 | 杀扑磷 | 0.05 | 杀虫剂 | GB 23200.113、NY/T 761 |
| 39 | 水胺硫磷 | 0.05 | 杀虫剂 | GB 23200.113、NY/T 761 |
| 40 | 特丁硫磷 | 0.01 | 杀虫剂 | NY/T 761、NY/T 1379 |
| 41 | 涕灭威 | 0.03 | 杀虫剂 | NY/T 761 |
| 42 | 辛硫磷 | 0.05 | 杀虫剂 | GB/T 5009.102、GB/T 20769 |
| 43 | 氧乐果 | 0.02 | 杀虫剂 | GB 23200.113、NY/T 761、NY/T 1379 |
| 44 | 乙酰甲胺磷 | 1 | 杀虫剂 | GB 23200.113、GB/T 5009.103、GB/T 5009.145、NY/T 761 |
| 45 | 蝇毒磷 | 0.05 | 杀虫剂 | GB 23200.8、GB 23200.113 |
| 46 | 治螟磷 | 0.01 | 杀虫剂 | GB 23200.8、GB 23200.113、NY/T 761 |
| 47 | 唑螨酯 | 0.2 | 杀螨剂 | GB/T 20769 |
| 48 | 艾氏剂 | 0.05 | 杀虫剂 | GB 23200.113、GB/T 5009.19、NY/T 761 |

（续）

| 序号 | 农药中文名 | 最大残留限量（mg/kg） | 农药主要用途 | 检测方法 |
|---|---|---|---|---|
| 49 | 滴滴涕 | 0.05 | 杀虫剂 | GB 23200.113、GB/T 5009.19、NY/T 761 |
| 50 | 狄氏剂 | 0.05 | 杀虫剂 | GB 23200.113、GB/T 5009.19、NY/T 761 |
| 51 | 毒杀芬 | 0.05* | 杀虫剂 | YC/T 180（参照） |
| 52 | 六六六 | 0.05 | 杀虫剂 | GB 23200.113、GB/T 5009.19、NY/T 761 |
| 53 | 氯丹 | 0.02 | 杀虫剂 | GB/T 5009.19 |
| 54 | 灭蚁灵 | 0.01 | 杀虫剂 | GB/T 5009.19 |
| 55 | 七氯 | 0.02 | 杀虫剂 | GB/T 5009.19、NY/T 761 |
| 56 | 异狄氏剂 | 0.05 | 杀虫剂 | GB/T 5009.19、NY/T 761 |
| 57 | 甲萘威 | 1 | 杀虫剂 | GB/T 5009.145、GB/T 20769、NY/T 761 |
| 58 | 螺虫乙酯 | 1 | 杀虫剂 | SN/T 4891 |
| 59 | 咪唑菌酮 | 1.5 | 杀菌剂 | GB 23200.8、GB 23200.113 |
| 60 | 嘧菌酯 | 3 | 杀菌剂 | GB/T 20769、NY/T 1453、SN/T 1976 |
| 61 | 烯酰吗啉 | 1 | 杀菌剂 | GB/T 20769 |
| 62 | 茚虫威 | 0.5 | 杀虫剂 | GB/T 20769 |
| 63 | 2,4-滴和2,4-滴钠盐 | 0.5 | 除草剂 | GB/T 5009.175 |
| 64 | 阿维菌素 | 0.02 | 杀虫剂 | GB 23200.19、GB 23200.20、NY/T 1379 |
| 65 | 矮壮素 | 1 | 植物生长调节剂 | GB/T 5009.219 |
| 66 | 百菌清 | 5 | 杀菌剂 | GB/T 5009.105、NY/T 761、SN/T 2320 |
| 67 | 保棉磷 | 1 | 杀虫剂 | NY/T 761 |
| 68 | 苯丁锡 | 1 | 杀螨剂 | SN 0592（参照） |
| 69 | 苯氟磺胺 | 2 | 杀菌剂 | SN/T 2320（参照） |
| 70 | 苯菌酮 | 0.4* | 杀菌剂 | 无指定 |
| 71 | 苯醚甲环唑 | 0.5 | 杀菌剂 | GB 23200.8、GB 23200.49、GB 23200.113、GB/T 5009.218 |

（续）

| 序号 | 农药中文名 | 最大残留限量（mg/kg） | 农药主要用途 | 检测方法 |
|---|---|---|---|---|
| 72 | 苯霜灵 | 0.2 | 杀菌剂 | GB 23200.8、GB 23200.113、GB/T 20769 |
| 73 | 苯酰菌胺 | 2 | 杀菌剂 | GB 23200.8、GB/T 20769 |
| 74 | 吡丙醚 | 1 | 杀虫剂 | GB 23200.8、GB 23200.113 |
| 75 | 吡虫啉 | 1 | 杀虫剂 | GB/T 20769、GB/T 23379 |
| 76 | 吡唑醚菌酯 | 1 | 杀菌剂 | GB 23200.8 |
| 77 | 丙环唑 | 3 | 杀菌剂 | GB 23200.8、GB/T 20769 |
| 78 | 丙森锌 | 5 | 杀菌剂 | SN 0139、SN 0157、SN/T 1541（参照） |
| 79 | 丙溴磷 | 10 | 杀虫剂 | GB 23200.8、GB 23200.113、NY/T 761、SN/T 2234 |
| 80 | 草铵膦 | 0.5* | 除草剂 | 无指定 |
| 81 | 虫酰肼 | 1 | 杀虫剂 | GB/T 20769 |
| 82 | 春雷霉素 | 0.05* | 杀菌剂 | 无指定 |
| 83 | 代森联 | 5 | 杀菌剂 | SN 0139、SN 0157、SN/T 1541（参照） |
| 84 | 代森锰锌 | 5 | 杀菌剂 | SN 0157、SN/T 1541（参照） |
| 85 | 代森锌 | 5 | 杀菌剂 | SN 0139、SN 0157、SN/T 1541（参照） |
| 86 | 敌磺钠 | 0.1* | 杀菌剂 | 无指定 |
| 87 | 敌菌灵 | 10 | 杀菌剂 | NY/T 1722 |
| 88 | 敌螨普 | 0.3* | 杀菌剂 | 无指定 |
| 89 | 丁吡吗啉 | 10* | 杀菌剂 | 无指定 |
| 90 | 丁氟螨酯 | 0.3 | 杀螨剂 | SN/T 3539 |
| 91 | 丁硫克百威 | 0.1 | 杀虫剂 | GB 23200.13 |
| 92 | 啶虫脒 | 1 | 杀虫剂 | GB/T 20769、GB/T 23584 |
| 93 | 啶菌噁唑 | 1* | 杀菌剂 | 无指定 |
| 94 | 啶酰菌胺 | 2 | 杀菌剂 | GB 23200.68、GB/T 20769 |
| 95 | 啶氧菌酯 | 1 | 杀菌剂 | GB 23200.54 |
| 96 | 毒氟磷 | 3* | 杀菌剂 | 无指定 |
| 97 | 毒死蜱 | 0.5 | 杀虫剂 | GB 23200.8、GB 23200.113、NY/T 761、SN/T 2158 |

（续）

| 序号 | 农药中文名 | 最大残留限量（mg/kg） | 农药主要用途 | 检测方法 |
|---|---|---|---|---|
| 98 | 多菌灵 | 3 | 杀菌剂 | GB/T 20769、NY/T 1453 |
| 99 | 多杀霉素 | 1 | 杀虫剂 | GB/T 20769 |
| 100 | 噁唑菌酮 | 2 | 杀菌剂 | GB/T 20769 |
| 101 | 二嗪磷 | 0.5 | 杀虫剂 | GB 23200.8、GB 23200.113、GB/T 20769、GB/T 5009.107 |
| 102 | 氟苯虫酰胺 | 2* | 杀虫剂 | 无指定 |
| 103 | 氟吡菌胺 | 2* | 杀菌剂 | 无指定 |
| 104 | 氟吡菌酰胺 | 1* | 杀菌剂 | 无指定 |
| 105 | 氟硅唑 | 0.2 | 杀菌剂 | GB 23200.8、GB 23200.53、GB/T 20769 |
| 106 | 氟氯氰菊酯和高效氟氯氰菊酯 | 0.2 | 杀虫剂 | GB 23200.8、GB 23200.113、GB/T 5009.146、NY/T 761 |
| 107 | 氟吗啉 | 10* | 杀菌剂 | 无指定 |
| 108 | 氟氰戊菊酯 | 0.2 | 杀虫剂 | GB 23200.113、NY/T 761 |
| 109 | 氟酰脲 | 0.02 | 杀虫剂 | GB 23200.34 |
| 110 | 福美双 | 5 | 杀菌剂 | SN 0157、SN/T 0525、SN/T 1541（参照） |
| 111 | 福美锌 | 5 | 杀菌剂 | SN 0157、SN/T 1541（参照） |
| 112 | 腐霉利 | 2 | 杀菌剂 | GB 23200.8、NY/T 761 |
| 113 | 复硝酚钠 | 0.1* | 植物生长调节剂 | 无指定 |
| 114 | 咯菌腈 | 3 | 杀菌剂 | GB 23200.8、GB 23200.113、GB/T 20769 |
| 115 | 环酰菌胺 | 2* | 杀菌剂 | 无指定 |
| 116 | 己唑醇 | 0.5 | 杀菌剂 | GB 23200.8、GB 23200.113 |
| 117 | 甲苯氟磺胺 | 3 | 杀菌剂 | GB 23200.8 |
| 118 | 甲基硫菌灵 | 3 | 杀菌剂 | NY/T 1680 |
| 119 | 甲氰菊酯 | 1 | 杀虫剂 | GB 23200.8、GB 23200.113、NY/T 761、SN/T 2233 |
| 120 | 甲霜灵和精甲霜灵 | 0.5 | 杀菌剂 | GB 23200.8、GB/T 20769 |
| 121 | 甲氧虫酰肼 | 2 | 杀虫剂 | GB/T 20769 |
| 122 | 腈菌唑 | 1 | 杀菌剂 | GB 23200.8、GB 23200.113、GB/T 20769、NY/T 1455 |

（续）

| 序号 | 农药中文名 | 最大残留限量（mg/kg） | 农药主要用途 | 检测方法 |
|---|---|---|---|---|
| 123 | 克菌丹 | 5 | 杀菌剂 | GB 23200.8、SN 0654 |
| 124 | 喹啉铜 | 2* | 杀菌剂 | 无指定 |
| 125 | 乐果 | 0.5* | 杀虫剂 | GB 23200.113、GB/T 5009.145、GB/T 20769、NY/T 761 |
| 126 | 联苯肼酯 | 0.5 | 杀螨剂 | GB 23200.8 |
| 127 | 联苯菊酯 | 0.5 | 杀虫/杀螨剂 | GB/T 5009.146、NY/T 761、SN/T 1969 |
| 128 | 联苯三唑醇 | 3 | 杀菌剂 | GB 23200.8、GB/T 20769 |
| 129 | 螺螨酯 | 0.5 | 杀螨剂 | GB/T 20769 |
| 130 | 氯吡嘧磺隆 | 0.05 | 除草剂 | SN/T 2325（参照） |
| 131 | 氯氟氰菊酯和高效氯氟氰菊酯 | 0.2 | 杀虫剂 | GB 23200.8、GB 23200.113、GB/T 5009.146、NY/T 761 |
| 132 | 氯氰菊酯和高效氯氰菊酯 | 0.5 | 杀虫剂 | GB 23200.8、GB 23200.113、GB/T 5009.146、NY/T 761 |
| 133 | 氯噻啉 | 0.2* | 杀虫剂 | 无指定 |
| 134 | 马拉硫磷 | 0.5 | 杀虫剂 | GB 23200.8、GB 23200.113、GB/T 20769、NY/T 761 |
| 135 | 嘧菌环胺 | 0.5 | 杀菌剂 | GB 23200.8、GB 23200.113、GB/T 20769、NY/T 1379 |
| 136 | 嘧霉胺 | 1 | 杀菌剂 | GB 23200.8、GB 23200.113、GB/T 20769 |
| 137 | 棉隆 | 0.02* | 杀线虫剂 | GB/T 20770 |
| 138 | 灭菌丹 | 3 | 杀菌剂 | GB/T 20769、SN/T 2320 |
| 139 | 萘乙酸和萘乙酸钠 | 0.1 | 植物生长调节剂 | SN/T 2228（参照） |
| 140 | 宁南霉素 | 1* | 杀菌剂 | 无指定 |
| 141 | 嗪氨灵 | 0.5 | 杀菌剂 | SN/T 0695（参照） |
| 142 | 氰氟虫腙 | 0.6 | 杀虫剂 | SN/T 3852（参照） |
| 143 | 氰霜唑 | 2* | 杀菌剂 | GB 23200.14 |
| 144 | 氰戊菊酯和S-氰戊菊酯 | 0.2 | 杀虫剂 | GB 23200.8、GB 23200.113、NY/T 761 |
| 145 | 噻草酮 | 1.5* | 除草剂 | GB 23200.38 |
| 146 | 噻虫胺 | 1 | 杀虫剂 | GB/T 20769 |

（续）

| 序号 | 农药中文名 | 最大残留限量（mg/kg） | 农药主要用途 | 检测方法 |
|---|---|---|---|---|
| 147 | 噻虫啉 | 0.5 | 杀虫剂 | GB/T 20769 |
| 148 | 噻虫嗪 | 1 | 杀虫剂 | GB 23200.8、GB 23200.39、GB/T 20769 |
| 149 | 噻菌铜 | 0.5* | 杀菌剂 | 无指定 |
| 150 | 噻螨酮 | 0.1 | 杀螨剂 | GB 23200.8、GB/T 20769 |
| 151 | 噻嗪酮 | 2 | 杀虫剂 | GB 23200.8、GB/T 20769 |
| 152 | 噻唑膦 | 0.05 | 杀线虫剂 | GB 23200.113、GB/T 20769 |
| 153 | 杀虫单 | 1* | 杀虫剂 | 无指定 |
| 154 | 杀虫双 | 1 | 杀虫剂 | GB/T 5009.114 |
| 155 | 杀线威 | 2 | 杀虫剂 | NY/T 1453、SN/T 0134 |
| 156 | 双胍三辛烷基苯磺酸盐 | 1* | 杀菌剂 | 无指定 |
| 157 | 双甲脒 | 0.5 | 杀螨剂 | GB/T 5009.143 |
| 158 | 双炔酰菌胺 | 0.3* | 杀菌剂 | 无指定 |
| 159 | 霜霉威和霜霉威盐酸盐 | 2 | 杀菌剂 | GB/T 20769、NY/T 1379 |
| 160 | 霜脲氰 | 1 | 杀菌剂 | GB/T 20769 |
| 161 | 四聚乙醛 | 0.5* | 杀螺剂 | 无指定 |
| 162 | 四螨嗪 | 0.5 | 杀螨剂 | GB 23200.47、GB/T 20769 |
| 163 | 肟菌酯 | 0.7 | 杀菌剂 | GB 23200.8、GB 23200.113、GB/T 20769 |
| 164 | 五氯硝基苯 | 0.1 | 杀菌剂 | GB 23200.113、GB/T 5009.19、GB/T 5009.136 |
| 165 | 戊菌唑 | 0.2 | 杀菌剂 | GB 23200.8、GB 23200.113、GB/T 20769 |
| 166 | 戊唑醇 | 2 | 杀菌剂 | GB 23200.8、GB 23200.113、GB/T 20769 |
| 167 | 烯草酮 | 1 | 除草剂 | GB 23200.8 |
| 168 | 辛菌胺 | 0.5* | 杀菌剂 | 无指定 |
| 169 | 溴氰虫酰胺 | 0.2* | 杀虫剂 | 无指定 |
| 170 | 溴氰菊酯 | 0.2 | 杀虫剂 | GB 23200.8、GB 23200.113、NY/T 761、SN/T 0217 |
| 171 | 盐酸吗啉胍 | 5* | 杀菌剂 | 无指定 |
| 172 | 乙基多杀菌素 | 0.06* | 杀虫剂 | 无指定 |

（续）

| 序号 | 农药中文名 | 最大残留限量（mg/kg） | 农药主要用途 | 检测方法 |
|---|---|---|---|---|
| 173 | 乙霉威 | 1 | 杀菌剂 | GB/T 20769 |
| 174 | 乙烯菌核利 | 3 | 杀菌剂 | NY/T 761 |
| 175 | 乙烯利 | 2 | 植物生长调节剂 | GB 23200.16 |
| 176 | 异丙甲草胺和精异丙甲草胺 | 0.1 | 除草剂 | GB 23200.8、GB 23200.113、GB/T 20769 |
| 177 | 异菌脲 | 5 | 杀菌剂 | GB 23200.8、GB 23200.113、NY/T 761、NY/T 1277 |
| 178 | 抑霉唑 | 0.5 | 杀菌剂 | GB 23200.8、GB 23200.113、GB/T 20769 |
| 179 | 增效醚 | 2 | 增效剂 | GB 23200.8、GB 23200.113 |
| 180 | 仲丁灵 | 0.1 | 除草剂 | GB 23200.8、GB 23200.69、GB/T 20769 |

## 3.47 樱桃番茄

樱桃番茄中农药最大残留限量见表 3-47。

**表 3-47 樱桃番茄中农药最大残留限量**

| 序号 | 农药中文名 | 最大残留限量（mg/kg） | 农药主要用途 | 检测方法 |
|---|---|---|---|---|
| 1 | 保棉磷 | 0.5 | 杀虫剂 | NY/T 761 |
| 2 | 百草枯 | 0.05* | 除草剂 | 无指定 |
| 3 | 倍硫磷 | 0.05 | 杀虫剂 | GB 23200.8、GB 23200.113、GB/T 20769 |
| 4 | 苯线磷 | 0.02 | 杀虫剂 | GB 23200.8、GB/T 5009.145 |
| 5 | 吡噻菌胺 | 2* | 杀菌剂 | 无指定 |
| 6 | 丙硫菌唑 | 0.2* | 杀菌剂 | 无指定 |
| 7 | 除虫菊素 | 0.05 | 杀虫剂 | GB/T 20769 |
| 8 | 敌百虫 | 0.2 | 杀虫剂 | GB/T 20769、NY/T 761 |
| 9 | 敌草腈 | 0.01* | 除草剂 | 无指定 |
| 10 | 敌草快 | 0.01 | 除草剂 | SN/T 0293 |
| 11 | 敌敌畏 | 0.2 | 杀虫剂 | GB 23200.8、GB 23200.113、GB/T 5009.20、NY/T 761 |

（续）

| 序号 | 农药中文名 | 最大残留限量（mg/kg） | 农药主要用途 | 检测方法 |
|---|---|---|---|---|
| 12 | 地虫硫磷 | 0.01 | 杀虫剂 | GB 23200.8、GB 23200.113 |
| 13 | 对硫磷 | 0.01 | 杀虫剂 | GB 23200.113、GB/T 5009.145 |
| 14 | 呋虫胺 | 0.5 | 杀虫剂 | GB 23200.37、GB 23200.51、GB/T 20769 |
| 15 | 氟虫腈 | 0.02 | 杀虫剂 | SN/T 1982 |
| 16 | 氟啶虫胺腈 | 1.5* | 杀虫剂 | 无指定 |
| 17 | 甲氨基阿维菌素苯甲酸盐 | 0.02 | 杀虫剂 | GB/T 20769 |
| 18 | 甲胺磷 | 0.05 | 杀虫剂 | GB 23200.113、GB/T 5009.103、NY/T 761 |
| 19 | 甲拌磷 | 0.01 | 杀虫剂 | GB 23200.113 |
| 20 | 甲基对硫磷 | 0.02 | 杀虫剂 | GB 23200.113、NY/T 761 |
| 21 | 甲基硫环磷 | 0.03* | 杀虫剂 | NY/T 761 |
| 22 | 甲基异柳磷 | 0.01* | 杀虫剂 | GB 23200.113、GB/T 5009.144 |
| 23 | 久效磷 | 0.03 | 杀虫剂 | GB 23200.113、NY/T 761 |
| 24 | 抗蚜威 | 0.5 | 杀虫剂 | GB 23200.8、GB 23200.113、GB/T 20769、SN/T 0134 |
| 25 | 克百威 | 0.02 | 杀虫剂 | NY/T 761 |
| 26 | 磷胺 | 0.05 | 杀虫剂 | GB 23200.113、NY/T 761 |
| 27 | 硫环磷 | 0.03 | 杀虫剂 | GB 23200.113、NY/T 761 |
| 28 | 硫线磷 | 0.02 | 杀虫剂 | GB/T 20769 |
| 29 | 氯虫苯甲酰胺 | 0.6* | 杀虫剂 | 无指定 |
| 30 | 氯菊酯 | 1 | 杀虫剂 | GB 23200.8、GB 23200.113、NY/T 761 |
| 31 | 氯唑磷 | 0.01 | 杀虫剂 | GB 23200.113、GB/T 20769 |
| 32 | 灭多威 | 0.2 | 杀虫剂 | NY/T 761 |
| 33 | 灭线磷 | 0.02 | 杀线虫剂 | NY/T 761 |
| 34 | 内吸磷 | 0.02 | 杀虫/杀螨剂 | GB/T 20769 |
| 35 | 三唑醇 | 1 | 杀菌剂 | GB 23200.8、GB 23200.113 |
| 36 | 三唑酮 | 1 | 杀菌剂 | GB 23200.8、GB 23200.113、GB/T 20769 |
| 37 | 杀虫脒 | 0.01 | 杀虫剂 | GB/T 20769 |

（续）

| 序号 | 农药中文名 | 最大残留限量（mg/kg） | 农药主要用途 | 检测方法 |
|---|---|---|---|---|
| 38 | 杀螟硫磷 | 0.5* | 杀虫剂 | GB 23200.113、GB/T 14553、GB/T 20769、NY/T 761 |
| 39 | 杀扑磷 | 0.05 | 杀虫剂 | GB 23200.113、NY/T 761 |
| 40 | 水胺硫磷 | 0.05 | 杀虫剂 | GB 23200.113、NY/T 761 |
| 41 | 特丁硫磷 | 0.01 | 杀虫剂 | NY/T 761、NY/T 1379 |
| 42 | 涕灭威 | 0.03 | 杀虫剂 | NY/T 761 |
| 43 | 辛硫磷 | 0.05 | 杀虫剂 | GB/T 5009.102、GB/T 20769 |
| 44 | 氧乐果 | 0.02 | 杀虫剂 | GB 23200.113、NY/T 761、NY/T 1379 |
| 45 | 乙酰甲胺磷 | 1 | 杀虫剂 | GB 23200.113、GB/T 5009.103、GB/T 5009.145、NY/T 761 |
| 46 | 蝇毒磷 | 0.05 | 杀虫剂 | GB 23200.8、GB 23200.113 |
| 47 | 治螟磷 | 0.01 | 杀虫剂 | GB 23200.8、GB 23200.113、NY/T 761 |
| 48 | 唑螨酯 | 0.2 | 杀螨剂 | GB/T 20769 |
| 49 | 艾氏剂 | 0.05 | 杀虫剂 | GB 23200.113、GB/T 5009.19、NY/T 761 |
| 50 | 滴滴涕 | 0.05 | 杀虫剂 | GB 23200.113、GB/T 5009.19、NY/T 761 |
| 51 | 狄氏剂 | 0.05 | 杀虫剂 | GB 23200.113、GB/T 5009.19、NY/T 761 |
| 52 | 毒杀芬 | 0.05* | 杀虫剂 | YC/T 180（参照） |
| 53 | 六六六 | 0.05 | 杀虫剂 | GB 23200.113、GB/T 5009.19、NY/T 761 |
| 54 | 氯丹 | 0.02 | 杀虫剂 | GB/T 5009.19 |
| 55 | 灭蚁灵 | 0.01 | 杀虫剂 | GB/T 5009.19 |
| 56 | 七氯 | 0.02 | 杀虫剂 | GB/T 5009.19、NY/T 761 |
| 57 | 异狄氏剂 | 0.05 | 杀虫剂 | GB/T 5009.19、NY/T 761 |
| 58 | 苯醚甲环唑 | 0.6 | 杀菌剂 | GB 23200.8、GB 23200.49、GB 23200.113、GB/T 5009.218 |
| 59 | 氟吡菌胺 | 0.5* | 杀菌剂 | 无指定 |
| 60 | 甲氧虫酰肼 | 0.3 | 杀虫剂 | GB/T 20769 |

（续）

| 序号 | 农药中文名 | 最大残留限量（mg/kg） | 农药主要用途 | 检测方法 |
|---|---|---|---|---|
| 61 | 腈菌唑 | 0.2 | 杀菌剂 | GB 23200.8、GB 23200.113、GB/T 20769、NY/T 1455 |
| 62 | 溴氰虫酰胺 | 0.5* | 杀虫剂 | 无指定 |
| 63 | 吡唑醚菌酯 | 0.5 | 杀菌剂 | GB 23200.8 |
| 64 | 啶酰菌胺 | 3 | 杀菌剂 | GB 23200.68、GB/T 20769 |
| 65 | 氟酰脲 | 0.7 | 杀虫剂 | GB 23200.34 |
| 66 | 噻虫胺 | 0.05 | 杀虫剂 | GB/T 20769 |
| 67 | 啶虫脒 | 0.2 | 杀虫剂 | GB/T 20769、GB/T 23584 |
| 68 | 甲萘威 | 1 | 杀虫剂 | GB/T 5009.145、GB/T 20769、NY/T 761 |
| 69 | 螺虫乙酯 | 1 | 杀虫剂 | SN/T 4891 |
| 70 | 咪唑菌酮 | 1.5 | 杀菌剂 | GB 23200.8、GB 23200.113 |
| 71 | 嘧菌酯 | 3 | 杀菌剂 | GB/T 20769、NY/T 1453、SN/T 1976 |
| 72 | 烯酰吗啉 | 1 | 杀菌剂 | GB/T 20769 |
| 73 | 茚虫威 | 0.5 | 杀虫剂 | GB/T 20769 |
| 74 | 氯氟氰菊酯和高效氯氟氰菊酯 | 0.3 | 杀虫剂 | GB 23200.8、GB 23200.113、GB/T 5009.146、NY/T 761 |
| 75 | 噻虫嗪 | 0.7 | 杀虫剂 | GB 23200.8、GB 23200.39、GB/T 20769 |
| 76 | 嘧菌环胺 | 2 | 杀菌剂 | GB 23200.8、GB 23200.113、GB/T 20769、NY/T 1379 |
| 77 | 百菌清 | 7 | 杀菌剂 | GB/T 5009.105、NY/T 761、SN/T 2320 |
| 78 | 氯氰菊酯和高效氯氰菊酯 | 2 | 杀虫剂 | GB 23200.8、GB 23200.113、GB/T 5009.146、NY/T 761 |
| 79 | 马拉硫磷 | 1 | 杀虫剂 | GB 23200.8、GB 23200.113、GB/T 20769、NY/T 761 |
| 80 | 氰戊菊酯和S-氰戊菊酯 | 1 | 杀虫剂 | GB 23200.8、GB 23200.113、NY/T 761 |
| 81 | 氟唑菌酰胺 | 0.6* | 杀菌剂 | 无指定 |

## 3.48 茄子

茄子中农药最大残留限量见表 3-48。

表 3-48 茄子中农药最大残留限量

| 序号 | 农药中文名 | 最大残留限量(mg/kg) | 农药主要用途 | 检测方法 |
|---|---|---|---|---|
| 1 | 保棉磷 | 0.5 | 杀虫剂 | NY/T 761 |
| 2 | 百草枯 | 0.05* | 除草剂 | 无指定 |
| 3 | 倍硫磷 | 0.05 | 杀虫剂 | GB 23200.8、GB 23200.113、GB/T 20769 |
| 4 | 苯线磷 | 0.02 | 杀虫剂 | GB 23200.8、GB/T 5009.145 |
| 5 | 吡噻菌胺 | 2* | 杀菌剂 | 无指定 |
| 6 | 丙硫菌唑 | 0.2* | 杀菌剂 | 无指定 |
| 7 | 除虫菊素 | 0.05 | 杀虫剂 | GB/T 20769 |
| 8 | 敌百虫 | 0.2 | 杀虫剂 | GB/T 20769、NY/T 761 |
| 9 | 敌草腈 | 0.01* | 除草剂 | 无指定 |
| 10 | 敌草快 | 0.01 | 除草剂 | SN/T 0293 |
| 11 | 敌敌畏 | 0.2 | 杀虫剂 | GB 23200.8、GB 23200.113、GB/T 5009.20、NY/T 761 |
| 12 | 地虫硫磷 | 0.01 | 杀虫剂 | GB 23200.8、GB 23200.113 |
| 13 | 对硫磷 | 0.01 | 杀虫剂 | GB 23200.113、GB/T 5009.145 |
| 14 | 呋虫胺 | 0.5 | 杀虫剂 | GB 23200.37、GB 23200.51、GB/T 20769 |
| 15 | 氟虫腈 | 0.02 | 杀虫剂 | SN/T 1982 |
| 16 | 氟啶虫胺腈 | 1.5* | 杀虫剂 | 无指定 |
| 17 | 甲氨基阿维菌素苯甲酸盐 | 0.02 | 杀虫剂 | GB/T 20769 |
| 18 | 甲胺磷 | 0.05 | 杀虫剂 | GB 23200.113、GB/T 5009.103、NY/T 761 |
| 19 | 甲拌磷 | 0.01 | 杀虫剂 | GB 23200.113 |
| 20 | 甲基对硫磷 | 0.02 | 杀虫剂 | GB 23200.113、NY/T 761 |
| 21 | 甲基硫环磷 | 0.03* | 杀虫剂 | NY/T 761 |
| 22 | 甲基异柳磷 | 0.01* | 杀虫剂 | GB 23200.113、GB/T 5009.144 |
| 23 | 久效磷 | 0.03 | 杀虫剂 | GB 23200.113、NY/T 761 |

（续）

| 序号 | 农药中文名 | 最大残留限量（mg/kg） | 农药主要用途 | 检测方法 |
| --- | --- | --- | --- | --- |
| 24 | 抗蚜威 | 0.5 | 杀虫剂 | GB 23200.8、GB 23200.113、GB/T 20769、SN/T 0134 |
| 25 | 克百威 | 0.02 | 杀虫剂 | NY/T 761 |
| 26 | 磷胺 | 0.05 | 杀虫剂 | GB 23200.113、NY/T 761 |
| 27 | 硫环磷 | 0.03 | 杀虫剂 | GB 23200.113、NY/T 761 |
| 28 | 硫线磷 | 0.02 | 杀虫剂 | GB/T 20769 |
| 29 | 氯虫苯甲酰胺 | 0.6* | 杀虫剂 | 无指定 |
| 30 | 氯菊酯 | 1 | 杀虫剂 | GB 23200.8、GB 23200.113、NY/T 761 |
| 31 | 氯唑磷 | 0.01 | 杀虫剂 | GB 23200.113、GB/T 20769 |
| 32 | 灭多威 | 0.2 | 杀虫剂 | NY/T 761 |
| 33 | 灭线磷 | 0.02 | 杀线虫剂 | NY/T 761 |
| 34 | 内吸磷 | 0.02 | 杀虫/杀螨剂 | GB/T 20769 |
| 35 | 三唑醇 | 1 | 杀菌剂 | GB 23200.8、GB 23200.113 |
| 36 | 三唑酮 | 1 | 杀菌剂 | GB 23200.8、GB 23200.113、GB/T 20769 |
| 37 | 杀虫脒 | 0.01 | 杀虫剂 | GB/T 20769 |
| 38 | 杀螟硫磷 | 0.5* | 杀虫剂 | GB 23200.113、GB/T 14553、GB/T 20769、NY/T 761 |
| 39 | 杀扑磷 | 0.05 | 杀虫剂 | GB 23200.113、NY/T 761 |
| 40 | 水胺硫磷 | 0.05 | 杀虫剂 | GB 23200.113、NY/T 761 |
| 41 | 特丁硫磷 | 0.01 | 杀虫剂 | NY/T 761、NY/T 1379 |
| 42 | 涕灭威 | 0.03 | 杀虫剂 | NY/T 761 |
| 43 | 辛硫磷 | 0.05 | 杀虫剂 | GB/T 5009.102、GB/T 20769 |
| 44 | 氧乐果 | 0.02 | 杀虫剂 | GB 23200.113、NY/T 761、NY/T 1379 |
| 45 | 乙酰甲胺磷 | 1 | 杀虫剂 | GB 23200.113、GB/T 5009.103、GB/T 5009.145、NY/T 761 |
| 46 | 蝇毒磷 | 0.05 | 杀虫剂 | GB 23200.8、GB 23200.113 |
| 47 | 治螟磷 | 0.01 | 杀虫剂 | GB 23200.8、GB 23200.113、NY/T 761 |
| 48 | 唑螨酯 | 0.2 | 杀螨剂 | GB/T 20769 |

（续）

| 序号 | 农药中文名 | 最大残留限量（mg/kg） | 农药主要用途 | 检测方法 |
| --- | --- | --- | --- | --- |
| 49 | 艾氏剂 | 0.05 | 杀虫剂 | GB 23200.113、GB/T 5009.19、NY/T 761 |
| 50 | 滴滴涕 | 0.05 | 杀虫剂 | GB 23200.113、GB/T 5009.19、NY/T 761 |
| 51 | 狄氏剂 | 0.05 | 杀虫剂 | GB 23200.113、GB/T 5009.19、NY/T 761 |
| 52 | 毒杀芬 | 0.05* | 杀虫剂 | YC/T 180（参照） |
| 53 | 六六六 | 0.05 | 杀虫剂 | GB 23200.113、GB/T 5009.19、NY/T 761 |
| 54 | 氯丹 | 0.02 | 杀虫剂 | GB/T 5009.19 |
| 55 | 灭蚁灵 | 0.01 | 杀虫剂 | GB/T 5009.19 |
| 56 | 七氯 | 0.02 | 杀虫剂 | GB/T 5009.19、NY/T 761 |
| 57 | 异狄氏剂 | 0.05 | 杀虫剂 | GB/T 5009.19、NY/T 761 |
| 58 | 苯醚甲环唑 | 0.6 | 杀菌剂 | GB 23200.8、GB 23200.49、GB 23200.113、GB/T 5009.218 |
| 59 | 氟吡菌胺 | 0.5* | 杀菌剂 | 无指定 |
| 60 | 甲氧虫酰肼 | 0.3 | 杀虫剂 | GB/T 20769 |
| 61 | 腈菌唑 | 0.2 | 杀菌剂 | GB 23200.8、GB 23200.113、GB/T 20769、NY/T 1455 |
| 62 | 溴氰虫酰胺 | 0.5* | 杀虫剂 | 无指定 |
| 63 | 吡唑醚菌酯 | 0.5 | 杀菌剂 | GB 23200.8 |
| 64 | 啶酰菌胺 | 3 | 杀菌剂 | GB 23200.68、GB/T 20769 |
| 65 | 氟酰脲 | 0.7 | 杀虫剂 | GB 23200.34 |
| 66 | 噻虫胺 | 0.05 | 杀虫剂 | GB/T 20769 |
| 67 | 甲萘威 | 1 | 杀虫剂 | GB/T 5009.145、GB/T 20769、NY/T 761 |
| 68 | 螺虫乙酯 | 1 | 杀虫剂 | SN/T 4891 |
| 69 | 咪唑菌酮 | 1.5 | 杀菌剂 | GB 23200.8、GB 23200.113 |
| 70 | 嘧菌酯 | 3 | 杀菌剂 | GB/T 20769、NY/T 1453、SN/T 1976 |
| 71 | 烯酰吗啉 | 1 | 杀菌剂 | GB/T 20769 |

（续）

| 序号 | 农药中文名 | 最大残留限量（mg/kg） | 农药主要用途 | 检测方法 |
|---|---|---|---|---|
| 72 | 茚虫威 | 0.5 | 杀虫剂 | GB/T 20769 |
| 73 | 2,4-滴和2,4-滴钠盐 | 0.1 | 除草剂 | GB/T 5009.175 |
| 74 | 阿维菌素 | 0.2 | 杀虫剂 | GB 23200.19、GB 23200.20、NY/T 1379 |
| 75 | 百菌清 | 5 | 杀菌剂 | GB/T 5009.105、NY/T 761、SN/T 2320 |
| 76 | 吡虫啉 | 1 | 杀虫剂 | GB/T 20769、GB/T 23379 |
| 77 | 虫螨腈 | 1 | 杀虫剂 | GB 23200.8、NY/T 1379、SN/T 1986 |
| 78 | 代森锰锌 | 1 | 杀菌剂 | SN 0157、SN/T 1541（参照） |
| 79 | 代森锌 | 1 | 杀菌剂 | SN 0139、SN 0157、SN/T 1541（参照） |
| 80 | 丁硫克百威 | 0.1 | 杀虫剂 | GB 23200.13 |
| 81 | 啶虫脒 | 1 | 杀虫剂 | GB/T 20769、GB/T 23584 |
| 82 | 多菌灵 | 3 | 杀菌剂 | GB/T 20769、NY/T 1453 |
| 83 | 多杀霉素 | 1 | 杀虫剂 | GB/T 20769 |
| 84 | 氟氯氰菊酯和高效氟氯氰菊酯 | 0.2 | 杀虫剂 | GB 23200.8、GB 23200.113、GB/T 5009.146、NY/T 761 |
| 85 | 氟氰戊菊酯 | 0.2 | 杀虫剂 | GB 23200.113、NY/T 761 |
| 86 | 腐霉利 | 5 | 杀菌剂 | GB 23200.8、NY/T 761 |
| 87 | 咯菌腈 | 0.3 | 杀菌剂 | GB 23200.8、GB 23200.113、GB/T 20769 |
| 88 | 环酰菌胺 | 2* | 杀菌剂 | 无指定 |
| 89 | 甲基硫菌灵 | 3 | 杀菌剂 | NY/T 1680 |
| 90 | 甲氰菊酯 | 0.2 | 杀虫剂 | GB 23200.8、GB 23200.113、NY/T 761、SN/T 2233 |
| 91 | 乐果 | 0.5* | 杀虫剂 | GB 23200.113、GB/T 5009.145、GB/T 20769、NY/T 761 |
| 92 | 联苯菊酯 | 0.3 | 杀虫/杀螨剂 | GB/T 5009.146、NY/T 761、SN/T 1969 |

（续）

| 序号 | 农药中文名 | 最大残留限量（mg/kg） | 农药主要用途 | 检测方法 |
|---|---|---|---|---|
| 93 | 氯氟氰菊酯和高效氯氟氰菊酯 | 0.2 | 杀虫剂 | GB 23200.8、GB 23200.113、GB/T 5009.146、NY/T 761 |
| 94 | 氯化苦 | 0.05* | 熏蒸剂 | GB/T 5009.36 |
| 95 | 氯氰菊酯和高效氯氰菊酯 | 0.5 | 杀虫剂 | GB 23200.8、GB 23200.113、GB/T 5009.146、NY/T 761 |
| 96 | 马拉硫磷 | 0.5 | 杀虫剂 | GB 23200.8、GB 23200.113、GB/T 20769、NY/T 761 |
| 97 | 嘧菌环胺 | 0.2 | 杀菌剂 | GB 23200.8、GB 23200.113、GB/T 20769、NY/T 1379 |
| 98 | 嗪氨灵 | 1 | 杀菌剂 | SN/T 0695（参照） |
| 99 | 氰氟虫腙 | 0.6 | 杀虫剂 | SN/T 3852（参照） |
| 100 | 氰戊菊酯和S-氰戊菊酯 | 0.2 | 杀虫剂 | GB 23200.8、GB 23200.113、NY/T 761 |
| 101 | 噻虫啉 | 0.7 | 杀虫剂 | GB/T 20769 |
| 102 | 噻虫嗪 | 0.5 | 杀虫剂 | GB 23200.8、GB 23200.39、GB/T 20769 |
| 103 | 噻螨酮 | 0.1 | 杀螨剂 | GB 23200.8、GB/T 20769 |
| 104 | 双甲脒 | 0.5 | 杀螨剂 | GB/T 5009.143 |
| 105 | 霜霉威和霜霉威盐酸盐 | 0.3 | 杀菌剂 | GB/T 20769、NY/T 1379 |
| 106 | 肟菌酯 | 0.7 | 杀菌剂 | GB 23200.8、GB 23200.113、GB/T 20769 |
| 107 | 五氯硝基苯 | 0.1 | 杀菌剂 | GB 23200.113、GB/T 5009.19、GB/T 5009.136 |
| 108 | 戊唑醇 | 0.1 | 杀菌剂 | GB 23200.8、GB 23200.113、GB/T 20769 |
| 109 | 溴氰菊酯 | 0.2 | 杀虫剂 | GB 23200.8、GB 23200.113、NY/T 761、SN/T 0217 |
| 110 | 乙基多杀菌素 | 0.1* | 杀虫剂 | 无指定 |
| 111 | 唑虫酰胺 | 0.5 | 杀虫剂 | GB/T 20769 |
| 112 | 氟唑菌酰胺 | 0.6* | 杀菌剂 | 无指定 |

## 3.49 辣椒

辣椒中农药最大残留限量见表3-49。

表3-49 辣椒中农药最大残留限量

| 序号 | 农药中文名 | 最大残留限量(mg/kg) | 农药主要用途 | 检测方法 |
|---|---|---|---|---|
| 1 | 保棉磷 | 0.5 | 杀虫剂 | NY/T 761 |
| 2 | 百草枯 | 0.05* | 除草剂 | 无指定 |
| 3 | 倍硫磷 | 0.05 | 杀虫剂 | GB 23200.8、GB 23200.113、GB/T 20769 |
| 4 | 苯线磷 | 0.02 | 杀虫剂 | GB 23200.8、GB/T 5009.145 |
| 5 | 吡噻菌胺 | 2* | 杀菌剂 | 无指定 |
| 6 | 丙硫菌唑 | 0.2* | 杀菌剂 | 无指定 |
| 7 | 除虫菊素 | 0.05 | 杀虫剂 | GB/T 20769 |
| 8 | 敌百虫 | 0.2 | 杀虫剂 | GB/T 20769、NY/T 761 |
| 9 | 敌草腈 | 0.01* | 除草剂 | 无指定 |
| 10 | 敌草快 | 0.01 | 除草剂 | SN/T 0293 |
| 11 | 敌敌畏 | 0.2 | 杀虫剂 | GB 23200.8、GB 23200.113、GB/T 5009.20、NY/T 761 |
| 12 | 地虫硫磷 | 0.01 | 杀虫剂 | GB 23200.8、GB 23200.113 |
| 13 | 对硫磷 | 0.01 | 杀虫剂 | GB 23200.113、GB/T 5009.145 |
| 14 | 呋虫胺 | 0.5 | 杀虫剂 | GB 23200.37、GB 23200.51、GB/T 20769 |
| 15 | 氟虫腈 | 0.02 | 杀虫剂 | SN/T 1982 |
| 16 | 氟啶虫胺腈 | 1.5* | 杀虫剂 | 无指定 |
| 17 | 甲氨基阿维菌素苯甲酸盐 | 0.02 | 杀虫剂 | GB/T 20769 |
| 18 | 甲胺磷 | 0.05 | 杀虫剂 | GB 23200.113、GB/T 5009.103、NY/T 761 |
| 19 | 甲拌磷 | 0.01 | 杀虫剂 | GB 23200.113 |
| 20 | 甲基对硫磷 | 0.02 | 杀虫剂 | GB 23200.113、NY/T 761 |
| 21 | 甲基硫环磷 | 0.03* | 杀虫剂 | NY/T 761 |
| 22 | 甲基异柳磷 | 0.01* | 杀虫剂 | GB 23200.113、GB/T 5009.144 |
| 23 | 久效磷 | 0.03 | 杀虫剂 | GB 23200.113、NY/T 761 |

（续）

| 序号 | 农药中文名 | 最大残留限量（mg/kg） | 农药主要用途 | 检测方法 |
| --- | --- | --- | --- | --- |
| 24 | 抗蚜威 | 0.5 | 杀虫剂 | GB 23200.8、GB 23200.113、GB/T 20769、SN/T 0134 |
| 25 | 克百威 | 0.02 | 杀虫剂 | NY/T 761 |
| 26 | 磷胺 | 0.05 | 杀虫剂 | GB 23200.113、NY/T 761 |
| 27 | 硫环磷 | 0.03 | 杀虫剂 | GB 23200.113、NY/T 761 |
| 28 | 硫线磷 | 0.02 | 杀虫剂 | GB/T 20769 |
| 29 | 氯虫苯甲酰胺 | 0.6* | 杀虫剂 | 无指定 |
| 30 | 氯菊酯 | 1 | 杀虫剂 | GB 23200.8、GB 23200.113、NY/T 761 |
| 31 | 氯唑磷 | 0.01 | 杀虫剂 | GB 23200.113、GB/T 20769 |
| 32 | 灭多威 | 0.2 | 杀虫剂 | NY/T 761 |
| 33 | 灭线磷 | 0.02 | 杀线虫剂 | NY/T 761 |
| 34 | 内吸磷 | 0.02 | 杀虫/杀螨剂 | GB/T 20769 |
| 35 | 三唑醇 | 1 | 杀菌剂 | GB 23200.8、GB 23200.113 |
| 36 | 三唑酮 | 1 | 杀菌剂 | GB 23200.8、GB 23200.113、GB/T 20769 |
| 37 | 杀虫脒 | 0.01 | 杀虫剂 | GB/T 20769 |
| 38 | 杀螟硫磷 | 0.5* | 杀虫剂 | GB 23200.113、GB/T 14553、GB/T 20769、NY/T 761 |
| 39 | 杀扑磷 | 0.05 | 杀虫剂 | GB 23200.113、NY/T 761 |
| 40 | 水胺硫磷 | 0.05 | 杀虫剂 | GB 23200.113、NY/T 761 |
| 41 | 特丁硫磷 | 0.01 | 杀虫剂 | NY/T 761、NY/T 1379 |
| 42 | 涕灭威 | 0.03 | 杀虫剂 | NY/T 761 |
| 43 | 辛硫磷 | 0.05 | 杀虫剂 | GB/T 5009.102、GB/T 20769 |
| 44 | 氧乐果 | 0.02 | 杀虫剂 | GB 23200.113、NY/T 761、NY/T 1379 |
| 45 | 乙酰甲胺磷 | 1 | 杀虫剂 | GB 23200.113、GB/T 5009.103、GB/T 5009.145、NY/T 761 |
| 46 | 蝇毒磷 | 0.05 | 杀虫剂 | GB 23200.8、GB 23200.113 |
| 47 | 治螟磷 | 0.01 | 杀虫剂 | GB 23200.8、GB 23200.113、NY/T 761 |

（续）

| 序号 | 农药中文名 | 最大残留限量（mg/kg） | 农药主要用途 | 检测方法 |
| --- | --- | --- | --- | --- |
| 48 | 唑螨酯 | 0.2 | 杀螨剂 | GB/T 20769 |
| 49 | 艾氏剂 | 0.05 | 杀虫剂 | GB 23200.113、GB/T 5009.19、NY/T 761 |
| 50 | 滴滴涕 | 0.05 | 杀虫剂 | GB 23200.113、GB/T 5009.19、NY/T 761 |
| 51 | 狄氏剂 | 0.05 | 杀虫剂 | GB 23200.113、GB/T 5009.19、NY/T 761 |
| 52 | 毒杀芬 | 0.05* | 杀虫剂 | YC/T 180（参照） |
| 53 | 六六六 | 0.05 | 杀虫剂 | GB 23200.113、GB/T 5009.19、NY/T 761 |
| 54 | 氯丹 | 0.02 | 杀虫剂 | GB/T 5009.19 |
| 55 | 灭蚁灵 | 0.01 | 杀虫剂 | GB/T 5009.19 |
| 56 | 七氯 | 0.02 | 杀虫剂 | GB/T 5009.19、NY/T 761 |
| 57 | 异狄氏剂 | 0.05 | 杀虫剂 | GB/T 5009.19、NY/T 761 |
| 58 | 吡唑醚菌酯 | 0.5 | 杀菌剂 | GB 23200.8 |
| 59 | 啶酰菌胺 | 3 | 杀菌剂 | GB 23200.68、GB/T 20769 |
| 60 | 氟酰脲 | 0.7 | 杀虫剂 | GB 23200.34 |
| 61 | 噻虫胺 | 0.05 | 杀虫剂 | GB/T 20769 |
| 62 | 啶虫脒 | 0.2 | 杀虫剂 | GB/T 20769、GB/T 23584 |
| 63 | 嘧菌环胺 | 2 | 杀菌剂 | GB 23200.8、GB 23200.113、GB/T 20769、NY/T 1379 |
| 64 | 2,4-滴和2,4-滴钠盐 | 0.1 | 除草剂 | GB/T 5009.175 |
| 65 | 百菌清 | 5 | 杀菌剂 | GB/T 5009.105、NY/T 761、SN/T 2320 |
| 66 | 苯氟磺胺 | 2 | 杀菌剂 | SN/T 2320（参照） |
| 67 | 苯菌酮 | 2* | 杀菌剂 | 无指定 |
| 68 | 苯醚甲环唑 | 1 | 杀菌剂 | GB 23200.8、GB 23200.49、GB 23200.113、GB/T 5009.218 |
| 69 | 吡虫啉 | 1 | 杀虫剂 | GB/T 20769、GB/T 23379 |
| 70 | 丙溴磷 | 3 | 杀虫剂 | GB 23200.8、GB 23200.113、NY/T 761、SN/T 2234 |
| 71 | 虫酰肼 | 1 | 杀虫剂 | GB/T 20769 |

（续）

| 序号 | 农药中文名 | 最大残留限量（mg/kg） | 农药主要用途 | 检测方法 |
|---|---|---|---|---|
| 72 | 除虫脲 | 3 | 杀虫剂 | GB/T 5009.147、NY/T 1720 |
| 73 | 春雷霉素 | 0.1* | 杀菌剂 | 无指定 |
| 74 | 哒螨灵 | 2 | 杀螨剂 | GB/T 20769、GB 23200.113 |
| 75 | 代森联 | 10 | 杀菌剂 | SN 0139、SN 0157、SN/T 1541（参照） |
| 76 | 代森锰锌 | 10 | 杀菌剂 | SN 0157、SN/T 1541（参照） |
| 77 | 代森锌 | 10 | 杀菌剂 | SN 0139、SN 0157、SN/T 1541（参照） |
| 78 | 敌螨普 | 0.2* | 杀菌剂 | 无指定 |
| 79 | 丁硫克百威 | 0.1 | 杀虫剂 | GB 23200.13 |
| 80 | 啶氧菌酯 | 0.5 | 杀菌剂 | GB 23200.54 |
| 81 | 多菌灵 | 2 | 杀菌剂 | GB/T 20769、NY/T 1453 |
| 82 | 多杀霉素 | 1 | 杀虫剂 | GB/T 20769 |
| 83 | 噁霉灵 | 1* | 杀菌剂 | 无指定 |
| 84 | 噁唑菌酮 | 3 | 杀菌剂 | GB/T 20769 |
| 85 | 二氰蒽醌 | 2* | 杀菌剂 | 无指定 |
| 86 | 氟苯虫酰胺 | 0.7* | 杀虫剂 | 无指定 |
| 87 | 氟吡菌胺 | 0.1* | 杀菌剂 | 无指定 |
| 88 | 氟吡菌酰胺 | 2* | 杀菌剂 | 无指定 |
| 89 | 氟啶胺 | 3 | 杀菌剂 | GB 23200.34 |
| 90 | 氟乐灵 | 0.05 | 除草剂 | GB 23200.8 |
| 91 | 氟氯氰菊酯和高效氟氯氰菊酯 | 0.2 | 杀虫剂 | GB 23200.8、GB 23200.113、GB/T 5009.146、NY/T 761 |
| 92 | 氟氰戊菊酯 | 0.2 | 杀虫剂 | GB 23200.113、NY/T 761 |
| 93 | 福美锌 | 10 | 杀菌剂 | SN 0157、SN/T 1541（参照） |
| 94 | 腐霉利 | 5 | 杀菌剂 | GB 23200.8、NY/T 761 |
| 95 | 咯菌腈 | 1 | 杀菌剂 | GB 23200.8、GB 23200.113、GB/T 20769 |
| 96 | 环酰菌胺 | 2* | 杀菌剂 | 无指定 |
| 97 | 甲基硫菌灵 | 2 | 杀菌剂 | NY/T 1680 |

（续）

| 序号 | 农药中文名 | 最大残留限量（mg/kg） | 农药主要用途 | 检测方法 |
|---|---|---|---|---|
| 98 | 甲萘威 | 0.5 | 杀虫剂 | GB/T 5009.145、GB/T 20769、NY/T 761 |
| 99 | 甲氰菊酯 | 1 | 杀虫剂 | GB 23200.8、GB 23200.113、NY/T 761、SN/T 2233 |
| 100 | 甲霜灵和精甲霜灵 | 0.5 | 杀菌剂 | GB 23200.8、GB/T 20769 |
| 101 | 甲氧虫酰肼 | 2 | 杀虫剂 | GB/T 20769 |
| 102 | 腈苯唑 | 0.6 | 杀菌剂 | GB 23200.8、GB/T 20769 |
| 103 | 腈菌唑 | 3 | 杀菌剂 | GB 23200.8、GB 23200.113、GB/T 20769、NY/T 1455 |
| 104 | 克菌丹 | 5 | 杀菌剂 | GB 23200.8、SN 0654 |
| 105 | 喹氧灵 | 1* | 杀菌剂 | 无指定 |
| 106 | 乐果 | 0.5* | 杀虫剂 | GB 23200.113、GB/T 5009.145、GB/T 20769、NY/T 761 |
| 107 | 联苯肼酯 | 3 | 杀螨剂 | GB 23200.8 |
| 108 | 联苯菊酯 | 0.5 | 杀虫/杀螨剂 | GB/T 5009.146、NY/T 761、SN/T 1969 |
| 109 | 螺虫乙酯 | 2 | 杀虫剂 | SN/T 4891 |
| 110 | 氯氟氰菊酯和高效氯氟氰菊酯 | 0.2 | 杀虫剂 | GB 23200.8、GB 23200.113、GB/T 5009.146、NY/T 761 |
| 111 | 氯氰菊酯和高效氯氰菊酯 | 0.5 | 杀虫剂 | GB 23200.8、GB/T 5009.146、NY/T 761 |
| 112 | 氯溴异氰尿酸 | 5* | 杀菌剂 | 无指定 |
| 113 | 马拉硫磷 | 0.5 | 杀虫剂 | GB 23200.8、GB 23200.113、GB/T 20769、NY/T 761 |
| 114 | 咪鲜胺和咪鲜胺锰盐 | 2 | 杀菌剂 | GB/T 20769、NY/T 1456 |
| 115 | 咪唑菌酮 | 4 | 杀菌剂 | GB 23200.8、GB 23200.113 |
| 116 | 嘧菌酯 | 2 | 杀菌剂 | GB/T 20769、NY/T 1453、SN/T 1976 |
| 117 | 氰氟虫腙 | 0.6 | 杀虫剂 | SN/T 3852（参照） |
| 118 | 氰戊菊酯和 S-氰戊菊酯 | 0.2 | 杀虫剂 | GB 23200.8、GB 23200.113、NY/T 761 |
| 119 | 噻虫嗪 | 1 | 杀虫剂 | GB 23200.8、GB 23200.39、GB/T 20769 |

（续）

| 序号 | 农药中文名 | 最大残留限量（mg/kg） | 农药主要用途 | 检测方法 |
|---|---|---|---|---|
| 120 | 噻嗪酮 | 2 | 杀虫剂 | GB 23200.8、GB/T 20769 |
| 121 | 申嗪霉素 | 0.1* | 杀菌剂 | 无指定 |
| 122 | 双甲脒 | 0.5 | 杀螨剂 | GB/T 5009.143 |
| 123 | 双炔酰菌胺 | 1* | 杀菌剂 | GB/T 5009.143 |
| 124 | 霜霉威和霜霉威盐酸盐 | 2 | 杀菌剂 | GB/T 20769、NY/T 1379 |
| 125 | 霜脲氰 | 0.2 | 杀菌剂 | GB/T 20769 |
| 126 | 肟菌酯 | 0.5 | 杀菌剂 | GB 23200.8、GB 23200.113、GB/T 20769 |
| 127 | 五氯硝基苯 | 0.1 | 杀菌剂 | GB 23200.113、GB/T 5009.19、GB/T 5009.136 |
| 128 | 戊唑醇 | 2 | 杀菌剂 | GB 23200.8、GB 23200.113、GB/T 20769 |
| 129 | 烯酰吗啉 | 3 | 杀菌剂 | GB/T 20769 |
| 130 | 辛菌胺 | 0.2* | 杀菌剂 | 无指定 |
| 131 | 溴氰虫酰胺 | 1* | 杀虫剂 | 无指定 |
| 132 | 溴氰菊酯 | 0.2 | 杀虫剂 | GB 23200.8、GB 23200.113、NY/T 761、SN/T 0217 |
| 133 | 乙烯利 | 5 | 植物生长调节剂 | GB 23200.16 |
| 134 | 异菌脲 | 5 | 杀菌剂 | GB 23200.8、GB 23200.113、NY/T 761、NY/T 1277 |
| 135 | 茚虫威 | 0.3 | 杀虫剂 | GB/T 20769 |
| 136 | 增效醚 | 2 | 增效剂 | GB 23200.8、GB 23200.113 |
| 137 | 仲丁灵 | 0.05 | 除草剂 | GB 23200.8、GB 23200.69、GB/T 20769 |

## 3.50 甜椒

甜椒中农药最大残留限量见表3-50。

**表3-50 甜椒中农药最大残留限量**

| 序号 | 农药中文名 | 最大残留限量（mg/kg） | 农药主要用途 | 检测方法 |
|---|---|---|---|---|
| 1 | 百草枯 | 0.05* | 除草剂 | 无指定 |

（续）

| 序号 | 农药中文名 | 最大残留限量（mg/kg） | 农药主要用途 | 检测方法 |
|---|---|---|---|---|
| 2 | 倍硫磷 | 0.05 | 杀虫剂 | GB 23200.8、GB 23200.113、GB/T 20769 |
| 3 | 苯线磷 | 0.02 | 杀虫剂 | GB 23200.8、GB/T 5009.145 |
| 4 | 吡噻菌胺 | 2* | 杀菌剂 | 无指定 |
| 5 | 丙硫菌唑 | 0.2* | 杀菌剂 | 无指定 |
| 6 | 除虫菊素 | 0.05 | 杀虫剂 | GB/T 20769 |
| 7 | 敌百虫 | 0.2 | 杀虫剂 | GB/T 20769、NY/T 761 |
| 8 | 敌草腈 | 0.01* | 除草剂 | 无指定 |
| 9 | 敌草快 | 0.01 | 除草剂 | SN/T 0293 |
| 10 | 敌敌畏 | 0.2 | 杀虫剂 | GB 23200.8、GB 23200.113、GB/T 5009.20、NY/T 761 |
| 11 | 地虫硫磷 | 0.01 | 杀虫剂 | GB 23200.8、GB 23200.113 |
| 12 | 对硫磷 | 0.01 | 杀虫剂 | GB 23200.113、GB/T 5009.145 |
| 13 | 呋虫胺 | 0.5 | 杀虫剂 | GB 23200.37、GB 23200.51、GB/T 20769 |
| 14 | 氟虫腈 | 0.02 | 杀虫剂 | SN/T 1982 |
| 15 | 氟啶虫胺腈 | 1.5* | 杀虫剂 | 无指定 |
| 16 | 甲氨基阿维菌素苯甲酸盐 | 0.02 | 杀虫剂 | GB/T 20769 |
| 17 | 甲胺磷 | 0.05 | 杀虫剂 | GB 23200.113、GB/T 5009.103、NY/T 761 |
| 18 | 甲拌磷 | 0.01 | 杀虫剂 | GB 23200.113 |
| 19 | 甲基对硫磷 | 0.02 | 杀虫剂 | GB 23200.113、NY/T 761 |
| 20 | 甲基硫环磷 | 0.03* | 杀虫剂 | NY/T 761 |
| 21 | 甲基异柳磷 | 0.01* | 杀虫剂 | GB 23200.113、GB/T 5009.144 |
| 22 | 久效磷 | 0.03 | 杀虫剂 | GB 23200.113、NY/T 761 |
| 23 | 抗蚜威 | 0.5 | 杀虫剂 | GB 23200.8、GB 23200.113、GB/T 20769、SN/T 0134 |
| 24 | 克百威 | 0.02 | 杀虫剂 | NY/T 761 |
| 25 | 磷胺 | 0.05 | 杀虫剂 | GB 23200.113、NY/T 761 |
| 26 | 硫环磷 | 0.03 | 杀虫剂 | GB 23200.113、NY/T 761 |
| 27 | 硫线磷 | 0.02 | 杀虫剂 | GB/T 20769 |

（续）

| 序号 | 农药中文名 | 最大残留限量（mg/kg） | 农药主要用途 | 检测方法 |
| --- | --- | --- | --- | --- |
| 28 | 氯虫苯甲酰胺 | 0.6* | 杀虫剂 | 无指定 |
| 29 | 氯菊酯 | 1 | 杀虫剂 | GB 23200.8、GB 23200.113、NY/T 761 |
| 30 | 氯唑磷 | 0.01 | 杀虫剂 | GB 23200.113、GB/T 20769 |
| 31 | 灭多威 | 0.2 | 杀虫剂 | NY/T 761 |
| 32 | 灭线磷 | 0.02 | 杀线虫剂 | NY/T 761 |
| 33 | 内吸磷 | 0.02 | 杀虫/杀螨剂 | GB/T 20769 |
| 34 | 三唑醇 | 1 | 杀菌剂 | GB 23200.8、GB 23200.113 |
| 35 | 三唑酮 | 1 | 杀菌剂 | GB 23200.8、GB 23200.113、GB/T 20769 |
| 36 | 杀虫脒 | 0.01 | 杀虫剂 | GB/T 20769 |
| 37 | 杀螟硫磷 | 0.5* | 杀虫剂 | GB 23200.113、GB/T 14553、GB/T 20769、NY/T 761 |
| 38 | 杀扑磷 | 0.05 | 杀虫剂 | GB 23200.113、NY/T 761 |
| 39 | 水胺硫磷 | 0.05 | 杀虫剂 | GB 23200.113、NY/T 761 |
| 40 | 特丁硫磷 | 0.01 | 杀虫剂 | NY/T 761、NY/T 1379 |
| 41 | 涕灭威 | 0.03 | 杀虫剂 | NY/T 761 |
| 42 | 辛硫磷 | 0.05 | 杀虫剂 | GB/T 5009.102、GB/T 20769 |
| 43 | 氧乐果 | 0.02 | 杀虫剂 | GB 23200.113、NY/T 761、NY/T 1379 |
| 44 | 乙酰甲胺磷 | 1 | 杀虫剂 | GB 23200.113、GB/T 5009.103、GB/T 5009.145、NY/T 761 |
| 45 | 蝇毒磷 | 0.05 | 杀虫剂 | GB 23200.8、GB 23200.113 |
| 46 | 治螟磷 | 0.01 | 杀虫剂 | GB 23200.8、GB 23200.113、NY/T 761 |
| 47 | 唑螨酯 | 0.2 | 杀螨剂 | GB/T 20769 |
| 48 | 艾氏剂 | 0.05 | 杀虫剂 | GB 23200.113、GB/T 5009.19、NY/T 761 |
| 49 | 滴滴涕 | 0.05 | 杀虫剂 | GB 23200.113、GB/T 5009.19、NY/T 761 |
| 50 | 狄氏剂 | 0.05 | 杀虫剂 | GB 23200.113、GB/T 5009.19、NY/T 761 |

（续）

| 序号 | 农药中文名 | 最大残留限量（mg/kg） | 农药主要用途 | 检测方法 |
|---|---|---|---|---|
| 51 | 毒杀芬 | 0.05* | 杀虫剂 | YC/T 180（参照） |
| 52 | 六六六 | 0.05 | 杀虫剂 | GB 23200.113、GB/T 5009.19、NY/T 761 |
| 53 | 氯丹 | 0.02 | 杀虫剂 | GB/T 5009.19 |
| 54 | 灭蚁灵 | 0.01 | 杀虫剂 | GB/T 5009.19 |
| 55 | 七氯 | 0.02 | 杀虫剂 | GB/T 5009.19、NY/T 761 |
| 56 | 异狄氏剂 | 0.05 | 杀虫剂 | GB/T 5009.19、NY/T 761 |
| 57 | 苯醚甲环唑 | 0.6 | 杀菌剂 | GB 23200.8、GB 23200.49、GB 23200.113、GB/T 5009.218 |
| 58 | 氟吡菌胺 | 0.5* | 杀菌剂 | 无指定 |
| 59 | 甲氧虫酰肼 | 0.3 | 杀虫剂 | GB/T 20769 |
| 60 | 腈菌唑 | 0.2 | 杀菌剂 | GB 23200.8、GB 23200.113、GB/T 20769、NY/T 1455 |
| 61 | 溴氰虫酰胺 | 0.5* | 杀虫剂 | 无指定 |
| 62 | 吡唑醚菌酯 | 0.5 | 杀菌剂 | GB 23200.8 |
| 63 | 啶酰菌胺 | 3 | 杀菌剂 | GB 23200.68、GB/T 20769 |
| 64 | 氟酰脲 | 0.7 | 杀虫剂 | GB 23200.34 |
| 65 | 噻虫胺 | 0.05 | 杀虫剂 | GB/T 20769 |
| 66 | 啶虫脒 | 0.2 | 杀虫剂 | GB/T 20769、GB/T 23584 |
| 67 | 甲萘威 | 1 | 杀虫剂 | GB/T 5009.145、GB/T 20769、NY/T 761 |
| 68 | 螺虫乙酯 | 1 | 杀虫剂 | SN/T 4891 |
| 69 | 咪唑菌酮 | 1.5 | 杀菌剂 | GB 23200.8、GB 23200.113 |
| 70 | 嘧菌酯 | 3 | 杀菌剂 | GB/T 20769、NY/T 1453、SN/T 1976 |
| 71 | 烯酰吗啉 | 1 | 杀菌剂 | GB/T 20769 |
| 72 | 茚虫威 | 0.5 | 杀虫剂 | GB/T 20769 |
| 73 | 氯氟氰菊酯和高效氯氟氰菊酯 | 0.3 | 杀虫剂 | GB 23200.8、GB 23200.113、GB/T 5009.146、NY/T 761 |
| 74 | 噻虫嗪 | 0.7 | 杀虫剂 | GB 23200.8、GB 23200.39、GB/T 20769 |

（续）

| 序号 | 农药中文名 | 最大残留限量（mg/kg） | 农药主要用途 | 检测方法 |
|---|---|---|---|---|
| 75 | 阿维菌素 | 0.02 | 杀虫剂 | GB 23200.19、GB 23200.20、NY/T 1379 |
| 76 | 百菌清 | 5 | 杀菌剂 | GB/T 5009.105、NY/T 761、SN/T 2320 |
| 77 | 保棉磷 | 1 | 杀虫剂 | NY/T 761 |
| 78 | 苯菌酮 | 2* | 杀菌剂 | 无指定 |
| 79 | 吡虫啉 | 0.2 | 杀虫剂 | GB/T 20769、GB/T 23379 |
| 80 | 丙森锌 | 2 | 杀菌剂 | SN 0139、SN 0157、SN/T 1541（参照） |
| 81 | 除虫脲 | 0.7 | 杀虫剂 | GB/T 5009.147、NY/T 1720 |
| 82 | 代森联 | 2 | 杀菌剂 | SN 0139、SN 0157、SN/T 1541（参照） |
| 83 | 代森锰锌 | 2 | 杀菌剂 | SN 0157、SN/T 1541（参照） |
| 84 | 代森锌 | 2 | 杀菌剂 | SN 0139、SN 0157、SN/T 1541（参照） |
| 85 | 丁硫克百威 | 0.1 | 杀虫剂 | GB 23200.13 |
| 86 | 多杀霉素 | 1 | 杀虫剂 | GB/T 20769 |
| 87 | 二嗪磷 | 0.05 | 杀虫剂 | GB 23200.8、GB 23200.113、GB/T 20769、GB/T 5009.107 |
| 88 | 粉唑醇 | 1 | 杀菌剂 | GB/T 20769 |
| 89 | 福美双 | 2 | 杀菌剂 | SN 0157、SN/T 0525、SN/T 1541（参照） |
| 90 | 甲苯氟磺胺 | 2 | 杀菌剂 | GB 23200.8 |
| 91 | 甲基硫菌灵 | 2 | 杀菌剂 | NY/T 1680 |
| 92 | 甲硫威 | 2 | 杀软体动物剂 | SN/T 2560（参照） |
| 93 | 甲氰菊酯 | 1 | 杀虫剂 | GB 23200.8、GB 23200.113、NY/T 761、SN/T 2233 |
| 94 | 联苯肼酯 | 2 | 杀螨剂 | GB 23200.8 |
| 95 | 螺螨酯 | 0.2 | 杀螨剂 | GB/T 20769 |
| 96 | 氯苯嘧啶醇 | 0.5 | 杀菌剂 | GB 23200.8、GB/T 20769 |
| 97 | 氯氰菊酯和高效氯氰菊酯 | 2 | 杀虫剂 | GB 23200.8、GB 23200.113、GB/T 5009.146、NY/T 761 |

（续）

| 序号 | 农药中文名 | 最大残留限量（mg/kg） | 农药主要用途 | 检测方法 |
|---|---|---|---|---|
| 98 | 嘧菌环胺 | 0.5 | 杀菌剂 | GB 23200.8、GB 23200.113、GB/T 20769、NY/T 1379 |
| 99 | 噻虫啉 | 1 | 杀虫剂 | GB/T 20769 |
| 100 | 杀线威 | 2 | 杀虫剂 | NY/T 1453、SN/T 0134 |
| 101 | 霜霉威和霜霉威盐酸盐 | 3 | 杀菌剂 | GB/T 20769、NY/T 1379 |
| 102 | 肟菌酯 | 0.3 | 杀菌剂 | GB 23200.8、GB 23200.113、GB/T 20769 |
| 103 | 五氯硝基苯 | 0.05 | 杀菌剂 | GB 23200.113、GB/T 5009.19、GB/T 5009.136 |
| 104 | 戊唑醇 | 1 | 杀菌剂 | GB 23200.8、GB 23200.113、GB/T 20769 |
| 105 | 氟唑菌酰胺 | 0.6* | 杀菌剂 | 无指定 |

## 3.51 黄秋葵

黄秋葵中农药最大残留限量见表3-51。

**表3-51 黄秋葵中农药最大残留限量**

| 序号 | 农药中文名 | 最大残留限量（mg/kg） | 农药主要用途 | 检测方法 |
|---|---|---|---|---|
| 1 | 保棉磷 | 0.5 | 杀虫剂 | NY/T 761 |
| 2 | 百草枯 | 0.05* | 除草剂 | 无指定 |
| 3 | 倍硫磷 | 0.05 | 杀虫剂 | GB 23200.8、GB 23200.113、GB/T 20769 |
| 4 | 苯线磷 | 0.02 | 杀虫剂 | GB 23200.8、GB/T 5009.145 |
| 5 | 吡噻菌胺 | 2* | 杀菌剂 | 无指定 |
| 6 | 丙硫菌唑 | 0.2* | 杀菌剂 | 无指定 |
| 7 | 除虫菊素 | 0.05 | 杀虫剂 | GB/T 20769 |
| 8 | 敌百虫 | 0.2 | 杀虫剂 | GB/T 20769、NY/T 761 |
| 9 | 敌草腈 | 0.01* | 除草剂 | 无指定 |
| 10 | 敌草快 | 0.01 | 除草剂 | SN/T 0293 |
| 11 | 敌敌畏 | 0.2 | 杀虫剂 | GB 23200.8、GB 23200.113、GB/T 5009.20、NY/T 761 |

（续）

| 序号 | 农药中文名 | 最大残留限量（mg/kg） | 农药主要用途 | 检测方法 |
|---|---|---|---|---|
| 12 | 地虫硫磷 | 0.01 | 杀虫剂 | GB 23200.8、GB 23200.113 |
| 13 | 对硫磷 | 0.01 | 杀虫剂 | GB 23200.113、GB/T 5009.145 |
| 14 | 呋虫胺 | 0.5 | 杀虫剂 | GB 23200.37、GB 23200.51、GB/T 20769 |
| 15 | 氟虫腈 | 0.02 | 杀虫剂 | SN/T 1982 |
| 16 | 氟啶虫胺腈 | 1.5* | 杀虫剂 | 无指定 |
| 17 | 甲氨基阿维菌素苯甲酸盐 | 0.02 | 杀虫剂 | GB/T 20769 |
| 18 | 甲胺磷 | 0.05 | 杀虫剂 | GB 23200.113、GB/T 5009.103、NY/T 761 |
| 19 | 甲拌磷 | 0.01 | 杀虫剂 | GB 23200.113 |
| 20 | 甲基对硫磷 | 0.02 | 杀虫剂 | GB 23200.113、NY/T 761 |
| 21 | 甲基硫环磷 | 0.03* | 杀虫剂 | NY/T 761 |
| 22 | 甲基异柳磷 | 0.01* | 杀虫剂 | GB 23200.113、GB/T 5009.144 |
| 23 | 久效磷 | 0.03 | 杀虫剂 | GB 23200.113、NY/T 761 |
| 24 | 抗蚜威 | 0.5 | 杀虫剂 | GB 23200.8、GB 23200.113、GB/T 20769、SN/T 0134 |
| 25 | 克百威 | 0.02 | 杀虫剂 | NY/T 761 |
| 26 | 磷胺 | 0.05 | 杀虫剂 | GB 23200.113、NY/T 761 |
| 27 | 硫环磷 | 0.03 | 杀虫剂 | GB 23200.113、NY/T 761 |
| 28 | 硫线磷 | 0.02 | 杀虫剂 | GB/T 20769 |
| 29 | 氯虫苯甲酰胺 | 0.6* | 杀虫剂 | 无指定 |
| 30 | 氯菊酯 | 1 | 杀虫剂 | GB 23200.8、GB 23200.113、NY/T 761 |
| 31 | 氯唑磷 | 0.01 | 杀虫剂 | GB 23200.113、GB/T 20769 |
| 32 | 灭多威 | 0.2 | 杀虫剂 | NY/T 761 |
| 33 | 灭线磷 | 0.02 | 杀线虫剂 | NY/T 761 |
| 34 | 内吸磷 | 0.02 | 杀虫/杀螨剂 | GB/T 20769 |
| 35 | 三唑醇 | 1 | 杀菌剂 | GB 23200.8、GB 23200.113 |
| 36 | 三唑酮 | 1 | 杀菌剂 | GB 23200.8、GB 23200.113、GB/T 20769 |
| 37 | 杀虫脒 | 0.01 | 杀虫剂 | GB/T 20769 |

（续）

| 序号 | 农药中文名 | 最大残留限量（mg/kg） | 农药主要用途 | 检测方法 |
|---|---|---|---|---|
| 38 | 杀螟硫磷 | 0.5* | 杀虫剂 | GB 23200.113、GB/T 14553、GB/T 20769、NY/T 761 |
| 39 | 杀扑磷 | 0.05 | 杀虫剂 | GB 23200.113、NY/T 761 |
| 40 | 水胺硫磷 | 0.05 | 杀虫剂 | GB 23200.113、NY/T 761 |
| 41 | 特丁硫磷 | 0.01 | 杀虫剂 | NY/T 761、NY/T 1379 |
| 42 | 涕灭威 | 0.03 | 杀虫剂 | NY/T 761 |
| 43 | 辛硫磷 | 0.05 | 杀虫剂 | GB/T 5009.102、GB/T 20769 |
| 44 | 氧乐果 | 0.02 | 杀虫剂 | GB 23200.113、NY/T 761、NY/T 1379 |
| 45 | 乙酰甲胺磷 | 1 | 杀虫剂 | GB 23200.113、GB/T 5009.103、GB/T 5009.145、NY/T 761 |
| 46 | 蝇毒磷 | 0.05 | 杀虫剂 | GB 23200.8、GB 23200.113 |
| 47 | 治螟磷 | 0.01 | 杀虫剂 | GB 23200.8、GB 23200.113、NY/T 761 |
| 48 | 唑螨酯 | 0.2 | 杀螨剂 | GB/T 20769 |
| 49 | 艾氏剂 | 0.05 | 杀虫剂 | GB 23200.113、GB/T 5009.19、NY/T 761 |
| 50 | 滴滴涕 | 0.05 | 杀虫剂 | GB 23200.113、GB/T 5009.19、NY/T 761 |
| 51 | 狄氏剂 | 0.05 | 杀虫剂 | GB 23200.113、GB/T 5009.19、NY/T 761 |
| 52 | 毒杀芬 | 0.05* | 杀虫剂 | YC/T 180（参照） |
| 53 | 六六六 | 0.05 | 杀虫剂 | GB 23200.113、GB/T 5009.19、NY/T 761 |
| 54 | 氯丹 | 0.02 | 杀虫剂 | GB/T 5009.19 |
| 55 | 灭蚁灵 | 0.01 | 杀虫剂 | GB/T 5009.19 |
| 56 | 七氯 | 0.02 | 杀虫剂 | GB/T 5009.19、NY/T 761 |
| 57 | 异狄氏剂 | 0.05 | 杀虫剂 | GB/T 5009.19、NY/T 761 |
| 58 | 苯醚甲环唑 | 0.6 | 杀菌剂 | GB 23200.8、GB 23200.49、GB 23200.113、GB/T 5009.218 |
| 59 | 氟吡菌胺 | 0.5* | 杀菌剂 | 无指定 |

（续）

| 序号 | 农药中文名 | 最大残留限量（mg/kg） | 农药主要用途 | 检测方法 |
|---|---|---|---|---|
| 60 | 甲氧虫酰肼 | 0.3 | 杀虫剂 | GB/T 20769 |
| 61 | 腈菌唑 | 0.2 | 杀菌剂 | GB 23200.8、GB 23200.113、GB/T 20769、NY/T 1455 |
| 62 | 溴氰虫酰胺 | 0.5* | 杀虫剂 | 无指定 |
| 63 | 吡唑醚菌酯 | 0.5 | 杀菌剂 | GB 23200.8 |
| 64 | 啶酰菌胺 | 3 | 杀菌剂 | GB 23200.68、GB/T 20769 |
| 65 | 氟酰脲 | 0.7 | 杀虫剂 | GB 23200.34 |
| 66 | 噻虫胺 | 0.05 | 杀虫剂 | GB/T 20769 |
| 67 | 啶虫脒 | 0.2 | 杀虫剂 | GB/T 20769、GB/T 23584 |
| 68 | 甲萘威 | 1 | 杀虫剂 | GB/T 5009.145、GB/T 20769、NY/T 761 |
| 69 | 螺虫乙酯 | 1 | 杀虫剂 | SN/T 4891 |
| 70 | 咪唑菌酮 | 1.5 | 杀菌剂 | GB 23200.8、GB 23200.113 |
| 71 | 嘧菌酯 | 3 | 杀菌剂 | GB/T 20769、NY/T 1453、SN/T 1976 |
| 72 | 烯酰吗啉 | 1 | 杀菌剂 | GB/T 20769 |
| 73 | 茚虫威 | 0.5 | 杀虫剂 | GB/T 20769 |
| 74 | 氯氟氰菊酯和高效氯氟氰菊酯 | 0.3 | 杀虫剂 | GB 23200.8、GB 23200.113、GB/T 5009.146、NY/T 761 |
| 75 | 噻虫嗪 | 0.7 | 杀虫剂 | GB 23200.8、GB 23200.39、GB/T 20769 |
| 76 | 嘧菌环胺 | 2 | 杀菌剂 | GB 23200.8、GB 23200.113、GB/T 20769、NY/T 1379 |
| 77 | 代森锰锌 | 2 | 杀菌剂 | SN 0157、SN/T 1541（参照） |
| 78 | 丁硫克百威 | 0.1 | 杀虫剂 | GB 23200.13 |
| 79 | 多杀霉素 | 1 | 杀虫剂 | GB/T 20769 |
| 80 | 甲基硫菌灵 | 2 | 杀菌剂 | NY/T 1680 |
| 81 | 氯氰菊酯和高效氯氰菊酯 | 0.5 | 杀虫剂 | GB 23200.8、GB 23200.113、GB/T 5009.146、NY/T 761 |
| 82 | 硝磺草酮 | 0.01 | 除草剂 | GB/T 20769 |
| 83 | 氟唑菌酰胺 | 0.6* | 杀菌剂 | 无指定 |

## 3.52 黄瓜

黄瓜中农药最大残留限量见表 3-52。

**表 3-52 黄瓜中农药最大残留限量**

| 序号 | 农药中文名 | 最大残留限量(mg/kg) | 农药主要用途 | 检测方法 |
|---|---|---|---|---|
| 1 | 百草枯 | 0.05* | 除草剂 | 无指定 |
| 2 | 倍硫磷 | 0.05 | 杀虫剂 | GB 23200.8、GB 23200.113、GB/T 20769 |
| 3 | 苯酰菌胺 | 2 | 杀菌剂 | GB 23200.8、GB/T 20769 |
| 4 | 苯线磷 | 0.02 | 杀虫剂 | GB 23200.8、GB/T 5009.145 |
| 5 | 敌百虫 | 0.2 | 杀虫剂 | GB/T 20769、NY/T 761 |
| 6 | 敌草腈 | 0.01* | 除草剂 | 无指定 |
| 7 | 敌敌畏 | 0.2 | 杀虫剂 | GB 23200.8、GB 23200.113、GB/T 5009.20、NY/T 761 |
| 8 | 地虫硫磷 | 0.01 | 杀虫剂 | GB 23200.8、GB 23200.113 |
| 9 | 对硫磷 | 0.01 | 杀虫剂 | GB 23200.113、GB/T 5009.145 |
| 10 | 多杀霉素 | 0.2 | 杀虫剂 | GB/T 20769 |
| 11 | 氟虫腈 | 0.02 | 杀虫剂 | SN/T 1982 |
| 12 | 氟啶虫胺腈 | 0.5* | 杀虫剂 | 无指定 |
| 13 | 甲胺磷 | 0.05 | 杀虫剂 | GB 23200.113、GB/T 5009.103、NY/T 761 |
| 14 | 甲拌磷 | 0.01 | 杀虫剂 | GB 23200.113 |
| 15 | 甲基对硫磷 | 0.02 | 杀虫剂 | GB 23200.113、NY/T 761 |
| 16 | 甲基硫环磷 | 0.03* | 杀虫剂 | NY/T 761 |
| 17 | 甲基异柳磷 | 0.01* | 杀虫剂 | GB 23200.113、GB/T 5009.144 |
| 18 | 甲萘威 | 1 | 杀虫剂 | GB/T 5009.145、GB/T 20769、NY/T 761 |
| 19 | 久效磷 | 0.03 | 杀虫剂 | GB 23200.113、NY/T 761 |
| 20 | 抗蚜威 | 1 | 杀虫剂 | GB 23200.8、GB 23200.113、GB/T 20769、SN/T 0134 |
| 21 | 克百威 | 0.02 | 杀虫剂 | NY/T 761 |
| 22 | 联苯肼酯 | 0.5 | 杀螨剂 | GB 23200.8 |

（续）

| 序号 | 农药中文名 | 最大残留限量（mg/kg） | 农药主要用途 | 检测方法 |
| --- | --- | --- | --- | --- |
| 23 | 磷胺 | 0.05 | 杀虫剂 | GB 23200.113、NY/T 761 |
| 24 | 硫环磷 | 0.03 | 杀虫剂 | GB 23200.113、NY/T 761 |
| 25 | 硫线磷 | 0.02 | 杀虫剂 | GB/T 20769 |
| 26 | 氯虫苯甲酰胺 | 0.3* | 杀虫剂 | 无指定 |
| 27 | 氯唑磷 | 0.01 | 杀虫剂 | GB 23200.113、GB/T 20769 |
| 28 | 灭多威 | 0.2 | 杀虫剂 | NY/T 761 |
| 29 | 灭线磷 | 0.02 | 杀线虫剂 | NY/T 761 |
| 30 | 内吸磷 | 0.02 | 杀虫/杀螨剂 | GB/T 20769 |
| 31 | 嗪氨灵 | 0.5 | 杀菌剂 | SN/T 0695（参照） |
| 32 | 噻螨酮 | 0.05 | 杀螨剂 | GB 23200.8、GB/T 20769 |
| 33 | 噻嗪酮 | 0.7 | 杀虫剂 | GB 23200.8、GB/T 20769 |
| 34 | 三唑醇 | 0.2 | 杀菌剂 | GB 23200.8、GB 23200.113 |
| 35 | 杀虫脒 | 0.01 | 杀虫剂 | GB/T 20769 |
| 36 | 杀螟硫磷 | 0.5* | 杀虫剂 | GB 23200.113、GB/T 14553、GB/T 20769、NY/T 761 |
| 37 | 杀扑磷 | 0.05 | 杀虫剂 | GB 23200.113、NY/T 761 |
| 38 | 霜霉威和霜霉威盐酸盐 | 5 | 杀菌剂 | GB/T 20769、NY/T 1379 |
| 39 | 水胺硫磷 | 0.05 | 杀虫剂 | GB 23200.113、NY/T 761 |
| 40 | 特丁硫磷 | 0.01 | 杀虫剂 | NY/T 761、NY/T 1379 |
| 41 | 涕灭威 | 0.03 | 杀虫剂 | NY/T 761 |
| 42 | 辛硫磷 | 0.05 | 杀虫剂 | GB/T 5009.102、GB/T 20769 |
| 43 | 氧乐果 | 0.02 | 杀虫剂 | GB 23200.113、NY/T 761、NY/T 1379 |
| 44 | 乙酰甲胺磷 | 1 | 杀虫剂 | GB 23200.113、GB/T 5009.103、GB/T 5009.145、NY/T 761 |
| 45 | 蝇毒磷 | 0.05 | 杀虫剂 | GB 23200.8、GB 23200.113 |
| 46 | 增效醚 | 1 | 增效剂 | GB 23200.8、GB 23200.113 |
| 47 | 治螟磷 | 0.01 | 杀虫剂 | GB 23200.8、GB 23200.113、NY/T 761 |
| 48 | 艾氏剂 | 0.05 | 杀虫剂 | GB 23200.113、GB/T 5009.19、NY/T 761 |

（续）

| 序号 | 农药中文名 | 最大残留限量（mg/kg） | 农药主要用途 | 检测方法 |
| --- | --- | --- | --- | --- |
| 49 | 滴滴涕 | 0.05 | 杀虫剂 | GB 23200.113、GB/T 5009.19、NY/T 761 |
| 50 | 狄氏剂 | 0.05 | 杀虫剂 | GB 23200.113、GB/T 5009.19、NY/T 761 |
| 51 | 毒杀芬 | 0.05* | 杀虫剂 | YC/T 180（参照） |
| 52 | 六六六 | 0.05 | 杀虫剂 | GB 23200.113、GB/T 5009.19、NY/T 761 |
| 53 | 氯丹 | 0.02 | 杀虫剂 | GB/T 5009.19 |
| 54 | 灭蚁灵 | 0.01 | 杀虫剂 | GB/T 5009.19 |
| 55 | 七氯 | 0.02 | 杀虫剂 | GB/T 5009.19、NY/T 761 |
| 56 | 异狄氏剂 | 0.05 | 杀虫剂 | GB/T 5009.19、NY/T 761 |
| 57 | 阿维菌素 | 0.02 | 杀虫剂 | GB 23200.19、GB 23200.20、NY/T 1379 |
| 58 | 百菌清 | 5 | 杀菌剂 | GB/T 5009.105、NY/T 761、SN/T 2320 |
| 59 | 保棉磷 | 0.2 | 杀虫剂 | NY/T 761 |
| 60 | 苯丁锡 | 0.5 | 杀螨剂 | SN 0592（参照） |
| 61 | 苯氟磺胺 | 5 | 杀菌剂 | SN/T 2320（参照） |
| 62 | 苯菌酮 | 0.2* | 杀菌剂 | 无指定 |
| 63 | 苯醚甲环唑 | 1 | 杀菌剂 | GB 23200.8、GB 23200.49、GB 23200.113、GB/T 5009.218 |
| 64 | 吡虫啉 | 1 | 杀虫剂 | GB/T 20769、GB/T 23379 |
| 65 | 吡蚜酮 | 1 | 杀虫剂 | SN/T 3860 |
| 66 | 吡唑醚菌酯 | 0.5 | 杀菌剂 | GB 23200.8 |
| 67 | 吡唑萘菌胺 | 0.5* | 杀菌剂 | 无指定 |
| 68 | 丙森锌 | 5 | 杀菌剂 | SN 0139、SN 0157、SN/T 1541（参照） |
| 69 | 虫螨腈 | 0.5 | 杀虫剂 | GB 23200.8、NY/T 1379、SN/T 1986 |
| 70 | 春雷霉素 | 0.2* | 杀菌剂 | 无指定 |
| 71 | 哒螨灵 | 0.1 | 杀螨剂 | GB/T 20769、GB 23200.113 |
| 72 | 代森铵 | 5 | 杀菌剂 | SN/T 1541（参照） |

（续）

| 序号 | 农药中文名 | 最大残留限量（mg/kg） | 农药主要用途 | 检测方法 |
| --- | --- | --- | --- | --- |
| 73 | 代森锰锌 | 5 | 杀菌剂 | SN 0157、SN/T 1541（参照） |
| 74 | 代森锌 | 5 | 杀菌剂 | SN 0139、SN 0157、SN/T 1541（参照） |
| 75 | 敌磺钠 | 0.5* | 杀菌剂 | 无指定 |
| 76 | 敌菌灵 | 10 | 杀菌剂 | NY/T 1722 |
| 77 | 敌螨普 | 0.07* | 杀菌剂 | 无指定 |
| 78 | 丁吡吗啉 | 10* | 杀菌剂 | 无指定 |
| 79 | 丁硫克百威 | 0.2 | 杀虫剂 | GB 23200.13 |
| 80 | 丁香菌酯 | 0.5* | 杀菌剂 | 无指定 |
| 81 | 啶虫脒 | 1 | 杀虫剂 | GB/T 20769、GB/T 23584 |
| 82 | 啶酰菌胺 | 5 | 杀菌剂 | GB 23200.68、GB/T 20769 |
| 83 | 毒死蜱 | 0.1 | 杀虫剂 | GB 23200.8、GB 23200.113、NY/T 761、SN/T 2158 |
| 84 | 多菌灵 | 2 | 杀菌剂 | GB/T 20769、NY/T 1453 |
| 85 | 多抗霉素 | 0.5* | 杀菌剂 | 无指定 |
| 86 | 噁霉灵 | 0.5* | 杀菌剂 | 无指定 |
| 87 | 噁霜灵 | 5 | 杀菌剂 | GB 23200.8、NY/T 1379 |
| 88 | 噁唑菌酮 | 1 | 杀菌剂 | GB/T 20769 |
| 89 | 二嗪磷 | 0.1 | 杀虫剂 | GB 23200.8、GB 23200.113、GB/T 20769、GB/T 5009.107 |
| 90 | 呋虫胺 | 2 | 杀虫剂 | GB 23200.37、GB 23200.51、GB/T 20769 |
| 91 | 氟吡菌胺 | 0.5* | 杀菌剂 | 无指定 |
| 92 | 氟吡菌酰胺 | 0.5* | 杀菌剂 | 无指定 |
| 93 | 氟啶胺 | 0.3 | 杀菌剂 | GB 23200.34 |
| 94 | 氟啶虫酰胺 | 1* | 杀虫剂 | GB 23200.75 |
| 95 | 氟硅唑 | 1 | 杀菌剂 | GB 23200.8、GB 23200.53、GB/T 20769 |
| 96 | 氟菌唑 | 0.2* | 杀菌剂 | NY/T 1379 |
| 97 | 氟吗啉 | 2* | 杀菌剂 | 无指定 |
| 98 | 氟唑菌酰胺 | 0.3* | 杀菌剂 | 无指定 |

（续）

| 序号 | 农药中文名 | 最大残留限量（mg/kg） | 农药主要用途 | 检测方法 |
|---|---|---|---|---|
| 99 | 福美双 | 5 | 杀菌剂 | SN 0157、SN/T 0525、SN/T 1541（参照） |
| 100 | 福美锌 | 5 | 杀菌剂 | SN 0157、SN/T 1541（参照） |
| 101 | 腐霉利 | 2 | 杀菌剂 | GB 23200.8、NY/T 761 |
| 102 | 咯菌腈 | 0.5 | 杀菌剂 | GB 23200.8、GB 23200.113、GB/T 20769 |
| 103 | 环酰菌胺 | 1* | 杀菌剂 | 无指定 |
| 104 | 己唑醇 | 1 | 杀菌剂 | GB 23200.8、GB 23200.113 |
| 105 | 甲氨基阿维菌素苯甲酸盐 | 0.02 | 杀虫剂 | GB/T 20769 |
| 106 | 甲苯氟磺胺 | 1 | 杀菌剂 | GB 23200.8 |
| 107 | 甲基硫菌灵 | 2 | 杀菌剂 | NY/T 1680 |
| 108 | 甲霜灵和精甲霜灵 | 0.5 | 杀菌剂 | GB 23200.8、GB/T 20769 |
| 109 | 腈苯唑 | 0.2 | 杀菌剂 | GB 23200.8、GB/T 20769 |
| 110 | 腈菌唑 | 1 | 杀菌剂 | GB 23200.8、GB 23200.113、GB/T 20769、NY/T 1455 |
| 111 | 克菌丹 | 5 | 杀菌剂 | GB 23200.8、SN 0654 |
| 112 | 苦参碱 | 5* | 杀虫剂 | 无指定 |
| 113 | 喹啉铜 | 2* | 杀菌剂 | 无指定 |
| 114 | 联苯菊酯 | 0.5 | 杀虫/杀螨剂 | GB/T 5009.146、NY/T 761、SN/T 1969 |
| 115 | 联苯三唑醇 | 0.5 | 杀菌剂 | GB 23200.8、GB/T 20769 |
| 116 | 硫丹 | 0.05 | 杀虫剂 | NY/T 761 |
| 117 | 硫酰氟 | 0.05* | 杀虫剂 | 无指定 |
| 118 | 螺虫乙酯 | 1 | 杀虫剂 | SN/T 4891 |
| 119 | 螺螨酯 | 0.07 | 杀螨剂 | GB/T 20769 |
| 120 | 氯吡脲 | 0.1 | 植物生长调节剂 | GB/T 20770 |
| 121 | 氯氟氰菊酯和高效氯氟氰菊酯 | 1 | 杀虫剂 | GB 23200.8、GB 23200.113、GB/T 5009.146、NY/T 761 |
| 122 | 氯菊酯 | 0.5 | 杀虫剂 | GB 23200.8、GB 23200.113、NY/T 761 |
| 123 | 氯氰菊酯和高效氯氰菊酯 | 0.2 | 杀虫剂 | GB 23200.8、GB 23200.113、GB/T 5009.146、NY/T 761 |

（续）

| 序号 | 农药中文名 | 最大残留限量（mg/kg） | 农药主要用途 | 检测方法 |
|---|---|---|---|---|
| 124 | 马拉硫磷 | 0.2 | 杀虫剂 | GB 23200.8、GB 23200.113、GB/T 20769、NY/T 761 |
| 125 | 咪鲜胺和咪鲜胺锰盐 | 1 | 杀菌剂 | GB/T 20769、NY/T 1456 |
| 126 | 醚菌酯 | 0.5 | 杀菌剂 | GB 23200.8、GB/T 20769 |
| 127 | 嘧菌环胺 | 0.2 | 杀菌剂 | GB 23200.8、GB 23200.113、GB/T 20769、NY/T 1379 |
| 128 | 嘧菌酯 | 0.5 | 杀菌剂 | GB/T 20769、NY/T 1453、SN/T 1976 |
| 129 | 嘧霉胺 | 2 | 杀菌剂 | GB 23200.8、GB 23200.113、GB 23200.113、GB/T 20769 |
| 130 | 灭菌丹 | 1 | 杀菌剂 | GB/T 20769、SN/T 2320 |
| 131 | 灭蝇胺 | 1 | 杀虫剂 | NY/T 1725 |
| 132 | 萘乙酸和萘乙酸钠 | 0.1 | 萘乙酸和萘乙酸钠 | SN/T 2228（参照） |
| 133 | 宁南霉素 | 1* | 杀菌剂 | 无指定 |
| 134 | 氰霜唑 | 0.5* | 杀菌剂 | GB 23200.14 |
| 135 | 氰戊菊酯和S-氰戊菊酯 | 0.2 | 杀虫剂 | GB 23200.8、GB 23200.113、NY/T 761 |
| 136 | 噻苯隆 | 0.05 | 植物生长调节剂 | SN/T 4586 |
| 137 | 噻虫啉 | 1 | 杀虫剂 | G B/T 20769 |
| 138 | 噻虫嗪 | 0.5 | 杀虫剂 | GB 23200.8、GB 23200.39、GB/T 20769 |
| 139 | 噻霉酮 | 0.1* | 杀菌剂 | 无指定 |
| 140 | 噻唑磷 | 0.2 | 杀线虫剂 | GB 23200.113、GB/T 20769 |
| 141 | 噻唑锌 | 0.5* | 杀菌剂 | 无指定 |
| 142 | 三乙膦酸铝 | 30* | 杀菌剂 | 无指定 |
| 143 | 三唑酮 | 0.1 | 杀菌剂 | GB 23200.8、GB 23200.113、GB/T 20769 |
| 144 | 杀虫单 | 2* | 杀虫剂 | 无指定 |
| 145 | 杀线威 | 2 | 杀虫剂 | NY/T 1453、SN/T 0134 |
| 146 | 申嗪霉素 | 0.3* | 杀菌剂 | 无指定 |
| 147 | 双胍三辛烷基苯磺酸盐 | 2* | 杀菌剂 | 无指定 |

（续）

| 序号 | 农药中文名 | 最大残留限量（mg/kg） | 农药主要用途 | 检测方法 |
|---|---|---|---|---|
| 148 | 双甲脒 | 0.5 | 杀螨剂 | GB/T 5009.143 |
| 149 | 双炔酰菌胺 | 0.2* | 杀菌剂 | 无指定 |
| 150 | 霜脲氰 | 0.5 | 杀菌剂 | GB/T 20769 |
| 151 | 四氟醚唑 | 0.5 | 杀菌剂 | GB 23200.8、GB 23200.65、GB 23200.113、GB/T 20769 |
| 152 | 四螨嗪 | 0.5 | 杀螨剂 | GB 23200.47、GB/T 20769 |
| 153 | 威百亩 | 0.05* | 杀线虫剂 | 无指定 |
| 154 | 肟菌酯 | 0.3 | 杀菌剂 | GB 23200.8、GB 23200.113、GB/T 20769 |
| 155 | 戊菌唑 | 0.1 | 杀菌剂 | GB 23200.8、GB 23200.113、GB/T 20769 |
| 156 | 戊唑醇 | 1 | 杀菌剂 | GB 23200.8、GB 23200.113、GB/T 20769 |
| 157 | 烯肟菌胺 | 1* | 杀菌剂 | 无指定 |
| 158 | 烯肟菌酯 | 1* | 杀菌剂 | 无指定 |
| 159 | 烯酰吗啉 | 5 | 杀菌剂 | GB/T 20769 |
| 160 | 硝苯菌酯 | 2* | 杀菌剂 | 无指定 |
| 161 | 溴菌腈 | 0.5* | 杀菌剂 | 无指定 |
| 162 | 溴螨酯 | 0.5 | 杀螨剂 | GB 23200.8、NY/T 1379 |
| 163 | 溴氰虫酰胺 | 0.2* | 杀虫剂 | 无指定 |
| 164 | 乙螨唑 | 0.02 | 杀螨剂 | GB 23200.8、GB 23200.113 |
| 165 | 乙霉威 | 5 | 杀菌剂 | GB/T 20769 |
| 166 | 乙嘧酚 | 1 | 杀菌剂 | GB/T 20769 |
| 167 | 乙蒜素 | 0.1* | 杀菌剂 | 无指定 |
| 168 | 乙烯菌核利 | 1 | 杀菌剂 | NY/T 761 |
| 169 | 异丙威 | 0.5 | 杀虫剂 | GB 23200.112、GB 23200.113、NY/T 761 |
| 170 | 异菌脲 | 2 | 杀菌剂 | GB 23200.8、GB 23200.113、NY/T 761、NY/T 1277 |
| 171 | 抑霉唑 | 0.5 | 杀菌剂 | GB 23200.8、GB 23200.113、GB/T 20769 |

（续）

| 序号 | 农药中文名 | 最大残留限量（mg/kg） | 农药主要用途 | 检测方法 |
|---|---|---|---|---|
| 172 | 唑胺菌酯 | 1* | 杀菌剂 | 无指定 |
| 173 | 唑菌酯 | 1* | 杀菌剂 | 无指定 |
| 174 | 唑螨酯 | 0.3 | 杀螨剂 | GB/T 20769 |
| 175 | 唑嘧菌胺 | 1* | 杀菌剂 | 无指定 |

## 3.53 腌制用小黄瓜

腌制用小黄瓜中农药最大残留限量见表3-53。

**表3-53 腌制用小黄瓜中农药最大残留限量**

| 序号 | 农药中文名 | 最大残留限量（mg/kg） | 农药主要用途 | 检测方法 |
|---|---|---|---|---|
| 1 | 保棉磷 | 0.5 | 杀虫剂 | NY/T 761 |
| 2 | 百草枯 | 0.05* | 除草剂 | 无指定 |
| 3 | 倍硫磷 | 0.05 | 杀虫剂 | GB 23200.8、GB 23200.113、GB/T 20769 |
| 4 | 苯酰菌胺 | 2 | 杀菌剂 | GB 23200.8、GB/T 20769 |
| 5 | 苯线磷 | 0.02 | 杀虫剂 | GB 23200.8、GB/T 5009.145 |
| 6 | 敌百虫 | 0.2 | 杀虫剂 | GB/T 20769、NY/T 761 |
| 7 | 敌草腈 | 0.01* | 除草剂 | 无指定 |
| 8 | 敌敌畏 | 0.2 | 杀虫剂 | GB 23200.8、GB 23200.113、GB/T 5009.20、NY/T 761 |
| 9 | 地虫硫磷 | 0.01 | 杀虫剂 | GB 23200.8、GB 23200.113 |
| 10 | 对硫磷 | 0.01 | 杀虫剂 | GB 23200.113、GB/T 5009.145 |
| 11 | 多杀霉素 | 0.2 | 杀虫剂 | GB/T 20769 |
| 12 | 氟虫腈 | 0.02 | 杀虫剂 | SN/T 1982 |
| 13 | 氟啶虫胺腈 | 0.5* | 杀虫剂 | 无指定 |
| 14 | 甲胺磷 | 0.05 | 杀虫剂 | GB 23200.113、GB/T 5009.103、NY/T 761 |
| 15 | 甲拌磷 | 0.01 | 杀虫剂 | GB 23200.113 |
| 16 | 甲基对硫磷 | 0.02 | 杀虫剂 | GB 23200.113、NY/T 761 |
| 17 | 甲基硫环磷 | 0.03* | 杀虫剂 | NY/T 761 |

（续）

| 序号 | 农药中文名 | 最大残留限量（mg/kg） | 农药主要用途 | 检测方法 |
|---|---|---|---|---|
| 18 | 甲基异柳磷 | 0.01* | 杀虫剂 | GB 23200.113、GB/T 5009.144 |
| 19 | 甲萘威 | 1 | 杀虫剂 | GB/T 5009.145、GB/T 20769、NY/T 761 |
| 20 | 久效磷 | 0.03 | 杀虫剂 | GB 23200.113、NY/T 761 |
| 21 | 抗蚜威 | 1 | 杀虫剂 | GB 23200.8、GB 23200.113、GB/T 20769、SN/T 0134 |
| 22 | 克百威 | 0.02 | 杀虫剂 | NY/T 761 |
| 23 | 联苯肼酯 | 0.5 | 杀螨剂 | GB 23200.8 |
| 24 | 磷胺 | 0.05 | 杀虫剂 | GB 23200.113、NY/T 761 |
| 25 | 硫环磷 | 0.03 | 杀虫剂 | GB 23200.113、NY/T 761 |
| 26 | 硫线磷 | 0.02 | 杀虫剂 | GB/T 20769 |
| 27 | 氯虫苯甲酰胺 | 0.3* | 杀虫剂 | 无指定 |
| 28 | 氯唑磷 | 0.01 | 杀虫剂 | GB 23200.113、GB/T 20769 |
| 29 | 灭多威 | 0.2 | 杀虫剂 | NY/T 761 |
| 30 | 灭线磷 | 0.02 | 杀线虫剂 | NY/T 761 |
| 31 | 内吸磷 | 0.02 | 杀虫/杀螨剂 | GB/T 20769 |
| 32 | 嗪氨灵 | 0.5 | 杀菌剂 | SN/T 0695（参照） |
| 33 | 噻螨酮 | 0.05 | 杀螨剂 | GB 23200.8、GB/T 20769 |
| 34 | 噻嗪酮 | 0.7 | 杀虫剂 | GB 23200.8、GB/T 20769 |
| 35 | 三唑醇 | 0.2 | 杀菌剂 | GB 23200.8、GB 23200.113 |
| 36 | 杀虫脒 | 0.01 | 杀虫剂 | GB/T 20769 |
| 37 | 杀螟硫磷 | 0.5* | 杀虫剂 | GB 23200.113、GB/T 14553、GB/T 20769、NY/T 761 |
| 38 | 杀扑磷 | 0.05 | 杀虫剂 | GB 23200.113、NY/T 761 |
| 39 | 霜霉威和霜霉威盐酸盐 | 5 | 杀菌剂 | GB/T 20769、NY/T 1379 |
| 40 | 水胺硫磷 | 0.05 | 杀虫剂 | GB 23200.113、NY/T 761 |
| 41 | 特丁硫磷 | 0.01 | 杀虫剂 | NY/T 761、NY/T 1379 |
| 42 | 涕灭威 | 0.03 | 杀虫剂 | NY/T 761 |
| 43 | 辛硫磷 | 0.05 | 杀虫剂 | GB/T 5009.102、GB/T 20769 |
| 44 | 氧乐果 | 0.02 | 杀虫剂 | GB 23200.113、NY/T 761、NY/T 1379 |

（续）

| 序号 | 农药中文名 | 最大残留限量（mg/kg） | 农药主要用途 | 检测方法 |
|---|---|---|---|---|
| 45 | 乙酰甲胺磷 | 1 | 杀虫剂 | GB 23200.113、GB/T 5009.103、GB/T 5009.145、NY/T 761 |
| 46 | 蝇毒磷 | 0.05 | 杀虫剂 | GB 23200.8、GB 23200.113 |
| 47 | 增效醚 | 1 | 增效剂 | GB 23200.8、GB 23200.113 |
| 48 | 治螟磷 | 0.01 | 杀虫剂 | GB 23200.8、GB 23200.113、NY/T 761 |
| 49 | 艾氏剂 | 0.05 | 杀虫剂 | GB 23200.113、GB/T 5009.19、NY/T 761 |
| 50 | 滴滴涕 | 0.05 | 杀虫剂 | GB 23200.113、GB/T 5009.19、NY/T 761 |
| 51 | 狄氏剂 | 0.05 | 杀虫剂 | GB 23200.113、GB/T 5009.19、NY/T 761 |
| 52 | 毒杀芬 | 0.05* | 杀虫剂 | YC/T 180（参照） |
| 53 | 六六六 | 0.05 | 杀虫剂 | GB 23200.113、GB/T 5009.19、NY/T 761 |
| 54 | 氯丹 | 0.02 | 杀虫剂 | GB/T 5009.19 |
| 55 | 灭蚁灵 | 0.01 | 杀虫剂 | GB/T 5009.19 |
| 56 | 七氯 | 0.02 | 杀虫剂 | GB/T 5009.19、NY/T 761 |
| 57 | 异狄氏剂 | 0.05 | 杀虫剂 | GB/T 5009.19、NY/T 761 |
| 58 | 敌螨普 | 0.05* | 杀菌剂 | 无指定 |
| 59 | 啶酰菌胺 | 3 | 杀菌剂 | GB 23200.68、GB/T 20769 |
| 60 | 氟吡菌胺 | 1* | 杀菌剂 | 无指定 |
| 61 | 甲氨基阿维菌素苯甲酸盐 | 0.007 | 杀虫剂 | GB/T 20769 |
| 62 | 螺虫乙酯 | 0.2 | 杀虫剂 | SN/T 4891 |
| 63 | 氯氟氰菊酯和高效氯氟氰菊酯 | 0.05 | 杀虫剂 | GB 23200.8、GB 23200.113、GB/T 5009.146、NY/T 761 |
| 64 | 氯氰菊酯和高效氯氰菊酯 | 0.07 | 杀虫剂 | GB 23200.8、GB 23200.113、GB/T 5009.146、NY/T 761 |
| 65 | 三唑酮 | 0.2 | 杀菌剂 | GB 23200.8、GB 23200.113、GB/T 20769 |
| 66 | 烯酰吗啉 | 0.5 | 杀菌剂 | GB/T 20769 |
| 67 | 嘧菌酯 | 1 | 杀菌剂 | GB/T 20769、NY/T 1453、SN/T 1976 |

（续）

| 序号 | 农药中文名 | 最大残留限量（mg/kg） | 农药主要用途 | 检测方法 |
|---|---|---|---|---|
| 68 | 百菌清 | 3 | 杀菌剂 | GB/T 5009.105、NY/T 761、SN/T 2320 |
| 69 | 苯菌酮 | 0.2* | 杀菌剂 | 无指定 |
| 70 | 苯醚甲环唑 | 0.2 | 杀菌剂 | GB 23200.8、GB 23200.49、GB 23200.113、GB/T 5009.218 |
| 71 | 多菌灵 | 0.05 | 杀菌剂 | GB/T 20769、NY/T 1453 |
| 72 | 环酰菌胺 | 1* | 杀菌剂 | 无指定 |
| 73 | 甲氰菊酯 | 0.2 | 杀虫剂 | GB 23200.8、GB 23200.113、NY/T 761、SN/T 2233 |
| 74 | 螺螨酯 | 0.07 | 杀螨剂 | GB/T 20769 |
| 75 | 氯菊酯 | 0.5 | 杀虫剂 | GB 23200.8、GB 23200.113、NY/T 761 |
| 76 | 抑霉唑 | 0.5 | 杀菌剂 | GB 23200.8、GB 23200.113、GB/T 20769 |

## 3.54 西葫芦

西葫芦中农药最大残留限量见表 3-54。

**表 3-54 西葫芦中农药最大残留限量**

| 序号 | 农药中文名 | 最大残留限量（mg/kg） | 农药主要用途 | 检测方法 |
|---|---|---|---|---|
| 1 | 保棉磷 | 0.5 | 杀虫剂 | NY/T 761 |
| 2 | 百草枯 | 0.05* | 除草剂 | 无指定 |
| 3 | 倍硫磷 | 0.05 | 杀虫剂 | GB 23200.8、GB 23200.113、GB/T 20769 |
| 4 | 苯酰菌胺 | 2 | 杀菌剂 | GB 23200.8、GB/T 20769 |
| 5 | 苯线磷 | 0.02 | 杀虫剂 | GB 23200.8、GB/T 5009.145 |
| 6 | 敌百虫 | 0.2 | 杀虫剂 | GB/T 20769、NY/T 761 |
| 7 | 敌草腈 | 0.01* | 除草剂 | 无指定 |
| 8 | 敌敌畏 | 0.2 | 杀虫剂 | GB 23200.8、GB 23200.113、GB/T 5009.20、NY/T 761 |
| 9 | 地虫硫磷 | 0.01 | 杀虫剂 | GB 23200.8、GB 23200.113 |

（续）

| 序号 | 农药中文名 | 最大残留限量（mg/kg） | 农药主要用途 | 检测方法 |
|---|---|---|---|---|
| 10 | 对硫磷 | 0.01 | 杀虫剂 | GB 23200.113、GB/T 5009.145 |
| 11 | 多杀霉素 | 0.2 | 杀虫剂 | GB/T 20769 |
| 12 | 氟虫腈 | 0.02 | 杀虫剂 | SN/T 1982 |
| 13 | 氟啶虫胺腈 | 0.5* | 杀虫剂 | 无指定 |
| 14 | 甲胺磷 | 0.05 | 杀虫剂 | GB 23200.113、GB/T 5009.103、NY/T 761 |
| 15 | 甲拌磷 | 0.01 | 杀虫剂 | GB 23200.113 |
| 16 | 甲基对硫磷 | 0.02 | 杀虫剂 | GB 23200.113、NY/T 761 |
| 17 | 甲基硫环磷 | 0.03* | 杀虫剂 | NY/T 761 |
| 18 | 甲基异柳磷 | 0.01* | 杀虫剂 | GB 23200.113、GB/T 5009.144 |
| 19 | 甲萘威 | 1 | 杀虫剂 | GB/T 5009.145、GB/T 20769、NY/T 761 |
| 20 | 久效磷 | 0.03 | 杀虫剂 | GB 23200.113、NY/T 761 |
| 21 | 抗蚜威 | 1 | 杀虫剂 | GB 23200.8、GB 23200.113、GB/T 20769、SN/T 0134 |
| 22 | 克百威 | 0.02 | 杀虫剂 | NY/T 761 |
| 23 | 联苯肼酯 | 0.5 | 杀螨剂 | GB 23200.8 |
| 24 | 磷胺 | 0.05 | 杀虫剂 | GB 23200.113、NY/T 761 |
| 25 | 硫环磷 | 0.03 | 杀虫剂 | GB 23200.113、NY/T 761 |
| 26 | 硫线磷 | 0.02 | 杀虫剂 | GB/T 20769 |
| 27 | 氯虫苯甲酰胺 | 0.3* | 杀虫剂 | 无指定 |
| 28 | 氯唑磷 | 0.01 | 杀虫剂 | GB 23200.113、GB/T 20769 |
| 29 | 灭多威 | 0.2 | 杀虫剂 | NY/T 761 |
| 30 | 灭线磷 | 0.02 | 杀线虫剂 | NY/T 761 |
| 31 | 内吸磷 | 0.02 | 杀虫/杀螨剂 | GB/T 20769 |
| 32 | 嗪氨灵 | 0.5 | 杀菌剂 | SN/T 0695（参照） |
| 33 | 噻螨酮 | 0.05 | 杀螨剂 | GB 23200.8、GB/T 20769 |
| 34 | 噻嗪酮 | 0.7 | 杀虫剂 | GB 23200.8、GB/T 20769 |
| 35 | 三唑醇 | 0.2 | 杀菌剂 | GB 23200.8、GB 23200.113 |
| 36 | 杀虫脒 | 0.01 | 杀虫剂 | GB/T 20769 |

（续）

| 序号 | 农药中文名 | 最大残留限量（mg/kg） | 农药主要用途 | 检测方法 |
|---|---|---|---|---|
| 37 | 杀螟硫磷 | 0.5* | 杀虫剂 | GB 23200.113、GB/T 14553、GB/T 20769、NY/T 761 |
| 38 | 杀扑磷 | 0.05 | 杀虫剂 | GB 23200.113、NY/T 761 |
| 39 | 霜霉威和霜霉威盐酸盐 | 5 | 杀菌剂 | GB/T 20769、NY/T 1379 |
| 40 | 水胺硫磷 | 0.05 | 杀虫剂 | GB 23200.113、NY/T 761 |
| 41 | 特丁硫磷 | 0.01 | 杀虫剂 | NY/T 761、NY/T 1379 |
| 42 | 涕灭威 | 0.03 | 杀虫剂 | NY/T 761 |
| 43 | 辛硫磷 | 0.05 | 杀虫剂 | GB/T 5009.102、GB/T 20769 |
| 44 | 氧乐果 | 0.02 | 杀虫剂 | GB 23200.113、NY/T 761、NY/T 1379 |
| 45 | 乙酰甲胺磷 | 1 | 杀虫剂 | GB 23200.113、GB/T 5009.103、GB/T 5009.145、NY/T 761 |
| 46 | 蝇毒磷 | 0.05 | 杀虫剂 | GB 23200.8、GB 23200.113 |
| 47 | 增效醚 | 1 | 增效剂 | GB 23200.8、GB 23200.113 |
| 48 | 治螟磷 | 0.01 | 杀虫剂 | GB 23200.8、GB 23200.113、NY/T 761 |
| 49 | 艾氏剂 | 0.05 | 杀虫剂 | GB 23200.113、GB/T 5009.19、NY/T 761 |
| 50 | 滴滴涕 | 0.05 | 杀虫剂 | GB 23200.113、GB/T 5009.19、NY/T 761 |
| 51 | 狄氏剂 | 0.05 | 杀虫剂 | GB 23200.113、GB/T 5009.19、NY/T 761 |
| 52 | 毒杀芬 | 0.05* | 杀虫剂 | YC/T 180（参照） |
| 53 | 六六六 | 0.05 | 杀虫剂 | GB 23200.113、GB/T 5009.19、NY/T 761 |
| 54 | 氯丹 | 0.02 | 杀虫剂 | GB/T 5009.19 |
| 55 | 灭蚁灵 | 0.01 | 杀虫剂 | GB/T 5009.19 |
| 56 | 七氯 | 0.02 | 杀虫剂 | GB/T 5009.19、NY/T 761 |
| 57 | 异狄氏剂 | 0.05 | 杀虫剂 | GB/T 5009.19、NY/T 761 |
| 58 | 啶酰菌胺 | 3 | 杀菌剂 | GB 23200.68、GB/T 20769 |
| 59 | 三唑酮 | 0.2 | 杀菌剂 | GB 23200.8、GB 23200.113、GB/T 20769 |

（续）

| 序号 | 农药中文名 | 最大残留限量（mg/kg） | 农药主要用途 | 检测方法 |
| --- | --- | --- | --- | --- |
| 60 | 氟吡菌胺 | 1* | 杀菌剂 | 无指定 |
| 61 | 甲氨基阿维菌素苯甲酸盐 | 0.007 | 杀虫剂 | GB/T 20769 |
| 62 | 螺虫乙酯 | 0.2 | 杀虫剂 | SN/T 4891 |
| 63 | 氯氟氰菊酯和高效氯氟氰菊酯 | 0.05 | 杀虫剂 | GB 23200.8、GB 23200.113、GB/T 5009.146、NY/T 761 |
| 64 | 氯氰菊酯和高效氯氰菊酯 | 0.07 | 杀虫剂 | GB 23200.8、GB 23200.113、GB/T 5009.146、NY/T 761 |
| 65 | 烯酰吗啉 | 0.5 | 杀菌剂 | GB/T 20769 |
| 66 | 嘧菌酯 | 1 | 杀菌剂 | GB/T 20769、NY/T 1453、SN/T 1976 |
| 67 | 阿维菌素 | 0.01 | 杀虫剂 | GB 23200.19、GB 23200.20、NY/T 1379 |
| 68 | 百菌清 | 5 | 杀菌剂 | GB/T 5009.105、NY/T 761、SN/T 2320 |
| 69 | 苯菌酮 | 0.06* | 杀菌剂 | 无指定 |
| 70 | 苯醚甲环唑 | 0.2 | 杀菌剂 | GB 23200.8、GB 23200.49、GB 23200.113、GB/T 5009.218 |
| 71 | 吡虫啉 | 1 | 杀虫剂 | GB/T 20769、GB/T 23379 |
| 72 | 丙森锌 | 3 | 杀菌剂 | SN 0139、SN 0157、SN/T 1541（参照） |
| 73 | 代森联 | 3 | 杀菌剂 | SN 0139、SN 0157、SN/T 1541（参照） |
| 74 | 代森锰锌 | 3 | 杀菌剂 | SN 0157、SN/T 1541（参照） |
| 75 | 代森锌 | 3 | 杀菌剂 | SN 0139、SN 0157、SN/T 1541（参照） |
| 76 | 敌螨普 | 0.07* | 杀菌剂 | 无指定 |
| 77 | 多菌灵 | 0.5 | 杀菌剂 | GB/T 20769、NY/T 1453 |
| 78 | 噁唑菌酮 | 0.2 | 杀菌剂 | GB/T 20769 |
| 79 | 二嗪磷 | 0.05 | 杀虫剂 | GB 23200.8、GB 23200.113、GB/T 20769、GB/T 5009.107 |
| 80 | 福美双 | 3 | 杀菌剂 | SN 0157、SN/T 0525、SN/T 1541（参照） |

（续）

| 序号 | 农药中文名 | 最大残留限量（mg/kg） | 农药主要用途 | 检测方法 |
|---|---|---|---|---|
| 81 | 咯菌腈 | 0.5 | 杀菌剂 | GB 23200.8、GB 23200.113、GB/T 20769 |
| 82 | 环酰菌胺 | 1* | 杀菌剂 | 无指定 |
| 83 | 甲霜灵和精甲霜 | 0.2 | 杀菌剂 | GB 23200.8、GB/T 20769 |
| 84 | 腈苯唑 | 0.05 | 杀菌剂 | GB 23200.8、GB/T 20769 |
| 85 | 乐果 | 2* | 杀虫剂 | GB 23200.113、GB/T 5009.145、GB/T 20769、NY/T 761 |
| 86 | 氯菊酯 | 0.5 | 杀虫剂 | GB 23200.8、GB 23200.113、NY/T 761 |
| 87 | 马拉硫磷 | 0.1 | 杀虫剂 | GB 23200.8、GB 23200.113、GB/T 20769、NY/T 761 |
| 88 | 嘧菌环胺 | 0.2 | 杀菌剂 | GB 23200.8、GB 23200.113、GB/T 20769、NY/T 1379 |
| 89 | 灭蝇胺 | 2 | 杀虫剂 | NY/T 1725 |
| 90 | 氰戊菊酯和S-氰戊菊酯 | 0.2 | 杀虫剂 | GB 23200.8、GB 23200.113、NY/T 761 |
| 91 | 噻虫啉 | 0.3 | 杀虫剂 | GB/T 20769 |
| 92 | 双炔酰菌胺 | 0.2* | 杀菌剂 | 无指定 |
| 93 | 戊唑醇 | 0.2 | 杀菌剂 | GB 23200.8、GB 23200.113、GB/T 20769 |
| 94 | 硝苯菌酯 | 0.07* | 杀菌剂 | 无指定 |
| 95 | 溴螨酯 | 0.5 | 杀螨剂 | GB 23200.8、NY/T 1379 |

## 3.55 节瓜

节瓜中农药最大残留限量见表3-55。

**表3-55 节瓜中农药最大残留限量**

| 序号 | 农药中文名 | 最大残留限量（mg/kg） | 农药主要用途 | 检测方法 |
|---|---|---|---|---|
| 1 | 保棉磷 | 0.5 | 杀虫剂 | NY/T 761 |
| 2 | 百草枯 | 0.05* | 除草剂 | 无指定 |
| 3 | 倍硫磷 | 0.05 | 杀虫剂 | GB 23200.8、GB 23200.113、GB/T 20769 |

（续）

| 序号 | 农药中文名 | 最大残留限量（mg/kg） | 农药主要用途 | 检测方法 |
|---|---|---|---|---|
| 4 | 苯酰菌胺 | 2 | 杀菌剂 | GB 23200.8、GB/T 20769 |
| 5 | 苯线磷 | 0.02 | 杀虫剂 | GB 23200.8、GB/T 5009.145 |
| 6 | 敌百虫 | 0.2 | 杀虫剂 | GB/T 20769、NY/T 761 |
| 7 | 敌草腈 | 0.01* | 除草剂 | 无指定 |
| 8 | 敌敌畏 | 0.2 | 杀虫剂 | GB 23200.8、GB 23200.113、GB/T 5009.20、NY/T 761 |
| 9 | 地虫硫磷 | 0.01 | 杀虫剂 | GB 23200.8、GB 23200.113 |
| 10 | 对硫磷 | 0.01 | 杀虫剂 | GB 23200.113、GB/T 5009.145 |
| 11 | 多杀霉素 | 0.2 | 杀虫剂 | GB/T 20769 |
| 12 | 氟虫腈 | 0.02 | 杀虫剂 | SN/T 1982 |
| 13 | 氟啶虫胺腈 | 0.5* | 杀虫剂 | 无指定 |
| 14 | 甲胺磷 | 0.05 | 杀虫剂 | GB 23200.113、GB/T 5009.103、NY/T 761 |
| 15 | 甲拌磷 | 0.01 | 杀虫剂 | GB 23200.113 |
| 16 | 甲基对硫磷 | 0.02 | 杀虫剂 | GB 23200.113、NY/T 761 |
| 17 | 甲基硫环磷 | 0.03* | 杀虫剂 | NY/T 761 |
| 18 | 甲基异柳磷 | 0.01* | 杀虫剂 | GB 23200.113、GB/T 5009.144 |
| 19 | 甲萘威 | 1 | 杀虫剂 | GB/T 5009.145、GB/T 20769、NY/T 761 |
| 20 | 久效磷 | 0.03 | 杀虫剂 | GB 23200.113、NY/T 761 |
| 21 | 抗蚜威 | 1 | 杀虫剂 | GB 23200.8、GB 23200.113、GB/T 20769、SN/T 0134 |
| 22 | 克百威 | 0.02 | 杀虫剂 | NY/T 761 |
| 23 | 联苯肼酯 | 0.5 | 杀螨剂 | GB 23200.8 |
| 24 | 磷胺 | 0.05 | 杀虫剂 | GB 23200.113、NY/T 761 |
| 25 | 硫环磷 | 0.03 | 杀虫剂 | GB 23200.113、NY/T 761 |
| 26 | 硫线磷 | 0.02 | 杀虫剂 | GB/T 20769 |
| 27 | 氯虫苯甲酰胺 | 0.3* | 杀虫剂 | 无指定 |
| 28 | 氯唑磷 | 0.01 | 杀虫剂 | GB 23200.113、GB/T 20769 |
| 29 | 灭多威 | 0.2 | 杀虫剂 | NY/T 761 |
| 30 | 灭线磷 | 0.02 | 杀线虫剂 | NY/T 761 |

（续）

| 序号 | 农药中文名 | 最大残留限量（mg/kg） | 农药主要用途 | 检测方法 |
|---|---|---|---|---|
| 31 | 内吸磷 | 0.02 | 杀虫/杀螨剂 | GB/T 20769 |
| 32 | 嗪氨灵 | 0.5 | 杀菌剂 | SN/T 0695（参照） |
| 33 | 噻螨酮 | 0.05 | 杀螨剂 | GB 23200.8、GB/T 20769 |
| 34 | 噻嗪酮 | 0.7 | 杀虫剂 | GB 23200.8、GB/T 20769 |
| 35 | 三唑醇 | 0.2 | 杀菌剂 | GB 23200.8、GB 23200.113 |
| 36 | 杀虫脒 | 0.01 | 杀虫剂 | GB/T 20769 |
| 37 | 杀螟硫磷 | 0.5* | 杀虫剂 | GB 23200.113、GB/T 14553、GB/T 20769、NY/T 761 |
| 38 | 杀扑磷 | 0.05 | 杀虫剂 | GB 23200.113、NY/T 761 |
| 39 | 霜霉威和霜霉威盐酸盐 | 5 | 杀菌剂 | GB/T 20769、NY/T 1379 |
| 40 | 水胺硫磷 | 0.05 | 杀虫剂 | GB 23200.113、NY/T 761 |
| 41 | 特丁硫磷 | 0.01 | 杀虫剂 | NY/T 761、NY/T 1379 |
| 42 | 涕灭威 | 0.03 | 杀虫剂 | NY/T 761 |
| 43 | 辛硫磷 | 0.05 | 杀虫剂 | GB/T 5009.102、GB/T 20769 |
| 44 | 氧乐果 | 0.02 | 杀虫剂 | GB 23200.113、NY/T 761、NY/T 1379 |
| 45 | 乙酰甲胺磷 | 1 | 杀虫剂 | GB 23200.113、GB/T 5009.103、GB/T 5009.145、NY/T 761 |
| 46 | 蝇毒磷 | 0.05 | 杀虫剂 | GB 23200.8、GB 23200.113 |
| 47 | 增效醚 | 1 | 增效剂 | GB 23200.8、GB 23200.113 |
| 48 | 治螟磷 | 0.01 | 杀虫剂 | GB 23200.8、GB 23200.113、NY/T 761 |
| 49 | 艾氏剂 | 0.05 | 杀虫剂 | GB 23200.113、GB/T 5009.19、NY/T 761 |
| 50 | 滴滴涕 | 0.05 | 杀虫剂 | GB 23200.113、GB/T 5009.19、NY/T 761 |
| 51 | 狄氏剂 | 0.05 | 杀虫剂 | GB 23200.113、GB/T 5009.19、NY/T 761 |
| 52 | 毒杀芬 | 0.05* | 杀虫剂 | YC/T 180（参照） |
| 53 | 六六六 | 0.05 | 杀虫剂 | GB 23200.113、GB/T 5009.19、NY/T 761 |
| 54 | 氯丹 | 0.02 | 杀虫剂 | GB/T 5009.19 |

（续）

| 序号 | 农药中文名 | 最大残留限量（mg/kg） | 农药主要用途 | 检测方法 |
| --- | --- | --- | --- | --- |
| 55 | 灭蚁灵 | 0.01 | 杀虫剂 | GB/T 5009.19 |
| 56 | 七氯 | 0.02 | 杀虫剂 | GB/T 5009.19、NY/T 761 |
| 57 | 异狄氏剂 | 0.05 | 杀虫剂 | GB/T 5009.19、NY/T 761 |
| 58 | 敌螨普 | 0.05* | 杀菌剂 | 无指定 |
| 59 | 啶酰菌胺 | 3 | 杀菌剂 | GB 23200.68、GB/T 20769 |
| 60 | 氟吡菌胺 | 1* | 杀菌剂 | 无指定 |
| 61 | 甲氨基阿维菌素苯甲酸盐 | 0.007 | 杀虫剂 | GB/T 20769 |
| 62 | 螺虫乙酯 | 0.2 | 杀虫剂 | SN/T 4891 |
| 63 | 氯氟氰菊酯和高效氯氟氰菊酯 | 0.05 | 杀虫剂 | GB 23200.8、GB 23200.113、GB/T 5009.146、NY/T 761 |
| 64 | 氯氰菊酯和高效氯氰菊酯 | 0.07 | 杀虫剂 | GB 23200.8、GB 23200.113、GB/T 5009.146、NY/T 761 |
| 65 | 三唑酮 | 0.2 | 杀菌剂 | GB 23200.8、GB 23200.113、GB/T 20769 |
| 66 | 烯酰吗啉 | 0.5 | 杀菌剂 | GB/T 20769 |
| 67 | 氯菊酯 | 1 | 杀虫剂 | GB 23200.8、GB 23200.113、NY/T 761 |
| 68 | 嘧菌酯 | 1 | 杀菌剂 | GB/T 20769、NY/T 1453、SN/T 1976 |
| 69 | 阿维菌素 | 0.02 | 杀虫剂 | GB 23200.19、GB 23200.20、NY/T 1379 |
| 70 | 百菌清 | 5 | 杀菌剂 | GB/T 5009.105、NY/T 761、SN/T 2320 |
| 71 | 吡虫啉 | 0.5 | 杀虫剂 | GB/T 20769、GB/T 23379 |
| 72 | 稻丰散 | 0.1 | 杀虫剂 | GB 23200.8、GB/T 5009.20、GB/T 20769 |
| 73 | 丁硫克百威 | 1 | 杀虫剂 | GB 23200.13 |
| 74 | 啶虫脒 | 0.2 | 杀虫剂 | GB/T 20769、GB/T 23584 |
| 75 | 氟氯氰菊酯和高效氟氯氰菊酯 | 0.5 | 杀虫剂 | GB 23200.8、GB 23200.113、GB/T 5009.146、NY/T 761 |
| 76 | 噻虫嗪 | 1 | 杀虫剂 | GB 23200.8、GB 23200.39、GB/T 20769 |

（续）

| 序号 | 农药中文名 | 最大残留限量（mg/kg） | 农药主要用途 | 检测方法 |
|---|---|---|---|---|
| 77 | 三唑磷 | 0.1 | 杀虫剂 | GB 23200.113、NY/T 761 |
| 78 | 杀虫环 | 0.2 | 杀虫剂 | GB/T 5009.113、GB/T 5009.114 |
| 79 | 仲丁威 | 0.05 | 杀虫剂 | NY/T 761、NY/T 1679、SN/T 2560 |

## 3.56　苦瓜

苦瓜中农药最大残留限量见表 3－56。

**表 3－56　苦瓜中农药最大残留限量**

| 序号 | 农药中文名 | 最大残留限量（mg/kg） | 农药主要用途 | 检测方法 |
|---|---|---|---|---|
| 1 | 保棉磷 | 0.5 | 杀虫剂 | NY/T 761 |
| 2 | 百草枯 | 0.05* | 除草剂 | 无指定 |
| 3 | 倍硫磷 | 0.05 | 杀虫剂 | GB 23200.8、GB 23200.113、GB/T 20769 |
| 4 | 苯酰菌胺 | 2 | 杀菌剂 | GB 23200.8、GB/T 20769 |
| 5 | 苯线磷 | 0.02 | 杀虫剂 | GB 23200.8、GB/T 5009.145 |
| 6 | 敌百虫 | 0.2 | 杀虫剂 | GB/T 20769、NY/T 761 |
| 7 | 敌草腈 | 0.01* | 除草剂 | 无指定 |
| 8 | 敌敌畏 | 0.2 | 杀虫剂 | GB 23200.8、GB 23200.113、GB/T 5009.20、NY/T 761 |
| 9 | 地虫硫磷 | 0.01 | 杀虫剂 | GB 23200.8、GB 23200.113 |
| 10 | 对硫磷 | 0.01 | 杀虫剂 | GB 23200.113、GB/T 5009.145 |
| 11 | 多杀霉素 | 0.2 | 杀虫剂 | GB/T 20769 |
| 12 | 氟虫腈 | 0.02 | 杀虫剂 | SN/T 1982 |
| 13 | 氟啶虫胺腈 | 0.5* | 杀虫剂 | 无指定 |
| 14 | 甲胺磷 | 0.05 | 杀虫剂 | GB 23200.113、GB/T 5009.103、NY/T 761 |
| 15 | 甲拌磷 | 0.01 | 杀虫剂 | GB 23200.113 |
| 16 | 甲基对硫磷 | 0.02 | 杀虫剂 | GB 23200.113、NY/T 761 |
| 17 | 甲基硫环磷 | 0.03* | 杀虫剂 | NY/T 761 |

（续）

| 序号 | 农药中文名 | 最大残留限量（mg/kg） | 农药主要用途 | 检测方法 |
|---|---|---|---|---|
| 18 | 甲基异柳磷 | 0.01* | 杀虫剂 | GB 23200.113、GB/T 5009.144 |
| 19 | 甲萘威 | 1 | 杀虫剂 | GB/T 5009.145、GB/T 20769、NY/T 761 |
| 20 | 久效磷 | 0.03 | 杀虫剂 | GB 23200.113、NY/T 761 |
| 21 | 抗蚜威 | 1 | 杀虫剂 | GB 23200.8、GB 23200.113、GB/T 20769、SN/T 0134 |
| 22 | 克百威 | 0.02 | 杀虫剂 | NY/T 761 |
| 23 | 联苯肼酯 | 0.5 | 杀螨剂 | GB 23200.8 |
| 24 | 磷胺 | 0.05 | 杀虫剂 | GB 23200.113、NY/T 761 |
| 25 | 硫环磷 | 0.03 | 杀虫剂 | GB 23200.113、NY/T 761 |
| 26 | 硫线磷 | 0.02 | 杀虫剂 | GB/T 20769 |
| 27 | 氯虫苯甲酰胺 | 0.3* | 杀虫剂 | 无指定 |
| 28 | 氯唑磷 | 0.01 | 杀虫剂 | GB 23200.113、GB/T 20769 |
| 29 | 灭多威 | 0.2 | 杀虫剂 | NY/T 761 |
| 30 | 灭线磷 | 0.02 | 杀线虫剂 | NY/T 761 |
| 31 | 内吸磷 | 0.02 | 杀虫/杀螨剂 | GB/T 20769 |
| 32 | 嗪氨灵 | 0.5 | 杀菌剂 | SN/T 0695（参照） |
| 33 | 噻螨酮 | 0.05 | 杀螨剂 | GB 23200.8、GB/T 20769 |
| 34 | 噻嗪酮 | 0.7 | 杀虫剂 | GB 23200.8、GB/T 20769 |
| 35 | 三唑醇 | 0.2 | 杀菌剂 | GB 23200.8、GB 23200.113 |
| 36 | 杀虫脒 | 0.01 | 杀虫剂 | GB/T 20769 |
| 37 | 杀螟硫磷 | 0.5* | 杀虫剂 | GB 23200.113、GB/T 14553、GB/T 20769、NY/T 761 |
| 38 | 杀扑磷 | 0.05 | 杀虫剂 | GB 23200.113、NY/T 761 |
| 39 | 霜霉威和霜霉威盐酸盐 | 5 | 杀菌剂 | GB/T 20769、NY/T 1379 |
| 40 | 水胺硫磷 | 0.05 | 杀虫剂 | GB 23200.113、NY/T 761 |
| 41 | 特丁硫磷 | 0.01 | 杀虫剂 | NY/T 761、NY/T 1379 |
| 42 | 涕灭威 | 0.03 | 杀虫剂 | NY/T 761 |
| 43 | 辛硫磷 | 0.05 | 杀虫剂 | GB/T 5009.102、GB/T 20769 |
| 44 | 氧乐果 | 0.02 | 杀虫剂 | GB 23200.113、NY/T 761、NY/T 1379 |

（续）

| 序号 | 农药中文名 | 最大残留限量（mg/kg） | 农药主要用途 | 检测方法 |
| --- | --- | --- | --- | --- |
| 45 | 乙酰甲胺磷 | 1 | 杀虫剂 | GB 23200.113、GB/T 5009.103、GB/T 5009.145、NY/T 761 |
| 46 | 蝇毒磷 | 0.05 | 杀虫剂 | GB 23200.8、GB 23200.113 |
| 47 | 增效醚 | 1 | 增效剂 | GB 23200.8、GB 23200.113 |
| 48 | 治螟磷 | 0.01 | 杀虫剂 | GB 23200.8、GB 23200.113、NY/T 761 |
| 49 | 艾氏剂 | 0.05 | 杀虫剂 | GB 23200.113、GB/T 5009.19、NY/T 761 |
| 50 | 滴滴涕 | 0.05 | 杀虫剂 | GB 23200.113、GB/T 5009.19、NY/T 761 |
| 51 | 狄氏剂 | 0.05 | 杀虫剂 | GB 23200.113、GB/T 5009.19、NY/T 761 |
| 52 | 毒杀芬 | 0.05* | 杀虫剂 | YC/T 180（参照） |
| 53 | 六六六 | 0.05 | 杀虫剂 | GB 23200.113、GB/T 5009.19、NY/T 761 |
| 54 | 氯丹 | 0.02 | 杀虫剂 | GB/T 5009.19 |
| 55 | 灭蚁灵 | 0.01 | 杀虫剂 | GB/T 5009.19 |
| 56 | 七氯 | 0.02 | 杀虫剂 | GB/T 5009.19、NY/T 761 |
| 57 | 异狄氏剂 | 0.05 | 杀虫剂 | GB/T 5009.19、NY/T 761 |
| 58 | 敌螨普 | 0.05* | 杀菌剂 | 无指定 |
| 59 | 啶酰菌胺 | 3 | 杀菌剂 | GB 23200.68、GB/T 20769 |
| 60 | 氟吡菌胺 | 1* | 杀菌剂 | 无指定 |
| 61 | 甲氨基阿维菌素苯甲酸盐 | 0.007 | 杀虫剂 | GB/T 20769 |
| 62 | 螺虫乙酯 | 0.2 | 杀虫剂 | SN/T 4891 |
| 63 | 氯氟氰菊酯和高效氯氟氰菊酯 | 0.05 | 杀虫剂 | GB 23200.8、GB 23200.113、GB/T 5009.146、NY/T 761 |
| 64 | 氯氰菊酯和高效氯氰菊酯 | 0.07 | 杀虫剂 | GB 23200.8、GB 23200.113、GB/T 5009.146、NY/T 761 |
| 65 | 三唑酮 | 0.2 | 杀菌剂 | GB 23200.8、GB 23200.113、GB/T 20769 |
| 66 | 烯酰吗啉 | 0.5 | 杀菌剂 | GB/T 20769 |
| 67 | 氯菊酯 | 1 | 杀虫剂 | GB 23200.8、GB 23200.113、NY/T 761 |

（续）

| 序号 | 农药中文名 | 最大残留限量（mg/kg） | 农药主要用途 | 检测方法 |
|---|---|---|---|---|
| 68 | 嘧菌酯 | 1 | 杀菌剂 | GB/T 20769、NY/T 1453、SN/T 1976 |
| 69 | 百菌清 | 5 | 杀菌剂 | GB/T 5009.105、NY/T 761、SN/T 2320 |
| 70 | 吡虫啉 | 0.1 | 杀虫剂 | GB/T 20769、GB/T 23379 |
| 71 | 乐果 | 3* | 杀虫剂 | GB 23200.113、GB/T 5009.145、GB/T 20769、NY/T 761 |
| 72 | 戊唑醇 | 2 | 杀菌剂 | GB 23200.8、GB 23200.113、GB/T 20769 |

## 3.57 丝瓜

丝瓜中农药最大残留限量见表 3－57。

**表 3－57 丝瓜中农药最大残留限量**

| 序号 | 农药中文名 | 最大残留限量（mg/kg） | 农药主要用途 | 检测方法 |
|---|---|---|---|---|
| 1 | 保棉磷 | 0.5 | 杀虫剂 | NY/T 761 |
| 2 | 百草枯 | 0.05* | 除草剂 | 无指定 |
| 3 | 倍硫磷 | 0.05 | 杀虫剂 | GB 23200.8、GB 23200.113、GB/T 20769 |
| 4 | 苯酰菌胺 | 2 | 杀菌剂 | GB 23200.8、GB/T 20769 |
| 5 | 苯线磷 | 0.02 | 杀虫剂 | GB 23200.8、GB/T 5009.145 |
| 6 | 敌百虫 | 0.2 | 杀虫剂 | GB/T 20769、NY/T 761 |
| 7 | 敌草腈 | 0.01* | 除草剂 | 无指定 |
| 8 | 敌敌畏 | 0.2 | 杀虫剂 | GB 23200.8、GB 23200.113、GB/T 5009.20、NY/T 761 |
| 9 | 地虫硫磷 | 0.01 | 杀虫剂 | GB 23200.8、GB 23200.113 |
| 10 | 对硫磷 | 0.01 | 杀虫剂 | GB 23200.113、GB/T 5009.145 |
| 11 | 多杀霉素 | 0.2 | 杀虫剂 | GB/T 20769 |
| 12 | 氟虫腈 | 0.02 | 杀虫剂 | SN/T 1982 |
| 13 | 氟啶虫胺腈 | 0.5* | 杀虫剂 | 无指定 |
| 14 | 甲胺磷 | 0.05 | 杀虫剂 | GB 23200.113、GB/T 5009.103、NY/T 761 |

（续）

| 序号 | 农药中文名 | 最大残留限量（mg/kg） | 农药主要用途 | 检测方法 |
|---|---|---|---|---|
| 15 | 甲拌磷 | 0.01 | 杀虫剂 | GB 23200.113 |
| 16 | 甲基对硫磷 | 0.02 | 杀虫剂 | GB 23200.113、NY/T 761 |
| 17 | 甲基硫环磷 | 0.03* | 杀虫剂 | NY/T 761 |
| 18 | 甲基异柳磷 | 0.01* | 杀虫剂 | GB 23200.113、GB/T 5009.144 |
| 19 | 甲萘威 | 1 | 杀虫剂 | GB/T 5009.145、GB/T 20769、NY/T 761 |
| 20 | 久效磷 | 0.03 | 杀虫剂 | GB 23200.113、NY/T 761 |
| 21 | 抗蚜威 | 1 | 杀虫剂 | GB 23200.8、GB 23200.113、GB/T 20769、SN/T 0134 |
| 22 | 克百威 | 0.02 | 杀虫剂 | NY/T 761 |
| 23 | 联苯肼酯 | 0.5 | 杀螨剂 | GB 23200.8 |
| 24 | 磷胺 | 0.05 | 杀虫剂 | GB 23200.113、NY/T 761 |
| 25 | 硫环磷 | 0.03 | 杀虫剂 | GB 23200.113、NY/T 761 |
| 26 | 硫线磷 | 0.02 | 杀虫剂 | GB/T 20769 |
| 27 | 氯虫苯甲酰胺 | 0.3* | 杀虫剂 | 无指定 |
| 28 | 氯唑磷 | 0.01 | 杀虫剂 | GB 23200.113、GB/T 20769 |
| 29 | 灭多威 | 0.2 | 杀虫剂 | NY/T 761 |
| 30 | 灭线磷 | 0.02 | 杀线虫剂 | NY/T 761 |
| 31 | 内吸磷 | 0.02 | 杀虫/杀螨剂 | GB/T 20769 |
| 32 | 嗪氨灵 | 0.5 | 杀菌剂 | SN/T 0695（参照） |
| 33 | 噻螨酮 | 0.05 | 杀螨剂 | GB 23200.8、GB/T 20769 |
| 34 | 噻嗪酮 | 0.7 | 杀虫剂 | GB 23200.8、GB/T 20769 |
| 35 | 三唑醇 | 0.2 | 杀菌剂 | GB 23200.8、GB 23200.113 |
| 36 | 杀虫脒 | 0.01 | 杀虫剂 | GB/T 20769 |
| 37 | 杀螟硫磷 | 0.5* | 杀虫剂 | GB 23200.113、GB/T 14553、GB/T 20769、NY/T 761 |
| 38 | 杀扑磷 | 0.05 | 杀虫剂 | GB 23200.113、NY/T 761 |
| 39 | 霜霉威和霜霉威盐酸盐 | 5 | 杀菌剂 | GB/T 20769、NY/T 1379 |
| 40 | 水胺硫磷 | 0.05 | 杀虫剂 | GB 23200.113、NY/T 761 |
| 41 | 特丁硫磷 | 0.01 | 杀虫剂 | NY/T 761、NY/T 1379 |
| 42 | 涕灭威 | 0.03 | 杀虫剂 | NY/T 761 |
| 43 | 辛硫磷 | 0.05 | 杀虫剂 | GB/T 5009.102、GB/T 20769 |

（续）

| 序号 | 农药中文名 | 最大残留限量（mg/kg） | 农药主要用途 | 检测方法 |
|---|---|---|---|---|
| 44 | 氧乐果 | 0.02 | 杀虫剂 | GB 23200.113、NY/T 761、NY/T 1379 |
| 45 | 乙酰甲胺磷 | 1 | 杀虫剂 | GB 23200.113、GB/T 5009.103、GB/T 5009.145、NY/T 761 |
| 46 | 蝇毒磷 | 0.05 | 杀虫剂 | GB 23200.8、GB 23200.113 |
| 47 | 增效醚 | 1 | 增效剂 | GB 23200.8、GB 23200.113 |
| 48 | 治螟磷 | 0.01 | 杀虫剂 | GB 23200.8、GB 23200.113、NY/T 761 |
| 49 | 艾氏剂 | 0.05 | 杀虫剂 | GB 23200.113、GB/T 5009.19、NY/T 761 |
| 50 | 滴滴涕 | 0.05 | 杀虫剂 | GB 23200.113、GB/T 5009.19、NY/T 761 |
| 51 | 狄氏剂 | 0.05 | 杀虫剂 | GB 23200.113、GB/T 5009.19、NY/T 761 |
| 52 | 毒杀芬 | 0.05* | 杀虫剂 | YC/T 180（参照） |
| 53 | 六六六 | 0.05 | 杀虫剂 | GB 23200.113、GB/T 5009.19、NY/T 761 |
| 54 | 氯丹 | 0.02 | 杀虫剂 | GB/T 5009.19 |
| 55 | 灭蚁灵 | 0.01 | 杀虫剂 | GB/T 5009.19 |
| 56 | 七氯 | 0.02 | 杀虫剂 | GB/T 5009.19、NY/T 761 |
| 57 | 异狄氏剂 | 0.05 | 杀虫剂 | GB/T 5009.19、NY/T 761 |
| 58 | 敌螨普 | 0.05* | 杀菌剂 | 无指定 |
| 59 | 啶酰菌胺 | 3 | 杀菌剂 | GB 23200.68、GB/T 20769 |
| 60 | 氟吡菌胺 | 1* | 杀菌剂 | 无指定 |
| 61 | 甲氨基阿维菌素苯甲酸盐 | 0.007 | 杀虫剂 | GB/T 20769 |
| 62 | 螺虫乙酯 | 0.2 | 杀虫剂 | SN/T 4891 |
| 63 | 氯氟氰菊酯和高效氯氟氰菊酯 | 0.05 | 杀虫剂 | GB 23200.8、GB 23200.113、GB/T 5009.146、NY/T 761 |
| 64 | 氯氰菊酯和高效氯氰菊酯 | 0.07 | 杀虫剂 | GB 23200.8、GB 23200.113、GB/T 5009.146、NY/T 761 |
| 65 | 三唑酮 | 0.2 | 杀菌剂 | GB 23200.8、GB 23200.113、GB/T 20769 |
| 66 | 烯酰吗啉 | 0.5 | 杀菌剂 | GB/T 20769 |

（续）

| 序号 | 农药中文名 | 最大残留限量（mg/kg） | 农药主要用途 | 检测方法 |
|---|---|---|---|---|
| 67 | 氯菊酯 | 1 | 杀虫剂 | GB 23200.8、GB 23200.113、NY/T 761 |
| 68 | 百菌清 | 5 | 杀菌剂 | GB/T 5009.105、NY/T 761、SN/T 2320 |
| 69 | 吡虫啉 | 0.5 | 杀虫剂 | GB/T 20769、GB/T 23379 |
| 70 | 嘧菌酯 | 2 | 杀菌剂 | GB/T 20769、NY/T 1453、SN/T 1976 |
| 71 | 氰戊菊酯和S-氰戊菊酯 | 0.2 | 杀虫剂 | GB 23200.8、GB 23200.113、NY/T 761 |
| 72 | 噻虫嗪 | 0.2 | 杀虫剂 | GB 23200.8、GB 23200.39、GB/T 20769 |

## 3.58 线瓜

线瓜中农药最大残留限量见表3-58。

**表3-58 线瓜中农药最大残留限量**

| 序号 | 农药中文名 | 最大残留限量（mg/kg） | 农药主要用途 | 检测方法 |
|---|---|---|---|---|
| 1 | 保棉磷 | 0.5 | 杀虫剂 | NY/T 761 |
| 2 | 百草枯 | 0.05* | 除草剂 | 无指定 |
| 3 | 倍硫磷 | 0.05 | 杀虫剂 | GB 23200.8、GB 23200.113、GB/T 20769 |
| 4 | 苯酰菌胺 | 2 | 杀菌剂 | GB 23200.8、GB/T 20769 |
| 5 | 苯线磷 | 0.02 | 杀虫剂 | GB 23200.8、GB/T 5009.145 |
| 6 | 敌百虫 | 0.2 | 杀虫剂 | GB/T 20769、NY/T 761 |
| 7 | 敌草腈 | 0.01* | 除草剂 | 无指定 |
| 8 | 敌敌畏 | 0.2 | 杀虫剂 | GB 23200.8、GB 23200.113、GB/T 5009.20、NY/T 761 |
| 9 | 地虫硫磷 | 0.01 | 杀虫剂 | GB 23200.8、GB 23200.113 |
| 10 | 对硫磷 | 0.01 | 杀虫剂 | GB 23200.113、GB/T 5009.145 |
| 11 | 多杀霉素 | 0.2 | 杀虫剂 | GB/T 20769 |
| 12 | 氟虫腈 | 0.02 | 杀虫剂 | SN/T 1982 |

（续）

| 序号 | 农药中文名 | 最大残留限量（mg/kg） | 农药主要用途 | 检测方法 |
|---|---|---|---|---|
| 13 | 氟啶虫胺腈 | 0.5* | 杀虫剂 | 无指定 |
| 14 | 甲胺磷 | 0.05 | 杀虫剂 | GB 23200.113、GB/T 5009.103、NY/T 761 |
| 15 | 甲拌磷 | 0.01 | 杀虫剂 | GB 23200.113 |
| 16 | 甲基对硫磷 | 0.02 | 杀虫剂 | GB 23200.113、NY/T 761 |
| 17 | 甲基硫环磷 | 0.03* | 杀虫剂 | NY/T 761 |
| 18 | 甲基异柳磷 | 0.01* | 杀虫剂 | GB 23200.113、GB/T 5009.144 |
| 19 | 甲萘威 | 1 | 杀虫剂 | GB/T 5009.145、GB/T 20769、NY/T 761 |
| 20 | 久效磷 | 0.03 | 杀虫剂 | GB 23200.113、NY/T 761 |
| 21 | 抗蚜威 | 1 | 杀虫剂 | GB 23200.8、GB 23200.113、GB/T 20769、SN/T 0134 |
| 22 | 克百威 | 0.02 | 杀虫剂 | NY/T 761 |
| 23 | 联苯肼酯 | 0.5 | 杀螨剂 | GB 23200.8 |
| 24 | 磷胺 | 0.05 | 杀虫剂 | GB 23200.113、NY/T 761 |
| 25 | 硫环磷 | 0.03 | 杀虫剂 | GB 23200.113、NY/T 761 |
| 26 | 硫线磷 | 0.02 | 杀虫剂 | GB/T 20769 |
| 27 | 氯虫苯甲酰胺 | 0.3* | 杀虫剂 | 无指定 |
| 28 | 氯唑磷 | 0.01 | 杀虫剂 | GB 23200.113、GB/T 20769 |
| 29 | 灭多威 | 0.2 | 杀虫剂 | NY/T 761 |
| 30 | 灭线磷 | 0.02 | 杀线虫剂 | NY/T 761 |
| 31 | 内吸磷 | 0.02 | 杀虫/杀螨剂 | GB/T 20769 |
| 32 | 嗪氨灵 | 0.5 | 杀菌剂 | SN/T 0695（参照） |
| 33 | 噻螨酮 | 0.05 | 杀螨剂 | GB 23200.8、GB/T 20769 |
| 34 | 噻嗪酮 | 0.7 | 杀虫剂 | GB 23200.8、GB/T 20769 |
| 35 | 三唑醇 | 0.2 | 杀菌剂 | GB 23200.8、GB 23200.113 |
| 36 | 杀虫脒 | 0.01 | 杀虫剂 | GB/T 20769 |
| 37 | 杀螟硫磷 | 0.5* | 杀虫剂 | GB 23200.113、GB/T 14553、GB/T 20769、NY/T 761 |
| 38 | 杀扑磷 | 0.05 | 杀虫剂 | GB 23200.113、NY/T 761 |
| 39 | 霜霉威和霜霉威盐酸盐 | 5 | 杀菌剂 | GB/T 20769、NY/T 1379 |

（续）

| 序号 | 农药中文名 | 最大残留限量（mg/kg） | 农药主要用途 | 检测方法 |
|---|---|---|---|---|
| 40 | 水胺硫磷 | 0.05 | 杀虫剂 | GB 23200.113、NY/T 761 |
| 41 | 特丁硫磷 | 0.01 | 杀虫剂 | NY/T 761、NY/T 1379 |
| 42 | 涕灭威 | 0.03 | 杀虫剂 | NY/T 761 |
| 43 | 辛硫磷 | 0.05 | 杀虫剂 | GB/T 5009.102、GB/T 20769 |
| 44 | 氧乐果 | 0.02 | 杀虫剂 | GB 23200.113、NY/T 761、NY/T 1379 |
| 45 | 乙酰甲胺磷 | 1 | 杀虫剂 | GB 23200.113、GB/T 5009.103、GB/T 5009.145、NY/T 761 |
| 46 | 蝇毒磷 | 0.05 | 杀虫剂 | GB 23200.8、GB 23200.113 |
| 47 | 增效醚 | 1 | 增效剂 | GB 23200.8、GB 23200.113 |
| 48 | 治螟磷 | 0.01 | 杀虫剂 | GB 23200.8、GB 23200.113、NY/T 761 |
| 49 | 艾氏剂 | 0.05 | 杀虫剂 | GB 23200.113、GB/T 5009.19、NY/T 761 |
| 50 | 滴滴涕 | 0.05 | 杀虫剂 | GB 23200.113、GB/T 5009.19、NY/T 761 |
| 51 | 狄氏剂 | 0.05 | 杀虫剂 | GB 23200.113、GB/T 5009.19、NY/T 761 |
| 52 | 毒杀芬 | 0.05* | 杀虫剂 | YC/T 180（参照） |
| 53 | 六六六 | 0.05 | 杀虫剂 | GB 23200.113、GB/T 5009.19、NY/T 761 |
| 54 | 氯丹 | 0.02 | 杀虫剂 | GB/T 5009.19 |
| 55 | 灭蚁灵 | 0.01 | 杀虫剂 | GB/T 5009.19 |
| 56 | 七氯 | 0.02 | 杀虫剂 | GB/T 5009.19、NY/T 761 |
| 57 | 异狄氏剂 | 0.05 | 杀虫剂 | GB/T 5009.19、NY/T 761 |
| 58 | 敌螨普 | 0.05* | 杀菌剂 | 无指定 |
| 59 | 啶酰菌胺 | 3 | 杀菌剂 | GB 23200.68、GB/T 20769 |
| 60 | 氟吡菌胺 | 1* | 杀菌剂 | 无指定 |
| 61 | 甲氨基阿维菌素苯甲酸盐 | 0.007 | 杀虫剂 | GB/T 20769 |
| 62 | 螺虫乙酯 | 0.2 | 杀虫剂 | SN/T 4891 |
| 63 | 氯氟氰菊酯和高效氯氟氰菊酯 | 0.05 | 杀虫剂 | GB 23200.8、GB 23200.113、GB/T 5009.146、NY/T 761 |

（续）

| 序号 | 农药中文名 | 最大残留限量（mg/kg） | 农药主要用途 | 检测方法 |
| --- | --- | --- | --- | --- |
| 64 | 氯氰菊酯和高效氯氰菊酯 | 0.07 | 杀虫剂 | GB 23200.8、GB 23200.113、GB/T 5009.146、NY/T 761 |
| 65 | 三唑酮 | 0.2 | 杀菌剂 | GB 23200.8、GB 23200.113、GB/T 20769 |
| 66 | 烯酰吗啉 | 0.5 | 杀菌剂 | GB/T 20769 |
| 67 | 氯菊酯 | 1 | 杀虫剂 | GB 23200.8、GB 23200.113、NY/T 761 |
| 68 | 嘧菌酯 | 1 | 杀菌剂 | GB/T 20769、NY/T 1453、SN/T 1976 |

## 3.59 瓠瓜

瓠瓜中农药最大残留限量见表3-59。

**表3-59 瓠瓜中农药最大残留限量**

| 序号 | 农药中文名 | 最大残留限量（mg/kg） | 农药主要用途 | 检测方法 |
| --- | --- | --- | --- | --- |
| 1 | 保棉磷 | 0.5 | 杀虫剂 | NY/T 761 |
| 2 | 百草枯 | 0.05* | 除草剂 | 无指定 |
| 3 | 倍硫磷 | 0.05 | 杀虫剂 | GB 23200.8、GB 23200.113、GB/T 20769 |
| 4 | 苯酰菌胺 | 2 | 杀菌剂 | GB 23200.8、GB/T 20769 |
| 5 | 苯线磷 | 0.02 | 杀虫剂 | GB 23200.8、GB/T 5009.145 |
| 6 | 敌百虫 | 0.2 | 杀虫剂 | GB/T 20769、NY/T 761 |
| 7 | 敌草腈 | 0.01* | 除草剂 | 无指定 |
| 8 | 敌敌畏 | 0.2 | 杀虫剂 | GB 23200.8、GB 23200.113、GB/T 5009.20、NY/T 761 |
| 9 | 地虫硫磷 | 0.01 | 杀虫剂 | GB 23200.8、GB 23200.113 |
| 10 | 对硫磷 | 0.01 | 杀虫剂 | GB 23200.113、GB/T 5009.145 |
| 11 | 多杀霉素 | 0.2 | 杀虫剂 | GB/T 20769 |
| 12 | 氟虫腈 | 0.02 | 杀虫剂 | SN/T 1982 |
| 13 | 氟啶虫胺腈 | 0.5* | 杀虫剂 | 无指定 |
| 14 | 甲胺磷 | 0.05 | 杀虫剂 | GB 23200.113、GB/T 5009.103、NY/T 761 |

（续）

| 序号 | 农药中文名 | 最大残留限量（mg/kg） | 农药主要用途 | 检测方法 |
| --- | --- | --- | --- | --- |
| 15 | 甲拌磷 | 0.01 | 杀虫剂 | GB 23200.113 |
| 16 | 甲基对硫磷 | 0.02 | 杀虫剂 | GB 23200.113、NY/T 761 |
| 17 | 甲基硫环磷 | 0.03* | 杀虫剂 | NY/T 761 |
| 18 | 甲基异柳磷 | 0.01* | 杀虫剂 | GB 23200.113、GB/T 5009.144 |
| 19 | 甲萘威 | 1 | 杀虫剂 | GB/T 5009.145、GB/T 20769、NY/T 761 |
| 20 | 久效磷 | 0.03 | 杀虫剂 | GB 23200.113、NY/T 761 |
| 21 | 抗蚜威 | 1 | 杀虫剂 | GB 23200.8、GB 23200.113、GB/T 20769、SN/T 0134 |
| 22 | 克百威 | 0.02 | 杀虫剂 | NY/T 761 |
| 23 | 联苯肼酯 | 0.5 | 杀螨剂 | GB 23200.8 |
| 24 | 磷胺 | 0.05 | 杀虫剂 | GB 23200.113、NY/T 761 |
| 25 | 硫环磷 | 0.03 | 杀虫剂 | GB 23200.113、NY/T 761 |
| 26 | 硫线磷 | 0.02 | 杀虫剂 | GB/T 20769 |
| 27 | 氯虫苯甲酰胺 | 0.3* | 杀虫剂 | 无指定 |
| 28 | 氯唑磷 | 0.01 | 杀虫剂 | GB 23200.113、GB/T 20769 |
| 29 | 灭多威 | 0.2 | 杀虫剂 | NY/T 761 |
| 30 | 灭线磷 | 0.02 | 杀线虫剂 | NY/T 761 |
| 31 | 内吸磷 | 0.02 | 杀虫/杀螨剂 | GB/T 20769 |
| 32 | 嗪氨灵 | 0.5 | 杀菌剂 | SN/T 0695（参照） |
| 33 | 噻螨酮 | 0.05 | 杀螨剂 | GB 23200.8、GB/T 20769 |
| 34 | 噻嗪酮 | 0.7 | 杀虫剂 | GB 23200.8、GB/T 20769 |
| 35 | 三唑醇 | 0.2 | 杀菌剂 | GB 23200.8、GB 23200.113 |
| 36 | 杀虫脒 | 0.01 | 杀虫剂 | GB/T 20769 |
| 37 | 杀螟硫磷 | 0.5* | 杀虫剂 | GB 23200.113、GB/T 14553、GB/T 20769、NY/T 761 |
| 38 | 杀扑磷 | 0.05 | 杀虫剂 | GB 23200.113、NY/T 761 |
| 39 | 霜霉威和霜霉威盐酸盐 | 5 | 杀菌剂 | GB/T 20769、NY/T 1379 |
| 40 | 水胺硫磷 | 0.05 | 杀虫剂 | GB 23200.113、NY/T 761 |
| 41 | 特丁硫磷 | 0.01 | 杀虫剂 | NY/T 761、NY/T 1379 |
| 42 | 涕灭威 | 0.03 | 杀虫剂 | NY/T 761 |

（续）

| 序号 | 农药中文名 | 最大残留限量（mg/kg） | 农药主要用途 | 检测方法 |
|---|---|---|---|---|
| 43 | 辛硫磷 | 0.05 | 杀虫剂 | GB/T 5009.102、GB/T 20769 |
| 44 | 氧乐果 | 0.02 | 杀虫剂 | GB 23200.113、NY/T 761、NY/T 1379 |
| 45 | 乙酰甲胺磷 | 1 | 杀虫剂 | GB 23200.113、GB/T 5009.103、GB/T 5009.145、NY/T 761 |
| 46 | 蝇毒磷 | 0.05 | 杀虫剂 | GB 23200.8、GB 23200.113 |
| 47 | 增效醚 | 1 | 增效剂 | GB 23200.8、GB 23200.113 |
| 48 | 治螟磷 | 0.01 | 杀虫剂 | GB 23200.8、GB 23200.113、NY/T 761 |
| 49 | 艾氏剂 | 0.05 | 杀虫剂 | GB 23200.113、GB/T 5009.19、NY/T 761 |
| 50 | 滴滴涕 | 0.05 | 杀虫剂 | GB 23200.113、GB/T 5009.19、NY/T 761 |
| 51 | 狄氏剂 | 0.05 | 杀虫剂 | GB 23200.113、GB/T 5009.19、NY/T 761 |
| 52 | 毒杀芬 | 0.05* | 杀虫剂 | YC/T 180（参照） |
| 53 | 六六六 | 0.05 | 杀虫剂 | GB 23200.113、GB/T 5009.19、NY/T 761 |
| 54 | 氯丹 | 0.02 | 杀虫剂 | GB/T 5009.19 |
| 55 | 灭蚁灵 | 0.01 | 杀虫剂 | GB/T 5009.19 |
| 56 | 七氯 | 0.02 | 杀虫剂 | GB/T 5009.19、NY/T 761 |
| 57 | 异狄氏剂 | 0.05 | 杀虫剂 | GB/T 5009.19、NY/T 761 |
| 58 | 敌螨普 | 0.05* | 杀菌剂 | 无指定 |
| 59 | 啶酰菌胺 | 3 | 杀菌剂 | GB 23200.68、GB/T 20769 |
| 60 | 氟吡菌胺 | 1* | 杀菌剂 | 无指定 |
| 61 | 甲氨基阿维菌素苯甲酸盐 | 0.007 | 杀虫剂 | GB/T 20769 |
| 62 | 螺虫乙酯 | 0.2 | 杀虫剂 | SN/T 4891 |
| 63 | 氯氟氰菊酯和高效氯氟氰菊酯 | 0.05 | 杀虫剂 | GB 23200.8、GB 23200.113、GB/T 5009.146、NY/T 761 |
| 64 | 氯氰菊酯和高效氯氰菊酯 | 0.07 | 杀虫剂 | GB 23200.8、GB 23200.113、GB/T 5009.146、NY/T 761 |
| 65 | 三唑酮 | 0.2 | 杀菌剂 | GB 23200.8、GB 23200.113、GB/T 20769 |

（续）

| 序号 | 农药中文名 | 最大残留限量（mg/kg） | 农药主要用途 | 检测方法 |
|---|---|---|---|---|
| 66 | 烯酰吗啉 | 0.5 | 杀菌剂 | GB/T 20769 |
| 67 | 氯菊酯 | 1 | 杀虫剂 | GB 23200.8、GB 23200.113、NY/T 761 |
| 68 | 嘧菌酯 | 1 | 杀菌剂 | GB/T 20769、NY/T 1453、SN/T 1976 |

## 3.60 冬瓜

冬瓜中农药最大残留限量见表3-60。

**表3-60 冬瓜中农药最大残留限量**

| 序号 | 农药中文名 | 最大残留限量（mg/kg） | 农药主要用途 | 检测方法 |
|---|---|---|---|---|
| 1 | 保棉磷 | 0.5 | 杀虫剂 | NY/T 761 |
| 2 | 百草枯 | 0.05* | 除草剂 | 无指定 |
| 3 | 倍硫磷 | 0.05 | 杀虫剂 | GB 23200.8、GB 23200.113、GB/T 20769 |
| 4 | 苯酰菌胺 | 2 | 杀菌剂 | GB 23200.8、GB/T 20769 |
| 5 | 苯线磷 | 0.02 | 杀虫剂 | GB 23200.8、GB/T 5009.145 |
| 6 | 敌百虫 | 0.2 | 杀虫剂 | GB/T 20769、NY/T 761 |
| 7 | 敌草腈 | 0.01* | 除草剂 | 无指定 |
| 8 | 敌敌畏 | 0.2 | 杀虫剂 | GB 23200.8、GB 23200.113、GB/T 5009.20、NY/T 761 |
| 9 | 地虫硫磷 | 0.01 | 杀虫剂 | GB 23200.8、GB 23200.113 |
| 10 | 对硫磷 | 0.01 | 杀虫剂 | GB 23200.113、GB/T 5009.145 |
| 11 | 多杀霉素 | 0.2 | 杀虫剂 | GB/T 20769 |
| 12 | 氟虫腈 | 0.02 | 杀虫剂 | SN/T 1982 |
| 13 | 氟啶虫胺腈 | 0.5* | 杀虫剂 | 无指定 |
| 14 | 甲胺磷 | 0.05 | 杀虫剂 | GB 23200.113、GB/T 5009.103、NY/T 761 |
| 15 | 甲拌磷 | 0.01 | 杀虫剂 | GB 23200.113 |
| 16 | 甲基对硫磷 | 0.02 | 杀虫剂 | GB 23200.113、NY/T 761 |
| 17 | 甲基硫环磷 | 0.03* | 杀虫剂 | NY/T 761 |

（续）

| 序号 | 农药中文名 | 最大残留限量（mg/kg） | 农药主要用途 | 检测方法 |
|---|---|---|---|---|
| 18 | 甲基异柳磷 | 0.01* | 杀虫剂 | GB 23200.113、GB/T 5009.144 |
| 19 | 甲萘威 | 1 | 杀虫剂 | GB/T 5009.145、GB/T 20769、NY/T 761 |
| 20 | 久效磷 | 0.03 | 杀虫剂 | GB 23200.113、NY/T 761 |
| 21 | 抗蚜威 | 1 | 杀虫剂 | GB 23200.8、GB 23200.113、GB/T 20769、SN/T 0134 |
| 22 | 克百威 | 0.02 | 杀虫剂 | NY/T 761 |
| 23 | 联苯肼酯 | 0.5 | 杀螨剂 | GB 23200.8 |
| 24 | 磷胺 | 0.05 | 杀虫剂 | GB 23200.113、NY/T 761 |
| 25 | 硫环磷 | 0.03 | 杀虫剂 | GB 23200.113、NY/T 761 |
| 26 | 硫线磷 | 0.02 | 杀虫剂 | GB/T 20769 |
| 27 | 氯虫苯甲酰胺 | 0.3* | 杀虫剂 | 无指定 |
| 28 | 氯唑磷 | 0.01 | 杀虫剂 | GB 23200.113、GB/T 20769 |
| 29 | 灭多威 | 0.2 | 杀虫剂 | NY/T 761 |
| 30 | 灭线磷 | 0.02 | 杀线虫剂 | NY/T 761 |
| 31 | 内吸磷 | 0.02 | 杀虫/杀螨剂 | GB/T 20769 |
| 32 | 嗪氨灵 | 0.5 | 杀菌剂 | SN/T 0695（参照） |
| 33 | 噻螨酮 | 0.05 | 杀螨剂 | GB 23200.8、GB/T 20769 |
| 34 | 噻嗪酮 | 0.7 | 杀虫剂 | GB 23200.8、GB/T 20769 |
| 35 | 三唑醇 | 0.2 | 杀菌剂 | GB 23200.8、GB 23200.113 |
| 36 | 杀虫脒 | 0.01 | 杀虫剂 | GB/T 20769 |
| 37 | 杀螟硫磷 | 0.5* | 杀虫剂 | GB 23200.113、GB/T 14553、GB/T 20769、NY/T 761 |
| 38 | 杀扑磷 | 0.05 | 杀虫剂 | GB 23200.113、NY/T 761 |
| 39 | 霜霉威和霜霉威盐酸盐 | 5 | 杀菌剂 | GB/T 20769、NY/T 1379 |
| 40 | 水胺硫磷 | 0.05 | 杀虫剂 | GB 23200.113、NY/T 761 |
| 41 | 特丁硫磷 | 0.01 | 杀虫剂 | NY/T 761、NY/T 1379 |
| 42 | 涕灭威 | 0.03 | 杀虫剂 | NY/T 761 |
| 43 | 辛硫磷 | 0.05 | 杀虫剂 | GB/T 5009.102、GB/T 20769 |
| 44 | 氧乐果 | 0.02 | 杀虫剂 | GB 23200.113、NY/T 761、NY/T 1379 |

（续）

| 序号 | 农药中文名 | 最大残留限量（mg/kg） | 农药主要用途 | 检测方法 |
| --- | --- | --- | --- | --- |
| 45 | 乙酰甲胺磷 | 1 | 杀虫剂 | GB 23200.113、GB/T 5009.103、GB/T 5009.145、NY/T 761 |
| 46 | 蝇毒磷 | 0.05 | 杀虫剂 | GB 23200.8、GB 23200.113 |
| 47 | 增效醚 | 1 | 增效剂 | GB 23200.8、GB 23200.113 |
| 48 | 治螟磷 | 0.01 | 杀虫剂 | GB 23200.8、GB 23200.113、NY/T 761 |
| 49 | 艾氏剂 | 0.05 | 杀虫剂 | GB 23200.113、GB/T 5009.19、NY/T 761 |
| 50 | 滴滴涕 | 0.05 | 杀虫剂 | GB 23200.113、GB/T 5009.19、NY/T 761 |
| 51 | 狄氏剂 | 0.05 | 杀虫剂 | GB 23200.113、GB/T 5009.19、NY/T 761 |
| 52 | 毒杀芬 | 0.05* | 杀虫剂 | YC/T 180（参照） |
| 53 | 六六六 | 0.05 | 杀虫剂 | GB 23200.113、GB/T 5009.19、NY/T 761 |
| 54 | 氯丹 | 0.02 | 杀虫剂 | GB/T 5009.19 |
| 55 | 灭蚁灵 | 0.01 | 杀虫剂 | GB/T 5009.19 |
| 56 | 七氯 | 0.02 | 杀虫剂 | GB/T 5009.19、NY/T 761 |
| 57 | 异狄氏剂 | 0.05 | 杀虫剂 | GB/T 5009.19、NY/T 761 |
| 58 | 敌螨普 | 0.05* | 杀菌剂 | 无指定 |
| 59 | 啶酰菌胺 | 3 | 杀菌剂 | GB 23200.68、GB/T 20769 |
| 60 | 氟吡菌胺 | 1* | 杀菌剂 | 无指定 |
| 61 | 甲氨基阿维菌素苯甲酸盐 | 0.007 | 杀虫剂 | GB/T 20769 |
| 62 | 螺虫乙酯 | 0.2 | 杀虫剂 | SN/T 4891 |
| 63 | 氯氟氰菊酯和高效氯氟氰菊酯 | 0.05 | 杀虫剂 | GB 23200.8、GB 23200.113、GB/T 5009.146、NY/T 761 |
| 64 | 氯氰菊酯和高效氯氰菊酯 | 0.07 | 杀虫剂 | GB 23200.8、GB 23200.113、GB/T 5009.146、NY/T 761 |
| 65 | 三唑酮 | 0.2 | 杀菌剂 | GB 23200.8、GB 23200.113、GB/T 20769 |
| 66 | 烯酰吗啉 | 0.5 | 杀菌剂 | GB/T 20769 |
| 67 | 氯菊酯 | 1 | 杀虫剂 | GB 23200.8、GB 23200.113、NY/T 761 |

（续）

| 序号 | 农药中文名 | 最大残留限量（mg/kg） | 农药主要用途 | 检测方法 |
|---|---|---|---|---|
| 68 | 嘧菌酯 | 1 | 杀菌剂 | GB/T 20769、NY/T 1453、SN/T 1976 |
| 69 | 百菌清 | 5 | 杀菌剂 | GB/T 5009.105、NY/T 761、SN/T 2320 |

## 3.61 南瓜

南瓜中农药最大残留限量见表 3－61。

**表 3－61 南瓜中农药最大残留限量**

| 序号 | 农药中文名 | 最大残留限量（mg/kg） | 农药主要用途 | 检测方法 |
|---|---|---|---|---|
| 1 | 保棉磷 | 0.5 | 杀虫剂 | NY/T 761 |
| 2 | 百草枯 | 0.05* | 除草剂 | 无指定 |
| 3 | 倍硫磷 | 0.05 | 杀虫剂 | GB 23200.8、GB 23200.113、GB/T 20769 |
| 4 | 苯酰菌胺 | 2 | 杀菌剂 | GB 23200.8、GB/T 20769 |
| 5 | 苯线磷 | 0.02 | 杀虫剂 | GB 23200.8、GB/T 5009.145 |
| 6 | 敌百虫 | 0.2 | 杀虫剂 | GB/T 20769、NY/T 761 |
| 7 | 敌草腈 | 0.01* | 除草剂 | 无指定 |
| 8 | 敌敌畏 | 0.2 | 杀虫剂 | GB 23200.8、GB 23200.113、GB/T 5009.20、NY/T 761 |
| 9 | 地虫硫磷 | 0.01 | 杀虫剂 | GB 23200.8、GB 23200.113 |
| 10 | 对硫磷 | 0.01 | 杀虫剂 | GB 23200.113、GB/T 5009.145 |
| 11 | 多杀霉素 | 0.2 | 杀虫剂 | GB/T 20769 |
| 12 | 氟虫腈 | 0.02 | 杀虫剂 | SN/T 1982 |
| 13 | 氟啶虫胺腈 | 0.5* | 杀虫剂 | 无指定 |
| 14 | 甲胺磷 | 0.05 | 杀虫剂 | GB 23200.113、GB/T 5009.103、NY/T 761 |
| 15 | 甲拌磷 | 0.01 | 杀虫剂 | GB 23200.113 |
| 16 | 甲基对硫磷 | 0.02 | 杀虫剂 | GB 23200.113、NY/T 761 |
| 17 | 甲基硫环磷 | 0.03* | 杀虫剂 | NY/T 761 |
| 18 | 甲基异柳磷 | 0.01* | 杀虫剂 | GB 23200.113、GB/T 5009.144 |

（续）

| 序号 | 农药中文名 | 最大残留限量（mg/kg） | 农药主要用途 | 检测方法 |
| --- | --- | --- | --- | --- |
| 19 | 甲萘威 | 1 | 杀虫剂 | GB/T 5009.145、GB/T 20769、NY/T 761 |
| 20 | 久效磷 | 0.03 | 杀虫剂 | GB 23200.113、NY/T 761 |
| 21 | 抗蚜威 | 1 | 杀虫剂 | GB 23200.8、GB 23200.113、GB/T 20769、SN/T 0134 |
| 22 | 克百威 | 0.02 | 杀虫剂 | NY/T 761 |
| 23 | 联苯肼酯 | 0.5 | 杀螨剂 | GB 23200.8 |
| 24 | 磷胺 | 0.05 | 杀虫剂 | GB 23200.113、NY/T 761 |
| 25 | 硫环磷 | 0.03 | 杀虫剂 | GB 23200.113、NY/T 761 |
| 26 | 硫线磷 | 0.02 | 杀虫剂 | GB/T 20769 |
| 27 | 氯虫苯甲酰胺 | 0.3* | 杀虫剂 | 无指定 |
| 28 | 氯唑磷 | 0.01 | 杀虫剂 | GB 23200.113、GB/T 20769 |
| 29 | 灭多威 | 0.2 | 杀虫剂 | NY/T 761 |
| 30 | 灭线磷 | 0.02 | 杀线虫剂 | NY/T 761 |
| 31 | 内吸磷 | 0.02 | 杀虫/杀螨剂 | GB/T 20769 |
| 32 | 嗪氨灵 | 0.5 | 杀菌剂 | SN/T 0695（参照） |
| 33 | 噻螨酮 | 0.05 | 杀螨剂 | GB 23200.8、GB/T 20769 |
| 34 | 噻嗪酮 | 0.7 | 杀虫剂 | GB 23200.8、GB/T 20769 |
| 35 | 三唑醇 | 0.2 | 杀菌剂 | GB 23200.8、GB 23200.113 |
| 36 | 杀虫脒 | 0.01 | 杀虫剂 | GB/T 20769 |
| 37 | 杀螟硫磷 | 0.5* | 杀虫剂 | GB 23200.113、GB/T 14553、GB/T 20769、NY/T 761 |
| 38 | 杀扑磷 | 0.05 | 杀虫剂 | GB 23200.113、NY/T 761 |
| 39 | 霜霉威和霜霉威盐酸盐 | 5 | 杀菌剂 | GB/T 20769、NY/T 1379 |
| 40 | 水胺硫磷 | 0.05 | 杀虫剂 | GB 23200.113、NY/T 761 |
| 41 | 特丁硫磷 | 0.01 | 杀虫剂 | NY/T 761、NY/T 1379 |
| 42 | 涕灭威 | 0.03 | 杀虫剂 | NY/T 761 |
| 43 | 辛硫磷 | 0.05 | 杀虫剂 | GB/T 5009.102、GB/T 20769 |
| 44 | 氧乐果 | 0.02 | 杀虫剂 | GB 23200.113、NY/T 761、NY/T 1379 |
| 45 | 乙酰甲胺磷 | 1 | 杀虫剂 | GB 23200.113、GB/T 5009.103、GB/T 5009.145、NY/T 761 |

（续）

| 序号 | 农药中文名 | 最大残留限量（mg/kg） | 农药主要用途 | 检测方法 |
| --- | --- | --- | --- | --- |
| 46 | 蝇毒磷 | 0.05 | 杀虫剂 | GB 23200.8、GB 23200.113 |
| 47 | 增效醚 | 1 | 增效剂 | GB 23200.8、GB 23200.113 |
| 48 | 治螟磷 | 0.01 | 杀虫剂 | GB 23200.8、GB 23200.113、NY/T 761 |
| 49 | 艾氏剂 | 0.05 | 杀虫剂 | GB 23200.113、GB/T 5009.19、NY/T 761 |
| 50 | 滴滴涕 | 0.05 | 杀虫剂 | GB 23200.113、GB/T 5009.19、NY/T 761 |
| 51 | 狄氏剂 | 0.05 | 杀虫剂 | GB 23200.113、GB/T 5009.19、NY/T 761 |
| 52 | 毒杀芬 | 0.05* | 杀虫剂 | YC/T 180（参照） |
| 53 | 六六六 | 0.05 | 杀虫剂 | GB 23200.113、GB/T 5009.19、NY/T 761 |
| 54 | 氯丹 | 0.02 | 杀虫剂 | GB/T 5009.19 |
| 55 | 灭蚁灵 | 0.01 | 杀虫剂 | GB/T 5009.19 |
| 56 | 七氯 | 0.02 | 杀虫剂 | GB/T 5009.19、NY/T 761 |
| 57 | 异狄氏剂 | 0.05 | 杀虫剂 | GB/T 5009.19、NY/T 761 |
| 58 | 敌螨普 | 0.05* | 杀菌剂 | 无指定 |
| 59 | 啶酰菌胺 | 3 | 杀菌剂 | GB 23200.68、GB/T 20769 |
| 60 | 氟吡菌胺 | 1* | 杀菌剂 | 无指定 |
| 61 | 甲氨基阿维菌素苯甲酸盐 | 0.007 | 杀虫剂 | GB/T 20769 |
| 62 | 螺虫乙酯 | 0.2 | 杀虫剂 | SN/T 4891 |
| 63 | 氯氟氰菊酯和高效氯氟氰菊酯 | 0.05 | 杀虫剂 | GB 23200.8、GB 23200.113、GB/T 5009.146、NY/T 761 |
| 64 | 氯氰菊酯和高效氯氰菊酯 | 0.07 | 杀虫剂 | GB 23200.8、GB 23200.113、GB/T 5009.146、NY/T 761 |
| 65 | 三唑酮 | 0.2 | 杀菌剂 | GB 23200.8、GB 23200.113、GB/T 20769 |
| 66 | 烯酰吗啉 | 0.5 | 杀菌剂 | GB/T 20769 |
| 67 | 氯菊酯 | 1 | 杀虫剂 | GB 23200.8、GB 23200.113、NY/T 761 |
| 68 | 嘧菌酯 | 1 | 杀菌剂 | GB/T 20769、NY/T 1453、SN/T 1976 |

（续）

| 序号 | 农药中文名 | 最大残留限量（mg/kg） | 农药主要用途 | 检测方法 |
| --- | --- | --- | --- | --- |
| 69 | 百菌清 | 5 | 杀菌剂 | GB/T 5009.105、NY/T 761、SN/T 2320 |
| 70 | 丙森锌 | 0.2 | 杀菌剂 | SN 0139、SN 0157、SN/T 1541（参照） |
| 71 | 代森联 | 0.2 | 杀菌剂 | SN 0139、SN 0157、SN/T 1541（参照） |
| 72 | 代森锰锌 | 0.2 | 杀菌剂 | SN 0157、SN/T 1541（参照） |
| 73 | 代森锌 | 0.2 | 杀菌剂 | SN 0139、SN 0157、SN/T 1541（参照） |
| 74 | 福美双 | 0.2 | 杀菌剂 | SN 0157、SN/T 0525、SN/T 1541（参照） |
| 75 | 扑草净 | 0.1 | 除草剂 | GB 23200.113、GB/T 20769、SN/T 1968 |
| 76 | 氰戊菊酯和S-氰戊菊酯 | 0.2 | 杀虫剂 | GB 23200.8、GB 23200.113、NY/T 761 |
| 77 | 异丙甲草胺和精异丙甲草胺 | 0.05 | 除草剂 | GB 23200.8、GB 23200.113、GB/T 20769 |
| 78 | 异噁草酮 | 0.05 | 除草剂 | GB 23200.8、GB 23200.113 |

## 3.62 笋瓜

笋瓜中农药最大残留限量见表3-62。

**表3-62 笋瓜中农药最大残留限量**

| 序号 | 农药中文名 | 最大残留限量（mg/kg） | 农药主要用途 | 检测方法 |
| --- | --- | --- | --- | --- |
| 1 | 保棉磷 | 0.5 | 杀虫剂 | NY/T 761 |
| 2 | 百草枯 | 0.05* | 除草剂 | 无指定 |
| 3 | 倍硫磷 | 0.05 | 杀虫剂 | GB 23200.8、GB 23200.113、GB/T 20769 |
| 4 | 苯酰菌胺 | 2 | 杀菌剂 | GB 23200.8、GB/T 20769 |
| 5 | 苯线磷 | 0.02 | 杀虫剂 | GB 23200.8、GB/T 5009.145 |
| 6 | 敌百虫 | 0.2 | 杀虫剂 | GB/T 20769、NY/T 761 |

（续）

| 序号 | 农药中文名 | 最大残留限量（mg/kg） | 农药主要用途 | 检测方法 |
|---|---|---|---|---|
| 7 | 敌草腈 | 0.01* | 除草剂 | 无指定 |
| 8 | 敌敌畏 | 0.2 | 杀虫剂 | GB 23200.8、GB 23200.113、GB/T 5009.20、NY/T 761 |
| 9 | 地虫硫磷 | 0.01 | 杀虫剂 | GB 23200.8、GB 23200.113 |
| 10 | 对硫磷 | 0.01 | 杀虫剂 | GB 23200.113、GB/T 5009.145 |
| 11 | 多杀霉素 | 0.2 | 杀虫剂 | GB/T 20769 |
| 12 | 氟虫腈 | 0.02 | 杀虫剂 | SN/T 1982 |
| 13 | 氟啶虫胺腈 | 0.5* | 杀虫剂 | 无指定 |
| 14 | 甲胺磷 | 0.05 | 杀虫剂 | GB 23200.113、GB/T 5009.103、NY/T 761 |
| 15 | 甲拌磷 | 0.01 | 杀虫剂 | GB 23200.113 |
| 16 | 甲基对硫磷 | 0.02 | 杀虫剂 | GB 23200.113、NY/T 761 |
| 17 | 甲基硫环磷 | 0.03* | 杀虫剂 | NY/T 761 |
| 18 | 甲基异柳磷 | 0.01* | 杀虫剂 | GB 23200.113、GB/T 5009.144 |
| 19 | 甲萘威 | 1 | 杀虫剂 | GB/T 5009.145、GB/T 20769、NY/T 761 |
| 20 | 久效磷 | 0.03 | 杀虫剂 | GB 23200.113、NY/T 761 |
| 21 | 抗蚜威 | 1 | 杀虫剂 | GB 23200.8、GB 23200.113、GB/T 20769、SN/T 0134 |
| 22 | 克百威 | 0.02 | 杀虫剂 | NY/T 761 |
| 23 | 联苯肼酯 | 0.5 | 杀螨剂 | GB 23200.8 |
| 24 | 磷胺 | 0.05 | 杀虫剂 | GB 23200.113、NY/T 761 |
| 25 | 硫环磷 | 0.03 | 杀虫剂 | GB 23200.113、NY/T 761 |
| 26 | 硫线磷 | 0.02 | 杀虫剂 | GB/T 20769 |
| 27 | 氯虫苯甲酰胺 | 0.3* | 杀虫剂 | 无指定 |
| 28 | 氯唑磷 | 0.01 | 杀虫剂 | GB 23200.113、GB/T 20769 |
| 29 | 灭多威 | 0.2 | 杀虫剂 | NY/T 761 |
| 30 | 灭线磷 | 0.02 | 杀线虫剂 | NY/T 761 |
| 31 | 内吸磷 | 0.02 | 杀虫/杀螨剂 | GB/T 20769 |
| 32 | 嗪氨灵 | 0.5 | 杀菌剂 | SN/T 0695（参照） |

（续）

| 序号 | 农药中文名 | 最大残留限量（mg/kg） | 农药主要用途 | 检测方法 |
|---|---|---|---|---|
| 33 | 噻螨酮 | 0.05 | 杀螨剂 | GB 23200.8、GB/T 20769 |
| 34 | 噻嗪酮 | 0.7 | 杀虫剂 | GB 23200.8、GB/T 20769 |
| 35 | 三唑醇 | 0.2 | 杀菌剂 | GB 23200.8、GB 23200.113 |
| 36 | 杀虫脒 | 0.01 | 杀虫剂 | GB/T 20769 |
| 37 | 杀螟硫磷 | 0.5* | 杀虫剂 | GB 23200.113、GB/T 14553、GB/T 20769、NY/T 761 |
| 38 | 杀扑磷 | 0.05 | 杀虫剂 | GB 23200.113、NY/T 761 |
| 39 | 霜霉威和霜霉威盐酸盐 | 5 | 杀菌剂 | GB/T 20769、NY/T 1379 |
| 40 | 水胺硫磷 | 0.05 | 杀虫剂 | GB 23200.113、NY/T 761 |
| 41 | 特丁硫磷 | 0.01 | 杀虫剂 | NY/T 761、NY/T 1379 |
| 42 | 涕灭威 | 0.03 | 杀虫剂 | NY/T 761 |
| 43 | 辛硫磷 | 0.05 | 杀虫剂 | GB/T 5009.102、GB/T 20769 |
| 44 | 氧乐果 | 0.02 | 杀虫剂 | GB 23200.113、NY/T 761、NY/T 1379 |
| 45 | 乙酰甲胺磷 | 1 | 杀虫剂 | GB 23200.113、GB/T 5009.103、GB/T 5009.145、NY/T 761 |
| 46 | 蝇毒磷 | 0.05 | 杀虫剂 | GB 23200.8、GB 23200.113 |
| 47 | 增效醚 | 1 | 增效剂 | GB 23200.8、GB 23200.113 |
| 48 | 治螟磷 | 0.01 | 杀虫剂 | GB 23200.8、GB 23200.113、NY/T 761 |
| 49 | 艾氏剂 | 0.05 | 杀虫剂 | GB 23200.113、GB/T 5009.19、NY/T 761 |
| 50 | 滴滴涕 | 0.05 | 杀虫剂 | GB 23200.113、GB/T 5009.19、NY/T 761 |
| 51 | 狄氏剂 | 0.05 | 杀虫剂 | GB 23200.113、GB/T 5009.19、NY/T 761 |
| 52 | 毒杀芬 | 0.05* | 杀虫剂 | YC/T 180（参照） |
| 53 | 六六六 | 0.05 | 杀虫剂 | GB 23200.113、GB/T 5009.19、NY/T 761 |
| 54 | 氯丹 | 0.02 | 杀虫剂 | GB/T 5009.19 |
| 55 | 灭蚁灵 | 0.01 | 杀虫剂 | GB/T 5009.19 |

（续）

| 序号 | 农药中文名 | 最大残留限量（mg/kg） | 农药主要用途 | 检测方法 |
|---|---|---|---|---|
| 56 | 七氯 | 0.02 | 杀虫剂 | GB/T 5009.19、NY/T 761 |
| 57 | 异狄氏剂 | 0.05 | 杀虫剂 | GB/T 5009.19、NY/T 761 |
| 58 | 啶酰菌胺 | 3 | 杀菌剂 | GB 23200.68、GB/T 20769 |
| 59 | 氟吡菌胺 | 1* | 杀菌剂 | 无指定 |
| 60 | 甲氨基阿维菌素苯甲酸盐 | 0.007 | 杀虫剂 | GB/T 20769 |
| 61 | 螺虫乙酯 | 0.2 | 杀虫剂 | SN/T 4891 |
| 62 | 氯氟氰菊酯和高效氯氟氰菊酯 | 0.05 | 杀虫剂 | GB 23200.8、GB 23200.113、GB/T 5009.146、NY/T 761 |
| 63 | 氯氰菊酯和高效氯氰菊酯 | 0.07 | 杀虫剂 | GB 23200.8、GB 23200.113、GB/T 5009.146、NY/T 761 |
| 64 | 三唑酮 | 0.2 | 杀菌剂 | GB 23200.8、GB 23200.113、GB/T 20769 |
| 65 | 啶酰菌胺 | 3 | 杀菌剂 | GB 23200.68、GB/T 20769 |
| 66 | 烯酰吗啉 | 0.5 | 杀菌剂 | GB/T 20769 |
| 67 | 嘧菌酯 | 1 | 杀菌剂 | GB/T 20769、NY/T 1453、SN/T 1976 |
| 68 | 百菌清 | 5 | 杀菌剂 | GB/T 5009.105、NY/T 761、SN/T 2320 |
| 69 | 丙森锌 | 0.1 | 杀菌剂 | SN 0139、SN 0157、SN/T 1541（参照） |
| 70 | 代森联 | 0.1 | 杀菌剂 | SN 0139、SN 0157、SN/T 1541（参照） |
| 71 | 代森锰锌 | 0.1 | 杀菌剂 | SN 0157、SN/T 1541（参照） |
| 72 | 代森锌 | 0.1 | 杀菌剂 | SN 0139、SN 0157、SN/T 1541（参照） |
| 73 | 福美双 | 0.1 | 杀菌剂 | SN 0157、SN/T 0525、SN/T 1541（参照） |
| 74 | 甲霜灵和精甲霜灵 | 0.2 | 杀菌剂 | GB 23200.8、GB/T 20769 |
| 75 | 氯菊酯 | 0.5 | 杀虫剂 | GB 23200.8、GB 23200.113、NY/T 761 |
| 76 | 噻虫啉 | 0.2 | 杀虫剂 | GB/T 20769 |

## 3.63 豇豆（蔬菜豆）

豇豆（蔬菜豆）中农药最大残留限量见表 3-63。

**表 3-63 豇豆（蔬菜豆）中农药最大残留限量**

| 序号 | 农药中文名 | 最大残留限量（mg/kg） | 农药主要用途 | 检测方法 |
|---|---|---|---|---|
| 1 | 保棉磷 | 0.5 | 杀虫剂 | NY/T 761 |
| 2 | 百草枯 | 0.05* | 除草剂 | 无指定 |
| 3 | 倍硫磷 | 0.05 | 杀虫剂 | GB 23200.8、GB 23200.113、GB/T 20769 |
| 4 | 苯嘧磺草胺 | 0.01* | 除草剂 | 无指定 |
| 5 | 苯线磷 | 0.02 | 杀虫剂 | GB 23200.8、GB/T 5009.145 |
| 6 | 吡噻菌胺 | 0.3* | 杀菌剂 | 无指定 |
| 7 | 敌敌畏 | 0.2 | 杀虫剂 | GB 23200.8、GB 23200.113、GB/T 5009.20、NY/T 761 |
| 8 | 地虫硫磷 | 0.01 | 杀虫剂 | GB 23200.8、GB 23200.113 |
| 9 | 啶酰菌胺 | 3 | 杀菌剂 | GB 23200.68、GB/T 20769 |
| 10 | 对硫磷 | 0.01 | 杀虫剂 | GB 23200.113、GB/T 5009.145 |
| 11 | 多杀霉素 | 0.3 | 杀虫剂 | GB/T 20769 |
| 12 | 氟苯虫酰胺 | 2* | 杀虫剂 | 无指定 |
| 13 | 氟虫腈 | 0.02 | 杀虫剂 | SN/T 1982 |
| 14 | 甲胺磷 | 0.05 | 杀虫剂 | GB 23200.113、GB/T 5009.103、NY/T 761 |
| 15 | 甲拌磷 | 0.01 | 杀虫剂 | GB 23200.113 |
| 16 | 甲基对硫磷 | 0.02 | 杀虫剂 | GB 23200.113、NY/T 761 |
| 17 | 甲基硫环磷 | 0.03* | 杀虫剂 | NY/T 761 |
| 18 | 甲基异柳磷 | 0.01* | 杀虫剂 | GB 23200.113、GB/T 5009.144 |
| 19 | 甲萘威 | 1 | 杀虫剂 | GB/T 5009.145、GB/T 20769、NY/T 761 |
| 20 | 久效磷 | 0.03 | 杀虫剂 | GB 23200.113、NY/T 761 |
| 21 | 抗蚜威 | 0.7 | 杀虫剂 | GB 23200.8、GB 23200.113、GB/T 20769、SN/T 0134 |
| 22 | 克百威 | 0.02 | 杀虫剂 | NY/T 761 |

（续）

| 序号 | 农药中文名 | 最大残留限量（mg/kg） | 农药主要用途 | 检测方法 |
|---|---|---|---|---|
| 23 | 联苯肼酯 | 7 | 杀螨剂 | GB 23200.8 |
| 24 | 磷胺 | 0.05 | 杀虫剂 | GB 23200.113、NY/T 761 |
| 25 | 硫环磷 | 0.03 | 杀虫剂 | GB 23200.113、NY/T 761 |
| 26 | 硫线磷 | 0.02 | 杀虫剂 | GB/T 20769 |
| 27 | 螺虫乙酯 | 1.5 | 杀虫剂 | SN/T 4891 |
| 28 | 氯氟氰菊酯和高效氯氟氰菊酯 | 0.2 | 杀虫剂 | GB 23200.8、GB 23200.113、GB/T 5009.146、NY/T 761 |
| 29 | 氯唑磷 | 0.01 | 杀虫剂 | GB 23200.113、GB/T 20769 |
| 30 | 嘧菌酯 | 3 | 杀菌剂 | GB/T 20769、NY/T 1453、SN/T 1976 |
| 31 | 灭多威 | 0.2 | 杀虫剂 | NY/T 761 |
| 32 | 灭线磷 | 0.02 | 杀线虫剂 | NY/T 761 |
| 33 | 内吸磷 | 0.02 | 杀虫/杀螨剂 | GB/T 20769 |
| 34 | 噻虫胺 | 0.01 | 杀虫剂 | GB/T 20769 |
| 35 | 杀虫脒 | 0.01 | 杀虫剂 | GB/T 20769 |
| 36 | 杀螟硫磷 | 0.5* | 杀虫剂 | GB 23200.113、GB/T 14553、GB/T 20769、NY/T 761 |
| 37 | 杀扑磷 | 0.05 | 杀虫剂 | GB 23200.113、NY/T 761 |
| 38 | 水胺硫磷 | 0.05 | 杀虫剂 | GB 23200.113、NY/T 761 |
| 39 | 特丁硫磷 | 0.01 | 杀虫剂 | NY/T 761、NY/T 1379 |
| 40 | 涕灭威 | 0.03 | 杀虫剂 | NY/T 761 |
| 41 | 烯草酮 | 0.5 | 除草剂 | GB 23200.8 |
| 42 | 辛硫磷 | 0.05 | 杀虫剂 | GB/T 5009.102、GB/T 20769 |
| 43 | 溴氰菊酯 | 0.2 | 杀虫剂 | GB 23200.8、GB 23200.113、NY/T 761、SN/T 0217 |
| 44 | 氧乐果 | 0.02 | 杀虫剂 | GB 23200.113、NY/T 761、NY/T 1379 |
| 45 | 乙酰甲胺磷 | 1 | 杀虫剂 | GB 23200.113、GB/T 5009.103、GB/T 5009.145、NY/T 761 |
| 46 | 蝇毒磷 | 0.05 | 杀虫剂 | GB 23200.8、GB 23200.113 |
| 47 | 治螟磷 | 0.01 | 杀虫剂 | GB 23200.8、GB 23200.113、NY/T 761 |

（续）

| 序号 | 农药中文名 | 最大残留限量（mg/kg） | 农药主要用途 | 检测方法 |
|---|---|---|---|---|
| 48 | 艾氏剂 | 0.05 | 杀虫剂 | GB 23200.113、GB/T 5009.19、NY/T 761 |
| 49 | 滴滴涕 | 0.05 | 杀虫剂 | GB 23200.113、GB/T 5009.19、NY/T 761 |
| 50 | 狄氏剂 | 0.05 | 杀虫剂 | GB 23200.113、GB/T 5009.19、NY/T 761 |
| 51 | 毒杀芬 | 0.05* | 杀虫剂 | YC/T 180（参照） |
| 52 | 六六六 | 0.05 | 杀虫剂 | GB 23200.113、GB/T 5009.19、NY/T 761 |
| 53 | 氯丹 | 0.02 | 杀虫剂 | GB/T 5009.19 |
| 54 | 灭蚁灵 | 0.01 | 杀虫剂 | GB/T 5009.19 |
| 55 | 七氯 | 0.02 | 杀虫剂 | GB/T 5009.19、NY/T 761 |
| 56 | 异狄氏剂 | 0.05 | 杀虫剂 | GB/T 5009.19、NY/T 761 |
| 57 | 吡虫啉 | 2 | 杀虫剂 | GB/T 20769、GB/T 23379 |
| 58 | 敌百虫 | 0.2 | 杀虫剂 | GB/T 20769、NY/T 761 |
| 59 | 甲氨基阿维菌素苯甲酸盐 | 0.015 | 杀虫剂 | GB/T 20769 |
| 60 | 甲氧虫酰肼 | 0.3 | 杀虫剂 | GB/T 20769 |
| 61 | 氯菊酯 | 1 | 杀虫剂 | GB 23200.8、GB 23200.113、NY/T 761 |
| 62 | 氟吡甲禾灵和高效氟吡甲禾灵 | 0.5* | 除草剂 | 无指定 |
| 63 | 啶虫脒 | 0.4 | 杀虫剂 | GB/T 20769、GB/T 23584 |
| 64 | 氟吡菌酰胺 | 1* | 杀菌剂 | 无指定 |
| 65 | 甲氧咪草烟 | 0.05* | 除草剂 | 无指定 |
| 66 | 咪唑菌酮 | 0.8 | 杀菌剂 | GB 23200.8、GB 23200.113 |
| 67 | 嘧菌环胺 | 0.7 | 杀菌剂 | GB 23200.8、GB 23200.113、GB/T 20769、NY/T 1379 |
| 68 | 噻虫嗪 | 0.3 | 杀虫剂 | GB 23200.8、GB 23200.39、GB/T 20769 |
| 69 | 灭草松 | 0.01 | 除草剂 | GB/T 20769 |
| 70 | 阿维菌素 | 0.05 | 杀虫剂 | GB 23200.19、GB 23200.20、NY/T 1379 |

（续）

| 序号 | 农药中文名 | 最大残留限量（mg/kg） | 农药主要用途 | 检测方法 |
|---|---|---|---|---|
| 71 | 百菌清 | 5 | 杀菌剂 | GB/T 5009.105、NY/T 761、SN/T 2320 |
| 72 | 草铵膦 | 0.5* | 除草剂 | 无指定 |
| 73 | 代森锰锌 | 3 | 杀菌剂 | SN 0157、SN/T 1541（参照） |
| 74 | 腈菌唑 | 2 | 杀菌剂 | GB 23200.8、GB 23200.113、GB/T 20769、NY/T 1455 |
| 75 | 乐果 | 0.5* | 杀虫剂 | GB 23200.113、GB/T 5009.145、GB/T 20769、NY/T 761 |
| 76 | 氯虫苯甲酰胺 | 1* | 杀虫剂 | 无指定 |
| 77 | 氯氰菊酯和高效氯氰菊酯 | 0.5 | 杀虫剂 | GB 23200.8、GB 23200.113、GB/T 5009.146、NY/T 761 |
| 78 | 马拉硫磷 | 2 | 杀虫剂 | GB 23200.8、GB 23200.113、GB/T 20769、NY/T 761 |
| 79 | 灭蝇胺 | 0.5 | 杀虫剂 | NY/T 1725 |
| 80 | 乙基多杀菌素 | 0.1* | 杀虫剂 | 无指定 |

## 3.64 菜豆

菜豆中农药最大残留限量见表 3-64。

**表 3-64 菜豆中农药最大残留限量**

| 序号 | 农药中文名 | 最大残留限量（mg/kg） | 农药主要用途 | 检测方法 |
|---|---|---|---|---|
| 1 | 保棉磷 | 0.5 | 杀虫剂 | NY/T 761 |
| 2 | 百草枯 | 0.05* | 除草剂 | 无指定 |
| 3 | 倍硫磷 | 0.05 | 杀虫剂 | GB 23200.8、GB 23200.113、GB/T 20769 |
| 4 | 苯嘧磺草胺 | 0.01* | 除草剂 | 无指定 |
| 5 | 苯线磷 | 0.02 | 杀虫剂 | GB 23200.8、GB/T 5009.145 |
| 6 | 吡噻菌胺 | 0.3* | 杀菌剂 | 无指定 |
| 7 | 敌敌畏 | 0.2 | 杀虫剂 | GB 23200.8、GB 23200.113、GB/T 5009.20、NY/T 761 |
| 8 | 地虫硫磷 | 0.01 | 杀虫剂 | GB 23200.8、GB 23200.113 |

（续）

| 序号 | 农药中文名 | 最大残留限量（mg/kg） | 农药主要用途 | 检测方法 |
|---|---|---|---|---|
| 9 | 啶酰菌胺 | 3 | 杀菌剂 | GB 23200.68、GB/T 20769 |
| 10 | 对硫磷 | 0.01 | 杀虫剂 | GB 23200.113、GB/T 5009.145 |
| 11 | 多杀霉素 | 0.3 | 杀虫剂 | GB/T 20769 |
| 12 | 氟苯虫酰胺 | 2* | 杀虫剂 | 无指定 |
| 13 | 氟虫腈 | 0.02 | 杀虫剂 | SN/T 1982 |
| 14 | 甲胺磷 | 0.05 | 杀虫剂 | GB 23200.113、GB/T 5009.103、NY/T 761 |
| 15 | 甲拌磷 | 0.01 | 杀虫剂 | GB 23200.113 |
| 16 | 甲基对硫磷 | 0.02 | 杀虫剂 | GB 23200.113、NY/T 761 |
| 17 | 甲基硫环磷 | 0.03* | 杀虫剂 | NY/T 761 |
| 18 | 甲基异柳磷 | 0.01* | 杀虫剂 | GB 23200.113、GB/T 5009.144 |
| 19 | 甲萘威 | 1 | 杀虫剂 | GB/T 5009.145、GB/T 20769、NY/T 761 |
| 20 | 久效磷 | 0.03 | 杀虫剂 | GB 23200.113、NY/T 761 |
| 21 | 抗蚜威 | 0.7 | 杀虫剂 | GB 23200.8、GB 23200.113、GB/T 20769、SN/T 0134 |
| 22 | 克百威 | 0.02 | 杀虫剂 | NY/T 761 |
| 23 | 联苯肼酯 | 7 | 杀螨剂 | GB 23200.8 |
| 24 | 磷胺 | 0.05 | 杀虫剂 | GB 23200.113、NY/T 761 |
| 25 | 硫环磷 | 0.03 | 杀虫剂 | GB 23200.113、NY/T 761 |
| 26 | 硫线磷 | 0.02 | 杀虫剂 | GB/T 20769 |
| 27 | 螺虫乙酯 | 1.5 | 杀虫剂 | SN/T 4891 |
| 28 | 氯氟氰菊酯和高效氯氟氰菊酯 | 0.2 | 杀虫剂 | GB 23200.8、GB 23200.113、GB/T 5009.146、NY/T 761 |
| 29 | 氯唑磷 | 0.01 | 杀虫剂 | GB 23200.113、GB/T 20769 |
| 30 | 嘧菌酯 | 3 | 杀菌剂 | GB/T 20769、NY/T 1453、SN/T 1976 |
| 31 | 灭多威 | 0.2 | 杀虫剂 | NY/T 761 |
| 32 | 灭线磷 | 0.02 | 杀线虫剂 | NY/T 761 |
| 33 | 内吸磷 | 0.02 | 杀虫/杀螨剂 | GB/T 20769 |
| 34 | 噻虫胺 | 0.01 | 杀虫剂 | GB/T 20769 |

（续）

| 序号 | 农药中文名 | 最大残留限量（mg/kg） | 农药主要用途 | 检测方法 |
|---|---|---|---|---|
| 35 | 杀虫脒 | 0.01 | 杀虫剂 | GB/T 20769 |
| 36 | 杀螟硫磷 | 0.5* | 杀虫剂 | GB 23200.113、GB/T 14553、GB/T 20769、NY/T 761 |
| 37 | 杀扑磷 | 0.05 | 杀虫剂 | GB 23200.113、NY/T 761 |
| 38 | 水胺硫磷 | 0.05 | 杀虫剂 | GB 23200.113、NY/T 761 |
| 39 | 特丁硫磷 | 0.01 | 杀虫剂 | NY/T 761、NY/T 1379 |
| 40 | 涕灭威 | 0.03 | 杀虫剂 | NY/T 761 |
| 41 | 烯草酮 | 0.5 | 除草剂 | GB 23200.8 |
| 42 | 辛硫磷 | 0.05 | 杀虫剂 | GB/T 5009.102、GB/T 20769 |
| 43 | 溴氰菊酯 | 0.2 | 杀虫剂 | GB 23200.8、GB 23200.113、NY/T 761、SN/T 0217 |
| 44 | 氧乐果 | 0.02 | 杀虫剂 | GB 23200.113、NY/T 761、NY/T 1379 |
| 45 | 乙酰甲胺磷 | 1 | 杀虫剂 | GB 23200.113、GB/T 5009.103、GB/T 5009.145、NY/T 761 |
| 46 | 蝇毒磷 | 0.05 | 杀虫剂 | GB 23200.8、GB 23200.113 |
| 47 | 治螟磷 | 0.01 | 杀虫剂 | GB 23200.8、GB 23200.113、NY/T 761 |
| 48 | 艾氏剂 | 0.05 | 杀虫剂 | GB 23200.113、GB/T 5009.19、NY/T 761 |
| 49 | 滴滴涕 | 0.05 | 杀虫剂 | GB 23200.113、GB/T 5009.19、NY/T 761 |
| 50 | 狄氏剂 | 0.05 | 杀虫剂 | GB 23200.113、GB/T 5009.19、NY/T 761 |
| 51 | 毒杀芬 | 0.05* | 杀虫剂 | YC/T 180（参照） |
| 52 | 六六六 | 0.05 | 杀虫剂 | GB 23200.113、GB/T 5009.19、NY/T 761 |
| 53 | 氯丹 | 0.02 | 杀虫剂 | GB/T 5009.19 |
| 54 | 灭蚁灵 | 0.01 | 杀虫剂 | GB/T 5009.19 |
| 55 | 七氯 | 0.02 | 杀虫剂 | GB/T 5009.19、NY/T 761 |
| 56 | 异狄氏剂 | 0.05 | 杀虫剂 | GB/T 5009.19、NY/T 761 |
| 57 | 敌百虫 | 0.2 | 杀虫剂 | GB/T 20769、NY/T 761 |

（续）

| 序号 | 农药中文名 | 最大残留限量（mg/kg） | 农药主要用途 | 检测方法 |
|---|---|---|---|---|
| 58 | 甲氨基阿维菌素苯甲酸盐 | 0.015 | 杀虫剂 | GB/T 20769 |
| 59 | 甲氧虫酰肼 | 0.3 | 杀虫剂 | GB/T 20769 |
| 60 | 氯菊酯 | 1 | 杀虫剂 | GB 23200.8、GB 23200.113、NY/T 761 |
| 61 | 乙基多杀菌素 | 0.05* | 杀虫剂 | 无指定 |
| 62 | 啶虫脒 | 0.4 | 杀虫剂 | GB/T 20769、GB/T 23584 |
| 63 | 氟吡菌酰胺 | 1* | 杀菌剂 | 无指定 |
| 64 | 甲氧咪草烟 | 0.05* | 除草剂 | 无指定 |
| 65 | 咪唑菌酮 | 0.8 | 杀菌剂 | GB 23200.8、GB 23200.113 |
| 66 | 嘧菌环胺 | 0.7 | 杀菌剂 | GB 23200.8、GB 23200.113、GB/T 20769、NY/T 1379 |
| 67 | 噻虫嗪 | 0.3 | 杀虫剂 | GB 23200.8、GB 23200.39、GB/T 20769 |
| 68 | 腈菌唑 | 0.8 | 杀菌剂 | GB 23200.8、GB 23200.113、GB/T 20769、NY/T 1455 |
| 69 | 氯虫苯甲酰胺 | 0.8* | 杀虫剂 | 无指定 |
| 70 | 阿维菌素 | 0.1 | 杀虫剂 | GB 23200.19、GB 23200.20、NY/T 1379 |
| 71 | 百菌清 | 5 | 杀菌剂 | GB/T 5009.105、NY/T 761、SN/T 2320 |
| 72 | 苯醚甲环唑 | 0.5 | 杀菌剂 | GB 23200.8、GB 23200.49、GB 23200.113、GB/T 5009.218 |
| 73 | 吡虫啉 | 0.1 | 杀虫剂 | GB/T 20769、GB/T 23379 |
| 74 | 代森锰锌 | 3 | 杀菌剂 | SN 0157、SN/T 1541（参照） |
| 75 | 毒死蜱 | 1 | 杀虫剂 | GB 23200.8、GB 23200.113、NY/T 761、SN/T 2158 |
| 76 | 多菌灵 | 0.5 | 杀菌剂 | GB/T 20769、NY/T 1453 |
| 77 | 二嗪磷 | 0.2 | 杀虫剂 | GB 23200.8、GB 23200.113、GB/T 20769、GB/T 5009.107 |
| 78 | 氟酰脲 | 0.7 | 杀虫剂 | GB 23200.34 |
| 79 | 咯菌腈 | 0.6 | 杀菌剂 | GB 23200.8、GB 23200.113、GB/T 20769 |

（续）

| 序号 | 农药中文名 | 最大残留限量（mg/kg） | 农药主要用途 | 检测方法 |
| --- | --- | --- | --- | --- |
| 80 | 乐果 | 0.5* | 杀虫剂 | GB 23200.113、GB/T 5009.145、GB/T 20769、NY/T 761 |
| 81 | 氯氰菊酯和高效氯氰菊酯 | 0.5 | 杀虫剂 | GB 23200.8、GB 23200.113、GB/T 5009.146、NY/T 761 |
| 82 | 马拉硫磷 | 2 | 杀虫剂 | GB 23200.8、GB 23200.113、GB/T 20769、NY/T 761 |
| 83 | 嘧霉胺 | 3 | 杀菌剂 | GB 23200.8、GB 23200.113、GB/T 20769 |
| 84 | 灭草松 | 0.2 | 除草剂 | GB/T 20769 |
| 85 | 灭蝇胺 | 0.5 | 杀虫剂 | NY/T 1725 |
| 86 | 嗪氨灵 | 1 | 杀菌剂 | SN/T 0695（参照） |
| 87 | 氰戊菊酯和S-氰戊菊酯 | 3 | 杀虫剂 | GB 23200.8、GB 23200.113、NY/T 761 |
| 88 | 噻草酮 | 1* | 除草剂 | GB 23200.38 |
| 89 | 杀虫单 | 2* | 杀虫剂 | 无指定 |
| 90 | 五氯硝基苯 | 0.1 | 杀菌剂 | GB 23200.113、GB/T 5009.19、GB/T 5009.136 |
| 91 | 溴螨酯 | 3 | 杀螨剂 | GB 23200.8、NY/T 1379 |
| 92 | 异丙甲草胺和精异丙甲草胺 | 0.05 | 除草剂 | GB 23200.8、GB 23200.113、GB/T 20769 |
| 93 | 唑螨酯 | 0.4 | 杀螨剂 | GB/T 20769 |

## 3.65 食荚豌豆

食荚豌豆中农药最大残留限量见表3-65。

**表3-65 食荚豌豆中农药最大残留限量**

| 序号 | 农药中文名 | 最大残留限量（mg/kg） | 农药主要用途 | 检测方法 |
| --- | --- | --- | --- | --- |
| 1 | 保棉磷 | 0.5 | 杀虫剂 | NY/T 761 |
| 2 | 百草枯 | 0.05* | 除草剂 | 无指定 |
| 3 | 倍硫磷 | 0.05 | 杀虫剂 | GB 23200.8、GB 23200.113、GB/T 20769 |

（续）

| 序号 | 农药中文名 | 最大残留限量（mg/kg） | 农药主要用途 | 检测方法 |
|---|---|---|---|---|
| 4 | 苯嘧磺草胺 | 0.01* | 除草剂 | 无指定 |
| 5 | 苯线磷 | 0.02 | 杀虫剂 | GB 23200.8、GB/T 5009.145 |
| 6 | 吡噻菌胺 | 0.3* | 杀菌剂 | 无指定 |
| 7 | 敌敌畏 | 0.2 | 杀虫剂 | GB 23200.8、GB 23200.113、GB/T 5009.20、NY/T 761 |
| 8 | 地虫硫磷 | 0.01 | 杀虫剂 | GB 23200.8、GB 23200.113 |
| 9 | 啶酰菌胺 | 3 | 杀菌剂 | GB 23200.68、GB/T 20769 |
| 10 | 对硫磷 | 0.01 | 杀虫剂 | GB 23200.113、GB/T 5009.145 |
| 11 | 多杀霉素 | 0.3 | 杀虫剂 | GB/T 20769 |
| 12 | 氟苯虫酰胺 | 2* | 杀虫剂 | 无指定 |
| 13 | 氟虫腈 | 0.02 | 杀虫剂 | SN/T 1982 |
| 14 | 甲胺磷 | 0.05 | 杀虫剂 | GB 23200.113、GB/T 5009.103、NY/T 761 |
| 15 | 甲拌磷 | 0.01 | 杀虫剂 | GB 23200.113 |
| 16 | 甲基对硫磷 | 0.02 | 杀虫剂 | GB 23200.113、NY/T 761 |
| 17 | 甲基硫环磷 | 0.03* | 杀虫剂 | NY/T 761 |
| 18 | 甲基异柳磷 | 0.01* | 杀虫剂 | GB 23200.113、GB/T 5009.144 |
| 19 | 甲萘威 | 1 | 杀虫剂 | GB/T 5009.145、GB/T 20769、NY/T 761 |
| 20 | 久效磷 | 0.03 | 杀虫剂 | GB 23200.113、NY/T 761 |
| 21 | 抗蚜威 | 0.7 | 杀虫剂 | GB 23200.8、GB 23200.113、GB/T 20769、SN/T 0134 |
| 22 | 克百威 | 0.02 | 杀虫剂 | NY/T 761 |
| 23 | 联苯肼酯 | 7 | 杀螨剂 | GB 23200.8 |
| 24 | 磷胺 | 0.05 | 杀虫剂 | GB 23200.113、NY/T 761 |
| 25 | 硫环磷 | 0.03 | 杀虫剂 | GB 23200.113、NY/T 761 |
| 26 | 硫线磷 | 0.02 | 杀虫剂 | GB/T 20769 |
| 27 | 螺虫乙酯 | 1.5 | 杀虫剂 | SN/T 4891 |
| 28 | 氯氟氰菊酯和高效氯氟氰菊酯 | 0.2 | 杀虫剂 | GB 23200.8、GB 23200.113、GB/T 5009.146、NY/T 761 |
| 29 | 氯唑磷 | 0.01 | 杀虫剂 | GB 23200.113、GB/T 20769 |

（续）

| 序号 | 农药中文名 | 最大残留限量（mg/kg） | 农药主要用途 | 检测方法 |
| --- | --- | --- | --- | --- |
| 30 | 嘧菌酯 | 3 | 杀菌剂 | GB/T 20769、NY/T 1453、SN/T 1976 |
| 31 | 灭多威 | 0.2 | 杀虫剂 | NY/T 761 |
| 32 | 灭线磷 | 0.02 | 杀线虫剂 | NY/T 761 |
| 33 | 内吸磷 | 0.02 | 杀虫/杀螨剂 | GB/T 20769 |
| 34 | 噻虫胺 | 0.01 | 杀虫剂 | GB/T 20769 |
| 35 | 杀虫脒 | 0.01 | 杀虫剂 | GB/T 20769 |
| 36 | 杀螟硫磷 | 0.5* | 杀虫剂 | GB 23200.113、GB/T 14553、GB/T 20769、NY/T 761 |
| 37 | 杀扑磷 | 0.05 | 杀虫剂 | GB 23200.113、NY/T 761 |
| 38 | 水胺硫磷 | 0.05 | 杀虫剂 | GB 23200.113、NY/T 761 |
| 39 | 特丁硫磷 | 0.01 | 杀虫剂 | NY/T 761、NY/T 1379 |
| 40 | 涕灭威 | 0.03 | 杀虫剂 | NY/T 761 |
| 41 | 烯草酮 | 0.5 | 除草剂 | GB 23200.8 |
| 42 | 辛硫磷 | 0.05 | 杀虫剂 | GB/T 5009.102、GB/T 20769 |
| 43 | 溴氰菊酯 | 0.2 | 杀虫剂 | GB 23200.8、GB 23200.113、NY/T 761、SN/T 0217 |
| 44 | 氧乐果 | 0.02 | 杀虫剂 | GB 23200.113、NY/T 761、NY/T 1379 |
| 45 | 乙酰甲胺磷 | 1 | 杀虫剂 | GB 23200.113、GB/T 5009.103、GB/T 5009.145、NY/T 761 |
| 46 | 蝇毒磷 | 0.05 | 杀虫剂 | GB 23200.8、GB 23200.113 |
| 47 | 治螟磷 | 0.01 | 杀虫剂 | GB 23200.8、GB 23200.113、NY/T 761 |
| 48 | 艾氏剂 | 0.05 | 杀虫剂 | GB 23200.113、GB/T 5009.19、NY/T 761 |
| 49 | 滴滴涕 | 0.05 | 杀虫剂 | GB 23200.113、GB/T 5009.19、NY/T 761 |
| 50 | 狄氏剂 | 0.05 | 杀虫剂 | GB 23200.113、GB/T 5009.19、NY/T 761 |
| 51 | 毒杀芬 | 0.05* | 杀虫剂 | YC/T 180（参照） |
| 52 | 六六六 | 0.05 | 杀虫剂 | GB 23200.113、GB/T 5009.19、NY/T 761 |

（续）

| 序号 | 农药中文名 | 最大残留限量（mg/kg） | 农药主要用途 | 检测方法 |
|---|---|---|---|---|
| 53 | 氯丹 | 0.02 | 杀虫剂 | GB/T 5009.19 |
| 54 | 灭蚁灵 | 0.01 | 杀虫剂 | GB/T 5009.19 |
| 55 | 七氯 | 0.02 | 杀虫剂 | GB/T 5009.19、NY/T 761 |
| 56 | 异狄氏剂 | 0.05 | 杀虫剂 | GB/T 5009.19、NY/T 761 |
| 57 | 敌百虫 | 0.2 | 杀虫剂 | GB/T 20769、NY/T 761 |
| 58 | 甲氨基阿维菌素苯甲酸盐 | 0.015 | 杀虫剂 | GB/T 20769 |
| 59 | 乙基多杀菌素 | 0.05* | 杀虫剂 | 无指定 |
| 60 | 甲氧咪草烟 | 0.05* | 除草剂 | 无指定 |
| 61 | 咪唑菌酮 | 0.8 | 杀菌剂 | GB 23200.8、GB 23200.113 |
| 62 | 嘧菌环胺 | 0.7 | 杀菌剂 | GB 23200.8、GB 23200.113、GB/T 20769、NY/T 1379 |
| 63 | 噻虫嗪 | 0.3 | 杀虫剂 | GB 23200.8、GB 23200.39、GB/T 20769 |
| 64 | 腈菌唑 | 0.8 | 杀菌剂 | GB 23200.8、GB 23200.113、GB/T 20769、NY/T 1455 |
| 65 | 灭草松 | 0.01 | 除草剂 | GB/T 20769 |
| 66 | 百菌清 | 7 | 杀菌剂 | GB/T 5009.105、NY/T 761、SN/T 2320 |
| 67 | 苯醚甲环唑 | 0.7 | 杀菌剂 | GB 23200.8、GB 23200.49、GB 23200.113、GB/T 5009.218 |
| 68 | 吡虫啉 | 5 | 杀虫剂 | GB/T 20769、GB/T 23379 |
| 69 | 吡唑醚菌酯 | 0.02 | 杀菌剂 | GB 23200.8 |
| 70 | 草铵膦 | 0.1* | 除草剂 | 无指定 |
| 71 | 代森锰锌 | 3 | 杀菌剂 | SN 0157、SN/T 1541（参照） |
| 72 | 啶虫脒 | 0.3 | 杀虫剂 | GB/T 20769、GB/T 23584 |
| 73 | 毒死蜱 | 0.01 | 杀虫剂 | GB 23200.8、GB 23200.113、NY/T 761、SN/T 2158 |
| 74 | 多菌灵 | 0.02 | 杀菌剂 | GB/T 20769、NY/T 1453 |
| 75 | 二嗪磷 | 0.2 | 杀虫剂 | GB 23200.8、GB 23200.113、GB/T 20769、GB/T 5009.107 |
| 76 | 氟吡甲禾灵和高效氟吡甲禾灵 | 0.7* | 除草剂 | 无指定 |

（续）

| 序号 | 农药中文名 | 最大残留限量（mg/kg） | 农药主要用途 | 检测方法 |
| --- | --- | --- | --- | --- |
| 77 | 氟吡菌酰胺 | 0.2* | 杀菌剂 | 无指定 |
| 78 | 咯菌腈 | 0.3 | 杀菌剂 | GB 23200.8、GB 23200.113、GB/T 20769 |
| 79 | 环丙唑醇 | 0.01 | 杀菌剂 | GB 23200.8、GB 23200.113 |
| 80 | 甲硫威 | 0.1 | 杀软体动物剂 | SN/T 2560（参照） |
| 81 | 甲霜灵和精甲霜灵 | 0.05 | 杀菌剂 | GB 23200.8、GB/T 20769 |
| 82 | 甲氧虫酰肼 | 2 | 杀虫剂 | GB/T 20769 |
| 83 | 乐果 | 0.5* | 杀虫剂 | GB 23200.113、GB/T 5009.145、GB/T 20769、NY/T 761 |
| 84 | 氯虫苯甲酰胺 | 0.05* | 杀虫剂 | 无指定 |
| 85 | 氯菊酯 | 0.1 | 杀虫剂 | GB 23200.8、GB 23200.113、NY/T 761 |
| 86 | 氯氰菊酯和高效氯氰菊酯 | 0.5 | 杀虫剂 | GB 23200.8、GB 23200.113、GB/T 5009.146、NY/T 761 |
| 87 | 马拉硫磷 | 2 | 杀虫剂 | GB 23200.8、GB 23200.113、GB/T 20769、NY/T 761 |
| 88 | 灭蝇胺 | 0.5 | 杀虫剂 | NY/T 1725 |
| 89 | 烯酰吗啉 | 0.15 | 杀菌剂 | GB/T 20769 |

## 3.66 四棱豆

四棱豆中农药最大残留限量见表 3－66。

**表 3－66 四棱豆中农药最大残留限量**

| 序号 | 农药中文名 | 最大残留限量（mg/kg） | 农药主要用途 | 检测方法 |
| --- | --- | --- | --- | --- |
| 1 | 保棉磷 | 0.5 | 杀虫剂 | NY/T 761 |
| 2 | 百草枯 | 0.05* | 除草剂 | 无指定 |
| 3 | 倍硫磷 | 0.05 | 杀虫剂 | GB 23200.8、GB 23200.113、GB/T 20769 |
| 4 | 苯嘧磺草胺 | 0.01* | 除草剂 | 无指定 |
| 5 | 苯线磷 | 0.02 | 杀虫剂 | GB 23200.8、GB/T 5009.145 |
| 6 | 吡噻菌胺 | 0.3* | 杀菌剂 | 无指定 |

（续）

| 序号 | 农药中文名 | 最大残留限量（mg/kg） | 农药主要用途 | 检测方法 |
|---|---|---|---|---|
| 7 | 敌敌畏 | 0.2 | 杀虫剂 | GB 23200.8、GB 23200.113、GB/T 5009.20、NY/T 761 |
| 8 | 地虫硫磷 | 0.01 | 杀虫剂 | GB 23200.8、GB 23200.113 |
| 9 | 啶酰菌胺 | 3 | 杀菌剂 | GB 23200.68、GB/T 20769 |
| 10 | 对硫磷 | 0.01 | 杀虫剂 | GB 23200.113、GB/T 5009.145 |
| 11 | 多杀霉素 | 0.3 | 杀虫剂 | GB/T 20769 |
| 12 | 氟苯虫酰胺 | 2* | 杀虫剂 | 无指定 |
| 13 | 氟虫腈 | 0.02 | 杀虫剂 | SN/T 1982 |
| 14 | 甲胺磷 | 0.05 | 杀虫剂 | GB 23200.113、GB/T 5009.103、NY/T 761 |
| 15 | 甲拌磷 | 0.01 | 杀虫剂 | GB 23200.113 |
| 16 | 甲基对硫磷 | 0.02 | 杀虫剂 | GB 23200.113、NY/T 761 |
| 17 | 甲基硫环磷 | 0.03* | 杀虫剂 | NY/T 761 |
| 18 | 甲基异柳磷 | 0.01* | 杀虫剂 | GB 23200.113、GB/T 5009.144 |
| 19 | 甲萘威 | 1 | 杀虫剂 | GB/T 5009.145、GB/T 20769、NY/T 761 |
| 20 | 久效磷 | 0.03 | 杀虫剂 | GB 23200.113、NY/T 761 |
| 21 | 抗蚜威 | 0.7 | 杀虫剂 | GB 23200.8、GB 23200.113、GB/T 20769、SN/T 0134 |
| 22 | 克百威 | 0.02 | 杀虫剂 | NY/T 761 |
| 23 | 联苯肼酯 | 7 | 杀螨剂 | GB 23200.8 |
| 24 | 磷胺 | 0.05 | 杀虫剂 | GB 23200.113、NY/T 761 |
| 25 | 硫环磷 | 0.03 | 杀虫剂 | GB 23200.113、NY/T 761 |
| 26 | 硫线磷 | 0.02 | 杀虫剂 | GB/T 20769 |
| 27 | 螺虫乙酯 | 1.5 | 杀虫剂 | SN/T 4891 |
| 28 | 氯氟氰菊酯和高效氯氟氰菊酯 | 0.2 | 杀虫剂 | GB 23200.8、GB 23200.113、GB/T 5009.146、NY/T 761 |
| 29 | 氯唑磷 | 0.01 | 杀虫剂 | GB 23200.113、GB/T 20769 |
| 30 | 嘧菌酯 | 3 | 杀菌剂 | GB/T 20769、NY/T 1453、SN/T 1976 |

（续）

| 序号 | 农药中文名 | 最大残留限量（mg/kg） | 农药主要用途 | 检测方法 |
| --- | --- | --- | --- | --- |
| 31 | 灭多威 | 0.2 | 杀虫剂 | NY/T 761 |
| 32 | 灭线磷 | 0.02 | 杀线虫剂 | NY/T 761 |
| 33 | 内吸磷 | 0.02 | 杀虫/杀螨剂 | GB/T 20769 |
| 34 | 噻虫胺 | 0.01 | 杀虫剂 | GB/T 20769 |
| 35 | 杀虫脒 | 0.01 | 杀虫剂 | GB/T 20769 |
| 36 | 杀螟硫磷 | 0.5* | 杀虫剂 | GB 23200.113、GB/T 14553、GB/T 20769、NY/T 761 |
| 37 | 杀扑磷 | 0.05 | 杀虫剂 | GB 23200.113、NY/T 761 |
| 38 | 水胺硫磷 | 0.05 | 杀虫剂 | GB 23200.113、NY/T 761 |
| 39 | 特丁硫磷 | 0.01 | 杀虫剂 | NY/T 761、NY/T 1379 |
| 40 | 涕灭威 | 0.03 | 杀虫剂 | NY/T 761 |
| 41 | 烯草酮 | 0.5 | 除草剂 | GB 23200.8 |
| 42 | 辛硫磷 | 0.05 | 杀虫剂 | GB/T 5009.102、GB/T 20769 |
| 43 | 溴氰菊酯 | 0.2 | 杀虫剂 | GB 23200.8、GB 23200.113、NY/T 761、SN/T 0217 |
| 44 | 氧乐果 | 0.02 | 杀虫剂 | GB 23200.113、NY/T 761、NY/T 1379 |
| 45 | 乙酰甲胺磷 | 1 | 杀虫剂 | GB 23200.113、GB/T 5009.103、GB/T 5009.145、NY/T 761 |
| 46 | 蝇毒磷 | 0.05 | 杀虫剂 | GB 23200.8、GB 23200.113 |
| 47 | 治螟磷 | 0.01 | 杀虫剂 | GB 23200.8、GB 23200.113、NY/T 761 |
| 48 | 艾氏剂 | 0.05 | 杀虫剂 | GB 23200.113、GB/T 5009.19、NY/T 761 |
| 49 | 滴滴涕 | 0.05 | 杀虫剂 | GB 23200.113、GB/T 5009.19、NY/T 761 |
| 50 | 狄氏剂 | 0.05 | 杀虫剂 | GB 23200.113、GB/T 5009.19、NY/T 761 |
| 51 | 毒杀芬 | 0.05* | 杀虫剂 | YC/T 180（参照） |
| 52 | 六六六 | 0.05 | 杀虫剂 | GB 23200.113、GB/T 5009.19、NY/T 761 |

（续）

| 序号 | 农药中文名 | 最大残留限量（mg/kg） | 农药主要用途 | 检测方法 |
|---|---|---|---|---|
| 53 | 氯丹 | 0.02 | 杀虫剂 | GB/T 5009.19 |
| 54 | 灭蚁灵 | 0.01 | 杀虫剂 | GB/T 5009.19 |
| 55 | 七氯 | 0.02 | 杀虫剂 | GB/T 5009.19、NY/T 761 |
| 56 | 异狄氏剂 | 0.05 | 杀虫剂 | GB/T 5009.19、NY/T 761 |
| 57 | 吡虫啉 | 2 | 杀虫剂 | GB/T 20769、GB/T 23379 |
| 58 | 敌百虫 | 0.2 | 杀虫剂 | GB/T 20769、NY/T 761 |
| 59 | 甲氨基阿维菌素苯甲酸盐 | 0.015 | 杀虫剂 | GB/T 20769 |
| 60 | 甲氧虫酰肼 | 0.3 | 杀虫剂 | GB/T 20769 |
| 61 | 氯菊酯 | 1 | 杀虫剂 | GB 23200.8、GB 23200.113、NY/T 761 |
| 62 | 氟吡甲禾灵和高效氟吡甲禾灵 | 0.5* | 除草剂 | 无指定 |
| 63 | 氯氰菊酯和高效氯氰菊酯 | 0.7 | 杀虫剂 | GB 23200.8、GB 23200.113、GB/T 5009.146、NY/T 761 |
| 64 | 乙基多杀菌素 | 0.05* | 杀虫剂 | 无指定 |
| 65 | 啶虫脒 | 0.4 | 杀虫剂 | GB/T 20769、GB/T 23584 |
| 66 | 氟吡菌酰胺 | 1* | 杀菌剂 | 无指定 |
| 67 | 甲氧咪草烟 | 0.05* | 除草剂 | 无指定 |
| 68 | 咪唑菌酮 | 0.8 | 杀菌剂 | GB 23200.8、GB 23200.113 |
| 69 | 嘧菌环胺 | 0.7 | 杀菌剂 | GB 23200.8、GB 23200.113、GB/T 20769、NY/T 1379 |
| 70 | 噻虫嗪 | 0.3 | 杀虫剂 | GB 23200.8、GB 23200.39、GB/T 20769 |
| 71 | 腈菌唑 | 0.8 | 杀菌剂 | GB 23200.8、GB 23200.113、GB/T 20769、NY/T 1455 |
| 72 | 氯虫苯甲酰胺 | 0.8* | 杀虫剂 | 无指定 |
| 73 | 灭草松 | 0.01 | 除草剂 | GB/T 20769 |

## 3.67　扁豆

扁豆中农药最大残留限量见表 3－67。

## 表 3-67 扁豆中农药最大残留限量

| 序号 | 农药中文名 | 最大残留限量(mg/kg) | 农药主要用途 | 检测方法 |
|---|---|---|---|---|
| 1 | 保棉磷 | 0.5 | 杀虫剂 | NY/T 761 |
| 2 | 百草枯 | 0.05* | 除草剂 | 无指定 |
| 3 | 倍硫磷 | 0.05 | 杀虫剂 | GB 23200.8、GB 23200.113、GB/T 20769 |
| 4 | 苯嘧磺草胺 | 0.01* | 除草剂 | 无指定 |
| 5 | 苯线磷 | 0.02 | 杀虫剂 | GB 23200.8、GB/T 5009.145 |
| 6 | 吡噻菌胺 | 0.3* | 杀菌剂 | 无指定 |
| 7 | 敌敌畏 | 0.2 | 杀虫剂 | GB 23200.8、GB 23200.113、GB/T 5009.20、NY/T 761 |
| 8 | 地虫硫磷 | 0.01 | 杀虫剂 | GB 23200.8、GB 23200.113 |
| 9 | 啶酰菌胺 | 3 | 杀菌剂 | GB 23200.68、GB/T 20769 |
| 10 | 对硫磷 | 0.01 | 杀虫剂 | GB 23200.113、GB/T 5009.145 |
| 11 | 多杀霉素 | 0.3 | 杀虫剂 | GB/T 20769 |
| 12 | 氟苯虫酰胺 | 2* | 杀虫剂 | 无指定 |
| 13 | 氟虫腈 | 0.02 | 杀虫剂 | SN/T 1982 |
| 14 | 甲胺磷 | 0.05 | 杀虫剂 | GB 23200.113、GB/T 5009.103、NY/T 761 |
| 15 | 甲拌磷 | 0.01 | 杀虫剂 | GB 23200.113 |
| 16 | 甲基对硫磷 | 0.02 | 杀虫剂 | GB 23200.113、NY/T 761 |
| 17 | 甲基硫环磷 | 0.03* | 杀虫剂 | NY/T 761 |
| 18 | 甲基异柳磷 | 0.01* | 杀虫剂 | GB 23200.113、GB/T 5009.144 |
| 19 | 甲萘威 | 1 | 杀虫剂 | GB/T 5009.145、GB/T 20769、NY/T 761 |
| 20 | 久效磷 | 0.03 | 杀虫剂 | GB 23200.113、NY/T 761 |
| 21 | 抗蚜威 | 0.7 | 杀虫剂 | GB 23200.8、GB 23200.113、GB/T 20769、SN/T 0134 |
| 22 | 克百威 | 0.02 | 杀虫剂 | NY/T 761 |
| 23 | 联苯肼酯 | 7 | 杀螨剂 | GB 23200.8 |
| 24 | 磷胺 | 0.05 | 杀虫剂 | GB 23200.113、NY/T 761 |
| 25 | 硫环磷 | 0.03 | 杀虫剂 | GB 23200.113、NY/T 761 |
| 26 | 硫线磷 | 0.02 | 杀虫剂 | GB/T 20769 |

（续）

| 序号 | 农药中文名 | 最大残留限量（mg/kg） | 农药主要用途 | 检测方法 |
|---|---|---|---|---|
| 27 | 螺虫乙酯 | 1.5 | 杀虫剂 | SN/T 4891 |
| 28 | 氯氟氰菊酯和高效氯氟氰菊酯 | 0.2 | 杀虫剂 | GB 23200.8、GB 23200.113、GB/T 5009.146、NY/T 761 |
| 29 | 氯唑磷 | 0.01 | 杀虫剂 | GB 23200.113、GB/T 20769 |
| 30 | 嘧菌酯 | 3 | 杀菌剂 | GB/T 20769、NY/T 1453、SN/T 1976 |
| 31 | 灭多威 | 0.2 | 杀虫剂 | NY/T 761 |
| 32 | 灭线磷 | 0.02 | 杀线虫剂 | NY/T 761 |
| 33 | 内吸磷 | 0.02 | 杀虫/杀螨剂 | GB/T 20769 |
| 34 | 噻虫胺 | 0.01 | 杀虫剂 | GB/T 20769 |
| 35 | 杀虫脒 | 0.01 | 杀虫剂 | GB/T 20769 |
| 36 | 杀螟硫磷 | 0.5* | 杀虫剂 | GB 23200.113、GB/T 14553、GB/T 20769、NY/T 761 |
| 37 | 杀扑磷 | 0.05 | 杀虫剂 | GB 23200.113、NY/T 761 |
| 38 | 水胺硫磷 | 0.05 | 杀虫剂 | GB 23200.113、NY/T 761 |
| 39 | 特丁硫磷 | 0.01 | 杀虫剂 | NY/T 761、NY/T 1379 |
| 40 | 涕灭威 | 0.03 | 杀虫剂 | NY/T 761 |
| 41 | 烯草酮 | 0.5 | 除草剂 | GB 23200.8 |
| 42 | 辛硫磷 | 0.05 | 杀虫剂 | GB/T 5009.102、GB/T 20769 |
| 43 | 溴氰菊酯 | 0.2 | 杀虫剂 | GB 23200.8、GB 23200.113、NY/T 761、SN/T 0217 |
| 44 | 氧乐果 | 0.02 | 杀虫剂 | GB 23200.113、NY/T 761、NY/T 1379 |
| 45 | 乙酰甲胺磷 | 1 | 杀虫剂 | GB 23200.113、GB/T 5009.103、GB/T 5009.145、NY/T 761 |
| 46 | 蝇毒磷 | 0.05 | 杀虫剂 | GB 23200.8、GB 23200.113 |
| 47 | 治螟磷 | 0.01 | 杀虫剂 | GB 23200.8、GB 23200.113、NY/T 761 |
| 48 | 艾氏剂 | 0.05 | 杀虫剂 | GB 23200.113、GB/T 5009.19、NY/T 761 |
| 49 | 滴滴涕 | 0.05 | 杀虫剂 | GB 23200.113、GB/T 5009.19、NY/T 761 |

（续）

| 序号 | 农药中文名 | 最大残留限量（mg/kg） | 农药主要用途 | 检测方法 |
| --- | --- | --- | --- | --- |
| 50 | 狄氏剂 | 0.05 | 杀虫剂 | GB 23200.113、GB/T 5009.19、NY/T 761 |
| 51 | 毒杀芬 | 0.05* | 杀虫剂 | YC/T 180（参照） |
| 52 | 六六六 | 0.05 | 杀虫剂 | GB 23200.113、GB/T 5009.19、NY/T 761 |
| 53 | 氯丹 | 0.02 | 杀虫剂 | GB/T 5009.19 |
| 54 | 灭蚁灵 | 0.01 | 杀虫剂 | GB/T 5009.19 |
| 55 | 七氯 | 0.02 | 杀虫剂 | GB/T 5009.19、NY/T 761 |
| 56 | 异狄氏剂 | 0.05 | 杀虫剂 | GB/T 5009.19、NY/T 761 |
| 57 | 吡虫啉 | 2 | 杀虫剂 | GB/T 20769、GB/T 23379 |
| 58 | 敌百虫 | 0.2 | 杀虫剂 | GB/T 20769、NY/T 761 |
| 59 | 甲氨基阿维菌素苯甲酸盐 | 0.015 | 杀虫剂 | GB/T 20769 |
| 60 | 甲氧虫酰肼 | 0.3 | 杀虫剂 | GB/T 20769 |
| 61 | 氯菊酯 | 1 | 杀虫剂 | GB 23200.8、GB 23200.113、NY/T 761 |
| 62 | 氟吡甲禾灵和高效氟吡甲禾灵 | 0.5* | 除草剂 | 无指定 |
| 63 | 乙基多杀菌素 | 0.05* | 杀虫剂 | 无指定 |
| 64 | 啶虫脒 | 0.4 | 杀虫剂 | GB/T 20769、GB/T 23584 |
| 65 | 氟吡菌酰胺 | 1* | 杀菌剂 | 无指定 |
| 66 | 甲氧咪草烟 | 0.05* | 除草剂 | 无指定 |
| 67 | 咪唑菌酮 | 0.8 | 杀菌剂 | GB 23200.8、GB 23200.113 |
| 68 | 嘧菌环胺 | 0.7 | 杀菌剂 | GB 23200.8、GB 23200.113、GB/T 20769、NY/T 1379 |
| 69 | 噻虫嗪 | 0.3 | 杀虫剂 | GB 23200.8、GB 23200.39、GB/T 20769 |
| 70 | 腈菌唑 | 0.8 | 杀菌剂 | GB 23200.8、GB 23200.113、GB/T 20769、NY/T 1455 |
| 71 | 氯虫苯甲酰胺 | 0.8* | 杀虫剂 | 无指定 |
| 72 | 灭草松 | 0.01 | 除草剂 | GB/T 20769 |
| 73 | 代森锰锌 | 3 | 杀菌剂 | SN 0157、SN/T 1541（参照） |

（续）

| 序号 | 农药中文名 | 最大残留限量（mg/kg） | 农药主要用途 | 检测方法 |
|---|---|---|---|---|
| 74 | 乐果 | 0.5* | 杀虫剂 | GB 23200.113、GB/T 5009.145、GB/T 20769、NY/T 761 |
| 75 | 氯氰菊酯和高效氯氰菊酯 | 0.5 | 杀虫剂 | GB 23200.8、GB 23200.113、GB/T 5009.146、NY/T 761 |
| 76 | 马拉硫磷 | 2 | 杀虫剂 | GB 23200.8、GB 23200.113、GB/T 20769、NY/T 761 |
| 77 | 灭蝇胺 | 0.5 | 杀虫剂 | NY/T 1725 |

## 3.68 刀豆

刀豆中农药最大残留限量见表3-68。

**表3-68 刀豆中农药最大残留限量**

| 序号 | 农药中文名 | 最大残留限量（mg/kg） | 农药主要用途 | 检测方法 |
|---|---|---|---|---|
| 1 | 保棉磷 | 0.5 | 杀虫剂 | NY/T 761 |
| 2 | 百草枯 | 0.05* | 除草剂 | 无指定 |
| 3 | 倍硫磷 | 0.05 | 杀虫剂 | GB 23200.8、GB 23200.113、GB/T 20769 |
| 4 | 苯嘧磺草胺 | 0.01* | 除草剂 | 无指定 |
| 5 | 苯线磷 | 0.02 | 杀虫剂 | GB 23200.8、GB/T 5009.145 |
| 6 | 吡噻菌胺 | 0.3* | 杀菌剂 | 无指定 |
| 7 | 敌敌畏 | 0.2 | 杀虫剂 | GB 23200.8、GB 23200.113、GB/T 5009.20、NY/T 761 |
| 8 | 地虫硫磷 | 0.01 | 杀虫剂 | GB 23200.8、GB 23200.113 |
| 9 | 啶酰菌胺 | 3 | 杀菌剂 | GB 23200.68、GB/T 20769 |
| 10 | 对硫磷 | 0.01 | 杀虫剂 | GB 23200.113、GB/T 5009.145 |
| 11 | 多杀霉素 | 0.3 | 杀虫剂 | GB/T 20769 |
| 12 | 氟苯虫酰胺 | 2* | 杀虫剂 | 无指定 |
| 13 | 氟虫腈 | 0.02 | 杀虫剂 | SN/T 1982 |
| 14 | 甲胺磷 | 0.05 | 杀虫剂 | GB 23200.113、GB/T 5009.103、NY/T 761 |
| 15 | 甲拌磷 | 0.01 | 杀虫剂 | GB 23200.113 |

（续）

| 序号 | 农药中文名 | 最大残留限量（mg/kg） | 农药主要用途 | 检测方法 |
|---|---|---|---|---|
| 16 | 甲基对硫磷 | 0.02 | 杀虫剂 | GB 23200.113、NY/T 761 |
| 17 | 甲基硫环磷 | 0.03* | 杀虫剂 | NY/T 761 |
| 18 | 甲基异柳磷 | 0.01* | 杀虫剂 | GB 23200.113、GB/T 5009.144 |
| 19 | 甲萘威 | 1 | 杀虫剂 | GB/T 5009.145、GB/T 20769、NY/T 761 |
| 20 | 久效磷 | 0.03 | 杀虫剂 | GB 23200.113、NY/T 761 |
| 21 | 抗蚜威 | 0.7 | 杀虫剂 | GB 23200.8、GB 23200.113、GB/T 20769、SN/T 0134 |
| 22 | 克百威 | 0.02 | 杀虫剂 | NY/T 761 |
| 23 | 联苯肼酯 | 7 | 杀螨剂 | GB 23200.8 |
| 24 | 磷胺 | 0.05 | 杀虫剂 | GB 23200.113、NY/T 761 |
| 25 | 硫环磷 | 0.03 | 杀虫剂 | GB 23200.113、NY/T 761 |
| 26 | 硫线磷 | 0.02 | 杀虫剂 | GB/T 20769 |
| 27 | 螺虫乙酯 | 1.5 | 杀虫剂 | SN/T 4891 |
| 28 | 氯氟氰菊酯和高效氯氟氰菊酯 | 0.2 | 杀虫剂 | GB 23200.8、GB 23200.113、GB/T 5009.146、NY/T 761 |
| 29 | 氯唑磷 | 0.01 | 杀虫剂 | GB 23200.113、GB/T 20769 |
| 30 | 嘧菌酯 | 3 | 杀菌剂 | GB/T 20769、NY/T 1453、SN/T 1976 |
| 31 | 灭多威 | 0.2 | 杀虫剂 | NY/T 761 |
| 32 | 灭线磷 | 0.02 | 杀线虫剂 | NY/T 761 |
| 33 | 内吸磷 | 0.02 | 杀虫/杀螨剂 | GB/T 20769 |
| 34 | 噻虫胺 | 0.01 | 杀虫剂 | GB/T 20769 |
| 35 | 杀虫脒 | 0.01 | 杀虫剂 | GB/T 20769 |
| 36 | 杀螟硫磷 | 0.5* | 杀虫剂 | GB 23200.113、GB/T 14553、GB/T 20769、NY/T 761 |
| 37 | 杀扑磷 | 0.05 | 杀虫剂 | GB 23200.113、NY/T 761 |
| 38 | 水胺硫磷 | 0.05 | 杀虫剂 | GB 23200.113、NY/T 761 |
| 39 | 特丁硫磷 | 0.01 | 杀虫剂 | NY/T 761、NY/T 1379 |
| 40 | 涕灭威 | 0.03 | 杀虫剂 | NY/T 761 |
| 41 | 烯草酮 | 0.5 | 除草剂 | GB 23200.8 |

（续）

| 序号 | 农药中文名 | 最大残留限量（mg/kg） | 农药主要用途 | 检测方法 |
|---|---|---|---|---|
| 42 | 辛硫磷 | 0.05 | 杀虫剂 | GB/T 5009.102、GB/T 20769 |
| 43 | 溴氰菊酯 | 0.2 | 杀虫剂 | GB 23200.8、GB 23200.113、NY/T 761、SN/T 0217 |
| 44 | 氧乐果 | 0.02 | 杀虫剂 | GB 23200.113、NY/T 761、NY/T 1379 |
| 45 | 乙酰甲胺磷 | 1 | 杀虫剂 | GB 23200.113、GB/T 5009.103、GB/T 5009.145、NY/T 761 |
| 46 | 蝇毒磷 | 0.05 | 杀虫剂 | GB 23200.8、GB 23200.113 |
| 47 | 治螟磷 | 0.01 | 杀虫剂 | GB 23200.8、GB 23200.113、NY/T 761 |
| 48 | 艾氏剂 | 0.05 | 杀虫剂 | GB 23200.113、GB/T 5009.19、NY/T 761 |
| 49 | 滴滴涕 | 0.05 | 杀虫剂 | GB 23200.113、GB/T 5009.19、NY/T 761 |
| 50 | 狄氏剂 | 0.05 | 杀虫剂 | GB 23200.113、GB/T 5009.19、NY/T 761 |
| 51 | 毒杀芬 | 0.05* | 杀虫剂 | YC/T 180（参照） |
| 52 | 六六六 | 0.05 | 杀虫剂 | GB 23200.113、GB/T 5009.19、NY/T 761 |
| 53 | 氯丹 | 0.02 | 杀虫剂 | GB/T 5009.19 |
| 54 | 灭蚁灵 | 0.01 | 杀虫剂 | GB/T 5009.19 |
| 55 | 七氯 | 0.02 | 杀虫剂 | GB/T 5009.19、NY/T 761 |
| 56 | 异狄氏剂 | 0.05 | 杀虫剂 | GB/T 5009.19、NY/T 761 |
| 57 | 吡虫啉 | 2 | 杀虫剂 | GB/T 20769、GB/T 23379 |
| 58 | 敌百虫 | 0.2 | 杀虫剂 | GB/T 20769、NY/T 761 |
| 59 | 甲氨基阿维菌素苯甲酸盐 | 0.015 | 杀虫剂 | GB/T 20769 |
| 60 | 甲氧虫酰肼 | 0.3 | 杀虫剂 | GB/T 20769 |
| 61 | 氯菊酯 | 1 | 杀虫剂 | GB 23200.8、GB 23200.113、NY/T 761 |
| 62 | 氟吡甲禾灵和高效氟吡甲禾灵 | 0.5* | 除草剂 | 无指定 |
| 63 | 氯氰菊酯和高效氯氰菊酯 | 0.7 | 杀虫剂 | GB 23200.8、GB 23200.113、GB/T 5009.146、NY/T 761 |

（续）

| 序号 | 农药中文名 | 最大残留限量（mg/kg） | 农药主要用途 | 检测方法 |
|---|---|---|---|---|
| 64 | 乙基多杀菌素 | 0.05* | 杀虫剂 | 无指定 |
| 65 | 啶虫脒 | 0.4 | 杀虫剂 | GB/T 20769、GB/T 23584 |
| 66 | 氟吡菌酰胺 | 1* | 杀菌剂 | 无指定 |
| 67 | 甲氧咪草烟 | 0.05* | 除草剂 | 无指定 |
| 68 | 咪唑菌酮 | 0.8 | 杀菌剂 | GB 23200.8、GB 23200.113 |
| 69 | 嘧菌环胺 | 0.7 | 杀菌剂 | GB 23200.8、GB 23200.113、GB/T 20769、NY/T 1379 |
| 70 | 噻虫嗪 | 0.3 | 杀虫剂 | GB 23200.8、GB 23200.39、GB/T 20769 |
| 71 | 腈菌唑 | 0.8 | 杀菌剂 | GB 23200.8、GB 23200.113、GB/T 20769、NY/T 1455 |
| 72 | 氯虫苯甲酰胺 | 0.8* | 杀虫剂 | 无指定 |
| 73 | 灭草松 | 0.01 | 除草剂 | GB/T 20769 |
| 74 | 氟硅唑 | 0.2 | 杀菌剂 | GB 23200.8、GB 23200.53、GB/T 20769 |

## 3.69 菜用大豆

菜用大豆中农药最大残留限量见表 3-69。

**表 3-69 菜用大豆中农药最大残留限量**

| 序号 | 农药中文名 | 最大残留限量（mg/kg） | 农药主要用途 | 检测方法 |
|---|---|---|---|---|
| 1 | 保棉磷 | 0.5 | 杀虫剂 | NY/T 761 |
| 2 | 百草枯 | 0.05* | 除草剂 | 无指定 |
| 3 | 倍硫磷 | 0.05 | 杀虫剂 | GB 23200.8、GB 23200.113、GB/T 20769 |
| 4 | 苯嘧磺草胺 | 0.01* | 除草剂 | 无指定 |
| 5 | 苯线磷 | 0.02 | 杀虫剂 | GB 23200.8、GB/T 5009.145 |
| 6 | 吡噻菌胺 | 0.3* | 杀菌剂 | 无指定 |
| 7 | 敌敌畏 | 0.2 | 杀虫剂 | GB 23200.8、GB 23200.113、GB/T 5009.20、NY/T 761 |
| 8 | 地虫硫磷 | 0.01 | 杀虫剂 | GB 23200.8、GB 23200.113 |

（续）

| 序号 | 农药中文名 | 最大残留限量（mg/kg） | 农药主要用途 | 检测方法 |
|---|---|---|---|---|
| 9 | 啶酰菌胺 | 3 | 杀菌剂 | GB 23200.68、GB/T 20769 |
| 10 | 对硫磷 | 0.01 | 杀虫剂 | GB 23200.113、GB/T 5009.145 |
| 11 | 多杀霉素 | 0.3 | 杀虫剂 | GB/T 20769 |
| 12 | 氟苯虫酰胺 | 2* | 杀虫剂 | 无指定 |
| 13 | 氟虫腈 | 0.02 | 杀虫剂 | SN/T 1982 |
| 14 | 甲胺磷 | 0.05 | 杀虫剂 | GB 23200.113、GB/T 5009.103、NY/T 761 |
| 15 | 甲拌磷 | 0.01 | 杀虫剂 | GB 23200.113 |
| 16 | 甲基对硫磷 | 0.02 | 杀虫剂 | GB 23200.113、NY/T 761 |
| 17 | 甲基硫环磷 | 0.03* | 杀虫剂 | NY/T 761 |
| 18 | 甲基异柳磷 | 0.01* | 杀虫剂 | GB 23200.113、GB/T 5009.144 |
| 19 | 甲萘威 | 1 | 杀虫剂 | GB/T 5009.145、GB/T 20769、NY/T 761 |
| 20 | 久效磷 | 0.03 | 杀虫剂 | GB 23200.113、NY/T 761 |
| 21 | 抗蚜威 | 0.7 | 杀虫剂 | GB 23200.8、GB 23200.113、GB/T 20769、SN/T 0134 |
| 22 | 克百威 | 0.02 | 杀虫剂 | NY/T 761 |
| 23 | 联苯肼酯 | 7 | 杀螨剂 | GB 23200.8 |
| 24 | 磷胺 | 0.05 | 杀虫剂 | GB 23200.113、NY/T 761 |
| 25 | 硫环磷 | 0.03 | 杀虫剂 | GB 23200.113、NY/T 761 |
| 26 | 硫线磷 | 0.02 | 杀虫剂 | GB/T 20769 |
| 27 | 螺虫乙酯 | 1.5 | 杀虫剂 | SN/T 4891 |
| 28 | 氯氟氰菊酯和高效氯氟氰菊酯 | 0.2 | 杀虫剂 | GB 23200.8、GB 23200.113、GB/T 5009.146、NY/T 761 |
| 29 | 氯唑磷 | 0.01 | 杀虫剂 | GB 23200.113、GB/T 20769 |
| 30 | 嘧菌酯 | 3 | 杀菌剂 | GB/T 20769、NY/T 1453、SN/T 1976 |
| 31 | 灭多威 | 0.2 | 杀虫剂 | NY/T 761 |
| 32 | 灭线磷 | 0.02 | 杀线虫剂 | NY/T 761 |
| 33 | 内吸磷 | 0.02 | 杀虫/杀螨剂 | GB/T 20769 |
| 34 | 噻虫胺 | 0.01 | 杀虫剂 | GB/T 20769 |

（续）

| 序号 | 农药中文名 | 最大残留限量（mg/kg） | 农药主要用途 | 检测方法 |
|---|---|---|---|---|
| 35 | 杀虫脒 | 0.01 | 杀虫剂 | GB/T 20769 |
| 36 | 杀螟硫磷 | 0.5* | 杀虫剂 | GB 23200.113、GB/T 14553、GB/T 20769、NY/T 761 |
| 37 | 杀扑磷 | 0.05 | 杀虫剂 | GB 23200.113、NY/T 761 |
| 38 | 水胺硫磷 | 0.05 | 杀虫剂 | GB 23200.113、NY/T 761 |
| 39 | 特丁硫磷 | 0.01 | 杀虫剂 | NY/T 761、NY/T 1379 |
| 40 | 涕灭威 | 0.03 | 杀虫剂 | NY/T 761 |
| 41 | 烯草酮 | 0.5 | 除草剂 | GB 23200.8 |
| 42 | 辛硫磷 | 0.05 | 杀虫剂 | GB/T 5009.102、GB/T 20769 |
| 43 | 溴氰菊酯 | 0.2 | 杀虫剂 | GB 23200.8、GB 23200.113、NY/T 761、SN/T 0217 |
| 44 | 氧乐果 | 0.02 | 杀虫剂 | GB 23200.113、NY/T 761、NY/T 1379 |
| 45 | 乙酰甲胺磷 | 1 | 杀虫剂 | GB 23200.113、GB/T 5009.103、GB/T 5009.145、NY/T 761 |
| 46 | 蝇毒磷 | 0.05 | 杀虫剂 | GB 23200.8、GB 23200.113 |
| 47 | 治螟磷 | 0.01 | 杀虫剂 | GB 23200.8、GB 23200.113、NY/T 761 |
| 48 | 艾氏剂 | 0.05 | 杀虫剂 | GB 23200.113、GB/T 5009.19、NY/T 761 |
| 49 | 滴滴涕 | 0.05 | 杀虫剂 | GB 23200.113、GB/T 5009.19、NY/T 761 |
| 50 | 狄氏剂 | 0.05 | 杀虫剂 | GB 23200.113、GB/T 5009.19、NY/T 761 |
| 51 | 毒杀芬 | 0.05* | 杀虫剂 | YC/T 180（参照） |
| 52 | 六六六 | 0.05 | 杀虫剂 | GB 23200.113、GB/T 5009.19、NY/T 761 |
| 53 | 氯丹 | 0.02 | 杀虫剂 | GB/T 5009.19 |
| 54 | 灭蚁灵 | 0.01 | 杀虫剂 | GB/T 5009.19 |
| 55 | 七氯 | 0.02 | 杀虫剂 | GB/T 5009.19、NY/T 761 |
| 56 | 异狄氏剂 | 0.05 | 杀虫剂 | GB/T 5009.19、NY/T 761 |
| 57 | 甲氧虫酰肼 | 0.3 | 杀虫剂 | GB/T 20769 |

（续）

| 序号 | 农药中文名 | 最大残留限量（mg/kg） | 农药主要用途 | 检测方法 |
|---|---|---|---|---|
| 58 | 氯菊酯 | 1 | 杀虫剂 | GB 23200.8、GB 23200.113、NY/T 761 |
| 59 | 氯氰菊酯和高效氯氰菊酯 | 0.7 | 杀虫剂 | GB 23200.8、GB 23200.113、GB/T 5009.146、NY/T 761 |
| 60 | 嘧菌环胺 | 0.5 | 杀菌剂 | GB 23200.8、GB 23200.113、GB/T 20769、NY/T 1379 |
| 61 | 氟吡菌酰胺 | 0.2* | 杀菌剂 | 无指定 |
| 62 | 噻虫嗪 | 0.01 | 杀虫剂 | GB 23200.8、GB 23200.39、GB/T 20769 |
| 63 | 烯酰吗啉 | 0.7 | 杀菌剂 | GB/T 20769 |
| 64 | 灭草松 | 0.01 | 除草剂 | GB/T 20769 |
| 65 | 阿维菌素 | 0.05 | 杀虫剂 | GB 23200.19、GB 23200.20、NY/T 1379 |
| 66 | 胺鲜酯 | 0.05* | 植物生长调节剂 | 无指定 |
| 67 | 百菌清 | 2 | 杀菌剂 | GB/T 5009.105、NY/T 761、SN/T 2320 |
| 68 | 吡虫啉 | 0.1 | 杀虫剂 | GB/T 20769、GB/T 23379 |
| 69 | 草铵膦 | 0.05* | 除草剂 | 无指定 |
| 70 | 敌百虫 | 0.1 | 杀虫剂 | GB/T 20769、NY/T 761 |
| 71 | 丁硫克百威 | 0.1 | 杀虫剂 | GB 23200.13 |
| 72 | 多菌灵 | 0.2 | 杀菌剂 | GB/T 20769、NY/T 1453 |
| 73 | 多效唑 | 0.05 | 植物生长调节剂 | GB 23200.8、GB/T 20769、GB/T 20770 |
| 74 | 嗯草酮 | 0.05 | 除草剂 | GB 23200.8、GB 23200.113、NY/T 1379 |
| 75 | 氟环唑 | 2 | 杀菌剂 | GB 23200.8、GB/T 20769 |
| 76 | 氟酰脲 | 0.01 | 杀虫剂 | GB 23200.34 |
| 77 | 氟唑菌酰胺 | 0.5* | 杀菌剂 | 无指定 |
| 78 | 咯菌腈 | 0.05 | 杀菌剂 | GB 23200.8、GB 23200.113、GB/T 20769 |
| 79 | 甲氨基阿维菌素苯甲酸盐 | 0.1 | 杀虫剂 | GB/T 20769 |
| 80 | 甲霜灵和精甲霜灵 | 0.05 | 杀菌剂 | GB 23200.8、GB/T 20769 |

（续）

| 序号 | 农药中文名 | 最大残留限量（mg/kg） | 农药主要用途 | 检测方法 |
|---|---|---|---|---|
| 81 | 甲羧除草醚 | 0.1 | 除草剂 | GB 23200.113 |
| 82 | 喹禾糠酯 | 0.1* | 除草剂 | 无指定 |
| 83 | 喹禾灵和精喹禾灵 | 0.2 | 除草剂 | GB/T 20769 |
| 84 | 氯虫苯甲酰胺 | 2* | 杀虫剂 | 无指定 |
| 85 | 扑草净 | 0.05 | 除草剂 | GB 23200.113、GB/T 20769、SN/T 1968 |
| 86 | 氰戊菊酯和S-氰戊菊酯 | 2 | 杀虫剂 | GB 23200.8、GB 23200.113、NY/T 761 |
| 87 | 萎锈灵 | 0.2 | 杀菌剂 | GB 23200.9 |
| 88 | 乙蒜素 | 0.1* | 杀菌剂 | 无指定 |
| 89 | 异丙草胺 | 0.1* | 除草剂 | GB 23200.9 |
| 90 | 异丙甲草胺和精异丙甲草胺 | 0.1 | 除草剂 | GB 23200.8、GB 23200.113、GB/T 20769 |
| 91 | 异噁草酮 | 0.05 | 除草剂 | GB 23200.8、GB 23200.113 |
| 92 | 异菌脲 | 2 | 杀菌剂 | GB 23200.8、GB 23200.113、NY/T 761、NY/T 1277 |
| 93 | 仲丁灵 | 0.05 | 除草剂 | GB 23200.8、GB 23200.69、GB/T 20769 |
| 94 | 啶虫脒 | 0.3 | 杀虫剂 | GB/T 20769、GB/T 23584 |

## 3.70 蚕豆

蚕豆中农药最大残留限量见表 3－70。

**表 3－70 蚕豆中农药最大残留限量**

| 序号 | 农药中文名 | 最大残留限量（mg/kg） | 农药主要用途 | 检测方法 |
|---|---|---|---|---|
| 1 | 保棉磷 | 0.5 | 杀虫剂 | NY/T 761 |
| 2 | 百草枯 | 0.05* | 除草剂 | 无指定 |
| 3 | 倍硫磷 | 0.05 | 杀虫剂 | GB 23200.8、GB 23200.113、GB/T 20769 |
| 4 | 苯嘧磺草胺 | 0.01* | 除草剂 | 无指定 |

（续）

| 序号 | 农药中文名 | 最大残留限量（mg/kg） | 农药主要用途 | 检测方法 |
| --- | --- | --- | --- | --- |
| 5 | 苯线磷 | 0.02 | 杀虫剂 | GB 23200.8、GB/T 5009.145 |
| 6 | 吡噻菌胺 | 0.3* | 杀菌剂 | 无指定 |
| 7 | 敌敌畏 | 0.2 | 杀虫剂 | GB 23200.8、GB 23200.113、GB/T 5009.20、NY/T 761 |
| 8 | 地虫硫磷 | 0.01 | 杀虫剂 | GB 23200.8、GB 23200.113 |
| 9 | 啶酰菌胺 | 3 | 杀菌剂 | GB 23200.68、GB/T 20769 |
| 10 | 对硫磷 | 0.01 | 杀虫剂 | GB 23200.113、GB/T 5009.145 |
| 11 | 多杀霉素 | 0.3 | 杀虫剂 | GB/T 20769 |
| 12 | 氟苯虫酰胺 | 2* | 杀虫剂 | 无指定 |
| 13 | 氟虫腈 | 0.02 | 杀虫剂 | SN/T 1982 |
| 14 | 甲胺磷 | 0.05 | 杀虫剂 | GB 23200.113、GB/T 5009.103、NY/T 761 |
| 15 | 甲拌磷 | 0.01 | 杀虫剂 | GB 23200.113 |
| 16 | 甲基对硫磷 | 0.02 | 杀虫剂 | GB 23200.113、NY/T 761 |
| 17 | 甲基硫环磷 | 0.03* | 杀虫剂 | NY/T 761 |
| 18 | 甲基异柳磷 | 0.01* | 杀虫剂 | GB 23200.113、GB/T 5009.144 |
| 19 | 甲萘威 | 1 | 杀虫剂 | GB/T 5009.145、GB/T 20769、NY/T 761 |
| 20 | 久效磷 | 0.03 | 杀虫剂 | GB 23200.113、NY/T 761 |
| 21 | 抗蚜威 | 0.7 | 杀虫剂 | GB 23200.8、GB 23200.113、GB/T 20769、SN/T 0134 |
| 22 | 克百威 | 0.02 | 杀虫剂 | NY/T 761 |
| 23 | 联苯肼酯 | 7 | 杀螨剂 | GB 23200.8 |
| 24 | 磷胺 | 0.05 | 杀虫剂 | GB 23200.113、NY/T 761 |
| 25 | 硫环磷 | 0.03 | 杀虫剂 | GB 23200.113、NY/T 761 |
| 26 | 硫线磷 | 0.02 | 杀虫剂 | GB/T 20769 |
| 27 | 螺虫乙酯 | 1.5 | 杀虫剂 | SN/T 4891 |
| 28 | 氯氟氰菊酯和高效氯氟氰菊酯 | 0.2 | 杀虫剂 | GB 23200.8、GB 23200.113、GB/T 5009.146、NY/T 761 |
| 29 | 氯唑磷 | 0.01 | 杀虫剂 | GB 23200.113、GB/T 20769 |

（续）

| 序号 | 农药中文名 | 最大残留限量（mg/kg） | 农药主要用途 | 检测方法 |
|---|---|---|---|---|
| 30 | 嘧菌酯 | 3 | 杀菌剂 | GB/T 20769、NY/T 1453、SN/T 1976 |
| 31 | 灭多威 | 0.2 | 杀虫剂 | NY/T 761 |
| 32 | 灭线磷 | 0.02 | 杀线虫剂 | NY/T 761 |
| 33 | 内吸磷 | 0.02 | 杀虫/杀螨剂 | GB/T 20769 |
| 34 | 噻虫胺 | 0.01 | 杀虫剂 | GB/T 20769 |
| 35 | 杀虫脒 | 0.01 | 杀虫剂 | GB/T 20769 |
| 36 | 杀螟硫磷 | 0.5* | 杀虫剂 | GB 23200.113、GB/T 14553、GB/T 20769、NY/T 761 |
| 37 | 杀扑磷 | 0.05 | 杀虫剂 | GB 23200.113、NY/T 761 |
| 38 | 水胺硫磷 | 0.05 | 杀虫剂 | GB 23200.113、NY/T 761 |
| 39 | 特丁硫磷 | 0.01 | 杀虫剂 | NY/T 761、NY/T 1379 |
| 40 | 涕灭威 | 0.03 | 杀虫剂 | NY/T 761 |
| 41 | 烯草酮 | 0.5 | 除草剂 | GB 23200.8 |
| 42 | 辛硫磷 | 0.05 | 杀虫剂 | GB/T 5009.102、GB/T 20769 |
| 43 | 溴氰菊酯 | 0.2 | 杀虫剂 | GB 23200.8、GB 23200.113、NY/T 761、SN/T 0217 |
| 44 | 氧乐果 | 0.02 | 杀虫剂 | GB 23200.113、NY/T 761、NY/T 1379 |
| 45 | 乙酰甲胺磷 | 1 | 杀虫剂 | GB 23200.113、GB/T 5009.103、GB/T 5009.145、NY/T 761 |
| 46 | 蝇毒磷 | 0.05 | 杀虫剂 | GB 23200.8、GB 23200.113 |
| 47 | 治螟磷 | 0.01 | 杀虫剂 | GB 23200.8、GB 23200.113、NY/T 761 |
| 48 | 艾氏剂 | 0.05 | 杀虫剂 | GB 23200.113、GB/T 5009.19、NY/T 761 |
| 49 | 滴滴涕 | 0.05 | 杀虫剂 | GB 23200.113、GB/T 5009.19、NY/T 761 |
| 50 | 狄氏剂 | 0.05 | 杀虫剂 | GB 23200.113、GB/T 5009.19、NY/T 761 |
| 51 | 毒杀芬 | 0.05* | 杀虫剂 | YC/T 180（参照） |

（续）

| 序号 | 农药中文名 | 最大残留限量（mg/kg） | 农药主要用途 | 检测方法 |
|---|---|---|---|---|
| 52 | 六六六 | 0.05 | 杀虫剂 | GB 23200.113、GB/T 5009.19、NY/T 761 |
| 53 | 氯丹 | 0.02 | 杀虫剂 | GB/T 5009.19 |
| 54 | 灭蚁灵 | 0.01 | 杀虫剂 | GB/T 5009.19 |
| 55 | 七氯 | 0.02 | 杀虫剂 | GB/T 5009.19、NY/T 761 |
| 56 | 异狄氏剂 | 0.05 | 杀虫剂 | GB/T 5009.19、NY/T 761 |
| 57 | 敌百虫 | 0.2 | 杀虫剂 | GB/T 20769、NY/T 761 |
| 58 | 甲氨基阿维菌素苯甲酸盐 | 0.015 | 杀虫剂 | GB/T 20769 |
| 59 | 甲氧虫酰肼 | 0.3 | 杀虫剂 | GB/T 20769 |
| 60 | 氯菊酯 | 1 | 杀虫剂 | GB 23200.8、GB 23200.113、NY/T 761 |
| 61 | 氟吡甲禾灵和高效氟吡甲禾灵 | 0.5* | 除草剂 | 无指定 |
| 62 | 嘧菌环胺 | 0.5 | 杀菌剂 | GB 23200.8、GB 23200.113、GB/T 20769、NY/T 1379 |
| 63 | 咯菌腈 | 0.03 | 杀菌剂 | GB 23200.8、GB 23200.113、GB/T 20769 |
| 64 | 氟吡菌酰胺 | 0.2* | 杀菌剂 | 无指定 |
| 65 | 噻虫嗪 | 0.01 | 杀虫剂 | GB 23200.8、GB 23200.39、GB/T 20769 |
| 66 | 烯酰吗啉 | 0.7 | 杀菌剂 | GB/T 20769 |
| 67 | 灭草松 | 0.01 | 除草剂 | GB/T 20769 |
| 68 | 乐果 | 0.5* | 杀虫剂 | GB 23200.113、GB/T 5009.145、GB/T 20769、NY/T 761 |
| 69 | 氯氰菊酯和高效氯氰菊酯 | 0.5 | 杀虫剂 | GB 23200.8、GB 23200.113、GB/T 5009.146、NY/T 761 |
| 70 | 马拉硫磷 | 2 | 杀虫剂 | GB 23200.8、GB 23200.113、GB/T 20769、NY/T 761 |
| 71 | 灭蝇胺 | 0.5 | 杀虫剂 | NY/T 1725 |
| 72 | 啶虫脒 | 0.3 | 杀虫剂 | GB/T 20769、GB/T 23584 |

## 3.71 豌豆（鲜）

豌豆中农药最大残留限量见表3-71。

**表3-71 豌豆中农药最大残留限量**

| 序号 | 农药中文名 | 最大残留限量(mg/kg) | 农药主要用途 | 检测方法 |
|---|---|---|---|---|
| 1 | 保棉磷 | 0.5 | 杀虫剂 | NY/T 761 |
| 2 | 百草枯 | 0.05* | 除草剂 | 无指定 |
| 3 | 倍硫磷 | 0.05 | 杀虫剂 | GB 23200.8、GB 23200.113、GB/T 20769 |
| 4 | 苯嘧磺草胺 | 0.01* | 除草剂 | 无指定 |
| 5 | 苯线磷 | 0.02 | 杀虫剂 | GB 23200.8、GB/T 5009.145 |
| 6 | 吡噻菌胺 | 0.3* | 杀菌剂 | 无指定 |
| 7 | 敌敌畏 | 0.2 | 杀虫剂 | GB 23200.8、GB 23200.113、GB/T 5009.20、NY/T 761 |
| 8 | 地虫硫磷 | 0.01 | 杀虫剂 | GB 23200.8、GB 23200.113 |
| 9 | 啶酰菌胺 | 3 | 杀菌剂 | GB 23200.68、GB/T 20769 |
| 10 | 对硫磷 | 0.01 | 杀虫剂 | GB 23200.113、GB/T 5009.145 |
| 11 | 多杀霉素 | 0.3 | 杀虫剂 | GB/T 20769 |
| 12 | 氟苯虫酰胺 | 2* | 杀虫剂 | 无指定 |
| 13 | 氟虫腈 | 0.02 | 杀虫剂 | SN/T 1982 |
| 14 | 甲胺磷 | 0.05 | 杀虫剂 | GB 23200.113、GB/T 5009.103、NY/T 761 |
| 15 | 甲拌磷 | 0.01 | 杀虫剂 | GB 23200.113 |
| 16 | 甲基对硫磷 | 0.02 | 杀虫剂 | GB 23200.113、NY/T 761 |
| 17 | 甲基硫环磷 | 0.03* | 杀虫剂 | NY/T 761 |
| 18 | 甲基异柳磷 | 0.01* | 杀虫剂 | GB 23200.113、GB/T 5009.144 |
| 19 | 甲萘威 | 1 | 杀虫剂 | GB/T 5009.145、GB/T 20769、NY/T 761 |
| 20 | 久效磷 | 0.03 | 杀虫剂 | GB 23200.113、NY/T 761 |
| 21 | 抗蚜威 | 0.7 | 杀虫剂 | GB 23200.8、GB 23200.113、GB/T 20769、SN/T 0134 |
| 22 | 克百威 | 0.02 | 杀虫剂 | NY/T 761 |

（续）

| 序号 | 农药中文名 | 最大残留限量（mg/kg） | 农药主要用途 | 检测方法 |
| --- | --- | --- | --- | --- |
| 23 | 联苯肼酯 | 7 | 杀螨剂 | GB 23200.8 |
| 24 | 磷胺 | 0.05 | 杀虫剂 | GB 23200.113、NY/T 761 |
| 25 | 硫环磷 | 0.03 | 杀虫剂 | GB 23200.113、NY/T 761 |
| 26 | 硫线磷 | 0.02 | 杀虫剂 | GB/T 20769 |
| 27 | 螺虫乙酯 | 1.5 | 杀虫剂 | SN/T 4891 |
| 28 | 氯氟氰菊酯和高效氯氟氰菊酯 | 0.2 | 杀虫剂 | GB 23200.8、GB 23200.113、GB/T 5009.146、NY/T 761 |
| 29 | 氯唑磷 | 0.01 | 杀虫剂 | GB 23200.113、GB/T 20769 |
| 30 | 嘧菌酯 | 3 | 杀菌剂 | GB/T 20769、NY/T 1453、SN/T 1976 |
| 31 | 灭多威 | 0.2 | 杀虫剂 | NY/T 761 |
| 32 | 灭线磷 | 0.02 | 杀线虫剂 | NY/T 761 |
| 33 | 内吸磷 | 0.02 | 杀虫/杀螨剂 | GB/T 20769 |
| 34 | 噻虫胺 | 0.01 | 杀虫剂 | GB/T 20769 |
| 35 | 杀虫脒 | 0.01 | 杀虫剂 | GB/T 20769 |
| 36 | 杀螟硫磷 | 0.5* | 杀虫剂 | GB 23200.113、GB/T 14553、GB/T 20769、NY/T 761 |
| 37 | 杀扑磷 | 0.05 | 杀虫剂 | GB 23200.113、NY/T 761 |
| 38 | 水胺硫磷 | 0.05 | 杀虫剂 | GB 23200.113、NY/T 761 |
| 39 | 特丁硫磷 | 0.01 | 杀虫剂 | NY/T 761、NY/T 1379 |
| 40 | 涕灭威 | 0.03 | 杀虫剂 | NY/T 761 |
| 41 | 烯草酮 | 0.5 | 除草剂 | GB 23200.8 |
| 42 | 辛硫磷 | 0.05 | 杀虫剂 | GB/T 5009.102、GB/T 20769 |
| 43 | 溴氰菊酯 | 0.2 | 杀虫剂 | GB 23200.8、GB 23200.113、NY/T 761、SN/T 0217 |
| 44 | 氧乐果 | 0.02 | 杀虫剂 | GB 23200.113、NY/T 761、NY/T 1379 |
| 45 | 乙酰甲胺磷 | 1 | 杀虫剂 | GB 23200.113、GB/T 5009.103、GB/T 5009.145、NY/T 761 |
| 46 | 蝇毒磷 | 0.05 | 杀虫剂 | GB 23200.8、GB 23200.113 |
| 47 | 治螟磷 | 0.01 | 杀虫剂 | GB 23200.8、GB 23200.113、NY/T 761 |

（续）

| 序号 | 农药中文名 | 最大残留限量（mg/kg） | 农药主要用途 | 检测方法 |
| --- | --- | --- | --- | --- |
| 48 | 艾氏剂 | 0.05 | 杀虫剂 | GB 23200.113、GB/T 5009.19、NY/T 761 |
| 49 | 滴滴涕 | 0.05 | 杀虫剂 | GB 23200.113、GB/T 5009.19、NY/T 761 |
| 50 | 狄氏剂 | 0.05 | 杀虫剂 | GB 23200.113、GB/T 5009.19、NY/T 761 |
| 51 | 毒杀芬 | 0.05* | 杀虫剂 | YC/T 180（参照） |
| 52 | 六六六 | 0.05 | 杀虫剂 | GB 23200.113、GB/T 5009.19、NY/T 761 |
| 53 | 氯丹 | 0.02 | 杀虫剂 | GB/T 5009.19 |
| 54 | 灭蚁灵 | 0.01 | 杀虫剂 | GB/T 5009.19 |
| 55 | 七氯 | 0.02 | 杀虫剂 | GB/T 5009.19、NY/T 761 |
| 56 | 异狄氏剂 | 0.05 | 杀虫剂 | GB/T 5009.19、NY/T 761 |
| 57 | 吡虫啉 | 2 | 杀虫剂 | GB/T 20769、GB/T 23379 |
| 58 | 敌百虫 | 0.2 | 杀虫剂 | GB/T 20769、NY/T 761 |
| 59 | 甲氨基阿维菌素苯甲酸盐 | 0.015 | 杀虫剂 | GB/T 20769 |
| 60 | 甲氧虫酰肼 | 0.3 | 杀虫剂 | GB/T 20769 |
| 61 | 氯菊酯 | 1 | 杀虫剂 | GB 23200.8、GB 23200.113、NY/T 761 |
| 62 | 氟吡甲禾灵和高效氟吡甲禾灵 | 0.5* | 除草剂 | 无指定 |
| 63 | 嘧菌环胺 | 0.5 | 杀菌剂 | GB 23200.8、GB 23200.113、GB/T 20769、NY/T 1379 |
| 64 | 乙基多杀菌素 | 0.05* | 杀虫剂 | 无指定 |
| 65 | 咯菌腈 | 0.03 | 杀菌剂 | GB 23200.8、GB 23200.113、GB/T 20769 |
| 66 | 氟吡菌酰胺 | 0.2* | 杀菌剂 | 无指定 |
| 67 | 噻虫嗪 | 0.01 | 杀虫剂 | GB 23200.8、GB 23200.39、GB/T 20769 |
| 68 | 烯酰吗啉 | 0.7 | 杀菌剂 | GB/T 20769 |
| 69 | 灭草松 | 0.01 | 除草剂 | GB/T 20769 |
| 70 | 苯菌酮 | 0.05* | 杀菌剂 | 无指定 |

（续）

| 序号 | 农药中文名 | 最大残留限量（mg/kg） | 农药主要用途 | 检测方法 |
|---|---|---|---|---|
| 71 | 乐果 | 0.5* | 杀虫剂 | GB 23200.113、GB/T 5009.145、GB/T 20769、NY/T 761 |
| 72 | 氯氰菊酯和高效氯氰菊酯 | 0.5 | 杀虫剂 | GB 23200.8、GB 23200.113、GB/T 5009.146、NY/T 761 |
| 73 | 马拉硫磷 | 2 | 杀虫剂 | GB 23200.8、GB 23200.113、GB/T 20769、NY/T 761 |
| 74 | 灭蝇胺 | 0.5 | 杀虫剂 | NY/T 1725 |
| 75 | 三唑酮 | 0.05 | 杀菌剂 | GB 23200.8、GB 23200.113、GB/T 20769 |
| 76 | 啶虫脒 | 0.3 | 杀虫剂 | GB/T 20769、GB/T 23584 |
| 77 | 灭草松 | 0.2* | 除草剂 | 无指定 |

## 3.72　利马豆（蔬菜豆）

利马豆（蔬菜豆）中农药最大残留限量见表3-72。

**表3-72　利马豆（蔬菜豆）中农药最大残留限量**

| 序号 | 农药中文名 | 最大残留限量（mg/kg） | 农药主要用途 | 检测方法 |
|---|---|---|---|---|
| 1 | 保棉磷 | 0.5 | 杀虫剂 | NY/T 761 |
| 2 | 百草枯 | 0.05* | 除草剂 | 无指定 |
| 3 | 倍硫磷 | 0.05 | 杀虫剂 | GB 23200.8、GB 23200.113、GB/T 20769 |
| 4 | 苯嘧磺草胺 | 0.01* | 除草剂 | 无指定 |
| 5 | 苯线磷 | 0.02 | 杀虫剂 | GB 23200.8、GB/T 5009.145 |
| 6 | 吡噻菌胺 | 0.3* | 杀菌剂 | 无指定 |
| 7 | 敌敌畏 | 0.2 | 杀虫剂 | GB 23200.8、GB 23200.113、GB/T 5009.20、NY/T 761 |
| 8 | 地虫硫磷 | 0.01 | 杀虫剂 | GB 23200.8、GB 23200.113 |
| 9 | 啶酰菌胺 | 3 | 杀菌剂 | GB 23200.68、GB/T 20769 |
| 10 | 对硫磷 | 0.01 | 杀虫剂 | GB 23200.113、GB/T 5009.145 |
| 11 | 多杀霉素 | 0.3 | 杀虫剂 | GB/T 20769 |
| 12 | 氟苯虫酰胺 | 2* | 杀虫剂 | 无指定 |

（续）

| 序号 | 农药中文名 | 最大残留限量（mg/kg） | 农药主要用途 | 检测方法 |
|---|---|---|---|---|
| 13 | 氟虫腈 | 0.02 | 杀虫剂 | SN/T 1982 |
| 14 | 甲胺磷 | 0.05 | 杀虫剂 | GB 23200.113、GB/T 5009.103、NY/T 761 |
| 15 | 甲拌磷 | 0.01 | 杀虫剂 | GB 23200.113 |
| 16 | 甲基对硫磷 | 0.02 | 杀虫剂 | GB 23200.113、NY/T 761 |
| 17 | 甲基硫环磷 | 0.03* | 杀虫剂 | NY/T 761 |
| 18 | 甲基异柳磷 | 0.01* | 杀虫剂 | GB 23200.113、GB/T 5009.144 |
| 19 | 甲萘威 | 1 | 杀虫剂 | GB/T 5009.145、GB/T 20769、NY/T 761 |
| 20 | 久效磷 | 0.03 | 杀虫剂 | GB 23200.113、NY/T 761 |
| 21 | 抗蚜威 | 0.7 | 杀虫剂 | GB 23200.8、GB 23200.113、GB/T 20769、SN/T 0134 |
| 22 | 克百威 | 0.02 | 杀虫剂 | NY/T 761 |
| 23 | 联苯肼酯 | 7 | 杀螨剂 | GB 23200.8 |
| 24 | 磷胺 | 0.05 | 杀虫剂 | GB 23200.113、NY/T 761 |
| 25 | 硫环磷 | 0.03 | 杀虫剂 | GB 23200.113、NY/T 761 |
| 26 | 硫线磷 | 0.02 | 杀虫剂 | GB/T 20769 |
| 27 | 螺虫乙酯 | 1.5 | 杀虫剂 | SN/T 4891 |
| 28 | 氯氟氰菊酯和高效氯氟氰菊酯 | 0.2 | 杀虫剂 | GB 23200.8、GB 23200.113、GB/T 5009.146、NY/T 761 |
| 29 | 氯唑磷 | 0.01 | 杀虫剂 | GB 23200.113、GB/T 20769 |
| 30 | 嘧菌酯 | 3 | 杀菌剂 | GB/T 20769、NY/T 1453、SN/T 1976 |
| 31 | 灭多威 | 0.2 | 杀虫剂 | NY/T 761 |
| 32 | 灭线磷 | 0.02 | 杀线虫剂 | NY/T 761 |
| 33 | 内吸磷 | 0.02 | 杀虫/杀螨剂 | GB/T 20769 |
| 34 | 噻虫胺 | 0.01 | 杀虫剂 | GB/T 20769 |
| 35 | 杀虫脒 | 0.01 | 杀虫剂 | GB/T 20769 |
| 36 | 杀螟硫磷 | 0.5* | 杀虫剂 | GB 23200.113、GB/T 14553、GB/T 20769、NY/T 761 |
| 37 | 杀扑磷 | 0.05 | 杀虫剂 | GB 23200.113、NY/T 761 |

（续）

| 序号 | 农药中文名 | 最大残留限量（mg/kg） | 农药主要用途 | 检测方法 |
| --- | --- | --- | --- | --- |
| 38 | 水胺硫磷 | 0.05 | 杀虫剂 | GB 23200.113、NY/T 761 |
| 39 | 特丁硫磷 | 0.01 | 杀虫剂 | NY/T 761、NY/T 1379 |
| 40 | 涕灭威 | 0.03 | 杀虫剂 | NY/T 761 |
| 41 | 烯草酮 | 0.5 | 除草剂 | GB 23200.8 |
| 42 | 辛硫磷 | 0.05 | 杀虫剂 | GB/T 5009.102、GB/T 20769 |
| 43 | 溴氰菊酯 | 0.2 | 杀虫剂 | GB 23200.8、GB 23200.113、NY/T 761、SN/T 0217 |
| 44 | 氧乐果 | 0.02 | 杀虫剂 | GB 23200.113、NY/T 761、NY/T 1379 |
| 45 | 乙酰甲胺磷 | 1 | 杀虫剂 | GB 23200.113、GB/T 5009.103、GB/T 5009.145、NY/T 761 |
| 46 | 蝇毒磷 | 0.05 | 杀虫剂 | GB 23200.8、GB 23200.113 |
| 47 | 治螟磷 | 0.01 | 杀虫剂 | GB 23200.8、GB 23200.113、NY/T 761 |
| 48 | 艾氏剂 | 0.05 | 杀虫剂 | GB 23200.113、GB/T 5009.19、NY/T 761 |
| 49 | 滴滴涕 | 0.05 | 杀虫剂 | GB 23200.113、GB/T 5009.19、NY/T 761 |
| 50 | 狄氏剂 | 0.05 | 杀虫剂 | GB 23200.113、GB/T 5009.19、NY/T 761 |
| 51 | 毒杀芬 | 0.05* | 杀虫剂 | YC/T 180（参照） |
| 52 | 六六六 | 0.05 | 杀虫剂 | GB 23200.113、GB/T 5009.19、NY/T 761 |
| 53 | 氯丹 | 0.02 | 杀虫剂 | GB/T 5009.19 |
| 54 | 灭蚁灵 | 0.01 | 杀虫剂 | GB/T 5009.19 |
| 55 | 七氯 | 0.02 | 杀虫剂 | GB/T 5009.19、NY/T 761 |
| 56 | 异狄氏剂 | 0.05 | 杀虫剂 | GB/T 5009.19、NY/T 761 |
| 57 | 吡虫啉 | 2 | 杀虫剂 | GB/T 20769、GB/T 23379 |
| 58 | 敌百虫 | 0.2 | 杀虫剂 | GB/T 20769、NY/T 761 |
| 59 | 甲氨基阿维菌素苯甲酸盐 | 0.015 | 杀虫剂 | GB/T 20769 |
| 60 | 甲氧虫酰肼 | 0.3 | 杀虫剂 | GB/T 20769 |
| 61 | 氯菊酯 | 1 | 杀虫剂 | GB 23200.8、GB 23200.113、NY/T 761 |

（续）

| 序号 | 农药中文名 | 最大残留限量（mg/kg） | 农药主要用途 | 检测方法 |
|---|---|---|---|---|
| 62 | 氟吡甲禾灵和高效氟吡甲禾灵 | 0.5* | 除草剂 | 无指定 |
| 63 | 氯氰菊酯和高效氯氰菊酯 | 0.7 | 杀虫剂 | GB 23200.8、GB 23200.113、GB/T 5009.146、NY/T 761 |
| 64 | 嘧菌环胺 | 0.5 | 杀菌剂 | GB 23200.8、GB 23200.113、GB/T 20769、NY/T 1379 |
| 65 | 乙基多杀菌素 | 0.05* | 杀虫剂 | 无指定 |
| 66 | 咯菌腈 | 0.03 | 杀菌剂 | GB 23200.8、GB 23200.113、GB/T 20769 |
| 67 | 氟吡菌酰胺 | 0.2* | 杀菌剂 | 无指定 |
| 68 | 噻虫嗪 | 0.01 | 杀虫剂 | GB 23200.8、GB 23200.39、GB/T 20769 |
| 69 | 烯酰吗啉 | 0.7 | 杀菌剂 | GB/T 20769 |
| 70 | 灭草松 | 0.05 | 除草剂 | GB/T 20769 |
| 71 | 啶虫脒 | 0.3 | 杀虫剂 | GB/T 20769、GB/T 23584 |

## 3.73 芦笋

芦笋中农药最大残留限量见表 3－73。

**表 3－73 芦笋中农药最大残留限量**

| 序号 | 农药中文名 | 最大残留限量（mg/kg） | 农药主要用途 | 检测方法 |
|---|---|---|---|---|
| 1 | 保棉磷 | 0.5 | 杀虫剂 | NY/T 761 |
| 2 | 百草枯 | 0.05* | 除草剂 | 无指定 |
| 3 | 倍硫磷 | 0.05 | 杀虫剂 | GB 23200.8、GB 23200.113、GB/T 20769 |
| 4 | 苯线磷 | 0.02 | 杀虫剂 | GB 23200.8、GB/T 5009.145 |
| 5 | 地虫硫磷 | 0.01 | 杀虫剂 | GB 23200.8、GB 23200.113 |
| 6 | 对硫磷 | 0.01 | 杀虫剂 | GB 23200.113、GB/T 5009.145 |
| 7 | 氟虫腈 | 0.02 | 杀虫剂 | SN/T 1982（参照） |
| 8 | 甲胺磷 | 0.05 | 杀虫剂 | GB 23200.113、GB/T 5009.103、NY/T 761 |

（续）

| 序号 | 农药中文名 | 最大残留限量（mg/kg） | 农药主要用途 | 检测方法 |
|---|---|---|---|---|
| 9 | 甲拌磷 | 0.01 | 杀虫剂 | GB 23200.113 |
| 10 | 甲基对硫磷 | 0.02 | 杀虫剂 | GB 23200.113、NY/T 761 |
| 11 | 甲基硫环磷 | 0.03* | 杀虫剂 | NY/T 761 |
| 12 | 甲基异柳磷 | 0.01* | 杀虫剂 | GB 23200.113、GB/T 5009.144 |
| 13 | 甲萘威 | 1 | 杀虫剂 | GB/T 5009.145、GB/T 20769、NY/T 761 |
| 14 | 久效磷 | 0.03 | 杀虫剂 | GB 23200.113、NY/T 761 |
| 15 | 克百威 | 0.02 | 杀虫剂 | NY/T 761 |
| 16 | 磷胺 | 0.05 | 杀虫剂 | GB 23200.113、NY/T 761 |
| 17 | 硫环磷 | 0.03 | 杀虫剂 | GB 23200.113、NY/T 761 |
| 18 | 硫线磷 | 0.02 | 杀虫剂 | GB/T 20769 |
| 19 | 氯菊酯 | 1 | 杀虫剂 | GB 23200.8、GB 23200.113、NY/T 761 |
| 20 | 氯唑磷 | 0.01 | 杀虫剂 | GB 23200.113、GB/T 20769 |
| 21 | 灭多威 | 0.2 | 杀虫剂 | NY/T 761 |
| 22 | 灭线磷 | 0.02 | 杀线虫剂 | NY/T 761 |
| 23 | 内吸磷 | 0.02 | 杀虫/杀螨剂 | GB/T 20769 |
| 24 | 杀虫脒 | 0.01 | 杀虫剂 | GB/T 20769 |
| 25 | 杀螟硫磷 | 0.5* | 杀虫剂 | GB 23200.113、GB/T 14553、GB/T 20769、NY/T 761 |
| 26 | 杀扑磷 | 0.05 | 杀虫剂 | GB 23200.113、NY/T 761 |
| 27 | 水胺硫磷 | 0.05 | 杀虫剂 | GB 23200.113、NY/T 761 |
| 28 | 特丁硫磷 | 0.01 | 杀虫剂 | NY/T 761、NY/T 1379 |
| 29 | 涕灭威 | 0.03 | 杀虫剂 | NY/T 761 |
| 30 | 辛硫磷 | 0.05 | 杀虫剂 | GB/T 5009.102、GB/T 20769 |
| 31 | 氧乐果 | 0.02 | 杀虫剂 | GB 23200.113、NY/T 761、NY/T 1379 |
| 32 | 蝇毒磷 | 0.05 | 杀虫剂 | GB 23200.8、GB 23200.113 |
| 33 | 治螟磷 | 0.01 | 杀虫剂 | GB 23200.8、GB 23200.113、NY/T 761 |
| 34 | 艾氏剂 | 0.05 | 杀虫剂 | GB 23200.113、GB/T 5009.19、NY/T 761 |

（续）

| 序号 | 农药中文名 | 最大残留限量（mg/kg） | 农药主要用途 | 检测方法 |
|---|---|---|---|---|
| 35 | 滴滴涕 | 0.05 | 杀虫剂 | GB 23200.113、GB/T 5009.19、NY/T 761 |
| 36 | 狄氏剂 | 0.05 | 杀虫剂 | GB 23200.113、GB/T 5009.19、NY/T 761 |
| 37 | 毒杀芬 | 0.05* | 杀虫剂 | YC/T 180（参照） |
| 38 | 六六六 | 0.05 | 杀虫剂 | GB 23200.113、GB/T 5009.19、NY/T 761 |
| 39 | 氯丹 | 0.02 | 杀虫剂 | GB/T 5009.19 |
| 40 | 灭蚁灵 | 0.01 | 杀虫剂 | GB/T 5009.19 |
| 41 | 七氯 | 0.02 | 杀虫剂 | GB/T 5009.19、NY/T 761 |
| 42 | 异狄氏剂 | 0.05 | 杀虫剂 | GB/T 5009.19、NY/T 761 |
| 43 | 敌百虫 | 0.2 | 杀虫剂 | GB/T 20769、NY/T 761 |
| 44 | 敌敌畏 | 0.2 | 杀虫剂 | GB 23200.8、GB 23200.113、GB/T 5009.20、NY/T 761 |
| 45 | 乙酰甲胺磷 | 1 | 杀虫剂 | GB 23200.113、GB/T 5009.103、GB/T 5009.145、NY/T 761 |
| 46 | 苯菌灵 | 0.5* | 杀菌剂 | GB/T 23380、NY/T 1680、SN/T 0162 |
| 47 | 苯醚甲环唑 | 0.03 | 杀菌剂 | GB 23200.8、GB 23200.49、GB 23200.113、GB/T 5009.218 |
| 48 | 丙森锌 | 2 | 杀菌剂 | SN 0139、SN 0157、SN/T 1541（参照） |
| 49 | 草铵膦 | 0.1* | 除草剂 | 无指定 |
| 50 | 代森锰锌 | 2 | 杀菌剂 | SN 0157、SN/T 1541（参照） |
| 51 | 代森锌 | 2 | 杀菌剂 | SN 0139、SN 0157、SN/T 1541（参照） |
| 52 | 毒死蜱 | 0.05 | 杀虫剂 | GB 23200.8、GB 23200.113、NY/T 761、SN/T 2158 |
| 53 | 多菌灵 | 0.5 | 杀菌剂 | GB/T 20769、NY/T 1453 |
| 54 | 氟吡菌酰胺 | 0.01* | 杀菌剂 | 无指定 |
| 55 | 福美双 | 2 | 杀菌剂 | SN 0157、SN/T 0525、SN/T 1541（参照） |
| 56 | 甲基硫菌灵 | 0.5 | 杀菌剂 | NY/T 1680 |

（续）

| 序号 | 农药中文名 | 最大残留限量（mg/kg） | 农药主要用途 | 检测方法 |
| --- | --- | --- | --- | --- |
| 57 | 甲霜灵和精甲霜灵 | 0.05 | 杀菌剂 | GB 23200.8、GB/T 20769 |
| 58 | 抗蚜威 | 0.01 | 杀虫剂 | GB 23200.8、GB 23200.113、GB/T 20769、SN/T 0134 |
| 59 | 乐果 | 0.5* | 杀虫剂 | GB 23200.113、GB/T 5009.145、GB/T 20769、NY/T 761 |
| 60 | 氯氟氰菊酯和高效氯氟氰菊酯 | 0.02 | 杀虫剂 | GB 23200.8、GB 23200.113、GB/T 5009.146、NY/T 761 |
| 61 | 氯氰菊酯和高效氯氰菊酯 | 0.4 | 杀虫剂 | GB 23200.8、GB 23200.113、GB/T 5009.146、NY/T 761 |
| 62 | 马拉硫磷 | 1 | 杀虫剂 | GB 23200.8、GB 23200.113、GB/T 20769、NY/T 761 |
| 63 | 麦草畏 | 5 | 除草剂 | SN/T 1606（参照） |
| 64 | 嘧菌酯 | 0.01 | 杀菌剂 | GB/T 20769、NY/T 1453、SN/T 1976 |
| 65 | 双胍三辛烷基苯磺酸盐 | 1* | 杀菌剂 | 无指定 |
| 66 | 肟菌酯 | 0.05 | 杀菌剂 | GB 23200.8、GB 23200.113、GB/T 20769 |
| 67 | 烯唑醇 | 0.5 | 杀菌剂 | GB 23200.113、GB/T 5009.201、GB/T 20769 |
| 68 | 硝磺草酮 | 0.01 | 除草剂 | GB/T 20769 |
| 69 | 乙拌磷 | 0.02 | 杀虫剂 | GB/T 20769 |

## 3.74　朝鲜蓟

朝鲜蓟中农药最大残留限量见表 3－74。

**表 3－74　朝鲜蓟中农药最大残留限量**

| 序号 | 农药中文名 | 最大残留限量（mg/kg） | 农药主要用途 | 检测方法 |
| --- | --- | --- | --- | --- |
| 1 | 保棉磷 | 0.5 | 杀虫剂 | NY/T 761 |
| 2 | 百草枯 | 0.05* | 除草剂 | 无指定 |
| 3 | 倍硫磷 | 0.05 | 杀虫剂 | GB 23200.8、GB 23200.113、GB/T 20769 |
| 4 | 苯线磷 | 0.02 | 杀虫剂 | GB 23200.8、GB/T 5009.145 |

（续）

| 序号 | 农药中文名 | 最大残留限量（mg/kg） | 农药主要用途 | 检测方法 |
| --- | --- | --- | --- | --- |
| 5 | 地虫硫磷 | 0.01 | 杀虫剂 | GB 23200.8、GB 23200.113 |
| 6 | 对硫磷 | 0.01 | 杀虫剂 | GB 23200.113、GB/T 5009.145 |
| 7 | 氟虫腈 | 0.02 | 杀虫剂 | SN/T 1982（参照） |
| 8 | 甲胺磷 | 0.05 | 杀虫剂 | GB 23200.113、GB/T 5009.103、NY/T 761 |
| 9 | 甲拌磷 | 0.01 | 杀虫剂 | GB 23200.113 |
| 10 | 甲基对硫磷 | 0.02 | 杀虫剂 | GB 23200.113、NY/T 761 |
| 11 | 甲基硫环磷 | 0.03* | 杀虫剂 | NY/T 761 |
| 12 | 甲基异柳磷 | 0.01* | 杀虫剂 | GB 23200.113、GB/T 5009.144 |
| 13 | 甲萘威 | 1 | 杀虫剂 | GB/T 5009.145、GB/T 20769、NY/T 761 |
| 14 | 久效磷 | 0.03 | 杀虫剂 | GB 23200.113、NY/T 761 |
| 15 | 克百威 | 0.02 | 杀虫剂 | NY/T 761 |
| 16 | 磷胺 | 0.05 | 杀虫剂 | GB 23200.113、NY/T 761 |
| 17 | 硫环磷 | 0.03 | 杀虫剂 | GB 23200.113、NY/T 761 |
| 18 | 硫线磷 | 0.02 | 杀虫剂 | GB/T 20769 |
| 19 | 氯菊酯 | 1 | 杀虫剂 | GB 23200.8、GB 23200.113、NY/T 761 |
| 20 | 氯唑磷 | 0.01 | 杀虫剂 | GB 23200.113、GB/T 20769 |
| 21 | 灭多威 | 0.2 | 杀虫剂 | NY/T 761 |
| 22 | 灭线磷 | 0.02 | 杀线虫剂 | NY/T 761 |
| 23 | 内吸磷 | 0.02 | 杀虫/杀螨剂 | GB/T 20769 |
| 24 | 杀虫脒 | 0.01 | 杀虫剂 | GB/T 20769 |
| 25 | 杀螟硫磷 | 0.5* | 杀虫剂 | GB 23200.113、GB/T 14553、GB/T 20769、NY/T 761 |
| 26 | 杀扑磷 | 0.05 | 杀虫剂 | GB 23200.113、NY/T 761 |
| 27 | 水胺硫磷 | 0.05 | 杀虫剂 | GB 23200.113、NY/T 761 |
| 28 | 特丁硫磷 | 0.01 | 杀虫剂 | NY/T 761、NY/T 1379 |
| 29 | 涕灭威 | 0.03 | 杀虫剂 | NY/T 761 |
| 30 | 辛硫磷 | 0.05 | 杀虫剂 | GB/T 5009.102、GB/T 20769 |

（续）

| 序号 | 农药中文名 | 最大残留限量（mg/kg） | 农药主要用途 | 检测方法 |
| --- | --- | --- | --- | --- |
| 31 | 氧乐果 | 0.02 | 杀虫剂 | GB 23200.113、NY/T 761、NY/T 1379 |
| 32 | 蝇毒磷 | 0.05 | 杀虫剂 | GB 23200.8、GB 23200.113 |
| 33 | 治螟磷 | 0.01 | 杀虫剂 | GB 23200.8、GB 23200.113、NY/T 761 |
| 34 | 艾氏剂 | 0.05 | 杀虫剂 | GB 23200.113、GB/T 5009.19、NY/T 761 |
| 35 | 滴滴涕 | 0.05 | 杀虫剂 | GB 23200.113、GB/T 5009.19、NY/T 761 |
| 36 | 狄氏剂 | 0.05 | 杀虫剂 | GB 23200.113、GB/T 5009.19、NY/T 761 |
| 37 | 毒杀芬 | 0.05* | 杀虫剂 | YC/T 180（参照） |
| 38 | 六六六 | 0.05 | 杀虫剂 | GB 23200.113、GB/T 5009.19、NY/T 761 |
| 39 | 氯丹 | 0.02 | 杀虫剂 | GB/T 5009.19 |
| 40 | 灭蚁灵 | 0.01 | 杀虫剂 | GB/T 5009.19 |
| 41 | 七氯 | 0.02 | 杀虫剂 | GB/T 5009.19、NY/T 761 |
| 42 | 异狄氏剂 | 0.05 | 杀虫剂 | GB/T 5009.19、NY/T 761 |
| 43 | 敌百虫 | 0.2 | 杀虫剂 | GB/T 20769、NY/T 761 |
| 44 | 敌敌畏 | 0.2 | 杀虫剂 | GB 23200.8、GB 23200.113、GB/T 5009.20、NY/T 761 |
| 45 | 吡唑醚菌酯 | 2 | 杀菌剂 | GB 23200.8 |
| 46 | 毒死蜱 | 0.05 | 杀虫剂 | GB 23200.8、GB 23200.113、NY/T 761、SN/T 2158 |
| 47 | 甲硫威 | 0.05 | 杀软体动物剂 | SN/T 2560（参照） |
| 48 | 抗蚜威 | 5 | 杀虫剂 | GB 23200.8、GB 23200.113、GB/T 20769、SN/T 0134 |
| 49 | 乐果 | 0.5* | 杀虫剂 | GB 23200.113、GB/T 5009.145、GB/T 20769、NY/T 761 |
| 50 | 螺虫乙酯 | 1 | 杀虫剂 | SN/T 4891 |
| 51 | 氯苯嘧啶醇 | 0.1 | 杀菌剂 | GB 23200.8、GB/T 20769 |
| 52 | 氯虫苯甲酰胺 | 2* | 杀虫剂 | 无指定 |

（续）

| 序号 | 农药中文名 | 最大残留限量（mg/kg） | 农药主要用途 | 检测方法 |
|---|---|---|---|---|
| 53 | 氯氰菊酯和高效氯氰菊酯 | 0.1 | 杀虫剂 | GB 23200.8、GB 23200.113、GB/T 5009.146、NY/T 761 |
| 54 | 嘧菌酯 | 5 | 杀菌剂 | GB/T 20769、NY/T 1453、SN/T 1976 |
| 55 | 灭蝇胺 | 3 | 杀虫剂 | NY/T 1725 |
| 56 | 噻虫胺 | 0.05 | 杀虫剂 | GB/T 20769 |
| 57 | 噻虫嗪 | 0.5 | 杀虫剂 | GB 23200.8、GB 23200.39、GB/T 20769 |
| 58 | 三唑醇 | 0.7 | 杀菌剂 | GB 23200.8、GB 23200.113 |
| 59 | 三唑酮 | 0.7 | 杀菌剂 | GB 23200.8、GB 23200.113、GB/T 20769 |
| 60 | 戊唑醇 | 0.6 | 杀菌剂 | GB 23200.8、GB 23200.113、GB/T 20769 |
| 61 | 烯酰吗啉 | 2 | 杀菌剂 | GB/T 20769 |
| 62 | 乙酰甲胺磷 | 0.3 | 杀虫剂 | GB 23200.113、GB/T 5009.103、GB/T 5009.145、NY/T 761 |

## 3.75 大黄

大黄中农药最大残留限量见表3-75。

**表3-75 大黄中农药最大残留限量**

| 序号 | 农药中文名 | 最大残留限量（mg/kg） | 农药主要用途 | 检测方法 |
|---|---|---|---|---|
| 1 | 保棉磷 | 0.5 | 杀虫剂 | NY/T 761 |
| 2 | 百草枯 | 0.05* | 除草剂 | 无指定 |
| 3 | 倍硫磷 | 0.05 | 杀虫剂 | GB 23200.8、GB 23200.113、GB/T 20769 |
| 4 | 苯线磷 | 0.02 | 杀虫剂 | GB 23200.8、GB/T 5009.145 |
| 5 | 地虫硫磷 | 0.01 | 杀虫剂 | GB 23200.8、GB 23200.113 |
| 6 | 对硫磷 | 0.01 | 杀虫剂 | GB 23200.113、GB/T 5009.145 |
| 7 | 氟虫腈 | 0.02 | 杀虫剂 | SN/T 1982（参照） |
| 8 | 甲胺磷 | 0.05 | 杀虫剂 | GB 23200.113、GB/T 5009.103、NY/T 761 |

（续）

| 序号 | 农药中文名 | 最大残留限量（mg/kg） | 农药主要用途 | 检测方法 |
|---|---|---|---|---|
| 9 | 甲拌磷 | 0.01 | 杀虫剂 | GB 23200.113 |
| 10 | 甲基对硫磷 | 0.02 | 杀虫剂 | GB 23200.113、NY/T 761 |
| 11 | 甲基硫环磷 | 0.03* | 杀虫剂 | NY/T 761 |
| 12 | 甲基异柳磷 | 0.01* | 杀虫剂 | GB 23200.113、GB/T 5009.144 |
| 13 | 甲萘威 | 1 | 杀虫剂 | GB/T 5009.145、GB/T 20769、NY/T 761 |
| 14 | 久效磷 | 0.03 | 杀虫剂 | GB 23200.113、NY/T 761 |
| 15 | 克百威 | 0.02 | 杀虫剂 | NY/T 761 |
| 16 | 磷胺 | 0.05 | 杀虫剂 | GB 23200.113、NY/T 761 |
| 17 | 硫环磷 | 0.03 | 杀虫剂 | GB 23200.113、NY/T 761 |
| 18 | 硫线磷 | 0.02 | 杀虫剂 | GB/T 20769 |
| 19 | 氯菊酯 | 1 | 杀虫剂 | GB 23200.8、GB 23200.113、NY/T 761 |
| 20 | 氯唑磷 | 0.01 | 杀虫剂 | GB 23200.113、GB/T 20769 |
| 21 | 灭多威 | 0.2 | 杀虫剂 | NY/T 761 |
| 22 | 灭线磷 | 0.02 | 杀线虫剂 | NY/T 761 |
| 23 | 内吸磷 | 0.02 | 杀虫/杀螨剂 | GB/T 20769 |
| 24 | 杀虫脒 | 0.01 | 杀虫剂 | GB/T 20769 |
| 25 | 杀螟硫磷 | 0.5* | 杀虫剂 | GB 23200.113、GB/T 14553、GB/T 20769、NY/T 761 |
| 26 | 杀扑磷 | 0.05 | 杀虫剂 | GB 23200.113、NY/T 761 |
| 27 | 水胺硫磷 | 0.05 | 杀虫剂 | GB 23200.113、NY/T 761 |
| 28 | 特丁硫磷 | 0.01 | 杀虫剂 | NY/T 761、NY/T 1379 |
| 29 | 涕灭威 | 0.03 | 杀虫剂 | NY/T 761 |
| 30 | 辛硫磷 | 0.05 | 杀虫剂 | GB/T 5009.102、GB/T 20769 |
| 31 | 氧乐果 | 0.02 | 杀虫剂 | GB 23200.113、NY/T 761、NY/T 1379 |
| 32 | 蝇毒磷 | 0.05 | 杀虫剂 | GB 23200.8、GB 23200.113 |
| 33 | 治螟磷 | 0.01 | 杀虫剂 | GB 23200.8、GB 23200.113、NY/T 761 |
| 34 | 艾氏剂 | 0.05 | 杀虫剂 | GB 23200.113、GB/T 5009.19、NY/T 761 |

（续）

| 序号 | 农药中文名 | 最大残留限量（mg/kg） | 农药主要用途 | 检测方法 |
|---|---|---|---|---|
| 35 | 滴滴涕 | 0.05 | 杀虫剂 | GB 23200.113、GB/T 5009.19、NY/T 761 |
| 36 | 狄氏剂 | 0.05 | 杀虫剂 | GB 23200.113、GB/T 5009.19、NY/T 761 |
| 37 | 毒杀芬 | 0.05* | 杀虫剂 | YC/T 180（参照） |
| 38 | 六六六 | 0.05 | 杀虫剂 | GB 23200.113、GB/T 5009.19、NY/T 761 |
| 39 | 氯丹 | 0.02 | 杀虫剂 | GB/T 5009.19 |
| 40 | 灭蚁灵 | 0.01 | 杀虫剂 | GB/T 5009.19 |
| 41 | 七氯 | 0.02 | 杀虫剂 | GB/T 5009.19、NY/T 761 |
| 42 | 异狄氏剂 | 0.05 | 杀虫剂 | GB/T 5009.19、NY/T 761 |
| 43 | 敌百虫 | 0.2 | 杀虫剂 | GB/T 20769、NY/T 761 |
| 44 | 敌敌畏 | 0.2 | 杀虫剂 | GB 23200.8、GB 23200.113、GB/T 5009.20、NY/T 761 |
| 45 | 乙酰甲胺磷 | 1 | 杀虫剂 | GB 23200.113、GB/T 5009.103、GB/T 5009.145、NY/T 761 |
| 46 | 硝磺草酮 | 0.01 | 除草剂 | GB/T 20769 |

## 3.76 茎用莴苣

茎用莴苣中农药最大残留限量见表 3－76。

**表 3－76 茎用莴苣中农药最大残留限量**

| 序号 | 农药中文名 | 最大残留限量（mg/kg） | 农药主要用途 | 检测方法 |
|---|---|---|---|---|
| 1 | 保棉磷 | 0.5 | 杀虫剂 | NY/T 761 |
| 2 | 百草枯 | 0.05* | 除草剂 | 无指定 |
| 3 | 倍硫磷 | 0.05 | 杀虫剂 | GB 23200.8、GB 23200.113、GB/T 20769 |
| 4 | 苯线磷 | 0.02 | 杀虫剂 | GB 23200.8、GB/T 5009.145 |
| 5 | 地虫硫磷 | 0.01 | 杀虫剂 | GB 23200.8、GB 23200.113 |
| 6 | 对硫磷 | 0.01 | 杀虫剂 | GB 23200.113、GB/T 5009.145 |
| 7 | 氟虫腈 | 0.02 | 杀虫剂 | SN/T 1982（参照） |

（续）

| 序号 | 农药中文名 | 最大残留限量（mg/kg） | 农药主要用途 | 检测方法 |
| --- | --- | --- | --- | --- |
| 8 | 甲胺磷 | 0.05 | 杀虫剂 | GB 23200.113、GB/T 5009.103、NY/T 761 |
| 9 | 甲拌磷 | 0.01 | 杀虫剂 | GB 23200.113 |
| 10 | 甲基对硫磷 | 0.02 | 杀虫剂 | GB 23200.113、NY/T 761 |
| 11 | 甲基硫环磷 | 0.03* | 杀虫剂 | NY/T 761 |
| 12 | 甲基异柳磷 | 0.01* | 杀虫剂 | GB 23200.113、GB/T 5009.144 |
| 13 | 甲萘威 | 1 | 杀虫剂 | GB/T 5009.145、GB/T 20769、NY/T 761 |
| 14 | 久效磷 | 0.03 | 杀虫剂 | GB 23200.113、NY/T 761 |
| 15 | 克百威 | 0.02 | 杀虫剂 | NY/T 761 |
| 16 | 磷胺 | 0.05 | 杀虫剂 | GB 23200.113、NY/T 761 |
| 17 | 硫环磷 | 0.03 | 杀虫剂 | GB 23200.113、NY/T 761 |
| 18 | 硫线磷 | 0.02 | 杀虫剂 | GB/T 20769 |
| 19 | 氯菊酯 | 1 | 杀虫剂 | GB 23200.8、GB 23200.113、NY/T 761 |
| 20 | 氯唑磷 | 0.01 | 杀虫剂 | GB 23200.113、GB/T 20769 |
| 21 | 灭多威 | 0.2 | 杀虫剂 | NY/T 761 |
| 22 | 灭线磷 | 0.02 | 杀线虫剂 | NY/T 761 |
| 23 | 内吸磷 | 0.02 | 杀虫/杀螨剂 | GB/T 20769 |
| 24 | 杀虫脒 | 0.01 | 杀虫剂 | GB/T 20769 |
| 25 | 杀螟硫磷 | 0.5* | 杀虫剂 | GB 23200.113、GB/T 14553、GB/T 20769、NY/T 761 |
| 26 | 杀扑磷 | 0.05 | 杀虫剂 | GB 23200.113、NY/T 761 |
| 27 | 水胺硫磷 | 0.05 | 杀虫剂 | GB 23200.113、NY/T 761 |
| 28 | 特丁硫磷 | 0.01 | 杀虫剂 | NY/T 761、NY/T 1379 |
| 29 | 涕灭威 | 0.03 | 杀虫剂 | NY/T 761 |
| 30 | 辛硫磷 | 0.05 | 杀虫剂 | GB/T 5009.102、GB/T 20769 |
| 31 | 氧乐果 | 0.02 | 杀虫剂 | GB 23200.113、NY/T 761、NY/T 1379 |
| 32 | 蝇毒磷 | 0.05 | 杀虫剂 | GB 23200.8、GB 23200.113 |
| 33 | 治螟磷 | 0.01 | 杀虫剂 | GB 23200.8、GB 23200.113、NY/T 761 |

（续）

| 序号 | 农药中文名 | 最大残留限量（mg/kg） | 农药主要用途 | 检测方法 |
| --- | --- | --- | --- | --- |
| 34 | 艾氏剂 | 0.05 | 杀虫剂 | GB 23200.113、GB/T 5009.19、NY/T 761 |
| 35 | 滴滴涕 | 0.05 | 杀虫剂 | GB 23200.113、GB/T 5009.19、NY/T 761 |
| 36 | 狄氏剂 | 0.05 | 杀虫剂 | GB 23200.113、GB/T 5009.19、NY/T 761 |
| 37 | 毒杀芬 | 0.05* | 杀虫剂 | YC/T 180（参照） |
| 38 | 六六六 | 0.05 | 杀虫剂 | GB 23200.113、GB/T 5009.19、NY/T 761 |
| 39 | 氯丹 | 0.02 | 杀虫剂 | GB/T 5009.19 |
| 40 | 灭蚁灵 | 0.01 | 杀虫剂 | GB/T 5009.19 |
| 41 | 七氯 | 0.02 | 杀虫剂 | GB/T 5009.19、NY/T 761 |
| 42 | 异狄氏剂 | 0.05 | 杀虫剂 | GB/T 5009.19、NY/T 761 |
| 43 | 乙酰甲胺磷 | 1 | 杀虫剂 | GB 23200.113、GB/T 5009.103、GB/T 5009.145、NY/T 761 |
| 44 | 虫酰肼 | 5 | 杀虫剂 | GB/T 20769 |
| 45 | 代森锌 | 30 | 杀菌剂 | SN 0139、SN 0157、SN/T 1541（参照） |
| 46 | 敌百虫 | 1 | 杀虫剂 | GB/T 20769、NY/T 761 |
| 47 | 敌敌畏 | 0.1 | 杀虫剂 | GB 23200.8、GB 23200.113、GB/T 5009.20、NY/T 761 |
| 48 | 啶虫脒 | 1 | 杀虫剂 | GB/T 20769、GB/T 23584 |
| 49 | 氟啶脲 | 1 | 杀虫剂 | GB 23200.8、GB/T 20769、SN/T 2095 |
| 50 | 甲氨基阿维菌素苯甲酸盐 | 0.05 | 杀虫剂 | GB/T 20769 |
| 51 | 甲氰菊酯 | 1 | 杀虫剂 | GB 23200.8、GB 23200.113、NY/T 761、SN/T 2233 |
| 52 | 氯氟氰菊酯和高效氯氟氰菊酯 | 0.2 | 杀虫剂 | GB 23200.8、GB 23200.113、GB/T 5009.146、NY/T 761 |
| 53 | 氯氰菊酯和高效氯氰菊酯 | 0.3 | 杀虫剂 | GB 23200.8、GB 23200.113、GB/T 5009.146、NY/T 761 |
| 54 | 马拉硫磷 | 1 | 杀虫剂 | GB 23200.8、GB 23200.113、GB/T 20769、NY/T 761 |

（续）

| 序号 | 农药中文名 | 最大残留限量（mg/kg） | 农药主要用途 | 检测方法 |
|---|---|---|---|---|
| 55 | 氰戊菊酯和S-氰戊菊酯 | 1 | 杀虫剂 | GB 23200.8、GB 23200.113、NY/T 761 |
| 56 | 四聚乙醛 | 3* | 杀螺剂 | 无指定 |

## 3.77　萝卜

萝卜中农药最大残留限量见表3-77。

**表3-77　萝卜中农药最大残留限量**

| 序号 | 农药中文名 | 最大残留限量（mg/kg） | 农药主要用途 | 检测方法 |
|---|---|---|---|---|
| 1 | 保棉磷 | 0.5 | 杀虫剂 | NY/T 761 |
| 2 | 百草枯 | 0.05* | 除草剂 | 无指定 |
| 3 | 倍硫磷 | 0.05 | 杀虫剂 | GB 23200.8、GB 23200.113、GB/T 20769 |
| 4 | 苯线磷 | 0.02 | 杀虫剂 | GB 23200.8、GB/T 5009.145 |
| 5 | 地虫硫磷 | 0.01 | 杀虫剂 | GB 23200.8、GB 23200.113 |
| 6 | 对硫磷 | 0.01 | 杀虫剂 | GB 23200.113、GB/T 5009.145 |
| 7 | 氟虫腈 | 0.02 | 杀虫剂 | SN/T 1982 |
| 8 | 甲拌磷 | 0.01 | 杀虫剂 | GB 23200.113 |
| 9 | 甲基对硫磷 | 0.02 | 杀虫剂 | GB 23200.113、NY/T 761 |
| 10 | 甲基硫环磷 | 0.03* | 杀虫剂 | NY/T 761 |
| 11 | 久效磷 | 0.03 | 杀虫剂 | GB 23200.113、NY/T 761 |
| 12 | 抗蚜威 | 0.05 | 杀虫剂 | GB 23200.8、GB 23200.113、GB/T 20769、SN/T 0134 |
| 13 | 联苯菊酯 | 0.05 | 杀虫/杀螨剂 | GB/T 5009.146、NY/T 761、SN/T 1969 |
| 14 | 磷胺 | 0.05 | 杀虫剂 | GB 23200.113、NY/T 761 |
| 15 | 硫环磷 | 0.03 | 杀虫剂 | GB 23200.113、NY/T 761 |
| 16 | 硫线磷 | 0.02 | 杀虫剂 | GB/T 20769 |
| 17 | 氯氰菊酯和高效氯氰菊酯 | 0.01 | 杀虫剂 | GB 23200.8、GB 23200.113、GB/T 5009.146、NY/T 761 |
| 18 | 氯唑磷 | 0.01 | 杀虫剂 | GB 23200.113、GB/T 20769 |

（续）

| 序号 | 农药中文名 | 最大残留限量（mg/kg） | 农药主要用途 | 检测方法 |
|---|---|---|---|---|
| 19 | 灭多威 | 0.2 | 杀虫剂 | NY/T 761 |
| 20 | 灭线磷 | 0.02 | 杀线虫剂 | NY/T 761 |
| 21 | 内吸磷 | 0.02 | 杀虫/杀螨剂 | GB/T 20769 |
| 22 | 杀虫脒 | 0.01 | 杀虫剂 | GB/T 20769 |
| 23 | 杀螟硫磷 | 0.5* | 杀虫剂 | GB 23200.113、GB/T 14553、GB/T 20769、NY/T 761 |
| 24 | 杀扑磷 | 0.05 | 杀虫剂 | GB 23200.113、NY/T 761 |
| 25 | 水胺硫磷 | 0.05 | 杀虫剂 | GB 23200.113、NY/T 761 |
| 26 | 特丁硫磷 | 0.01 | 杀虫剂 | NY/T 761、NY/T 1379 |
| 27 | 辛硫磷 | 0.05 | 杀虫剂 | GB/T 5009.102、GB/T 20769 |
| 28 | 氧乐果 | 0.02 | 杀虫剂 | GB 23200.113、NY/T 761、NY/T 1379 |
| 29 | 乙酰甲胺磷 | 1 | 杀虫剂 | GB 23200.113、GB/T 5009.103、GB/T 5009.145、NY/T 761 |
| 30 | 蝇毒磷 | 0.05 | 杀虫剂 | GB 23200.8、GB 23200.113 |
| 31 | 增效醚 | 0.5 | 增效剂 | GB 23200.8、GB 23200.113 |
| 32 | 治螟磷 | 0.01 | 杀虫剂 | GB 23200.8、GB 23200.113、NY/T 761 |
| 33 | 艾氏剂 | 0.05 | 杀虫剂 | GB 23200.113、GB/T 5009.19、NY/T 761 |
| 34 | 狄氏剂 | 0.05 | 杀虫剂 | GB 23200.113、GB/T 5009.19、NY/T 761 |
| 35 | 毒杀芬 | 0.05* | 杀虫剂 | YC/T 180（参照） |
| 36 | 六六六 | 0.05 | 杀虫剂 | GB 23200.113、GB/T 5009.19、NY/T 761 |
| 37 | 氯丹 | 0.02 | 杀虫剂 | GB/T 5009.19 |
| 38 | 灭蚁灵 | 0.01 | 杀虫剂 | GB/T 5009.19 |
| 39 | 七氯 | 0.02 | 杀虫剂 | GB/T 5009.19、NY/T 761 |
| 40 | 异狄氏剂 | 0.05 | 杀虫剂 | GB/T 5009.19、NY/T 761 |
| 41 | 滴滴涕 | 0.05 | 杀虫剂 | GB 23200.113、GB/T 5009.19、NY/T 761 |
| 42 | 甲基异柳磷 | 0.01* | 杀虫剂 | GB 23200.113、GB/T 5009.144 |

（续）

| 序号 | 农药中文名 | 最大残留限量（mg/kg） | 农药主要用途 | 检测方法 |
|---|---|---|---|---|
| 43 | 甲萘威 | 1 | 杀虫剂 | GB/T 5009.145、GB/T 20769、NY/T 761 |
| 44 | 克百威 | 0.02 | 杀虫剂 | NY/T 761 |
| 45 | 氯氟氰菊酯和高效氯氟氰菊酯 | 0.01 | 杀虫剂 | GB 23200.8、GB 23200.113、GB/T 5009.146、NY/T 761 |
| 46 | 涕灭威 | 0.03 | 杀虫剂 | NY/T 761 |
| 47 | 百菌清 | 0.3 | 杀菌剂 | GB/T 5009.105、NY/T 761、SN/T 2320 |
| 48 | 啶酰菌胺 | 2 | 杀菌剂 | GB 23200.68、GB/T 20769 |
| 49 | 腈菌唑 | 0.06 | 杀菌剂 | GB 23200.8、GB 23200.113、GB/T 20769、NY/T 1455 |
| 50 | 嘧菌酯 | 1 | 杀菌剂 | GB/T 20769、NY/T 1453、SN/T 1976 |
| 51 | 噻虫胺 | 0.2 | 杀虫剂 | GB/T 20769 |
| 52 | 噻虫嗪 | 0.3 | 杀虫剂 | GB 23200.8、GB 23200.39、GB/T 20769 |
| 53 | 溴氰虫酰胺 | 0.05* | 杀虫剂 | 无指定 |
| 54 | 吡虫啉 | 0.5 | 杀虫剂 | GB/T 20769、GB/T 23379 |
| 55 | 氟啶虫胺腈 | 0.03* | 杀虫剂 | 无指定 |
| 56 | 阿维菌素 | 0.01 | 杀虫剂 | GB 23200.19、GB 23200.20、NY/T 1379 |
| 57 | 吡噻菌胺 | 3* | 杀菌剂 | 无指定 |
| 58 | 吡唑醚菌酯 | 0.5 | 杀菌剂 | GB 23200.8 |
| 59 | 丙溴磷 | 1 | 杀虫剂 | GB 23200.8、GB 23200.113、NY/T 761、SN/T 2234 |
| 60 | 虫酰肼 | 2 | 杀虫剂 | GB/T 20769 |
| 61 | 除虫菊素 | 1 | 杀虫剂 | GB/T 20769 |
| 62 | 除虫脲 | 1 | 杀虫剂 | GB/T 5009.147、NY/T 1720 |
| 63 | 代森锌 | 1 | 杀菌剂 | SN 0139、SN 0157、SN/T 1541（参照） |
| 64 | 敌百虫 | 0.5 | 杀虫剂 | GB/T 20769、NY/T 761 |
| 65 | 敌敌畏 | 0.5 | 杀虫剂 | GB 23200.8、GB 23200.113、GB/T 5009.20、NY/T 761 |
| 66 | 啶虫脒 | 0.5 | 杀虫剂 | GB/T 20769、GB/T 23584 |

（续）

| 序号 | 农药中文名 | 最大残留限量（mg/kg） | 农药主要用途 | 检测方法 |
| --- | --- | --- | --- | --- |
| 67 | 毒死蜱 | 1 | 杀虫剂 | GB 23200.8、GB 23200.113、NY/T 761、SN/T 2158 |
| 68 | 二嗪磷 | 0.1 | 杀虫剂 | GB 23200.8、GB 23200.113、GB/T 20769、GB/T 5009.107 |
| 69 | 氟啶脲 | 0.1 | 杀虫剂 | GB 23200.8、GB/T 20769、SN/T 2095 |
| 70 | 氟氰戊菊酯 | 0.05 | 杀虫剂 | GB 23200.113、NY/T 761 |
| 71 | 咯菌腈 | 0.3 | 杀菌剂 | GB 23200.8、GB 23200.113、GB/T 20769 |
| 72 | 甲氨基阿维菌素苯甲酸盐 | 0.02 | 杀虫剂 | GB/T 20769 |
| 73 | 甲胺磷 | 0.1 | 杀虫剂 | GB 23200.113、GB/T 5009.103、NY/T 761 |
| 74 | 甲基立枯磷 | 0.1 | 杀菌剂 | GB 23200.8、GB 23200.113 |
| 75 | 甲氰菊酯 | 0.5 | 杀虫剂 | GB 23200.8、GB 23200.113、NY/T 761、SN/T 2233 |
| 76 | 甲氧虫酰肼 | 0.4 | 杀虫剂 | GB/T 20769 |
| 77 | 乐果 | 0.5* | 杀虫剂 | GB 23200.113、GB/T 5009.145、GB/T 20769、NY/T 761 |
| 78 | 氯虫苯甲酰胺 | 0.5* | 杀虫剂 | 无指定 |
| 79 | 氯菊酯 | 0.1 | 杀虫剂 | GB 23200.8、GB 23200.113、NY/T 761 |
| 80 | 马拉硫磷 | 0.5 | 杀虫剂 | GB 23200.8、GB 23200.113、GB/T 20769、NY/T 761 |
| 81 | 醚菊酯 | 1 | 杀虫剂 | GB 23200.8、SN/T 2151 |
| 82 | 嘧菌环胺 | 0.3 | 杀菌剂 | GB 23200.8、GB 23200.113、GB/T 20769、NY/T 1379 |
| 83 | 灭幼脲 | 5 | 杀虫剂 | GB/T 5009.135、GB/T 20769 |
| 84 | 氰戊菊酯和S-氰戊菊酯 | 0.05 | 杀虫剂 | GB 23200.8、GB 23200.113、NY/T 761 |
| 85 | 霜霉威和霜霉威盐酸盐 | 1 | 杀菌剂 | GB/T 20769、NY/T 1379 |
| 86 | 肟菌酯 | 0.08 | 杀菌剂 | GB 23200.8、GB 23200.113、GB/T 20769 |
| 87 | 溴氰菊酯 | 0.2 | 杀虫剂 | GB 23200.8、GB 23200.113、NY/T 761、SN/T 0217 |

## 3.78 胡萝卜

胡萝卜中农药最大残留限量见表3-78。

**表3-78 胡萝卜中农药最大残留限量**

| 序号 | 农药中文名 | 最大残留限量（mg/kg） | 农药主要用途 | 检测方法 |
|---|---|---|---|---|
| 1 | 保棉磷 | 0.5 | 杀虫剂 | NY/T 761 |
| 2 | 百草枯 | 0.05* | 除草剂 | 无指定 |
| 3 | 倍硫磷 | 0.05 | 杀虫剂 | GB 23200.8、GB 23200.113、GB/T 20769 |
| 4 | 苯线磷 | 0.02 | 杀虫剂 | GB 23200.8、GB/T 5009.145 |
| 5 | 地虫硫磷 | 0.01 | 杀虫剂 | GB 23200.8、GB 23200.113 |
| 6 | 对硫磷 | 0.01 | 杀虫剂 | GB 23200.113、GB/T 5009.145 |
| 7 | 氟虫腈 | 0.02 | 杀虫剂 | SN/T 1982 |
| 8 | 甲拌磷 | 0.01 | 杀虫剂 | GB 23200.113 |
| 9 | 甲基对硫磷 | 0.02 | 杀虫剂 | GB 23200.113、NY/T 761 |
| 10 | 甲基硫环磷 | 0.03* | 杀虫剂 | NY/T 761 |
| 11 | 久效磷 | 0.03 | 杀虫剂 | GB 23200.113、NY/T 761 |
| 12 | 抗蚜威 | 0.05 | 杀虫剂 | GB 23200.8、GB 23200.113、GB/T 20769、SN/T 0134 |
| 13 | 联苯菊酯 | 0.05 | 杀虫/杀螨剂 | GB/T 5009.146、NY/T 761、SN/T 1969 |
| 14 | 磷胺 | 0.05 | 杀虫剂 | GB 23200.113、NY/T 761 |
| 15 | 硫环磷 | 0.03 | 杀虫剂 | GB 23200.113、NY/T 761 |
| 16 | 硫线磷 | 0.02 | 杀虫剂 | GB/T 20769 |
| 17 | 氯氰菊酯和高效氯氰菊酯 | 0.01 | 杀虫剂 | GB 23200.8、GB 23200.113、GB/T 5009.146、NY/T 761 |
| 18 | 氯唑磷 | 0.01 | 杀虫剂 | GB 23200.113、GB/T 20769 |
| 19 | 灭多威 | 0.2 | 杀虫剂 | NY/T 761 |
| 20 | 灭线磷 | 0.02 | 杀线虫剂 | NY/T 761 |
| 21 | 内吸磷 | 0.02 | 杀虫/杀螨剂 | GB/T 20769 |
| 22 | 杀虫脒 | 0.01 | 杀虫剂 | GB/T 20769 |
| 23 | 杀螟硫磷 | 0.5* | 杀虫剂 | GB 23200.113、GB/T 14553、GB/T 20769、NY/T 761 |

（续）

| 序号 | 农药中文名 | 最大残留限量（mg/kg） | 农药主要用途 | 检测方法 |
|---|---|---|---|---|
| 24 | 杀扑磷 | 0.05 | 杀虫剂 | GB 23200.113、NY/T 761 |
| 25 | 水胺硫磷 | 0.05 | 杀虫剂 | GB 23200.113、NY/T 761 |
| 26 | 特丁硫磷 | 0.01 | 杀虫剂 | NY/T 761、NY/T 1379 |
| 27 | 辛硫磷 | 0.05 | 杀虫剂 | GB/T 5009.102、GB/T 20769 |
| 28 | 氧乐果 | 0.02 | 杀虫剂 | GB 23200.113、NY/T 761、NY/T 1379 |
| 29 | 乙酰甲胺磷 | 1 | 杀虫剂 | GB 23200.113、GB/T 5009.103、GB/T 5009.145、NY/T 761 |
| 30 | 蝇毒磷 | 0.05 | 杀虫剂 | GB 23200.8、GB 23200.113 |
| 31 | 增效醚 | 0.5 | 增效剂 | GB 23200.8、GB 23200.113 |
| 32 | 治螟磷 | 0.01 | 杀虫剂 | GB 23200.8、GB 23200.113、NY/T 761 |
| 33 | 艾氏剂 | 0.05 | 杀虫剂 | GB 23200.113、GB/T 5009.19、NY/T 761 |
| 34 | 狄氏剂 | 0.05 | 杀虫剂 | GB 23200.113、GB/T 5009.19、NY/T 761 |
| 35 | 毒杀芬 | 0.05* | 杀虫剂 | YC/T 180（参照） |
| 36 | 六六六 | 0.05 | 杀虫剂 | GB 23200.113、GB/T 5009.19、NY/T 761 |
| 37 | 氯丹 | 0.02 | 杀虫剂 | GB/T 5009.19 |
| 38 | 灭蚁灵 | 0.01 | 杀虫剂 | GB/T 5009.19 |
| 39 | 七氯 | 0.02 | 杀虫剂 | GB/T 5009.19、NY/T 761 |
| 40 | 异狄氏剂 | 0.05 | 杀虫剂 | GB/T 5009.19、NY/T 761 |
| 41 | 甲胺磷 | 0.05 | 杀虫剂 | GB 23200.113、GB/T 5009.103、NY/T 761 |
| 42 | 甲基异柳磷 | 0.01* | 杀虫剂 | GB 23200.113、GB/T 5009.144 |
| 43 | 克百威 | 0.02 | 杀虫剂 | NY/T 761 |
| 44 | 氯氟氰菊酯和高效氯氟氰菊酯 | 0.01 | 杀虫剂 | GB 23200.8、GB 23200.113、GB/T 5009.146、NY/T 761 |
| 45 | 涕灭威 | 0.03 | 杀虫剂 | NY/T 761 |
| 46 | 百菌清 | 0.3 | 杀菌剂 | GB/T 5009.105、NY/T 761、SN/T 2320 |

（续）

| 序号 | 农药中文名 | 最大残留限量（mg/kg） | 农药主要用途 | 检测方法 |
|---|---|---|---|---|
| 47 | 啶酰菌胺 | 2 | 杀菌剂 | GB 23200.68、GB/T 20769 |
| 48 | 腈菌唑 | 0.06 | 杀菌剂 | GB 23200.8、GB 23200.113、GB/T 20769、NY/T 1455 |
| 49 | 嘧菌酯 | 1 | 杀菌剂 | GB/T 20769、NY/T 1453、SN/T 1976 |
| 50 | 噻虫胺 | 0.2 | 杀虫剂 | GB/T 20769 |
| 51 | 噻虫嗪 | 0.3 | 杀虫剂 | GB 23200.8、GB 23200.39、GB/T 20769 |
| 52 | 溴氰虫酰胺 | 0.05* | 杀虫剂 | 无指定 |
| 53 | 苯醚甲环唑 | 0.2 | 杀菌剂 | GB 23200.8、GB 23200.49、GB 23200.113、GB/T 5009.218 |
| 54 | 吡虫啉 | 0.2 | 杀虫剂 | GB/T 20769、GB/T 23379 |
| 55 | 吡噻菌胺 | 0.6* | 杀菌剂 | 无指定 |
| 56 | 吡唑醚菌酯 | 0.5 | 杀菌剂 | GB 23200.8 |
| 57 | 丙森锌 | 5 | 杀菌剂 | SN 0139、SN 0157、SN/T 1541（参照） |
| 58 | 草铵膦 | 0.3* | 除草剂 | 无指定 |
| 59 | 虫酰肼 | 5 | 杀虫剂 | GB/T 20769 |
| 60 | 除虫菊素 | 1 | 杀虫剂 | GB/T 20769 |
| 61 | 代森联 | 5 | 杀菌剂 | SN 0139、SN 0157、SN/T 1541（参照） |
| 62 | 代森锰锌 | 5 | 杀菌剂 | SN 0157、SN/T 1541（参照） |
| 63 | 代森锌 | 5 | 杀菌剂 | SN 0139、SN 0157、SN/T 1541（参照） |
| 64 | 敌百虫 | 0.5 | 杀虫剂 | GB/T 20769、NY/T 761 |
| 65 | 敌敌畏 | 0.5 | 杀虫剂 | GB 23200.8、GB 23200.113、GB/T 5009.20、NY/T 761 |
| 66 | 毒死蜱 | 1 | 杀虫剂 | GB 23200.8、GB 23200.113、NY/T 761、SN/T 2158 |
| 67 | 多菌灵 | 0.2 | 杀菌剂 | GB/T 20769、NY/T 1453 |
| 68 | 二嗪磷 | 0.5 | 杀虫剂 | GB 23200.8、GB 23200.113、GB/T 20769、GB/T 5009.107 |

（续）

| 序号 | 农药中文名 | 最大残留限量（mg/kg） | 农药主要用途 | 检测方法 |
|---|---|---|---|---|
| 69 | 氟吡菌酰胺 | 0.4* | 杀菌剂 | 无指定 |
| 70 | 氟啶虫胺腈 | 0.05* | 杀虫剂 | 无指定 |
| 71 | 氟啶脲 | 0.1 | 杀虫剂 | GB 23200.8、GB/T 20769、SN/T 2095 |
| 72 | 氟氰戊菊酯 | 0.05 | 杀虫剂 | GB 23200.113、NY/T 761 |
| 73 | 福美双 | 5 | 杀菌剂 | SN 0157、SN/T 0525、SN/T 1541（参照） |
| 74 | 甲氨基阿维菌素苯甲酸盐 | 0.02 | 杀虫剂 | GB/T 20769 |
| 75 | 甲萘威 | 0.5 | 杀虫剂 | GB/T 5009.145、GB/T 20769、NY/T 761 |
| 76 | 甲霜灵和精甲霜灵 | 0.05 | 杀菌剂 | GB 23200.8、GB/T 20769 |
| 77 | 甲氧虫酰肼 | 0.5 | 杀虫剂 | GB/T 20769 |
| 78 | 乐果 | 0.5* | 杀虫剂 | GB 23200.113、GB/T 5009.145、GB/T 20769、NY/T 761 |
| 79 | 氯虫苯甲酰胺 | 0.08* | 杀虫剂 | 无指定 |
| 80 | 氯菊酯 | 0.1 | 杀虫剂 | GB 23200.8、GB 23200.113、NY/T 761 |
| 81 | 氯硝胺 | 15 | 杀菌剂 | GB 23200.8、GB 23200.113、GB/T 20769、NY/T 1379 |
| 82 | 马拉硫磷 | 0.5 | 杀虫剂 | GB 23200.8、GB 23200.113、GB/T 20769、NY/T 761 |
| 83 | 咪唑菌酮 | 0.2 | 杀菌剂 | GB 23200.8、GB 23200.113 |
| 84 | 嘧菌环胺 | 0.7 | 杀菌剂 | GB 23200.8、GB 23200.113、GB/T 20769、NY/T 1379 |
| 85 | 嘧霉胺 | 1 | 杀菌剂 | GB 23200.8、GB 23200.113、GB/T 20769 |
| 86 | 氰戊菊酯和S-氰戊菊酯 | 0.05 | 杀虫剂 | GB 23200.8、GB 23200.113、NY/T 761 |
| 87 | 噻草酮 | 5* | 除草剂 | GB 23200.38 |
| 88 | 杀线威 | 0.1 | 杀虫剂 | NY/T 1453、SN/T 0134 |
| 89 | 肟菌酯 | 0.1 | 杀菌剂 | GB 23200.8、GB 23200.113、GB/T 20769 |

（续）

| 序号 | 农药中文名 | 最大残留限量（mg/kg） | 农药主要用途 | 检测方法 |
|---|---|---|---|---|
| 90 | 戊唑醇 | 0.4 | 杀菌剂 | GB 23200.8、GB 23200.113、GB/T 20769 |
| 91 | 溴氰菊酯 | 0.2 | 杀虫剂 | GB 23200.8、GB 23200.113、NY/T 761、SN/T 0217 |
| 92 | 异菌脲 | 10 | 杀菌剂 | GB 23200.8、GB 23200.113、NY/T 761、NY/T 1277 |
| 93 | 滴滴涕 | 0.2 | 杀虫剂 | GB 23200.113、GB/T 5009.19、NY/T 761 |

## 3.79 根甜菜

根甜菜中农药最大残留限量见表3-79。

**表3-79 根甜菜中农药最大残留限量**

| 序号 | 农药中文名 | 最大残留限量（mg/kg） | 农药主要用途 | 检测方法 |
|---|---|---|---|---|
| 1 | 保棉磷 | 0.5 | 杀虫剂 | NY/T 761 |
| 2 | 百草枯 | 0.05* | 除草剂 | 无指定 |
| 3 | 倍硫磷 | 0.05 | 杀虫剂 | GB 23200.8、GB 23200.113、GB/T 20769 |
| 4 | 苯线磷 | 0.02 | 杀虫剂 | GB 23200.8、GB/T 5009.145 |
| 5 | 地虫硫磷 | 0.01 | 杀虫剂 | GB 23200.8、GB 23200.113 |
| 6 | 对硫磷 | 0.01 | 杀虫剂 | GB 23200.113、GB/T 5009.145 |
| 7 | 氟虫腈 | 0.02 | 杀虫剂 | SN/T 1982 |
| 8 | 甲拌磷 | 0.01 | 杀虫剂 | GB 23200.113 |
| 9 | 甲基对硫磷 | 0.02 | 杀虫剂 | GB 23200.113、NY/T 761 |
| 10 | 甲基硫环磷 | 0.03* | 杀虫剂 | NY/T 761 |
| 11 | 久效磷 | 0.03 | 杀虫剂 | GB 23200.113、NY/T 761 |
| 12 | 抗蚜威 | 0.05 | 杀虫剂 | GB 23200.8、GB 23200.113、GB/T 20769、SN/T 0134 |
| 13 | 联苯菊酯 | 0.05 | 杀虫/杀螨剂 | GB/T 5009.146、NY/T 761、SN/T 1969 |
| 14 | 磷胺 | 0.05 | 杀虫剂 | GB 23200.113、NY/T 761 |

（续）

| 序号 | 农药中文名 | 最大残留限量（mg/kg） | 农药主要用途 | 检测方法 |
|---|---|---|---|---|
| 15 | 硫环磷 | 0.03 | 杀虫剂 | GB 23200.113、NY/T 761 |
| 16 | 硫线磷 | 0.02 | 杀虫剂 | GB/T 20769 |
| 17 | 氯氰菊酯和高效氯氰菊酯 | 0.01 | 杀虫剂 | GB 23200.8、GB 23200.113、GB/T 5009.146、NY/T 761 |
| 18 | 氯唑磷 | 0.01 | 杀虫剂 | GB 23200.113、GB/T 20769 |
| 19 | 灭多威 | 0.2 | 杀虫剂 | NY/T 761 |
| 20 | 灭线磷 | 0.02 | 杀线虫剂 | NY/T 761 |
| 21 | 内吸磷 | 0.02 | 杀虫/杀螨剂 | GB/T 20769 |
| 22 | 杀虫脒 | 0.01 | 杀虫剂 | GB/T 20769 |
| 23 | 杀螟硫磷 | 0.5* | 杀虫剂 | GB 23200.113、GB/T 14553、GB/T 20769、NY/T 761 |
| 24 | 杀扑磷 | 0.05 | 杀虫剂 | GB 23200.113、NY/T 761 |
| 25 | 水胺硫磷 | 0.05 | 杀虫剂 | GB 23200.113、NY/T 761 |
| 26 | 特丁硫磷 | 0.01 | 杀虫剂 | NY/T 761、NY/T 1379 |
| 27 | 辛硫磷 | 0.05 | 杀虫剂 | GB/T 5009.102、GB/T 20769 |
| 28 | 氧乐果 | 0.02 | 杀虫剂 | GB 23200.113、NY/T 761、NY/T 1379 |
| 29 | 乙酰甲胺磷 | 1 | 杀虫剂 | GB 23200.113、GB/T 5009.103、GB/T 5009.145、NY/T 761 |
| 30 | 蝇毒磷 | 0.05 | 杀虫剂 | GB 23200.8、GB 23200.113 |
| 31 | 增效醚 | 0.5 | 增效剂 | GB 23200.8、GB 23200.113 |
| 32 | 治螟磷 | 0.01 | 杀虫剂 | GB 23200.8、GB 23200.113、NY/T 761 |
| 33 | 艾氏剂 | 0.05 | 杀虫剂 | GB 23200.113、GB/T 5009.19、NY/T 761 |
| 34 | 狄氏剂 | 0.05 | 杀虫剂 | GB 23200.113、GB/T 5009.19、NY/T 761 |
| 35 | 毒杀芬 | 0.05* | 杀虫剂 | YC/T 180（参照） |
| 36 | 六六六 | 0.05 | 杀虫剂 | GB 23200.113、GB/T 5009.19、NY/T 761 |
| 37 | 氯丹 | 0.02 | 杀虫剂 | GB/T 5009.19 |
| 38 | 灭蚁灵 | 0.01 | 杀虫剂 | GB/T 5009.19 |

（续）

| 序号 | 农药中文名 | 最大残留限量（mg/kg） | 农药主要用途 | 检测方法 |
|---|---|---|---|---|
| 39 | 七氯 | 0.02 | 杀虫剂 | GB/T 5009.19、NY/T 761 |
| 40 | 异狄氏剂 | 0.05 | 杀虫剂 | GB/T 5009.19、NY/T 761 |
| 41 | 除虫菊素 | 0.05 | 杀虫剂 | GB/T 20769 |
| 42 | 敌百虫 | 0.2 | 杀虫剂 | GB/T 20769、NY/T 761 |
| 43 | 敌敌畏 | 0.2 | 杀虫剂 | GB 23200.8、GB 23200.113、GB/T 5009.20、NY/T 761 |
| 44 | 氯虫苯甲酰胺 | 0.02* | 杀虫剂 | 无指定 |
| 45 | 滴滴涕 | 0.05 | 杀虫剂 | GB 23200.113、GB/T 5009.19、NY/T 761 |
| 46 | 甲胺磷 | 0.05 | 杀虫剂 | GB 23200.113、GB/T 5009.103、NY/T 761 |
| 47 | 甲基异柳磷 | 0.01* | 杀虫剂 | GB 23200.113、GB/T 5009.144 |
| 48 | 甲萘威 | 1 | 杀虫剂 | GB/T 5009.145、GB/T 20769、NY/T 761 |
| 49 | 克百威 | 0.02 | 杀虫剂 | NY/T 761 |
| 50 | 氯氟氰菊酯和高效氯氟氰菊酯 | 0.01 | 杀虫剂 | GB 23200.8、GB 23200.113、GB/T 5009.146、NY/T 761 |
| 51 | 氯菊酯 | 1 | 杀虫剂 | GB 23200.8、GB 23200.113、NY/T 761 |
| 52 | 涕灭威 | 0.03 | 杀虫剂 | NY/T 761 |
| 53 | 百菌清 | 0.3 | 杀菌剂 | GB/T 5009.105、NY/T 761、SN/T 2320 |
| 54 | 啶酰菌胺 | 2 | 杀菌剂 | GB 23200.68、GB/T 20769 |
| 55 | 腈菌唑 | 0.06 | 杀菌剂 | GB 23200.8、GB 23200.113、GB/T 20769、NY/T 1455 |
| 56 | 嘧菌酯 | 1 | 杀菌剂 | GB/T 20769、NY/T 1453、SN/T 1976 |
| 57 | 噻虫胺 | 0.2 | 杀虫剂 | GB/T 20769 |
| 58 | 噻虫嗪 | 0.3 | 杀虫剂 | GB 23200.8、GB 23200.39、GB/T 20769 |
| 59 | 溴氰虫酰胺 | 0.05* | 杀虫剂 | 无指定 |
| 60 | 吡虫啉 | 0.5 | 杀虫剂 | GB/T 20769、GB/T 23379 |

（续）

| 序号 | 农药中文名 | 最大残留限量(mg/kg) | 农药主要用途 | 检测方法 |
|---|---|---|---|---|
| 61 | 氟啶虫胺腈 | 0.03* | 杀虫剂 | 无指定 |
| 62 | 精二甲吩草胺 | 0.01 | 除草剂 | GB 23200.8、GB/T 20769、NY/T 1379 |

## 3.80 根芹菜

根芹菜中农药最大残留限量见表3-80。

**表3-80 根芹菜中农药最大残留限量**

| 序号 | 农药中文名 | 最大残留限量(mg/kg) | 农药主要用途 | 检测方法 |
|---|---|---|---|---|
| 1 | 保棉磷 | 0.5 | 杀虫剂 | NY/T 761 |
| 2 | 百草枯 | 0.05* | 除草剂 | 无指定 |
| 3 | 倍硫磷 | 0.05 | 杀虫剂 | GB 23200.8、GB 23200.113、GB/T 20769 |
| 4 | 苯线磷 | 0.02 | 杀虫剂 | GB 23200.8、GB/T 5009.145 |
| 5 | 地虫硫磷 | 0.01 | 杀虫剂 | GB 23200.8、GB 23200.113 |
| 6 | 对硫磷 | 0.01 | 杀虫剂 | GB 23200.113、GB/T 5009.145 |
| 7 | 氟虫腈 | 0.02 | 杀虫剂 | SN/T 1982 |
| 8 | 甲拌磷 | 0.01 | 杀虫剂 | GB 23200.113 |
| 9 | 甲基对硫磷 | 0.02 | 杀虫剂 | GB 23200.113、NY/T 761 |
| 10 | 甲基硫环磷 | 0.03* | 杀虫剂 | NY/T 761 |
| 11 | 久效磷 | 0.03 | 杀虫剂 | GB 23200.113、NY/T 761 |
| 12 | 抗蚜威 | 0.05 | 杀虫剂 | GB 23200.8、GB 23200.113、GB/T 20769、SN/T 0134 |
| 13 | 联苯菊酯 | 0.05 | 杀虫/杀螨剂 | GB/T 5009.146、NY/T 761、SN/T 1969 |
| 14 | 磷胺 | 0.05 | 杀虫剂 | GB 23200.113、NY/T 761 |
| 15 | 硫环磷 | 0.03 | 杀虫剂 | GB 23200.113、NY/T 761 |
| 16 | 硫线磷 | 0.02 | 杀虫剂 | GB/T 20769 |
| 17 | 氯氰菊酯和高效氯氰菊酯 | 0.01 | 杀虫剂 | GB 23200.8、GB 23200.113、GB/T 5009.146、NY/T 761 |
| 18 | 氯唑磷 | 0.01 | 杀虫剂 | GB 23200.113、GB/T 20769 |

（续）

| 序号 | 农药中文名 | 最大残留限量（mg/kg） | 农药主要用途 | 检测方法 |
|---|---|---|---|---|
| 19 | 灭多威 | 0.2 | 杀虫剂 | NY/T 761 |
| 20 | 灭线磷 | 0.02 | 杀线虫剂 | NY/T 761 |
| 21 | 内吸磷 | 0.02 | 杀虫/杀螨剂 | GB/T 20769 |
| 22 | 杀虫脒 | 0.01 | 杀虫剂 | GB/T 20769 |
| 23 | 杀螟硫磷 | 0.5* | 杀虫剂 | GB 23200.113、GB/T 14553、GB/T 20769、NY/T 761 |
| 24 | 杀扑磷 | 0.05 | 杀虫剂 | GB 23200.113、NY/T 761 |
| 25 | 水胺硫磷 | 0.05 | 杀虫剂 | GB 23200.113、NY/T 761 |
| 26 | 特丁硫磷 | 0.01 | 杀虫剂 | NY/T 761、NY/T 1379 |
| 27 | 辛硫磷 | 0.05 | 杀虫剂 | GB/T 5009.102、GB/T 20769 |
| 28 | 氧乐果 | 0.02 | 杀虫剂 | GB 23200.113、NY/T 761、NY/T 1379 |
| 29 | 乙酰甲胺磷 | 1 | 杀虫剂 | GB 23200.113、GB/T 5009.103、GB/T 5009.145、NY/T 761 |
| 30 | 蝇毒磷 | 0.05 | 杀虫剂 | GB 23200.8、GB 23200.113 |
| 31 | 增效醚 | 0.5 | 增效剂 | GB 23200.8、GB 23200.113 |
| 32 | 治螟磷 | 0.01 | 杀虫剂 | GB 23200.8、GB 23200.113、NY/T 761 |
| 33 | 艾氏剂 | 0.05 | 杀虫剂 | GB 23200.113、GB/T 5009.19、NY/T 761 |
| 34 | 狄氏剂 | 0.05 | 杀虫剂 | GB 23200.113、GB/T 5009.19、NY/T 761 |
| 35 | 毒杀芬 | 0.05* | 杀虫剂 | YC/T 180（参照） |
| 36 | 六六六 | 0.05 | 杀虫剂 | GB 23200.113、GB/T 5009.19、NY/T 761 |
| 37 | 氯丹 | 0.02 | 杀虫剂 | GB/T 5009.19 |
| 38 | 灭蚁灵 | 0.01 | 杀虫剂 | GB/T 5009.19 |
| 39 | 七氯 | 0.02 | 杀虫剂 | GB/T 5009.19、NY/T 761 |
| 40 | 异狄氏剂 | 0.05 | 杀虫剂 | GB/T 5009.19、NY/T 761 |
| 41 | 除虫菊素 | 0.05 | 杀虫剂 | GB/T 20769 |
| 42 | 敌百虫 | 0.2 | 杀虫剂 | GB/T 20769、NY/T 761 |

（续）

| 序号 | 农药中文名 | 最大残留限量（mg/kg） | 农药主要用途 | 检测方法 |
|---|---|---|---|---|
| 43 | 敌敌畏 | 0.2 | 杀虫剂 | GB 23200.8、GB 23200.113、GB/T 5009.20、NY/T 761 |
| 44 | 氯虫苯甲酰胺 | 0.02* | 杀虫剂 | 无指定 |
| 45 | 滴滴涕 | 0.05 | 杀虫剂 | GB 23200.113、GB/T 5009.19、NY/T 761 |
| 46 | 甲胺磷 | 0.05 | 杀虫剂 | GB 23200.113、GB/T 5009.103、NY/T 761 |
| 47 | 甲基异柳磷 | 0.01* | 杀虫剂 | GB 23200.113、GB/T 5009.144 |
| 48 | 甲萘威 | 1 | 杀虫剂 | GB/T 5009.145、GB/T 20769、NY/T 761 |
| 49 | 克百威 | 0.02 | 杀虫剂 | NY/T 761 |
| 50 | 氯氟氰菊酯和高效氯氟氰菊酯 | 0.01 | 杀虫剂 | GB 23200.8、GB 23200.113、GB/T 5009.146、NY/T 761 |
| 51 | 氯菊酯 | 1 | 杀虫剂 | GB 23200.8、GB 23200.113、NY/T 761 |
| 52 | 涕灭威 | 0.03 | 杀虫剂 | NY/T 761 |
| 53 | 百菌清 | 0.3 | 杀菌剂 | GB/T 5009.105、NY/T 761、SN/T 2320 |
| 54 | 啶酰菌胺 | 2 | 杀菌剂 | GB 23200.68、GB/T 20769 |
| 55 | 腈菌唑 | 0.06 | 杀菌剂 | GB 23200.8、GB 23200.113、GB/T 20769、NY/T 1455 |
| 56 | 嘧菌酯 | 1 | 杀菌剂 | GB/T 20769、NY/T 1453、SN/T 1976 |
| 57 | 噻虫胺 | 0.2 | 杀虫剂 | GB/T 20769 |
| 58 | 噻虫嗪 | 0.3 | 杀虫剂 | GB 23200.8、GB 23200.39、GB/T 20769 |
| 59 | 溴氰虫酰胺 | 0.05* | 杀虫剂 | 无指定 |
| 60 | 吡虫啉 | 0.5 | 杀虫剂 | GB/T 20769、GB/T 23379 |
| 61 | 氟啶虫胺腈 | 0.03* | 杀虫剂 | 无指定 |
| 62 | 苯醚甲环唑 | 0.5 | 杀菌剂 | GB 23200.8、GB 23200.49、GB 23200.113、GB/T 5009.218 |
| 63 | 毒死蜱 | 1 | 杀虫剂 | GB 23200.8、GB 23200.113、NY/T 761、SN/T 2158 |

（续）

| 序号 | 农药中文名 | 最大残留限量（mg/kg） | 农药主要用途 | 检测方法 |
|---|---|---|---|---|
| 64 | 氟啶脲 | 0.1 | 杀虫剂 | GB 23200.8、GB/T 20769、SN/T 2095 |
| 65 | 噻草酮 | 1* | 除草剂 | GB 23200.38 |
| 66 | 溴氰菊酯 | 0.2 | 杀虫剂 | GB 23200.8、GB 23200.113、NY/T 761、SN/T 0217 |

## 3.81 根芥菜

根芥菜中农药最大残留限量见表3-81。

**表3-81 根芥菜中农药最大残留限量**

| 序号 | 农药中文名 | 最大残留限量（mg/kg） | 农药主要用途 | 检测方法 |
|---|---|---|---|---|
| 1 | 保棉磷 | 0.5 | 杀虫剂 | NY/T 761 |
| 2 | 百草枯 | 0.05* | 除草剂 | 无指定 |
| 3 | 倍硫磷 | 0.05 | 杀虫剂 | GB 23200.8、GB 23200.113、GB/T 20769 |
| 4 | 苯线磷 | 0.02 | 杀虫剂 | GB 23200.8、GB/T 5009.145 |
| 5 | 地虫硫磷 | 0.01 | 杀虫剂 | GB 23200.8、GB 23200.113 |
| 6 | 对硫磷 | 0.01 | 杀虫剂 | GB 23200.113、GB/T 5009.145 |
| 7 | 氟虫腈 | 0.02 | 杀虫剂 | SN/T 1982 |
| 8 | 甲拌磷 | 0.01 | 杀虫剂 | GB 23200.113 |
| 9 | 甲基对硫磷 | 0.02 | 杀虫剂 | GB 23200.113、NY/T 761 |
| 10 | 甲基硫环磷 | 0.03* | 杀虫剂 | NY/T 761 |
| 11 | 久效磷 | 0.03 | 杀虫剂 | GB 23200.113、NY/T 761 |
| 12 | 抗蚜威 | 0.05 | 杀虫剂 | GB 23200.8、GB 23200.113、GB/T 20769、SN/T 0134 |
| 13 | 联苯菊酯 | 0.05 | 杀虫/杀螨剂 | GB/T 5009.146、NY/T 761、SN/T 1969 |
| 14 | 磷胺 | 0.05 | 杀虫剂 | GB 23200.113、NY/T 761 |
| 15 | 硫环磷 | 0.03 | 杀虫剂 | GB 23200.113、NY/T 761 |
| 16 | 硫线磷 | 0.02 | 杀虫剂 | GB/T 20769 |

（续）

| 序号 | 农药中文名 | 最大残留限量（mg/kg） | 农药主要用途 | 检测方法 |
| --- | --- | --- | --- | --- |
| 17 | 氯氰菊酯和高效氯氰菊酯 | 0.01 | 杀虫剂 | GB 23200.8、GB 23200.113、GB/T 5009.146、NY/T 761 |
| 18 | 氯唑磷 | 0.01 | 杀虫剂 | GB 23200.113、GB/T 20769 |
| 19 | 灭多威 | 0.2 | 杀虫剂 | NY/T 761 |
| 20 | 灭线磷 | 0.02 | 杀线虫剂 | NY/T 761 |
| 21 | 内吸磷 | 0.02 | 杀虫/杀螨剂 | GB/T 20769 |
| 22 | 杀虫脒 | 0.01 | 杀虫剂 | GB/T 20769 |
| 23 | 杀螟硫磷 | 0.5* | 杀虫剂 | GB 23200.113、GB/T 14553、GB/T 20769、NY/T 761 |
| 24 | 杀扑磷 | 0.05 | 杀虫剂 | GB 23200.113、NY/T 761 |
| 25 | 水胺硫磷 | 0.05 | 杀虫剂 | GB 23200.113、NY/T 761 |
| 26 | 特丁硫磷 | 0.01 | 杀虫剂 | NY/T 761、NY/T 1379 |
| 27 | 辛硫磷 | 0.05 | 杀虫剂 | GB/T 5009.102、GB/T 20769 |
| 28 | 氧乐果 | 0.02 | 杀虫剂 | GB 23200.113、NY/T 761、NY/T 1379 |
| 29 | 乙酰甲胺磷 | 1 | 杀虫剂 | GB 23200.113、GB/T 5009.103、GB/T 5009.145、NY/T 761 |
| 30 | 蝇毒磷 | 0.05 | 杀虫剂 | GB 23200.8、GB 23200.113 |
| 31 | 增效醚 | 0.5 | 增效剂 | GB 23200.8、GB 23200.113 |
| 32 | 治螟磷 | 0.01 | 杀虫剂 | GB 23200.8、GB 23200.113、NY/T 761 |
| 33 | 艾氏剂 | 0.05 | 杀虫剂 | GB 23200.113、GB/T 5009.19、NY/T 761 |
| 34 | 狄氏剂 | 0.05 | 杀虫剂 | GB 23200.113、GB/T 5009.19、NY/T 761 |
| 35 | 毒杀芬 | 0.05* | 杀虫剂 | YC/T 180（参照） |
| 36 | 六六六 | 0.05 | 杀虫剂 | GB 23200.113、GB/T 5009.19、NY/T 761 |
| 37 | 氯丹 | 0.02 | 杀虫剂 | GB/T 5009.19 |
| 38 | 灭蚁灵 | 0.01 | 杀虫剂 | GB/T 5009.19 |
| 39 | 七氯 | 0.02 | 杀虫剂 | GB/T 5009.19、NY/T 761 |

（续）

| 序号 | 农药中文名 | 最大残留限量(mg/kg) | 农药主要用途 | 检测方法 |
|---|---|---|---|---|
| 40 | 异狄氏剂 | 0.05 | 杀虫剂 | GB/T 5009.19、NY/T 761 |
| 41 | 除虫菊素 | 0.05 | 杀虫剂 | GB/T 20769 |
| 42 | 敌百虫 | 0.2 | 杀虫剂 | GB/T 20769、NY/T 761 |
| 43 | 敌敌畏 | 0.2 | 杀虫剂 | GB 23200.8、GB 23200.113、GB/T 5009.20、NY/T 761 |
| 44 | 氯虫苯甲酰胺 | 0.02* | 杀虫剂 | 无指定 |
| 45 | 滴滴涕 | 0.05 | 杀虫剂 | GB 23200.113、GB/T 5009.19、NY/T 761 |
| 46 | 甲胺磷 | 0.05 | 杀虫剂 | GB 23200.113、GB/T 5009.103、NY/T 761 |
| 47 | 甲基异柳磷 | 0.01* | 杀虫剂 | GB 23200.113、GB/T 5009.144 |
| 48 | 甲萘威 | 1 | 杀虫剂 | GB/T 5009.145、GB/T 20769、NY/T 761 |
| 49 | 克百威 | 0.02 | 杀虫剂 | NY/T 761 |
| 50 | 氯氟氰菊酯和高效氯氟氰菊酯 | 0.01 | 杀虫剂 | GB 23200.8、GB 23200.113、GB/T 5009.146、NY/T 761 |
| 51 | 氯菊酯 | 1 | 杀虫剂 | GB 23200.8、GB 23200.113、NY/T 761 |
| 52 | 涕灭威 | 0.03 | 杀虫剂 | NY/T 761 |
| 53 | 百菌清 | 0.3 | 杀菌剂 | GB/T 5009.105、NY/T 761、SN/T 2320 |
| 54 | 啶酰菌胺 | 2 | 杀菌剂 | GB 23200.68、GB/T 20769 |
| 55 | 腈菌唑 | 0.06 | 杀菌剂 | GB 23200.8、GB 23200.113、GB/T 20769、NY/T 1455 |
| 56 | 嘧菌酯 | 1 | 杀菌剂 | GB/T 20769、NY/T 1453、SN/T 1976 |
| 57 | 噻虫胺 | 0.2 | 杀虫剂 | GB/T 20769 |
| 58 | 噻虫嗪 | 0.3 | 杀虫剂 | GB 23200.8、GB 23200.39、GB/T 20769 |
| 59 | 溴氰虫酰胺 | 0.05* | 杀虫剂 | 无指定 |
| 60 | 吡虫啉 | 0.5 | 杀虫剂 | GB/T 20769、GB/T 23379 |
| 61 | 氟啶虫胺腈 | 0.03* | 杀虫剂 | 无指定 |

## 3.82 姜

姜中农药最大残留限量见表 3-82。

**表 3-82 姜中农药最大残留限量**

| 序号 | 农药中文名 | 最大残留限量(mg/kg) | 农药主要用途 | 检测方法 |
|---|---|---|---|---|
| 1 | 保棉磷 | 0.5 | 杀虫剂 | NY/T 761 |
| 2 | 百草枯 | 0.05* | 除草剂 | 无指定 |
| 3 | 倍硫磷 | 0.05 | 杀虫剂 | GB 23200.8、GB 23200.113、GB/T 20769 |
| 4 | 苯线磷 | 0.02 | 杀虫剂 | GB 23200.8、GB/T 5009.145 |
| 5 | 地虫硫磷 | 0.01 | 杀虫剂 | GB 23200.8、GB 23200.113 |
| 6 | 对硫磷 | 0.01 | 杀虫剂 | GB 23200.113、GB/T 5009.145 |
| 7 | 氟虫腈 | 0.02 | 杀虫剂 | SN/T 1982 |
| 8 | 甲拌磷 | 0.01 | 杀虫剂 | GB 23200.113 |
| 9 | 甲基对硫磷 | 0.02 | 杀虫剂 | GB 23200.113、NY/T 761 |
| 10 | 甲基硫环磷 | 0.03* | 杀虫剂 | NY/T 761 |
| 11 | 久效磷 | 0.03 | 杀虫剂 | GB 23200.113、NY/T 761 |
| 12 | 抗蚜威 | 0.05 | 杀虫剂 | GB 23200.8、GB 23200.113、GB/T 20769、SN/T 0134 |
| 13 | 联苯菊酯 | 0.05 | 杀虫/杀螨剂 | GB/T 5009.146、NY/T 761、SN/T 1969 |
| 14 | 磷胺 | 0.05 | 杀虫剂 | GB 23200.113、NY/T 761 |
| 15 | 硫环磷 | 0.03 | 杀虫剂 | GB 23200.113、NY/T 761 |
| 16 | 硫线磷 | 0.02 | 杀虫剂 | GB/T 20769 |
| 17 | 氯氰菊酯和高效氯氰菊酯 | 0.01 | 杀虫剂 | GB 23200.8、GB 23200.113、GB/T 5009.146、NY/T 761 |
| 18 | 氯唑磷 | 0.01 | 杀虫剂 | GB 23200.113、GB/T 20769 |
| 19 | 灭多威 | 0.2 | 杀虫剂 | NY/T 761 |
| 20 | 灭线磷 | 0.02 | 杀线虫剂 | NY/T 761 |
| 21 | 内吸磷 | 0.02 | 杀虫/杀螨剂 | GB/T 20769 |
| 22 | 杀虫脒 | 0.01 | 杀虫剂 | GB/T 20769 |
| 23 | 杀螟硫磷 | 0.5* | 杀虫剂 | GB 23200.113、GB/T 14553、GB/T 20769、NY/T 761 |

（续）

| 序号 | 农药中文名 | 最大残留限量（mg/kg） | 农药主要用途 | 检测方法 |
|---|---|---|---|---|
| 24 | 杀扑磷 | 0.05 | 杀虫剂 | GB 23200.113、NY/T 761 |
| 25 | 水胺硫磷 | 0.05 | 杀虫剂 | GB 23200.113、NY/T 761 |
| 26 | 特丁硫磷 | 0.01 | 杀虫剂 | NY/T 761、NY/T 1379 |
| 27 | 辛硫磷 | 0.05 | 杀虫剂 | GB/T 5009.102、GB/T 20769 |
| 28 | 氧乐果 | 0.02 | 杀虫剂 | GB 23200.113、NY/T 761、NY/T 1379 |
| 29 | 乙酰甲胺磷 | 1 | 杀虫剂 | GB 23200.113、GB/T 5009.103、GB/T 5009.145、NY/T 761 |
| 30 | 蝇毒磷 | 0.05 | 杀虫剂 | GB 23200.8、GB 23200.113 |
| 31 | 增效醚 | 0.5 | 增效剂 | GB 23200.8、GB 23200.113 |
| 32 | 治螟磷 | 0.01 | 杀虫剂 | GB 23200.8、GB 23200.113、NY/T 761 |
| 33 | 艾氏剂 | 0.05 | 杀虫剂 | GB 23200.113、GB/T 5009.19、NY/T 761 |
| 34 | 狄氏剂 | 0.05 | 杀虫剂 | GB 23200.113、GB/T 5009.19、NY/T 761 |
| 35 | 毒杀芬 | 0.05* | 杀虫剂 | YC/T 180（参照） |
| 36 | 六六六 | 0.05 | 杀虫剂 | GB 23200.113、GB/T 5009.19、NY/T 761 |
| 37 | 氯丹 | 0.02 | 杀虫剂 | GB/T 5009.19 |
| 38 | 灭蚁灵 | 0.01 | 杀虫剂 | GB/T 5009.19 |
| 39 | 七氯 | 0.02 | 杀虫剂 | GB/T 5009.19、NY/T 761 |
| 40 | 异狄氏剂 | 0.05 | 杀虫剂 | GB/T 5009.19、NY/T 761 |
| 41 | 除虫菊素 | 0.05 | 杀虫剂 | GB/T 20769 |
| 42 | 敌百虫 | 0.2 | 杀虫剂 | GB/T 20769、NY/T 761 |
| 43 | 敌敌畏 | 0.2 | 杀虫剂 | GB 23200.8、GB 23200.113、GB/T 5009.20、NY/T 761 |
| 44 | 氯虫苯甲酰胺 | 0.02* | 杀虫剂 | 无指定 |
| 45 | 滴滴涕 | 0.05 | 杀虫剂 | GB 23200.113、GB/T 5009.19、NY/T 761 |
| 46 | 甲胺磷 | 0.05 | 杀虫剂 | GB 23200.113、GB/T 5009.103、NY/T 761 |
| 47 | 甲基异柳磷 | 0.01* | 杀虫剂 | GB 23200.113、GB/T 5009.144 |

（续）

| 序号 | 农药中文名 | 最大残留限量（mg/kg） | 农药主要用途 | 检测方法 |
|---|---|---|---|---|
| 48 | 甲萘威 | 1 | 杀虫剂 | GB/T 5009.145、GB/T 20769、NY/T 761 |
| 49 | 克百威 | 0.02 | 杀虫剂 | NY/T 761 |
| 50 | 氯氟氰菊酯和高效氯氟氰菊酯 | 0.01 | 杀虫剂 | GB 23200.8、GB 23200.113、GB/T 5009.146、NY/T 761 |
| 51 | 氯菊酯 | 1 | 杀虫剂 | GB 23200.8、GB 23200.113、NY/T 761 |
| 52 | 涕灭威 | 0.03 | 杀虫剂 | NY/T 761 |
| 53 | 百菌清 | 0.3 | 杀菌剂 | GB/T 5009.105、NY/T 761、SN/T 2320 |
| 54 | 啶酰菌胺 | 2 | 杀菌剂 | GB 23200.68、GB/T 20769 |
| 55 | 腈菌唑 | 0.06 | 杀菌剂 | GB 23200.8、GB 23200.113、GB/T 20769、NY/T 1455 |
| 56 | 嘧菌酯 | 1 | 杀菌剂 | GB/T 20769、NY/T 1453、SN/T 1976 |
| 57 | 噻虫胺 | 0.2 | 杀虫剂 | GB/T 20769 |
| 58 | 噻虫嗪 | 0.3 | 杀虫剂 | GB 23200.8、GB 23200.39、GB/T 20769 |
| 59 | 溴氰虫酰胺 | 0.05* | 杀虫剂 | 无指定 |
| 60 | 吡虫啉 | 0.5 | 杀虫剂 | GB/T 20769、GB/T 23379 |
| 61 | 氟啶虫胺腈 | 0.03* | 杀虫剂 | 无指定 |
| 62 | 代森联 | 1 | 杀菌剂 | SN 0139、SN 0157、SN/T 1541（参照） |
| 63 | 甲草胺 | 0.05 | 除草剂 | GB 23200.113、GB/T 20769 |
| 64 | 氯化苦 | 0.05* | 熏蒸剂 | GB/T 5009.36 |
| 65 | 棉隆 | 2* | 杀线虫剂 | GB/T 20770 |
| 66 | 萘乙酸和萘乙酸钠 | 0.05 | 植物生长调节剂 | SN/T 2228（参照） |
| 67 | 炔苯酰草胺 | 0.2 | 除草剂 | GB 23200.113、GB/T 20769 |
| 68 | 乙草胺 | 0.05 | 除草剂 | GB 23200.113、GB/T 20769 |
| 69 | 乙氧氟草醚 | 0.05 | 除草剂 | GB 23200.8、GB 23200.113、GB/T 20769 |
| 70 | 莠去津 | 0.05 | 除草剂 | GB 23200.8、GB 23200.113、GB/T 20769、NY/T 761 |

## 3.83 辣根

辣根中农药最大残留限量见表3-83。

表3-83 辣根中农药最大残留限量

| 序号 | 农药中文名 | 最大残留限量(mg/kg) | 农药主要用途 | 检测方法 |
|---|---|---|---|---|
| 1 | 保棉磷 | 0.5 | 杀虫剂 | NY/T 761 |
| 2 | 百草枯 | 0.05* | 除草剂 | 无指定 |
| 3 | 倍硫磷 | 0.05 | 杀虫剂 | GB 23200.8、GB 23200.113、GB/T 20769 |
| 4 | 苯线磷 | 0.02 | 杀虫剂 | GB 23200.8、GB/T 5009.145 |
| 5 | 地虫硫磷 | 0.01 | 杀虫剂 | GB 23200.8、GB 23200.113 |
| 6 | 对硫磷 | 0.01 | 杀虫剂 | GB 23200.113、GB/T 5009.145 |
| 7 | 氟虫腈 | 0.02 | 杀虫剂 | SN/T 1982 |
| 8 | 甲拌磷 | 0.01 | 杀虫剂 | GB 23200.113 |
| 9 | 甲基对硫磷 | 0.02 | 杀虫剂 | GB 23200.113、NY/T 761 |
| 10 | 甲基硫环磷 | 0.03* | 杀虫剂 | NY/T 761 |
| 11 | 久效磷 | 0.03 | 杀虫剂 | GB 23200.113、NY/T 761 |
| 12 | 抗蚜威 | 0.05 | 杀虫剂 | GB 23200.8、GB 23200.113、GB/T 20769、SN/T 0134 |
| 13 | 联苯菊酯 | 0.05 | 杀虫/杀螨剂 | GB/T 5009.146、NY/T 761、SN/T 1969 |
| 14 | 磷胺 | 0.05 | 杀虫剂 | GB 23200.113、NY/T 761 |
| 15 | 硫环磷 | 0.03 | 杀虫剂 | GB 23200.113、NY/T 761 |
| 16 | 硫线磷 | 0.02 | 杀虫剂 | GB/T 20769 |
| 17 | 氯氰菊酯和高效氯氰菊酯 | 0.01 | 杀虫剂 | GB 23200.8、GB 23200.113、GB/T 5009.146、NY/T 761 |
| 18 | 氯唑磷 | 0.01 | 杀虫剂 | GB 23200.113、GB/T 20769 |
| 19 | 灭多威 | 0.2 | 杀虫剂 | NY/T 761 |
| 20 | 灭线磷 | 0.02 | 杀线虫剂 | NY/T 761 |
| 21 | 内吸磷 | 0.02 | 杀虫/杀螨剂 | GB/T 20769 |
| 22 | 杀虫脒 | 0.01 | 杀虫剂 | GB/T 20769 |
| 23 | 杀螟硫磷 | 0.5* | 杀虫剂 | GB 23200.113、GB/T 14553、GB/T 20769、NY/T 761 |

（续）

| 序号 | 农药中文名 | 最大残留限量（mg/kg） | 农药主要用途 | 检测方法 |
|---|---|---|---|---|
| 24 | 杀扑磷 | 0.05 | 杀虫剂 | GB 23200.113、NY/T 761 |
| 25 | 水胺硫磷 | 0.05 | 杀虫剂 | GB 23200.113、NY/T 761 |
| 26 | 特丁硫磷 | 0.01 | 杀虫剂 | NY/T 761、NY/T 1379 |
| 27 | 辛硫磷 | 0.05 | 杀虫剂 | GB/T 5009.102、GB/T 20769 |
| 28 | 氧乐果 | 0.02 | 杀虫剂 | GB 23200.113、NY/T 761、NY/T 1379 |
| 29 | 乙酰甲胺磷 | 1 | 杀虫剂 | GB 23200.113、GB/T 5009.103、GB/T 5009.145、NY/T 761 |
| 30 | 蝇毒磷 | 0.05 | 杀虫剂 | GB 23200.8、GB 23200.113 |
| 31 | 增效醚 | 0.5 | 增效剂 | GB 23200.8、GB 23200.113 |
| 32 | 治螟磷 | 0.01 | 杀虫剂 | GB 23200.8、GB 23200.113、NY/T 761 |
| 33 | 艾氏剂 | 0.05 | 杀虫剂 | GB 23200.113、GB/T 5009.19、NY/T 761 |
| 34 | 狄氏剂 | 0.05 | 杀虫剂 | GB 23200.113、GB/T 5009.19、NY/T 761 |
| 35 | 毒杀芬 | 0.05* | 杀虫剂 | YC/T 180（参照） |
| 36 | 六六六 | 0.05 | 杀虫剂 | GB 23200.113、GB/T 5009.19、NY/T 761 |
| 37 | 氯丹 | 0.02 | 杀虫剂 | GB/T 5009.19 |
| 38 | 灭蚁灵 | 0.01 | 杀虫剂 | GB/T 5009.19 |
| 39 | 七氯 | 0.02 | 杀虫剂 | GB/T 5009.19、NY/T 761 |
| 40 | 异狄氏剂 | 0.05 | 杀虫剂 | GB/T 5009.19、NY/T 761 |
| 41 | 除虫菊素 | 0.05 | 杀虫剂 | GB/T 20769 |
| 42 | 敌百虫 | 0.2 | 杀虫剂 | GB/T 20769、NY/T 761 |
| 43 | 敌敌畏 | 0.2 | 杀虫剂 | GB 23200.8、GB 23200.113、GB/T 5009.20、NY/T 761 |
| 44 | 氯虫苯甲酰胺 | 0.02* | 杀虫剂 | 无指定 |
| 45 | 滴滴涕 | 0.05 | 杀虫剂 | GB 23200.113、GB/T 5009.19、NY/T 761 |
| 46 | 甲胺磷 | 0.05 | 杀虫剂 | GB 23200.113、GB/T 5009.103、NY/T 761 |

（续）

| 序号 | 农药中文名 | 最大残留限量（mg/kg） | 农药主要用途 | 检测方法 |
|---|---|---|---|---|
| 47 | 甲基异柳磷 | 0.01* | 杀虫剂 | GB 23200.113、GB/T 5009.144 |
| 48 | 甲萘威 | 1 | 杀虫剂 | GB/T 5009.145、GB/T 20769、NY/T 761 |
| 49 | 克百威 | 0.02 | 杀虫剂 | NY/T 761 |
| 50 | 氯氟氰菊酯和高效氯氟氰菊酯 | 0.01 | 杀虫剂 | GB 23200.8、GB 23200.113、GB/T 5009.146、NY/T 761 |
| 51 | 氯菊酯 | 1 | 杀虫剂 | GB 23200.8、NY/T 761 |
| 52 | 涕灭威 | 0.03 | 杀虫剂 | NY/T 761 |
| 53 | 百菌清 | 0.3 | 杀菌剂 | GB/T 5009.105、NY/T 761、SN/T 2320 |
| 54 | 啶酰菌胺 | 2 | 杀菌剂 | GB 23200.68、GB/T 20769 |
| 55 | 腈菌唑 | 0.06 | 杀菌剂 | GB 23200.8、GB 23200.113、GB/T 20769、NY/T 1455 |
| 56 | 嘧菌酯 | 1 | 杀菌剂 | GB/T 20769、NY/T 1453、SN/T 1976 |
| 57 | 噻虫胺 | 0.2 | 杀虫剂 | GB/T 20769 |
| 58 | 噻虫嗪 | 0.3 | 杀虫剂 | GB 23200.8、GB 23200.39、GB/T 20769 |
| 59 | 溴氰虫酰胺 | 0.05* | 杀虫剂 | 无指定 |
| 60 | 吡虫啉 | 0.5 | 杀虫剂 | GB/T 20769、GB/T 23379 |
| 61 | 氟啶虫胺腈 | 0.03* | 杀虫剂 | 无指定 |

## 3.84　芜菁

芜菁中农药最大残留限量见表 3-84。

**表 3-84　芜菁中农药最大残留限量**

| 序号 | 农药中文名 | 最大残留限量（mg/kg） | 农药主要用途 | 检测方法 |
|---|---|---|---|---|
| 1 | 保棉磷 | 0.5 | 杀虫剂 | NY/T 761 |
| 2 | 百草枯 | 0.05* | 除草剂 | 无指定 |
| 3 | 倍硫磷 | 0.05 | 杀虫剂 | GB 23200.8、GB 23200.113、GB/T 20769 |

（续）

| 序号 | 农药中文名 | 最大残留限量（mg/kg） | 农药主要用途 | 检测方法 |
|---|---|---|---|---|
| 4 | 苯线磷 | 0.02 | 杀虫剂 | GB 23200.8、GB/T 5009.145 |
| 5 | 地虫硫磷 | 0.01 | 杀虫剂 | GB 23200.8、GB 23200.113 |
| 6 | 对硫磷 | 0.01 | 杀虫剂 | GB 23200.113、GB/T 5009.145 |
| 7 | 氟虫腈 | 0.02 | 杀虫剂 | SN/T 1982 |
| 8 | 甲拌磷 | 0.01 | 杀虫剂 | GB 23200.113 |
| 9 | 甲基对硫磷 | 0.02 | 杀虫剂 | GB 23200.113、NY/T 761 |
| 10 | 甲基硫环磷 | 0.03* | 杀虫剂 | NY/T 761 |
| 11 | 久效磷 | 0.03 | 杀虫剂 | GB 23200.113、NY/T 761 |
| 12 | 抗蚜威 | 0.05 | 杀虫剂 | GB 23200.8、GB 23200.113、GB/T 20769、SN/T 0134 |
| 13 | 联苯菊酯 | 0.05 | 杀虫/杀螨剂 | GB/T 5009.146、NY/T 761、SN/T 1969 |
| 14 | 磷胺 | 0.05 | 杀虫剂 | GB 23200.113、NY/T 761 |
| 15 | 硫环磷 | 0.03 | 杀虫剂 | GB 23200.113、NY/T 761 |
| 16 | 硫线磷 | 0.02 | 杀虫剂 | GB/T 20769 |
| 17 | 氯氰菊酯和高效氯氰菊酯 | 0.01 | 杀虫剂 | GB 23200.8、GB 23200.113、GB/T 5009.146、NY/T 761 |
| 18 | 氯唑磷 | 0.01 | 杀虫剂 | GB 23200.113、GB/T 20769 |
| 19 | 灭多威 | 0.2 | 杀虫剂 | NY/T 761 |
| 20 | 灭线磷 | 0.02 | 杀线虫剂 | NY/T 761 |
| 21 | 内吸磷 | 0.02 | 杀虫/杀螨剂 | GB/T 20769 |
| 22 | 杀虫脒 | 0.01 | 杀虫剂 | GB/T 20769 |
| 23 | 杀螟硫磷 | 0.5* | 杀虫剂 | GB 23200.113、GB/T 14553、GB/T 20769、NY/T 761 |
| 24 | 杀扑磷 | 0.05 | 杀虫剂 | GB 23200.113、NY/T 761 |
| 25 | 水胺硫磷 | 0.05 | 杀虫剂 | GB 23200.113、NY/T 761 |
| 26 | 特丁硫磷 | 0.01 | 杀虫剂 | NY/T 761、NY/T 1379 |
| 27 | 辛硫磷 | 0.05 | 杀虫剂 | GB/T 5009.102、GB/T 20769 |
| 28 | 氧乐果 | 0.02 | 杀虫剂 | GB 23200.113、NY/T 761、NY/T 1379 |
| 29 | 乙酰甲胺磷 | 1 | 杀虫剂 | GB 23200.113、GB/T 5009.103、GB/T 5009.145、NY/T 761 |

（续）

| 序号 | 农药中文名 | 最大残留限量（mg/kg） | 农药主要用途 | 检测方法 |
|---|---|---|---|---|
| 30 | 蝇毒磷 | 0.05 | 杀虫剂 | GB 23200.8、GB 23200.113 |
| 31 | 增效醚 | 0.5 | 增效剂 | GB 23200.8、GB 23200.113 |
| 32 | 治螟磷 | 0.01 | 杀虫剂 | GB 23200.8、GB 23200.113、NY/T 761 |
| 33 | 艾氏剂 | 0.05 | 杀虫剂 | GB 23200.113、GB/T 5009.19、NY/T 761 |
| 34 | 狄氏剂 | 0.05 | 杀虫剂 | GB 23200.113、GB/T 5009.19、NY/T 761 |
| 35 | 毒杀芬 | 0.05* | 杀虫剂 | YC/T 180（参照） |
| 36 | 六六六 | 0.05 | 杀虫剂 | GB 23200.113、GB/T 5009.19、NY/T 761 |
| 37 | 氯丹 | 0.02 | 杀虫剂 | GB/T 5009.19 |
| 38 | 灭蚁灵 | 0.01 | 杀虫剂 | GB/T 5009.19 |
| 39 | 七氯 | 0.02 | 杀虫剂 | GB/T 5009.19、NY/T 761 |
| 40 | 异狄氏剂 | 0.05 | 杀虫剂 | GB/T 5009.19、NY/T 761 |
| 41 | 敌百虫 | 0.2 | 杀虫剂 | GB/T 20769、NY/T 761 |
| 42 | 敌敌畏 | 0.2 | 杀虫剂 | GB 23200.8、GB 23200.113、GB/T 5009.20、NY/T 761 |
| 43 | 氯虫苯甲酰胺 | 0.02* | 杀虫剂 | 无指定 |
| 44 | 滴滴涕 | 0.05 | 杀虫剂 | GB 23200.113、GB/T 5009.19、NY/T 761 |
| 45 | 甲胺磷 | 0.05 | 杀虫剂 | GB 23200.113、GB/T 5009.103、NY/T 761 |
| 46 | 甲基异柳磷 | 0.01* | 杀虫剂 | GB 23200.113、GB/T 5009.144 |
| 47 | 甲萘威 | 1 | 杀虫剂 | GB/T 5009.145、GB/T 20769、NY/T 761 |
| 48 | 克百威 | 0.02 | 杀虫剂 | NY/T 761 |
| 49 | 氯氟氰菊酯和高效氯氟氰菊酯 | 0.01 | 杀虫剂 | GB 23200.8、GB 23200.113、GB/T 5009.146、NY/T 761 |
| 50 | 氯菊酯 | 1 | 杀虫剂 | GB 23200.8、GB 23200.113、NY/T 761 |

（续）

| 序号 | 农药中文名 | 最大残留限量（mg/kg） | 农药主要用途 | 检测方法 |
| --- | --- | --- | --- | --- |
| 51 | 涕灭威 | 0.03 | 杀虫剂 | NY/T 761 |
| 52 | 百菌清 | 0.3 | 杀菌剂 | GB/T 5009.105、NY/T 761、SN/T 2320 |
| 53 | 啶酰菌胺 | 2 | 杀菌剂 | GB 23200.68、GB/T 20769 |
| 54 | 腈菌唑 | 0.06 | 杀菌剂 | GB 23200.8、GB 23200.113、GB/T 20769、NY/T 1455 |
| 55 | 嘧菌酯 | 1 | 杀菌剂 | GB/T 20769、NY/T 1453、SN/T 1976 |
| 56 | 噻虫胺 | 0.2 | 杀虫剂 | GB/T 20769 |
| 57 | 噻虫嗪 | 0.3 | 杀虫剂 | GB 23200.8、GB 23200.39、GB/T 20769 |
| 58 | 溴氰虫酰胺 | 0.05* | 杀虫剂 | 无指定 |
| 59 | 吡虫啉 | 0.5 | 杀虫剂 | GB/T 20769、GB/T 23379 |
| 60 | 氟啶虫胺腈 | 0.03* | 杀虫剂 | 无指定 |
| 61 | 阿维菌素 | 0.02 | 杀虫剂 | GB 23200.19、GB 23200.20、NY/T 1379 |
| 62 | 虫酰肼 | 1 | 杀虫剂 | GB/T 20769 |
| 63 | 除虫菊素 | 1 | 杀虫剂 | GB/T 20769 |
| 64 | 氟啶脲 | 0.1 | 杀虫剂 | GB 23200.8、GB/T 20769、SN/T 2095 |
| 65 | 乐果 | 2* | 杀虫剂 | GB 23200.113、GB/T 5009.145、GB/T 20769、NY/T 761 |
| 66 | 马拉硫磷 | 0.2 | 杀虫剂 | GB 23200.8、GB 23200.113、GB/T 20769、NY/T 761 |
| 67 | 噻草酮 | 0.2* | 除草剂 | GB 23200.38 |
| 68 | 四聚乙醛 | 3* | 杀螺剂 | 无指定 |
| 69 | 溴氰菊酯 | 0.2 | 杀虫剂 | GB 23200.8、GB 23200.113、NY/T 761、SN/T 0217 |

## 3.85 桔梗

桔梗中农药最大残留限量见表 3-85。

**表3-85 桔梗中农药最大残留限量**

| 序号 | 农药中文名 | 最大残留限量(mg/kg) | 农药主要用途 | 检测方法 |
|---|---|---|---|---|
| 1 | 保棉磷 | 0.5 | 杀虫剂 | NY/T 761 |
| 2 | 百草枯 | 0.05* | 除草剂 | 无指定 |
| 3 | 倍硫磷 | 0.05 | 杀虫剂 | GB 23200.8、GB 23200.113、GB/T 20769 |
| 4 | 苯线磷 | 0.02 | 杀虫剂 | GB 23200.8、GB/T 5009.145 |
| 5 | 地虫硫磷 | 0.01 | 杀虫剂 | GB 23200.8、GB 23200.113 |
| 6 | 对硫磷 | 0.01 | 杀虫剂 | GB 23200.113、GB/T 5009.145 |
| 7 | 氟虫腈 | 0.02 | 杀虫剂 | SN/T 1982 |
| 8 | 甲拌磷 | 0.01 | 杀虫剂 | GB 23200.113 |
| 9 | 甲基对硫磷 | 0.02 | 杀虫剂 | GB 23200.113、NY/T 761 |
| 10 | 甲基硫环磷 | 0.03* | 杀虫剂 | NY/T 761 |
| 11 | 久效磷 | 0.03 | 杀虫剂 | GB 23200.113、NY/T 761 |
| 12 | 抗蚜威 | 0.05 | 杀虫剂 | GB 23200.8、GB 23200.113、GB/T 20769、SN/T 0134 |
| 13 | 联苯菊酯 | 0.05 | 杀虫/杀螨剂 | GB/T 5009.146、NY/T 761、SN/T 1969 |
| 14 | 磷胺 | 0.05 | 杀虫剂 | GB 23200.113、NY/T 761 |
| 15 | 硫环磷 | 0.03 | 杀虫剂 | GB 23200.113、NY/T 761 |
| 16 | 硫线磷 | 0.02 | 杀虫剂 | GB/T 20769 |
| 17 | 氯氰菊酯和高效氯氰菊酯 | 0.01 | 杀虫剂 | GB 23200.8、GB 23200.113、GB/T 5009.146、NY/T 761 |
| 18 | 氯唑磷 | 0.01 | 杀虫剂 | GB 23200.113、GB/T 20769 |
| 19 | 灭多威 | 0.2 | 杀虫剂 | NY/T 761 |
| 20 | 灭线磷 | 0.02 | 杀线虫剂 | NY/T 761 |
| 21 | 内吸磷 | 0.02 | 杀虫/杀螨剂 | GB/T 20769 |
| 22 | 杀虫脒 | 0.01 | 杀虫剂 | GB/T 20769 |
| 23 | 杀螟硫磷 | 0.5* | 杀虫剂 | GB 23200.113、GB/T 14553、GB/T 20769、NY/T 761 |
| 24 | 杀扑磷 | 0.05 | 杀虫剂 | GB 23200.113、NY/T 761 |
| 25 | 水胺硫磷 | 0.05 | 杀虫剂 | GB 23200.113、NY/T 761 |

（续）

| 序号 | 农药中文名 | 最大残留限量（mg/kg） | 农药主要用途 | 检测方法 |
|---|---|---|---|---|
| 26 | 特丁硫磷 | 0.01 | 杀虫剂 | NY/T 761、NY/T 1379 |
| 27 | 辛硫磷 | 0.05 | 杀虫剂 | GB/T 5009.102、GB/T 20769 |
| 28 | 氧乐果 | 0.02 | 杀虫剂 | GB 23200.113、NY/T 761、NY/T 1379 |
| 29 | 乙酰甲胺磷 | 1 | 杀虫剂 | GB 23200.113、GB/T 5009.103、GB/T 5009.145、NY/T 761 |
| 30 | 蝇毒磷 | 0.05 | 杀虫剂 | GB 23200.8、GB 23200.113 |
| 31 | 增效醚 | 0.5 | 增效剂 | GB 23200.8、GB 23200.113 |
| 32 | 治螟磷 | 0.01 | 杀虫剂 | GB 23200.8、GB 23200.113、NY/T 761 |
| 33 | 艾氏剂 | 0.05 | 杀虫剂 | GB 23200.113、GB/T 5009.19、NY/T 761 |
| 34 | 狄氏剂 | 0.05 | 杀虫剂 | GB 23200.113、GB/T 5009.19、NY/T 761 |
| 35 | 毒杀芬 | 0.05* | 杀虫剂 | YC/T 180（参照） |
| 36 | 六六六 | 0.05 | 杀虫剂 | GB 23200.113、GB/T 5009.19、NY/T 761 |
| 37 | 氯丹 | 0.02 | 杀虫剂 | GB/T 5009.19 |
| 38 | 灭蚁灵 | 0.01 | 杀虫剂 | GB/T 5009.19 |
| 39 | 七氯 | 0.02 | 杀虫剂 | GB/T 5009.19、NY/T 761 |
| 40 | 异狄氏剂 | 0.05 | 杀虫剂 | GB/T 5009.19、NY/T 761 |
| 41 | 除虫菊素 | 0.05 | 杀虫剂 | GB/T 20769 |
| 42 | 敌百虫 | 0.2 | 杀虫剂 | GB/T 20769、NY/T 761 |
| 43 | 敌敌畏 | 0.2 | 杀虫剂 | GB 23200.8、GB 23200.113、GB/T 5009.20、NY/T 761 |
| 44 | 氯虫苯甲酰胺 | 0.02* | 杀虫剂 | 无指定 |
| 45 | 滴滴涕 | 0.05 | 杀虫剂 | GB 23200.113、GB/T 5009.19、NY/T 761 |
| 46 | 甲胺磷 | 0.05 | 杀虫剂 | GB 23200.113、GB/T 5009.103、NY/T 761 |
| 47 | 甲基异柳磷 | 0.01* | 杀虫剂 | GB 23200.113、GB/T 5009.144 |

（续）

| 序号 | 农药中文名 | 最大残留限量（mg/kg） | 农药主要用途 | 检测方法 |
|---|---|---|---|---|
| 48 | 甲萘威 | 1 | 杀虫剂 | GB/T 5009.145、GB/T 20769、NY/T 761 |
| 49 | 克百威 | 0.02 | 杀虫剂 | NY/T 761 |
| 50 | 氯氟氰菊酯和高效氯氟氰菊酯 | 0.01 | 杀虫剂 | GB 23200.8、GB 23200.113、GB/T 5009.146、NY/T 761 |
| 51 | 氯菊酯 | 1 | 杀虫剂 | GB 23200.8、GB 23200.113、NY/T 761 |
| 52 | 涕灭威 | 0.03 | 杀虫剂 | NY/T 761 |
| 53 | 百菌清 | 0.3 | 杀菌剂 | GB/T 5009.105、NY/T 761、SN/T 2320 |
| 54 | 啶酰菌胺 | 2 | 杀菌剂 | GB 23200.68、GB/T 20769 |
| 55 | 腈菌唑 | 0.06 | 杀菌剂 | GB 23200.8、GB 23200.113、GB/T 20769、NY/T 1455 |
| 56 | 嘧菌酯 | 1 | 杀菌剂 | GB/T 20769、NY/T 1453、SN/T 1976 |
| 57 | 噻虫胺 | 0.2 | 杀虫剂 | GB/T 20769 |
| 58 | 噻虫嗪 | 0.3 | 杀虫剂 | GB 23200.8、GB 23200.39、GB/T 20769 |
| 59 | 溴氰虫酰胺 | 0.05* | 杀虫剂 | 无指定 |
| 60 | 吡虫啉 | 0.5 | 杀虫剂 | GB/T 20769、GB/T 23379 |
| 61 | 氟啶虫胺腈 | 0.03* | 杀虫剂 | 无指定 |

## 3.86 马铃薯

马铃薯中农药最大残留限量见表3-86。

**表3-86 马铃薯中农药最大残留限量**

| 序号 | 农药中文名 | 最大残留限量（mg/kg） | 农药主要用途 | 检测方法 |
|---|---|---|---|---|
| 1 | 百草枯 | 0.05* | 除草剂 | 无指定 |
| 2 | 倍硫磷 | 0.05 | 杀虫剂 | GB 23200.8、GB 23200.113、GB/T 20769 |
| 3 | 苯线磷 | 0.02 | 杀虫剂 | GB 23200.8、GB/T 5009.145 |

（续）

| 序号 | 农药中文名 | 最大残留限量（mg/kg） | 农药主要用途 | 检测方法 |
|---|---|---|---|---|
| 4 | 地虫硫磷 | 0.01 | 杀虫剂 | GB 23200.8、GB 23200.113 |
| 5 | 对硫磷 | 0.01 | 杀虫剂 | GB 23200.113、GB/T 5009.145 |
| 6 | 氟虫腈 | 0.02 | 杀虫剂 | SN/T 1982 |
| 7 | 甲拌磷 | 0.01 | 杀虫剂 | GB 23200.113 |
| 8 | 甲基对硫磷 | 0.02 | 杀虫剂 | GB 23200.113、NY/T 761 |
| 9 | 甲基硫环磷 | 0.03* | 杀虫剂 | NY/T 761 |
| 10 | 久效磷 | 0.03 | 杀虫剂 | GB 23200.113、NY/T 761 |
| 11 | 抗蚜威 | 0.05 | 杀虫剂 | GB 23200.8、GB 23200.113、GB/T 20769、SN/T 0134 |
| 12 | 联苯菊酯 | 0.05 | 杀虫/杀螨剂 | GB/T 5009.146、NY/T 761、SN/T 1969 |
| 13 | 磷胺 | 0.05 | 杀虫剂 | GB 23200.113、NY/T 761 |
| 14 | 硫环磷 | 0.03 | 杀虫剂 | GB 23200.113、NY/T 761 |
| 15 | 硫线磷 | 0.02 | 杀虫剂 | GB/T 20769 |
| 16 | 氯氰菊酯和高效氯氰菊酯 | 0.01 | 杀虫剂 | GB 23200.8、GB 23200.113、GB/T 5009.146、NY/T 761 |
| 17 | 氯唑磷 | 0.01 | 杀虫剂 | GB 23200.113、GB/T 20769 |
| 18 | 灭多威 | 0.2 | 杀虫剂 | NY/T 761 |
| 19 | 灭线磷 | 0.02 | 杀线虫剂 | NY/T 761 |
| 20 | 内吸磷 | 0.02 | 杀虫/杀螨剂 | GB/T 20769 |
| 21 | 杀虫脒 | 0.01 | 杀虫剂 | GB/T 20769 |
| 22 | 杀螟硫磷 | 0.5* | 杀虫剂 | GB 23200.113、GB/T 14553、GB/T 20769、NY/T 761 |
| 23 | 杀扑磷 | 0.05 | 杀虫剂 | GB 23200.113、NY/T 761 |
| 24 | 水胺硫磷 | 0.05 | 杀虫剂 | GB 23200.113、NY/T 761 |
| 25 | 特丁硫磷 | 0.01 | 杀虫剂 | NY/T 761、NY/T 1379 |
| 26 | 辛硫磷 | 0.05 | 杀虫剂 | GB/T 5009.102、GB/T 20769 |
| 27 | 氧乐果 | 0.02 | 杀虫剂 | GB 23200.113、NY/T 761、NY/T 1379 |
| 28 | 乙酰甲胺磷 | 1 | 杀虫剂 | GB 23200.113、GB/T 5009.103、GB/T 5009.145、NY/T 761 |

（续）

| 序号 | 农药中文名 | 最大残留限量（mg/kg） | 农药主要用途 | 检测方法 |
| --- | --- | --- | --- | --- |
| 29 | 蝇毒磷 | 0.05 | 杀虫剂 | GB 23200.8、GB 23200.113 |
| 30 | 增效醚 | 0.5 | 增效剂 | GB 23200.8、GB 23200.113 |
| 31 | 治螟磷 | 0.01 | 杀虫剂 | GB 23200.8、GB 23200.113、NY/T 761 |
| 32 | 艾氏剂 | 0.05 | 杀虫剂 | GB 23200.113、GB/T 5009.19、NY/T 761 |
| 33 | 狄氏剂 | 0.05 | 杀虫剂 | GB 23200.113、GB/T 5009.19、NY/T 761 |
| 34 | 毒杀芬 | 0.05* | 杀虫剂 | YC/T 180（参照） |
| 35 | 六六六 | 0.05 | 杀虫剂 | GB 23200.113、GB/T 5009.19、NY/T 761 |
| 36 | 氯丹 | 0.02 | 杀虫剂 | GB/T 5009.19 |
| 37 | 灭蚁灵 | 0.01 | 杀虫剂 | GB/T 5009.19 |
| 38 | 七氯 | 0.02 | 杀虫剂 | GB/T 5009.19、NY/T 761 |
| 39 | 异狄氏剂 | 0.05 | 杀虫剂 | GB/T 5009.19、NY/T 761 |
| 40 | 除虫菊素 | 0.05 | 杀虫剂 | GB/T 20769 |
| 41 | 敌百虫 | 0.2 | 杀虫剂 | GB/T 20769、NY/T 761 |
| 42 | 敌敌畏 | 0.2 | 杀虫剂 | GB 23200.8、GB 23200.113、GB/T 5009.20、NY/T 761 |
| 43 | 氯虫苯甲酰胺 | 0.02* | 杀虫剂 | 无指定 |
| 44 | 滴滴涕 | 0.05 | 杀虫剂 | GB 23200.113、GB/T 5009.19、NY/T 761 |
| 45 | 甲胺磷 | 0.05 | 杀虫剂 | GB 23200.113、GB/T 5009.103、NY/T 761 |
| 46 | 甲基异柳磷 | 0.01* | 杀虫剂 | GB 23200.113、GB/T 5009.144 |
| 47 | 甲萘威 | 1 | 杀虫剂 | GB/T 5009.145、GB/T 20769、NY/T 761 |
| 48 | 2,4-滴和2,4-滴钠盐 | 0.2 | 除草剂 | GB/T 5009.175 |
| 49 | 阿维菌素 | 0.01 | 杀虫剂 | GB 23200.19、GB 23200.20、NY/T 1379 |
| 50 | 百菌清 | 0.2 | 杀菌剂 | GB/T 5009.105、NY/T 761、SN/T 2320 |

（续）

| 序号 | 农药中文名 | 最大残留限量（mg/kg） | 农药主要用途 | 检测方法 |
|---|---|---|---|---|
| 51 | 保棉磷 | 0.05 | 杀虫剂 | SN/T 1739 |
| 52 | 苯氟磺胺 | 0.1 | 杀菌剂 | SN/T 2320（参照） |
| 53 | 苯醚甲环唑 | 0.02 | 杀菌剂 | GB 23200.8、GB 23200.49、GB 23200.113、GB/T 5009.218 |
| 54 | 苯霜灵 | 0.02 | 杀菌剂 | GB 23200.8、GB 23200.113、GB/T 20769 |
| 55 | 苯酰菌胺 | 0.02 | 杀菌剂 | GB 23200.8、GB/T 20769 |
| 56 | 吡虫啉 | 0.5 | 杀虫剂 | GB/T 20769、GB/T 23379 |
| 57 | 吡噻菌胺 | 0.05* | 杀菌剂 | 无指定 |
| 58 | 吡唑醚菌酯 | 0.02 | 杀菌剂 | GB 23200.8 |
| 59 | 丙硫菌唑 | 0.02* | 杀菌剂 | 无指定 |
| 60 | 丙炔噁草酮 | 0.02* | 除草剂 | 无指定 |
| 61 | 丙森锌 | 0.5 | 杀菌剂 | SN 0139、SN 0157、SN/T 1541（参照） |
| 62 | 丙溴磷 | 0.05 | 杀虫剂 | GB 23200.8、GB 23200.113、NY/T 761、SN/T 2234 |
| 63 | 草铵膦 | 0.1* | 除草剂 | 无指定 |
| 64 | 代森联 | 0.5 | 杀菌剂 | SN 0139、SN 0157、SN/T 1541（参照） |
| 65 | 代森锰锌 | 0.5 | 杀菌剂 | SN 0157、SN/T 1541（参照） |
| 66 | 代森锌 | 0.5 | 杀菌剂 | SN 0139、SN 0157、SN/T 1541（参照） |
| 67 | 敌草快 | 0.05 | 除草剂 | SN/T 0293 |
| 68 | 敌磺钠 | 0.1* | 杀菌剂 | 无指定 |
| 69 | 啶酰菌胺 | 1 | 杀菌剂 | GB 23200.68、GB/T 20769 |
| 70 | 多抗霉素 | 0.5* | 杀菌剂 | 无指定 |
| 71 | 多杀霉素 | 0.01 | 杀虫剂 | GB/T 20769 |
| 72 | 噁唑菌酮 | 0.5 | 杀菌剂 | GB/T 20769 |
| 73 | 二甲戊灵 | 0.3 | 除草剂 | GB 23200.8、GB 23200.113、NY/T 1379 |
| 74 | 二嗪磷 | 0.01 | 杀虫剂 | GB 23200.8、GB 23200.113、GB/T 20769、GB/T 5009.107 |

（续）

| 序号 | 农药中文名 | 最大残留限量（mg/kg） | 农药主要用途 | 检测方法 |
|---|---|---|---|---|
| 75 | 砜嘧磺隆 | 0.1 | 除草剂 | SN/T 2325（参照） |
| 76 | 氟苯脲 | 0.05 | 杀虫剂 | NY/T 1453 |
| 77 | 氟吡甲禾灵和高效氟吡甲禾灵 | 0.1* | 除草剂 | 无指定 |
| 78 | 氟吡菌胺 | 0.05* | 杀菌剂 | 无指定 |
| 79 | 氟吡菌酰胺 | 0.03* | 杀菌剂 | 无指定 |
| 80 | 氟啶胺 | 0.5 | 杀菌剂 | GB 23200.34 |
| 81 | 氟啶虫酰胺 | 0.2* | 杀虫剂 | 无指定 |
| 82 | 氟氯氰菊酯和高效氟氯氰菊酯 | 0.01 | 杀虫剂 | GB 23200.8、GB 23200.113、GB/T 5009.146、NY/T 761 |
| 83 | 氟吗啉 | 0.5* | 杀菌剂 | 无指定 |
| 84 | 氟氰戊菊酯 | 0.05 | 杀虫剂 | GB 23200.113、NY/T 761 |
| 85 | 氟酰脲 | 0.01 | 杀虫剂 | GB 23200.34 |
| 86 | 氟唑环菌胺 | 0.02* | 杀菌剂 | 无指定 |
| 87 | 福美双 | 0.5 | 杀菌剂 | SN 0157、SN/T 0525、SN/T 1541（参照） |
| 88 | 复硝酚钠 | 0.1* | 植物生长调节剂 | 无指定 |
| 89 | 咯菌腈 | 0.05 | 杀菌剂 | GB 23200.8、GB 23200.113、GB/T 20769 |
| 90 | 甲基立枯磷 | 0.2 | 杀菌剂 | GB 23200.8、GB 23200.113 |
| 91 | 甲硫威 | 0.05 | 杀软体动物剂 | SN/T 2560（参照） |
| 92 | 甲哌鎓 | 3* | 植物生长调节剂 | 无指定 |
| 93 | 甲霜灵和精甲霜灵 | 0.05 | 杀菌剂 | GB 23200.8、GB/T 20769 |
| 94 | 精二甲吩草胺 | 0.01 | 除草剂 | GB 23200.8、GB/T 20769、NY/T 1379 |
| 95 | 克百威 | 0.1 | 杀虫剂 | NY/T 761 |
| 96 | 克菌丹 | 0.05 | 杀菌剂 | GB 23200.8、SN 0654 |
| 97 | 喹禾灵和精喹禾灵 | 0.05 | 除草剂 | GB/T 20769 |
| 98 | 乐果 | 0.5* | 杀虫剂 | GB 23200.113、GB/T 5009.145、GB/T 20769、NY/T 761 |
| 99 | 硫丹 | 0.05 | 杀虫剂 | NY/T 761 |

（续）

| 序号 | 农药中文名 | 最大残留限量（mg/kg） | 农药主要用途 | 检测方法 |
|---|---|---|---|---|
| 100 | 螺虫乙酯 | 0.8 | 杀虫剂 | SN/T 4891 |
| 101 | 氯苯胺灵 | 30 | 植物生长调节剂 | GB 23200.9、GB 23200.113 |
| 102 | 氯氟氰菊酯和高效氯氟氰菊酯 | 0.02 | 杀虫剂 | GB 23200.8、GB 23200.113、GB/T 5009.146、NY/T 761 |
| 103 | 氯菊酯 | 0.05 | 杀虫剂 | GB 23200.8、GB 23200.113、NY/T 761 |
| 104 | 马拉硫磷 | 0.5 | 杀虫剂 | GB 23200.8、GB 23200.113、GB/T 20769、NY/T 761 |
| 105 | 咪唑菌酮 | 0.02 | 杀菌剂 | GB 23200.8、GB 23200.113 |
| 106 | 嘧菌酯 | 0.1 | 杀菌剂 | GB/T 20769、NY/T 1453、SN/T 1976 |
| 107 | 嘧霉胺 | 0.05 | 杀菌剂 | GB 23200.8、GB 23200.113、GB/T 20769 |
| 108 | 灭草松 | 0.1 | 除草剂 | GB/T 20769 |
| 109 | 灭菌丹 | 0.1 | 杀菌剂 | GB/T 20769、SN/T 2320 |
| 110 | 萘乙酸和萘乙酸钠 | 0.05 | 植物生长调节剂 | SN/T 2228（参照） |
| 111 | 嗪草酮 | 0.2 | 除草剂 | GB 23200.8、GB 23200.113 |
| 112 | 氰氟虫腙 | 0.02 | 杀虫剂 | SN/T 3852（参照） |
| 113 | 氰霜唑 | 0.02* | 杀菌剂 | GB 23200.14 |
| 114 | 氰戊菊酯和S-氰戊菊酯 | 0.05 | 杀虫剂 | GB 23200.8、GB 23200.113、NY/T 761 |
| 115 | 噻草酮 | 3* | 除草剂 | GB 23200.38 |
| 116 | 噻虫啉 | 0.02 | 杀虫剂 | GB/T 20769 |
| 117 | 噻虫嗪 | 0.2 | 杀虫剂 | GB 23200.8、GB 23200.39、GB/T 20769 |
| 118 | 噻呋酰胺 | 2 | 杀菌剂 | GB 23200.9 |
| 119 | 噻节因 | 0.05 | 植物生长调节剂 | NY/T 1379 |
| 120 | 噻菌灵 | 15 | 杀菌剂 | GB/T 20769、NY/T 1453、NY/T 1680 |
| 121 | 噻唑磷 | 0.1 | 杀线虫剂 | GB 23200.113、GB/T 20769 |
| 122 | 三苯基氢氧化锡 | 0.1* | 杀菌剂 | 无指定 |
| 123 | 杀线威 | 0.1 | 杀虫剂 | NY/T 1453、SN/T 0134 |

（续）

| 序号 | 农药中文名 | 最大残留限量（mg/kg） | 农药主要用途 | 检测方法 |
|---|---|---|---|---|
| 124 | 双炔酰菌胺 | 0.01* | 杀菌剂 | 无指定 |
| 125 | 霜霉威和霜霉威盐酸盐 | 0.3 | 杀菌剂 | GB/T 20769、NY/T 1379 |
| 126 | 霜脲氰 | 0.5 | 杀菌剂 | GB/T 20769 |
| 127 | 四氯硝基苯 | 20 | 杀菌剂/植物生长调节剂 | GB 23200.8、GB 23200.113 |
| 128 | 涕灭威 | 0.1 | 杀虫剂 | NY/T 761 |
| 129 | 肟菌酯 | 0.2 | 杀菌剂 | GB 23200.8、GB 23200.113、GB/T 20769 |
| 130 | 五氯硝基苯 | 0.2 | 杀菌剂 | GB 23200.113、GB/T 5009.19、GB/T 5009.136 |
| 131 | 烯草酮 | 0.5 | 除草剂 | GB 23200.8 |
| 132 | 烯酰吗啉 | 0.05 | 杀菌剂 | GB/T 20769 |
| 133 | 溴氰虫酰胺 | 0.05* | 杀虫剂 | 无指定 |
| 134 | 溴氰菊酯 | 0.01 | 杀虫剂 | GB 23200.8、GB 23200.113、NY/T 761、SN/T 0217 |
| 135 | 亚胺硫磷 | 0.05 | 杀虫剂 | GB 23200.113、GB/T 5009.131、NY/T 761 |
| 136 | 亚砜磷 | 0.01* | 杀虫剂 | 无指定 |
| 137 | 乙草胺 | 0.1 | 除草剂 | GB 23200.113、GB/T 20769 |
| 138 | 异噁草酮 | 0.02 | 除草剂 | GB 23200.8、GB 23200.113 |
| 139 | 抑霉唑 | 5 | 杀菌剂 | GB 23200.8、GB 23200.113、GB/T 20769 |
| 140 | 抑芽丹 | 50 | 植物生长调节剂/除草剂 | GB 23200.22 |
| 141 | 茚虫威 | 0.02 | 杀虫剂 | GB/T 20769 |
| 142 | 唑螨酯 | 0.05 | 杀螨剂 | GB/T 20769 |
| 143 | 唑嘧菌胺 | 0.05* | 杀菌剂 | 无指定 |
| 144 | 磷化铝 | 0.05 | 杀虫剂 | GB/T 5009.36（参照） |
| 145 | 溴甲烷 | 5* | 熏蒸剂 | 无指定 |
| 146 | 甲基毒死蜱 | 5* | 杀虫剂 | GB 23200.8、GB 23200.113、GB/T 20769、NY/T 761 |

## 3.87 甘薯

甘薯中农药最大残留限量见表 3-87。

**表 3-87 甘薯中农药最大残留限量**

| 序号 | 农药中文名 | 最大残留限量（mg/kg） | 农药主要用途 | 检测方法 |
|---|---|---|---|---|
| 1 | 保棉磷 | 0.5 | 杀虫剂 | NY/T 761 |
| 2 | 百草枯 | 0.05* | 除草剂 | 无指定 |
| 3 | 倍硫磷 | 0.05 | 杀虫剂 | GB 23200.8、GB 23200.113、GB/T 20769 |
| 4 | 苯线磷 | 0.02 | 杀虫剂 | GB 23200.8、GB/T 5009.145 |
| 5 | 地虫硫磷 | 0.01 | 杀虫剂 | GB 23200.8、GB 23200.113 |
| 6 | 对硫磷 | 0.01 | 杀虫剂 | GB 23200.113、GB/T 5009.145 |
| 7 | 氟虫腈 | 0.02 | 杀虫剂 | SN/T 1982 |
| 8 | 甲拌磷 | 0.01 | 杀虫剂 | GB 23200.113 |
| 9 | 甲基对硫磷 | 0.02 | 杀虫剂 | GB 23200.113、NY/T 761 |
| 10 | 甲基硫环磷 | 0.03* | 杀虫剂 | NY/T 761 |
| 11 | 久效磷 | 0.03 | 杀虫剂 | GB 23200.113、NY/T 761 |
| 12 | 抗蚜威 | 0.05 | 杀虫剂 | GB 23200.8、GB 23200.113、GB/T 20769、SN/T 0134 |
| 13 | 联苯菊酯 | 0.05 | 杀虫/杀螨剂 | GB/T 5009.146、NY/T 761、SN/T 1969 |
| 14 | 磷胺 | 0.05 | 杀虫剂 | GB 23200.113、NY/T 761 |
| 15 | 硫环磷 | 0.03 | 杀虫剂 | GB 23200.113、NY/T 761 |
| 16 | 硫线磷 | 0.02 | 杀虫剂 | GB/T 20769 |
| 17 | 氯氰菊酯和高效氯氰菊酯 | 0.01 | 杀虫剂 | GB 23200.8、GB 23200.113、GB/T 5009.146、NY/T 761 |
| 18 | 氯唑磷 | 0.01 | 杀虫剂 | GB 23200.113、GB/T 20769 |
| 19 | 灭多威 | 0.2 | 杀虫剂 | NY/T 761 |
| 20 | 灭线磷 | 0.02 | 杀线虫剂 | NY/T 761 |
| 21 | 内吸磷 | 0.02 | 杀虫/杀螨剂 | GB/T 20769 |
| 22 | 杀虫脒 | 0.01 | 杀虫剂 | GB/T 20769 |
| 23 | 杀螟硫磷 | 0.5* | 杀虫剂 | GB 23200.113、GB/T 14553、GB/T 20769、NY/T 761 |

（续）

| 序号 | 农药中文名 | 最大残留限量（mg/kg） | 农药主要用途 | 检测方法 |
|---|---|---|---|---|
| 24 | 杀扑磷 | 0.05 | 杀虫剂 | GB 23200.113、NY/T 761 |
| 25 | 水胺硫磷 | 0.05 | 杀虫剂 | GB 23200.113、NY/T 761 |
| 26 | 特丁硫磷 | 0.01 | 杀虫剂 | NY/T 761、NY/T 1379 |
| 27 | 辛硫磷 | 0.05 | 杀虫剂 | GB/T 5009.102、GB/T 20769 |
| 28 | 氧乐果 | 0.02 | 杀虫剂 | GB 23200.113、NY/T 761、NY/T 1379 |
| 29 | 乙酰甲胺磷 | 1 | 杀虫剂 | GB 23200.113、GB/T 5009.103、GB/T 5009.145、NY/T 761 |
| 30 | 蝇毒磷 | 0.05 | 杀虫剂 | GB 23200.8、GB 23200.113 |
| 31 | 增效醚 | 0.5 | 增效剂 | GB 23200.8、GB 23200.113 |
| 32 | 治螟磷 | 0.01 | 杀虫剂 | GB 23200.8、GB 23200.113、NY/T 761 |
| 33 | 艾氏剂 | 0.05 | 杀虫剂 | GB 23200.113、GB/T 5009.19、NY/T 761 |
| 34 | 狄氏剂 | 0.05 | 杀虫剂 | GB 23200.113、GB/T 5009.19、NY/T 761 |
| 35 | 毒杀芬 | 0.05* | 杀虫剂 | YC/T 180（参照） |
| 36 | 六六六 | 0.05 | 杀虫剂 | GB 23200.113、GB/T 5009.19、NY/T 761 |
| 37 | 氯丹 | 0.02 | 杀虫剂 | GB/T 5009.19 |
| 38 | 灭蚁灵 | 0.01 | 杀虫剂 | GB/T 5009.19 |
| 39 | 七氯 | 0.02 | 杀虫剂 | GB/T 5009.19、NY/T 761 |
| 40 | 异狄氏剂 | 0.05 | 杀虫剂 | GB/T 5009.19、NY/T 761 |
| 41 | 除虫菊素 | 0.05 | 杀虫剂 | GB/T 20769 |
| 42 | 敌百虫 | 0.2 | 杀虫剂 | GB/T 20769、NY/T 761 |
| 43 | 敌敌畏 | 0.2 | 杀虫剂 | GB 23200.8、GB 23200.113、GB/T 5009.20、NY/T 761 |
| 44 | 氯虫苯甲酰胺 | 0.02* | 杀虫剂 | 无指定 |
| 45 | 滴滴涕 | 0.05 | 杀虫剂 | GB 23200.113、GB/T 5009.19、NY/T 761 |
| 46 | 甲胺磷 | 0.05 | 杀虫剂 | GB 23200.113、GB/T 5009.103、NY/T 761 |

（续）

| 序号 | 农药中文名 | 最大残留限量（mg/kg） | 农药主要用途 | 检测方法 |
|---|---|---|---|---|
| 47 | 克百威 | 0.02 | 杀虫剂 | NY/T 761 |
| 48 | 氯氟氰菊酯和高效氯氟氰菊酯 | 0.01 | 杀虫剂 | GB 23200.8、GB 23200.113、GB/T 5009.146、NY/T 761 |
| 49 | 氯菊酯 | 1 | 杀虫剂 | GB 23200.8、GB 23200.113、NY/T 761 |
| 50 | 氯化苦 | 0.1 | 熏蒸剂 | GB/T 5009.36 |
| 51 | 丙溴磷 | 0.05 | 杀虫剂 | GB 23200.8、GB 23200.113、NY/T 761、SN/T 2234 |
| 52 | 代森铵 | 0.5 | 杀菌剂 | SN/T 1541（参照） |
| 53 | 代森锰锌 | 0.5 | 杀菌剂 | SN 0157、SN/T 1541（参照） |
| 54 | 敌草快 | 0.05 | 除草剂 | SN/T 0293（参照） |
| 55 | 丁硫克百威 | 1 | 杀虫剂 | GB 23200.13 |
| 56 | 咯菌腈 | 10 | 杀菌剂 | GB 23200.8、GB 23200.113、GB/T 20769 |
| 57 | 甲基硫菌灵 | 0.1 | 杀菌剂 | NY/T 1680 |
| 58 | 甲基异柳磷 | 0.05* | 杀虫剂 | GB 23200.113、GB/T 5009.144 |
| 59 | 甲萘威 | 0.02 | 杀虫剂 | GB/T 5009.145、GB/T 20769、NY/T 761 |
| 60 | 甲哌鎓 | 5* | 植物生长调节剂 | 无指定 |
| 61 | 甲氧虫酰肼 | 0.02 | 杀虫剂 | GB/T 20769 |
| 62 | 精二甲吩草胺 | 0.01 | 除草剂 | GB 23200.8、GB/T 20769、NY/T 1379 |
| 63 | 乐果 | 0.05* | 杀虫剂 | GB 23200.113、GB/T 5009.145、GB/T 20769、NY/T 761 |
| 64 | 硫丹 | 0.05 | 杀虫剂 | NY/T 761 |
| 65 | 马拉硫磷 | 8 | 杀虫剂 | GB 23200.8、GB 23200.113、GB/T 20769、NY/T 761 |
| 66 | 萘乙酸和萘乙酸钠 | 0.05 | 植物生长调节剂 | SN/T 2228 |
| 67 | 氰戊菊酯和S-氰戊菊酯 | 0.05 | 杀虫剂 | GB 23200.8、GB 23200.113、NY/T 761 |
| 68 | 涕灭威 | 0.1 | 杀虫剂 | NY/T 761 |
| 69 | 溴氰菊酯 | 0.5 | 杀虫剂 | GB 23200.8、GB 23200.113、NY/T 761、SN/T 0217 |

（续）

| 序号 | 农药中文名 | 最大残留限量（mg/kg） | 农药主要用途 | 检测方法 |
|---|---|---|---|---|
| 70 | 异丙草胺 | 0.05* | 除草剂 | GB 23200.9 |
| 71 | 磷化铝 | 0.05 | 杀虫剂 | GB/T 5009.36（参照） |
| 72 | 溴甲烷 | 5* | 熏蒸剂 | 无指定 |
| 73 | 甲基毒死蜱 | 5* | 杀虫剂 | GB 23200.8、GB 23200.113、GB/T 20769、NY/T 761 |

## 3.88 山药

山药中农药最大残留限量见表 3-88。

**表 3-88 山药中农药最大残留限量**

| 序号 | 农药中文名 | 最大残留限量（mg/kg） | 农药主要用途 | 检测方法 |
|---|---|---|---|---|
| 1 | 保棉磷 | 0.5 | 杀虫剂 | NY/T 761 |
| 2 | 百草枯 | 0.05* | 除草剂 | 无指定 |
| 3 | 倍硫磷 | 0.05 | 杀虫剂 | GB 23200.8、GB 23200.113、GB/T 20769 |
| 4 | 苯线磷 | 0.02 | 杀虫剂 | GB 23200.8、GB/T 5009.145 |
| 5 | 地虫硫磷 | 0.01 | 杀虫剂 | GB 23200.8、GB 23200.113 |
| 6 | 对硫磷 | 0.01 | 杀虫剂 | GB 23200.113、GB/T 5009.145 |
| 7 | 氟虫腈 | 0.02 | 杀虫剂 | SN/T 1982 |
| 8 | 甲拌磷 | 0.01 | 杀虫剂 | GB 23200.113 |
| 9 | 甲基对硫磷 | 0.02 | 杀虫剂 | GB 23200.113、NY/T 761 |
| 10 | 甲基硫环磷 | 0.03* | 杀虫剂 | NY/T 761 |
| 11 | 久效磷 | 0.03 | 杀虫剂 | GB 23200.113、NY/T 761 |
| 12 | 抗蚜威 | 0.05 | 杀虫剂 | GB 23200.8、GB 23200.113、GB/T 20769、SN/T 0134 |
| 13 | 联苯菊酯 | 0.05 | 杀虫/杀螨剂 | GB/T 5009.146、NY/T 761、SN/T 1969 |
| 14 | 磷胺 | 0.05 | 杀虫剂 | GB 23200.113、NY/T 761 |
| 15 | 硫环磷 | 0.03 | 杀虫剂 | GB 23200.113、NY/T 761 |
| 16 | 硫线磷 | 0.02 | 杀虫剂 | GB/T 20769 |

（续）

| 序号 | 农药中文名 | 最大残留限量（mg/kg） | 农药主要用途 | 检测方法 |
|---|---|---|---|---|
| 17 | 氯氰菊酯和高效氯氰菊酯 | 0.01 | 杀虫剂 | GB 23200.8、GB 23200.113、GB/T 5009.146、NY/T 761 |
| 18 | 氯唑磷 | 0.01 | 杀虫剂 | GB 23200.113、GB/T 20769 |
| 19 | 灭多威 | 0.2 | 杀虫剂 | NY/T 761 |
| 20 | 灭线磷 | 0.02 | 杀线虫剂 | NY/T 761 |
| 21 | 内吸磷 | 0.02 | 杀虫/杀螨剂 | GB/T 20769 |
| 22 | 杀虫脒 | 0.01 | 杀虫剂 | GB/T 20769 |
| 23 | 杀螟硫磷 | 0.5* | 杀虫剂 | GB 23200.113、GB/T 14553、GB/T 20769、NY/T 761 |
| 24 | 杀扑磷 | 0.05 | 杀虫剂 | GB 23200.113、NY/T 761 |
| 25 | 水胺硫磷 | 0.05 | 杀虫剂 | GB 23200.113、NY/T 761 |
| 26 | 特丁硫磷 | 0.01 | 杀虫剂 | NY/T 761、NY/T 1379 |
| 27 | 辛硫磷 | 0.05 | 杀虫剂 | GB/T 5009.102、GB/T 20769 |
| 28 | 氧乐果 | 0.02 | 杀虫剂 | GB 23200.113、NY/T 761、NY/T 1379 |
| 29 | 乙酰甲胺磷 | 1 | 杀虫剂 | GB 23200.113、GB/T 5009.103、GB/T 5009.145、NY/T 761 |
| 30 | 蝇毒磷 | 0.05 | 杀虫剂 | GB 23200.8、GB 23200.113 |
| 31 | 增效醚 | 0.5 | 增效剂 | GB 23200.8、GB 23200.113 |
| 32 | 治螟磷 | 0.01 | 杀虫剂 | GB 23200.8、GB 23200.113、NY/T 761 |
| 33 | 艾氏剂 | 0.05 | 杀虫剂 | GB 23200.113、GB/T 5009.19、NY/T 761 |
| 34 | 狄氏剂 | 0.05 | 杀虫剂 | GB 23200.113、GB/T 5009.19、NY/T 761 |
| 35 | 毒杀芬 | 0.05* | 杀虫剂 | YC/T 180（参照） |
| 36 | 六六六 | 0.05 | 杀虫剂 | GB 23200.113、GB/T 5009.19、NY/T 761 |
| 37 | 氯丹 | 0.02 | 杀虫剂 | GB/T 5009.19 |
| 38 | 灭蚁灵 | 0.01 | 杀虫剂 | GB/T 5009.19 |
| 39 | 七氯 | 0.02 | 杀虫剂 | GB/T 5009.19、NY/T 761 |
| 40 | 异狄氏剂 | 0.05 | 杀虫剂 | GB/T 5009.19、NY/T 761 |

（续）

| 序号 | 农药中文名 | 最大残留限量(mg/kg) | 农药主要用途 | 检测方法 |
|---|---|---|---|---|
| 41 | 除虫菊素 | 0.05 | 杀虫剂 | GB/T 20769 |
| 42 | 敌百虫 | 0.2 | 杀虫剂 | GB/T 20769、NY/T 761 |
| 43 | 敌敌畏 | 0.2 | 杀虫剂 | GB 23200.8、GB 23200.113、GB/T 5009.20、NY/T 761 |
| 44 | 氯虫苯甲酰胺 | 0.02* | 杀虫剂 | 无指定 |
| 45 | 滴滴涕 | 0.05 | 杀虫剂 | GB 23200.113、GB/T 5009.19、NY/T 761 |
| 46 | 甲胺磷 | 0.05 | 杀虫剂 | GB 23200.113、GB/T 5009.103、NY/T 761 |
| 47 | 甲基异柳磷 | 0.01* | 杀虫剂 | GB 23200.113、GB/T 5009.144 |
| 48 | 甲萘威 | 1 | 杀虫剂 | GB/T 5009.145、GB/T 20769、NY/T 761 |
| 49 | 克百威 | 0.02 | 杀虫剂 | NY/T 761 |
| 50 | 氯氟氰菊酯和高效氯氟氰菊酯 | 0.01 | 杀虫剂 | GB 23200.8、GB 23200.113、GB/T 5009.146、NY/T 761 |
| 51 | 氯菊酯 | 1 | 杀虫剂 | GB 23200.8、GB 23200.113、NY/T 761 |
| 52 | 氯化苦 | 0.1 | 熏蒸剂 | GB/T 5009.36 |
| 53 | 吡唑醚菌酯 | 0.2 | 杀菌剂 | GB 23200.8 |
| 54 | 代森锰锌 | 0.5 | 杀菌剂 | SN 0157、SN/T 1541（参照） |
| 55 | 敌草快 | 0.05 | 除草剂 | SN/T 0293（参照） |
| 56 | 二氰蒽醌 | 1* | 杀菌剂 | 无指定 |
| 57 | 氟氰戊菊酯 | 0.05 | 杀虫剂 | GB 23200.113、NY/T 761 |
| 58 | 咯菌腈 | 10 | 杀菌剂 | GB 23200.8、GB 23200.113、GB/T 20769 |
| 59 | 乐果 | 0.5* | 杀虫剂 | GB 23200.113、GB/T 5009.145、GB/T 20769、NY/T 761 |
| 60 | 马拉硫磷 | 0.5 | 杀虫剂 | GB 23200.8、GB 23200.113、GB/T 20769、NY/T 761 |
| 61 | 氰戊菊酯和S-氰戊菊酯 | 0.05 | 杀虫剂 | GB 23200.8、GB 23200.113、NY/T 761 |
| 62 | 涕灭威 | 0.1 | 杀虫剂 | NY/T 761 |

（续）

| 序号 | 农药中文名 | 最大残留限量(mg/kg) | 农药主要用途 | 检测方法 |
| --- | --- | --- | --- | --- |
| 63 | 磷化铝 | 0.05 | 杀虫剂 | GB/T 5009.36（参照） |
| 64 | 溴甲烷 | 5* | 熏蒸剂 | 无指定 |
| 65 | 甲基毒死蜱 | 5* | 杀虫剂 | GB 23200.8、GB 23200.113、GB/T 20769、NY/T 761 |

## 3.89 木薯

木薯中农药最大残留限量见表 3-89。

**表 3-89 木薯中农药最大残留限量**

| 序号 | 农药中文名 | 最大残留限量(mg/kg) | 农药主要用途 | 检测方法 |
| --- | --- | --- | --- | --- |
| 1 | 保棉磷 | 0.5 | 杀虫剂 | NY/T 761 |
| 2 | 百草枯 | 0.05* | 除草剂 | 无指定 |
| 3 | 倍硫磷 | 0.05 | 杀虫剂 | GB 23200.8、GB 23200.113、GB/T 20769 |
| 4 | 苯线磷 | 0.02 | 杀虫剂 | GB 23200.8、GB/T 5009.145 |
| 5 | 地虫硫磷 | 0.01 | 杀虫剂 | GB 23200.8、GB 23200.113 |
| 6 | 对硫磷 | 0.01 | 杀虫剂 | GB 23200.113、GB/T 5009.145 |
| 7 | 氟虫腈 | 0.02 | 杀虫剂 | SN/T 1982 |
| 8 | 甲拌磷 | 0.01 | 杀虫剂 | GB 23200.113 |
| 9 | 甲基对硫磷 | 0.02 | 杀虫剂 | GB 23200.113、NY/T 761 |
| 10 | 甲基硫环磷 | 0.03* | 杀虫剂 | NY/T 761 |
| 11 | 久效磷 | 0.03 | 杀虫剂 | GB 23200.113、NY/T 761 |
| 12 | 抗蚜威 | 0.05 | 杀虫剂 | GB 23200.8、GB 23200.113、GB/T 20769、SN/T 0134 |
| 13 | 联苯菊酯 | 0.05 | 杀虫/杀螨剂 | GB/T 5009.146、NY/T 761、SN/T 1969 |
| 14 | 磷胺 | 0.05 | 杀虫剂 | GB 23200.113、NY/T 761 |
| 15 | 硫环磷 | 0.03 | 杀虫剂 | GB 23200.113、NY/T 761 |
| 16 | 硫线磷 | 0.02 | 杀虫剂 | GB/T 20769 |
| 17 | 氯氰菊酯和高效氯氰菊酯 | 0.01 | 杀虫剂 | GB 23200.8、GB 23200.113、GB/T 5009.146、NY/T 761 |

（续）

| 序号 | 农药中文名 | 最大残留限量（mg/kg） | 农药主要用途 | 检测方法 |
|---|---|---|---|---|
| 18 | 氯唑磷 | 0.01 | 杀虫剂 | GB 23200.113、GB/T 20769 |
| 19 | 灭多威 | 0.2 | 杀虫剂 | NY/T 761 |
| 20 | 灭线磷 | 0.02 | 杀线虫剂 | NY/T 761 |
| 21 | 内吸磷 | 0.02 | 杀虫/杀螨剂 | GB/T 20769 |
| 22 | 杀虫脒 | 0.01 | 杀虫剂 | GB/T 20769 |
| 23 | 杀螟硫磷 | 0.5* | 杀虫剂 | GB 23200.113、GB/T 14553、GB/T 20769、NY/T 761 |
| 24 | 杀扑磷 | 0.05 | 杀虫剂 | GB 23200.113、NY/T 761 |
| 25 | 水胺硫磷 | 0.05 | 杀虫剂 | GB 23200.113、NY/T 761 |
| 26 | 特丁硫磷 | 0.01 | 杀虫剂 | NY/T 761、NY/T 1379 |
| 27 | 辛硫磷 | 0.05 | 杀虫剂 | GB/T 5009.102、GB/T 20769 |
| 28 | 氧乐果 | 0.02 | 杀虫剂 | GB 23200.113、NY/T 761、NY/T 1379 |
| 29 | 乙酰甲胺磷 | 1 | 杀虫剂 | GB 23200.113、GB/T 5009.103、GB/T 5009.145、NY/T 761 |
| 30 | 蝇毒磷 | 0.05 | 杀虫剂 | GB 23200.8、GB 23200.113 |
| 31 | 增效醚 | 0.5 | 增效剂 | GB 23200.8、GB 23200.113 |
| 32 | 治螟磷 | 0.01 | 杀虫剂 | GB 23200.8、GB 23200.113、NY/T 761 |
| 33 | 艾氏剂 | 0.05 | 杀虫剂 | GB 23200.113、GB/T 5009.19、NY/T 761 |
| 34 | 狄氏剂 | 0.05 | 杀虫剂 | GB 23200.113、GB/T 5009.19、NY/T 761 |
| 35 | 毒杀芬 | 0.05* | 杀虫剂 | YC/T 180（参照） |
| 36 | 六六六 | 0.05 | 杀虫剂 | GB 23200.113、GB/T 5009.19、NY/T 761 |
| 37 | 氯丹 | 0.02 | 杀虫剂 | GB/T 5009.19 |
| 38 | 灭蚁灵 | 0.01 | 杀虫剂 | GB/T 5009.19 |
| 39 | 七氯 | 0.02 | 杀虫剂 | GB/T 5009.19、NY/T 761 |
| 40 | 异狄氏剂 | 0.05 | 杀虫剂 | GB/T 5009.19、NY/T 761 |
| 41 | 除虫菊素 | 0.05 | 杀虫剂 | GB/T 20769 |
| 42 | 敌百虫 | 0.2 | 杀虫剂 | GB/T 20769、NY/T 761 |

（续）

| 序号 | 农药中文名 | 最大残留限量（mg/kg） | 农药主要用途 | 检测方法 |
|---|---|---|---|---|
| 43 | 敌敌畏 | 0.2 | 杀虫剂 | GB 23200.8、GB 23200.113、GB/T 5009.20、NY/T 761 |
| 44 | 氯虫苯甲酰胺 | 0.02* | 杀虫剂 | 无指定 |
| 45 | 滴滴涕 | 0.05 | 杀虫剂 | GB 23200.113、GB/T 5009.19、NY/T 761 |
| 46 | 甲胺磷 | 0.05 | 杀虫剂 | GB 23200.113、GB/T 5009.103、NY/T 761 |
| 47 | 甲基异柳磷 | 0.01* | 杀虫剂 | GB 23200.113、GB/T 5009.144 |
| 48 | 甲萘威 | 1 | 杀虫剂 | GB/T 5009.145、GB/T 20769、NY/T 761 |
| 49 | 克百威 | 0.02 | 杀虫剂 | NY/T 761 |
| 50 | 氯氟氰菊酯和高效氯氟氰菊酯 | 0.01 | 杀虫剂 | GB 23200.8、GB 23200.113、GB/T 5009.146、NY/T 761 |
| 51 | 氯菊酯 | 1 | 杀虫剂 | GB 23200.8、GB 23200.113、NY/T 761 |
| 52 | 氯化苦 | 0.1 | 熏蒸剂 | GB/T 5009.36 |
| 53 | 代森锰锌 | 0.5 | 杀菌剂 | SN 0157、SN/T 1541（参照） |
| 54 | 敌草快 | 0.05 | 除草剂 | SN/T 0293（参照） |
| 55 | 涕灭威 | 0.1 | 杀虫剂 | NY/T 761 |
| 56 | 磷化铝 | 0.05 | 杀虫剂 | GB/T 5009.36（参照） |
| 57 | 溴甲烷 | 5* | 熏蒸剂 | 无指定 |
| 58 | 甲基毒死蜱 | 5* | 杀虫剂 | GB 23200.8、GB 23200.113、GB/T 20769、NY/T 761 |

## 3.90 芋

芋中农药最大残留限量见表 3-90。

**表 3-90 芋中农药最大残留限量**

| 序号 | 农药中文名 | 最大残留限量（mg/kg） | 农药主要用途 | 检测方法 |
|---|---|---|---|---|
| 1 | 保棉磷 | 0.5 | 杀虫剂 | NY/T 761 |
| 2 | 百草枯 | 0.05* | 除草剂 | 无指定 |

（续）

| 序号 | 农药中文名 | 最大残留限量（mg/kg） | 农药主要用途 | 检测方法 |
|---|---|---|---|---|
| 3 | 倍硫磷 | 0.05 | 杀虫剂 | GB 23200.8、GB 23200.113、GB/T 20769 |
| 4 | 苯线磷 | 0.02 | 杀虫剂 | GB 23200.8、GB/T 5009.145 |
| 5 | 地虫硫磷 | 0.01 | 杀虫剂 | GB 23200.8、GB 23200.113 |
| 6 | 对硫磷 | 0.01 | 杀虫剂 | GB 23200.113、GB/T 5009.145 |
| 7 | 氟虫腈 | 0.02 | 杀虫剂 | SN/T 1982 |
| 8 | 甲拌磷 | 0.01 | 杀虫剂 | GB 23200.113 |
| 9 | 甲基对硫磷 | 0.02 | 杀虫剂 | GB 23200.113、NY/T 761 |
| 10 | 甲基硫环磷 | 0.03* | 杀虫剂 | NY/T 761 |
| 11 | 久效磷 | 0.03 | 杀虫剂 | GB 23200.113、NY/T 761 |
| 12 | 抗蚜威 | 0.05 | 杀虫剂 | GB 23200.8、GB 23200.113、GB/T 20769、SN/T 0134 |
| 13 | 联苯菊酯 | 0.05 | 杀虫/杀螨剂 | GB/T 5009.146、NY/T 761、SN/T 1969 |
| 14 | 磷胺 | 0.05 | 杀虫剂 | GB 23200.113、NY/T 761 |
| 15 | 硫环磷 | 0.03 | 杀虫剂 | GB 23200.113、NY/T 761 |
| 16 | 硫线磷 | 0.02 | 杀虫剂 | GB/T 20769 |
| 17 | 氯氰菊酯和高效氯氰菊酯 | 0.01 | 杀虫剂 | GB 23200.8、GB 23200.113、GB/T 5009.146、NY/T 761 |
| 18 | 氯唑磷 | 0.01 | 杀虫剂 | GB 23200.113、GB/T 20769 |
| 19 | 灭多威 | 0.2 | 杀虫剂 | NY/T 761 |
| 20 | 灭线磷 | 0.02 | 杀线虫剂 | NY/T 761 |
| 21 | 内吸磷 | 0.02 | 杀虫/杀螨剂 | GB/T 20769 |
| 22 | 杀虫脒 | 0.01 | 杀虫剂 | GB/T 20769 |
| 23 | 杀螟硫磷 | 0.5* | 杀虫剂 | GB 23200.113、GB/T 14553、GB/T 20769、NY/T 761 |
| 24 | 杀扑磷 | 0.05 | 杀虫剂 | GB 23200.113、NY/T 761 |
| 25 | 水胺硫磷 | 0.05 | 杀虫剂 | GB 23200.113、NY/T 761 |
| 26 | 特丁硫磷 | 0.01 | 杀虫剂 | NY/T 761、NY/T 1379 |
| 27 | 辛硫磷 | 0.05 | 杀虫剂 | GB/T 5009.102、GB/T 20769 |
| 28 | 氧乐果 | 0.02 | 杀虫剂 | GB 23200.113、NY/T 761、NY/T 1379 |

（续）

| 序号 | 农药中文名 | 最大残留限量（mg/kg） | 农药主要用途 | 检测方法 |
| --- | --- | --- | --- | --- |
| 29 | 乙酰甲胺磷 | 1 | 杀虫剂 | GB 23200.113、GB/T 5009.103、GB/T 5009.145、NY/T 761 |
| 30 | 蝇毒磷 | 0.05 | 杀虫剂 | GB 23200.8、GB 23200.113 |
| 31 | 增效醚 | 0.5 | 增效剂 | GB 23200.8、GB 23200.113 |
| 32 | 治螟磷 | 0.01 | 杀虫剂 | GB 23200.8、GB 23200.113、NY/T 761 |
| 33 | 艾氏剂 | 0.05 | 杀虫剂 | GB 23200.113、GB/T 5009.19、NY/T 761 |
| 34 | 狄氏剂 | 0.05 | 杀虫剂 | GB 23200.113、GB/T 5009.19、NY/T 761 |
| 35 | 毒杀芬 | 0.05* | 杀虫剂 | YC/T 180（参照） |
| 36 | 六六六 | 0.05 | 杀虫剂 | GB 23200.113、GB/T 5009.19、NY/T 761 |
| 37 | 氯丹 | 0.02 | 杀虫剂 | GB/T 5009.19 |
| 38 | 灭蚁灵 | 0.01 | 杀虫剂 | GB/T 5009.19 |
| 39 | 七氯 | 0.02 | 杀虫剂 | GB/T 5009.19、NY/T 761 |
| 40 | 异狄氏剂 | 0.05 | 杀虫剂 | GB/T 5009.19、NY/T 761 |
| 41 | 除虫菊素 | 0.05 | 杀虫剂 | GB/T 20769 |
| 42 | 敌百虫 | 0.2 | 杀虫剂 | GB/T 20769、NY/T 761 |
| 43 | 敌敌畏 | 0.2 | 杀虫剂 | GB 23200.8、GB 23200.113、GB/T 5009.20、NY/T 761 |
| 44 | 氯虫苯甲酰胺 | 0.02* | 杀虫剂 | 无指定 |
| 45 | 滴滴涕 | 0.05 | 杀虫剂 | GB 23200.113、GB/T 5009.19、NY/T 761 |
| 46 | 甲胺磷 | 0.05 | 杀虫剂 | GB 23200.113、GB/T 5009.103、NY/T 761 |
| 47 | 甲基异柳磷 | 0.01* | 杀虫剂 | GB 23200.113、GB/T 5009.144 |
| 48 | 甲萘威 | 1 | 杀虫剂 | GB/T 5009.145、GB/T 20769、NY/T 761 |
| 49 | 克百威 | 0.02 | 杀虫剂 | NY/T 761 |
| 50 | 氯氟氰菊酯和高效氯氟氰菊酯 | 0.01 | 杀虫剂 | GB 23200.8、GB 23200.113、GB/T 5009.146、NY/T 761 |

（续）

| 序号 | 农药中文名 | 最大残留限量（mg/kg） | 农药主要用途 | 检测方法 |
|---|---|---|---|---|
| 51 | 氯菊酯 | 1 | 杀虫剂 | GB 23200.8、GB 23200.113、NY/T 761 |
| 52 | 涕灭威 | 0.03 | 杀虫剂 | NY/T 761 |
| 53 | 氯化苦 | 0.1 | 熏蒸剂 | GB/T 5009.36 |
| 54 | 毒死蜱 | 1 | 杀虫剂 | GB 23200.8、GB 23200.113、NY/T 761、SN/T 2158 |
| 55 | 氟啶脲 | 0.1 | 杀虫剂 | GB 23200.8、GB/T 20769、SN/T 2095 |
| 56 | 甲氨基阿维菌素苯甲酸盐 | 0.02 | 杀虫剂 | GB/T 20769 |
| 57 | 硫丹 | 0.05 | 杀虫剂 | NY/T 761 |
| 58 | 马拉硫磷 | 8 | 杀虫剂 | GB 23200.8、GB 23200.113、GB/T 20769、NY/T 761 |
| 59 | 嘧菌酯 | 0.2 | 杀菌剂 | GB/T 20769、NY/T 1453、SN/T 1976 |
| 60 | 噻唑锌 | 0.2* | 杀菌剂 | 无指定 |
| 61 | 溴氰菊酯 | 0.2 | 杀虫剂 | GB 23200.8、GB 23200.113、NY/T 761、SN/T 0217 |
| 62 | 磷化铝 | 0.05 | 杀虫剂 | GB/T 5009.36（参照） |
| 63 | 溴甲烷 | 5* | 熏蒸剂 | 无指定 |
| 64 | 甲基毒死蜱 | 5* | 杀虫剂 | GB 23200.8、GB 23200.113、GB/T 20769、NY/T 761 |

## 3.91　葛

葛中农药最大残留限量见表 3-91。

**表 3-91　葛中农药最大残留限量**

| 序号 | 农药中文名 | 最大残留限量（mg/kg） | 农药主要用途 | 检测方法 |
|---|---|---|---|---|
| 1 | 保棉磷 | 0.5 | 杀虫剂 | NY/T 761 |
| 2 | 百草枯 | 0.05* | 除草剂 | 无指定 |
| 3 | 倍硫磷 | 0.05 | 杀虫剂 | GB 23200.8、GB 23200.113、GB/T 20769 |

（续）

| 序号 | 农药中文名 | 最大残留限量（mg/kg） | 农药主要用途 | 检测方法 |
| --- | --- | --- | --- | --- |
| 4 | 苯线磷 | 0.02 | 杀虫剂 | GB 23200.8、GB/T 5009.145 |
| 5 | 地虫硫磷 | 0.01 | 杀虫剂 | GB 23200.8、GB 23200.113 |
| 6 | 对硫磷 | 0.01 | 杀虫剂 | GB 23200.113、GB/T 5009.145 |
| 7 | 氟虫腈 | 0.02 | 杀虫剂 | SN/T 1982 |
| 8 | 甲拌磷 | 0.01 | 杀虫剂 | GB 23200.113 |
| 9 | 甲基对硫磷 | 0.02 | 杀虫剂 | GB 23200.113、NY/T 761 |
| 10 | 甲基硫环磷 | 0.03* | 杀虫剂 | NY/T 761 |
| 11 | 久效磷 | 0.03 | 杀虫剂 | GB 23200.113、NY/T 761 |
| 12 | 抗蚜威 | 0.05 | 杀虫剂 | GB 23200.8、GB 23200.113、GB/T 20769、SN/T 0134 |
| 13 | 联苯菊酯 | 0.05 | 杀虫/杀螨剂 | GB/T 5009.146、NY/T 761、SN/T 1969 |
| 14 | 磷胺 | 0.05 | 杀虫剂 | GB 23200.113、NY/T 761 |
| 15 | 硫环磷 | 0.03 | 杀虫剂 | GB 23200.113、NY/T 761 |
| 16 | 硫线磷 | 0.02 | 杀虫剂 | GB/T 20769 |
| 17 | 氯氰菊酯和高效氯氰菊酯 | 0.01 | 杀虫剂 | GB 23200.8、GB 23200.113、GB/T 5009.146、NY/T 761 |
| 18 | 氯唑磷 | 0.01 | 杀虫剂 | GB/T 20769 |
| 19 | 灭多威 | 0.2 | 杀虫剂 | NY/T 761 |
| 20 | 灭线磷 | 0.02 | 杀线虫剂 | NY/T 761 |
| 21 | 内吸磷 | 0.02 | 杀虫/杀螨剂 | GB/T 20769 |
| 22 | 杀虫脒 | 0.01 | 杀虫剂 | GB/T 20769 |
| 23 | 杀螟硫磷 | 0.5* | 杀虫剂 | GB 23200.113、GB/T 14553、GB/T 20769、NY/T 761 |
| 24 | 杀扑磷 | 0.05 | 杀虫剂 | GB 23200.113、NY/T 761 |
| 25 | 水胺硫磷 | 0.05 | 杀虫剂 | GB 23200.113、NY/T 761 |
| 26 | 特丁硫磷 | 0.01 | 杀虫剂 | NY/T 761、NY/T 1379 |
| 27 | 辛硫磷 | 0.05 | 杀虫剂 | GB/T 5009.102、GB/T 20769 |
| 28 | 氧乐果 | 0.02 | 杀虫剂 | GB 23200.113、NY/T 761、NY/T 1379 |
| 29 | 乙酰甲胺磷 | 1 | 杀虫剂 | GB 23200.113、GB/T 5009.103、GB/T 5009.145、NY/T 761 |

（续）

| 序号 | 农药中文名 | 最大残留限量（mg/kg） | 农药主要用途 | 检测方法 |
|---|---|---|---|---|
| 30 | 蝇毒磷 | 0.05 | 杀虫剂 | GB 23200.8、GB 23200.113 |
| 31 | 增效醚 | 0.5 | 增效剂 | GB 23200.8、GB 23200.113 |
| 32 | 治螟磷 | 0.01 | 杀虫剂 | GB 23200.8、GB 23200.113、NY/T 761 |
| 33 | 艾氏剂 | 0.05 | 杀虫剂 | GB 23200.113、GB/T 5009.19、NY/T 761 |
| 34 | 狄氏剂 | 0.05 | 杀虫剂 | GB 23200.113、GB/T 5009.19、NY/T 761 |
| 35 | 毒杀芬 | 0.05* | 杀虫剂 | YC/T 180（参照） |
| 36 | 六六六 | 0.05 | 杀虫剂 | GB 23200.113、GB/T 5009.19、NY/T 761 |
| 37 | 氯丹 | 0.02 | 杀虫剂 | GB/T 5009.19 |
| 38 | 灭蚁灵 | 0.01 | 杀虫剂 | GB/T 5009.19 |
| 39 | 七氯 | 0.02 | 杀虫剂 | GB/T 5009.19、NY/T 761 |
| 40 | 异狄氏剂 | 0.05 | 杀虫剂 | GB/T 5009.19、NY/T 761 |
| 41 | 除虫菊素 | 0.05 | 杀虫剂 | GB/T 20769 |
| 42 | 敌百虫 | 0.2 | 杀虫剂 | GB/T 20769、NY/T 761 |
| 43 | 敌敌畏 | 0.2 | 杀虫剂 | GB 23200.8、GB 23200.113、GB/T 5009.20、NY/T 761 |
| 44 | 氯虫苯甲酰胺 | 0.02* | 杀虫剂 | 无指定 |
| 45 | 滴滴涕 | 0.05 | 杀虫剂 | GB 23200.113、GB/T 5009.19、NY/T 761 |
| 46 | 甲胺磷 | 0.05 | 杀虫剂 | GB 23200.113、GB/T 5009.103、NY/T 761 |
| 47 | 甲基异柳磷 | 0.01* | 杀虫剂 | GB 23200.113、GB/T 5009.144 |
| 48 | 甲萘威 | 1 | 杀虫剂 | GB/T 5009.145、GB/T 20769、NY/T 761 |
| 49 | 克百威 | 0.02 | 杀虫剂 | NY/T 761 |
| 50 | 氯氟氰菊酯和高效氯氟氰菊酯 | 0.01 | 杀虫剂 | GB 23200.8、GB 23200.113、GB/T 5009.146、NY/T 761 |
| 51 | 氯菊酯 | 1 | 杀虫剂 | GB 23200.8、GB 23200.113、NY/T 761 |
| 52 | 涕灭威 | 0.03 | 杀虫剂 | NY/T 761 |

（续）

| 序号 | 农药中文名 | 最大残留限量（mg/kg） | 农药主要用途 | 检测方法 |
| --- | --- | --- | --- | --- |
| 53 | 氯化苦 | 0.1 | 熏蒸剂 | GB/T 5009.36 |
| 54 | 磷化铝 | 0.05 | 杀虫剂 | GB/T 5009.36（参照） |
| 55 | 溴甲烷 | 5* | 熏蒸剂 | 无指定 |
| 56 | 甲基毒死蜱 | 5* | 杀虫剂 | GB 23200.8、GB 23200.113、GB/T 20769、NY/T 761 |

## 3.92 魔芋

魔芋中农药最大残留限量见表3-92。

**表3-92 魔芋中农药最大残留限量**

| 序号 | 农药中文名 | 最大残留限量（mg/kg） | 农药主要用途 | 检测方法 |
| --- | --- | --- | --- | --- |
| 1 | 保棉磷 | 0.5 | 杀虫剂 | NY/T 761 |
| 2 | 百草枯 | 0.05* | 除草剂 | 无指定 |
| 3 | 倍硫磷 | 0.05 | 杀虫剂 | GB 23200.8、GB 23200.113、GB/T 20769 |
| 4 | 苯线磷 | 0.02 | 杀虫剂 | GB 23200.8、GB/T 5009.145 |
| 5 | 地虫硫磷 | 0.01 | 杀虫剂 | GB 23200.8、GB 23200.113 |
| 6 | 对硫磷 | 0.01 | 杀虫剂 | GB 23200.113、GB/T 5009.145 |
| 7 | 氟虫腈 | 0.02 | 杀虫剂 | SN/T 1982 |
| 8 | 甲拌磷 | 0.01 | 杀虫剂 | GB 23200.113 |
| 9 | 甲基对硫磷 | 0.02 | 杀虫剂 | GB 23200.113、NY/T 761 |
| 10 | 甲基硫环磷 | 0.03* | 杀虫剂 | NY/T 761 |
| 11 | 久效磷 | 0.03 | 杀虫剂 | GB 23200.113、NY/T 761 |
| 12 | 抗蚜威 | 0.05 | 杀虫剂 | GB 23200.8、GB 23200.113、GB/T 20769、SN/T 0134 |
| 13 | 联苯菊酯 | 0.05 | 杀虫/杀螨剂 | GB/T 5009.146、NY/T 761、SN/T 1969 |
| 14 | 磷胺 | 0.05 | 杀虫剂 | GB 23200.113、NY/T 761 |
| 15 | 硫环磷 | 0.03 | 杀虫剂 | GB 23200.113、NY/T 761 |
| 16 | 硫线磷 | 0.02 | 杀虫剂 | GB/T 20769 |

（续）

| 序号 | 农药中文名 | 最大残留限量（mg/kg） | 农药主要用途 | 检测方法 |
|---|---|---|---|---|
| 17 | 氯氰菊酯和高效氯氰菊酯 | 0.01 | 杀虫剂 | GB 23200.8、GB 23200.113、GB/T 5009.146、NY/T 761 |
| 18 | 氯唑磷 | 0.01 | 杀虫剂 | GB 23200.113、GB/T 20769 |
| 19 | 灭多威 | 0.2 | 杀虫剂 | NY/T 761 |
| 20 | 灭线磷 | 0.02 | 杀线虫剂 | NY/T 761 |
| 21 | 内吸磷 | 0.02 | 杀虫/杀螨剂 | GB/T 20769 |
| 22 | 杀虫脒 | 0.01 | 杀虫剂 | GB/T 20769 |
| 23 | 杀螟硫磷 | 0.5* | 杀虫剂 | GB 23200.113、GB/T 14553、GB/T 20769、NY/T 761 |
| 24 | 杀扑磷 | 0.05 | 杀虫剂 | GB 23200.113、NY/T 761 |
| 25 | 水胺硫磷 | 0.05 | 杀虫剂 | GB 23200.113、NY/T 761 |
| 26 | 特丁硫磷 | 0.01 | 杀虫剂 | NY/T 761、NY/T 1379 |
| 27 | 辛硫磷 | 0.05 | 杀虫剂 | GB/T 5009.102、GB/T 20769 |
| 28 | 氧乐果 | 0.02 | 杀虫剂 | GB 23200.113、NY/T 761、NY/T 1379 |
| 29 | 乙酰甲胺磷 | 1 | 杀虫剂 | GB 23200.113、GB/T 5009.103、GB/T 5009.145、NY/T 761 |
| 30 | 蝇毒磷 | 0.05 | 杀虫剂 | GB 23200.8、GB 23200.113 |
| 31 | 增效醚 | 0.5 | 增效剂 | GB 23200.8、GB 23200.113 |
| 32 | 治螟磷 | 0.01 | 杀虫剂 | GB 23200.8、GB 23200.113、NY/T 761 |
| 33 | 艾氏剂 | 0.05 | 杀虫剂 | GB 23200.113、GB/T 5009.19、NY/T 761 |
| 34 | 狄氏剂 | 0.05 | 杀虫剂 | GB 23200.113、GB/T 5009.19、NY/T 761 |
| 35 | 毒杀芬 | 0.05* | 杀虫剂 | YC/T 180（参照） |
| 36 | 六六六 | 0.05 | 杀虫剂 | GB 23200.113、GB/T 5009.19、NY/T 761 |
| 37 | 氯丹 | 0.02 | 杀虫剂 | GB/T 5009.19 |
| 38 | 灭蚁灵 | 0.01 | 杀虫剂 | GB/T 5009.19 |
| 39 | 七氯 | 0.02 | 杀虫剂 | GB/T 5009.19、NY/T 761 |
| 40 | 异狄氏剂 | 0.05 | 杀虫剂 | GB/T 5009.19、NY/T 761 |

（续）

| 序号 | 农药中文名 | 最大残留限量（mg/kg） | 农药主要用途 | 检测方法 |
|---|---|---|---|---|
| 41 | 除虫菊素 | 0.05 | 杀虫剂 | GB/T 20769 |
| 42 | 敌百虫 | 0.2 | 杀虫剂 | GB/T 20769、NY/T 761 |
| 43 | 敌敌畏 | 0.2 | 杀虫剂 | GB 23200.8、GB 23200.113、GB/T 5009.20、NY/T 761 |
| 44 | 氯虫苯甲酰胺 | 0.02* | 杀虫剂 | 无指定 |
| 45 | 滴滴涕 | 0.05 | 杀虫剂 | GB 23200.113、GB/T 5009.19、NY/T 761 |
| 46 | 甲胺磷 | 0.05 | 杀虫剂 | GB 23200.113、GB/T 5009.103、NY/T 761 |
| 47 | 甲基异柳磷 | 0.01* | 杀虫剂 | GB 23200.113、GB/T 5009.144 |
| 48 | 甲萘威 | 1 | 杀虫剂 | GB/T 5009.145、GB/T 20769、NY/T 761 |
| 49 | 克百威 | 0.02 | 杀虫剂 | NY/T 761 |
| 50 | 氯氟氰菊酯和高效氯氟氰菊酯 | 0.01 | 杀虫剂 | GB 23200.8、GB 23200.113、GB/T 5009.146、NY/T 761 |
| 51 | 氯菊酯 | 1 | 杀虫剂 | GB 23200.8、GB 23200.113、NY/T 761 |
| 52 | 涕灭威 | 0.03 | 杀虫剂 | NY/T 761 |
| 53 | 氯化苦 | 0.1 | 熏蒸剂 | GB/T 5009.36 |
| 54 | 磷化铝 | 0.05 | 杀虫剂 | GB/T 5009.36（参照） |
| 55 | 溴甲烷 | 5* | 熏蒸剂 | 无指定 |
| 56 | 甲基毒死蜱 | 5* | 杀虫剂 | GB 23200.8、GB 23200.113、GB/T 20769、NY/T 761 |

## 3.93 牛蒡

牛蒡中农药最大残留限量见表 3－93。

**表 3－93 牛蒡中农药最大残留限量**

| 序号 | 农药中文名 | 最大残留限量（mg/kg） | 农药主要用途 | 检测方法 |
|---|---|---|---|---|
| 1 | 保棉磷 | 0.5 | 杀虫剂 | NY/T 761 |
| 2 | 百草枯 | 0.05* | 除草剂 | 无指定 |

（续）

| 序号 | 农药中文名 | 最大残留限量（mg/kg） | 农药主要用途 | 检测方法 |
|---|---|---|---|---|
| 3 | 倍硫磷 | 0.05 | 杀虫剂 | GB 23200.8、GB 23200.113、GB/T 20769 |
| 4 | 苯线磷 | 0.02 | 杀虫剂 | GB 23200.8、GB/T 5009.145 |
| 5 | 地虫硫磷 | 0.01 | 杀虫剂 | GB 23200.8、GB 23200.113 |
| 6 | 对硫磷 | 0.01 | 杀虫剂 | GB 23200.113、GB/T 5009.145 |
| 7 | 氟虫腈 | 0.02 | 杀虫剂 | SN/T 1982 |
| 8 | 甲拌磷 | 0.01 | 杀虫剂 | GB 23200.113 |
| 9 | 甲基对硫磷 | 0.02 | 杀虫剂 | GB 23200.113、NY/T 761 |
| 10 | 甲基硫环磷 | 0.03* | 杀虫剂 | NY/T 761 |
| 11 | 久效磷 | 0.03 | 杀虫剂 | GB 23200.113、NY/T 761 |
| 12 | 抗蚜威 | 0.05 | 杀虫剂 | GB 23200.8、GB 23200.113、GB/T 20769、SN/T 0134 |
| 13 | 联苯菊酯 | 0.05 | 杀虫/杀螨剂 | GB/T 5009.146、NY/T 761、SN/T 1969 |
| 14 | 磷胺 | 0.05 | 杀虫剂 | GB 23200.113、NY/T 761 |
| 15 | 硫环磷 | 0.03 | 杀虫剂 | GB 23200.113、NY/T 761 |
| 16 | 硫线磷 | 0.02 | 杀虫剂 | GB/T 20769 |
| 17 | 氯氰菊酯和高效氯氰菊酯 | 0.01 | 杀虫剂 | GB 23200.8、GB 23200.113、GB/T 5009.146、NY/T 761 |
| 18 | 氯唑磷 | 0.01 | 杀虫剂 | GB 23200.113、GB/T 20769 |
| 19 | 灭多威 | 0.2 | 杀虫剂 | NY/T 761 |
| 20 | 灭线磷 | 0.02 | 杀线虫剂 | NY/T 761 |
| 21 | 内吸磷 | 0.02 | 杀虫/杀螨剂 | GB/T 20769 |
| 22 | 杀虫脒 | 0.01 | 杀虫剂 | GB/T 20769 |
| 23 | 杀螟硫磷 | 0.5* | 杀虫剂 | GB 23200.113、GB/T 14553、GB/T 20769、NY/T 761 |
| 24 | 杀扑磷 | 0.05 | 杀虫剂 | GB 23200.113、NY/T 761 |
| 25 | 水胺硫磷 | 0.05 | 杀虫剂 | GB 23200.113、NY/T 761 |
| 26 | 特丁硫磷 | 0.01 | 杀虫剂 | NY/T 761、NY/T 1379 |
| 27 | 辛硫磷 | 0.05 | 杀虫剂 | GB/T 5009.102、GB/T 20769 |
| 28 | 氧乐果 | 0.02 | 杀虫剂 | GB 23200.113、NY/T 761、NY/T 1379 |

（续）

| 序号 | 农药中文名 | 最大残留限量（mg/kg） | 农药主要用途 | 检测方法 |
|---|---|---|---|---|
| 29 | 乙酰甲胺磷 | 1 | 杀虫剂 | GB 23200.113、GB/T 5009.103、GB/T 5009.145、NY/T 761 |
| 30 | 蝇毒磷 | 0.05 | 杀虫剂 | GB 23200.8、GB 23200.113 |
| 31 | 增效醚 | 0.5 | 增效剂 | GB 23200.8、GB 23200.113 |
| 32 | 治螟磷 | 0.01 | 杀虫剂 | GB 23200.8、GB 23200.113、NY/T 761 |
| 33 | 艾氏剂 | 0.05 | 杀虫剂 | GB 23200.113、GB/T 5009.19、NY/T 761 |
| 34 | 狄氏剂 | 0.05 | 杀虫剂 | GB 23200.113、GB/T 5009.19、NY/T 761 |
| 35 | 毒杀芬 | 0.05* | 杀虫剂 | YC/T 180（参照） |
| 36 | 六六六 | 0.05 | 杀虫剂 | GB 23200.113、GB/T 5009.19、NY/T 761 |
| 37 | 氯丹 | 0.02 | 杀虫剂 | GB/T 5009.19 |
| 38 | 灭蚁灵 | 0.01 | 杀虫剂 | GB/T 5009.19 |
| 39 | 七氯 | 0.02 | 杀虫剂 | GB/T 5009.19、NY/T 761 |
| 40 | 异狄氏剂 | 0.05 | 杀虫剂 | GB/T 5009.19、NY/T 761 |
| 41 | 除虫菊素 | 0.05 | 杀虫剂 | GB/T 20769 |
| 42 | 敌百虫 | 0.2 | 杀虫剂 | GB/T 20769、NY/T 761 |
| 43 | 敌敌畏 | 0.2 | 杀虫剂 | GB 23200.8、GB 23200.113、GB/T 5009.20、NY/T 761 |
| 44 | 氯虫苯甲酰胺 | 0.02* | 杀虫剂 | 无指定 |
| 45 | 滴滴涕 | 0.05 | 杀虫剂 | GB 23200.113、GB/T 5009.19、NY/T 761 |
| 46 | 甲胺磷 | 0.05 | 杀虫剂 | GB 23200.113、GB/T 5009.103、NY/T 761 |
| 47 | 甲基异柳磷 | 0.01* | 杀虫剂 | GB 23200.113、GB/T 5009.144 |
| 48 | 甲萘威 | 1 | 杀虫剂 | GB/T 5009.145、GB/T 20769、NY/T 761 |
| 49 | 克百威 | 0.02 | 杀虫剂 | NY/T 761 |
| 50 | 氯氟氰菊酯和高效氯氟氰菊酯 | 0.01 | 杀虫剂 | GB 23200.8、GB 23200.113、GB/T 5009.146、NY/T 761 |

（续）

| 序号 | 农药中文名 | 最大残留限量（mg/kg） | 农药主要用途 | 检测方法 |
|---|---|---|---|---|
| 51 | 氯菊酯 | 1 | 杀虫剂 | GB 23200.8、GB 23200.113、NY/T 761 |
| 52 | 涕灭威 | 0.03 | 杀虫剂 | NY/T 761 |
| 53 | 氯化苦 | 0.1 | 熏蒸剂 | GB/T 5009.36 |
| 54 | 磷化铝 | 0.05 | 杀虫剂 | GB/T 5009.36（参照） |
| 55 | 溴甲烷 | 5* | 熏蒸剂 | 无指定 |
| 56 | 甲基毒死蜱 | 5* | 杀虫剂 | GB 23200.8、GB 23200.113、GB/T 20769、NY/T 761 |

## 3.94 水芹

水芹中农药最大残留限量见表3-94。

**表3-94 水芹中农药最大残留限量**

| 序号 | 农药中文名 | 最大残留限量（mg/kg） | 农药主要用途 | 检测方法 |
|---|---|---|---|---|
| 1 | 保棉磷 | 0.5 | 杀虫剂 | NY/T 761 |
| 2 | 百草枯 | 0.05* | 除草剂 | 无指定 |
| 3 | 倍硫磷 | 0.05 | 杀虫剂 | GB 23200.8、GB 23200.113、GB/T 20769 |
| 4 | 苯线磷 | 0.02 | 杀虫剂 | GB 23200.8、GB/T 5009.145 |
| 5 | 敌百虫 | 0.2 | 杀虫剂 | GB/T 20769、NY/T 761 |
| 6 | 敌敌畏 | 0.2 | 杀虫剂 | GB 23200.8、GB 23200.113、GB/T 5009.20、NY/T 761 |
| 7 | 地虫硫磷 | 0.01 | 杀虫剂 | GB 23200.8、GB 23200.113 |
| 8 | 对硫磷 | 0.01 | 杀虫剂 | GB 23200.113、GB/T 5009.145 |
| 9 | 氟虫腈 | 0.02 | 杀虫剂 | SN/T 1982 |
| 10 | 甲胺磷 | 0.05 | 杀虫剂 | GB 23200.113、GB/T 5009.103、NY/T 761 |
| 11 | 甲拌磷 | 0.01 | 杀虫剂 | GB 23200.113 |
| 12 | 甲基对硫磷 | 0.02 | 杀虫剂 | GB 23200.113、NY/T 761 |
| 13 | 甲基硫环磷 | 0.03* | 杀虫剂 | NY/T 761 |
| 14 | 甲基异柳磷 | 0.01* | 杀虫剂 | GB 23200.113、GB/T 5009.144 |

（续）

| 序号 | 农药中文名 | 最大残留限量（mg/kg） | 农药主要用途 | 检测方法 |
| --- | --- | --- | --- | --- |
| 15 | 甲萘威 | 1 | 杀虫剂 | GB/T 5009.145、GB/T 20769、NY/T 761 |
| 16 | 久效磷 | 0.03 | 杀虫剂 | GB 23200.113、NY/T 761 |
| 17 | 克百威 | 0.02 | 杀虫剂 | NY/T 761 |
| 18 | 磷胺 | 0.05 | 杀虫剂 | GB 23200.113、NY/T 761 |
| 19 | 硫环磷 | 0.03 | 杀虫剂 | GB 23200.113、NY/T 761 |
| 20 | 硫线磷 | 0.02 | 杀虫剂 | GB/T 20769 |
| 21 | 氯菊酯 | 1 | 杀虫剂 | GB 23200.8、GB 23200.113、NY/T 761 |
| 22 | 氯唑磷 | 0.01 | 杀虫剂 | GB 23200.113、GB/T 20769 |
| 23 | 灭多威 | 0.2 | 杀虫剂 | NY/T 761 |
| 24 | 灭线磷 | 0.02 | 杀线虫剂 | NY/T 761 |
| 25 | 内吸磷 | 0.02 | 杀虫/杀螨剂 | GB/T 20769 |
| 26 | 杀虫脒 | 0.01 | 杀虫剂 | GB/T 20769 |
| 27 | 杀螟硫磷 | 0.5* | 杀虫剂 | GB 23200.113、GB/T 14553、GB/T 20769、NY/T 761 |
| 28 | 杀扑磷 | 0.05 | 杀虫剂 | GB 23200.113、NY/T 761 |
| 29 | 水胺硫磷 | 0.05 | 杀虫剂 | GB 23200.113、NY/T 761 |
| 30 | 特丁硫磷 | 0.01 | 杀虫剂 | NY/T 761、NY/T 1379 |
| 31 | 涕灭威 | 0.03 | 杀虫剂 | NY/T 761 |
| 32 | 辛硫磷 | 0.05 | 杀虫剂 | GB/T 5009.102、GB/T 20769 |
| 33 | 氧乐果 | 0.02 | 杀虫剂 | GB 23200.113、NY/T 761、NY/T 1379 |
| 34 | 乙酰甲胺磷 | 1 | 杀虫剂 | GB 23200.113、GB/T 5009.103、GB/T 5009.145、NY/T 761 |
| 35 | 蝇毒磷 | 0.05 | 杀虫剂 | GB 23200.8、GB 23200.113 |
| 36 | 治螟磷 | 0.01 | 杀虫剂 | GB 23200.8、GB 23200.113、NY/T 761 |
| 37 | 艾氏剂 | 0.05 | 杀虫剂 | GB 23200.113、GB/T 5009.19、NY/T 761 |
| 38 | 滴滴涕 | 0.05 | 杀虫剂 | GB 23200.113、GB/T 5009.19、NY/T 761 |

（续）

| 序号 | 农药中文名 | 最大残留限量（mg/kg） | 农药主要用途 | 检测方法 |
|---|---|---|---|---|
| 39 | 狄氏剂 | 0.05 | 杀虫剂 | GB 23200.113、GB/T 5009.19、NY/T 761 |
| 40 | 毒杀芬 | 0.05* | 杀虫剂 | YC/T 180（参照） |
| 41 | 六六六 | 0.05 | 杀虫剂 | GB 23200.113、GB/T 5009.19、NY/T 761 |
| 42 | 氯丹 | 0.02 | 杀虫剂 | GB/T 5009.19 |
| 43 | 灭蚁灵 | 0.01 | 杀虫剂 | GB/T 5009.19 |
| 44 | 七氯 | 0.02 | 杀虫剂 | GB/T 5009.19、NY/T 761 |
| 45 | 异狄氏剂 | 0.05 | 杀虫剂 | GB/T 5009.19、NY/T 761 |

## 3.95　豆瓣菜

豆瓣菜中农药最大残留限量见表 3－95。

**表 3－95　豆瓣菜中农药最大残留限量**

| 序号 | 农药中文名 | 最大残留限量（mg/kg） | 农药主要用途 | 检测方法 |
|---|---|---|---|---|
| 1 | 保棉磷 | 0.5 | 杀虫剂 | NY/T 761 |
| 2 | 百草枯 | 0.05* | 除草剂 | 无指定 |
| 3 | 倍硫磷 | 0.05 | 杀虫剂 | GB 23200.8、GB 23200.113、GB/T 20769 |
| 4 | 苯线磷 | 0.02 | 杀虫剂 | GB 23200.8、GB/T 5009.145 |
| 5 | 敌百虫 | 0.2 | 杀虫剂 | GB/T 20769、NY/T 761 |
| 6 | 敌敌畏 | 0.2 | 杀虫剂 | GB 23200.8、GB 23200.113、GB/T 5009.20、NY/T 761 |
| 7 | 地虫硫磷 | 0.01 | 杀虫剂 | GB 23200.8、GB 23200.113 |
| 8 | 对硫磷 | 0.01 | 杀虫剂 | GB 23200.113、GB/T 5009.145 |
| 9 | 氟虫腈 | 0.02 | 杀虫剂 | SN/T 1982 |
| 10 | 甲胺磷 | 0.05 | 杀虫剂 | GB 23200.113、GB/T 5009.103、NY/T 761 |
| 11 | 甲拌磷 | 0.01 | 杀虫剂 | GB 23200.113 |
| 12 | 甲基对硫磷 | 0.02 | 杀虫剂 | GB 23200.113、NY/T 761 |
| 13 | 甲基硫环磷 | 0.03* | 杀虫剂 | NY/T 761 |

（续）

| 序号 | 农药中文名 | 最大残留限量（mg/kg） | 农药主要用途 | 检测方法 |
|---|---|---|---|---|
| 14 | 甲基异柳磷 | 0.01* | 杀虫剂 | GB 23200.113、GB/T 5009.144 |
| 15 | 甲萘威 | 1 | 杀虫剂 | GB/T 5009.145、GB/T 20769、NY/T 761 |
| 16 | 久效磷 | 0.03 | 杀虫剂 | GB 23200.113、NY/T 761 |
| 17 | 克百威 | 0.02 | 杀虫剂 | NY/T 761 |
| 18 | 磷胺 | 0.05 | 杀虫剂 | GB 23200.113、NY/T 761 |
| 19 | 硫环磷 | 0.03 | 杀虫剂 | GB 23200.113、NY/T 761 |
| 20 | 硫线磷 | 0.02 | 杀虫剂 | GB/T 20769 |
| 21 | 氯菊酯 | 1 | 杀虫剂 | GB 23200.8、GB 23200.113、NY/T 761 |
| 22 | 氯唑磷 | 0.01 | 杀虫剂 | GB 23200.113、GB/T 20769 |
| 23 | 灭多威 | 0.2 | 杀虫剂 | NY/T 761 |
| 24 | 灭线磷 | 0.02 | 杀线虫剂 | NY/T 761 |
| 25 | 内吸磷 | 0.02 | 杀虫/杀螨剂 | GB/T 20769 |
| 26 | 杀虫脒 | 0.01 | 杀虫剂 | GB/T 20769 |
| 27 | 杀螟硫磷 | 0.5* | 杀虫剂 | GB 23200.113、GB/T 14553、GB/T 20769、NY/T 761 |
| 28 | 杀扑磷 | 0.05 | 杀虫剂 | GB 23200.113、NY/T 761 |
| 29 | 水胺硫磷 | 0.05 | 杀虫剂 | GB 23200.113、NY/T 761 |
| 30 | 特丁硫磷 | 0.01 | 杀虫剂 | NY/T 761、NY/T 1379 |
| 31 | 涕灭威 | 0.03 | 杀虫剂 | NY/T 761 |
| 32 | 辛硫磷 | 0.05 | 杀虫剂 | GB/T 5009.102、GB/T 20769 |
| 33 | 氧乐果 | 0.02 | 杀虫剂 | GB 23200.113、NY/T 761、NY/T 1379 |
| 34 | 乙酰甲胺磷 | 1 | 杀虫剂 | GB 23200.113、GB/T 5009.103、GB/T 5009.145、NY/T 761 |
| 35 | 蝇毒磷 | 0.05 | 杀虫剂 | GB 23200.8、GB 23200.113 |
| 36 | 治螟磷 | 0.01 | 杀虫剂 | GB 23200.8、GB 23200.113、NY/T 761 |
| 37 | 艾氏剂 | 0.05 | 杀虫剂 | GB 23200.113、GB/T 5009.19、NY/T 761 |

（续）

| 序号 | 农药中文名 | 最大残留限量（mg/kg） | 农药主要用途 | 检测方法 |
| --- | --- | --- | --- | --- |
| 38 | 滴滴涕 | 0.05 | 杀虫剂 | GB 23200.113、GB/T 5009.19、NY/T 761 |
| 39 | 狄氏剂 | 0.05 | 杀虫剂 | GB 23200.113、GB/T 5009.19、NY/T 761 |
| 40 | 毒杀芬 | 0.05* | 杀虫剂 | YC/T 180（参照） |
| 41 | 六六六 | 0.05 | 杀虫剂 | GB 23200.113、GB/T 5009.19、NY/T 761 |
| 42 | 氯丹 | 0.02 | 杀虫剂 | GB/T 5009.19 |
| 43 | 灭蚁灵 | 0.01 | 杀虫剂 | GB/T 5009.19 |
| 44 | 七氯 | 0.02 | 杀虫剂 | GB/T 5009.19、NY/T 761 |
| 45 | 异狄氏剂 | 0.05 | 杀虫剂 | GB/T 5009.19、NY/T 761 |
| 46 | 呋虫胺 | 7 | 杀虫剂 | GB 23200.37、GB 23200.51、GB/T 20769 |
| 47 | 咯菌腈 | 10 | 杀菌剂 | GB 23200.8、GB 23200.113、GB/T 20769 |

## 3.96 茭白

茭白中农药最大残留限量见表3-96。

**表3-96 茭白中农药最大残留限量**

| 序号 | 农药中文名 | 最大残留限量（mg/kg） | 农药主要用途 | 检测方法 |
| --- | --- | --- | --- | --- |
| 1 | 保棉磷 | 0.5 | 杀虫剂 | NY/T 761 |
| 2 | 百草枯 | 0.05* | 除草剂 | 无指定 |
| 3 | 倍硫磷 | 0.05 | 杀虫剂 | GB 23200.8、GB 23200.113、GB/T 20769 |
| 4 | 苯线磷 | 0.02 | 杀虫剂 | GB 23200.8、GB/T 5009.145 |
| 5 | 敌百虫 | 0.2 | 杀虫剂 | GB/T 20769、NY/T 761 |
| 6 | 敌敌畏 | 0.2 | 杀虫剂 | GB 23200.8、GB 23200.113、GB/T 5009.20、NY/T 761 |
| 7 | 地虫硫磷 | 0.01 | 杀虫剂 | GB 23200.8、GB 23200.113 |
| 8 | 对硫磷 | 0.01 | 杀虫剂 | GB 23200.113、GB/T 5009.145 |

（续）

| 序号 | 农药中文名 | 最大残留限量（mg/kg） | 农药主要用途 | 检测方法 |
| --- | --- | --- | --- | --- |
| 9 | 氟虫腈 | 0.02 | 杀虫剂 | SN/T 1982 |
| 10 | 甲胺磷 | 0.05 | 杀虫剂 | GB 23200.113、GB/T 5009.103、NY/T 761 |
| 11 | 甲拌磷 | 0.01 | 杀虫剂 | GB 23200.113 |
| 12 | 甲基对硫磷 | 0.02 | 杀虫剂 | GB 23200.113、NY/T 761 |
| 13 | 甲基硫环磷 | 0.03* | 杀虫剂 | NY/T 761 |
| 14 | 甲基异柳磷 | 0.01* | 杀虫剂 | GB 23200.113、GB/T 5009.144 |
| 15 | 甲萘威 | 1 | 杀虫剂 | GB/T 5009.145、GB/T 20769、NY/T 761 |
| 16 | 久效磷 | 0.03 | 杀虫剂 | GB 23200.113、NY/T 761 |
| 17 | 克百威 | 0.02 | 杀虫剂 | NY/T 761 |
| 18 | 磷胺 | 0.05 | 杀虫剂 | GB 23200.113、NY/T 761 |
| 19 | 硫环磷 | 0.03 | 杀虫剂 | GB 23200.113、NY/T 761 |
| 20 | 硫线磷 | 0.02 | 杀虫剂 | GB/T 20769 |
| 21 | 氯菊酯 | 1 | 杀虫剂 | GB 23200.8、GB 23200.113、NY/T 761 |
| 22 | 氯唑磷 | 0.01 | 杀虫剂 | GB 23200.113、GB/T 20769 |
| 23 | 灭多威 | 0.2 | 杀虫剂 | NY/T 761 |
| 24 | 灭线磷 | 0.02 | 杀线虫剂 | NY/T 761 |
| 25 | 内吸磷 | 0.02 | 杀虫/杀螨剂 | GB/T 20769 |
| 26 | 杀虫脒 | 0.01 | 杀虫剂 | GB/T 20769 |
| 27 | 杀螟硫磷 | 0.5* | 杀虫剂 | GB 23200.113、GB/T 14553、GB/T 20769、NY/T 761 |
| 28 | 杀扑磷 | 0.05 | 杀虫剂 | GB 23200.113、NY/T 761 |
| 29 | 水胺硫磷 | 0.05 | 杀虫剂 | GB 23200.113、NY/T 761 |
| 30 | 特丁硫磷 | 0.01 | 杀虫剂 | NY/T 761、NY/T 1379 |
| 31 | 涕灭威 | 0.03 | 杀虫剂 | NY/T 761 |
| 32 | 辛硫磷 | 0.05 | 杀虫剂 | GB/T 5009.102、GB/T 20769 |
| 33 | 氧乐果 | 0.02 | 杀虫剂 | GB 23200.113、NY/T 761、NY/T 1379 |
| 34 | 乙酰甲胺磷 | 1 | 杀虫剂 | GB 23200.113、GB/T 5009.103、GB/T 5009.145、NY/T 761 |

（续）

| 序号 | 农药中文名 | 最大残留限量（mg/kg） | 农药主要用途 | 检测方法 |
| --- | --- | --- | --- | --- |
| 35 | 蝇毒磷 | 0.05 | 杀虫剂 | GB 23200.8、GB 23200.113 |
| 36 | 治螟磷 | 0.01 | 杀虫剂 | GB 23200.8、GB 23200.113、NY/T 761 |
| 37 | 艾氏剂 | 0.05 | 杀虫剂 | GB 23200.113、GB/T 5009.19、NY/T 761 |
| 38 | 滴滴涕 | 0.05 | 杀虫剂 | GB 23200.113、GB/T 5009.19、NY/T 761 |
| 39 | 狄氏剂 | 0.05 | 杀虫剂 | GB 23200.113、GB/T 5009.19、NY/T 761 |
| 40 | 毒杀芬 | 0.05* | 杀虫剂 | YC/T 180（参照） |
| 41 | 六六六 | 0.05 | 杀虫剂 | GB 23200.113、GB/T 5009.19、NY/T 761 |
| 42 | 氯丹 | 0.02 | 杀虫剂 | GB/T 5009.19 |
| 43 | 灭蚁灵 | 0.01 | 杀虫剂 | GB/T 5009.19 |
| 44 | 七氯 | 0.02 | 杀虫剂 | GB/T 5009.19、NY/T 761 |
| 45 | 异狄氏剂 | 0.05 | 杀虫剂 | GB/T 5009.19、NY/T 761 |
| 46 | 阿维菌素 | 0.3 | 杀虫剂 | GB 23200.19、GB 23200.20、NY/T 1379 |
| 47 | 丙环唑 | 0.1 | 杀菌剂 | GB 23200.8、GB/T 20769 |
| 48 | 甲氨基阿维菌素苯甲酸盐 | 0.1 | 杀虫剂 | GB/T 20769 |
| 49 | 咪鲜胺和咪鲜胺锰盐 | 0.5 | 杀菌剂 | GB/T 20769、NY/T 1456 |

## 3.97 蒲菜

蒲菜中农药最大残留限量见表3-97。

**表3-97 蒲菜中农药最大残留限量**

| 序号 | 农药中文名 | 最大残留限量（mg/kg） | 农药主要用途 | 检测方法 |
| --- | --- | --- | --- | --- |
| 1 | 保棉磷 | 0.5 | 杀虫剂 | NY/T 761 |
| 2 | 百草枯 | 0.05* | 除草剂 | 无指定 |
| 3 | 倍硫磷 | 0.05 | 杀虫剂 | GB 23200.8、GB 23200.113、GB/T 20769 |

（续）

| 序号 | 农药中文名 | 最大残留限量（mg/kg） | 农药主要用途 | 检测方法 |
|---|---|---|---|---|
| 4 | 苯线磷 | 0.02 | 杀虫剂 | GB 23200.8、GB/T 5009.145 |
| 5 | 敌百虫 | 0.2 | 杀虫剂 | GB/T 20769、NY/T 761 |
| 6 | 敌敌畏 | 0.2 | 杀虫剂 | GB 23200.8、GB 23200.113、GB/T 5009.20、NY/T 761 |
| 7 | 地虫硫磷 | 0.01 | 杀虫剂 | GB 23200.8、GB 23200.113 |
| 8 | 对硫磷 | 0.01 | 杀虫剂 | GB 23200.113、GB/T 5009.145 |
| 9 | 氟虫腈 | 0.02 | 杀虫剂 | SN/T 1982 |
| 10 | 甲胺磷 | 0.05 | 杀虫剂 | GB 23200.113、GB/T 5009.103、NY/T 761 |
| 11 | 甲拌磷 | 0.01 | 杀虫剂 | GB 23200.113 |
| 12 | 甲基对硫磷 | 0.02 | 杀虫剂 | GB 23200.113、NY/T 761 |
| 13 | 甲基硫环磷 | 0.03* | 杀虫剂 | NY/T 761 |
| 14 | 甲基异柳磷 | 0.01* | 杀虫剂 | GB 23200.113、GB/T 5009.144 |
| 15 | 甲萘威 | 1 | 杀虫剂 | GB/T 5009.145、GB/T 20769、NY/T 761 |
| 16 | 久效磷 | 0.03 | 杀虫剂 | GB 23200.113、NY/T 761 |
| 17 | 克百威 | 0.02 | 杀虫剂 | NY/T 761 |
| 18 | 磷胺 | 0.05 | 杀虫剂 | GB 23200.113、NY/T 761 |
| 19 | 硫环磷 | 0.03 | 杀虫剂 | GB 23200.113、NY/T 761 |
| 20 | 硫线磷 | 0.02 | 杀虫剂 | GB/T 20769 |
| 21 | 氯菊酯 | 1 | 杀虫剂 | GB 23200.8、GB 23200.113、NY/T 761 |
| 22 | 氯唑磷 | 0.01 | 杀虫剂 | GB 23200.113、GB/T 20769 |
| 23 | 灭多威 | 0.2 | 杀虫剂 | NY/T 761 |
| 24 | 灭线磷 | 0.02 | 杀线虫剂 | NY/T 761 |
| 25 | 内吸磷 | 0.02 | 杀虫/杀螨剂 | GB/T 20769 |
| 26 | 杀虫脒 | 0.01 | 杀虫剂 | GB/T 20769 |
| 27 | 杀螟硫磷 | 0.5* | 杀虫剂 | GB 23200.113、GB/T 14553、GB/T 20769、NY/T 761 |
| 28 | 杀扑磷 | 0.05 | 杀虫剂 | GB 23200.113、NY/T 761 |
| 29 | 水胺硫磷 | 0.05 | 杀虫剂 | GB 23200.113、NY/T 761 |
| 30 | 特丁硫磷 | 0.01 | 杀虫剂 | NY/T 761、NY/T 1379 |

（续）

| 序号 | 农药中文名 | 最大残留限量（mg/kg） | 农药主要用途 | 检测方法 |
|---|---|---|---|---|
| 31 | 涕灭威 | 0.03 | 杀虫剂 | NY/T 761 |
| 32 | 辛硫磷 | 0.05 | 杀虫剂 | GB/T 5009.102、GB/T 20769 |
| 33 | 氧乐果 | 0.02 | 杀虫剂 | GB 23200.113、NY/T 761、NY/T 1379 |
| 34 | 乙酰甲胺磷 | 1 | 杀虫剂 | GB 23200.113、GB/T 5009.103、GB/T 5009.145、NY/T 761 |
| 35 | 蝇毒磷 | 0.05 | 杀虫剂 | GB 23200.8、GB 23200.113 |
| 36 | 治螟磷 | 0.01 | 杀虫剂 | GB 23200.8、GB 23200.113、NY/T 761 |
| 37 | 艾氏剂 | 0.05 | 杀虫剂 | GB 23200.113、GB/T 5009.19、NY/T 761 |
| 38 | 滴滴涕 | 0.05 | 杀虫剂 | GB 23200.113、GB/T 5009.19、NY/T 761 |
| 39 | 狄氏剂 | 0.05 | 杀虫剂 | GB 23200.113、GB/T 5009.19、NY/T 761 |
| 40 | 毒杀芬 | 0.05* | 杀虫剂 | YC/T 180（参照） |
| 41 | 六六六 | 0.05 | 杀虫剂 | GB 23200.113、GB/T 5009.19、NY/T 761 |
| 42 | 氯丹 | 0.02 | 杀虫剂 | GB/T 5009.19 |
| 43 | 灭蚁灵 | 0.01 | 杀虫剂 | GB/T 5009.19 |
| 44 | 七氯 | 0.02 | 杀虫剂 | GB/T 5009.19、NY/T 761 |
| 45 | 异狄氏剂 | 0.05 | 杀虫剂 | GB/T 5009.19、NY/T 761 |
| 46 | 丙环唑 | 0.05 | 杀菌剂 | GB 23200.8、GB/T 20769 |

## 3.98　菱角

菱角中农药最大残留限量见表 3-98。

**表 3-98　菱角中农药最大残留限量**

| 序号 | 农药中文名 | 最大残留限量（mg/kg） | 农药主要用途 | 检测方法 |
|---|---|---|---|---|
| 1 | 保棉磷 | 0.5 | 杀虫剂 | NY/T 761 |
| 2 | 百草枯 | 0.05* | 除草剂 | 无指定 |

（续）

| 序号 | 农药中文名 | 最大残留限量（mg/kg） | 农药主要用途 | 检测方法 |
| --- | --- | --- | --- | --- |
| 3 | 倍硫磷 | 0.05 | 杀虫剂 | GB 23200.8、GB 23200.113、GB/T 20769 |
| 4 | 苯线磷 | 0.02 | 杀虫剂 | GB 23200.8、GB/T 5009.145 |
| 5 | 敌百虫 | 0.2 | 杀虫剂 | GB/T 20769、NY/T 761 |
| 6 | 敌敌畏 | 0.2 | 杀虫剂 | GB 23200.8、GB 23200.113、GB/T 5009.20、NY/T 761 |
| 7 | 地虫硫磷 | 0.01 | 杀虫剂 | GB 23200.8、GB 23200.113 |
| 8 | 对硫磷 | 0.01 | 杀虫剂 | GB 23200.113、GB/T 5009.145 |
| 9 | 氟虫腈 | 0.02 | 杀虫剂 | SN/T 1982 |
| 10 | 甲胺磷 | 0.05 | 杀虫剂 | GB 23200.113、GB/T 5009.103、NY/T 761 |
| 11 | 甲拌磷 | 0.01 | 杀虫剂 | GB 23200.113 |
| 12 | 甲基对硫磷 | 0.02 | 杀虫剂 | GB 23200.113、NY/T 761 |
| 13 | 甲基硫环磷 | 0.03* | 杀虫剂 | NY/T 761 |
| 14 | 甲基异柳磷 | 0.01* | 杀虫剂 | GB 23200.113、GB/T 5009.144 |
| 15 | 甲萘威 | 1 | 杀虫剂 | GB/T 5009.145、GB/T 20769、NY/T 761 |
| 16 | 久效磷 | 0.03 | 杀虫剂 | GB 23200.113、NY/T 761 |
| 17 | 克百威 | 0.02 | 杀虫剂 | NY/T 761 |
| 18 | 磷胺 | 0.05 | 杀虫剂 | GB 23200.113、NY/T 761 |
| 19 | 硫环磷 | 0.03 | 杀虫剂 | GB 23200.113、NY/T 761 |
| 20 | 硫线磷 | 0.02 | 杀虫剂 | GB/T 20769 |
| 21 | 氯菊酯 | 1 | 杀虫剂 | GB 23200.8、GB 23200.113、NY/T 761 |
| 22 | 氯唑磷 | 0.01 | 杀虫剂 | GB 23200.113、GB/T 20769 |
| 23 | 灭多威 | 0.2 | 杀虫剂 | NY/T 761 |
| 24 | 灭线磷 | 0.02 | 杀线虫剂 | NY/T 761 |
| 25 | 内吸磷 | 0.02 | 杀虫/杀螨剂 | GB/T 20769 |
| 26 | 杀虫脒 | 0.01 | 杀虫剂 | GB/T 20769 |

（续）

| 序号 | 农药中文名 | 最大残留限量（mg/kg） | 农药主要用途 | 检测方法 |
|---|---|---|---|---|
| 27 | 杀螟硫磷 | 0.5* | 杀虫剂 | GB 23200.113、GB/T 14553、GB/T 20769、NY/T 761 |
| 28 | 杀扑磷 | 0.05 | 杀虫剂 | GB 23200.113、NY/T 761 |
| 29 | 水胺硫磷 | 0.05 | 杀虫剂 | GB 23200.113、NY/T 761 |
| 30 | 特丁硫磷 | 0.01 | 杀虫剂 | NY/T 761、NY/T 1379 |
| 31 | 涕灭威 | 0.03 | 杀虫剂 | NY/T 761 |
| 32 | 辛硫磷 | 0.05 | 杀虫剂 | GB/T 5009.102、GB/T 20769 |
| 33 | 氧乐果 | 0.02 | 杀虫剂 | GB 23200.113、NY/T 761、NY/T 1379 |
| 34 | 乙酰甲胺磷 | 1 | 杀虫剂 | GB 23200.113、GB/T 5009.103、GB/T 5009.145、NY/T 761 |
| 35 | 蝇毒磷 | 0.05 | 杀虫剂 | GB 23200.8、GB 23200.113 |
| 36 | 治螟磷 | 0.01 | 杀虫剂 | GB 23200.8、GB 23200.113、NY/T 761 |
| 37 | 艾氏剂 | 0.05 | 杀虫剂 | GB 23200.113、GB/T 5009.19、NY/T 761 |
| 38 | 滴滴涕 | 0.05 | 杀虫剂 | GB 23200.113、GB/T 5009.19、NY/T 761 |
| 39 | 狄氏剂 | 0.05 | 杀虫剂 | GB 23200.113、GB/T 5009.19、NY/T 761 |
| 40 | 毒杀芬 | 0.05* | 杀虫剂 | YC/T 180（参照） |
| 41 | 六六六 | 0.05 | 杀虫剂 | GB 23200.113、GB/T 5009.19、NY/T 761 |
| 42 | 氯丹 | 0.02 | 杀虫剂 | GB/T 5009.19 |
| 43 | 灭蚁灵 | 0.01 | 杀虫剂 | GB/T 5009.19 |
| 44 | 七氯 | 0.02 | 杀虫剂 | GB/T 5009.19、NY/T 761 |
| 45 | 异狄氏剂 | 0.05 | 杀虫剂 | GB/T 5009.19、NY/T 761 |
| 46 | 丙环唑 | 0.05 | 杀菌剂 | GB 23200.8、GB/T 20769 |

## 3.99 芡实

芡实中农药最大残留限量见表 3-99。

## 表3-99 芡实中农药最大残留限量

| 序号 | 农药中文名 | 最大残留限量（mg/kg） | 农药主要用途 | 检测方法 |
| --- | --- | --- | --- | --- |
| 1 | 保棉磷 | 0.5 | 杀虫剂 | NY/T 761 |
| 2 | 百草枯 | 0.05* | 除草剂 | 无指定 |
| 3 | 倍硫磷 | 0.05 | 杀虫剂 | GB 23200.8、GB 23200.113、GB/T 20769 |
| 4 | 苯线磷 | 0.02 | 杀虫剂 | GB 23200.8、GB/T 5009.145 |
| 5 | 敌百虫 | 0.2 | 杀虫剂 | GB/T 20769、NY/T 761 |
| 6 | 敌敌畏 | 0.2 | 杀虫剂 | GB 23200.8、GB 23200.113、GB/T 5009.20、NY/T 761 |
| 7 | 地虫硫磷 | 0.01 | 杀虫剂 | GB 23200.8、GB 23200.113 |
| 8 | 对硫磷 | 0.01 | 杀虫剂 | GB 23200.113、GB/T 5009.145 |
| 9 | 氟虫腈 | 0.02 | 杀虫剂 | SN/T 1982 |
| 10 | 甲胺磷 | 0.05 | 杀虫剂 | GB 23200.113、GB/T 5009.103、NY/T 761 |
| 11 | 甲拌磷 | 0.01 | 杀虫剂 | GB 23200.113 |
| 12 | 甲基对硫磷 | 0.02 | 杀虫剂 | GB 23200.113、NY/T 761 |
| 13 | 甲基硫环磷 | 0.03* | 杀虫剂 | NY/T 761 |
| 14 | 甲基异柳磷 | 0.01* | 杀虫剂 | GB 23200.113、GB/T 5009.144 |
| 15 | 甲萘威 | 1 | 杀虫剂 | GB/T 5009.145、GB/T 20769、NY/T 761 |
| 16 | 久效磷 | 0.03 | 杀虫剂 | GB 23200.113、NY/T 761 |
| 17 | 克百威 | 0.02 | 杀虫剂 | NY/T 761 |
| 18 | 磷胺 | 0.05 | 杀虫剂 | GB 23200.113、NY/T 761 |
| 19 | 硫环磷 | 0.03 | 杀虫剂 | GB 23200.113、NY/T 761 |
| 20 | 硫线磷 | 0.02 | 杀虫剂 | GB/T 20769 |
| 21 | 氯菊酯 | 1 | 杀虫剂 | GB 23200.8、GB 23200.113、NY/T 761 |
| 22 | 氯唑磷 | 0.01 | 杀虫剂 | GB 23200.113、GB/T 20769 |
| 23 | 灭多威 | 0.2 | 杀虫剂 | NY/T 761 |
| 24 | 灭线磷 | 0.02 | 杀线虫剂 | NY/T 761 |
| 25 | 内吸磷 | 0.02 | 杀虫/杀螨剂 | GB/T 20769 |
| 26 | 杀虫脒 | 0.01 | 杀虫剂 | GB/T 20769 |

（续）

| 序号 | 农药中文名 | 最大残留限量（mg/kg） | 农药主要用途 | 检测方法 |
|---|---|---|---|---|
| 27 | 杀螟硫磷 | 0.5* | 杀虫剂 | GB 23200.113、GB/T 14553、GB/T 20769、NY/T 761 |
| 28 | 杀扑磷 | 0.05 | 杀虫剂 | GB 23200.113、NY/T 761 |
| 29 | 水胺硫磷 | 0.05 | 杀虫剂 | GB 23200.113、NY/T 761 |
| 30 | 特丁硫磷 | 0.01 | 杀虫剂 | NY/T 761、NY/T 1379 |
| 31 | 涕灭威 | 0.03 | 杀虫剂 | NY/T 761 |
| 32 | 辛硫磷 | 0.05 | 杀虫剂 | GB/T 5009.102、GB/T 20769 |
| 33 | 氧乐果 | 0.02 | 杀虫剂 | GB 23200.113、NY/T 761、NY/T 1379 |
| 34 | 乙酰甲胺磷 | 1 | 杀虫剂 | GB 23200.113、GB/T 5009.103、GB/T 5009.145、NY/T 761 |
| 35 | 蝇毒磷 | 0.05 | 杀虫剂 | GB 23200.8、GB 23200.113 |
| 36 | 治螟磷 | 0.01 | 杀虫剂 | GB 23200.8、GB 23200.113、NY/T 761 |
| 37 | 艾氏剂 | 0.05 | 杀虫剂 | GB 23200.113、GB/T 5009.19、NY/T 761 |
| 38 | 滴滴涕 | 0.05 | 杀虫剂 | GB 23200.113、GB/T 5009.19、NY/T 761 |
| 39 | 狄氏剂 | 0.05 | 杀虫剂 | GB 23200.113、GB/T 5009.19、NY/T 761 |
| 40 | 毒杀芬 | 0.05* | 杀虫剂 | YC/T 180（参照） |
| 41 | 六六六 | 0.05 | 杀虫剂 | GB 23200.113、GB/T 5009.19、NY/T 761 |
| 42 | 氯丹 | 0.02 | 杀虫剂 | GB/T 5009.19 |
| 43 | 灭蚁灵 | 0.01 | 杀虫剂 | GB/T 5009.19 |
| 44 | 七氯 | 0.02 | 杀虫剂 | GB/T 5009.19、NY/T 761 |
| 45 | 异狄氏剂 | 0.05 | 杀虫剂 | GB/T 5009.19、NY/T 761 |
| 46 | 丙环唑 | 0.05 | 杀菌剂 | GB 23200.8、GB/T 20769 |

## 3.100 莲子（鲜）

莲子（鲜）中农药最大残留限量见表3-100。

**表 3-100 莲子（鲜）中农药最大残留限量**

| 序号 | 农药中文名 | 最大残留限量（mg/kg） | 农药主要用途 | 检测方法 |
|---|---|---|---|---|
| 1 | 保棉磷 | 0.5 | 杀虫剂 | NY/T 761 |
| 2 | 百草枯 | 0.05* | 除草剂 | 无指定 |
| 3 | 倍硫磷 | 0.05 | 杀虫剂 | GB 23200.8、GB 23200.113、GB/T 20769 |
| 4 | 苯线磷 | 0.02 | 杀虫剂 | GB 23200.8、GB/T 5009.145 |
| 5 | 敌百虫 | 0.2 | 杀虫剂 | GB/T 20769、NY/T 761 |
| 6 | 敌敌畏 | 0.2 | 杀虫剂 | GB 23200.8、GB 23200.113、GB/T 5009.20、NY/T 761 |
| 7 | 地虫硫磷 | 0.01 | 杀虫剂 | GB 23200.8、GB 23200.113 |
| 8 | 对硫磷 | 0.01 | 杀虫剂 | GB 23200.113、GB/T 5009.145 |
| 9 | 氟虫腈 | 0.02 | 杀虫剂 | SN/T 1982 |
| 10 | 甲胺磷 | 0.05 | 杀虫剂 | GB 23200.113、GB/T 5009.103、NY/T 761 |
| 11 | 甲拌磷 | 0.01 | 杀虫剂 | GB 23200.113 |
| 12 | 甲基对硫磷 | 0.02 | 杀虫剂 | GB 23200.113、NY/T 761 |
| 13 | 甲基硫环磷 | 0.03* | 杀虫剂 | NY/T 761 |
| 14 | 甲基异柳磷 | 0.01* | 杀虫剂 | GB 23200.113、GB/T 5009.144 |
| 15 | 甲萘威 | 1 | 杀虫剂 | GB/T 5009.145、GB/T 20769、NY/T 761 |
| 16 | 久效磷 | 0.03 | 杀虫剂 | GB 23200.113、NY/T 761 |
| 17 | 克百威 | 0.02 | 杀虫剂 | NY/T 761 |
| 18 | 磷胺 | 0.05 | 杀虫剂 | GB 23200.113、NY/T 761 |
| 19 | 硫环磷 | 0.03 | 杀虫剂 | GB 23200.113、NY/T 761 |
| 20 | 硫线磷 | 0.02 | 杀虫剂 | GB/T 20769 |
| 21 | 氯菊酯 | 1 | 杀虫剂 | GB 23200.8、GB 23200.113、NY/T 761 |
| 22 | 氯唑磷 | 0.01 | 杀虫剂 | GB 23200.113、GB/T 20769 |
| 23 | 灭多威 | 0.2 | 杀虫剂 | NY/T 761 |
| 24 | 灭线磷 | 0.02 | 杀线虫剂 | NY/T 761 |
| 25 | 内吸磷 | 0.02 | 杀虫/杀螨剂 | GB/T 20769 |
| 26 | 杀虫脒 | 0.01 | 杀虫剂 | GB/T 20769 |

（续）

| 序号 | 农药中文名 | 最大残留限量（mg/kg） | 农药主要用途 | 检测方法 |
|---|---|---|---|---|
| 27 | 杀螟硫磷 | 0.5* | 杀虫剂 | GB 23200.113、GB/T 14553、GB/T 20769、NY/T 761 |
| 28 | 杀扑磷 | 0.05 | 杀虫剂 | GB 23200.113、NY/T 761 |
| 29 | 水胺硫磷 | 0.05 | 杀虫剂 | GB 23200.113、NY/T 761 |
| 30 | 特丁硫磷 | 0.01 | 杀虫剂 | NY/T 761、NY/T 1379 |
| 31 | 涕灭威 | 0.03 | 杀虫剂 | NY/T 761 |
| 32 | 辛硫磷 | 0.05 | 杀虫剂 | GB/T 5009.102、GB/T 20769 |
| 33 | 氧乐果 | 0.02 | 杀虫剂 | GB 23200.113、NY/T 761、NY/T 1379 |
| 34 | 乙酰甲胺磷 | 1 | 杀虫剂 | GB 23200.113、GB/T 5009.103、GB/T 5009.145、NY/T 761 |
| 35 | 蝇毒磷 | 0.05 | 杀虫剂 | GB 23200.8、GB 23200.113 |
| 36 | 治螟磷 | 0.01 | 杀虫剂 | GB 23200.8、GB 23200.113、NY/T 761 |
| 37 | 艾氏剂 | 0.05 | 杀虫剂 | GB 23200.113、GB/T 5009.19、NY/T 761 |
| 38 | 滴滴涕 | 0.05 | 杀虫剂 | GB 23200.113、GB/T 5009.19、NY/T 761 |
| 39 | 狄氏剂 | 0.05 | 杀虫剂 | GB 23200.113、GB/T 5009.19、NY/T 761 |
| 40 | 毒杀芬 | 0.05* | 杀虫剂 | YC/T 180（参照） |
| 41 | 六六六 | 0.05 | 杀虫剂 | GB 23200.113、GB/T 5009.19、NY/T 761 |
| 42 | 氯丹 | 0.02 | 杀虫剂 | GB/T 5009.19 |
| 43 | 灭蚁灵 | 0.01 | 杀虫剂 | GB/T 5009.19 |
| 44 | 七氯 | 0.02 | 杀虫剂 | GB/T 5009.19、NY/T 761 |
| 45 | 异狄氏剂 | 0.05 | 杀虫剂 | GB/T 5009.19、NY/T 761 |
| 46 | 吡虫啉 | 0.05 | 杀虫剂 | GB/T 20769、GB/T 23379 |
| 47 | 吡蚜酮 | 0.02 | 杀虫剂 | SN/T 3860 |
| 48 | 丙环唑 | 0.05 | 杀菌剂 | GB 23200.8、GB/T 20769 |
| 49 | 啶虫脒 | 0.05 | 杀虫剂 | GB/T 20769、GB/T 23584 |
| 50 | 多菌灵 | 0.2 | 杀菌剂 | GB/T 20769、NY/T 1453 |

（续）

| 序号 | 农药中文名 | 最大残留限量(mg/kg) | 农药主要用途 | 检测方法 |
|---|---|---|---|---|
| 51 | 嘧菌酯 | 0.05 | 杀菌剂 | GB/T 20769、NY/T 1453、SN/T 1976 |

## 3.101 莲藕

莲藕中农药最大残留限量见表 3－101。

**表 3－101 莲藕中农药最大残留限量**

| 序号 | 农药中文名 | 最大残留限量(mg/kg) | 农药主要用途 | 检测方法 |
|---|---|---|---|---|
| 1 | 保棉磷 | 0.5 | 杀虫剂 | NY/T 761 |
| 2 | 百草枯 | 0.05* | 除草剂 | 无指定 |
| 3 | 倍硫磷 | 0.05 | 杀虫剂 | GB 23200.8、GB 23200.113、GB/T 20769 |
| 4 | 苯线磷 | 0.02 | 杀虫剂 | GB 23200.8、GB/T 5009.145 |
| 5 | 敌百虫 | 0.2 | 杀虫剂 | GB/T 20769、NY/T 761 |
| 6 | 敌敌畏 | 0.2 | 杀虫剂 | GB 23200.8、GB 23200.113、GB/T 5009.20、NY/T 761 |
| 7 | 地虫硫磷 | 0.01 | 杀虫剂 | GB 23200.8、GB 23200.113 |
| 8 | 对硫磷 | 0.01 | 杀虫剂 | GB 23200.113、GB/T 5009.145 |
| 9 | 氟虫腈 | 0.02 | 杀虫剂 | SN/T 1982 |
| 10 | 甲胺磷 | 0.05 | 杀虫剂 | GB 23200.113、GB/T 5009.103、NY/T 761 |
| 11 | 甲拌磷 | 0.01 | 杀虫剂 | GB 23200.113 |
| 12 | 甲基对硫磷 | 0.02 | 杀虫剂 | GB 23200.113、NY/T 761 |
| 13 | 甲基硫环磷 | 0.03* | 杀虫剂 | NY/T 761 |
| 14 | 甲基异柳磷 | 0.01* | 杀虫剂 | GB 23200.113、GB/T 5009.144 |
| 15 | 甲萘威 | 1 | 杀虫剂 | GB/T 5009.145、GB/T 20769、NY/T 761 |
| 16 | 久效磷 | 0.03 | 杀虫剂 | GB 23200.113、NY/T 761 |
| 17 | 克百威 | 0.02 | 杀虫剂 | NY/T 761 |
| 18 | 磷胺 | 0.05 | 杀虫剂 | GB 23200.113、NY/T 761 |
| 19 | 硫环磷 | 0.03 | 杀虫剂 | GB 23200.113、NY/T 761 |

（续）

| 序号 | 农药中文名 | 最大残留限量（mg/kg） | 农药主要用途 | 检测方法 |
|---|---|---|---|---|
| 20 | 硫线磷 | 0.02 | 杀虫剂 | GB/T 20769 |
| 21 | 氯菊酯 | 1 | 杀虫剂 | GB 23200.8、GB 23200.113、NY/T 761 |
| 22 | 氯唑磷 | 0.01 | 杀虫剂 | GB 23200.113、GB/T 20769 |
| 23 | 灭多威 | 0.2 | 杀虫剂 | NY/T 761 |
| 24 | 灭线磷 | 0.02 | 杀线虫剂 | NY/T 761 |
| 25 | 内吸磷 | 0.02 | 杀虫/杀螨剂 | GB/T 20769 |
| 26 | 杀虫脒 | 0.01 | 杀虫剂 | GB/T 20769 |
| 27 | 杀螟硫磷 | 0.5* | 杀虫剂 | GB 23200.113、GB/T 14553、GB/T 20769、NY/T 761 |
| 28 | 杀扑磷 | 0.05 | 杀虫剂 | GB 23200.113、NY/T 761 |
| 29 | 水胺硫磷 | 0.05 | 杀虫剂 | GB 23200.113、NY/T 761 |
| 30 | 特丁硫磷 | 0.01 | 杀虫剂 | NY/T 761、NY/T 1379 |
| 31 | 涕灭威 | 0.03 | 杀虫剂 | NY/T 761 |
| 32 | 辛硫磷 | 0.05 | 杀虫剂 | GB/T 5009.102、GB/T 20769 |
| 33 | 氧乐果 | 0.02 | 杀虫剂 | GB 23200.113、NY/T 761、NY/T 1379 |
| 34 | 乙酰甲胺磷 | 1 | 杀虫剂 | GB 23200.113、GB/T 5009.103、GB/T 5009.145、NY/T 761 |
| 35 | 蝇毒磷 | 0.05 | 杀虫剂 | GB 23200.8、GB 23200.113 |
| 36 | 治螟磷 | 0.01 | 杀虫剂 | GB 23200.8、GB 23200.113、NY/T 761 |
| 37 | 艾氏剂 | 0.05 | 杀虫剂 | GB 23200.113、GB/T 5009.19、NY/T 761 |
| 38 | 滴滴涕 | 0.05 | 杀虫剂 | GB 23200.113、GB/T 5009.19、NY/T 761 |
| 39 | 狄氏剂 | 0.05 | 杀虫剂 | GB 23200.113、GB/T 5009.19、NY/T 761 |
| 40 | 毒杀芬 | 0.05* | 杀虫剂 | YC/T 180（参照） |
| 41 | 六六六 | 0.05 | 杀虫剂 | GB 23200.113、GB/T 5009.19、NY/T 761 |
| 42 | 氯丹 | 0.02 | 杀虫剂 | GB/T 5009.19 |

（续）

| 序号 | 农药中文名 | 最大残留限量（mg/kg） | 农药主要用途 | 检测方法 |
| --- | --- | --- | --- | --- |
| 43 | 灭蚁灵 | 0.01 | 杀虫剂 | GB/T 5009.19 |
| 44 | 七氯 | 0.02 | 杀虫剂 | GB/T 5009.19、NY/T 761 |
| 45 | 异狄氏剂 | 0.05 | 杀虫剂 | GB/T 5009.19、NY/T 761 |
| 46 | 吡虫啉 | 0.05 | 杀虫剂 | GB/T 20769、GB/T 23379 |
| 47 | 吡蚜酮 | 0.02 | 杀虫剂 | SN/T 3860 |
| 48 | 丙环唑 | 0.05 | 杀菌剂 | GB 23200.8、GB/T 20769 |
| 49 | 啶虫脒 | 0.05 | 杀虫剂 | GB/T 20769、GB/T 23584 |
| 50 | 多菌灵 | 0.2 | 杀菌剂 | GB/T 20769、NY/T 1453 |
| 51 | 嘧菌酯 | 0.05 | 杀菌剂 | GB/T 20769、NY/T 1453、SN/T 1976 |

## 3.102 荸荠

荸荠中农药最大残留限量见表 3－102。

**表 3－102 荸荠中农药最大残留限量**

| 序号 | 农药中文名 | 最大残留限量（mg/kg） | 农药主要用途 | 检测方法 |
| --- | --- | --- | --- | --- |
| 1 | 保棉磷 | 0.5 | 杀虫剂 | NY/T 761 |
| 2 | 百草枯 | 0.05* | 除草剂 | 无指定 |
| 3 | 倍硫磷 | 0.05 | 杀虫剂 | GB 23200.8、GB 23200.113、GB/T 20769 |
| 4 | 苯线磷 | 0.02 | 杀虫剂 | GB 23200.8、GB/T 5009.145 |
| 5 | 敌百虫 | 0.2 | 杀虫剂 | GB/T 20769、NY/T 761 |
| 6 | 敌敌畏 | 0.2 | 杀虫剂 | GB 23200.8、GB 23200.113、GB/T 5009.20、NY/T 761 |
| 7 | 地虫硫磷 | 0.01 | 杀虫剂 | GB 23200.8、GB 23200.113 |
| 8 | 对硫磷 | 0.01 | 杀虫剂 | GB 23200.113、GB/T 5009.145 |
| 9 | 氟虫腈 | 0.02 | 杀虫剂 | SN/T 1982 |
| 10 | 甲胺磷 | 0.05 | 杀虫剂 | GB 23200.113、GB/T 5009.103、NY/T 761 |
| 11 | 甲拌磷 | 0.01 | 杀虫剂 | GB 23200.113 |

（续）

| 序号 | 农药中文名 | 最大残留限量（mg/kg） | 农药主要用途 | 检测方法 |
| --- | --- | --- | --- | --- |
| 12 | 甲基对硫磷 | 0.02 | 杀虫剂 | GB 23200.113、NY/T 761 |
| 13 | 甲基硫环磷 | 0.03* | 杀虫剂 | NY/T 761 |
| 14 | 甲基异柳磷 | 0.01* | 杀虫剂 | GB 23200.113、GB/T 5009.144 |
| 15 | 甲萘威 | 1 | 杀虫剂 | GB/T 5009.145、GB/T 20769、NY/T 761 |
| 16 | 久效磷 | 0.03 | 杀虫剂 | GB 23200.113、NY/T 761 |
| 17 | 克百威 | 0.02 | 杀虫剂 | NY/T 761 |
| 18 | 磷胺 | 0.05 | 杀虫剂 | GB 23200.113、NY/T 761 |
| 19 | 硫环磷 | 0.03 | 杀虫剂 | GB 23200.113、NY/T 761 |
| 20 | 硫线磷 | 0.02 | 杀虫剂 | GB/T 20769 |
| 21 | 氯菊酯 | 1 | 杀虫剂 | GB 23200.8、GB 23200.113、NY/T 761 |
| 22 | 氯唑磷 | 0.01 | 杀虫剂 | GB 23200.113、GB/T 20769 |
| 23 | 灭多威 | 0.2 | 杀虫剂 | NY/T 761 |
| 24 | 灭线磷 | 0.02 | 杀线虫剂 | NY/T 761 |
| 25 | 内吸磷 | 0.02 | 杀虫/杀螨剂 | GB/T 20769 |
| 26 | 杀虫脒 | 0.01 | 杀虫剂 | GB/T 20769 |
| 27 | 杀螟硫磷 | 0.5* | 杀虫剂 | GB 23200.113、GB/T 14553、GB/T 20769、NY/T 761 |
| 28 | 杀扑磷 | 0.05 | 杀虫剂 | GB 23200.113、NY/T 761 |
| 29 | 水胺硫磷 | 0.05 | 杀虫剂 | GB 23200.113、NY/T 761 |
| 30 | 特丁硫磷 | 0.01 | 杀虫剂 | NY/T 761、NY/T 1379 |
| 31 | 涕灭威 | 0.03 | 杀虫剂 | NY/T 761 |
| 32 | 辛硫磷 | 0.05 | 杀虫剂 | GB/T 5009.102、GB/T 20769 |
| 33 | 氧乐果 | 0.02 | 杀虫剂 | GB 23200.113、NY/T 761、NY/T 1379 |
| 34 | 乙酰甲胺磷 | 1 | 杀虫剂 | GB 23200.113、GB/T 5009.103、GB/T 5009.145、NY/T 761 |
| 35 | 蝇毒磷 | 0.05 | 杀虫剂 | GB 23200.8、GB 23200.113 |
| 36 | 治螟磷 | 0.01 | 杀虫剂 | GB 23200.8、GB 23200.113、NY/T 761 |

（续）

| 序号 | 农药中文名 | 最大残留限量（mg/kg） | 农药主要用途 | 检测方法 |
| --- | --- | --- | --- | --- |
| 37 | 艾氏剂 | 0.05 | 杀虫剂 | GB 23200.113、GB/T 5009.19、NY/T 761 |
| 38 | 滴滴涕 | 0.05 | 杀虫剂 | GB 23200.113、GB/T 5009.19、NY/T 761 |
| 39 | 狄氏剂 | 0.05 | 杀虫剂 | GB 23200.113、GB/T 5009.19、NY/T 761 |
| 40 | 毒杀芬 | 0.05* | 杀虫剂 | YC/T 180（参照） |
| 41 | 六六六 | 0.05 | 杀虫剂 | GB 23200.113、GB/T 5009.19、NY/T 761 |
| 42 | 氯丹 | 0.02 | 杀虫剂 | GB/T 5009.19 |
| 43 | 灭蚁灵 | 0.01 | 杀虫剂 | GB/T 5009.19 |
| 44 | 七氯 | 0.02 | 杀虫剂 | GB/T 5009.19、NY/T 761 |
| 45 | 异狄氏剂 | 0.05 | 杀虫剂 | GB/T 5009.19、NY/T 761 |
| 46 | 丙环唑 | 0.05 | 杀菌剂 | GB 23200.8、GB/T 20769 |

## 3.103 慈姑

慈姑中农药最大残留限量见表 3-103。

**表 3-103 慈姑中农药最大残留限量**

| 序号 | 农药中文名 | 最大残留限量（mg/kg） | 农药主要用途 | 检测方法 |
| --- | --- | --- | --- | --- |
| 1 | 保棉磷 | 0.5 | 杀虫剂 | NY/T 761 |
| 2 | 百草枯 | 0.05* | 除草剂 | 无指定 |
| 3 | 倍硫磷 | 0.05 | 杀虫剂 | GB 23200.8、GB 23200.113、GB/T 20769 |
| 4 | 苯线磷 | 0.02 | 杀虫剂 | GB 23200.8、GB/T 5009.145 |
| 5 | 敌百虫 | 0.2 | 杀虫剂 | GB/T 20769、NY/T 761 |
| 6 | 敌敌畏 | 0.2 | 杀虫剂 | GB 23200.8、GB 23200.113、GB/T 5009.20、NY/T 761 |
| 7 | 地虫硫磷 | 0.01 | 杀虫剂 | GB 23200.8、GB 23200.113 |
| 8 | 对硫磷 | 0.01 | 杀虫剂 | GB 23200.113、GB/T 5009.145 |
| 9 | 氟虫腈 | 0.02 | 杀虫剂 | SN/T 1982 |

（续）

| 序号 | 农药中文名 | 最大残留限量（mg/kg） | 农药主要用途 | 检测方法 |
|---|---|---|---|---|
| 10 | 甲胺磷 | 0.05 | 杀虫剂 | GB 23200.113、GB/T 5009.103、NY/T 761 |
| 11 | 甲拌磷 | 0.01 | 杀虫剂 | GB 23200.113 |
| 12 | 甲基对硫磷 | 0.02 | 杀虫剂 | GB 23200.113、NY/T 761 |
| 13 | 甲基硫环磷 | 0.03* | 杀虫剂 | NY/T 761 |
| 14 | 甲基异柳磷 | 0.01* | 杀虫剂 | GB 23200.113、GB/T 5009.144 |
| 15 | 甲萘威 | 1 | 杀虫剂 | GB/T 5009.145、GB/T 20769、NY/T 761 |
| 16 | 久效磷 | 0.03 | 杀虫剂 | GB 23200.113、NY/T 761 |
| 17 | 克百威 | 0.02 | 杀虫剂 | NY/T 761 |
| 18 | 磷胺 | 0.05 | 杀虫剂 | GB 23200.113、NY/T 761 |
| 19 | 硫环磷 | 0.03 | 杀虫剂 | GB 23200.113、NY/T 761 |
| 20 | 硫线磷 | 0.02 | 杀虫剂 | GB/T 20769 |
| 21 | 氯菊酯 | 1 | 杀虫剂 | GB 23200.8、GB 23200.113、NY/T 761 |
| 22 | 氯唑磷 | 0.01 | 杀虫剂 | GB 23200.113、GB/T 20769 |
| 23 | 灭多威 | 0.2 | 杀虫剂 | NY/T 761 |
| 24 | 灭线磷 | 0.02 | 杀线虫剂 | NY/T 761 |
| 25 | 内吸磷 | 0.02 | 杀虫/杀螨剂 | GB/T 20769 |
| 26 | 杀虫脒 | 0.01 | 杀虫剂 | GB/T 20769 |
| 27 | 杀螟硫磷 | 0.5* | 杀虫剂 | GB 23200.113、GB/T 14553、GB/T 20769、NY/T 761 |
| 28 | 杀扑磷 | 0.05 | 杀虫剂 | GB 23200.113、NY/T 761 |
| 29 | 水胺硫磷 | 0.05 | 杀虫剂 | GB 23200.113、NY/T 761 |
| 30 | 特丁硫磷 | 0.01 | 杀虫剂 | NY/T 761、NY/T 1379 |
| 31 | 涕灭威 | 0.03 | 杀虫剂 | NY/T 761 |
| 32 | 辛硫磷 | 0.05 | 杀虫剂 | GB/T 5009.102、GB/T 20769 |
| 33 | 氧乐果 | 0.02 | 杀虫剂 | GB 23200.113、NY/T 761、NY/T 1379 |
| 34 | 乙酰甲胺磷 | 1 | 杀虫剂 | GB 23200.113、GB/T 5009.103、GB/T 5009.145、NY/T 761 |

（续）

| 序号 | 农药中文名 | 最大残留限量（mg/kg） | 农药主要用途 | 检测方法 |
| --- | --- | --- | --- | --- |
| 35 | 蝇毒磷 | 0.05 | 杀虫剂 | GB 23200.8、GB 23200.113 |
| 36 | 治螟磷 | 0.01 | 杀虫剂 | GB 23200.8、GB 23200.113、NY/T 761 |
| 37 | 艾氏剂 | 0.05 | 杀虫剂 | GB 23200.113、GB/T 5009.19、NY/T 761 |
| 38 | 滴滴涕 | 0.05 | 杀虫剂 | GB 23200.113、GB/T 5009.19、NY/T 761 |
| 39 | 狄氏剂 | 0.05 | 杀虫剂 | GB 23200.113、GB/T 5009.19、NY/T 761 |
| 40 | 毒杀芬 | 0.05* | 杀虫剂 | YC/T 180（参照） |
| 41 | 六六六 | 0.05 | 杀虫剂 | GB 23200.113、GB/T 5009.19、NY/T 761 |
| 42 | 氯丹 | 0.02 | 杀虫剂 | GB/T 5009.19 |
| 43 | 灭蚁灵 | 0.01 | 杀虫剂 | GB/T 5009.19 |
| 44 | 七氯 | 0.02 | 杀虫剂 | GB/T 5009.19、NY/T 761 |
| 45 | 异狄氏剂 | 0.05 | 杀虫剂 | GB/T 5009.19、NY/T 761 |
| 46 | 丙环唑 | 0.05 | 杀菌剂 | GB 23200.8、GB/T 20769 |

## 3.104 芽菜类蔬菜（绿豆芽、黄豆芽、萝卜芽、苜蓿芽、花椒芽、香椿芽等）

芽菜类蔬菜中农药最大残留限量见表 3-104。

**表 3-104 芽菜类蔬菜中农药最大残留限量**

| 序号 | 农药中文名 | 最大残留限量（mg/kg） | 农药主要用途 | 检测方法 |
| --- | --- | --- | --- | --- |
| 1 | 保棉磷 | 0.5 | 杀虫剂 | NY/T 761 |
| 2 | 百草枯 | 0.05* | 除草剂 | 无指定 |
| 3 | 倍硫磷 | 0.05 | 杀虫剂 | GB 23200.8、GB 23200.113、GB/T 20769 |
| 4 | 苯线磷 | 0.02 | 杀虫剂 | GB 23200.8、GB/T 5009.145 |
| 5 | 敌百虫 | 0.2 | 杀虫剂 | GB/T 20769、NY/T 761 |
| 6 | 敌敌畏 | 0.2 | 杀虫剂 | GB 23200.8、GB 23200.113、GB/T 5009.20、NY/T 761 |

（续）

| 序号 | 农药中文名 | 最大残留限量（mg/kg） | 农药主要用途 | 检测方法 |
|---|---|---|---|---|
| 7 | 地虫硫磷 | 0.01 | 杀虫剂 | GB 23200.8、GB 23200.113 |
| 8 | 对硫磷 | 0.01 | 杀虫剂 | GB 23200.113、GB/T 5009.145 |
| 9 | 氟虫腈 | 0.02 | 杀虫剂 | SN/T 1982 |
| 10 | 甲胺磷 | 0.05 | 杀虫剂 | GB 23200.113、GB/T 5009.103、NY/T 761 |
| 11 | 甲拌磷 | 0.01 | 杀虫剂 | GB 23200.113 |
| 12 | 甲基对硫磷 | 0.02 | 杀虫剂 | GB 23200.113、NY/T 761 |
| 13 | 甲基硫环磷 | 0.03* | 杀虫剂 | NY/T 761 |
| 14 | 甲基异柳磷 | 0.01* | 杀虫剂 | GB 23200.113、GB/T 5009.144 |
| 15 | 甲萘威 | 1 | 杀虫剂 | GB/T 5009.145、GB/T 20769、NY/T 761 |
| 16 | 久效磷 | 0.03 | 杀虫剂 | GB 23200.113、NY/T 761 |
| 17 | 克百威 | 0.02 | 杀虫剂 | NY/T 761 |
| 18 | 磷胺 | 0.05 | 杀虫剂 | GB 23200.113、NY/T 761 |
| 19 | 硫环磷 | 0.03 | 杀虫剂 | GB 23200.113、NY/T 761 |
| 20 | 硫线磷 | 0.02 | 杀虫剂 | GB/T 20769 |
| 21 | 氯菊酯 | 1 | 杀虫剂 | GB 23200.8、GB 23200.113、NY/T 761 |
| 22 | 氯唑磷 | 0.01 | 杀虫剂 | GB 23200.113、GB/T 20769 |
| 23 | 灭多威 | 0.2 | 杀虫剂 | NY/T 761 |
| 24 | 灭线磷 | 0.02 | 杀线虫剂 | NY/T 761 |
| 25 | 内吸磷 | 0.02 | 杀虫/杀螨剂 | GB/T 20769 |
| 26 | 杀虫脒 | 0.01 | 杀虫剂 | GB/T 20769 |
| 27 | 杀螟硫磷 | 0.5* | 杀虫剂 | GB 23200.113、GB/T 14553、GB/T 20769、NY/T 761 |
| 28 | 杀扑磷 | 0.05 | 杀虫剂 | GB 23200.113、NY/T 761 |
| 29 | 水胺硫磷 | 0.05 | 杀虫剂 | GB 23200.113、NY/T 761 |
| 30 | 特丁硫磷 | 0.01 | 杀虫剂 | NY/T 761、NY/T 1379 |
| 31 | 涕灭威 | 0.03 | 杀虫剂 | NY/T 761 |
| 32 | 辛硫磷 | 0.05 | 杀虫剂 | GB/T 5009.102、GB/T 20769 |
| 33 | 氧乐果 | 0.02 | 杀虫剂 | GB 23200.113、NY/T 761、NY/T 1379 |

（续）

| 序号 | 农药中文名 | 最大残留限量(mg/kg) | 农药主要用途 | 检测方法 |
| --- | --- | --- | --- | --- |
| 34 | 乙酰甲胺磷 | 1 | 杀虫剂 | GB 23200.113、GB/T 5009.103、GB/T 5009.145、NY/T 761 |
| 35 | 蝇毒磷 | 0.05 | 杀虫剂 | GB 23200.8、GB 23200.113 |
| 36 | 治螟磷 | 0.01 | 杀虫剂 | GB 23200.8、GB 23200.113、NY/T 761 |
| 37 | 艾氏剂 | 0.05 | 杀虫剂 | GB 23200.113、GB/T 5009.19、NY/T 761 |
| 38 | 滴滴涕 | 0.05 | 杀虫剂 | GB 23200.113、GB/T 5009.19、NY/T 761 |
| 39 | 狄氏剂 | 0.05 | 杀虫剂 | GB 23200.113、GB/T 5009.19、NY/T 761 |
| 40 | 毒杀芬 | 0.05* | 杀虫剂 | YC/T 180（参照） |
| 41 | 六六六 | 0.05 | 杀虫剂 | GB 23200.113、GB/T 5009.19、NY/T 761 |
| 42 | 氯丹 | 0.02 | 杀虫剂 | GB/T 5009.19 |
| 43 | 灭蚁灵 | 0.01 | 杀虫剂 | GB/T 5009.19 |
| 44 | 七氯 | 0.02 | 杀虫剂 | GB/T 5009.19、NY/T 761 |
| 45 | 异狄氏剂 | 0.05 | 杀虫剂 | GB/T 5009.19、NY/T 761 |

## 3.105 玉米笋

玉米笋中农药最大残留限量见表 3-105。

**表 3-105 玉米笋中农药最大残留限量**

| 序号 | 农药中文名 | 最大残留限量(mg/kg) | 农药主要用途 | 检测方法 |
| --- | --- | --- | --- | --- |
| 1 | 保棉磷 | 0.5 | 杀虫剂 | NY/T 761 |
| 2 | 百草枯 | 0.05* | 除草剂 | 无指定 |
| 3 | 倍硫磷 | 0.05 | 杀虫剂 | GB 23200.8、GB 23200.113、GB/T 20769 |
| 4 | 苯线磷 | 0.02 | 杀虫剂 | GB 23200.8、GB/T 5009.145 |
| 5 | 敌百虫 | 0.2 | 杀虫剂 | GB/T 20769、NY/T 761 |
| 6 | 敌敌畏 | 0.2 | 杀虫剂 | GB 23200.8、GB 23200.113、GB/T 5009.20、NY/T 761 |

（续）

| 序号 | 农药中文名 | 最大残留限量（mg/kg） | 农药主要用途 | 检测方法 |
|---|---|---|---|---|
| 7 | 地虫硫磷 | 0.01 | 杀虫剂 | GB 23200.8、GB 23200.113 |
| 8 | 对硫磷 | 0.01 | 杀虫剂 | GB 23200.113、GB/T 5009.145 |
| 9 | 氟虫腈 | 0.02 | 杀虫剂 | SN/T 1982 |
| 10 | 甲胺磷 | 0.05 | 杀虫剂 | GB 23200.113、GB/T 5009.103、NY/T 761 |
| 11 | 甲拌磷 | 0.01 | 杀虫剂 | GB 23200.113 |
| 12 | 甲基对硫磷 | 0.02 | 杀虫剂 | GB 23200.113、NY/T 761 |
| 13 | 甲基硫环磷 | 0.03* | 杀虫剂 | NY/T 761 |
| 14 | 甲基异柳磷 | 0.01* | 杀虫剂 | GB 23200.113、GB/T 5009.144 |
| 15 | 久效磷 | 0.03 | 杀虫剂 | GB 23200.113、NY/T 761 |
| 16 | 克百威 | 0.02 | 克百威 | NY/T 761 |
| 17 | 磷胺 | 0.05 | 杀虫剂 | GB 23200.113、NY/T 761 |
| 18 | 硫环磷 | 0.03 | 杀虫剂 | GB 23200.113、NY/T 761 |
| 19 | 硫线磷 | 0.02 | 杀虫剂 | GB/T 20769 |
| 20 | 氯唑磷 | 0.01 | 杀虫剂 | GB 23200.113、GB/T 20769 |
| 21 | 灭多威 | 0.2 | 杀虫剂 | NY/T 761 |
| 22 | 灭线磷 | 0.02 | 杀线虫剂 | NY/T 761 |
| 23 | 内吸磷 | 0.02 | 杀虫/杀螨剂 | GB/T 20769 |
| 24 | 杀虫脒 | 0.01 | 杀虫剂 | GB/T 20769 |
| 25 | 杀螟硫磷 | 0.5* | 杀虫剂 | GB 23200.113、GB/T 14553、GB/T 20769、NY/T 761 |
| 26 | 杀扑磷 | 0.05 | 杀虫剂 | GB 23200.113、NY/T 761 |
| 27 | 水胺硫磷 | 0.05 | 杀虫剂 | GB 23200.113、NY/T 761 |
| 28 | 特丁硫磷 | 0.01 | 杀虫剂 | NY/T 761、NY/T 1379 |
| 29 | 涕灭威 | 0.03 | 杀虫剂 | NY/T 761 |
| 30 | 辛硫磷 | 0.05 | 杀虫剂 | GB/T 5009.102、GB/T 20769 |
| 31 | 氧乐果 | 0.02 | 杀虫剂 | GB 23200.113、NY/T 761、NY/T 1379 |
| 32 | 乙酰甲胺磷 | 1 | 杀虫剂 | GB 23200.113、GB/T 5009.103、GB/T 5009.145、NY/T 761 |
| 33 | 蝇毒磷 | 0.05 | 杀虫剂 | GB 23200.8、GB 23200.113 |

（续）

| 序号 | 农药中文名 | 最大残留限量（mg/kg） | 农药主要用途 | 检测方法 |
|---|---|---|---|---|
| 34 | 治螟磷 | 0.01 | 杀虫剂 | GB 23200.8、GB 23200.113、NY/T 761 |
| 35 | 艾氏剂 | 0.05 | 杀虫剂 | GB 23200.113、GB/T 5009.19、NY/T 761 |
| 36 | 滴滴涕 | 0.05 | 杀虫剂 | GB 23200.113、GB/T 5009.19、NY/T 761 |
| 37 | 狄氏剂 | 0.05 | 杀虫剂 | GB 23200.113、GB/T 5009.19、NY/T 761 |
| 38 | 毒杀芬 | 0.05* | 杀虫剂 | YC/T 180（参照） |
| 39 | 六六六 | 0.05 | 杀虫剂 | GB 23200.113、GB/T 5009.19、NY/T 761 |
| 40 | 氯丹 | 0.02 | 杀虫剂 | GB/T 5009.19 |
| 41 | 灭蚁灵 | 0.01 | 杀虫剂 | GB/T 5009.19 |
| 42 | 七氯 | 0.02 | 杀虫剂 | GB/T 5009.19、NY/T 761 |
| 43 | 异狄氏剂 | 0.05 | 杀虫剂 | GB/T 5009.19、NY/T 761 |
| 44 | 2,4-滴和2,4-滴钠盐 | 0.05 | 除草剂 | GB/T 5009.175 |
| 45 | 吡噻菌胺 | 0.02* | 杀菌剂 | 无指定 |
| 46 | 丙环唑 | 0.05 | 杀菌剂 | GB 23200.8、GB/T 20769 |
| 47 | 丙硫菌唑 | 0.02* | 杀菌剂 | 无指定 |
| 48 | 丙森锌 | 0.1 | 杀菌剂 | SN 0139、SN 0157、SN/T 1541（参照） |
| 49 | 草甘膦 | 3 | 除草剂 | SN/T 1923（参照） |
| 50 | 代森联 | 0.1 | 杀菌剂 | SN 0139、SN 0157、SN/T 1541（参照） |
| 51 | 代森锰锌 | 0.1 | 杀菌剂 | SN 0157、SN/T 1541（参照） |
| 52 | 代森锌 | 0.1 | 杀菌剂 | SN 0139、SN 0157、SN/T 1541（参照） |
| 53 | 多杀霉素 | 0.01 | 杀虫剂 | GB/T 20769 |
| 54 | 二嗪磷 | 0.02 | 杀虫剂 | GB 23200.8、GB 23200.113、GB/T 20769、GB/T 5009.107 |
| 55 | 氟苯虫酰胺 | 0.02* | 杀虫剂 | 无指定 |

（续）

| 序号 | 农药中文名 | 最大残留限量（mg/kg） | 农药主要用途 | 检测方法 |
|---|---|---|---|---|
| 56 | 氟硅唑 | 0.01 | 杀菌剂 | GB 23200.8、GB 23200.53、GB/T 20769 |
| 57 | 氟唑环菌胺 | 0.01* | 杀菌剂 | 无指定 |
| 58 | 氟唑菌酰胺 | 0.15* | 杀菌剂 | 无指定 |
| 59 | 福美双 | 0.1 | 杀菌剂 | SN 0157、SN/T 0525、SN/T 1541（参照） |
| 60 | 咯菌腈 | 0.01 | 杀菌剂 | GB 23200.8、GB 23200.113、GB/T 20769 |
| 61 | 甲萘威 | 0.1 | 杀虫剂 | GB/T 5009.145、GB/T 20769、NY/T 761 |
| 62 | 甲氧虫酰肼 | 0.02 | 杀虫剂 | GB/T 20769 |
| 63 | 精二甲吩草胺 | 0.01 | 除草剂 | GB 23200.8、GB/T 20769、NY/T 1379 |
| 64 | 氯虫苯甲酰胺 | 0.01* | 杀虫剂 | 无指定 |
| 65 | 氯菊酯 | 0.1 | 杀虫剂 | GB 23200.8、GB 23200.113、NY/T 761 |
| 66 | 氯氰菊酯和高效氯氰菊酯 | 0.05 | 杀虫剂 | GB 23200.8、GB 23200.113、GB/T 5009.146、NY/T 761 |
| 67 | 马拉硫磷 | 0.02 | 杀虫剂 | GB 23200.8、GB 23200.113、GB/T 20769、NY/T 761 |
| 68 | 麦草畏 | 0.02 | 除草剂 | SN/T 1606（参照） |
| 69 | 灭草松 | 0.01 | 除草剂 | GB/T 20769 |
| 70 | 噻虫胺 | 0.01 | 杀虫剂 | GB/T 20769 |
| 71 | 噻虫嗪 | 0.01 | 杀虫剂 | GB 23200.8、GB 23200.39、GB/T 20769 |
| 72 | 戊唑醇 | 0.6 | 杀菌剂 | GB 23200.8、GB 23200.113、GB/T 20769 |
| 73 | 硝磺草酮 | 0.01 | 除草剂 | GB/T 20769 |
| 74 | 溴氰菊酯 | 0.02 | 杀虫剂 | GB 23200.8、GB 23200.113、NY/T 761、SN/T 0217 |
| 75 | 乙拌磷 | 0.02 | 杀虫剂 | GB/T 20769 |
| 76 | 异噁唑草酮 | 0.02 | 除草剂 | GB/T 20769 |
| 77 | 茚虫威 | 0.02 | 杀虫剂 | GB/T 20769 |

## 3.106 竹笋

竹笋中农药最大残留限量见表3-106。

**表3-106 竹笋中农药最大残留限量**

| 序号 | 农药中文名 | 最大残留限量（mg/kg） | 农药主要用途 | 检测方法 |
|---|---|---|---|---|
| 1 | 保棉磷 | 0.5 | 杀虫剂 | NY/T 761 |
| 2 | 百草枯 | 0.05* | 除草剂 | 无指定 |
| 3 | 倍硫磷 | 0.05 | 杀虫剂 | GB 23200.8、GB 23200.113、GB/T 20769 |
| 4 | 苯线磷 | 0.02 | 杀虫剂 | GB 23200.8、GB/T 5009.145 |
| 5 | 敌百虫 | 0.2 | 杀虫剂 | GB/T 20769、NY/T 761 |
| 6 | 敌敌畏 | 0.2 | 杀虫剂 | GB 23200.8、GB 23200.113、GB/T 5009.20、NY/T 761 |
| 7 | 地虫硫磷 | 0.01 | 杀虫剂 | GB 23200.8、GB 23200.113 |
| 8 | 对硫磷 | 0.01 | 杀虫剂 | GB 23200.113、GB/T 5009.145 |
| 9 | 氟虫腈 | 0.02 | 杀虫剂 | SN/T 1982 |
| 10 | 甲胺磷 | 0.05 | 杀虫剂 | GB 23200.113、GB/T 5009.103、NY/T 761 |
| 11 | 甲拌磷 | 0.01 | 杀虫剂 | GB 23200.113 |
| 12 | 甲基对硫磷 | 0.02 | 杀虫剂 | GB 23200.113、NY/T 761 |
| 13 | 甲基硫环磷 | 0.03* | 杀虫剂 | NY/T 761 |
| 14 | 甲基异柳磷 | 0.01* | 杀虫剂 | GB 23200.113、GB/T 5009.144 |
| 15 | 久效磷 | 0.03 | 杀虫剂 | GB 23200.113、NY/T 761 |
| 16 | 克百威 | 0.02 | 克百威 | NY/T 761 |
| 17 | 磷胺 | 0.05 | 杀虫剂 | GB 23200.113、NY/T 761 |
| 18 | 硫环磷 | 0.03 | 杀虫剂 | GB 23200.113、NY/T 761 |
| 19 | 硫线磷 | 0.02 | 杀虫剂 | GB/T 20769 |
| 20 | 氯唑磷 | 0.01 | 杀虫剂 | GB 23200.113、GB/T 20769 |
| 21 | 灭多威 | 0.2 | 杀虫剂 | NY/T 761 |
| 22 | 灭线磷 | 0.02 | 杀线虫剂 | NY/T 761 |

（续）

| 序号 | 农药中文名 | 最大残留限量（mg/kg） | 农药主要用途 | 检测方法 |
|---|---|---|---|---|
| 23 | 内吸磷 | 0.02 | 杀虫/杀螨剂 | GB/T 20769 |
| 24 | 杀虫脒 | 0.01 | 杀虫剂 | GB/T 20769 |
| 25 | 杀螟硫磷 | 0.5* | 杀虫剂 | GB 23200.113、GB/T 14553、GB/T 20769、NY/T 761 |
| 26 | 杀扑磷 | 0.05 | 杀虫剂 | GB 23200.113、NY/T 761 |
| 27 | 水胺硫磷 | 0.05 | 杀虫剂 | GB 23200.113、NY/T 761 |
| 28 | 特丁硫磷 | 0.01 | 杀虫剂 | NY/T 761、NY/T 1379 |
| 29 | 涕灭威 | 0.03 | 杀虫剂 | NY/T 761 |
| 30 | 辛硫磷 | 0.05 | 杀虫剂 | GB/T 5009.102、GB/T 20769 |
| 31 | 氧乐果 | 0.02 | 杀虫剂 | GB 23200.113、NY/T 761、NY/T 1379 |
| 32 | 乙酰甲胺磷 | 1 | 杀虫剂 | GB 23200.113、GB/T 5009.103、GB/T 5009.145、NY/T 761 |
| 33 | 蝇毒磷 | 0.05 | 杀虫剂 | GB 23200.8、GB 23200.113 |
| 34 | 治螟磷 | 0.01 | 杀虫剂 | GB 23200.8、GB 23200.113、NY/T 761 |
| 35 | 艾氏剂 | 0.05 | 杀虫剂 | GB 23200.113、GB/T 5009.19、NY/T 761 |
| 36 | 滴滴涕 | 0.05 | 杀虫剂 | GB 23200.113、GB/T 5009.19、NY/T 761 |
| 37 | 狄氏剂 | 0.05 | 杀虫剂 | GB 23200.113、GB/T 5009.19、NY/T 761 |
| 38 | 毒杀芬 | 0.05* | 杀虫剂 | YC/T 180（参照） |
| 39 | 六六六 | 0.05 | 杀虫剂 | GB 23200.113、GB/T 5009.19、NY/T 761 |
| 40 | 氯丹 | 0.02 | 杀虫剂 | GB/T 5009.19 |
| 41 | 灭蚁灵 | 0.01 | 杀虫剂 | GB/T 5009.19 |
| 42 | 七氯 | 0.02 | 杀虫剂 | GB/T 5009.19、NY/T 761 |
| 43 | 异狄氏剂 | 0.05 | 杀虫剂 | GB/T 5009.19、NY/T 761 |
| 44 | 甲萘威 | 1 | 杀虫剂 | GB/T 5009.145、GB/T 20769、NY/T 761 |

（续）

| 序号 | 农药中文名 | 最大残留限量（mg/kg） | 农药主要用途 | 检测方法 |
|---|---|---|---|---|
| 45 | 氯菊酯 | 1 | 杀虫剂 | GB 23200.8、GB 23200.113、NY/T 761 |
| 46 | 吡虫啉 | 0.1 | 杀虫剂 | GB/T 20769、GB/T 23379 |

## 3.107 其他类蔬菜（黄花菜、仙人掌）

其他类蔬菜中农药最大残留限量见表 3-107。

**表 3-107 其他类蔬菜中农药最大残留限量**

| 序号 | 农药中文名 | 最大残留限量（mg/kg） | 农药主要用途 | 检测方法 |
|---|---|---|---|---|
| 1 | 保棉磷 | 0.5 | 杀虫剂 | NY/T 761 |
| 2 | 百草枯 | 0.05* | 除草剂 | 无指定 |
| 3 | 倍硫磷 | 0.05 | 杀虫剂 | GB 23200.8、GB 23200.113、GB/T 20769 |
| 4 | 苯线磷 | 0.02 | 杀虫剂 | GB 23200.8、GB/T 5009.145 |
| 5 | 敌百虫 | 0.2 | 杀虫剂 | GB/T 20769、NY/T 761 |
| 6 | 敌敌畏 | 0.2 | 杀虫剂 | GB 23200.8、GB 23200.113、GB/T 5009.20、NY/T 761 |
| 7 | 地虫硫磷 | 0.01 | 杀虫剂 | GB 23200.8、GB 23200.113 |
| 8 | 对硫磷 | 0.01 | 杀虫剂 | GB 23200.113、GB/T 5009.145 |
| 9 | 氟虫腈 | 0.02 | 杀虫剂 | SN/T 1982 |
| 10 | 甲胺磷 | 0.05 | 杀虫剂 | GB 23200.113、GB/T 5009.103、NY/T 761 |
| 11 | 甲拌磷 | 0.01 | 杀虫剂 | GB 23200.113 |
| 12 | 甲基对硫磷 | 0.02 | 杀虫剂 | GB 23200.113、NY/T 761 |
| 13 | 甲基硫环磷 | 0.03* | 杀虫剂 | NY/T 761 |
| 14 | 甲基异柳磷 | 0.01* | 杀虫剂 | GB 23200.113、GB/T 5009.144 |
| 15 | 久效磷 | 0.03 | 杀虫剂 | GB 23200.113、NY/T 761 |
| 16 | 克百威 | 0.02 | 克百威 | NY/T 761 |
| 17 | 磷胺 | 0.05 | 杀虫剂 | GB 23200.113、NY/T 761 |
| 18 | 硫环磷 | 0.03 | 杀虫剂 | GB 23200.113、NY/T 761 |

（续）

| 序号 | 农药中文名 | 最大残留限量（mg/kg） | 农药主要用途 | 检测方法 |
|---|---|---|---|---|
| 19 | 硫线磷 | 0.02 | 杀虫剂 | GB/T 20769 |
| 20 | 氯唑磷 | 0.01 | 杀虫剂 | GB 23200.113、GB/T 20769 |
| 21 | 灭多威 | 0.2 | 杀虫剂 | NY/T 761 |
| 22 | 灭线磷 | 0.02 | 杀线虫剂 | NY/T 761 |
| 23 | 内吸磷 | 0.02 | 杀虫/杀螨剂 | GB/T 20769 |
| 24 | 杀虫脒 | 0.01 | 杀虫剂 | GB/T 20769 |
| 25 | 杀螟硫磷 | 0.5* | 杀虫剂 | GB 23200.113、GB/T 14553、GB/T 20769、NY/T 761 |
| 26 | 杀扑磷 | 0.05 | 杀虫剂 | GB 23200.113、NY/T 761 |
| 27 | 水胺硫磷 | 0.05 | 杀虫剂 | GB 23200.113、NY/T 761 |
| 28 | 特丁硫磷 | 0.01 | 杀虫剂 | NY/T 761、NY/T 1379 |
| 29 | 涕灭威 | 0.03 | 杀虫剂 | NY/T 761 |
| 30 | 辛硫磷 | 0.05 | 杀虫剂 | GB/T 5009.102、GB/T 20769 |
| 31 | 氧乐果 | 0.02 | 杀虫剂 | GB 23200.113、NY/T 761、NY/T 1379 |
| 32 | 乙酰甲胺磷 | 1 | 杀虫剂 | GB 23200.113、GB/T 5009.103、GB/T 5009.145、NY/T 761 |
| 33 | 蝇毒磷 | 0.05 | 杀虫剂 | GB 23200.8、GB 23200.113 |
| 34 | 治螟磷 | 0.01 | 杀虫剂 | GB 23200.8、GB 23200.113、NY/T 761 |
| 35 | 艾氏剂 | 0.05 | 杀虫剂 | GB 23200.113、GB/T 5009.19、NY/T 761 |
| 36 | 滴滴涕 | 0.05 | 杀虫剂 | GB 23200.113、GB/T 5009.19、NY/T 761 |
| 37 | 狄氏剂 | 0.05 | 杀虫剂 | GB 23200.113、GB/T 5009.19、NY/T 761 |
| 38 | 毒杀芬 | 0.05* | 杀虫剂 | YC/T 180（参照） |
| 39 | 六六六 | 0.05 | 杀虫剂 | GB 23200.113、GB/T 5009.19、NY/T 761 |
| 40 | 氯丹 | 0.02 | 杀虫剂 | GB/T 5009.19 |
| 41 | 灭蚁灵 | 0.01 | 杀虫剂 | GB/T 5009.19 |
| 42 | 七氯 | 0.02 | 杀虫剂 | GB/T 5009.19、NY/T 761 |

（续）

| 序号 | 农药中文名 | 最大残留限量（mg/kg） | 农药主要用途 | 检测方法 |
| --- | --- | --- | --- | --- |
| 43 | 异狄氏剂 | 0.05 | 杀虫剂 | GB/T 5009.19、NY/T 761 |
| 44 | 甲萘威 | 1 | 杀虫剂 | GB/T 5009.145、GB/T 20769、NY/T 761 |
| 45 | 氯菊酯 | 1 | 杀虫剂 | GB 23200.8、GB 23200.113、NY/T 761 |

## 3.108 干制蔬菜（脱水蔬菜、萝卜干等）

干制蔬菜中农药最大残留限量见表3-108。

**表3-108 干制蔬菜中农药最大残留限量**

| 序号 | 农药中文名 | 最大残留限量（mg/kg） | 农药主要用途 | 检测方法 |
| --- | --- | --- | --- | --- |
| 1 | 保棉磷 | 0.5 | 杀虫剂 | NY/T 761 |
| 2 | 磷化氢 | 0.01 | 杀虫剂 | GB/T 5009.36 |

# 4 水果类

## 4.1 柑

柑中农药最大残留限量见表4-1。

**表4-1 柑中农药最大残留限量**

| 序号 | 农药中文名 | 最大残留限量（mg/kg） | 农药主要用途 | 检测方法 |
|---|---|---|---|---|
| 1 | 保棉磷 | 1 | 杀虫剂 | NY/T 761 |
| 2 | 倍硫磷 | 0.05 | 杀虫剂 | GB 23200.8、NY/T 761、GB 23200.113 |
| 3 | 苯线磷 | 0.02 | 杀虫剂 | GB 23200.8、GB/T 5009.145 |
| 4 | 虫酰肼 | 2 | 杀虫剂 | GB/T 20769（参照） |
| 5 | 除虫菊素 | 0.05 | 杀虫剂 | GB/T 20769 |
| 6 | 敌百虫 | 0.2 | 杀虫剂 | GB/T 20769、NY/T 761 |
| 7 | 敌敌畏 | 0.2 | 杀虫剂 | GB 23200.8、GB/T 5009.20、NY/T 761 |
| 8 | 地虫硫磷 | 0.01 | 杀虫剂 | GB 23200.8、GB 23200.113 |
| 9 | 啶酰菌胺 | 2 | 杀菌剂 | GB/T 20769 |
| 10 | 对硫磷 | 0.01 | 杀虫剂 | GB/T 5009.145、GB 23200.113 |
| 11 | 多杀霉素 | 0.3 | 杀虫剂 | GB/T 20769 |
| 12 | 氟吡甲禾灵和高效氟吡甲禾灵 | 0.02* | 除草剂 | 无指定 |
| 13 | 氟虫腈 | 0.02 | 杀虫剂 | GB 23200.34、NY/T 1379（参照） |
| 14 | 氟氯氰菊酯和高效氟氯氰菊酯 | 0.3 | 杀虫剂 | GB 23200.8、GB/T 5009.146、NY/T 761、GB 23200.113 |
| 15 | 咯菌腈 | 10 | 杀菌剂 | GB 23200.8、GB/T 20769 |
| 16 | 甲胺磷 | 0.05 | 杀虫剂 | GB/T 5009.103、NY/T 761、GB 23200.113 |
| 17 | 甲拌磷 | 0.01 | 杀虫剂 | GB 23200.113 |

（续）

| 序号 | 农药中文名 | 最大残留限量（mg/kg） | 农药主要用途 | 检测方法 |
|---|---|---|---|---|
| 18 | 甲基对硫磷 | 0.02 | 杀虫剂 | NY/T 761、GB 23200.113 |
| 19 | 甲基硫环磷 | 0.03* | 杀虫剂 | NY/T 761 |
| 20 | 甲基异柳磷 | 0.01* | 杀虫剂 | GB/T 5009.144、GB 23200.113 |
| 21 | 甲霜灵和精甲霜灵 | 5 | 杀菌剂 | GB 23200.8、GB/T 20769 |
| 22 | 甲氧虫酰肼 | 2 | 杀虫剂 | GB/T 20769 |
| 23 | 久效磷 | 0.03 | 杀虫剂 | NY/T 761、GB 23200.113 |
| 24 | 抗蚜威 | 3 | 杀虫剂 | GB 23200.8、NY/T 1379、SN/T 0134 |
| 25 | 克百威 | 0.02 | 杀虫剂 | NY/T 761 |
| 26 | 邻苯基苯酚 | 10 | 杀菌剂 | GB 23200.8 |
| 27 | 磷胺 | 0.05 | 杀虫剂 | NY/T 761、GB 23200.113 |
| 28 | 硫环磷 | 0.03 | 杀虫剂 | NY/T 761、GB 23200.113 |
| 29 | 硫线磷 | 0.005 | 杀虫剂 | GB/T 20769 |
| 30 | 氯虫苯甲酰胺 | 0.5* | 杀虫剂 | 无指定 |
| 31 | 氯菊酯 | 2 | 杀虫剂 | GB 23200.8、NY/T 761、GB 23200.113 |
| 32 | 氯唑磷 | 0.01 | 杀虫剂 | GB/T 20769、GB 23200.113 |
| 33 | 嘧霉胺 | 7 | 杀菌剂 | GB 23200.8、GB/T 20769 |
| 34 | 灭多威 | 0.2 | 杀虫剂 | NY/T 761 |
| 35 | 灭线磷 | 0.02 | 杀线虫剂 | NY/T 761 |
| 36 | 内吸磷 | 0.02 | 杀虫/杀螨剂 | GB/T 20769 |
| 37 | 杀虫脒 | 0.01 | 杀虫剂 | GB/T 20769 |
| 38 | 杀螟硫磷 | 0.5* | 杀虫剂 | GB/T 14553、GB/T 20769、NY/T 761、GB 23200.113 |
| 39 | 杀线威 | 5 | 杀虫剂 | NY/T 1453、SN/T 0134 |
| 40 | 水胺硫磷 | 0.02 | 杀虫剂 | GB/T 5009.20、GB 23200.113 |
| 41 | 特丁硫磷 | 0.01 | 杀虫剂 | NY/T 761、NY/T 1379 |
| 42 | 涕灭威 | 0.02 | 杀虫剂 | NY/T 761 |
| 43 | 辛硫磷 | 0.05 | 杀虫剂 | GB/T 5009.102、GB/T 20769 |
| 44 | 氧乐果 | 0.02 | 杀虫剂 | NY/T 761、NY/T 1379、GB 23200.113 |

（续）

| 序号 | 农药中文名 | 最大残留限量（mg/kg） | 农药主要用途 | 检测方法 |
| --- | --- | --- | --- | --- |
| 45 | 乙酰甲胺磷 | 0.5 | 杀虫剂 | NY/T 761、GB 23200.113 |
| 46 | 蝇毒磷 | 0.05 | 杀虫剂 | GB 23200.8、GB 23200.113 |
| 47 | 增效醚 | 5 | 增效剂 | GB 23200.8、GB 23200.113 |
| 48 | 治螟磷 | 0.01 | 杀虫剂 | GB 23200.8、NY/T 761 |
| 49 | 艾氏剂 | 0.05 | 杀虫剂 | GB/T 5009.19、NY/T 761、GB 23200.113 |
| 50 | 滴滴涕 | 0.05 | 杀虫剂 | GB/T 5009.19、NY/T 761、GB 23200.113 |
| 51 | 狄氏剂 | 0.02 | 杀虫剂 | GB/T 5009.19、NY/T 761、GB 23200.113 |
| 52 | 毒杀芬 | 0.05* | 杀虫剂 | YC/T 180（参照） |
| 53 | 六六六 | 0.05 | 杀虫剂 | GB/T 5009.19、NY/T 761、GB 23200.113 |
| 54 | 氯丹 | 0.02 | 杀虫剂 | GB/T 5009.19 |
| 55 | 灭蚁灵 | 0.01 | 杀虫剂 | GB/T 5009.19 |
| 56 | 七氯 | 0.01 | 杀虫剂 | GB/T 5009.19、NY/T 761 |
| 57 | 异狄氏剂 | 0.05 | 杀虫剂 | GB/T 5009.19、NY/T 761 |
| 58 | 腈苯唑 | 0.5 | 杀菌剂 | GB 23200.8、GB/T 20769 |
| 59 | 2,4-滴和2,4-滴钠盐 | 0.1 | 除草剂 | NY/T 1434（参照） |
| 60 | 2甲4氯（钠） | 0.1 | 除草剂 | GB/T 20769 |
| 61 | 阿维菌素 | 0.02 | 杀虫剂 | GB 23200.19、GB 23200.20 |
| 62 | 百草枯 | 0.2* | 除草剂 | 无指定 |
| 63 | 百菌清 | 1 | 杀菌剂 | GB/T 5009.105、NY/T 761 |
| 64 | 苯丁锡 | 1 | 杀螨剂 | SN 0592（参照） |
| 65 | 苯菌灵 | 5* | 杀菌剂 | GB/T 23380、NY/T 1680、SN/T 0162（参照） |
| 66 | 苯硫威 | 0.5* | 杀螨剂 | GB 23200.8、GB 23200.113 |
| 67 | 苯螨特 | 0.3* | 杀螨剂 | GB/T 20769 |
| 68 | 苯醚甲环唑 | 0.2 | 杀菌剂 | GB 23200.8、GB 23200.49、GB/T 5009.218、GB 23200.113 |
| 69 | 苯嘧磺草胺 | 0.05* | 除草剂 | 无指定 |

（续）

| 序号 | 农药中文名 | 最大残留限量（mg/kg） | 农药主要用途 | 检测方法 |
|---|---|---|---|---|
| 70 | 吡丙醚 | 2 | 杀虫剂 | GB 23200.8、GB 23200.113 |
| 71 | 吡虫啉 | 1 | 杀虫剂 | GB/T 20769、GB/T 23379 |
| 72 | 苄嘧磺隆 | 0.02 | 除草剂 | NY/T 1379、SN/T 2212、SN/T 2325（参照） |
| 73 | 丙炔氟草胺 | 0.05 | 除草剂 | GB 23200.8 |
| 74 | 丙森锌 | 3 | 杀菌剂 | SN 0157、SN/T 1541（参照） |
| 75 | 丙溴磷 | 0.2 | 杀虫剂 | GB 23200.8、NY/T 761、SN/T 2234、GB 23200.113 |
| 76 | 草铵膦 | 0.5 | 除草剂 | GB 23200.108 |
| 77 | 草甘膦 | 0.5 | 除草剂 | GB/T 23750、NY/T 1096、SN/T 1923 |
| 78 | 除虫脲 | 1 | 杀虫剂 | GB/T 5009.147、NY/T 1720 |
| 79 | 春雷霉素 | 0.1* | 杀菌剂 | 无指定 |
| 80 | 哒螨灵 | 2 | 杀螨剂 | GB 23200.8、GB/T 20769、GB 23200.113 |
| 81 | 代森联 | 3 | 杀菌剂 | SN 0157 |
| 82 | 代森锰锌 | 3 | 杀菌剂 | SN 0157 |
| 83 | 代森锌 | 3 | 杀菌剂 | SN 0157 |
| 84 | 单甲脒和单甲脒盐酸盐 | 0.5 | 杀虫剂 | GB/T 5009.160 |
| 85 | 稻丰散 | 1 | 杀虫剂 | GB 23200.8、GB/T 5009.20、GB/T 20769 |
| 86 | 敌草快 | 0.1 | 除草剂 | SN/T 0293 |
| 87 | 丁氟螨酯 | 5 | 杀螨剂 | SN/T 3539 |
| 88 | 丁硫克百威 | 1 | 杀虫剂 | GB 23200.1 |
| 89 | 丁醚脲 | 0.2* | 杀虫/杀螨剂 | 无指定 |
| 90 | 啶虫脒 | 0.5 | 杀虫剂 | GB/T 20769、GB/T 23584 |
| 91 | 毒死蜱 | 1 | 杀虫剂 | GB 23200.8、NY/T 761、SN/T 2158 |
| 92 | 多菌灵 | 5 | 杀菌剂 | GB/T 20769、NY/T 1453 |
| 93 | 噁唑菌酮 | 1 | 杀菌剂 | GB/T 20769 |
| 94 | 二氰蒽醌 | 3* | 杀菌剂 | 无指定 |

（续）

| 序号 | 农药中文名 | 最大残留限量（mg/kg） | 农药主要用途 | 检测方法 |
|---|---|---|---|---|
| 95 | 氟苯脲 | 0.5 | 杀虫剂 | NY/T 1453 |
| 96 | 氟虫脲 | 0.5 | 杀虫剂 | GB/T 20769 |
| 97 | 氟啶虫胺腈 | 2* | 杀虫剂 | 无指定 |
| 98 | 氟啶脲 | 0.5 | 杀虫剂 | GB 23200.8、SN/T 2095 |
| 99 | 氟硅唑 | 2 | 杀菌剂 | GB 23200.8、GB 23200.53、GB/T 20769 |
| 100 | 复硝酚钠 | 0.1* | 植物生长调节剂 | 无指定 |
| 101 | 甲氨基阿维菌素苯甲酸盐 | 0.01 | 杀虫剂 | GB/T 20769 |
| 102 | 甲基硫菌灵 | 5 | 杀菌剂 | NY/T 1680 |
| 103 | 甲氰菊酯 | 5 | 杀虫剂 | NY/T 761、GB 23200.113 |
| 104 | 腈菌唑 | 5 | 杀菌剂 | GB 23200.8、GB/T 20769、NY/T 1455 |
| 105 | 克菌丹 | 5 | 杀菌剂 | GB 23200.8、SN 0654 |
| 106 | 苦参碱 | 1* | 杀虫剂 | 无指定 |
| 107 | 喹硫磷 | 0.5* | 杀虫剂 | NY/T 761、GB 23200.113 |
| 108 | 乐果 | 2* | 杀虫剂 | GB/T 5009.145、GB/T 20769、NY/T 761、GB 23200.113 |
| 109 | 联苯肼酯 | 0.7 | 杀螨剂 | GB 23200.8 |
| 110 | 联苯菊酯 | 0.05 | 杀虫/杀螨剂 | GB/T 5009.146、NY/T 761、SN/T 1969 |
| 111 | 螺虫乙酯 | 1* | 杀虫剂 | 无指定 |
| 112 | 螺螨酯 | 0.5 | 杀螨剂 | GB 23200.8、GB/T 20769 |
| 113 | 氯氟氰菊酯和高效氯氟氰菊酯 | 0.2 | 杀虫剂 | GB 23200.8、GB/T 5009.146、NY/T 761、GB 23200.113 |
| 114 | 氯氰菊酯和高效氯氰菊酯 | 1 | 杀虫剂 | GB 23200.8、GB/T 5009.146、NY/T 761、GB 23200.113 |
| 115 | 氯噻啉 | 0.2* | 杀虫剂 | 无指定 |
| 116 | 马拉硫磷 | 2 | 杀虫剂 | GB 23200.8、GB/T 20769、NY/T 761 |
| 117 | 咪鲜胺和咪鲜胺锰盐 | 5 | 杀菌剂 | GB/T 20769、NY/T 1456 |
| 118 | 嘧菌酯 | 1 | 杀菌剂 | GB/T 20769、NY/T 1453、SN/T 1976 |

（续）

| 序号 | 农药中文名 | 最大残留限量（mg/kg） | 农药主要用途 | 检测方法 |
| --- | --- | --- | --- | --- |
| 119 | 萘乙酸和萘乙酸钠 | 0.05 | 植物生长调节剂 | SN/T 2228（参照） |
| 120 | 氰戊菊酯和S-氰戊菊酯 | 1 | 杀虫剂 | GB 23200.8、NY/T 761、GB 23200.113 |
| 121 | 炔螨特 | 5 | 杀螨剂 | GB 23200.8、NY/T 1652 |
| 122 | 噻虫胺 | 0.5 | 杀虫剂 | GB 23200.8、GB/T 20769 |
| 123 | 噻菌灵 | 10 | 杀菌剂 | GB/T 20769、NY/T 1453、NY/T 1680 |
| 124 | 噻螨酮 | 0.5 | 杀螨剂 | GB 23200.8、GB/T 20769 |
| 125 | 噻嗪酮 | 0.5 | 杀虫剂 | GB 23200.8、GB/T 20769 |
| 126 | 噻唑锌 | 0.5* | 杀菌剂 | 无指定 |
| 127 | 三氯杀螨醇 | 1 | 杀螨剂 | NY/T 761、GB 23200.113 |
| 128 | 三唑磷 | 0.2 | 杀虫剂 | NY/T 761、GB 23200.113 |
| 129 | 三唑酮 | 1 | 杀菌剂 | GB 23200.8、GB/T 20769、NY/T 761 |
| 130 | 三唑锡 | 2 | 杀螨剂 | SN/T 4558 |
| 131 | 杀铃脲 | 0.05 | 杀虫剂 | GB/T 20769、NY/T 1720 |
| 132 | 杀螟丹 | 3 | 杀虫剂 | GB/T 20769 |
| 133 | 杀扑磷 | 2 | 杀虫剂 | GB 23200.8、GB/T 14553、NY/T 761 |
| 134 | 虱螨脲 | 0.5 | 杀虫剂 | GB/T 20769 |
| 135 | 双胍三辛烷基苯磺酸盐 | 3* | 杀菌剂 | 无指定 |
| 136 | 双甲脒 | 0.5 | 杀螨剂 | GB/T 5009.143 |
| 137 | 四螨嗪 | 0.5 | 杀螨剂 | GB 23200.47、GB/T 20769 |
| 138 | 肟菌酯 | 0.5 | 杀菌剂 | GB 23200.8、GB/T 20769 |
| 139 | 戊唑醇 | 2 | 杀菌剂 | GB 23200.8、GB/T 20769、GB 23200.113 |
| 140 | 烯啶虫胺 | 0.5* | 杀虫剂 | GB/T 20769 |
| 141 | 烯唑醇 | 1 | 杀菌剂 | GB/T 5009.201、GB/T 20769、GB 23200.113 |
| 142 | 溴菌腈 | 0.5* | 杀菌剂 | 无指定 |
| 143 | 溴螨酯 | 2 | 杀螨剂 | GB 23200.8、SN/T 0192、GB 23200.113 |

（续）

| 序号 | 农药中文名 | 最大残留限量（mg/kg） | 农药主要用途 | 检测方法 |
|---|---|---|---|---|
| 144 | 溴氰菊酯 | 0.05 | 杀虫剂 | NY/T 761、GB 23200.113 |
| 145 | 亚胺硫磷 | 5 | 杀虫剂 | GB 23200.8、GB/T 20769、NY/T 761 |
| 146 | 亚胺唑 | 1* | 杀菌剂 | 无指定 |
| 147 | 烟碱 | 0.2 | 杀虫剂 | GB/T 20769、SN/T 2397 |
| 148 | 乙螨唑 | 0.5 | 杀螨剂 | GB 23200.8、GB 23200.113 |
| 149 | 抑霉唑 | 5 | 杀菌剂 | GB 23200.8、GB/T 20769 |
| 150 | 唑螨酯 | 0.2 | 杀螨剂 | GB 23200.8、GB 23200.29、GB/T 20769 |

## 4.2 橘

橘中农药最大残留限量见表 4－2。

**表 4－2 橘中农药最大残留限量**

| 序号 | 农药中文名 | 最大残留限量（mg/kg） | 农药主要用途 | 检测方法 |
|---|---|---|---|---|
| 1 | 保棉磷 | 1 | 杀虫剂 | NY/T 761 |
| 2 | 倍硫磷 | 0.05 | 杀虫剂 | GB 23200.8、NY/T 761、GB 23200.113 |
| 3 | 苯线磷 | 0.02 | 杀虫剂 | GB 23200.8、GB/T 5009.145 |
| 4 | 虫酰肼 | 2 | 杀虫剂 | GB/T 20769（参照） |
| 5 | 除虫菊素 | 0.05 | 杀虫剂 | GB/T 20769 |
| 6 | 敌百虫 | 0.2 | 杀虫剂 | GB/T 20769、NY/T 761 |
| 7 | 敌敌畏 | 0.2 | 杀虫剂 | GB 23200.8、GB/T 5009.20、NY/T 761 |
| 8 | 地虫硫磷 | 0.01 | 杀虫剂 | GB 23200.8、GB 23200.113 |
| 9 | 啶酰菌胺 | 2 | 杀菌剂 | GB/T 20769 |
| 10 | 对硫磷 | 0.01 | 杀虫剂 | GB/T 5009.145、GB 23200.113 |
| 11 | 多杀霉素 | 0.3 | 杀虫剂 | GB/T 20769 |
| 12 | 氟吡甲禾灵和高效氟吡甲禾灵 | 0.02* | 除草剂 | 无指定 |

（续）

| 序号 | 农药中文名 | 最大残留限量（mg/kg） | 农药主要用途 | 检测方法 |
|---|---|---|---|---|
| 13 | 氟虫腈 | 0.02 | 杀虫剂 | GB 23200.34、NY/T 1379（参照） |
| 14 | 氟氯氰菊酯和高效氟氯氰菊酯 | 0.3 | 杀虫剂 | GB 23200.8、GB/T 5009.146、NY/T 761、GB 23200.113 |
| 15 | 咯菌腈 | 10 | 杀菌剂 | GB 23200.8、GB/T 20769 |
| 16 | 甲胺磷 | 0.05 | 杀虫剂 | GB/T 5009.103、NY/T 761、GB 23200.113 |
| 17 | 甲拌磷 | 0.01 | 杀虫剂 | GB 23200.113 |
| 18 | 甲基对硫磷 | 0.02 | 杀虫剂 | NY/T 761、GB 23200.113 |
| 19 | 甲基硫环磷 | 0.03* | 杀虫剂 | NY/T 761 |
| 20 | 甲基异柳磷 | 0.01* | 杀虫剂 | GB/T 5009.144、GB 23200.113 |
| 21 | 甲霜灵和精甲霜灵 | 5 | 杀菌剂 | GB 23200.8、GB/T 20769 |
| 22 | 甲氧虫酰肼 | 2 | 杀虫剂 | GB/T 20769 |
| 23 | 久效磷 | 0.03 | 杀虫剂 | NY/T 761、GB 23200.113 |
| 24 | 抗蚜威 | 3 | 杀虫剂 | GB 23200.8、NY/T 1379、SN/T 0134 |
| 25 | 克百威 | 0.02 | 杀虫剂 | NY/T 761 |
| 26 | 邻苯基苯酚 | 10 | 杀菌剂 | GB 23200.8 |
| 27 | 磷胺 | 0.05 | 杀虫剂 | NY/T 761、GB 23200.113 |
| 28 | 硫环磷 | 0.03 | 杀虫剂 | NY/T 761、GB 23200.113 |
| 29 | 硫线磷 | 0.005 | 杀虫剂 | GB/T 20769 |
| 30 | 氯虫苯甲酰胺 | 0.5* | 杀虫剂 | 无指定 |
| 31 | 氯菊酯 | 2 | 杀虫剂 | GB 23200.8、NY/T 761、GB 23200.113 |
| 32 | 氯唑磷 | 0.01 | 杀虫剂 | GB/T 20769、GB 23200.113 |
| 33 | 嘧霉胺 | 7 | 杀菌剂 | GB 23200.8、GB/T 20769 |
| 34 | 灭多威 | 0.2 | 杀虫剂 | NY/T 761 |
| 35 | 灭线磷 | 0.02 | 杀线虫剂 | NY/T 761 |
| 36 | 内吸磷 | 0.02 | 杀虫/杀螨剂 | GB/T 20769 |
| 37 | 杀虫脒 | 0.01 | 杀虫剂 | GB/T 20769 |

（续）

| 序号 | 农药中文名 | 最大残留限量（mg/kg） | 农药主要用途 | 检测方法 |
|---|---|---|---|---|
| 38 | 杀螟硫磷 | 0.5* | 杀虫剂 | GB/T 14553、GB/T 20769、NY/T 761、GB 23200.113 |
| 39 | 杀线威 | 5 | 杀虫剂 | NY/T 1453、SN/T 0134 |
| 40 | 水胺硫磷 | 0.02 | 杀虫剂 | GB/T 5009.20、GB 23200.113 |
| 41 | 特丁硫磷 | 0.01 | 杀虫剂 | NY/T 761、NY/T 1379 |
| 42 | 涕灭威 | 0.02 | 杀虫剂 | NY/T 761 |
| 43 | 辛硫磷 | 0.05 | 杀虫剂 | GB/T 5009.102、GB/T 20769 |
| 44 | 氧乐果 | 0.02 | 杀虫剂 | NY/T 761、NY/T 1379、GB 23200.113 |
| 45 | 乙酰甲胺磷 | 0.5 | 杀虫剂 | NY/T 761、GB 23200.113 |
| 46 | 蝇毒磷 | 0.05 | 杀虫剂 | GB 23200.8、GB 23200.113 |
| 47 | 增效醚 | 5 | 增效剂 | GB 23200.8、GB 23200.113 |
| 48 | 治螟磷 | 0.01 | 杀虫剂 | GB 23200.8、NY/T 761 |
| 49 | 艾氏剂 | 0.05 | 杀虫剂 | GB/T 5009.19、NY/T 761、GB 23200.113 |
| 50 | 滴滴涕 | 0.05 | 杀虫剂 | GB/T 5009.19、NY/T 761、GB 23200.113 |
| 51 | 狄氏剂 | 0.02 | 杀虫剂 | GB/T 5009.19、NY/T 761、GB 23200.113 |
| 52 | 毒杀芬 | 0.05* | 杀虫剂 | YC/T 180（参照） |
| 53 | 六六六 | 0.05 | 杀虫剂 | GB/T 5009.19、NY/T 761、GB 23200.113 |
| 54 | 氯丹 | 0.02 | 杀虫剂 | GB/T 5009.19 |
| 55 | 灭蚁灵 | 0.01 | 杀虫剂 | GB/T 5009.19 |
| 56 | 七氯 | 0.01 | 杀虫剂 | GB/T 5009.19、NY/T 761 |
| 57 | 异狄氏剂 | 0.05 | 杀虫剂 | GB/T 5009.19、NY/T 761 |
| 58 | 腈苯唑 | 0.5 | 杀菌剂 | GB 23200.8、GB/T 20769 |
| 59 | 2,4-滴和2,4-滴钠盐 | 0.1 | 除草剂 | NY/T 1434（参照） |
| 60 | 2甲4氯（钠） | 0.1 | 除草剂 | GB/T 20769 |
| 61 | 阿维菌素 | 0.02 | 杀虫剂 | GB 23200.19、GB 23200.20 |
| 62 | 百草枯 | 0.2* | 除草剂 | 无指定 |
| 63 | 百菌清 | 1 | 杀菌剂 | GB/T 5009.105、NY/T 761 |

（续）

| 序号 | 农药中文名 | 最大残留限量（mg/kg） | 农药主要用途 | 检测方法 |
|---|---|---|---|---|
| 64 | 苯丁锡 | 1 | 杀螨剂 | SN 0592（参照） |
| 65 | 苯菌灵 | 5* | 杀菌剂 | GB/T 23380、NY/T 1680、SN/T 0162（参照） |
| 66 | 苯硫威 | 0.5* | 杀螨剂 | GB 23200.8、GB 23200.113 |
| 67 | 苯螨特 | 0.3* | 杀螨剂 | GB/T 20769 |
| 68 | 苯醚甲环唑 | 0.2 | 杀菌剂 | GB 23200.8、GB 23200.49、GB/T 5009.218、GB 23200.113 |
| 69 | 苯嘧磺草胺 | 0.05* | 除草剂 | 无指定 |
| 70 | 吡丙醚 | 2 | 杀虫剂 | GB 23200.8、GB 23200.113 |
| 71 | 吡虫啉 | 1 | 杀虫剂 | GB/T 20769、GB/T 23379 |
| 72 | 苄嘧磺隆 | 0.02 | 除草剂 | NY/T 1379、SN/T 2212、SN/T 2325（参照） |
| 73 | 丙炔氟草胺 | 0.05 | 除草剂 | GB 23200.8 |
| 74 | 丙森锌 | 3 | 杀菌剂 | SN 0157、SN/T 1541（参照） |
| 75 | 丙溴磷 | 0.2 | 杀虫剂 | GB 23200.8、NY/T 761、SN/T 2234、GB 23200.113 |
| 76 | 草铵膦 | 0.5 | 除草剂 | GB 23200.108 |
| 77 | 草甘膦 | 0.5 | 除草剂 | GB/T 23750、NY/T 1096、SN/T 1923 |
| 78 | 除虫脲 | 1 | 杀虫剂 | GB/T 5009.147、NY/T 1720 |
| 79 | 春雷霉素 | 0.1* | 杀菌剂 | 无指定 |
| 80 | 哒螨灵 | 2 | 杀螨剂 | GB 23200.8、GB/T 20769、GB 23200.113 |
| 81 | 代森联 | 3 | 杀菌剂 | SN 0157 |
| 82 | 代森锰锌 | 3 | 杀菌剂 | SN 0157 |
| 83 | 代森锌 | 3 | 杀菌剂 | SN 0157 |
| 84 | 单甲脒和单甲脒盐酸盐 | 0.5 | 杀虫剂 | GB/T 5009.160 |
| 85 | 稻丰散 | 1 | 杀虫剂 | GB 23200.8、GB/T 5009.20、GB/T 20769 |
| 86 | 敌草快 | 0.1 | 除草剂 | SN/T 0293 |
| 87 | 丁氟螨酯 | 5 | 杀螨剂 | SN/T 3539 |

（续）

| 序号 | 农药中文名 | 最大残留限量（mg/kg） | 农药主要用途 | 检测方法 |
|---|---|---|---|---|
| 88 | 丁硫克百威 | 1 | 杀虫剂 | GB 23200.1 |
| 89 | 丁醚脲 | 0.2* | 杀虫/杀螨剂 | 无指定 |
| 90 | 啶虫脒 | 0.5 | 杀虫剂 | GB/T 20769、GB/T 23584 |
| 91 | 毒死蜱 | 1 | 杀虫剂 | GB 23200.8、NY/T 761、SN/T 2158 |
| 92 | 多菌灵 | 5 | 杀菌剂 | GB/T 20769、NY/T 1453 |
| 93 | 噁唑菌酮 | 1 | 杀菌剂 | GB/T 20769 |
| 94 | 二氰蒽醌 | 3* | 杀菌剂 | 无指定 |
| 95 | 氟苯脲 | 0.5 | 杀虫剂 | NY/T 1453 |
| 96 | 氟虫脲 | 0.5 | 杀虫剂 | GB/T 20769 |
| 97 | 氟啶虫胺腈 | 2* | 杀虫剂 | 无指定 |
| 98 | 氟啶脲 | 0.5 | 杀虫剂 | GB 23200.8、SN/T 2095 |
| 99 | 氟硅唑 | 2 | 杀菌剂 | GB 23200.8、GB 23200.53、GB/T 20769 |
| 100 | 复硝酚钠 | 0.1* | 植物生长调节剂 | 无指定 |
| 101 | 甲氨基阿维菌素苯甲酸盐 | 0.01 | 杀虫剂 | GB/T 20769 |
| 102 | 甲基硫菌灵 | 5 | 杀菌剂 | NY/T 1680 |
| 103 | 甲氰菊酯 | 5 | 杀虫剂 | NY/T 761、GB 23200.113 |
| 104 | 腈菌唑 | 5 | 杀菌剂 | GB 23200.8、GB/T 20769、NY/T 1455 |
| 105 | 克菌丹 | 5 | 杀菌剂 | GB 23200.8、SN 0654 |
| 106 | 苦参碱 | 1* | 杀虫剂 | 无指定 |
| 107 | 喹硫磷 | 0.5* | 杀虫剂 | NY/T 761、GB 23200.113 |
| 108 | 乐果 | 2* | 杀虫剂 | GB/T 5009.145、GB/T 20769、NY/T 761、GB 23200.113 |
| 109 | 联苯肼酯 | 0.7 | 杀螨剂 | GB 23200.8 |
| 110 | 联苯菊酯 | 0.05 | 杀虫/杀螨剂 | GB/T 5009.146、NY/T 761、SN/T 1969 |
| 111 | 螺虫乙酯 | 1* | 杀虫剂 | 无指定 |
| 112 | 螺螨酯 | 0.5 | 杀螨剂 | GB 23200.8、GB/T 20769 |

（续）

| 序号 | 农药中文名 | 最大残留限量（mg/kg） | 农药主要用途 | 检测方法 |
|---|---|---|---|---|
| 113 | 氯氟氰菊酯和高效氯氟氰菊酯 | 0.2 | 杀虫剂 | GB 23200.8、GB/T 5009.146、NY/T 761、GB 23200.113 |
| 114 | 氯氰菊酯和高效氯氰菊酯 | 1 | 杀虫剂 | GB 23200.8、GB/T 5009.146、NY/T 761、GB 23200.113 |
| 115 | 氯噻啉 | 0.2* | 杀虫剂 | 无指定 |
| 116 | 马拉硫磷 | 2 | 杀虫剂 | GB 23200.8、GB/T 20769、NY/T 761 |
| 117 | 咪鲜胺和咪鲜胺锰盐 | 5 | 杀菌剂 | GB/T 20769、NY/T 1456 |
| 118 | 嘧菌酯 | 1 | 杀菌剂 | GB/T 20769、NY/T 1453、SN/T 1976 |
| 119 | 萘乙酸和萘乙酸钠 | 0.05 | 植物生长调节剂 | SN/T 2228（参照） |
| 120 | 氰戊菊酯和S-氰戊菊酯 | 1 | 杀虫剂 | GB 23200.8、NY/T 761、GB 23200.113 |
| 121 | 炔螨特 | 5 | 杀螨剂 | GB 23200.8、NY/T 1652 |
| 122 | 噻虫胺 | 0.5 | 杀虫剂 | GB 23200.8、GB/T 20769 |
| 123 | 噻菌灵 | 10 | 杀菌剂 | GB/T 20769、NY/T 1453、NY/T 1680 |
| 124 | 噻螨酮 | 0.5 | 杀螨剂 | GB 23200.8、GB/T 20769 |
| 125 | 噻嗪酮 | 0.5 | 杀虫剂 | GB 23200.8、GB/T 20769 |
| 126 | 噻唑锌 | 0.5* | 杀菌剂 | 无指定 |
| 127 | 三氯杀螨醇 | 1 | 杀螨剂 | NY/T 761、GB 23200.113 |
| 128 | 三唑磷 | 0.2 | 杀虫剂 | NY/T 761、GB 23200.113 |
| 129 | 三唑酮 | 1 | 杀菌剂 | GB 23200.8、GB/T 20769、NY/T 761 |
| 130 | 三唑锡 | 2 | 杀螨剂 | SN/T 4558 |
| 131 | 杀铃脲 | 0.05 | 杀虫剂 | GB/T 20769、NY/T 1720 |
| 132 | 杀螟丹 | 3 | 杀虫剂 | GB/T 20769 |
| 133 | 杀扑磷 | 2 | 杀虫剂 | GB 23200.8、GB/T 14553、NY/T 761 |
| 134 | 虱螨脲 | 0.5 | 杀虫剂 | GB/T 20769 |
| 135 | 双胍三辛烷基苯磺酸盐 | 3* | 杀菌剂 | 无指定 |
| 136 | 双甲脒 | 0.5 | 杀螨剂 | GB/T 5009.143 |

（续）

| 序号 | 农药中文名 | 最大残留限量（mg/kg） | 农药主要用途 | 检测方法 |
|---|---|---|---|---|
| 137 | 四螨嗪 | 0.5 | 杀螨剂 | GB 23200.47、GB/T 20769 |
| 138 | 肟菌酯 | 0.5 | 杀菌剂 | GB 23200.8、GB/T 20769 |
| 139 | 戊唑醇 | 2 | 杀菌剂 | GB 23200.8、GB/T 20769、GB 23200.113 |
| 140 | 烯啶虫胺 | 0.5* | 杀虫剂 | GB/T 20769 |
| 141 | 烯唑醇 | 1 | 杀菌剂 | GB/T 5009.201、GB/T 20769、GB 23200.113 |
| 142 | 溴菌腈 | 0.5* | 杀菌剂 | 无指定 |
| 143 | 溴螨酯 | 2 | 杀螨剂 | GB 23200.8、SN/T 0192、GB 23200.113 |
| 144 | 溴氰菊酯 | 0.05 | 杀虫剂 | NY/T 761、GB 23200.113 |
| 145 | 亚胺硫磷 | 5 | 杀虫剂 | GB 23200.8、GB/T 20769、NY/T 761 |
| 146 | 亚胺唑 | 1* | 杀菌剂 | 无指定 |
| 147 | 烟碱 | 0.2 | 杀虫剂 | GB/T 20769、SN/T 2397 |
| 148 | 乙螨唑 | 0.5 | 杀螨剂 | GB 23200.8、GB 23200.113 |
| 149 | 抑霉唑 | 5 | 杀菌剂 | GB 23200.8、GB/T 20769 |
| 150 | 唑螨酯 | 0.2 | 杀螨剂 | GB 23200.8、GB 23200.29、GB/T 20769 |

## 4.3 橙

橙中农药最大残留限量见表4-3。

**表4-3 橙中农药最大残留限量**

| 序号 | 农药中文名 | 最大残留限量（mg/kg） | 农药主要用途 | 检测方法 |
|---|---|---|---|---|
| 1 | 保棉磷 | 1 | 杀虫剂 | NY/T 761 |
| 2 | 倍硫磷 | 0.05 | 杀虫剂 | GB 23200.8、NY/T 761、GB 23200.113 |
| 3 | 苯线磷 | 0.02 | 杀虫剂 | GB 23200.8、GB/T 5009.145 |
| 4 | 虫酰肼 | 2 | 杀虫剂 | GB/T 20769（参照） |
| 5 | 除虫菊素 | 0.05 | 杀虫剂 | GB/T 20769 |

（续）

| 序号 | 农药中文名 | 最大残留限量（mg/kg） | 农药主要用途 | 检测方法 |
|---|---|---|---|---|
| 6 | 敌百虫 | 0.2 | 杀虫剂 | GB/T 20769、NY/T 761 |
| 7 | 敌敌畏 | 0.2 | 杀虫剂 | GB 23200.8、GB/T 5009.20、NY/T 761 |
| 8 | 地虫硫磷 | 0.01 | 杀虫剂 | GB 23200.8、GB 23200.113 |
| 9 | 啶酰菌胺 | 2 | 杀菌剂 | GB/T 20769 |
| 10 | 对硫磷 | 0.01 | 杀虫剂 | GB/T 5009.145、GB 23200.113 |
| 11 | 多杀霉素 | 0.3 | 杀虫剂 | GB/T 20769 |
| 12 | 氟吡甲禾灵和高效氟吡甲禾灵 | 0.02* | 除草剂 | 无指定 |
| 13 | 氟虫腈 | 0.02 | 杀虫剂 | GB 23200.34、NY/T 1379（参照） |
| 14 | 氟氯氰菊酯和高效氟氯氰菊酯 | 0.3 | 杀虫剂 | GB 23200.8、GB/T 5009.146、NY/T 761、GB 23200.113 |
| 15 | 咯菌腈 | 10 | 杀菌剂 | GB 23200.8、GB/T 20769 |
| 16 | 甲胺磷 | 0.05 | 杀虫剂 | GB/T 5009.103、NY/T 761、GB 23200.113 |
| 17 | 甲拌磷 | 0.01 | 杀虫剂 | GB 23200.113 |
| 18 | 甲基对硫磷 | 0.02 | 杀虫剂 | NY/T 761、GB 23200.113 |
| 19 | 甲基硫环磷 | 0.03* | 杀虫剂 | NY/T 761 |
| 20 | 甲基异柳磷 | 0.01* | 杀虫剂 | GB/T 5009.144、GB 23200.113 |
| 21 | 甲霜灵和精甲霜灵 | 5 | 杀菌剂 | GB 23200.8、GB/T 20769 |
| 22 | 甲氧虫酰肼 | 2 | 杀虫剂 | GB/T 20769 |
| 23 | 久效磷 | 0.03 | 杀虫剂 | NY/T 761、GB 23200.113 |
| 24 | 抗蚜威 | 3 | 杀虫剂 | GB 23200.8、NY/T 1379、SN/T 0134 |
| 25 | 克百威 | 0.02 | 杀虫剂 | NY/T 761 |
| 26 | 邻苯基苯酚 | 10 | 杀菌剂 | GB 23200.8 |
| 27 | 磷胺 | 0.05 | 杀虫剂 | NY/T 761、GB 23200.113 |
| 28 | 硫环磷 | 0.03 | 杀虫剂 | NY/T 761、GB 23200.113 |
| 29 | 硫线磷 | 0.005 | 杀虫剂 | GB/T 20769 |
| 30 | 氯虫苯甲酰胺 | 0.5* | 杀虫剂 | 无指定 |

（续）

| 序号 | 农药中文名 | 最大残留限量（mg/kg） | 农药主要用途 | 检测方法 |
|---|---|---|---|---|
| 31 | 氯菊酯 | 2 | 杀虫剂 | GB 23200.8、NY/T 761、GB 23200.113 |
| 32 | 氯唑磷 | 0.01 | 杀虫剂 | GB/T 20769、GB 23200.113 |
| 33 | 嘧霉胺 | 7 | 杀菌剂 | GB 23200.8、GB/T 20769 |
| 34 | 灭多威 | 0.2 | 杀虫剂 | NY/T 761 |
| 35 | 灭线磷 | 0.02 | 杀线虫剂 | NY/T 761 |
| 36 | 内吸磷 | 0.02 | 杀虫/杀螨剂 | GB/T 20769 |
| 37 | 杀虫脒 | 0.01 | 杀虫剂 | GB/T 20769 |
| 38 | 杀螟硫磷 | 0.5* | 杀虫剂 | GB/T 14553、GB/T 20769、NY/T 761、GB 23200.113 |
| 39 | 杀线威 | 5 | 杀虫剂 | NY/T 1453、SN/T 0134 |
| 40 | 水胺硫磷 | 0.02 | 杀虫剂 | GB/T 5009.20、GB 23200.113 |
| 41 | 特丁硫磷 | 0.01 | 杀虫剂 | NY/T 761、NY/T 1379 |
| 42 | 涕灭威 | 0.02 | 杀虫剂 | NY/T 761 |
| 43 | 辛硫磷 | 0.05 | 杀虫剂 | GB/T 5009.102、GB/T 20769 |
| 44 | 氧乐果 | 0.02 | 杀虫剂 | NY/T 761、NY/T 1379、GB 23200.113 |
| 45 | 乙酰甲胺磷 | 0.5 | 杀虫剂 | NY/T 761、GB 23200.113 |
| 46 | 蝇毒磷 | 0.05 | 杀虫剂 | GB 23200.8、GB 23200.113 |
| 47 | 增效醚 | 5 | 增效剂 | GB 23200.8、GB 23200.113 |
| 48 | 治螟磷 | 0.01 | 杀虫剂 | GB 23200.8、NY/T 761 |
| 49 | 艾氏剂 | 0.05 | 杀虫剂 | GB/T 5009.19、NY/T 761、GB 23200.113 |
| 50 | 滴滴涕 | 0.05 | 杀虫剂 | GB/T 5009.19、NY/T 761、GB 23200.113 |
| 51 | 狄氏剂 | 0.02 | 杀虫剂 | GB/T 5009.19、NY/T 761、GB 23200.113 |
| 52 | 毒杀芬 | 0.05* | 杀虫剂 | YC/T 180（参照） |
| 53 | 六六六 | 0.05 | 杀虫剂 | GB/T 5009.19、NY/T 761、GB 23200.113 |
| 54 | 氯丹 | 0.02 | 杀虫剂 | GB/T 5009.19 |

（续）

| 序号 | 农药中文名 | 最大残留限量（mg/kg） | 农药主要用途 | 检测方法 |
|---|---|---|---|---|
| 55 | 灭蚁灵 | 0.01 | 杀虫剂 | GB/T 5009.19 |
| 56 | 七氯 | 0.01 | 杀虫剂 | GB/T 5009.19、NY/T 761 |
| 57 | 异狄氏剂 | 0.05 | 杀虫剂 | GB/T 5009.19、NY/T 761 |
| 58 | 腈苯唑 | 0.5 | 杀菌剂 | GB 23200.8、GB/T 20769 |
| 59 | 2,4-滴和2,4-滴钠盐 | 0.1 | 除草剂 | NY/T 1434（参照） |
| 60 | 2甲4氯（钠） | 0.1 | 除草剂 | GB/T 20769 |
| 61 | 阿维菌素 | 0.02 | 杀虫剂 | GB 23200.19、GB 23200.20 |
| 62 | 百草枯 | 0.2* | 除草剂 | 无指定 |
| 63 | 百菌清 | 1 | 杀菌剂 | GB/T 5009.105、NY/T 761 |
| 64 | 苯丁锡 | 5 | 杀螨剂 | SN 0592（参照） |
| 65 | 苯菌灵 | 5* | 杀菌剂 | GB/T 23380、NY/T 1680、SN/T 0162（参照） |
| 66 | 苯硫威 | 0.5* | 杀螨剂 | GB 23200.8、GB 23200.113 |
| 67 | 苯螨特 | 0.3* | 杀螨剂 | GB/T 20769 |
| 68 | 苯醚甲环唑 | 0.2 | 杀菌剂 | GB 23200.8、GB 23200.49、GB/T 5009.218、GB 23200.113 |
| 69 | 苯嘧磺草胺 | 0.05* | 除草剂 | 无指定 |
| 70 | 吡丙醚 | 2 | 杀虫剂 | GB 23200.8、GB 23200.113 |
| 71 | 吡虫啉 | 1 | 杀虫剂 | GB/T 20769、GB/T 23379 |
| 72 | 苄嘧磺隆 | 0.02 | 除草剂 | NY/T 1379、SN/T 2212、SN/T 2325（参照） |
| 73 | 丙环唑 | 9 | 杀菌剂 | GB 23200.8、GB/T 20769 |
| 74 | 丙炔氟草胺 | 0.05 | 除草剂 | GB 23200.8 |
| 75 | 丙森锌 | 3 | 杀菌剂 | SN 0157、SN/T 1541（参照） |
| 76 | 丙溴磷 | 0.2 | 杀虫剂 | GB 23200.8、NY/T 761、SN/T 2234、GB 23200.113 |
| 77 | 草铵膦 | 0.5 | 除草剂 | GB 23200.108 |
| 78 | 草甘膦 | 0.5 | 除草剂 | GB/T 23750、NY/T 1096、SN/T 1923 |
| 79 | 除虫脲 | 1 | 杀虫剂 | GB/T 5009.147、NY/T 1720 |

（续）

| 序号 | 农药中文名 | 最大残留限量（mg/kg） | 农药主要用途 | 检测方法 |
|---|---|---|---|---|
| 80 | 春雷霉素 | 0.1* | 杀菌剂 | 无指定 |
| 81 | 哒螨灵 | 2 | 杀螨剂 | GB 23200.8、GB 23200.113、GB/T 20769 |
| 82 | 代森铵 | 3 | 杀菌剂 | SN 0157 |
| 83 | 代森联 | 3 | 杀菌剂 | SN 0157 |
| 84 | 代森锰锌 | 3 | 杀菌剂 | SN 0157 |
| 85 | 代森锌 | 3 | 杀菌剂 | SN 0157 |
| 86 | 单甲脒和单甲脒盐酸盐 | 0.5 | 杀虫剂 | GB/T 5009.160 |
| 87 | 稻丰散 | 1 | 杀虫剂 | GB 23200.8、GB/T 5009.20、GB/T 20769 |
| 88 | 敌草快 | 0.1 | 除草剂 | SN/T 0293 |
| 89 | 丁氟螨酯 | 5 | 杀螨剂 | SN/T 3539 |
| 90 | 丁硫克百威 | 0.1 | 杀虫剂 | GB 23200.1 |
| 91 | 丁醚脲 | 0.2* | 杀虫/杀螨剂 | 无指定 |
| 92 | 啶虫脒 | 0.5 | 杀虫剂 | GB/T 20769、GB/T 23584 |
| 93 | 毒死蜱 | 2 | 杀虫剂 | GB 23200.8、NY/T 761、SN/T 2158 |
| 94 | 多菌灵 | 5 | 杀菌剂 | GB/T 20769、NY/T 1453 |
| 95 | 噁唑菌酮 | 1 | 杀菌剂 | GB/T 20769 |
| 96 | 二氰蒽醌 | 3* | 杀菌剂 | 无指定 |
| 97 | 氟苯脲 | 0.5 | 杀虫剂 | NY/T 1453 |
| 98 | 氟虫脲 | 0.5 | 杀虫剂 | GB/T 20769 |
| 99 | 氟啶虫胺腈 | 2* | 杀虫剂 | 无指定 |
| 100 | 氟啶脲 | 0.5 | 杀虫剂 | GB 23200.8、SN/T 2095 |
| 101 | 氟硅唑 | 2 | 杀菌剂 | GB 23200.8、GB 23200.53、GB/T 20769 |
| 102 | 福美双 | 3 | 杀菌剂 | SN 0157 |
| 103 | 福美锌 | 3 | 杀菌剂 | SN 0157、SN/T 1541（参照） |
| 104 | 复硝酚钠 | 0.1* | 植物生长调节剂 | 无指定 |
| 105 | 甲氨基阿维菌素苯甲酸盐 | 0.01 | 杀虫剂 | GB/T 20769 |
| 106 | 甲基硫菌灵 | 5 | 杀菌剂 | NY/T 1680 |

（续）

| 序号 | 农药中文名 | 最大残留限量（mg/kg） | 农药主要用途 | 检测方法 |
|---|---|---|---|---|
| 107 | 甲氰菊酯 | 5 | 杀虫剂 | NY/T 761、GB 23200.113 |
| 108 | 腈菌唑 | 5 | 杀菌剂 | GB 23200.8、GB/T 20769、NY/T 1455 |
| 109 | 克菌丹 | 5 | 杀菌剂 | GB 23200.8、SN 0654 |
| 110 | 苦参碱 | 1* | 杀虫剂 | 无指定 |
| 111 | 喹硫磷 | 0.5* | 杀虫剂 | NY/T 761、GB 23200.113 |
| 112 | 乐果 | 2* | 杀虫剂 | GB/T 5009.145、GB/T 20769、NY/T 761、GB 23200.113 |
| 113 | 联苯肼酯 | 0.7 | 杀螨剂 | GB 23200.8 |
| 114 | 联苯菊酯 | 0.05 | 杀虫/杀螨剂 | GB/T 5009.146、NY/T 761、SN/T 1969 |
| 115 | 螺虫乙酯 | 1* | 杀虫剂 | 无指定 |
| 116 | 螺螨酯 | 0.5 | 杀螨剂 | GB 23200.8、GB/T 20769 |
| 117 | 氯吡脲 | 0.05 | 植物生长调节剂 | GB/T 20770（参照） |
| 118 | 氯氟氰菊酯和高效氯氟氰菊酯 | 0.2 | 杀虫剂 | GB 23200.8、GB/T 5009.146、NY/T 761、GB 23200.113 |
| 119 | 氯氰菊酯和高效氯氰菊酯 | 2 | 杀虫剂 | GB 23200.8、GB/T 5009.146、NY/T 761、GB 23200.113 |
| 120 | 氯噻啉 | 0.2* | 杀虫剂 | 无指定 |
| 121 | 马拉硫磷 | 4 | 杀虫剂 | GB 23200.8、GB/T 20769、NY/T 761 |
| 122 | 咪鲜胺和咪鲜胺锰盐 | 5 | 杀菌剂 | GB/T 20769、NY/T 1456 |
| 123 | 醚菌酯 | 0.5 | 杀菌剂 | GB 23200.8、GB/T 20769 |
| 124 | 嘧菌酯 | 1 | 杀菌剂 | GB/T 20769、NY/T 1453、SN/T 1976 |
| 125 | 萘乙酸和萘乙酸钠 | 0.05 | 植物生长调节剂 | SN/T 2228（参照） |
| 126 | 氰戊菊酯和S-氰戊菊酯 | 1 | 杀虫剂 | GB 23200.8、NY/T 761、GB 23200.113 |
| 127 | 炔螨特 | 5 | 杀螨剂 | GB 23200.8、NY/T 1652 |
| 128 | 噻虫胺 | 0.5 | 杀虫剂 | GB 23200.8、GB/T 20769 |
| 129 | 噻菌灵 | 10 | 杀菌剂 | GB/T 20769、NY/T 1453、NY/T 1680 |

（续）

| 序号 | 农药中文名 | 最大残留限量（mg/kg） | 农药主要用途 | 检测方法 |
|---|---|---|---|---|
| 130 | 噻螨酮 | 0.5 | 杀螨剂 | GB 23200.8、GB/T 20769 |
| 131 | 噻嗪酮 | 0.5 | 杀虫剂 | GB 23200.8、GB/T 20769 |
| 132 | 噻唑锌 | 0.5* | 杀菌剂 | 无指定 |
| 133 | 三环锡 | 0.2 | 杀螨剂 | SN/T 4558 |
| 134 | 三氯杀螨醇 | 1 | 杀螨剂 | NY/T 761、GB 23200.113 |
| 135 | 三唑磷 | 0.2 | 杀虫剂 | NY/T 761、GB 23200.113 |
| 136 | 三唑酮 | 1 | 杀菌剂 | GB 23200.8、GB/T 20769、NY/T 761 |
| 137 | 三唑锡 | 0.2 | 杀螨剂 | SN/T 4558 |
| 138 | 杀铃脲 | 0.05 | 杀虫剂 | GB/T 20769、NY/T 1720 |
| 139 | 杀螟丹 | 3 | 杀虫剂 | GB/T 20769 |
| 140 | 杀扑磷 | 2 | 杀虫剂 | GB 23200.8、GB/T 14553、NY/T 761 |
| 141 | 虱螨脲 | 0.5 | 杀虫剂 | GB/T 20769 |
| 142 | 双胍三辛烷基苯磺酸盐 | 3* | 杀菌剂 | 无指定 |
| 143 | 双甲脒 | 0.5 | 杀螨剂 | GB/T 5009.143 |
| 144 | 四螨嗪 | 0.5 | 杀螨剂 | GB 23200.47、GB/T 20769 |
| 145 | 肟菌酯 | 0.5 | 杀菌剂 | GB 23200.8、GB/T 20769 |
| 146 | 戊唑醇 | 2 | 杀菌剂 | GB 23200.8、GB/T 20769、GB 23200.113 |
| 147 | 烯啶虫胺 | 0.5* | 杀虫剂 | GB/T 20769 |
| 148 | 烯唑醇 | 1 | 杀菌剂 | GB/T 5009.201、GB/T 20769、GB 23200.113 |
| 149 | 溴菌腈 | 0.5* | 杀菌剂 | 无指定 |
| 150 | 溴螨酯 | 2 | 杀螨剂 | GB 23200.8、SN/T 0192、GB 23200.113 |
| 151 | 溴氰菊酯 | 0.05 | 杀虫剂 | NY/T 761、GB 23200.113 |
| 152 | 亚胺硫磷 | 5 | 杀虫剂 | GB 23200.8、GB/T 20769、NY/T 761 |
| 153 | 亚胺唑 | 1* | 杀菌剂 | 无指定 |

（续）

| 序号 | 农药中文名 | 最大残留限量（mg/kg） | 农药主要用途 | 检测方法 |
|---|---|---|---|---|
| 154 | 烟碱 | 0.2 | 杀虫剂 | GB/T 20769、SN/T 2397 |
| 155 | 乙基多杀菌素 | 0.07* | 杀虫剂 | 无指定 |
| 156 | 乙螨唑 | 0.5 | 杀螨剂 | GB 23200.8、GB 23200.113 |
| 157 | 抑霉唑 | 5 | 杀菌剂 | GB 23200.8、GB/T 20769 |
| 158 | 唑螨酯 | 0.2 | 杀螨剂 | GB 23200.8、GB 23200.29、GB/T 20769 |

## 4.4 柠檬

柠檬中农药最大残留限量见表 4-4。

**表 4-4 柠檬中农药最大残留限量**

| 序号 | 农药中文名 | 最大残留限量（mg/kg） | 农药主要用途 | 检测方法 |
|---|---|---|---|---|
| 1 | 保棉磷 | 1 | 杀虫剂 | NY/T 761 |
| 2 | 倍硫磷 | 0.05 | 杀虫剂 | GB 23200.8、NY/T 761、GB 23200.113 |
| 3 | 苯线磷 | 0.02 | 杀虫剂 | GB 23200.8、GB/T 5009.145 |
| 4 | 虫酰肼 | 2 | 杀虫剂 | GB/T 20769（参照） |
| 5 | 除虫菊素 | 0.05 | 杀虫剂 | GB/T 20769 |
| 6 | 敌百虫 | 0.2 | 杀虫剂 | GB/T 20769、NY/T 761 |
| 7 | 敌敌畏 | 0.2 | 杀虫剂 | GB 23200.8、GB/T 5009.20、NY/T 761 |
| 8 | 地虫硫磷 | 0.01 | 杀虫剂 | GB 23200.8、GB 23200.113 |
| 9 | 啶酰菌胺 | 2 | 杀菌剂 | GB/T 20769 |
| 10 | 对硫磷 | 0.01 | 杀虫剂 | GB/T 5009.145、GB 23200.113 |
| 11 | 多杀霉素 | 0.3 | 杀虫剂 | GB/T 20769 |
| 12 | 氟吡甲禾灵和高效氟吡甲禾灵 | 0.02* | 除草剂 | 无指定 |
| 13 | 氟虫腈 | 0.02 | 杀虫剂 | GB 23200.34、NY/T 1379（参照） |
| 14 | 氟氯氰菊酯和高效氟氯氰菊酯 | 0.3 | 杀虫剂 | GB 23200.8、GB/T 5009.146、NY/T 761、GB 23200.113 |

（续）

| 序号 | 农药中文名 | 最大残留限量 (mg/kg) | 农药主要用途 | 检测方法 |
|---|---|---|---|---|
| 15 | 咯菌腈 | 10 | 杀菌剂 | GB 23200.8、GB/T 20769 |
| 16 | 甲胺磷 | 0.05 | 杀虫剂 | GB/T 5009.103、NY/T 761、GB 23200.113 |
| 17 | 甲拌磷 | 0.01 | 杀虫剂 | GB 23200.113 |
| 18 | 甲基对硫磷 | 0.02 | 杀虫剂 | NY/T 761、GB 23200.113 |
| 19 | 甲基硫环磷 | 0.03* | 杀虫剂 | NY/T 761 |
| 20 | 甲基异柳磷 | 0.01* | 杀虫剂 | GB/T 5009.144、GB 23200.113 |
| 21 | 甲霜灵和精甲霜灵 | 5 | 杀菌剂 | GB 23200.8、GB/T 20769 |
| 22 | 甲氧虫酰肼 | 2 | 杀虫剂 | GB/T 20769 |
| 23 | 久效磷 | 0.03 | 杀虫剂 | NY/T 761、GB 23200.113 |
| 24 | 抗蚜威 | 3 | 杀虫剂 | GB 23200.8、NY/T 1379、SN/T 0134 |
| 25 | 克百威 | 0.02 | 杀虫剂 | NY/T 761 |
| 26 | 邻苯基苯酚 | 10 | 杀菌剂 | GB 23200.8 |
| 27 | 磷胺 | 0.05 | 杀虫剂 | NY/T 761、GB 23200.113 |
| 28 | 硫环磷 | 0.03 | 杀虫剂 | NY/T 761、GB 23200.113 |
| 29 | 硫线磷 | 0.005 | 杀虫剂 | GB/T 20769 |
| 30 | 氯虫苯甲酰胺 | 0.5* | 杀虫剂 | 无指定 |
| 31 | 氯菊酯 | 2 | 杀虫剂 | GB 23200.8、NY/T 761、GB 23200.113 |
| 32 | 氯唑磷 | 0.01 | 杀虫剂 | GB/T 20769、GB 23200.113 |
| 33 | 嘧霉胺 | 7 | 杀菌剂 | GB 23200.8、GB/T 20769 |
| 34 | 灭多威 | 0.2 | 杀虫剂 | NY/T 761 |
| 35 | 灭线磷 | 0.02 | 杀线虫剂 | NY/T 761 |
| 36 | 内吸磷 | 0.02 | 杀虫/杀螨剂 | GB/T 20769 |
| 37 | 杀虫脒 | 0.01 | 杀虫剂 | GB/T 20769 |
| 38 | 杀螟硫磷 | 0.5* | 杀虫剂 | GB/T 14553、GB/T 20769、NY/T 761、GB 23200.113 |
| 39 | 杀线威 | 5 | 杀虫剂 | NY/T 1453、SN/T 0134 |
| 40 | 水胺硫磷 | 0.02 | 杀虫剂 | GB/T 5009.20、GB 23200.113 |
| 41 | 特丁硫磷 | 0.01 | 杀虫剂 | NY/T 761、NY/T 1379 |

（续）

| 序号 | 农药中文名 | 最大残留限量（mg/kg） | 农药主要用途 | 检测方法 |
| --- | --- | --- | --- | --- |
| 42 | 涕灭威 | 0.02 | 杀虫剂 | NY/T 761 |
| 43 | 辛硫磷 | 0.05 | 杀虫剂 | GB/T 5009.102、GB/T 20769 |
| 44 | 氧乐果 | 0.02 | 杀虫剂 | NY/T 761、NY/T 1379、GB 23200.113 |
| 45 | 乙酰甲胺磷 | 0.5 | 杀虫剂 | NY/T 761、GB 23200.113 |
| 46 | 蝇毒磷 | 0.05 | 杀虫剂 | GB 23200.8、GB 23200.113 |
| 47 | 增效醚 | 5 | 增效剂 | GB 23200.8、GB 23200.113 |
| 48 | 治螟磷 | 0.01 | 杀虫剂 | GB 23200.8、NY/T 761 |
| 49 | 艾氏剂 | 0.05 | 杀虫剂 | GB/T 5009.19、NY/T 761、GB 23200.113 |
| 50 | 滴滴涕 | 0.05 | 杀虫剂 | GB/T 5009.19、NY/T 761、GB 23200.113 |
| 51 | 狄氏剂 | 0.02 | 杀虫剂 | GB/T 5009.19、NY/T 761、GB 23200.113 |
| 52 | 毒杀芬 | 0.05* | 杀虫剂 | YC/T 180（参照） |
| 53 | 六六六 | 0.05 | 杀虫剂 | GB/T 5009.19、NY/T 761、GB 23200.113 |
| 54 | 氯丹 | 0.02 | 杀虫剂 | GB/T 5009.19 |
| 55 | 灭蚁灵 | 0.01 | 杀虫剂 | GB/T 5009.19 |
| 56 | 七氯 | 0.01 | 杀虫剂 | GB/T 5009.19、NY/T 761 |
| 57 | 异狄氏剂 | 0.05 | 杀虫剂 | GB/T 5009.19、NY/T 761 |
| 58 | 2,4-滴和2,4-滴钠盐 | 1 | 除草剂 | NY/T 1434（参照） |
| 59 | 阿维菌素 | 0.01 | 杀虫剂 | GB 23200.19、GB 23200.20 |
| 60 | 百草枯 | 0.02* | 除草剂 | 无指定 |
| 61 | 苯醚甲环唑 | 0.6 | 杀菌剂 | GB 23200.8、GB 23200.49、GB/T 5009.218、GB 23200.113 |
| 62 | 苯嘧磺草胺 | 0.01* | 除草剂 | 无指定 |
| 63 | 吡丙醚 | 0.5 | 杀虫剂 | GB 23200.8、GB 23200.113 |
| 64 | 吡唑醚菌酯 | 2 | 杀菌剂 | GB 23200.8 |
| 65 | 草铵膦 | 0.05 | 除草剂 | GB 23200.108 |
| 66 | 草甘膦 | 0.1 | 除草剂 | GB/T 23750、NY/T 1096、SN/T 1923 |

（续）

| 序号 | 农药中文名 | 最大残留限量（mg/kg） | 农药主要用途 | 检测方法 |
|---|---|---|---|---|
| 67 | 敌草快 | 0.02 | 除草剂 | SN/T 0293 |
| 68 | 丁氟螨酯 | 0.3 | 杀螨剂 | SN/T 3539 |
| 69 | 啶虫脒 | 2 | 杀虫剂 | GB/T 20769、GB/T 23584 |
| 70 | 螺虫乙酯 | 0.5* | 杀虫剂 | 无指定 |
| 71 | 螺螨酯 | 0.4 | 杀螨剂 | GB 23200.8、GB/T 20769 |
| 72 | 咪鲜胺和咪鲜胺锰盐 | 10 | 杀菌剂 | GB/T 20769、NY/T 1456 |
| 73 | 氰戊菊酯和S-氰戊菊酯 | 0.2 | 杀虫剂 | GB 23200.8、NY/T 761、GB 23200.113 |
| 74 | 噻虫胺 | 0.07 | 杀虫剂 | GB 23200.8、GB/T 20769 |
| 75 | 噻虫嗪 | 0.5 | 杀虫剂 | GB 23200.8、GB/T 20769 |
| 76 | 杀扑磷 | 0.05 | 杀虫剂 | GB 23200.8、GB/T 14553、NY/T 761 |
| 77 | 乙螨唑 | 0.1 | 杀螨剂 | GB 23200.8、GB 23200.113 |
| 78 | 唑螨酯 | 0.5 | 杀螨剂 | GB 23200.8、GB 23200.29、GB/T 20769 |
| 79 | 苯丁锡 | 5 | 杀螨剂 | SN 0592（参照） |
| 80 | 吡虫啉 | 1 | 杀虫剂 | GB/T 20769、GB/T 23379 |
| 81 | 除虫脲 | 1 | 杀虫剂 | GB/T 5009.147、NY/T 1720 |
| 82 | 丁硫克百威 | 0.1 | 杀虫剂 | GB 23200.1 |
| 83 | 毒死蜱 | 2 | 杀虫剂 | GB 23200.8、NY/T 761、SN/T 2158 |
| 84 | 多菌灵 | 0.5 | 杀菌剂 | GB/T 20769、NY/T 1453 |
| 85 | 噁唑菌酮 | 1 | 杀菌剂 | GB/T 20769 |
| 86 | 氟虫脲 | 0.5 | 杀虫剂 | GB/T 20769 |
| 87 | 氟啶虫胺腈 | 0.4* | 杀虫剂 | 无指定 |
| 88 | 甲氰菊酯 | 5 | 杀虫药 | NY/T 761、GB 23200.113 |
| 89 | 腈苯唑 | 1 | 杀菌剂 | GB 23200.8、GB/T 20769 |
| 90 | 乐果 | 2* | 杀虫剂 | GB/T 5009.145、GB/T 20769、NY/T 761、GB 23200.113 |
| 91 | 联苯菊酯 | 0.05 | 杀虫/杀螨剂 | GB/T 5009.146、NY/T 761、SN/T 1969 |

（续）

| 序号 | 农药中文名 | 最大残留限量（mg/kg） | 农药主要用途 | 检测方法 |
|---|---|---|---|---|
| 92 | 氯氟氰菊酯和高效氯氟氰菊酯 | 0.2 | 杀虫剂 | GB 23200.8、GB/T 5009.146、NY/T 761、GB 23200.113 |
| 93 | 氯氰菊酯和高效氯氰菊酯 | 2 | 杀虫剂 | GB 23200.8、GB/T 5009.146、NY/T 761、GB 23200.113 |
| 94 | 马拉硫磷 | 4 | 杀虫剂 | GB 23200.8、GB/T 20769、NY/T 761 |
| 95 | 炔螨特 | 5 | 杀螨剂 | GB 23200.8、NY/T 1652 |
| 96 | 噻菌灵 | 10 | 杀菌剂 | GB/T 20769、NY/T 1453、NY/T 1680 |
| 97 | 噻螨酮 | 0.5 | 杀螨剂 | GB 23200.8、GB/T 20769 |
| 98 | 噻嗪酮 | 0.5 | 杀虫剂 | GB 23200.8、GB/T 20769 |
| 99 | 三氯杀螨醇 | 1 | 杀螨剂 | NY/T 761、GB 23200.113 |
| 100 | 三唑锡 | 0.2 | 杀螨剂 | SN/T 4558 |
| 101 | 双甲脒 | 0.5 | 杀螨剂 | GB/T 5009.143 |
| 102 | 四螨嗪 | 0.5 | 杀螨剂 | GB 23200.47、GB/T 20769 |
| 103 | 肟菌酯 | 0.5 | 杀菌剂 | GB 23200.8、GB/T 20769 |
| 104 | 溴螨酯 | 2 | 杀螨剂 | GB 23200.8、SN/T 0192、GB 23200.113 |
| 105 | 溴氰菊酯 | 0.05 | 杀虫剂 | NY/T 761、GB 23200.113 |
| 106 | 亚胺硫磷 | 5 | 杀虫剂 | GB 23200.8、GB/T 20769、NY/T 761 |
| 107 | 亚砜磷 | 0.2* | 杀虫剂 | 无指定 |
| 108 | 抑霉唑 | 5 | 杀菌剂 | GB 23200.8、GB/T 20769 |

## 4.5 柚

柚中农药最大残留限量见表4－5。

**表4－5 柚中农药最大残留限量**

| 序号 | 农药中文名 | 最大残留限量（mg/kg） | 农药主要用途 | 检测方法 |
|---|---|---|---|---|
| 1 | 保棉磷 | 1 | 杀虫剂 | NY/T 761 |

（续）

| 序号 | 农药中文名 | 最大残留限量（mg/kg） | 农药主要用途 | 检测方法 |
|---|---|---|---|---|
| 2 | 倍硫磷 | 0.05 | 杀虫剂 | GB 23200.8、NY/T 761、GB 23200.113 |
| 3 | 苯线磷 | 0.02 | 杀虫剂 | GB 23200.8、GB/T 5009.145 |
| 4 | 虫酰肼 | 2 | 杀虫剂 | GB/T 20769（参照） |
| 5 | 除虫菊素 | 0.05 | 杀虫剂 | GB/T 20769 |
| 6 | 敌百虫 | 0.2 | 杀虫剂 | GB/T 20769、NY/T 761 |
| 7 | 敌敌畏 | 0.2 | 杀虫剂 | GB 23200.8、GB/T 5009.20、NY/T 761 |
| 8 | 地虫硫磷 | 0.01 | 杀虫剂 | GB 23200.8、GB 23200.113 |
| 9 | 啶酰菌胺 | 2 | 杀菌剂 | GB/T 20769 |
| 10 | 对硫磷 | 0.01 | 杀虫剂 | GB/T 5009.145、GB 23200.113 |
| 11 | 多杀霉素 | 0.3 | 杀虫剂 | GB/T 20769 |
| 12 | 氟吡甲禾灵和高效氟吡甲禾灵 | 0.02* | 除草剂 | 无指定 |
| 13 | 氟虫腈 | 0.02 | 杀虫剂 | GB 23200.34、NY/T 1379（参照） |
| 14 | 氟氯氰菊酯和高效氟氯氰菊酯 | 0.3 | 杀虫剂 | GB 23200.8、GB/T 5009.146、NY/T 761、GB 23200.113 |
| 15 | 咯菌腈 | 10 | 杀菌剂 | GB 23200.8、GB/T 20769 |
| 16 | 甲胺磷 | 0.05 | 杀虫剂 | GB/T 5009.103、NY/T 761、GB 23200.113 |
| 17 | 甲拌磷 | 0.01 | 杀虫剂 | GB 23200.113 |
| 18 | 甲基对硫磷 | 0.02 | 杀虫剂 | NY/T 761、GB 23200.113 |
| 19 | 甲基硫环磷 | 0.03* | 杀虫剂 | NY/T 761 |
| 20 | 甲基异柳磷 | 0.01* | 杀虫剂 | GB/T 5009.144、GB 23200.113 |
| 21 | 甲霜灵和精甲霜灵 | 5 | 杀菌剂 | GB 23200.8、GB/T 20769 |
| 22 | 甲氧虫酰肼 | 2 | 杀虫剂 | GB/T 20769 |
| 23 | 久效磷 | 0.03 | 杀虫剂 | NY/T 761、GB 23200.113 |
| 24 | 抗蚜威 | 3 | 杀虫剂 | GB 23200.8、NY/T 1379、SN/T 0134 |
| 25 | 克百威 | 0.02 | 杀虫剂 | NY/T 761 |

（续）

| 序号 | 农药中文名 | 最大残留限量（mg/kg） | 农药主要用途 | 检测方法 |
|---|---|---|---|---|
| 26 | 邻苯基苯酚 | 10 | 杀菌剂 | GB 23200.8 |
| 27 | 磷胺 | 0.05 | 杀虫剂 | NY/T 761、GB 23200.113 |
| 28 | 硫环磷 | 0.03 | 杀虫剂 | NY/T 761、GB 23200.113 |
| 29 | 硫线磷 | 0.005 | 杀虫剂 | GB/T 20769 |
| 30 | 氯虫苯甲酰胺 | 0.5* | 杀虫剂 | 无指定 |
| 31 | 氯菊酯 | 2 | 杀虫剂 | GB 23200.8、NY/T 761、GB 23200.113 |
| 32 | 氯唑磷 | 0.01 | 杀虫剂 | GB/T 20769、GB 23200.113 |
| 33 | 嘧霉胺 | 7 | 杀菌剂 | GB 23200.8、GB/T 20769 |
| 34 | 灭多威 | 0.2 | 杀虫剂 | NY/T 761 |
| 35 | 灭线磷 | 0.02 | 杀线虫剂 | NY/T 761 |
| 36 | 内吸磷 | 0.02 | 杀虫/杀螨剂 | GB/T 20769 |
| 37 | 杀虫脒 | 0.01 | 杀虫剂 | GB/T 20769 |
| 38 | 杀螟硫磷 | 0.5* | 杀虫剂 | GB/T 14553、GB/T 20769、NY/T 761、GB 23200.113 |
| 39 | 杀线威 | 5 | 杀虫剂 | NY/T 1453、SN/T 0134 |
| 40 | 水胺硫磷 | 0.02 | 杀虫剂 | GB/T 5009.20、GB 23200.113 |
| 41 | 特丁硫磷 | 0.01 | 杀虫剂 | NY/T 761、NY/T 1379 |
| 42 | 涕灭威 | 0.02 | 杀虫剂 | NY/T 761 |
| 43 | 辛硫磷 | 0.05 | 杀虫剂 | GB/T 5009.102、GB/T 20769 |
| 44 | 氧乐果 | 0.02 | 杀虫剂 | NY/T 761、NY/T 1379、GB 23200.113 |
| 45 | 乙酰甲胺磷 | 0.5 | 杀虫剂 | NY/T 761、GB 23200.113 |
| 46 | 蝇毒磷 | 0.05 | 杀虫剂 | GB 23200.8、GB 23200.113 |
| 47 | 增效醚 | 5 | 增效剂 | GB 23200.8、GB 23200.113 |
| 48 | 治螟磷 | 0.01 | 杀虫剂 | GB 23200.8、NY/T 761 |
| 49 | 艾氏剂 | 0.05 | 杀虫剂 | GB/T 5009.19、NY/T 761、GB 23200.113 |
| 50 | 滴滴涕 | 0.05 | 杀虫剂 | GB/T 5009.19、NY/T 761、GB 23200.113 |

（续）

| 序号 | 农药中文名 | 最大残留限量（mg/kg） | 农药主要用途 | 检测方法 |
|---|---|---|---|---|
| 51 | 狄氏剂 | 0.02 | 杀虫剂 | GB/T 5009.19、NY/T 761、GB 23200.113 |
| 52 | 毒杀芬 | 0.05* | 杀虫剂 | YC/T 180（参照） |
| 53 | 六六六 | 0.05 | 杀虫剂 | GB/T 5009.19、NY/T 761、GB 23200.113 |
| 54 | 氯丹 | 0.02 | 杀虫剂 | GB/T 5009.19 |
| 55 | 灭蚁灵 | 0.01 | 杀虫剂 | GB/T 5009.19 |
| 56 | 七氯 | 0.01 | 杀虫剂 | GB/T 5009.19、NY/T 761 |
| 57 | 异狄氏剂 | 0.05 | 杀虫剂 | GB/T 5009.19、NY/T 761 |
| 58 | 2,4-滴和2,4-滴钠盐 | 1 | 除草剂 | NY/T 1434（参照） |
| 59 | 阿维菌素 | 0.01 | 杀虫剂 | GB 23200.19、GB 23200.20 |
| 60 | 百草枯 | 0.02* | 除草剂 | 无指定 |
| 61 | 苯醚甲环唑 | 0.6 | 杀菌剂 | GB 23200.8、GB 23200.49、GB/T 5009.218、GB 23200.113 |
| 62 | 苯嘧磺草胺 | 0.01* | 除草剂 | 无指定 |
| 63 | 吡丙醚 | 0.5 | 杀虫剂 | GB 23200.8、GB 23200.113 |
| 64 | 吡唑醚菌酯 | 2 | 杀菌剂 | GB 23200.8 |
| 65 | 草铵膦 | 0.05 | 除草剂 | GB 23200.108 |
| 66 | 草甘膦 | 0.1 | 除草剂 | GB/T 23750、NY/T 1096、SN/T 1923 |
| 67 | 敌草快 | 0.02 | 除草剂 | SN/T 0293 |
| 68 | 丁氟螨酯 | 0.3 | 杀螨剂 | SN/T 3539 |
| 69 | 啶虫脒 | 2 | 杀虫剂 | GB/T 20769、GB/T 23584 |
| 70 | 螺虫乙酯 | 0.5* | 杀虫剂 | 无指定 |
| 71 | 螺螨酯 | 0.4 | 杀螨剂 | GB 23200.8、GB/T 20769 |
| 72 | 咪鲜胺和咪鲜胺锰盐 | 10 | 杀菌剂 | GB/T 20769、NY/T 1456 |
| 73 | 氰戊菊酯和S-氰戊菊酯 | 0.2 | 杀虫剂 | GB 23200.8、NY/T 761、GB 23200.113 |
| 74 | 噻虫胺 | 0.07 | 杀虫剂 | GB 23200.8、GB/T 20769 |
| 75 | 噻虫嗪 | 0.5 | 杀虫剂 | GB 23200.8、GB/T 20769 |

（续）

| 序号 | 农药中文名 | 最大残留限量（mg/kg） | 农药主要用途 | 检测方法 |
|---|---|---|---|---|
| 76 | 杀扑磷 | 0.05 | 杀虫剂 | GB 23200.8、GB/T 14553、NY/T 761 |
| 77 | 乙螨唑 | 0.1 | 杀螨剂 | GB 23200.8、GB 23200.113 |
| 78 | 唑螨酯 | 0.5 | 杀螨剂 | GB 23200.8、GB 23200.29、GB/T 20769 |
| 79 | 腈苯唑 | 0.5 | 杀菌剂 | GB 23200.8、GB/T 20769 |
| 80 | 苯丁锡 | 5 | 杀螨剂 | SN 0592（参照） |
| 81 | 吡虫啉 | 1 | 杀虫剂 | GB/T 20769、GB/T 23379 |
| 82 | 除虫脲 | 1 | 杀虫剂 | GB/T 5009.147、NY/T 1720 |
| 83 | 丁硫克百威 | 0.1 | 杀虫剂 | GB 23200.1 |
| 84 | 毒死蜱 | 2 | 杀虫剂 | GB 23200.8、NY/T 761、SN/T 2158 |
| 85 | 多菌灵 | 0.5 | 杀菌剂 | GB/T 20769、NY/T 1453 |
| 86 | 噁唑菌酮 | 1 | 杀菌剂 | GB/T 20769 |
| 87 | 二氰蒽醌 | 3* | 杀菌剂 | 无指定 |
| 88 | 氟虫脲 | 0.5 | 杀虫剂 | GB/T 20769 |
| 89 | 氟啶虫胺腈 | 0.15* | 杀虫剂 | 无指定 |
| 90 | 甲氰菊酯 | 5 | 杀虫剂 | NY/T 761、GB 23200.113 |
| 91 | 乐果 | 2* | 杀虫剂 | GB/T 5009.145、GB/T 20769、NY/T 761、GB 23200.113 |
| 92 | 联苯菊酯 | 0.05 | 杀虫/杀螨剂 | GB/T 5009.146、NY/T 761、SN/T 1969 |
| 93 | 氯氟氰菊酯和高效氯氟氰菊酯 | 0.2 | 杀虫剂 | GB 23200.8、GB/T 5009.146、NY/T 761、GB 23200.113 |
| 94 | 氯氰菊酯和高效氯氰菊酯 | 2 | 杀虫剂 | GB 23200.8、GB/T 5009.146、NY/T 761、GB 23200.113 |
| 95 | 马拉硫磷 | 4 | 杀虫剂 | GB 23200.8、GB/T 20769、NY/T 761 |
| 96 | 醚菌酯 | 0.5 | 杀菌剂 | GB 23200.8、GB/T 20769 |
| 97 | 炔螨特 | 5 | 杀螨剂 | GB 23200.8、NY/T 1652 |
| 98 | 噻菌灵 | 10 | 杀菌剂 | GB/T 20769、NY/T 1453、NY/T 1680 |

（续）

| 序号 | 农药中文名 | 最大残留限量（mg/kg） | 农药主要用途 | 检测方法 |
|---|---|---|---|---|
| 99 | 噻螨酮 | 0.5 | 杀螨剂 | GB 23200.8、GB/T 20769 |
| 100 | 噻嗪酮 | 0.5 | 杀虫剂 | GB 23200.8、GB/T 20769 |
| 101 | 三氯杀螨醇 | 1 | 杀螨剂 | NY/T 761、GB 23200.113 |
| 102 | 三唑锡 | 0.2 | 杀螨剂 | SN/T 4558 |
| 103 | 双甲脒 | 0.5 | 杀螨剂 | GB/T 5009.143 |
| 104 | 四螨嗪 | 0.5 | 杀螨剂 | GB 23200.47、GB/T 20769 |
| 105 | 肟菌酯 | 0.5 | 杀菌剂 | GB 23200.8、GB/T 20769 |
| 106 | 溴螨酯 | 2 | 杀螨剂 | GB 23200.8、SN/T 0192、GB 23200.113 |
| 107 | 溴氰菊酯 | 0.05 | 杀虫剂 | NY/T 761、GB 23200.113 |
| 108 | 亚胺硫磷 | 5 | 杀虫剂 | GB 23200.8、GB/T 20769、NY/T 761 |
| 109 | 抑霉唑 | 5 | 杀菌剂 | GB 23200.8、GB/T 20769 |

## 4.6　佛手柑

佛手柑中农药最大残留限量见表 4－6。

**表 4－6　佛手柑中农药最大残留限量**

| 序号 | 农药中文名 | 最大残留限量（mg/kg） | 农药主要用途 | 检测方法 |
|---|---|---|---|---|
| 1 | 保棉磷 | 1 | 杀虫剂 | NY/T 761 |
| 2 | 倍硫磷 | 0.05 | 杀虫剂 | GB 23200.8、NY/T 761、GB 23200.113 |
| 3 | 苯线磷 | 0.02 | 杀虫剂 | GB 23200.8、GB/T 5009.145 |
| 4 | 虫酰肼 | 2 | 杀虫剂 | GB/T 20769（参照） |
| 5 | 除虫菊素 | 0.05 | 杀虫剂 | GB/T 20769 |
| 6 | 敌百虫 | 0.2 | 杀虫剂 | GB/T 20769、NY/T 761 |
| 7 | 敌敌畏 | 0.2 | 杀虫剂 | GB 23200.8、GB/T 5009.20、NY/T 761 |
| 8 | 地虫硫磷 | 0.01 | 杀虫剂 | GB 23200.8、GB 23200.113 |
| 9 | 啶酰菌胺 | 2 | 杀菌剂 | GB/T 20769 |

（续）

| 序号 | 农药中文名 | 最大残留限量（mg/kg） | 农药主要用途 | 检测方法 |
|---|---|---|---|---|
| 10 | 对硫磷 | 0.01 | 杀虫剂 | GB/T 5009.145、GB 23200.113 |
| 11 | 多杀霉素 | 0.3 | 杀虫剂 | GB/T 20769 |
| 12 | 氟吡甲禾灵和高效氟吡甲禾灵 | 0.02* | 除草剂 | 无指定 |
| 13 | 氟虫腈 | 0.02 | 杀虫剂 | GB 23200.34、NY/T 1379（参照） |
| 14 | 氟氯氰菊酯和高效氟氯氰菊酯 | 0.3 | 杀虫剂 | GB 23200.8、GB/T 5009.146、NY/T 761、GB 23200.113 |
| 15 | 咯菌腈 | 10 | 杀菌剂 | GB 23200.8、GB/T 20769 |
| 16 | 甲胺磷 | 0.05 | 杀虫剂 | GB/T 5009.103、NY/T 761、GB 23200.113 |
| 17 | 甲拌磷 | 0.01 | 杀虫剂 | GB 23200.113 |
| 18 | 甲基对硫磷 | 0.02 | 杀虫剂 | NY/T 761、GB 23200.113 |
| 19 | 甲基硫环磷 | 0.03* | 杀虫剂 | NY/T 761 |
| 20 | 甲基异柳磷 | 0.01* | 杀虫剂 | GB/T 5009.144、GB 23200.113 |
| 21 | 甲霜灵和精甲霜灵 | 5 | 杀菌剂 | GB 23200.8、GB/T 20769 |
| 22 | 甲氧虫酰肼 | 2 | 杀虫剂 | GB/T 20769 |
| 23 | 久效磷 | 0.03 | 杀虫剂 | NY/T 761、GB 23200.113 |
| 24 | 抗蚜威 | 3 | 杀虫剂 | GB 23200.8、NY/T 1379、SN/T 0134 |
| 25 | 克百威 | 0.02 | 杀虫剂 | NY/T 761 |
| 26 | 邻苯基苯酚 | 10 | 杀菌剂 | GB 23200.8 |
| 27 | 磷胺 | 0.05 | 杀虫剂 | NY/T 761、GB 23200.113 |
| 28 | 硫环磷 | 0.03 | 杀虫剂 | NY/T 761、GB 23200.113 |
| 29 | 硫线磷 | 0.005 | 杀虫剂 | GB/T 20769 |
| 30 | 氯虫苯甲酰胺 | 0.5* | 杀虫剂 | 无指定 |
| 31 | 氯菊酯 | 2 | 杀虫剂 | GB 23200.8、NY/T 761、GB 23200.113 |
| 32 | 氯唑磷 | 0.01 | 杀虫剂 | GB/T 20769、GB 23200.113 |
| 33 | 嘧霉胺 | 7 | 杀菌剂 | GB 23200.8、GB/T 20769 |
| 34 | 灭多威 | 0.2 | 杀虫剂 | NY/T 761 |
| 35 | 灭线磷 | 0.02 | 杀线虫剂 | NY/T 761 |

（续）

| 序号 | 农药中文名 | 最大残留限量（mg/kg） | 农药主要用途 | 检测方法 |
|---|---|---|---|---|
| 36 | 内吸磷 | 0.02 | 杀虫/杀螨剂 | GB/T 20769 |
| 37 | 杀虫脒 | 0.01 | 杀虫剂 | GB/T 20769 |
| 38 | 杀螟硫磷 | 0.5* | 杀虫剂 | GB/T 14553、GB/T 20769、NY/T 761、GB 23200.113 |
| 39 | 杀线威 | 5 | 杀虫剂 | NY/T 1453、SN/T 0134 |
| 40 | 水胺硫磷 | 0.02 | 杀虫剂 | GB/T 5009.20、GB 23200.113 |
| 41 | 特丁硫磷 | 0.01 | 杀虫剂 | NY/T 761、NY/T 1379 |
| 42 | 涕灭威 | 0.02 | 杀虫剂 | NY/T 761 |
| 43 | 辛硫磷 | 0.05 | 杀虫剂 | GB/T 5009.102、GB/T 20769 |
| 44 | 氧乐果 | 0.02 | 杀虫剂 | NY/T 761、NY/T 1379、GB 23200.113 |
| 45 | 乙酰甲胺磷 | 0.5 | 杀虫剂 | NY/T 761、GB 23200.113 |
| 46 | 蝇毒磷 | 0.05 | 杀虫剂 | GB 23200.8、GB 23200.113 |
| 47 | 增效醚 | 5 | 增效剂 | GB 23200.8、GB 23200.113 |
| 48 | 治螟磷 | 0.01 | 杀虫剂 | GB 23200.8、NY/T 761 |
| 49 | 艾氏剂 | 0.05 | 杀虫剂 | GB/T 5009.19、NY/T 761、GB 23200.113 |
| 50 | 滴滴涕 | 0.05 | 杀虫剂 | GB/T 5009.19、NY/T 761、GB 23200.113 |
| 51 | 狄氏剂 | 0.02 | 杀虫剂 | GB/T 5009.19、NY/T 761、GB 23200.113 |
| 52 | 毒杀芬 | 0.05* | 杀虫剂 | YC/T 180（参照） |
| 53 | 六六六 | 0.05 | 杀虫剂 | GB/T 5009.19、NY/T 761、GB 23200.113 |
| 54 | 氯丹 | 0.02 | 杀虫剂 | GB/T 5009.19 |
| 55 | 灭蚁灵 | 0.01 | 杀虫剂 | GB/T 5009.19 |
| 56 | 七氯 | 0.01 | 杀虫剂 | GB/T 5009.19、NY/T 761 |
| 57 | 异狄氏剂 | 0.05 | 杀虫剂 | GB/T 5009.19、NY/T 761 |
| 58 | 溴氰菊酯 | 0.02 | 杀虫剂 | NY/T 761 |
| 59 | 2,4-滴和2,4-滴钠盐 | 1 | 除草剂 | NY/T 1434（参照） |
| 60 | 阿维菌素 | 0.01 | 杀虫剂 | GB 23200.19、GB 23200.20 |

（续）

| 序号 | 农药中文名 | 最大残留限量（mg/kg） | 农药主要用途 | 检测方法 |
| --- | --- | --- | --- | --- |
| 61 | 百草枯 | 0.02* | 除草剂 | 无指定 |
| 62 | 苯醚甲环唑 | 0.6 | 杀菌剂 | GB 23200.8、GB 23200.49、GB/T 5009.218、GB 23200.113 |
| 63 | 苯嘧磺草胺 | 0.01* | 除草剂 | 无指定 |
| 64 | 吡丙醚 | 0.5 | 杀虫剂 | GB 23200.8、GB 23200.113 |
| 65 | 吡唑醚菌酯 | 2 | 杀菌剂 | GB 23200.8 |
| 66 | 草铵膦 | 0.05 | 除草剂 | GB 23200.108 |
| 67 | 草甘膦 | 0.1 | 除草剂 | GB/T 23750、NY/T 1096、SN/T 1923 |
| 68 | 敌草快 | 0.02 | 除草剂 | SN/T 0293 |
| 69 | 丁氟螨酯 | 0.3 | 杀螨剂 | SN/T 3539 |
| 70 | 啶虫脒 | 2 | 杀虫剂 | GB/T 20769、GB/T 23584 |
| 71 | 螺虫乙酯 | 0.5* | 杀虫剂 | 无指定 |
| 72 | 螺螨酯 | 0.4 | 杀螨剂 | GB 23200.8、GB/T 20769 |
| 73 | 咪鲜胺和咪鲜胺锰盐 | 10 | 杀菌剂 | GB/T 20769、NY/T 1456 |
| 74 | 氰戊菊酯和S-氰戊菊酯 | 0.2 | 杀虫剂 | GB 23200.8、NY/T 761、GB 23200.113 |
| 75 | 噻虫胺 | 0.07 | 杀虫剂 | GB 23200.8、GB/T 20769 |
| 76 | 噻虫嗪 | 0.5 | 杀虫剂 | GB 23200.8、GB/T 20769 |
| 77 | 杀扑磷 | 0.05 | 杀虫剂 | GB 23200.8、GB/T 14553、NY/T 761 |
| 78 | 乙螨唑 | 0.1 | 杀螨剂 | GB 23200.8 |
| 79 | 唑螨酯 | 0.5 | 杀螨剂 | GB 23200.8、GB 23200.29、GB/T 20769 |
| 80 | 腈苯唑 | 0.5 | 杀菌剂 | GB 23200.8、GB/T 20769 |
| 81 | 除虫脲 | 0.5 | 杀虫剂 | GB/T 5009.147、NY/T 1720 |
| 82 | 氯氰菊酯和高效氯氰菊酯 | 0.3 | 杀虫剂 | GB 23200.8、GB/T 5009.146、NY/T 761、GB 23200.113 |
| 83 | 苯丁锡 | 5 | 杀螨剂 | SN 0592（参照） |
| 84 | 吡虫啉 | 1 | 杀虫剂 | GB/T 20769、GB/T 23379 |

（续）

| 序号 | 农药中文名 | 最大残留限量（mg/kg） | 农药主要用途 | 检测方法 |
| --- | --- | --- | --- | --- |
| 85 | 毒死蜱 | 1 | 杀虫剂 | GB 23200.8、NY/T 761、SN/T 2158 |
| 86 | 甲氰菊酯 | 5 | 杀虫剂 | NY/T 761、GB 23200.113 |
| 87 | 氯氟氰菊酯和高效氯氟氰菊酯 | 0.2 | 杀虫剂 | GB 23200.8、GB/T 5009.146、NY/T 761、GB 23200.113 |
| 88 | 四螨嗪 | 0.5 | 杀螨剂 | GB 23200.47、GB/T 20769 |
| 89 | 肟菌酯 | 0.5 | 杀菌剂 | GB 23200.8、GB/T 20769 |

## 4.7　金橘

金橘中农药最大残留限量见表 4-7。

**表 4-7　金橘中农药最大残留限量**

| 序号 | 农药中文名 | 最大残留限量（mg/kg） | 农药主要用途 | 检测方法 |
| --- | --- | --- | --- | --- |
| 1 | 保棉磷 | 1 | 杀虫剂 | NY/T 761 |
| 2 | 倍硫磷 | 0.05 | 杀虫剂 | GB 23200.8、NY/T 761、GB 23200.113 |
| 3 | 苯线磷 | 0.02 | 杀虫剂 | GB 23200.8、GB/T 5009.145 |
| 4 | 虫酰肼 | 2 | 杀虫剂 | GB/T 20769（参照） |
| 5 | 除虫菊素 | 0.05 | 杀虫剂 | GB/T 20769 |
| 6 | 敌百虫 | 0.2 | 杀虫剂 | GB/T 20769、NY/T 761 |
| 7 | 敌敌畏 | 0.2 | 杀虫剂 | GB 23200.8、GB/T 5009.20、NY/T 761 |
| 8 | 地虫硫磷 | 0.01 | 杀虫剂 | GB 23200.8、GB 23200.113 |
| 9 | 啶酰菌胺 | 2 | 杀菌剂 | GB/T 20769 |
| 10 | 对硫磷 | 0.01 | 杀虫剂 | GB/T 5009.145、GB 23200.113 |
| 11 | 多杀霉素 | 0.3 | 杀虫剂 | GB/T 20769 |
| 12 | 氟吡甲禾灵和高效氟吡甲禾灵 | 0.02* | 除草剂 | 无指定 |
| 13 | 氟虫腈 | 0.02 | 杀虫剂 | GB 23200.34、NY/T 1379（参照） |

（续）

| 序号 | 农药中文名 | 最大残留限量（mg/kg） | 农药主要用途 | 检测方法 |
|---|---|---|---|---|
| 14 | 氟氯氰菊酯和高效氟氯氰菊酯 | 0.3 | 杀虫剂 | GB 23200.8、GB/T 5009.146、NY/T 761、GB 23200.113 |
| 15 | 咯菌腈 | 10 | 杀菌剂 | GB 23200.8、GB/T 20769 |
| 16 | 甲胺磷 | 0.05 | 杀虫剂 | GB/T 5009.103、NY/T 761、GB 23200.113 |
| 17 | 甲拌磷 | 0.01 | 杀虫剂 | GB 23200.113 |
| 18 | 甲基对硫磷 | 0.02 | 杀虫剂 | NY/T 761、GB 23200.113 |
| 19 | 甲基硫环磷 | 0.03* | 杀虫剂 | NY/T 761 |
| 20 | 甲基异柳磷 | 0.01* | 杀虫剂 | GB/T 5009.144、GB 23200.113 |
| 21 | 甲霜灵和精甲霜灵 | 5 | 杀菌剂 | GB 23200.8、GB/T 20769 |
| 22 | 甲氧虫酰肼 | 2 | 杀虫剂 | GB/T 20769 |
| 23 | 久效磷 | 0.03 | 杀虫剂 | NY/T 761、GB 23200.113 |
| 24 | 抗蚜威 | 3 | 杀虫剂 | GB 23200.8、NY/T 1379、SN/T 0134 |
| 25 | 克百威 | 0.02 | 杀虫剂 | NY/T 761 |
| 26 | 邻苯基苯酚 | 10 | 杀菌剂 | GB 23200.8 |
| 27 | 磷胺 | 0.05 | 杀虫剂 | NY/T 761、GB 23200.113 |
| 28 | 硫环磷 | 0.03 | 杀虫剂 | NY/T 761、GB 23200.113 |
| 29 | 硫线磷 | 0.005 | 杀虫剂 | GB/T 20769 |
| 30 | 氯虫苯甲酰胺 | 0.5* | 杀虫剂 | 无指定 |
| 31 | 氯菊酯 | 2 | 杀虫剂 | GB 23200.8、NY/T 761、GB 23200.113 |
| 32 | 氯唑磷 | 0.01 | 杀虫剂 | GB/T 20769、GB 23200.113 |
| 33 | 嘧霉胺 | 7 | 杀菌剂 | GB 23200.8、GB/T 20769 |
| 34 | 灭多威 | 0.2 | 杀虫剂 | NY/T 761 |
| 35 | 灭线磷 | 0.02 | 杀线虫剂 | NY/T 761 |
| 36 | 内吸磷 | 0.02 | 杀虫/杀螨剂 | GB/T 20769 |
| 37 | 杀虫脒 | 0.01 | 杀虫剂 | GB/T 20769 |
| 38 | 杀螟硫磷 | 0.5* | 杀虫剂 | GB/T 14553、GB/T 20769、NY/T 761、GB 23200.113 |

（续）

| 序号 | 农药中文名 | 最大残留限量（mg/kg） | 农药主要用途 | 检测方法 |
|---|---|---|---|---|
| 39 | 杀线威 | 5 | 杀虫剂 | NY/T 1453、SN/T 0134 |
| 40 | 水胺硫磷 | 0.02 | 杀虫剂 | GB/T 5009.20、GB 23200.113 |
| 41 | 特丁硫磷 | 0.01 | 杀虫剂 | NY/T 761、NY/T 1379 |
| 42 | 涕灭威 | 0.02 | 杀虫剂 | NY/T 761 |
| 43 | 辛硫磷 | 0.05 | 杀虫剂 | GB/T 5009.102、GB/T 20769 |
| 44 | 氧乐果 | 0.02 | 杀虫剂 | NY/T 761、NY/T 1379、GB 23200.113 |
| 45 | 乙酰甲胺磷 | 0.5 | 杀虫剂 | NY/T 761、GB 23200.113 |
| 46 | 蝇毒磷 | 0.05 | 杀虫剂 | GB 23200.8、GB 23200.113 |
| 47 | 增效醚 | 5 | 增效剂 | GB 23200.8、GB 23200.113 |
| 48 | 治螟磷 | 0.01 | 杀虫剂 | GB 23200.8、NY/T 761 |
| 49 | 艾氏剂 | 0.05 | 杀虫剂 | GB/T 5009.19、NY/T 761、GB 23200.113 |
| 50 | 滴滴涕 | 0.05 | 杀虫剂 | GB/T 5009.19、NY/T 761、GB 23200.113 |
| 51 | 狄氏剂 | 0.02 | 杀虫剂 | GB/T 5009.19、NY/T 761、GB 23200.113 |
| 52 | 毒杀芬 | 0.05* | 杀虫剂 | YC/T 180（参照） |
| 53 | 六六六 | 0.05 | 杀虫剂 | GB/T 5009.19、NY/T 761、GB 23200.113 |
| 54 | 氯丹 | 0.02 | 杀虫剂 | GB/T 5009.19 |
| 55 | 灭蚁灵 | 0.01 | 杀虫剂 | GB/T 5009.19 |
| 56 | 七氯 | 0.01 | 杀虫剂 | GB/T 5009.19、NY/T 761 |
| 57 | 异狄氏剂 | 0.05 | 杀虫剂 | GB/T 5009.19、NY/T 761 |
| 58 | 溴氰菊酯 | 0.02 | 杀虫剂 | NY/T 761 |
| 59 | 2,4-滴和2,4-滴钠盐 | 1 | 除草剂 | NY/T 1434（参照） |
| 60 | 阿维菌素 | 0.01 | 杀虫剂 | GB 23200.19、GB 23200.20 |
| 61 | 百草枯 | 0.02* | 除草剂 | 无指定 |
| 62 | 苯醚甲环唑 | 0.6 | 杀菌剂 | GB 23200.8、GB 23200.49、GB/T 5009.218、GB 23200.113 |
| 63 | 苯嘧磺草胺 | 0.01* | 除草剂 | 无指定 |

（续）

| 序号 | 农药中文名 | 最大残留限量（mg/kg） | 农药主要用途 | 检测方法 |
|---|---|---|---|---|
| 64 | 吡丙醚 | 0.5 | 杀虫剂 | GB 23200.8、GB 23200.113 |
| 65 | 吡唑醚菌酯 | 2 | 杀菌剂 | GB 23200.8 |
| 66 | 草铵膦 | 0.05 | 除草剂 | GB 23200.108 |
| 67 | 草甘膦 | 0.1 | 除草剂 | GB/T 23750、NY/T 1096、SN/T 1923 |
| 68 | 敌草快 | 0.02 | 除草剂 | SN/T 0293 |
| 69 | 丁氟螨酯 | 0.3 | 杀螨剂 | SN/T 3539 |
| 70 | 啶虫脒 | 2 | 杀虫剂 | GB/T 20769、GB/T 23584 |
| 71 | 螺虫乙酯 | 0.5* | 杀虫剂 | 无指定 |
| 72 | 螺螨酯 | 0.4 | 杀螨剂 | GB 23200.8、GB/T 20769 |
| 73 | 咪鲜胺和咪鲜胺锰盐 | 10 | 杀菌剂 | GB/T 20769、NY/T 1456 |
| 74 | 氰戊菊酯和S-氰戊菊酯 | 0.2 | 杀虫剂 | GB 23200.8、NY/T 761、GB 23200.113 |
| 75 | 噻虫胺 | 0.07 | 杀虫剂 | GB 23200.8、GB/T 20769 |
| 76 | 噻虫嗪 | 0.5 | 杀虫剂 | GB 23200.8、GB/T 20769 |
| 77 | 杀扑磷 | 0.05 | 杀虫剂 | GB 23200.8、GB/T 14553、NY/T 761 |
| 78 | 乙螨唑 | 0.1 | 杀螨剂 | GB 23200.8 |
| 79 | 唑螨酯 | 0.5 | 杀螨剂 | GB 23200.8、GB 23200.29、GB/T 20769 |
| 80 | 腈苯唑 | 0.5 | 杀菌剂 | GB 23200.8、GB/T 20769 |
| 81 | 除虫脲 | 0.5 | 杀虫剂 | GB/T 5009.147、NY/T 1720 |
| 82 | 氯氰菊酯和高效氯氰菊酯 | 0.3 | 杀虫剂 | GB 23200.8、GB/T 5009.146、NY/T 761、GB 23200.113 |
| 83 | 苯丁锡 | 5 | 杀螨剂 | SN 0592（参照） |
| 84 | 吡虫啉 | 1 | 杀虫剂 | GB/T 20769、GB/T 23379 |
| 85 | 毒死蜱 | 1 | 杀虫剂 | GB 23200.8、NY/T 761、SN/T 2158 |
| 86 | 甲氰菊酯 | 5 | 杀虫剂 | NY/T 761、GB 23200.113 |
| 87 | 氯氟氰菊酯和高效氯氟氰菊酯 | 0.2 | 杀虫剂 | GB 23200.8、GB/T 5009.146、NY/T 761、GB 23200.113 |

（续）

| 序号 | 农药中文名 | 最大残留限量（mg/kg） | 农药主要用途 | 检测方法 |
|---|---|---|---|---|
| 88 | 四螨嗪 | 0.5 | 杀螨剂 | GB 23200.47、GB/T 20769 |
| 89 | 肟菌酯 | 0.5 | 杀菌剂 | GB 23200.8、GB/T 20769 |

## 4.8 苹果

苹果中农药最大残留限量见表 4－8。

**表 4－8 苹果中农药最大残留限量**

| 序号 | 农药中文名 | 最大残留限量（mg/kg） | 农药主要用途 | 检测方法 |
|---|---|---|---|---|
| 1 | 2,4-滴和 2,4-滴钠盐 | 0.01 | 除草剂 | NY/T 1434（参照） |
| 2 | 倍硫磷 | 0.05 | 杀虫剂 | GB 23200.8、NY/T 761、GB 23200.113 |
| 3 | 苯嘧磺草胺 | 0.01* | 除草剂 | 无指定 |
| 4 | 苯线磷 | 0.02 | 杀虫剂 | GB 23200.8、GB/T 5009.145 |
| 5 | 吡噻菌胺 | 0.4* | 杀菌剂 | 无指定 |
| 6 | 草铵膦 | 0.1 | 除草剂 | GB 23200.108 |
| 7 | 敌百虫 | 0.2 | 杀虫剂 | GB/T 20769、NY/T 761 |
| 8 | 地虫硫磷 | 0.01 | 杀虫剂 | GB 23200.8、GB 23200.113 |
| 9 | 丁氟螨酯 | 0.4 | 杀螨剂 | SN/T 3539 |
| 10 | 对硫磷 | 0.01 | 杀虫剂 | GB/T 5009.145、GB 23200.113 |
| 11 | 多果定 | 5* | 杀菌剂 | 无指定 |
| 12 | 二嗪磷 | 0.3 | 杀虫剂 | GB/T 20769、GB/T 5009.107、NY/T 761、GB 23200.113 |
| 13 | 粉唑醇 | 0.3 | 杀菌剂 | GB/T 20769 |
| 14 | 伏杀硫磷 | 2 | 杀虫剂 | GB 23200.8、NY/T 761 |
| 15 | 氟苯虫酰胺 | 0.8* | 杀虫剂 | 无指定 |
| 16 | 氟苯脲 | 1 | 杀虫剂 | NY/T 1453 |
| 17 | 氟吡甲禾灵和高效氟吡甲禾灵 | 0.02* | 除草剂 | 无指定 |
| 18 | 氟吡菌酰胺 | 0.5* | 杀菌剂 | 无指定 |

（续）

| 序号 | 农药中文名 | 最大残留限量（mg/kg） | 农药主要用途 | 检测方法 |
|---|---|---|---|---|
| 19 | 氟虫腈 | 0.02 | 杀虫剂 | GB 23200.34、NY/T 1379（参照） |
| 20 | 氟酰脲 | 3 | 杀虫剂 | GB 23200.34（参照） |
| 21 | 氟唑菌酰胺 | 0.9* | 杀菌剂 | 无指定 |
| 22 | 咯菌腈 | 5 | 杀菌剂 | GB 23200.8、GB/T 20769 |
| 23 | 甲胺磷 | 0.05 | 杀虫剂 | GB/T 5009.103、NY/T 761、GB 23200.113 |
| 24 | 甲拌磷 | 0.01 | 杀虫剂 | GB 23200.113 |
| 25 | 甲苯氟磺胺 | 5 | 杀菌剂 | GB 23200.8 |
| 26 | 甲基对硫磷 | 0.01 | 杀虫剂 | NY/T 761、GB 23200.113 |
| 27 | 甲基硫环磷 | 0.03* | 杀虫剂 | NY/T 761 |
| 28 | 甲基异柳磷 | 0.01* | 杀虫剂 | GB/T 5009.144、GB 23200.113 |
| 29 | 甲霜灵和精甲霜灵 | 1 | 杀菌剂 | GB 23200.8、GB/T 20769、GB 23200.113 |
| 30 | 腈苯唑 | 0.1 | 杀菌剂 | GB 23200.8、GB/T 20769、GB 23200.113 |
| 31 | 久效磷 | 0.03 | 杀虫剂 | NY/T 761、GB 23200.113 |
| 32 | 抗蚜威 | 1 | 杀虫剂 | GB 23200.8、NY/T 1379、SN/T 0134、GB 23200.113 |
| 33 | 克百威 | 0.02 | 杀虫剂 | NY/T 761 |
| 34 | 联苯三唑醇 | 2 | 杀菌剂 | GB 23200.8、GB/T 20769 |
| 35 | 磷胺 | 0.05 | 杀虫剂 | NY/T 761、GB 23200.113 |
| 36 | 硫环磷 | 0.03 | 杀虫剂 | NY/T 761、GB 23200.113 |
| 37 | 硫线磷 | 0.02 | 杀虫剂 | GB/T 20769 |
| 38 | 氯菊酯 | 2 | 杀虫剂 | GB 23200.8、NY/T 761、GB 23200.113 |
| 39 | 氯唑磷 | 0.01 | 杀虫剂 | GB/T 20769、GB 23200.113 |
| 40 | 灭多威 | 0.2 | 杀虫剂 | NY/T 761 |
| 41 | 灭线磷 | 0.02 | 杀线虫剂 | NY/T 761 |
| 42 | 内吸磷 | 0.02 | 杀虫/杀螨剂 | GB/T 20769 |

（续）

| 序号 | 农药中文名 | 最大残留限量（mg/kg） | 农药主要用途 | 检测方法 |
|---|---|---|---|---|
| 43 | 噻草酮 | 0.09* | 除草剂 | GB 23200.38（参照） |
| 44 | 噻虫胺 | 0.4 | 杀虫剂 | GB 23200.8、GB/T 20769 |
| 45 | 噻虫啉 | 0.7 | 杀虫剂 | GB/T 20769 |
| 46 | 噻菌灵 | 3 | 杀菌剂 | GB/T 20769、NY/T 1453、NY/T 1680 |
| 47 | 杀草强 | 0.05 | 除草剂 | GB 23200.6 |
| 48 | 杀虫脒 | 0.01 | 杀虫剂 | GB/T 20769 |
| 49 | 杀螟硫磷 | 0.5* | 杀虫剂 | GB/T 14553、GB/T 20769、NY/T 761、GB 23200.113 |
| 50 | 杀扑磷 | 0.05 | 杀虫剂 | GB 23200.8、GB/T 14553、NY/T 761、GB 23200.113 |
| 51 | 水胺硫磷 | 0.01 | 杀虫剂 | GB/T 5009.20、GB 23200.113 |
| 52 | 特丁硫磷 | 0.01 | 杀虫剂 | NY/T 761、NY/T 1379 |
| 53 | 涕灭威 | 0.02 | 杀虫剂 | NY/T 761 |
| 54 | 戊菌唑 | 0.2 | 杀菌剂 | GB 23200.8、GB/T 20769、GB 23200.113 |
| 55 | 溴氰虫酰胺 | 0.8* | 杀虫剂 | 无指定 |
| 56 | 亚胺硫磷 | 3 | 杀虫剂 | GB 23200.8、GB/T 20769、NY/T 761、GB 23200.113 |
| 57 | 氧乐果 | 0.02 | 杀虫剂 | NY/T 761、NY/T 1379、GB 23200.113 |
| 58 | 乙基多杀菌素 | 0.05* | 杀虫剂 | 无指定 |
| 59 | 乙酰甲胺磷 | 0.5 | 杀虫剂 | NY/T 761、GB 23200.113 |
| 60 | 蝇毒磷 | 0.05 | 杀虫剂 | GB 23200.8、GB 23200.113 |
| 61 | 治螟磷 | 0.01 | 杀虫剂 | GB 23200.8、NY/T 761、GB 23200.113 |
| 62 | 艾氏剂 | 0.05 | 杀虫剂 | GB/T 5009.19、NY/T 761、GB 23200.113 |
| 63 | 滴滴涕 | 0.05 | 杀虫剂 | GB/T 5009.19、NY/T 761、GB 23200.113 |
| 64 | 狄氏剂 | 0.02 | 杀虫剂 | GB/T 5009.19、NY/T 761、GB 23200.113 |

（续）

| 序号 | 农药中文名 | 最大残留限量（mg/kg） | 农药主要用途 | 检测方法 |
|---|---|---|---|---|
| 65 | 毒杀芬 | 0.05* | 杀虫剂 | YC/T 180（参照） |
| 66 | 六六六 | 0.05 | 杀虫剂 | GB/T 5009.19、NY/T 761、GB 23200.113 |
| 67 | 氯丹 | 0.02 | 杀虫剂 | GB/T 5009.19 |
| 68 | 灭蚁灵 | 0.01 | 杀虫剂 | GB/T 5009.19 |
| 69 | 七氯 | 0.01 | 杀虫剂 | GB/T 5009.19、NY/T 761 |
| 70 | 异狄氏剂 | 0.05 | 杀虫剂 | GB/T 5009.19、NY/T 761 |
| 71 | 嘧霉胺 | 7 | 杀菌剂 | GB 23200.8、GB/T 20769、GB 23200.113 |
| 72 | 2 甲 4 氯（钠） | 0.05 | 除草剂 | GB/T 20769 |
| 73 | 阿维菌素 | 0.02 | 杀虫剂 | GB 23200.19、GB 23200.20 |
| 74 | 百草枯 | 0.05* | 除草剂 | 无指定 |
| 75 | 百菌清 | 1 | 杀菌剂 | GB/T 5009.105、NY/T 761 |
| 76 | 保棉磷 | 2 | 杀虫剂 | NY/T 761 |
| 77 | 苯丁锡 | 5 | 杀螨剂 | SN 0592（参照） |
| 78 | 苯氟磺胺 | 5 | 杀菌剂 | SN/T 2320（参照） |
| 79 | 苯菌灵 | 5* | 杀菌剂 | GB/T 23380、NY/T 1680、SN/T 0162（参照） |
| 80 | 苯醚甲环唑 | 0.5 | 杀菌剂 | GB 23200.8、GB 23200.49、GB/T 5009.218、GB 23200.113 |
| 81 | 吡草醚 | 0.03 | 除草剂 | GB 23200.8、NY/T 1379 |
| 82 | 吡虫啉 | 0.5 | 杀虫剂 | GB/T 20769、GB/T 23379 |
| 83 | 吡唑醚菌酯 | 0.5 | 杀菌剂 | GB 23200.8 |
| 84 | 丙环唑 | 0.1 | 杀菌剂 | GB 23200.8、GB/T 20769 |
| 85 | 丙森锌 | 5 | 杀菌剂 | SN 0157、SN/T 1541（参照） |
| 86 | 丙溴磷 | 0.05 | 杀虫剂 | GB 23200.8、NY/T 761、SN/T 2234、GB 23200.113 |
| 87 | 草甘膦 | 0.5 | 除草剂 | GB/T 23750、NY/T 1096、SN/T 1923 |
| 88 | 虫酰肼 | 3 | 杀虫剂 | GB/T 20769（参照） |
| 89 | 除虫脲 | 5 | 杀虫剂 | GB/T 5009.147、NY/T 1720 |

（续）

| 序号 | 农药中文名 | 最大残留限量（mg/kg） | 农药主要用途 | 检测方法 |
| --- | --- | --- | --- | --- |
| 90 | 哒螨灵 | 2 | 杀螨剂 | GB 23200.8、GB 23200.113、GB/T 20769 |
| 91 | 代森铵 | 5 | 杀菌剂 | SN 0157 |
| 92 | 代森联 | 5 | 杀菌剂 | SN 0157 |
| 93 | 代森锰锌 | 5 | 杀菌剂 | SN 0157 |
| 94 | 代森锌 | 5 | 杀菌剂 | SN 0157 |
| 95 | 单甲脒和单甲脒盐酸盐 | 0.5 | 杀虫剂 | GB/T 5009.160 |
| 96 | 敌草快 | 0.1 | 除草剂 | SN/T 0293 |
| 97 | 敌敌畏 | 0.1 | 杀虫剂 | GB 23200.8、GB/T 5009.20、NY/T 761、GB 23200.113 |
| 98 | 敌螨普 | 0.2* | 杀菌剂 | 无指定 |
| 99 | 丁硫克百威 | 0.2 | 杀虫剂 | GB 23200.1 |
| 100 | 丁醚脲 | 0.2* | 杀虫/杀螨剂 | 无指定 |
| 101 | 丁香菌酯 | 0.2* | 杀菌剂 | 无指定 |
| 102 | 啶虫脒 | 0.8 | 杀虫剂 | GB/T 20769、GB/T 23584 |
| 103 | 啶酰菌胺 | 2 | 杀菌剂 | GB/T 20769 |
| 104 | 毒死蜱 | 1 | 杀虫剂 | GB 23200.8、NY/T 761、SN/T 2158、GB 23200.113 |
| 105 | 多菌灵 | 5 | 杀菌剂 | GB/T 20769、NY/T 1453 |
| 106 | 多抗霉素 | 0.5* | 杀菌剂 | 无指定 |
| 107 | 多杀霉素 | 0.1 | 杀虫剂 | GB/T 20769 |
| 108 | 多效唑 | 0.5 | 植物生长调节剂 | GB 23200.8、GB/T 20769、GB/T 20770、GB 23200.113 |
| 109 | 噁唑菌酮 | 0.2 | 杀菌剂 | GB/T 20769 |
| 110 | 二苯胺 | 5 | 杀菌剂 | GB 23200.8、GB 23200.113 |
| 111 | 二氰蒽醌 | 5* | 杀菌剂 | 无指定 |
| 112 | 氟虫脲 | 1 | 杀虫剂 | GB/T 20769 |
| 113 | 氟啶胺 | 2 | 杀菌剂 | GB 23200.34（参照） |
| 114 | 氟啶虫胺腈 | 0.5* | 杀虫剂 | 无指定 |
| 115 | 氟啶虫酰胺 | 1 | 杀虫剂 | 无指定 |

（续）

| 序号 | 农药中文名 | 最大残留限量（mg/kg） | 农药主要用途 | 检测方法 |
|---|---|---|---|---|
| 116 | 氟硅唑 | 0.2 | 杀菌剂 | GB 23200.8、GB 23200.53、GB/T 20769 |
| 117 | 氟环唑 | 0.5 | 杀菌剂 | GB 23200.8、GB/T 20769、GB 23200.113 |
| 118 | 氟氯氰菊酯和高效氟氯氰菊酯 | 0.5 | 杀虫剂 | GB 23200.8、GB/T 5009.146、NY/T 761、GB 23200.113 |
| 119 | 氟氰戊菊酯 | 0.5 | 杀虫剂 | NY/T 761、GB 23200.113 |
| 120 | 福美双 | 5 | 杀菌剂 | SN 0157 |
| 121 | 福美锌 | 5 | 杀菌剂 | SN 0157、SN/T 1541（参照） |
| 122 | 己唑醇 | 0.5 | 杀菌剂 | GB 23200.8、GB 23200.113 |
| 123 | 甲氨基阿维菌素苯甲酸盐 | 0.02 | 杀虫剂 | GB/T 20769 |
| 124 | 甲基硫菌灵 | 5 | 杀菌剂 | NY/T 1680 |
| 125 | 甲氰菊酯 | 5 | 杀虫剂 | NY/T 761、GB 23200.113 |
| 126 | 甲氧虫酰肼 | 3 | 杀虫剂 | GB/T 20769 |
| 127 | 腈菌唑 | 0.5 | 杀菌剂 | GB 23200.8、GB/T 20769、NY/T 1455、GB 23200.113 |
| 128 | 井冈霉素 | 1 | 杀菌剂 | GB 23200.74 |
| 129 | 克菌丹 | 15 | 杀菌剂 | GB 23200.8、SN 0654 |
| 130 | 喹啉铜 | 2* | 杀菌剂 | 无指定 |
| 131 | 乐果 | 1* | 杀虫剂 | GB/T 5009.145、GB/T 20769、NY/T 761、GB 23200.113 |
| 132 | 联苯肼酯 | 0.2 | 杀螨剂 | GB 23200.8 |
| 133 | 联苯菊酯 | 0.5 | 杀虫/杀螨剂 | GB/T 5009.146、NY/T 761、SN/T 1969 |
| 134 | 硫丹 | 0.05 | 杀虫剂 | NY/T 761 |
| 135 | 螺虫乙酯 | 1* | 杀虫剂 | 无指定 |
| 136 | 螺螨酯 | 0.5 | 杀螨剂 | GB 23200.8、GB/T 20769 |
| 137 | 氯苯嘧啶醇 | 0.3 | 杀菌剂 | GB 23200.8、GB/T 20769、GB 23200.113 |
| 138 | 氯虫苯甲酰胺 | 2* | 杀虫剂 | 无指定 |

（续）

| 序号 | 农药中文名 | 最大残留限量（mg/kg） | 农药主要用途 | 检测方法 |
|---|---|---|---|---|
| 139 | 氯氟氰菊酯和高效氯氟氰菊酯 | 0.2 | 杀虫剂 | GB 23200.8、GB/T 5009.146、NY/T 761、GB 23200.113 |
| 140 | 氯氰菊酯和高效氯氰菊酯 | 2 | 杀虫剂 | GB 23200.8、GB/T 5009.146、NY/T 761、GB 23200.113 |
| 141 | 马拉硫磷 | 2 | 杀虫剂 | GB 23200.8、GB/T 20769、NY/T 761、GB 23200.113 |
| 142 | 咪鲜胺和咪鲜胺锰盐 | 2 | 杀菌剂 | GB/T 20769、NY/T 1456 |
| 143 | 醚菊酯 | 0.6 | 杀虫剂 | GB 23200.8 |
| 144 | 嘧菌酯 | 0.2 | 杀菌剂 | GB/T 20769、NY/T 1453、SN/T 1976 |
| 145 | 嘧菌环胺 | 2 | 杀菌剂 | GB 23200.8、GB/T 20769、GB 23200.113 |
| 146 | 灭菌丹 | 10 | 杀菌剂 | GB/T 20769、SN/T 2320 |
| 147 | 灭幼脲 | 2 | 杀虫剂 | GB/T 20769 |
| 148 | 萘乙酸和萘乙酸钠 | 0.1 | 植物生长调节剂 | SN/T 2228（参照） |
| 149 | 宁南霉素 | 1* | 杀菌剂 | 无指定 |
| 150 | 嗪氨灵 | 2 | 杀菌剂 | SN/T 0695（参照） |
| 151 | 氰戊菊酯和S-氰戊菊酯 | 1 | 杀虫剂 | GB 23200.8、NY/T 761、GB 23200.113 |
| 152 | 炔螨特 | 5 | 杀螨剂 | GB 23200.8、NY/T 1652 |
| 153 | 噻苯隆 | 0.05 | 植物生长调节剂 | SN/T 4586 |
| 154 | 噻虫嗪 | 0.3 | 杀虫剂 | GB 23200.8、GB/T 20769 |
| 155 | 噻螨酮 | 0.5 | 杀螨剂 | GB 23200.8、GB/T 20769 |
| 156 | 噻霉酮 | 0.05* | 杀菌剂 | 无指定 |
| 157 | 噻嗪酮 | 3 | 杀虫剂 | GB 23200.8、GB/T 20769 |
| 158 | 三氯杀螨醇 | 1 | 杀螨剂 | NY/T 761、GB 23200.113 |
| 159 | 三氯杀螨砜 | 2 | 杀螨剂 | NY/T 1379 |
| 160 | 三乙膦酸铝 | 30* | 杀菌剂 | 无指定 |
| 161 | 三唑醇 | 1 | 杀菌剂 | GB 23200.8、GB 23200.113 |
| 162 | 三唑磷 | 0.2 | 杀虫剂 | NY/T 761、GB 23200.113 |

（续）

| 序号 | 农药中文名 | 最大残留限量（mg/kg） | 农药主要用途 | 检测方法 |
| --- | --- | --- | --- | --- |
| 163 | 三唑酮 | 1 | 杀菌剂 | GB 23200.8、GB/T 20769、NY/T 761、GB 23200.113 |
| 164 | 三唑锡 | 0.5 | 杀螨剂 | SN/T 4558 |
| 165 | 杀虫单 | 1* | 杀虫剂 | 无指定 |
| 166 | 杀虫双 | 1* | 杀虫剂 | 无指定 |
| 167 | 杀铃脲 | 0.1 | 杀虫剂 | GB/T 20769、NY/T 1720 |
| 168 | 虱螨脲 | 1 | 杀虫剂 | GB/T 20769 |
| 169 | 双胍三辛烷基苯磺酸盐 | 2* | 杀菌剂 | 无指定 |
| 170 | 双甲脒 | 0.5 | 杀螨剂 | GB/T 5009.143 |
| 171 | 四螨嗪 | 0.5 | 杀螨剂 | GB 23200.47、GB/T 20769 |
| 172 | 肟菌酯 | 0.7 | 杀菌剂 | GB 23200.8、GB/T 20769、GB 23200.113 |
| 173 | 戊唑醇 | 2 | 杀菌剂 | GB 23200.8、GB/T 20769、GB 23200.113 |
| 174 | 西玛津 | 0.2 | 除草剂 | GB/T 23200.8、GB 23200.113 |
| 175 | 烯唑醇 | 0.2 | 杀菌剂 | GB/T 5009.201、GB/T 20769、GB 23200.113 |
| 176 | 辛菌胺 | 0.1* | 杀菌剂 | 无指定 |
| 177 | 辛硫磷 | 0.3 | 杀虫剂 | GB/T 5009.102、GB/T 20769 |
| 178 | 溴菌腈 | 0.2* | 杀菌剂 | 无指定 |
| 179 | 溴螨酯 | 2 | 杀螨剂 | GB 23200.8、SN/T 0192、GB 23200.113 |
| 180 | 溴氰菊酯 | 0.1 | 杀虫剂 | NY/T 761、GB 23200.113 |
| 181 | 蚜灭磷 | 1 | 杀虫剂 | GB/T 20769 |
| 182 | 亚胺唑 | 1* | 杀菌剂 | 无指定 |
| 183 | 乙螨唑 | 0.1 | 杀螨剂 | GB 23200.8、GB 23200.113 |
| 184 | 乙嘧酚 | 0.1 | 杀菌剂 | GB/T 20769 |
| 185 | 乙蒜素 | 0.2* | 杀菌剂 | 无指定 |
| 186 | 乙烯利 | 5 | 植物生长调节剂 | GB 23200.16 |
| 187 | 乙氧氟草醚 | 0.05 | 除草剂 | GB 23200.8、GB/T 20769、GB 23200.113 |

（续）

| 序号 | 农药中文名 | 最大残留限量（mg/kg） | 农药主要用途 | 检测方法 |
|---|---|---|---|---|
| 188 | 异菌脲 | 5 | 杀菌剂 | GB 23200.8、NY/T 761、NY/T 1277、GB 23200.113 |
| 189 | 抑霉唑 | 5 | 杀菌剂 | GB 23200.8、GB/T 20769、GB 23200.113 |
| 190 | 茚虫威 | 0.5 | 杀虫剂 | GB/T 20769 |
| 191 | 莠去津 | 0.05 | 除草剂 | GB 23200.8、GB/T 20769、NY/T 761、GB 23200.113 |
| 192 | 唑螨酯 | 0.3 | 杀螨剂 | GB 23200.8、GB 23200.29、GB/T 20769 |

## 4.9 梨

梨中农药最大残留限量见表 4-9。

**表 4-9 梨中农药最大残留限量**

| 序号 | 农药中文名 | 最大残留限量（mg/kg） | 农药主要用途 | 检测方法 |
|---|---|---|---|---|
| 1 | 2,4-滴和 2,4-滴钠盐 | 0.01 | 除草剂 | NY/T 1434（参照） |
| 2 | 倍硫磷 | 0.05 | 杀虫剂 | GB 23200.8、NY/T 761、GB 23200.113 |
| 3 | 苯嘧磺草胺 | 0.01* | 除草剂 | 无指定 |
| 4 | 苯线磷 | 0.02 | 杀虫剂 | GB 23200.8、GB/T 5009.145 |
| 5 | 吡噻菌胺 | 0.4* | 杀菌剂 | 无指定 |
| 6 | 草铵膦 | 0.1 | 除草剂 | GB 23200.108 |
| 7 | 敌百虫 | 0.2 | 杀虫剂 | GB/T 20769、NY/T 761 |
| 8 | 地虫硫磷 | 0.01 | 杀虫剂 | GB 23200.8、GB 23200.113 |
| 9 | 丁氟螨酯 | 0.4 | 杀螨剂 | SN/T 3539 |
| 10 | 对硫磷 | 0.01 | 杀虫剂 | GB/T 5009.145、GB 23200.113 |
| 11 | 多果定 | 5* | 杀菌剂 | 无指定 |
| 12 | 二嗪磷 | 0.3 | 杀虫剂 | GB/T 20769、GB/T 5009.107、NY/T 761、GB 23200.113 |
| 13 | 粉唑醇 | 0.3 | 杀菌剂 | GB/T 20769 |
| 14 | 伏杀硫磷 | 2 | 杀虫剂 | GB 23200.8、NY/T 761 |

（续）

| 序号 | 农药中文名 | 最大残留限量（mg/kg） | 农药主要用途 | 检测方法 |
|---|---|---|---|---|
| 15 | 氟苯虫酰胺 | 0.8* | 杀虫剂 | 无指定 |
| 16 | 氟苯脲 | 1 | 杀虫剂 | NY/T 1453 |
| 17 | 氟吡甲禾灵和高效氟吡甲禾灵 | 0.02* | 除草剂 | 无指定 |
| 18 | 氟吡菌酰胺 | 0.5* | 杀菌剂 | 无指定 |
| 19 | 氟虫腈 | 0.02 | 杀虫剂 | GB 23200.34、NY/T 1379（参照） |
| 20 | 氟酰脲 | 3 | 杀虫剂 | GB 23200.34（参照） |
| 21 | 氟唑菌酰胺 | 0.9* | 杀菌剂 | 无指定 |
| 22 | 咯菌腈 | 5 | 杀菌剂 | GB 23200.8、GB/T 20769 |
| 23 | 甲胺磷 | 0.05 | 杀虫剂 | GB/T 5009.103、NY/T 761、GB 23200.113 |
| 24 | 甲拌磷 | 0.01 | 杀虫剂 | GB 23200.113 |
| 25 | 甲苯氟磺胺 | 5 | 杀菌剂 | GB 23200.8 |
| 26 | 甲基对硫磷 | 0.01 | 杀虫剂 | NY/T 761、GB 23200.113 |
| 27 | 甲基硫环磷 | 0.03* | 杀虫剂 | NY/T 761 |
| 28 | 甲基异柳磷 | 0.01* | 杀虫剂 | GB/T 5009.144、GB 23200.113 |
| 29 | 甲霜灵和精甲霜灵 | 1 | 杀菌剂 | GB 23200.8、GB/T 20769、GB 23200.113 |
| 30 | 腈苯唑 | 0.1 | 杀菌剂 | GB 23200.8、GB/T 20769、GB 23200.113 |
| 31 | 久效磷 | 0.03 | 杀虫剂 | NY/T 761、GB 23200.113 |
| 32 | 抗蚜威 | 1 | 杀虫剂 | GB 23200.8、NY/T 1379、SN/T 0134、GB 23200.113 |
| 33 | 克百威 | 0.02 | 杀虫剂 | NY/T 761 |
| 34 | 联苯三唑醇 | 2 | 杀菌剂 | GB 23200.8、GB/T 20769 |
| 35 | 磷胺 | 0.05 | 杀虫剂 | NY/T 761、GB 23200.113 |
| 36 | 硫环磷 | 0.03 | 杀虫剂 | NY/T 761、GB 23200.113 |
| 37 | 硫线磷 | 0.02 | 杀虫剂 | GB/T 20769 |
| 38 | 氯菊酯 | 2 | 杀虫剂 | GB 23200.8、NY/T 761、GB 23200.113 |
| 39 | 氯唑磷 | 0.01 | 杀虫剂 | GB/T 20769、GB 23200.113 |

（续）

| 序号 | 农药中文名 | 最大残留限量（mg/kg） | 农药主要用途 | 检测方法 |
|---|---|---|---|---|
| 40 | 灭多威 | 0.2 | 杀虫剂 | NY/T 761 |
| 41 | 灭线磷 | 0.02 | 杀线虫剂 | NY/T 761 |
| 42 | 内吸磷 | 0.02 | 杀虫/杀螨剂 | GB/T 20769 |
| 43 | 噻草酮 | 0.09* | 除草剂 | GB 23200.38（参照） |
| 44 | 噻虫胺 | 0.4 | 杀虫剂 | GB 23200.8、GB/T 20769 |
| 45 | 噻虫啉 | 0.7 | 杀虫剂 | GB/T 20769 |
| 46 | 噻菌灵 | 3 | 杀菌剂 | GB/T 20769、NY/T 1453、NY/T 1680 |
| 47 | 杀草强 | 0.05 | 除草剂 | GB 23200.6 |
| 48 | 杀虫脒 | 0.01 | 杀虫剂 | GB/T 20769 |
| 49 | 杀螟硫磷 | 0.5* | 杀虫剂 | GB/T 14553、GB/T 20769、NY/T 761、GB 23200.113 |
| 50 | 杀扑磷 | 0.05 | 杀虫剂 | GB 23200.8、GB/T 14553、NY/T 761、GB 23200.113 |
| 51 | 水胺硫磷 | 0.01 | 杀虫剂 | GB/T 5009.20、GB 23200.113 |
| 52 | 特丁硫磷 | 0.01 | 杀虫剂 | NY/T 761、NY/T 1379 |
| 53 | 涕灭威 | 0.02 | 杀虫剂 | NY/T 761 |
| 54 | 戊菌唑 | 0.2 | 杀菌剂 | GB 23200.8、GB/T 20769、GB 23200.113 |
| 55 | 溴氰虫酰胺 | 0.8* | 杀虫剂 | 无指定 |
| 56 | 亚胺硫磷 | 3 | 杀虫剂 | GB 23200.8、GB/T 20769、NY/T 761、GB 23200.113 |
| 57 | 氧乐果 | 0.02 | 杀虫剂 | NY/T 761、NY/T 1379、GB 23200.113 |
| 58 | 乙基多杀菌素 | 0.05* | 杀虫剂 | 无指定 |
| 59 | 乙酰甲胺磷 | 0.5 | 杀虫剂 | NY/T 761、GB 23200.113 |
| 60 | 蝇毒磷 | 0.05 | 杀虫剂 | GB 23200.8、GB 23200.113 |
| 61 | 治螟磷 | 0.01 | 杀虫剂 | GB 23200.8、NY/T 761、GB 23200.113 |
| 62 | 艾氏剂 | 0.05 | 杀虫剂 | GB/T 5009.19、NY/T 761、GB 23200.113 |

（续）

| 序号 | 农药中文名 | 最大残留限量（mg/kg） | 农药主要用途 | 检测方法 |
|---|---|---|---|---|
| 63 | 滴滴涕 | 0.05 | 杀虫剂 | GB/T 5009.19、NY/T 761、GB 23200.113 |
| 64 | 狄氏剂 | 0.02 | 杀虫剂 | GB/T 5009.19、NY/T 761、GB 23200.113 |
| 65 | 毒杀芬 | 0.05* | 杀虫剂 | YC/T 180（参照） |
| 66 | 六六六 | 0.05 | 杀虫剂 | GB/T 5009.19、NY/T 761、GB 23200.113 |
| 67 | 氯丹 | 0.02 | 杀虫剂 | GB/T 5009.19 |
| 68 | 灭蚁灵 | 0.01 | 杀虫剂 | GB/T 5009.19 |
| 69 | 七氯 | 0.01 | 杀虫剂 | GB/T 5009.19、NY/T 761 |
| 70 | 异狄氏剂 | 0.05 | 杀虫剂 | GB/T 5009.19、NY/T 761 |
| 71 | 百草枯 | 0.01* | 除草剂 | 无指定 |
| 72 | 草甘膦 | 0.1 | 除草剂 | GB/T 23750、NY/T 1096、SN/T 1923 |
| 73 | 虫酰肼 | 1 | 杀虫剂 | GB/T 20769（参照） |
| 74 | 敌草快 | 0.02 | 除草剂 | SN/T 0293 |
| 75 | 敌敌畏 | 0.2 | 杀虫剂 | GB 23200.8、GB/T 5009.20、NY/T 761、GB 23200.113 |
| 76 | 啶虫脒 | 2 | 杀虫剂 | GB/T 20769、GB/T 23584 |
| 77 | 氟啶虫胺腈 | 0.3* | 杀虫剂 | 无指定 |
| 78 | 甲氧虫酰肼 | 2 | 杀虫剂 | GB/T 20769 |
| 79 | 联苯肼酯 | 0.7 | 杀螨剂 | GB 23200.8 |
| 80 | 螺虫乙酯 | 0.7* | 杀虫剂 | 无指定 |
| 81 | 螺螨酯 | 0.8 | 杀螨剂 | GB 23200.8、GB/T 20769 |
| 82 | 氯虫苯甲酰胺 | 0.4* | 杀虫剂 | 无指定 |
| 83 | 乙螨唑 | 0.07 | 杀螨剂 | GB 23200.8、GB 23200.113 |
| 84 | 阿维菌素 | 0.02 | 杀虫剂 | GB 23200.19、GB 23200.20 |
| 85 | 百菌清 | 1 | 杀菌剂 | GB/T 5009.105、NY/T 761 |
| 86 | 保棉磷 | 2 | 杀虫剂 | NY/T 761 |
| 87 | 苯丁锡 | 5 | 杀螨剂 | SN 0592（参照） |

（续）

| 序号 | 农药中文名 | 最大残留限量（mg/kg） | 农药主要用途 | 检测方法 |
|---|---|---|---|---|
| 88 | 苯氟磺胺 | 5 | 杀菌剂 | SN/T 2320（参照） |
| 89 | 苯菌灵 | 3* | 杀菌剂 | GB/T 23380、NY/T 1680、SN/T 0162（参照） |
| 90 | 苯醚甲环唑 | 0.5 | 杀菌剂 | GB 23200.8、GB 23200.49、GB/T 5009.218、GB 23200.113 |
| 91 | 吡虫啉 | 0.5 | 杀虫剂 | GB/T 20769、GB/T 23379 |
| 92 | 丙森锌 | 5 | 杀菌剂 | SN 0157、SN/T 1541（参照） |
| 93 | 除虫脲 | 1 | 杀虫剂 | GB/T 5009.147、NY/T 1720 |
| 94 | 代森铵 | 5 | 杀菌剂 | SN 0157 |
| 95 | 代森联 | 5 | 杀菌剂 | SN 0157 |
| 96 | 代森锰锌 | 5 | 杀菌剂 | SN 0157 |
| 97 | 单甲脒和单甲脒盐酸盐 | 0.5 | 杀虫剂 | GB/T 5009.160 |
| 98 | 毒死蜱 | 1 | 杀虫剂 | GB 23200.8、NY/T 761、SN/T 2158、GB 23200.113 |
| 99 | 多菌灵 | 3 | 杀菌剂 | GB/T 20769、NY/T 1453 |
| 100 | 多抗霉素 | 0.1* | 杀菌剂 | 无指定 |
| 101 | 噁唑菌酮 | 0.2 | 杀菌剂 | GB/T 20769 |
| 102 | 二苯胺 | 5 | 杀菌剂 | GB 23200.8、GB 23200.113 |
| 103 | 二氰蒽醌 | 2* | 杀菌剂 | 无指定 |
| 104 | 氟虫脲 | 1 | 杀虫剂 | GB/T 20769 |
| 105 | 氟硅唑 | 0.2 | 杀菌剂 | GB 23200.8、GB 23200.53、GB/T 20769 |
| 106 | 氟菌唑 | 0.5* | 杀菌剂 | GB/T 20769、NY/T 1453 |
| 107 | 氟氯氰菊酯和高效氟氯氰菊酯 | 0.1 | 杀虫剂 | GB 23200.8、GB/T 5009.146、NY/T 761、GB 23200.113 |
| 108 | 氟氰戊菊酯 | 0.5 | 杀虫剂 | NY/T 761、GB 23200.113 |
| 109 | 福美双 | 5 | 杀菌剂 | SN 0157 |
| 110 | 福美锌 | 5 | 杀菌剂 | SN 0157、SN/T 1541（参照） |
| 111 | 己唑醇 | 0.5 | 杀菌剂 | GB 23200.8、GB 23200.113 |
| 112 | 甲氨基阿维菌素苯甲酸盐 | 0.02 | 杀虫剂 | GB/T 20769 |

（续）

| 序号 | 农药中文名 | 最大残留限量（mg/kg） | 农药主要用途 | 检测方法 |
|---|---|---|---|---|
| 113 | 甲基硫菌灵 | 3 | 杀菌剂 | NY/T 1680 |
| 114 | 甲氰菊酯 | 5 | 杀虫剂 | NY/T 761、GB 23200.113 |
| 115 | 腈菌唑 | 0.5 | 杀菌剂 | GB 23200.8、GB/T 20769、NY/T 1455、GB 23200.113 |
| 116 | 克菌丹 | 15 | 杀菌剂 | GB 23200.8、SN 0654 |
| 117 | 苦参碱 | 5* | 杀虫剂 | 无指定 |
| 118 | 乐果 | 1* | 杀虫剂 | GB/T 5009.145、GB/T 20769、NY/T 761、GB 23200.113 |
| 119 | 联苯菊酯 | 0.5 | 杀虫/杀螨剂 | GB/T 5009.146、NY/T 761、SN/T 1969 |
| 120 | 邻苯基苯酚 | 20 | 杀菌剂 | GB 23200.8 |
| 121 | 硫丹 | 0.05 | 杀虫剂 | NY/T 761 |
| 122 | 氯苯嘧啶醇 | 0.3 | 杀菌剂 | GB 23200.8、GB/T 20769、GB 23200.113 |
| 123 | 氯氟氰菊酯和高效氯氟氰菊酯 | 0.2 | 杀虫剂 | GB 23200.8、GB/T 5009.146、NY/T 761、GB 23200.113 |
| 124 | 氯氰菊酯和高效氯氰菊酯 | 2 | 杀虫剂 | GB 23200.8、GB/T 5009.146、NY/T 761、GB 23200.113 |
| 125 | 马拉硫磷 | 2 | 杀虫剂 | GB 23200.8、GB/T 20769、NY/T 761、GB 23200.113 |
| 126 | 咪鲜胺和咪鲜胺锰盐 | 0.2 | 杀菌剂 | GB/T 20769、NY/T 1456 |
| 127 | 醚菊酯 | 0.6 | 杀虫剂 | GB 23200.8 |
| 128 | 嘧菌酯 | 0.2 | 杀菌剂 | GB/T 20769、NY/T 1453、SN/T 1976 |
| 129 | 嘧菌环胺 | 1 | 杀菌剂 | GB 23200.8、GB/T 20769、GB 23200.113 |
| 130 | 嘧霉胺 | 1 | 杀菌剂 | GB 23200.8、GB/T 20769、GB 23200.113 |
| 131 | 氰戊菊酯和S-氰戊菊酯 | 1 | 杀虫剂 | GB 23200.8、NY/T 761、GB 23200.113 |
| 132 | 炔螨特 | 5 | 杀螨剂 | GB 23200.8、NY/T 1652 |
| 133 | 噻虫嗪 | 0.3 | 杀虫剂 | GB 23200.8、GB/T 20769 |

（续）

| 序号 | 农药中文名 | 最大残留限量（mg/kg） | 农药主要用途 | 检测方法 |
|---|---|---|---|---|
| 134 | 噻螨酮 | 0.5 | 杀螨剂 | GB 23200.8、GB/T 20769 |
| 135 | 噻嗪酮 | 6 | 杀虫剂 | GB 23200.8、GB/T 20769 |
| 136 | 三氯杀螨醇 | 1 | 杀螨剂 | NY/T 761、GB 23200.113 |
| 137 | 三唑酮 | 0.5 | 杀菌剂 | GB 23200.8、GB/T 20769、NY/T 761、GB 23200.113 |
| 138 | 三唑锡 | 0.2 | 杀螨剂 | SN/T 4558 |
| 139 | 双甲脒 | 0.5 | 杀螨剂 | GB/T 5009.143 |
| 140 | 四螨嗪 | 0.5 | 杀螨剂 | GB 23200.47、GB/T 20769 |
| 141 | 肟菌酯 | 0.7 | 杀菌剂 | GB 23200.8、GB/T 20769、GB 23200.113 |
| 142 | 戊唑醇 | 0.5 | 杀菌剂 | GB 23200.8、GB/T 20769、GB 23200.113 |
| 143 | 西玛津 | 0.05 | 除草剂 | GB/T 23200.8、GB 23200.113 |
| 144 | 烯唑醇 | 0.1 | 杀菌剂 | GB/T 5009.201、GB/T 20769、GB 23200.113 |
| 145 | 辛硫磷 | 0.05 | 杀虫剂 | GB/T 5009.102、GB/T 20769 |
| 146 | 溴螨酯 | 2 | 杀螨剂 | GB 23200.8、SN/T 0192、GB 23200.113 |
| 147 | 溴氰菊酯 | 0.1 | 杀虫剂 | NY/T 761、GB 23200.113 |
| 148 | 蚜灭磷 | 1 | 杀虫剂 | GB/T 20769 |
| 149 | 亚砜磷 | 0.05* | 杀虫剂 | 无指定 |
| 150 | 乙氧喹啉 | 3 | 杀菌剂 | GB/T 5009.129 |
| 151 | 异菌脲 | 5 | 杀菌剂 | GB 23200.8、NY/T 761、NY/T 1277、GB 23200.113 |
| 152 | 抑霉唑 | 5 | 杀菌剂 | GB 23200.8、GB/T 20769、GB 23200.113 |
| 153 | 茚虫威 | 0.2 | 杀虫剂 | GB/T 20769 |
| 154 | 莠去津 | 0.05 | 除草剂 | GB 23200.8、GB/T 20769、NY/T 761、GB 23200.113 |
| 155 | 唑螨酯 | 0.3 | 杀螨剂 | GB 23200.8、GB 23200.29、GB/T 20769 |

## 4.10 山楂

山楂中农药最大残留限量见表 4-10。

**表 4-10 山楂中农药最大残留限量**

| 序号 | 农药中文名 | 最大残留限量(mg/kg) | 农药主要用途 | 检测方法 |
|---|---|---|---|---|
| 1 | 保棉磷 | 1 | 杀虫剂 | NY/T 761 |
| 2 | 2,4-滴和 2,4-滴钠盐 | 0.01 | 除草剂 | NY/T 1434(参照) |
| 3 | 倍硫磷 | 0.05 | 杀虫剂 | GB 23200.8、NY/T 761、GB 23200.113 |
| 4 | 苯嘧磺草胺 | 0.01* | 除草剂 | 无指定 |
| 5 | 苯线磷 | 0.02 | 杀虫剂 | GB 23200.8、GB/T 5009.145 |
| 6 | 吡噻菌胺 | 0.4* | 杀菌剂 | 无指定 |
| 7 | 草铵膦 | 0.1 | 除草剂 | GB 23200.108 |
| 8 | 敌百虫 | 0.2 | 杀虫剂 | GB/T 20769、NY/T 761 |
| 9 | 地虫硫磷 | 0.01 | 杀虫剂 | GB 23200.8、GB 23200.113 |
| 10 | 丁氟螨酯 | 0.4 | 杀螨剂 | SN/T 3539 |
| 11 | 对硫磷 | 0.01 | 杀虫剂 | GB/T 5009.145、GB 23200.113 |
| 12 | 多果定 | 5* | 杀菌剂 | 无指定 |
| 13 | 二嗪磷 | 0.3 | 杀虫剂 | GB/T 20769、GB/T 5009.107、NY/T 761、GB 23200.113 |
| 14 | 粉唑醇 | 0.3 | 杀菌剂 | GB/T 20769 |
| 15 | 伏杀硫磷 | 2 | 杀虫剂 | GB 23200.8、NY/T 761 |
| 16 | 氟苯虫酰胺 | 0.8* | 杀虫剂 | 无指定 |
| 17 | 氟苯脲 | 1 | 杀虫剂 | NY/T 1453 |
| 18 | 氟吡甲禾灵和高效氟吡甲禾灵 | 0.02* | 除草剂 | 无指定 |
| 19 | 氟吡菌酰胺 | 0.5* | 杀菌剂 | 无指定 |
| 20 | 氟虫腈 | 0.02 | 杀虫剂 | GB 23200.34、NY/T 1379(参照) |
| 21 | 氟酰脲 | 3 | 杀虫剂 | GB 23200.34(参照) |
| 22 | 氟唑菌酰胺 | 0.9* | 杀菌剂 | 无指定 |
| 23 | 咯菌腈 | 5 | 杀菌剂 | GB 23200.8、GB/T 20769 |

（续）

| 序号 | 农药中文名 | 最大残留限量（mg/kg） | 农药主要用途 | 检测方法 |
|---|---|---|---|---|
| 24 | 甲胺磷 | 0.05 | 杀虫剂 | GB/T 5009.103、NY/T 761、GB 23200.113 |
| 25 | 甲拌磷 | 0.01 | 杀虫剂 | GB 23200.113 |
| 26 | 甲苯氟磺胺 | 5 | 杀菌剂 | GB 23200.8 |
| 27 | 甲基对硫磷 | 0.01 | 杀虫剂 | NY/T 761、GB 23200.113 |
| 28 | 甲基硫环磷 | 0.03* | 杀虫剂 | NY/T 761 |
| 29 | 甲基异柳磷 | 0.01* | 杀虫剂 | GB/T 5009.144、GB 23200.113 |
| 30 | 甲霜灵和精甲霜灵 | 1 | 杀菌剂 | GB 23200.8、GB/T 20769、GB 23200.113 |
| 31 | 腈苯唑 | 0.1 | 杀菌剂 | GB 23200.8、GB/T 20769、GB 23200.113 |
| 32 | 久效磷 | 0.03 | 杀虫剂 | NY/T 761、GB 23200.113 |
| 33 | 抗蚜威 | 1 | 杀虫剂 | GB 23200.8、NY/T 1379、SN/T 0134、GB 23200.113 |
| 34 | 克百威 | 0.02 | 杀虫剂 | NY/T 761 |
| 35 | 联苯三唑醇 | 2 | 杀菌剂 | GB 23200.8、GB/T 20769 |
| 36 | 磷胺 | 0.05 | 杀虫剂 | NY/T 761、GB 23200.113 |
| 37 | 硫环磷 | 0.03 | 杀虫剂 | NY/T 761、GB 23200.113 |
| 38 | 硫线磷 | 0.02 | 杀虫剂 | GB/T 20769 |
| 39 | 氯菊酯 | 2 | 杀虫剂 | GB 23200.8、NY/T 761、GB 23200.113 |
| 40 | 氯唑磷 | 0.01 | 杀虫剂 | GB/T 20769、GB 23200.113 |
| 41 | 灭多威 | 0.2 | 杀虫剂 | NY/T 761 |
| 42 | 灭线磷 | 0.02 | 杀线虫剂 | NY/T 761 |
| 43 | 内吸磷 | 0.02 | 杀虫/杀螨剂 | GB/T 20769 |
| 44 | 噻草酮 | 0.09* | 除草剂 | GB 23200.38（参照） |
| 45 | 噻虫胺 | 0.4 | 杀虫剂 | GB 23200.8、GB/T 20769 |
| 46 | 噻虫啉 | 0.7 | 杀虫剂 | GB/T 20769 |
| 47 | 噻菌灵 | 3 | 杀菌剂 | GB/T 20769、NY/T 1453、NY/T 1680 |
| 48 | 杀草强 | 0.05 | 除草剂 | GB 23200.6 |

（续）

| 序号 | 农药中文名 | 最大残留限量（mg/kg） | 农药主要用途 | 检测方法 |
|---|---|---|---|---|
| 49 | 杀虫脒 | 0.01 | 杀虫剂 | GB/T 20769 |
| 50 | 杀螟硫磷 | 0.5* | 杀虫剂 | GB/T 14553、GB/T 20769、NY/T 761、GB 23200.113 |
| 51 | 杀扑磷 | 0.05 | 杀虫剂 | GB 23200.8、GB/T 14553、NY/T 761、GB 23200.113 |
| 52 | 水胺硫磷 | 0.01 | 杀虫剂 | GB/T 5009.20、GB 23200.113 |
| 53 | 特丁硫磷 | 0.01 | 杀虫剂 | NY/T 761、NY/T 1379 |
| 54 | 涕灭威 | 0.02 | 杀虫剂 | NY/T 761 |
| 55 | 戊菌唑 | 0.2 | 杀菌剂 | GB 23200.8、GB/T 20769、GB 23200.113 |
| 56 | 溴氰虫酰胺 | 0.8* | 杀虫剂 | 无指定 |
| 57 | 亚胺硫磷 | 3 | 杀虫剂 | GB 23200.8、GB/T 20769、NY/T 761、GB 23200.113 |
| 58 | 氧乐果 | 0.02 | 杀虫剂 | NY/T 761、NY/T 1379、GB 23200.113 |
| 59 | 乙基多杀菌素 | 0.05* | 杀虫剂 | 无指定 |
| 60 | 乙酰甲胺磷 | 0.5 | 杀虫剂 | NY/T 761、GB 23200.113 |
| 61 | 蝇毒磷 | 0.05 | 杀虫剂 | GB 23200.8、GB 23200.113 |
| 62 | 治螟磷 | 0.01 | 杀虫剂 | GB 23200.8、NY/T 761、GB 23200.113 |
| 63 | 艾氏剂 | 0.05 | 杀虫剂 | GB/T 5009.19、NY/T 761、GB 23200.113 |
| 64 | 滴滴涕 | 0.05 | 杀虫剂 | GB/T 5009.19、NY/T 761、GB 23200.113 |
| 65 | 狄氏剂 | 0.02 | 杀虫剂 | GB/T 5009.19、NY/T 761、GB 23200.113 |
| 66 | 毒杀芬 | 0.05* | 杀虫剂 | YC/T 180（参照） |
| 67 | 六六六 | 0.05 | 杀虫剂 | GB/T 5009.19、NY/T 761、GB 23200.113 |
| 68 | 氯丹 | 0.02 | 杀虫剂 | GB/T 5009.19 |
| 69 | 灭蚁灵 | 0.01 | 杀虫剂 | GB/T 5009.19 |
| 70 | 七氯 | 0.01 | 杀虫剂 | GB/T 5009.19、NY/T 761 |

（续）

| 序号 | 农药中文名 | 最大残留限量（mg/kg） | 农药主要用途 | 检测方法 |
| --- | --- | --- | --- | --- |
| 71 | 异狄氏剂 | 0.05 | 杀虫剂 | GB/T 5009.19、NY/T 761 |
| 72 | 嘧霉胺 | 7 | 杀菌剂 | GB 23200.8、GB/T 20769、GB 23200.113 |
| 73 | 百草枯 | 0.01* | 除草剂 | 无指定 |
| 74 | 草甘膦 | 0.1 | 除草剂 | GB/T 23750、NY/T 1096、SN/T 1923 |
| 75 | 虫酰肼 | 1 | 杀虫剂 | GB/T 20769（参照） |
| 76 | 敌草快 | 0.02 | 除草剂 | SN/T 0293 |
| 77 | 敌敌畏 | 0.2 | 杀虫剂 | GB 23200.8、GB/T 5009.20、NY/T 761、GB 23200.113 |
| 78 | 啶虫脒 | 2 | 杀虫剂 | GB/T 20769、GB/T 23584 |
| 79 | 氟啶虫胺腈 | 0.3* | 杀虫剂 | 无指定 |
| 80 | 甲氧虫酰肼 | 2 | 杀虫剂 | GB/T 20769 |
| 81 | 联苯肼酯 | 0.7 | 杀螨剂 | GB 23200.8 |
| 82 | 螺虫乙酯 | 0.7* | 杀虫剂 | 无指定 |
| 83 | 螺螨酯 | 0.8 | 杀螨剂 | GB 23200.8、GB/T 20769 |
| 84 | 氯虫苯甲酰胺 | 0.4* | 杀虫剂 | 无指定 |
| 85 | 乙螨唑 | 0.07 | 杀螨剂 | GB 23200.8、GB 23200.113 |
| 86 | 二氰蒽醌 | 1* | 杀菌剂 | 无指定 |
| 87 | 氟硅唑 | 0.3 | 杀菌剂 | GB 23200.8、GB 23200.53、GB/T 20769 |
| 88 | 氯氰菊酯和高效氯氰菊酯 | 0.7 | 杀虫剂 | GB 23200.8、GB/T 5009.146、NY/T 761、GB 23200.113 |
| 89 | 氰戊菊酯和 S-氰戊菊酯 | 0.2 | 杀虫剂 | GB 23200.8、NY/T 761、GB 23200.113 |
| 90 | 噻螨酮 | 0.4 | 杀螨剂 | GB 23200.8、GB/T 20769 |
| 91 | 苯丁锡 | 5 | 杀螨剂 | SN 0592（参照） |
| 92 | 苯醚甲环唑 | 0.5 | 杀菌剂 | GB 23200.8、GB 23200.49、GB/T 5009.218、GB 23200.113 |
| 93 | 丙森锌 | 5 | 杀菌剂 | SN 0157、SN/T 1541（参照） |
| 94 | 除虫脲 | 5 | 杀虫剂 | GB/T 5009.147、NY/T 1720 |

（续）

| 序号 | 农药中文名 | 最大残留限量（mg/kg） | 农药主要用途 | 检测方法 |
| --- | --- | --- | --- | --- |
| 95 | 代森铵 | 5 | 杀菌剂 | SN 0157 |
| 96 | 代森联 | 5 | 杀菌剂 | SN 0157 |
| 97 | 代森锰锌 | 5 | 杀菌剂 | SN 0157 |
| 98 | 毒死蜱 | 1 | 杀虫剂 | GB 23200.8、NY/T 761、SN/T 2158、GB 23200.113 |
| 99 | 多菌灵 | 3 | 杀菌剂 | GB/T 20769、NY/T 1453 |
| 100 | 福美双 | 5 | 杀菌剂 | SN 0157 |
| 101 | 福美锌 | 5 | 杀菌剂 | SN 0157、SN/T 1541（参照） |
| 102 | 甲氨基阿维菌素苯甲酸盐 | 0.02 | 杀虫剂 | GB/T 20769 |
| 103 | 甲氰菊酯 | 5 | 杀虫剂 | NY/T 761 |
| 104 | 腈菌唑 | 0.5 | 杀菌剂 | GB 23200.8、GB/T 20769、NY/T 1455、GB 23200.113 |
| 105 | 克菌丹 | 15 | 杀菌剂 | GB 23200.8、SN 0654 |
| 106 | 氯苯嘧啶醇 | 0.3 | 杀菌剂 | GB 23200.8、GB/T 20769、GB 23200.113 |
| 107 | 氯氟氰菊酯和高效氯氟氰菊酯 | 0.2 | 杀虫剂 | GB 23200.8、GB/T 5009.146、NY/T 761、GB 23200.113 |
| 108 | 醚菌酯 | 0.2 | 杀菌剂 | GB 23200.8、GB/T 20769 |
| 109 | 嘧菌环胺 | 2 | 杀菌剂 | GB 23200.8、GB/T 20769、GB 23200.113 |
| 110 | 噻虫嗪 | 0.3 | 杀虫剂 | GB 23200.8、GB/T 20769 |
| 111 | 双甲脒 | 0.5 | 杀螨剂 | GB/T 5009.143 |
| 112 | 四螨嗪 | 0.5 | 杀螨剂 | GB 23200.47、GB/T 20769 |
| 113 | 肟菌酯 | 0.7 | 杀菌剂 | GB 23200.8、GB/T 20769、GB 23200.113 |
| 114 | 戊唑醇 | 0.5 | 杀菌剂 | GB 23200.8、GB/T 20769、GB 23200.113 |
| 115 | 辛硫磷 | 0.05 | 杀虫剂 | GB/T 5009.102、GB/T 20769 |
| 116 | 溴螨酯 | 2 | 杀螨剂 | GB 23200.8、SN/T 0192、GB 23200.113 |
| 117 | 异菌脲 | 5 | 杀菌剂 | GB 23200.8、NY/T 761、NY/T 1277、GB 23200.113 |

（续）

| 序号 | 农药中文名 | 最大残留限量（mg/kg） | 农药主要用途 | 检测方法 |
|---|---|---|---|---|
| 118 | 抑霉唑 | 5 | 杀菌剂 | GB 23200.8、GB/T 20769、GB 23200.113 |
| 119 | 唑螨酯 | 0.3 | 杀螨剂 | GB 23200.8、GB 23200.29、GB/T 20769 |

## 4.11 枇杷

枇杷中农药最大残留限量见表 4－11。

**表 4－11 枇杷中农药最大残留限量**

| 序号 | 农药中文名 | 最大残留限量（mg/kg） | 农药主要用途 | 检测方法 |
|---|---|---|---|---|
| 1 | 保棉磷 | 1 | 杀虫剂 | NY/T 761 |
| 2 | 2,4－滴和 2,4－滴钠盐 | 0.01 | 除草剂 | NY/T 1434（参照） |
| 3 | 倍硫磷 | 0.05 | 杀虫剂 | GB 23200.8、NY/T 761、GB 23200.113 |
| 4 | 苯嘧磺草胺 | 0.01* | 除草剂 | 无指定 |
| 5 | 苯线磷 | 0.02 | 杀虫剂 | GB 23200.8、GB/T 5009.145 |
| 6 | 吡噻菌胺 | 0.4* | 杀菌剂 | 无指定 |
| 7 | 草铵膦 | 0.1 | 除草剂 | GB 23200.108 |
| 8 | 敌百虫 | 0.2 | 杀虫剂 | GB/T 20769、NY/T 761 |
| 9 | 地虫硫磷 | 0.01 | 杀虫剂 | GB 23200.8、GB 23200.113 |
| 10 | 丁氟螨酯 | 0.4 | 杀螨剂 | SN/T 3539 |
| 11 | 对硫磷 | 0.01 | 杀虫剂 | GB/T 5009.145、GB 23200.113 |
| 12 | 多果定 | 5* | 杀菌剂 | 无指定 |
| 13 | 二嗪磷 | 0.3 | 杀虫剂 | GB/T 20769、GB/T 5009.107、NY/T 761、GB 23200.113 |
| 14 | 粉唑醇 | 0.3 | 杀菌剂 | GB/T 20769 |
| 15 | 伏杀硫磷 | 2 | 杀虫剂 | GB 23200.8、NY/T 761 |
| 16 | 氟苯虫酰胺 | 0.8* | 杀虫剂 | 无指定 |
| 17 | 氟苯脲 | 1 | 杀虫剂 | NY/T 1453 |
| 18 | 氟吡甲禾灵和高效氟吡甲禾灵 | 0.02* | 除草剂 | 无指定 |

（续）

| 序号 | 农药中文名 | 最大残留限量（mg/kg） | 农药主要用途 | 检测方法 |
|---|---|---|---|---|
| 19 | 氟吡菌酰胺 | 0.5* | 杀菌剂 | 无指定 |
| 20 | 氟虫腈 | 0.02 | 杀虫剂 | GB 23200.34、NY/T 1379（参照） |
| 21 | 氟酰脲 | 3 | 杀虫剂 | GB 23200.34（参照） |
| 22 | 氟唑菌酰胺 | 0.9* | 杀菌剂 | 无指定 |
| 23 | 咯菌腈 | 5 | 杀菌剂 | GB 23200.8、GB/T 20769 |
| 24 | 甲胺磷 | 0.05 | 杀虫剂 | GB/T 5009.103、NY/T 761、GB 23200.113 |
| 25 | 甲拌磷 | 0.01 | 杀虫剂 | GB 23200.113 |
| 26 | 甲苯氟磺胺 | 5 | 杀菌剂 | GB 23200.8 |
| 27 | 甲基对硫磷 | 0.01 | 杀虫剂 | NY/T 761、GB 23200.113 |
| 28 | 甲基硫环磷 | 0.03* | 杀虫剂 | NY/T 761 |
| 29 | 甲基异柳磷 | 0.01* | 杀虫剂 | GB/T 5009.144、GB 23200.113 |
| 30 | 甲霜灵和精甲霜灵 | 1 | 杀菌剂 | GB 23200.8、GB/T 20769、GB 23200.113 |
| 31 | 腈苯唑 | 0.1 | 杀菌剂 | GB 23200.8、GB/T 20769、GB 23200.113 |
| 32 | 久效磷 | 0.03 | 杀虫剂 | NY/T 761、GB 23200.113 |
| 33 | 抗蚜威 | 1 | 杀虫剂 | GB 23200.8、NY/T 1379、SN/T 0134、GB 23200.113 |
| 34 | 克百威 | 0.02 | 杀虫剂 | NY/T 761 |
| 35 | 联苯三唑醇 | 2 | 杀菌剂 | GB 23200.8、GB/T 20769 |
| 36 | 磷胺 | 0.05 | 杀虫剂 | NY/T 761、GB 23200.113 |
| 37 | 硫环磷 | 0.03 | 杀虫剂 | NY/T 761、GB 23200.113 |
| 38 | 硫线磷 | 0.02 | 杀虫剂 | GB/T 20769 |
| 39 | 氯菊酯 | 2 | 杀虫剂 | GB 23200.8、NY/T 761、GB 23200.113 |
| 40 | 氯唑磷 | 0.01 | 杀虫剂 | GB/T 20769、GB 23200.113 |
| 41 | 灭多威 | 0.2 | 杀虫剂 | NY/T 761 |
| 42 | 灭线磷 | 0.02 | 杀线虫剂 | NY/T 761 |
| 43 | 内吸磷 | 0.02 | 杀虫/杀螨剂 | GB/T 20769 |

（续）

| 序号 | 农药中文名 | 最大残留限量（mg/kg） | 农药主要用途 | 检测方法 |
|---|---|---|---|---|
| 44 | 噻草酮 | 0.09* | 除草剂 | GB 23200.38（参照） |
| 45 | 噻虫胺 | 0.4 | 杀虫剂 | GB 23200.8、GB/T 20769 |
| 46 | 噻虫啉 | 0.7 | 杀虫剂 | GB/T 20769 |
| 47 | 噻菌灵 | 3 | 杀菌剂 | GB/T 20769、NY/T 1453、NY/T 1680 |
| 48 | 杀草强 | 0.05 | 除草剂 | GB 23200.6 |
| 49 | 杀虫脒 | 0.01 | 杀虫剂 | GB/T 20769 |
| 50 | 杀螟硫磷 | 0.5* | 杀虫剂 | GB/T 14553、GB/T 20769、NY/T 761、GB 23200.113 |
| 51 | 杀扑磷 | 0.05 | 杀虫剂 | GB 23200.8、GB/T 14553、NY/T 761、GB 23200.113 |
| 52 | 水胺硫磷 | 0.01 | 杀虫剂 | GB/T 5009.20、GB 23200.113 |
| 53 | 特丁硫磷 | 0.01 | 杀虫剂 | NY/T 761、NY/T 1379 |
| 54 | 涕灭威 | 0.02 | 杀虫剂 | NY/T 761 |
| 55 | 戊菌唑 | 0.2 | 杀菌剂 | GB 23200.8、GB/T 20769、GB 23200.113 |
| 56 | 溴氰虫酰胺 | 0.8* | 杀虫剂 | 无指定 |
| 57 | 亚胺硫磷 | 3 | 杀虫剂 | GB 23200.8、GB/T 20769、NY/T 761、GB 23200.113 |
| 58 | 氧乐果 | 0.02 | 杀虫剂 | NY/T 761、NY/T 1379、GB 23200.113 |
| 59 | 乙基多杀菌素 | 0.05* | 杀虫剂 | 无指定 |
| 60 | 乙酰甲胺磷 | 0.5 | 杀虫剂 | NY/T 761、GB 23200.113 |
| 61 | 蝇毒磷 | 0.05 | 杀虫剂 | GB 23200.8、GB 23200.113 |
| 62 | 治螟磷 | 0.01 | 杀虫剂 | GB 23200.8、NY/T 761、GB 23200.113 |
| 63 | 艾氏剂 | 0.05 | 杀虫剂 | GB/T 5009.19、NY/T 761、GB 23200.113 |
| 64 | 滴滴涕 | 0.05 | 杀虫剂 | GB/T 5009.19、NY/T 761、GB 23200.113 |
| 65 | 狄氏剂 | 0.02 | 杀虫剂 | GB/T 5009.19、NY/T 761、GB 23200.113 |

（续）

| 序号 | 农药中文名 | 最大残留限量（mg/kg） | 农药主要用途 | 检测方法 |
| --- | --- | --- | --- | --- |
| 66 | 毒杀芬 | 0.05* | 杀虫剂 | YC/T 180（参照） |
| 67 | 六六六 | 0.05 | 杀虫剂 | GB/T 5009.19、NY/T 761、GB 23200.113 |
| 68 | 氯丹 | 0.02 | 杀虫剂 | GB/T 5009.19 |
| 69 | 灭蚁灵 | 0.01 | 杀虫剂 | GB/T 5009.19 |
| 70 | 七氯 | 0.01 | 杀虫剂 | GB/T 5009.19、NY/T 761 |
| 71 | 异狄氏剂 | 0.05 | 杀虫剂 | GB/T 5009.19、NY/T 761 |
| 72 | 嘧霉胺 | 7 | 杀菌剂 | GB 23200.8、GB/T 20769、GB 23200.113 |
| 73 | 百草枯 | 0.01* | 除草剂 | 无指定 |
| 74 | 草甘膦 | 0.1 | 除草剂 | GB/T 23750、NY/T 1096、SN/T 1923 |
| 75 | 虫酰肼 | 1 | 杀虫剂 | GB/T 20769（参照） |
| 76 | 敌草快 | 0.02 | 除草剂 | SN/T 0293 |
| 77 | 敌敌畏 | 0.2 | 杀虫剂 | GB 23200.8、GB/T 5009.20、NY/T 761、GB 23200.113 |
| 78 | 啶虫脒 | 2 | 杀虫剂 | GB/T 20769、GB/T 23584 |
| 79 | 氟啶虫胺腈 | 0.3* | 杀虫剂 | 无指定 |
| 80 | 甲氧虫酰肼 | 2 | 杀虫剂 | GB/T 20769 |
| 81 | 联苯肼酯 | 0.7 | 杀螨剂 | GB 23200.8 |
| 82 | 螺虫乙酯 | 0.7* | 杀虫剂 | 无指定 |
| 83 | 螺螨酯 | 0.8 | 杀螨剂 | GB 23200.8、GB/T 20769 |
| 84 | 氯虫苯甲酰胺 | 0.4* | 杀虫剂 | 无指定 |
| 85 | 乙螨唑 | 0.07 | 杀螨剂 | GB 23200.8、GB 23200.113 |
| 86 | 二氰蒽醌 | 1* | 杀菌剂 | 无指定 |
| 87 | 氟硅唑 | 0.3 | 杀菌剂 | GB 23200.8、GB 23200.53、GB/T 20769 |
| 88 | 氯氰菊酯和高效氯氰菊酯 | 0.7 | 杀虫剂 | GB 23200.8、GB/T 5009.146、NY/T 761、GB 23200.113 |
| 89 | 氰戊菊酯和S-氰戊菊酯 | 0.2 | 杀虫剂 | GB 23200.8、NY/T 761、GB 23200.113 |

（续）

| 序号 | 农药中文名 | 最大残留限量（mg/kg） | 农药主要用途 | 检测方法 |
| --- | --- | --- | --- | --- |
| 90 | 噻螨酮 | 0.4 | 杀螨剂 | GB 23200.8、GB/T 20769 |
| 91 | 苯丁锡 | 5 | 杀螨剂 | SN 0592（参照） |
| 92 | 苯醚甲环唑 | 0.5 | 杀菌剂 | GB 23200.8、GB 23200.49、GB/T 5009.218、GB 23200.113 |
| 93 | 丙森锌 | 5 | 杀菌剂 | SN 0157、SN/T 1541（参照） |
| 94 | 除虫脲 | 5 | 杀虫剂 | GB/T 5009.147、NY/T 1720 |
| 95 | 代森铵 | 5 | 杀菌剂 | SN 0157 |
| 96 | 代森联 | 5 | 杀菌剂 | SN 0157 |
| 97 | 代森锰锌 | 5 | 杀菌剂 | SN 0157 |
| 98 | 毒死蜱 | 1 | 杀虫剂 | GB 23200.8、NY/T 761、SN/T 2158、GB 23200.113 |
| 99 | 多菌灵 | 3 | 杀菌剂 | GB/T 20769、NY/T 1453 |
| 100 | 福美双 | 5 | 杀菌剂 | SN 0157 |
| 101 | 福美锌 | 5 | 杀菌剂 | SN 0157、SN/T 1541（参照） |
| 102 | 甲氨基阿维菌素苯甲酸盐 | 0.05 | 杀虫剂 | GB/T 20769 |
| 103 | 甲氰菊酯 | 5 | 杀虫剂 | NY/T 761、GB 23200.113 |
| 104 | 腈菌唑 | 0.5 | 杀菌剂 | GB 23200.8、GB/T 20769、NY/T 1455、GB 23200.113 |
| 105 | 克菌丹 | 15 | 杀菌剂 | GB 23200.8、SN 0654 |
| 106 | 氯苯嘧啶醇 | 0.3 | 杀菌剂 | GB 23200.8、GB/T 20769、GB 23200.113 |
| 107 | 氯吡脲 | 0.05 | 植物生长调节剂 | GB/T 20770（参照） |
| 108 | 氯氟氰菊酯和高效氯氟氰菊酯 | 0.2 | 杀虫剂 | GB 23200.8、GB/T 5009.146、NY/T 761、GB 23200.113 |
| 109 | 醚菌酯 | 0.2 | 杀菌剂 | GB 23200.8、GB/T 20769 |
| 110 | 嘧菌环胺 | 2 | 杀菌剂 | GB 23200.8、GB/T 20769、GB 23200.113 |
| 111 | 嘧菌酯 | 2 | 杀菌剂 | GB/T 20769、NY/T 1453、SN/T 1976 |
| 112 | 噻虫嗪 | 0.3 | 杀虫剂 | GB 23200.8、GB/T 20769 |
| 113 | 双甲脒 | 0.5 | 杀螨剂 | GB/T 5009.143 |

（续）

| 序号 | 农药中文名 | 最大残留限量（mg/kg） | 农药主要用途 | 检测方法 |
| --- | --- | --- | --- | --- |
| 114 | 四螨嗪 | 0.5 | 杀螨剂 | GB 23200.47、GB/T 20769 |
| 115 | 肟菌酯 | 0.7 | 杀菌剂 | GB 23200.8、GB/T 20769、GB 23200.113 |
| 116 | 戊唑醇 | 0.5 | 杀菌剂 | GB 23200.8、GB/T 20769、GB 23200.113 |
| 117 | 辛硫磷 | 0.05 | 杀虫剂 | GB/T 5009.102、GB/T 20769 |
| 118 | 溴螨酯 | 2 | 杀螨剂 | GB 23200.8、SN/T 0192、GB 23200.113 |
| 119 | 异菌脲 | 5 | 杀菌剂 | GB 23200.8、NY/T 761、NY/T 1277、GB 23200.113 |
| 120 | 抑霉唑 | 5 | 杀菌剂 | GB 23200.8、GB/T 20769、GB 23200.113 |
| 121 | 唑螨酯 | 0.3 | 杀螨剂 | GB 23200.8、GB 23200.29、GB/T 20769 |

## 4.12 榅桲

榅桲中农药最大残留限量见表 4－12。

**表 4－12 榅桲中农药最大残留限量**

| 序号 | 农药中文名 | 最大残留限量（mg/kg） | 农药主要用途 | 检测方法 |
| --- | --- | --- | --- | --- |
| 1 | 保棉磷 | 1 | 杀虫剂 | NY/T 761 |
| 2 | 2,4－滴和 2,4－滴钠盐 | 0.01 | 除草剂 | NY/T 1434（参照） |
| 3 | 倍硫磷 | 0.05 | 杀虫剂 | GB 23200.8、NY/T 761、GB 23200.113 |
| 4 | 苯嘧磺草胺 | 0.01* | 除草剂 | 无指定 |
| 5 | 苯线磷 | 0.02 | 杀虫剂 | GB 23200.8、GB/T 5009.145 |
| 6 | 吡噻菌胺 | 0.4* | 杀菌剂 | 无指定 |
| 7 | 草铵膦 | 0.1 | 除草剂 | GB 23200.108 |
| 8 | 敌百虫 | 0.2 | 杀虫剂 | GB/T 20769、NY/T 761 |
| 9 | 地虫硫磷 | 0.01 | 杀虫剂 | GB 23200.8、GB 23200.113 |
| 10 | 丁氟螨酯 | 0.4 | 杀螨剂 | SN/T 3539 |

（续）

| 序号 | 农药中文名 | 最大残留限量（mg/kg） | 农药主要用途 | 检测方法 |
| --- | --- | --- | --- | --- |
| 11 | 对硫磷 | 0.01 | 杀虫剂 | GB/T 5009.145、GB 23200.113 |
| 12 | 多果定 | 5* | 杀菌剂 | 无指定 |
| 13 | 二嗪磷 | 0.3 | 杀虫剂 | GB/T 20769、GB/T 5009.107、NY/T 761、GB 23200.113 |
| 14 | 粉唑醇 | 0.3 | 杀菌剂 | GB/T 20769 |
| 15 | 伏杀硫磷 | 2 | 杀虫剂 | GB 23200.8、NY/T 761 |
| 16 | 氟苯虫酰胺 | 0.8* | 杀虫剂 | 无指定 |
| 17 | 氟苯脲 | 1 | 杀虫剂 | NY/T 1453 |
| 18 | 氟吡甲禾灵和高效氟吡甲禾灵 | 0.02* | 除草剂 | 无指定 |
| 19 | 氟吡菌酰胺 | 0.5* | 杀菌剂 | 无指定 |
| 20 | 氟虫腈 | 0.02 | 杀虫剂 | GB 23200.34、NY/T 1379（参照） |
| 21 | 氟酰脲 | 3 | 杀虫剂 | GB 23200.34（参照） |
| 22 | 氟唑菌酰胺 | 0.9* | 杀菌剂 | 无指定 |
| 23 | 咯菌腈 | 5 | 杀菌剂 | GB 23200.8、GB/T 20769 |
| 24 | 甲胺磷 | 0.05 | 杀虫剂 | GB/T 5009.103、NY/T 761、GB 23200.113 |
| 25 | 甲拌磷 | 0.01 | 杀虫剂 | GB 23200.113 |
| 26 | 甲苯氟磺胺 | 5 | 杀菌剂 | GB 23200.8 |
| 27 | 甲基对硫磷 | 0.01 | 杀虫剂 | NY/T 761、GB 23200.113 |
| 28 | 甲基硫环磷 | 0.03* | 杀虫剂 | NY/T 761 |
| 29 | 甲基异柳磷 | 0.01* | 杀虫剂 | GB/T 5009.144、GB 23200.113 |
| 30 | 甲霜灵和精甲霜灵 | 1 | 杀菌剂 | GB 23200.8、GB/T 20769、GB 23200.113 |
| 31 | 腈苯唑 | 0.1 | 杀菌剂 | GB 23200.8、GB/T 20769、GB 23200.113 |
| 32 | 久效磷 | 0.03 | 杀虫剂 | NY/T 761、GB 23200.113 |
| 33 | 抗蚜威 | 1 | 杀虫剂 | GB 23200.8、NY/T 1379、SN/T 0134、GB 23200.113 |
| 34 | 克百威 | 0.02 | 杀虫剂 | NY/T 761 |
| 35 | 联苯三唑醇 | 2 | 杀菌剂 | GB 23200.8、GB/T 20769 |

（续）

| 序号 | 农药中文名 | 最大残留限量（mg/kg） | 农药主要用途 | 检测方法 |
|---|---|---|---|---|
| 36 | 磷胺 | 0.05 | 杀虫剂 | NY/T 761、GB 23200.113 |
| 37 | 硫环磷 | 0.03 | 杀虫剂 | NY/T 761、GB 23200.113 |
| 38 | 硫线磷 | 0.02 | 杀虫剂 | GB/T 20769 |
| 39 | 氯菊酯 | 2 | 杀虫剂 | GB 23200.8、NY/T 761、GB 23200.113 |
| 40 | 氯唑磷 | 0.01 | 杀虫剂 | GB/T 20769、GB 23200.113 |
| 41 | 灭多威 | 0.2 | 杀虫剂 | NY/T 761 |
| 42 | 灭线磷 | 0.02 | 杀线虫剂 | NY/T 761 |
| 43 | 内吸磷 | 0.02 | 杀虫/杀螨剂 | GB/T 20769 |
| 44 | 噻草酮 | 0.09* | 除草剂 | GB 23200.38（参照） |
| 45 | 噻虫胺 | 0.4 | 杀虫剂 | GB 23200.8、GB/T 20769 |
| 46 | 噻虫啉 | 0.7 | 杀虫剂 | GB/T 20769 |
| 47 | 噻菌灵 | 3 | 杀菌剂 | GB/T 20769、NY/T 1453、NY/T 1680 |
| 48 | 杀草强 | 0.05 | 除草剂 | GB 23200.6 |
| 49 | 杀虫脒 | 0.01 | 杀虫剂 | GB/T 20769 |
| 50 | 杀螟硫磷 | 0.5* | 杀虫剂 | GB/T 14553、GB/T 20769、NY/T 761、GB 23200.113 |
| 51 | 杀扑磷 | 0.05 | 杀虫剂 | GB 23200.8、GB/T 14553、NY/T 761、GB 23200.113 |
| 52 | 水胺硫磷 | 0.01 | 杀虫剂 | GB/T 5009.20、GB 23200.113 |
| 53 | 特丁硫磷 | 0.01 | 杀虫剂 | NY/T 761、NY/T 1379 |
| 54 | 涕灭威 | 0.02 | 杀虫剂 | NY/T 761 |
| 55 | 戊菌唑 | 0.2 | 杀菌剂 | GB 23200.8、GB/T 20769、GB 23200.113 |
| 56 | 溴氰虫酰胺 | 0.8* | 杀虫剂 | 无指定 |
| 57 | 亚胺硫磷 | 3 | 杀虫剂 | GB 23200.8、GB/T 20769、NY/T 761、GB 23200.113 |
| 58 | 氧乐果 | 0.02 | 杀虫剂 | NY/T 761、NY/T 1379、GB 23200.113 |
| 59 | 乙基多杀菌素 | 0.05* | 杀虫剂 | 无指定 |
| 60 | 乙酰甲胺磷 | 0.5 | 杀虫剂 | NY/T 761、GB 23200.113 |

（续）

| 序号 | 农药中文名 | 最大残留限量（mg/kg） | 农药主要用途 | 检测方法 |
|---|---|---|---|---|
| 61 | 蝇毒磷 | 0.05 | 杀虫剂 | GB 23200.8、GB 23200.113 |
| 62 | 治螟磷 | 0.01 | 杀虫剂 | GB 23200.8、NY/T 761、GB 23200.113 |
| 63 | 艾氏剂 | 0.05 | 杀虫剂 | GB/T 5009.19、NY/T 761、GB 23200.113 |
| 64 | 滴滴涕 | 0.05 | 杀虫剂 | GB/T 5009.19、NY/T 761、GB 23200.113 |
| 65 | 狄氏剂 | 0.02 | 杀虫剂 | GB/T 5009.19、NY/T 761、GB 23200.113 |
| 66 | 毒杀芬 | 0.05* | 杀虫剂 | YC/T 180（参照） |
| 67 | 六六六 | 0.05 | 杀虫剂 | GB/T 5009.19、NY/T 761、GB 23200.113 |
| 68 | 氯丹 | 0.02 | 杀虫剂 | GB/T 5009.19 |
| 69 | 灭蚁灵 | 0.01 | 杀虫剂 | GB/T 5009.19 |
| 70 | 七氯 | 0.01 | 杀虫剂 | GB/T 5009.19、NY/T 761 |
| 71 | 异狄氏剂 | 0.05 | 杀虫剂 | GB/T 5009.19、NY/T 761 |
| 72 | 嘧霉胺 | 7 | 杀菌剂 | GB 23200.8、GB/T 20769、GB 23200.113 |
| 73 | 百草枯 | 0.01* | 除草剂 | 无指定 |
| 74 | 草甘膦 | 0.1 | 除草剂 | GB/T 23750、NY/T 1096、SN/T 1923 |
| 75 | 虫酰肼 | 1 | 杀虫剂 | GB/T 20769（参照） |
| 76 | 敌草快 | 0.02 | 除草剂 | SN/T 0293 |
| 77 | 敌敌畏 | 0.2 | 杀虫剂 | GB 23200.8、GB/T 5009.20、NY/T 761 |
| 78 | 啶虫脒 | 2 | 杀虫剂 | GB/T 20769、GB/T 23584 |
| 79 | 氟啶虫胺腈 | 0.3* | 杀虫剂 | 无指定 |
| 80 | 甲氧虫酰肼 | 2 | 杀虫剂 | GB/T 20769 |
| 81 | 联苯肼酯 | 0.7 | 杀螨剂 | GB 23200.8 |
| 82 | 螺虫乙酯 | 0.7* | 杀虫剂 | 无指定 |
| 83 | 螺螨酯 | 0.8 | 杀螨剂 | GB 23200.8、GB/T 20769 |
| 84 | 氯虫苯甲酰胺 | 0.4* | 杀虫剂 | 无指定 |

（续）

| 序号 | 农药中文名 | 最大残留限量（mg/kg） | 农药主要用途 | 检测方法 |
|---|---|---|---|---|
| 85 | 乙螨唑 | 0.07 | 杀螨剂 | GB 23200.8、GB 23200.113 |
| 86 | 二氰蒽醌 | 1* | 杀菌剂 | 无指定 |
| 87 | 氟硅唑 | 0.3 | 杀菌剂 | GB 23200.8、GB 23200.53、GB/T 20769 |
| 88 | 氯氰菊酯和高效氯氰菊酯 | 0.7 | 杀虫剂 | GB 23200.8、GB/T 5009.146、NY/T 761、GB 23200.113 |
| 89 | 氰戊菊酯和S-氰戊菊酯 | 0.2 | 杀虫剂 | GB 23200.8、NY/T 761、GB 23200.113 |
| 90 | 噻螨酮 | 0.4 | 杀螨剂 | GB 23200.8、GB/T 20769 |
| 91 | 苯丁锡 | 5 | 杀螨剂 | SN 0592（参照） |
| 92 | 苯醚甲环唑 | 0.5 | 杀菌剂 | GB 23200.8、GB 23200.49、GB/T 5009.218、GB 23200.113 |
| 93 | 丙森锌 | 5 | 杀菌剂 | SN 0157、SN/T 1541（参照） |
| 94 | 除虫脲 | 5 | 杀虫剂 | GB/T 5009.147、NY/T 1720 |
| 95 | 代森铵 | 5 | 杀菌剂 | SN 0157 |
| 96 | 代森联 | 5 | 杀菌剂 | SN 0157 |
| 97 | 代森锰锌 | 5 | 杀菌剂 | SN 0157 |
| 98 | 毒死蜱 | 1 | 杀虫剂 | GB 23200.8、NY/T 761、SN/T 2158、GB 23200.113 |
| 99 | 多菌灵 | 3 | 杀菌剂 | GB/T 20769、NY/T 1453 |
| 100 | 福美双 | 5 | 杀菌剂 | SN 0157 |
| 101 | 福美锌 | 5 | 杀菌剂 | SN 0157、SN/T 1541（参照） |
| 102 | 甲氨基阿维菌素苯甲酸盐 | 0.02 | 杀虫剂 | GB/T 20769 |
| 103 | 甲氰菊酯 | 5 | 杀虫剂 | NY/T 761、GB 23200.113 |
| 104 | 腈菌唑 | 0.5 | 杀菌剂 | GB 23200.8、GB/T 20769、NY/T 1455、GB 23200.113 |
| 105 | 克菌丹 | 15 | 杀菌剂 | GB 23200.8、SN 0654 |
| 106 | 氯苯嘧啶醇 | 0.3 | 杀菌剂 | GB 23200.8、GB/T 20769、GB 23200.113 |
| 107 | 氯氟氰菊酯和高效氯氟氰菊酯 | 0.2 | 杀虫剂 | GB 23200.8、GB/T 5009.146、NY/T 761、GB 23200.113 |
| 108 | 醚菌酯 | 0.2 | 杀菌剂 | GB 23200.8、GB/T 20769 |

（续）

| 序号 | 农药中文名 | 最大残留限量（mg/kg） | 农药主要用途 | 检测方法 |
|---|---|---|---|---|
| 109 | 嘧菌环胺 | 2 | 杀菌剂 | GB 23200.8、GB/T 20769、GB 23200.113 |
| 110 | 噻虫嗪 | 0.3 | 杀虫剂 | GB 23200.8、GB/T 20769 |
| 111 | 双甲脒 | 0.5 | 杀螨剂 | GB/T 5009.143 |
| 112 | 四螨嗪 | 0.5 | 杀螨剂 | GB 23200.47、GB/T 20769 |
| 113 | 肟菌酯 | 0.7 | 杀菌剂 | GB 23200.8、GB/T 20769、GB 23200.113 |
| 114 | 戊唑醇 | 0.5 | 杀菌剂 | GB 23200.8、GB/T 20769、GB 23200.113 |
| 115 | 辛硫磷 | 0.05 | 杀虫剂 | GB/T 5009.102、GB/T 20769 |
| 116 | 溴螨酯 | 2 | 杀螨剂 | GB 23200.8、SN/T 0192、GB 23200.113 |
| 117 | 异菌脲 | 5 | 杀菌剂 | GB 23200.8、NY/T 761、NY/T 1277、GB 23200.113 |
| 118 | 抑霉唑 | 5 | 杀菌剂 | GB 23200.8、GB/T 20769、GB 23200.113 |
| 119 | 唑螨酯 | 0.3 | 杀螨剂 | GB 23200.8、GB 23200.29、GB/T 20769 |

## 4.13 桃

桃中农药最大残留限量见表4-13。

**表4-13 桃中农药最大残留限量**

| 序号 | 农药中文名 | 最大残留限量（mg/kg） | 农药主要用途 | 检测方法 |
|---|---|---|---|---|
| 1 | 2,4-滴和2,4-滴钠盐 | 0.05 | 除草剂 | NY/T 1434（参照） |
| 2 | 百草枯 | 0.01* | 除草剂 | 无指定 |
| 3 | 苯嘧磺草胺 | 0.01* | 除草剂 | 无指定 |
| 4 | 苯线磷 | 0.02 | 杀虫剂 | GB 23200.8、GB/T 5009.145 |
| 5 | 吡噻菌胺 | 4* | 杀菌剂 | 无指定 |
| 6 | 草甘膦 | 0.1 | 除草剂 | GB/T 23750、NY/T 1096、SN/T 1923 |

（续）

| 序号 | 农药中文名 | 最大残留限量（mg/kg） | 农药主要用途 | 检测方法 |
|---|---|---|---|---|
| 7 | 敌草快 | 0.02 | 除草剂 | SN/T 0293 |
| 8 | 地虫硫磷 | 0.01 | 杀虫剂 | GB 23200.8、GB 23200.113 |
| 9 | 啶虫脒 | 2 | 杀虫剂 | GB/T 20769、GB/T 23584 |
| 10 | 啶酰菌胺 | 3 | 杀菌剂 | GB/T 20769 |
| 11 | 对硫磷 | 0.01 | 杀虫剂 | GB/T 5009.145、GB 23200.113 |
| 12 | 多杀霉素 | 0.2 | 杀虫剂 | GB/T 20769 |
| 13 | 伏杀硫磷 | 2 | 杀虫剂 | GB 23200.8、NY/T 761、GB 23200.113 |
| 14 | 氟苯虫酰胺 | 2* | 杀虫剂 | 无指定 |
| 15 | 氟吡甲禾灵和高效氟吡甲禾灵 | 0.02* | 除草剂 | 无指定 |
| 16 | 氟吡菌酰胺 | 0.5* | 杀菌剂 | 无指定 |
| 17 | 氟虫腈 | 0.02 | 杀虫剂 | GB 23200.34、NY/T 1379（参照） |
| 18 | 氟酰脲 | 7 | 杀虫剂 | GB 23200.34（参照） |
| 19 | 氟唑菌酰胺 | 2* | 杀菌剂 | 无指定 |
| 20 | 咯菌腈 | 5 | 杀菌剂 | GB 23200.8、GB/T 20769、GB 23200.113 |
| 21 | 甲胺磷 | 0.05 | 杀虫剂 | GB/T 5009.103、NY/T 761、GB 23200.113 |
| 22 | 甲拌磷 | 0.01 | 杀虫剂 | GB 23200.113 |
| 23 | 甲苯氟磺胺 | 5 | 杀菌剂 | GB 23200.8 |
| 24 | 甲基对硫磷 | 0.02 | 杀虫剂 | NY/T 761、GB 23200.113 |
| 25 | 甲基硫环磷 | 0.03* | 杀虫剂 | NY/T 761 |
| 26 | 甲基异柳磷 | 0.01* | 杀虫剂 | GB/T 5009.144、GB 23200.113 |
| 27 | 甲氧虫酰肼 | 2 | 杀虫剂 | GB/T 20769 |
| 28 | 久效磷 | 0.03 | 杀虫剂 | NY/T 761、GB 23200.113 |
| 29 | 克百威 | 0.02 | 杀虫剂 | NY/T 761 |
| 30 | 联苯肼酯 | 2 | 杀螨剂 | GB 23200.8 |
| 31 | 磷胺 | 0.05 | 杀虫剂 | NY/T 761、GB 23200.113 |
| 32 | 硫环磷 | 0.03 | 杀虫剂 | NY/T 761、GB 23200.113 |

（续）

| 序号 | 农药中文名 | 最大残留限量（mg/kg） | 农药主要用途 | 检测方法 |
|---|---|---|---|---|
| 33 | 硫线磷 | 0.02 | 杀虫剂 | GB/T 20769 |
| 34 | 螺虫乙酯 | 3* | 杀虫剂 | 无指定 |
| 35 | 氯虫苯甲酰胺 | 1* | 杀虫剂 | 无指定 |
| 36 | 氯菊酯 | 2 | 杀虫剂 | GB 23200.8、NY/T 761、GB 23200.113 |
| 37 | 氯唑磷 | 0.01 | 杀虫剂 | GB/T 20769、GB 23200.113 |
| 38 | 嘧菌环胺 | 2 | 杀菌剂 | GB 23200.8、GB/T 20769、GB 23200.113 |
| 39 | 灭多威 | 0.2 | 杀虫剂 | NY/T 761 |
| 40 | 灭线磷 | 0.02 | 杀线虫剂 | NY/T 761 |
| 41 | 内吸磷 | 0.02 | 杀虫/杀螨剂 | GB/T 20769 |
| 42 | 噻草酮 | 0.09* | 除草剂 | GB 23200.38（参照） |
| 43 | 噻虫胺 | 0.2 | 杀虫剂 | GB 23200.8、GB/T 20769 |
| 44 | 噻虫啉 | 0.5 | 杀虫剂 | GB/T 20769 |
| 45 | 噻菌灵 | 3 | 杀菌剂 | GB/T 20769、NY/T 1453、NY/T 1680 |
| 46 | 噻虫嗪 | 1 | 杀虫剂 | GB 23200.8、GB/T 20769 |
| 47 | 杀草强 | 0.05 | 除草剂 | GB 23200.6 |
| 48 | 杀虫脒 | 0.01 | 杀虫剂 | GB/T 20769 |
| 49 | 杀螟硫磷 | 0.5* | 杀虫剂 | GB/T 14553、GB/T 20769、NY/T 761、GB 23200.113 |
| 50 | 杀扑磷 | 0.05 | 杀虫剂 | GB 23200.8、GB/T 14553、NY/T 761、GB 23200.113 |
| 51 | 水胺硫磷 | 0.05 | 杀虫剂 | GB/T 5009.20、GB 23200.113 |
| 52 | 特丁硫磷 | 0.01 | 杀虫剂 | NY/T 761、NY/T 1379 |
| 53 | 涕灭威 | 0.02 | 杀虫剂 | NY/T 761 |
| 54 | 戊菌唑 | 0.2 | 杀菌剂 | GB 23200.8、GB/T 20769 |
| 55 | 肟菌酯 | 3 | 杀菌剂 | GB 23200.8、GB/T 20769、GB 23200.113 |
| 56 | 辛硫磷 | 0.05 | 杀虫剂 | GB/T 5009.102、GB/T 20769 |
| 57 | 氧乐果 | 0.02 | 杀虫剂 | NY/T 761、NY/T 1379、GB 23200.113 |

（续）

| 序号 | 农药中文名 | 最大残留限量（mg/kg） | 农药主要用途 | 检测方法 |
| --- | --- | --- | --- | --- |
| 58 | 乙酰甲胺磷 | 0.5 | 杀虫剂 | NY/T 761、GB 23200.113 |
| 59 | 茚虫威 | 1 | 杀虫剂 | GB/T 20769 |
| 60 | 蝇毒磷 | 0.05 | 杀虫剂 | GB 23200.8、GB 23200.113 |
| 61 | 治螟磷 | 0.01 | 杀虫剂 | GB 23200.8、NY/T 761、GB 23200.113 |
| 62 | 艾氏剂 | 0.05 | 杀虫剂 | GB/T 5009.19、NY/T 761、GB 23200.113 |
| 63 | 滴滴涕 | 0.05 | 杀虫剂 | GB/T 5009.19、NY/T 761、GB 23200.113 |
| 64 | 狄氏剂 | 0.02 | 杀虫剂 | GB/T 5009.19、NY/T 761、GB 23200.113 |
| 65 | 毒杀芬 | 0.05* | 杀虫剂 | YC/T 180（参照） |
| 66 | 六六六 | 0.05 | 杀虫剂 | GB/T 5009.19、NY/T 761、GB 23200.113 |
| 67 | 氯丹 | 0.02 | 杀虫剂 | GB/T 5009.19 |
| 68 | 灭蚁灵 | 0.01 | 杀虫剂 | GB/T 5009.19 |
| 69 | 七氯 | 0.01 | 杀虫剂 | GB/T 5009.19、NY/T 761 |
| 70 | 异狄氏剂 | 0.05 | 杀虫剂 | GB/T 5009.19、NY/T 761 |
| 71 | 草铵膦 | 0.15 | 除草剂 | GB 23200.108 |
| 72 | 敌百虫 | 0.2 | 杀虫剂 | GB/T 20769、NY/T 761 |
| 73 | 噻螨酮 | 0.3 | 杀螨剂 | GB 23200.8、GB/T 20769 |
| 74 | 四螨嗪 | 0.5 | 杀螨剂 | GB 23200.47、GB/T 20769 |
| 75 | 甲氰菊酯 | 5 | 杀虫剂 | NY/T 761、GB 23200.113 |
| 76 | 倍硫磷 | 0.05 | 杀虫剂 | GB 23200.8、NY/T 761、GB 23200.113 |
| 77 | 丙森锌 | 7 | 杀菌剂 | SN 0157、SN/T 1541（参照） |
| 78 | 唑螨酯 | 0.4 | 杀螨剂 | GB 23200.8、GB 23200.29、GB/T 20769 |
| 79 | 百菌清 | 0.5 | 杀菌剂 | GB/T 5009.105、NY/T 761 |
| 80 | 保棉磷 | 2 | 杀虫剂 | NY/T 761 |
| 81 | 苯丁锡 | 7 | 杀螨剂 | SN 0592（参照） |
| 82 | 苯氟磺胺 | 5 | 杀菌剂 | SN/T 2320（参照） |

（续）

| 序号 | 农药中文名 | 最大残留限量（mg/kg） | 农药主要用途 | 检测方法 |
| --- | --- | --- | --- | --- |
| 83 | 苯醚甲环唑 | 0.5 | 杀菌剂 | GB 23200.8、GB 23200.49、GB/T 5009.218、GB 23200.113 |
| 84 | 吡虫啉 | 0.5 | 杀虫剂 | GB/T 20769、GB/T 23379 |
| 85 | 吡唑醚菌酯 | 1 | 杀菌剂 | GB 23200.8 |
| 86 | 丙环唑 | 5 | 杀菌剂 | GB 23200.8、GB/T 20769 |
| 87 | 虫酰肼 | 0.5 | 杀虫剂 | GB/T 20769（参照） |
| 88 | 除虫脲 | 0.5 | 杀虫剂 | GB/T 5009.147、NY/T 1720 |
| 89 | 代森联 | 5 | 杀菌剂 | SN 0157 |
| 90 | 敌敌畏 | 0.1 | 杀虫剂 | GB 23200.8、GB/T 5009.20、NY/T 761、GB 23200.113 |
| 91 | 敌螨普 | 0.1* | 杀菌剂 | 无指定 |
| 92 | 毒死蜱 | 3 | 杀虫剂 | GB 23200.8、NY/T 761、SN/T 2158、GB 23200.113 |
| 93 | 多果定 | 5 | 杀菌剂 | 无指定 |
| 94 | 多菌灵 | 2 | 杀菌剂 | GB/T 20769、NY/T 1453 |
| 95 | 二嗪磷 | 0.2 | 杀虫剂 | GB/T 20769、GB/T 5009.107、NY/T 761、GB 23200.113 |
| 96 | 二氰蒽醌 | 2* | 杀菌剂 | 无指定 |
| 97 | 呋虫胺 | 0.8 | 杀虫剂 | GB 23200.37、GB/T 20769（参照） |
| 98 | 氟吡菌酰胺 | 1* | 杀菌剂 | 无指定 |
| 99 | 氟啶虫胺腈 | 0.4* | 杀虫剂 | 无指定 |
| 100 | 氟硅唑 | 0.2 | 杀菌剂 | GB 23200.8、GB 23200.53、GB/T 20769 |
| 101 | 环酰菌胺 | 10* | 杀菌剂 | 无指定 |
| 102 | 甲氨基阿维菌素苯甲酸盐 | 0.03 | 杀虫剂 | GB/T 20769 |
| 103 | 腈苯唑 | 0.5 | 杀菌剂 | GB 23200.8、GB/T 20769、GB 23200.113 |
| 104 | 腈菌唑 | 3 | 杀菌剂 | GB 23200.8、GB/T 20769、NY/T 1455、GB 23200.113 |
| 105 | 抗蚜威 | 0.5 | 杀虫剂 | GB 23200.8、NY/T 1379、SN/T 0134、GB 23200.113 |

（续）

| 序号 | 农药中文名 | 最大残留限量（mg/kg） | 农药主要用途 | 检测方法 |
| --- | --- | --- | --- | --- |
| 106 | 克菌丹 | 20 | 杀菌剂 | GB 23200.8、SN 0654 |
| 107 | 乐果 | 2* | 杀虫剂 | GB/T 5009.145、GB/T 20769、NY/T 761、GB 23200.113 |
| 108 | 联苯三唑醇 | 1 | 杀菌剂 | GB 23200.8、GB/T 20769 |
| 109 | 螺螨酯 | 2 | 杀螨剂 | GB 23200.8、GB/T 20769 |
| 110 | 氯苯嘧啶醇 | 0.5 | 杀菌剂 | GB 23200.8、GB/T 20769、GB 23200.113 |
| 111 | 氯氟氰菊酯和高效氯氟氰菊酯 | 0.5 | 杀虫剂 | GB 23200.8、GB/T 5009.146、NY/T 761、GB 23200.113 |
| 112 | 氯氰菊酯和高效氯氰菊酯 | 1 | 杀虫剂 | GB 23200.8、GB/T 5009.146、NY/T 761、GB 23200.113 |
| 113 | 氯硝胺 | 7 | 杀菌剂 | GB 23200.8、GB/T 20769 |
| 114 | 马拉硫磷 | 6 | 杀虫剂 | GB 23200.8、GB/T 20769、NY/T 761、GB 23200.113 |
| 115 | 醚菊酯 | 0.6 | 杀虫剂 | GB 23200.8 |
| 116 | 嘧菌酯 | 2 | 杀菌剂 | GB/T 20769、NY/T 1453、SN/T 1976 |
| 117 | 嘧霉胺 | 4 | 杀菌剂 | GB 23200.8、GB/T 20769、GB 23200.113 |
| 118 | 嗪氨灵 | 5 | 杀菌剂 | SN/T 0695（参照） |
| 119 | 氰戊菊酯和S-氰戊菊酯 | 1 | 杀虫剂 | GB 23200.8、NY/T 761、GB 23200.113 |
| 120 | 噻嗪酮 | 9 | 杀虫剂 | GB 23200.8、GB/T 20769 |
| 121 | 噻唑锌 | 1* | 杀菌剂 | 无指定 |
| 122 | 双甲脒 | 0.5 | 杀螨剂 | GB/T 5009.143 |
| 123 | 戊菌唑 | 0.1 | 杀菌剂 | GB 23200.8、GB 23200.113、GB/T 20769 |
| 124 | 戊唑醇 | 2 | 杀菌剂 | GB 23200.8、GB/T 20769、GB 23200.113 |
| 125 | 溴氰虫酰胺 | 1.5* | 杀虫剂 | 无指定 |
| 126 | 溴氰菊酯 | 0.05 | 杀虫剂 | NY/T 761、GB 23200.113 |
| 127 | 亚胺硫磷 | 10 | 杀虫剂 | GB 23200.8、GB/T 20769、NY/T 761、GB 23200.113 |

（续）

| 序号 | 农药中文名 | 最大残留限量（mg/kg） | 农药主要用途 | 检测方法 |
|---|---|---|---|---|
| 128 | 乙基多杀菌素 | 0.3* | 杀虫剂 | 无指定 |
| 129 | 异菌脲 | 10 | 杀菌剂 | GB 23200.8、NY/T 761、NY/T 1277、GB 23200.113 |

## 4.14　油桃

油桃中农药最大残留限量见表 4-14。

**表 4-14　油桃中农药最大残留限量**

| 序号 | 农药中文名 | 最大残留限量（mg/kg） | 农药主要用途 | 检测方法 |
|---|---|---|---|---|
| 1 | 2,4-滴和 2,4-滴钠盐 | 0.05 | 除草剂 | NY/T 1434（参照） |
| 2 | 百草枯 | 0.01* | 除草剂 | 无指定 |
| 3 | 苯嘧磺草胺 | 0.01* | 除草剂 | 无指定 |
| 4 | 苯线磷 | 0.02 | 杀虫剂 | GB 23200.8、GB/T 5009.145 |
| 5 | 吡噻菌胺 | 4* | 杀菌剂 | 无指定 |
| 6 | 草甘膦 | 0.1 | 除草剂 | GB/T 23750、NY/T 1096、SN/T 1923 |
| 7 | 敌草快 | 0.02 | 除草剂 | SN/T 0293 |
| 8 | 地虫硫磷 | 0.01 | 杀虫剂 | GB 23200.8、GB 23200.113 |
| 9 | 啶虫脒 | 2 | 杀虫剂 | GB/T 20769、GB/T 23584 |
| 10 | 啶酰菌胺 | 3 | 杀菌剂 | GB/T 20769 |
| 11 | 对硫磷 | 0.01 | 杀虫剂 | GB/T 5009.145、GB 23200.113 |
| 12 | 多杀霉素 | 0.2 | 杀虫剂 | GB/T 20769 |
| 13 | 伏杀硫磷 | 2 | 杀虫剂 | GB 23200.8、NY/T 761、GB 23200.113 |
| 14 | 氟苯虫酰胺 | 2* | 杀虫剂 | 无指定 |
| 15 | 氟吡甲禾灵和高效氟吡甲禾灵 | 0.02* | 除草剂 | 无指定 |
| 16 | 氟吡菌酰胺 | 0.5* | 杀菌剂 | 无指定 |
| 17 | 氟虫腈 | 0.02 | 杀虫剂 | GB 23200.34、NY/T 1379（参照） |
| 18 | 氟酰脲 | 7 | 杀虫剂 | GB 23200.34（参照） |

（续）

| 序号 | 农药中文名 | 最大残留限量（mg/kg） | 农药主要用途 | 检测方法 |
|---|---|---|---|---|
| 19 | 氟唑菌酰胺 | 2* | 杀菌剂 | 无指定 |
| 20 | 咯菌腈 | 5 | 杀菌剂 | GB 23200.8、GB/T 20769、GB 23200.113 |
| 21 | 甲胺磷 | 0.05 | 杀虫剂 | GB/T 5009.103、NY/T 761、GB 23200.113 |
| 22 | 甲拌磷 | 0.01 | 杀虫剂 | GB 23200.113 |
| 23 | 甲苯氟磺胺 | 5 | 杀菌剂 | GB 23200.8 |
| 24 | 甲基对硫磷 | 0.02 | 杀虫剂 | NY/T 761、GB 23200.113 |
| 25 | 甲基硫环磷 | 0.03* | 杀虫剂 | NY/T 761 |
| 26 | 甲基异柳磷 | 0.01* | 杀虫剂 | GB/T 5009.144、GB 23200.113 |
| 27 | 甲氧虫酰肼 | 2 | 杀虫剂 | GB/T 20769 |
| 28 | 久效磷 | 0.03 | 杀虫剂 | NY/T 761、GB 23200.113 |
| 29 | 克百威 | 0.02 | 杀虫剂 | NY/T 761 |
| 30 | 联苯肼酯 | 2 | 杀螨剂 | GB 23200.8 |
| 31 | 磷胺 | 0.05 | 杀虫剂 | NY/T 761、GB 23200.113 |
| 32 | 硫环磷 | 0.03 | 杀虫剂 | NY/T 761、GB 23200.113 |
| 33 | 硫线磷 | 0.02 | 杀虫剂 | GB/T 20769 |
| 34 | 螺虫乙酯 | 3* | 杀虫剂 | 无指定 |
| 35 | 氯虫苯甲酰胺 | 1* | 杀虫剂 | 无指定 |
| 36 | 氯菊酯 | 2 | 杀虫剂 | GB 23200.8、NY/T 761、GB 23200.113 |
| 37 | 氯唑磷 | 0.01 | 杀虫剂 | GB/T 20769、GB 23200.113 |
| 38 | 嘧菌环胺 | 2 | 杀菌剂 | GB 23200.8、GB/T 20769、GB 23200.113 |
| 39 | 灭多威 | 0.2 | 杀虫剂 | NY/T 761 |
| 40 | 灭线磷 | 0.02 | 杀线虫剂 | NY/T 761 |
| 41 | 内吸磷 | 0.02 | 杀虫/杀螨剂 | GB/T 20769 |
| 42 | 噻草酮 | 0.09* | 除草剂 | GB 23200.38（参照） |
| 43 | 噻虫胺 | 0.2 | 杀虫剂 | GB 23200.8、GB/T 20769 |
| 44 | 噻虫啉 | 0.5 | 杀虫剂 | GB/T 20769 |
| 45 | 噻菌灵 | 3 | 杀菌剂 | GB/T 20769、NY/T 1453、NY/T 1680 |

（续）

| 序号 | 农药中文名 | 最大残留限量（mg/kg） | 农药主要用途 | 检测方法 |
|---|---|---|---|---|
| 46 | 噻虫嗪 | 1 | 杀虫剂 | GB 23200.8、GB/T 20769 |
| 47 | 杀草强 | 0.05 | 除草剂 | GB 23200.6 |
| 48 | 杀虫脒 | 0.01 | 杀虫剂 | GB/T 20769 |
| 49 | 杀螟硫磷 | 0.5* | 杀虫剂 | GB/T 14553、GB/T 20769、NY/T 761、GB 23200.113 |
| 50 | 杀扑磷 | 0.05 | 杀虫剂 | GB 23200.8、GB/T 14553、NY/T 761、GB 23200.113 |
| 51 | 水胺硫磷 | 0.05 | 杀虫剂 | GB/T 5009.20、GB 23200.113 |
| 52 | 特丁硫磷 | 0.01 | 杀虫剂 | NY/T 761、NY/T 1379 |
| 53 | 涕灭威 | 0.02 | 杀虫剂 | NY/T 761 |
| 54 | 戊菌唑 | 0.2 | 杀菌剂 | GB 23200.8、GB/T 20769 |
| 55 | 肟菌酯 | 3 | 杀菌剂 | GB 23200.8、GB/T 20769、GB 23200.113 |
| 56 | 辛硫磷 | 0.05 | 杀虫剂 | GB/T 5009.102、GB/T 20769 |
| 57 | 氧乐果 | 0.02 | 杀虫剂 | NY/T 761、NY/T 1379、GB 23200.113 |
| 58 | 乙酰甲胺磷 | 0.5 | 杀虫剂 | NY/T 761、GB 23200.113 |
| 59 | 茚虫威 | 1 | 杀虫剂 | GB/T 20769 |
| 60 | 蝇毒磷 | 0.05 | 杀虫剂 | GB 23200.8、GB 23200.113 |
| 61 | 治螟磷 | 0.01 | 杀虫剂 | GB 23200.8、NY/T 761、GB 23200.113 |
| 62 | 艾氏剂 | 0.05 | 杀虫剂 | GB/T 5009.19、NY/T 761、GB 23200.113 |
| 63 | 滴滴涕 | 0.05 | 杀虫剂 | GB/T 5009.19、NY/T 761、GB 23200.113 |
| 64 | 狄氏剂 | 0.02 | 杀虫剂 | GB/T 5009.19、NY/T 761、GB 23200.113 |
| 65 | 毒杀芬 | 0.05* | 杀虫剂 | YC/T 180（参照） |
| 66 | 六六六 | 0.05 | 杀虫剂 | GB/T 5009.19、NY/T 761、GB 23200.113 |
| 67 | 氯丹 | 0.02 | 杀虫剂 | GB/T 5009.19 |
| 68 | 灭蚁灵 | 0.01 | 杀虫剂 | GB/T 5009.19 |
| 69 | 七氯 | 0.01 | 杀虫剂 | GB/T 5009.19、NY/T 761 |

（续）

| 序号 | 农药中文名 | 最大残留限量（mg/kg） | 农药主要用途 | 检测方法 |
|---|---|---|---|---|
| 70 | 异狄氏剂 | 0.05 | 杀虫剂 | GB/T 5009.19、NY/T 761 |
| 71 | 草铵膦 | 0.15 | 除草剂 | GB 23200.108 |
| 72 | 敌百虫 | 0.2 | 杀虫剂 | GB/T 20769、NY/T 761 |
| 73 | 噻螨酮 | 0.3 | 杀螨剂 | GB 23200.8、GB/T 20769 |
| 74 | 四螨嗪 | 0.5 | 杀螨剂 | GB 23200.47、GB/T 20769 |
| 75 | 甲氰菊酯 | 5 | 杀虫剂 | NY/T 761、GB 23200.113 |
| 76 | 代森联 | 7 | 杀菌剂 | SN 0157 |
| 77 | 倍硫磷 | 0.05 | 杀虫剂 | GB 23200.8、NY/T 761、GB 23200.113 |
| 78 | 丙森锌 | 7 | 杀菌剂 | SN 0157、SN/T 1541（参照） |
| 79 | 唑螨酯 | 0.4 | 杀螨剂 | GB 23200.8、GB 23200.29、GB/T 20769 |
| 80 | 保棉磷 | 2 | 杀虫剂 | NY/T 761 |
| 81 | 苯醚甲环唑 | 0.5 | 杀菌剂 | GB 23200.8、GB 23200.49、GB/T 5009.218、GB 23200.113 |
| 82 | 吡虫啉 | 0.5 | 杀虫剂 | GB/T 20769、GB/T 23379 |
| 83 | 吡唑醚菌酯 | 0.3 | 杀菌剂 | GB 23200.8 |
| 84 | 虫酰肼 | 0.5 | 杀虫剂 | GB/T 20769（参照） |
| 85 | 除虫脲 | 0.5 | 杀虫剂 | GB/T 5009.147、NY/T 1720 |
| 86 | 多果定 | 5* | 杀菌剂 | 无指定 |
| 87 | 多菌灵 | 2 | 杀菌剂 | GB/T 20769、NY/T 1453 |
| 88 | 二氰蒽醌 | 2* | 杀菌剂 | 无指定 |
| 89 | 呋虫胺 | 0.8 | 杀虫剂 | GB 23200.37、GB/T 20769（参照） |
| 90 | 氟吡菌酰胺 | 1* | 杀菌剂 | 无指定 |
| 91 | 氟啶虫胺腈 | 0.4* | 杀虫剂 | 无指定 |
| 92 | 氟硅唑 | 0.2 | 杀菌剂 | GB 23200.8、GB 23200.53、GB/T 20769 |
| 93 | 环酰菌胺 | 10* | 杀菌剂 | 无指定 |
| 94 | 甲氨基阿维菌素苯甲酸盐 | 0.03 | 杀虫剂 | GB/T 20769 |
| 95 | 腈菌唑 | 3 | 杀菌剂 | GB 23200.8、GB/T 20769、NY/T 1455、GB 23200.113 |

（续）

| 序号 | 农药中文名 | 最大残留限量（mg/kg） | 农药主要用途 | 检测方法 |
|---|---|---|---|---|
| 96 | 抗蚜威 | 0.5 | 杀虫剂 | GB 23200.8、NY/T 1379、SN/T 0134、GB 23200.113 |
| 97 | 克菌丹 | 3 | 杀菌剂 | GB 23200.8、SN 0654 |
| 98 | 乐果 | 2* | 杀虫剂 | GB/T 5009.145、GB/T 20769、NY/T 761、GB 23200.113 |
| 99 | 联苯三唑醇 | 1 | 杀菌剂 | GB 23200.8、GB/T 20769 |
| 100 | 螺螨酯 | 2 | 杀螨剂 | GB 23200.8、GB/T 20769 |
| 101 | 氯氟氰菊酯和高效氯氟氰菊酯 | 0.5 | 杀虫剂 | GB 23200.8、GB/T 5009.146、NY/T 761、GB 23200.113 |
| 102 | 氯硝胺 | 7 | 杀菌剂 | GB 23200.8、GB/T 20769 |
| 103 | 马拉硫磷 | 6 | 杀虫剂 | GB 23200.8、GB/T 20769、NY/T 761、GB 23200.113 |
| 104 | 醚菊酯 | 0.6 | 杀虫剂 | GB 23200.8 |
| 105 | 嘧菌酯 | 2 | 杀菌剂 | GB/T 20769、NY/T 1453、SN/T 1976 |
| 106 | 噻嗪酮 | 9 | 杀虫剂 | GB 23200.8、GB/T 20769 |
| 107 | 戊菌唑 | 0.1 | 杀菌剂 | GB 23200.8、GB/T 20769、GB 23200.113 |
| 108 | 戊唑醇 | 2 | 杀菌剂 | GB 23200.8、GB/T 20769、GB 23200.113 |
| 109 | 溴氰菊酯 | 0.05 | 杀虫剂 | NY/T 761、GB 23200.113 |
| 110 | 亚胺硫磷 | 10 | 杀虫剂 | GB 23200.8、GB/T 20769、NY/T 761、GB 23200.113 |
| 111 | 乙基多杀菌素 | 0.3* | 杀虫剂 | 无指定 |

## 4.15 杏

杏中农药最大残留限量见表 4-15。

**表 4-15 杏中农药最大残留限量**

| 序号 | 农药中文名 | 最大残留限量（mg/kg） | 农药主要用途 | 检测方法 |
|---|---|---|---|---|
| 1 | 保棉磷 | 1 | 杀虫剂 | NY/T 761 |
| 2 | 2,4-滴和2,4-滴钠盐 | 0.05 | 除草剂 | NY/T 1434（参照） |

（续）

| 序号 | 农药中文名 | 最大残留限量（mg/kg） | 农药主要用途 | 检测方法 |
|---|---|---|---|---|
| 3 | 百草枯 | 0.01* | 除草剂 | 无指定 |
| 4 | 苯嘧磺草胺 | 0.01* | 除草剂 | 无指定 |
| 5 | 苯线磷 | 0.02 | 杀虫剂 | GB 23200.8、GB/T 5009.145 |
| 6 | 吡噻菌胺 | 4* | 杀菌剂 | 无指定 |
| 7 | 草甘膦 | 0.1 | 除草剂 | GB/T 23750、NY/T 1096、SN/T 1923 |
| 8 | 敌草快 | 0.02 | 除草剂 | SN/T 0293 |
| 9 | 地虫硫磷 | 0.01 | 杀虫剂 | GB 23200.8、GB 23200.113 |
| 10 | 啶虫脒 | 2 | 杀虫剂 | GB/T 20769、GB/T 23584 |
| 11 | 啶酰菌胺 | 3 | 杀菌剂 | GB/T 20769 |
| 12 | 对硫磷 | 0.01 | 杀虫剂 | GB/T 5009.145、GB 23200.113 |
| 13 | 多杀霉素 | 0.2 | 杀虫剂 | GB/T 20769 |
| 14 | 伏杀硫磷 | 2 | 杀虫剂 | GB 23200.8、NY/T 761、GB 23200.113 |
| 15 | 氟苯虫酰胺 | 2* | 杀虫剂 | 无指定 |
| 16 | 氟吡甲禾灵和高效氟吡甲禾灵 | 0.02* | 除草剂 | 无指定 |
| 17 | 氟吡菌酰胺 | 0.5* | 杀菌剂 | 无指定 |
| 18 | 氟虫腈 | 0.02 | 杀虫剂 | GB 23200.34、NY/T 1379（参照） |
| 19 | 氟酰脲 | 7 | 杀虫剂 | GB 23200.34（参照） |
| 20 | 氟唑菌酰胺 | 2* | 杀菌剂 | 无指定 |
| 21 | 咯菌腈 | 5 | 杀菌剂 | GB 23200.8、GB/T 20769、GB 23200.113 |
| 22 | 甲胺磷 | 0.05 | 杀虫剂 | GB/T 5009.103、NY/T 761、GB 23200.113 |
| 23 | 甲拌磷 | 0.01 | 杀虫剂 | GB 23200.113 |
| 24 | 甲苯氟磺胺 | 5 | 杀菌剂 | GB 23200.8 |
| 25 | 甲基对硫磷 | 0.02 | 杀虫剂 | NY/T 761、GB 23200.113 |
| 26 | 甲基硫环磷 | 0.03* | 杀虫剂 | NY/T 761 |
| 27 | 甲基异柳磷 | 0.01* | 杀虫剂 | GB/T 5009.144、GB 23200.113 |

（续）

| 序号 | 农药中文名 | 最大残留限量（mg/kg） | 农药主要用途 | 检测方法 |
|---|---|---|---|---|
| 28 | 甲氧虫酰肼 | 2 | 杀虫剂 | GB/T 20769 |
| 29 | 久效磷 | 0.03 | 杀虫剂 | NY/T 761、GB 23200.113 |
| 30 | 克百威 | 0.02 | 杀虫剂 | NY/T 761 |
| 31 | 联苯肼酯 | 2 | 杀螨剂 | GB 23200.8 |
| 32 | 磷胺 | 0.05 | 杀虫剂 | NY/T 761、GB 23200.113 |
| 33 | 硫环磷 | 0.03 | 杀虫剂 | NY/T 761、GB 23200.113 |
| 34 | 硫线磷 | 0.02 | 杀虫剂 | GB/T 20769 |
| 35 | 螺虫乙酯 | 3* | 杀虫剂 | 无指定 |
| 36 | 氯虫苯甲酰胺 | 1* | 杀虫剂 | 无指定 |
| 37 | 氯菊酯 | 2 | 杀虫剂 | GB 23200.8、NY/T 761、GB 23200.113 |
| 38 | 氯唑磷 | 0.01 | 杀虫剂 | GB/T 20769、GB 23200.113 |
| 39 | 嘧菌环胺 | 2 | 杀菌剂 | GB 23200.8、GB/T 20769、GB 23200.113 |
| 40 | 灭多威 | 0.2 | 杀虫剂 | NY/T 761 |
| 41 | 灭线磷 | 0.02 | 杀线虫剂 | NY/T 761 |
| 42 | 内吸磷 | 0.02 | 杀虫/杀螨剂 | GB/T 20769 |
| 43 | 噻草酮 | 0.09* | 除草剂 | GB 23200.38（参照） |
| 44 | 噻虫胺 | 0.2 | 杀虫剂 | GB 23200.8、GB/T 20769 |
| 45 | 噻虫啉 | 0.5 | 杀虫剂 | GB/T 20769 |
| 46 | 噻菌灵 | 3 | 杀菌剂 | GB/T 20769、NY/T 1453、NY/T 1680 |
| 47 | 噻虫嗪 | 1 | 杀虫剂 | GB 23200.8、GB/T 20769 |
| 48 | 杀草强 | 0.05 | 除草剂 | GB 23200.6 |
| 49 | 杀虫脒 | 0.01 | 杀虫剂 | GB/T 20769 |
| 50 | 杀螟硫磷 | 0.5* | 杀虫剂 | GB/T 14553、GB/T 20769、NY/T 761、GB 23200.113 |
| 51 | 杀扑磷 | 0.05 | 杀虫剂 | GB 23200.8、GB/T 14553、NY/T 761、GB 23200.113 |
| 52 | 水胺硫磷 | 0.05 | 杀虫剂 | GB/T 5009.20、GB 23200.113 |
| 53 | 特丁硫磷 | 0.01 | 杀虫剂 | NY/T 761、NY/T 1379 |

（续）

| 序号 | 农药中文名 | 最大残留限量（mg/kg） | 农药主要用途 | 检测方法 |
|---|---|---|---|---|
| 54 | 涕灭威 | 0.02 | 杀虫剂 | NY/T 761 |
| 55 | 戊菌唑 | 0.2 | 杀菌剂 | GB 23200.8、GB/T 20769 |
| 56 | 肟菌酯 | 3 | 杀菌剂 | GB 23200.8、GB/T 20769、GB 23200.113 |
| 57 | 辛硫磷 | 0.05 | 杀虫剂 | GB/T 5009.102、GB/T 20769 |
| 58 | 氧乐果 | 0.02 | 杀虫剂 | NY/T 761、NY/T 1379、GB 23200.113 |
| 59 | 乙酰甲胺磷 | 0.5 | 杀虫剂 | NY/T 761、GB 23200.113 |
| 60 | 茚虫威 | 1 | 杀虫剂 | GB/T 20769 |
| 61 | 蝇毒磷 | 0.05 | 杀虫剂 | GB 23200.8、GB 23200.113 |
| 62 | 治螟磷 | 0.01 | 杀虫剂 | GB 23200.8、NY/T 761、GB 23200.113 |
| 63 | 艾氏剂 | 0.05 | 杀虫剂 | GB/T 5009.19、NY/T 761、GB 23200.113 |
| 64 | 滴滴涕 | 0.05 | 杀虫剂 | GB/T 5009.19、NY/T 761、GB 23200.113 |
| 65 | 狄氏剂 | 0.02 | 杀虫剂 | GB/T 5009.19、NY/T 761、GB 23200.113 |
| 66 | 毒杀芬 | 0.05* | 杀虫剂 | YC/T 180（参照） |
| 67 | 六六六 | 0.05 | 杀虫剂 | GB/T 5009.19、NY/T 761、GB 23200.113 |
| 68 | 氯丹 | 0.02 | 杀虫剂 | GB/T 5009.19 |
| 69 | 灭蚁灵 | 0.01 | 杀虫剂 | GB/T 5009.19 |
| 70 | 七氯 | 0.01 | 杀虫剂 | GB/T 5009.19、NY/T 761 |
| 71 | 异狄氏剂 | 0.05 | 杀虫剂 | GB/T 5009.19、NY/T 761 |
| 72 | 草铵膦 | 0.15 | 除草剂 | GB 23200.108 |
| 73 | 敌百虫 | 0.2 | 杀虫剂 | GB/T 20769、NY/T 761 |
| 74 | 噻螨酮 | 0.3 | 杀螨剂 | GB 23200.8、GB/T 20769 |
| 75 | 四螨嗪 | 0.5 | 杀螨剂 | GB 23200.47、GB/T 20769 |
| 76 | 甲氰菊酯 | 5 | 杀虫剂 | NY/T 761、GB 23200.113 |
| 77 | 倍硫磷 | 0.05 | 杀虫剂 | GB 23200.8、NY/T 761、GB 23200.113 |

（续）

| 序号 | 农药中文名 | 最大残留限量（mg/kg） | 农药主要用途 | 检测方法 |
|---|---|---|---|---|
| 78 | 丙森锌 | 7 | 杀菌剂 | SN 0157、SN/T 1541（参照） |
| 79 | 唑螨酯 | 0.4 | 杀螨剂 | GB 23200.8、GB 23200.29、GB/T 20769 |
| 80 | 代森联 | 7 | 杀菌剂 | SN 0157 |
| 81 | 敌敌畏 | 0.2 | 杀虫剂 | GB 23200.8、GB/T 5009.20、NY/T 761、GB 23200.113 |
| 82 | 氯氰菊酯和高效氯氰菊酯 | 2 | 杀虫剂 | GB 23200.8、GB/T 5009.146、NY/T 761、GB 23200.113 |
| 83 | 氰戊菊酯和S-氰戊菊酯 | 0.2 | 杀虫剂 | GB 23200.8、NY/T 761、GB 23200.113 |
| 84 | 吡虫啉 | 0.5 | 杀虫剂 | GB/T 20769、GB/T 23379 |
| 85 | 吡唑醚菌酯 | 0.3 | 杀菌剂 | GB 23200.8 |
| 86 | 多菌灵 | 2 | 杀菌剂 | GB/T 20769、NY/T 1453 |
| 87 | 二氰蒽醌 | 2* | 杀菌剂 | 无指定 |
| 88 | 氟吡菌酰胺 | 1* | 杀菌剂 | 无指定 |
| 89 | 氟啶虫胺腈 | 0.4* | 杀虫剂 | 无指定 |
| 90 | 氟硅唑 | 0.2 | 杀菌剂 | GB 23200.8、GB 23200.53、GB/T 20769 |
| 91 | 环酰菌胺 | 10* | 杀菌剂 | 无指定 |
| 92 | 腈苯唑 | 0.5 | 杀菌剂 | GB 23200.8、GB/T 20769、GB 23200.113 |
| 93 | 腈菌唑 | 3 | 杀菌剂 | GB 23200.8、GB/T 20769、NY/T 1455、GB 23200.113 |
| 94 | 抗蚜威 | 0.5 | 杀虫剂 | GB 23200.8、NY/T 1379、SN/T 0134、GB 23200.113 |
| 95 | 乐果 | 2* | 杀虫剂 | GB 23200.8、SN 0654 |
| 96 | 联苯三唑醇 | 1 | 杀菌剂 | GB 23200.8、GB/T 20769 |
| 97 | 螺螨酯 | 2 | 杀螨剂 | GB 23200.8、GB/T 20769 |
| 98 | 氯氟氰菊酯和高效氯氟氰菊酯 | 0.5 | 杀虫剂 | GB 23200.8、GB/T 5009.146、NY/T 761、GB 23200.113 |
| 99 | 马拉硫磷 | 6 | 杀虫剂 | GB 23200.8、GB/T 20769、NY/T 761、GB 23200.113 |

（续）

| 序号 | 农药中文名 | 最大残留限量（mg/kg） | 农药主要用途 | 检测方法 |
|---|---|---|---|---|
| 100 | 嘧菌酯 | 2 | 杀菌剂 | GB/T 20769、NY/T 1453、SN/T 1976 |
| 101 | 嘧霉胺 | 3 | 杀菌剂 | GB 23200.8、GB/T 20769、GB 23200.113 |
| 102 | 戊唑醇 | 2 | 杀菌剂 | GB 23200.8、GB/T 20769、GB 23200.113 |
| 103 | 溴氰菊酯 | 0.05 | 杀虫剂 | NY/T 761、GB 23200.113 |
| 104 | 亚胺硫磷 | 10 | 杀虫剂 | GB 23200.8、GB/T 20769、NY/T 761、GB 23200.113 |

## 4.16 枣（鲜）

枣（鲜）中农药最大残留限量见表 4-16。

**表 4-16 枣（鲜）中农药最大残留限量**

| 序号 | 农药中文名 | 最大残留限量（mg/kg） | 农药主要用途 | 检测方法 |
|---|---|---|---|---|
| 1 | 保棉磷 | 1 | 杀虫剂 | NY/T 761 |
| 2 | 2,4-滴和 2,4-滴钠盐 | 0.05 | 除草剂 | NY/T 1434（参照） |
| 3 | 百草枯 | 0.01* | 除草剂 | 无指定 |
| 4 | 苯嘧磺草胺 | 0.01* | 除草剂 | 无指定 |
| 5 | 苯线磷 | 0.02 | 杀虫剂 | GB 23200.8、GB/T 5009.145 |
| 6 | 吡噻菌胺 | 4* | 杀菌剂 | 无指定 |
| 7 | 草甘膦 | 0.1 | 除草剂 | GB/T 23750、NY/T 1096、SN/T 1923 |
| 8 | 敌草快 | 0.02 | 除草剂 | SN/T 0293 |
| 9 | 地虫硫磷 | 0.01 | 杀虫剂 | GB 23200.8、GB 23200.113 |
| 10 | 啶虫脒 | 2 | 杀虫剂 | GB/T 20769、GB/T 23584 |
| 11 | 啶酰菌胺 | 3 | 杀菌剂 | GB/T 20769 |
| 12 | 对硫磷 | 0.01 | 杀虫剂 | GB/T 5009.145、GB 23200.113 |
| 13 | 多杀霉素 | 0.2 | 杀虫剂 | GB/T 20769 |
| 14 | 伏杀硫磷 | 2 | 杀虫剂 | GB 23200.8、NY/T 761、GB 23200.113 |

（续）

| 序号 | 农药中文名 | 最大残留限量（mg/kg） | 农药主要用途 | 检测方法 |
|---|---|---|---|---|
| 15 | 氟苯虫酰胺 | 2* | 杀虫剂 | 无指定 |
| 16 | 氟吡甲禾灵和高效氟吡甲禾灵 | 0.02* | 除草剂 | 无指定 |
| 17 | 氟吡菌酰胺 | 0.5* | 杀菌剂 | 无指定 |
| 18 | 氟虫腈 | 0.02 | 杀虫剂 | GB 23200.34、NY/T 1379（参照） |
| 19 | 氟酰脲 | 7 | 杀虫剂 | GB 23200.34（参照） |
| 20 | 氟唑菌酰胺 | 2* | 杀菌剂 | 无指定 |
| 21 | 咯菌腈 | 5 | 杀菌剂 | GB 23200.8、GB/T 20769、GB 23200.113 |
| 22 | 甲胺磷 | 0.05 | 杀虫剂 | GB/T 5009.103、NY/T 761、GB 23200.113 |
| 23 | 甲拌磷 | 0.01 | 杀虫剂 | GB 23200.113 |
| 24 | 甲苯氟磺胺 | 5 | 杀菌剂 | GB 23200.8 |
| 25 | 甲基对硫磷 | 0.02 | 杀虫剂 | NY/T 761、GB 23200.113 |
| 26 | 甲基硫环磷 | 0.03* | 杀虫剂 | NY/T 761 |
| 27 | 甲基异柳磷 | 0.01* | 杀虫剂 | GB/T 5009.144、GB 23200.113 |
| 28 | 甲氧虫酰肼 | 2 | 杀虫剂 | GB/T 20769 |
| 29 | 久效磷 | 0.03 | 杀虫剂 | NY/T 761、GB 23200.113 |
| 30 | 克百威 | 0.02 | 杀虫剂 | NY/T 761 |
| 31 | 联苯肼酯 | 2 | 杀螨剂 | GB 23200.8 |
| 32 | 磷胺 | 0.05 | 杀虫剂 | NY/T 761、GB 23200.113 |
| 33 | 硫环磷 | 0.03 | 杀虫剂 | NY/T 761、GB 23200.113 |
| 34 | 硫线磷 | 0.02 | 杀虫剂 | GB/T 20769 |
| 35 | 螺虫乙酯 | 3* | 杀虫剂 | 无指定 |
| 36 | 氯虫苯甲酰胺 | 1* | 杀虫剂 | 无指定 |
| 37 | 氯菊酯 | 2 | 杀虫剂 | GB 23200.8、NY/T 761、GB 23200.113 |
| 38 | 氯唑磷 | 0.01 | 杀虫剂 | GB/T 20769、GB 23200.113 |
| 39 | 嘧菌环胺 | 2 | 杀菌剂 | GB 23200.8、GB/T 20769、GB 23200.113 |
| 40 | 灭多威 | 0.2 | 杀虫剂 | NY/T 761 |

（续）

| 序号 | 农药中文名 | 最大残留限量（mg/kg） | 农药主要用途 | 检测方法 |
|---|---|---|---|---|
| 41 | 灭线磷 | 0.02 | 杀线虫剂 | NY/T 761 |
| 42 | 内吸磷 | 0.02 | 杀虫/杀螨剂 | GB/T 20769 |
| 43 | 噻草酮 | 0.09* | 除草剂 | GB 23200.38（参照） |
| 44 | 噻虫胺 | 0.2 | 杀虫剂 | GB 23200.8、GB/T 20769 |
| 45 | 噻虫啉 | 0.5 | 杀虫剂 | GB/T 20769 |
| 46 | 噻菌灵 | 3 | 杀菌剂 | GB/T 20769、NY/T 1453、NY/T 1680 |
| 47 | 噻虫嗪 | 1 | 杀虫剂 | GB 23200.8、GB/T 20769 |
| 48 | 杀草强 | 0.05 | 除草剂 | GB 23200.6 |
| 49 | 杀虫脒 | 0.01 | 杀虫剂 | GB/T 20769 |
| 50 | 杀螟硫磷 | 0.5* | 杀虫剂 | GB/T 14553、GB/T 20769、NY/T 761、GB 23200.113 |
| 51 | 杀扑磷 | 0.05 | 杀虫剂 | GB 23200.8、GB/T 14553、NY/T 761、GB 23200.113 |
| 52 | 水胺硫磷 | 0.05 | 杀虫剂 | GB/T 5009.20、GB 23200.113 |
| 53 | 特丁硫磷 | 0.01 | 杀虫剂 | NY/T 761、NY/T 1379 |
| 54 | 涕灭威 | 0.02 | 杀虫剂 | NY/T 761 |
| 55 | 戊菌唑 | 0.2 | 杀菌剂 | GB 23200.8、GB/T 20769 |
| 56 | 肟菌酯 | 3 | 杀菌剂 | GB 23200.8、GB/T 20769、GB 23200.113 |
| 57 | 辛硫磷 | 0.05 | 杀虫剂 | GB/T 5009.102、GB/T 20769 |
| 58 | 氧乐果 | 0.02 | 杀虫剂 | NY/T 761、NY/T 1379、GB 23200.113 |
| 59 | 乙酰甲胺磷 | 0.5 | 杀虫剂 | NY/T 761、GB 23200.113 |
| 60 | 茚虫威 | 1 | 杀虫剂 | GB/T 20769 |
| 61 | 蝇毒磷 | 0.05 | 杀虫剂 | GB 23200.8、GB 23200.113 |
| 62 | 治螟磷 | 0.01 | 杀虫剂 | GB 23200.8、NY/T 761、GB 23200.113 |
| 63 | 艾氏剂 | 0.05 | 杀虫剂 | GB/T 5009.19、NY/T 761、GB 23200.113 |
| 64 | 滴滴涕 | 0.05 | 杀虫剂 | GB/T 5009.19、NY/T 761、GB 23200.113 |

（续）

| 序号 | 农药中文名 | 最大残留限量（mg/kg） | 农药主要用途 | 检测方法 |
|---|---|---|---|---|
| 65 | 狄氏剂 | 0.02 | 杀虫剂 | GB/T 5009.19、NY/T 761、GB 23200.113 |
| 66 | 毒杀芬 | 0.05* | 杀虫剂 | YC/T 180（参照） |
| 67 | 六六六 | 0.05 | 杀虫剂 | GB/T 5009.19、NY/T 761、GB 23200.113 |
| 68 | 氯丹 | 0.02 | 杀虫剂 | GB/T 5009.19 |
| 69 | 灭蚁灵 | 0.01 | 杀虫剂 | GB/T 5009.19 |
| 70 | 七氯 | 0.01 | 杀虫剂 | GB/T 5009.19、NY/T 761 |
| 71 | 异狄氏剂 | 0.05 | 杀虫剂 | GB/T 5009.19、NY/T 761 |
| 72 | 敌百虫 | 0.2 | 杀虫剂 | GB/T 20769、NY/T 761 |
| 73 | 噻螨酮 | 0.3 | 杀螨剂 | GB 23200.8、GB/T 20769 |
| 74 | 四螨嗪 | 0.5 | 杀螨剂 | GB 23200.47、GB/T 20769 |
| 75 | 甲氰菊酯 | 5 | 杀虫剂 | NY/T 761、GB 23200.113 |
| 76 | 倍硫磷 | 0.05 | 杀虫剂 | GB 23200.8、NY/T 761、GB 23200.113 |
| 77 | 丙森锌 | 7 | 杀菌剂 | SN 0157、SN/T 1541（参照） |
| 78 | 唑螨酯 | 0.4 | 杀螨剂 | GB 23200.8、GB 23200.29、GB/T 20769 |
| 79 | 代森联 | 7 | 杀菌剂 | SN 0157 |
| 80 | 敌敌畏 | 0.2 | 杀虫剂 | GB 23200.8、GB/T 5009.20、NY/T 761、GB 23200.113 |
| 81 | 氯氰菊酯和高效氯氰菊酯 | 2 | 杀虫剂 | GB 23200.8、GB/T 5009.146、NY/T 761、GB 23200.113 |
| 82 | 氰戊菊酯和 S-氰戊菊酯 | 0.2 | 杀虫剂 | GB 23200.8、NY/T 761、GB 23200.113 |
| 83 | 腈菌唑 | 2 | 杀菌剂 | GB 23200.8、GB/T 20769、NY/T 1455、GB 23200.113 |
| 84 | 阿维菌素 | 0.05 | 杀虫剂 | GB 23200.19、GB 23200.20 |
| 85 | 吡唑醚菌酯 | 1 | 杀菌剂 | GB 23200.8 |
| 86 | 丙环唑 | 5 | 杀菌剂 | GB 23200.8、GB/T 20769 |
| 87 | 草铵膦 | 0.1 | 除草剂 | GB 23200.108 |
| 88 | 代森锰锌 | 2 | 杀菌剂 | SN 0157 |

（续）

| 序号 | 农药中文名 | 最大残留限量（mg/kg） | 农药主要用途 | 检测方法 |
|---|---|---|---|---|
| 89 | 敌百虫 | 0.3 | 杀虫剂 | GB/T 20769、NY/T 761 |
| 90 | 啶氧菌酯 | 5 | 杀菌剂 | GB 23200.8、GB/T 20769 |
| 91 | 多菌灵 | 0.5 | 杀菌剂 | GB/T 20769、NY/T 1453 |
| 92 | 二氰蒽醌 | 2* | 杀菌剂 | 无指定 |
| 93 | 氯氟氰菊酯和高效氯氟氰菊酯 | 0.3 | 杀虫剂 | GB 23200.8、GB/T 5009.146、NY/T 761、GB 23200.113 |
| 94 | 抗蚜威 | 0.5 | 杀虫剂 | GB 23200.8、NY/T 1379、SN/T 0134、GB 23200.113 |
| 95 | 乐果 | 2* | 杀虫剂 | GB/T 5009.145、GB/T 20769、NY/T 761、GB 23200.113 |
| 96 | 螺螨酯 | 2 | 杀螨剂 | GB 23200.8、GB/T 20769 |
| 97 | 马拉硫磷 | 6 | 杀虫剂 | GB 23200.8、GB/T 20769、NY/T 761、GB 23200.113 |
| 98 | 咪鲜胺和咪鲜胺锰盐 | 3 | 杀菌剂 | GB/T 20769、NY/T 1456 |
| 99 | 醚菌酯 | 1 | 杀菌剂 | GB 23200.8、GB/T 20769 |
| 100 | 嘧菌酯 | 2 | 杀菌剂 | GB/T 20769、NY/T 1453、SN/T 1976 |
| 101 | 噻螨酮 | 2 | 杀螨剂 | GB 23200.8、GB/T 20769 |
| 102 | 四螨嗪 | 1 | 杀螨剂 | GB 23200.47、GB/T 20769 |
| 103 | 溴氰菊酯 | 0.05 | 杀虫剂 | NY/T 761、GB 23200.113 |
| 104 | 异丙甲草胺和精异丙甲草胺 | 0.05 | 除草剂 | GB 23200.8、GB 23200.113 |

## 4.17 李子

李子中农药最大残留限量见表 4-17。

**表 4-17 李子中农药最大残留限量**

| 序号 | 农药中文名 | 最大残留限量（mg/kg） | 农药主要用途 | 检测方法 |
|---|---|---|---|---|
| 1 | 2,4-滴和 2,4-滴钠盐 | 0.05 | 除草剂 | NY/T 1434（参照） |
| 2 | 百草枯 | 0.01* | 除草剂 | 无指定 |
| 3 | 苯嘧磺草胺 | 0.01* | 除草剂 | 无指定 |

（续）

| 序号 | 农药中文名 | 最大残留限量（mg/kg） | 农药主要用途 | 检测方法 |
| --- | --- | --- | --- | --- |
| 4 | 苯线磷 | 0.02 | 杀虫剂 | GB 23200.8、GB/T 5009.145 |
| 5 | 吡噻菌胺 | 4* | 杀菌剂 | 无指定 |
| 6 | 草甘膦 | 0.1 | 除草剂 | GB/T 23750、NY/T 1096、SN/T 1923 |
| 7 | 敌草快 | 0.02 | 除草剂 | SN/T 0293 |
| 8 | 地虫硫磷 | 0.01 | 杀虫剂 | GB 23200.8、GB 23200.113 |
| 9 | 啶虫脒 | 2 | 杀虫剂 | GB/T 20769、GB/T 23584 |
| 10 | 啶酰菌胺 | 3 | 杀菌剂 | GB/T 20769 |
| 11 | 对硫磷 | 0.01 | 杀虫剂 | GB/T 5009.145、GB 23200.113 |
| 12 | 多杀霉素 | 0.2 | 杀虫剂 | GB/T 20769 |
| 13 | 伏杀硫磷 | 2 | 杀虫剂 | GB 23200.8、NY/T 761、GB 23200.113 |
| 14 | 氟苯虫酰胺 | 2* | 杀虫剂 | 无指定 |
| 15 | 氟吡甲禾灵和高效氟吡甲禾灵 | 0.02* | 除草剂 | 无指定 |
| 16 | 氟吡菌酰胺 | 0.5* | 杀菌剂 | 无指定 |
| 17 | 氟虫腈 | 0.02 | 杀虫剂 | GB 23200.34、NY/T 1379（参照） |
| 18 | 氟酰脲 | 7 | 杀虫剂 | GB 23200.34（参照） |
| 19 | 氟唑菌酰胺 | 2* | 杀菌剂 | 无指定 |
| 20 | 咯菌腈 | 5 | 杀菌剂 | GB 23200.8、GB/T 20769、GB 23200.113 |
| 21 | 甲胺磷 | 0.05 | 杀虫剂 | GB/T 5009.103、NY/T 761、GB 23200.113 |
| 22 | 甲拌磷 | 0.01 | 杀虫剂 | GB 23200.113 |
| 23 | 甲苯氟磺胺 | 5 | 杀菌剂 | GB 23200.8 |
| 24 | 甲基对硫磷 | 0.02 | 杀虫剂 | NY/T 761、GB 23200.113 |
| 25 | 甲基硫环磷 | 0.03* | 杀虫剂 | NY/T 761 |
| 26 | 甲基异柳磷 | 0.01* | 杀虫剂 | GB/T 5009.144、GB 23200.113 |
| 27 | 甲氧虫酰肼 | 2 | 杀虫剂 | GB/T 20769 |
| 28 | 久效磷 | 0.03 | 杀虫剂 | NY/T 761、GB 23200.113 |

（续）

| 序号 | 农药中文名 | 最大残留限量（mg/kg） | 农药主要用途 | 检测方法 |
| --- | --- | --- | --- | --- |
| 29 | 克百威 | 0.02 | 杀虫剂 | NY/T 761 |
| 30 | 联苯肼酯 | 2 | 杀螨剂 | GB 23200.8 |
| 31 | 磷胺 | 0.05 | 杀虫剂 | NY/T 761、GB 23200.113 |
| 32 | 硫环磷 | 0.03 | 杀虫剂 | NY/T 761、GB 23200.113 |
| 33 | 硫线磷 | 0.02* | 杀虫剂 | GB/T 20769 |
| 34 | 螺虫乙酯 | 3* | 杀虫剂 | 无指定 |
| 35 | 氯虫苯甲酰胺 | 1 | 杀虫剂 | 无指定 |
| 36 | 氯菊酯 | 2 | 杀虫剂 | GB 23200.8、NY/T 761、GB 23200.113 |
| 37 | 氯唑磷 | 0.01 | 杀虫剂 | GB/T 20769、GB 23200.113 |
| 38 | 嘧菌环胺 | 2 | 杀菌剂 | GB 23200.8、GB/T 20769、GB 23200.113 |
| 39 | 灭多威 | 0.2 | 杀虫剂 | NY/T 761 |
| 40 | 灭线磷 | 0.02 | 杀线虫剂 | NY/T 761 |
| 41 | 内吸磷 | 0.02 | 杀虫/杀螨剂 | GB/T 20769 |
| 42 | 噻草酮 | 0.09* | 除草剂 | GB 23200.38（参照） |
| 43 | 噻虫胺 | 0.2 | 杀虫剂 | GB 23200.8、GB/T 20769 |
| 44 | 噻虫啉 | 0.5 | 杀虫剂 | GB/T 20769 |
| 45 | 噻菌灵 | 3 | 杀菌剂 | GB/T 20769、NY/T 1453、NY/T 1680 |
| 46 | 噻虫嗪 | 1 | 杀虫剂 | GB 23200.8、GB/T 20769 |
| 47 | 杀草强 | 0.05 | 除草剂 | GB 23200.6 |
| 48 | 杀虫脒 | 0.01 | 杀虫剂 | GB/T 20769 |
| 49 | 杀螟硫磷 | 0.5* | 杀虫剂 | GB/T 14553、GB/T 20769、NY/T 761、GB 23200.113 |
| 50 | 杀扑磷 | 0.05 | 杀虫剂 | GB 23200.8、GB/T 14553、NY/T 761、GB 23200.113 |
| 51 | 水胺硫磷 | 0.05 | 杀虫剂 | GB/T 5009.20、GB 23200.113 |
| 52 | 特丁硫磷 | 0.01 | 杀虫剂 | NY/T 761、NY/T 1379 |
| 53 | 涕灭威 | 0.02 | 杀虫剂 | NY/T 761 |
| 54 | 戊菌唑 | 0.2 | 杀菌剂 | GB 23200.8、GB/T 20769 |

（续）

| 序号 | 农药中文名 | 最大残留限量（mg/kg） | 农药主要用途 | 检测方法 |
|---|---|---|---|---|
| 55 | 肟菌酯 | 3 | 杀菌剂 | GB 23200.8、GB/T 20769、GB 23200.113 |
| 56 | 辛硫磷 | 0.05 | 杀虫剂 | GB/T 5009.102、GB/T 20769 |
| 57 | 氧乐果 | 0.02 | 杀虫剂 | NY/T 761、NY/T 1379、GB 23200.113 |
| 58 | 乙酰甲胺磷 | 0.5 | 杀虫剂 | NY/T 761、GB 23200.113 |
| 59 | 茚虫威 | 1 | 杀虫剂 | GB/T 20769 |
| 60 | 蝇毒磷 | 0.05 | 杀虫剂 | GB 23200.8、GB 23200.113 |
| 61 | 治螟磷 | 0.01 | 杀虫剂 | GB 23200.8、NY/T 761、GB 23200.113 |
| 62 | 艾氏剂 | 0.05 | 杀虫剂 | GB/T 5009.19、NY/T 761、GB 23200.113 |
| 63 | 滴滴涕 | 0.05 | 杀虫剂 | GB/T 5009.19、NY/T 761、GB 23200.113 |
| 64 | 狄氏剂 | 0.02 | 杀虫剂 | GB/T 5009.19、NY/T 761、GB 23200.113 |
| 65 | 毒杀芬 | 0.05* | 杀虫剂 | YC/T 180（参照） |
| 66 | 六六六 | 0.05 | 杀虫剂 | GB/T 5009.19、NY/T 761、GB 23200.113 |
| 67 | 氯丹 | 0.02 | 杀虫剂 | GB/T 5009.19 |
| 68 | 灭蚁灵 | 0.01 | 杀虫剂 | GB/T 5009.19 |
| 69 | 七氯 | 0.01 | 杀虫剂 | GB/T 5009.19、NY/T 761 |
| 70 | 异狄氏剂 | 0.05 | 杀虫剂 | GB/T 5009.19、NY/T 761 |
| 71 | 草铵膦 | 0.15 | 除草剂 | GB 23200.108 |
| 72 | 敌百虫 | 0.2 | 杀虫剂 | GB/T 20769、NY/T 761 |
| 73 | 噻螨酮 | 0.3 | 杀螨剂 | GB 23200.8、GB/T 20769 |
| 74 | 四螨嗪 | 0.5 | 杀螨剂 | GB 23200.47、GB/T 20769 |
| 75 | 倍硫磷 | 0.05 | 杀虫剂 | GB 23200.8、NY/T 761、GB 23200.113 |
| 76 | 丙森锌 | 7 | 杀菌剂 | SN 0157、SN/T 1541（参照） |
| 77 | 唑螨酯 | 0.4 | 杀螨剂 | GB 23200.8、GB 23200.29、GB/T 20769 |

（续）

| 序号 | 农药中文名 | 最大残留限量（mg/kg） | 农药主要用途 | 检测方法 |
|---|---|---|---|---|
| 78 | 代森联 | 7 | 杀菌剂 | SN 0157 |
| 79 | 敌敌畏 | 0.2 | 杀虫剂 | GB 23200.8、GB/T 5009.20、NY/T 761、GB 23200.113 |
| 80 | 氯氰菊酯和高效氯氰菊酯 | 2 | 杀虫剂 | GB 23200.8、GB/T 5009.146、NY/T 761、GB 23200.113 |
| 81 | 氰戊菊酯和S-氰戊菊酯 | 0.2 | 杀虫剂 | GB 23200.8、NY/T 761、GB 23200.113 |
| 82 | 保棉磷 | 2 | 杀虫剂 | NY/T 761 |
| 83 | 苯丁锡 | 3 | 杀螨剂 | SN 0592（参照） |
| 84 | 苯醚甲环唑 | 0.2 | 杀菌剂 | GB 23200.8、GB 23200.49、GB/T 5009.218、GB 23200.113 |
| 85 | 吡虫啉 | 0.2 | 杀虫剂 | GB/T 20769、GB/T 23379 |
| 86 | 吡唑醚菌酯 | 0.8 | 杀菌剂 | GB 23200.8 |
| 87 | 丙环唑 | 0.6 | 杀菌剂 | GB 23200.8、GB/T 20769 |
| 88 | 除虫脲 | 0.5 | 杀虫剂 | GB/T 5009.147、NY/T 1720 |
| 89 | 毒死蜱 | 0.5 | 杀虫剂 | GB 23200.8、NY/T 761、SN/T 2158、GB 23200.113 |
| 90 | 多菌灵 | 0.5 | 杀菌剂 | GB/T 20769、NY/T 1453 |
| 91 | 二嗪磷 | 1 | 杀虫剂 | GB/T 20769、GB/T 5009.107、NY/T 761、GB 23200.113 |
| 92 | 二氰蒽醌 | 2* | 杀菌剂 | 无指定 |
| 93 | 氟苯脲 | 0.1 | 杀虫剂 | NY/T 1453 |
| 94 | 氟吡菌酰胺 | 0.5* | 杀菌剂 | 无指定 |
| 95 | 氟啶虫胺腈 | 0.5* | 杀虫剂 | 无指定 |
| 96 | 环酰菌胺 | 1* | 杀菌剂 | 无指定 |
| 97 | 甲氰菊酯 | 1 | 杀虫剂 | NY/T 761 |
| 98 | 腈苯唑 | 0.3 | 杀菌剂 | GB 23200.8、GB/T 20769、GB 23200.113 |
| 99 | 腈菌唑 | 0.2 | 杀菌剂 | GB 23200.8、GB/T 20769、NY/T 1455、GB 23200.113 |
| 100 | 抗蚜威 | 0.5 | 杀虫剂 | GB 23200.8、NY/T 1379、SN/T 0134、GB 23200.113 |

（续）

| 序号 | 农药中文名 | 最大残留限量（mg/kg） | 农药主要用途 | 检测方法 |
|---|---|---|---|---|
| 101 | 克菌丹 | 10 | 杀菌剂 | GB 23200.8、SN 0654 |
| 102 | 乐果 | 2* | 杀虫剂 | GB/T 5009.145、GB/T 20769、NY/T 761、GB 23200.113 |
| 103 | 联苯三唑醇 | 2 | 杀菌剂 | GB 23200.8、GB/T 20769 |
| 104 | 螺螨酯 | 2 | 杀螨剂 | GB 23200.8、GB/T 20769 |
| 105 | 氯氟氰菊酯和高效氯氟氰菊酯 | 0.2 | 杀虫剂 | GB 23200.8、GB/T 5009.146、NY/T 761、GB 23200.113 |
| 106 | 马拉硫磷 | 6 | 杀虫剂 | GB 23200.8、GB/T 20769、NY/T 761、GB 23200.113 |
| 107 | 嘧菌酯 | 2 | 杀菌剂 | GB/T 20769、NY/T 1453、SN/T 1976 |
| 108 | 嘧霉胺 | 2 | 杀菌剂 | GB 23200.8、GB/T 20769、GB 23200.113 |
| 109 | 嗪氨灵 | 2 | 杀菌剂 | SN/T 0695（参照） |
| 110 | 噻嗪酮 | 2 | 杀虫剂 | GB 23200.8、GB/T 20769 |
| 111 | 戊唑醇 | 1 | 杀菌剂 | GB 23200.8、GB/T 20769、GB 23200.113 |
| 112 | 溴螨酯 | 2 | 杀螨剂 | GB 23200.8、SN/T 0192、GB 23200.113 |
| 113 | 溴氰虫酰胺 | 0.5* | 杀虫剂 | 无指定 |
| 114 | 溴氰菊酯 | 0.05 | 杀虫剂 | NY/T 761、GB 23200.113 |

## 4.18 樱桃

樱桃中农药最大残留限量见表4-18。

**表4-18　樱桃中农药最大残留限量**

| 序号 | 农药中文名 | 最大残留限量（mg/kg） | 农药主要用途 | 检测方法 |
|---|---|---|---|---|
| 1 | 2,4-滴和2,4-滴钠盐 | 0.05 | 除草剂 | NY/T 1434（参照） |
| 2 | 百草枯 | 0.01* | 除草剂 | 无指定 |
| 3 | 苯嘧磺草胺 | 0.01* | 除草剂 | 无指定 |
| 4 | 苯线磷 | 0.02 | 杀虫剂 | GB 23200.8、GB/T 5009.145 |

（续）

| 序号 | 农药中文名 | 最大残留限量（mg/kg） | 农药主要用途 | 检测方法 |
|---|---|---|---|---|
| 5 | 吡噻菌胺 | 4* | 杀菌剂 | 无指定 |
| 6 | 草甘膦 | 0.1 | 除草剂 | GB/T 23750、NY/T 1096、SN/T 1923 |
| 7 | 敌草快 | 0.02 | 除草剂 | SN/T 0293 |
| 8 | 地虫硫磷 | 0.01 | 杀虫剂 | GB 23200.8、GB 23200.113 |
| 9 | 啶虫脒 | 2 | 杀虫剂 | GB/T 20769、GB/T 23584 |
| 10 | 啶酰菌胺 | 3 | 杀菌剂 | GB/T 20769 |
| 11 | 对硫磷 | 0.01 | 杀虫剂 | GB/T 5009.145、GB 23200.113 |
| 12 | 多杀霉素 | 0.2 | 杀虫剂 | GB/T 20769 |
| 13 | 伏杀硫磷 | 2 | 杀虫剂 | GB 23200.8、NY/T 761、GB 23200.113 |
| 14 | 氟苯虫酰胺 | 2* | 杀虫剂 | 无指定 |
| 15 | 氟吡甲禾灵和高效氟吡甲禾灵 | 0.02* | 除草剂 | 无指定 |
| 16 | 氟吡菌酰胺 | 0.5* | 杀菌剂 | 无指定 |
| 17 | 氟虫腈 | 0.02 | 杀虫剂 | GB 23200.34、NY/T 1379（参照） |
| 18 | 氟酰脲 | 7 | 杀虫剂 | GB 23200.34（参照） |
| 19 | 氟唑菌酰胺 | 2* | 杀菌剂 | 无指定 |
| 20 | 咯菌腈 | 5 | 杀菌剂 | GB 23200.8、GB/T 20769、GB 23200.113 |
| 21 | 甲胺磷 | 0.05 | 杀虫剂 | GB/T 5009.103、NY/T 761、GB 23200.113 |
| 22 | 甲拌磷 | 0.01 | 杀虫剂 | GB 23200.113 |
| 23 | 甲苯氟磺胺 | 5 | 杀菌剂 | GB 23200.8 |
| 24 | 甲基对硫磷 | 0.02 | 杀虫剂 | NY/T 761、GB 23200.113 |
| 25 | 甲基硫环磷 | 0.03* | 杀虫剂 | NY/T 761 |
| 26 | 甲基异柳磷 | 0.01* | 杀虫剂 | GB/T 5009.144、GB 23200.113 |
| 27 | 甲氧虫酰肼 | 2 | 杀虫剂 | GB/T 20769 |
| 28 | 久效磷 | 0.03 | 杀虫剂 | NY/T 761、GB 23200.113 |
| 29 | 克百威 | 0.02 | 杀虫剂 | NY/T 761 |

（续）

| 序号 | 农药中文名 | 最大残留限量（mg/kg） | 农药主要用途 | 检测方法 |
|---|---|---|---|---|
| 30 | 联苯肼酯 | 2 | 杀螨剂 | GB 23200.8 |
| 31 | 磷胺 | 0.05 | 杀虫剂 | NY/T 761、GB 23200.113 |
| 32 | 硫环磷 | 0.03 | 杀虫剂 | NY/T 761、GB 23200.113 |
| 33 | 硫线磷 | 0.02 | 杀虫剂 | GB/T 20769 |
| 34 | 螺虫乙酯 | 3* | 杀虫剂 | 无指定 |
| 35 | 氯虫苯甲酰胺 | 1* | 杀虫剂 | 无指定 |
| 36 | 氯菊酯 | 2 | 杀虫剂 | GB 23200.8、NY/T 761、GB 23200.113 |
| 37 | 氯唑磷 | 0.01 | 杀虫剂 | GB/T 20769、GB 23200.113 |
| 38 | 嘧菌环胺 | 2 | 杀菌剂 | GB 23200.8、GB/T 20769、GB 23200.113 |
| 39 | 灭多威 | 0.2 | 杀虫剂 | NY/T 761 |
| 40 | 灭线磷 | 0.02 | 杀线虫剂 | NY/T 761 |
| 41 | 内吸磷 | 0.02 | 杀虫/杀螨剂 | GB/T 20769 |
| 42 | 噻草酮 | 0.09* | 除草剂 | GB 23200.38（参照） |
| 43 | 噻虫胺 | 0.2 | 杀虫剂 | GB 23200.8、GB/T 20769 |
| 44 | 噻虫啉 | 0.5 | 杀虫剂 | GB/T 20769 |
| 45 | 噻菌灵 | 3 | 杀菌剂 | GB/T 20769、NY/T 1453、NY/T 1680 |
| 46 | 噻虫嗪 | 1 | 杀虫剂 | GB 23200.8、GB/T 20769 |
| 47 | 杀草强 | 0.05 | 除草剂 | GB 23200.6 |
| 48 | 杀虫脒 | 0.01 | 杀虫剂 | GB/T 20769 |
| 49 | 杀螟硫磷 | 0.5* | 杀虫剂 | GB/T 14553、GB/T 20769、NY/T 761、GB 23200.113 |
| 50 | 杀扑磷 | 0.05 | 杀虫剂 | GB 23200.8、GB/T 14553、NY/T 761、GB 23200.113 |
| 51 | 水胺硫磷 | 0.05 | 杀虫剂 | GB/T 5009.20、GB 23200.113 |
| 52 | 特丁硫磷 | 0.01 | 杀虫剂 | NY/T 761、NY/T 1379 |
| 53 | 涕灭威 | 0.02 | 杀虫剂 | NY/T 761 |
| 54 | 戊菌唑 | 0.2 | 杀菌剂 | GB 23200.8、GB/T 20769 |

（续）

| 序号 | 农药中文名 | 最大残留限量（mg/kg） | 农药主要用途 | 检测方法 |
|---|---|---|---|---|
| 55 | 肟菌酯 | 3 | 杀菌剂 | GB 23200.8、GB/T 20769、GB 23200.113 |
| 56 | 辛硫磷 | 0.05 | 杀虫剂 | GB/T 5009.102、GB/T 20769 |
| 57 | 氧乐果 | 0.02 | 杀虫剂 | NY/T 761、NY/T 1379、GB 23200.113 |
| 58 | 乙酰甲胺磷 | 0.5 | 杀虫剂 | NY/T 761、GB 23200.113 |
| 59 | 茚虫威 | 1 | 杀虫剂 | GB/T 20769 |
| 60 | 蝇毒磷 | 0.05 | 杀虫剂 | GB 23200.8、GB 23200.113 |
| 61 | 治螟磷 | 0.01 | 杀虫剂 | GB 23200.8、NY/T 761、GB 23200.113 |
| 62 | 艾氏剂 | 0.05 | 杀虫剂 | GB/T 5009.19、NY/T 761、GB 23200.113 |
| 63 | 滴滴涕 | 0.05 | 杀虫剂 | GB/T 5009.19、NY/T 761、GB 23200.113 |
| 64 | 狄氏剂 | 0.02 | 杀虫剂 | GB/T 5009.19、NY/T 761、GB 23200.113 |
| 65 | 毒杀芬 | 0.05* | 杀虫剂 | YC/T 180（参照） |
| 66 | 六六六 | 0.05 | 杀虫剂 | GB/T 5009.19、NY/T 761、GB 23200.113 |
| 67 | 氯丹 | 0.02 | 杀虫剂 | GB/T 5009.19 |
| 68 | 灭蚁灵 | 0.01 | 杀虫剂 | GB/T 5009.19 |
| 69 | 七氯 | 0.01 | 杀虫剂 | GB/T 5009.19、NY/T 761 |
| 70 | 异狄氏剂 | 0.05 | 杀虫剂 | GB/T 5009.19、NY/T 761 |
| 71 | 草铵膦 | 0.15 | 除草剂 | GB 23200.108 |
| 72 | 敌百虫 | 0.2 | 杀虫剂 | GB/T 20769、NY/T 761 |
| 73 | 噻螨酮 | 0.3 | 杀螨剂 | GB 23200.8、GB/T 20769 |
| 74 | 四螨嗪 | 0.5 | 杀螨剂 | GB 23200.47、GB/T 20769 |
| 75 | 甲氰菊酯 | 5 | 杀虫剂 | NY/T 761、GB 23200.113 |
| 76 | 敌敌畏 | 0.2 | 杀虫剂 | GB 23200.8、GB/T 5009.20、NY/T 761、GB 23200.113 |
| 77 | 氯氰菊酯和高效氯氰菊酯 | 2 | 杀虫剂 | GB 23200.8、GB/T 5009.146、NY/T 761、GB 23200.113 |

（续）

| 序号 | 农药中文名 | 最大残留限量（mg/kg） | 农药主要用途 | 检测方法 |
|---|---|---|---|---|
| 78 | 氰戊菊酯和S-氰戊菊酯 | 0.2 | 杀虫剂 | GB 23200.8、NY/T 761、GB 23200.113 |
| 79 | 腈菌唑 | 2 | 杀菌剂 | GB 23200.8、GB/T 20769、NY/T 1455 |
| 80 | 百菌清 | 0.5 | 杀菌剂 | GB/T 5009.105、NY/T 761 |
| 81 | 保棉磷 | 2 | 杀虫剂 | NY/T 761 |
| 82 | 倍硫磷 | 2 | 杀虫剂 | GB 23200.8、NY/T 761、GB 23200.113 |
| 83 | 苯丁锡 | 10 | 杀螨剂 | SN 0592（参照） |
| 84 | 苯醚甲环唑 | 0.2 | 杀菌剂 | GB 23200.8、GB 23200.49、GB/T 5009.218、GB 23200.113 |
| 85 | 吡虫啉 | 0.5 | 杀虫剂 | GB/T 20769、GB/T 23379 |
| 86 | 吡唑醚菌酯 | 3 | 杀菌剂 | GB 23200.8 |
| 87 | 丙森锌 | 0.2 | 杀菌剂 | SN 0157、SN/T 1541（参照） |
| 88 | 代森铵 | 0.2 | 杀菌剂 | SN 0157 |
| 89 | 代森联 | 0.2 | 杀菌剂 | SN 0157 |
| 90 | 代森锰锌 | 0.2 | 杀菌剂 | SN 0157 |
| 91 | 代森锌 | 0.2 | 杀菌剂 | SN 0157 |
| 92 | 多果定 | 3* | 杀菌剂 | 无指定 |
| 93 | 多菌灵 | 0.5 | 杀菌剂 | GB/T 20769、NY/T 1453 |
| 94 | 二嗪磷 | 1 | 杀虫剂 | GB/T 20769、GB/T 5009.107、NY/T 761、GB 23200.113 |
| 95 | 二氰蒽醌 | 2* | 杀菌剂 | 无指定 |
| 96 | 氟吡菌酰胺 | 0.7* | 杀菌剂 | 无指定 |
| 97 | 氟啶虫胺腈 | 1.5* | 杀虫剂 | 无指定 |
| 98 | 氟菌唑 | 4* | 杀菌剂 | GB/T 20769、NY/T 1453 |
| 99 | 福美双 | 0.2 | 杀菌剂 | SN 0157 |
| 100 | 福美锌 | 0.2 | 杀菌剂 | SN 0157、SN/T 1541（参照） |
| 101 | 环酰菌胺 | 7* | 杀菌剂 | 无指定 |
| 102 | 腈苯唑 | 1 | 杀菌剂 | GB 23200.8、GB/T 20769、GB 23200.113 |

（续）

| 序号 | 农药中文名 | 最大残留限量（mg/kg） | 农药主要用途 | 检测方法 |
|---|---|---|---|---|
| 103 | 腈菌唑 | 3 | 杀菌剂 | GB 23200.8、GB/T 20769、NY/T 1455、GB 23200.113 |
| 104 | 抗蚜威 | 0.5 | 杀虫剂 | GB 23200.8、NY/T 1379、SN/T 0134、GB 23200.113 |
| 105 | 克菌丹 | 25 | 杀菌剂 | GB 23200.8、SN 0654 |
| 106 | 喹氧灵 | 0.4* | 杀菌剂 | 无指定 |
| 107 | 乐果 | 2* | 杀虫剂 | GB/T 5009.145、GB/T 20769、NY/T 761、GB 23200.113 |
| 108 | 联苯三唑醇 | 1 | 杀菌剂 | GB 23200.8、GB/T 20769 |
| 109 | 螺螨酯 | 2 | 杀螨剂 | GB 23200.8、GB/T 20769 |
| 110 | 氯苯嘧啶醇 | 1 | 杀菌剂 | GB 23200.8、GB/T 20769、GB 23200.113 |
| 111 | 氯氟氰菊酯和高效氯氟氰菊酯 | 0.3 | 杀虫剂 | GB 23200.8、GB/T 5009.146、NY/T 761、GB 23200.113 |
| 112 | 马拉硫磷 | 6 | 杀虫剂 | GB 23200.8、GB/T 20769、NY/T 761、GB 23200.113 |
| 113 | 嘧菌酯 | 2 | 杀菌剂 | GB/T 20769、NY/T 1453、SN/T 1976 |
| 114 | 嘧霉胺 | 4 | 杀菌剂 | GB 23200.8、GB/T 20769、GB 23200.113 |
| 115 | 嗪氨灵 | 2 | 杀菌剂 | SN/T 0695（参照） |
| 116 | 噻嗪酮 | 2 | 杀虫剂 | GB 23200.8、GB/T 20769 |
| 117 | 双甲脒 | 0.5 | 杀螨剂 | GB/T 5009.143 |
| 118 | 戊唑醇 | 4 | 杀菌剂 | GB 23200.8、GB/T 20769、GB 23200.113 |
| 119 | 溴氰虫酰胺 | 6* | 杀虫剂 | 无指定 |
| 120 | 溴氰菊酯 | 0.05 | 杀虫剂 | NY/T 761、GB 23200.113 |
| 121 | 乙烯利 | 10 | 植物生长调节剂 | GB 23200.16 |
| 122 | 异菌脲 | 10 | 杀菌剂 | GB 23200.8、NY/T 761、NY/T 1277、GB 23200.113 |
| 123 | 唑螨酯 | 2 | 杀螨剂 | GB 23200.8、GB 23200.29、GB/T 20769 |

## 4.19 青梅

青梅中农药最大残留限量见表 4-19。

**表 4-19 青梅中农药最大残留限量**

| 序号 | 农药中文名 | 最大残留限量 (mg/kg) | 农药主要用途 | 检测方法 |
|---|---|---|---|---|
| 1 | 保棉磷 | 1 | 杀虫剂 | NY/T 761 |
| 2 | 2,4-滴和2,4-滴钠盐 | 0.05 | 除草剂 | NY/T 1434（参照） |
| 3 | 百草枯 | 0.01* | 除草剂 | 无指定 |
| 4 | 苯嘧磺草胺 | 0.01* | 除草剂 | 无指定 |
| 5 | 苯线磷 | 0.02 | 杀虫剂 | GB 23200.8、GB/T 5009.145 |
| 6 | 吡噻菌胺 | 4* | 杀菌剂 | 无指定 |
| 7 | 草甘膦 | 0.1 | 除草剂 | GB/T 23750、NY/T 1096、SN/T 1923 |
| 8 | 敌草快 | 0.02 | 除草剂 | SN/T 0293 |
| 9 | 地虫硫磷 | 0.01 | 杀虫剂 | GB 23200.8、GB 23200.113 |
| 10 | 啶虫脒 | 2 | 杀虫剂 | GB/T 20769、GB/T 23584 |
| 11 | 啶酰菌胺 | 3 | 杀菌剂 | GB/T 20769 |
| 12 | 对硫磷 | 0.01 | 杀虫剂 | GB/T 5009.145、GB 23200.113 |
| 13 | 多杀霉素 | 0.2 | 杀虫剂 | GB/T 20769 |
| 14 | 伏杀硫磷 | 2 | 杀虫剂 | GB 23200.8、NY/T 761、GB 23200.113 |
| 15 | 氟苯虫酰胺 | 2* | 杀虫剂 | 无指定 |
| 16 | 氟吡甲禾灵和高效氟吡甲禾灵 | 0.02* | 除草剂 | 无指定 |
| 17 | 氟吡菌酰胺 | 0.5* | 杀菌剂 | 无指定 |
| 18 | 氟虫腈 | 0.02 | 杀虫剂 | GB 23200.34、NY/T 1379（参照） |
| 19 | 氟酰脲 | 7 | 杀虫剂 | GB 23200.34（参照） |
| 20 | 氟唑菌酰胺 | 2* | 杀菌剂 | 无指定 |
| 21 | 咯菌腈 | 5 | 杀菌剂 | GB 23200.8、GB/T 20769、GB 23200.113 |
| 22 | 甲胺磷 | 0.05 | 杀虫剂 | GB/T 5009.103、NY/T 761、GB 23200.113 |

（续）

| 序号 | 农药中文名 | 最大残留限量（mg/kg） | 农药主要用途 | 检测方法 |
|---|---|---|---|---|
| 23 | 甲拌磷 | 0.01 | 杀虫剂 | GB 23200.113 |
| 24 | 甲苯氟磺胺 | 5 | 杀菌剂 | GB 23200.8 |
| 25 | 甲基对硫磷 | 0.02 | 杀虫剂 | NY/T 761、GB 23200.113 |
| 26 | 甲基硫环磷 | 0.03* | 杀虫剂 | NY/T 761 |
| 27 | 甲基异柳磷 | 0.01* | 杀虫剂 | GB/T 5009.144、GB 23200.113 |
| 28 | 甲氧虫酰肼 | 2 | 杀虫剂 | GB/T 20769 |
| 29 | 久效磷 | 0.03 | 杀虫剂 | NY/T 761、GB 23200.113 |
| 30 | 克百威 | 0.02 | 杀虫剂 | NY/T 761 |
| 31 | 联苯肼酯 | 2 | 杀螨剂 | GB 23200.8 |
| 32 | 磷胺 | 0.05 | 杀虫剂 | NY/T 761、GB 23200.113 |
| 33 | 硫环磷 | 0.03 | 杀虫剂 | NY/T 761、GB 23200.113 |
| 34 | 硫线磷 | 0.02 | 杀虫剂 | GB/T 20769 |
| 35 | 螺虫乙酯 | 3* | 杀虫剂 | 无指定 |
| 36 | 氯虫苯甲酰胺 | 1* | 杀虫剂 | 无指定 |
| 37 | 氯菊酯 | 2 | 杀虫剂 | GB 23200.8、NY/T 761、GB 23200.113 |
| 38 | 氯唑磷 | 0.01 | 杀虫剂 | GB/T 20769、GB 23200.113 |
| 39 | 嘧菌环胺 | 2 | 杀菌剂 | GB 23200.8、GB/T 20769、GB 23200.113 |
| 40 | 灭多威 | 0.2 | 杀虫剂 | NY/T 761 |
| 41 | 灭线磷 | 0.02 | 杀线虫剂 | NY/T 761 |
| 42 | 内吸磷 | 0.02 | 杀虫/杀螨剂 | GB/T 20769 |
| 43 | 噻草酮 | 0.09* | 除草剂 | GB 23200.38（参照） |
| 44 | 噻虫胺 | 0.2 | 杀虫剂 | GB 23200.8、GB/T 20769 |
| 45 | 噻虫啉 | 0.5 | 杀虫剂 | GB/T 20769 |
| 46 | 噻菌灵 | 3 | 杀菌剂 | GB/T 20769、NY/T 1453、NY/T 1680 |
| 47 | 噻虫嗪 | 1 | 杀虫剂 | GB 23200.8、GB/T 20769 |
| 48 | 杀草强 | 0.05 | 除草剂 | GB 23200.6 |
| 49 | 杀虫脒 | 0.01 | 杀虫剂 | GB/T 20769 |
| 50 | 杀螟硫磷 | 0.5* | 杀虫剂 | GB/T 14553、GB/T 20769、NY/T 761、GB 23200.113 |

（续）

| 序号 | 农药中文名 | 最大残留限量（mg/kg） | 农药主要用途 | 检测方法 |
|---|---|---|---|---|
| 51 | 杀扑磷 | 0.05 | 杀虫剂 | GB 23200.8、GB/T 14553、NY/T 761、GB 23200.113 |
| 52 | 水胺硫磷 | 0.05 | 杀虫剂 | GB/T 5009.20、GB 23200.113 |
| 53 | 特丁硫磷 | 0.01 | 杀虫剂 | NY/T 761、NY/T 1379 |
| 54 | 涕灭威 | 0.02 | 杀虫剂 | NY/T 761 |
| 55 | 戊菌唑 | 0.2 | 杀菌剂 | GB 23200.8、GB/T 20769 |
| 56 | 肟菌酯 | 3 | 杀菌剂 | GB 23200.8、GB/T 20769、GB 23200.113 |
| 57 | 辛硫磷 | 0.05 | 杀虫剂 | GB/T 5009.102、GB/T 20769 |
| 58 | 氧乐果 | 0.02 | 杀虫剂 | NY/T 761、NY/T 1379、GB 23200.113 |
| 59 | 乙酰甲胺磷 | 0.5 | 杀虫剂 | NY/T 761、GB 23200.113 |
| 60 | 茚虫威 | 1 | 杀虫剂 | GB/T 20769 |
| 61 | 蝇毒磷 | 0.05 | 杀虫剂 | GB 23200.8、GB 23200.113 |
| 62 | 治螟磷 | 0.01 | 杀虫剂 | GB 23200.8、NY/T 761、GB 23200.113 |
| 63 | 艾氏剂 | 0.05 | 杀虫剂 | GB/T 5009.19、NY/T 761、GB 23200.113 |
| 64 | 滴滴涕 | 0.05 | 杀虫剂 | GB/T 5009.19、NY/T 761、GB 23200.113 |
| 65 | 狄氏剂 | 0.02 | 杀虫剂 | GB/T 5009.19、NY/T 761、GB 23200.113 |
| 66 | 毒杀芬 | 0.05* | 杀虫剂 | YC/T 180（参照） |
| 67 | 六六六 | 0.05 | 杀虫剂 | GB/T 5009.19、NY/T 761、GB 23200.113 |
| 68 | 氯丹 | 0.02 | 杀虫剂 | GB/T 5009.19 |
| 69 | 灭蚁灵 | 0.01 | 杀虫剂 | GB/T 5009.19 |
| 70 | 七氯 | 0.01 | 杀虫剂 | GB/T 5009.19、NY/T 761 |
| 71 | 异狄氏剂 | 0.05 | 杀虫剂 | GB/T 5009.19、NY/T 761 |
| 72 | 草铵膦 | 0.15 | 除草剂 | GB 23200.108 |
| 73 | 敌百虫 | 0.2 | 杀虫剂 | GB/T 20769、NY/T 761 |
| 74 | 噻螨酮 | 0.3 | 杀螨剂 | GB 23200.8、GB/T 20769 |

（续）

| 序号 | 农药中文名 | 最大残留限量（mg/kg） | 农药主要用途 | 检测方法 |
|---|---|---|---|---|
| 75 | 四螨嗪 | 0.5 | 杀螨剂 | GB 23200.47、GB/T 20769 |
| 76 | 甲氰菊酯 | 5 | 杀虫剂 | NY/T 761、GB 23200.113 |
| 77 | 倍硫磷 | 0.05 | 杀虫剂 | GB 23200.8、NY/T 761、GB 23200.113 |
| 78 | 丙森锌 | 7 | 杀菌剂 | SN 0157、SN/T 1541（参照） |
| 79 | 唑螨酯 | 0.4 | 杀螨剂 | GB 23200.8、GB 23200.29、GB/T 20769 |
| 80 | 代森联 | 7 | 杀菌剂 | SN 0157 |
| 81 | 敌敌畏 | 0.2 | 杀虫剂 | GB 23200.8、GB/T 5009.20、NY/T 761、GB 23200.113 |
| 82 | 氯氰菊酯和高效氯氰菊酯 | 2 | 杀虫剂 | GB 23200.8、GB/T 5009.146、NY/T 761、GB 23200.113 |
| 83 | 氰戊菊酯和S-氰戊菊酯 | 0.2 | 杀虫剂 | GB 23200.8、NY/T 761、GB 23200.113 |
| 84 | 腈菌唑 | 2 | 杀菌剂 | GB 23200.8、GB/T 20769、NY/T 1455、GB 23200.113 |
| 85 | 二氰蒽醌 | 2* | 杀菌剂 | 无指定 |
| 86 | 螺螨酯 | 2 | 杀螨剂 | GB 23200.8、GB/T 20769 |
| 87 | 嘧菌酯 | 2 | 杀菌剂 | GB/T 20769、NY/T 1453、SN/T 1976 |
| 88 | 溴氰菊酯 | 0.05 | 杀虫剂 | NY/T 761、GB 23200.113 |
| 89 | 亚胺唑 | 3* | 杀菌剂 | 无指定 |

## 4.20 枸杞（鲜）

枸杞（鲜）中农药最大残留限量见表4-20。

**表4-20 枸杞（鲜）中农药最大残留限量**

| 序号 | 农药中文名 | 最大残留限量（mg/kg） | 农药主要用途 | 检测方法 |
|---|---|---|---|---|
| 1 | 保棉磷 | 1 | 杀虫剂 | NY/T 761 |
| 2 | 2,4-滴和2,4-滴钠盐 | 0.1 | 除草剂 | NY/T 1434（参照） |
| 3 | 百草枯 | 0.01* | 除草剂 | 无指定 |

（续）

| 序号 | 农药中文名 | 最大残留限量（mg/kg） | 农药主要用途 | 检测方法 |
|---|---|---|---|---|
| 4 | 倍硫磷 | 0.05 | 杀虫剂 | GB 23200.8、NY/T 761、GB 23200.113 |
| 5 | 苯线磷 | 0.02 | 杀虫剂 | GB 23200.8、GB/T 5009.145 |
| 6 | 草甘膦 | 0.1 | 除草剂 | GB/T 23750、NY/T 1096、SN/T 1923 |
| 7 | 敌百虫 | 0.2 | 杀虫剂 | GB/T 20769、NY/T 761 |
| 8 | 敌敌畏 | 0.2 | 杀虫剂 | GB 23200.8、GB/T 5009.20、NY/T 761、GB 23200.113 |
| 9 | 地虫硫磷 | 0.01 | 杀虫剂 | GB 23200.8、GB 23200.113 |
| 10 | 对硫磷 | 0.01 | 杀虫剂 | GB/T 5009.145、GB 23200.113 |
| 11 | 氟虫腈 | 0.02 | 杀虫剂 | GB 23200.34、NY/T 1379（参照） |
| 12 | 甲胺磷 | 0.05 | 杀虫剂 | GB/T 5009.103、NY/T 761、GB 23200.113 |
| 13 | 甲拌磷 | 0.01 | 杀虫剂 | GB 23200.113 |
| 14 | 甲基对硫磷 | 0.02 | 杀虫剂 | NY/T 761、GB 23200.113 |
| 15 | 甲基硫环磷 | 0.03* | 杀虫剂 | NY/T 761 |
| 16 | 甲基异柳磷 | 0.01* | 杀虫剂 | GB/T 5009.144、GB 23200.113 |
| 17 | 久效磷 | 0.03 | 杀虫剂 | NY/T 761、GB 23200.113 |
| 18 | 抗蚜威 | 1 | 杀虫剂 | GB 23200.8、NY/T 1379、SN/T 0134 |
| 19 | 克百威 | 0.02 | 杀虫剂 | NY/T 761 |
| 20 | 磷胺 | 0.05 | 杀虫剂 | NY/T 761、GB 23200.113 |
| 21 | 硫环磷 | 0.03 | 杀虫剂 | NY/T 761、GB 23200.113 |
| 22 | 硫线磷 | 0.02 | 杀虫剂 | GB/T 20769 |
| 23 | 氯虫苯甲酰胺 | 1* | 杀虫剂 | 无指定 |
| 24 | 氯唑磷 | 0.01 | 杀虫剂 | GB/T 20769、GB 23200.113 |
| 25 | 灭多威 | 0.2 | 杀虫剂 | NY/T 761 |
| 26 | 灭线磷 | 0.02 | 杀线虫剂 | NY/T 761 |
| 27 | 内吸磷 | 0.02 | 杀虫/杀螨剂 | GB/T 20769 |
| 28 | 氰戊菊酯和 S-氰戊菊酯 | 0.2 | 杀虫剂 | GB 23200.8、NY/T 761、GB 23200.113 |

（续）

| 序号 | 农药中文名 | 最大残留限量（mg/kg） | 农药主要用途 | 检测方法 |
|---|---|---|---|---|
| 29 | 杀虫脒 | 0.01 | 杀虫剂 | GB/T 20769 |
| 30 | 杀螟硫磷 | 0.5* | 杀虫剂 | GB/T 14553、GB/T 20769、NY/T 761、GB 23200.113 |
| 31 | 杀扑磷 | 0.05 | 杀虫剂 | GB 23200.8、GB/T 14553、NY/T 761、GB 23200.113 |
| 32 | 水胺硫磷 | 0.05 | 杀虫剂 | GB/T 5009.20、GB 23200.113 |
| 33 | 特丁硫磷 | 0.01 | 杀虫剂 | NY/T 761、NY/T 1379 |
| 34 | 涕灭威 | 0.02 | 杀虫剂 | NY/T 761 |
| 35 | 硝磺草酮 | 0.01 | 除草剂 | GB/T 20769 |
| 36 | 辛硫磷 | 0.05 | 杀虫剂 | GB/T 5009.102、GB/T 20769 |
| 37 | 溴氰虫酰胺 | 4* | 杀虫剂 | 无指定 |
| 38 | 氧乐果 | 0.02 | 杀虫剂 | NY/T 761、NY/T 1379、GB 23200.113 |
| 39 | 乙酰甲胺磷 | 0.5 | 杀虫剂 | NY/T 761、GB 23200.113 |
| 40 | 蝇毒磷 | 0.05 | 杀虫剂 | GB 23200.8、GB 23200.113 |
| 41 | 治螟磷 | 0.01 | 杀虫剂 | GB 23200.8、NY/T 761、GB 23200.113 |
| 42 | 艾氏剂 | 0.05 | 杀虫剂 | GB/T 5009.19、NY/T 761、GB 23200.113 |
| 43 | 滴滴涕 | 0.05 | 杀虫剂 | GB/T 5009.19、NY/T 761、GB 23200.113 |
| 44 | 狄氏剂 | 0.02 | 杀虫剂 | GB/T 5009.19、NY/T 761、GB 23200.113 |
| 45 | 毒杀芬 | 0.05* | 杀虫剂 | YC/T 180（参照） |
| 46 | 六六六 | 0.05 | 杀虫剂 | GB/T 5009.19、NY/T 761、GB 23200.113 |
| 47 | 氯丹 | 0.02 | 杀虫剂 | GB/T 5009.19 |
| 48 | 灭蚁灵 | 0.01 | 杀虫剂 | GB/T 5009.19 |
| 49 | 七氯 | 0.01 | 杀虫剂 | GB/T 5009.19、NY/T 761 |
| 50 | 异狄氏剂 | 0.05 | 杀虫剂 | GB/T 5009.19、NY/T 761 |
| 51 | 氯菊酯 | 2 | 杀虫剂 | GB 23200.8、NY/T 761、GB 23200.113 |

（续）

| 序号 | 农药中文名 | 最大残留限量（mg/kg） | 农药主要用途 | 检测方法 |
|---|---|---|---|---|
| 52 | 吡虫啉 | 5 | 杀虫剂 | GB/T 20769、GB/T 23379 |
| 53 | 啶酰菌胺 | 10 | 杀菌剂 | GB/T 20769 |
| 54 | 多菌灵 | 0.5 | 杀菌剂 | GB/T 20769、NY/T 1453 |
| 55 | 甲氰菊酯 | 5 | 杀虫剂 | NY/T 761 |
| 56 | 螺虫乙酯 | 1.5* | 杀虫剂 | 无指定 |
| 57 | 嘧菌环胺 | 10 | 杀菌剂 | GB 23200.8、GB/T 20769、GB 23200.113 |
| 58 | 嘧菌酯 | 5 | 杀菌剂 | GB/T 20769、NY/T 1453、SN/T 1976 |
| 59 | 嘧霉胺 | 3 | 杀菌剂 | GB 23200.8、GB/T 20769、GB 23200.113 |
| 60 | 噻虫胺 | 0.07 | 杀虫剂 | GB 23200.8、GB/T 20769 |
| 61 | 噻虫啉 | 1 | 杀虫剂 | GB/T 20769 |
| 62 | 噻虫嗪 | 0.5 | 杀虫剂 | GB 23200.8、GB/T 20769 |
| 63 | 阿维菌素 | 0.1 | 杀虫剂 | GB 23200.19、GB 23200.20 |
| 64 | 哒螨灵 | 3 | 杀螨剂 | GB 23200.8、GB 23200.113、GB/T 20769 |
| 65 | 啶虫脒 | 1 | 杀虫剂 | GB/T 20769、GB/T 23584 |
| 66 | 氯氟氰菊酯和高效氯氟氰菊酯 | 0.5 | 杀虫剂 | GB 23200.8、GB/T 5009.146、NY/T 761、GB 23200.113 |
| 67 | 唑螨酯 | 0.5 | 杀螨剂 | GB 23200.8、GB 23200.29、GB/T 20769 |

## 4.21 黑莓

黑莓中农药最大残留限量见表 4－21。

**表 4－21 黑莓中农药最大残留限量**

| 序号 | 农药中文名 | 最大残留限量（mg/kg） | 农药主要用途 | 检测方法 |
|---|---|---|---|---|
| 1 | 保棉磷 | 1 | 杀虫剂 | NY/T 761 |
| 2 | 2,4-滴和 2,4-滴钠盐 | 0.1 | 除草剂 | NY/T 1434（参照） |
| 3 | 百草枯 | 0.01* | 除草剂 | 无指定 |

（续）

| 序号 | 农药中文名 | 最大残留限量（mg/kg） | 农药主要用途 | 检测方法 |
|---|---|---|---|---|
| 4 | 倍硫磷 | 0.05 | 杀虫剂 | GB 23200.8、NY/T 761、GB 23200.113 |
| 5 | 苯线磷 | 0.02 | 杀虫剂 | GB 23200.8、GB/T 5009.145 |
| 6 | 吡虫啉 | 5 | 杀虫剂 | GB/T 20769、GB/T 23379 |
| 7 | 草甘膦 | 0.1 | 除草剂 | GB/T 23750、NY/T 1096、SN/T 1923 |
| 8 | 敌百虫 | 0.2 | 杀虫剂 | GB/T 20769、NY/T 761 |
| 9 | 敌敌畏 | 0.2 | 杀虫剂 | GB 23200.8、GB/T 5009.20、NY/T 761、GB 23200.113 |
| 10 | 地虫硫磷 | 0.01 | 杀虫剂 | GB 23200.8、GB 23200.113 |
| 11 | 啶虫脒 | 2 | 杀虫剂 | GB/T 20769、GB/T 23584 |
| 12 | 啶酰菌胺 | 10 | 杀菌剂 | GB/T 20769 |
| 13 | 对硫磷 | 0.01 | 杀虫剂 | GB/T 5009.145、GB 23200.113 |
| 14 | 氟虫腈 | 0.02 | 杀虫剂 | GB 23200.34、NY/T 1379（参照） |
| 15 | 甲胺磷 | 0.05 | 杀虫剂 | GB/T 5009.103、NY/T 761、GB 23200.113 |
| 16 | 甲拌磷 | 0.01 | 杀虫剂 | GB 23200.113 |
| 17 | 甲基对硫磷 | 0.02 | 杀虫剂 | NY/T 761、GB 23200.113 |
| 18 | 甲基硫环磷 | 0.03* | 杀虫剂 | NY/T 761 |
| 19 | 甲基异柳磷 | 0.01* | 杀虫剂 | GB/T 5009.144、GB 23200.113 |
| 20 | 甲氰菊酯 | 5 | 杀虫剂 | NY/T 761 |
| 21 | 久效磷 | 0.03 | 杀虫剂 | NY/T 761、GB 23200.113 |
| 22 | 抗蚜威 | 1 | 杀虫剂 | GB 23200.8、NY/T 1379、SN/T 0134 |
| 23 | 克百威 | 0.02 | 杀虫剂 | NY/T 761 |
| 24 | 磷胺 | 0.05 | 杀虫剂 | NY/T 761、GB 23200.113 |
| 25 | 硫环磷 | 0.03 | 杀虫剂 | NY/T 761、GB 23200.113 |
| 26 | 硫线磷 | 0.02 | 杀虫剂 | GB/T 20769 |
| 27 | 螺虫乙酯 | 1.5* | 杀虫剂 | 无指定 |
| 28 | 氯虫苯甲酰胺 | 1* | 杀虫剂 | 无指定 |
| 29 | 氯氟氰菊酯和高效氯氟氰菊酯 | 0.2 | 杀虫剂 | GB 23200.8、GB/T 5009.146、NY/T 761、GB 23200.113 |

（续）

| 序号 | 农药中文名 | 最大残留限量（mg/kg） | 农药主要用途 | 检测方法 |
|---|---|---|---|---|
| 30 | 氯唑磷 | 0.01 | 杀虫剂 | GB/T 20769、GB 23200.113 |
| 31 | 嘧菌环胺 | 10 | 杀菌剂 | GB 23200.8、GB/T 20769、GB 23200.113 |
| 32 | 嘧菌酯 | 5 | 杀菌剂 | GB/T 20769、NY/T 1453、SN/T 1976 |
| 33 | 嘧霉胺 | 3 | 杀菌剂 | GB 23200.8、GB/T 20769、GB 23200.113 |
| 34 | 灭多威 | 0.2 | 杀虫剂 | NY/T 761 |
| 35 | 灭线磷 | 0.02 | 杀线虫剂 | NY/T 761 |
| 36 | 内吸磷 | 0.02 | 杀虫/杀螨剂 | GB/T 20769 |
| 37 | 氰戊菊酯和S-氰戊菊酯 | 0.2 | 杀虫剂 | GB 23200.8、NY/T 761、GB 23200.113 |
| 38 | 噻虫胺 | 0.07 | 杀虫剂 | GB 23200.8、GB/T 20769 |
| 39 | 噻虫啉 | 1 | 杀虫剂 | GB/T 20769 |
| 40 | 噻虫嗪 | 0.5 | 杀虫剂 | GB 23200.8、GB/T 20769 |
| 41 | 杀虫脒 | 0.01 | 杀虫剂 | GB/T 20769 |
| 42 | 杀螟硫磷 | 0.5* | 杀虫剂 | GB/T 14553、GB/T 20769、NY/T 761、GB 23200.113 |
| 43 | 杀扑磷 | 0.05 | 杀虫剂 | GB 23200.8、GB/T 14553、NY/T 761、GB 23200.113 |
| 44 | 水胺硫磷 | 0.05 | 杀虫剂 | GB/T 5009.20、GB 23200.113 |
| 45 | 特丁硫磷 | 0.01 | 杀虫剂 | NY/T 761、NY/T 1379 |
| 46 | 涕灭威 | 0.02 | 杀虫剂 | NY/T 761 |
| 47 | 硝磺草酮 | 0.01 | 除草剂 | GB/T 20769 |
| 48 | 辛硫磷 | 0.05 | 杀虫剂 | GB/T 5009.102、GB/T 20769 |
| 49 | 溴氰虫酰胺 | 4* | 杀虫剂 | 无指定 |
| 50 | 氧乐果 | 0.02 | 杀虫剂 | NY/T 761、NY/T 1379、GB 23200.113 |
| 51 | 乙酰甲胺磷 | 0.5 | 杀虫剂 | NY/T 761、GB 23200.113 |
| 52 | 蝇毒磷 | 0.05 | 杀虫剂 | GB 23200.8、GB 23200.113 |
| 53 | 治螟磷 | 0.01 | 杀虫剂 | GB 23200.8、NY/T 761、GB 23200.113 |

（续）

| 序号 | 农药中文名 | 最大残留限量（mg/kg） | 农药主要用途 | 检测方法 |
|---|---|---|---|---|
| 54 | 艾氏剂 | 0.05 | 杀虫剂 | GB/T 5009.19、NY/T 761、GB 23200.113 |
| 55 | 滴滴涕 | 0.05 | 杀虫剂 | GB/T 5009.19、NY/T 761、GB 23200.113 |
| 56 | 狄氏剂 | 0.02 | 杀虫剂 | GB/T 5009.19、NY/T 761、GB 23200.113 |
| 57 | 毒杀芬 | 0.05* | 杀虫剂 | YC/T 180（参照） |
| 58 | 六六六 | 0.05 | 杀虫剂 | GB/T 5009.19、NY/T 761、GB 23200.113 |
| 59 | 氯丹 | 0.02 | 杀虫剂 | GB/T 5009.19 |
| 60 | 灭蚁灵 | 0.01 | 杀虫剂 | GB/T 5009.19 |
| 61 | 七氯 | 0.01 | 杀虫剂 | GB/T 5009.19、NY/T 761 |
| 62 | 异狄氏剂 | 0.05 | 杀虫剂 | GB/T 5009.19、NY/T 761 |
| 63 | 吡唑醚菌酯 | 3 | 杀菌剂 | GB 23200.8 |
| 64 | 代森锰锌 | 5 | 杀菌剂 | SN 0157 |
| 65 | 多菌灵 | 0.5 | 杀菌剂 | GB/T 20769、NY/T 1453 |
| 66 | 多杀霉素 | 1 | 杀虫剂 | GB/T 20769 |
| 67 | 二嗪磷 | 0.1 | 杀虫剂 | GB/T 20769、GB/T 5009.107、NY/T 761、GB 23200.113 |
| 68 | 氟吡菌酰胺 | 3* | 杀菌剂 | 无指定 |
| 69 | 咯菌腈 | 5 | 杀菌剂 | GB 23200.8、GB/T 20769、GB 23200.113 |
| 70 | 环酰菌胺 | 15* | 杀菌剂 | 无指定 |
| 71 | 甲苯氟磺胺 | 5 | 杀菌剂 | GB 23200.8 |
| 72 | 联苯肼酯 | 7 | 杀螨剂 | GB 23200.8 |
| 73 | 联苯菊酯 | 1 | 杀虫/杀螨剂 | GB/T 5009.146、NY/T 761、SN/T 1969 |
| 74 | 氯菊酯 | 1 | 杀虫剂 | GB 23200.8、NY/T 761、GB 23200.113 |
| 75 | 异菌脲 | 30 | 杀菌剂 | GB 23200.8、NY/T 761、NY/T 1277、GB 23200.113 |
| 76 | 敌草腈 | 0.2* | 除草剂 | 无指定 |

## 4.22　蓝莓

蓝莓中农药最大残留限量见表4-22。

表4-22　蓝莓中农药最大残留限量

| 序号 | 农药中文名 | 最大残留限量(mg/kg) | 农药主要用途 | 检测方法 |
|---|---|---|---|---|
| 1 | 2,4-滴和2,4-滴钠盐 | 0.1 | 除草剂 | NY/T 1434（参照） |
| 2 | 百草枯 | 0.01* | 除草剂 | 无指定 |
| 3 | 倍硫磷 | 0.05 | 杀虫剂 | GB 23200.8、NY/T 761、GB 23200.113 |
| 4 | 苯线磷 | 0.02 | 杀虫剂 | GB 23200.8、GB/T 5009.145 |
| 5 | 吡虫啉 | 5 | 杀虫剂 | GB/T 20769、GB/T 23379 |
| 6 | 草甘膦 | 0.1 | 除草剂 | GB/T 23750、NY/T 1096、SN/T 1923 |
| 7 | 敌百虫 | 0.2 | 杀虫剂 | GB/T 20769、NY/T 761 |
| 8 | 敌敌畏 | 0.2 | 杀虫剂 | GB 23200.8、GB/T 5009.20、NY/T 761、GB 23200.113 |
| 9 | 地虫硫磷 | 0.01 | 杀虫剂 | GB 23200.8、GB 23200.113 |
| 10 | 啶虫脒 | 2 | 杀虫剂 | GB/T 20769、GB/T 23584 |
| 11 | 啶酰菌胺 | 10 | 杀菌剂 | GB/T 20769 |
| 12 | 对硫磷 | 0.01 | 杀虫剂 | GB/T 5009.145、GB 23200.113 |
| 13 | 多菌灵 | 1 | 杀菌剂 | GB/T 20769、NY/T 1453 |
| 14 | 氟虫腈 | 0.02 | 杀虫剂 | GB 23200.34、NY/T 1379（参照） |
| 15 | 甲胺磷 | 0.05 | 杀虫剂 | GB/T 5009.103、NY/T 761、GB 23200.113 |
| 16 | 咯菌腈 | 2 | 杀虫剂 | GB 23200.8、GB/T 20769、GB 23200.113 |
| 17 | 甲拌磷 | 0.01 | 杀虫剂 | GB 23200.113 |
| 18 | 甲基对硫磷 | 0.02 | 杀虫剂 | NY/T 761、GB 23200.113 |
| 19 | 甲基硫环磷 | 0.03* | 杀虫剂 | NY/T 761 |
| 20 | 甲基异柳磷 | 0.01* | 杀虫剂 | GB/T 5009.144、GB 23200.113 |
| 21 | 甲氰菊酯 | 5 | 杀虫剂 | NY/T 761 |
| 22 | 久效磷 | 0.03 | 杀虫剂 | NY/T 761、GB 23200.113 |

（续）

| 序号 | 农药中文名 | 最大残留限量（mg/kg） | 农药主要用途 | 检测方法 |
|---|---|---|---|---|
| 23 | 抗蚜威 | 1 | 杀虫剂 | GB 23200.8、NY/T 1379、SN/T 0134 |
| 24 | 克百威 | 0.02 | 杀虫剂 | NY/T 761 |
| 25 | 磷胺 | 0.05 | 杀虫剂 | NY/T 761、GB 23200.113 |
| 26 | 硫环磷 | 0.03 | 杀虫剂 | NY/T 761、GB 23200.113 |
| 27 | 硫线磷 | 0.02 | 杀虫剂 | GB/T 20769 |
| 28 | 螺虫乙酯 | 1.5* | 杀虫剂 | 无指定 |
| 29 | 氯虫苯甲酰胺 | 1* | 杀虫剂 | 无指定 |
| 30 | 氯氟氰菊酯和高效氯氟氰菊酯 | 0.2 | 杀虫剂 | GB 23200.8、GB/T 5009.146、NY/T 761、GB 23200.113 |
| 31 | 氯菊酯 | 2 | 杀虫剂 | GB 23200.8、NY/T 761、GB 23200.113 |
| 32 | 氯唑磷 | 0.01 | 杀虫剂 | GB/T 20769、GB 23200.113 |
| 33 | 嘧菌环胺 | 10 | 杀菌剂 | GB 23200.8、GB/T 20769、GB 23200.113 |
| 34 | 嘧菌酯 | 5 | 杀菌剂 | GB/T 20769、NY/T 1453、SN/T 1976 |
| 35 | 嘧霉胺 | 3 | 杀菌剂 | GB 23200.8、GB/T 20769、GB 23200.113 |
| 36 | 灭多威 | 0.2 | 杀虫剂 | NY/T 761 |
| 37 | 灭线磷 | 0.02 | 杀线虫剂 | NY/T 761 |
| 38 | 内吸磷 | 0.02 | 杀虫/杀螨剂 | GB/T 20769 |
| 39 | 氰戊菊酯和S-氰戊菊酯 | 0.2 | 杀虫剂 | GB 23200.8、NY/T 761、GB 23200.113 |
| 40 | 噻虫胺 | 0.07 | 杀虫剂 | GB 23200.8、GB/T 20769 |
| 41 | 噻虫啉 | 1 | 杀虫剂 | GB/T 20769 |
| 42 | 噻虫嗪 | 0.5 | 杀虫剂 | GB 23200.8、GB/T 20769 |
| 43 | 杀虫脒 | 0.01 | 杀虫剂 | GB/T 20769 |
| 44 | 杀螟硫磷 | 0.5* | 杀虫剂 | GB/T 14553、GB/T 20769、NY/T 761、GB 23200.113 |
| 45 | 杀扑磷 | 0.05 | 杀虫剂 | GB 23200.8、GB/T 14553、NY/T 761、GB 23200.113 |

（续）

| 序号 | 农药中文名 | 最大残留限量（mg/kg） | 农药主要用途 | 检测方法 |
| --- | --- | --- | --- | --- |
| 46 | 水胺硫磷 | 0.05 | 杀虫剂 | GB/T 5009.20、GB 23200.113 |
| 47 | 特丁硫磷 | 0.01 | 杀虫剂 | NY/T 761、NY/T 1379 |
| 48 | 涕灭威 | 0.02 | 杀虫剂 | NY/T 761 |
| 49 | 硝磺草酮 | 0.01 | 除草剂 | GB/T 20769 |
| 50 | 辛硫磷 | 0.05 | 杀虫剂 | GB/T 5009.102、GB/T 20769 |
| 51 | 溴氰虫酰胺 | 4* | 杀虫剂 | 无指定 |
| 52 | 氧乐果 | 0.02 | 杀虫剂 | NY/T 761、NY/T 1379、GB 23200.113 |
| 53 | 乙酰甲胺磷 | 0.5 | 杀虫剂 | NY/T 761、GB 23200.113 |
| 54 | 蝇毒磷 | 0.05 | 杀虫剂 | GB 23200.8、GB 23200.113 |
| 55 | 治螟磷 | 0.01 | 杀虫剂 | GB 23200.8、NY/T 761、GB 23200.113 |
| 56 | 艾氏剂 | 0.05 | 杀虫剂 | GB/T 5009.19、NY/T 761、GB 23200.113 |
| 57 | 滴滴涕 | 0.05 | 杀虫剂 | GB/T 5009.19、NY/T 761、GB 23200.113 |
| 58 | 狄氏剂 | 0.02 | 杀虫剂 | GB/T 5009.19、NY/T 761、GB 23200.113 |
| 59 | 毒杀芬 | 0.05* | 杀虫剂 | YC/T 180（参照） |
| 60 | 六六六 | 0.05 | 杀虫剂 | GB/T 5009.19、NY/T 761、GB 23200.113 |
| 61 | 氯丹 | 0.02 | 杀虫剂 | GB/T 5009.19 |
| 62 | 灭蚁灵 | 0.01 | 杀虫剂 | GB/T 5009.19 |
| 63 | 七氯 | 0.01 | 杀虫剂 | GB/T 5009.19、NY/T 761 |
| 64 | 异狄氏剂 | 0.05 | 杀虫剂 | GB/T 5009.19、NY/T 761 |
| 65 | 保棉磷 | 5 | 杀虫剂 | NY/T 761 |
| 66 | 吡唑醚菌酯 | 4 | 杀菌剂 | GB 23200.8 |
| 67 | 草铵膦 | 0.1 | 除草剂 | GB 23200.108 |
| 68 | 虫酰肼 | 3 | 杀虫剂 | GB/T 20769（参照） |
| 69 | 多杀霉素 | 0.4 | 杀虫剂 | GB/T 20769 |
| 70 | 氟酰脲 | 7 | 杀虫剂 | GB 23200.34（参照） |

（续）

| 序号 | 农药中文名 | 最大残留限量（mg/kg） | 农药主要用途 | 检测方法 |
| --- | --- | --- | --- | --- |
| 71 | 环酰菌胺 | 5* | 杀菌剂 | 无指定 |
| 72 | 甲氧虫酰肼 | 4 | 杀虫剂 | GB/T 20769 |
| 73 | 腈苯唑 | 0.5 | 杀菌剂 | GB 23200.8、GB/T 20769、GB 23200.113 |
| 74 | 克菌丹 | 20 | 杀菌剂 | GB 23200.8、SN 0654 |
| 75 | 螺螨酯 | 4 | 杀螨剂 | GB 23200.8、GB/T 20769 |
| 76 | 马拉硫磷 | 10 | 杀虫剂 | GB 23200.8、GB/T 20769、NY/T 761、GB 23200.113 |
| 77 | 嗪氨灵 | 1 | 杀菌剂 | SN/T 0695（参照） |
| 78 | 亚胺硫磷 | 10 | 杀虫剂 | GB 23200.8、GB/T 20769、NY/T 761、GB 23200.113 |
| 79 | 乙基多杀菌素 | 0.2* | 杀虫剂 | 无指定 |
| 80 | 乙烯利 | 20 | 植物生长调节剂 | GB 23200.16 |
| 81 | 敌草腈 | 0.2* | 除草剂 | 无指定 |

## 4.23 覆盆子

覆盆子中农药最大残留限量见表 4－23。

**表 4－23 覆盆子中农药最大残留限量**

| 序号 | 农药中文名 | 最大残留限量（mg/kg） | 农药主要用途 | 检测方法 |
| --- | --- | --- | --- | --- |
| 1 | 保棉磷 | 1 | 杀虫剂 | NY/T 761 |
| 2 | 2,4－滴和 2,4－滴钠盐 | 0.1 | 除草剂 | NY/T 1434（参照） |
| 3 | 百草枯 | 0.01* | 除草剂 | 无指定 |
| 4 | 倍硫磷 | 0.05 | 杀虫剂 | GB 23200.8、NY/T 761、GB 23200.113 |
| 5 | 苯线磷 | 0.02 | 杀虫剂 | GB 23200.8、GB/T 5009.145 |
| 6 | 吡虫啉 | 5 | 杀虫剂 | GB/T 20769、GB/T 23379 |
| 7 | 草甘膦 | 0.1 | 除草剂 | GB/T 23750、NY/T 1096、SN/T 1923 |
| 8 | 敌百虫 | 0.2 | 杀虫剂 | GB/T 20769、NY/T 761 |

（续）

| 序号 | 农药中文名 | 最大残留限量（mg/kg） | 农药主要用途 | 检测方法 |
|---|---|---|---|---|
| 9 | 敌敌畏 | 0.2 | 杀虫剂 | GB 23200.8、GB/T 5009.20、NY/T 761、GB 23200.113 |
| 10 | 地虫硫磷 | 0.01 | 杀虫剂 | GB 23200.8、GB 23200.113 |
| 11 | 啶虫脒 | 2 | 杀虫剂 | GB/T 20769、GB/T 23584 |
| 12 | 啶酰菌胺 | 10 | 杀菌剂 | GB/T 20769 |
| 13 | 对硫磷 | 0.01 | 杀虫剂 | GB/T 5009.145、GB 23200.113 |
| 14 | 多菌灵 | 1 | 杀菌剂 | GB/T 20769、NY/T 1453 |
| 15 | 氟虫腈 | 0.02 | 杀虫剂 | GB 23200.34、NY/T 1379（参照） |
| 16 | 甲胺磷 | 0.05 | 杀虫剂 | GB/T 5009.103、NY/T 761、GB 23200.113 |
| 17 | 甲拌磷 | 0.01 | 杀虫剂 | GB 23200.113 |
| 18 | 甲基对硫磷 | 0.02 | 杀虫剂 | NY/T 761、GB 23200.113 |
| 19 | 甲基硫环磷 | 0.03* | 杀虫剂 | NY/T 761 |
| 20 | 甲基异柳磷 | 0.01* | 杀虫剂 | GB/T 5009.144、GB 23200.113 |
| 21 | 甲氰菊酯 | 5 | 杀虫剂 | NY/T 761 |
| 22 | 久效磷 | 0.03 | 杀虫剂 | NY/T 761、GB 23200.113 |
| 23 | 抗蚜威 | 1 | 杀虫剂 | GB 23200.8、NY/T 1379、SN/T 0134 |
| 24 | 克百威 | 0.02 | 杀虫剂 | NY/T 761 |
| 25 | 磷胺 | 0.05 | 杀虫剂 | NY/T 761、GB 23200.113 |
| 26 | 硫环磷 | 0.03 | 杀虫剂 | NY/T 761、GB 23200.113 |
| 27 | 硫线磷 | 0.02 | 杀虫剂 | GB/T 20769 |
| 28 | 螺虫乙酯 | 1.5* | 杀虫剂 | 无指定 |
| 29 | 氯虫苯甲酰胺 | 1* | 杀虫剂 | 无指定 |
| 30 | 氯氟氰菊酯和高效氯氟氰菊酯 | 0.2 | 杀虫剂 | GB 23200.8、GB/T 5009.146、NY/T 761、GB 23200.113 |
| 31 | 氯菊酯 | 2 | 杀虫剂 | GB 23200.8、NY/T 761、GB 23200.113 |
| 32 | 氯唑磷 | 0.01 | 杀虫剂 | GB/T 20769、GB 23200.113 |
| 33 | 嘧菌环胺 | 10 | 杀菌剂 | GB 23200.8、GB/T 20769、GB 23200.113 |

（续）

| 序号 | 农药中文名 | 最大残留限量（mg/kg） | 农药主要用途 | 检测方法 |
|---|---|---|---|---|
| 34 | 嘧菌酯 | 5 | 杀菌剂 | GB/T 20769、NY/T 1453、SN/T 1976 |
| 35 | 嘧霉胺 | 3 | 杀菌剂 | GB 23200.8、GB/T 20769、GB 23200.113 |
| 36 | 灭多威 | 0.2 | 杀虫剂 | NY/T 761 |
| 37 | 灭线磷 | 0.02 | 杀线虫剂 | NY/T 761 |
| 38 | 内吸磷 | 0.02 | 杀虫/杀螨剂 | GB/T 20769 |
| 39 | 氰戊菊酯和S-氰戊菊酯 | 0.2 | 杀虫剂 | GB 23200.8、NY/T 761、GB 23200.113 |
| 40 | 噻虫胺 | 0.07 | 杀虫剂 | GB 23200.8、GB/T 20769 |
| 41 | 噻虫啉 | 1 | 杀虫剂 | GB/T 20769 |
| 42 | 噻虫嗪 | 0.5 | 杀虫剂 | GB 23200.8、GB/T 20769 |
| 43 | 杀虫脒 | 0.01 | 杀虫剂 | GB/T 20769 |
| 44 | 杀螟硫磷 | 0.5* | 杀虫剂 | GB/T 14553、GB/T 20769、NY/T 761、GB 23200.113 |
| 45 | 杀扑磷 | 0.05 | 杀虫剂 | GB 23200.8、GB/T 14553、NY/T 761、GB 23200.113 |
| 46 | 水胺硫磷 | 0.05 | 杀虫剂 | GB/T 5009.20、GB 23200.113 |
| 47 | 特丁硫磷 | 0.01 | 杀虫剂 | NY/T 761、NY/T 1379 |
| 48 | 涕灭威 | 0.02 | 杀虫剂 | NY/T 761 |
| 49 | 硝磺草酮 | 0.01 | 除草剂 | GB/T 20769 |
| 50 | 辛硫磷 | 0.05 | 杀虫剂 | GB/T 5009.102、GB/T 20769 |
| 51 | 溴氰虫酰胺 | 4* | 杀虫剂 | 无指定 |
| 52 | 氧乐果 | 0.02 | 杀虫剂 | NY/T 761、NY/T 1379、GB 23200.113 |
| 53 | 乙酰甲胺磷 | 0.5 | 杀虫剂 | NY/T 761、GB 23200.113 |
| 54 | 蝇毒磷 | 0.05 | 杀虫剂 | GB 23200.8、GB 23200.113 |
| 55 | 治螟磷 | 0.01 | 杀虫剂 | GB 23200.8、NY/T 761、GB 23200.113 |
| 56 | 艾氏剂 | 0.05 | 杀虫剂 | GB/T 5009.19、NY/T 761、GB 23200.113 |
| 57 | 滴滴涕 | 0.05 | 杀虫剂 | GB/T 5009.19、NY/T 761、GB 23200.113 |

（续）

| 序号 | 农药中文名 | 最大残留限量（mg/kg） | 农药主要用途 | 检测方法 |
|---|---|---|---|---|
| 58 | 狄氏剂 | 0.02 | 杀虫剂 | GB/T 5009.19、NY/T 761、GB 23200.113 |
| 59 | 毒杀芬 | 0.05* | 杀虫剂 | YC/T 180（参照） |
| 60 | 六六六 | 0.05 | 杀虫剂 | GB/T 5009.19、NY/T 761、GB 23200.113 |
| 61 | 氯丹 | 0.02 | 杀虫剂 | GB/T 5009.19 |
| 62 | 灭蚁灵 | 0.01 | 杀虫剂 | GB/T 5009.19 |
| 63 | 七氯 | 0.01 | 杀虫剂 | GB/T 5009.19、NY/T 761 |
| 64 | 异狄氏剂 | 0.05 | 杀虫剂 | GB/T 5009.19、NY/T 761 |
| 65 | 氟吡菌酰胺 | 3* | 杀菌剂 | 无指定 |
| 66 | 乙基多杀菌素 | 0.8* | 杀虫剂 | 无指定 |
| 67 | 敌草腈 | 0.2* | 除草剂 | 无指定 |

## 4.24　越橘

越橘中农药最大残留限量见表 4-23。

**表 4-23　越橘中农药最大残留限量**

| 序号 | 农药中文名 | 最大残留限量（mg/kg） | 农药主要用途 | 检测方法 |
|---|---|---|---|---|
| 1 | 2,4-滴和2,4-滴钠盐 | 0.1 | 除草剂 | NY/T 1434（参照） |
| 2 | 百草枯 | 0.01* | 除草剂 | 无指定 |
| 3 | 倍硫磷 | 0.05 | 杀虫剂 | GB 23200.8、NY/T 761、GB 23200.113 |
| 4 | 苯线磷 | 0.02 | 杀虫剂 | GB 23200.8、GB/T 5009.145 |
| 5 | 草甘膦 | 0.1 | 除草剂 | GB/T 23750、NY/T 1096、SN/T 1923 |
| 6 | 敌百虫 | 0.2 | 杀虫剂 | GB/T 20769、NY/T 761 |
| 7 | 敌敌畏 | 0.2 | 杀虫剂 | GB 23200.8、GB/T 5009.20、NY/T 761、GB 23200.113 |
| 8 | 地虫硫磷 | 0.01 | 杀虫剂 | GB 23200.8、GB 23200.113 |
| 9 | 啶虫脒 | 2 | 杀虫剂 | GB/T 20769、GB/T 23584 |
| 10 | 啶酰菌胺 | 10 | 杀菌剂 | GB/T 20769 |

（续）

| 序号 | 农药中文名 | 最大残留限量（mg/kg） | 农药主要用途 | 检测方法 |
|---|---|---|---|---|
| 11 | 对硫磷 | 0.01 | 杀虫剂 | GB/T 5009.145、GB 23200.113 |
| 12 | 多菌灵 | 1 | 杀菌剂 | GB/T 20769、NY/T 1453 |
| 13 | 氟虫腈 | 0.02 | 杀虫剂 | GB 23200.34、NY/T 1379（参照） |
| 14 | 甲胺磷 | 0.05 | 杀虫剂 | GB/T 5009.103、NY/T 761、GB 23200.113 |
| 15 | 甲拌磷 | 0.01 | 杀虫剂 | GB 23200.113 |
| 16 | 甲基对硫磷 | 0.02 | 杀虫剂 | NY/T 761、GB 23200.113 |
| 17 | 甲基硫环磷 | 0.03* | 杀虫剂 | NY/T 761 |
| 18 | 甲基异柳磷 | 0.01* | 杀虫剂 | GB/T 5009.144、GB 23200.113 |
| 19 | 甲氰菊酯 | 5 | 杀虫剂 | NY/T 761 |
| 20 | 久效磷 | 0.03 | 杀虫剂 | NY/T 761、GB 23200.113 |
| 21 | 抗蚜威 | 1 | 杀虫剂 | GB 23200.8、NY/T 1379、SN/T 0134 |
| 22 | 克百威 | 0.02 | 杀虫剂 | NY/T 761 |
| 23 | 磷胺 | 0.05 | 杀虫剂 | NY/T 761、GB 23200.113 |
| 24 | 硫环磷 | 0.03 | 杀虫剂 | NY/T 761、GB 23200.113 |
| 25 | 硫线磷 | 0.02 | 杀虫剂 | GB/T 20769 |
| 26 | 氯虫苯甲酰胺 | 1* | 杀虫剂 | 无指定 |
| 27 | 氯氟氰菊酯和高效氯氟氰菊酯 | 0.2 | 杀虫剂 | GB 23200.8、GB/T 5009.146、NY/T 761、GB 23200.113 |
| 28 | 氯菊酯 | 2 | 杀虫剂 | GB 23200.8、NY/T 761、GB 23200.113 |
| 29 | 氯唑磷 | 0.01 | 杀虫剂 | GB/T 20769、GB 23200.113 |
| 30 | 嘧菌环胺 | 10 | 杀菌剂 | GB 23200.8、GB/T 20769、GB 23200.113 |
| 31 | 嘧菌酯 | 5 | 杀菌剂 | GB/T 20769、NY/T 1453、SN/T 1976 |
| 32 | 嘧霉胺 | 3 | 杀菌剂 | GB 23200.8、GB/T 20769、GB 23200.113 |
| 33 | 灭多威 | 0.2 | 杀虫剂 | NY/T 761 |
| 34 | 灭线磷 | 0.02 | 杀线虫剂 | NY/T 761 |

（续）

| 序号 | 农药中文名 | 最大残留限量（mg/kg） | 农药主要用途 | 检测方法 |
|---|---|---|---|---|
| 35 | 内吸磷 | 0.02 | 杀虫/杀螨剂 | GB/T 20769 |
| 36 | 氰戊菊酯和S-氰戊菊酯 | 0.2 | 杀虫剂 | GB 23200.8、NY/T 761、GB 23200.113 |
| 37 | 噻虫胺 | 0.07 | 杀虫剂 | GB 23200.8、GB/T 20769 |
| 38 | 噻虫啉 | 1 | 杀虫剂 | GB/T 20769 |
| 39 | 噻虫嗪 | 0.5 | 杀虫剂 | GB 23200.8、GB/T 20769 |
| 40 | 杀虫脒 | 0.01 | 杀虫剂 | GB/T 20769 |
| 41 | 杀螟硫磷 | 0.5* | 杀虫剂 | GB/T 14553、GB/T 20769、NY/T 761、GB 23200.113 |
| 42 | 杀扑磷 | 0.05 | 杀虫剂 | GB 23200.8、GB/T 14553、NY/T 761、GB 23200.113 |
| 43 | 水胺硫磷 | 0.05 | 杀虫剂 | GB/T 5009.20、GB 23200.113 |
| 44 | 特丁硫磷 | 0.01 | 杀虫剂 | NY/T 761、NY/T 1379 |
| 45 | 涕灭威 | 0.02 | 杀虫剂 | NY/T 761 |
| 46 | 硝磺草酮 | 0.01 | 除草剂 | GB/T 20769 |
| 47 | 辛硫磷 | 0.05 | 杀虫剂 | GB/T 5009.102、GB/T 20769 |
| 48 | 溴氰虫酰胺 | 4* | 杀虫剂 | 无指定 |
| 49 | 氧乐果 | 0.02 | 杀虫剂 | NY/T 761、NY/T 1379、GB 23200.113 |
| 50 | 乙酰甲胺磷 | 0.5 | 杀虫剂 | NY/T 761、GB 23200.113 |
| 51 | 蝇毒磷 | 0.05 | 杀虫剂 | GB 23200.8、GB 23200.113 |
| 52 | 治螟磷 | 0.01 | 杀虫剂 | GB 23200.8、NY/T 761、GB 23200.113 |
| 53 | 艾氏剂 | 0.05 | 杀虫剂 | GB/T 5009.19、NY/T 761、GB 23200.113 |
| 54 | 滴滴涕 | 0.05 | 杀虫剂 | GB/T 5009.19、NY/T 761、GB 23200.113 |
| 55 | 狄氏剂 | 0.02 | 杀虫剂 | GB/T 5009.19、NY/T 761、GB 23200.113 |
| 56 | 毒杀芬 | 0.05* | 杀虫剂 | YC/T 180（参照） |
| 57 | 六六六 | 0.05 | 杀虫剂 | GB/T 5009.19、NY/T 761、GB 23200.113 |

（续）

| 序号 | 农药中文名 | 最大残留限量（mg/kg） | 农药主要用途 | 检测方法 |
|---|---|---|---|---|
| 58 | 氯丹 | 0.02 | 杀虫剂 | GB/T 5009.19 |
| 59 | 灭蚁灵 | 0.01 | 杀虫剂 | GB/T 5009.19 |
| 60 | 七氯 | 0.01 | 杀虫剂 | GB/T 5009.19、NY/T 761 |
| 61 | 百菌清 | 5 | 杀菌剂 | GB/T 5009.105、NY/T 761 |
| 62 | 保棉磷 | 0.1 | 杀虫剂 | NY/T 761 |
| 63 | 吡虫啉 | 0.05 | 杀虫剂 | GB/T 20769、GB/T 23379 |
| 64 | 丙环唑 | 0.3 | 杀菌剂 | GB 23200.8、GB/T 20769 |
| 65 | 丙硫菌唑 | 0.15* | 杀菌剂 | 无指定 |
| 66 | 丙森锌 | 5 | 杀菌剂 | SN 0157、SN/T 1541（参照） |
| 67 | 虫酰肼 | 0.5 | 杀虫剂 | GB/T 20769（参照） |
| 68 | 代森铵 | 5 | 杀菌剂 | SN 0157 |
| 69 | 代森联 | 5 | 杀菌剂 | SN 0157 |
| 70 | 代森锰锌 | 5 | 杀菌剂 | SN 0157 |
| 71 | 毒死蜱 | 1 | 杀虫剂 | GB 23200.8、NY/T 761、SN/T 2158、GB 23200.113 |
| 72 | 多杀霉素 | 0.02 | 杀虫剂 | GB/T 20769 |
| 73 | 二嗪磷 | 0.2 | 杀虫剂 | GB/T 20769、GB/T 5009.107、NY/T 761、GB 23200.113 |
| 74 | 呋虫胺 | 0.15 | 杀虫剂 | GB 23200.37、GB/T 20769（参照） |
| 75 | 福美双 | 5 | 杀菌剂 | SN 0157 |
| 76 | 福美锌 | 5 | 杀菌剂 | SN 0157、SN/T 1541（参照） |
| 77 | 环酰菌胺 | 5* | 杀菌剂 | 无指定 |
| 78 | 螺虫乙酯 | 0.2* | 杀虫剂 | 无指定 |
| 79 | 甲氧虫酰肼 | 0.7 | 杀虫剂 | GB/T 20769 |
| 80 | 腈苯唑 | 1 | 杀菌剂 | GB 23200.8、GB/T 20769、GB 23200.113 |
| 81 | 嘧菌酯 | 0.5 | 杀菌剂 | GB/T 20769、NY/T 1453、SN/T 1976 |
| 82 | 马拉硫磷 | 1 | 杀虫剂 | GB 23200.8、GB/T 20769、NY/T 761、GB 23200.113 |

（续）

| 序号 | 农药中文名 | 最大残留限量（mg/kg） | 农药主要用途 | 检测方法 |
|---|---|---|---|---|
| 83 | 亚胺硫磷 | 3 | 杀虫剂 | GB 23200.8、GB/T 20769、NY/T 761、GB 23200.113 |
| 84 | 茚虫威 | 1 | 杀虫剂 | GB/T 20769 |
| 85 | 敌草腈 | 0.2* | 除草剂 | 无指定 |

## 4.25 穗酯栗（加仑子）

穗酯栗（加仑子）中农药最大残留限量见表4-25。

**表4-25 穗酯栗（加仑子）中农药最大残留限量**

| 序号 | 农药中文名 | 最大残留限量（mg/kg） | 农药主要用途 | 检测方法 |
|---|---|---|---|---|
| 1 | 保棉磷 | 1 | 杀虫剂 | NY/T 761 |
| 2 | 2,4-滴和2,4-滴钠盐 | 0.1 | 除草剂 | NY/T 1434（参照） |
| 3 | 百草枯 | 0.01* | 除草剂 | 无指定 |
| 4 | 倍硫磷 | 0.05 | 杀虫剂 | GB 23200.8、NY/T 761、GB 23200.113 |
| 5 | 苯线磷 | 0.02 | 杀虫剂 | GB 23200.8、GB/T 5009.145 |
| 6 | 吡虫啉 | 5 | 杀虫剂 | GB/T 20769、GB/T 23379 |
| 7 | 草甘膦 | 0.1 | 除草剂 | GB/T 23750、NY/T 1096、SN/T 1923 |
| 8 | 敌百虫 | 0.2 | 杀虫剂 | GB/T 20769、NY/T 761 |
| 9 | 敌敌畏 | 0.2 | 杀虫剂 | GB 23200.8、GB/T 5009.20、NY/T 761、GB 23200.113 |
| 10 | 地虫硫磷 | 0.01 | 杀虫剂 | GB 23200.8、GB 23200.113 |
| 11 | 啶虫脒 | 2 | 杀虫剂 | GB/T 20769、GB/T 23584 |
| 12 | 啶酰菌胺 | 10 | 杀菌剂 | GB/T 20769 |
| 13 | 对硫磷 | 0.01 | 杀虫剂 | GB/T 5009.145、GB 23200.113 |
| 14 | 多菌灵 | 1 | 杀菌剂 | GB/T 20769、NY/T 1453 |
| 15 | 氟虫腈 | 0.02 | 杀虫剂 | GB 23200.34、NY/T 1379（参照） |
| 16 | 甲胺磷 | 0.05 | 杀虫剂 | GB/T 5009.103、NY/T 761、GB 23200.113 |

（续）

| 序号 | 农药中文名 | 最大残留限量（mg/kg） | 农药主要用途 | 检测方法 |
|---|---|---|---|---|
| 17 | 甲拌磷 | 0.01 | 杀虫剂 | GB 23200.113 |
| 18 | 甲基对硫磷 | 0.02 | 杀虫剂 | NY/T 761、GB 23200.113 |
| 19 | 甲基硫环磷 | 0.03* | 杀虫剂 | NY/T 761 |
| 20 | 甲基异柳磷 | 0.01* | 杀虫剂 | GB/T 5009.144、GB 23200.113 |
| 21 | 甲氰菊酯 | 5 | 杀虫剂 | NY/T 761 |
| 22 | 久效磷 | 0.03 | 杀虫剂 | NY/T 761、GB 23200.113 |
| 23 | 抗蚜威 | 1 | 杀虫剂 | GB 23200.8、NY/T 1379、SN/T 0134 |
| 24 | 克百威 | 0.02 | 杀虫剂 | NY/T 761 |
| 25 | 磷胺 | 0.05 | 杀虫剂 | NY/T 761、GB 23200.113 |
| 26 | 硫环磷 | 0.03 | 杀虫剂 | NY/T 761、GB 23200.113 |
| 27 | 硫线磷 | 0.02 | 杀虫剂 | GB/T 20769 |
| 28 | 螺虫乙酯 | 1.5* | 杀虫剂 | 无指定 |
| 29 | 氯虫苯甲酰胺 | 1* | 杀虫剂 | 无指定 |
| 30 | 氯氟氰菊酯和高效氯氟氰菊酯 | 0.2 | 杀虫剂 | GB 23200.8、GB/T 5009.146、NY/T 761、GB 23200.113 |
| 31 | 氯菊酯 | 2 | 杀虫剂 | GB 23200.8、NY/T 761、GB 23200.113 |
| 32 | 氯唑磷 | 0.01 | 杀虫剂 | GB/T 20769、GB 23200.113 |
| 33 | 嘧菌环胺 | 10 | 杀菌剂 | GB 23200.8、GB/T 20769、GB 23200.113 |
| 34 | 嘧菌酯 | 5 | 杀菌剂 | GB/T 20769、NY/T 1453、SN/T 1976 |
| 35 | 嘧霉胺 | 3 | 杀菌剂 | GB 23200.8、GB/T 20769、GB 23200.113 |
| 36 | 灭多威 | 0.2 | 杀虫剂 | NY/T 761 |
| 37 | 灭线磷 | 0.02 | 杀线虫剂 | NY/T 761 |
| 38 | 内吸磷 | 0.02 | 杀虫/杀螨剂 | GB/T 20769 |
| 39 | 氰戊菊酯和S-氰戊菊酯 | 0.2 | 杀虫剂 | GB 23200.8、NY/T 761、GB 23200.113 |
| 40 | 噻虫胺 | 0.07 | 杀虫剂 | GB 23200.8、GB/T 20769 |
| 41 | 噻虫啉 | 1 | 杀虫剂 | GB/T 20769 |

（续）

| 序号 | 农药中文名 | 最大残留限量（mg/kg） | 农药主要用途 | 检测方法 |
| --- | --- | --- | --- | --- |
| 42 | 噻虫嗪 | 0.5 | 杀虫剂 | GB 23200.8、GB/T 20769 |
| 43 | 杀虫脒 | 0.01 | 杀虫剂 | GB/T 20769 |
| 44 | 杀螟硫磷 | 0.5* | 杀虫剂 | GB/T 14553、GB/T 20769、NY/T 761、GB 23200.113 |
| 45 | 杀扑磷 | 0.05 | 杀虫剂 | GB 23200.8、GB/T 14553、NY/T 761、GB 23200.113 |
| 46 | 水胺硫磷 | 0.05 | 杀虫剂 | GB/T 5009.20、GB 23200.113 |
| 47 | 特丁硫磷 | 0.01 | 杀虫剂 | NY/T 761、NY/T 1379 |
| 48 | 涕灭威 | 0.02 | 杀虫剂 | NY/T 761 |
| 49 | 硝磺草酮 | 0.01 | 除草剂 | GB/T 20769 |
| 50 | 辛硫磷 | 0.05 | 杀虫剂 | GB/T 5009.102、GB/T 20769 |
| 51 | 溴氰虫酰胺 | 4* | 杀虫剂 | 无指定 |
| 52 | 氧乐果 | 0.02 | 杀虫剂 | NY/T 761、NY/T 1379、GB 23200.113 |
| 53 | 乙酰甲胺磷 | 0.5 | 杀虫剂 | NY/T 761、GB 23200.113 |
| 54 | 蝇毒磷 | 0.05 | 杀虫剂 | GB 23200.8、GB 23200.113 |
| 55 | 治螟磷 | 0.01 | 杀虫剂 | GB 23200.8、NY/T 761、GB 23200.113 |
| 56 | 艾氏剂 | 0.05 | 杀虫剂 | GB/T 5009.19、NY/T 761、GB 23200.113 |
| 57 | 滴滴涕 | 0.05 | 杀虫剂 | GB/T 5009.19、NY/T 761、GB 23200.113 |
| 58 | 狄氏剂 | 0.02 | 杀虫剂 | GB/T 5009.19、NY/T 761、GB 23200.113 |
| 59 | 毒杀芬 | 0.05* | 杀虫剂 | YC/T 180（参照） |
| 60 | 六六六 | 0.05 | 杀虫剂 | GB/T 5009.19、NY/T 761、GB 23200.113 |
| 61 | 氯丹 | 0.02 | 杀虫剂 | GB/T 5009.19 |
| 62 | 灭蚁灵 | 0.01 | 杀虫剂 | GB/T 5009.19 |
| 63 | 七氯 | 0.01 | 杀虫剂 | GB/T 5009.19、NY/T 761 |
| 64 | 异狄氏剂 | 0.05 | 杀虫剂 | GB/T 5009.19、NY/T 761 |
| 65 | 苯氟磺胺 | 15 | 杀菌剂 | SN/T 2320（参照） |

（续）

| 序号 | 农药中文名 | 最大残留限量(mg/kg) | 农药主要用途 | 检测方法 |
|---|---|---|---|---|
| 66 | 草铵膦 | 1 | 除草剂 | GB 23200.108 |
| 67 | 代森联 | 10 | 杀菌剂 | SN 0157 |
| 68 | 二嗪磷 | 0.2 | 杀虫剂 | GB/T 20769、GB/T 5009.107、NY/T 761、GB 23200.113 |
| 69 | 二氰蒽醌 | 2* | 杀菌剂 | 无指定 |
| 70 | 环酰菌胺 | 5* | 杀菌剂 | 无指定 |
| 71 | 甲苯氟磺胺 | 0.5 | 杀菌剂 | GB 23200.8 |
| 72 | 腈菌唑 | 0.9 | 杀菌剂 | GB 23200.8、GB/T 20769、NY/T 1455、GB 23200.113 |
| 73 | 喹氧灵 | 1*<br>[仅穗醋栗(黑)] | 杀菌剂 | 无指定 |
| 74 | 嗪氨灵 | 1 | 杀菌剂 | SN/T 0695（参照） |
| 75 | 三环锡 | 0.1 | 杀螨剂 | SN/T 4558 |
| 76 | 三唑醇 | 0.7 | 杀菌剂 | GB 23200.8、GB 23200.113 |
| 77 | 三唑酮 | 0.7 | 杀菌剂 | GB 23200.8、GB/T 20769、NY/T 761、GB 23200.113 |
| 78 | 三唑锡 | 0.1 | 杀螨剂 | SN/T 4558 |
| 79 | 四螨嗪 | 0.2 | 杀螨剂 | GB 23200.47、GB/T 20769 |
| 80 | 敌草腈 | 0.2* | 除草剂 | 无指定 |

## 4.26 悬钩子

悬钩子中农药最大残留限量见表 4-26。

**表 4-26 悬钩子中农药最大残留限量**

| 序号 | 农药中文名 | 最大残留限量(mg/kg) | 农药主要用途 | 检测方法 |
|---|---|---|---|---|
| 1 | 保棉磷 | 1 | 杀虫剂 | NY/T 761 |
| 2 | 2,4-滴和2,4-滴钠盐 | 0.1 | 除草剂 | NY/T 1434（参照） |
| 3 | 百草枯 | 0.01* | 除草剂 | 无指定 |
| 4 | 倍硫磷 | 0.05 | 杀虫剂 | GB 23200.8、NY/T 761、GB 23200.113 |
| 5 | 苯线磷 | 0.02 | 杀虫剂 | GB 23200.8、GB/T 5009.145 |

（续）

| 序号 | 农药中文名 | 最大残留限量（mg/kg） | 农药主要用途 | 检测方法 |
|---|---|---|---|---|
| 6 | 吡虫啉 | 5 | 杀虫剂 | GB/T 20769、GB/T 23379 |
| 7 | 草甘膦 | 0.1 | 除草剂 | GB/T 23750、NY/T 1096、SN/T 1923 |
| 8 | 敌百虫 | 0.2 | 杀虫剂 | GB/T 20769、NY/T 761 |
| 9 | 敌敌畏 | 0.2 | 杀虫剂 | GB 23200.8、GB/T 5009.20、NY/T 761、GB 23200.113 |
| 10 | 地虫硫磷 | 0.01 | 杀虫剂 | GB 23200.8、GB 23200.113 |
| 11 | 啶虫脒 | 2 | 杀虫剂 | GB/T 20769、GB/T 23584 |
| 12 | 啶酰菌胺 | 10 | 杀菌剂 | GB/T 20769 |
| 13 | 对硫磷 | 0.01 | 杀虫剂 | GB/T 5009.145、GB 23200.113 |
| 14 | 多菌灵 | 1 | 杀菌剂 | GB/T 20769、NY/T 1453 |
| 15 | 氟虫腈 | 0.02 | 杀虫剂 | GB 23200.34、NY/T 1379（参照） |
| 16 | 甲胺磷 | 0.05 | 杀虫剂 | GB/T 5009.103、NY/T 761、GB 23200.113 |
| 17 | 甲拌磷 | 0.01 | 杀虫剂 | GB 23200.113 |
| 18 | 甲基对硫磷 | 0.02 | 杀虫剂 | NY/T 761、GB 23200.113 |
| 19 | 甲基硫环磷 | 0.03* | 杀虫剂 | NY/T 761 |
| 20 | 甲基异柳磷 | 0.01* | 杀虫剂 | GB/T 5009.144、GB 23200.113 |
| 21 | 甲氰菊酯 | 5 | 杀虫剂 | NY/T 761 |
| 22 | 久效磷 | 0.03 | 杀虫剂 | NY/T 761、GB 23200.113 |
| 23 | 抗蚜威 | 1 | 杀虫剂 | GB 23200.8、NY/T 1379、SN/T 0134 |
| 24 | 克百威 | 0.02 | 杀虫剂 | NY/T 761 |
| 25 | 磷胺 | 0.05 | 杀虫剂 | NY/T 761、GB 23200.113 |
| 26 | 硫环磷 | 0.03 | 杀虫剂 | NY/T 761、GB 23200.113 |
| 27 | 硫线磷 | 0.02 | 杀虫剂 | GB/T 20769 |
| 28 | 螺虫乙酯 | 1.5* | 杀虫剂 | 无指定 |
| 29 | 氯虫苯甲酰胺 | 1* | 杀虫剂 | 无指定 |
| 30 | 氯氟氰菊酯和高效氯氟氰菊酯 | 0.2 | 杀虫剂 | GB 23200.8、GB/T 5009.146、NY/T 761、GB 23200.113 |

（续）

| 序号 | 农药中文名 | 最大残留限量（mg/kg） | 农药主要用途 | 检测方法 |
|---|---|---|---|---|
| 31 | 氯菊酯 | 2 | 杀虫剂 | GB 23200.8、NY/T 761、GB 23200.113 |
| 32 | 氯唑磷 | 0.01 | 杀虫剂 | GB/T 20769、GB 23200.113 |
| 33 | 嘧菌环胺 | 10 | 杀菌剂 | GB 23200.8、GB/T 20769、GB 23200.113 |
| 34 | 嘧菌酯 | 5 | 杀菌剂 | GB/T 20769、NY/T 1453、SN/T 1976 |
| 35 | 嘧霉胺 | 3 | 杀菌剂 | GB 23200.8、GB/T 20769、GB 23200.113 |
| 36 | 灭多威 | 0.2 | 杀虫剂 | NY/T 761 |
| 37 | 灭线磷 | 0.02 | 杀线虫剂 | NY/T 761 |
| 38 | 内吸磷 | 0.02 | 杀虫/杀螨剂 | GB/T 20769 |
| 39 | 氰戊菊酯和S-氰戊菊酯 | 0.2 | 杀虫剂 | GB 23200.8、NY/T 761、GB 23200.113 |
| 40 | 噻虫胺 | 0.07 | 杀虫剂 | GB 23200.8、GB/T 20769 |
| 41 | 噻虫啉 | 1 | 杀虫剂 | GB/T 20769 |
| 42 | 噻虫嗪 | 0.5 | 杀虫剂 | GB 23200.8、GB/T 20769 |
| 43 | 杀虫脒 | 0.01 | 杀虫剂 | GB/T 20769 |
| 44 | 杀螟硫磷 | 0.5* | 杀虫剂 | GB/T 14553、GB/T 20769、NY/T 761、GB 23200.113 |
| 45 | 杀扑磷 | 0.05 | 杀虫剂 | GB 23200.8、GB/T 14553、NY/T 761、GB 23200.113 |
| 46 | 水胺硫磷 | 0.05 | 杀虫剂 | GB/T 5009.20、GB 23200.113 |
| 47 | 特丁硫磷 | 0.01 | 杀虫剂 | NY/T 761、NY/T 1379 |
| 48 | 涕灭威 | 0.02 | 杀虫剂 | NY/T 761 |
| 49 | 硝磺草酮 | 0.01 | 除草剂 | GB/T 20769 |
| 50 | 辛硫磷 | 0.05 | 杀虫剂 | GB/T 5009.102、GB/T 20769 |
| 51 | 溴氰虫酰胺 | 4* | 杀虫剂 | 无指定 |
| 52 | 氧乐果 | 0.02 | 杀虫剂 | NY/T 761、NY/T 1379、GB 23200.113 |
| 53 | 乙酰甲胺磷 | 0.5 | 杀虫剂 | NY/T 761、GB 23200.113 |
| 54 | 蝇毒磷 | 0.05 | 杀虫剂 | GB 23200.8、GB 23200.113 |

（续）

| 序号 | 农药中文名 | 最大残留限量（mg/kg） | 农药主要用途 | 检测方法 |
|---|---|---|---|---|
| 55 | 治螟磷 | 0.01 | 杀虫剂 | GB 23200.8、NY/T 761、GB 23200.113 |
| 56 | 艾氏剂 | 0.05 | 杀虫剂 | GB/T 5009.19、NY/T 761、GB 23200.113 |
| 57 | 滴滴涕 | 0.05 | 杀虫剂 | GB/T 5009.19、NY/T 761、GB 23200.113 |
| 58 | 狄氏剂 | 0.02 | 杀虫剂 | GB/T 5009.19、NY/T 761、GB 23200.113 |
| 59 | 毒杀芬 | 0.05* | 杀虫剂 | YC/T 180（参照） |
| 60 | 六六六 | 0.05 | 杀虫剂 | GB/T 5009.19、NY/T 761、GB 23200.113 |
| 61 | 氯丹 | 0.02 | 杀虫剂 | GB/T 5009.19 |
| 62 | 灭蚁灵 | 0.01 | 杀虫剂 | GB/T 5009.19 |
| 63 | 七氯 | 0.01 | 杀虫剂 | GB/T 5009.19、NY/T 761 |
| 64 | 异狄氏剂 | 0.05 | 杀虫剂 | GB/T 5009.19、NY/T 761 |
| 65 | 苯氟磺胺 | 7 | 杀菌剂 | SN/T 2320（参照） |
| 66 | 草铵膦 | 0.1 | 除草剂 | GB 23200.108 |
| 67 | 环酰菌胺 | 5* | 杀菌剂 | 无指定 |
| 68 | 嗪氨灵 | 1 | 杀菌剂 | SN/T 0695（参照） |
| 69 | 敌草腈 | 0.2* | 除草剂 | 无指定 |

## 4.27 醋栗（红、黑）

醋栗（红、黑）中农药最大残留限量见表 4－27。

**表 4－27 醋栗（红、黑）中农药最大残留限量**

| 序号 | 农药中文名 | 最大残留限量（mg/kg） | 农药主要用途 | 检测方法 |
|---|---|---|---|---|
| 1 | 保棉磷 | 1 | 杀虫剂 | NY/T 761 |
| 2 | 2,4－滴和2,4－滴钠盐 | 0.1 | 除草剂 | NY/T 1434（参照） |
| 3 | 百草枯 | 0.01* | 除草剂 | 无指定 |
| 4 | 倍硫磷 | 0.05 | 杀虫剂 | GB 23200.8、NY/T 761、GB 23200.113 |

（续）

| 序号 | 农药中文名 | 最大残留限量（mg/kg） | 农药主要用途 | 检测方法 |
|---|---|---|---|---|
| 5 | 苯线磷 | 0.02 | 杀虫剂 | GB 23200.8、GB/T 5009.145 |
| 6 | 吡虫啉 | 5 | 杀虫剂 | GB/T 20769、GB/T 23379 |
| 7 | 草甘膦 | 0.1 | 除草剂 | GB/T 23750、NY/T 1096、SN/T 1923 |
| 8 | 敌百虫 | 0.2 | 杀虫剂 | GB/T 20769、NY/T 761 |
| 9 | 敌敌畏 | 0.2 | 杀虫剂 | GB 23200.8、GB/T 5009.20、NY/T 761、GB 23200.113 |
| 10 | 地虫硫磷 | 0.01 | 杀虫剂 | GB 23200.8、GB 23200.113 |
| 11 | 啶虫脒 | 2 | 杀虫剂 | GB/T 20769、GB/T 23584 |
| 12 | 啶酰菌胺 | 10 | 杀菌剂 | GB/T 20769 |
| 13 | 对硫磷 | 0.01 | 杀虫剂 | GB/T 5009.145、GB 23200.113 |
| 14 | 氟虫腈 | 0.02 | 杀虫剂 | GB 23200.34、NY/T 1379（参照） |
| 15 | 甲胺磷 | 0.05 | 杀虫剂 | GB/T 5009.103、NY/T 761、GB 23200.113 |
| 16 | 甲拌磷 | 0.01 | 杀虫剂 | GB 23200.113 |
| 17 | 甲基对硫磷 | 0.02 | 杀虫剂 | NY/T 761、GB 23200.113 |
| 18 | 甲基硫环磷 | 0.03* | 杀虫剂 | NY/T 761 |
| 19 | 甲基异柳磷 | 0.01* | 杀虫剂 | GB/T 5009.144、GB 23200.113 |
| 20 | 甲氰菊酯 | 5 | 杀虫剂 | NY/T 761 |
| 21 | 久效磷 | 0.03 | 杀虫剂 | NY/T 761、GB 23200.113 |
| 22 | 抗蚜威 | 1 | 杀虫剂 | GB 23200.8、NY/T 1379、SN/T 0134 |
| 23 | 克百威 | 0.02 | 杀虫剂 | NY/T 761 |
| 24 | 磷胺 | 0.05 | 杀虫剂 | NY/T 761、GB 23200.113 |
| 25 | 硫环磷 | 0.03 | 杀虫剂 | NY/T 761、GB 23200.113 |
| 26 | 硫线磷 | 0.02 | 杀虫剂 | GB/T 20769 |
| 27 | 螺虫乙酯 | 1.5* | 杀虫剂 | 无指定 |
| 28 | 氯虫苯甲酰胺 | 1* | 杀虫剂 | 无指定 |
| 29 | 氯氟氰菊酯和高效氯氟氰菊酯 | 0.2 | 杀虫剂 | GB 23200.8、GB/T 5009.146、NY/T 761、GB 23200.113 |

（续）

| 序号 | 农药中文名 | 最大残留限量（mg/kg） | 农药主要用途 | 检测方法 |
|---|---|---|---|---|
| 30 | 氯唑磷 | 0.01 | 杀虫剂 | GB/T 20769、GB 23200.113 |
| 31 | 嘧菌酯 | 5 | 杀菌剂 | GB/T 20769、NY/T 1453、SN/T 1976 |
| 32 | 嘧霉胺 | 3 | 杀菌剂 | GB 23200.8、GB/T 20769、GB 23200.113 |
| 33 | 灭多威 | 0.2 | 杀虫剂 | NY/T 761 |
| 34 | 灭线磷 | 0.02 | 杀线虫剂 | NY/T 761 |
| 35 | 内吸磷 | 0.02 | 杀虫/杀螨剂 | GB/T 20769 |
| 36 | 氰戊菊酯和S-氰戊菊酯 | 0.2 | 杀虫剂 | GB 23200.8、NY/T 761、GB 23200.113 |
| 37 | 噻虫胺 | 0.07 | 杀虫剂 | GB 23200.8、GB/T 20769 |
| 38 | 噻虫啉 | 1 | 杀虫剂 | GB/T 20769 |
| 39 | 噻虫嗪 | 0.5 | 杀虫剂 | GB 23200.8、GB/T 20769 |
| 40 | 杀虫脒 | 0.01 | 杀虫剂 | GB/T 20769 |
| 41 | 杀螟硫磷 | 0.5* | 杀虫剂 | GB/T 14553、GB/T 20769、NY/T 761、GB 23200.113 |
| 42 | 杀扑磷 | 0.05 | 杀虫剂 | GB 23200.8、GB/T 14553、NY/T 761、GB 23200.113 |
| 43 | 水胺硫磷 | 0.05 | 杀虫剂 | GB/T 5009.20、GB 23200.113 |
| 44 | 特丁硫磷 | 0.01 | 杀虫剂 | NY/T 761、NY/T 1379 |
| 45 | 涕灭威 | 0.02 | 杀虫剂 | NY/T 761 |
| 46 | 硝磺草酮 | 0.01 | 除草剂 | GB/T 20769 |
| 47 | 辛硫磷 | 0.05 | 杀虫剂 | GB/T 5009.102、GB/T 20769 |
| 48 | 溴氰虫酰胺 | 4* | 杀虫剂 | 无指定 |
| 49 | 氧乐果 | 0.02 | 杀虫剂 | NY/T 761、NY/T 1379、GB 23200.113 |
| 50 | 乙酰甲胺磷 | 0.5 | 杀虫剂 | NY/T 761、GB 23200.113 |
| 51 | 蝇毒磷 | 0.05 | 杀虫剂 | GB 23200.8、GB 23200.113 |
| 52 | 治螟磷 | 0.01 | 杀虫剂 | GB 23200.8、NY/T 761、GB 23200.113 |
| 53 | 艾氏剂 | 0.05 | 杀虫剂 | GB/T 5009.19、NY/T 761、GB 23200.113 |

（续）

| 序号 | 农药中文名 | 最大残留限量（mg/kg） | 农药主要用途 | 检测方法 |
|---|---|---|---|---|
| 54 | 滴滴涕 | 0.05 | 杀虫剂 | GB/T 5009.19、NY/T 761、GB 23200.113 |
| 55 | 狄氏剂 | 0.02 | 杀虫剂 | GB/T 5009.19、NY/T 761、GB 23200.113 |
| 56 | 毒杀芬 | 0.05* | 杀虫剂 | YC/T 180（参照） |
| 57 | 六六六 | 0.05 | 杀虫剂 | GB/T 5009.19、NY/T 761、GB 23200.113 |
| 58 | 氯丹 | 0.02 | 杀虫剂 | GB/T 5009.19 |
| 59 | 灭蚁灵 | 0.01 | 杀虫剂 | GB/T 5009.19 |
| 60 | 七氯 | 0.01 | 杀虫剂 | GB/T 5009.19、NY/T 761 |
| 61 | 异狄氏剂 | 0.05 | 杀虫剂 | GB/T 5009.19、NY/T 761 |
| 62 | 百菌清 | 20 | 杀菌剂 | GB/T 5009.105、NY/T 761 |
| 63 | 苯氟磺胺 | 15 | 杀菌剂 | SN/T 2320（参照） |
| 64 | 吡唑醚菌酯 | 3 | 杀菌剂 | GB 23200.8 |
| 65 | 代森联 | 10 | 杀菌剂 | SN 0157 |
| 66 | 代森锰锌 | 10 | 杀菌剂 | SN 0157 |
| 67 | 虫酰肼 | 2 | 杀虫剂 | GB/T 20769（参照） |
| 68 | 多菌灵 | 0.5 | 杀菌剂 | GB/T 20769、NY/T 1453 |
| 69 | 咯菌腈 | 5 | 杀菌剂 | GB 23200.8、GB/T 20769、GB 23200.113 |
| 70 | 多杀霉素 | 1 | 杀虫剂 | GB/T 20769 |
| 71 | 二嗪磷 | 0.2 | 杀虫剂 | GB/T 20769、GB/T 5009.107、NY/T 761、GB 23200.113 |
| 72 | 甲霜灵和精甲霜灵 | 0.2 | 杀菌剂 | GB 23200.8、GB/T 20769 |
| 73 | 腈菌唑 | 0.5 | 杀菌剂 | GB 23200.8、GB/T 20769、NY/T 1455、GB 23200.113 |
| 74 | 克菌丹 | 20 | 杀菌剂 | GB 23200.8、SN 0654 |
| 75 | 联苯肼酯 | 7 | 杀螨剂 | GB 23200.8 |
| 76 | 联苯菊酯 | 1 | 杀虫/杀螨剂 | GB/T 5009.146、NY/T 761、SN/T 1969 |
| 77 | 螺螨酯 | 1 | 杀螨剂 | GB 23200.8、GB/T 20769 |

（续）

| 序号 | 农药中文名 | 最大残留限量（mg/kg） | 农药主要用途 | 检测方法 |
|---|---|---|---|---|
| 78 | 氯菊酯 | 1 | 杀虫剂 | GB 23200.8、NY/T 761、GB 23200.113 |
| 79 | 嘧菌环胺 | 0.5 | 杀菌剂 | GB 23200.8、GB/T 20769、GB 23200.113 |
| 80 | 异菌脲 | 30 | 杀菌剂 | GB 23200.8、NY/T 761、NY/T 1277、GB 23200.113 |
| 81 | 抑霉唑 | 2 | 杀菌剂 | GB 23200.8、GB/T 20769 |
| 82 | 草铵膦 | 0.1 | 除草剂 | GB 23200.108 |
| 83 | 环酰菌胺 | 15* | 杀菌剂 | 无指定 |
| 84 | 甲苯氟磺胺 | 5 | 杀菌剂 | GB 23200.8 |

## 4.28 醋栗

醋栗中农药最大残留限量见表 4-28。

**表 4-28 醋栗中农药最大残留限量**

| 序号 | 农药中文名 | 最大残留限量（mg/kg） | 农药主要用途 | 检测方法 |
|---|---|---|---|---|
| 1 | 保棉磷 | 1 | 杀虫剂 | NY/T 761 |
| 2 | 2,4-滴和2,4-滴钠盐 | 0.1 | 除草剂 | NY/T 1434（参照） |
| 3 | 百草枯 | 0.01* | 除草剂 | 无指定 |
| 4 | 倍硫磷 | 0.05 | 杀虫剂 | GB 23200.8、NY/T 761、GB 23200.113 |
| 5 | 苯线磷 | 0.02 | 杀虫剂 | GB 23200.8、GB/T 5009.145 |
| 6 | 吡虫啉 | 5 | 杀虫剂 | GB/T 20769、GB/T 23379 |
| 7 | 草甘膦 | 0.1 | 除草剂 | GB/T 23750、NY/T 1096、SN/T 1923 |
| 8 | 敌百虫 | 0.2 | 杀虫剂 | GB/T 20769、NY/T 761 |
| 9 | 敌敌畏 | 0.2 | 杀虫剂 | GB 23200.8、GB/T 5009.20、NY/T 761、GB 23200.113 |
| 10 | 地虫硫磷 | 0.01 | 杀虫剂 | GB 23200.8、GB 23200.113 |
| 11 | 啶虫脒 | 2 | 杀虫剂 | GB/T 20769、GB/T 23584 |
| 12 | 啶酰菌胺 | 10 | 杀菌剂 | GB/T 20769 |

（续）

| 序号 | 农药中文名 | 最大残留限量（mg/kg） | 农药主要用途 | 检测方法 |
|---|---|---|---|---|
| 13 | 对硫磷 | 0.01 | 杀虫剂 | GB/T 5009.145、GB 23200.113 |
| 14 | 多菌灵 | 1 | 杀菌剂 | GB/T 20769、NY/T 1453 |
| 15 | 氟虫腈 | 0.02 | 杀虫剂 | GB 23200.34、NY/T 1379（参照） |
| 16 | 甲胺磷 | 0.05 | 杀虫剂 | GB/T 5009.103、NY/T 761、GB 23200.113 |
| 17 | 甲拌磷 | 0.01 | 杀虫剂 | GB 23200.113 |
| 18 | 甲基对硫磷 | 0.02 | 杀虫剂 | NY/T 761、GB 23200.113 |
| 19 | 甲基硫环磷 | 0.03* | 杀虫剂 | NY/T 761 |
| 20 | 甲基异柳磷 | 0.01* | 杀虫剂 | GB/T 5009.144、GB 23200.113 |
| 21 | 甲氰菊酯 | 5 | 杀虫剂 | NY/T 761 |
| 22 | 久效磷 | 0.03 | 杀虫剂 | NY/T 761、GB 23200.113 |
| 23 | 抗蚜威 | 1 | 杀虫剂 | GB 23200.8、NY/T 1379、SN/T 0134 |
| 24 | 克百威 | 0.02 | 杀虫剂 | NY/T 761 |
| 25 | 磷胺 | 0.05 | 杀虫剂 | NY/T 761、GB 23200.113 |
| 26 | 硫环磷 | 0.03 | 杀虫剂 | NY/T 761、GB 23200.113 |
| 27 | 硫线磷 | 0.02 | 杀虫剂 | GB/T 20769 |
| 28 | 螺虫乙酯 | 1.5* | 杀虫剂 | 无指定 |
| 29 | 氯虫苯甲酰胺 | 1* | 杀虫剂 | 无指定 |
| 30 | 氯氟氰菊酯和高效氯氟氰菊酯 | 0.2 | 杀虫剂 | GB 23200.8、GB/T 5009.146、NY/T 761、GB 23200.113 |
| 31 | 氯菊酯 | 2 | 杀虫剂 | GB 23200.8、NY/T 761、GB 23200.113 |
| 32 | 氯唑磷 | 0.01 | 杀虫剂 | GB/T 20769、GB 23200.113 |
| 33 | 嘧菌环胺 | 10 | 杀菌剂 | GB 23200.8、GB/T 20769、GB 23200.113 |
| 34 | 嘧菌酯 | 5 | 杀菌剂 | GB/T 20769、NY/T 1453、SN/T 1976 |
| 35 | 嘧霉胺 | 3 | 杀菌剂 | GB 23200.8、GB/T 20769、GB 23200.113 |
| 36 | 灭多威 | 0.2 | 杀虫剂 | NY/T 761 |

（续）

| 序号 | 农药中文名 | 最大残留限量（mg/kg） | 农药主要用途 | 检测方法 |
|---|---|---|---|---|
| 37 | 灭线磷 | 0.02 | 杀线虫剂 | NY/T 761 |
| 38 | 内吸磷 | 0.02 | 杀虫/杀螨剂 | GB/T 20769 |
| 39 | 氰戊菊酯和 S-氰戊菊酯 | 0.2 | 杀虫剂 | GB 23200.8、NY/T 761、GB 23200.113 |
| 40 | 噻虫胺 | 0.07 | 杀虫剂 | GB 23200.8、GB/T 20769 |
| 41 | 噻虫啉 | 1 | 杀虫剂 | GB/T 20769 |
| 42 | 噻虫嗪 | 0.5 | 杀虫剂 | GB 23200.8、GB/T 20769 |
| 43 | 杀虫脒 | 0.01 | 杀虫剂 | GB/T 20769 |
| 44 | 杀螟硫磷 | 0.5* | 杀虫剂 | GB/T 14553、GB/T 20769、NY/T 761、GB 23200.113 |
| 45 | 杀扑磷 | 0.05 | 杀虫剂 | GB 23200.8、GB/T 14553、NY/T 761、GB 23200.113 |
| 46 | 水胺硫磷 | 0.05 | 杀虫剂 | GB/T 5009.20、GB 23200.113 |
| 47 | 特丁硫磷 | 0.01 | 杀虫剂 | NY/T 761、NY/T 1379 |
| 48 | 涕灭威 | 0.02 | 杀虫剂 | NY/T 761 |
| 49 | 硝磺草酮 | 0.01 | 除草剂 | GB/T 20769 |
| 50 | 辛硫磷 | 0.05 | 杀虫剂 | GB/T 5009.102、GB/T 20769 |
| 51 | 溴氰虫酰胺 | 4* | 杀虫剂 | 无指定 |
| 52 | 氧乐果 | 0.02 | 杀虫剂 | NY/T 761、NY/T 1379、GB 23200.113 |
| 53 | 乙酰甲胺磷 | 0.5 | 杀虫剂 | NY/T 761、GB 23200.113 |
| 54 | 蝇毒磷 | 0.05 | 杀虫剂 | GB 23200.8、GB 23200.113 |
| 55 | 治螟磷 | 0.01 | 杀虫剂 | GB 23200.8、NY/T 761、GB 23200.113 |
| 56 | 艾氏剂 | 0.05 | 杀虫剂 | GB/T 5009.19、NY/T 761、GB 23200.113 |
| 57 | 滴滴涕 | 0.05 | 杀虫剂 | GB/T 5009.19、NY/T 761、GB 23200.113 |
| 58 | 狄氏剂 | 0.02 | 杀虫剂 | GB/T 5009.19、NY/T 761、GB 23200.113 |
| 59 | 毒杀芬 | 0.05* | 杀虫剂 | YC/T 180（参照） |

（续）

| 序号 | 农药中文名 | 最大残留限量（mg/kg） | 农药主要用途 | 检测方法 |
|---|---|---|---|---|
| 60 | 六六六 | 0.05 | 杀虫剂 | GB/T 5009.19、NY/T 761、GB 23200.113 |
| 61 | 氯丹 | 0.02 | 杀虫剂 | GB/T 5009.19 |
| 62 | 灭蚁灵 | 0.01 | 杀虫剂 | GB/T 5009.19 |
| 63 | 七氯 | 0.01 | 杀虫剂 | GB/T 5009.19、NY/T 761 |
| 64 | 异狄氏剂 | 0.05 | 杀虫剂 | GB/T 5009.19、NY/T 761 |
| 65 | 百菌清 | 20 | 杀菌剂 | GB/T 5009.105、NY/T 761 |
| 66 | 吡唑醚菌酯 | 3 | 杀菌剂 | GB 23200.8 |
| 67 | 代森联 | 10 | 杀菌剂 | SN 0157 |
| 68 | 代森锰锌 | 10 | 杀菌剂 | SN 0157 |
| 69 | 多菌灵 | 0.5 | 杀菌剂 | GB/T 20769、NY/T 1453 |
| 70 | 咯菌腈 | 5 | 杀菌剂 | GB 23200.8、GB/T 20769 |
| 71 | 腈菌唑 | 0.5 | 杀菌剂 | GB 23200.8、GB/T 20769、NY/T 1455 |
| 72 | 螺螨酯 | 1 | 杀螨剂 | GB 23200.8、GB/T 20769 |
| 73 | 异菌脲 | 30 | 杀菌剂 | GB 23200.8、NY/T 761、NY/T 1277、GB 23200.113 |

## 4.29 桑葚

桑葚中农药最大残留限量见表 4－29。

**表 4－29 桑葚中农药最大残留限量**

| 序号 | 农药中文名 | 最大残留限量（mg/kg） | 农药主要用途 | 检测方法 |
|---|---|---|---|---|
| 1 | 保棉磷 | 1 | 杀虫剂 | NY/T 761 |
| 2 | 2,4－滴和 2,4－滴钠盐 | 0.1 | 除草剂 | NY/T 1434（参照） |
| 3 | 百草枯 | 0.01* | 除草剂 | 无指定 |
| 4 | 倍硫磷 | 0.05 | 杀虫剂 | GB 23200.8、NY/T 761、GB 23200.113 |
| 5 | 苯线磷 | 0.02 | 杀虫剂 | GB 23200.8、GB/T 5009.145 |
| 6 | 吡虫啉 | 5 | 杀虫剂 | GB/T 20769、GB/T 23379 |

（续）

| 序号 | 农药中文名 | 最大残留限量（mg/kg） | 农药主要用途 | 检测方法 |
|---|---|---|---|---|
| 7 | 草甘膦 | 0.1 | 除草剂 | GB/T 23750、NY/T 1096、SN/T 1923 |
| 8 | 敌百虫 | 0.2 | 杀虫剂 | GB/T 20769、NY/T 761 |
| 9 | 敌敌畏 | 0.2 | 杀虫剂 | GB 23200.8、GB/T 5009.20、NY/T 761、GB 23200.113 |
| 10 | 地虫硫磷 | 0.01 | 杀虫剂 | GB 23200.8、GB 23200.113 |
| 11 | 啶虫脒 | 2 | 杀虫剂 | GB/T 20769、GB/T 23584 |
| 12 | 啶酰菌胺 | 10 | 杀菌剂 | GB/T 20769 |
| 13 | 对硫磷 | 0.01 | 杀虫剂 | GB/T 5009.145、GB 23200.113 |
| 14 | 多菌灵 | 1 | 杀菌剂 | GB/T 20769、NY/T 1453 |
| 15 | 氟虫腈 | 0.02 | 杀虫剂 | GB 23200.34、NY/T 1379（参照） |
| 16 | 甲胺磷 | 0.05 | 杀虫剂 | GB/T 5009.103、NY/T 761、GB 23200.113 |
| 17 | 甲拌磷 | 0.01 | 杀虫剂 | GB 23200.113 |
| 18 | 甲基对硫磷 | 0.02 | 杀虫剂 | NY/T 761、GB 23200.113 |
| 19 | 甲基硫环磷 | 0.03* | 杀虫剂 | NY/T 761 |
| 20 | 甲基异柳磷 | 0.01* | 杀虫剂 | GB/T 5009.144、GB 23200.113 |
| 21 | 甲氰菊酯 | 5 | 杀虫剂 | NY/T 761 |
| 22 | 久效磷 | 0.03 | 杀虫剂 | NY/T 761、GB 23200.113 |
| 23 | 抗蚜威 | 1 | 杀虫剂 | GB 23200.8、NY/T 1379、SN/T 0134 |
| 24 | 克百威 | 0.02 | 杀虫剂 | NY/T 761 |
| 25 | 磷胺 | 0.05 | 杀虫剂 | NY/T 761、GB 23200.113 |
| 26 | 硫环磷 | 0.03 | 杀虫剂 | NY/T 761、GB 23200.113 |
| 27 | 硫线磷 | 0.02 | 杀虫剂 | GB/T 20769 |
| 28 | 螺虫乙酯 | 1.5* | 杀虫剂 | 无指定 |
| 29 | 氯虫苯甲酰胺 | 1* | 杀虫剂 | 无指定 |
| 30 | 氯氟氰菊酯和高效氯氟氰菊酯 | 0.2 | 杀虫剂 | GB 23200.8、GB/T 5009.146、NY/T 761、GB 23200.113 |
| 31 | 氯菊酯 | 2 | 杀虫剂 | GB 23200.8、NY/T 761、GB 23200.113 |

（续）

| 序号 | 农药中文名 | 最大残留限量（mg/kg） | 农药主要用途 | 检测方法 |
|---|---|---|---|---|
| 32 | 氯唑磷 | 0.01 | 杀虫剂 | GB/T 20769、GB 23200.113 |
| 33 | 嘧菌环胺 | 10 | 杀菌剂 | GB 23200.8、GB/T 20769、GB 23200.113 |
| 34 | 嘧菌酯 | 5 | 杀菌剂 | GB/T 20769、NY/T 1453、SN/T 1976 |
| 35 | 嘧霉胺 | 3 | 杀菌剂 | GB 23200.8、GB/T 20769、GB 23200.113 |
| 36 | 灭多威 | 0.2 | 杀虫剂 | NY/T 761 |
| 37 | 灭线磷 | 0.02 | 杀线虫剂 | NY/T 761 |
| 38 | 内吸磷 | 0.02 | 杀虫/杀螨剂 | GB/T 20769 |
| 39 | 氰戊菊酯和S-氰戊菊酯 | 0.2 | 杀虫剂 | GB 23200.8、NY/T 761、GB 23200.113 |
| 40 | 噻虫胺 | 0.07 | 杀虫剂 | GB 23200.8、GB/T 20769 |
| 41 | 噻虫啉 | 1 | 杀虫剂 | GB/T 20769 |
| 42 | 噻虫嗪 | 0.5 | 杀虫剂 | GB 23200.8、GB/T 20769 |
| 43 | 杀虫脒 | 0.01 | 杀虫剂 | GB/T 20769 |
| 44 | 杀螟硫磷 | 0.5* | 杀虫剂 | GB/T 14553、GB/T 20769、NY/T 761、GB 23200.113 |
| 45 | 杀扑磷 | 0.05 | 杀虫剂 | GB 23200.8、GB/T 14553、NY/T 761、GB 23200.113 |
| 46 | 水胺硫磷 | 0.05 | 杀虫剂 | GB/T 5009.20、GB 23200.113 |
| 47 | 特丁硫磷 | 0.01 | 杀虫剂 | NY/T 761、NY/T 1379 |
| 48 | 涕灭威 | 0.02 | 杀虫剂 | NY/T 761 |
| 49 | 硝磺草酮 | 0.01 | 除草剂 | GB/T 20769 |
| 50 | 辛硫磷 | 0.05 | 杀虫剂 | GB/T 5009.102、GB/T 20769 |
| 51 | 溴氰虫酰胺 | 4* | 杀虫剂 | 无指定 |
| 52 | 氧乐果 | 0.02 | 杀虫剂 | NY/T 761、NY/T 1379、GB 23200.113 |
| 53 | 乙酰甲胺磷 | 0.5 | 杀虫剂 | NY/T 761、GB 23200.113 |
| 54 | 蝇毒磷 | 0.05 | 杀虫剂 | GB 23200.8、GB 23200.113 |
| 55 | 治螟磷 | 0.01 | 杀虫剂 | GB 23200.8、NY/T 761、GB 23200.113 |

（续）

| 序号 | 农药中文名 | 最大残留限量（mg/kg） | 农药主要用途 | 检测方法 |
|---|---|---|---|---|
| 56 | 艾氏剂 | 0.05 | 杀虫剂 | GB/T 5009.19、NY/T 761、GB 23200.113 |
| 57 | 滴滴涕 | 0.05 | 杀虫剂 | GB/T 5009.19、NY/T 761、GB 23200.113 |
| 58 | 狄氏剂 | 0.02 | 杀虫剂 | GB/T 5009.19、NY/T 761、GB 23200.113 |
| 59 | 毒杀芬 | 0.05* | 杀虫剂 | YC/T 180（参照） |
| 60 | 六六六 | 0.05 | 杀虫剂 | GB/T 5009.19、NY/T 761、GB 23200.113 |
| 61 | 氯丹 | 0.02 | 杀虫剂 | GB/T 5009.19 |
| 62 | 灭蚁灵 | 0.01 | 杀虫剂 | GB/T 5009.19 |
| 63 | 七氯 | 0.01 | 杀虫剂 | GB/T 5009.19、NY/T 761 |
| 64 | 异狄氏剂 | 0.05 | 杀虫剂 | GB/T 5009.19、NY/T 761 |
| 65 | 虫螨腈 | 2 | 杀虫剂 | SN/T 1986 |
| 66 | 环酰菌胺 | 5* | 杀菌剂 | 无指定 |
| 67 | 马拉硫磷 | 1 | 杀虫剂 | GB 23200.8、GB/T 20769、NY/T 761、GB 23200.113 |
| 68 | 炔螨特 | 10 | 杀螨剂 | GB 23200.8、NY/T 1652 |
| 69 | 戊唑醇 | 1.5 | 杀菌剂 | GB 23200.8、GB/T 20769、GB 23200.113 |
| 70 | 敌草腈 | 0.2* | 除草剂 | 无指定 |

## 4.30 唐棣

唐棣中农药最大残留限量见表 4-30。

**表 4-30 唐棣中农药最大残留限量**

| 序号 | 农药中文名 | 最大残留限量（mg/kg） | 农药主要用途 | 检测方法 |
|---|---|---|---|---|
| 1 | 保棉磷 | 1 | 杀虫剂 | NY/T 761 |
| 2 | 2,4-滴和2,4-滴钠盐 | 0.1 | 除草剂 | NY/T 1434（参照） |
| 3 | 百草枯 | 0.01* | 除草剂 | 无指定 |
| 4 | 倍硫磷 | 0.05 | 杀虫剂 | GB 23200.8、NY/T 761、GB 23200.113 |

（续）

| 序号 | 农药中文名 | 最大残留限量（mg/kg） | 农药主要用途 | 检测方法 |
|---|---|---|---|---|
| 5 | 苯线磷 | 0.02 | 杀虫剂 | GB 23200.8、GB/T 5009.145 |
| 6 | 吡虫啉 | 5 | 杀虫剂 | GB/T 20769、GB/T 23379 |
| 7 | 草甘膦 | 0.1 | 除草剂 | GB/T 23750、NY/T 1096、SN/T 1923 |
| 8 | 敌百虫 | 0.2 | 杀虫剂 | GB/T 20769、NY/T 761 |
| 9 | 敌敌畏 | 0.2 | 杀虫剂 | GB 23200.8、GB/T 5009.20、NY/T 761、GB 23200.113 |
| 10 | 地虫硫磷 | 0.01 | 杀虫剂 | GB 23200.8、GB 23200.113 |
| 11 | 啶虫脒 | 2 | 杀虫剂 | GB/T 20769、GB/T 23584 |
| 12 | 啶酰菌胺 | 10 | 杀菌剂 | GB/T 20769 |
| 13 | 对硫磷 | 0.01 | 杀虫剂 | GB/T 5009.145、GB 23200.113 |
| 14 | 多菌灵 | 1 | 杀菌剂 | GB/T 20769、NY/T 1453 |
| 15 | 氟虫腈 | 0.02 | 杀虫剂 | GB 23200.34、NY/T 1379（参照） |
| 16 | 甲胺磷 | 0.05 | 杀虫剂 | GB/T 5009.103、NY/T 761、GB 23200.113 |
| 17 | 甲拌磷 | 0.01 | 杀虫剂 | GB 23200.113 |
| 18 | 甲基对硫磷 | 0.02 | 杀虫剂 | NY/T 761、GB 23200.113 |
| 19 | 甲基硫环磷 | 0.03* | 杀虫剂 | NY/T 761 |
| 20 | 甲基异柳磷 | 0.01* | 杀虫剂 | GB/T 5009.144、GB 23200.113 |
| 21 | 甲氰菊酯 | 5 | 杀虫剂 | NY/T 761 |
| 22 | 久效磷 | 0.03 | 杀虫剂 | NY/T 761、GB 23200.113 |
| 23 | 抗蚜威 | 1 | 杀虫剂 | GB 23200.8、NY/T 1379、SN/T 0134 |
| 24 | 克百威 | 0.02 | 杀虫剂 | NY/T 761 |
| 25 | 磷胺 | 0.05 | 杀虫剂 | NY/T 761、GB 23200.113 |
| 26 | 硫环磷 | 0.03 | 杀虫剂 | NY/T 761、GB 23200.113 |
| 27 | 硫线磷 | 0.02 | 杀虫剂 | GB/T 20769 |
| 28 | 螺虫乙酯 | 1.5* | 杀虫剂 | 无指定 |
| 29 | 氯虫苯甲酰胺 | 1* | 杀虫剂 | 无指定 |
| 30 | 氯氟氰菊酯和高效氯氟氰菊酯 | 0.2 | 杀虫剂 | GB 23200.8、GB/T 5009.146、NY/T 761、GB 23200.113 |

（续）

| 序号 | 农药中文名 | 最大残留限量（mg/kg） | 农药主要用途 | 检测方法 |
| --- | --- | --- | --- | --- |
| 31 | 氯菊酯 | 2 | 杀虫剂 | GB 23200.8、NY/T 761、GB 23200.113 |
| 32 | 氯唑磷 | 0.01 | 杀虫剂 | GB/T 20769、GB 23200.113 |
| 33 | 嘧菌环胺 | 10 | 杀菌剂 | GB 23200.8、GB/T 20769、GB 23200.113 |
| 34 | 嘧菌酯 | 5 | 杀菌剂 | GB/T 20769、NY/T 1453、SN/T 1976 |
| 35 | 嘧霉胺 | 3 | 杀菌剂 | GB 23200.8、GB/T 20769、GB 23200.113 |
| 36 | 灭多威 | 0.2 | 杀虫剂 | NY/T 761 |
| 37 | 灭线磷 | 0.02 | 杀线虫剂 | NY/T 761 |
| 38 | 内吸磷 | 0.02 | 杀虫/杀螨剂 | GB/T 20769 |
| 39 | 氰戊菊酯和S-氰戊菊酯 | 0.2 | 杀虫剂 | GB 23200.8、NY/T 761、GB 23200.113 |
| 40 | 噻虫胺 | 0.07 | 杀虫剂 | GB 23200.8、GB/T 20769 |
| 41 | 噻虫啉 | 1 | 杀虫剂 | GB/T 20769 |
| 42 | 噻虫嗪 | 0.5 | 杀虫剂 | GB 23200.8、GB/T 20769 |
| 43 | 杀虫脒 | 0.01 | 杀虫剂 | GB/T 20769 |
| 44 | 杀螟硫磷 | 0.5* | 杀虫剂 | GB/T 14553、GB/T 20769、NY/T 761、GB 23200.113 |
| 45 | 杀扑磷 | 0.05 | 杀虫剂 | GB 23200.8、GB/T 14553、NY/T 761、GB 23200.113 |
| 46 | 水胺硫磷 | 0.05 | 杀虫剂 | GB/T 5009.20、GB 23200.113 |
| 47 | 特丁硫磷 | 0.01 | 杀虫剂 | NY/T 761、NY/T 1379 |
| 48 | 涕灭威 | 0.02 | 杀虫剂 | NY/T 761 |
| 49 | 硝磺草酮 | 0.01 | 除草剂 | GB/T 20769 |
| 50 | 辛硫磷 | 0.05 | 杀虫剂 | GB/T 5009.102、GB/T 20769 |
| 51 | 溴氰虫酰胺 | 4* | 杀虫剂 | 无指定 |
| 52 | 氧乐果 | 0.02 | 杀虫剂 | NY/T 761、NY/T 1379、GB 23200.113 |
| 53 | 乙酰甲胺磷 | 0.5 | 杀虫剂 | NY/T 761、GB 23200.113 |
| 54 | 蝇毒磷 | 0.05 | 杀虫剂 | GB 23200.8、GB 23200.113 |

（续）

| 序号 | 农药中文名 | 最大残留限量（mg/kg） | 农药主要用途 | 检测方法 |
|---|---|---|---|---|
| 55 | 治螟磷 | 0.01 | 杀虫剂 | GB 23200.8、NY/T 761、GB 23200.113 |
| 56 | 艾氏剂 | 0.05 | 杀虫剂 | GB/T 5009.19、NY/T 761、GB 23200.113 |
| 57 | 滴滴涕 | 0.05 | 杀虫剂 | GB/T 5009.19、NY/T 761、GB 23200.113 |
| 58 | 狄氏剂 | 0.02 | 杀虫剂 | GB/T 5009.19、NY/T 761、GB 23200.113 |
| 59 | 毒杀芬 | 0.05* | 杀虫剂 | YC/T 180（参照） |
| 60 | 六六六 | 0.05 | 杀虫剂 | GB/T 5009.19、NY/T 761、GB 23200.113 |
| 61 | 氯丹 | 0.02 | 杀虫剂 | GB/T 5009.19 |
| 62 | 灭蚁灵 | 0.01 | 杀虫剂 | GB/T 5009.19 |
| 63 | 七氯 | 0.01 | 杀虫剂 | GB/T 5009.19、NY/T 761 |
| 64 | 异狄氏剂 | 0.05 | 杀虫剂 | GB/T 5009.19、NY/T 761 |
| 65 | 环酰菌胺 | 5* | 杀菌剂 | 无指定 |
| 66 | 敌草腈 | 0.2* | 除草剂 | 无指定 |

## 4.31 露莓

露莓中农药最大残留限量见表 4-31。

**表 4-31 露莓中农药最大残留限量**

| 序号 | 农药中文名 | 最大残留限量（mg/kg） | 农药主要用途 | 检测方法 |
|---|---|---|---|---|
| 1 | 保棉磷 | 1 | 杀虫剂 | NY/T 761 |
| 2 | 2,4-滴和2,4-滴钠盐 | 0.1 | 除草剂 | NY/T 1434（参照） |
| 3 | 百草枯 | 0.01* | 除草剂 | 无指定 |
| 4 | 倍硫磷 | 0.05 | 杀虫剂 | GB 23200.8、NY/T 761、GB 23200.113 |
| 5 | 苯线磷 | 0.02 | 杀虫剂 | GB 23200.8、GB/T 5009.145 |
| 6 | 吡虫啉 | 5 | 杀虫剂 | GB/T 20769、GB/T 23379 |
| 7 | 草甘膦 | 0.1 | 除草剂 | GB/T 23750、NY/T 1096、SN/T 1923 |

（续）

| 序号 | 农药中文名 | 最大残留限量（mg/kg） | 农药主要用途 | 检测方法 |
| --- | --- | --- | --- | --- |
| 8 | 敌百虫 | 0.2 | 杀虫剂 | GB/T 20769、NY/T 761 |
| 9 | 敌敌畏 | 0.2 | 杀虫剂 | GB 23200.8、GB/T 5009.20、NY/T 761、GB 23200.113 |
| 10 | 地虫硫磷 | 0.01 | 杀虫剂 | GB 23200.8、GB 23200.113 |
| 11 | 啶虫脒 | 2 | 杀虫剂 | GB/T 20769、GB/T 23584 |
| 12 | 啶酰菌胺 | 10 | 杀菌剂 | GB/T 20769 |
| 13 | 对硫磷 | 0.01 | 杀虫剂 | GB/T 5009.145、GB 23200.113 |
| 14 | 多菌灵 | 1 | 杀菌剂 | GB/T 20769、NY/T 1453 |
| 15 | 氟虫腈 | 0.02 | 杀虫剂 | GB 23200.34、NY/T 1379（参照） |
| 16 | 甲胺磷 | 0.05 | 杀虫剂 | GB/T 5009.103、NY/T 761、GB 23200.113 |
| 17 | 甲拌磷 | 0.01 | 杀虫剂 | GB 23200.113 |
| 18 | 甲基对硫磷 | 0.02 | 杀虫剂 | NY/T 761、GB 23200.113 |
| 19 | 甲基硫环磷 | 0.03* | 杀虫剂 | NY/T 761 |
| 20 | 甲基异柳磷 | 0.01* | 杀虫剂 | GB/T 5009.144、GB 23200.113 |
| 21 | 甲氰菊酯 | 5 | 杀虫剂 | NY/T 761 |
| 22 | 久效磷 | 0.03 | 杀虫剂 | NY/T 761、GB 23200.113 |
| 23 | 抗蚜威 | 1 | 杀虫剂 | GB 23200.8、NY/T 1379、SN/T 0134 |
| 24 | 克百威 | 0.02 | 杀虫剂 | NY/T 761 |
| 25 | 磷胺 | 0.05 | 杀虫剂 | NY/T 761、GB 23200.113 |
| 26 | 硫环磷 | 0.03 | 杀虫剂 | NY/T 761、GB 23200.113 |
| 27 | 硫线磷 | 0.02 | 杀虫剂 | GB/T 20769 |
| 28 | 螺虫乙酯 | 1.5* | 杀虫剂 | 无指定 |
| 29 | 氯虫苯甲酰胺 | 1* | 杀虫剂 | 无指定 |
| 30 | 氯氟氰菊酯和高效氯氟氰菊酯 | 0.2 | 杀虫剂 | GB 23200.8、GB/T 5009.146、NY/T 761、GB 23200.113 |
| 31 | 氯唑磷 | 0.01 | 杀虫剂 | GB/T 20769、GB 23200.113 |
| 32 | 嘧菌环胺 | 10 | 杀菌剂 | GB 23200.8、GB/T 20769、GB 23200.113 |

（续）

| 序号 | 农药中文名 | 最大残留限量（mg/kg） | 农药主要用途 | 检测方法 |
|---|---|---|---|---|
| 33 | 嘧菌酯 | 5 | 杀菌剂 | GB/T 20769、NY/T 1453、SN/T 1976 |
| 34 | 嘧霉胺 | 3 | 杀菌剂 | GB 23200.8、GB/T 20769、GB 23200.113 |
| 35 | 灭多威 | 0.2 | 杀虫剂 | NY/T 761 |
| 36 | 灭线磷 | 0.02 | 杀线虫剂 | NY/T 761 |
| 37 | 内吸磷 | 0.02 | 杀虫/杀螨剂 | GB/T 20769 |
| 38 | 氰戊菊酯和S-氰戊菊酯 | 0.2 | 杀虫剂 | GB 23200.8、NY/T 761、GB 23200.113 |
| 39 | 噻虫胺 | 0.07 | 杀虫剂 | GB 23200.8、GB/T 20769 |
| 40 | 噻虫啉 | 1 | 杀虫剂 | GB/T 20769 |
| 41 | 噻虫嗪 | 0.5 | 杀虫剂 | GB 23200.8、GB/T 20769 |
| 42 | 杀虫脒 | 0.01 | 杀虫剂 | GB/T 20769 |
| 43 | 杀螟硫磷 | 0.5* | 杀虫剂 | GB/T 14553、GB/T 20769、NY/T 761、GB 23200.113 |
| 44 | 杀扑磷 | 0.05 | 杀虫剂 | GB 23200.8、GB/T 14553、NY/T 761、GB 23200.113 |
| 45 | 水胺硫磷 | 0.05 | 杀虫剂 | GB/T 5009.20、GB 23200.113 |
| 46 | 特丁硫磷 | 0.01 | 杀虫剂 | NY/T 761、NY/T 1379 |
| 47 | 涕灭威 | 0.02 | 杀虫剂 | NY/T 761 |
| 48 | 硝磺草酮 | 0.01 | 除草剂 | GB/T 20769 |
| 49 | 辛硫磷 | 0.05 | 杀虫剂 | GB/T 5009.102、GB/T 20769 |
| 50 | 溴氰虫酰胺 | 4* | 杀虫剂 | 无指定 |
| 51 | 氧乐果 | 0.02 | 杀虫剂 | NY/T 761、NY/T 1379、GB 23200.113 |
| 52 | 乙酰甲胺磷 | 0.5 | 杀虫剂 | NY/T 761、GB 23200.113 |
| 53 | 蝇毒磷 | 0.05 | 杀虫剂 | GB 23200.8、GB 23200.113 |
| 54 | 治螟磷 | 0.01 | 杀虫剂 | GB 23200.8、NY/T 761、GB 23200.113 |
| 55 | 艾氏剂 | 0.05 | 杀虫剂 | GB/T 5009.19、NY/T 761、GB 23200.113 |

（续）

| 序号 | 农药中文名 | 最大残留限量(mg/kg) | 农药主要用途 | 检测方法 |
| --- | --- | --- | --- | --- |
| 56 | 滴滴涕 | 0.05 | 杀虫剂 | GB/T 5009.19、NY/T 761、GB 23200.113 |
| 57 | 狄氏剂 | 0.02 | 杀虫剂 | GB/T 5009.19、NY/T 761、GB 23200.113 |
| 58 | 毒杀芬 | 0.05* | 杀虫剂 | YC/T 180（参照） |
| 59 | 六六六 | 0.05 | 杀虫剂 | GB/T 5009.19、NY/T 761、GB 23200.113 |
| 60 | 氯丹 | 0.02 | 杀虫剂 | GB/T 5009.19 |
| 61 | 灭蚁灵 | 0.01 | 杀虫剂 | GB/T 5009.19 |
| 62 | 七氯 | 0.01 | 杀虫剂 | GB/T 5009.19、NY/T 761 |
| 63 | 异狄氏剂 | 0.05 | 杀虫剂 | GB/T 5009.19、NY/T 761 |
| 64 | 多杀霉素 | 1 | 杀虫剂 | GB/T 20769 |
| 65 | 咯菌腈 | 5 | 杀菌剂 | GB 23200.8、GB/T 20769、GB 23200.113 |
| 66 | 环酰菌胺 | 15* | 杀菌剂 | 无指定 |
| 67 | 联苯肼酯 | 7 | 杀螨剂 | GB 23200.8 |
| 68 | 联苯菊酯 | 1 | 杀虫/杀螨剂 | GB/T 5009.146、NY/T 761、SN/T 1969 |
| 69 | 氯菊酯 | 1 | 杀虫剂 | GB 23200.8、NY/T 761、GB 23200.113 |
| 70 | 敌草腈 | 0.2* | 除草剂 | 无指定 |

## 4.32 波森莓

波森莓中农药最大残留限量见表4-32。

**表4-32 波森莓中农药最大残留限量**

| 序号 | 农药中文名 | 最大残留限量(mg/kg) | 农药主要用途 | 检测方法 |
| --- | --- | --- | --- | --- |
| 1 | 保棉磷 | 1 | 杀虫剂 | NY/T 761 |
| 2 | 2,4-滴和2,4-滴钠盐 | 0.1 | 除草剂 | NY/T 1434（参照） |
| 3 | 百草枯 | 0.01* | 除草剂 | 无指定 |

（续）

| 序号 | 农药中文名 | 最大残留限量（mg/kg） | 农药主要用途 | 检测方法 |
|---|---|---|---|---|
| 4 | 倍硫磷 | 0.05 | 杀虫剂 | GB 23200.8、NY/T 761、GB 23200.113 |
| 5 | 苯线磷 | 0.02 | 杀虫剂 | GB 23200.8、GB/T 5009.145 |
| 6 | 吡虫啉 | 5 | 杀虫剂 | GB/T 20769、GB/T 23379 |
| 7 | 草甘膦 | 0.1 | 除草剂 | GB/T 23750、NY/T 1096、SN/T 1923 |
| 8 | 敌百虫 | 0.2 | 杀虫剂 | GB/T 20769、NY/T 761 |
| 9 | 敌敌畏 | 0.2 | 杀虫剂 | GB 23200.8、GB/T 5009.20、NY/T 761、GB 23200.113 |
| 10 | 地虫硫磷 | 0.01 | 杀虫剂 | GB 23200.8、GB 23200.113 |
| 11 | 啶虫脒 | 2 | 杀虫剂 | GB/T 20769、GB/T 23584 |
| 12 | 啶酰菌胺 | 10 | 杀菌剂 | GB/T 20769 |
| 13 | 对硫磷 | 0.01 | 杀虫剂 | GB/T 5009.145、GB 23200.113 |
| 14 | 多菌灵 | 1 | 杀菌剂 | GB/T 20769、NY/T 1453 |
| 15 | 氟虫腈 | 0.02 | 杀虫剂 | GB 23200.34、NY/T 1379（参照） |
| 16 | 甲胺磷 | 0.05 | 杀虫剂 | GB/T 5009.103、NY/T 761、GB 23200.113 |
| 17 | 甲拌磷 | 0.01 | 杀虫剂 | GB 23200.113 |
| 18 | 甲基对硫磷 | 0.02 | 杀虫剂 | NY/T 761、GB 23200.113 |
| 19 | 甲基硫环磷 | 0.03* | 杀虫剂 | NY/T 761 |
| 20 | 甲基异柳磷 | 0.01* | 杀虫剂 | GB/T 5009.144、GB 23200.113 |
| 21 | 甲氰菊酯 | 5 | 杀虫剂 | NY/T 761 |
| 22 | 久效磷 | 0.03 | 杀虫剂 | NY/T 761、GB 23200.113 |
| 23 | 抗蚜威 | 1 | 杀虫剂 | GB 23200.8、NY/T 1379、SN/T 0134 |
| 24 | 克百威 | 0.02 | 杀虫剂 | NY/T 761 |
| 25 | 磷胺 | 0.05 | 杀虫剂 | NY/T 761、GB 23200.113 |
| 26 | 硫环磷 | 0.03 | 杀虫剂 | NY/T 761、GB 23200.113 |
| 27 | 硫线磷 | 0.02 | 杀虫剂 | GB/T 20769 |

（续）

| 序号 | 农药中文名 | 最大残留限量（mg/kg） | 农药主要用途 | 检测方法 |
|---|---|---|---|---|
| 28 | 螺虫乙酯 | 1.5* | 杀虫剂 | 无指定 |
| 29 | 氯虫苯甲酰胺 | 1* | 杀虫剂 | 无指定 |
| 30 | 氯氟氰菊酯和高效氯氟氰菊酯 | 0.2 | 杀虫剂 | GB 23200.8、GB/T 5009.146、NY/T 761、GB 23200.113 |
| 31 | 氯菊酯 | 2 | 杀虫剂 | GB 23200.8、NY/T 761、GB 23200.113 |
| 32 | 氯唑磷 | 0.01 | 杀虫剂 | GB/T 20769、GB 23200.113 |
| 33 | 嘧菌环胺 | 10 | 杀菌剂 | GB 23200.8、GB/T 20769、GB 23200.113 |
| 34 | 嘧菌酯 | 5 | 杀菌剂 | GB/T 20769、NY/T 1453、SN/T 1976 |
| 35 | 嘧霉胺 | 3 | 杀菌剂 | GB 23200.8、GB/T 20769、GB 23200.113 |
| 36 | 灭多威 | 0.2 | 杀虫剂 | NY/T 761 |
| 37 | 灭线磷 | 0.02 | 杀线虫剂 | NY/T 761 |
| 38 | 内吸磷 | 0.02 | 杀虫/杀螨剂 | GB/T 20769 |
| 39 | 氰戊菊酯和S-氰戊菊酯 | 0.2 | 杀虫剂 | GB 23200.8、NY/T 761、GB 23200.113 |
| 40 | 噻虫胺 | 0.07 | 杀虫剂 | GB 23200.8、GB/T 20769 |
| 41 | 噻虫啉 | 1 | 杀虫剂 | GB/T 20769 |
| 42 | 噻虫嗪 | 0.5 | 杀虫剂 | GB 23200.8、GB/T 20769 |
| 43 | 杀虫脒 | 0.01 | 杀虫剂 | GB/T 20769 |
| 44 | 杀螟硫磷 | 0.5* | 杀虫剂 | GB/T 14553、GB/T 20769、NY/T 761、GB 23200.113 |
| 45 | 杀扑磷 | 0.05 | 杀虫剂 | GB 23200.8、GB/T 14553、NY/T 761、GB 23200.113 |
| 46 | 水胺硫磷 | 0.05 | 杀虫剂 | GB/T 5009.20、GB 23200.113 |
| 47 | 特丁硫磷 | 0.01 | 杀虫剂 | NY/T 761、NY/T 1379 |
| 48 | 涕灭威 | 0.02 | 杀虫剂 | NY/T 761 |
| 49 | 硝磺草酮 | 0.01 | 除草剂 | GB/T 20769 |

（续）

| 序号 | 农药中文名 | 最大残留限量（mg/kg） | 农药主要用途 | 检测方法 |
|---|---|---|---|---|
| 50 | 辛硫磷 | 0.05 | 杀虫剂 | GB/T 5009.102、GB/T 20769 |
| 51 | 溴氰虫酰胺 | 4* | 杀虫剂 | 无指定 |
| 52 | 氧乐果 | 0.02 | 杀虫剂 | NY/T 761、NY/T 1379、GB 23200.113 |
| 53 | 乙酰甲胺磷 | 0.5 | 杀虫剂 | NY/T 761、GB 23200.113 |
| 54 | 蝇毒磷 | 0.05 | 杀虫剂 | GB 23200.8、GB 23200.113 |
| 55 | 治螟磷 | 0.01 | 杀虫剂 | GB 23200.8、NY/T 761、GB 23200.113 |
| 56 | 艾氏剂 | 0.05 | 杀虫剂 | GB/T 5009.19、NY/T 761、GB 23200.113 |
| 57 | 滴滴涕 | 0.05 | 杀虫剂 | GB/T 5009.19、NY/T 761、GB 23200.113 |
| 58 | 狄氏剂 | 0.02 | 杀虫剂 | GB/T 5009.19、NY/T 761、GB 23200.113 |
| 59 | 毒杀芬 | 0.05* | 杀虫剂 | YC/T 180（参照） |
| 60 | 六六六 | 0.05 | 杀虫剂 | GB/T 5009.19、NY/T 761、GB 23200.113 |
| 61 | 氯丹 | 0.02 | 杀虫剂 | GB/T 5009.19 |
| 62 | 灭蚁灵 | 0.01 | 杀虫剂 | GB/T 5009.19 |
| 63 | 七氯 | 0.01 | 杀虫剂 | GB/T 5009.19、NY/T 761 |
| 64 | 异狄氏剂 | 0.05 | 杀虫剂 | GB/T 5009.19、NY/T 761 |
| 65 | 二嗪磷 | 0.1 | 杀虫剂 | GB/T 20769、GB/T 5009.107、NY/T 761、GB 23200.113 |
| 66 | 环酰菌胺 | 15* | 杀菌剂 | 无指定 |
| 67 | 多杀霉素 | 1 | 杀虫剂 | GB/T 20769 |
| 68 | 联苯肼酯 | 7 | 杀螨剂 | GB 23200.8 |
| 69 | 联苯菊酯 | 1 | 杀虫/杀螨剂 | GB/T 5009.146、NY/T 761、SN/T 1969 |
| 70 | 氯菊酯 | 1 | 杀虫剂 | GB 23200.8、NY/T 761、GB 23200.113 |
| 71 | 敌草腈 | 0.2* | 除草剂 | 无指定 |

## 4.33 罗甘莓

罗甘莓中农药最大残留限量见表4-33。

表4-33 罗甘莓中农药最大残留限量

| 序号 | 农药中文名 | 最大残留限量（mg/kg） | 农药主要用途 | 检测方法 |
|---|---|---|---|---|
| 1 | 保棉磷 | 1 | 杀虫剂 | NY/T 761 |
| 2 | 2,4-滴和2,4-滴钠盐 | 0.1 | 除草剂 | NY/T 1434（参照） |
| 3 | 百草枯 | 0.01* | 除草剂 | 无指定 |
| 4 | 倍硫磷 | 0.05 | 杀虫剂 | GB 23200.8、NY/T 761、GB 23200.113 |
| 5 | 苯线磷 | 0.02 | 杀虫剂 | GB 23200.8、GB/T 5009.145 |
| 6 | 吡虫啉 | 5 | 杀虫剂 | GB/T 20769、GB/T 23379 |
| 7 | 草甘膦 | 0.1 | 除草剂 | GB/T 23750、NY/T 1096、SN/T 1923 |
| 8 | 敌百虫 | 0.2 | 杀虫剂 | GB/T 20769、NY/T 761 |
| 9 | 敌敌畏 | 0.2 | 杀虫剂 | GB 23200.8、GB/T 5009.20、NY/T 761、GB 23200.113 |
| 10 | 地虫硫磷 | 0.01 | 杀虫剂 | GB 23200.8、GB 23200.113 |
| 11 | 啶虫脒 | 2 | 杀虫剂 | GB/T 20769、GB/T 23584 |
| 12 | 啶酰菌胺 | 10 | 杀菌剂 | GB/T 20769 |
| 13 | 对硫磷 | 0.01 | 杀虫剂 | GB/T 5009.145、GB 23200.113 |
| 14 | 多菌灵 | 1 | 杀菌剂 | GB/T 20769、NY/T 1453 |
| 15 | 氟虫腈 | 0.02 | 杀虫剂 | GB 23200.34、NY/T 1379（参照） |
| 16 | 甲胺磷 | 0.05 | 杀虫剂 | GB/T 5009.103、NY/T 761、GB 23200.113 |
| 17 | 甲拌磷 | 0.01 | 杀虫剂 | GB 23200.113 |
| 18 | 甲基对硫磷 | 0.02 | 杀虫剂 | NY/T 761、GB 23200.113 |
| 19 | 甲基硫环磷 | 0.03* | 杀虫剂 | NY/T 761 |
| 20 | 甲基异柳磷 | 0.01* | 杀虫剂 | GB/T 5009.144、GB 23200.113 |
| 21 | 甲氰菊酯 | 5 | 杀虫剂 | NY/T 761 |
| 22 | 久效磷 | 0.03 | 杀虫剂 | NY/T 761、GB 23200.113 |

（续）

| 序号 | 农药中文名 | 最大残留限量（mg/kg） | 农药主要用途 | 检测方法 |
|---|---|---|---|---|
| 23 | 抗蚜威 | 1 | 杀虫剂 | GB 23200.8、NY/T 1379、SN/T 0134 |
| 24 | 克百威 | 0.02 | 杀虫剂 | NY/T 761 |
| 25 | 磷胺 | 0.05 | 杀虫剂 | NY/T 761、GB 23200.113 |
| 26 | 硫环磷 | 0.03 | 杀虫剂 | NY/T 761、GB 23200.113 |
| 27 | 硫线磷 | 0.02 | 杀虫剂 | GB/T 20769 |
| 28 | 螺虫乙酯 | 1.5* | 杀虫剂 | 无指定 |
| 29 | 氯虫苯甲酰胺 | 1* | 杀虫剂 | 无指定 |
| 30 | 氯氟氰菊酯和高效氯氟氰菊酯 | 0.2 | 杀虫剂 | GB 23200.8、GB/T 5009.146、NY/T 761、GB 23200.113 |
| 31 | 氯唑磷 | 0.01 | 杀虫剂 | GB/T 20769、GB 23200.113 |
| 32 | 嘧菌环胺 | 10 | 杀菌剂 | GB 23200.8、GB/T 20769、GB 23200.113 |
| 33 | 嘧菌酯 | 5 | 杀菌剂 | GB/T 20769、NY/T 1453、SN/T 1976 |
| 34 | 嘧霉胺 | 3 | 杀菌剂 | GB 23200.8、GB/T 20769、GB 23200.113 |
| 35 | 灭多威 | 0.2 | 杀虫剂 | NY/T 761 |
| 36 | 灭线磷 | 0.02 | 杀线虫剂 | NY/T 761 |
| 37 | 内吸磷 | 0.02 | 杀虫/杀螨剂 | GB/T 20769 |
| 38 | 氰戊菊酯和S-氰戊菊酯 | 0.2 | 杀虫剂 | GB 23200.8、NY/T 761、GB 23200.113 |
| 39 | 噻虫胺 | 0.07 | 杀虫剂 | GB 23200.8、GB/T 20769 |
| 40 | 噻虫啉 | 1 | 杀虫剂 | GB/T 20769 |
| 41 | 噻虫嗪 | 0.5 | 杀虫剂 | GB 23200.8、GB/T 20769 |
| 42 | 杀虫脒 | 0.01 | 杀虫剂 | GB/T 20769 |
| 43 | 杀螟硫磷 | 0.5* | 杀虫剂 | GB/T 14553、GB/T 20769、NY/T 761、GB 23200.113 |
| 44 | 杀扑磷 | 0.05 | 杀虫剂 | GB 23200.8、GB/T 14553、NY/T 761、GB 23200.113 |
| 45 | 水胺硫磷 | 0.05 | 杀虫剂 | GB/T 5009.20、GB 23200.113 |
| 46 | 特丁硫磷 | 0.01 | 杀虫剂 | NY/T 761、NY/T 1379 |

（续）

| 序号 | 农药中文名 | 最大残留限量（mg/kg） | 农药主要用途 | 检测方法 |
|---|---|---|---|---|
| 47 | 涕灭威 | 0.02 | 杀虫剂 | NY/T 761 |
| 48 | 硝磺草酮 | 0.01 | 除草剂 | GB/T 20769 |
| 49 | 辛硫磷 | 0.05 | 杀虫剂 | GB/T 5009.102、GB/T 20769 |
| 50 | 溴氰虫酰胺 | 4* | 杀虫剂 | 无指定 |
| 51 | 氧乐果 | 0.02 | 杀虫剂 | NY/T 761、NY/T 1379、GB 23200.113 |
| 52 | 乙酰甲胺磷 | 0.5 | 杀虫剂 | NY/T 761、GB 23200.113 |
| 53 | 蝇毒磷 | 0.05 | 杀虫剂 | GB 23200.8、GB 23200.113 |
| 54 | 治螟磷 | 0.01 | 杀虫剂 | GB 23200.8、NY/T 761、GB 23200.113 |
| 55 | 艾氏剂 | 0.05 | 杀虫剂 | GB/T 5009.19、NY/T 761、GB 23200.113 |
| 56 | 滴滴涕 | 0.05 | 杀虫剂 | GB/T 5009.19、NY/T 761、GB 23200.113 |
| 57 | 狄氏剂 | 0.02 | 杀虫剂 | GB/T 5009.19、NY/T 761、GB 23200.113 |
| 58 | 毒杀芬 | 0.05* | 杀虫剂 | YC/T 180（参照） |
| 59 | 六六六 | 0.05 | 杀虫剂 | GB/T 5009.19、NY/T 761、GB 23200.113 |
| 60 | 氯丹 | 0.02 | 杀虫剂 | GB/T 5009.19 |
| 61 | 灭蚁灵 | 0.01 | 杀虫剂 | GB/T 5009.19 |
| 62 | 七氯 | 0.01 | 杀虫剂 | GB/T 5009.19、NY/T 761 |
| 63 | 异狄氏剂 | 0.05 | 杀虫剂 | GB/T 5009.19、NY/T 761 |
| 64 | 多杀霉素 | 1 | 杀虫剂 | GB/T 20769 |
| 65 | 环酰菌胺 | 15* | 杀菌剂 | 无指定 |
| 66 | 联苯肼酯 | 7 | 杀螨剂 | GB 23200.8 |
| 67 | 联苯菊酯 | 1 | 杀虫/杀螨剂 | GB/T 5009.146、NY/T 761、SN/T 1969 |
| 68 | 氯菊酯 | 1 | 杀虫剂 | GB 23200.8、NY/T 761、GB 23200.113 |
| 69 | 敌草腈 | 0.2* | 除草剂 | 无指定 |

## 4.34 葡萄

葡萄中农药最大残留限量见表 4-34。

**表 4-34 葡萄中农药最大残留限量**

| 序号 | 农药中文名 | 最大残留限量（mg/kg） | 农药主要用途 | 检测方法 |
| --- | --- | --- | --- | --- |
| 1 | 保棉磷 | 1 | 杀虫剂 | NY/T 761 |
| 2 | 2,4-滴和2,4-滴钠盐 | 0.1 | 除草剂 | NY/T 1434（参照） |
| 3 | 百草枯 | 0.01* | 除草剂 | 无指定 |
| 4 | 倍硫磷 | 0.05 | 杀虫剂 | GB 23200.8、NY/T 761、GB 23200.113 |
| 5 | 苯线磷 | 0.02 | 杀虫剂 | GB 23200.8、GB/T 5009.145 |
| 6 | 草甘膦 | 0.1 | 除草剂 | GB/T 23750、NY/T 1096、SN/T 1923 |
| 7 | 敌百虫 | 0.2 | 杀虫剂 | GB/T 20769、NY/T 761 |
| 8 | 敌敌畏 | 0.2 | 杀虫剂 | GB 23200.8、GB/T 5009.20、NY/T 761、GB 23200.113 |
| 9 | 地虫硫磷 | 0.01 | 杀虫剂 | GB 23200.8、GB 23200.113 |
| 10 | 啶虫脒 | 2 | 杀虫剂 | GB/T 20769、GB/T 23584 |
| 11 | 氟虫腈 | 0.02 | 杀虫剂 | GB 23200.34、NY/T 1379(参照) |
| 12 | 甲胺磷 | 0.05 | 杀虫剂 | GB/T 5009.103、NY/T 761、GB 23200.113 |
| 13 | 对硫磷 | 0.01 | 杀虫剂 | GB/T 5009.145、GB 23200.113 |
| 14 | 甲拌磷 | 0.01 | 杀虫剂 | GB 23200.113 |
| 15 | 甲基对硫磷 | 0.02 | 杀虫剂 | NY/T 761、GB 23200.113 |
| 16 | 甲基硫环磷 | 0.03* | 杀虫剂 | NY/T 761 |
| 17 | 甲基异柳磷 | 0.01* | 杀虫剂 | GB/T 5009.144、GB 23200.113 |
| 18 | 甲氰菊酯 | 5 | 杀虫剂 | NY/T 761、GB 23200.113 |
| 19 | 久效磷 | 0.03 | 杀虫剂 | NY/T 761、GB 23200.113 |
| 20 | 抗蚜威 | 1 | 杀虫剂 | GB 23200.8、NY/T 1379、SN/T 0134、GB 23200.113 |
| 21 | 克百威 | 0.02 | 杀虫剂 | NY/T 761 |
| 22 | 磷胺 | 0.05 | 杀虫剂 | NY/T 761、GB 23200.113 |

（续）

| 序号 | 农药中文名 | 最大残留限量（mg/kg） | 农药主要用途 | 检测方法 |
|---|---|---|---|---|
| 23 | 硫环磷 | 0.03 | 杀虫剂 | NY/T 761、GB 23200.113 |
| 24 | 硫线磷 | 0.02 | 杀虫剂 | GB/T 20769 |
| 25 | 氯虫苯甲酰胺 | 1* | 杀虫剂 | 无指定 |
| 26 | 氯氟氰菊酯和高效氯氟氰菊酯 | 0.2 | 杀虫剂 | GB 23200.8、GB/T 5009.146、NY/T 761、GB 23200.113 |
| 27 | 氯菊酯 | 2 | 杀虫剂 | GB 23200.8、NY/T 761、GB 23200.113 |
| 28 | 嘧菌酯 | 5 | 杀菌剂 | GB/T 20769、NY/T 1453、SN/T 1976 |
| 29 | 灭多威 | 0.2 | 杀虫剂 | NY/T 761 |
| 30 | 灭线磷 | 0.02 | 杀线虫剂 | NY/T 761 |
| 31 | 内吸磷 | 0.02 | 杀虫/杀螨剂 | GB/T 20769 |
| 32 | 氰戊菊酯和S-氰戊菊酯 | 0.2 | 杀虫剂 | GB 23200.8、NY/T 761、GB 23200.113 |
| 33 | 氯唑磷 | 0.01 | 杀虫剂 | GB/T 20769、GB 23200.113 |
| 34 | 噻虫啉 | 1 | 杀虫剂 | GB/T 20769 |
| 35 | 杀虫脒 | 0.01 | 杀虫剂 | GB/T 20769 |
| 36 | 杀螟硫磷 | 0.5* | 杀虫剂 | GB/T 14553、GB/T 20769、NY/T 761、GB 23200.113 |
| 37 | 杀扑磷 | 0.05 | 杀虫剂 | GB 23200.8、GB/T 14553、NY/T 761、GB 23200.113 |
| 38 | 水胺硫磷 | 0.05 | 杀虫剂 | GB/T 5009.20、GB 23200.113 |
| 39 | 特丁硫磷 | 0.01 | 杀虫剂 | NY/T 761、NY/T 1379 |
| 40 | 涕灭威 | 0.02 | 杀虫剂 | NY/T 761 |
| 41 | 硝磺草酮 | 0.01 | 除草剂 | GB/T 20769 |
| 42 | 辛硫磷 | 0.05 | 杀虫剂 | GB/T 5009.102、GB/T 20769 |
| 43 | 溴氰虫酰胺 | 4* | 杀虫剂 | 无指定 |
| 44 | 氧乐果 | 0.02 | 杀虫剂 | NY/T 761、NY/T 1379、GB 23200.113 |
| 45 | 乙酰甲胺磷 | 0.5 | 杀虫剂 | NY/T 761、GB 23200.113 |
| 46 | 蝇毒磷 | 0.05 | 杀虫剂 | GB 23200.8、GB 23200.113 |

（续）

| 序号 | 农药中文名 | 最大残留限量（mg/kg） | 农药主要用途 | 检测方法 |
| --- | --- | --- | --- | --- |
| 47 | 治螟磷 | 0.01 | 杀虫剂 | GB 23200.8、NY/T 761、GB 23200.113 |
| 48 | 艾氏剂 | 0.05 | 杀虫剂 | GB/T 5009.19、NY/T 761、GB 23200.113 |
| 49 | 滴滴涕 | 0.05 | 杀虫剂 | GB/T 5009.19、NY/T 761、GB 23200.113 |
| 50 | 狄氏剂 | 0.02 | 杀虫剂 | GB/T 5009.19、NY/T 761、GB 23200.113 |
| 51 | 毒杀芬 | 0.05* | 杀虫剂 | YC/T 180（参照） |
| 52 | 六六六 | 0.05 | 杀虫剂 | GB/T 5009.19、NY/T 761、GB 23200.113 |
| 53 | 氯丹 | 0.02 | 杀虫剂 | GB/T 5009.19 |
| 54 | 灭蚁灵 | 0.01 | 杀虫剂 | GB/T 5009.19 |
| 55 | 七氯 | 0.01 | 杀虫剂 | GB/T 5009.19、NY/T 761 |
| 56 | 异狄氏剂 | 0.05 | 杀虫剂 | GB/T 5009.19、NY/T 761 |
| 57 | 百菌清 | 10 | 杀菌剂 | GB/T 5009.105、NY/T 761 |
| 58 | 苯氟磺胺 | 15 | 杀菌剂 | SN/T 2320（参照） |
| 59 | 苯丁锡 | 5 | 杀螨剂 | SN 0592（参照） |
| 60 | 苯菌酮 | 5* | 杀菌剂 | 无指定 |
| 61 | 苯醚甲环唑 | 0.5 | 杀菌剂 | GB 23200.8、GB 23200.49、GB/T 5009.218、GB 23200.113 |
| 62 | 苯嘧磺草胺 | 0.01* | 除草剂 | 无指定 |
| 63 | 苯霜灵 | 0.3 | 杀菌剂 | GB 23200.8、GB/T 20769、GB 23200.113 |
| 64 | 苯酰菌胺 | 5 | 杀菌剂 | GB 23200.8、GB/T 20769 |
| 65 | 吡虫啉 | 1 | 杀虫剂 | GB/T 20769、GB/T 23379 |
| 66 | 吡唑醚菌酯 | 2 | 杀菌剂 | GB 23200.8 |
| 67 | 丙森锌 | 5 | 杀菌剂 | SN 0157、SN/T 1541（参照） |
| 68 | 草铵膦 | 0.1 | 除草剂 | GB 23200.108 |
| 69 | 虫酰肼 | 2 | 杀虫剂 | GB/T 20769（参照） |
| 70 | 代森铵 | 5 | 杀菌剂 | SN 0157 |

（续）

| 序号 | 农药中文名 | 最大残留限量（mg/kg） | 农药主要用途 | 检测方法 |
| --- | --- | --- | --- | --- |
| 71 | 代森联 | 5 | 杀菌剂 | SN 0157 |
| 72 | 代森锰锌 | 5 | 杀菌剂 | SN 0157 |
| 73 | 单氰胺 | 0.05* | 植物生长调节剂 | 无指定 |
| 74 | 敌草腈 | 0.05* | 除草剂 | 无指定 |
| 75 | 敌螨普 | 0.5* | 杀菌剂 | 无指定 |
| 76 | 丁氟螨酯 | 0.6 | 杀螨剂 | SN/T 3539 |
| 77 | 啶酰菌胺 | 5 | 杀菌剂 | GB/T 20769 |
| 78 | 多菌灵 | 3 | 杀菌剂 | GB/T 20769、NY/T 1453 |
| 79 | 多杀霉素 | 0.5 | 杀虫剂 | GB/T 20769 |
| 80 | 啶氧菌酯 | 1 | 杀菌剂 | GB 23200.8、GB/T 20769 |
| 81 | 毒死蜱 | 0.5 | 杀虫剂 | GB 23200.8、NY/T 761、SN/T 2158、GB 23200.113 |
| 82 | 多抗霉素 | 10* | 杀菌剂 | 无指定 |
| 83 | 噁唑菌酮 | 5 | 杀菌剂 | GB/T 20769 |
| 84 | 二氰蒽醌 | 5* | 杀菌剂 | 无指定 |
| 85 | 粉唑醇 | 0.8 | 杀菌剂 | GB/T 20769 |
| 86 | 呋虫胺 | 0.9 | 杀虫剂 | GB 23200.37、GB/T 20769（参照） |
| 87 | 氟苯虫酰胺 | 2* | 杀虫剂 | 无指定 |
| 88 | 氟吡甲禾灵和高效氟吡甲禾灵 | 0.02* | 除草剂 | 无指定 |
| 89 | 氟吡菌胺 | 2* | 杀菌剂 | 无指定 |
| 90 | 氟吡菌酰胺 | 2* | 杀菌剂 | 无指定 |
| 91 | 氟啶虫胺腈 | 2* | 杀虫剂 | 无指定 |
| 92 | 氟硅唑 | 0.5 | 杀菌剂 | GB 23200.8、GB 23200.53、GB/T 20769 |
| 93 | 氟环唑 | 0.5 | 杀菌剂 | GB 23200.8、GB/T 20769、GB 23200.113 |
| 94 | 氟菌唑 | 3* | 杀菌剂 | GB/T 20769、NY/T 1453 |
| 95 | 氟吗啉 | 5* | 杀菌剂 | 无指定 |
| 96 | 福美双 | 5 | 杀菌剂 | SN 0157 |

（续）

| 序号 | 农药中文名 | 最大残留限量（mg/kg） | 农药主要用途 | 检测方法 |
|---|---|---|---|---|
| 97 | 福美锌 | 5 | 杀菌剂 | SN 0157、SN/T 1541（参照） |
| 98 | 腐霉利 | 5 | 杀菌剂 | GB 23200.8、NY/T 761 |
| 99 | 咯菌腈 | 2 | 杀菌剂 | GB 23200.8、GB/T 20769、GB 23200.113 |
| 100 | 环酰菌胺 | 15* | 杀菌剂 | 无指定 |
| 101 | 己唑醇 | 0.1 | 杀菌剂 | GB 23200.8、GB 23200.113 |
| 102 | 甲氨基阿维菌素苯甲酸盐 | 0.03 | 杀虫剂 | GB/T 20769 |
| 103 | 螺虫乙酯 | 2* | 杀虫剂 | 无指定 |
| 104 | 甲苯氟磺胺 | 3 | 杀菌剂 | GB 23200.8 |
| 105 | 甲基硫菌灵 | 3 | 杀菌剂 | NY/T 1680 |
| 106 | 甲霜灵和精甲霜灵 | 1 | 杀菌剂 | GB 23200.8、GB/T 20769、GB 23200.113 |
| 107 | 甲氧虫酰肼 | 1 | 杀虫剂 | GB/T 20769 |
| 108 | 腈苯唑 | 1 | 杀菌剂 | GB 23200.8、GB/T 20769、GB 23200.113 |
| 109 | 腈菌唑 | 1 | 杀菌剂 | GB 23200.8、GB/T 20769、NY/T 1455、GB 23200.113 |
| 110 | 克菌丹 | 5 | 杀菌剂 | GB 23200.8、SN 0654 |
| 111 | 喹啉铜 | 3* | 杀菌剂 | 无指定 |
| 112 | 喹氧灵 | 2* | 杀菌剂 | GB 23200.113 |
| 113 | 联苯肼酯 | 0.7 | 杀螨剂 | GB 23200.8 |
| 114 | 螺螨酯 | 0.2 | 杀螨剂 | GB 23200.8、GB/T 20769 |
| 115 | 氯苯嘧啶醇 | 0.3 | 杀菌剂 | GB 23200.8、GB/T 20769、GB 23200.113 |
| 116 | 氯吡脲 | 0.05 | 植物生长调节剂 | GB/T 20770（参照） |
| 117 | 嘧菌环胺 | 20 | 杀菌剂 | GB 23200.8、GB/T 20769 |
| 118 | 嘧霉胺 | 4 | 杀菌剂 | GB 23200.8、GB/T 20769、GB 23200.113 |
| 119 | 噻虫胺 | 0.7 | 杀虫剂 | GB 23200.8、GB/T 20769 |
| 120 | 氯氰菊酯和高效氯氰菊酯 | 0.2 | 杀虫剂 | GB 23200.8、GB/T 5009.146、NY/T 761、GB 23200.113 |

（续）

| 序号 | 农药中文名 | 最大残留限量（mg/kg） | 农药主要用途 | 检测方法 |
|---|---|---|---|---|
| 121 | 氯硝胺 | 7 | 杀菌剂 | GB 23200.8、GB/T 20769、GB 23200.113 |
| 122 | 马拉硫磷 | 8 | 杀虫剂 | GB 23200.8、GB/T 20769、NY/T 761、GB 23200.113 |
| 123 | 咪鲜胺和咪鲜胺锰盐 | 2 | 杀菌剂 | GB/T 20769、NY/T 1456 |
| 124 | 咪唑菌酮 | 0.6 | 杀菌剂 | GB 23200.8、GB/T 20769、GB 23200.113 |
| 125 | 醚菊酯 | 4 | 杀虫剂 | GB 23200.8 |
| 126 | 醚菌酯 | 1 | 杀菌剂 | GB 23200.8、GB/T 20769 |
| 127 | 嘧菌环胺 | 20 | 杀菌剂 | GB 23200.8、GB 23200.113、GB/T 20769 |
| 128 | 灭菌丹 | 10 | 杀菌剂 | GB/T 20769、SN/T 2320 |
| 129 | 萘乙酸和萘乙酸钠 | 0.1 | 植物生长调节剂 | SN/T 2228（参照） |
| 130 | 氰霜唑 | 1* | 杀菌剂 | GB 23200.14（参照） |
| 131 | 噻苯隆 | 0.05 | 植物生长调节剂 | SN/T 4586 |
| 132 | 噻草酮 | 0.3* | 除草剂 | GB 23200.38（参照） |
| 133 | 噻菌灵 | 5 | 杀菌剂 | GB/T 20769、NY/T 1453、NY/T 1680 |
| 134 | 噻螨酮 | 1 | 杀螨剂 | GB 23200.8、GB/T 20769 |
| 135 | 噻嗪酮 | 1 | 杀虫剂 | GB 23200.8、GB/T 20769 |
| 136 | 三环锡 | 0.3 | 杀螨剂 | SN/T 4558 |
| 137 | 三乙膦酸铝 | 10* | 杀菌剂 | 无指定 |
| 138 | 三唑醇 | 0.3 | 杀菌剂 | GB 23200.8、GB 23200.113 |
| 139 | 三唑酮 | 0.3 | 杀菌剂 | GB 23200.8、GB/T 20769、NY/T 761、GB 23200.113 |
| 140 | 三唑锡 | 0.3 | 杀螨剂 | SN/T 4558 |
| 141 | 杀草强 | 0.05 | 除草剂 | GB 23200.6 |
| 142 | 双胍三辛烷基苯磺酸盐 | 1* | 杀菌剂 | 无指定 |
| 143 | 双炔酰菌胺 | 2* | 杀菌剂 | 无指定 |
| 144 | 霜霉威和霜霉威盐酸盐 | 2 | 杀菌剂 | GB/T 20769 |
| 145 | 霜脲氰 | 0.5 | 杀菌剂 | GB/T 20769 |

（续）

| 序号 | 农药中文名 | 最大残留限量（mg/kg） | 农药主要用途 | 检测方法 |
|---|---|---|---|---|
| 146 | 四螨嗪 | 2 | 杀螨剂 | GB 23200.47、GB/T 20769 |
| 147 | 肟菌酯 | 3 | 杀菌剂 | GB 23200.8、GB/T 20769、GB 23200.113 |
| 148 | 戊菌唑 | 0.2 | 杀菌剂 | GB 23200.8、GB/T 20769、GB 23200.113 |
| 149 | 戊唑醇 | 2 | 杀菌剂 | GB 23200.8、GB/T 20769、GB 23200.113 |
| 150 | 烯酰吗啉 | 5 | 杀菌剂 | GB/T 20769 |
| 151 | 烯唑醇 | 0.2 | 杀菌剂 | GB/T 5009.201、GB/T 20769、GB 23200.113 |
| 152 | 硝苯菌酯 | 0.2* | 杀菌剂 | 无指定 |
| 153 | 溴螨酯 | 2 | 杀螨剂 | GB 23200.8、SN/T 0192、GB 23200.113 |
| 154 | 溴氰菊酯 | 0.2 | 杀虫剂 | NY/T 761、GB 23200.113 |
| 155 | 亚胺硫磷 | 10 | 杀虫剂 | GB 23200.8、GB/T 20769、NY/T 761、GB 23200.113 |
| 156 | 亚胺唑 | 3* | 杀菌剂 | 无指定 |
| 157 | 乙基多杀菌素 | 0.3* | 杀虫剂 | 无指定 |
| 158 | 乙螨唑 | 0.5 | 杀螨剂 | GB 23200.8、GB 23200.113 |
| 159 | 乙嘧酚磺酸酯 | 0.5 | 杀菌剂 | GB/T 20769、GB 23200.113 |
| 160 | 乙烯利 | 1 | 植物生长调节剂 | GB 23200.16 |
| 161 | 异菌脲 | 10 | 杀菌剂 | GB 23200.8、NY/T 761、NY/T 1277、GB 23200.113 |
| 162 | 抑霉唑 | 5 | 杀菌剂 | GB 23200.8、GB/T 20769、GB 23200.113 |
| 163 | 茚虫威 | 2 | 杀虫剂 | GB/T 20769 |
| 164 | 莠去津 | 0.05 | 除草剂 | GB 23200.8、GB/T 20769、NY/T 761、GB 23200.113 |
| 165 | 唑螨酯 | 0.1 | 杀螨剂 | GB 23200.8、GB 23200.29、GB/T 20769 |
| 166 | 唑嘧菌胺 | 2* | 杀菌剂 | 无指定 |

## 4.35 酿酒葡萄

酿酒葡萄中农药最大残留限量见表4-35。

**表4-35 酿酒葡萄中农药最大残留限量**

| 序号 | 农药中文名 | 最大残留限量(mg/kg) | 农药主要用途 | 检测方法 |
|---|---|---|---|---|
| 1 | 保棉磷 | 1 | 杀虫剂 | NY/T 761 |
| 2 | 2,4-滴和2,4-滴钠盐 | 0.1 | 除草剂 | NY/T 1434(参照) |
| 3 | 百草枯 | 0.01* | 除草剂 | 无指定 |
| 4 | 倍硫磷 | 0.05 | 杀虫剂 | GB 23200.8、NY/T 761、GB 23200.113 |
| 5 | 苯线磷 | 0.02 | 杀虫剂 | GB 23200.8、GB/T 5009.145 |
| 6 | 草甘膦 | 0.1 | 除草剂 | GB/T 23750、NY/T 1096、SN/T 1923 |
| 7 | 敌百虫 | 0.2 | 杀虫剂 | GB/T 20769、NY/T 761 |
| 8 | 敌敌畏 | 0.2 | 杀虫剂 | GB 23200.8、GB/T 5009.20、NY/T 761、GB 23200.113 |
| 9 | 地虫硫磷 | 0.01 | 杀虫剂 | GB 23200.8、GB 23200.113 |
| 10 | 啶虫脒 | 2 | 杀虫剂 | GB/T 20769、GB/T 23584 |
| 11 | 氟虫腈 | 0.02 | 杀虫剂 | GB 23200.34、NY/T 1379(参照) |
| 12 | 甲胺磷 | 0.05 | 杀虫剂 | GB/T 5009.103、NY/T 761、GB 23200.113 |
| 13 | 对硫磷 | 0.01 | 杀虫剂 | GB/T 5009.145、GB 23200.113 |
| 14 | 甲拌磷 | 0.01 | 杀虫剂 | GB 23200.113 |
| 15 | 甲基对硫磷 | 0.02 | 杀虫剂 | NY/T 761、GB 23200.113 |
| 16 | 甲基硫环磷 | 0.03* | 杀虫剂 | NY/T 761 |
| 17 | 甲基异柳磷 | 0.01* | 杀虫剂 | GB/T 5009.144、GB 23200.113 |
| 18 | 甲氰菊酯 | 5 | 杀虫剂 | NY/T 761、GB 23200.113 |
| 19 | 久效磷 | 0.03 | 杀虫剂 | NY/T 761、GB 23200.113 |
| 20 | 抗蚜威 | 1 | 杀虫剂 | GB 23200.8、NY/T 1379、SN/T 0134、GB 23200.113 |
| 21 | 克百威 | 0.02 | 杀虫剂 | NY/T 761 |
| 22 | 磷胺 | 0.05 | 杀虫剂 | NY/T 761、GB 23200.113 |

（续）

| 序号 | 农药中文名 | 最大残留限量（mg/kg） | 农药主要用途 | 检测方法 |
|---|---|---|---|---|
| 23 | 硫环磷 | 0.03 | 杀虫剂 | NY/T 761、GB 23200.113 |
| 24 | 硫线磷 | 0.02 | 杀虫剂 | GB/T 20769 |
| 25 | 氯虫苯甲酰胺 | 1* | 杀虫剂 | 无指定 |
| 26 | 氯氟氰菊酯和高效氯氟氰菊酯 | 0.2 | 杀虫剂 | GB 23200.8、GB/T 5009.146、NY/T 761、GB 23200.113 |
| 27 | 氯菊酯 | 2 | 杀虫剂 | GB 23200.8、NY/T 761、GB 23200.113 |
| 28 | 嘧菌酯 | 5 | 杀菌剂 | GB/T 20769、NY/T 1453、SN/T 1976 |
| 29 | 灭多威 | 0.2 | 杀虫剂 | NY/T 761 |
| 30 | 灭线磷 | 0.02 | 杀线虫剂 | NY/T 761 |
| 31 | 内吸磷 | 0.02 | 杀虫/杀螨剂 | GB/T 20769 |
| 32 | 氰戊菊酯和S-氰戊菊酯 | 0.2 | 杀虫剂 | GB 23200.8、NY/T 761、GB 23200.113 |
| 33 | 氯唑磷 | 0.01 | 杀虫剂 | GB/T 20769、GB 23200.113 |
| 34 | 噻虫啉 | 1 | 杀虫剂 | GB/T 20769 |
| 35 | 杀虫脒 | 0.01 | 杀虫剂 | GB/T 20769 |
| 36 | 杀螟硫磷 | 0.5* | 杀虫剂 | GB/T 14553、GB/T 20769、NY/T 761、GB 23200.113 |
| 37 | 杀扑磷 | 0.05 | 杀虫剂 | GB 23200.8、GB/T 14553、NY/T 761、GB 23200.113 |
| 38 | 水胺硫磷 | 0.05 | 杀虫剂 | GB/T 5009.20、GB 23200.113 |
| 39 | 特丁硫磷 | 0.01 | 杀虫剂 | NY/T 761、NY/T 1379 |
| 40 | 涕灭威 | 0.02 | 杀虫剂 | NY/T 761 |
| 41 | 硝磺草酮 | 0.01 | 除草剂 | GB/T 20769 |
| 42 | 辛硫磷 | 0.05 | 杀虫剂 | GB/T 5009.102、GB/T 20769 |
| 43 | 溴氰虫酰胺 | 4* | 杀虫剂 | 无指定 |
| 44 | 氧乐果 | 0.02 | 杀虫剂 | NY/T 761、NY/T 1379、GB 23200.113 |
| 45 | 乙酰甲胺磷 | 0.5 | 杀虫剂 | NY/T 761、GB 23200.113 |
| 46 | 蝇毒磷 | 0.05 | 杀虫剂 | GB 23200.8、GB 23200.113 |

（续）

| 序号 | 农药中文名 | 最大残留限量（mg/kg） | 农药主要用途 | 检测方法 |
|---|---|---|---|---|
| 47 | 治螟磷 | 0.01 | 杀虫剂 | GB 23200.8、NY/T 761、GB 23200.113 |
| 48 | 艾氏剂 | 0.05 | 杀虫剂 | GB/T 5009.19、NY/T 761、GB 23200.113 |
| 49 | 滴滴涕 | 0.05 | 杀虫剂 | GB/T 5009.19、NY/T 761、GB 23200.113 |
| 50 | 狄氏剂 | 0.02 | 杀虫剂 | GB/T 5009.19、NY/T 761、GB 23200.113 |
| 51 | 毒杀芬 | 0.05* | 杀虫剂 | YC/T 180（参照） |
| 52 | 六六六 | 0.05 | 杀虫剂 | GB/T 5009.19、NY/T 761、GB 23200.113 |
| 53 | 氯丹 | 0.02 | 杀虫剂 | GB/T 5009.19 |
| 54 | 灭蚁灵 | 0.01 | 杀虫剂 | GB/T 5009.19 |
| 55 | 七氯 | 0.01 | 杀虫剂 | GB/T 5009.19、NY/T 761 |
| 56 | 异狄氏剂 | 0.05 | 杀虫剂 | GB/T 5009.19、NY/T 761 |
| 57 | 二氰蒽醌 | 5* | 杀菌剂 | 无指定 |

## 4.36 树番茄

树番茄中农药最大残留限量见表 4－36。

**表 4－36 树番茄中农药最大残留限量**

| 序号 | 农药中文名 | 最大残留限量（mg/kg） | 农药主要用途 | 检测方法 |
|---|---|---|---|---|
| 1 | 保棉磷 | 1 | 杀虫剂 | NY/T 761 |
| 2 | 2,4-滴和 2,4-滴钠盐 | 0.1 | 除草剂 | NY/T 1434（参照） |
| 3 | 百草枯 | 0.01* | 除草剂 | 无指定 |
| 4 | 倍硫磷 | 0.05 | 杀虫剂 | GB 23200.8、NY/T 761、GB 23200.113 |
| 5 | 苯线磷 | 0.02 | 杀虫剂 | GB 23200.8、GB/T 5009.145 |
| 6 | 吡虫啉 | 5 | 杀虫剂 | GB/T 20769、GB/T 23379 |
| 7 | 草甘膦 | 0.1 | 除草剂 | GB/T 23750、NY/T 1096、SN/T 1923 |

（续）

| 序号 | 农药中文名 | 最大残留限量（mg/kg） | 农药主要用途 | 检测方法 |
| --- | --- | --- | --- | --- |
| 8 | 敌百虫 | 0.2 | 杀虫剂 | GB/T 20769、NY/T 761 |
| 9 | 敌敌畏 | 0.2 | 杀虫剂 | GB 23200.8、GB/T 5009.20、NY/T 761、GB 23200.113 |
| 10 | 地虫硫磷 | 0.01 | 杀虫剂 | GB 23200.8、GB 23200.113 |
| 11 | 啶虫脒 | 2 | 杀虫剂 | GB/T 20769、GB/T 23584 |
| 12 | 啶酰菌胺 | 10 | 杀菌剂 | GB/T 20769 |
| 13 | 对硫磷 | 0.01 | 杀虫剂 | GB/T 5009.145、GB 23200.113 |
| 14 | 多菌灵 | 1 | 杀菌剂 | GB/T 20769、NY/T 1453 |
| 15 | 氟虫腈 | 0.02 | 杀虫剂 | GB 23200.34、NY/T 1379（参照） |
| 16 | 甲胺磷 | 0.05 | 杀虫剂 | GB/T 5009.103、NY/T 761、GB 23200.113 |
| 17 | 甲拌磷 | 0.01 | 杀虫剂 | GB 23200.113 |
| 18 | 甲基对硫磷 | 0.02 | 杀虫剂 | NY/T 761、GB 23200.113 |
| 19 | 甲基硫环磷 | 0.03* | 杀虫剂 | NY/T 761 |
| 20 | 甲基异柳磷 | 0.01* | 杀虫剂 | GB/T 5009.144、GB 23200.113 |
| 21 | 甲氰菊酯 | 5 | 杀虫剂 | NY/T 761、GB 23200.113 |
| 22 | 久效磷 | 0.03 | 杀虫剂 | NY/T 761、GB 23200.113 |
| 23 | 抗蚜威 | 1 | 杀虫剂 | GB 23200.8、NY/T 1379、SN/T 0134、GB 23200.113 |
| 24 | 克百威 | 0.02 | 杀虫剂 | NY/T 761 |
| 25 | 磷胺 | 0.05 | 杀虫剂 | NY/T 761、GB 23200.113 |
| 26 | 硫环磷 | 0.03 | 杀虫剂 | NY/T 761、GB 23200.113 |
| 27 | 硫线磷 | 0.02 | 杀虫剂 | GB/T 20769 |
| 28 | 螺虫乙酯 | 1.5* | 杀虫剂 | 无指定 |
| 29 | 氯虫苯甲酰胺 | 1* | 杀虫剂 | 无指定 |
| 30 | 氯氟氰菊酯和高效氯氟氰菊酯 | 0.2 | 杀虫剂 | GB 23200.8、GB/T 5009.146、NY/T 761、GB 23200.113 |
| 31 | 氯菊酯 | 2 | 杀虫剂 | GB 23200.8、NY/T 761、GB 23200.113 |
| 32 | 氯唑磷 | 0.01 | 杀虫剂 | GB/T 20769、GB 23200.113 |

（续）

| 序号 | 农药中文名 | 最大残留限量（mg/kg） | 农药主要用途 | 检测方法 |
|---|---|---|---|---|
| 33 | 嘧菌环胺 | 10 | 杀菌剂 | GB 23200.8、GB/T 20769、GB 23200.113 |
| 34 | 嘧菌酯 | 5 | 杀菌剂 | GB/T 20769、NY/T 1453、SN/T 1976 |
| 35 | 嘧霉胺 | 3 | 杀菌剂 | GB 23200.8、GB/T 20769、GB 23200.113 |
| 36 | 灭多威 | 0.2 | 杀虫剂 | NY/T 761 |
| 37 | 灭线磷 | 0.02 | 杀线虫剂 | NY/T 761 |
| 38 | 内吸磷 | 0.02 | 杀虫/杀螨剂 | GB/T 20769 |
| 39 | 氰戊菊酯和 S-氰戊菊酯 | 0.2 | 杀虫剂 | GB 23200.8、NY/T 761、GB 23200.113 |
| 40 | 噻虫胺 | 0.07 | 杀虫剂 | GB 23200.8、GB/T 20769 |
| 41 | 噻虫啉 | 1 | 杀虫剂 | GB/T 20769 |
| 42 | 噻虫嗪 | 0.5 | 杀虫剂 | GB 23200.8、GB/T 20769 |
| 43 | 杀虫脒 | 0.01 | 杀虫剂 | GB/T 20769 |
| 44 | 杀螟硫磷 | 0.5* | 杀虫剂 | GB/T 14553、GB/T 20769、NY/T 761、GB 23200.113 |
| 45 | 杀扑磷 | 0.05 | 杀虫剂 | GB 23200.8、GB/T 14553、NY/T 761、GB 23200.113 |
| 46 | 水胺硫磷 | 0.05 | 杀虫剂 | GB/T 5009.20、GB 23200.113 |
| 47 | 特丁硫磷 | 0.01 | 杀虫剂 | NY/T 761、NY/T 1379 |
| 48 | 涕灭威 | 0.02 | 杀虫剂 | NY/T 761 |
| 49 | 硝磺草酮 | 0.01 | 除草剂 | GB/T 20769 |
| 50 | 辛硫磷 | 0.05 | 杀虫剂 | GB/T 5009.102、GB/T 20769 |
| 51 | 溴氰虫酰胺 | 4* | 杀虫剂 | 无指定 |
| 52 | 氧乐果 | 0.02 | 杀虫剂 | NY/T 761、NY/T 1379、GB 23200.113 |
| 53 | 乙酰甲胺磷 | 0.5 | 杀虫剂 | NY/T 761、GB 23200.113 |
| 54 | 蝇毒磷 | 0.05 | 杀虫剂 | GB 23200.8、GB 23200.113 |
| 55 | 治螟磷 | 0.01 | 杀虫剂 | GB 23200.8、NY/T 761、GB 23200.113 |
| 56 | 艾氏剂 | 0.05 | 杀虫剂 | GB/T 5009.19、NY/T 761、GB 23200.113 |

（续）

| 序号 | 农药中文名 | 最大残留限量（mg/kg） | 农药主要用途 | 检测方法 |
|---|---|---|---|---|
| 57 | 滴滴涕 | 0.05 | 杀虫剂 | GB/T 5009.19、NY/T 761、GB 23200.113 |
| 58 | 狄氏剂 | 0.02 | 杀虫剂 | GB/T 5009.19、NY/T 761、GB 23200.113 |
| 59 | 毒杀芬 | 0.05* | 杀虫剂 | YC/T 180（参照） |
| 60 | 六六六 | 0.05 | 杀虫剂 | GB/T 5009.19、NY/T 761、GB 23200.113 |
| 61 | 氯丹 | 0.02 | 杀虫剂 | GB/T 5009.19 |
| 62 | 灭蚁灵 | 0.01 | 杀虫剂 | GB/T 5009.19 |
| 63 | 七氯 | 0.01 | 杀虫剂 | GB/T 5009.19、NY/T 761 |
| 64 | 异狄氏剂 | 0.05 | 杀虫剂 | GB/T 5009.19、NY/T 761 |

## 4.37 五味子

五味子中农药最大残留限量见表 4-37。

**表 4-37 五味子中农药最大残留限量**

| 序号 | 农药中文名 | 最大残留限量（mg/kg） | 农药主要用途 | 检测方法 |
|---|---|---|---|---|
| 1 | 保棉磷 | 1 | 杀虫剂 | NY/T 761 |
| 2 | 2,4-滴和2,4-滴钠盐 | 0.1 | 除草剂 | NY/T 1434（参照） |
| 3 | 百草枯 | 0.01* | 除草剂 | 无指定 |
| 4 | 倍硫磷 | 0.05 | 杀虫剂 | GB 23200.8、NY/T 761、GB 23200.113 |
| 5 | 苯线磷 | 0.02 | 杀虫剂 | GB 23200.8、GB/T 5009.145 |
| 6 | 吡虫啉 | 5 | 杀虫剂 | GB/T 20769、GB/T 23379 |
| 7 | 草甘膦 | 0.1 | 除草剂 | GB/T 23750、NY/T 1096、SN/T 1923 |
| 8 | 敌百虫 | 0.2 | 杀虫剂 | GB/T 20769、NY/T 761 |
| 9 | 敌敌畏 | 0.2 | 杀虫剂 | GB 23200.8、GB/T 5009.20、NY/T 761、GB 23200.113 |
| 10 | 地虫硫磷 | 0.01 | 杀虫剂 | GB 23200.8、GB 23200.113 |
| 11 | 啶虫脒 | 2 | 杀虫剂 | GB/T 20769、GB/T 23584 |

（续）

| 序号 | 农药中文名 | 最大残留限量（mg/kg） | 农药主要用途 | 检测方法 |
|---|---|---|---|---|
| 12 | 啶酰菌胺 | 10 | 杀菌剂 | GB/T 20769 |
| 13 | 对硫磷 | 0.01 | 杀虫剂 | GB/T 5009.145、GB 23200.113 |
| 14 | 多菌灵 | 1 | 杀菌剂 | GB/T 20769、NY/T 1453 |
| 15 | 氟虫腈 | 0.02 | 杀虫剂 | GB 23200.34、NY/T 1379（参照） |
| 16 | 甲胺磷 | 0.05 | 杀虫剂 | GB/T 5009.103、NY/T 761、GB 23200.113 |
| 17 | 甲拌磷 | 0.01 | 杀虫剂 | GB 23200.113 |
| 18 | 甲基对硫磷 | 0.02 | 杀虫剂 | NY/T 761、GB 23200.113 |
| 19 | 甲基硫环磷 | 0.03* | 杀虫剂 | NY/T 761 |
| 20 | 甲基异柳磷 | 0.01* | 杀虫剂 | GB/T 5009.144、GB 23200.113 |
| 21 | 甲氰菊酯 | 5 | 杀虫剂 | NY/T 761、GB 23200.113 |
| 22 | 久效磷 | 0.03 | 杀虫剂 | NY/T 761、GB 23200.113 |
| 23 | 抗蚜威 | 1 | 杀虫剂 | GB 23200.8、NY/T 1379、SN/T 0134、GB 23200.113 |
| 24 | 克百威 | 0.02 | 杀虫剂 | NY/T 761 |
| 25 | 磷胺 | 0.05 | 杀虫剂 | NY/T 761、GB 23200.113 |
| 26 | 硫环磷 | 0.03 | 杀虫剂 | NY/T 761、GB 23200.113 |
| 27 | 硫线磷 | 0.02 | 杀虫剂 | GB/T 20769 |
| 28 | 螺虫乙酯 | 1.5* | 杀虫剂 | 无指定 |
| 29 | 氯虫苯甲酰胺 | 1* | 杀虫剂 | 无指定 |
| 30 | 氯氟氰菊酯和高效氯氟氰菊酯 | 0.2 | 杀虫剂 | GB 23200.8、GB/T 5009.146、NY/T 761、GB 23200.113 |
| 31 | 氯菊酯 | 2 | 杀虫剂 | GB 23200.8、NY/T 761、GB 23200.113 |
| 32 | 氯唑磷 | 0.01 | 杀虫剂 | GB/T 20769、GB 23200.113 |
| 33 | 嘧菌环胺 | 10 | 杀菌剂 | GB 23200.8、GB/T 20769、GB 23200.113 |
| 34 | 嘧菌酯 | 5 | 杀菌剂 | GB/T 20769、NY/T 1453、SN/T 1976 |
| 35 | 嘧霉胺 | 3 | 杀菌剂 | GB 23200.8、GB/T 20769、GB 23200.113 |

（续）

| 序号 | 农药中文名 | 最大残留限量（mg/kg） | 农药主要用途 | 检测方法 |
|---|---|---|---|---|
| 36 | 灭多威 | 0.2 | 杀虫剂 | NY/T 761 |
| 37 | 灭线磷 | 0.02 | 杀线虫剂 | NY/T 761 |
| 38 | 内吸磷 | 0.02 | 杀虫/杀螨剂 | GB/T 20769 |
| 39 | 氰戊菊酯和S-氰戊菊酯 | 0.2 | 杀虫剂 | GB 23200.8、NY/T 761、GB 23200.113 |
| 40 | 噻虫胺 | 0.07 | 杀虫剂 | GB 23200.8、GB/T 20769 |
| 41 | 噻虫啉 | 1 | 杀虫剂 | GB/T 20769 |
| 42 | 噻虫嗪 | 0.5 | 杀虫剂 | GB 23200.8、GB/T 20769 |
| 43 | 杀虫脒 | 0.01 | 杀虫剂 | GB/T 20769 |
| 44 | 杀螟硫磷 | 0.5* | 杀虫剂 | GB/T 14553、GB/T 20769、NY/T 761、GB 23200.113 |
| 45 | 杀扑磷 | 0.05 | 杀虫剂 | GB 23200.8、GB/T 14553、NY/T 761、GB 23200.113 |
| 46 | 水胺硫磷 | 0.05 | 杀虫剂 | GB/T 5009.20、GB 23200.113 |
| 47 | 特丁硫磷 | 0.01 | 杀虫剂 | NY/T 761、NY/T 1379 |
| 48 | 涕灭威 | 0.02 | 杀虫剂 | NY/T 761 |
| 49 | 硝磺草酮 | 0.01 | 除草剂 | GB/T 20769 |
| 50 | 辛硫磷 | 0.05 | 杀虫剂 | GB/T 5009.102、GB/T 20769 |
| 51 | 溴氰虫酰胺 | 4* | 杀虫剂 | 无指定 |
| 52 | 氧乐果 | 0.02 | 杀虫剂 | NY/T 761、NY/T 1379、GB 23200.113 |
| 53 | 乙酰甲胺磷 | 0.5 | 杀虫剂 | NY/T 761、GB 23200.113 |
| 54 | 蝇毒磷 | 0.05 | 杀虫剂 | GB 23200.8、GB 23200.113 |
| 55 | 治螟磷 | 0.01 | 杀虫剂 | GB 23200.8、NY/T 761、GB 23200.113 |
| 56 | 艾氏剂 | 0.05 | 杀虫剂 | GB/T 5009.19、NY/T 761、GB 23200.113 |
| 57 | 滴滴涕 | 0.05 | 杀虫剂 | GB/T 5009.19、NY/T 761、GB 23200.113 |
| 58 | 狄氏剂 | 0.02 | 杀虫剂 | GB/T 5009.19、NY/T 761、GB 23200.113 |
| 59 | 毒杀芬 | 0.05* | 杀虫剂 | YC/T 180（参照） |

（续）

| 序号 | 农药中文名 | 最大残留限量（mg/kg） | 农药主要用途 | 检测方法 |
|---|---|---|---|---|
| 60 | 六六六 | 0.05 | 杀虫剂 | GB/T 5009.19、NY/T 761、GB 23200.113 |
| 61 | 氯丹 | 0.02 | 杀虫剂 | GB/T 5009.19 |
| 62 | 灭蚁灵 | 0.01 | 杀虫剂 | GB/T 5009.19 |
| 63 | 七氯 | 0.01 | 杀虫剂 | GB/T 5009.19、NY/T 761 |
| 64 | 异狄氏剂 | 0.05 | 杀虫剂 | GB/T 5009.19、NY/T 761 |

## 4.38 猕猴桃

猕猴桃中农药最大残留限量见表 4-38。

**表 4-38 猕猴桃中农药最大残留限量**

| 序号 | 农药中文名 | 最大残留限量（mg/kg） | 农药主要用途 | 检测方法 |
|---|---|---|---|---|
| 1 | 保棉磷 | 1 | 杀虫剂 | NY/T 761 |
| 2 | 2,4-滴和2,4-滴钠盐 | 0.1 | 除草剂 | NY/T 1434（参照） |
| 3 | 百草枯 | 0.01* | 除草剂 | 无指定 |
| 4 | 倍硫磷 | 0.05 | 杀虫剂 | GB 23200.8、NY/T 761、GB 23200.113 |
| 5 | 苯线磷 | 0.02 | 杀虫剂 | GB 23200.8、GB/T 5009.145 |
| 6 | 吡虫啉 | 5 | 杀虫剂 | GB/T 20769、GB/T 23379 |
| 7 | 草甘膦 | 0.1 | 除草剂 | GB/T 23750、NY/T 1096、SN/T 1923 |
| 8 | 敌百虫 | 0.2 | 杀虫剂 | GB/T 20769、NY/T 761 |
| 9 | 敌敌畏 | 0.2 | 杀虫剂 | GB 23200.8、GB/T 5009.20、NY/T 761、GB 23200.113 |
| 10 | 地虫硫磷 | 0.01 | 杀虫剂 | GB 23200.8、GB 23200.113 |
| 11 | 啶虫脒 | 2 | 杀虫剂 | GB/T 20769、GB/T 23584 |
| 12 | 对硫磷 | 0.01 | 杀虫剂 | GB/T 5009.145、GB 23200.113 |
| 13 | 氟虫腈 | 0.02 | 杀虫剂 | GB 23200.34、NY/T 1379（参照） |
| 14 | 甲胺磷 | 0.05 | 杀虫剂 | GB/T 5009.103、NY/T 761、GB 23200.113 |

（续）

| 序号 | 农药中文名 | 最大残留限量(mg/kg) | 农药主要用途 | 检测方法 |
|---|---|---|---|---|
| 15 | 甲拌磷 | 0.01 | 杀虫剂 | GB 23200.113 |
| 16 | 甲基对硫磷 | 0.02 | 杀虫剂 | NY/T 761、GB 23200.113 |
| 17 | 甲基硫环磷 | 0.03* | 杀虫剂 | NY/T 761 |
| 18 | 甲基异柳磷 | 0.01* | 杀虫剂 | GB/T 5009.144、GB 23200.113 |
| 19 | 甲氰菊酯 | 5 | 杀虫剂 | NY/T 761、GB 23200.113 |
| 20 | 久效磷 | 0.03 | 杀虫剂 | NY/T 761、GB 23200.113 |
| 21 | 抗蚜威 | 1 | 杀虫剂 | GB 23200.8、NY/T 1379、SN/T 0134、GB 23200.113 |
| 22 | 克百威 | 0.02 | 杀虫剂 | NY/T 761 |
| 23 | 磷胺 | 0.05 | 杀虫剂 | NY/T 761、GB 23200.113 |
| 24 | 硫环磷 | 0.03 | 杀虫剂 | NY/T 761、GB 23200.113 |
| 25 | 硫线磷 | 0.02 | 杀虫剂 | GB/T 20769 |
| 26 | 氯虫苯甲酰胺 | 1* | 杀虫剂 | 无指定 |
| 27 | 氯氟氰菊酯和高效氯氟氰菊酯 | 0.2 | 杀虫剂 | GB 23200.8、GB/T 5009.146、NY/T 761、GB 23200.113 |
| 28 | 氯菊酯 | 2 | 杀虫剂 | GB 23200.8、NY/T 761、GB 23200.113 |
| 29 | 氯唑磷 | 0.01 | 杀虫剂 | GB/T 20769、GB 23200.113 |
| 30 | 嘧菌环胺 | 10 | 杀菌剂 | GB 23200.8、GB/T 20769、GB 23200.113 |
| 31 | 嘧菌酯 | 5 | 杀菌剂 | GB/T 20769、NY/T 1453、SN/T 1976 |
| 32 | 嘧霉胺 | 3 | 杀菌剂 | GB 23200.8、GB/T 20769、GB 23200.113 |
| 33 | 灭多威 | 0.2 | 杀虫剂 | NY/T 761 |
| 34 | 灭线磷 | 0.02 | 杀线虫剂 | NY/T 761 |
| 35 | 内吸磷 | 0.02 | 杀虫/杀螨剂 | GB/T 20769 |
| 36 | 氰戊菊酯和S-氰戊菊酯 | 0.2 | 杀虫剂 | GB 23200.8、NY/T 761、GB 23200.113 |
| 37 | 噻虫胺 | 0.07 | 杀虫剂 | GB 23200.8、GB/T 20769 |
| 38 | 噻虫嗪 | 0.5 | 杀虫剂 | GB 23200.8、GB/T 20769 |

（续）

| 序号 | 农药中文名 | 最大残留限量（mg/kg） | 农药主要用途 | 检测方法 |
| --- | --- | --- | --- | --- |
| 39 | 杀虫脒 | 0.01 | 杀虫剂 | GB/T 20769 |
| 40 | 杀螟硫磷 | 0.5* | 杀虫剂 | GB/T 14553、GB/T 20769、NY/T 761、GB 23200.113 |
| 41 | 杀扑磷 | 0.05 | 杀虫剂 | GB 23200.8、GB/T 14553、NY/T 761、GB 23200.113 |
| 42 | 水胺硫磷 | 0.05 | 杀虫剂 | GB/T 5009.20、GB 23200.113 |
| 43 | 特丁硫磷 | 0.01 | 杀虫剂 | NY/T 761、NY/T 1379 |
| 44 | 涕灭威 | 0.02 | 杀虫剂 | NY/T 761 |
| 45 | 硝磺草酮 | 0.01 | 除草剂 | GB/T 20769 |
| 46 | 辛硫磷 | 0.05 | 杀虫剂 | GB/T 5009.102、GB/T 20769 |
| 47 | 溴氰虫酰胺 | 4* | 杀虫剂 | 无指定 |
| 48 | 氧乐果 | 0.02 | 杀虫剂 | NY/T 761、NY/T 1379、GB 23200.113 |
| 49 | 乙酰甲胺磷 | 0.5 | 杀虫剂 | NY/T 761、GB 23200.113 |
| 50 | 蝇毒磷 | 0.05 | 杀虫剂 | GB 23200.8、GB 23200.113 |
| 51 | 治螟磷 | 0.01 | 杀虫剂 | GB 23200.8、NY/T 761、GB 23200.113 |
| 52 | 艾氏剂 | 0.05 | 杀虫剂 | GB/T 5009.19、NY/T 761、GB 23200.113 |
| 53 | 滴滴涕 | 0.05 | 杀虫剂 | GB/T 5009.19、NY/T 761、GB 23200.113 |
| 54 | 狄氏剂 | 0.02 | 杀虫剂 | GB/T 5009.19、NY/T 761、GB 23200.113 |
| 55 | 毒杀芬 | 0.05* | 杀虫剂 | YC/T 180（参照） |
| 56 | 六六六 | 0.05 | 杀虫剂 | GB/T 5009.19、NY/T 761、GB 23200.113 |
| 57 | 氯丹 | 0.02 | 杀虫剂 | GB/T 5009.19 |
| 58 | 灭蚁灵 | 0.01 | 杀虫剂 | GB/T 5009.19 |
| 59 | 七氯 | 0.01 | 杀虫剂 | GB/T 5009.19、NY/T 761 |
| 60 | 异狄氏剂 | 0.05 | 杀虫剂 | GB/T 5009.19、NY/T 761 |
| 61 | 草铵膦 | 0.6 | 除草剂 | GB 23200.108 |
| 62 | 虫酰肼 | 0.5 | 杀虫剂 | GB/T 20769（参照） |

（续）

| 序号 | 农药中文名 | 最大残留限量（mg/kg） | 农药主要用途 | 检测方法 |
|---|---|---|---|---|
| 63 | 代森锰锌 | 2 | 杀菌剂 | SN 0157 |
| 64 | 啶酰菌胺 | 5 | 杀菌剂 | GB/T 20769 |
| 65 | 多菌灵 | 0.5 | 杀菌剂 | GB/T 20769、NY/T 1453 |
| 66 | 多杀霉素 | 0.05 | 杀虫剂 | GB/T 20769 |
| 67 | 二嗪磷 | 0.2 | 杀虫剂 | GB/T 20769、GB/T 5009.107、NY/T 761、GB 23200.113 |
| 68 | 咯菌腈 | 15 | 杀菌剂 | GB 23200.8、GB/T 20769、GB 23200.113 |
| 69 | 环酰菌胺 | 15* | 杀菌剂 | 无指定 |
| 70 | 螺虫乙酯 | 0.02* | 杀虫剂 | 无指定 |
| 71 | 氯吡脲 | 0.05 | 植物生长调节剂 | GB/T 20770（参照） |
| 72 | 噻虫啉 | 0.2 | 杀虫剂 | GB/T 20769 |
| 73 | 溴氰菊酯 | 0.05 | 杀虫剂 | NY/T 761、GB 23200.113 |
| 74 | 乙烯利 | 2 | 植物生长调节剂 | GB 23200.16 |
| 75 | 异菌脲 | 5 | 杀菌剂 | GB 23200.8、NY/T 761、NY/T 1277、GB 23200.113 |

## 4.39 西番莲

西番莲中农药最大残留限量见表 4－39。

**表 4－39 西番莲中农药最大残留限量**

| 序号 | 农药中文名 | 最大残留限量（mg/kg） | 农药主要用途 | 检测方法 |
|---|---|---|---|---|
| 1 | 保棉磷 | 1 | 杀虫剂 | NY/T 761 |
| 2 | 2,4-滴和 2,4-滴钠盐 | 0.1 | 除草剂 | NY/T 1434（参照） |
| 3 | 百草枯 | 0.01* | 除草剂 | 无指定 |
| 4 | 倍硫磷 | 0.05 | 杀虫剂 | GB 23200.8、NY/T 761、GB 23200.113 |
| 5 | 苯线磷 | 0.02 | 杀虫剂 | GB 23200.8、GB/T 5009.145 |
| 6 | 吡虫啉 | 5 | 杀虫剂 | GB/T 20769、GB/T 23379 |
| 7 | 草甘膦 | 0.1 | 除草剂 | GB/T 23750、NY/T 1096、SN/T 1923 |

（续）

| 序号 | 农药中文名 | 最大残留限量（mg/kg） | 农药主要用途 | 检测方法 |
|---|---|---|---|---|
| 8 | 敌百虫 | 0.2 | 杀虫剂 | GB/T 20769、NY/T 761 |
| 9 | 敌敌畏 | 0.2 | 杀虫剂 | GB 23200.8、GB/T 5009.20、NY/T 761、GB 23200.113 |
| 10 | 地虫硫磷 | 0.01 | 杀虫剂 | GB 23200.8、GB 23200.113 |
| 11 | 啶虫脒 | 2 | 杀虫剂 | GB/T 20769、GB/T 23584 |
| 12 | 啶酰菌胺 | 10 | 杀菌剂 | GB/T 20769 |
| 13 | 对硫磷 | 0.01 | 杀虫剂 | GB/T 5009.145、GB 23200.113 |
| 14 | 多菌灵 | 1 | 杀菌剂 | GB/T 20769、NY/T 1453 |
| 15 | 氟虫腈 | 0.02 | 杀虫剂 | GB 23200.34、NY/T 1379（参照） |
| 16 | 甲胺磷 | 0.05 | 杀虫剂 | GB/T 5009.103、NY/T 761、GB 23200.113 |
| 17 | 甲拌磷 | 0.01 | 杀虫剂 | GB 23200.113 |
| 18 | 甲基对硫磷 | 0.02 | 杀虫剂 | NY/T 761、GB 23200.113 |
| 19 | 甲基硫环磷 | 0.03* | 杀虫剂 | NY/T 761 |
| 20 | 甲基异柳磷 | 0.01* | 杀虫剂 | GB/T 5009.144、GB 23200.113 |
| 21 | 甲氰菊酯 | 5 | 杀虫剂 | NY/T 761、GB 23200.113 |
| 22 | 久效磷 | 0.03 | 杀虫剂 | NY/T 761、GB 23200.113 |
| 23 | 抗蚜威 | 1 | 杀虫剂 | GB 23200.8、NY/T 1379、SN/T 0134、GB 23200.113 |
| 24 | 克百威 | 0.02 | 杀虫剂 | NY/T 761 |
| 25 | 磷胺 | 0.05 | 杀虫剂 | NY/T 761、GB 23200.113 |
| 26 | 硫环磷 | 0.03 | 杀虫剂 | NY/T 761、GB 23200.113 |
| 27 | 硫线磷 | 0.02 | 杀虫剂 | GB/T 20769 |
| 28 | 螺虫乙酯 | 1.5* | 杀虫剂 | 无指定 |
| 29 | 氯虫苯甲酰胺 | 1* | 杀虫剂 | 无指定 |
| 30 | 氯氟氰菊酯和高效氯氟氰菊酯 | 0.2 | 杀虫剂 | GB 23200.8、GB/T 5009.146、NY/T 761、GB 23200.113 |
| 31 | 氯菊酯 | 2 | 杀虫剂 | GB 23200.8、NY/T 761、GB 23200.113 |
| 32 | 氯唑磷 | 0.01 | 杀虫剂 | GB/T 20769、GB 23200.113 |

（续）

| 序号 | 农药中文名 | 最大残留限量（mg/kg） | 农药主要用途 | 检测方法 |
|---|---|---|---|---|
| 33 | 嘧菌环胺 | 10 | 杀菌剂 | GB 23200.8、GB/T 20769、GB 23200.113 |
| 34 | 嘧菌酯 | 5 | 杀菌剂 | GB/T 20769、NY/T 1453、SN/T 1976 |
| 35 | 嘧霉胺 | 3 | 杀菌剂 | GB 23200.8、GB/T 20769、GB 23200.113 |
| 36 | 灭多威 | 0.2 | 杀虫剂 | NY/T 761 |
| 37 | 灭线磷 | 0.02 | 杀线虫剂 | NY/T 761 |
| 38 | 内吸磷 | 0.02 | 杀虫/杀螨剂 | GB/T 20769 |
| 39 | 氰戊菊酯和S-氰戊菊酯 | 0.2 | 杀虫剂 | GB 23200.8、NY/T 761、GB 23200.113 |
| 40 | 噻虫胺 | 0.07 | 杀虫剂 | GB 23200.8、GB/T 20769 |
| 41 | 噻虫啉 | 1 | 杀虫剂 | GB/T 20769 |
| 42 | 噻虫嗪 | 0.5 | 杀虫剂 | GB 23200.8、GB/T 20769 |
| 43 | 杀虫脒 | 0.01 | 杀虫剂 | GB/T 20769 |
| 44 | 杀螟硫磷 | 0.5* | 杀虫剂 | GB/T 14553、GB/T 20769、NY/T 761、GB 23200.113 |
| 45 | 杀扑磷 | 0.05 | 杀虫剂 | GB 23200.8、GB/T 14553、NY/T 761、GB 23200.113 |
| 46 | 水胺硫磷 | 0.05 | 杀虫剂 | GB/T 5009.20、GB 23200.113 |
| 47 | 特丁硫磷 | 0.01 | 杀虫剂 | NY/T 761、NY/T 1379 |
| 48 | 涕灭威 | 0.02 | 杀虫剂 | NY/T 761 |
| 49 | 硝磺草酮 | 0.01 | 除草剂 | GB/T 20769 |
| 50 | 辛硫磷 | 0.05 | 杀虫剂 | GB/T 5009.102、GB/T 20769 |
| 51 | 溴氰虫酰胺 | 4* | 杀虫剂 | 无指定 |
| 52 | 氧乐果 | 0.02 | 杀虫剂 | NY/T 761、NY/T 1379、GB 23200.113 |
| 53 | 乙酰甲胺磷 | 0.5 | 杀虫剂 | NY/T 761、GB 23200.113 |
| 54 | 蝇毒磷 | 0.05 | 杀虫剂 | GB 23200.8、GB 23200.113 |
| 55 | 治螟磷 | 0.01 | 杀虫剂 | GB 23200.8、NY/T 761、GB 23200.113 |

（续）

| 序号 | 农药中文名 | 最大残留限量（mg/kg） | 农药主要用途 | 检测方法 |
|---|---|---|---|---|
| 56 | 艾氏剂 | 0.05 | 杀虫剂 | GB/T 5009.19、NY/T 761、GB 23200.113 |
| 57 | 滴滴涕 | 0.05 | 杀虫剂 | GB/T 5009.19、NY/T 761、GB 23200.113 |
| 58 | 狄氏剂 | 0.02 | 杀虫剂 | GB/T 5009.19、NY/T 761、GB 23200.113 |
| 59 | 毒杀芬 | 0.05* | 杀虫剂 | YC/T 180（参照） |
| 60 | 六六六 | 0.05 | 杀虫剂 | GB/T 5009.19、NY/T 761、GB 23200.113 |
| 61 | 氯丹 | 0.02 | 杀虫剂 | GB/T 5009.19 |
| 62 | 灭蚁灵 | 0.01 | 杀虫剂 | GB/T 5009.19 |
| 63 | 七氯 | 0.01 | 杀虫剂 | GB/T 5009.19、NY/T 761 |
| 64 | 异狄氏剂 | 0.05 | 杀虫剂 | GB/T 5009.19、NY/T 761 |
| 65 | 苯醚甲环唑 | 0.05 | 杀菌剂 | GB 23200.8、GB 23200.49、GB/T 5009.218、GB 23200.113 |
| 66 | 多杀霉素 | 0.7 | 杀虫剂 | GB/T 20769 |
| 67 | 戊唑醇 | 0.1 | 杀菌剂 | GB 23200.8、GB/T 20769、GB 23200.113 |

## 4.40 草莓

草莓中农药最大残留限量见表4-40。

**表4-40 草莓中农药最大残留限量**

| 序号 | 农药中文名 | 最大残留限量（mg/kg） | 农药主要用途 | 检测方法 |
|---|---|---|---|---|
| 1 | 保棉磷 | 1 | 杀虫剂 | NY/T 761 |
| 2 | 2,4-滴和2,4-滴钠盐 | 0.1 | 除草剂 | NY/T 1434（参照） |
| 3 | 百草枯 | 0.01* | 除草剂 | 无指定 |
| 4 | 倍硫磷 | 0.05 | 杀虫剂 | GB 23200.8、NY/T 761、GB 23200.113 |
| 5 | 苯线磷 | 0.02 | 杀虫剂 | GB 23200.8、GB/T 5009.145 |
| 6 | 草甘膦 | 0.1 | 除草剂 | GB/T 23750、NY/T 1096、SN/T 1923 |

（续）

| 序号 | 农药中文名 | 最大残留限量（mg/kg） | 农药主要用途 | 检测方法 |
|---|---|---|---|---|
| 7 | 敌百虫 | 0.2 | 杀虫剂 | GB/T 20769、NY/T 761 |
| 8 | 敌敌畏 | 0.2 | 杀虫剂 | GB 23200.8、GB/T 5009.20、NY/T 761、GB 23200.113 |
| 9 | 地虫硫磷 | 0.01 | 杀虫剂 | GB 23200.8、GB 23200.113 |
| 10 | 啶虫脒 | 2 | 杀虫剂 | GB/T 20769、GB/T 23584 |
| 11 | 对硫磷 | 0.01 | 杀虫剂 | GB/T 5009.145、GB 23200.113 |
| 12 | 氟虫腈 | 0.02 | 杀虫剂 | GB 23200.34、NY/T 1379（参照） |
| 13 | 甲胺磷 | 0.05 | 杀虫剂 | GB/T 5009.103、NY/T 761、GB 23200.113 |
| 14 | 甲拌磷 | 0.01 | 杀虫剂 | GB 23200.113 |
| 15 | 甲基对硫磷 | 0.02 | 杀虫剂 | NY/T 761、GB 23200.113 |
| 16 | 甲基硫环磷 | 0.03* | 杀虫剂 | NY/T 761 |
| 17 | 甲基异柳磷 | 0.01* | 杀虫剂 | GB/T 5009.144、GB 23200.113 |
| 18 | 久效磷 | 0.03 | 杀虫剂 | NY/T 761、GB 23200.113 |
| 19 | 抗蚜威 | 1 | 杀虫剂 | GB 23200.8、NY/T 1379、SN/T 0134、GB 23200.113 |
| 20 | 克百威 | 0.02 | 杀虫剂 | NY/T 761 |
| 21 | 磷胺 | 0.05 | 杀虫剂 | NY/T 761、GB 23200.113 |
| 22 | 硫环磷 | 0.03 | 杀虫剂 | NY/T 761、GB 23200.113 |
| 23 | 硫线磷 | 0.02 | 杀虫剂 | GB/T 20769 |
| 24 | 螺虫乙酯 | 1.5* | 杀虫剂 | 无指定 |
| 25 | 氯虫苯甲酰胺 | 1* | 杀虫剂 | 无指定 |
| 26 | 氯氟氰菊酯和高效氯氟氰菊酯 | 0.2 | 杀虫剂 | GB 23200.8、GB/T 5009.146、NY/T 761、GB 23200.113 |
| 27 | 氯唑磷 | 0.01 | 杀虫剂 | GB/T 20769、GB 23200.113 |
| 28 | 嘧菌环胺 | 10 | 杀菌剂 | GB 23200.8、GB/T 20769 |
| 29 | 灭多威 | 0.2 | 杀虫剂 | NY/T 761 |
| 30 | 灭线磷 | 0.02 | 杀线虫剂 | NY/T 761 |
| 31 | 内吸磷 | 0.02 | 杀虫/杀螨剂 | GB/T 20769 |
| 32 | 氰戊菊酯和S-氰戊菊酯 | 0.2 | 杀虫剂 | GB 23200.8、NY/T 761、GB 23200.113 |

（续）

| 序号 | 农药中文名 | 最大残留限量（mg/kg） | 农药主要用途 | 检测方法 |
| --- | --- | --- | --- | --- |
| 33 | 噻虫胺 | 0.07 | 杀虫剂 | GB 23200.8、GB/T 20769 |
| 34 | 噻虫啉 | 1 | 杀虫剂 | GB/T 20769 |
| 35 | 噻虫嗪 | 0.5 | 杀虫剂 | GB 23200.8、GB/T 20769 |
| 36 | 杀虫脒 | 0.01 | 杀虫剂 | GB/T 20769 |
| 37 | 杀螟硫磷 | 0.5* | 杀虫剂 | GB/T 14553、GB/T 20769、NY/T 761、GB 23200.113 |
| 38 | 杀扑磷 | 0.05 | 杀虫剂 | GB 23200.8、GB/T 14553、NY/T 761、GB 23200.113 |
| 39 | 水胺硫磷 | 0.05 | 杀虫剂 | GB/T 5009.20、GB 23200.113 |
| 40 | 特丁硫磷 | 0.01 | 杀虫剂 | NY/T 761、NY/T 1379 |
| 41 | 涕灭威 | 0.02 | 杀虫剂 | NY/T 761 |
| 42 | 硝磺草酮 | 0.01 | 除草剂 | GB/T 20769 |
| 43 | 辛硫磷 | 0.05 | 杀虫剂 | GB/T 5009.102、GB/T 20769 |
| 44 | 溴氰虫酰胺 | 4* | 杀虫剂 | 无指定 |
| 45 | 氧乐果 | 0.02 | 杀虫剂 | NY/T 761、NY/T 1379、GB 23200.113 |
| 46 | 乙酰甲胺磷 | 0.5 | 杀虫剂 | NY/T 761、GB 23200.113 |
| 47 | 蝇毒磷 | 0.05 | 杀虫剂 | GB 23200.8、GB 23200.113 |
| 48 | 治螟磷 | 0.01 | 杀虫剂 | GB 23200.8、NY/T 761、GB 23200.113 |
| 49 | 艾氏剂 | 0.05 | 杀虫剂 | GB/T 5009.19、NY/T 761、GB 23200.113 |
| 50 | 滴滴涕 | 0.05 | 杀虫剂 | GB/T 5009.19、NY/T 761、GB 23200.113 |
| 51 | 狄氏剂 | 0.02 | 杀虫剂 | GB/T 5009.19、NY/T 761、GB 23200.113 |
| 52 | 毒杀芬 | 0.05* | 杀虫剂 | YC/T 180（参照） |
| 53 | 六六六 | 0.05 | 杀虫剂 | GB/T 5009.19、NY/T 761、GB 23200.113 |
| 54 | 氯丹 | 0.02 | 杀虫剂 | GB/T 5009.19 |
| 55 | 灭蚁灵 | 0.01 | 杀虫剂 | GB/T 5009.19 |
| 56 | 七氯 | 0.01 | 杀虫剂 | GB/T 5009.19、NY/T 761 |

（续）

| 序号 | 农药中文名 | 最大残留限量（mg/kg） | 农药主要用途 | 检测方法 |
|---|---|---|---|---|
| 57 | 异狄氏剂 | 0.05 | 杀虫剂 | GB/T 5009.19、NY/T 761 |
| 58 | 阿维菌素 | 0.02 | 杀虫剂 | GB 23200.19、GB 23200.20 |
| 59 | 百菌清 | 5 | 杀菌剂 | GB/T 5009.105、NY/T 761 |
| 60 | 苯丁锡 | 10 | 杀螨剂 | SN 0592（参照） |
| 61 | 苯氟磺胺 | 10 | 杀菌剂 | SN/T 2320（参照） |
| 62 | 苯菌酮 | 0.6* | 杀菌剂 | 无指定 |
| 63 | 吡虫啉 | 0.5 | 杀虫剂 | GB/T 20769、GB/T 23379 |
| 64 | 吡噻菌胺 | 3* | 杀菌剂 | 无指定 |
| 65 | 吡唑醚菌酯 | 2 | 杀菌剂 | GB 23200.8 |
| 66 | 丙森锌 | 5 | 杀菌剂 | SN 0157、SN/T 1541（参照） |
| 67 | 草铵膦 | 0.3 | 除草剂 | GB 23200.108 |
| 68 | 代森铵 | 5 | 杀菌剂 | SN 0157 |
| 69 | 代森联 | 5 | 杀菌剂 | SN 0157 |
| 70 | 代森锰锌 | 5 | 杀菌剂 | SN 0157 |
| 71 | 敌螨普 | 0.5* | 杀菌剂 | 无指定 |
| 72 | 敌草快 | 0.05 | 除草剂 | SN/T 0293 |
| 73 | 丁氟螨酯 | 0.6 | 杀螨剂 | SN/T 3539 |
| 74 | 啶酰菌胺 | 3 | 杀菌剂 | GB/T 20769 |
| 75 | 多菌灵 | 0.5 | 杀菌剂 | GB/T 20769、NY/T 1453 |
| 76 | 毒死蜱 | 0.3 | 杀虫剂 | GB 23200.8、NY/T 761、SN/T 2158、GB 23200.113 |
| 77 | 二嗪磷 | 0.1 | 杀虫剂 | GB/T 20769、GB/T 5009.107、NY/T 761、GB 23200.113 |
| 78 | 粉唑醇 | 1 | 杀菌剂 | GB/T 20769 |
| 79 | 氟吡菌酰胺 | 0.4* | 杀菌剂 | 无指定 |
| 80 | 氟啶虫胺腈 | 0.5* | 杀虫剂 | 无指定 |
| 81 | 氟菌唑 | 2* | 杀菌剂 | GB/T 20769、NY/T 1453 |
| 82 | 氟酰脲 | 0.5 | 杀虫剂 | GB 23200.34（参照） |
| 83 | 福美双 | 5 | 杀菌剂 | SN 0157 |
| 84 | 福美锌 | 5 | 杀菌剂 | SN 0157、SN/T 1541（参照） |

（续）

| 序号 | 农药中文名 | 最大残留限量（mg/kg） | 农药主要用途 | 检测方法 |
|---|---|---|---|---|
| 85 | 腐霉利 | 10 | 杀菌剂 | GB 23200.8、NY/T 761 |
| 86 | 咯菌腈 | 3 | 杀菌剂 | GB 23200.8、GB/T 20769、GB 23200.113 |
| 87 | 环酰菌胺 | 10* | 杀菌剂 | 无指定 |
| 88 | 甲氰菊酯 | 2 | 杀虫剂 | NY/T 761、GB 23200.113 |
| 89 | 甲苯氟磺胺 | 5 | 杀菌剂 | GB 23200.8 |
| 90 | 甲硫威 | 1 | 杀软体动物剂 | SN/T 2560（参照） |
| 91 | 甲氧虫酰肼 | 2 | 杀虫剂 | GB/T 20769 |
| 92 | 腈菌唑 | 1 | 杀菌剂 | GB 23200.8、GB/T 20769、NY/T 1455、GB 23200.113 |
| 93 | 克菌丹 | 15 | 杀菌剂 | GB 23200.8、SN 0654 |
| 94 | 喹氧灵 | 1* | 杀菌剂 | GB 23200.113 |
| 95 | 联苯肼酯 | 2 | 杀螨剂 | GB 23200.8 |
| 96 | 联苯菊酯 | 1 | 杀虫/杀螨剂 | GB/T 5009.146、NY/T 761、SN/T 1969、GB 23200.113 |
| 97 | 螺螨酯 | 2 | 杀螨剂 | GB 23200.8、GB/T 20769 |
| 98 | 氯苯嘧啶醇 | 1 | 杀菌剂 | GB 23200.8、GB/T 20769、GB 23200.113 |
| 99 | 氯化苦 | 0.05* | 熏蒸剂 | GB/T 5009.36（参照） |
| 100 | 氯菊酯 | 1 | 杀虫剂 | GB 23200.8、NY/T 761、GB 23200.113 |
| 101 | 嘧菌酯 | 10 | 杀菌剂 | GB/T 20769、NY/T 1453、SN/T 1976 |
| 102 | 嘧霉胺 | 7 | 杀菌剂 | GB 23200.8、GB/T 20769、GB 23200.113 |
| 103 | 氯氰菊酯和高效氯氰菊酯 | 0.07 | 杀虫剂 | GB 23200.8、GB/T 5009.146、NY/T 761、GB 23200.113 |
| 104 | 马拉硫磷 | 1 | 杀虫剂 | GB 23200.8、GB/T 20769、NY/T 761、GB 23200.113 |
| 105 | 咪唑菌酮 | 0.04 | 杀菌剂 | GB 23200.8、GB/T 20769、GB 23200.113 |
| 106 | 醚菌酯 | 2 | 杀菌剂 | GB 23200.8、GB/T 20769 |

（续）

| 序号 | 农药中文名 | 最大残留限量（mg/kg） | 农药主要用途 | 检测方法 |
|---|---|---|---|---|
| 107 | 嘧菌环胺 | 2 | 杀菌剂 | GB 23200.8、GB 23200.113、GB/T 20769 |
| 108 | 灭菌丹 | 5 | 杀菌剂 | GB/T 20769、SN/T 2320 |
| 109 | 嗪氨灵 | 1 | 杀菌剂 | SN/T 0695（参照） |
| 110 | 噻草酮 | 3* | 除草剂 | GB 23200.38（参照） |
| 111 | 噻螨酮 | 0.5 | 杀螨剂 | GB 23200.8、GB/T 20769 |
| 112 | 噻嗪酮 | 3 | 杀虫剂 | GB 23200.8、GB/T 20769 |
| 113 | 三唑醇 | 0.7 | 杀菌剂 | GB 23200.8、GB 23200.113 |
| 114 | 三唑酮 | 0.7 | 杀菌剂 | GB 23200.8、GB/T 20769、NY/T 761、GB 23200.113 |
| 115 | 四氟醚唑 | 3 | 杀菌剂 | GB 23200.8、GB 23200.65、GB/T 20769、GB 23200.113 |
| 116 | 四螨嗪 | 2 | 杀螨剂 | GB 23200.47、GB/T 20769 |
| 117 | 肟菌酯 | 1 | 杀菌剂 | GB 23200.8、GB/T 20769、GB 23200.113 |
| 118 | 戊菌唑 | 0.1 | 杀菌剂 | GB 23200.8、GB/T 20769、GB 23200.113 |
| 119 | 烯酰吗啉 | 0.05 | 杀菌剂 | GB/T 20769 |
| 120 | 硝苯菌酯 | 0.3* | 杀菌剂 | 无指定 |
| 121 | 溴甲烷 | 30* | 除草剂 | 无指定 |
| 122 | 溴螨酯 | 2 | 杀螨剂 | GB 23200.8、SN/T 0192、GB 23200.113 |
| 123 | 溴氰菊酯 | 0.2 | 杀虫剂 | NY/T 761、GB 23200.113 |
| 124 | 依维菌素 | 0.1* | 杀虫剂 | 无指定 |
| 125 | 抑霉唑 | 2 | 杀菌剂 | GB 23200.8、GB/T 20769、GB 23200.113 |
| 126 | 唑螨酯 | 0.8 | 杀螨剂 | GB 23200.8、GB 23200.29、GB/T 20769 |

## 4.41 柿子

柿子中农药最大残留限量见表 4-41。

**表 4-41　柿子中农药最大残留限量**

| 序号 | 农药中文名 | 最大残留限量（mg/kg） | 农药主要用途 | 检测方法 |
|---|---|---|---|---|
| 1 | 保棉磷 | 1 | 杀虫剂 | NY/T 761 |
| 2 | 倍硫磷 | 0.05 | 杀虫剂 | GB 23200.8、NY/T 761、GB 23200.113 |
| 3 | 苯线磷 | 0.02 | 杀虫剂 | GB 23200.8、GB/T 5009.145 |
| 4 | 草铵膦 | 0.1 | 除草剂 | GB 23200.108 |
| 5 | 草甘膦 | 0.1 | 除草剂 | GB/T 23750、NY/T 1096、SN/T 1923 |
| 6 | 敌百虫 | 0.2 | 杀虫剂 | GB/T 20769、NY/T 761 |
| 7 | 敌敌畏 | 0.2 | 杀虫剂 | GB 23200.8、GB/T 5009.20、NY/T 761、GB 23200.113 |
| 8 | 地虫硫磷 | 0.01 | 杀虫剂 | GB 23200.8、GB 23200.113 |
| 9 | 啶虫脒 | 2 | 杀虫剂 | GB/T 20769、GB/T 23584 |
| 10 | 对硫磷 | 0.01 | 杀虫剂 | GB/T 5009.145、GB 23200.113 |
| 11 | 氟虫腈 | 0.02 | 杀虫剂 | GB 23200.34、NY/T 1379（参照） |
| 12 | 甲胺磷 | 0.05 | 杀虫剂 | GB/T 5009.103、NY/T 761、GB 23200.113 |
| 13 | 甲拌磷 | 0.01 | 杀虫剂 | GB 23200.113 |
| 14 | 甲基对硫磷 | 0.02 | 杀虫剂 | NY/T 761、GB 23200.113 |
| 15 | 甲基硫环磷 | 0.03* | 杀虫剂 | NY/T 761 |
| 16 | 甲基异柳磷 | 0.01* | 杀虫剂 | GB/T 5009.144、GB 23200.113 |
| 17 | 甲氰菊酯 | 5 | 杀虫剂 | NY/T 761、GB 23200.113 |
| 18 | 久效磷 | 0.03 | 杀虫剂 | NY/T 761、GB 23200.113 |
| 19 | 克百威 | 0.02 | 杀虫剂 | NY/T 761 |
| 20 | 磷胺 | 0.05 | 杀虫剂 | NY/T 761、GB 23200.113 |
| 21 | 硫环磷 | 0.03 | 杀虫剂 | NY/T 761、GB 23200.113 |
| 22 | 硫线磷 | 0.02 | 杀虫剂 | GB/T 20769 |
| 23 | 氯唑磷 | 0.01 | 杀虫剂 | GB/T 20769、GB 23200.113 |
| 24 | 灭多威 | 0.2 | 杀虫剂 | NY/T 761 |
| 25 | 灭线磷 | 0.02 | 杀线虫剂 | NY/T 761 |

（续）

| 序号 | 农药中文名 | 最大残留限量（mg/kg） | 农药主要用途 | 检测方法 |
| --- | --- | --- | --- | --- |
| 26 | 内吸磷 | 0.02 | 杀虫/杀螨剂 | GB/T 20769 |
| 27 | 氰戊菊酯和S-氰戊菊酯 | 0.2 | 杀虫剂 | GB 23200.8、NY/T 761、GB 23200.113 |
| 28 | 杀虫脒 | 0.01 | 杀虫剂 | GB/T 20769 |
| 29 | 杀螟硫磷 | 0.5* | 杀虫剂 | GB/T 14553、GB/T 20769、NY/T 761、GB 23200.113 |
| 30 | 杀扑磷 | 0.05 | 杀虫剂 | GB 23200.8、GB/T 14553、NY/T 761、GB 23200.113 |
| 31 | 水胺硫磷 | 0.05 | 杀虫剂 | GB/T 5009.20、GB 23200.113 |
| 32 | 特丁硫磷 | 0.01 | 杀虫剂 | NY/T 761、NY/T 1379 |
| 33 | 涕灭威 | 0.02 | 杀虫剂 | NY/T 761 |
| 34 | 辛硫磷 | 0.05 | 杀虫剂 | GB/T 5009.102、GB/T 20769 |
| 35 | 氧乐果 | 0.02 | 杀虫剂 | NY/T 761、NY/T 1379、GB 23200.113 |
| 36 | 乙酰甲胺磷 | 0.5 | 杀虫剂 | NY/T 761、GB 23200.113 |
| 37 | 蝇毒磷 | 0.05 | 杀虫剂 | GB 23200.8、GB 23200.113 |
| 38 | 治螟磷 | 0.01 | 杀虫剂 | GB 23200.8、NY/T 761、GB 23200.113 |
| 39 | 艾氏剂 | 0.05 | 杀虫剂 | GB/T 5009.19、NY/T 761、GB 23200.113 |
| 40 | 滴滴涕 | 0.05 | 杀虫剂 | GB/T 5009.19、NY/T 761、GB 23200.113 |
| 41 | 狄氏剂 | 0.02 | 杀虫剂 | GB/T 5009.19、NY/T 761、GB 23200.113 |
| 42 | 毒杀芬 | 0.05* | 杀虫剂 | YC/T 180（参照） |
| 43 | 六六六 | 0.05 | 杀虫剂 | GB/T 5009.19、NY/T 761、GB 23200.113 |
| 44 | 氯丹 | 0.02 | 杀虫剂 | GB/T 5009.19 |
| 45 | 灭蚁灵 | 0.01 | 杀虫剂 | GB/T 5009.19 |
| 46 | 七氯 | 0.01 | 杀虫剂 | GB/T 5009.19、NY/T 761 |
| 47 | 异狄氏剂 | 0.05 | 杀虫剂 | GB/T 5009.19、NY/T 761 |
| 48 | 氯菊酯 | 1 | 杀虫剂 | GB 23200.8、NY/T 761、GB 23200.113 |

（续）

| 序号 | 农药中文名 | 最大残留限量（mg/kg） | 农药主要用途 | 检测方法 |
|---|---|---|---|---|
| 49 | 乙烯利 | 30 | 植物生长调节剂 | GB 23200.16 |
| 50 | 抑霉唑 | 2 | 杀菌剂 | GB 23200.8、GB/T 20769、GB 23200.113 |

## 4.42 杨梅

杨梅中农药最大残留限量见表4-42。

**表4-42 杨梅中农药最大残留限量**

| 序号 | 农药中文名 | 最大残留限量（mg/kg） | 农药主要用途 | 检测方法 |
|---|---|---|---|---|
| 1 | 保棉磷 | 1 | 杀虫剂 | NY/T 761 |
| 2 | 倍硫磷 | 0.05 | 杀虫剂 | GB 23200.8、NY/T 761、GB 23200.113 |
| 3 | 苯线磷 | 0.02 | 杀虫剂 | GB 23200.8、GB/T 5009.145 |
| 4 | 草铵膦 | 0.1 | 除草剂 | GB 23200.108 |
| 5 | 草甘膦 | 0.1 | 除草剂 | GB/T 23750、NY/T 1096、SN/T 1923 |
| 6 | 敌百虫 | 0.2 | 杀虫剂 | GB/T 20769、NY/T 761 |
| 7 | 敌敌畏 | 0.2 | 杀虫剂 | GB 23200.8、GB/T 5009.20、NY/T 761、GB 23200.113 |
| 8 | 地虫硫磷 | 0.01 | 杀虫剂 | GB 23200.8、GB 23200.113 |
| 9 | 啶虫脒 | 2 | 杀虫剂 | GB/T 20769、GB/T 23584 |
| 10 | 对硫磷 | 0.01 | 杀虫剂 | GB/T 5009.145、GB 23200.113 |
| 11 | 氟虫腈 | 0.02 | 杀虫剂 | GB 23200.34、NY/T 1379（参照） |
| 12 | 甲胺磷 | 0.05 | 杀虫剂 | GB/T 5009.103、NY/T 761、GB 23200.113 |
| 13 | 甲拌磷 | 0.01 | 杀虫剂 | GB 23200.113 |
| 14 | 甲基对硫磷 | 0.02 | 杀虫剂 | NY/T 761、GB 23200.113 |
| 15 | 甲基硫环磷 | 0.03* | 杀虫剂 | NY/T 761 |
| 16 | 甲基异柳磷 | 0.01* | 杀虫剂 | GB/T 5009.144、GB 23200.113 |
| 17 | 甲氰菊酯 | 5 | 杀虫剂 | NY/T 761、GB 23200.113 |

（续）

| 序号 | 农药中文名 | 最大残留限量（mg/kg） | 农药主要用途 | 检测方法 |
|---|---|---|---|---|
| 18 | 久效磷 | 0.03 | 杀虫剂 | NY/T 761、GB 23200.113 |
| 19 | 克百威 | 0.02 | 杀虫剂 | NY/T 761 |
| 20 | 磷胺 | 0.05 | 杀虫剂 | NY/T 761、GB 23200.113 |
| 21 | 硫环磷 | 0.03 | 杀虫剂 | NY/T 761、GB 23200.113 |
| 22 | 硫线磷 | 0.02 | 杀虫剂 | GB/T 20769 |
| 23 | 氯菊酯 | 2 | 杀虫剂 | GB 23200.8、NY/T 761、GB 23200.113 |
| 24 | 氯唑磷 | 0.01 | 杀虫剂 | GB/T 20769、GB 23200.113 |
| 25 | 灭多威 | 0.2 | 杀虫剂 | NY/T 761 |
| 26 | 灭线磷 | 0.02 | 杀线虫剂 | NY/T 761 |
| 27 | 内吸磷 | 0.02 | 杀虫/杀螨剂 | GB/T 20769 |
| 28 | 氰戊菊酯和S-氰戊菊酯 | 0.2 | 杀虫剂 | GB 23200.8、NY/T 761、GB 23200.113 |
| 29 | 杀虫脒 | 0.01 | 杀虫剂 | GB/T 20769 |
| 30 | 杀螟硫磷 | 0.5* | 杀虫剂 | GB/T 14553、GB/T 20769、NY/T 761、GB 23200.113 |
| 31 | 杀扑磷 | 0.05 | 杀虫剂 | GB 23200.8、GB/T 14553、NY/T 761、GB 23200.113 |
| 32 | 水胺硫磷 | 0.05 | 杀虫剂 | GB/T 5009.20、GB 23200.113 |
| 33 | 特丁硫磷 | 0.01 | 杀虫剂 | NY/T 761、NY/T 1379 |
| 34 | 涕灭威 | 0.02 | 杀虫剂 | NY/T 761 |
| 35 | 辛硫磷 | 0.05 | 杀虫剂 | GB/T 5009.102、GB/T 20769 |
| 36 | 氧乐果 | 0.02 | 杀虫剂 | NY/T 761、NY/T 1379、GB 23200.113 |
| 37 | 乙酰甲胺磷 | 0.5 | 杀虫剂 | NY/T 761、GB 23200.113 |
| 38 | 蝇毒磷 | 0.05 | 杀虫剂 | GB 23200.8、GB 23200.113 |
| 39 | 治螟磷 | 0.01 | 杀虫剂 | GB 23200.8、NY/T 761、GB 23200.113 |
| 40 | 艾氏剂 | 0.05 | 杀虫剂 | GB/T 5009.19、NY/T 761、GB 23200.113 |
| 41 | 滴滴涕 | 0.05 | 杀虫剂 | GB/T 5009.19、NY/T 761、GB 23200.113 |

（续）

| 序号 | 农药中文名 | 最大残留限量（mg/kg） | 农药主要用途 | 检测方法 |
|---|---|---|---|---|
| 42 | 狄氏剂 | 0.02 | 杀虫剂 | GB/T 5009.19、NY/T 761、GB 23200.113 |
| 43 | 毒杀芬 | 0.05* | 杀虫剂 | YC/T 180（参照） |
| 44 | 六六六 | 0.05 | 杀虫剂 | GB/T 5009.19、NY/T 761、GB 23200.113 |
| 45 | 氯丹 | 0.02 | 杀虫剂 | GB/T 5009.19 |
| 46 | 灭蚁灵 | 0.01 | 杀虫剂 | GB/T 5009.19 |
| 47 | 七氯 | 0.01 | 杀虫剂 | GB/T 5009.19、NY/T 761 |
| 48 | 异狄氏剂 | 0.05 | 杀虫剂 | GB/T 5009.19、NY/T 761 |
| 49 | 阿维菌素 | 0.02 | 杀虫剂 | GB 23200.19、GB 23200.20 |
| 50 | 吡唑醚菌酯 | 3 | 杀菌剂 | GB 23200.8 |
| 51 | 喹啉铜 | 5* | 杀菌剂 | 无指定 |
| 52 | 乙基多杀菌素 | 1* | 杀虫剂 | 无指定 |

## 4.43　橄榄

橄榄中农药最大残留限量见表 4－43。

**表 4－43　橄榄中农药最大残留限量**

| 序号 | 农药中文名 | 最大残留限量（mg/kg） | 农药主要用途 | 检测方法 |
|---|---|---|---|---|
| 1 | 保棉磷 | 1 | 杀虫剂 | NY/T 761 |
| 2 | 苯线磷 | 0.02 | 杀虫剂 | GB 23200.8、GB/T 5009.145 |
| 3 | 草铵膦 | 0.1 | 除草剂 | GB 23200.108 |
| 4 | 草甘膦 | 0.1 | 除草剂 | GB/T 23750、NY/T 1096、SN/T 1923 |
| 5 | 敌百虫 | 0.2 | 杀虫剂 | GB/T 20769、NY/T 761 |
| 6 | 敌敌畏 | 0.2 | 杀虫剂 | GB 23200.8、GB/T 5009.20、NY/T 761、GB 23200.113 |
| 7 | 地虫硫磷 | 0.01 | 杀虫剂 | GB 23200.8、GB 23200.113 |
| 8 | 啶虫脒 | 2 | 杀虫剂 | GB/T 20769、GB/T 23584 |
| 9 | 对硫磷 | 0.01 | 杀虫剂 | GB/T 5009.145、GB 23200.113 |

（续）

| 序号 | 农药中文名 | 最大残留限量（mg/kg） | 农药主要用途 | 检测方法 |
|---|---|---|---|---|
| 10 | 氟虫腈 | 0.02 | 杀虫剂 | GB 23200.34、NY/T 1379（参照） |
| 11 | 甲胺磷 | 0.05 | 杀虫剂 | GB/T 5009.103、NY/T 761、GB 23200.113 |
| 12 | 甲拌磷 | 0.01 | 杀虫剂 | GB 23200.113 |
| 13 | 甲基对硫磷 | 0.02 | 杀虫剂 | NY/T 761、GB 23200.113 |
| 14 | 甲基硫环磷 | 0.03* | 杀虫剂 | NY/T 761 |
| 15 | 甲基异柳磷 | 0.01* | 杀虫剂 | GB/T 5009.144、GB 23200.113 |
| 16 | 甲氰菊酯 | 5 | 杀虫剂 | NY/T 761、GB 23200.113 |
| 17 | 久效磷 | 0.03 | 杀虫剂 | NY/T 761、GB 23200.113 |
| 18 | 克百威 | 0.02 | 杀虫剂 | NY/T 761 |
| 19 | 磷胺 | 0.05 | 杀虫剂 | NY/T 761、GB 23200.113 |
| 20 | 硫环磷 | 0.03 | 杀虫剂 | NY/T 761、GB 23200.113 |
| 21 | 硫线磷 | 0.02 | 杀虫剂 | GB/T 20769 |
| 22 | 氯唑磷 | 0.01 | 杀虫剂 | GB/T 20769、GB 23200.113 |
| 23 | 灭多威 | 0.2 | 杀虫剂 | NY/T 761 |
| 24 | 灭线磷 | 0.02 | 杀线虫剂 | NY/T 761 |
| 25 | 内吸磷 | 0.02 | 杀虫/杀螨剂 | GB/T 20769 |
| 26 | 氰戊菊酯和S-氰戊菊酯 | 0.2 | 杀虫剂 | GB 23200.8、NY/T 761、GB 23200.113 |
| 27 | 杀虫脒 | 0.01 | 杀虫剂 | GB/T 20769 |
| 28 | 杀螟硫磷 | 0.5* | 杀虫剂 | GB/T 14553、GB/T 20769、NY/T 761、GB 23200.113 |
| 29 | 杀扑磷 | 0.05 | 杀虫剂 | GB 23200.8、GB/T 14553、NY/T 761、GB 23200.113 |
| 30 | 水胺硫磷 | 0.05 | 杀虫剂 | GB/T 5009.20、GB 23200.113 |
| 31 | 特丁硫磷 | 0.01 | 杀虫剂 | NY/T 761、NY/T 1379 |
| 32 | 涕灭威 | 0.02 | 杀虫剂 | NY/T 761 |
| 33 | 辛硫磷 | 0.05 | 杀虫剂 | GB/T 5009.102、GB/T 20769 |
| 34 | 氧乐果 | 0.02 | 杀虫剂 | NY/T 761、NY/T 1379、GB 23200.113 |

（续）

| 序号 | 农药中文名 | 最大残留限量（mg/kg） | 农药主要用途 | 检测方法 |
|---|---|---|---|---|
| 35 | 乙酰甲胺磷 | 0.5 | 杀虫剂 | NY/T 761、GB 23200.113 |
| 36 | 蝇毒磷 | 0.05 | 杀虫剂 | GB 23200.8、GB 23200.113 |
| 37 | 治螟磷 | 0.01 | 杀虫剂 | GB 23200.8、NY/T 761、GB 23200.113 |
| 38 | 艾氏剂 | 0.05 | 杀虫剂 | GB/T 5009.19、NY/T 761、GB 23200.113 |
| 39 | 滴滴涕 | 0.05 | 杀虫剂 | GB/T 5009.19、NY/T 761、GB 23200.113 |
| 40 | 狄氏剂 | 0.02 | 杀虫剂 | GB/T 5009.19、NY/T 761、GB 23200.113 |
| 41 | 毒杀芬 | 0.05* | 杀虫剂 | YC/T 180（参照） |
| 42 | 六六六 | 0.05 | 杀虫剂 | GB/T 5009.19、NY/T 761、GB 23200.113 |
| 43 | 氯丹 | 0.02 | 杀虫剂 | GB/T 5009.19 |
| 44 | 灭蚁灵 | 0.01 | 杀虫剂 | GB/T 5009.19 |
| 45 | 七氯 | 0.01 | 杀虫剂 | GB/T 5009.19、NY/T 761 |
| 46 | 异狄氏剂 | 0.05 | 杀虫剂 | GB/T 5009.19、NY/T 761 |
| 47 | 百草枯 | 0.1* | 除草剂 | 无指定 |
| 48 | 倍硫磷 | 1 | 杀虫剂 | GB 23200.8、NY/T 761、GB 23200.113 |
| 49 | 苯醚甲环唑 | 2 | 杀菌剂 | GB 23200.8、GB 23200.49、GB/T 5009.218、GB 23200.113 |
| 50 | 多菌灵 | 0.5 | 杀菌剂 | GB/T 20769、NY/T 1453 |
| 51 | 乐果 | 0.5* | 杀虫剂 | GB/T 5009.145、GB/T 20769、NY/T 761、GB 23200.113 |
| 52 | 氯氟氰菊酯和高效氯氟氰菊酯 | 1 | 杀虫剂 | GB 23200.8、GB/T 5009.146、NY/T 761、GB 23200.113 |
| 53 | 氯菊酯 | 1 | 杀虫剂 | GB 23200.8、NY/T 761、GB 23200.113 |
| 54 | 氯氰菊酯和高效氯氰菊酯 | 0.05 | 杀虫剂 | GB 23200.8、GB/T 5009.146、NY/T 761、GB 23200.113 |
| 55 | 醚菌酯 | 0.2 | 杀菌剂 | GB 23200.8、GB/T 20769 |

（续）

| 序号 | 农药中文名 | 最大残留限量（mg/kg） | 农药主要用途 | 检测方法 |
|---|---|---|---|---|
| 56 | 噻嗪酮 | 5 | 杀虫剂 | GB 23200.8、GB/T 20769 |
| 57 | 肟菌酯 | 0.3 | 杀菌剂 | GB 23200.8、GB/T 20769、GB 23200.113 |
| 58 | 戊唑醇 | 0.05 | 杀菌剂 | GB 23200.8、GB/T 20769、GB 23200.113 |
| 59 | 溴氰菊酯 | 1 | 杀虫剂 | NY/T 761、GB 23200.113 |

## 4.44 无花果

无花果中农药最大残留限量见表4-44。

**表4-44 无花果中农药最大残留限量**

| 序号 | 农药中文名 | 最大残留限量（mg/kg） | 农药主要用途 | 检测方法 |
|---|---|---|---|---|
| 1 | 保棉磷 | 1 | 杀虫剂 | NY/T 761 |
| 2 | 倍硫磷 | 0.05 | 杀虫剂 | GB 23200.8、NY/T 761、GB 23200.113 |
| 3 | 苯线磷 | 0.02 | 杀虫剂 | GB 23200.8、GB/T 5009.145 |
| 4 | 草铵膦 | 0.1 | 除草剂 | GB 23200.108 |
| 5 | 草甘膦 | 0.1 | 除草剂 | GB/T 23750、NY/T 1096、SN/T 1923 |
| 6 | 敌百虫 | 0.2 | 杀虫剂 | GB/T 20769、NY/T 761 |
| 7 | 敌敌畏 | 0.2 | 杀虫剂 | GB 23200.8、GB/T 5009.20、NY/T 761、GB 23200.113 |
| 8 | 地虫硫磷 | 0.01 | 杀虫剂 | GB 23200.8、GB 23200.113 |
| 9 | 啶虫脒 | 2 | 杀虫剂 | GB/T 20769、GB/T 23584 |
| 10 | 对硫磷 | 0.01 | 杀虫剂 | GB/T 5009.145、GB 23200.113 |
| 11 | 氟虫腈 | 0.02 | 杀虫剂 | GB 23200.34、NY/T 1379（参照） |
| 12 | 甲胺磷 | 0.05 | 杀虫剂 | GB/T 5009.103、NY/T 761、GB 23200.113 |
| 13 | 甲拌磷 | 0.01 | 杀虫剂 | GB 23200.113 |
| 14 | 甲基对硫磷 | 0.02 | 杀虫剂 | NY/T 761、GB 23200.113 |

（续）

| 序号 | 农药中文名 | 最大残留限量（mg/kg） | 农药主要用途 | 检测方法 |
|---|---|---|---|---|
| 15 | 甲基硫环磷 | 0.03* | 杀虫剂 | NY/T 761 |
| 16 | 甲基异柳磷 | 0.01* | 杀虫剂 | GB/T 5009.144、GB 23200.113 |
| 17 | 甲氰菊酯 | 5 | 杀虫剂 | NY/T 761、GB 23200.113 |
| 18 | 久效磷 | 0.03 | 杀虫剂 | NY/T 761、GB 23200.113 |
| 19 | 克百威 | 0.02 | 杀虫剂 | NY/T 761 |
| 20 | 磷胺 | 0.05 | 杀虫剂 | NY/T 761、GB 23200.113 |
| 21 | 硫环磷 | 0.03 | 杀虫剂 | NY/T 761、GB 23200.113 |
| 22 | 硫线磷 | 0.02 | 杀虫剂 | GB/T 20769 |
| 23 | 氯菊酯 | 2 | 杀虫剂 | GB 23200.8、NY/T 761、GB 23200.113 |
| 24 | 氯唑磷 | 0.01 | 杀虫剂 | GB/T 20769、GB 23200.113 |
| 25 | 灭多威 | 0.2 | 杀虫剂 | NY/T 761 |
| 26 | 灭线磷 | 0.02 | 杀线虫剂 | NY/T 761 |
| 27 | 内吸磷 | 0.02 | 杀虫/杀螨剂 | GB/T 20769 |
| 28 | 氰戊菊酯和 S-氰戊菊酯 | 0.2 | 杀虫剂 | GB 23200.8、NY/T 761、GB 23200.113 |
| 29 | 杀虫脒 | 0.01 | 杀虫剂 | GB/T 20769 |
| 30 | 杀螟硫磷 | 0.5* | 杀虫剂 | GB/T 14553、GB/T 20769、NY/T 761、GB 23200.113 |
| 31 | 杀扑磷 | 0.05 | 杀虫剂 | GB 23200.8、GB/T 14553、NY/T 761、GB 23200.113 |
| 32 | 水胺硫磷 | 0.05 | 杀虫剂 | GB/T 5009.20、GB 23200.113 |
| 33 | 特丁硫磷 | 0.01 | 杀虫剂 | NY/T 761、NY/T 1379 |
| 34 | 涕灭威 | 0.02 | 杀虫剂 | NY/T 761 |
| 35 | 辛硫磷 | 0.05 | 杀虫剂 | GB/T 5009.102、GB/T 20769 |
| 36 | 氧乐果 | 0.02 | 杀虫剂 | NY/T 761、NY/T 1379、GB 23200.113 |
| 37 | 乙酰甲胺磷 | 0.5 | 杀虫剂 | NY/T 761、GB 23200.113 |
| 38 | 蝇毒磷 | 0.05 | 杀虫剂 | GB 23200.8、GB 23200.113 |
| 39 | 治螟磷 | 0.01 | 杀虫剂 | GB 23200.8、NY/T 761、GB 23200.113 |

（续）

| 序号 | 农药中文名 | 最大残留限量（mg/kg） | 农药主要用途 | 检测方法 |
|---|---|---|---|---|
| 40 | 艾氏剂 | 0.05 | 杀虫剂 | GB/T 5009.19、NY/T 761、GB 23200.113 |
| 41 | 滴滴涕 | 0.05 | 杀虫剂 | GB/T 5009.19、NY/T 761、GB 23200.113 |
| 42 | 狄氏剂 | 0.02 | 杀虫剂 | GB/T 5009.19、NY/T 761、GB 23200.113 |
| 43 | 毒杀芬 | 0.05* | 杀虫剂 | YC/T 180（参照） |
| 44 | 六六六 | 0.05 | 杀虫剂 | GB/T 5009.19、NY/T 761、GB 23200.113 |
| 45 | 氯丹 | 0.02 | 杀虫剂 | GB/T 5009.19 |
| 46 | 灭蚁灵 | 0.01 | 杀虫剂 | GB/T 5009.19 |
| 47 | 七氯 | 0.01 | 杀虫剂 | GB/T 5009.19、NY/T 761 |
| 48 | 异狄氏剂 | 0.05 | 杀虫剂 | GB/T 5009.19、NY/T 761 |
| 49 | 多菌灵 | 0.5 | 杀菌剂 | GB/T 20769、NY/T 1453 |
| 50 | 马拉硫磷 | 0.2 | 杀虫剂 | GB 23200.8、GB/T 20769、NY/T 761、GB 23200.113 |

## 4.45 杨桃

杨桃中农药最大残留限量见表4-45。

**表4-45 杨桃中农药最大残留限量**

| 序号 | 农药中文名 | 最大残留限量（mg/kg） | 农药主要用途 | 检测方法 |
|---|---|---|---|---|
| 1 | 保棉磷 | 1 | 杀虫剂 | NY/T 761 |
| 2 | 倍硫磷 | 0.05 | 杀虫剂 | GB 23200.8、NY/T 761、GB 23200.113 |
| 3 | 苯线磷 | 0.02 | 杀虫剂 | GB 23200.8、GB/T 5009.145 |
| 4 | 草铵膦 | 0.1 | 除草剂 | GB 23200.108 |
| 5 | 草甘膦 | 0.1 | 除草剂 | GB/T 23750、NY/T 1096、SN/T 1923 |
| 6 | 敌百虫 | 0.2 | 杀虫剂 | GB/T 20769、NY/T 761 |

（续）

| 序号 | 农药中文名 | 最大残留限量（mg/kg） | 农药主要用途 | 检测方法 |
|---|---|---|---|---|
| 7 | 敌敌畏 | 0.2 | 杀虫剂 | GB 23200.8、GB/T 5009.20、NY/T 761、GB 23200.113 |
| 8 | 地虫硫磷 | 0.01 | 杀虫剂 | GB 23200.8、GB 23200.113 |
| 9 | 啶虫脒 | 2 | 杀虫剂 | GB/T 20769、GB/T 23584 |
| 10 | 对硫磷 | 0.01 | 杀虫剂 | GB/T 5009.145、GB 23200.113 |
| 11 | 氟虫腈 | 0.02 | 杀虫剂 | GB 23200.34、NY/T 1379（参照） |
| 12 | 甲胺磷 | 0.05 | 杀虫剂 | GB/T 5009.103、NY/T 761、GB 23200.113 |
| 13 | 甲拌磷 | 0.01 | 杀虫剂 | GB 23200.113 |
| 14 | 甲基对硫磷 | 0.02 | 杀虫剂 | NY/T 761、GB 23200.113 |
| 15 | 甲基硫环磷 | 0.03* | 杀虫剂 | NY/T 761 |
| 16 | 甲基异柳磷 | 0.01* | 杀虫剂 | GB/T 5009.144、GB 23200.113 |
| 17 | 甲氰菊酯 | 5 | 杀虫剂 | NY/T 761、GB 23200.113 |
| 18 | 久效磷 | 0.03 | 杀虫剂 | NY/T 761、GB 23200.113 |
| 19 | 克百威 | 0.02 | 杀虫剂 | NY/T 761 |
| 20 | 磷胺 | 0.05 | 杀虫剂 | NY/T 761、GB 23200.113 |
| 21 | 硫环磷 | 0.03 | 杀虫剂 | NY/T 761、GB 23200.113 |
| 22 | 硫线磷 | 0.02 | 杀虫剂 | GB/T 20769 |
| 23 | 氯菊酯 | 2 | 杀虫剂 | GB 23200.8、NY/T 761、GB 23200.113 |
| 24 | 氯唑磷 | 0.01 | 杀虫剂 | GB/T 20769、GB 23200.113 |
| 25 | 灭多威 | 0.2 | 杀虫剂 | NY/T 761 |
| 26 | 灭线磷 | 0.02 | 杀线虫剂 | NY/T 761 |
| 27 | 内吸磷 | 0.02 | 杀虫/杀螨剂 | GB/T 20769 |
| 28 | 氰戊菊酯和S-氰戊菊酯 | 0.2 | 杀虫剂 | GB 23200.8、NY/T 761、GB 23200.113 |
| 29 | 杀虫脒 | 0.01 | 杀虫剂 | GB/T 20769 |
| 30 | 杀螟硫磷 | 0.5* | 杀虫剂 | GB/T 14553、GB/T 20769、NY/T 761、GB 23200.113 |

（续）

| 序号 | 农药中文名 | 最大残留限量（mg/kg） | 农药主要用途 | 检测方法 |
|---|---|---|---|---|
| 31 | 杀扑磷 | 0.05 | 杀虫剂 | GB 23200.8、GB/T 14553、NY/T 761、GB 23200.113 |
| 32 | 水胺硫磷 | 0.05 | 杀虫剂 | GB/T 5009.20、GB 23200.113 |
| 33 | 特丁硫磷 | 0.01 | 杀虫剂 | NY/T 761、NY/T 1379 |
| 34 | 涕灭威 | 0.02 | 杀虫剂 | NY/T 761 |
| 35 | 辛硫磷 | 0.05 | 杀虫剂 | GB/T 5009.102、GB/T 20769 |
| 36 | 氧乐果 | 0.02 | 杀虫剂 | NY/T 761、NY/T 1379、GB 23200.113 |
| 37 | 乙酰甲胺磷 | 0.5 | 杀虫剂 | NY/T 761、GB 23200.113 |
| 38 | 蝇毒磷 | 0.05 | 杀虫剂 | GB 23200.8、GB 23200.113 |
| 39 | 治螟磷 | 0.01 | 杀虫剂 | GB 23200.8、NY/T 761、GB 23200.113 |
| 40 | 艾氏剂 | 0.05 | 杀虫剂 | GB/T 5009.19、NY/T 761、GB 23200.113 |
| 41 | 滴滴涕 | 0.05 | 杀虫剂 | GB/T 5009.19、NY/T 761、GB 23200.113 |
| 42 | 狄氏剂 | 0.02 | 杀虫剂 | GB/T 5009.19、NY/T 761、GB 23200.113 |
| 43 | 毒杀芬 | 0.05* | 杀虫剂 | YC/T 180（参照） |
| 44 | 六六六 | 0.05 | 杀虫剂 | GB/T 5009.19、NY/T 761、GB 23200.113 |
| 45 | 氯丹 | 0.02 | 杀虫剂 | GB/T 5009.19 |
| 46 | 灭蚁灵 | 0.01 | 杀虫剂 | GB/T 5009.19 |
| 47 | 七氯 | 0.01 | 杀虫剂 | GB/T 5009.19、NY/T 761 |
| 48 | 异狄氏剂 | 0.05 | 杀虫剂 | GB/T 5009.19、NY/T 761 |
| 49 | 氯氰菊酯和高效氯氰菊酯 | 0.2 | 杀虫剂 | GB 23200.8、GB/T 5009.146、NY/T 761、GB 23200.113 |
| 50 | 嘧菌酯 | 0.1 | 杀菌剂 | GB/T 20769、NY/T 1453、SN/T 1976 |

## 4.46　莲雾

莲雾中农药最大残留限量见表 4－46。

**表 4－46　莲雾中农药最大残留限量**

| 序号 | 农药中文名 | 最大残留限量（mg/kg） | 农药主要用途 | 检测方法 |
|---|---|---|---|---|
| 1 | 保棉磷 | 1 | 杀虫剂 | NY/T 761 |
| 2 | 倍硫磷 | 0.05 | 杀虫剂 | GB 23200.8、NY/T 761、GB 23200.113 |
| 3 | 苯线磷 | 0.02 | 杀虫剂 | GB 23200.8、GB/T 5009.145 |
| 4 | 草铵膦 | 0.1 | 除草剂 | GB 23200.108 |
| 5 | 草甘膦 | 0.1 | 除草剂 | GB/T 23750、NY/T 1096、SN/T 1923 |
| 6 | 敌百虫 | 0.2 | 杀虫剂 | GB/T 20769、NY/T 761 |
| 7 | 敌敌畏 | 0.2 | 杀虫剂 | GB 23200.8、GB/T 5009.20、NY/T 761、GB 23200.113 |
| 8 | 地虫硫磷 | 0.01 | 杀虫剂 | GB 23200.8、GB 23200.113 |
| 9 | 啶虫脒 | 2 | 杀虫剂 | GB/T 20769、GB/T 23584 |
| 10 | 对硫磷 | 0.01 | 杀虫剂 | GB/T 5009.145、GB 23200.113 |
| 11 | 氟虫腈 | 0.02 | 杀虫剂 | GB 23200.34、NY/T 1379（参照） |
| 12 | 甲胺磷 | 0.05 | 杀虫剂 | GB/T 5009.103、NY/T 761、GB 23200.113 |
| 13 | 甲拌磷 | 0.01 | 杀虫剂 | GB 23200.113 |
| 14 | 甲基对硫磷 | 0.02 | 杀虫剂 | NY/T 761、GB 23200.113 |
| 15 | 甲基硫环磷 | 0.03* | 杀虫剂 | NY/T 761 |
| 16 | 甲基异柳磷 | 0.01* | 杀虫剂 | GB/T 5009.144、GB 23200.113 |
| 17 | 甲氰菊酯 | 5 | 杀虫剂 | NY/T 761、GB 23200.113 |
| 18 | 久效磷 | 0.03 | 杀虫剂 | NY/T 761、GB 23200.113 |
| 19 | 克百威 | 0.02 | 杀虫剂 | NY/T 761 |
| 20 | 磷胺 | 0.05 | 杀虫剂 | NY/T 761、GB 23200.113 |
| 21 | 硫环磷 | 0.03 | 杀虫剂 | NY/T 761、GB 23200.113 |
| 22 | 硫线磷 | 0.02 | 杀虫剂 | GB/T 20769 |

（续）

| 序号 | 农药中文名 | 最大残留限量（mg/kg） | 农药主要用途 | 检测方法 |
|---|---|---|---|---|
| 23 | 氯菊酯 | 2 | 杀虫剂 | GB 23200.8、NY/T 761、GB 23200.113 |
| 24 | 氯唑磷 | 0.01 | 杀虫剂 | GB/T 20769、GB 23200.113 |
| 25 | 灭多威 | 0.2 | 杀虫剂 | NY/T 761 |
| 26 | 灭线磷 | 0.02 | 杀线虫剂 | NY/T 761 |
| 27 | 内吸磷 | 0.02 | 杀虫/杀螨剂 | GB/T 20769 |
| 28 | 氰戊菊酯和S-氰戊菊酯 | 0.2 | 杀虫剂 | GB 23200.8、NY/T 761、GB 23200.113 |
| 29 | 杀虫脒 | 0.01 | 杀虫剂 | GB/T 20769 |
| 30 | 杀螟硫磷 | 0.5* | 杀虫剂 | GB/T 14553、GB/T 20769、NY/T 761、GB 23200.113 |
| 31 | 杀扑磷 | 0.05 | 杀虫剂 | GB 23200.8、GB/T 14553、NY/T 761、GB 23200.113 |
| 32 | 水胺硫磷 | 0.05 | 杀虫剂 | GB/T 5009.20、GB 23200.113 |
| 33 | 特丁硫磷 | 0.01 | 杀虫剂 | NY/T 761、NY/T 1379 |
| 34 | 涕灭威 | 0.02 | 杀虫剂 | NY/T 761 |
| 35 | 辛硫磷 | 0.05 | 杀虫剂 | GB/T 5009.102、GB/T 20769 |
| 36 | 氧乐果 | 0.02 | 杀虫剂 | NY/T 761、NY/T 1379、GB 23200.113 |
| 37 | 乙酰甲胺磷 | 0.5 | 杀虫剂 | NY/T 761、GB 23200.113 |
| 38 | 蝇毒磷 | 0.05 | 杀虫剂 | GB 23200.8、GB 23200.113 |
| 39 | 治螟磷 | 0.01 | 杀虫剂 | GB 23200.8、NY/T 761、GB 23200.113 |
| 40 | 艾氏剂 | 0.05 | 杀虫剂 | GB/T 5009.19、NY/T 761、GB 23200.113 |
| 41 | 滴滴涕 | 0.05 | 杀虫剂 | GB/T 5009.19、NY/T 761、GB 23200.113 |
| 42 | 狄氏剂 | 0.02 | 杀虫剂 | GB/T 5009.19、NY/T 761、GB 23200.113 |
| 43 | 毒杀芬 | 0.05* | 杀虫剂 | YC/T 180（参照） |
| 44 | 六六六 | 0.05 | 杀虫剂 | GB/T 5009.19、NY/T 761、GB 23200.113 |

(续)

| 序号 | 农药中文名 | 最大残留限量(mg/kg) | 农药主要用途 | 检测方法 |
| --- | --- | --- | --- | --- |
| 45 | 氯丹 | 0.02 | 杀虫剂 | GB/T 5009.19 |
| 46 | 灭蚁灵 | 0.01 | 杀虫剂 | GB/T 5009.19 |
| 47 | 七氯 | 0.01 | 杀虫剂 | GB/T 5009.19、NY/T 761 |
| 48 | 异狄氏剂 | 0.05 | 杀虫剂 | GB/T 5009.19、NY/T 761 |

## 4.47 荔枝

荔枝中农药最大残留限量见表 4-47。

**表 4-47 荔枝中农药最大残留限量**

| 序号 | 农药中文名 | 最大残留限量(mg/kg) | 农药主要用途 | 检测方法 |
| --- | --- | --- | --- | --- |
| 1 | 保棉磷 | 1 | 杀虫剂 | NY/T 761 |
| 2 | 百草枯 | 0.01* | 除草剂 | 无指定 |
| 3 | 倍硫磷 | 0.05 | 杀虫剂 | GB 23200.8、NY/T 761、GB 23200.113 |
| 4 | 苯线磷 | 0.02 | 杀虫剂 | GB 23200.8、GB/T 5009.145 |
| 5 | 草铵膦 | 0.1 | 除草剂 | GB 23200.108 |
| 6 | 草甘膦 | 0.1 | 除草剂 | GB/T 23750、NY/T 1096、SN/T 1923 |
| 7 | 敌百虫 | 0.2 | 杀虫剂 | GB/T 20769、NY/T 761 |
| 8 | 敌敌畏 | 0.2 | 杀虫剂 | GB 23200.8、GB/T 5009.20、NY/T 761、GB 23200.113 |
| 9 | 地虫硫磷 | 0.01 | 杀虫剂 | GB 23200.8、GB 23200.113 |
| 10 | 啶虫脒 | 2 | 杀虫剂 | GB/T 20769、GB/T 23584 |
| 11 | 对硫磷 | 0.01 | 杀虫剂 | GB/T 5009.145、GB 23200.113 |
| 12 | 氟虫腈 | 0.02 | 杀虫剂 | GB 23200.34、NY/T 1379(参照) |
| 13 | 甲胺磷 | 0.05 | 杀虫剂 | GB/T 5009.103、NY/T 761、GB 23200.113 |
| 14 | 甲拌磷 | 0.01 | 杀虫剂 | GB 23200.113 |
| 15 | 甲基对硫磷 | 0.02 | 杀虫剂 | NY/T 761、GB 23200.113 |

（续）

| 序号 | 农药中文名 | 最大残留限量（mg/kg） | 农药主要用途 | 检测方法 |
|---|---|---|---|---|
| 16 | 甲基硫环磷 | 0.03* | 杀虫剂 | NY/T 761 |
| 17 | 甲基异柳磷 | 0.01* | 杀虫剂 | GB/T 5009.144、GB 23200.113 |
| 18 | 甲氰菊酯 | 5 | 杀虫剂 | NY/T 761、GB 23200.113 |
| 19 | 久效磷 | 0.03 | 杀虫剂 | NY/T 761、GB 23200.113 |
| 20 | 克百威 | 0.02 | 杀虫剂 | NY/T 761 |
| 21 | 磷胺 | 0.05 | 杀虫剂 | NY/T 761、GB 23200.113 |
| 22 | 硫环磷 | 0.03 | 杀虫剂 | NY/T 761、GB 23200.113 |
| 23 | 硫线磷 | 0.02 | 杀虫剂 | GB/T 20769 |
| 24 | 氯菊酯 | 2 | 杀虫剂 | GB 23200.8、NY/T 761、GB 23200.113 |
| 25 | 氯唑磷 | 0.01 | 杀虫剂 | GB/T 20769、GB 23200.113 |
| 26 | 灭多威 | 0.2 | 杀虫剂 | NY/T 761 |
| 27 | 灭线磷 | 0.02 | 杀线虫剂 | NY/T 761 |
| 28 | 内吸磷 | 0.02 | 杀虫/杀螨剂 | GB/T 20769 |
| 29 | 氰戊菊酯和S-氰戊菊酯 | 0.2 | 杀虫剂 | GB 23200.8、NY/T 761、GB 23200.113 |
| 30 | 杀虫脒 | 0.01 | 杀虫剂 | GB/T 20769 |
| 31 | 杀螟硫磷 | 0.5* | 杀虫剂 | GB/T 14553、GB/T 20769、NY/T 761、GB 23200.113 |
| 32 | 杀扑磷 | 0.05 | 杀虫剂 | GB 23200.8、GB/T 14553、NY/T 761、GB 23200.113 |
| 33 | 水胺硫磷 | 0.05 | 杀虫剂 | GB/T 5009.20、GB 23200.113 |
| 34 | 特丁硫磷 | 0.01 | 杀虫剂 | NY/T 761、NY/T 1379 |
| 35 | 涕灭威 | 0.02 | 杀虫剂 | NY/T 761 |
| 36 | 辛硫磷 | 0.05 | 杀虫剂 | GB/T 5009.102、GB/T 20769 |
| 37 | 氧乐果 | 0.02 | 杀虫剂 | NY/T 761、NY/T 1379、GB 23200.113 |
| 38 | 乙酰甲胺磷 | 0.5 | 杀虫剂 | NY/T 761、GB 23200.113 |
| 39 | 蝇毒磷 | 0.05 | 杀虫剂 | GB 23200.8、GB 23200.113 |
| 40 | 治螟磷 | 0.01 | 杀虫剂 | GB 23200.8、NY/T 761、GB 23200.113 |

（续）

| 序号 | 农药中文名 | 最大残留限量（mg/kg） | 农药主要用途 | 检测方法 |
|---|---|---|---|---|
| 41 | 艾氏剂 | 0.05 | 杀虫剂 | GB/T 5009.19、NY/T 761、GB 23200.113 |
| 42 | 滴滴涕 | 0.05 | 杀虫剂 | GB/T 5009.19、NY/T 761、GB 23200.113 |
| 43 | 狄氏剂 | 0.02 | 杀虫剂 | GB/T 5009.19、NY/T 761、GB 23200.113 |
| 44 | 毒杀芬 | 0.05* | 杀虫剂 | YC/T 180（参照） |
| 45 | 六六六 | 0.05 | 杀虫剂 | GB/T 5009.19、NY/T 761、GB 23200.113 |
| 46 | 氯丹 | 0.02 | 杀虫剂 | GB/T 5009.19 |
| 47 | 灭蚁灵 | 0.01 | 杀虫剂 | GB/T 5009.19 |
| 48 | 七氯 | 0.01 | 杀虫剂 | GB/T 5009.19、NY/T 761 |
| 49 | 异狄氏剂 | 0.05 | 杀虫剂 | GB/T 5009.19、NY/T 761 |
| 50 | 百菌清 | 0.2 | 杀菌剂 | GB/T 5009.105、NY/T 761 |
| 51 | 苯醚甲环唑 | 0.5 | 杀菌剂 | GB 23200.8、GB 23200.49、GB/T 5009.218、GB 23200.113 |
| 52 | 吡唑醚菌酯 | 0.1 | 杀菌剂 | GB 23200.8 |
| 53 | 春雷霉素 | 0.05* | 杀菌剂 | 无指定 |
| 54 | 代森锰锌 | 5 | 杀菌剂 | SN 0157 |
| 55 | 毒死蜱 | 1 | 杀虫剂 | GB 23200.8、NY/T 761、SN/T 2158、GB 23200.113 |
| 56 | 多菌灵 | 0.5 | 杀菌剂 | GB/T 20769、NY/T 1453 |
| 57 | 多效唑 | 0.5 | 植物生长调节剂 | GB 23200.8、GB/T 20769、GB/T 20770、GB 23200.113 |
| 58 | 氟吗啉 | 0.1* | 杀菌剂 | 无指定 |
| 59 | 甲霜灵和精甲霜灵 | 0.5 | 杀菌剂 | GB 23200.8、GB/T 20769、GB 23200.113 |
| 60 | 腈菌唑 | 0.5 | 杀菌剂 | GB 23200.8、GB/T 20769、NY/T 1455、GB 23200.113 |
| 61 | 喹啉铜 | 5* | 杀菌剂 | 无指定 |
| 62 | 硫丹 | 0.05 | 杀虫剂 | NY/T 761 |
| 63 | 螺虫乙酯 | 15* | 杀虫剂 | 无指定 |

（续）

| 序号 | 农药中文名 | 最大残留限量（mg/kg） | 农药主要用途 | 检测方法 |
|---|---|---|---|---|
| 64 | 氯氟氰菊酯和高效氯氟氰菊酯 | 0.1 | 杀虫剂 | GB 23200.8、GB/T 5009.146、NY/T 761、GB 23200.113 |
| 65 | 咪鲜胺和咪鲜胺锰盐 | 2 | 杀菌剂 | GB/T 20769、NY/T 1456 |
| 66 | 氯氰菊酯和高效氯氰菊酯 | 0.5 | 杀虫剂 | GB 23200.8、GB/T 5009.146、NY/T 761、GB 23200.113 |
| 67 | 马拉硫磷 | 0.5 | 杀虫剂 | GB 23200.8、GB/T 20769、NY/T 761、GB 23200.113 |
| 68 | 嘧菌酯 | 0.5 | 杀菌剂 | GB/T 20769、NY/T 1453、SN/T 1976 |
| 69 | 萘乙酸和萘乙酸钠 | 0.05 | 植物生长调节剂 | SN/T 2228（参照） |
| 70 | 氰霜唑 | 0.02* | 杀菌剂 | GB 23200.14（参照） |
| 71 | 三乙膦酸铝 | 1* | 杀菌剂 | 无指定 |
| 72 | 三唑磷 | 0.2 | 杀虫剂 | NY/T 761、GB 23200.113 |
| 73 | 三唑酮 | 0.05 | 杀菌剂 | GB 23200.8、GB/T 20769、NY/T 761、GB 23200.113 |
| 74 | 双炔酰菌胺 | 0.2* | 杀菌剂 | 无指定 |
| 75 | 霜脲氰 | 0.1 | 杀菌剂 | GB/T 20769 |
| 76 | 溴氰菊酯 | 0.05 | 杀虫剂 | NY/T 761、GB 23200.113 |
| 77 | 乙烯利 | 2 | 植物生长调节剂 | GB 23200.16 |

## 4.48 龙眼

龙眼中农药最大残留限量见表 4-48。

**表 4-48 龙眼中农药最大残留限量**

| 序号 | 农药中文名 | 最大残留限量（mg/kg） | 农药主要用途 | 检测方法 |
|---|---|---|---|---|
| 1 | 保棉磷 | 1 | 杀虫剂 | NY/T 761 |
| 2 | 百草枯 | 0.01* | 除草剂 | 无指定 |
| 3 | 倍硫磷 | 0.05 | 杀虫剂 | GB 23200.8、NY/T 761、GB 23200.113 |
| 4 | 苯线磷 | 0.02 | 杀虫剂 | GB 23200.8、GB/T 5009.145 |
| 5 | 草铵膦 | 0.1 | 除草剂 | GB 23200.108 |

（续）

| 序号 | 农药中文名 | 最大残留限量（mg/kg） | 农药主要用途 | 检测方法 |
|---|---|---|---|---|
| 6 | 草甘膦 | 0.1 | 除草剂 | GB/T 23750、NY/T 1096、SN/T 1923 |
| 7 | 敌百虫 | 0.2 | 杀虫剂 | GB/T 20769、NY/T 761 |
| 8 | 敌敌畏 | 0.2 | 杀虫剂 | GB 23200.8、GB/T 5009.20、NY/T 761、GB 23200.113 |
| 9 | 地虫硫磷 | 0.01 | 杀虫剂 | GB 23200.8、GB 23200.113 |
| 10 | 啶虫脒 | 2 | 杀虫剂 | GB/T 20769、GB/T 23584 |
| 11 | 对硫磷 | 0.01 | 杀虫剂 | GB/T 5009.145、GB 23200.113 |
| 12 | 氟虫腈 | 0.02 | 杀虫剂 | GB 23200.34、NY/T 1379（参照） |
| 13 | 甲胺磷 | 0.05 | 杀虫剂 | GB/T 5009.103、NY/T 761、GB 23200.113 |
| 14 | 甲拌磷 | 0.01 | 杀虫剂 | GB 23200.113 |
| 15 | 甲基对硫磷 | 0.02 | 杀虫剂 | NY/T 761、GB 23200.113 |
| 16 | 甲基硫环磷 | 0.03* | 杀虫剂 | NY/T 761 |
| 17 | 甲基异柳磷 | 0.01* | 杀虫剂 | GB/T 5009.144、GB 23200.113 |
| 18 | 甲氰菊酯 | 5 | 杀虫剂 | NY/T 761、GB 23200.113 |
| 19 | 久效磷 | 0.03 | 杀虫剂 | NY/T 761、GB 23200.113 |
| 20 | 克百威 | 0.02 | 杀虫剂 | NY/T 761 |
| 21 | 磷胺 | 0.05 | 杀虫剂 | NY/T 761、GB 23200.113 |
| 22 | 硫环磷 | 0.03 | 杀虫剂 | NY/T 761、GB 23200.113 |
| 23 | 硫线磷 | 0.02 | 杀虫剂 | GB/T 20769 |
| 24 | 氯菊酯 | 2 | 杀虫剂 | GB 23200.8、NY/T 761、GB 23200.113 |
| 25 | 氯唑磷 | 0.01 | 杀虫剂 | GB/T 20769、GB 23200.113 |
| 26 | 灭多威 | 0.2 | 杀虫剂 | NY/T 761 |
| 27 | 灭线磷 | 0.02 | 杀线虫剂 | NY/T 761 |
| 28 | 内吸磷 | 0.02 | 杀虫/杀螨剂 | GB/T 20769 |
| 29 | 氰戊菊酯和 S-氰戊菊酯 | 0.2 | 杀虫剂 | GB 23200.8、NY/T 761、GB 23200.113 |
| 30 | 杀虫脒 | 0.01 | 杀虫剂 | GB/T 20769 |

（续）

| 序号 | 农药中文名 | 最大残留限量（mg/kg） | 农药主要用途 | 检测方法 |
| --- | --- | --- | --- | --- |
| 31 | 杀螟硫磷 | 0.5* | 杀虫剂 | GB/T 14553、GB/T 20769、NY/T 761、GB 23200.113 |
| 32 | 杀扑磷 | 0.05 | 杀虫剂 | GB 23200.8、GB/T 14553、NY/T 761、GB 23200.113 |
| 33 | 水胺硫磷 | 0.05 | 杀虫剂 | GB/T 5009.20、GB 23200.113 |
| 34 | 特丁硫磷 | 0.01 | 杀虫剂 | NY/T 761、NY/T 1379 |
| 35 | 涕灭威 | 0.02 | 杀虫剂 | NY/T 761 |
| 36 | 辛硫磷 | 0.05 | 杀虫剂 | GB/T 5009.102、GB/T 20769 |
| 37 | 氧乐果 | 0.02 | 杀虫剂 | NY/T 761、NY/T 1379、GB 23200.113 |
| 38 | 乙酰甲胺磷 | 0.5 | 杀虫剂 | NY/T 761、GB 23200.113 |
| 39 | 蝇毒磷 | 0.05 | 杀虫剂 | GB 23200.8、GB 23200.113 |
| 40 | 治螟磷 | 0.01 | 杀虫剂 | GB 23200.8、NY/T 761、GB 23200.113 |
| 41 | 艾氏剂 | 0.05 | 杀虫剂 | GB/T 5009.19、NY/T 761、GB 23200.113 |
| 42 | 滴滴涕 | 0.05 | 杀虫剂 | GB/T 5009.19、NY/T 761、GB 23200.113 |
| 43 | 狄氏剂 | 0.02 | 杀虫剂 | GB/T 5009.19、NY/T 761、GB 23200.113 |
| 44 | 毒杀芬 | 0.05* | 杀虫剂 | YC/T 180（参照） |
| 45 | 六六六 | 0.05 | 杀虫剂 | GB/T 5009.19、NY/T 761、GB 23200.113 |
| 46 | 氯丹 | 0.02 | 杀虫剂 | GB/T 5009.19 |
| 47 | 灭蚁灵 | 0.01 | 杀虫剂 | GB/T 5009.19 |
| 48 | 七氯 | 0.01 | 杀虫剂 | GB/T 5009.19、NY/T 761 |
| 49 | 异狄氏剂 | 0.05 | 杀虫剂 | GB/T 5009.19、NY/T 761 |
| 50 | 咪鲜胺和咪鲜胺锰盐 | 5 | 杀菌剂 | GB/T 20769、NY/T 1456 |
| 51 | 毒死蜱 | 1 | 杀虫剂 | GB 23200.8、NY/T 761、SN/T 2158、GB 23200.113 |
| 52 | 氯氰菊酯和高效氯氰菊酯 | 0.5 | 杀虫剂 | GB 23200.8、GB/T 5009.146、NY/T 761、GB 23200.113 |

## 4.49 红毛丹

红毛丹中农药最大残留限量见表4-49。

**表4-49 红毛丹中农药最大残留限量**

| 序号 | 农药中文名 | 最大残留限量(mg/kg) | 农药主要用途 | 检测方法 |
| --- | --- | --- | --- | --- |
| 1 | 保棉磷 | 1 | 杀虫剂 | NY/T 761 |
| 2 | 百草枯 | 0.01* | 除草剂 | 无指定 |
| 3 | 倍硫磷 | 0.05 | 杀虫剂 | GB 23200.8、NY/T 761、GB 23200.113 |
| 4 | 苯线磷 | 0.02 | 杀虫剂 | GB 23200.8、GB/T 5009.145 |
| 5 | 草铵膦 | 0.1 | 除草剂 | GB 23200.108 |
| 6 | 草甘膦 | 0.1 | 除草剂 | GB/T 23750、NY/T 1096、SN/T 1923 |
| 7 | 敌百虫 | 0.2 | 杀虫剂 | GB/T 20769、NY/T 761 |
| 8 | 敌敌畏 | 0.2 | 杀虫剂 | GB 23200.8、GB/T 5009.20、NY/T 761、GB 23200.113 |
| 9 | 地虫硫磷 | 0.01 | 杀虫剂 | GB 23200.8、GB 23200.113 |
| 10 | 啶虫脒 | 2 | 杀虫剂 | GB/T 20769、GB/T 23584 |
| 11 | 对硫磷 | 0.01 | 杀虫剂 | GB/T 5009.145、GB 23200.113 |
| 12 | 氟虫腈 | 0.02 | 杀虫剂 | GB 23200.34、NY/T 1379(参照) |
| 13 | 甲胺磷 | 0.05 | 杀虫剂 | GB/T 5009.103、NY/T 761、GB 23200.113 |
| 14 | 甲拌磷 | 0.01 | 杀虫剂 | GB 23200.113 |
| 15 | 甲基对硫磷 | 0.02 | 杀虫剂 | NY/T 761、GB 23200.113 |
| 16 | 甲基硫环磷 | 0.03* | 杀虫剂 | NY/T 761 |
| 17 | 甲基异柳磷 | 0.01* | 杀虫剂 | GB/T 5009.144、GB 23200.113 |
| 18 | 甲氰菊酯 | 5 | 杀虫剂 | NY/T 761、GB 23200.113 |
| 19 | 久效磷 | 0.03 | 杀虫剂 | NY/T 761、GB 23200.113 |
| 20 | 克百威 | 0.02 | 杀虫剂 | NY/T 761 |
| 21 | 磷胺 | 0.05 | 杀虫剂 | NY/T 761、GB 23200.113 |
| 22 | 硫环磷 | 0.03 | 杀虫剂 | NY/T 761、GB 23200.113 |

（续）

| 序号 | 农药中文名 | 最大残留限量（mg/kg） | 农药主要用途 | 检测方法 |
|---|---|---|---|---|
| 23 | 硫线磷 | 0.02 | 杀虫剂 | GB/T 20769 |
| 24 | 氯菊酯 | 2 | 杀虫剂 | GB 23200.8、NY/T 761、GB 23200.113 |
| 25 | 氯唑磷 | 0.01 | 杀虫剂 | GB/T 20769、GB 23200.113 |
| 26 | 咪鲜胺和咪鲜胺锰盐 | 7 | 杀菌剂 | GB/T 20769、NY/T 1456 |
| 27 | 灭多威 | 0.2 | 杀虫剂 | NY/T 761 |
| 28 | 灭线磷 | 0.02 | 杀线虫剂 | NY/T 761 |
| 29 | 内吸磷 | 0.02 | 杀虫/杀螨剂 | GB/T 20769 |
| 30 | 氰戊菊酯和S-氰戊菊酯 | 0.2 | 杀虫剂 | GB 23200.8、NY/T 761、GB 23200.113 |
| 31 | 杀虫脒 | 0.01 | 杀虫剂 | GB/T 20769 |
| 32 | 杀螟硫磷 | 0.5* | 杀虫剂 | GB/T 14553、GB/T 20769、NY/T 761、GB 23200.113 |
| 33 | 杀扑磷 | 0.05 | 杀虫剂 | GB 23200.8、GB/T 14553、NY/T 761、GB 23200.113 |
| 34 | 水胺硫磷 | 0.05 | 杀虫剂 | GB/T 5009.20、GB 23200.113 |
| 35 | 特丁硫磷 | 0.01 | 杀虫剂 | NY/T 761、NY/T 1379 |
| 36 | 涕灭威 | 0.02 | 杀虫剂 | NY/T 761 |
| 37 | 辛硫磷 | 0.05 | 杀虫剂 | GB/T 5009.102、GB/T 20769 |
| 38 | 氧乐果 | 0.02 | 杀虫剂 | NY/T 761、NY/T 1379、GB 23200.113 |
| 39 | 乙酰甲胺磷 | 0.5 | 杀虫剂 | NY/T 761、GB 23200.113 |
| 40 | 蝇毒磷 | 0.05 | 杀虫剂 | GB 23200.8、GB 23200.113 |
| 41 | 治螟磷 | 0.01 | 杀虫剂 | GB 23200.8、NY/T 761、GB 23200.113 |
| 42 | 艾氏剂 | 0.05 | 杀虫剂 | GB/T 5009.19、NY/T 761、GB 23200.113 |
| 43 | 滴滴涕 | 0.05 | 杀虫剂 | GB/T 5009.19、NY/T 761、GB 23200.113 |
| 44 | 狄氏剂 | 0.02 | 杀虫剂 | GB/T 5009.19、NY/T 761、GB 23200.113 |
| 45 | 毒杀芬 | 0.05* | 杀虫剂 | YC/T 180（参照） |

（续）

| 序号 | 农药中文名 | 最大残留限量（mg/kg） | 农药主要用途 | 检测方法 |
|---|---|---|---|---|
| 46 | 六六六 | 0.05 | 杀虫剂 | GB/T 5009.19、NY/T 761、GB 23200.113 |
| 47 | 氯丹 | 0.02 | 杀虫剂 | GB/T 5009.19 |
| 48 | 灭蚁灵 | 0.01 | 杀虫剂 | GB/T 5009.19 |
| 49 | 七氯 | 0.01 | 杀虫剂 | GB/T 5009.19、NY/T 761 |
| 50 | 异狄氏剂 | 0.05 | 杀虫剂 | GB/T 5009.19、NY/T 761 |

## 4.50 芒果

芒果中农药最大残留限量见表4-50。

**表4-50 芒果中农药最大残留限量**

| 序号 | 农药中文名 | 最大残留限量（mg/kg） | 农药主要用途 | 检测方法 |
|---|---|---|---|---|
| 1 | 保棉磷 | 1 | 杀虫剂 | NY/T 761 |
| 2 | 百草枯 | 0.01* | 除草剂 | 无指定 |
| 3 | 倍硫磷 | 0.05 | 杀虫剂 | GB 23200.8、NY/T 761、GB 23200.113 |
| 4 | 苯线磷 | 0.02 | 杀虫剂 | GB 23200.8、GB/T 5009.145 |
| 5 | 草铵膦 | 0.1 | 除草剂 | GB 23200.108 |
| 6 | 草甘膦 | 0.1 | 除草剂 | GB/T 23750、NY/T 1096、SN/T 1923 |
| 7 | 敌百虫 | 0.2 | 杀虫剂 | GB/T 20769、NY/T 761 |
| 8 | 敌敌畏 | 0.2 | 杀虫剂 | GB 23200.8、GB/T 5009.20、NY/T 761、GB 23200.113 |
| 9 | 地虫硫磷 | 0.01 | 杀虫剂 | GB 23200.8、GB 23200.113 |
| 10 | 啶虫脒 | 2 | 杀虫剂 | GB/T 20769、GB/T 23584 |
| 11 | 对硫磷 | 0.01 | 杀虫剂 | GB/T 5009.145、GB 23200.113 |
| 12 | 氟虫腈 | 0.02 | 杀虫剂 | GB 23200.34、NY/T 1379（参照） |
| 13 | 甲胺磷 | 0.05 | 杀虫剂 | GB/T 5009.103、NY/T 761、GB 23200.113 |
| 14 | 甲拌磷 | 0.01 | 杀虫剂 | GB 23200.113 |

（续）

| 序号 | 农药中文名 | 最大残留限量（mg/kg） | 农药主要用途 | 检测方法 |
|---|---|---|---|---|
| 15 | 甲基对硫磷 | 0.02 | 杀虫剂 | NY/T 761、GB 23200.113 |
| 16 | 甲基硫环磷 | 0.03* | 杀虫剂 | NY/T 761 |
| 17 | 甲基异柳磷 | 0.01* | 杀虫剂 | GB/T 5009.144、GB 23200.113 |
| 18 | 甲氰菊酯 | 5 | 杀虫剂 | NY/T 761、GB 23200.113 |
| 19 | 久效磷 | 0.03 | 杀虫剂 | NY/T 761、GB 23200.113 |
| 20 | 克百威 | 0.02 | 杀虫剂 | NY/T 761 |
| 21 | 磷胺 | 0.05 | 杀虫剂 | NY/T 761、GB 23200.113 |
| 22 | 硫环磷 | 0.03 | 杀虫剂 | NY/T 761、GB 23200.113 |
| 23 | 硫线磷 | 0.02 | 杀虫剂 | GB/T 20769 |
| 24 | 氯菊酯 | 2 | 杀虫剂 | GB 23200.8、NY/T 761、GB 23200.113 |
| 25 | 氯唑磷 | 0.01 | 杀虫剂 | GB/T 20769、GB 23200.113 |
| 26 | 灭多威 | 0.2 | 杀虫剂 | NY/T 761 |
| 27 | 灭线磷 | 0.02 | 杀线虫剂 | NY/T 761 |
| 28 | 内吸磷 | 0.02 | 杀虫/杀螨剂 | GB/T 20769 |
| 29 | 杀虫脒 | 0.01 | 杀虫剂 | GB/T 20769 |
| 30 | 杀螟硫磷 | 0.5* | 杀虫剂 | GB/T 14553、GB/T 20769、NY/T 761、GB 23200.113 |
| 31 | 杀扑磷 | 0.05 | 杀虫剂 | GB 23200.8、GB/T 14553、NY/T 761、GB 23200.113 |
| 32 | 水胺硫磷 | 0.05 | 杀虫剂 | GB/T 5009.20、GB 23200.113 |
| 33 | 特丁硫磷 | 0.01 | 杀虫剂 | NY/T 761、NY/T 1379 |
| 34 | 涕灭威 | 0.02 | 杀虫剂 | NY/T 761 |
| 35 | 辛硫磷 | 0.05 | 杀虫剂 | GB/T 5009.102、GB/T 20769 |
| 36 | 氧乐果 | 0.02 | 杀虫剂 | NY/T 761、NY/T 1379、GB 23200.113 |
| 37 | 乙酰甲胺磷 | 0.5 | 杀虫剂 | NY/T 761、GB 23200.113 |
| 38 | 蝇毒磷 | 0.05 | 杀虫剂 | GB 23200.8、GB 23200.113 |
| 39 | 治螟磷 | 0.01 | 杀虫剂 | GB 23200.8、NY/T 761、GB 23200.113 |
| 40 | 艾氏剂 | 0.05 | 杀虫剂 | GB/T 5009.19、NY/T 761、GB 23200.113 |

（续）

| 序号 | 农药中文名 | 最大残留限量（mg/kg） | 农药主要用途 | 检测方法 |
|---|---|---|---|---|
| 41 | 滴滴涕 | 0.05 | 杀虫剂 | GB/T 5009.19、NY/T 761、GB 23200.113 |
| 42 | 狄氏剂 | 0.02 | 杀虫剂 | GB/T 5009.19、NY/T 761、GB 23200.113 |
| 43 | 毒杀芬 | 0.05* | 杀虫剂 | YC/T 180（参照） |
| 44 | 六六六 | 0.05 | 杀虫剂 | GB/T 5009.19、NY/T 761、GB 23200.113 |
| 45 | 氯丹 | 0.02 | 杀虫剂 | GB/T 5009.19 |
| 46 | 灭蚁灵 | 0.01 | 杀虫剂 | GB/T 5009.19 |
| 47 | 七氯 | 0.01 | 杀虫剂 | GB/T 5009.19、NY/T 761 |
| 48 | 异狄氏剂 | 0.05 | 杀虫剂 | GB/T 5009.19、NY/T 761 |
| 49 | 苯醚甲环唑 | 0.2 | 杀菌剂 | GB 23200.8、GB 23200.49、GB/T 5009.218、GB 23200.113 |
| 50 | 吡虫啉 | 0.2 | 杀虫剂 | GB/T 20769、GB/T 23379 |
| 51 | 吡唑醚菌酯 | 0.05 | 杀菌剂 | GB 23200.8 |
| 52 | 丙森锌 | 2 | 杀菌剂 | SN 0157、SN/T 1541（参照） |
| 53 | 丙溴磷 | 0.2 | 杀虫剂 | GB 23200.8、NY/T 761、SN/T 2234、GB 23200.113 |
| 54 | 代森铵 | 2 | 杀菌剂 | SN 0157 |
| 55 | 代森锰锌 | 2 | 杀菌剂 | SN 0157 |
| 56 | 多菌灵 | 0.5 | 杀菌剂 | GB/T 20769、NY/T 1453 |
| 57 | 多效唑 | 0.05 | 植物生长调节剂 | GB 23200.8、GB/T 20769、GB/T 20770、GB 23200.113 |
| 58 | 福美双 | 2 | 杀菌剂 | SN 0157 |
| 59 | 福美锌 | 2 | 杀菌剂 | SN 0157、SN/T 1541（参照） |
| 60 | 咯菌腈 | 2 | 杀菌剂 | GB 23200.8、GB/T 20769、GB 23200.113 |
| 61 | 乐果 | 1* | 杀虫剂 | GB/T 5009.145、GB/T 20769、NY/T 761、GB 23200.113 |
| 62 | 螺虫乙酯 | 0.3* | 杀虫剂 | 无指定 |
| 63 | 氯氟氰菊酯和高效氯氟氰菊酯 | 0.2 | 杀虫剂 | GB 23200.8、GB/T 5009.146、NY/T 761、GB 23200.113 |

（续）

| 序号 | 农药中文名 | 最大残留限量（mg/kg） | 农药主要用途 | 检测方法 |
|---|---|---|---|---|
| 64 | 咪鲜胺和咪鲜胺锰盐 | 2 | 杀菌剂 | GB/T 20769、NY/T 1456 |
| 65 | 氰戊菊酯和S-氰戊菊酯 | 1.5 | 杀虫剂 | GB 23200.8、NY/T 761、GB 23200.113 |
| 66 | 氯氰菊酯和高效氯氰菊酯 | 0.7 | 杀虫剂 | GB 23200.8、GB/T 5009.146、NY/T 761、GB 23200.113 |
| 67 | 嘧菌环胺 | 2 | 杀菌剂 | GB 23200.8、GB/T 20769、GB 23200.113 |
| 68 | 嘧菌酯 | 1 | 杀菌剂 | GB/T 20769、NY/T 1453、SN/T 1976 |
| 69 | 灭蝇胺 | 0.5 | 杀虫剂 | NY/T 1725（参照） |
| 70 | 噻虫胺 | 0.04 | 杀虫剂 | GB 23200.8、GB/T 20769 |
| 71 | 噻菌灵 | 5 | 杀菌剂 | GB/T 20769、NY/T 1453、NY/T 1680 |
| 72 | 噻嗪酮 | 0.1 | 杀虫剂 | GB 23200.8、GB/T 20769 |
| 73 | 戊唑醇 | 0.05 | 杀菌剂 | GB 23200.8、GB/T 20769、GB 23200.113 |
| 74 | 溴氰菊酯 | 0.05 | 杀虫剂 | NY/T 761、GB 23200.113 |
| 75 | 乙烯利 | 2 | 植物生长调节剂 | GB 23200.16 |

## 4.51 石榴

石榴中农药最大残留限量见表 4-51。

**表 4-51 石榴中农药最大残留限量**

| 序号 | 农药中文名 | 最大残留限量（mg/kg） | 农药主要用途 | 检测方法 |
|---|---|---|---|---|
| 1 | 保棉磷 | 1 | 杀虫剂 | NY/T 761 |
| 2 | 百草枯 | 0.01* | 除草剂 | 无指定 |
| 3 | 倍硫磷 | 0.05 | 杀虫剂 | GB 23200.8、NY/T 761、GB 23200.113 |
| 4 | 苯线磷 | 0.02 | 杀虫剂 | GB 23200.8、GB/T 5009.145 |
| 5 | 草铵膦 | 0.1 | 除草剂 | GB 23200.108 |
| 6 | 草甘膦 | 0.1 | 除草剂 | GB/T 23750、NY/T 1096、SN/T 1923 |

（续）

| 序号 | 农药中文名 | 最大残留限量（mg/kg） | 农药主要用途 | 检测方法 |
|---|---|---|---|---|
| 7 | 敌百虫 | 0.2 | 杀虫剂 | GB/T 20769、NY/T 761 |
| 8 | 敌敌畏 | 0.2 | 杀虫剂 | GB 23200.8、GB/T 5009.20、NY/T 761、GB 23200.113 |
| 9 | 地虫硫磷 | 0.01 | 杀虫剂 | GB 23200.8、GB 23200.113 |
| 10 | 啶虫脒 | 2 | 杀虫剂 | GB/T 20769、GB/T 23584 |
| 11 | 对硫磷 | 0.01 | 杀虫剂 | GB/T 5009.145、GB 23200.113 |
| 12 | 氟虫腈 | 0.02 | 杀虫剂 | GB 23200.34、NY/T 1379（参照） |
| 13 | 甲胺磷 | 0.05 | 杀虫剂 | GB/T 5009.103、NY/T 761、GB 23200.113 |
| 14 | 甲拌磷 | 0.01 | 杀虫剂 | GB 23200.113 |
| 15 | 甲基对硫磷 | 0.02 | 杀虫剂 | NY/T 761、GB 23200.113 |
| 16 | 甲基硫环磷 | 0.03* | 杀虫剂 | NY/T 761 |
| 17 | 甲基异柳磷 | 0.01* | 杀虫剂 | GB/T 5009.144、GB 23200.113 |
| 18 | 甲氰菊酯 | 5 | 杀虫剂 | NY/T 761、GB 23200.113 |
| 19 | 久效磷 | 0.03 | 杀虫剂 | NY/T 761、GB 23200.113 |
| 20 | 克百威 | 0.02 | 杀虫剂 | NY/T 761 |
| 21 | 磷胺 | 0.05 | 杀虫剂 | NY/T 761、GB 23200.113 |
| 22 | 硫环磷 | 0.03 | 杀虫剂 | NY/T 761、GB 23200.113 |
| 23 | 硫线磷 | 0.02 | 杀虫剂 | GB/T 20769 |
| 24 | 氯菊酯 | 2 | 杀虫剂 | GB 23200.8、NY/T 761、GB 23200.113 |
| 25 | 氯唑磷 | 0.01 | 杀虫剂 | GB/T 20769、GB 23200.113 |
| 26 | 咪鲜胺和咪鲜胺锰盐 | 7 | 杀菌剂 | GB/T 20769、NY/T 1456 |
| 27 | 灭多威 | 0.2 | 杀虫剂 | NY/T 761 |
| 28 | 灭线磷 | 0.02 | 杀线虫剂 | NY/T 761 |
| 29 | 内吸磷 | 0.02 | 杀虫/杀螨剂 | GB/T 20769 |
| 30 | 氰戊菊酯和S-氰戊菊酯 | 0.2 | 杀虫剂 | GB 23200.8、NY/T 761、GB 23200.113 |
| 31 | 杀虫脒 | 0.01 | 杀虫剂 | GB/T 20769 |
| 32 | 杀螟硫磷 | 0.5* | 杀虫剂 | GB/T 14553、GB/T 20769、NY/T 761、GB 23200.113 |

（续）

| 序号 | 农药中文名 | 最大残留限量（mg/kg） | 农药主要用途 | 检测方法 |
|---|---|---|---|---|
| 33 | 杀扑磷 | 0.05 | 杀虫剂 | GB 23200.8、GB/T 14553、NY/T 761、GB 23200.113 |
| 34 | 水胺硫磷 | 0.05 | 杀虫剂 | GB/T 5009.20、GB 23200.113 |
| 35 | 特丁硫磷 | 0.01 | 杀虫剂 | NY/T 761、NY/T 1379 |
| 36 | 涕灭威 | 0.02 | 杀虫剂 | NY/T 761 |
| 37 | 辛硫磷 | 0.05 | 杀虫剂 | GB/T 5009.102、GB/T 20769 |
| 38 | 氧乐果 | 0.02 | 杀虫剂 | NY/T 761、NY/T 1379、GB 23200.113 |
| 39 | 乙酰甲胺磷 | 0.5 | 杀虫剂 | NY/T 761、GB 23200.113 |
| 40 | 蝇毒磷 | 0.05 | 杀虫剂 | GB 23200.8、GB 23200.113 |
| 41 | 治螟磷 | 0.01 | 杀虫剂 | GB 23200.8、NY/T 761、GB 23200.113 |
| 42 | 艾氏剂 | 0.05 | 杀虫剂 | GB/T 5009.19、NY/T 761、GB 23200.113 |
| 43 | 滴滴涕 | 0.05 | 杀虫剂 | GB/T 5009.19、NY/T 761、GB 23200.113 |
| 44 | 狄氏剂 | 0.02 | 杀虫剂 | GB/T 5009.19、NY/T 761、GB 23200.113 |
| 45 | 毒杀芬 | 0.05* | 杀虫剂 | YC/T 180（参照） |
| 46 | 六六六 | 0.05 | 杀虫剂 | GB/T 5009.19、NY/T 761、GB 23200.113 |
| 47 | 氯丹 | 0.02 | 杀虫剂 | GB/T 5009.19 |
| 48 | 灭蚁灵 | 0.01 | 杀虫剂 | GB/T 5009.19 |
| 49 | 七氯 | 0.01 | 杀虫剂 | GB/T 5009.19、NY/T 761 |
| 50 | 异狄氏剂 | 0.05 | 杀虫剂 | GB/T 5009.19、NY/T 761 |
| 51 | 苯醚甲环唑 | 0.1 | 杀菌剂 | GB 23200.8、GB 23200.49、GB/T 5009.218、GB 23200.113 |
| 52 | 吡虫啉 | 1 | 杀虫剂 | GB/T 20769、GB/T 23379 |
| 53 | 咯菌腈 | 2 | 杀菌剂 | GB 23200.8、GB/T 20769、GB 23200.113 |
| 54 | 氯虫苯甲酰胺 | 0.4* | 杀虫剂 | 无指定 |

## 4.52 鳄梨

鳄梨中农药最大残留限量见表 4-52。

**表 4-52 鳄梨中农药最大残留限量**

| 序号 | 农药中文名 | 最大残留限量(mg/kg) | 农药主要用途 | 检测方法 |
| --- | --- | --- | --- | --- |
| 1 | 保棉磷 | 1 | 杀虫剂 | NY/T 761 |
| 2 | 百草枯 | 0.01* | 除草剂 | 无指定 |
| 3 | 倍硫磷 | 0.05 | 杀虫剂 | GB 23200.8、NY/T 761、GB 23200.113 |
| 4 | 苯线磷 | 0.02 | 杀虫剂 | GB 23200.8、GB/T 5009.145 |
| 5 | 草铵膦 | 0.1 | 除草剂 | GB 23200.108 |
| 6 | 草甘膦 | 0.1 | 除草剂 | GB/T 23750、NY/T 1096、SN/T 1923 |
| 7 | 敌百虫 | 0.2 | 杀虫剂 | GB/T 20769、NY/T 761 |
| 8 | 敌敌畏 | 0.2 | 杀虫剂 | GB 23200.8、GB/T 5009.20、NY/T 761、GB 23200.113 |
| 9 | 地虫硫磷 | 0.01 | 杀虫剂 | GB 23200.8、GB 23200.113 |
| 10 | 啶虫脒 | 2 | 杀虫剂 | GB/T 20769、GB/T 23584 |
| 11 | 对硫磷 | 0.01 | 杀虫剂 | GB/T 5009.145、GB 23200.113 |
| 12 | 氟虫腈 | 0.02 | 杀虫剂 | GB 23200.34、NY/T 1379(参照) |
| 13 | 甲胺磷 | 0.05 | 杀虫剂 | GB/T 5009.103、NY/T 761、GB 23200.113 |
| 14 | 甲拌磷 | 0.01 | 杀虫剂 | GB 23200.113 |
| 15 | 甲基对硫磷 | 0.02 | 杀虫剂 | NY/T 761、GB 23200.113 |
| 16 | 甲基硫环磷 | 0.03* | 杀虫剂 | NY/T 761 |
| 17 | 甲基异柳磷 | 0.01* | 杀虫剂 | GB/T 5009.144、GB 23200.113 |
| 18 | 甲氰菊酯 | 5 | 杀虫剂 | NY/T 761、GB 23200.113 |
| 19 | 久效磷 | 0.03 | 杀虫剂 | NY/T 761、GB 23200.113 |
| 20 | 克百威 | 0.02 | 杀虫剂 | NY/T 761 |
| 21 | 磷胺 | 0.05 | 杀虫剂 | NY/T 761、GB 23200.113 |
| 22 | 硫环磷 | 0.03 | 杀虫剂 | NY/T 761、GB 23200.113 |

（续）

| 序号 | 农药中文名 | 最大残留限量（mg/kg） | 农药主要用途 | 检测方法 |
|---|---|---|---|---|
| 23 | 硫线磷 | 0.02 | 杀虫剂 | GB/T 20769 |
| 24 | 氯菊酯 | 2 | 杀虫剂 | GB 23200.8、NY/T 761、GB 23200.113 |
| 25 | 氯唑磷 | 0.01 | 杀虫剂 | GB/T 20769、GB 23200.113 |
| 26 | 咪鲜胺和咪鲜胺锰盐 | 7 | 杀菌剂 | GB/T 20769、NY/T 1456 |
| 27 | 灭多威 | 0.2 | 杀虫剂 | NY/T 761 |
| 28 | 灭线磷 | 0.02 | 杀线虫剂 | NY/T 761 |
| 29 | 内吸磷 | 0.02 | 杀虫/杀螨剂 | GB/T 20769 |
| 30 | 氰戊菊酯和S-氰戊菊酯 | 0.2 | 杀虫剂 | GB 23200.8、NY/T 761、GB 23200.113 |
| 31 | 杀虫脒 | 0.01 | 杀虫剂 | GB/T 20769 |
| 32 | 杀螟硫磷 | 0.5* | 杀虫剂 | GB/T 14553、GB/T 20769、NY/T 761、GB 23200.113 |
| 33 | 杀扑磷 | 0.05 | 杀虫剂 | GB 23200.8、GB/T 14553、NY/T 761、GB 23200.113 |
| 34 | 水胺硫磷 | 0.05 | 杀虫剂 | GB/T 5009.20、GB 23200.113 |
| 35 | 特丁硫磷 | 0.01 | 杀虫剂 | NY/T 761、NY/T 1379 |
| 36 | 涕灭威 | 0.02 | 杀虫剂 | NY/T 761 |
| 37 | 辛硫磷 | 0.05 | 杀虫剂 | GB/T 5009.102、GB/T 20769 |
| 38 | 氧乐果 | 0.02 | 杀虫剂 | NY/T 761、NY/T 1379、GB 23200.113 |
| 39 | 乙酰甲胺磷 | 0.5 | 杀虫剂 | NY/T 761、GB 23200.113 |
| 40 | 蝇毒磷 | 0.05 | 杀虫剂 | GB 23200.8、GB 23200.113 |
| 41 | 治螟磷 | 0.01 | 杀虫剂 | GB 23200.8、NY/T 761、GB 23200.113 |
| 42 | 艾氏剂 | 0.05 | 杀虫剂 | GB/T 5009.19、NY/T 761、GB 23200.113 |
| 43 | 滴滴涕 | 0.05 | 杀虫剂 | GB/T 5009.19、NY/T 761、GB 23200.113 |
| 44 | 狄氏剂 | 0.02 | 杀虫剂 | GB/T 5009.19、NY/T 761、GB 23200.113 |
| 45 | 毒杀芬 | 0.05* | 杀虫剂 | YC/T 180（参照） |

（续）

| 序号 | 农药中文名 | 最大残留限量（mg/kg） | 农药主要用途 | 检测方法 |
|---|---|---|---|---|
| 46 | 六六六 | 0.05 | 杀虫剂 | GB/T 5009.19、NY/T 761、GB 23200.113 |
| 47 | 氯丹 | 0.02 | 杀虫剂 | GB/T 5009.19 |
| 48 | 灭蚁灵 | 0.01 | 杀虫剂 | GB/T 5009.19 |
| 49 | 七氯 | 0.01 | 杀虫剂 | GB/T 5009.19、NY/T 761 |
| 50 | 异狄氏剂 | 0.05 | 杀虫剂 | GB/T 5009.19、NY/T 761 |
| 51 | 虫酰肼 | 1 | 杀虫剂 | GB/T 20769（参照） |
| 52 | 咯菌腈 | 0.4 | 杀菌剂 | GB 23200.8、GB/T 20769、GB 23200.113 |
| 53 | 甲霜灵和精甲霜灵 | 0.2 | 杀菌剂 | GB 23200.8、GB/T 20769、GB 23200.113 |
| 54 | 甲氧虫酰肼 | 0.7 | 杀虫剂 | GB/T 20769 |
| 55 | 螺螨酯 | 0.9 | 杀螨剂 | GB 23200.8、GB/T 20769 |
| 56 | 嘧菌环胺 | 1 | 杀菌剂 | GB 23200.8、GB/T 20769、GB 23200.113 |
| 57 | 噻虫胺 | 0.03 | 杀虫剂 | GB 23200.8、GB/T 20769 |
| 58 | 噻虫嗪 | 0.5 | 杀虫剂 | GB 23200.8、GB/T 20769 |
| 59 | 噻菌灵 | 15 | 杀菌剂 | GB/T 20769、NY/T 1453、NY/T 1680 |
| 60 | 唑螨酯 | 0.2 | 杀螨剂 | GB 23200.8、GB 23200.29、GB/T 20769 |

## 4.53 番荔枝

番荔枝中农药最大残留限量见表4-53。

**表4-53 番荔枝中农药最大残留限量**

| 序号 | 农药中文名 | 最大残留限量（mg/kg） | 农药主要用途 | 检测方法 |
|---|---|---|---|---|
| 1 | 保棉磷 | 1 | 杀虫剂 | NY/T 761 |
| 2 | 百草枯 | 0.01* | 除草剂 | 无指定 |
| 3 | 倍硫磷 | 0.05 | 杀虫剂 | GB 23200.8、NY/T 761、GB 23200.113 |

（续）

| 序号 | 农药中文名 | 最大残留限量（mg/kg） | 农药主要用途 | 检测方法 |
|---|---|---|---|---|
| 4 | 苯线磷 | 0.02 | 杀虫剂 | GB 23200.8、GB/T 5009.145 |
| 5 | 草铵膦 | 0.1 | 除草剂 | GB 23200.108 |
| 6 | 草甘膦 | 0.1 | 除草剂 | GB/T 23750、NY/T 1096、SN/T 1923 |
| 7 | 敌百虫 | 0.2 | 杀虫剂 | GB/T 20769、NY/T 761 |
| 8 | 敌敌畏 | 0.2 | 杀虫剂 | GB 23200.8、GB/T 5009.20、NY/T 761、GB 23200.113 |
| 9 | 地虫硫磷 | 0.01 | 杀虫剂 | GB 23200.8、GB 23200.113 |
| 10 | 啶虫脒 | 2 | 杀虫剂 | GB/T 20769、GB/T 23584 |
| 11 | 对硫磷 | 0.01 | 杀虫剂 | GB/T 5009.145、GB 23200.113 |
| 12 | 氟虫腈 | 0.02 | 杀虫剂 | GB 23200.34、NY/T 1379（参照） |
| 13 | 甲胺磷 | 0.05 | 杀虫剂 | GB/T 5009.103、NY/T 761、GB 23200.113 |
| 14 | 甲拌磷 | 0.01 | 杀虫剂 | GB 23200.113 |
| 15 | 甲基对硫磷 | 0.02 | 杀虫剂 | NY/T 761、GB 23200.113 |
| 16 | 甲基硫环磷 | 0.03* | 杀虫剂 | NY/T 761 |
| 17 | 甲基异柳磷 | 0.01* | 杀虫剂 | GB/T 5009.144、GB 23200.113 |
| 18 | 甲氰菊酯 | 5 | 杀虫剂 | NY/T 761、GB 23200.113 |
| 19 | 久效磷 | 0.03 | 杀虫剂 | NY/T 761、GB 23200.113 |
| 20 | 克百威 | 0.02 | 杀虫剂 | NY/T 761 |
| 21 | 磷胺 | 0.05 | 杀虫剂 | NY/T 761、GB 23200.113 |
| 22 | 硫环磷 | 0.03 | 杀虫剂 | NY/T 761、GB 23200.113 |
| 23 | 硫线磷 | 0.02 | 杀虫剂 | GB/T 20769 |
| 24 | 氯菊酯 | 2 | 杀虫剂 | GB 23200.8、NY/T 761、GB 23200.113 |
| 25 | 氯唑磷 | 0.01 | 杀虫剂 | GB/T 20769、GB 23200.113 |
| 26 | 咪鲜胺和咪鲜胺锰盐 | 7 | 杀菌剂 | GB/T 20769、NY/T 1456 |
| 27 | 灭多威 | 0.2 | 杀虫剂 | NY/T 761 |
| 28 | 灭线磷 | 0.02 | 杀线虫剂 | NY/T 761 |

（续）

| 序号 | 农药中文名 | 最大残留限量（mg/kg） | 农药主要用途 | 检测方法 |
|---|---|---|---|---|
| 29 | 内吸磷 | 0.02 | 杀虫/杀螨剂 | GB/T 20769 |
| 30 | 氰戊菊酯和S-氰戊菊酯 | 0.2 | 杀虫剂 | GB 23200.8、NY/T 761、GB 23200.113 |
| 31 | 杀虫脒 | 0.01 | 杀虫剂 | GB/T 20769 |
| 32 | 杀螟硫磷 | 0.5* | 杀虫剂 | GB/T 14553、GB/T 20769、NY/T 761、GB 23200.113 |
| 33 | 杀扑磷 | 0.05 | 杀虫剂 | GB 23200.8、GB/T 14553、NY/T 761、GB 23200.113 |
| 34 | 水胺硫磷 | 0.05 | 杀虫剂 | GB/T 5009.20、GB 23200.113 |
| 35 | 特丁硫磷 | 0.01 | 杀虫剂 | NY/T 761、NY/T 1379 |
| 36 | 涕灭威 | 0.02 | 杀虫剂 | NY/T 761 |
| 37 | 辛硫磷 | 0.05 | 杀虫剂 | GB/T 5009.102、GB/T 20769 |
| 38 | 氧乐果 | 0.02 | 杀虫剂 | NY/T 761、NY/T 1379、GB 23200.113 |
| 39 | 乙酰甲胺磷 | 0.5 | 杀虫剂 | NY/T 761、GB 23200.113 |
| 40 | 蝇毒磷 | 0.05 | 杀虫剂 | GB 23200.8、GB 23200.113 |
| 41 | 治螟磷 | 0.01 | 杀虫剂 | GB 23200.8、NY/T 761、GB 23200.113 |
| 42 | 艾氏剂 | 0.05 | 杀虫剂 | GB/T 5009.19、NY/T 761、GB 23200.113 |
| 43 | 滴滴涕 | 0.05 | 杀虫剂 | GB/T 5009.19、NY/T 761、GB 23200.113 |
| 44 | 狄氏剂 | 0.02 | 杀虫剂 | GB/T 5009.19、NY/T 761、GB 23200.113 |
| 45 | 毒杀芬 | 0.05* | 杀虫剂 | YC/T 180（参照） |
| 46 | 六六六 | 0.05 | 杀虫剂 | GB/T 5009.19、NY/T 761、GB 23200.113 |
| 47 | 氯丹 | 0.02 | 杀虫剂 | GB/T 5009.19 |
| 48 | 灭蚁灵 | 0.01 | 杀虫剂 | GB/T 5009.19 |
| 49 | 七氯 | 0.01 | 杀虫剂 | GB/T 5009.19、NY/T 761 |
| 50 | 异狄氏剂 | 0.05 | 杀虫剂 | GB/T 5009.19、NY/T 761 |

## 4.54 番石榴

番石榴中农药最大残留限量见表 4-54。

**表 4-54 番石榴中农药最大残留限量**

| 序号 | 农药中文名 | 最大残留限量（mg/kg） | 农药主要用途 | 检测方法 |
|---|---|---|---|---|
| 1 | 保棉磷 | 1 | 杀虫剂 | NY/T 761 |
| 2 | 百草枯 | 0.01* | 除草剂 | 无指定 |
| 3 | 倍硫磷 | 0.05 | 杀虫剂 | GB 23200.8、NY/T 761、GB 23200.113 |
| 4 | 苯线磷 | 0.02 | 杀虫剂 | GB 23200.8、GB/T 5009.145 |
| 5 | 草铵膦 | 0.1 | 除草剂 | GB 23200.108 |
| 6 | 草甘膦 | 0.1 | 除草剂 | GB/T 23750、NY/T 1096、SN/T 1923 |
| 7 | 敌百虫 | 0.2 | 杀虫剂 | GB/T 20769、NY/T 761 |
| 8 | 敌敌畏 | 0.2 | 杀虫剂 | GB 23200.8、GB/T 5009.20、NY/T 761、GB 23200.113 |
| 9 | 地虫硫磷 | 0.01 | 杀虫剂 | GB 23200.8、GB 23200.113 |
| 10 | 啶虫脒 | 2 | 杀虫剂 | GB/T 20769、GB/T 23584 |
| 11 | 对硫磷 | 0.01 | 杀虫剂 | GB/T 5009.145、GB 23200.113 |
| 12 | 氟虫腈 | 0.02 | 杀虫剂 | GB 23200.34、NY/T 1379（参照） |
| 13 | 甲胺磷 | 0.05 | 杀虫剂 | GB/T 5009.103、NY/T 761、GB 23200.113 |
| 14 | 甲拌磷 | 0.01 | 杀虫剂 | GB 23200.113 |
| 15 | 甲基对硫磷 | 0.02 | 杀虫剂 | NY/T 761、GB 23200.113 |
| 16 | 甲基硫环磷 | 0.03* | 杀虫剂 | NY/T 761 |
| 17 | 甲基异柳磷 | 0.01* | 杀虫剂 | GB/T 5009.144、GB 23200.113 |
| 18 | 甲氰菊酯 | 5 | 杀虫剂 | NY/T 761、GB 23200.113 |
| 19 | 久效磷 | 0.03 | 杀虫剂 | NY/T 761、GB 23200.113 |
| 20 | 克百威 | 0.02 | 杀虫剂 | NY/T 761 |
| 21 | 磷胺 | 0.05 | 杀虫剂 | NY/T 761、GB 23200.113 |
| 22 | 硫环磷 | 0.03 | 杀虫剂 | NY/T 761、GB 23200.113 |

（续）

| 序号 | 农药中文名 | 最大残留限量（mg/kg） | 农药主要用途 | 检测方法 |
|---|---|---|---|---|
| 23 | 硫线磷 | 0.02 | 杀虫剂 | GB/T 20769 |
| 24 | 氯菊酯 | 2 | 杀虫剂 | GB 23200.8、NY/T 761、GB 23200.113 |
| 25 | 氯唑磷 | 0.01 | 杀虫剂 | GB/T 20769、GB 23200.113 |
| 26 | 咪鲜胺和咪鲜胺锰盐 | 7 | 杀菌剂 | GB/T 20769、NY/T 1456 |
| 27 | 灭多威 | 0.2 | 杀虫剂 | NY/T 761 |
| 28 | 灭线磷 | 0.02 | 杀线虫剂 | NY/T 761 |
| 29 | 内吸磷 | 0.02 | 杀虫/杀螨剂 | GB/T 20769 |
| 30 | 氰戊菊酯和S-氰戊菊酯 | 0.2 | 杀虫剂 | GB 23200.8、NY/T 761、GB 23200.113 |
| 31 | 杀虫脒 | 0.01 | 杀虫剂 | GB/T 20769 |
| 32 | 杀螟硫磷 | 0.5* | 杀虫剂 | GB/T 14553、GB/T 20769、NY/T 761、GB 23200.113 |
| 33 | 杀扑磷 | 0.05 | 杀虫剂 | GB 23200.8、GB/T 14553、NY/T 761、GB 23200.113 |
| 34 | 水胺硫磷 | 0.05 | 杀虫剂 | GB/T 5009.20、GB 23200.113 |
| 35 | 特丁硫磷 | 0.01 | 杀虫剂 | NY/T 761、NY/T 1379 |
| 36 | 涕灭威 | 0.02 | 杀虫剂 | NY/T 761 |
| 37 | 辛硫磷 | 0.05 | 杀虫剂 | GB/T 5009.102、GB/T 20769 |
| 38 | 氧乐果 | 0.02 | 杀虫剂 | NY/T 761、NY/T 1379、GB 23200.113 |
| 39 | 乙酰甲胺磷 | 0.5 | 杀虫剂 | NY/T 761、GB 23200.113 |
| 40 | 蝇毒磷 | 0.05 | 杀虫剂 | GB 23200.8、GB 23200.113 |
| 41 | 治螟磷 | 0.01 | 杀虫剂 | GB 23200.8、NY/T 761、GB 23200.113 |
| 42 | 艾氏剂 | 0.05 | 杀虫剂 | GB/T 5009.19、NY/T 761、GB 23200.113 |
| 43 | 滴滴涕 | 0.05 | 杀虫剂 | GB/T 5009.19、NY/T 761、GB 23200.113 |
| 44 | 狄氏剂 | 0.02 | 杀虫剂 | GB/T 5009.19、NY/T 761、GB 23200.113 |
| 45 | 毒杀芬 | 0.05* | 杀虫剂 | YC/T 180（参照） |

（续）

| 序号 | 农药中文名 | 最大残留限量（mg/kg） | 农药主要用途 | 检测方法 |
|---|---|---|---|---|
| 46 | 六六六 | 0.05 | 杀虫剂 | GB/T 5009.19、NY/T 761、GB 23200.113 |
| 47 | 氯丹 | 0.02 | 杀虫剂 | GB/T 5009.19 |
| 48 | 灭蚁灵 | 0.01 | 杀虫剂 | GB/T 5009.19 |
| 49 | 七氯 | 0.01 | 杀虫剂 | GB/T 5009.19、NY/T 761 |
| 50 | 异狄氏剂 | 0.05 | 杀虫剂 | GB/T 5009.19、NY/T 761 |

## 4.55 黄皮

黄皮中农药最大残留限量见表 4－55。

**表 4－55 黄皮中农药最大残留限量**

| 序号 | 农药中文名 | 最大残留限量（mg/kg） | 农药主要用途 | 检测方法 |
|---|---|---|---|---|
| 1 | 保棉磷 | 1 | 杀虫剂 | NY/T 761 |
| 2 | 百草枯 | 0.01* | 除草剂 | 无指定 |
| 3 | 倍硫磷 | 0.05 | 杀虫剂 | GB 23200.8、NY/T 761、GB 23200.113 |
| 4 | 苯线磷 | 0.02 | 杀虫剂 | GB 23200.8、GB/T 5009.145 |
| 5 | 草铵膦 | 0.1 | 除草剂 | GB 23200.108 |
| 6 | 草甘膦 | 0.1 | 除草剂 | GB/T 23750、NY/T 1096、SN/T 1923 |
| 7 | 敌百虫 | 0.2 | 杀虫剂 | GB/T 20769、NY/T 761 |
| 8 | 敌敌畏 | 0.2 | 杀虫剂 | GB 23200.8、GB/T 5009.20、NY/T 761、GB 23200.113 |
| 9 | 地虫硫磷 | 0.01 | 杀虫剂 | GB 23200.8、GB 23200.113 |
| 10 | 啶虫脒 | 2 | 杀虫剂 | GB/T 20769、GB/T 23584 |
| 11 | 对硫磷 | 0.01 | 杀虫剂 | GB/T 5009.145、GB 23200.113 |
| 12 | 氟虫腈 | 0.02 | 杀虫剂 | GB 23200.34、NY/T 1379（参照） |
| 13 | 甲胺磷 | 0.05 | 杀虫剂 | GB/T 5009.103、NY/T 761、GB 23200.113 |
| 14 | 甲拌磷 | 0.01 | 杀虫剂 | GB 23200.113 |

（续）

| 序号 | 农药中文名 | 最大残留限量（mg/kg） | 农药主要用途 | 检测方法 |
|---|---|---|---|---|
| 15 | 甲基对硫磷 | 0.02 | 杀虫剂 | NY/T 761、GB 23200.113 |
| 16 | 甲基硫环磷 | 0.03* | 杀虫剂 | NY/T 761 |
| 17 | 甲基异柳磷 | 0.01* | 杀虫剂 | GB/T 5009.144、GB 23200.113 |
| 18 | 甲氰菊酯 | 5 | 杀虫剂 | NY/T 761、GB 23200.113 |
| 19 | 久效磷 | 0.03 | 杀虫剂 | NY/T 761、GB 23200.113 |
| 20 | 克百威 | 0.02 | 杀虫剂 | NY/T 761 |
| 21 | 磷胺 | 0.05 | 杀虫剂 | NY/T 761、GB 23200.113 |
| 22 | 硫环磷 | 0.03 | 杀虫剂 | NY/T 761、GB 23200.113 |
| 23 | 硫线磷 | 0.02 | 杀虫剂 | GB/T 20769 |
| 24 | 氯菊酯 | 2 | 杀虫剂 | GB 23200.8、NY/T 761、GB 23200.113 |
| 25 | 氯唑磷 | 0.01 | 杀虫剂 | GB/T 20769、GB 23200.113 |
| 26 | 咪鲜胺和咪鲜胺锰盐 | 7 | 杀菌剂 | GB/T 20769、NY/T 1456 |
| 27 | 灭多威 | 0.2 | 杀虫剂 | NY/T 761 |
| 28 | 灭线磷 | 0.02 | 杀线虫剂 | NY/T 761 |
| 29 | 内吸磷 | 0.02 | 杀虫/杀螨剂 | GB/T 20769 |
| 30 | 氰戊菊酯和S-氰戊菊酯 | 0.2 | 杀虫剂 | GB 23200.8、NY/T 761、GB 23200.113 |
| 31 | 杀虫脒 | 0.01 | 杀虫剂 | GB/T 20769 |
| 32 | 杀螟硫磷 | 0.5* | 杀虫剂 | GB/T 14553、GB/T 20769、NY/T 761、GB 23200.113 |
| 33 | 杀扑磷 | 0.05 | 杀虫剂 | GB 23200.8、GB/T 14553、NY/T 761、GB 23200.113 |
| 34 | 水胺硫磷 | 0.05 | 杀虫剂 | GB/T 5009.20、GB 23200.113 |
| 35 | 特丁硫磷 | 0.01 | 杀虫剂 | NY/T 761、NY/T 1379 |
| 36 | 涕灭威 | 0.02 | 杀虫剂 | NY/T 761 |
| 37 | 辛硫磷 | 0.05 | 杀虫剂 | GB/T 5009.102、GB/T 20769 |
| 38 | 氧乐果 | 0.02 | 杀虫剂 | NY/T 761、NY/T 1379、GB 23200.113 |
| 39 | 乙酰甲胺磷 | 0.5 | 杀虫剂 | NY/T 761、GB 23200.113 |

（续）

| 序号 | 农药中文名 | 最大残留限量（mg/kg） | 农药主要用途 | 检测方法 |
|---|---|---|---|---|
| 40 | 蝇毒磷 | 0.05 | 杀虫剂 | GB 23200.8、GB 23200.113 |
| 41 | 治螟磷 | 0.01 | 杀虫剂 | GB 23200.8、NY/T 761、GB 23200.113 |
| 42 | 艾氏剂 | 0.05 | 杀虫剂 | GB/T 5009.19、NY/T 761、GB 23200.113 |
| 43 | 滴滴涕 | 0.05 | 杀虫剂 | GB/T 5009.19、NY/T 761、GB 23200.113 |
| 44 | 狄氏剂 | 0.02 | 杀虫剂 | GB/T 5009.19、NY/T 761、GB 23200.113 |
| 45 | 毒杀芬 | 0.05* | 杀虫剂 | YC/T 180（参照） |
| 46 | 六六六 | 0.05 | 杀虫剂 | GB/T 5009.19、NY/T 761、GB 23200.113 |
| 47 | 氯丹 | 0.02 | 杀虫剂 | GB/T 5009.19 |
| 48 | 灭蚁灵 | 0.01 | 杀虫剂 | GB/T 5009.19 |
| 49 | 七氯 | 0.01 | 杀虫剂 | GB/T 5009.19、NY/T 761 |
| 50 | 异狄氏剂 | 0.05 | 杀虫剂 | GB/T 5009.19、NY/T 761 |

## 4.56 山竹

山竹中农药最大残留限量见表 4-56。

**表 4-56 山竹中农药最大残留限量**

| 序号 | 农药中文名 | 最大残留限量（mg/kg） | 农药主要用途 | 检测方法 |
|---|---|---|---|---|
| 1 | 保棉磷 | 1 | 杀虫剂 | NY/T 761 |
| 2 | 百草枯 | 0.01* | 除草剂 | 无指定 |
| 3 | 倍硫磷 | 0.05 | 杀虫剂 | GB 23200.8、NY/T 761、GB 23200.113 |
| 4 | 苯线磷 | 0.02 | 杀虫剂 | GB 23200.8、GB/T 5009.145 |
| 5 | 草铵膦 | 0.1 | 除草剂 | GB 23200.108 |
| 6 | 草甘膦 | 0.1 | 除草剂 | GB/T 23750、NY/T 1096、SN/T 1923 |

（续）

| 序号 | 农药中文名 | 最大残留限量（mg/kg） | 农药主要用途 | 检测方法 |
|---|---|---|---|---|
| 7 | 敌百虫 | 0.2 | 杀虫剂 | GB/T 20769、NY/T 761 |
| 8 | 敌敌畏 | 0.2 | 杀虫剂 | GB 23200.8、GB/T 5009.20、NY/T 761、GB 23200.113 |
| 9 | 地虫硫磷 | 0.01 | 杀虫剂 | GB 23200.8、GB 23200.113 |
| 10 | 啶虫脒 | 2 | 杀虫剂 | GB/T 20769、GB/T 23584 |
| 11 | 对硫磷 | 0.01 | 杀虫剂 | GB/T 5009.145、GB 23200.113 |
| 12 | 氟虫腈 | 0.02 | 杀虫剂 | GB 23200.34、NY/T 1379（参照） |
| 13 | 甲胺磷 | 0.05 | 杀虫剂 | GB/T 5009.103、NY/T 761、GB 23200.113 |
| 14 | 甲拌磷 | 0.01 | 杀虫剂 | GB 23200.113 |
| 15 | 甲基对硫磷 | 0.02 | 杀虫剂 | NY/T 761、GB 23200.113 |
| 16 | 甲基硫环磷 | 0.03* | 杀虫剂 | NY/T 761 |
| 17 | 甲基异柳磷 | 0.01* | 杀虫剂 | GB/T 5009.144、GB 23200.113 |
| 18 | 甲氰菊酯 | 5 | 杀虫剂 | NY/T 761、GB 23200.113 |
| 19 | 久效磷 | 0.03 | 杀虫剂 | NY/T 761、GB 23200.113 |
| 20 | 克百威 | 0.02 | 杀虫剂 | NY/T 761 |
| 21 | 磷胺 | 0.05 | 杀虫剂 | NY/T 761、GB 23200.113 |
| 22 | 硫环磷 | 0.03 | 杀虫剂 | NY/T 761、GB 23200.113 |
| 23 | 硫线磷 | 0.02 | 杀虫剂 | GB/T 20769 |
| 24 | 氯菊酯 | 2 | 杀虫剂 | GB 23200.8、NY/T 761、GB 23200.113 |
| 25 | 氯唑磷 | 0.01 | 杀虫剂 | GB/T 20769、GB 23200.113 |
| 26 | 咪鲜胺和咪鲜胺锰盐 | 7 | 杀菌剂 | GB/T 20769、NY/T 1456 |
| 27 | 灭多威 | 0.2 | 杀虫剂 | NY/T 761 |
| 28 | 灭线磷 | 0.02 | 杀线虫剂 | NY/T 761 |
| 29 | 内吸磷 | 0.02 | 杀虫/杀螨剂 | GB/T 20769 |
| 30 | 氰戊菊酯和S-氰戊菊酯 | 0.2 | 杀虫剂 | GB 23200.8、NY/T 761、GB 23200.113 |

（续）

| 序号 | 农药中文名 | 最大残留限量（mg/kg） | 农药主要用途 | 检测方法 |
| --- | --- | --- | --- | --- |
| 31 | 杀虫脒 | 0.01 | 杀虫剂 | GB/T 20769 |
| 32 | 杀螟硫磷 | 0.5* | 杀虫剂 | GB/T 14553、GB/T 20769、NY/T 761、GB 23200.113 |
| 33 | 杀扑磷 | 0.05 | 杀虫剂 | GB 23200.8、GB/T 14553、NY/T 761、GB 23200.113 |
| 34 | 水胺硫磷 | 0.05 | 杀虫剂 | GB/T 5009.20、GB 23200.113 |
| 35 | 特丁硫磷 | 0.01 | 杀虫剂 | NY/T 761、NY/T 1379 |
| 36 | 涕灭威 | 0.02 | 杀虫剂 | NY/T 761 |
| 37 | 辛硫磷 | 0.05 | 杀虫剂 | GB/T 5009.102、GB/T 20769 |
| 38 | 氧乐果 | 0.02 | 杀虫剂 | NY/T 761、NY/T 1379、GB 23200.113 |
| 39 | 乙酰甲胺磷 | 0.5 | 杀虫剂 | NY/T 761、GB 23200.113 |
| 40 | 蝇毒磷 | 0.05 | 杀虫剂 | GB 23200.8、GB 23200.113 |
| 41 | 治螟磷 | 0.01 | 杀虫剂 | GB 23200.8、NY/T 761、GB 23200.113 |
| 42 | 艾氏剂 | 0.05 | 杀虫剂 | GB/T 5009.19、NY/T 761、GB 23200.113 |
| 43 | 滴滴涕 | 0.05 | 杀虫剂 | GB/T 5009.19、NY/T 761、GB 23200.113 |
| 44 | 狄氏剂 | 0.02 | 杀虫剂 | GB/T 5009.19、NY/T 761、GB 23200.113 |
| 45 | 毒杀芬 | 0.05* | 杀虫剂 | YC/T 180（参照） |
| 46 | 六六六 | 0.05 | 杀虫剂 | GB/T 5009.19、NY/T 761、GB 23200.113 |
| 47 | 氯丹 | 0.02 | 杀虫剂 | GB/T 5009.19 |
| 48 | 灭蚁灵 | 0.01 | 杀虫剂 | GB/T 5009.19 |
| 49 | 七氯 | 0.01 | 杀虫剂 | GB/T 5009.19、NY/T 761 |
| 50 | 异狄氏剂 | 0.05 | 杀虫剂 | GB/T 5009.19、NY/T 761 |
| 51 | 丙溴磷 | 10 | 杀虫剂 | GB 23200.8、NY/T 761、SN/T 2234、GB 23200.113 |

## 4.57 香蕉

香蕉中农药最大残留限量见表4－57。

表4－57 香蕉中农药最大残留限量

| 序号 | 农药中文名 | 最大残留限量（mg/kg） | 农药主要用途 | 检测方法 |
|---|---|---|---|---|
| 1 | 保棉磷 | 1 | 杀虫剂 | NY/T 761 |
| 2 | 倍硫磷 | 0.05 | 杀虫剂 | GB 23200.8、NY/T 761、GB 23200.113 |
| 3 | 苯线磷 | 0.02 | 杀虫剂 | GB 23200.8、GB/T 5009.145 |
| 4 | 草甘膦 | 0.1 | 除草剂 | GB/T 23750、NY/T 1096、SN/T 1923 |
| 5 | 敌百虫 | 0.2 | 杀虫剂 | GB/T 20769、NY/T 761 |
| 6 | 敌敌畏 | 0.2 | 杀虫剂 | GB 23200.8、GB/T 5009.20、NY/T 761、GB 23200.113 |
| 7 | 地虫硫磷 | 0.01 | 杀虫剂 | GB 23200.8、GB 23200.113 |
| 8 | 啶虫脒 | 2 | 杀虫剂 | GB/T 20769、GB/T 23584 |
| 9 | 对硫磷 | 0.01 | 杀虫剂 | GB/T 5009.145、GB 23200.113 |
| 10 | 甲胺磷 | 0.05 | 杀虫剂 | GB/T 5009.103、NY/T 761、GB 23200.113 |
| 11 | 甲拌磷 | 0.01 | 杀虫剂 | GB 23200.113 |
| 12 | 甲基对硫磷 | 0.02 | 杀虫剂 | NY/T 761、GB 23200.113 |
| 13 | 甲基硫环磷 | 0.03* | 杀虫剂 | NY/T 761 |
| 14 | 甲基异柳磷 | 0.01* | 杀虫剂 | GB/T 5009.144、GB 23200.113 |
| 15 | 甲氰菊酯 | 5 | 杀虫剂 | NY/T 761、GB 23200.113 |
| 16 | 久效磷 | 0.03 | 杀虫剂 | NY/T 761、GB 23200.113 |
| 17 | 克百威 | 0.02 | 杀虫剂 | NY/T 761 |
| 18 | 磷胺 | 0.05 | 杀虫剂 | NY/T 761、GB 23200.113 |
| 19 | 硫环磷 | 0.03 | 杀虫剂 | NY/T 761、GB 23200.113 |
| 20 | 硫线磷 | 0.02 | 杀虫剂 | GB/T 20769 |
| 21 | 氯菊酯 | 2 | 杀虫剂 | GB 23200.8、NY/T 761、GB 23200.113 |
| 22 | 氯唑磷 | 0.01 | 杀虫剂 | GB/T 20769、GB 23200.113 |

（续）

| 序号 | 农药中文名 | 最大残留限量（mg/kg） | 农药主要用途 | 检测方法 |
|---|---|---|---|---|
| 23 | 灭多威 | 0.2 | 杀虫剂 | NY/T 761 |
| 24 | 灭线磷 | 0.02 | 杀线虫剂 | NY/T 761 |
| 25 | 内吸磷 | 0.02 | 杀虫/杀螨剂 | GB/T 20769 |
| 26 | 氰戊菊酯和S-氰戊菊酯 | 0.2 | 杀虫剂 | GB 23200.8、NY/T 761、GB 23200.113 |
| 27 | 杀虫脒 | 0.01 | 杀虫剂 | GB/T 20769 |
| 28 | 杀螟硫磷 | 0.5* | 杀虫剂 | GB/T 14553、GB/T 20769、NY/T 761、GB 23200.113 |
| 29 | 杀扑磷 | 0.05 | 杀虫剂 | GB 23200.8、GB/T 14553、NY/T 761、GB 23200.113 |
| 30 | 水胺硫磷 | 0.05 | 杀虫剂 | GB/T 5009.20、GB 23200.113 |
| 31 | 特丁硫磷 | 0.01 | 杀虫剂 | NY/T 761、NY/T 1379 |
| 32 | 涕灭威 | 0.02 | 杀虫剂 | NY/T 761 |
| 33 | 辛硫磷 | 0.05 | 杀虫剂 | GB/T 5009.102、GB/T 20769 |
| 34 | 氧乐果 | 0.02 | 杀虫剂 | NY/T 761、NY/T 1379、GB 23200.113 |
| 35 | 乙酰甲胺磷 | 0.5 | 杀虫剂 | NY/T 761、GB 23200.113 |
| 36 | 蝇毒磷 | 0.05 | 杀虫剂 | GB 23200.8、GB 23200.113 |
| 37 | 治螟磷 | 0.01 | 杀虫剂 | GB 23200.8、NY/T 761、GB 23200.113 |
| 38 | 艾氏剂 | 0.05 | 杀虫剂 | GB/T 5009.19、NY/T 761、GB 23200.113 |
| 39 | 滴滴涕 | 0.05 | 杀虫剂 | GB/T 5009.19、NY/T 761、GB 23200.113 |
| 40 | 狄氏剂 | 0.02 | 杀虫剂 | GB/T 5009.19、NY/T 761、GB 23200.113 |
| 41 | 毒杀芬 | 0.05* | 杀虫剂 | YC/T 180（参照） |
| 42 | 六六六 | 0.05 | 杀虫剂 | GB/T 5009.19、NY/T 761、GB 23200.113 |
| 43 | 氯丹 | 0.02 | 杀虫剂 | GB/T 5009.19 |
| 44 | 灭蚁灵 | 0.01 | 杀虫剂 | GB/T 5009.19 |
| 45 | 七氯 | 0.01 | 杀虫剂 | GB/T 5009.19、NY/T 761 |

（续）

| 序号 | 农药中文名 | 最大残留限量（mg/kg） | 农药主要用途 | 检测方法 |
|---|---|---|---|---|
| 46 | 异狄氏剂 | 0.05 | 杀虫剂 | GB/T 5009.19、NY/T 761 |
| 47 | 百草枯 | 0.02* | 除草剂 | 无指定 |
| 48 | 百菌清 | 0.2 | 杀菌剂 | GB/T 5009.105、NY/T 761 |
| 49 | 苯丁锡 | 10 | 杀螨剂 | SN 0592（参照） |
| 50 | 苯菌灵 | 2* | 杀菌剂 | GB/T 23380、NY/T 1680、SN/T 0162（参照） |
| 51 | 苯醚甲环唑 | 1 | 杀菌剂 | GB 23200.8、GB 23200.49、GB/T 5009.218、GB 23200.113 |
| 52 | 苯嘧磺草胺 | 0.01* | 除草剂 | 无指定 |
| 53 | 吡虫啉 | 0.05 | 杀虫剂 | GB/T 20769、GB/T 23379 |
| 54 | 吡唑醚菌酯 | 1 | 杀菌剂 | GB 23200.8 |
| 55 | 吡唑萘菌胺 | 0.06* | 杀菌剂 | 无指定 |
| 56 | 丙环唑 | 1 | 杀菌剂 | GB 23200.8、GB/T 20769 |
| 57 | 丙硫多菌灵 | 0.2* | 杀菌剂 | 无指定 |
| 58 | 丙森锌 | 1 | 杀菌剂 | SN 0157、SN/T 1541（参照） |
| 59 | 草铵膦 | 0.2 | 除草剂 | GB 23200.108 |
| 60 | 代森铵 | 1 | 杀菌剂 | SN 0157 |
| 61 | 代森联 | 1 | 杀菌剂 | SN 0157 |
| 62 | 代森锰锌 | 1 | 杀菌剂 | SN 0157 |
| 63 | 敌草快 | 0.02 | 除草剂 | SN/T 0293 |
| 64 | 丁苯吗啉 | 2 | 杀菌剂 | GB 23200.37、GB/T 20769（参照） |
| 65 | 毒死蜱 | 2 | 杀虫剂 | GB 23200.8、NY/T 761、SN/T 2158、GB 23200.113 |
| 66 | 多菌灵 | 2 | 杀菌剂 | GB/T 20769、NY/T 1453 |
| 67 | 噁唑菌酮 | 0.5 | 杀菌剂 | GB/T 20769 |
| 68 | 粉唑醇 | 0.3 | 杀菌剂 | GB/T 20769 |
| 69 | 氟虫腈 | 0.005 | 杀虫剂 | GB 23200.34、NY/T 1379（参照） |
| 70 | 氟吡甲禾灵和高效氟吡甲禾灵 | 0.02* | 除草剂 | 无指定 |
| 71 | 氟吡菌酰胺 | 0.3* | 杀菌剂 | 无指定 |

（续）

| 序号 | 农药中文名 | 最大残留限量（mg/kg） | 农药主要用途 | 检测方法 |
|---|---|---|---|---|
| 72 | 氟硅唑 | 1 | 杀菌剂 | GB 23200.8、GB 23200.53、GB/T 20769 |
| 73 | 氟环唑 | 3 | 杀菌剂 | GB 23200.8、GB/T 20769、GB 23200.113 |
| 74 | 氟唑菌酰胺 | 0.5* | 杀菌剂 | 无指定 |
| 75 | 福美双 | 1 | 杀菌剂 | SN 0157 |
| 76 | 福美锌 | 1 | 杀菌剂 | SN 0157、SN/T 1541（参照） |
| 77 | 腈苯唑 | 0.05 | 杀菌剂 | GB 23200.8、GB/T 20769、GB 23200.113 |
| 78 | 腈菌唑 | 2 | 杀菌剂 | GB 23200.8、GB/T 20769、NY/T 1455、GB 23200.113 |
| 79 | 联苯菊酯 | 0.1 | 杀虫/杀螨剂 | GB/T 5009.146、NY/T 761、SN/T 1969、GB 23200.113 |
| 80 | 联苯三唑醇 | 0.5 | 杀菌剂 | GB 23200.8、GB/T 20769 |
| 81 | 氯苯嘧啶醇 | 0.2 | 杀菌剂 | GB 23200.8、GB/T 20769、GB 23200.113 |
| 82 | 咪鲜胺和咪鲜胺锰盐 | 5 | 杀菌剂 | GB/T 20769、NY/T 1456 |
| 83 | 嘧菌酯 | 2 | 杀菌剂 | GB/T 20769、NY/T 1453、SN/T 1976 |
| 84 | 嘧霉胺 | 0.1 | 杀菌剂 | GB 23200.8、GB/T 20769、GB 23200.113 |
| 85 | 宁南霉素 | 0.5* | 杀菌剂 | 无指定 |
| 86 | 噻虫胺 | 0.02 | 杀虫剂 | GB 23200.8、GB/T 20769 |
| 87 | 噻虫嗪 | 0.02 | 杀虫剂 | GB 23200.8、GB/T 20769 |
| 88 | 噻菌灵 | 5 | 杀菌剂 | GB/T 20769、NY/T 1453、NY/T 1680 |
| 89 | 噻嗪酮 | 0.3 | 杀虫剂 | GB 23200.8、GB/T 20769 |
| 90 | 噻唑膦 | 0.05 | 杀线虫剂 | GB/T 20769、GB 23200.113 |
| 91 | 三唑醇 | 1 | 杀菌剂 | GB 23200.8、GB 23200.113 |
| 92 | 三唑酮 | 1 | 杀菌剂 | GB 23200.8、GB/T 20769、NY/T 761、GB 23200.113 |
| 93 | 肟菌酯 | 0.1 | 杀菌剂 | GB 23200.8、GB/T 20769、GB 23200.113 |

（续）

| 序号 | 农药中文名 | 最大残留限量（mg/kg） | 农药主要用途 | 检测方法 |
|---|---|---|---|---|
| 94 | 戊唑醇 | 3 | 杀菌剂 | GB 23200.8、GB/T 20769、GB 23200.113 |
| 95 | 烯唑醇 | 2 | 杀菌剂 | GB/T 5009.201、GB/T 20769、GB 23200.113 |
| 96 | 溴氰菊酯 | 0.05 | 杀虫剂 | NY/T 761、GB 23200.113 |
| 97 | 乙烯利 | 2 | 植物生长调节剂 | GB 23200.16 |
| 98 | 异菌脲 | 10 | 杀菌剂 | GB 23200.8、NY/T 761、NY/T 1277、GB 23200.113 |
| 99 | 抑霉唑 | 2 | 杀菌剂 | GB 23200.8、GB/T 20769 |

## 4.58　番木瓜

番木瓜中农药最大残留限量见表 4 - 58。

**表 4 - 58　番木瓜中农药最大残留限量**

| 序号 | 农药中文名 | 最大残留限量（mg/kg） | 农药主要用途 | 检测方法 |
|---|---|---|---|---|
| 1 | 保棉磷 | 1 | 杀虫剂 | NY/T 761 |
| 2 | 百草枯 | 0.01* | 除草剂 | 无指定 |
| 3 | 倍硫磷 | 0.05 | 杀虫剂 | GB 23200.8、NY/T 761、GB 23200.113 |
| 4 | 苯线磷 | 0.02 | 杀虫剂 | GB 23200.8、GB/T 5009.145 |
| 5 | 草甘膦 | 0.1 | 除草剂 | GB/T 23750、NY/T 1096、SN/T 1923 |
| 6 | 敌百虫 | 0.2 | 杀虫剂 | GB/T 20769、NY/T 761 |
| 7 | 敌敌畏 | 0.2 | 杀虫剂 | GB 23200.8、GB/T 5009.20、NY/T 761、GB 23200.113 |
| 8 | 地虫硫磷 | 0.01 | 杀虫剂 | GB 23200.8、GB 23200.113 |
| 9 | 啶虫脒 | 2 | 杀虫剂 | GB/T 20769、GB/T 23584 |
| 10 | 对硫磷 | 0.01 | 杀虫剂 | GB/T 5009.145、GB 23200.113 |
| 11 | 氟虫腈 | 0.02 | 杀虫剂 | GB 23200.34、NY/T 1379（参照） |
| 12 | 甲胺磷 | 0.05 | 杀虫剂 | GB/T 5009.103、NY/T 761、GB 23200.113 |

（续）

| 序号 | 农药中文名 | 最大残留限量（mg/kg） | 农药主要用途 | 检测方法 |
| --- | --- | --- | --- | --- |
| 13 | 甲拌磷 | 0.01 | 杀虫剂 | GB 23200.113 |
| 14 | 甲基对硫磷 | 0.02 | 杀虫剂 | NY/T 761、GB 23200.113 |
| 15 | 甲基硫环磷 | 0.03* | 杀虫剂 | NY/T 761 |
| 16 | 甲基异柳磷 | 0.01* | 杀虫剂 | GB/T 5009.144、GB 23200.113 |
| 17 | 甲氰菊酯 | 5 | 杀虫剂 | NY/T 761、GB 23200.113 |
| 18 | 久效磷 | 0.03 | 杀虫剂 | NY/T 761、GB 23200.113 |
| 19 | 克百威 | 0.02 | 杀虫剂 | NY/T 761 |
| 20 | 磷胺 | 0.05 | 杀虫剂 | NY/T 761、GB 23200.113 |
| 21 | 硫环磷 | 0.03 | 杀虫剂 | NY/T 761、GB 23200.113 |
| 22 | 硫线磷 | 0.02 | 杀虫剂 | GB/T 20769 |
| 23 | 氯菊酯 | 2 | 杀虫剂 | GB 23200.8、NY/T 761、GB 23200.113 |
| 24 | 氯唑磷 | 0.01 | 杀虫剂 | GB/T 20769、GB 23200.113 |
| 25 | 咪鲜胺和咪鲜胺锰盐 | 7 | 杀菌剂 | GB/T 20769、NY/T 1456 |
| 26 | 灭多威 | 0.2 | 杀虫剂 | NY/T 761 |
| 27 | 灭线磷 | 0.02 | 杀线虫剂 | NY/T 761 |
| 28 | 内吸磷 | 0.02 | 杀虫/杀螨剂 | GB/T 20769 |
| 29 | 氰戊菊酯和S-氰戊菊酯 | 0.2 | 杀虫剂 | GB 23200.8、NY/T 761、GB 23200.113 |
| 30 | 杀虫脒 | 0.01 | 杀虫剂 | GB/T 20769 |
| 31 | 杀螟硫磷 | 0.5* | 杀虫剂 | GB/T 14553、GB/T 20769、NY/T 761、GB 23200.113 |
| 32 | 杀扑磷 | 0.05 | 杀虫剂 | GB 23200.8、GB/T 14553、NY/T 761、GB 23200.113 |
| 33 | 水胺硫磷 | 0.05 | 杀虫剂 | GB/T 5009.20、GB 23200.113 |
| 34 | 特丁硫磷 | 0.01 | 杀虫剂 | NY/T 761、NY/T 1379 |
| 35 | 涕灭威 | 0.02 | 杀虫剂 | NY/T 761 |
| 36 | 辛硫磷 | 0.05 | 杀虫剂 | GB/T 5009.102、GB/T 20769 |
| 37 | 氧乐果 | 0.02 | 杀虫剂 | NY/T 761、NY/T 1379、GB 23200.113 |
| 38 | 乙酰甲胺磷 | 0.5 | 杀虫剂 | NY/T 761、GB 23200.113 |
| 39 | 蝇毒磷 | 0.05 | 杀虫剂 | GB 23200.8、GB 23200.113 |

（续）

| 序号 | 农药中文名 | 最大残留限量（mg/kg） | 农药主要用途 | 检测方法 |
|---|---|---|---|---|
| 40 | 治螟磷 | 0.01 | 杀虫剂 | GB 23200.8、NY/T 761、GB 23200.113 |
| 41 | 艾氏剂 | 0.05 | 杀虫剂 | GB/T 5009.19、NY/T 761、GB 23200.113 |
| 42 | 滴滴涕 | 0.05 | 杀虫剂 | GB/T 5009.19、NY/T 761、GB 23200.113 |
| 43 | 狄氏剂 | 0.02 | 杀虫剂 | GB/T 5009.19、NY/T 761、GB 23200.113 |
| 44 | 毒杀芬 | 0.05* | 杀虫剂 | YC/T 180（参照） |
| 45 | 六六六 | 0.05 | 杀虫剂 | GB/T 5009.19、NY/T 761、GB 23200.113 |
| 46 | 氯丹 | 0.02 | 杀虫剂 | GB/T 5009.19 |
| 47 | 灭蚁灵 | 0.01 | 杀虫剂 | GB/T 5009.19 |
| 48 | 七氯 | 0.01 | 杀虫剂 | GB/T 5009.19、NY/T 761 |
| 49 | 异狄氏剂 | 0.05 | 杀虫剂 | GB/T 5009.19、NY/T 761 |
| 50 | 百菌清 | 20 | 杀菌剂 | GB/T 5009.105、NY/T 761 |
| 51 | 苯醚甲环唑 | 0.2 | 杀菌剂 | GB 23200.8、GB 23200.49、GB/T 5009.218、GB 23200.113 |
| 52 | 吡唑醚菌酯 | 0.15 | 杀菌剂 | GB 23200.8 |
| 53 | 丙森锌 | 5 | 杀菌剂 | SN 0157、SN/T 1541（参照） |
| 54 | 草铵膦 | 0.2 | 除草剂 | GB 23200.108 |
| 55 | 代森铵 | 5 | 杀菌剂 | SN 0157 |
| 56 | 代森联 | 5 | 杀菌剂 | SN 0157 |
| 57 | 代森锰锌 | 5 | 杀菌剂 | SN 0157 |
| 58 | 氟菌唑 | 2* | 杀菌剂 | GB/T 20769、NY/T 1453 |
| 59 | 福美双 | 5 | 杀菌剂 | SN 0157 |
| 60 | 福美锌 | 5 | 杀菌剂 | SN 0157、SN/T 1541（参照） |
| 61 | 甲氧虫酰肼 | 1 | 杀虫剂 | GB/T 20769 |
| 62 | 联苯肼酯 | 1 | 杀螨剂 | GB 23200.8 |
| 63 | 螺虫乙酯 | 0.4* | 杀虫剂 | 无指定 |
| 64 | 螺螨酯 | 0.03 | 杀螨剂 | GB 23200.8、GB/T 20769 |

（续）

| 序号 | 农药中文名 | 最大残留限量（mg/kg） | 农药主要用途 | 检测方法 |
| --- | --- | --- | --- | --- |
| 65 | 氯氰菊酯和高效氯氰菊酯 | 0.5 | 杀虫剂 | GB 23200.8、GB/T 5009.146、NY/T 761、GB 23200.113 |
| 66 | 嘧菌酯 | 0.3 | 杀菌剂 | GB/T 20769、NY/T 1453、SN/T 1976 |
| 67 | 噻虫胺 | 0.01 | 杀虫剂 | GB 23200.8、GB/T 20769 |
| 68 | 噻虫嗪 | 0.01 | 杀虫剂 | GB 23200.8、GB/T 20769 |
| 69 | 噻菌灵 | 10 | 杀菌剂 | GB/T 20769、NY/T 1453、NY/T 1680 |
| 70 | 肟菌酯 | 0.6 | 杀菌剂 | GB 23200.8、GB/T 20769、GB 23200.113 |
| 71 | 戊唑醇 | 2 | 杀菌剂 | GB 23200.8、GB/T 20769、GB 23200.113 |

## 4.59 椰子

椰子中农药最大残留限量见表 4-59。

**表 4-59 椰子中农药最大残留限量**

| 序号 | 农药中文名 | 最大残留限量（mg/kg） | 农药主要用途 | 检测方法 |
| --- | --- | --- | --- | --- |
| 1 | 保棉磷 | 1 | 杀虫剂 | NY/T 761 |
| 2 | 百草枯 | 0.01* | 除草剂 | 无指定 |
| 3 | 倍硫磷 | 0.05 | 杀虫剂 | GB 23200.8、NY/T 761、GB 23200.113 |
| 4 | 苯线磷 | 0.02 | 杀虫剂 | GB 23200.8、GB/T 5009.145 |
| 5 | 草铵膦 | 0.1 | 除草剂 | GB 23200.108 |
| 6 | 草甘膦 | 0.1 | 除草剂 | GB/T 23750、NY/T 1096、SN/T 1923 |
| 7 | 敌百虫 | 0.2 | 杀虫剂 | GB/T 20769、NY/T 761 |
| 8 | 敌敌畏 | 0.2 | 杀虫剂 | GB 23200.8、GB/T 5009.20、NY/T 761、GB 23200.113 |
| 9 | 地虫硫磷 | 0.01 | 杀虫剂 | GB 23200.8、GB 23200.113 |
| 10 | 啶虫脒 | 2 | 杀虫剂 | GB/T 20769、GB/T 23584 |

（续）

| 序号 | 农药中文名 | 最大残留限量（mg/kg） | 农药主要用途 | 检测方法 |
|---|---|---|---|---|
| 11 | 对硫磷 | 0.01 | 杀虫剂 | GB/T 5009.145、GB 23200.113 |
| 12 | 氟虫腈 | 0.02 | 杀虫剂 | GB 23200.34、NY/T 1379（参照） |
| 13 | 甲胺磷 | 0.05 | 杀虫剂 | GB/T 5009.103、NY/T 761、GB 23200.113 |
| 14 | 甲拌磷 | 0.01 | 杀虫剂 | GB 23200.113 |
| 15 | 甲基对硫磷 | 0.02 | 杀虫剂 | NY/T 761、GB 23200.113 |
| 16 | 甲基硫环磷 | 0.03* | 杀虫剂 | NY/T 761 |
| 17 | 甲基异柳磷 | 0.01* | 杀虫剂 | GB/T 5009.144、GB 23200.113 |
| 18 | 甲氰菊酯 | 5 | 杀虫剂 | NY/T 761、GB 23200.113 |
| 19 | 久效磷 | 0.03 | 杀虫剂 | NY/T 761、GB 23200.113 |
| 20 | 克百威 | 0.02 | 杀虫剂 | NY/T 761 |
| 21 | 磷胺 | 0.05 | 杀虫剂 | NY/T 761、GB 23200.113 |
| 22 | 硫环磷 | 0.03 | 杀虫剂 | NY/T 761、GB 23200.113 |
| 23 | 硫线磷 | 0.02 | 杀虫剂 | GB/T 20769 |
| 24 | 氯菊酯 | 2 | 杀虫剂 | GB 23200.8、NY/T 761、GB 23200.113 |
| 25 | 氯唑磷 | 0.01 | 杀虫剂 | GB/T 20769、GB 23200.113 |
| 26 | 咪鲜胺和咪鲜胺锰盐 | 7 | 杀菌剂 | GB/T 20769、NY/T 1456 |
| 27 | 灭多威 | 0.2 | 杀虫剂 | NY/T 761 |
| 28 | 灭线磷 | 0.02 | 杀线虫剂 | NY/T 761 |
| 29 | 内吸磷 | 0.02 | 杀虫/杀螨剂 | GB/T 20769 |
| 30 | 氰戊菊酯和 S-氰戊菊酯 | 0.2 | 杀虫剂 | GB 23200.8、NY/T 761、GB 23200.113 |
| 31 | 杀虫脒 | 0.01 | 杀虫剂 | GB/T 20769 |
| 32 | 杀螟硫磷 | 0.5* | 杀虫剂 | GB/T 14553、GB/T 20769、NY/T 761、GB 23200.113 |
| 33 | 杀扑磷 | 0.05 | 杀虫剂 | GB 23200.8、GB/T 14553、NY/T 761、GB 23200.113 |
| 34 | 水胺硫磷 | 0.05 | 杀虫剂 | GB/T 5009.20、GB 23200.113 |
| 35 | 特丁硫磷 | 0.01 | 杀虫剂 | NY/T 761、NY/T 1379 |
| 36 | 涕灭威 | 0.02 | 杀虫剂 | NY/T 761 |

（续）

| 序号 | 农药中文名 | 最大残留限量（mg/kg） | 农药主要用途 | 检测方法 |
|---|---|---|---|---|
| 37 | 辛硫磷 | 0.05 | 杀虫剂 | GB/T 5009.102、GB/T 20769 |
| 38 | 氧乐果 | 0.02 | 杀虫剂 | NY/T 761、NY/T 1379、GB 23200.113 |
| 39 | 乙酰甲胺磷 | 0.5 | 杀虫剂 | NY/T 761、GB 23200.113 |
| 40 | 蝇毒磷 | 0.05 | 杀虫剂 | GB 23200.8、GB 23200.113 |
| 41 | 治螟磷 | 0.01 | 杀虫剂 | GB 23200.8、NY/T 761、GB 23200.113 |
| 42 | 艾氏剂 | 0.05 | 杀虫剂 | GB/T 5009.19、NY/T 761、GB 23200.113 |
| 43 | 滴滴涕 | 0.05 | 杀虫剂 | GB/T 5009.19、NY/T 761、GB 23200.113 |
| 44 | 狄氏剂 | 0.02 | 杀虫剂 | GB/T 5009.19、NY/T 761、GB 23200.113 |
| 45 | 毒杀芬 | 0.05* | 杀虫剂 | YC/T 180（参照） |
| 46 | 六六六 | 0.05 | 杀虫剂 | GB/T 5009.19、NY/T 761、GB 23200.113 |
| 47 | 氯丹 | 0.02 | 杀虫剂 | GB/T 5009.19 |
| 48 | 灭蚁灵 | 0.01 | 杀虫剂 | GB/T 5009.19 |
| 49 | 七氯 | 0.01 | 杀虫剂 | GB/T 5009.19、NY/T 761 |
| 50 | 异狄氏剂 | 0.05 | 杀虫剂 | GB/T 5009.19、NY/T 761 |

## 4.60 菠萝

菠萝中农药最大残留限量见表 4-60。

**表 4-60 菠萝中农药最大残留限量**

| 序号 | 农药中文名 | 最大残留限量（mg/kg） | 农药主要用途 | 检测方法 |
|---|---|---|---|---|
| 1 | 保棉磷 | 1 | 杀虫剂 | NY/T 761 |
| 2 | 百草枯 | 0.01* | 除草剂 | 无指定 |
| 3 | 倍硫磷 | 0.05 | 杀虫剂 | GB 23200.8、NY/T 761、GB 23200.113 |
| 4 | 苯线磷 | 0.02 | 杀虫剂 | GB 23200.8、GB/T 5009.145 |

（续）

| 序号 | 农药中文名 | 最大残留限量（mg/kg） | 农药主要用途 | 检测方法 |
|---|---|---|---|---|
| 5 | 草铵膦 | 0.1 | 除草剂 | GB 23200.108 |
| 6 | 草甘膦 | 0.1 | 除草剂 | GB/T 23750、NY/T 1096、SN/T 1923 |
| 7 | 敌百虫 | 0.2 | 杀虫剂 | GB/T 20769、NY/T 761 |
| 8 | 敌敌畏 | 0.2 | 杀虫剂 | GB 23200.8、GB/T 5009.20、NY/T 761、GB 23200.113 |
| 9 | 地虫硫磷 | 0.01 | 杀虫剂 | GB 23200.8、GB 23200.113 |
| 10 | 啶虫脒 | 2 | 杀虫剂 | GB/T 20769、GB/T 23584 |
| 11 | 对硫磷 | 0.01 | 杀虫剂 | GB/T 5009.145、GB 23200.113 |
| 12 | 氟虫腈 | 0.02 | 杀虫剂 | GB 23200.34、NY/T 1379（参照） |
| 13 | 甲胺磷 | 0.05 | 杀虫剂 | GB/T 5009.103、NY/T 761、GB 23200.113 |
| 14 | 甲拌磷 | 0.01 | 杀虫剂 | GB 23200.113 |
| 15 | 甲基对硫磷 | 0.02 | 杀虫剂 | NY/T 761、GB 23200.113 |
| 16 | 甲基硫环磷 | 0.03* | 杀虫剂 | NY/T 761 |
| 17 | 甲基异柳磷 | 0.01* | 杀虫剂 | GB/T 5009.144、GB 23200.113 |
| 18 | 甲氰菊酯 | 5 | 杀虫剂 | NY/T 761、GB 23200.113 |
| 19 | 久效磷 | 0.03 | 杀虫剂 | NY/T 761、GB 23200.113 |
| 20 | 克百威 | 0.02 | 杀虫剂 | NY/T 761 |
| 21 | 磷胺 | 0.05 | 杀虫剂 | NY/T 761、GB 23200.113 |
| 22 | 硫环磷 | 0.03 | 杀虫剂 | NY/T 761、GB 23200.113 |
| 23 | 硫线磷 | 0.02 | 杀虫剂 | GB/T 20769 |
| 24 | 氯菊酯 | 2 | 杀虫剂 | GB 23200.8、NY/T 761、GB 23200.113 |
| 25 | 氯唑磷 | 0.01 | 杀虫剂 | GB/T 20769、GB 23200.113 |
| 26 | 咪鲜胺和咪鲜胺锰盐 | 7 | 杀菌剂 | GB/T 20769、NY/T 1456 |
| 27 | 灭多威 | 0.2 | 杀虫剂 | NY/T 761 |
| 28 | 灭线磷 | 0.02 | 杀线虫剂 | NY/T 761 |
| 29 | 内吸磷 | 0.02 | 杀虫/杀螨剂 | GB/T 20769 |
| 30 | 氰戊菊酯和 S-氰戊菊酯 | 0.2 | 杀虫剂 | GB 23200.8、NY/T 761、GB 23200.113 |

（续）

| 序号 | 农药中文名 | 最大残留限量（mg/kg） | 农药主要用途 | 检测方法 |
|---|---|---|---|---|
| 31 | 杀虫脒 | 0.01 | 杀虫剂 | GB/T 20769 |
| 32 | 杀螟硫磷 | 0.5* | 杀虫剂 | GB/T 14553、GB/T 20769、NY/T 761、GB 23200.113 |
| 33 | 杀扑磷 | 0.05 | 杀虫剂 | GB 23200.8、GB/T 14553、NY/T 761、GB 23200.113 |
| 34 | 水胺硫磷 | 0.05 | 杀虫剂 | GB/T 5009.20、GB 23200.113 |
| 35 | 特丁硫磷 | 0.01 | 杀虫剂 | NY/T 761、NY/T 1379 |
| 36 | 涕灭威 | 0.02 | 杀虫剂 | NY/T 761 |
| 37 | 辛硫磷 | 0.05 | 杀虫剂 | GB/T 5009.102、GB/T 20769 |
| 38 | 氧乐果 | 0.02 | 杀虫剂 | NY/T 761、NY/T 1379、GB 23200.113 |
| 39 | 乙酰甲胺磷 | 0.5 | 杀虫剂 | NY/T 761、GB 23200.113 |
| 40 | 蝇毒磷 | 0.05 | 杀虫剂 | GB 23200.8、GB 23200.113 |
| 41 | 治螟磷 | 0.01 | 杀虫剂 | GB 23200.8、NY/T 761、GB 23200.113 |
| 42 | 艾氏剂 | 0.05 | 杀虫剂 | GB/T 5009.19、NY/T 761、GB 23200.113 |
| 43 | 滴滴涕 | 0.05 | 杀虫剂 | GB/T 5009.19、NY/T 761、GB 23200.113 |
| 44 | 狄氏剂 | 0.02 | 杀虫剂 | GB/T 5009.19、NY/T 761、GB 23200.113 |
| 45 | 毒杀芬 | 0.05* | 杀虫剂 | YC/T 180（参照） |
| 46 | 六六六 | 0.05 | 杀虫剂 | GB/T 5009.19、NY/T 761、GB 23200.113 |
| 47 | 氯丹 | 0.02 | 杀虫剂 | GB/T 5009.19 |
| 48 | 灭蚁灵 | 0.01 | 杀虫剂 | GB/T 5009.19 |
| 49 | 七氯 | 0.01 | 杀虫剂 | GB/T 5009.19、NY/T 761 |
| 50 | 异狄氏剂 | 0.05 | 杀虫剂 | GB/T 5009.19、NY/T 761 |
| 51 | 丙环唑 | 0.02 | 杀菌剂 | GB 23200.8、GB/T 20769 |
| 52 | 代森锰锌 | 2 | 杀菌剂 | SN 0157 |
| 53 | 多菌灵 | 0.5 | 杀菌剂 | GB/T 20769、NY/T 1453 |
| 54 | 二嗪磷 | 0.1 | 杀虫剂 | GB/T 20769、GB/T 5009.107、NY/T 761、GB 23200.113 |

（续）

| 序号 | 农药中文名 | 最大残留限量（mg/kg） | 农药主要用途 | 检测方法 |
|---|---|---|---|---|
| 55 | 水胺硫磷 | 0.05 | 杀虫剂 | GB/T 5009.20 |
| 56 | 噻虫胺 | 0.01 | 杀虫剂 | GB 23200.8、GB/T 20769 |
| 57 | 噻虫嗪 | 0.01 | 杀虫剂 | GB 23200.8、GB/T 20769 |
| 58 | 三唑醇 | 5 | 杀菌剂 | GB 23200.8、GB 23200.113 |
| 59 | 三唑酮 | 5 | 杀菌剂 | GB 23200.8、GB/T 20769、NY/T 761、GB 23200.113 |
| 60 | 烯酰吗啉 | 0.01 | 杀菌剂 | GB/T 20769 |
| 61 | 溴氰菊酯 | 0.05 | 杀虫剂 | NY/T 761、GB 23200.113 |
| 62 | 乙烯利 | 2 | 植物生长调节剂 | GB 23200.16 |
| 63 | 莠灭净 | 0.2 | 除草剂 | GB 23200.8、GB 23200.113 |

## 4.61 菠萝蜜

菠萝蜜中农药最大残留限量见表 4－61。

**表 4－61 菠萝蜜中农药最大残留限量**

| 序号 | 农药中文名 | 最大残留限量（mg/kg） | 农药主要用途 | 检测方法 |
|---|---|---|---|---|
| 1 | 保棉磷 | 1 | 杀虫剂 | NY/T 761 |
| 2 | 百草枯 | 0.01* | 除草剂 | 无指定 |
| 3 | 倍硫磷 | 0.05 | 杀虫剂 | GB 23200.8、NY/T 761、GB 23200.113 |
| 4 | 苯线磷 | 0.02 | 杀虫剂 | GB 23200.8、GB/T 5009.145 |
| 5 | 草铵膦 | 0.1 | 除草剂 | GB 23200.108 |
| 6 | 草甘膦 | 0.1 | 除草剂 | GB/T 23750、NY/T 1096、SN/T 1923 |
| 7 | 敌百虫 | 0.2 | 杀虫剂 | GB/T 20769、NY/T 761 |
| 8 | 敌敌畏 | 0.2 | 杀虫剂 | GB 23200.8、GB/T 5009.20、NY/T 761、GB 23200.113 |
| 9 | 地虫硫磷 | 0.01 | 杀虫剂 | GB 23200.8、GB 23200.113 |
| 10 | 啶虫脒 | 2 | 杀虫剂 | GB/T 20769、GB/T 23584 |
| 11 | 对硫磷 | 0.01 | 杀虫剂 | GB/T 5009.145、GB 23200.113 |

（续）

| 序号 | 农药中文名 | 最大残留限量（mg/kg） | 农药主要用途 | 检测方法 |
|---|---|---|---|---|
| 12 | 氟虫腈 | 0.02 | 杀虫剂 | GB 23200.34、NY/T 1379（参照） |
| 13 | 甲胺磷 | 0.05 | 杀虫剂 | GB/T 5009.103、NY/T 761、GB 23200.113 |
| 14 | 甲拌磷 | 0.01 | 杀虫剂 | GB 23200.113 |
| 15 | 甲基对硫磷 | 0.02 | 杀虫剂 | NY/T 761、GB 23200.113 |
| 16 | 甲基硫环磷 | 0.03* | 杀虫剂 | NY/T 761 |
| 17 | 甲基异柳磷 | 0.01* | 杀虫剂 | GB/T 5009.144、GB 23200.113 |
| 18 | 甲氰菊酯 | 5 | 杀虫剂 | NY/T 761、GB 23200.113 |
| 19 | 久效磷 | 0.03 | 杀虫剂 | NY/T 761、GB 23200.113 |
| 20 | 克百威 | 0.02 | 杀虫剂 | NY/T 761 |
| 21 | 磷胺 | 0.05 | 杀虫剂 | NY/T 761、GB 23200.113 |
| 22 | 硫环磷 | 0.03 | 杀虫剂 | NY/T 761、GB 23200.113 |
| 23 | 硫线磷 | 0.02 | 杀虫剂 | GB/T 20769 |
| 24 | 氯菊酯 | 2 | 杀虫剂 | GB 23200.8、NY/T 761、GB 23200.113 |
| 25 | 氯唑磷 | 0.01 | 杀虫剂 | GB/T 20769、GB 23200.113 |
| 26 | 咪鲜胺和咪鲜胺锰盐 | 7 | 杀菌剂 | GB/T 20769、NY/T 1456 |
| 27 | 灭多威 | 0.2 | 杀虫剂 | NY/T 761 |
| 28 | 灭线磷 | 0.02 | 杀线虫剂 | NY/T 761 |
| 29 | 内吸磷 | 0.02 | 杀虫/杀螨剂 | GB/T 20769 |
| 30 | 氰戊菊酯和S-氰戊菊酯 | 0.2 | 杀虫剂 | GB 23200.8、NY/T 761、GB 23200.113 |
| 31 | 杀虫脒 | 0.01 | 杀虫剂 | GB/T 20769 |
| 32 | 杀螟硫磷 | 0.5* | 杀虫剂 | GB/T 14553、GB/T 20769、NY/T 761、GB 23200.113 |
| 33 | 杀扑磷 | 0.05 | 杀虫剂 | GB 23200.8、GB/T 14553、NY/T 761、GB 23200.113 |
| 34 | 水胺硫磷 | 0.05 | 杀虫剂 | GB/T 5009.20、GB 23200.113 |
| 35 | 特丁硫磷 | 0.01 | 杀虫剂 | NY/T 761、NY/T 1379 |
| 36 | 涕灭威 | 0.02 | 杀虫剂 | NY/T 761 |
| 37 | 辛硫磷 | 0.05 | 杀虫剂 | GB/T 5009.102、GB/T 20769 |

（续）

| 序号 | 农药中文名 | 最大残留限量（mg/kg） | 农药主要用途 | 检测方法 |
|---|---|---|---|---|
| 38 | 氧乐果 | 0.02 | 杀虫剂 | NY/T 761、NY/T 1379、GB 23200.113 |
| 39 | 乙酰甲胺磷 | 0.5 | 杀虫剂 | NY/T 761、GB 23200.113 |
| 40 | 蝇毒磷 | 0.05 | 杀虫剂 | GB 23200.8、GB 23200.113 |
| 41 | 治螟磷 | 0.01 | 杀虫剂 | GB 23200.8、NY/T 761、GB 23200.113 |
| 42 | 艾氏剂 | 0.05 | 杀虫剂 | GB/T 5009.19、NY/T 761、GB 23200.113 |
| 43 | 滴滴涕 | 0.05 | 杀虫剂 | GB/T 5009.19、NY/T 761、GB 23200.113 |
| 44 | 狄氏剂 | 0.02 | 杀虫剂 | GB/T 5009.19、NY/T 761、GB 23200.113 |
| 45 | 毒杀芬 | 0.05* | 杀虫剂 | YC/T 180（参照） |
| 46 | 六六六 | 0.05 | 杀虫剂 | GB/T 5009.19、NY/T 761、GB 23200.113 |
| 47 | 氯丹 | 0.02 | 杀虫剂 | GB/T 5009.19 |
| 48 | 灭蚁灵 | 0.01 | 杀虫剂 | GB/T 5009.19 |
| 49 | 七氯 | 0.01 | 杀虫剂 | GB/T 5009.19、NY/T 761 |
| 50 | 异狄氏剂 | 0.05 | 杀虫剂 | GB/T 5009.19、NY/T 761 |

## 4.62　榴莲

榴莲中农药最大残留限量见表 4－62。

**表 4－62　榴莲中农药最大残留限量**

| 序号 | 农药中文名 | 最大残留限量（mg/kg） | 农药主要用途 | 检测方法 |
|---|---|---|---|---|
| 1 | 保棉磷 | 1 | 杀虫剂 | NY/T 761 |
| 2 | 百草枯 | 0.01* | 除草剂 | 无指定 |
| 3 | 倍硫磷 | 0.05 | 杀虫剂 | GB 23200.8、NY/T 761、GB 23200.113 |
| 4 | 苯线磷 | 0.02 | 杀虫剂 | GB 23200.8、GB/T 5009.145 |
| 5 | 草铵膦 | 0.1 | 除草剂 | GB 23200.108 |

（续）

| 序号 | 农药中文名 | 最大残留限量（mg/kg） | 农药主要用途 | 检测方法 |
|---|---|---|---|---|
| 6 | 草甘膦 | 0.1 | 除草剂 | GB/T 23750、NY/T 1096、SN/T 1923 |
| 7 | 敌百虫 | 0.2 | 杀虫剂 | GB/T 20769、NY/T 761 |
| 8 | 敌敌畏 | 0.2 | 杀虫剂 | GB 23200.8、GB/T 5009.20、NY/T 761、GB 23200.113 |
| 9 | 地虫硫磷 | 0.01 | 杀虫剂 | GB 23200.8、GB 23200.113 |
| 10 | 啶虫脒 | 2 | 杀虫剂 | GB/T 20769、GB/T 23584 |
| 11 | 对硫磷 | 0.01 | 杀虫剂 | GB/T 5009.145、GB 23200.113 |
| 12 | 氟虫腈 | 0.02 | 杀虫剂 | GB 23200.34、NY/T 1379（参照） |
| 13 | 甲胺磷 | 0.05 | 杀虫剂 | GB/T 5009.103、NY/T 761、GB 23200.113 |
| 14 | 甲拌磷 | 0.01 | 杀虫剂 | GB 23200.113 |
| 15 | 甲基对硫磷 | 0.02 | 杀虫剂 | NY/T 761、GB 23200.113 |
| 16 | 甲基硫环磷 | 0.03* | 杀虫剂 | NY/T 761 |
| 17 | 甲基异柳磷 | 0.01* | 杀虫剂 | GB/T 5009.144、GB 23200.113 |
| 18 | 甲氰菊酯 | 5 | 杀虫剂 | NY/T 761、GB 23200.113 |
| 19 | 久效磷 | 0.03 | 杀虫剂 | NY/T 761、GB 23200.113 |
| 20 | 克百威 | 0.02 | 杀虫剂 | NY/T 761 |
| 21 | 磷胺 | 0.05 | 杀虫剂 | NY/T 761、GB 23200.113 |
| 22 | 硫环磷 | 0.03 | 杀虫剂 | NY/T 761、GB 23200.113 |
| 23 | 硫线磷 | 0.02 | 杀虫剂 | GB/T 20769 |
| 24 | 氯菊酯 | 2 | 杀虫剂 | GB 23200.8、NY/T 761、GB 23200.113 |
| 25 | 氯唑磷 | 0.01 | 杀虫剂 | GB/T 20769、GB 23200.113 |
| 26 | 咪鲜胺和咪鲜胺锰盐 | 7 | 杀菌剂 | GB/T 20769、NY/T 1456 |
| 27 | 灭多威 | 0.2 | 杀虫剂 | NY/T 761 |
| 28 | 灭线磷 | 0.02 | 杀线虫剂 | NY/T 761 |
| 29 | 内吸磷 | 0.02 | 杀虫/杀螨剂 | GB/T 20769 |
| 30 | 氰戊菊酯和S-氰戊菊酯 | 0.2 | 杀虫剂 | GB 23200.8、NY/T 761、GB 23200.113 |
| 31 | 杀虫脒 | 0.01 | 杀虫剂 | GB/T 20769 |

（续）

| 序号 | 农药中文名 | 最大残留限量（mg/kg） | 农药主要用途 | 检测方法 |
|---|---|---|---|---|
| 32 | 杀螟硫磷 | 0.5* | 杀虫剂 | GB/T 14553、GB/T 20769、NY/T 761、GB 23200.113 |
| 33 | 杀扑磷 | 0.05 | 杀虫剂 | GB 23200.8、GB/T 14553、NY/T 761、GB 23200.113 |
| 34 | 水胺硫磷 | 0.05 | 杀虫剂 | GB/T 5009.20、GB 23200.113 |
| 35 | 特丁硫磷 | 0.01 | 杀虫剂 | NY/T 761、NY/T 1379 |
| 36 | 涕灭威 | 0.02 | 杀虫剂 | NY/T 761 |
| 37 | 辛硫磷 | 0.05 | 杀虫剂 | GB/T 5009.102、GB/T 20769 |
| 38 | 氧乐果 | 0.02 | 杀虫剂 | NY/T 761、NY/T 1379、GB 23200.113 |
| 39 | 乙酰甲胺磷 | 0.5 | 杀虫剂 | NY/T 761、GB 23200.113 |
| 40 | 蝇毒磷 | 0.05 | 杀虫剂 | GB 23200.8、GB 23200.113 |
| 41 | 治螟磷 | 0.01 | 杀虫剂 | GB 23200.8、NY/T 761、GB 23200.113 |
| 42 | 艾氏剂 | 0.05 | 杀虫剂 | GB/T 5009.19、NY/T 761、GB 23200.113 |
| 43 | 滴滴涕 | 0.05 | 杀虫剂 | GB/T 5009.19、NY/T 761、GB 23200.113 |
| 44 | 狄氏剂 | 0.02 | 杀虫剂 | GB/T 5009.19、NY/T 761、GB 23200.113 |
| 45 | 毒杀芬 | 0.05* | 杀虫剂 | YC/T 180（参照） |
| 46 | 六六六 | 0.05 | 杀虫剂 | GB/T 5009.19、NY/T 761、GB 23200.113 |
| 47 | 氯丹 | 0.02 | 杀虫剂 | GB/T 5009.19 |
| 48 | 灭蚁灵 | 0.01 | 杀虫剂 | GB/T 5009.19 |
| 49 | 七氯 | 0.01 | 杀虫剂 | GB/T 5009.19、NY/T 761 |
| 50 | 异狄氏剂 | 0.05 | 杀虫剂 | GB/T 5009.19、NY/T 761 |
| 51 | 氯氰菊酯和高效氯氰菊酯 | 1 | 杀虫剂 | GB 23200.8、GB/T 5009.146、NY/T 761、GB 23200.113 |

## 4.63 火龙果

火龙果中农药最大残留限量见表 4-63。

## 表 4-63 火龙果中农药最大残留限量

| 序号 | 农药中文名 | 最大残留限量(mg/kg) | 农药主要用途 | 检测方法 |
|---|---|---|---|---|
| 1 | 保棉磷 | 1 | 杀虫剂 | NY/T 761 |
| 2 | 百草枯 | 0.01* | 除草剂 | 无指定 |
| 3 | 倍硫磷 | 0.05 | 杀虫剂 | GB 23200.8、NY/T 761、GB 23200.113 |
| 4 | 苯线磷 | 0.02 | 杀虫剂 | GB 23200.8、GB/T 5009.145 |
| 5 | 草铵膦 | 0.1 | 除草剂 | GB 23200.108 |
| 6 | 草甘膦 | 0.1 | 除草剂 | GB/T 23750、NY/T 1096、SN/T 1923 |
| 7 | 敌百虫 | 0.2 | 杀虫剂 | GB/T 20769、NY/T 761 |
| 8 | 敌敌畏 | 0.2 | 杀虫剂 | GB 23200.8、GB/T 5009.20、NY/T 761、GB 23200.113 |
| 9 | 地虫硫磷 | 0.01 | 杀虫剂 | GB 23200.8、GB 23200.113 |
| 10 | 啶虫脒 | 2 | 杀虫剂 | GB/T 20769、GB/T 23584 |
| 11 | 对硫磷 | 0.01 | 杀虫剂 | GB/T 5009.145、GB 23200.113 |
| 12 | 氟虫腈 | 0.02 | 杀虫剂 | GB 23200.34、NY/T 1379(参照) |
| 13 | 甲胺磷 | 0.05 | 杀虫剂 | GB/T 5009.103、NY/T 761、GB 23200.113 |
| 14 | 甲拌磷 | 0.01 | 杀虫剂 | GB 23200.113 |
| 15 | 甲基对硫磷 | 0.02 | 杀虫剂 | NY/T 761、GB 23200.113 |
| 16 | 甲基硫环磷 | 0.03* | 杀虫剂 | NY/T 761 |
| 17 | 甲基异柳磷 | 0.01* | 杀虫剂 | GB/T 5009.144、GB 23200.113 |
| 18 | 甲氰菊酯 | 5 | 杀虫剂 | NY/T 761、GB 23200.113 |
| 19 | 久效磷 | 0.03 | 杀虫剂 | NY/T 761、GB 23200.113 |
| 20 | 克百威 | 0.02 | 杀虫剂 | NY/T 761 |
| 21 | 磷胺 | 0.05 | 杀虫剂 | NY/T 761、GB 23200.113 |
| 22 | 硫环磷 | 0.03 | 杀虫剂 | NY/T 761、GB 23200.113 |
| 23 | 硫线磷 | 0.02 | 杀虫剂 | GB/T 20769 |
| 24 | 氯菊酯 | 2 | 杀虫剂 | GB 23200.8、NY/T 761、GB 23200.113 |
| 25 | 氯唑磷 | 0.01 | 杀虫剂 | GB/T 20769、GB 23200.113 |

（续）

| 序号 | 农药中文名 | 最大残留限量（mg/kg） | 农药主要用途 | 检测方法 |
| --- | --- | --- | --- | --- |
| 26 | 咪鲜胺和咪鲜胺锰盐 | 7 | 杀菌剂 | GB/T 20769、NY/T 1456 |
| 27 | 灭多威 | 0.2 | 杀虫剂 | NY/T 761 |
| 28 | 灭线磷 | 0.02 | 杀线虫剂 | NY/T 761 |
| 29 | 内吸磷 | 0.02 | 杀虫/杀螨剂 | GB/T 20769 |
| 30 | 氰戊菊酯和 S-氰戊菊酯 | 0.2 | 杀虫剂 | GB 23200.8、NY/T 761、GB 23200.113 |
| 31 | 杀虫脒 | 0.01 | 杀虫剂 | GB/T 20769 |
| 32 | 杀螟硫磷 | 0.5* | 杀虫剂 | GB/T 14553、GB/T 20769、NY/T 761、GB 23200.113 |
| 33 | 杀扑磷 | 0.05 | 杀虫剂 | GB 23200.8、GB/T 14553、NY/T 761、GB 23200.113 |
| 34 | 水胺硫磷 | 0.05 | 杀虫剂 | GB/T 5009.20、GB 23200.113 |
| 35 | 特丁硫磷 | 0.01 | 杀虫剂 | NY/T 761、NY/T 1379 |
| 36 | 涕灭威 | 0.02 | 杀虫剂 | NY/T 761 |
| 37 | 辛硫磷 | 0.05 | 杀虫剂 | GB/T 5009.102、GB/T 20769 |
| 38 | 氧乐果 | 0.02 | 杀虫剂 | NY/T 761、NY/T 1379、GB 23200.113 |
| 39 | 乙酰甲胺磷 | 0.5 | 杀虫剂 | NY/T 761、GB 23200.113 |
| 40 | 蝇毒磷 | 0.05 | 杀虫剂 | GB 23200.8、GB 23200.113 |
| 41 | 治螟磷 | 0.01 | 杀虫剂 | GB 23200.8、NY/T 761、GB 23200.113 |
| 42 | 艾氏剂 | 0.05 | 杀虫剂 | GB/T 5009.19、NY/T 761、GB 23200.113 |
| 43 | 滴滴涕 | 0.05 | 杀虫剂 | GB/T 5009.19、NY/T 761、GB 23200.113 |
| 44 | 狄氏剂 | 0.02 | 杀虫剂 | GB/T 5009.19、NY/T 761、GB 23200.113 |
| 45 | 毒杀芬 | 0.05* | 杀虫剂 | YC/T 180（参照） |
| 46 | 六六六 | 0.05 | 杀虫剂 | GB/T 5009.19、NY/T 761、GB 23200.113 |
| 47 | 氯丹 | 0.02 | 杀虫剂 | GB/T 5009.19 |
| 48 | 灭蚁灵 | 0.01 | 杀虫剂 | GB/T 5009.19 |

（续）

| 序号 | 农药中文名 | 最大残留限量（mg/kg） | 农药主要用途 | 检测方法 |
|---|---|---|---|---|
| 49 | 七氯 | 0.01 | 杀虫剂 | GB/T 5009.19、NY/T 761 |
| 50 | 异狄氏剂 | 0.05 | 杀虫剂 | GB/T 5009.19、NY/T 761 |

## 4.64 西瓜

西瓜中农药最大残留限量见表 4－64。

**表 4－64 西瓜中农药最大残留限量**

| 序号 | 农药中文名 | 最大残留限量（mg/kg） | 农药主要用途 | 检测方法 |
|---|---|---|---|---|
| 1 | 百草枯 | 0.02* | 除草剂 | 无指定 |
| 2 | 倍硫磷 | 0.05 | 杀虫剂 | GB 23200.8、NY/T 761 |
| 3 | 苯酰菌胺 | 2 | 杀菌剂 | GB 23200.8、GB/T 20769 |
| 4 | 苯线磷 | 0.02 | 杀虫剂 | GB/T 5009.145、GB 23200.8 |
| 5 | 吡虫啉 | 0.2 | 杀虫剂 | GB/T 20769、GB/T 23379 |
| 6 | 草甘膦 | 0.1 | 除草剂 | GB/T 23750、NY/T 1096、SN/T 1923 |
| 7 | 敌百虫 | 0.2 | 杀虫剂 | GB/T 20769、NY/T 761 |
| 8 | 敌草腈 | 0.01* | 除草剂 | 无指定 |
| 9 | 敌敌畏 | 0.2 | 杀虫剂 | NY/T 761、GB 23200.8、GB/T 5009.20 |
| 10 | 地虫硫磷 | 0.01 | 杀虫剂 | GB 23200.8 |
| 11 | 对硫磷 | 0.01 | 杀虫剂 | GB/T 5009.145 |
| 12 | 多杀霉素 | 0.2 | 杀虫剂 | GB/T 20769 |
| 13 | 氟虫腈 | 0.02 | 杀虫剂 | NY/T 1379（参照） |
| 14 | 氟啶虫胺腈 | 0.5* | 杀虫剂 | 无指定 |
| 15 | 甲胺磷 | 0.05 | 杀虫剂 | NY/T 761、GB/T 5009.103 |
| 16 | 甲拌磷 | 0.01 | 杀虫剂 | GB 23200.8 |
| 17 | 甲基对硫磷 | 0.02 | 杀虫剂 | NY/T 761 |
| 18 | 甲基硫环磷 | 0.03* | 杀虫剂 | NY/T 761 |
| 19 | 甲基异柳磷 | 0.01* | 杀虫剂 | GB/T 5009.144 |
| 20 | 甲氰菊酯 | 5 | 杀虫剂 | NY/T 761 |

（续）

| 序号 | 农药中文名 | 最大残留限量（mg/kg） | 农药主要用途 | 检测方法 |
|---|---|---|---|---|
| 21 | 久效磷 | 0.03 | 杀虫剂 | NY/T 761 |
| 22 | 克百威 | 0.02 | 杀虫剂 | NY/T 761 |
| 23 | 联苯肼酯 | 0.5 | 杀螨剂 | GB/T 20769、GB 23200.8 |
| 24 | 磷胺 | 0.05 | 杀虫剂 | NY/T 761 |
| 25 | 硫丹 | 0.05 | 杀虫剂 | NY/T 761 |
| 26 | 硫环磷 | 0.03 | 杀虫剂 | NY/T 761 |
| 27 | 螺虫乙酯 | 0.2* | 杀虫剂 | 无指定 |
| 28 | 氯虫苯甲酰胺 | 0.3* | 杀虫剂 | 无指定 |
| 29 | 氯氟氰菊酯和高效氯氟氰菊酯 | 0.05 | 杀虫剂 | GB/T 5009.146、NY/T 761、GB 23200.113 |
| 30 | 氯菊酯 | 2 | 杀虫剂 | NY/T 761、GB 23200.113 |
| 31 | 氯氰菊酯和高效氯氰菊酯 | 0.07 | 杀虫剂 | GB/T 5009.146、GB 23200.8、NY/T 761、GB 23200.113 |
| 32 | 氯唑磷 | 0.01 | 杀虫剂 | GB/T 20769、GB 23200.113 |
| 33 | 灭多威 | 0.2 | 杀虫剂 | NY/T 761 |
| 34 | 灭线磷 | 0.02 | 杀线虫剂 | NY/T 761 |
| 35 | 内吸磷 | 0.02 | 杀虫/杀螨剂 | GB/T 20769 |
| 36 | 嗪氨灵 | 0.5 | 杀菌剂 | SN 0695（参照） |
| 37 | 氰戊菊酯和S-氰戊菊酯 | 0.2 | 杀虫剂 | GB 23200.8、NY/T 761 |
| 38 | 噻螨酮 | 0.05 | 杀螨剂 | GB 23200.8、GB/T 20769 |
| 39 | 三唑醇 | 0.2 | 杀菌剂 | GB 23200.8 |
| 40 | 三唑酮 | 0.2 | 杀菌剂 | GB 23200.8、GB/T 20769、NY/T 761 |
| 41 | 杀虫脒 | 0.01 | 杀虫剂 | GB/T 20769 |
| 42 | 杀螟硫磷 | 0.5* | 杀虫剂 | GB/T 14553、GB/T 20769、NY/T 761 |
| 43 | 杀扑磷 | 0.05 | 杀虫剂 | GB 23200.8、GB/T 14553、NY/T 761 |
| 44 | 霜霉威和霜霉威盐酸盐 | 5 | 杀菌剂 | GB/T 20769 |
| 45 | 水胺硫磷 | 0.05 | 杀虫剂 | GB/T 5009.20 |
| 46 | 特丁硫磷 | 0.01 | 杀虫剂 | NY/T 761、NY/T 1379 |

（续）

| 序号 | 农药中文名 | 最大残留限量（mg/kg） | 农药主要用途 | 检测方法 |
|---|---|---|---|---|
| 47 | 涕灭威 | 0.02 | 杀虫剂 | NY/T 761 |
| 48 | 烯酰吗啉 | 0.5 | 杀菌剂 | GB/T 20769 |
| 49 | 辛硫磷 | 0.05 | 杀虫剂 | GB/T 5009.102、GB/T 20769 |
| 50 | 氧乐果 | 0.02 | 杀虫剂 | NY/T 761、NY/T 1379 |
| 51 | 乙酰甲胺磷 | 0.5 | 杀虫剂 | NY/T 761 |
| 52 | 蝇毒磷 | 0.05 | 杀虫剂 | GB 23200.8 |
| 53 | 增效醚 | 1 | 增效剂 | GB 23200.8 |
| 54 | 治螟磷 | 0.01 | 杀虫剂 | GB 23200.8、NY/T 761 |
| 55 | 艾氏剂 | 0.05 | 杀虫剂 | GB/T 5009.19、NY/T 761 |
| 56 | 滴滴涕 | 0.05 | 杀虫剂 | GB/T 5009.19、NY/T 761 |
| 57 | 狄氏剂 | 0.02 | 杀虫剂 | GB/T 5009.19、NY/T 761 |
| 58 | 毒杀芬 | 0.05* | 杀虫剂 | YC/T 180（参照） |
| 59 | 六六六 | 0.05 | 杀虫剂 | GB/T 5009.19、NY/T 761 |
| 60 | 氯丹 | 0.02 | 杀虫剂 | GB/T 5009.19 |
| 61 | 灭蚁灵 | 0.01 | 杀虫剂 | GB/T 5009.19 |
| 62 | 七氯 | 0.01 | 杀虫剂 | GB/T 5009.19、NY/T 761 |
| 63 | 异狄氏剂 | 0.05 | 杀虫剂 | GB/T 5009.19、NY/T 761 |
| 64 | 敌螨普 | 0.05* | 杀菌剂 | 无指定 |
| 65 | 抗蚜威 | 1 | 杀虫剂 | GB 23200.8、NY/T 1379、SN/T 0134 |
| 66 | 吡唑醚菌酯 | 0.5 | 杀菌剂 | GB 23200.8 |
| 67 | 阿维菌素 | 0.02 | 杀虫剂 | GB 23200.19、GB 23200.20 |
| 68 | 百菌清 | 5 | 杀菌剂 | GB/T 5009.105、NY/T 761 |
| 69 | 保棉磷 | 0.2 | 杀虫剂 | NY/T 761 |
| 70 | 苯醚甲环唑 | 0.1 | 杀菌剂 | GB/T 5009.218、GB/T 23200.8、GB 23200.49、GB 23200.113 |
| 71 | 苯霜灵 | 0.1 | 杀菌剂 | GB 23200.8、GB/T 20769、GB 23200.113 |
| 72 | 吡唑醚菌酯 | 0.5 | 杀菌剂 | GB 23200.8 |
| 73 | 丙硫多菌灵 | 0.05* | 杀菌剂 | 无指定 |
| 74 | 丙森锌 | 1 | 杀菌剂 | SN 0157、SN/T 1541（参照） |

（续）

| 序号 | 农药中文名 | 最大残留限量（mg/kg） | 农药主要用途 | 检测方法 |
|---|---|---|---|---|
| 75 | 春雷霉素 | 0.1* | 杀菌剂 | 无指定 |
| 76 | 代森铵 | 1 | 杀菌剂 | SN 0157 |
| 77 | 代森联 | 1 | 杀菌剂 | SN 0157 |
| 78 | 代森锰锌 | 1 | 杀菌剂 | SN 0157 |
| 79 | 代森锌 | 1 | 杀菌剂 | SN 0157 |
| 80 | 稻瘟灵 | 0.1 | 杀菌剂 | GB 23200.113 |
| 81 | 敌草胺 | 0.05 | 除草剂 | GB 23200.8 |
| 82 | 敌磺钠 | 0.1* | 杀菌剂 | 无指定 |
| 83 | 啶虫脒 | 0.2 | 杀虫剂 | GB/T 20769、GB/T 23584 |
| 84 | 啶氧菌酯 | 0.05 | 杀菌剂 | GB 23200.8、GB/T 20769 |
| 85 | 多菌灵 | 2 | 杀菌剂 | GB/T 20769、NY/T 1453 |
| 86 | 噁霉灵 | 0.5* | 杀菌剂 | 无指定 |
| 87 | 噁唑菌酮 | 0.2 | 杀菌剂 | GB/T 20769 |
| 88 | 二氰蒽醌 | 1* | 杀菌剂 | 无指定 |
| 89 | 呋虫胺 | 1 | 杀虫剂 | GB 23200.37、GB/T 20769（参照） |
| 90 | 氟吡甲禾灵和高效氟吡甲禾灵 | 0.1* | 除草剂 | 无指定 |
| 91 | 氟吡菌胺 | 0.1* | 杀菌剂 | 无指定 |
| 92 | 氟菌唑 | 0.2* | 杀菌剂 | GB/T 20769、NY/T 1453 |
| 93 | 福美锌 | 1 | 杀菌剂 | SN 0157、SN/T 1541（参照） |
| 94 | 咯菌腈 | 0.05 | 杀菌剂 | GB 23200.8、GB/T 20769、GB 23200.113 |
| 95 | 己唑醇 | 0.05 | 杀菌剂 | GB 23200.8、GB 23200.113 |
| 96 | 甲基硫菌灵 | 2 | 杀菌剂 | NY/T 1680 |
| 97 | 甲霜灵和精甲霜灵 | 0.2 | 杀菌剂 | GB 23200.8、GB/T 20769、GB 23200.113 |
| 98 | 喹禾灵和精喹禾灵 | 0.2 | 除草剂 | GB/T 20769 |
| 99 | 氯吡脲 | 0.1 | 植物生长调节剂 | GB/T 20770（参照） |
| 100 | 咪鲜胺和咪鲜胺锰盐 | 0.1 | 杀菌剂 | GB/T 20769、NY/T 1456 |
| 101 | 嘧菌酯 | 1 | 杀菌剂 | GB 23200.8、GB/T 20769 |

（续）

| 序号 | 农药中文名 | 最大残留限量（mg/kg） | 农药主要用途 | 检测方法 |
|---|---|---|---|---|
| 102 | 氰霜唑 | 0.5 | 杀菌剂 | GB 23200.14（参照） |
| 103 | 噻虫啉 | 0.2 | 杀虫剂 | GB/T 20769 |
| 104 | 噻虫嗪 | 0.2 | 杀虫剂 | GB 23200.8、GB/T 20769 |
| 105 | 噻唑磷 | 0.1 | 杀线虫剂 | GB/T 20769、GB 23200.113 |
| 106 | 双胍三辛烷基苯磺酸盐 | 0.2* | 杀菌剂 | 无指定 |
| 107 | 双炔酰菌胺 | 0.2* | 杀菌剂 | 无指定 |
| 108 | 肟菌酯 | 0.2 | 杀菌剂 | GB 23200.8、GB/T 20769、GB 23200.113 |
| 109 | 五氯硝基苯 | 0.02 | 杀菌剂 | GB 23200.8、NY/T 761、GB 23200.113 |
| 110 | 戊唑醇 | 0.1 | 杀菌剂 | GB 23200.8、GB/T 20769、GB 23200.113 |
| 111 | 仲丁灵 | 0.1 | 除草剂 | GB 23200.69、GB/T 20769 |

## 4.65 甜瓜

甜瓜中农药最大残留限量见表 4-65。

**表 4-65 甜瓜中农药最大残留限量**

| 序号 | 农药中文名 | 最大残留限量（mg/kg） | 农药主要用途 | 检测方法 |
|---|---|---|---|---|
| 1 | 阿维菌素 | 0.01 | 杀虫剂 | GB 23200.19、GB 23200.20 |
| 2 | 百草枯 | 0.02* | 除草剂 | 无指定 |
| 3 | 百菌清 | 5 | 杀菌剂 | GB/T 5009.105、NY/T 761 |
| 4 | 保棉磷 | 0.2 | 杀虫剂 | NY/T 761 |
| 5 | 倍硫磷 | 0.05 | 杀虫剂 | GB 23200.8、NY/T 761、GB 23200.113 |
| 6 | 苯醚甲环唑 | 0.7 | 杀菌剂 | GB 23200.8、GB 23200.49、GB/T 5009.218、GB 23200.113 |
| 7 | 苯霜灵 | 0.3 | 杀菌剂 | GB 23200.8、GB/T 20769、GB 23200.113 |
| 8 | 苯酰菌胺 | 2 | 杀菌剂 | GB 23200.8、GB/T 2076 |
| 9 | 苯线磷 | 0.02 | 杀虫剂 | GB 23200.8、GB/T 5009.145 |

（续）

| 序号 | 农药中文名 | 最大残留限量（mg/kg） | 农药主要用途 | 检测方法 |
|---|---|---|---|---|
| 10 | 吡虫啉 | 0.2 | 杀虫剂 | GB/T 20769、GB/T 23379 |
| 11 | 吡唑醚菌酯 | 0.5 | 杀菌剂 | GB 23200.8 |
| 12 | 草甘膦 | 0.1 | 除草剂 | GB/T 23750、NY/T 1096、SN/T 1923 |
| 13 | 代森联 | 0.5 | 杀菌剂 | SN 0157 |
| 14 | 敌百虫 | 0.2 | 杀虫剂 | GB/T 20769、NY/T 761 |
| 15 | 敌草腈 | 0.01* | 除草剂 | 无指定 |
| 16 | 敌螨普 | 0.5* | 杀菌剂 | 无指定 |
| 17 | 敌敌畏 | 0.2 | 杀虫剂 | GB 23200.8、GB/T 5009.20、NY/T 761、GB 23200.113 |
| 18 | 地虫硫磷 | 0.01 | 杀虫剂 | GB 23200.8、GB 23200.113 |
| 19 | 啶虫脒 | 2 | 杀虫剂 | GB/T 20769、GB/T 23584 |
| 20 | 对硫磷 | 0.01 | 杀虫剂 | GB/T 5009.145、GB 23200.113 |
| 21 | 多杀霉素 | 0.2 | 杀虫剂 | GB/T 20769 |
| 22 | 啶酰菌胺 | 3 | 杀菌剂 | GB/T 20769 |
| 23 | 氟啶虫胺腈 | 0.5* | 杀虫剂 | 无指定 |
| 24 | 甲胺磷 | 0.05 | 杀虫剂 | GB/T 5009.103、NY/T 761、GB 23200.113 |
| 25 | 甲拌磷 | 0.01 | 杀虫剂 | GB 23200.113 |
| 26 | 甲基对硫磷 | 0.02 | 杀虫剂 | NY/T 761、GB 23200.113 |
| 27 | 甲基硫环磷 | 0.03* | 杀虫剂 | NY/T 761 |
| 28 | 甲基异柳磷 | 0.01* | 杀虫剂 | GB/T 5009.144、GB 23200.113 |
| 29 | 甲氰菊酯 | 5 | 杀虫剂 | NY/T 761、GB 23200.113 |
| 30 | 久效磷 | 0.03 | 杀虫剂 | NY/T 761、GB 23200.113 |
| 31 | 抗蚜威 | 0.2 | 杀虫剂 | GB 23200.8、NY/T 1379、SN/T 0134、GB 23200.113 |
| 32 | 克百威 | 0.02 | 杀虫剂 | NY/T 761 |
| 33 | 联苯肼酯 | 0.5 | 杀螨剂 | GB 23200.8 |
| 34 | 磷胺 | 0.05 | 杀虫剂 | NY/T 761、GB 23200.113 |
| 35 | 硫丹 | 0.05 | 杀虫剂 | NY/T 761 |
| 36 | 硫环磷 | 0.03 | 杀虫剂 | NY/T 761、GB 23200.113 |

（续）

| 序号 | 农药中文名 | 最大残留限量（mg/kg） | 农药主要用途 | 检测方法 |
|---|---|---|---|---|
| 37 | 螺虫乙酯 | 0.2* | 杀虫剂 | 无指定 |
| 38 | 氯虫苯甲酰胺 | 0.3* | 杀虫剂 | 无指定 |
| 39 | 氯氟氰菊酯和高效氯氟氰菊酯 | 0.05 | 杀虫剂 | GB 23200.8、GB/T 5009.146、NY/T 761、GB 23200.113 |
| 40 | 甲硫威 | 0.2 | 杀软体动物剂 | SN/T 2560 |
| 41 | 甲霜灵和精甲霜灵 | 0.2 | 杀菌剂 | GB 23200.8、GB/T 20769、GB 23200.113 |
| 42 | 腈苯唑 | 0.2 | 杀菌剂 | GB 23200.8、GB/T 20769、GB 23200.113 |
| 43 | 克菌丹 | 10 | 杀菌剂 | GB 23200.8、SN 0654 |
| 44 | 喹氧灵 | 0.1* | 杀菌剂 | GB 23200.113 |
| 45 | 氯苯嘧啶醇 | 0.05 | 杀菌剂 | GB 23200.8、GB/T 20769、GB 23200.113 |
| 46 | 氯吡脲 | 0.1 | 植物生长调节剂 | GB/T 20770 |
| 47 | 氯化苦 | 0.05* | 熏蒸剂 | GB/T 5009.36 |
| 48 | 氯菊酯 | 2 | 杀虫剂 | GB 23200.8、NY/T 761、GB 23200.113 |
| 49 | 氯氰菊酯和高效氯氰菊酯 | 0.07 | 杀虫剂 | GB 23200.8、GB/T 5009.146、NY/T 761、GB 23200.113 |
| 50 | 氯唑磷 | 0.01 | 杀虫剂 | GB/T 20769、GB 23200.113 |
| 51 | 灭多威 | 0.2 | 杀虫剂 | NY/T 761 |
| 52 | 灭线磷 | 0.02 | 杀线虫剂 | NY/T 761 |
| 53 | 灭蝇胺 | 0.5 | 杀虫剂 | NY/T 1725 |
| 54 | 内吸磷 | 0.02 | 杀虫/杀螨剂 | GB/T 20769 |
| 55 | 氰戊菊酯和S-氰戊菊酯 | 0.2 | 杀虫剂 | GB 23200.8、NY/T 761、GB 23200.113 |
| 56 | 噻螨酮 | 0.05 | 杀螨剂 | GB 23200.8、GB/T 20769 |
| 57 | 三唑醇 | 0.2 | 杀菌剂 | GB 23200.8、GB 23200.113 |
| 58 | 三唑酮 | 0.2 | 杀菌剂 | GB 23200.8、GB/T 20769、NY/T 761、GB 23200.113 |
| 59 | 杀虫脒 | 0.01 | 杀虫剂 | GB/T 20769 |
| 60 | 杀螟硫磷 | 0.5* | 杀虫剂 | GB/T 14553、GB/T 20769、NY/T 761、GB 23200.113 |

（续）

| 序号 | 农药中文名 | 最大残留限量 (mg/kg) | 农药主要用途 | 检测方法 |
|---|---|---|---|---|
| 61 | 杀扑磷 | 0.05 | 杀虫剂 | GB 23200.8、GB/T 14553、NY/T 761、GB 23200.113 |
| 62 | 霜霉威和霜霉威盐酸盐 | 5 | 杀菌剂 | GB/T 20769 |
| 63 | 水胺硫磷 | 0.05 | 杀虫剂 | GB/T 5009.20、GB 23200.113 |
| 64 | 特丁硫磷 | 0.01 | 杀虫剂 | NY/T 761、NY/T 1379 |
| 65 | 涕灭威 | 0.02 | 杀虫剂 | NY/T 761 |
| 66 | 烯酰吗啉 | 0.5 | 杀菌剂 | GB/T 20769 |
| 67 | 硝苯菌酯 | 0.5* | 杀菌剂 | 无指定 |
| 68 | 辛硫磷 | 0.05 | 杀虫剂 | GB/T 5009.102、GB/T 20769 |
| 69 | 氧乐果 | 0.02 | 杀虫剂 | NY/T 761、NY/T 1379、GB 23200.113 |
| 70 | 乙酰甲胺磷 | 0.5 | 杀虫剂 | NY/T 761、GB 23200.113 |
| 71 | 增效醚 | 1 | 增效剂 | GB 23200.8、GB 23200.113 |
| 72 | 治螟磷 | 0.01 | 杀虫剂 | GB 23200.8、NY/T 761、GB 23200.113 |
| 73 | 艾氏剂 | 0.05 | 杀虫剂 | GB/T 5009.19、NY/T 761、GB 23200.113 |
| 74 | 滴滴涕 | 0.05 | 杀虫剂 | GB/T 5009.19、NY/T 761、GB 23200.113 |
| 75 | 狄氏剂 | 0.02 | 杀虫剂 | GB/T 5009.19、NY/T 761、GB 23200.113 |
| 76 | 毒杀芬 | 0.05* | 杀虫剂 | YC/T 180 |
| 77 | 六六六 | 0.05 | 杀虫剂 | GB/T 5009.19、NY/T 761、GB 23200.113 |
| 78 | 氯丹 | 0.02 | 杀虫剂 | GB/T 5009.19 |
| 79 | 灭蚁灵 | 0.01 | 杀虫剂 | GB/T 5009.19 |
| 80 | 七氯 | 0.01 | 杀虫剂 | GB/T 5009.19、NY/T 761 |
| 81 | 异狄氏剂 | 0.05 | 杀虫剂 | GB/T 5009.19、NY/T 761 |
| 82 | 醚菌酯 | 1 | 杀菌剂 | GB 23200.8、GB/T 20769 |
| 83 | 灭菌丹 | 3 | 杀菌剂 | GB/T 20769、SN/T 2320 |
| 84 | 噻苯隆 | 0.05 | 植物生长调节剂 | SN/T 4586 |
| 85 | 噻虫啉 | 0.2 | 杀虫剂 | GB/T 20769 |

（续）

| 序号 | 农药中文名 | 最大残留限量（mg/kg） | 农药主要用途 | 检测方法 |
|---|---|---|---|---|
| 86 | 杀线威 | 2 | 杀虫剂 | NY/T 1453、SN/T 0134 |
| 87 | 双炔酰菌胺 | 0.5* | 杀菌剂 | 无指定 |
| 88 | 四螨嗪 | 0.1 | 杀螨剂 | GB 23200.47、GB/T 20769 |
| 89 | 戊菌唑 | 0.1 | 杀菌剂 | GB 23200.8、GB/T 20769、GB 23200.113 |
| 90 | 戊唑醇 | 0.15 | 杀菌剂 | GB 23200.8、GB/T 20769、GB 23200.113 |
| 91 | 溴螨酯 | 0.5 | 杀螨剂 | GB 23200.8、SN/T 0192、GB 23200.113 |
| 92 | 抑霉唑 | 2 | 杀菌剂 | GB 23200.8、GB/T 20769、GB 23200.113 |
| 93 | 嗪氨灵 | 0.5 | 杀菌剂 | SN/T 0695 |
| 94 | 蝇毒磷 | 0.05 | 杀虫剂 | GB 23200.8 |
| 95 | 氟虫腈 | 0.02 | 杀虫剂 | GB 23200.34、NY/T 1379 |

## 4.66 薄皮甜瓜

薄皮甜瓜中农药最大残留限量见表 4-66。

**表 4-66 薄皮甜瓜中农药最大残留限量**

| 序号 | 农药中文名 | 最大残留限量（mg/kg） | 农药主要用途 | 检测方法 |
|---|---|---|---|---|
| 1 | 百草枯 | 0.02* | 除草剂 | 无指定 |
| 2 | 倍硫磷 | 0.05 | 杀虫剂 | GB 23200.8、NY/T 761、GB 23200.113 |
| 3 | 苯酰菌胺 | 2 | 杀菌剂 | GB 23200.8、GB/T 20769 |
| 4 | 苯线磷 | 0.02 | 杀虫剂 | GB/T 5009.145、GB 23200.8 |
| 5 | 吡虫啉 | 0.2 | 杀虫剂 | GB/T 20769、GB/T 23379 |
| 6 | 草甘膦 | 0.1 | 除草剂 | GB/T 23750、NY/T 1096、SN/T 1923 |
| 7 | 敌百虫 | 0.2 | 杀虫剂 | GB/T 20769、NY/T 761 |
| 8 | 敌草腈 | 0.01* | 除草剂 | 无指定 |
| 9 | 敌敌畏 | 0.2 | 杀虫剂 | NY/T 761、GB 23200.8、GB/T 5009.20、GB 23200.113 |

（续）

| 序号 | 农药中文名 | 最大残留限量（mg/kg） | 农药主要用途 | 检测方法 |
| --- | --- | --- | --- | --- |
| 10 | 地虫硫磷 | 0.01 | 杀虫剂 | GB 23200.8、GB 23200.113 |
| 11 | 对硫磷 | 0.01 | 杀虫剂 | GB/T 5009.145、GB 23200.113 |
| 12 | 多杀霉素 | 0.2 | 杀虫剂 | GB/T 20769 |
| 13 | 氟虫腈 | 0.02 | 杀虫剂 | NY/T 1379（参照） |
| 14 | 氟啶虫胺腈 | 0.5* | 杀虫剂 | 无指定 |
| 15 | 甲胺磷 | 0.05 | 杀虫剂 | NY/T 761、GB/T 5009.103、GB 23200.113 |
| 16 | 甲拌磷 | 0.01 | 杀虫剂 | GB 23200.113 |
| 17 | 甲基对硫磷 | 0.02 | 杀虫剂 | NY/T 761、GB 23200.113 |
| 18 | 甲基硫环磷 | 0.03* | 杀虫剂 | NY/T 761 |
| 19 | 甲基异柳磷 | 0.01* | 杀虫剂 | GB/T 5009.144、GB 23200.113 |
| 20 | 甲氰菊酯 | 5 | 杀虫剂 | NY/T 761、GB 23200.113 |
| 21 | 久效磷 | 0.03 | 杀虫剂 | NY/T 761、GB 23200.113 |
| 22 | 克百威 | 0.02 | 杀虫剂 | NY/T 761 |
| 23 | 联苯肼酯 | 0.5 | 杀螨剂 | GB/T 20769、GB 23200.8 |
| 24 | 磷胺 | 0.05 | 杀虫剂 | NY/T 761、GB 23200.113 |
| 25 | 硫丹 | 0.05 | 杀虫剂 | NY/T 761 |
| 26 | 硫环磷 | 0.03 | 杀虫剂 | NY/T 761、GB 23200.113 |
| 27 | 螺虫乙酯 | 0.2* | 杀虫剂 | 无指定 |
| 28 | 氯虫苯甲酰胺 | 0.3* | 杀虫剂 | 无指定 |
| 29 | 氯氟氰菊酯和高效氯氟氰菊酯 | 0.05 | 杀虫剂 | GB/T 5009.146、NY/T 761、GB 23200.113 |
| 30 | 氯菊酯 | 2 | 杀虫剂 | NY/T 761、GB 23200.113 |
| 31 | 氯氰菊酯和高效氯氰菊酯 | 0.07 | 杀虫剂 | GB/T 5009.146、GB 23200.8、NY/T 761、GB 23200.113 |
| 32 | 氯唑磷 | 0.01 | 杀虫剂 | GB/T 20769、GB 23200.113 |
| 33 | 灭多威 | 0.2 | 杀虫剂 | NY/T 761 |
| 34 | 灭线磷 | 0.02 | 杀线虫剂 | NY/T 761 |
| 35 | 内吸磷 | 0.02 | 杀虫/杀螨剂 | GB/T 20769 |
| 36 | 嗪氨灵 | 0.5 | 杀菌剂 | SN 0695（参照） |

（续）

| 序号 | 农药中文名 | 最大残留限量（mg/kg） | 农药主要用途 | 检测方法 |
| --- | --- | --- | --- | --- |
| 37 | 氰戊菊酯和S-氰戊菊酯 | 0.2 | 杀虫剂 | GB 23200.8、NY/T 761、GB 23200.113 |
| 38 | 噻螨酮 | 0.05 | 杀螨剂 | GB 23200.8、GB/T 20769 |
| 39 | 三唑醇 | 0.2 | 杀菌剂 | GB 23200.8、GB 23200.113 |
| 40 | 三唑酮 | 0.2 | 杀菌剂 | GB 23200.8、GB/T 20769、NY/T 761、GB 23200.113 |
| 41 | 杀虫脒 | 0.01 | 杀虫剂 | GB/T 20769 |
| 42 | 杀螟硫磷 | 0.5* | 杀虫剂 | GB/T 14553、GB/T 20769、NY/T 761、GB 23200.113 |
| 43 | 杀扑磷 | 0.05 | 杀虫剂 | GB 23200.8、GB/T 14553、NY/T 761、GB 23200.113 |
| 44 | 霜霉威和霜霉威盐酸盐 | 5 | 杀菌剂 | GB/T 20769 |
| 45 | 水胺硫磷 | 0.05 | 杀虫剂 | GB/T 5009.20、GB 23200.113 |
| 46 | 特丁硫磷 | 0.01 | 杀虫剂 | NY/T 761、NY/T 1379 |
| 47 | 涕灭威 | 0.02 | 杀虫剂 | NY/T 761 |
| 48 | 烯酰吗啉 | 0.5 | 杀菌剂 | GB/T 20769 |
| 49 | 辛硫磷 | 0.05 | 杀虫剂 | GB/T 5009.102、GB/T 20769 |
| 50 | 氧乐果 | 0.02 | 杀虫剂 | NY/T 761、NY/T 1379、GB 23200.113 |
| 51 | 乙酰甲胺磷 | 0.5 | 杀虫剂 | NY/T 761、GB 23200.113 |
| 52 | 蝇毒磷 | 0.05 | 杀虫剂 | GB 23200.8、GB 23200.113 |
| 53 | 增效醚 | 1 | 增效剂 | GB 23200.8、GB 23200.113 |
| 54 | 治螟磷 | 0.01 | 杀虫剂 | GB 23200.8、NY/T 761、GB 23200.113 |
| 55 | 艾氏剂 | 0.05 | 杀虫剂 | GB/T 5009.19、NY/T 761、GB 23200.113 |
| 56 | 滴滴涕 | 0.05 | 杀虫剂 | GB/T 5009.19、NY/T 761、GB 23200.113 |
| 57 | 狄氏剂 | 0.02 | 杀虫剂 | GB/T 5009.19、NY/T 761、GB 23200.113 |
| 58 | 毒杀芬 | 0.05* | 杀虫剂 | YC/T 180（参照） |
| 59 | 六六六 | 0.05 | 杀虫剂 | GB/T 5009.19、NY/T 761、GB 23200.113 |

（续）

| 序号 | 农药中文名 | 最大残留限量（mg/kg） | 农药主要用途 | 检测方法 |
|---|---|---|---|---|
| 60 | 氯丹 | 0.02 | 杀虫剂 | GB/T 5009.19 |
| 61 | 灭蚁灵 | 0.01 | 杀虫剂 | GB/T 5009.19 |
| 62 | 七氯 | 0.01 | 杀虫剂 | GB/T 5009.19、NY/T 761 |
| 63 | 异狄氏剂 | 0.05 | 杀虫剂 | GB/T 5009.19、NY/T 761 |
| 64 | 百菌清 | 5 | 杀菌剂 | GB/T 5009.105、NY/T 761 |
| 65 | 保棉磷 | 0.2 | 杀虫剂 | NY/T 761 |
| 66 | 苯霜灵 | 0.3 | 杀菌剂 | GB 23200.8、GB/T 20769、GB 23200.113 |
| 67 | 代森联 | 0.5 | 杀菌剂 | SN 0157 |
| 68 | 敌螨普 | 0.5* | 杀菌剂 | 无指定 |
| 69 | 啶酰菌胺 | 3 | 杀菌剂 | GB/T 20769 |
| 70 | 甲硫威 | 0.2 | 杀软体动物剂 | SN/T 2560（参照） |
| 71 | 甲霜灵和精甲霜灵 | 0.2 | 杀菌剂 | GB 23200.8、GB/T 20769、GB 23200.113 |
| 72 | 腈苯唑 | 0.2 | 杀菌剂 | GB 23200.8、GB/T 20769、GB 23200.113 |
| 73 | 抗蚜威 | 0.2 | 杀虫剂 | GB 23200.8、NY/T 1379、SN/T 0134、GB 23200.113 |
| 74 | 克菌丹 | 10 | 杀菌剂 | GB 23200.8、SN 0654 |
| 75 | 喹氧灵 | 0.1* | 杀菌剂 | GB 23200.113 |
| 76 | 氯苯嘧啶醇 | 0.05 | 杀菌剂 | GB 23200.8、GB/T 20769、GB 23200.113 |
| 77 | 氯吡脲 | 0.1 | 植物生长调节剂 | GB/T 20770（参照） |
| 78 | 氯化苦 | 0.05* | 熏蒸剂 | GB/T 5009.36（参照） |
| 79 | 醚菌酯 | 1 | 杀菌剂 | GB 23200.8、GB/T 20769 |
| 80 | 灭菌丹 | 3 | 杀菌剂 | GB/T 20769、SN/T 2320 |
| 81 | 噻苯隆 | 0.05 | 植物生长调节剂 | SN/T 4586 |
| 82 | 噻虫啉 | 0.2 | 杀虫剂 | GB/T 20769 |
| 83 | 杀线威 | 2 | 杀虫剂 | NY/T 1453、SN/T 0134 |
| 84 | 双炔酰菌胺 | 0.5* | 杀菌剂 | 无指定 |
| 85 | 四螨嗪 | 0.1 | 杀螨剂 | GB 23200.47、GB/T 20769 |

（续）

| 序号 | 农药中文名 | 最大残留限量（mg/kg） | 农药主要用途 | 检测方法 |
|---|---|---|---|---|
| 86 | 戊菌唑 | 0.1 | 杀菌剂 | GB 23200.8、GB/T 20769、GB 23200.113 |
| 87 | 戊唑醇 | 0.15 | 杀菌剂 | GB 23200.8、GB/T 20769、GB 23200.113 |
| 88 | 溴螨酯 | 0.5 | 杀螨剂 | GB 23200.8、SN/T 0192、GB 23200.113 |
| 89 | 抑霉唑 | 2 | 杀菌剂 | GB 23200.8、GB/T 20769、GB 23200.113 |
| 90 | 阿维菌素 | 0.01 | 杀虫剂 | GB 23200.20、GB 23200.19 |
| 91 | 苯醚甲环唑 | 0.7 | 杀菌剂 | GB/T 5009.218、GB/T 23200.8、GB 23200.49、GB 23200.113 |
| 92 | 啶虫脒 | 2 | 杀虫剂 | GB/T 23584、GB/T 20769 |
| 93 | 灭蝇胺 | 0.5 | 杀虫剂 | NY/T 1725（参照） |
| 94 | 硝苯菌酯 | 0.5* | 杀菌剂 | 无指定 |
| 95 | 吡唑醚菌酯 | 0.5 | 杀菌剂 | GB 23200.8 |

## 4.67 网纹甜瓜

网纹甜瓜中农药最大残留限量见表 4－67。

**表 4－67 网纹甜瓜中农药最大残留限量**

| 序号 | 农药中文名 | 最大残留限量（mg/kg） | 农药主要用途 | 检测方法 |
|---|---|---|---|---|
| 1 | 百草枯 | 0.02* | 除草剂 | 无指定 |
| 2 | 倍硫磷 | 0.05 | 杀虫剂 | GB 23200.8、NY/T 761、GB 23200.113 |
| 3 | 苯酰菌胺 | 2 | 杀菌剂 | GB 23200.8、GB/T 20769 |
| 4 | 苯线磷 | 0.02 | 杀虫剂 | GB/T 5009.145、GB 23200.8 |
| 5 | 吡虫啉 | 0.2 | 杀虫剂 | GB/T 20769、GB/T 23379 |
| 6 | 草甘膦 | 0.1 | 除草剂 | GB/T 23750、NY/T 1096、SN/T 1923 |
| 7 | 敌百虫 | 0.2 | 杀虫剂 | GB/T 20769、NY/T 761 |
| 8 | 敌草腈 | 0.01* | 除草剂 | 无指定 |

（续）

| 序号 | 农药中文名 | 最大残留限量（mg/kg） | 农药主要用途 | 检测方法 |
|---|---|---|---|---|
| 9 | 敌敌畏 | 0.2 | 杀虫剂 | NY/T 761、GB 23200.8、GB/T 5009.20、GB 23200.113 |
| 10 | 地虫硫磷 | 0.01 | 杀虫剂 | GB 23200.8、GB 23200.113 |
| 11 | 对硫磷 | 0.01 | 杀虫剂 | GB/T 5009.145、GB 23200.113 |
| 12 | 多杀霉素 | 0.2 | 杀虫剂 | GB/T 20769 |
| 13 | 氟虫腈 | 0.02 | 杀虫剂 | NY/T 1379（参照） |
| 14 | 氟啶虫胺腈 | 0.5* | 杀虫剂 | 无指定 |
| 15 | 甲胺磷 | 0.05 | 杀虫剂 | NY/T 761、GB/T 5009.103、GB 23200.113 |
| 16 | 甲拌磷 | 0.01 | 杀虫剂 | GB 23200.113 |
| 17 | 甲基对硫磷 | 0.02 | 杀虫剂 | NY/T 761、GB 23200.113 |
| 18 | 甲基硫环磷 | 0.03* | 杀虫剂 | NY/T 761 |
| 19 | 甲基异柳磷 | 0.01* | 杀虫剂 | GB/T 5009.144、GB 23200.113 |
| 20 | 甲氰菊酯 | 5 | 杀虫剂 | NY/T 761、GB 23200.113 |
| 21 | 久效磷 | 0.03 | 杀虫剂 | NY/T 761、GB 23200.113 |
| 22 | 克百威 | 0.02 | 杀虫剂 | NY/T 761 |
| 23 | 联苯肼酯 | 0.5 | 杀螨剂 | GB/T 20769、GB 23200.8 |
| 24 | 磷胺 | 0.05 | 杀虫剂 | NY/T 761、GB 23200.113 |
| 25 | 硫丹 | 0.05 | 杀虫剂 | NY/T 761 |
| 26 | 硫环磷 | 0.03 | 杀虫剂 | NY/T 761、GB 23200.113 |
| 27 | 螺虫乙酯 | 0.2* | 杀虫剂 | 无指定 |
| 28 | 氯虫苯甲酰胺 | 0.3* | 杀虫剂 | 无指定 |
| 29 | 氯氟氰菊酯和高效氯氟氰菊酯 | 0.05 | 杀虫剂 | GB/T 5009.146、NY/T 761、GB 23200.113 |
| 30 | 氯菊酯 | 2 | 杀虫剂 | NY/T 761、GB 23200.113 |
| 31 | 氯氰菊酯和高效氯氰菊酯 | 0.07 | 杀虫剂 | GB/T 5009.146、GB 23200.8、NY/T 761、GB 23200.113 |
| 32 | 氯唑磷 | 0.01 | 杀虫剂 | GB/T 20769、GB 23200.113 |
| 33 | 灭多威 | 0.2 | 杀虫剂 | NY/T 761 |
| 34 | 灭线磷 | 0.02 | 杀线虫剂 | NY/T 761 |
| 35 | 内吸磷 | 0.02 | 杀虫/杀螨剂 | GB/T 20769 |

（续）

| 序号 | 农药中文名 | 最大残留限量（mg/kg） | 农药主要用途 | 检测方法 |
| --- | --- | --- | --- | --- |
| 36 | 嗪氨灵 | 0.5 | 杀菌剂 | SN 0695（参照） |
| 37 | 氰戊菊酯和S-氰戊菊酯 | 0.2 | 杀虫剂 | GB 23200.8、NY/T 761、GB 23200.113 |
| 38 | 噻螨酮 | 0.05 | 杀螨剂 | GB 23200.8、GB/T 20769 |
| 39 | 三唑醇 | 0.2 | 杀菌剂 | GB 23200.8、GB 23200.113 |
| 40 | 三唑酮 | 0.2 | 杀菌剂 | GB 23200.8、GB/T 20769、NY/T 761、GB 23200.113 |
| 41 | 杀虫脒 | 0.01 | 杀虫剂 | GB/T 20769 |
| 42 | 杀螟硫磷 | 0.5* | 杀虫剂 | GB/T 14553、GB/T 20769、NY/T 761、GB 23200.113 |
| 43 | 杀扑磷 | 0.05 | 杀虫剂 | GB 23200.8、GB/T 14553、NY/T 761、GB 23200.113 |
| 44 | 霜霉威和霜霉威盐酸盐 | 5 | 杀菌剂 | GB/T 20769 |
| 45 | 水胺硫磷 | 0.05 | 杀虫剂 | GB/T 5009.20、GB 23200.113 |
| 46 | 特丁硫磷 | 0.01 | 杀虫剂 | NY/T 761、NY/T 1379 |
| 47 | 涕灭威 | 0.02 | 杀虫剂 | NY/T 761 |
| 48 | 烯酰吗啉 | 0.5 | 杀菌剂 | GB/T 20769 |
| 49 | 辛硫磷 | 0.05 | 杀虫剂 | GB/T 5009.102、GB/T 20769 |
| 50 | 氧乐果 | 0.02 | 杀虫剂 | NY/T 761、NY/T 1379、GB 23200.113 |
| 51 | 乙酰甲胺磷 | 0.5 | 杀虫剂 | NY/T 761、GB 23200.113 |
| 52 | 蝇毒磷 | 0.05 | 杀虫剂 | GB 23200.8、GB 23200.113 |
| 53 | 增效醚 | 1 | 增效剂 | GB 23200.8、GB 23200.113 |
| 54 | 治螟磷 | 0.01 | 杀虫剂 | GB 23200.8、NY/T 761、GB 23200.113 |
| 55 | 艾氏剂 | 0.05 | 杀虫剂 | GB/T 5009.19、NY/T 761、GB 23200.113 |
| 56 | 滴滴涕 | 0.05 | 杀虫剂 | GB/T 5009.19、NY/T 761、GB 23200.113 |
| 57 | 狄氏剂 | 0.02 | 杀虫剂 | GB/T 5009.19、NY/T 761、GB 23200.113 |
| 58 | 毒杀芬 | 0.05* | 杀虫剂 | YC/T 180（参照） |

（续）

| 序号 | 农药中文名 | 最大残留限量（mg/kg） | 农药主要用途 | 检测方法 |
|---|---|---|---|---|
| 59 | 六六六 | 0.05 | 杀虫剂 | GB/T 5009.19、NY/T 761、GB 23200.113 |
| 60 | 氯丹 | 0.02 | 杀虫剂 | GB/T 5009.19 |
| 61 | 灭蚁灵 | 0.01 | 杀虫剂 | GB/T 5009.19 |
| 62 | 七氯 | 0.01 | 杀虫剂 | GB/T 5009.19、NY/T 761 |
| 63 | 异狄氏剂 | 0.05 | 杀虫剂 | GB/T 5009.19、NY/T 761 |
| 64 | 百菌清 | 5 | 杀菌剂 | GB/T 5009.105、NY/T 761 |
| 65 | 保棉磷 | 0.2 | 杀虫剂 | NY/T 761 |
| 66 | 苯霜灵 | 0.3 | 杀菌剂 | GB 23200.8、GB/T 20769、GB 23200.113 |
| 67 | 代森联 | 0.5 | 杀菌剂 | SN 0157 |
| 68 | 敌螨普 | 0.5* | 杀菌剂 | 无指定 |
| 69 | 啶酰菌胺 | 3 | 杀菌剂 | GB/T 20769 |
| 70 | 甲硫威 | 0.2 | 杀软体动物剂 | SN/T 2560（参照） |
| 71 | 甲霜灵和精甲霜灵 | 0.2 | 杀菌剂 | GB 23200.8、GB/T 20769、GB 23200.113 |
| 72 | 腈苯唑 | 0.2 | 杀菌剂 | GB 23200.8、GB/T 20769、GB 23200.113 |
| 73 | 抗蚜威 | 0.2 | 杀虫剂 | GB 23200.8、NY/T 1379、SN/T 0134、GB 23200.113 |
| 74 | 克菌丹 | 10 | 杀菌剂 | GB 23200.8、SN 0654 |
| 75 | 喹氧灵 | 0.1* | 杀菌剂 | GB 23200.113 |
| 76 | 氯苯嘧啶醇 | 0.05 | 杀菌剂 | GB 23200.8、GB/T 20769、GB 23200.113 |
| 77 | 氯吡脲 | 0.1 | 植物生长调节剂 | GB/T 20770（参照） |
| 78 | 氯化苦 | 0.05* | 熏蒸剂 | GB/T 5009.36（参照） |
| 79 | 醚菌酯 | 1 | 杀菌剂 | GB 23200.8、GB/T 20769 |
| 80 | 灭菌丹 | 3 | 杀菌剂 | GB/T 20769、SN/T 2320 |
| 81 | 噻苯隆 | 0.05 | 植物生长调节剂 | SN/T 4586 |
| 82 | 噻虫啉 | 0.2 | 杀虫剂 | GB/T 20769 |
| 83 | 杀线威 | 2 | 杀虫剂 | NY/T 1453、SN/T 0134 |

（续）

| 序号 | 农药中文名 | 最大残留限量（mg/kg） | 农药主要用途 | 检测方法 |
| --- | --- | --- | --- | --- |
| 84 | 双炔酰菌胺 | 0.5* | 杀菌剂 | 无指定 |
| 85 | 四螨嗪 | 0.1 | 杀螨剂 | GB 23200.47、GB/T 20769 |
| 86 | 戊菌唑 | 0.1 | 杀菌剂 | GB 23200.8、GB/T 20769、GB 23200.113 |
| 87 | 戊唑醇 | 0.15 | 杀菌剂 | GB 23200.8、GB/T 20769、GB 23200.113 |
| 88 | 溴螨酯 | 0.5 | 杀螨剂 | GB 23200.8、SN/T 0192、GB 23200.113 |
| 89 | 抑霉唑 | 2 | 杀菌剂 | GB 23200.8、GB/T 20769、GB 23200.113 |
| 90 | 阿维菌素 | 0.01 | 杀虫剂 | GB 23200.20、GB 23200.19 |
| 91 | 苯醚甲环唑 | 0.7 | 杀菌剂 | GB/T 5009.218、GB/T 23200.8、GB 23200.49、GB 23200.113 |
| 92 | 啶虫脒 | 2 | 杀虫剂 | GB/T 23584、GB/T 20769 |
| 93 | 灭蝇胺 | 0.5 | 杀虫剂 | NY/T 1725（参照） |
| 94 | 硝苯菌酯 | 0.5* | 杀菌剂 | 无指定 |
| 95 | 吡唑醚菌酯 | 0.5 | 杀菌剂 | GB 23200.8 |

## 4.68 哈密瓜

哈密瓜中农药最大残留限量见表 4-68。

**表 4-68 哈密瓜中农药最大残留限量**

| 序号 | 农药中文名 | 最大残留限量（mg/kg） | 农药主要用途 | 检测方法 |
| --- | --- | --- | --- | --- |
| 1 | 百草枯 | 0.02* | 除草剂 | 无指定 |
| 2 | 倍硫磷 | 0.05 | 杀虫剂 | GB 23200.8、NY/T 761、GB 23200.113 |
| 3 | 苯酰菌胺 | 2 | 杀菌剂 | GB 23200.8、GB/T 20769 |
| 4 | 苯线磷 | 0.02 | 杀虫剂 | GB/T 5009.145、GB 23200.8 |
| 5 | 吡虫啉 | 0.2 | 杀虫剂 | GB/T 20769、GB/T 23379 |
| 6 | 草甘膦 | 0.1 | 除草剂 | GB/T 23750、NY/T 1096、SN/T 1923 |

（续）

| 序号 | 农药中文名 | 最大残留限量（mg/kg） | 农药主要用途 | 检测方法 |
|---|---|---|---|---|
| 7 | 敌百虫 | 0.2 | 杀虫剂 | GB/T 20769、NY/T 761 |
| 8 | 敌草腈 | 0.01* | 除草剂 | 无指定 |
| 9 | 敌敌畏 | 0.2 | 杀虫剂 | NY/T 761、GB 23200.8、GB/T 5009.20、GB 23200.113 |
| 10 | 地虫硫磷 | 0.01 | 杀虫剂 | GB 23200.8、GB 23200.113 |
| 11 | 对硫磷 | 0.01 | 杀虫剂 | GB/T 5009.145、GB 23200.113 |
| 12 | 多杀霉素 | 0.2 | 杀虫剂 | GB/T 20769 |
| 13 | 氟虫腈 | 0.02 | 杀虫剂 | NY/T 1379（参照） |
| 14 | 氟啶虫胺腈 | 0.5* | 杀虫剂 | 无指定 |
| 15 | 甲胺磷 | 0.05 | 杀虫剂 | NY/T 761、GB/T 5009.103、GB 23200.113 |
| 16 | 甲拌磷 | 0.01 | 杀虫剂 | GB 23200.113 |
| 17 | 甲基对硫磷 | 0.02 | 杀虫剂 | NY/T 761、GB 23200.113 |
| 18 | 甲基硫环磷 | 0.03* | 杀虫剂 | NY/T 761 |
| 19 | 甲基异柳磷 | 0.01* | 杀虫剂 | GB/T 5009.144、GB 23200.113 |
| 20 | 甲氰菊酯 | 5 | 杀虫剂 | NY/T 761、GB 23200.113 |
| 21 | 久效磷 | 0.03 | 杀虫剂 | NY/T 761、GB 23200.113 |
| 22 | 克百威 | 0.02 | 杀虫剂 | NY/T 761 |
| 23 | 联苯肼酯 | 0.5 | 杀螨剂 | GB/T 20769、GB 23200.8 |
| 24 | 磷胺 | 0.05 | 杀虫剂 | NY/T 761、GB 23200.113 |
| 25 | 硫丹 | 0.05 | 杀虫剂 | NY/T 761 |
| 26 | 硫环磷 | 0.03 | 杀虫剂 | NY/T 761、GB 23200.113 |
| 27 | 螺虫乙酯 | 0.2* | 杀虫剂 | 无指定 |
| 28 | 氯虫苯甲酰胺 | 0.3* | 杀虫剂 | 无指定 |
| 29 | 氯氟氰菊酯和高效氯氟氰菊酯 | 0.05 | 杀虫剂 | GB/T 5009.146、NY/T 761、GB 23200.113 |
| 30 | 氯菊酯 | 2 | 杀虫剂 | NY/T 761、GB 23200.113 |
| 31 | 氯氰菊酯和高效氯氰菊酯 | 0.07 | 杀虫剂 | GB/T 5009.146、GB 23200.8、NY/T 761、GB 23200.113 |
| 32 | 氯唑磷 | 0.01 | 杀虫剂 | GB/T 20769、GB 23200.113 |
| 33 | 灭多威 | 0.2 | 杀虫剂 | NY/T 761 |

（续）

| 序号 | 农药中文名 | 最大残留限量（mg/kg） | 农药主要用途 | 检测方法 |
|---|---|---|---|---|
| 34 | 灭线磷 | 0.02 | 杀线虫剂 | NY/T 761 |
| 35 | 内吸磷 | 0.02 | 杀虫/杀螨剂 | GB/T 20769 |
| 36 | 嗪氨灵 | 0.5 | 杀菌剂 | SN 0695（参照） |
| 37 | 氰戊菊酯和S-氰戊菊酯 | 0.2 | 杀虫剂 | GB 23200.8、NY/T 761、GB 23200.113 |
| 38 | 噻螨酮 | 0.05 | 杀螨剂 | GB 23200.8、GB/T 20769 |
| 39 | 三唑醇 | 0.2 | 杀菌剂 | GB 23200.8、GB 23200.113 |
| 40 | 三唑酮 | 0.2 | 杀菌剂 | GB 23200.8、GB/T 20769、NY/T 761、GB 23200.113 |
| 41 | 杀虫脒 | 0.01 | 杀虫剂 | GB/T 20769 |
| 42 | 杀螟硫磷 | 0.5* | 杀虫剂 | GB/T 14553、GB/T 20769、NY/T 761、GB 23200.113 |
| 43 | 杀扑磷 | 0.05 | 杀虫剂 | GB 23200.8、GB/T 14553、NY/T 761、GB 23200.113 |
| 44 | 霜霉威和霜霉威盐酸盐 | 5 | 杀菌剂 | GB/T 20769 |
| 45 | 水胺硫磷 | 0.05 | 杀虫剂 | GB/T 5009.20、GB 23200.113 |
| 46 | 特丁硫磷 | 0.01 | 杀虫剂 | NY/T 761、NY/T 1379 |
| 47 | 涕灭威 | 0.02 | 杀虫剂 | NY/T 761 |
| 48 | 烯酰吗啉 | 0.5 | 杀菌剂 | GB/T 20769 |
| 49 | 辛硫磷 | 0.05 | 杀虫剂 | GB/T 5009.102、GB/T 20769 |
| 50 | 氧乐果 | 0.02 | 杀虫剂 | NY/T 761、NY/T 1379、GB 23200.113 |
| 51 | 乙酰甲胺磷 | 0.5 | 杀虫剂 | NY/T 761、GB 23200.113 |
| 52 | 蝇毒磷 | 0.05 | 杀虫剂 | GB 23200.8、GB 23200.113 |
| 53 | 增效醚 | 1 | 增效剂 | GB 23200.8、GB 23200.113 |
| 54 | 治螟磷 | 0.01 | 杀虫剂 | GB 23200.8、NY/T 761、GB 23200.113 |
| 55 | 艾氏剂 | 0.05 | 杀虫剂 | GB/T 5009.19、NY/T 761、GB 23200.113 |
| 56 | 滴滴涕 | 0.05 | 杀虫剂 | GB/T 5009.19、NY/T 761、GB 23200.113 |
| 57 | 狄氏剂 | 0.02 | 杀虫剂 | GB/T 5009.19、NY/T 761、GB 23200.113 |

（续）

| 序号 | 农药中文名 | 最大残留限量（mg/kg） | 农药主要用途 | 检测方法 |
|---|---|---|---|---|
| 58 | 毒杀芬 | 0.05* | 杀虫剂 | YC/T 180（参照） |
| 59 | 六六六 | 0.05 | 杀虫剂 | GB/T 5009.19、NY/T 761、GB 23200.113 |
| 60 | 氯丹 | 0.02 | 杀虫剂 | GB/T 5009.19 |
| 61 | 灭蚁灵 | 0.01 | 杀虫剂 | GB/T 5009.19 |
| 62 | 七氯 | 0.01 | 杀虫剂 | GB/T 5009.19、NY/T 761 |
| 63 | 异狄氏剂 | 0.05 | 杀虫剂 | GB/T 5009.19、NY/T 761 |
| 64 | 百菌清 | 5 | 杀菌剂 | GB/T 5009.105、NY/T 761 |
| 65 | 保棉磷 | 0.2 | 杀虫剂 | NY/T 761 |
| 66 | 苯霜灵 | 0.3 | 杀菌剂 | GB 23200.8、GB/T 20769、GB 23200.113 |
| 67 | 代森联 | 0.5 | 杀菌剂 | SN 0157 |
| 68 | 敌螨普 | 0.5* | 杀菌剂 | 无指定 |
| 69 | 啶酰菌胺 | 3 | 杀菌剂 | GB/T 20769 |
| 70 | 甲硫威 | 0.2 | 杀软体动物剂 | SN/T 2560（参照） |
| 71 | 甲霜灵和精甲霜灵 | 0.2 | 杀菌剂 | GB 23200.8、GB/T 20769、GB 23200.113 |
| 72 | 腈苯唑 | 0.2 | 杀菌剂 | GB 23200.8、GB/T 20769、GB 23200.113 |
| 73 | 抗蚜威 | 0.2 | 杀虫剂 | GB 23200.8、NY/T 1379、SN/T 0134、GB 23200.113 |
| 74 | 克菌丹 | 10 | 杀菌剂 | GB 23200.8、SN 0654 |
| 75 | 喹氧灵 | 0.1* | 杀菌剂 | GB 23200.113 |
| 76 | 氯苯嘧啶醇 | 0.05 | 杀菌剂 | GB 23200.8、GB/T 20769、GB 23200.113 |
| 77 | 氯吡脲 | 0.1 | 植物生长调节剂 | GB/T 20770（参照） |
| 78 | 氯化苦 | 0.05* | 熏蒸剂 | GB/T 5009.36（参照） |
| 79 | 醚菌酯 | 1 | 杀菌剂 | GB 23200.8、GB/T 20769 |
| 80 | 灭菌丹 | 3 | 杀菌剂 | GB/T 20769、SN/T 2320 |
| 81 | 噻苯隆 | 0.05 | 植物生长调节剂 | SN/T 4586 |
| 82 | 噻虫啉 | 0.2 | 杀虫剂 | GB/T 20769 |
| 83 | 杀线威 | 2 | 杀虫剂 | NY/T 1453、SN/T 0134 |

（续）

| 序号 | 农药中文名 | 最大残留限量（mg/kg） | 农药主要用途 | 检测方法 |
|---|---|---|---|---|
| 84 | 双炔酰菌胺 | 0.5* | 杀菌剂 | 无指定 |
| 85 | 四螨嗪 | 0.1 | 杀螨剂 | GB 23200.47、GB/T 20769 |
| 86 | 戊菌唑 | 0.1 | 杀菌剂 | GB 23200.8、GB/T 20769、GB 23200.113 |
| 87 | 戊唑醇 | 0.15 | 杀菌剂 | GB 23200.8、GB/T 20769、GB 23200.113 |
| 88 | 溴螨酯 | 0.5 | 杀螨剂 | GB 23200.8、SN/T 0192、GB 23200.113 |
| 89 | 抑霉唑 | 2 | 杀菌剂 | GB 23200.8、GB/T 20769、GB 23200.113 |
| 90 | 阿维菌素 | 0.01 | 杀虫剂 | GB 23200.20、GB 23200.19 |
| 91 | 苯醚甲环唑 | 0.7 | 杀菌剂 | GB/T 5009.218、GB/T 23200.8、GB 23200.49、GB 23200.113 |
| 92 | 啶虫脒 | 2 | 杀虫剂 | GB/T 23584、GB/T 20769 |
| 93 | 灭蝇胺 | 0.5 | 杀虫剂 | NY/T 1725（参照） |
| 94 | 硝苯菌酯 | 0.5* | 杀菌剂 | 无指定 |
| 95 | 吡唑醚菌酯 | 0.5 | 杀菌剂 | GB 23200.8 |
| 96 | 吡唑醚菌酯 | 0.2 | 杀菌剂 | GB 23200.8 |
| 97 | 二嗪磷 | 0.2 | 杀虫剂 | GB/T 20769、GB/T 5009.107、NY/T 761、GB 23200.113 |
| 98 | 乙烯利 | 1 | 植物生长调节剂 | GB 23200.16 |

## 4.69 白兰瓜

白兰瓜中农药最大残留限量见表 4-69。

**表 4-69 白兰瓜中农药最大残留限量**

| 序号 | 农药中文名 | 最大残留限量（mg/kg） | 农药主要用途 | 检测方法 |
|---|---|---|---|---|
| 1 | 百草枯 | 0.02* | 除草剂 | 无指定 |
| 2 | 倍硫磷 | 0.05 | 杀虫剂 | GB 23200.8、NY/T 761、GB 23200.113 |

（续）

| 序号 | 农药中文名 | 最大残留限量（mg/kg） | 农药主要用途 | 检测方法 |
|---|---|---|---|---|
| 3 | 苯酰菌胺 | 2 | 杀菌剂 | GB 23200.8、GB/T 20769 |
| 4 | 苯线磷 | 0.02 | 杀虫剂 | GB/T 5009.145、GB 23200.8 |
| 5 | 吡虫啉 | 0.2 | 杀虫剂 | GB/T 20769、GB/T 23379 |
| 6 | 草甘膦 | 0.1 | 除草剂 | GB/T 23750、NY/T 1096、SN/T 1923 |
| 7 | 敌百虫 | 0.2 | 杀虫剂 | GB/T 20769、NY/T 761 |
| 8 | 敌草腈 | 0.01* | 除草剂 | 无指定 |
| 9 | 敌敌畏 | 0.2 | 杀虫剂 | NY/T 761、GB 23200.8、GB/T 5009.20、GB 23200.113 |
| 10 | 地虫硫磷 | 0.01 | 杀虫剂 | GB 23200.8、GB 23200.113 |
| 11 | 对硫磷 | 0.01 | 杀虫剂 | GB/T 5009.145、GB 23200.113 |
| 12 | 多杀霉素 | 0.2 | 杀虫剂 | GB/T 20769 |
| 13 | 氟虫腈 | 0.02 | 杀虫剂 | NY/T 1379（参照） |
| 14 | 氟啶虫胺腈 | 0.5* | 杀虫剂 | 无指定 |
| 15 | 甲胺磷 | 0.05 | 杀虫剂 | NY/T 761、GB/T 5009.103、GB 23200.113 |
| 16 | 甲拌磷 | 0.01 | 杀虫剂 | GB 23200.113 |
| 17 | 甲基对硫磷 | 0.02 | 杀虫剂 | NY/T 761、GB 23200.113 |
| 18 | 甲基硫环磷 | 0.03* | 杀虫剂 | NY/T 761 |
| 19 | 甲基异柳磷 | 0.01* | 杀虫剂 | GB/T 5009.144、GB 23200.113 |
| 20 | 甲氰菊酯 | 5 | 杀虫剂 | NY/T 761、GB 23200.113 |
| 21 | 久效磷 | 0.03 | 杀虫剂 | NY/T 761、GB 23200.113 |
| 22 | 克百威 | 0.02 | 杀虫剂 | NY/T 761 |
| 23 | 联苯肼酯 | 0.5 | 杀螨剂 | GB/T 20769、GB 23200.8 |
| 24 | 磷胺 | 0.05 | 杀虫剂 | NY/T 761、GB 23200.113 |
| 25 | 硫丹 | 0.05 | 杀虫剂 | NY/T 761 |
| 26 | 硫环磷 | 0.03 | 杀虫剂 | NY/T 761、GB 23200.113 |

（续）

| 序号 | 农药中文名 | 最大残留限量（mg/kg） | 农药主要用途 | 检测方法 |
| --- | --- | --- | --- | --- |
| 27 | 螺虫乙酯 | 0.2* | 杀虫剂 | 无指定 |
| 28 | 氯虫苯甲酰胺 | 0.3* | 杀虫剂 | 无指定 |
| 29 | 氯氟氰菊酯和高效氯氟氰菊酯 | 0.05 | 杀虫剂 | GB/T 5009.146、NY/T 761、GB 23200.113 |
| 30 | 氯菊酯 | 2 | 杀虫剂 | NY/T 761、GB 23200.113 |
| 31 | 氯氰菊酯和高效氯氰菊酯 | 0.07 | 杀虫剂 | GB/T 5009.146、GB 23200.8、NY/T 761、GB 23200.113 |
| 32 | 氯唑磷 | 0.01 | 杀虫剂 | GB/T 20769、GB 23200.113 |
| 33 | 灭多威 | 0.2 | 杀虫剂 | NY/T 761 |
| 34 | 灭线磷 | 0.02 | 杀线虫剂 | NY/T 761 |
| 35 | 内吸磷 | 0.02 | 杀虫/杀螨剂 | GB/T 20769 |
| 36 | 嗪氨灵 | 0.5 | 杀菌剂 | SN 0695（参照） |
| 37 | 氰戊菊酯和S-氰戊菊酯 | 0.2 | 杀虫剂 | GB 23200.8、NY/T 761、GB 23200.113 |
| 38 | 噻螨酮 | 0.05 | 杀螨剂 | GB 23200.8、GB/T 20769 |
| 39 | 三唑醇 | 0.2 | 杀菌剂 | GB 23200.8、GB 23200.113 |
| 40 | 三唑酮 | 0.2 | 杀菌剂 | GB 23200.8、GB/T 20769、NY/T 761、GB 23200.113 |
| 41 | 杀虫脒 | 0.01 | 杀虫剂 | GB/T 20769 |
| 42 | 杀螟硫磷 | 0.5* | 杀虫剂 | GB/T 14553、GB/T 20769、NY/T 761、GB 23200.113 |
| 43 | 杀扑磷 | 0.05 | 杀虫剂 | GB 23200.8、GB/T 14553、NY/T 761、GB 23200.113 |
| 44 | 霜霉威和霜霉威盐酸盐 | 5 | 杀菌剂 | GB/T 20769 |
| 45 | 水胺硫磷 | 0.05 | 杀虫剂 | GB/T 5009.20、GB 23200.113 |
| 46 | 特丁硫磷 | 0.01 | 杀虫剂 | NY/T 761、NY/T 1379 |
| 47 | 涕灭威 | 0.02 | 杀虫剂 | NY/T 761 |
| 48 | 烯酰吗啉 | 0.5 | 杀菌剂 | GB/T 20769 |

（续）

| 序号 | 农药中文名 | 最大残留限量（mg/kg） | 农药主要用途 | 检测方法 |
|---|---|---|---|---|
| 49 | 辛硫磷 | 0.05 | 杀虫剂 | GB/T 5009.102、GB/T 20769 |
| 50 | 氧乐果 | 0.02 | 杀虫剂 | NY/T 761、NY/T 1379、GB 23200.113 |
| 51 | 乙酰甲胺磷 | 0.5 | 杀虫剂 | NY/T 761、GB 23200.113 |
| 52 | 蝇毒磷 | 0.05 | 杀虫剂 | GB 23200.8、GB 23200.113 |
| 53 | 增效醚 | 1 | 增效剂 | GB 23200.8、GB 23200.113 |
| 54 | 治螟磷 | 0.01 | 杀虫剂 | GB 23200.8、NY/T 761、GB 23200.113 |
| 55 | 艾氏剂 | 0.05 | 杀虫剂 | GB/T 5009.19、NY/T 761、GB 23200.113 |
| 56 | 滴滴涕 | 0.05 | 杀虫剂 | GB/T 5009.19、NY/T 761、GB 23200.113 |
| 57 | 狄氏剂 | 0.02 | 杀虫剂 | GB/T 5009.19、NY/T 761、GB 23200.113 |
| 58 | 毒杀芬 | 0.05* | 杀虫剂 | YC/T 180（参照） |
| 59 | 六六六 | 0.05 | 杀虫剂 | GB/T 5009.19、NY/T 761、GB 23200.113 |
| 60 | 氯丹 | 0.02 | 杀虫剂 | GB/T 5009.19 |
| 61 | 灭蚁灵 | 0.01 | 杀虫剂 | GB/T 5009.19 |
| 62 | 七氯 | 0.01 | 杀虫剂 | GB/T 5009.19、NY/T 761 |
| 63 | 异狄氏剂 | 0.05 | 杀虫剂 | GB/T 5009.19、NY/T 761 |
| 64 | 百菌清 | 5 | 杀菌剂 | GB/T 5009.105、NY/T 761 |
| 65 | 保棉磷 | 0.2 | 杀虫剂 | NY/T 761 |
| 66 | 苯霜灵 | 0.3 | 杀菌剂 | GB 23200.8、GB/T 20769、GB 23200.113 |
| 67 | 代森联 | 0.5 | 杀菌剂 | SN 0157 |
| 68 | 敌螨普 | 0.5* | 杀菌剂 | 无指定 |
| 69 | 啶酰菌胺 | 3 | 杀菌剂 | GB/T 20769 |
| 70 | 甲硫威 | 0.2 | 杀软体动物剂 | SN/T 2560（参照） |
| 71 | 甲霜灵和精甲霜灵 | 0.2 | 杀菌剂 | GB 23200.8、GB/T 20769、GB 23200.113 |

（续）

| 序号 | 农药中文名 | 最大残留限量（mg/kg） | 农药主要用途 | 检测方法 |
|---|---|---|---|---|
| 72 | 腈苯唑 | 0.2 | 杀菌剂 | GB 23200.8、GB/T 20769、GB 23200.113 |
| 73 | 抗蚜威 | 0.2 | 杀虫剂 | GB 23200.8、NY/T 1379、SN/T 0134、GB 23200.113 |
| 74 | 克菌丹 | 10 | 杀菌剂 | GB 23200.8、SN 0654 |
| 75 | 喹氧灵 | 0.1* | 杀菌剂 | GB 23200.113 |
| 76 | 氯苯嘧啶醇 | 0.05 | 杀菌剂 | GB 23200.8、GB/T 20769、GB 23200.113 |
| 77 | 氯吡脲 | 0.1 | 植物生长调节剂 | GB/T 20770（参照） |
| 78 | 氯化苦 | 0.05* | 熏蒸剂 | GB/T 5009.36（参照） |
| 79 | 醚菌酯 | 1 | 杀菌剂 | GB 23200.8、GB/T 20769 |
| 80 | 灭菌丹 | 3 | 杀菌剂 | GB/T 20769、SN/T 2320 |
| 81 | 噻苯隆 | 0.05 | 植物生长调节剂 | SN/T 4586 |
| 82 | 噻虫啉 | 0.2 | 杀虫剂 | GB/T 20769 |
| 83 | 杀线威 | 2 | 杀虫剂 | NY/T 1453、SN/T 0134 |
| 84 | 双炔酰菌胺 | 0.5* | 杀菌剂 | 无指定 |
| 85 | 四螨嗪 | 0.1 | 杀螨剂 | GB 23200.47、GB/T 20769 |
| 86 | 戊菌唑 | 0.1 | 杀菌剂 | GB 23200.8、GB/T 20769、GB 23200.113 |
| 87 | 戊唑醇 | 0.15 | 杀菌剂 | GB 23200.8、GB/T 20769、GB 23200.113 |
| 88 | 溴螨酯 | 0.5 | 杀螨剂 | GB 23200.8、SN/T 0192、GB 23200.113 |
| 89 | 抑霉唑 | 2 | 杀菌剂 | GB 23200.8、GB/T 20769、GB 23200.113 |
| 90 | 阿维菌素 | 0.01 | 杀虫剂 | GB 23200.20、GB 23200.19 |
| 91 | 苯醚甲环唑 | 0.7 | 杀菌剂 | GB/T 5009.218、GB/T 23200.8、GB 23200.49、GB 23200.113 |
| 92 | 啶虫脒 | 2 | 杀虫剂 | GB/T 23584、GB/T 20769 |
| 93 | 灭蝇胺 | 0.5 | 杀虫剂 | NY/T 1725（参照） |
| 94 | 硝苯菌酯 | 0.5* | 杀菌剂 | 无指定 |
| 95 | 吡唑醚菌酯 | 0.5 | 杀菌剂 | GB 23200.8 |

## 4.70 香瓜

香瓜中农药最大残留限量见表4-70。

**表4-70 香瓜中农药最大残留限量**

| 序号 | 农药中文名 | 最大残留限量(mg/kg) | 农药主要用途 | 检测方法 |
|---|---|---|---|---|
| 1 | 百草枯 | 0.02* | 除草剂 | 无指定 |
| 2 | 倍硫磷 | 0.05 | 杀虫剂 | GB 23200.8、NY/T 761、GB 23200.113 |
| 3 | 苯酰菌胺 | 2 | 杀菌剂 | GB 23200.8、GB/T 20769 |
| 4 | 苯线磷 | 0.02 | 杀虫剂 | GB/T 5009.145、GB 23200.8 |
| 5 | 吡虫啉 | 0.2 | 杀虫剂 | GB/T 20769、GB/T 23379 |
| 6 | 草甘膦 | 0.1 | 除草剂 | GB/T 23750、NY/T 1096、SN/T 1923 |
| 7 | 敌百虫 | 0.2 | 杀虫剂 | GB/T 20769、NY/T 761 |
| 8 | 敌草腈 | 0.01* | 除草剂 | 无指定 |
| 9 | 敌敌畏 | 0.2 | 杀虫剂 | NY/T 761、GB 23200.8、GB/T 5009.20、GB 23200.113 |
| 10 | 地虫硫磷 | 0.01 | 杀虫剂 | GB 23200.8、GB 23200.113 |
| 11 | 对硫磷 | 0.01 | 杀虫剂 | GB/T 5009.145、GB 23200.113 |
| 12 | 多杀霉素 | 0.2 | 杀虫剂 | GB/T 20769 |
| 13 | 氟虫腈 | 0.02 | 杀虫剂 | NY/T 1379(参照) |
| 14 | 氟啶虫胺腈 | 0.5* | 杀虫剂 | 无指定 |
| 15 | 甲胺磷 | 0.05 | 杀虫剂 | NY/T 761、GB/T 5009.103、GB 23200.113 |
| 16 | 甲拌磷 | 0.01 | 杀虫剂 | GB 23200.113 |
| 17 | 甲基对硫磷 | 0.02 | 杀虫剂 | NY/T 761、GB 23200.113 |
| 18 | 甲基硫环磷 | 0.03* | 杀虫剂 | NY/T 761 |
| 19 | 甲基异柳磷 | 0.01* | 杀虫剂 | GB/T 5009.144、GB 23200.113 |
| 20 | 甲氰菊酯 | 5 | 杀虫剂 | NY/T 761、GB 23200.113 |
| 21 | 久效磷 | 0.03 | 杀虫剂 | NY/T 761、GB 23200.113 |
| 22 | 克百威 | 0.02 | 杀虫剂 | NY/T 761 |
| 23 | 联苯肼酯 | 0.5 | 杀螨剂 | GB/T 20769、GB 23200.8 |

（续）

| 序号 | 农药中文名 | 最大残留限量（mg/kg） | 农药主要用途 | 检测方法 |
|---|---|---|---|---|
| 24 | 磷胺 | 0.05 | 杀虫剂 | NY/T 761、GB 23200.113 |
| 25 | 硫丹 | 0.05 | 杀虫剂 | NY/T 761 |
| 26 | 硫环磷 | 0.03 | 杀虫剂 | NY/T 761、GB 23200.113 |
| 27 | 螺虫乙酯 | 0.2* | 杀虫剂 | 无指定 |
| 28 | 氯虫苯甲酰胺 | 0.3* | 杀虫剂 | 无指定 |
| 29 | 氯氟氰菊酯和高效氯氟氰菊酯 | 0.05 | 杀虫剂 | GB/T 5009.146、NY/T 761、GB 23200.113 |
| 30 | 氯菊酯 | 2 | 杀虫剂 | NY/T 761、GB 23200.113 |
| 31 | 氯氰菊酯和高效氯氰菊酯 | 0.07 | 杀虫剂 | GB/T 5009.146、GB 23200.8、NY/T 761、GB 23200.113 |
| 32 | 氯唑磷 | 0.01 | 杀虫剂 | GB/T 20769、GB 23200.113 |
| 33 | 灭多威 | 0.2 | 杀虫剂 | NY/T 761 |
| 34 | 灭线磷 | 0.02 | 杀线虫剂 | NY/T 761 |
| 35 | 内吸磷 | 0.02 | 杀虫/杀螨剂 | GB/T 20769 |
| 36 | 嗪氨灵 | 0.5 | 杀菌剂 | SN 0695（参照） |
| 37 | 氰戊菊酯和S-氰戊菊酯 | 0.2 | 杀虫剂 | GB 23200.8、NY/T 761、GB 23200.113 |
| 38 | 噻螨酮 | 0.05 | 杀螨剂 | GB 23200.8、GB/T 20769 |
| 39 | 三唑醇 | 0.2 | 杀菌剂 | GB 23200.8、GB 23200.113 |
| 40 | 三唑酮 | 0.2 | 杀菌剂 | GB 23200.8、GB/T 20769、NY/T 761、GB 23200.113 |
| 41 | 杀虫脒 | 0.01 | 杀虫剂 | GB/T 20769 |
| 42 | 杀螟硫磷 | 0.5* | 杀虫剂 | GB/T 14553、GB/T 20769、NY/T 761、GB 23200.113 |
| 43 | 杀扑磷 | 0.05 | 杀虫剂 | GB 23200.8、GB/T 14553、NY/T 761、GB 23200.113 |
| 44 | 霜霉威和霜霉威盐酸盐 | 5 | 杀菌剂 | GB/T 20769 |
| 45 | 水胺硫磷 | 0.05 | 杀虫剂 | GB/T 5009.20、GB 23200.113 |
| 46 | 特丁硫磷 | 0.01 | 杀虫剂 | NY/T 761、NY/T 1379 |
| 47 | 涕灭威 | 0.02 | 杀虫剂 | NY/T 761 |
| 48 | 烯酰吗啉 | 0.5 | 杀菌剂 | GB/T 20769 |

（续）

| 序号 | 农药中文名 | 最大残留限量（mg/kg） | 农药主要用途 | 检测方法 |
|---|---|---|---|---|
| 49 | 辛硫磷 | 0.05 | 杀虫剂 | GB/T 5009.102、GB/T 20769 |
| 50 | 氧乐果 | 0.02 | 杀虫剂 | NY/T 761、NY/T 1379、GB 23200.113 |
| 51 | 乙酰甲胺磷 | 0.5 | 杀虫剂 | NY/T 761、GB 23200.113 |
| 52 | 蝇毒磷 | 0.05 | 杀虫剂 | GB 23200.8、GB 23200.113 |
| 53 | 增效醚 | 1 | 增效剂 | GB 23200.8、GB 23200.113 |
| 54 | 治螟磷 | 0.01 | 杀虫剂 | GB 23200.8、NY/T 761、GB 23200.113 |
| 55 | 艾氏剂 | 0.05 | 杀虫剂 | GB/T 5009.19、NY/T 761、GB 23200.113 |
| 56 | 滴滴涕 | 0.05 | 杀虫剂 | GB/T 5009.19、NY/T 761、GB 23200.113 |
| 57 | 狄氏剂 | 0.02 | 杀虫剂 | GB/T 5009.19、NY/T 761、GB 23200.113 |
| 58 | 毒杀芬 | 0.05* | 杀虫剂 | YC/T 180（参照） |
| 59 | 六六六 | 0.05 | 杀虫剂 | GB/T 5009.19、NY/T 761、GB 23200.113 |
| 60 | 氯丹 | 0.02 | 杀虫剂 | GB/T 5009.19 |
| 61 | 灭蚁灵 | 0.01 | 杀虫剂 | GB/T 5009.19 |
| 62 | 七氯 | 0.01 | 杀虫剂 | GB/T 5009.19、NY/T 761 |
| 63 | 异狄氏剂 | 0.05 | 杀虫剂 | GB/T 5009.19、NY/T 761 |
| 64 | 百菌清 | 5 | 杀菌剂 | GB/T 5009.105、NY/T 761 |
| 65 | 保棉磷 | 0.2 | 杀虫剂 | NY/T 761 |
| 66 | 苯霜灵 | 0.3 | 杀菌剂 | GB 23200.8、GB/T 20769、GB 23200.113 |
| 67 | 代森联 | 0.5 | 杀菌剂 | SN 0157 |
| 68 | 敌螨普 | 0.5* | 杀菌剂 | 无指定 |
| 69 | 啶酰菌胺 | 3 | 杀菌剂 | GB/T 20769 |
| 70 | 甲硫威 | 0.2 | 杀软体动物剂 | SN/T 2560（参照） |
| 71 | 甲霜灵和精甲霜灵 | 0.2 | 杀菌剂 | GB 23200.8、GB/T 20769、GB 23200.113 |

（续）

| 序号 | 农药中文名 | 最大残留限量（mg/kg） | 农药主要用途 | 检测方法 |
|---|---|---|---|---|
| 72 | 腈苯唑 | 0.2 | 杀菌剂 | GB 23200.8、GB/T 20769、GB 23200.113 |
| 73 | 抗蚜威 | 0.2 | 杀虫剂 | GB 23200.8、NY/T 1379、SN/T 0134、GB 23200.113 |
| 74 | 克菌丹 | 10 | 杀菌剂 | GB 23200.8、SN 0654 |
| 75 | 喹氧灵 | 0.1* | 杀菌剂 | GB 23200.113 |
| 76 | 氯苯嘧啶醇 | 0.05 | 杀菌剂 | GB 23200.8、GB/T 20769、GB 23200.113 |
| 77 | 氯吡脲 | 0.1 | 植物生长调节剂 | GB/T 20770（参照） |
| 78 | 氯化苦 | 0.05* | 熏蒸剂 | GB/T 5009.36（参照） |
| 79 | 醚菌酯 | 1 | 杀菌剂 | GB 23200.8、GB/T 20769 |
| 80 | 灭菌丹 | 3 | 杀菌剂 | GB/T 20769、SN/T 2320 |
| 81 | 噻苯隆 | 0.05 | 植物生长调节剂 | SN/T 4586 |
| 82 | 噻虫啉 | 0.2 | 杀虫剂 | GB/T 20769 |
| 83 | 杀线威 | 2 | 杀虫剂 | NY/T 1453、SN/T 0134 |
| 84 | 双炔酰菌胺 | 0.5* | 杀菌剂 | 无指定 |
| 85 | 四螨嗪 | 0.1 | 杀螨剂 | GB 23200.47、GB/T 20769 |
| 86 | 戊菌唑 | 0.1 | 杀菌剂 | GB 23200.8、GB/T 20769、GB 23200.113 |
| 87 | 戊唑醇 | 0.15 | 杀菌剂 | GB 23200.8、GB/T 20769、GB 23200.113 |
| 88 | 溴螨酯 | 0.5 | 杀螨剂 | GB 23200.8、SN/T 0192、GB 23200.113 |
| 89 | 抑霉唑 | 2 | 杀菌剂 | GB 23200.8、GB/T 20769、GB 23200.113 |
| 90 | 阿维菌素 | 0.01 | 杀虫剂 | GB 23200.20、GB 23200.19 |
| 91 | 苯醚甲环唑 | 0.7 | 杀菌剂 | GB/T 5009.218、GB/T 23200.8、GB 23200.49、GB 23200.113 |
| 92 | 啶虫脒 | 2 | 杀虫剂 | GB/T 23584、GB/T 20769 |
| 93 | 灭蝇胺 | 0.5 | 杀虫剂 | NY/T 1725（参照） |
| 94 | 硝苯菌酯 | 0.5* | 杀菌剂 | 无指定 |
| 95 | 吡唑醚菌酯 | 0.5 | 杀菌剂 | GB 23200.8 |

## 4.71 柑橘脯

柑橘脯中农药最大残留限量见表4－71。

**表4－71 柑橘脯中农药最大残留限量**

| 序号 | 农药中文名 | 最大残留限量(mg/kg) | 农药主要用途 | 检测方法 |
|---|---|---|---|---|
| 1 | 除虫菊素 | 0.2 | 杀虫剂 | GB/T 20769 |
| 2 | 磷化氢 | 0.01 | 杀虫剂 | GB/T 5009.36（参照） |
| 3 | 硫酰氟 | 0.06* | 杀虫剂 | 无指定 |
| 4 | 增效醚 | 0.2 | 增效剂 | GB 23200.8、GB 23200.113 |
| 5 | 苯丁锡 | 25 | 杀螨剂 | SN 0592（参照） |
| 6 | 啶酰菌胺 | 6 | 杀菌剂 | GB/T 20769 |
| 7 | 氟氯氰菊酯和高效氟氯氰菊酯 | 2 | 杀虫剂 | GB 23200.8、GB/T 5009.146、NY/T 761、GB 23200.113 |
| 8 | 腈苯唑 | 4 | 杀菌剂 | GB/T 20769、GB 23200.113 |
| 9 | 邻苯基苯酚 | 60 | 杀菌剂 | GB 23200.8 |
| 10 | 噻嗪酮 | 2 | 杀虫剂 | GB 23200.8、GB/T 20769 |

## 4.72 李子干

李子干中农药最大残留限量见表4－72。

**表4－72 李子干中农药最大残留限量**

| 序号 | 农药中文名 | 最大残留限量(mg/kg) | 农药主要用途 | 检测方法 |
|---|---|---|---|---|
| 1 | 除虫菊素 | 0.2 | 杀虫剂 | GB/T 20769 |
| 2 | 磷化氢 | 0.01 | 杀虫剂 | GB/T 5009.36（参照） |
| 3 | 硫酰氟 | 0.06* | 杀虫剂 | 无指定 |
| 4 | 增效醚 | 0.2 | 增效剂 | GB 23200.8、GB 23200.113 |
| 5 | 保棉磷 | 2 | 杀虫剂 | NY/T 761 |
| 6 | 苯丁锡 | 10 | 杀螨剂 | SN 0592（参照） |
| 7 | 苯醚甲环唑 | 0.2 | 杀菌剂 | GB 23200.8、GB 23200.49、GB/T 5009.218、GB 23200.113 |
| 8 | 吡唑醚菌酯 | 0.8 | 杀菌剂 | GB 23200.8 |

（续）

| 序号 | 农药中文名 | 最大残留限量（mg/kg） | 农药主要用途 | 检测方法 |
|---|---|---|---|---|
| 9 | 丙环唑 | 0.6 | 杀菌剂 | GB 23200.8 |
| 10 | 草铵膦 | 0.3* | 除草剂 | 无指定 |
| 11 | 除虫脲 | 0.5 | 杀虫剂 | NY/T 1720 |
| 12 | 啶虫脒 | 0.6 | 杀虫剂 | GB/T 20769 |
| 13 | 毒死蜱 | 0.5 | 杀虫剂 | GB 23200.8、NY/T 761、GB 23200.113 |
| 14 | 多菌灵 | 0.5 | 杀菌剂 | GB/T 20769、NY/T 1453 |
| 15 | 二嗪磷 | 2 | 杀虫剂 | GB/T 20769、GB/T 5009.107、NY/T 761、GB 23200.113 |
| 16 | 氟苯脲 | 0.1 | 杀虫剂 | NY/T 1453 |
| 17 | 氟酰脲 | 3 | 杀虫剂 | GB 23200.34（参照） |
| 18 | 氟唑菌酰胺 | 5* | 杀菌剂 | 无指定 |
| 19 | 环酰菌胺 | 1* | 杀菌剂 | 无指定 |
| 20 | 甲氰菊酯 | 3 | 杀虫剂 | NY/T 761、GB 23200.113 |
| 21 | 甲氧虫酰肼 | 2 | 杀虫剂 | GB/T 20769 |
| 22 | 腈菌唑 | 0.5 | 杀菌剂 | GB 23200.8、GB/T 20769、NY/T 1455、GB 23200.113 |
| 23 | 克菌丹 | 10 | 杀菌剂 | GB 23200.8、SN 0654 |
| 24 | 联苯三唑醇 | 2 | 杀菌剂 | GB 23200.8、GB/T 20769 |
| 25 | 螺虫乙酯 | 5* | 杀虫剂 | 无指定 |
| 26 | 氯氟氰菊酯和高效氯氟氰菊酯 | 0.2 | 杀虫剂 | GB 23200.8、GB/T 5009.146、NY/T 761、GB 23200.113 |
| 27 | 嘧菌环胺 | 5 | 杀菌剂 | GB 23200.8、GB/T 20769、GB 23200.113 |
| 28 | 嘧霉胺 | 2 | 杀菌剂 | GB 23200.8、GB/T 20769、GB 23200.113 |
| 29 | 嗪氨灵 | 2 | 杀菌剂 | SN/T 0695（参照） |
| 30 | 噻虫胺 | 0.2 | 杀虫剂 | GB 23200.39（参照） |
| 31 | 噻螨酮 | 1 | 杀螨剂 | GB 23200.8、GB/T 20769 |
| 32 | 噻嗪酮 | 2 | 杀虫剂 | GB 23200.8、GB/T 20769 |
| 33 | 戊唑醇 | 3 | 杀菌剂 | GB 23200.8、GB/T 20769、GB 23200.113 |

（续）

| 序号 | 农药中文名 | 最大残留限量（mg/kg） | 农药主要用途 | 检测方法 |
|---|---|---|---|---|
| 34 | 溴螨酯 | 2 | 杀螨剂 | GB 23200.8、SN/T 0192、GB 23200.113 |
| 35 | 溴氰虫酰胺 | 0.5* | 杀虫剂 | 无指定 |
| 36 | 溴氰菊酯 | 0.05 | 杀虫剂 | NY/T 761、GB 23200.113 |
| 37 | 茚虫威 | 3 | 杀虫剂 | GB/T 20769 |
| 38 | 唑螨酯 | 0.7 | 杀螨剂 | GB/T 20769 |

## 4.73　葡萄干

葡萄干中农药最大残留限量见表 4-73。

**表 4-73　葡萄干中农药最大残留限量**

| 序号 | 农药中文名 | 最大残留限量（mg/kg） | 农药主要用途 | 检测方法 |
|---|---|---|---|---|
| 1 | 除虫菊素 | 0.2 | 杀虫剂 | GB/T 20769 |
| 2 | 磷化氢 | 0.01 | 杀虫剂 | GB/T 5009.36（参照） |
| 3 | 硫酰氟 | 0.06* | 杀虫剂 | 无指定 |
| 4 | 增效醚 | 0.2 | 增效剂 | GB 23200.8、GB 23200.113 |
| 5 | 苯丁锡 | 20 | 杀螨剂 | SN 0592（参照） |
| 6 | 苯菌酮 | 20* | 杀菌剂 | 无指定 |
| 7 | 苯醚甲环唑 | 6 | 杀菌剂 | GB 23200.8、GB 23200.49、GB/T 5009.218、GB 23200.113 |
| 8 | 苯酰菌胺 | 15 | 杀菌剂 | GB 23200.8、GB/T 20769 |
| 9 | 吡唑醚菌酯 | 5 | 杀菌剂 | GB 23200.8 |
| 10 | 虫酰肼 | 2 | 杀虫剂 | GB/T 20769（参照） |
| 11 | 敌草腈 | 0.15* | 除草剂 | 无指定 |
| 12 | 啶酰菌胺 | 10 | 杀菌剂 | GB/T 20769 |
| 13 | 丁氟螨酯 | 1.5 | 杀螨剂 | SN/T 3539 |
| 14 | 毒死蜱 | 0.1 | 杀虫剂 | GB 23200.8、NY/T 761、GB 23200.113 |
| 15 | 多杀霉素 | 1 | 杀虫剂 | GB/T 20769 |

（续）

| 序号 | 农药中文名 | 最大残留限量（mg/kg） | 农药主要用途 | 检测方法 |
|---|---|---|---|---|
| 16 | 噁唑菌酮 | 5 | 杀菌剂 | GB/T 20769（参照） |
| 17 | 二氰蒽醌 | 3.5* | 杀菌剂 | 无指定 |
| 18 | 粉唑醇 | 2 | 杀菌剂 | GB/T 20769 |
| 19 | 呋虫胺 | 3 | 杀虫剂 | GB 23200.37、GB/T 20769（参照） |
| 20 | 氟吡菌胺 | 10* | 杀菌剂 | 无指定 |
| 21 | 氟吡菌酰胺 | 5* | 杀菌剂 | 无指定 |
| 22 | 氟啶虫胺腈 | 6* | 杀虫剂 | 无指定 |
| 23 | 氟硅唑 | 0.3 | 杀菌剂 | GB 23200.8、GB 23200.53、GB/T 20769 |
| 24 | 环酰菌胺 | 25* | 杀菌剂 | 无指定 |
| 25 | 甲氧虫酰肼 | 2 | 杀虫剂 | GB/T 20769 |
| 26 | 腈菌唑 | 6 | 杀菌剂 | GB 23200.8、GB/T 20769、NY/T 1455、GB 23200.113 |
| 27 | 克菌丹 | 2 | 杀菌剂 | GB 23200.8、SN 0654 |
| 28 | 联苯肼酯 | 2 | 杀螨剂 | GB 23200.8 |
| 29 | 螺虫乙酯 | 4* | 杀虫剂 | 无指定 |
| 30 | 螺螨酯 | 0.3 | 杀螨剂 | GB/T 20769 |
| 31 | 氯苯嘧啶醇 | 0.2 | 杀菌剂 | GB 23200.8、GB/T 20769、GB 23200.113 |
| 32 | 氯氟氰菊酯和高效氯氟氰菊酯 | 0.3 | 杀虫剂 | GB 23200.8、GB/T 5009.146、NY/T 761、GB 23200.113 |
| 33 | 氯氰菊酯和高效氯氰菊酯 | 0.5 | 杀虫剂 | GB 23200.8、GB/T 5009.146、NY/T 761、GB 23200.113 |
| 34 | 醚菊酯 | 8 | 杀虫剂 | GB 23200.8 |
| 35 | 醚菌酯 | 2 | 杀菌剂 | GB/T 20769 |
| 36 | 嘧菌环胺 | 5 | 杀菌剂 | GB 23200.8、GB/T 20769、GB 23200.113 |
| 37 | 嘧霉胺 | 5 | 杀菌剂 | GB 23200.8、GB/T 20769、GB 23200.113 |
| 38 | 灭菌丹 | 40 | 杀菌剂 | GB/T 20769、SN/T 2320 |

（续）

| 序号 | 农药中文名 | 最大残留限量（mg/kg） | 农药主要用途 | 检测方法 |
|---|---|---|---|---|
| 39 | 噻虫胺 | 1 | 杀虫剂 | GB 23200.39（参照） |
| 40 | 噻螨酮 | 1 | 杀螨剂 | GB 23200.8、GB/T 20769 |
| 41 | 噻嗪酮 | 2 | 杀虫剂 | GB 23200.8、GB/T 20769 |
| 42 | 三唑醇 | 10 | 杀菌剂 | GB 23200.8、GB 23200.113 |
| 43 | 三唑酮 | 10 | 杀菌剂 | GB 23200.8、GB/T 20769、NY/T 761、GB 23200.113 |
| 44 | 双炔酰菌胺 | 5* | 杀菌剂 | 无指定 |
| 45 | 四螨嗪 | 2 | 杀螨剂 | GB 23200.47、GB/T 20769 |
| 46 | 肟菌酯 | 5 | 杀菌剂 | GB 23200.8、GB 23200.113 |
| 47 | 戊菌唑 | 0.5 | 杀菌剂 | GB 23200.8、GB/T 20769、GB 23200.113 |
| 48 | 乙烯利 | 5 | 植物生长调节剂 | GB 23200.16 |
| 49 | 茚虫威 | 5 | 杀虫剂 | GB/T 20769 |
| 50 | 烯酰吗啉 | 5 | 杀菌剂 | GB/T 20769 |
| 51 | 唑螨酯 | 0.3 | 杀螨剂 | GB/T 20769 |

## 4.74 干制无花果

干制无花果中农药最大残留限量见表 4－74。

**表 4－74 干制无花果中农药最大残留限量**

| 序号 | 农药中文名 | 最大残留限量（mg/kg） | 农药主要用途 | 检测方法 |
|---|---|---|---|---|
| 1 | 除虫菊素 | 0.2 | 杀虫剂 | GB/T 20769 |
| 2 | 磷化氢 | 0.01 | 杀虫剂 | GB/T 5009.36（参照） |
| 3 | 硫酰氟 | 0.06* | 杀虫剂 | 无指定 |
| 4 | 增效醚 | 0.2 | 增效剂 | GB 23200.8、GB 23200.113 |
| 5 | 马拉硫磷 | 1 | 杀虫剂 | GB 23200.8、GB/T 20769、NY/T 761、GB 23200.113 |
| 6 | 烯酰吗啉 | 5 | 杀菌剂 | GB/T 20769 |
| 7 | 乙烯利 | 10 | 植物生长调节剂 | GB 23200.16 |
| 8 | 唑螨酯 | 0.3 | 杀螨剂 | GB/T 20769 |

## 4.75 无花果蜜饯

无花果蜜饯中农药最大残留限量见表 4-75。

**表 4-75 无花果蜜饯中农药最大残留限量**

| 序号 | 农药中文名 | 最大残留限量 (mg/kg) | 农药主要用途 | 检测方法 |
|---|---|---|---|---|
| 1 | 除虫菊素 | 0.2 | 杀虫剂 | GB/T 20769 |
| 2 | 磷化氢 | 0.01 | 杀虫剂 | GB/T 5009.36（参照） |
| 3 | 硫酰氟 | 0.06* | 杀虫剂 | 无指定 |
| 4 | 增效醚 | 0.2 | 增效剂 | GB 23200.8、GB 23200.113 |
| 5 | 乙烯利 | 10 | 植物生长调节剂 | GB 23200.16 |

## 4.76 枣（干）

枣（干）中农药最大残留限量见表 4-76。

**表 4-76 枣（干）中农药最大残留限量**

| 序号 | 农药中文名 | 最大残留限量 (mg/kg) | 农药主要用途 | 检测方法 |
|---|---|---|---|---|
| 1 | 除虫菊素 | 0.2 | 杀虫剂 | GB/T 20769 |
| 2 | 磷化氢 | 0.01 | 杀虫剂 | GB/T 5009.36（参照） |
| 3 | 硫酰氟 | 0.06* | 杀虫剂 | 无指定 |
| 4 | 增效醚 | 0.2 | 增效剂 | GB 23200.8、GB 23200.113 |

## 4.77 枸杞（干）

枸杞（干）中农药最大残留限量见表 4-77。

**表 4-77 枸杞（干）中农药最大残留限量**

| 序号 | 农药中文名 | 最大残留限量 (mg/kg) | 农药主要用途 | 检测方法 |
|---|---|---|---|---|
| 1 | 除虫菊素 | 0.2 | 杀虫剂 | GB/T 20769 |
| 2 | 磷化氢 | 0.01 | 杀虫剂 | GB/T 5009.36（参照） |
| 3 | 硫酰氟 | 0.06* | 杀虫剂 | 无指定 |
| 4 | 增效醚 | 0.2 | 增效剂 | GB 23200.8、GB 23200.113 |

（续）

| 序号 | 农药中文名 | 最大残留限量（mg/kg） | 农药主要用途 | 检测方法 |
|---|---|---|---|---|
| 5 | 阿维菌素 | 0.1 | 杀虫剂 | GB 23200.20 |
| 6 | 吡虫啉 | 1 | 杀虫剂 | GB/T 20769、GB/T 23379 |
| 7 | 哒螨灵 | 3 | 杀螨剂 | GB 23200.8、GB 23200.113、GB/T 20769 |
| 8 | 啶虫脒 | 2 | 杀虫剂 | GB/T 20769 |
| 9 | 氯氟氰菊酯和高效氯氟氰菊酯 | 0.1 | 杀虫剂 | GB 23200.8、GB/T 5009.146、NY/T 761、GB 23200.113 |
| 10 | 氯氰菊酯和高效氯氰菊酯 | 2 | 杀虫剂 | GB 23200.8、GB/T 5009.146、NY/T 761、GB 23200.113 |
| 11 | 唑螨酯 | 2 | 杀螨剂 | GB/T 20769 |

## 4.78 杏仁

杏仁中农药最大残留限量见表4-78。

**表4-78 杏仁中农药最大残留限量**

| 序号 | 农药中文名 | 最大残留限量（mg/kg） | 农药主要用途 | 检测方法 |
|---|---|---|---|---|
| 1 | 2,4-滴和2,4-滴钠盐 | 0.2 | 除草剂 | NY/T 1434（参照） |
| 2 | 百草枯 | 0.05* | 除草剂 | 无指定 |
| 3 | 苯醚甲环唑 | 0.03 | 杀菌剂 | GB 23200.8、GB 23200.49、GB/T 5009.218、GB 23200.113（参照） |
| 4 | 苯嘧磺草胺 | 0.01* | 除草剂 | 无指定 |
| 5 | 吡虫啉 | 0.01 | 杀虫剂 | GB/T 20769（参照） |
| 6 | 吡噻菌胺 | 0.05* | 杀菌剂 | 无指定 |
| 7 | 草铵膦 | 0.1* | 除草剂 | 无指定 |
| 8 | 除虫菊素 | 0.5 | 杀虫剂 | GB/T 20769（参照） |
| 9 | 除虫脲 | 0.2 | 杀虫剂 | GB/T 5009.147（参照） |
| 10 | 丁氟螨酯 | 0.01 | 杀螨剂 | SN/T 3539（参照） |
| 11 | 啶虫脒 | 0.06 | 杀虫剂 | GB/T 23584（参照） |
| 12 | 多菌灵 | 0.1 | 杀菌剂 | GB/T 20770（参照） |

（续）

| 序号 | 农药中文名 | 最大残留限量（mg/kg） | 农药主要用途 | 检测方法 |
|---|---|---|---|---|
| 13 | 多杀霉素 | 0.07 | 杀虫剂 | GB/T 20769（参照）、NY/T 1379、NY/T 1453 |
| 14 | 氟苯虫酰胺 | 0.1* | 杀虫剂 | 无指定 |
| 15 | 氟吡菌酰胺 | 0.04* | 杀菌剂 | 无指定 |
| 16 | 甲氰菊酯 | 0.15 | 杀虫剂 | GB 23200.9、GB 23200.113（参照） |
| 17 | 甲氧虫酰肼 | 0.1 | 杀虫剂 | GB/T 20769（参照） |
| 18 | 腈苯唑 | 0.01 | 杀菌剂 | GB 23200.9、GB 23200.113（参照） |
| 19 | 联苯肼酯 | 0.2 | 杀螨剂 | GB 23200.34（参照） |
| 20 | 联苯菊酯 | 0.05 | 杀虫/杀螨剂 | NY/T 761、GB 23200.113（参照） |
| 21 | 磷化氢 | 0.01 | 杀虫剂 | GB/T 5009.36（参照） |
| 22 | 硫酰氟 | 3* | 杀虫剂 | 无指定 |
| 23 | 螺虫乙酯 | 0.5* | 杀虫剂 | 无指定 |
| 24 | 螺螨酯 | 0.05 | 杀螨剂 | GB/T 20769（参照） |
| 25 | 氯虫苯甲酰胺 | 0.02* | 杀虫剂 | 无指定 |
| 26 | 氯氟氰菊酯和高效氯氟氰菊酯 | 0.01 | 杀虫剂 | GB 23200.9、GB/T 5009.146、SN/T 2151、GB 23200.113（参照） |
| 27 | 氯氰菊酯和高效氯氰菊酯 | 0.05 | 杀虫剂 | GB/T 5009.110、GB/T 5009.146、GB 23200.9、GB 23200.113（参照） |
| 28 | 噻虫啉 | 0.02 | 杀虫剂 | GB/T 20770（参照） |
| 29 | 噻螨酮 | 0.05 | 杀螨剂 | GB 23200.8、GB/T 20769（参照） |
| 30 | 四螨嗪 | 0.5 | 杀螨剂 | GB/T 20769（参照） |
| 31 | 肟菌酯 | 0.02 | 杀菌剂 | GB 23200.8、GB 23200.113（参照） |
| 32 | 戊唑醇 | 0.05 | 杀菌剂 | GB/T 20770、GB 23200.113（参照） |
| 33 | 亚胺硫磷 | 0.2 | 杀虫剂 | GB 23200.8、GB/T 20770、GB 23200.113（参照） |
| 34 | 乙基多杀菌素 | 0.01* | 杀虫剂 | 无指定 |

（续）

| 序号 | 农药中文名 | 最大残留限量（mg/kg） | 农药主要用途 | 检测方法 |
|---|---|---|---|---|
| 35 | 乙螨唑 | 0.01 | 杀螨剂 | GB 23200.8、GB 23200.113（参照） |
| 36 | 唑螨酯 | 0.05 | 杀螨剂 | GB/T 20769（参照） |
| 37 | 氯丹 | 0.02 | 杀虫剂 | GB/T 5009.19 |
| 38 | 吡唑醚菌酯 | 0.02 | 杀菌剂 | GB/T 20770、GB 23200.113（参照） |
| 39 | 啶酰菌胺 | 0.05* | 杀菌剂 | GB 23200.50（参照） |
| 40 | 嘧菌酯 | 0.01 | 杀菌剂 | GB 23200.11（参照） |
| 41 | 阿维菌素 | 0.01 | 杀虫剂 | GB 23200.19（参照） |
| 42 | 保棉磷 | 0.05 | 杀虫剂 | SN/T 1739（参照） |
| 43 | 苯丁锡 | 0.5 | 杀螨剂 | SN 0592（参照） |
| 44 | 丙森锌 | 0.1 | 杀菌剂 | SN 0157、SN/T 1541（参照） |
| 45 | 虫酰肼 | 0.05 | 杀虫剂 | GB 23200.34、GB/T 20770（参照） |
| 46 | 代森联 | 0.1 | 杀菌剂 | SN 0157（参照） |
| 47 | 代森锰锌 | 0.1 | 杀菌剂 | SN/T 1541（参照） |
| 48 | 代森锌 | 0.1 | 杀菌剂 | SN/T 1541（参照） |
| 49 | 毒死蜱 | 0.05 | 杀虫剂 | SN/T 2158、GB 23200.113（参照） |
| 50 | 二嗪磷 | 0.05 | 杀虫剂 | NY/T 761、GB 23200.113（参照） |
| 51 | 二氰蒽醌 | 0.05* | 杀菌剂 | 无指定 |
| 52 | 伏杀硫磷 | 0.1 | 杀虫剂 | GB 23200.9、GB/T 20770、GB 23200.113（参照） |
| 53 | 福美双 | 0.1 | 杀菌剂 | SN/T 1541（参照） |
| 54 | 环酰菌胺 | 0.02* | 杀菌剂 | 无指定 |
| 55 | 克菌丹 | 0.3 | 杀菌剂 | GB 23200.8、SN 0654（参照） |
| 56 | 氯菊酯 | 0.1 | 杀虫剂 | GB/T 5009.146、SN/T 2151、GB 23200.113（参照） |
| 57 | 嘧菌环胺 | 0.02 | 杀菌剂 | GB 23200.9、GB/T 20769、GB 23200.113（参照） |

（续）

| 序号 | 农药中文名 | 最大残留限量（mg/kg） | 农药主要用途 | 检测方法 |
| --- | --- | --- | --- | --- |
| 58 | 嘧霉胺 | 0.2 | 杀菌剂 | GB 23200.9、GB/T 20770、GB 23200.113（参照） |
| 59 | 噻嗪酮 | 0.05 | 杀虫剂 | GB/T 20769（参照） |
| 60 | 异菌脲 | 0.2 | 杀菌剂 | GB 23200.9、GB 23200.113（参照） |

## 4.79 榛子

榛子中农药最大残留限量见表 4-79。

**表 4-79 榛子中农药最大残留限量**

| 序号 | 农药中文名 | 最大残留限量（mg/kg） | 农药主要用途 | 检测方法 |
| --- | --- | --- | --- | --- |
| 1 | 2,4-滴和 2,4-滴钠盐 | 0.2 | 除草剂 | NY/T 1434（参照） |
| 2 | 百草枯 | 0.05* | 除草剂 | 无指定 |
| 3 | 苯醚甲环唑 | 0.03 | 杀菌剂 | GB 23200.8、GB 23200.49、GB/T 5009.218、GB 23200.113（参照） |
| 4 | 苯嘧磺草胺 | 0.01* | 除草剂 | 无指定 |
| 5 | 吡虫啉 | 0.01 | 杀虫剂 | GB/T 20769（参照） |
| 6 | 吡噻菌胺 | 0.05* | 杀菌剂 | 无指定 |
| 7 | 草铵膦 | 0.1* | 除草剂 | 无指定 |
| 8 | 除虫菊素 | 0.5 | 杀虫剂 | GB/T 20769（参照） |
| 9 | 除虫脲 | 0.2 | 杀虫剂 | GB/T 5009.147（参照） |
| 10 | 丁氟螨酯 | 0.01 | 杀螨剂 | SN/T 3539（参照） |
| 11 | 啶虫脒 | 0.06 | 杀虫剂 | GB/T 23584（参照） |
| 12 | 多菌灵 | 0.1 | 杀菌剂 | GB/T 20770（参照） |
| 13 | 多杀霉素 | 0.07 | 杀虫剂 | GB/T 20769（参照）、NY/T 1379、NY/T 1453 |
| 14 | 氟苯虫酰胺 | 0.1* | 杀虫剂 | 无指定 |
| 15 | 氟吡菌酰胺 | 0.04* | 杀菌剂 | 无指定 |
| 16 | 甲氰菊酯 | 0.15 | 杀虫剂 | GB 23200.9、GB 23200.113（参照） |

（续）

| 序号 | 农药中文名 | 最大残留限量（mg/kg） | 农药主要用途 | 检测方法 |
|---|---|---|---|---|
| 17 | 甲氧虫酰肼 | 0.1 | 杀虫剂 | GB/T 20769（参照） |
| 18 | 腈苯唑 | 0.01 | 杀菌剂 | GB 23200.9、GB 23200.113（参照） |
| 19 | 联苯肼酯 | 0.2 | 杀螨剂 | GB 23200.34（参照） |
| 20 | 联苯菊酯 | 0.05 | 杀虫/杀螨剂 | NY/T 761、GB 23200.113（参照） |
| 21 | 磷化氢 | 0.01 | 杀虫剂 | GB/T 5009.36（参照） |
| 22 | 硫酰氟 | 3* | 杀虫剂 | 无指定 |
| 23 | 螺虫乙酯 | 0.5* | 杀虫剂 | 无指定 |
| 24 | 螺螨酯 | 0.05 | 杀螨剂 | GB/T 20769（参照） |
| 25 | 氯虫苯甲酰胺 | 0.02* | 杀虫剂 | 无指定 |
| 26 | 氯氟氰菊酯和高效氯氟氰菊酯 | 0.01 | 杀虫剂 | GB 23200.9、GB/T 5009.146、SN/T 2151、GB 23200.113（参照） |
| 27 | 氯氰菊酯和高效氯氰菊酯 | 0.05 | 杀虫剂 | GB/T 5009.110、GB/T 5009.146、GB 23200.9、GB 23200.113（参照） |
| 28 | 噻虫啉 | 0.02 | 杀虫剂 | GB/T 20770（参照） |
| 29 | 噻螨酮 | 0.05 | 杀螨剂 | GB 23200.8、GB/T 20769(参照) |
| 30 | 四螨嗪 | 0.5 | 杀螨剂 | GB/T 20769（参照） |
| 31 | 肟菌酯 | 0.02 | 杀菌剂 | GB 23200.8、GB 23200.113（参照） |
| 32 | 戊唑醇 | 0.05 | 杀菌剂 | GB/T 20770、GB 23200.113（参照） |
| 33 | 亚胺硫磷 | 0.2 | 杀虫剂 | GB 23200.8、GB/T 20770、GB 23200.113（参照） |
| 34 | 乙基多杀菌素 | 0.01* | 杀虫剂 | 无指定 |
| 35 | 乙螨唑 | 0.01 | 杀螨剂 | GB 23200.8、GB 23200.113（参照） |
| 36 | 唑螨酯 | 0.05 | 杀螨剂 | GB/T 20769（参照） |
| 37 | 氯丹 | 0.02 | 杀虫剂 | GB/T 5009.19 |
| 38 | 吡唑醚菌酯 | 0.02 | 杀菌剂 | GB/T 20770、GB 23200.113（参照） |

（续）

| 序号 | 农药中文名 | 最大残留限量（mg/kg） | 农药主要用途 | 检测方法 |
|---|---|---|---|---|
| 39 | 啶酰菌胺 | 0.05* | 杀菌剂 | GB 23200.50（参照） |
| 40 | 嘧菌酯 | 0.01 | 杀菌剂 | GB 23200.11（参照） |
| 41 | 伏杀硫磷 | 0.05 | 杀虫剂 | GB 23200.9、GB/T 20770、GB 23200.113（参照） |
| 42 | 甲硫威 | 0.05 | 杀软体动物剂 | SN/T 2560（参照） |
| 43 | 溴氰菊酯 | 0.02 | 杀虫剂 | GB 23200.9、GB/T 5009.110、GB 23200.113（参照） |
| 44 | 乙烯利 | 0.2 | 植物生长调节剂 | GB 23200.16（参照） |
| 45 | 硫丹 | 0.02 | 杀虫剂 | GB/T 5009.19 |

## 4.80 腰果

腰果中农药最大残留限量见表 4－80。

**表 4－80 腰果中农药最大残留限量**

| 序号 | 农药中文名 | 最大残留限量（mg/kg） | 农药主要用途 | 检测方法 |
|---|---|---|---|---|
| 1 | 2,4-滴和 2,4-滴钠盐 | 0.2 | 除草剂 | NY/T 1434（参照） |
| 2 | 百草枯 | 0.05* | 除草剂 | 无指定 |
| 3 | 苯醚甲环唑 | 0.03 | 杀菌剂 | GB 23200.8、GB 23200.49、GB/T 5009.218、GB 23200.113（参照） |
| 4 | 苯嘧磺草胺 | 0.01* | 除草剂 | 无指定 |
| 5 | 吡虫啉 | 0.01 | 杀虫剂 | GB/T 20769（参照） |
| 6 | 吡噻菌胺 | 0.05* | 杀菌剂 | 无指定 |
| 7 | 草铵膦 | 0.1* | 除草剂 | 无指定 |
| 8 | 除虫菊素 | 0.5 | 杀虫剂 | GB/T 20769（参照） |
| 9 | 除虫脲 | 0.2 | 杀虫剂 | GB/T 5009.147（参照） |
| 10 | 丁氟螨酯 | 0.01 | 杀螨剂 | SN/T 3539（参照） |
| 11 | 啶虫脒 | 0.06 | 杀虫剂 | GB/T 23584（参照） |
| 12 | 多菌灵 | 0.1 | 杀菌剂 | GB/T 20770（参照） |
| 13 | 多杀霉素 | 0.07 | 杀虫剂 | GB/T 20769、NY/T 1379、NY/T 1453（参照） |

（续）

| 序号 | 农药中文名 | 最大残留限量（mg/kg） | 农药主要用途 | 检测方法 |
|---|---|---|---|---|
| 14 | 氟苯虫酰胺 | 0.1* | 杀虫剂 | 无指定 |
| 15 | 氟吡菌酰胺 | 0.04* | 杀菌剂 | 无指定 |
| 16 | 甲氰菊酯 | 0.15 | 杀虫剂 | GB 23200.9、GB 23200.113（参照） |
| 17 | 甲氧虫酰肼 | 0.1 | 杀虫剂 | GB/T 20769（参照） |
| 18 | 腈苯唑 | 0.01 | 杀菌剂 | GB 23200.9、GB 23200.113（参照） |
| 19 | 联苯肼酯 | 0.2 | 杀螨剂 | GB 23200.34（参照） |
| 20 | 联苯菊酯 | 0.05 | 杀虫/杀螨剂 | NY/T 761、GB 23200.113（参照） |
| 21 | 磷化氢 | 0.01 | 杀虫剂 | GB/T 5009.36（参照） |
| 22 | 硫酰氟 | 3* | 杀虫剂 | 无指定 |
| 23 | 螺虫乙酯 | 0.5* | 杀虫剂 | 无指定 |
| 24 | 螺螨酯 | 0.05 | 杀螨剂 | GB/T 20769（参照） |
| 25 | 氯虫苯甲酰胺 | 0.02* | 杀虫剂 | 无指定 |
| 26 | 氯氟氰菊酯和高效氯氟氰菊酯 | 0.01 | 杀虫剂 | GB 23200.9、GB/T 5009.146、SN/T 2151、GB 23200.113（参照） |
| 27 | 氯氰菊酯和高效氯氰菊酯 | 0.05 | 杀虫剂 | GB/T 5009.110、GB/T 5009.146、GB 23200.9、GB 23200.113（参照） |
| 28 | 噻虫啉 | 0.02 | 杀虫剂 | GB/T 20770（参照） |
| 29 | 噻螨酮 | 0.05 | 杀螨剂 | GB 23200.8、GB/T 20769(参照) |
| 30 | 四螨嗪 | 0.5 | 杀螨剂 | GB/T 20769（参照） |
| 31 | 肟菌酯 | 0.02 | 杀菌剂 | GB 23200.8、GB 23200.113（参照） |
| 32 | 戊唑醇 | 0.05 | 杀菌剂 | GB/T 20770、GB 23200.113（参照） |
| 33 | 亚胺硫磷 | 0.2 | 杀虫剂 | GB 23200.8、GB/T 20770、GB 23200.113（参照） |
| 34 | 乙基多杀菌素 | 0.01* | 杀虫剂 | 无指定 |
| 35 | 乙螨唑 | 0.01 | 杀螨剂 | GB 23200.8、GB 23200.113（参照） |

（续）

| 序号 | 农药中文名 | 最大残留限量（mg/kg） | 农药主要用途 | 检测方法 |
|---|---|---|---|---|
| 36 | 唑螨酯 | 0.05 | 杀螨剂 | GB/T 20769（参照） |
| 37 | 氯丹 | 0.02 | 杀虫剂 | GB/T 5009.19 |
| 38 | 吡唑醚菌酯 | 0.02 | 杀菌剂 | GB/T 20770、GB 23200.113（参照） |
| 39 | 啶酰菌胺 | 0.05* | 杀菌剂 | GB 23200.50（参照） |
| 40 | 嘧菌酯 | 0.01 | 杀菌剂 | GB 23200.11（参照） |
| 41 | 敌草快 | 0.02 | 除草剂 | GB/T 5009.221、SN/T 0293（参照） |

## 4.81 松仁

松仁中农药最大残留限量见表 4-81。

**表 4-81 松仁中农药最大残留限量**

| 序号 | 农药中文名 | 最大残留限量（mg/kg） | 农药主要用途 | 检测方法 |
|---|---|---|---|---|
| 1 | 2,4-滴和 2,4-滴钠盐 | 0.2 | 除草剂 | NY/T 1434（参照） |
| 2 | 百草枯 | 0.05* | 除草剂 | 无指定 |
| 3 | 苯醚甲环唑 | 0.03 | 杀菌剂 | GB 23200.8、GB 23200.49、GB/T 5009.218、GB 23200.113（参照） |
| 4 | 苯嘧磺草胺 | 0.01* | 除草剂 | 无指定 |
| 5 | 吡虫啉 | 0.01 | 杀虫剂 | GB/T 20769（参照） |
| 6 | 吡噻菌胺 | 0.05* | 杀菌剂 | 无指定 |
| 7 | 草铵膦 | 0.1* | 除草剂 | 无指定 |
| 8 | 除虫菊素 | 0.5 | 杀虫剂 | GB/T 20769（参照） |
| 9 | 除虫脲 | 0.2 | 杀虫剂 | GB/T 5009.147（参照） |
| 10 | 丁氟螨酯 | 0.01 | 杀螨剂 | SN/T 3539（参照） |
| 11 | 啶虫脒 | 0.06 | 杀虫剂 | GB/T 23584（参照） |
| 12 | 多菌灵 | 0.1 | 杀菌剂 | GB/T 20770（参照） |
| 13 | 多杀霉素 | 0.07 | 杀虫剂 | GB/T 20769、NY/T 1379、NY/T 1453（参照） |
| 14 | 氟苯虫酰胺 | 0.1* | 杀虫剂 | 无指定 |

（续）

| 序号 | 农药中文名 | 最大残留限量（mg/kg） | 农药主要用途 | 检测方法 |
|---|---|---|---|---|
| 15 | 氟吡菌酰胺 | 0.04* | 杀菌剂 | 无指定 |
| 16 | 甲氰菊酯 | 0.15 | 杀虫剂 | GB 23200.9、GB 23200.113（参照） |
| 17 | 甲氧虫酰肼 | 0.1 | 杀虫剂 | GB/T 20769（参照） |
| 18 | 腈苯唑 | 0.01 | 杀菌剂 | GB 23200.9、GB 23200.113（参照） |
| 19 | 联苯肼酯 | 0.2 | 杀螨剂 | GB 23200.34（参照） |
| 20 | 联苯菊酯 | 0.05 | 杀虫/杀螨剂 | NY/T 761、GB 23200.113（参照） |
| 21 | 磷化氢 | 0.01 | 杀虫剂 | GB/T 5009.36（参照） |
| 22 | 硫酰氟 | 3* | 杀虫剂 | 无指定 |
| 23 | 螺虫乙酯 | 0.5* | 杀虫剂 | 无指定 |
| 24 | 螺螨酯 | 0.05 | 杀螨剂 | GB/T 20769（参照） |
| 25 | 氯虫苯甲酰胺 | 0.02* | 杀虫剂 | 无指定 |
| 26 | 氯氟氰菊酯和高效氯氟氰菊酯 | 0.01 | 杀虫剂 | GB 23200.9、GB/T 5009.146、SN/T 2151、GB 23200.113（参照） |
| 27 | 氯氰菊酯和高效氯氰菊酯 | 0.05 | 杀虫剂 | GB/T 5009.110、GB/T 5009.146、GB 23200.9、GB 23200.113（参照） |
| 28 | 噻虫啉 | 0.02 | 杀虫剂 | GB/T 20770（参照） |
| 29 | 噻螨酮 | 0.05 | 杀螨剂 | GB 23200.8、GB/T 20769(参照) |
| 30 | 四螨嗪 | 0.5 | 杀螨剂 | GB/T 20769（参照） |
| 31 | 肟菌酯 | 0.02 | 杀菌剂 | GB 23200.8、GB 23200.113（参照） |
| 32 | 戊唑醇 | 0.05 | 杀菌剂 | GB/T 20770、GB 23200.113（参照） |
| 33 | 亚胺硫磷 | 0.2 | 杀虫剂 | GB 23200.8、GB/T 20770、GB 23200.113（参照） |
| 34 | 乙基多杀菌素 | 0.01* | 杀虫剂 | 无指定 |
| 35 | 乙螨唑 | 0.01 | 杀螨剂 | GB 23200.8、GB 23200.113（参照） |
| 36 | 唑螨酯 | 0.05 | 杀螨剂 | GB/T 20769（参照） |
| 37 | 氯丹 | 0.02 | 杀虫剂 | GB/T 5009.19 |

（续）

| 序号 | 农药中文名 | 最大残留限量（mg/kg） | 农药主要用途 | 检测方法 |
| --- | --- | --- | --- | --- |
| 38 | 吡唑醚菌酯 | 0.02 | 杀菌剂 | GB/T 20770、GB 23200.113（参照） |
| 39 | 啶酰菌胺 | 0.05* | 杀菌剂 | GB 23200.50（参照） |
| 40 | 嘧菌酯 | 0.01 | 杀菌剂 | GB 23200.11（参照） |

## 4.82 开心果

开心果中农药最大残留限量见表 4－82。

**表 4－82 开心果中农药最大残留限量**

| 序号 | 农药中文名 | 最大残留限量（mg/kg） | 农药主要用途 | 检测方法 |
| --- | --- | --- | --- | --- |
| 1 | 2,4-滴和 2,4-滴钠盐 | 0.2 | 除草剂 | NY/T 1434（参照） |
| 2 | 百草枯 | 0.05* | 除草剂 | 无指定 |
| 3 | 苯醚甲环唑 | 0.03 | 杀菌剂 | GB 23200.8、GB 23200.49、GB/T 5009.218、GB 23200.113（参照） |
| 4 | 苯嘧磺草胺 | 0.01* | 除草剂 | 无指定 |
| 5 | 吡虫啉 | 0.01 | 杀虫剂 | GB/T 20769（参照） |
| 6 | 吡噻菌胺 | 0.05* | 杀菌剂 | 无指定 |
| 7 | 草铵膦 | 0.1* | 除草剂 | 无指定 |
| 8 | 除虫菊素 | 0.5 | 杀虫剂 | GB/T 20769（参照） |
| 9 | 除虫脲 | 0.2 | 杀虫剂 | GB/T 5009.147（参照） |
| 10 | 丁氟螨酯 | 0.01 | 杀螨剂 | SN/T 3539（参照） |
| 11 | 啶虫脒 | 0.06 | 杀虫剂 | GB/T 23584（参照） |
| 12 | 多菌灵 | 0.1 | 杀菌剂 | GB/T 20770（参照） |
| 13 | 多杀霉素 | 0.07 | 杀虫剂 | GB/T 20769、NY/T 1379、NY/T 1453（参照） |
| 14 | 氟苯虫酰胺 | 0.1* | 杀虫剂 | 无指定 |
| 15 | 氟吡菌酰胺 | 0.04* | 杀菌剂 | 无指定 |
| 16 | 甲氰菊酯 | 0.15 | 杀虫剂 | GB 23200.9、GB 23200.113（参照） |
| 17 | 甲氧虫酰肼 | 0.1 | 杀虫剂 | GB/T 20769（参照） |

（续）

| 序号 | 农药中文名 | 最大残留限量（mg/kg） | 农药主要用途 | 检测方法 |
| --- | --- | --- | --- | --- |
| 18 | 腈苯唑 | 0.01 | 杀菌剂 | GB 23200.9、GB 23200.113（参照） |
| 19 | 联苯肼酯 | 0.2 | 杀螨剂 | GB 23200.34（参照） |
| 20 | 联苯菊酯 | 0.05 | 杀虫/杀螨剂 | NY/T 761、GB 23200.113（参照） |
| 21 | 磷化氢 | 0.01 | 杀虫剂 | GB/T 5009.36（参照） |
| 22 | 硫酰氟 | 3* | 杀虫剂 | 无指定 |
| 23 | 螺虫乙酯 | 0.5* | 杀虫剂 | 无指定 |
| 24 | 螺螨酯 | 0.05 | 杀螨剂 | GB/T 20769（参照） |
| 25 | 氯虫苯甲酰胺 | 0.02* | 杀虫剂 | 无指定 |
| 26 | 氯氟氰菊酯和高效氯氟氰菊酯 | 0.01 | 杀虫剂 | GB 23200.9、GB/T 5009.146、SN/T 2151、GB 23200.113（参照） |
| 27 | 氯氰菊酯和高效氯氰菊酯 | 0.05 | 杀虫剂 | GB/T 5009.110、GB/T 5009.146、GB 23200.9、GB 23200.113（参照） |
| 28 | 噻虫啉 | 0.02 | 杀虫剂 | GB/T 20770（参照） |
| 29 | 噻螨酮 | 0.05 | 杀螨剂 | GB 23200.8、GB/T 20769（参照） |
| 30 | 四螨嗪 | 0.5 | 杀螨剂 | GB/T 20769（参照） |
| 31 | 肟菌酯 | 0.02 | 杀菌剂 | GB 23200.8、GB 23200.113（参照） |
| 32 | 戊唑醇 | 0.05 | 杀菌剂 | GB/T 20770、GB 23200.113（参照） |
| 33 | 亚胺硫磷 | 0.2 | 杀虫剂 | GB 23200.8、GB/T 20770、GB 23200.113（参照） |
| 34 | 乙基多杀菌素 | 0.01* | 杀虫剂 | 无指定 |
| 35 | 乙螨唑 | 0.01 | 杀螨剂 | GB 23200.8、GB 23200.113（参照） |
| 36 | 唑螨酯 | 0.05 | 杀螨剂 | GB/T 20769（参照） |
| 37 | 氯丹 | 0.02 | 杀虫剂 | GB/T 5009.19 |
| 38 | 吡唑醚菌酯 | 1 | 杀菌剂 | GB/T 20770、GB 23200.113（参照） |
| 39 | 啶酰菌胺 | 1* | 杀菌剂 | GB 23200.50（参照） |

（续）

| 序号 | 农药中文名 | 最大残留限量（mg/kg） | 农药主要用途 | 检测方法 |
|---|---|---|---|---|
| 40 | 咯菌腈 | 0.2 | 杀菌剂 | GB/T 20769、GB 23200.113（参照） |
| 41 | 氯菊酯 | 0.05 | 杀虫剂 | GB/T 5009.146、SN/T 2151、GB 23200.113（参照） |
| 42 | 嘧菌酯 | 1 | 杀菌剂 | GB 23200.11（参照） |

## 4.83 核桃

核桃中农药最大残留限量见表 4－83。

**表 4－83 核桃中农药最大残留限量**

| 序号 | 农药中文名 | 最大残留限量（mg/kg） | 农药主要用途 | 检测方法 |
|---|---|---|---|---|
| 1 | 2,4-滴和 2,4-滴钠盐 | 0.2 | 除草剂 | NY/T 1434（参照） |
| 2 | 百草枯 | 0.05* | 除草剂 | 无指定 |
| 3 | 苯醚甲环唑 | 0.03 | 杀菌剂 | GB 23200.8、GB 23200.49、GB/T 5009.218、GB 23200.113（参照） |
| 4 | 苯嘧磺草胺 | 0.01* | 除草剂 | 无指定 |
| 5 | 吡虫啉 | 0.01 | 杀虫剂 | GB/T 20769（参照） |
| 6 | 吡噻菌胺 | 0.05* | 杀菌剂 | 无指定 |
| 7 | 草铵膦 | 0.1* | 除草剂 | 无指定 |
| 8 | 除虫菊素 | 0.5 | 杀虫剂 | GB/T 20769（参照） |
| 9 | 除虫脲 | 0.2 | 杀虫剂 | GB/T 5009.147（参照） |
| 10 | 丁氟螨酯 | 0.01 | 杀螨剂 | SN/T 3539（参照） |
| 11 | 啶虫脒 | 0.06 | 杀虫剂 | GB/T 23584（参照） |
| 12 | 多菌灵 | 0.1 | 杀菌剂 | GB/T 20770（参照） |
| 13 | 多杀霉素 | 0.07 | 杀虫剂 | GB/T 20769、NY/T 1379、NY/T 1453（参照） |
| 14 | 氟苯虫酰胺 | 0.1* | 杀虫剂 | 无指定 |
| 15 | 氟吡菌酰胺 | 0.04* | 杀菌剂 | 无指定 |
| 16 | 甲氰菊酯 | 0.15 | 杀虫剂 | GB 23200.9、GB 23200.113（参照） |

（续）

| 序号 | 农药中文名 | 最大残留限量（mg/kg） | 农药主要用途 | 检测方法 |
|---|---|---|---|---|
| 17 | 甲氧虫酰肼 | 0.1 | 杀虫剂 | GB/T 20769（参照） |
| 18 | 腈苯唑 | 0.01 | 杀菌剂 | GB 23200.9、GB 23200.113（参照） |
| 19 | 联苯肼酯 | 0.2 | 杀螨剂 | GB 23200.34（参照） |
| 20 | 联苯菊酯 | 0.05 | 杀虫/杀螨剂 | NY/T 761、GB 23200.113（参照） |
| 21 | 磷化氢 | 0.01 | 杀虫剂 | GB/T 5009.36（参照） |
| 22 | 硫酰氟 | 3* | 杀虫剂 | 无指定 |
| 23 | 螺虫乙酯 | 0.5* | 杀虫剂 | 无指定 |
| 24 | 螺螨酯 | 0.05 | 杀螨剂 | GB/T 20769（参照） |
| 25 | 氯虫苯甲酰胺 | 0.02* | 杀虫剂 | 无指定 |
| 26 | 氯氟氰菊酯和高效氯氟氰菊酯 | 0.01 | 杀虫剂 | GB 23200.9、GB/T 5009.146、SN/T 2151、GB 23200.113（参照） |
| 27 | 氯氰菊酯和高效氯氰菊酯 | 0.05 | 杀虫剂 | GB/T 5009.110、GB/T 5009.146、GB 23200.9、GB 23200.113（参照） |
| 28 | 噻虫啉 | 0.02 | 杀虫剂 | GB/T 20770（参照） |
| 29 | 噻螨酮 | 0.05 | 杀螨剂 | GB 23200.8、GB/T 20769(参照) |
| 30 | 四螨嗪 | 0.5 | 杀螨剂 | GB/T 20769（参照） |
| 31 | 肟菌酯 | 0.02 | 杀菌剂 | GB 23200.8、GB 23200.113（参照） |
| 32 | 戊唑醇 | 0.05 | 杀菌剂 | GB/T 20770、GB 23200.113（参照） |
| 33 | 亚胺硫磷 | 0.2 | 杀虫剂 | GB 23200.8、GB/T 20770、GB 23200.113（参照） |
| 34 | 乙基多杀菌素 | 0.01* | 杀虫剂 | 无指定 |
| 35 | 乙螨唑 | 0.01 | 杀螨剂 | GB 23200.8、GB 23200.113（参照） |
| 36 | 唑螨酯 | 0.05 | 杀螨剂 | GB/T 20769（参照） |
| 37 | 氯丹 | 0.02 | 杀虫剂 | GB/T 5009.19 |
| 38 | 吡唑醚菌酯 | 0.02 | 杀菌剂 | GB/T 20770、GB 23200.113（参照） |
| 39 | 啶酰菌胺 | 0.05* | 杀菌剂 | GB 23200.50（参照） |

（续）

| 序号 | 农药中文名 | 最大残留限量（mg/kg） | 农药主要用途 | 检测方法 |
|---|---|---|---|---|
| 40 | 嘧菌酯 | 0.01 | 杀菌剂 | GB 23200.11（参照） |
| 41 | 阿维菌素 | 0.01 | 杀虫剂 | GB 23200.19（参照） |
| 42 | 苯丁锡 | 0.5 | 杀螨剂 | SN 0592（参照） |
| 43 | 虫酰肼 | 0.05 | 杀虫剂 | GB 23200.34、GB/T 20770（参照） |
| 44 | 毒死蜱 | 0.05 | 杀虫剂 | SN/T 2158、GB 23200.113（参照） |
| 45 | 二嗪磷 | 0.01 | 杀虫剂 | NY/T 761、GB 23200.113（参照） |
| 46 | 伏杀硫磷 | 0.05 | 杀虫剂 | GB 23200.9、GB/T 20770、GB 23200.113（参照） |
| 47 | 溴氰菊酯 | 0.02 | 杀虫剂 | GB 23200.9、GB/T 5009.110、GB 23200.113（参照） |
| 48 | 乙烯利 | 0.5 | 植物生长调节剂 | GB 23200.16（参照） |

## 4.84 板栗

板栗中农药最大残留限量见表 4-84。

**表 4-84 板栗中农药最大残留限量**

| 序号 | 农药中文名 | 最大残留限量（mg/kg） | 农药主要用途 | 检测方法 |
|---|---|---|---|---|
| 1 | 2,4-滴和 2,4-滴钠盐 | 0.2 | 除草剂 | NY/T 1434（参照） |
| 2 | 百草枯 | 0.05* | 除草剂 | 无指定 |
| 3 | 苯醚甲环唑 | 0.03 | 杀菌剂 | GB 23200.8、GB 23200.49、GB/T 5009.218、GB 23200.113（参照） |
| 4 | 苯嘧磺草胺 | 0.01* | 除草剂 | 无指定 |
| 5 | 吡虫啉 | 0.01 | 杀虫剂 | GB/T 20769（参照） |
| 6 | 吡噻菌胺 | 0.05* | 杀菌剂 | 无指定 |
| 7 | 草铵膦 | 0.1* | 除草剂 | 无指定 |
| 8 | 除虫菊素 | 0.5 | 杀虫剂 | GB/T 20769（参照） |
| 9 | 除虫脲 | 0.2 | 杀虫剂 | GB/T 5009.147（参照） |

（续）

| 序号 | 农药中文名 | 最大残留限量（mg/kg） | 农药主要用途 | 检测方法 |
|---|---|---|---|---|
| 10 | 丁氟螨酯 | 0.01 | 杀螨剂 | SN/T 3539（参照） |
| 11 | 啶虫脒 | 0.06 | 杀虫剂 | GB/T 23584（参照） |
| 12 | 多菌灵 | 0.1 | 杀菌剂 | GB/T 20770（参照） |
| 13 | 多杀霉素 | 0.07 | 杀虫剂 | GB/T 20769、NY/T 1379、NY/T 1453（参照） |
| 14 | 氟苯虫酰胺 | 0.1* | 杀虫剂 | 无指定 |
| 15 | 氟吡菌酰胺 | 0.04* | 杀菌剂 | 无指定 |
| 16 | 甲氰菊酯 | 0.15 | 杀虫剂 | GB 23200.9、GB 23200.113（参照） |
| 17 | 甲氧虫酰肼 | 0.1 | 杀虫剂 | GB/T 20769（参照） |
| 18 | 腈苯唑 | 0.01 | 杀菌剂 | GB 23200.9、GB 23200.113（参照） |
| 19 | 联苯肼酯 | 0.2 | 杀螨剂 | GB 23200.34（参照） |
| 20 | 联苯菊酯 | 0.05 | 杀虫/杀螨剂 | NY/T 761、GB 23200.113（参照） |
| 21 | 磷化氢 | 0.01 | 杀虫剂 | GB/T 5009.36（参照） |
| 22 | 硫酰氟 | 3* | 杀虫剂 | 无指定 |
| 23 | 螺虫乙酯 | 0.5* | 杀虫剂 | 无指定 |
| 24 | 螺螨酯 | 0.05 | 杀螨剂 | GB/T 20769（参照） |
| 25 | 氯虫苯甲酰胺 | 0.02* | 杀虫剂 | 无指定 |
| 26 | 氯氟氰菊酯和高效氯氟氰菊酯 | 0.01 | 杀虫剂 | GB 23200.9、GB/T 5009.146、SN/T 2151、GB 23200.113（参照） |
| 27 | 氯氰菊酯和高效氯氰菊酯 | 0.05 | 杀虫剂 | GB/T 5009.110、GB/T 5009.146、GB 23200.9、GB 23200.113（参照） |
| 28 | 噻虫啉 | 0.02 | 杀虫剂 | GB/T 20770（参照） |
| 29 | 噻螨酮 | 0.05 | 杀螨剂 | GB 23200.8、GB/T 20769(参照) |
| 30 | 四螨嗪 | 0.5 | 杀螨剂 | GB/T 20769（参照） |
| 31 | 肟菌酯 | 0.02 | 杀菌剂 | GB 23200.8、GB 23200.113（参照） |
| 32 | 戊唑醇 | 0.05 | 杀菌剂 | GB/T 20770、GB 23200.113（参照） |

（续）

| 序号 | 农药中文名 | 最大残留限量（mg/kg） | 农药主要用途 | 检测方法 |
|---|---|---|---|---|
| 33 | 亚胺硫磷 | 0.2 | 杀虫剂 | GB 23200.8、GB/T 20770、GB 23200.113（参照） |
| 34 | 乙基多杀菌素 | 0.01* | 杀虫剂 | 无指定 |
| 35 | 乙螨唑 | 0.01 | 杀螨剂 | GB 23200.8、GB 23200.113（参照） |
| 36 | 唑螨酯 | 0.05 | 杀螨剂 | GB/T 20769（参照） |
| 37 | 氯丹 | 0.02 | 杀虫剂 | GB/T 5009.19 |
| 38 | 吡唑醚菌酯 | 0.02 | 杀菌剂 | GB/T 20770、GB 23200.113（参照） |
| 39 | 啶酰菌胺 | 0.05* | 杀菌剂 | GB 23200.50（参照） |
| 40 | 嘧菌酯 | 0.01 | 杀菌剂 | GB 23200.11（参照） |

## 4.85 山核桃

山核桃中农药最大残留限量见表 4-85。

**表 4-85 山核桃中农药最大残留限量**

| 序号 | 农药中文名 | 最大残留限量（mg/kg） | 农药主要用途 | 检测方法 |
|---|---|---|---|---|
| 1 | 2,4-滴和 2,4-滴钠盐 | 0.2 | 除草剂 | NY/T 1434（参照） |
| 2 | 百草枯 | 0.05* | 除草剂 | 无指定 |
| 3 | 苯醚甲环唑 | 0.03 | 杀菌剂 | GB 23200.8、GB 23200.49、GB/T 5009.218、GB 23200.113（参照） |
| 4 | 苯嘧磺草胺 | 0.01* | 除草剂 | 无指定 |
| 5 | 吡虫啉 | 0.01 | 杀虫剂 | GB/T 20769（参照） |
| 6 | 吡噻菌胺 | 0.05* | 杀菌剂 | 无指定 |
| 7 | 草铵膦 | 0.1* | 除草剂 | 无指定 |
| 8 | 除虫菊素 | 0.5 | 杀虫剂 | GB/T 20769（参照） |
| 9 | 除虫脲 | 0.2 | 杀虫剂 | GB/T 5009.147（参照） |
| 10 | 丁氟螨酯 | 0.01 | 杀螨剂 | SN/T 3539（参照） |

（续）

| 序号 | 农药中文名 | 最大残留限量（mg/kg） | 农药主要用途 | 检测方法 |
|---|---|---|---|---|
| 11 | 啶虫脒 | 0.06 | 杀虫剂 | GB/T 23584（参照） |
| 12 | 多菌灵 | 0.1 | 杀菌剂 | GB/T 20770（参照） |
| 13 | 多杀霉素 | 0.07 | 杀虫剂 | GB/T 20769、NY/T 1379、NY/T 1453（参照） |
| 14 | 氟苯虫酰胺 | 0.1* | 杀虫剂 | 无指定 |
| 15 | 氟吡菌酰胺 | 0.04* | 杀菌剂 | 无指定 |
| 16 | 甲氰菊酯 | 0.15 | 杀虫剂 | GB 23200.9、GB 23200.113（参照） |
| 17 | 甲氧虫酰肼 | 0.1 | 杀虫剂 | GB/T 20769（参照） |
| 18 | 腈苯唑 | 0.01 | 杀菌剂 | GB 23200.9、GB 23200.113（参照） |
| 19 | 联苯肼酯 | 0.2 | 杀螨剂 | GB 23200.34（参照） |
| 20 | 联苯菊酯 | 0.05 | 杀虫/杀螨剂 | NY/T 761、GB 23200.113（参照） |
| 21 | 磷化氢 | 0.01 | 杀虫剂 | GB/T 5009.36（参照） |
| 22 | 硫酰氟 | 3* | 杀虫剂 | 无指定 |
| 23 | 螺虫乙酯 | 0.5* | 杀虫剂 | 无指定 |
| 24 | 螺螨酯 | 0.05 | 杀螨剂 | GB/T 20769（参照） |
| 25 | 氯虫苯甲酰胺 | 0.02* | 杀虫剂 | 无指定 |
| 26 | 氯氟氰菊酯和高效氯氟氰菊酯 | 0.01 | 杀虫剂 | GB 23200.9、GB/T 5009.146、SN/T 2151、GB 23200.113（参照） |
| 27 | 氯氰菊酯和高效氯氰菊酯 | 0.05 | 杀虫剂 | GB/T 5009.110、GB/T 5009.146、GB 23200.9、GB 23200.113（参照） |
| 28 | 噻虫啉 | 0.02 | 杀虫剂 | GB/T 20770（参照） |
| 29 | 噻螨酮 | 0.05 | 杀螨剂 | GB 23200.8、GB/T 20769（参照） |
| 30 | 四螨嗪 | 0.5 | 杀螨剂 | GB/T 20769（参照） |
| 31 | 肟菌酯 | 0.02 | 杀菌剂 | GB 23200.8、GB 23200.113（参照） |

（续）

| 序号 | 农药中文名 | 最大残留限量（mg/kg） | 农药主要用途 | 检测方法 |
| --- | --- | --- | --- | --- |
| 32 | 戊唑醇 | 0.05 | 杀菌剂 | GB/T 20770、GB 23200.113（参照） |
| 33 | 亚胺硫磷 | 0.2 | 杀虫剂 | GB 23200.8、GB/T 20770、GB 23200.113（参照） |
| 34 | 乙基多杀菌素 | 0.01* | 杀虫剂 | 无指定 |
| 35 | 乙螨唑 | 0.01 | 杀螨剂 | GB 23200.8、GB 23200.113（参照） |
| 36 | 唑螨酯 | 0.05 | 杀螨剂 | GB/T 20769（参照） |
| 37 | 氯丹 | 0.02 | 杀虫剂 | GB/T 5009.19 |
| 38 | 吡唑醚菌酯 | 0.02 | 杀菌剂 | GB/T 20770、GB 23200.113（参照） |
| 39 | 啶酰菌胺 | 0.05* | 杀菌剂 | GB 23200.50（参照） |
| 40 | 嘧菌酯 | 0.01 | 杀菌剂 | GB 23200.11（参照） |
| 41 | 保棉磷 | 0.3 | 杀虫剂 | SN/T 1739（参照） |
| 42 | 苯丁锡 | 0.5 | 杀螨剂 | SN 0592（参照） |
| 43 | 丙环唑 | 0.02 | 杀菌剂 | SN/T 0519（参照） |
| 44 | 丙森锌 | 0.1 | 杀菌剂 | SN 0157、SN/T 1541（参照） |
| 45 | 虫酰肼 | 0.01 | 杀虫剂 | GB 23200.34、GB/T 20770（参照） |
| 46 | 代森联 | 0.1 | 杀菌剂 | SN 0157（参照） |
| 47 | 代森锰锌 | 0.1 | 杀菌剂 | SN/T 1541（参照） |
| 48 | 代森锌 | 0.1 | 杀菌剂 | SN/T 1541（参照） |
| 49 | 毒死蜱 | 0.05 | 杀虫剂 | SN/T 2158、GB 23200.113（参照） |
| 50 | 福美双 | 0.1 | 杀菌剂 | SN/T 1541（参照） |
| 51 | 喹啉铜 | 0.5* | 杀菌剂 | 无指定 |
| 52 | 氯苯嘧啶醇 | 0.02 | 杀菌剂 | GB 23200.8、GB/T 20769、GB 23200.113（参照） |
| 53 | 噻虫胺 | 0.01 | 杀虫剂 | GB 23200.39（参照） |
| 54 | 噻虫嗪 | 0.01 | 杀虫剂 | GB 23200.11（参照） |

## 4.86 澳洲坚果

澳洲坚果中农药最大残留限量见表 4－86。

**表 4－86 澳洲坚果中农药最大残留限量**

| 序号 | 农药中文名 | 最大残留限量 (mg/kg) | 农药主要用途 | 检测方法 |
|---|---|---|---|---|
| 1 | 2,4-滴和 2,4-滴钠盐 | 0.2 | 除草剂 | NY/T 1434（参照） |
| 2 | 百草枯 | 0.05* | 除草剂 | 无指定 |
| 3 | 苯醚甲环唑 | 0.03 | 杀菌剂 | GB 23200.8、GB 23200.49、GB/T 5009.218、GB 23200.113（参照） |
| 4 | 苯嘧磺草胺 | 0.01* | 除草剂 | 无指定 |
| 5 | 吡虫啉 | 0.01 | 杀虫剂 | GB/T 20769（参照） |
| 6 | 吡噻菌胺 | 0.05* | 杀菌剂 | 无指定 |
| 7 | 草铵膦 | 0.1* | 除草剂 | 无指定 |
| 8 | 除虫菊素 | 0.5 | 杀虫剂 | GB/T 20769（参照） |
| 9 | 除虫脲 | 0.2 | 杀虫剂 | GB/T 5009.147（参照） |
| 10 | 丁氟螨酯 | 0.01 | 杀螨剂 | SN/T 3539（参照） |
| 11 | 啶虫脒 | 0.06 | 杀虫剂 | GB/T 23584（参照） |
| 12 | 多菌灵 | 0.1 | 杀菌剂 | GB/T 20770（参照） |
| 13 | 多杀霉素 | 0.07 | 杀虫剂 | GB/T 20769（参照）、NY/T 1379、NY/T 1453 |
| 14 | 氟苯虫酰胺 | 0.1* | 杀虫剂 | 无指定 |
| 15 | 氟吡菌酰胺 | 0.04* | 杀菌剂 | 无指定 |
| 16 | 甲氰菊酯 | 0.15 | 杀虫剂 | GB 23200.9、GB 23200.113（参照） |
| 17 | 甲氧虫酰肼 | 0.1 | 杀虫剂 | GB/T 20769（参照） |
| 18 | 腈苯唑 | 0.01 | 杀菌剂 | GB 23200.9、GB 23200.113（参照） |
| 19 | 联苯肼酯 | 0.2 | 杀螨剂 | GB 23200.34（参照） |
| 20 | 联苯菊酯 | 0.05 | 杀虫/杀螨剂 | NY/T 761、GB 23200.113（参照） |
| 21 | 磷化氢 | 0.01 | 杀虫剂 | GB/T 5009.36（参照） |

（续）

| 序号 | 农药中文名 | 最大残留限量（mg/kg） | 农药主要用途 | 检测方法 |
|---|---|---|---|---|
| 22 | 硫酰氟 | 3* | 杀虫剂 | 无指定 |
| 23 | 螺虫乙酯 | 0.5* | 杀虫剂 | 无指定 |
| 24 | 螺螨酯 | 0.05 | 杀螨剂 | GB/T 20769（参照） |
| 25 | 氯虫苯甲酰胺 | 0.02* | 杀虫剂 | 无指定 |
| 26 | 氯氟氰菊酯和高效氯氟氰菊酯 | 0.01 | 杀虫剂 | GB 23200.9、GB/T 5009.146、SN/T 2151、GB 23200.113（参照） |
| 27 | 氯氰菊酯和高效氯氰菊酯 | 0.05 | 杀虫剂 | GB/T 5009.110、GB/T 5009.146、GB 23200.9、GB 23200.113（参照） |
| 28 | 噻虫啉 | 0.02 | 杀虫剂 | GB/T 20770（参照） |
| 29 | 噻螨酮 | 0.05 | 杀螨剂 | GB 23200.8、GB/T 20769（参照） |
| 30 | 四螨嗪 | 0.5 | 杀螨剂 | GB/T 20769（参照） |
| 31 | 肟菌酯 | 0.02 | 杀菌剂 | GB 23200.8、GB 23200.113（参照） |
| 32 | 戊唑醇 | 0.05 | 杀菌剂 | GB/T 20770、GB 23200.113（参照） |
| 33 | 亚胺硫磷 | 0.2 | 杀虫剂 | GB 23200.8、GB/T 20770、GB 23200.113（参照） |
| 34 | 乙基多杀菌素 | 0.01* | 杀虫剂 | 无指定 |
| 35 | 乙螨唑 | 0.01 | 杀螨剂 | GB 23200.8、GB 23200.113（参照） |
| 36 | 唑螨酯 | 0.05 | 杀螨剂 | GB/T 20769（参照） |
| 37 | 氯丹 | 0.02 | 杀虫剂 | GB/T 5009.19 |
| 38 | 吡唑醚菌酯 | 0.02 | 杀菌剂 | GB/T 20770、GB 23200.113（参照） |
| 39 | 啶酰菌胺 | 0.05* | 杀菌剂 | GB 23200.50（参照） |
| 40 | 嘧菌酯 | 0.01 | 杀菌剂 | GB 23200.11（参照） |
| 41 | 硫丹 | 0.02 | 杀虫剂 | GB/T 5009.19 |

# 5 糖料类

## 5.1 甘蔗

甘蔗中农药最大残留限量见表 5-1。

表 5-1 甘蔗中农药最大残留限量

| 序号 | 农药中文名 | 最大残留限量（mg/kg） | 农药主要用途 | 检测方法 |
|---|---|---|---|---|
| 1 | 2,4-滴和2,4-滴钠盐 | 0.05 | 除草剂 | NY/T 1434（参照） |
| 2 | 2,4-滴丁酯 | 0.05 | 除草剂 | GB/T 5009.175（参照） |
| 3 | 2甲4氯（钠） | 0.05 | 除草剂 | SN/T 2228（参照） |
| 4 | 2甲4氯二甲胺盐 | 0.05 | 除草剂 | SN/T 2228（参照） |
| 5 | 保棉磷 | 0.2 | 杀虫剂 | SN/T 1739（参照） |
| 6 | 吡虫啉 | 0.2 | 杀虫剂 | GB/T 23379（参照） |
| 7 | 丙环唑 | 0.02 | 杀菌剂 | GB 23200.13、SN/T 0519(参照) |
| 8 | 草甘膦 | 2 | 除草剂 | GB/T 23750 |
| 9 | 虫酰肼 | 1 | 杀虫剂 | GB 23200.34、GB/T 20770（参照） |
| 10 | 敌百虫 | 0.1 | 杀虫剂 | GB/T 20769（参照） |
| 11 | 敌草快 | 0.05 | 除草剂 | GB/T 5009.221（参照） |
| 12 | 敌草隆 | 0.1 | 除草剂 | GB/T 20769 |
| 13 | 地虫硫磷 | 0.1 | 杀虫剂 | GB 23200.8、GB 23200.113、GB/T 20769、NY/T 761（参照） |
| 14 | 丁硫克百威 | 0.1 | 杀虫剂 | GB/T 23200.13、GB 23200.33（参照） |
| 15 | 丁噻隆 | 0.2* | 除草剂 | 无指定 |
| 16 | 毒死蜱 | 0.05 | 杀虫剂 | GB 23200.113、NY/T 761（参照） |
| 17 | 二嗪磷 | 0.1 | 杀虫剂 | GB 23200.8、GB 23200.113、NY/T 761（参照） |

（续）

| 序号 | 农药中文名 | 最大残留限量（mg/kg） | 农药主要用途 | 检测方法 |
|---|---|---|---|---|
| 18 | 氟苯虫酰胺 | 0.2* | 杀虫剂 | 无指定 |
| 19 | 氟虫腈 | 0.02 | 杀虫剂 | NY/T 1379（参照） |
| 20 | 氟酰脲 | 0.5 | 杀虫剂 | GB 23200.34（参照） |
| 21 | 环嗪酮 | 0.5 | 除草剂 | GB/T 20769 |
| 22 | 甲拌磷 | 0.01 | 杀虫剂 | GB 23200.113、GB/T 20769（参照） |
| 23 | 甲磺草胺 | 0.05* | 除草剂 | 无指定 |
| 24 | 甲基对硫磷 | 0.02 | 杀虫剂 | GB 23200.113、NY/T 761(参照) |
| 25 | 甲基硫环磷 | 0.03* | 杀虫剂 | NY/T 761（参照） |
| 26 | 甲基异柳磷 | 0.02* | 杀虫剂 | GB 23200.113、GB/T 5009.144（参照） |
| 27 | 甲咪唑烟酸 | 0.05 | 除草剂 | GB/T 20770（参照） |
| 28 | 久效磷 | 0.02 | 杀虫剂 | GB 23200.113、NY/T 761（参照） |
| 29 | 抗倒酯 | 0.5 | 植物生长调节剂 | 无指定 |
| 30 | 克百威 | 0.1 | 杀虫剂 | GB 23200.112、NY/T 761（参照） |
| 31 | 联苯菊酯 | 0.05 | 杀虫/杀螨剂 | GB 23300.113、GB 23200.8、NY/T 761（参照） |
| 32 | 硫丹 | 0.05 | 杀虫剂 | GB/T 5009.19（参照） |
| 33 | 硫线磷 | 0.005 | 杀虫剂 | SN/T 2147（参照） |
| 34 | 氯虫苯甲酰胺 | 0.05* | 杀虫剂 | 无指定 |
| 35 | 氯氟氰菊酯和高效氯氟氰菊酯 | 0.05 | 杀虫剂 | GB 23200.9、GB 23300.113、GB/T 5009.146、SN/T 2151(参照) |
| 36 | 氯氰菊酯和高效氯氰菊酯 | 0.2 | 杀虫剂 | GB 23300.113、GB/T 5009.110、GB/T 5009.146、GB 23200.9（参照） |
| 37 | 麦草畏 | 1 | 除草剂 | SN/T 1606（参照） |
| 38 | 灭多威 | 0.2 | 杀虫剂 | GB 23200.112、NY/T761(参照) |
| 39 | 灭线磷 | 0.02 | 杀线虫剂 | GB 23200.113、NY/T761(参照) |
| 40 | 氰草津 | 0.05 | 除草剂 | SN/T 1605（参照） |

（续）

| 序号 | 农药中文名 | 最大残留限量（mg/kg） | 农药主要用途 | 检测方法 |
|---|---|---|---|---|
| 41 | 噻虫胺 | 0.05 | 杀虫剂 | GB 23200.39、GB/T 20769（参照） |
| 42 | 噻虫嗪 | 0.1 | 杀虫剂 | GB 23200.9（参照） |
| 43 | 噻唑磷 | 0.05 | 杀线虫剂 | GB 23200.113、GB/T 20769（参照） |
| 44 | 杀虫单 | 0.1* | 杀虫剂 | 无指定 |
| 45 | 杀虫双 | 0.1* | 杀虫剂 | 无指定 |
| 46 | 杀螟丹 | 0.1 | 杀虫剂 | GB/T 20769（参照） |
| 47 | 水胺硫磷 | 0.05 | 杀虫剂 | GB 23200.113、NY/T 761（参照） |
| 48 | 特丁硫磷 | 0.01 | 杀虫剂 | SN/T 3768（参照） |
| 49 | 西玛津 | 0.5 | 除草剂 | GB 23200.113、GB 23200.8、NY/T 761、NY/T 1379（参照） |
| 50 | 硝磺草酮 | 0.05 | 除草剂 | GB/T 20769（参照） |
| 51 | 辛硫磷 | 0.05 | 杀虫剂 | GB/T 5009.102、GB/T 20769（参照） |
| 52 | 氧乐果 | 0.05 | 杀虫剂 | GB 23200.113、GB/T 20770、NY/T 761（参照） |
| 53 | 异丙甲草胺和精异丙甲草胺 | 0.05 | 除草剂 | GB 23200.113、GB 23200.9（参照） |
| 54 | 异噁草酮 | 0.1 | 除草剂 | GB 23200.113、GB 23200.9（参照） |
| 55 | 异噁唑草酮 | 0.01 | 除草剂 | GB/T 20769（参照） |
| 56 | 莠灭净 | 0.05 | 除草剂 | GB 23200.113、GB/T 23816（参照） |
| 57 | 莠去津 | 0.05 | 除草剂 | GB/T 5009.132 |
| 58 | 唑草酮 | 0.05 | 除草剂 | GB 23200.15（参照） |

## 5.2 甜菜

甜菜中农药最大残留限量见表 5－2。

## 表 5-2 甜菜中农药最大残留限量

| 序号 | 农药中文名 | 最大残留限量（mg/kg） | 农药主要用途 | 检测方法 |
|---|---|---|---|---|
| 1 | 百菌清 | 50 | 杀菌剂 | SN/T 2320（参照） |
| 2 | 苯醚甲环唑 | 0.2 | 杀菌剂 | GB 23200.113、GB 23200.8、GB 23200.49、GB/T 5009.218（参照） |
| 3 | 苯嗪草酮 | 0.1 | 除草剂 | GB 23200.34、GB/T 20769（参照） |
| 4 | 吡氟禾草灵和精吡氟禾草灵 | 0.5 | 除草剂 | GB/T 5009.142 |
| 5 | 吡噻菌胺 | 0.5* | 杀菌剂 | 无指定 |
| 6 | 吡唑醚菌酯 | 0.2 | 杀菌剂 | GB 23200.113、GB/T 20770（参照） |
| 7 | 丙环唑 | 0.02 | 杀菌剂 | GB 23200.113、SN/T 0519（参照） |
| 8 | 丙硫菌唑 | 0.3* | 杀菌剂 | 无指定 |
| 9 | 丙森锌 | 0.5 | 杀菌剂 | SN 0157、SN/T 1541（参照） |
| 10 | 草铵膦 | 1.5* | 除草剂 | 无指定 |
| 11 | 代森联 | 0.5 | 杀菌剂 | SN 0157（参照） |
| 12 | 代森锰锌 | 0.5 | 杀菌剂 | SN/T 1541（参照） |
| 13 | 代森锌 | 0.5 | 杀菌剂 | SN/T 1541（参照） |
| 14 | 敌磺钠 | 0.1* | 杀菌剂 | 无指定 |
| 15 | 丁苯吗啉 | 0.05 | 杀菌剂 | GB 23200.37、GB/T 20769（参照） |
| 16 | 丁硫克百威 | 0.3 | 杀虫剂 | GB/T 23200.13、GB 23200.33（参照） |
| 17 | 毒死蜱 | 1 | 杀虫剂 | GB 23200.113、NY/T 761（参照） |
| 18 | 多菌灵 | 0.1 | 杀菌剂 | NY/T 1680（参照） |
| 19 | 噁霉灵 | 0.1* | 杀菌剂 | 无指定 |
| 20 | 二氯吡啶酸 | 2 | 除草剂 | GB 23200.109、NY/T 1434（参照） |
| 21 | 二嗪磷 | 0.1 | 杀虫剂 | GB 23200.113、GB 23200.8、NY/T 761（参照） |

（续）

| 序号 | 农药中文名 | 最大残留限量（mg/kg） | 农药主要用途 | 检测方法 |
|---|---|---|---|---|
| 22 | 氟胺磺隆 | 0.02* | 除草剂 | 无指定 |
| 23 | 氟吡甲禾灵和高效氟吡甲禾灵 | 0.4* | 除草剂 | 无指定 |
| 24 | 氟吡菌酰胺 | 0.04* | 杀菌剂 | 无指定 |
| 25 | 氟虫腈 | 0.02 | 杀虫剂 | NY/T 1379 |
| 26 | 氟啶脲 | 0.1 | 杀虫剂 | GB 23200.8、GB/T 20769、SN/T 2095 |
| 27 | 氟硅唑 | 0.05 | 杀菌剂 | GB 23200.8、GB 23200.53、GB/T 20769（参照） |
| 28 | 氟氰戊菊酯 | 0.05 | 杀虫剂 | GB 23200.113、GB 23200.9（参照） |
| 29 | 氟酰脲 | 15 | 杀虫剂 | GB 23200.34（参照） |
| 30 | 氟唑菌酰胺 | 0.15* | 杀菌剂 | 无指定 |
| 31 | 禾草灵 | 0.1 | 除草剂 | GB 23200.113、GB 23200.8（参照） |
| 32 | 环丙唑醇 | 0.05 | 杀菌剂 | GB 23200.113、GB/T 20770（参照） |
| 33 | 甲胺磷 | 0.02 | 杀虫剂 | GB 23200.113、GB/T 20769（参照） |
| 34 | 甲拌磷 | 0.05 | 杀虫剂 | GB 23200.113、GB/T 20769（参照） |
| 35 | 甲基对硫磷 | 0.02 | 杀虫剂 | GB 23200.113、NY/T 761（参照） |
| 36 | 甲基硫环磷 | 0.03* | 杀虫剂 | NY/T 761（参照） |
| 37 | 甲基异柳磷 | 0.05* | 杀虫剂 | GB 23200.113、GB/T 5009.144（参照） |
| 38 | 甲硫威 | 0.05 | 杀软体动物剂 | 无指定 |
| 39 | 甲霜灵和精甲霜灵 | 0.05 | 杀菌剂 | GB 23200.113、GB 23200.9、GB/T 20770（参照） |
| 40 | 甲氧虫酰肼 | 0.3 | 杀虫剂 | GB/T 20769（参照） |
| 41 | 精二甲吩草胺 | 0.01 | 除草剂 | GB 23200.9、GB/T 20770(参照) |
| 42 | 久效磷 | 0.02 | 杀虫剂 | GB 23200.113、NY/T 761（参照） |

（续）

| 序号 | 农药中文名 | 最大残留限量(mg/kg) | 农药主要用途 | 检测方法 |
|---|---|---|---|---|
| 43 | 克百威 | 0.1 | 杀虫剂 | GB 23200.112、NY/T 761(参照) |
| 44 | 喹禾灵和精喹禾灵 | 0.1 | 除草剂 | GB/T 20770、SN/T 2228(参照) |
| 45 | 喹氧灵 | 0.03* | 杀菌剂 | GB 23200.113（参照） |
| 46 | 乐果 | 0.5* | 杀虫剂 | GB 23200.113、NY/T 761(参照) |
| 47 | 氯菊酯 | 0.05 | 杀虫剂 | GB 23200.113、GB/T 5009.146、SN/T 2151 |
| 48 | 氯氰菊酯和高效氯氰菊酯 | 0.1 | 杀虫剂 | GB 23200.113、GB/T 5009.110、GB/T 5009.146、GB 23200.9(参照) |
| 49 | 马拉硫磷 | 0.5 | 杀虫剂 | GB 23200.113、NY/T 761(参照) |
| 50 | 灭多威 | 0.2 | 杀虫剂 | GB 23200.112、NY/T 761(参照) |
| 51 | 氰戊菊酯和S-氰戊菊酯 | 0.05 | 杀虫剂 | GB 23200.113、GB/T 5009.110(参照) |
| 52 | 噻草酮 | 0.2* | 除草剂 | GB 23200.3（参照） |
| 53 | 三苯基乙酸锡 | 0.1* | 杀菌剂 | 无指定 |
| 54 | 三唑醇 | 0.1 | 杀菌剂 | GB 23200.113、GB/T 20769(参照) |
| 55 | 三唑酮 | 0.1 | 杀菌剂 | GB 23200.113、GB/T 5009.126(参照) |
| 56 | 水胺硫磷 | 0.05 | 杀虫剂 | GB 23200.113、NY/T 761(参照) |
| 57 | 特丁硫磷 | 0.01 | 杀虫剂 | 无指定 |
| 58 | 涕灭威 | 0.05 | 杀虫剂 | GB 23200.112、SN/T 2441(参照) |
| 59 | 甜菜安 | 0.1* | 除草剂 | 无指定 |
| 60 | 甜菜宁 | 0.1 | 除草剂 | GB/T 20769 |
| 61 | 肟菌酯 | 0.05 | 杀菌剂 | GB 23200.113、GB 23200.8(参照) |

（续）

| 序号 | 农药中文名 | 最大残留限量（mg/kg） | 农药主要用途 | 检测方法 |
|---|---|---|---|---|
| 62 | 五氯硝基苯 | 0.01 | 杀菌剂 | GB 23200.113、GB/T 5009.19、GB/T 5009.136（参照） |
| 63 | 烯草酮 | 0.1 | 除草剂 | GB 23200.8（参照） |
| 64 | 烯禾啶 | 0.5 | 除草剂 | GB 23200.9、GB/T 20770(参照) |
| 65 | 亚砜磷 | 0.01* | 杀虫剂 | 无指定 |
| 66 | 氧乐果 | 0.05 | 杀虫剂 | GB 23200.113、GB/T 20770、NY/T 761（参照） |
| 67 | 乙基多杀菌素 | 0.01* | 杀虫剂 | 无指定 |
| 68 | 乙氧呋草黄 | 0.1 | 除草剂 | GB 23200.8、GB 23200.113（参照） |
| 69 | 异丙甲草胺和精异丙甲草胺 | 0.1 | 除草剂 | GB 23200.113、GB 23200.9（参照） |
| 70 | 异菌脲 | 0.1 | 杀菌剂 | GB 23200.113、GB/T 5009.218（参照） |

# 6 饮料类

## 6.1 茶叶

茶叶中农药最大残留限量见表 6-1。

**表 6-1 茶叶中农药最大残留限量**

| 序号 | 农药中文名 | 最大残留限量（mg/kg） | 农药主要用途 | 检测方法 |
|---|---|---|---|---|
| 1 | 百草枯 | 0.2 | 除草剂 | SN/T 0293（参照） |
| 2 | 百菌清 | 10 | 杀菌剂 | NY/T 761（参照） |
| 3 | 苯醚甲环唑 | 10 | 杀菌剂 | GB 23200.113、GB 23200.8、GB 23200.49、GB/T 5009.218 |
| 4 | 吡虫啉 | 0.5 | 杀虫剂 | GB/T 20769、GB/T 23379、NY/T 1379（参照） |
| 5 | 吡蚜酮 | 2 | 杀虫剂 | GB 23200.13 |
| 6 | 吡唑醚菌酯 | 10 | 杀菌剂 | GB 23200.113 |
| 7 | 丙溴磷 | 0.5 | 杀虫剂 | GB 23200.113、GB 23200.13 |
| 8 | 草铵膦 | 0.5* | 除草剂 | 无指定 |
| 9 | 草甘膦 | 1 | 除草剂 | SN/T 1923 |
| 10 | 虫螨腈 | 20 | 杀虫剂 | GB/T 23204 |
| 11 | 除虫脲 | 20 | 杀虫剂 | GB/T 5009.147、NY/T 1720（参照） |
| 12 | 哒螨灵 | 5 | 杀螨剂 | GB 23200.113、GB/T 23204、SN/T 2432 |
| 13 | 敌百虫 | 2 | 杀虫剂 | NY/T 761（参照） |
| 14 | 丁醚脲 | 5* | 杀虫/杀螨剂 | 无指定 |
| 15 | 啶虫脒 | 10 | 杀虫剂 | GB/T 20769（参照） |
| 16 | 毒死蜱 | 2 | 杀虫剂 | GB 23200.113 |
| 17 | 多菌灵 | 5 | 杀菌剂 | GB/T 20769、NY/T 1453(参照) |
| 18 | 呋虫胺 | 20 | 杀虫剂 | GB/T 20770（参照） |
| 19 | 氟虫脲 | 20 | 杀虫剂 | GB/T 23204 |

（续）

| 序号 | 农药中文名 | 最大残留限量（mg/kg） | 农药主要用途 | 检测方法 |
|---|---|---|---|---|
| 20 | 氟氯氰菊酯和高效氟氯氰菊酯 | 1 | 杀虫剂 | GB 23200.113、GB/T 23204 |
| 21 | 氟氰戊菊酯 | 20 | 杀虫剂 | GB/T 23204 |
| 22 | 甲氨基阿维菌素苯甲酸盐 | 0.5 | 杀虫剂 | GB/T 20769（参照） |
| 23 | 甲胺磷 | 0.05 | 杀虫剂 | GB 23200.113 |
| 24 | 甲拌磷 | 0.01 | 杀虫剂 | GB 23200.113、GB/T 23204 |
| 25 | 甲基对硫磷 | 0.02 | 杀虫剂 | GB 23200.113、GB/T 23204 |
| 26 | 甲基硫环磷 | 0.03* | 杀虫剂 | NY/T 761（参照） |
| 27 | 甲萘威 | 5 | 杀虫剂 | GB 23200.112、GB 23200.13 |
| 28 | 甲氰菊酯 | 5 | 杀虫剂 | GB 23200.113、GB/T 23376 |
| 29 | 克百威 | 0.05 | 杀虫剂 | GB 23200.112 |
| 30 | 喹螨醚 | 15 | 杀螨剂 | GB 23200.13、GB/T 23204 |
| 31 | 联苯菊酯 | 5 | 杀虫/杀螨剂 | GB 23200.113、SN/T 1969 |
| 32 | 硫丹 | 10 | 杀虫剂 | GB/T 5009.19（参照） |
| 33 | 硫环磷 | 0.03 | 杀虫剂 | GB 23200.113、GB 23200.13 |
| 34 | 氯氟氰菊酯和高效氯氟氰菊酯 | 15 | 杀虫剂 | GB 23200.113 |
| 35 | 氯菊酯 | 20 | 杀虫剂 | GB 23200.113、GB/T 23204 |
| 36 | 氯氰菊酯和高效氯氰菊酯 | 20 | 杀虫剂 | GB 23200.113、GB/T 23204 |
| 37 | 氯噻啉 | 3* | 杀虫剂 | 无指定 |
| 38 | 氯唑磷 | 0.01 | 杀虫剂 | GB 23200.113、GB/T 23204 |
| 39 | 醚菊酯 | 50 | 杀虫剂 | GB 23200.13 |
| 40 | 灭多威 | 0.2 | 杀虫剂 | GB 23200.112 |
| 41 | 灭线磷 | 0.05 | 杀线虫剂 | GB 23200.13、GB/T 23204 |
| 42 | 内吸磷 | 0.05 | 杀虫/杀螨剂 | GB 23200.13、GB/T 23204 |
| 43 | 氰戊菊酯和 S-氰戊菊酯 | 0.1 | 杀虫剂 | GB 23200.113、GB/T 23204 |
| 44 | 噻虫胺 | 10 | 杀虫剂 | GB 23200.39 |
| 45 | 噻虫啉 | 10 | 杀虫剂 | GB 23200.13 |
| 46 | 噻虫嗪 | 10 | 杀虫剂 | GB 23200.11（参照）、GB/T 20770 |

（续）

| 序号 | 农药中文名 | 最大残留限量（mg/kg） | 农药主要用途 | 检测方法 |
|---|---|---|---|---|
| 47 | 噻螨酮 | 15 | 杀螨剂 | GB 23200.8、GB/T 20769(参照) |
| 48 | 噻嗪酮 | 10 | 杀虫剂 | GB/T 23376 |
| 49 | 三氯杀螨醇 | 0.2 | 杀螨剂 | GB 23200.113、GB/T 5009.176 |
| 50 | 杀螟丹 | 20 | 杀虫剂 | GB/T 20769（参照） |
| 51 | 杀螟硫磷 | 0.5* | 杀虫剂 | GB 23200.113 |
| 52 | 水胺硫磷 | 0.05 | 杀虫剂 | GB 23200.113、GB/T 23204 |
| 53 | 特丁硫磷 | 0.01 | 杀虫剂 | 无指定 |
| 54 | 西玛津 | 0.05 | 除草剂 | GB 23200.113 |
| 55 | 辛硫磷 | 0.2 | 杀虫剂 | GB/T 20769（参照） |
| 56 | 溴氰菊酯 | 10 | 杀虫剂 | GB 23200.113、GB/T 5009.110 |
| 57 | 氧乐果 | 0.05 | 杀虫剂 | GB 23200.113、GB 23200.13 |
| 58 | 乙螨唑 | 15 | 杀螨剂 | GB 23200.113 |
| 59 | 乙酰甲胺磷 | 0.1 | 杀虫剂 | GB 23200.113 |
| 60 | 印楝素 | 1 | 杀虫剂 | GB 23200.73 |
| 61 | 茚虫威 | 5 | 杀虫剂 | GB 23200.13 |
| 62 | 莠去津 | 0.1 | 除草剂 | GB 23200.113 |
| 63 | 唑虫酰胺 | 50 | 杀虫剂 | GB/T 20769（参照） |
| 64 | 滴滴涕 | 0.2 | 杀虫剂 | GB 23200.113、GB/T 5009.19 |
| 65 | 六六六 | 0.2 | 杀虫剂 | GB 23200.113、GB/T 5009.19 |

## 6.2 咖啡豆

咖啡豆中农药最大残留限量见表 6－2。

**表 6－2 咖啡豆中农药最大残留限量**

| 序号 | 农药中文名 | 最大残留限量（mg/kg） | 农药主要用途 | 检测方法 |
|---|---|---|---|---|
| 1 | 苯嘧磺草胺 | 0.01* | 除草剂 | 无指定 |
| 2 | 吡虫啉 | 1 | 杀虫剂 | GB/T 20769、GB/T 23379、NY/T 1379（参照） |
| 3 | 吡唑醚菌酯 | 0.3 | 杀菌剂 | GB 23200.113（参照） |

（续）

| 序号 | 农药中文名 | 最大残留限量（mg/kg） | 农药主要用途 | 检测方法 |
|---|---|---|---|---|
| 4 | 丙环唑 | 0.02 | 杀菌剂 | GB 23200.13（参照） |
| 5 | 草铵膦 | 0.2* | 除草剂 | 无指定 |
| 6 | 敌草快 | 0.02 | 除草剂 | GB/T 5009.221、SN/T 0293（参照） |
| 7 | 啶酰菌胺 | 0.05 | 杀菌剂 | GB 23200.50（参照） |
| 8 | 毒死蜱 | 0.05 | 杀虫剂 | GB 23200.113 |
| 9 | 多菌灵 | 0.1 | 杀菌剂 | GB/T 20769、NY/T 1453(参照) |
| 10 | 粉唑醇 | 0.15 | 杀菌剂 | GB/T 20769（参照） |
| 11 | 氟吡甲禾灵和高效氟吡甲禾灵 | 0.02* | 除草剂 | 无指定 |
| 12 | 环丙唑醇 | 0.07 | 杀菌剂 | GB 23200.113（参照） |
| 13 | 甲拌磷 | 0.05 | 杀虫剂 | GB 23200.113（参照） |
| 14 | 甲氰菊酯 | 0.03 | 杀虫剂 | GB 23200.113（参照） |
| 15 | 硫丹 | 0.2 | 杀虫剂 | GB/T 5009.19（参照） |
| 16 | 螺螨酯 | 0.03 | 杀螨剂 | GB/T 20769（参照） |
| 17 | 氯虫苯甲酰胺 | 0.05* | 杀虫剂 | 无指定 |
| 18 | 氯菊酯 | 0.05 | 杀虫剂 | GB 23200.113（参照） |
| 19 | 氯氰菊酯和高效氯氰菊酯 | 0.05 | 杀虫剂 | GB 23200.113、GB/T 23204（参照） |
| 20 | 嘧菌酯 | 0.03 | 杀菌剂 | GB 23200.14（参照） |
| 21 | 噻虫胺 | 0.05 | 杀虫剂 | GB 23200.39 |
| 22 | 噻虫嗪 | 0.2 | 杀虫剂 | GB 23200.11（参照） |
| 23 | 噻嗪酮 | 0.4 | 杀虫剂 | GB/T 23376（参照） |
| 24 | 三唑醇 | 0.5 | 杀菌剂 | GB 23200.113（参照） |
| 25 | 三唑酮 | 0.5 | 杀菌剂 | GB 23200.113（参照） |
| 26 | 戊唑醇 | 0.1 | 杀菌剂 | GB 23200.113（参照） |
| 27 | 溴氰虫酰胺 | 0.03* | 杀虫剂 | 无指定 |

## 6.3　可可豆

可可豆中农药最大残留限量见表 6－3。

**表 6-3 可可豆中农药最大残留限量**

| 序号 | 农药中文名 | 最大残留限量 (mg/kg) | 农药主要用途 | 检测方法 |
|---|---|---|---|---|
| 1 | 甲霜灵和精甲霜灵 | 0.2 | 杀菌剂 | GB 23200.113 |
| 2 | 磷化氢 | 0.01 | 杀虫剂 | GB/T 5009.36（参照） |
| 3 | 硫丹 | 0.2 | 杀虫剂 | GB/T 5009.19（参照） |
| 4 | 噻虫胺 | 0.02 | 杀虫剂 | GB 23200.39 |
| 5 | 噻虫嗪 | 0.02 | 杀虫剂 | GB 23200.11（参照） |

## 6.4 啤酒花

啤酒花中农药最大残留限量见表 6-4。

**表 6-4 啤酒花中农药最大残留限量**

| 序号 | 农药中文名 | 最大残留限量 (mg/kg) | 农药主要用途 | 检测方法 |
|---|---|---|---|---|
| 1 | 阿维菌素 | 0.1 | 杀虫剂 | GB 23200.19（参照） |
| 2 | 百草枯 | 0.1* | 除草剂 | 无指定 |
| 3 | 吡虫啉 | 10 | 杀虫剂 | GB/T 20769、GB/T 23379、NY/T 1379（参照） |
| 4 | 吡唑醚菌酯 | 15 | 杀菌剂 | GB 23200.113 |
| 5 | 代森联 | 30 | 杀菌剂 | SN/T 1541（参照） |
| 6 | 啶酰菌胺 | 60 | 杀菌剂 | GB 23200.50（参照） |
| 7 | 二嗪磷 | 0.5 | 杀虫剂 | GB 23200.113 |
| 8 | 氟菌唑 | 30* | 杀菌剂 | 无指定 |
| 9 | 甲苯氟磺胺 | 50 | 杀菌剂 | GB 23200.8（参照） |
| 10 | 甲霜灵和精甲霜灵 | 10 | 杀菌剂 | GB 23200.113 |
| 11 | 腈菌唑 | 2 | 杀菌剂 | GB 23200.113 |
| 12 | 喹氧灵 | 1* | 杀菌剂 | GB 23200.113 |
| 13 | 联苯肼酯 | 20 | 杀螨剂 | GB 23200.34（参照） |
| 14 | 联苯菊酯 | 20 | 杀虫/杀螨剂 | GB 23200.113、SN/T 1969 |
| 15 | 螺虫乙酯 | 15* | 杀虫剂 | 无指定 |
| 16 | 螺螨酯 | 40 | 杀螨剂 | GB/T 20769（参照） |
| 17 | 氯苯嘧啶醇 | 5 | 杀菌剂 | GB 23200.113、GB 23200.8、GB/T 20769 |
| 18 | 氯虫苯甲酰胺 | 40* | 杀虫剂 | 无指定 |

（续）

| 序号 | 农药中文名 | 最大残留限量（mg/kg） | 农药主要用途 | 检测方法 |
|---|---|---|---|---|
| 19 | 氯菊酯 | 50 | 杀虫剂 | GB 23200.113 |
| 20 | 嘧菌酯 | 30 | 杀菌剂 | GB 23200.14（参照） |
| 21 | 噻虫胺 | 0.07 | 杀虫剂 | GB 23200.39 |
| 22 | 噻虫嗪 | 0.09 | 杀虫剂 | GB 23200.11（参照） |
| 23 | 噻螨酮 | 3 | 杀螨剂 | GB 23200.8、GB/T 20769(参照) |
| 24 | 双炔酰菌胺 | 90* | 杀菌剂 | 无指定 |
| 25 | 肟菌酯 | 40 | 杀菌剂 | GB 23200.113 |
| 26 | 戊菌唑 | 0.5 | 杀菌剂 | GB 23200.113 |
| 27 | 戊唑醇 | 40 | 杀菌剂 | GB 23200.113 |
| 28 | 烯酰吗啉 | 80 | 杀菌剂 | GB/T 20769（参照） |
| 29 | 乙螨唑 | 15 | 杀螨剂 | GB 23200.113 |
| 30 | 唑螨酯 | 10 | 杀螨剂 | GB/T 20769（参照） |

## 6.5　菊花（鲜）

菊花（鲜）中农药最大残留限量见表 6－5。

**表 6－5　菊花（鲜）中农药最大残留限量**

| 序号 | 农药中文名 | 最大残留限量（mg/kg） | 农药主要用途 | 检测方法 |
|---|---|---|---|---|
| 1 | 吡虫啉 | 1 | 杀虫剂 | GB/T 20769、GB/T 23379、NY/T 1379（参照） |
| 2 | 井冈霉素 | 1 | 杀菌剂 | GB 23200.74 |

## 6.6　菊花（干）

菊花（干）中农药最大残留限量见表 6－6。

**表 6－6　菊花（干）中农药最大残留限量**

| 序号 | 农药中文名 | 最大残留限量（mg/kg） | 农药主要用途 | 检测方法 |
|---|---|---|---|---|
| 1 | 吡虫啉 | 2 | 杀虫剂 | GB/T 20769、GB/T 23379、NY/T 1379（参照） |
| 2 | 井冈霉素 | 2 | 杀菌剂 | GB 23200.74 |

## 6.7 番茄汁

番茄汁中农药最大残留限量见表 6－7。

**表 6－7 番茄汁中农药最大残留限量**

| 序号 | 农药中文名 | 最大残留限量(mg/kg) | 农药主要用途 | 检测方法 |
| --- | --- | --- | --- | --- |
| 1 | 马拉硫磷 | 0.01 | 杀虫剂 | GB 23200.113、GB 23200.8、GB/T 20769、NY/T 761 |
| 2 | 增效醚 | 0.3 | 增效剂 | GB 23200.113、GB 23200.8 |

## 6.8 橙汁

橙汁中农药最大残留限量见表 6－8。

**表 6－8 橙汁中农药最大残留限量**

| 序号 | 农药中文名 | 最大残留限量(mg/kg) | 农药主要用途 | 检测方法 |
| --- | --- | --- | --- | --- |
| 1 | 邻苯基苯酚 | 0.5 | 杀菌剂 | GB 23200.8 |
| 2 | 增效醚 | 0.05 | 增效剂 | GB 23200.113、GB 23200.8 |

## 6.9 葡萄汁

葡萄汁中农药最大残留限量见表 6－9。

**表 6－9 葡萄汁中农药最大残留限量**

| 序号 | 农药中文名 | 最大残留限量(mg/kg) | 农药主要用途 | 检测方法 |
| --- | --- | --- | --- | --- |
| 1 | 敌草腈 | 0.07* | 除草剂 | 无指定 |
| 2 | 噻虫胺 | 0.2 | 杀虫剂 | GB 23200.39 |

# 7 食用菌类

## 7.1 蘑菇类

蘑菇类中农药最大残留限量见表 7－1。

表 7－1 蘑菇类中农药最大残留限量

| 序号 | 农药中文名 | 最大残留限量（mg/kg） | 农药主要用途 | 检测方法 |
|---|---|---|---|---|
| 1 | 2,4-滴和 2,4-滴钠盐 | 0.1 | 除草剂 | GB/T 5009.175 |
| 2 | 百菌清 | 5 | 杀菌剂 | GB/T 5009.105、NY/T 761 |
| 3 | 苯菌酮 | 0.5* | 杀菌剂 | 无指定 |
| 4 | 除虫脲 | 0.3 | 杀虫剂 | GB/T 5009.147、NY/T 1720（参照） |
| 5 | 代森锰锌 | 5 | 杀菌剂 | SN 0157（参照） |
| 6 | 氟氯氰菊酯和高效氟氯氰菊酯 | 0.3 | 杀虫剂 | GB 23200.113、GB 23200.8、GB/T 5009.146、NY/T 761 |
| 7 | 氟氰戊菊酯 | 0.2 | 杀虫剂 | GB 23200.113、NY/T 761 |
| 8 | 福美双 | 5 | 杀菌剂 | SN 0157（参照） |
| 9 | 腐霉利 | 5 | 杀菌剂 | GB 23200.113、GB 23200.8、NY/T 761 |
| 10 | 甲氨基阿维菌素苯甲酸盐 | 0.05 | 杀虫剂 | GB/T 20769 |
| 11 | 乐果 | 0.5* | 杀虫剂 | GB 23200.113、GB/T 5009.145、GB/T 20769、NY/T 761 |
| 12 | 氯氟氰菊酯和高效氯氟氰菊酯 | 0.5 | 杀虫剂 | GB 23200.113、GB/T 5009.146、NY/T 761 |
| 13 | 氯菊酯 | 0.1 | 杀虫剂 | GB 23200.113 |
| 14 | 氯氰菊酯和高效氯氰菊酯 | 0.5 | 杀虫剂 | GB 23200.113、GB 23200.8、GB/T 5009.146、NY/T 761 |
| 15 | 马拉硫磷 | 0.5 | 杀虫剂 | GB 23200.113、GB 23200.8、GB/T 20769、NY/T 761 |
| 16 | 咪鲜胺和咪鲜胺锰盐 | 2 | 杀菌剂 | NY/T 1456 |
| 17 | 氰戊菊酯和 S-氰戊菊酯 | 0.2 | 杀虫剂 | GB 23200.113 |

（续）

| 序号 | 农药中文名 | 最大残留限量（mg/kg） | 农药主要用途 | 检测方法 |
|---|---|---|---|---|
| 18 | 噻菌灵 | 5 | 杀菌剂 | GB/T 20769、NY/T 1453、NY/T 1680 |
| 19 | 双甲脒 | 0.5 | 杀螨剂 | GB/T 5009.143 |
| 20 | 五氯硝基苯 | 0.1 | 杀菌剂 | GB 23200.113 |
| 21 | 溴氰菊酯 | 0.2 | 杀虫剂 | GB 23200.113、NY/T 761 |
| 22 | 灭蝇胺 | 7 | 杀虫剂 | GB/T 20769 |
| 23 | 氟虫腈 | 0.02（干制蘑菇） | 杀虫剂 | NY/T 1379（参照） |

## 7.2 平菇

平菇中农药最大残留限量见表 7-2。

**表 7-2 平菇中农药最大残留限量**

| 序号 | 农药中文名 | 最大残留限量（mg/kg） | 农药主要用途 | 检测方法 |
|---|---|---|---|---|
| 1 | 2,4-滴和 2,4-滴钠盐 | 0.1 | 除草剂 | GB/T 5009.175 |
| 2 | 百菌清 | 5 | 杀菌剂 | GB/T 5009.105、NY/T 761 |
| 3 | 苯菌酮 | 0.5* | 杀菌剂 | 无指定 |
| 4 | 除虫脲 | 0.3 | 杀虫剂 | GB/T 5009.147、NY/T 1720（参照） |
| 5 | 代森锰锌 | 5 | 杀菌剂 | SN 0157（参照） |
| 6 | 氟氯氰菊酯和高效氟氯氰菊酯 | 0.3 | 杀虫剂 | GB 23200.113、GB 23200.8、GB/T 5009.146、NY/T 761 |
| 7 | 氰戊菊酯 | 0.2 | 杀虫剂 | GB 23200.113、NY/T 761 |
| 8 | 福美双 | 5 | 杀菌剂 | SN 0157（参照） |
| 9 | 腐霉利 | 5 | 杀菌剂 | GB 23200.113、GB 23200.8、NY/T 761 |
| 10 | 甲氨基阿维菌素苯甲酸盐 | 0.05 | 杀虫剂 | GB/T 20769 |
| 11 | 乐果 | 0.5* | 杀虫剂 | GB 23200.113、GB/T 5009.145、GB/T 20769、NY/T 761 |
| 12 | 氯氟氰菊酯和高效氯氟氰菊酯 | 0.5 | 杀虫剂 | GB 23200.113、GB/T 5009.146、NY/T 761 |

（续）

| 序号 | 农药中文名 | 最大残留限量（mg/kg） | 农药主要用途 | 检测方法 |
| --- | --- | --- | --- | --- |
| 13 | 氯菊酯 | 0.1 | 杀虫剂 | GB 23200.113 |
| 14 | 氯氰菊酯和高效氯氰菊酯 | 0.5 | 杀虫剂 | GB 23200.113、GB 23200.8、GB/T 5009.146、NY/T 761 |
| 15 | 马拉硫磷 | 0.5 | 杀虫剂 | GB 23200.113、GB 23200.8、GB/T 20769、NY/T 761 |
| 16 | 咪鲜胺和咪鲜胺锰盐 | 2 | 杀菌剂 | NY/T 1456 |
| 17 | 氰戊菊酯和 S-氰戊菊酯 | 0.2 | 杀虫剂 | GB 23200.113 |
| 18 | 噻菌灵 | 5 | 杀菌剂 | GB/T 20769、NY/T 1453、NY/T 1680 |
| 19 | 双甲脒 | 0.5 | 杀螨剂 | GB/T 5009.143 |
| 20 | 五氯硝基苯 | 0.1 | 杀菌剂 | GB 23200.113 |
| 21 | 溴氰菊酯 | 0.2 | 杀虫剂 | GB 23200.113、NY/T 761 |
| 22 | 灭蝇胺 | 1 | 杀虫剂 | GB/T 20769 |
| 23 | 氟虫腈 | 0.02 | 杀虫剂 | NY/T 1379（参照） |

# 8 调味料类

## 8.1 芫荽

芫荽中农药最大残留限量见表8-1。

**表8-1 芫荽中农药最大残留限量**

| 序号 | 农药中文名 | 最大残留限量（mg/kg） | 农药主要用途 | 检测方法 |
|---|---|---|---|---|
| 1 | 敌敌畏 | 0.1 | 杀虫剂 | GB 23200.113（参照） |
| 2 | 磷化氢 | 0.01 | 杀虫剂 | GB/T 5009.36（参照） |
| 3 | 乙拌磷 | 0.05 | 杀虫剂 | GB/T 20769（参照） |
| 4 | 乙烯菌核利 | 0.05 | 杀菌剂 | 无指定 |
| 5 | 保棉磷 | 0.5 | 杀虫剂 | SN/T 1739（参照） |
| 6 | 乙酰甲胺磷 | 0.2 | 杀虫剂 | 无指定 |
| 7 | 氯菊酯 | 0.05 | 杀虫剂 | GB 23200.113（参照） |

## 8.2 薄荷

薄荷中农药最大残留限量见表8-2。

**表8-2 薄荷中农药最大残留限量**

| 序号 | 农药中文名 | 最大残留限量（mg/kg） | 农药主要用途 | 检测方法 |
|---|---|---|---|---|
| 1 | 敌敌畏 | 0.1 | 杀虫剂 | GB 23200.113（参照） |
| 2 | 磷化氢 | 0.01 | 杀虫剂 | GB/T 5009.36（参照） |
| 3 | 乙拌磷 | 0.05 | 杀虫剂 | GB/T 20769（参照） |
| 4 | 乙烯菌核利 | 0.05 | 杀菌剂 | 无指定 |
| 5 | 保棉磷 | 0.5 | 杀虫剂 | SN/T 1739（参照） |
| 6 | 乙酰甲胺磷 | 0.2 | 杀虫剂 | 无指定 |
| 7 | 氯菊酯 | 0.05 | 杀虫剂 | GB 23200.113（参照） |

（续）

| 序号 | 农药中文名 | 最大残留限量（mg/kg） | 农药主要用途 | 检测方法 |
|---|---|---|---|---|
| 8 | 虫酰肼 | 20 | 杀虫剂 | GB 23200.34、GB/T 20770（参照） |
| 9 | 联苯肼酯 | 40 | 杀螨剂 | GB 23200.34（参照） |
| 10 | 氯虫苯甲酰胺 | 15* | 杀虫剂 | 无指定 |
| 11 | 灭草松 | 0.1 | 除草剂 | 无指定 |
| 12 | 灭多威 | 0.5 | 杀虫剂 | GB 23200.112 |
| 13 | 噻虫胺 | 0.3 | 杀虫剂 | GB 23200.39 |
| 14 | 噻虫嗪 | 1.5 | 杀虫剂 | GB 23200.11（参照） |
| 15 | 乙螨唑 | 15 | 杀螨剂 | GB 23200.113 |
| 16 | 茚虫威 | 15 | 杀虫剂 | GB/T 20770（参照） |

## 8.3　罗勒

罗勒中农药最大残留限量见表 8-3。

**表 8-3　罗勒中农药最大残留限量**

| 序号 | 农药中文名 | 最大残留限量（mg/kg） | 农药主要用途 | 检测方法 |
|---|---|---|---|---|
| 1 | 敌敌畏 | 0.1 | 杀虫剂 | GB 23200.113（参照） |
| 2 | 磷化氢 | 0.01 | 杀虫剂 | GB/T 5009.36（参照） |
| 3 | 乙拌磷 | 0.05 | 杀虫剂 | GB/T 20769（参照） |
| 4 | 乙烯菌核利 | 0.05 | 杀菌剂 | 无指定 |
| 5 | 保棉磷 | 0.5 | 杀虫剂 | SN/T 1739（参照） |
| 6 | 乙酰甲胺磷 | 0.2 | 杀虫剂 | 无指定 |
| 7 | 氯菊酯 | 0.05 | 杀虫剂 | GB 23200.113 |
| 8 | 咯菌腈 | 9 | 杀菌剂 | GB 23200.113 |
| 9 | 嘧菌环胺 | 40 | 杀菌剂 | GB 23200.113 |

## 8.4　干辣椒

干辣椒中农药最大残留限量见表 8-4。

## 表 8-4 干辣椒中农药最大残留限量

| 序号 | 农药中文名 | 最大残留限量（mg/kg） | 农药主要用途 | 检测方法 |
| --- | --- | --- | --- | --- |
| 1 | 敌敌畏 | 0.1 | 杀虫剂 | GB 23200.113（参照） |
| 2 | 磷化氢 | 0.01 | 杀虫剂 | GB/T 5009.36（参照） |
| 3 | 乙拌磷 | 0.05 | 杀虫剂 | GB/T 20769（参照） |
| 4 | 乙烯菌核利 | 0.05 | 杀菌剂 | 无指定 |
| 5 | 阿维菌素 | 0.2 | 杀虫剂 | GB 23200.19（参照） |
| 6 | 百菌清 | 70 | 杀菌剂 | SN/T 2320（参照） |
| 7 | 保棉磷 | 10 | 杀虫剂 | SN/T 1739（参照） |
| 8 | 苯氟磺胺 | 20 | 杀菌剂 | SN/T 2320（参照） |
| 9 | 苯菌酮 | 20* | 杀菌剂 | 无指定 |
| 10 | 苯醚甲环唑 | 5 | 杀菌剂 | GB 23200.113（参照） |
| 11 | 吡虫啉 | 10 | 杀虫剂 | GB/T 20769（参照） |
| 12 | 吡噻菌胺 | 14* | 杀菌剂 | 无指定 |
| 13 | 丙溴磷 | 20 | 杀虫剂 | GB 23200.113（参照） |
| 14 | 虫酰肼 | 10 | 杀虫剂 | GB 23200.34、GB/T 20770（参照） |
| 15 | 除虫菊素 | 0.5 | 杀虫剂 | GB/T 20769（参照） |
| 16 | 除虫脲 | 20 | 杀虫剂 | GB/T 5009.147（参照） |
| 17 | 代森联 | 20 | 杀菌剂 | SN 0157（参照） |
| 18 | 代森锰锌 | 20 | 杀菌剂 | SN/T 1541（参照） |
| 19 | 代森锌 | 20 | 杀菌剂 | SN/T 1541（参照） |
| 20 | 敌草腈 | 0.01* | 除草剂 | 无指定 |
| 21 | 敌螨普 | 2* | 杀菌剂 | 无指定 |
| 22 | 啶虫脒 | 2 | 杀虫剂 | GB/T 23584（参照） |
| 23 | 啶酰菌胺 | 10 | 杀菌剂 | GB/T 20769（参照） |
| 24 | 多菌灵 | 20 | 杀菌剂 | GB/T 20770（参照） |
| 25 | 二嗪磷 | 0.5 | 杀虫剂 | GB 23200.113（参照） |
| 26 | 粉唑醇 | 10 | 杀菌剂 | GB/T 20769（参照） |
| 27 | 呋虫胺 | 5 | 杀虫剂 | GB 23200.37（参照） |
| 28 | 氟苯虫酰胺 | 7* | 杀虫剂 | 无指定 |

（续）

| 序号 | 农药中文名 | 最大残留限量（mg/kg） | 农药主要用途 | 检测方法 |
|---|---|---|---|---|
| 29 | 氟吡菌胺 | 7* | 杀菌剂 | 无指定 |
| 30 | 氟啶虫胺腈 | 15* | 杀虫剂 | 无指定 |
| 31 | 氟氯氰菊酯和高效氟氯氰菊酯 | 1 | 杀虫剂 | GB 23200.113（参照） |
| 32 | 氟唑菌酰胺 | 6* | 杀菌剂 | 无指定 |
| 33 | 咯菌腈 | 4 | 杀菌剂 | GB 23200.113（参照） |
| 34 | 甲氨基阿维菌素苯甲酸盐 | 0.2 | 杀虫剂 | GB/T 20769（参照） |
| 35 | 甲苯氟磺胺 | 20 | 杀菌剂 | GB 23200.8（参照） |
| 36 | 甲氰菊酯 | 10 | 杀虫剂 | GB 23200.113（参照） |
| 37 | 腈苯唑 | 2 | 杀菌剂 | GB 23200.113（参照） |
| 38 | 腈菌唑 | 20 | 杀菌剂 | GB 23200.113（参照） |
| 39 | 抗蚜威 | 20 | 杀虫剂 | GB 23200.113（参照） |
| 40 | 喹氧灵 | 10* | 杀菌剂 | GB 23200.113（参照） |
| 41 | 乐果 | 3* | 杀虫剂 | GB 23200.113（参照） |
| 42 | 联苯菊酯 | 5 | 杀虫/杀螨剂 | GB 23200.113（参照） |
| 43 | 螺虫乙酯 | 15* | 杀虫剂 | 无指定 |
| 44 | 氯苯嘧啶醇 | 5 | 杀菌剂 | GB 23200.113（参照） |
| 45 | 氯虫苯甲酰胺 | 5* | 杀虫剂 | 无指定 |
| 46 | 氯氟氰菊酯和高效氯氟氰菊酯 | 3 | 杀虫剂 | GB 23200.113（参照） |
| 47 | 氯菊酯 | 10 | 杀虫剂 | GB 23200.113（参照） |
| 48 | 氯氰菊酯和高效氯氰菊酯 | 10 | 杀虫剂 | GB 23200.113（参照） |
| 49 | 马拉硫磷 | 1 | 杀虫剂 | GB 23200.113（参照） |
| 50 | 咪唑菌酮 | 30 | 杀菌剂 | GB 23200.113（参照） |
| 51 | 嘧菌环胺 | 9 | 杀菌剂 | GB 23200.113（参照） |
| 52 | 嘧菌酯 | 30 | 杀菌剂 | GB 23200.11（参照） |
| 53 | 灭蝇胺 | 10 | 杀虫剂 | NY/T 1725（参照） |
| 54 | 氰氟虫腙 | 6* | 杀虫剂 | 无指定 |
| 55 | 噻虫胺 | 0.5 | 杀虫剂 | GB 23200.39（参照） |

（续）

| 序号 | 农药中文名 | 最大残留限量（mg/kg） | 农药主要用途 | 检测方法 |
|---|---|---|---|---|
| 56 | 噻虫嗪 | 7 | 杀虫剂 | GB 23200.11（参照） |
| 57 | 噻嗪酮 | 10 | 杀虫剂 | GB/T 20769（参照） |
| 58 | 三环锡 | 5 | 杀螨剂 | SN/T 4558（参照） |
| 59 | 三唑醇 | 5 | 杀菌剂 | GB 23200.113（参照） |
| 60 | 三唑酮 | 5 | 杀菌剂 | GB 23200.113（参照） |
| 61 | 双炔酰菌胺 | 10* | 杀菌剂 | 无指定 |
| 62 | 霜霉威和霜霉威盐酸盐 | 10 | 杀菌剂 | SN 0685（参照） |
| 63 | 五氯硝基苯 | 0.1 | 杀菌剂 | GB 23200.113（参照） |
| 64 | 戊唑醇 | 10 | 杀菌剂 | GB 23200.113、GB 23200.8、GB/T 20769（参照） |
| 65 | 烯酰吗啉 | 5 | 杀菌剂 | GB/T 20769（参照） |
| 66 | 溴氰虫酰胺 | 5* | 杀虫剂 | 无指定 |
| 67 | 乙烯利 | 50 | 植物生长调节剂 | GB 23200.16（参照） |
| 68 | 乙酰甲胺磷 | 50 | 杀虫剂 | 无指定 |
| 69 | 增效醚 | 20 | 增效剂 | GB 23200.113、GB 23200.8（参照） |
| 70 | 唑螨酯 | 1 | 杀螨剂 | GB/T 20769（参照） |

## 8.5　花椒

花椒中农药最大残留限量见表 8－5。

**表 8－5　花椒中农药最大残留限量**

| 序号 | 农药中文名 | 最大残留限量（mg/kg） | 农药主要用途 | 检测方法 |
|---|---|---|---|---|
| 1 | 敌敌畏 | 0.1 | 杀虫剂 | GB 23200.113（参照） |
| 2 | 磷化氢 | 0.01 | 杀虫剂 | GB/T 5009.36（参照） |
| 3 | 乙拌磷 | 0.05 | 杀虫剂 | GB/T 20769（参照） |
| 4 | 乙烯菌核利 | 0.05 | 杀菌剂 | 无指定 |
| 5 | 丙溴磷 | 0.07 | 杀虫剂 | GB 23200.113（参照） |
| 6 | 丁硫克百威 | 0.07 | 杀虫剂 | GB 23200.33（参照） |

（续）

| 序号 | 农药中文名 | 最大残留限量（mg/kg） | 农药主要用途 | 检测方法 |
|---|---|---|---|---|
| 7 | 毒死蜱 | 1 | 杀虫剂 | GB 23200.113（参照） |
| 8 | 多菌灵 | 0.1 | 杀菌剂 | GB/T 20770（参照） |
| 9 | 二嗪磷 | 0.1 | 杀虫剂 | GB 23200.113（参照） |
| 10 | 伏杀硫磷 | 2 | 杀虫剂 | GB 23200.113（参照） |
| 11 | 氟氯氰菊酯和高效氟氯氰菊酯 | 0.03 | 杀虫剂 | GB 23200.113（参照） |
| 12 | 甲拌磷 | 0.1 | 杀虫剂 | GB 23200.113（参照） |
| 13 | 甲基嘧啶磷 | 0.5 | 杀虫剂 | GB 23200.113（参照） |
| 14 | 甲硫威 | 0.07 | 杀软体动物剂 | 无指定 |
| 15 | 乐果 | 0.5* | 杀虫剂 | GB 23200.113（参照） |
| 16 | 联苯菊酯 | 0.03 | 杀虫/杀螨剂 | GB 23200.113（参照） |
| 17 | 硫丹 | 5 | 杀虫剂 | GB/T 5009.19 |
| 18 | 氯氰菊酯和高效氯氰菊酯 | 0.1 | 杀虫剂 | GB 23200.113（参照） |
| 19 | 马拉硫磷 | 1 | 杀虫剂 | GB 23200.113（参照） |
| 20 | 灭多威 | 0.07 | 杀虫剂 | GB 23200.112（参照） |
| 21 | 氰戊菊酯和S-氰戊菊酯 | 0.03 | 杀虫剂 | GB 23200.113（参照） |
| 22 | 三唑磷 | 0.07 | 杀虫剂 | GB 23200.113（参照） |
| 23 | 杀螟硫磷 | 1 | 杀虫剂 | GB 23200.113（参照） |
| 24 | 杀线威 | 0.07 | 杀虫剂 | 无指定 |
| 25 | 涕灭威 | 0.07 | 杀虫剂 | SN/T 2441（参照） |
| 26 | 五氯硝基苯 | 0.02 | 杀菌剂 | GB 23200.113（参照） |
| 27 | 溴氰菊酯 | 0.03 | 杀虫剂 | GB 23200.113（参照） |
| 28 | 氧乐果 | 0.01 | 杀虫剂 | GB 23200.113（参照） |
| 29 | 乙硫磷 | 5 | 杀虫剂 | GB 23200.113（参照） |
| 30 | 保棉磷 | 0.5 | 杀虫剂 | SN/T 1739（参照） |
| 31 | 乙酰甲胺磷 | 0.2 | 杀虫剂 | 无指定 |
| 32 | 氯菊酯 | 0.05 | 杀虫剂 | GB 23200.113（参照） |

## 8.6 胡椒

胡椒中农药最大残留限量见表8-6。

**表 8-6　胡椒中农药最大残留限量**

| 序号 | 农药中文名 | 最大残留限量（mg/kg） | 农药主要用途 | 检测方法 |
|---|---|---|---|---|
| 1 | 敌敌畏 | 0.1 | 杀虫剂 | GB 23200.113（参照） |
| 2 | 磷化氢 | 0.01 | 杀虫剂 | GB/T 5009.36（参照） |
| 3 | 乙拌磷 | 0.05 | 杀虫剂 | GB/T 20769（参照） |
| 4 | 乙烯菌核利 | 0.05 | 杀菌剂 | 无指定 |
| 5 | 丙溴磷 | 0.07 | 杀虫剂 | GB 23200.113（参照） |
| 6 | 丁硫克百威 | 0.07 | 杀虫剂 | GB 23200.33（参照） |
| 7 | 毒死蜱 | 1 | 杀虫剂 | GB 23200.113（参照） |
| 8 | 多菌灵 | 0.1 | 杀菌剂 | GB/T 20770（参照） |
| 9 | 二嗪磷 | 0.1 | 杀虫剂 | GB 23200.113（参照） |
| 10 | 伏杀硫磷 | 2 | 杀虫剂 | GB 23200.113（参照） |
| 11 | 氟氯氰菊酯和高效氟氯氰菊酯 | 0.03 | 杀虫剂 | GB 23200.113（参照） |
| 12 | 甲拌磷 | 0.1 | 杀虫剂 | GB 23200.113（参照） |
| 13 | 甲基嘧啶磷 | 0.5 | 杀虫剂 | GB 23200.113（参照） |
| 14 | 甲硫威 | 0.07 | 杀软体动物剂 | 无指定 |
| 15 | 乐果 | 0.5* | 杀虫剂 | GB 23200.113（参照） |
| 16 | 联苯菊酯 | 0.03 | 杀虫/杀螨剂 | GB 23200.113（参照） |
| 17 | 硫丹 | 5 | 杀虫剂 | GB/T 5009.19 |
| 18 | 氯氰菊酯和高效氯氰菊酯 | 0.1 | 杀虫剂 | GB 23200.113（参照） |
| 19 | 马拉硫磷 | 1 | 杀虫剂 | GB 23200.113（参照） |
| 20 | 灭多威 | 0.07 | 杀虫剂 | GB 23200.112（参照） |
| 21 | 氰戊菊酯和S-氰戊菊酯 | 0.03 | 杀虫剂 | GB 23200.113（参照） |
| 22 | 三唑磷 | 0.07 | 杀虫剂 | GB 23200.113（参照） |
| 23 | 杀螟硫磷 | 1 | 杀虫剂 | GB 23200.113（参照） |
| 24 | 杀线威 | 0.07 | 杀虫剂 | 无指定 |
| 25 | 涕灭威 | 0.07 | 杀虫剂 | GB 23200.112（参照） |
| 26 | 五氯硝基苯 | 0.02 | 杀菌剂 | GB 23200.113（参照） |
| 27 | 溴氰菊酯 | 0.03 | 杀虫剂 | GB 23200.113（参照） |
| 28 | 氧乐果 | 0.01 | 杀虫剂 | GB 23200.113（参照） |
| 29 | 乙硫磷 | 5 | 杀虫剂 | GB 23200.113（参照） |

（续）

| 序号 | 农药中文名 | 最大残留限量（mg/kg） | 农药主要用途 | 检测方法 |
| --- | --- | --- | --- | --- |
| 30 | 保棉磷 | 0.5 | 杀虫剂 | SN/T 1739（参照） |
| 31 | 乙酰甲胺磷 | 0.2 | 杀虫剂 | 无指定 |
| 32 | 氯菊酯 | 0.05 | 杀虫剂 | GB 23200.113（参照） |
| 33 | 阿维菌素 | 0.05 | 杀虫剂 | GB 23200.19（参照） |
| 34 | 丙森锌 | 0.1 | 杀菌剂 | SN 0157、SN/T 1541（参照） |
| 35 | 代森铵 | 0.1 | 杀菌剂 | SN 0157、SN/T 1541（参照） |
| 36 | 代森联 | 0.1 | 杀菌剂 | SN 0157（参照） |
| 37 | 代森锰锌 | 0.1 | 杀菌剂 | SN/T 1541（参照） |
| 38 | 代森锌 | 0.1 | 杀菌剂 | SN/T 1541（参照） |
| 39 | 福美双 | 0.1 | 杀菌剂 | SN/T 1541（参照） |
| 40 | 福美锌 | 0.1 | 杀菌剂 | SN/T 1541（参照） |
| 41 | 咪鲜胺和咪鲜胺锰盐 | 10 [仅胡椒(黑、白)] | 杀菌剂 | NY/T 1456（参照） |

注：胡椒（黑、白）照此执行。

## 8.7　豆蔻

豆蔻中农药最大残留限量见表 8－7。

**表 8－7　豆蔻中农药最大残留限量**

| 序号 | 农药中文名 | 最大残留限量（mg/kg） | 农药主要用途 | 检测方法 |
| --- | --- | --- | --- | --- |
| 1 | 敌敌畏 | 0.1 | 杀虫剂 | GB 23200.113（参照） |
| 2 | 磷化氢 | 0.01 | 杀虫剂 | GB/T 5009.36（参照） |
| 3 | 乙拌磷 | 0.05 | 杀虫剂 | GB/T 20769（参照） |
| 4 | 乙烯菌核利 | 0.05 | 杀菌剂 | 无指定 |
| 5 | 丙溴磷 | 0.07 | 杀虫剂 | GB 23200.113（参照） |
| 6 | 丁硫克百威 | 0.07 | 杀虫剂 | GB 23200.33（参照） |
| 7 | 毒死蜱 | 1 | 杀虫剂 | GB 23200.113（参照） |
| 8 | 多菌灵 | 0.1 | 杀菌剂 | GB/T 20770（参照） |
| 9 | 二嗪磷 | 0.1 | 杀虫剂 | GB 23200.113（参照） |
| 10 | 伏杀硫磷 | 2 | 杀虫剂 | GB 23200.113（参照） |

（续）

| 序号 | 农药中文名 | 最大残留限量（mg/kg） | 农药主要用途 | 检测方法 |
|---|---|---|---|---|
| 11 | 氟氯氰菊酯和高效氟氯氰菊酯 | 0.03 | 杀虫剂 | GB 23200.113（参照） |
| 12 | 甲拌磷 | 0.1 | 杀虫剂 | GB 23200.113（参照） |
| 13 | 甲基嘧啶磷 | 0.5 | 杀虫剂 | GB 23200.113（参照） |
| 14 | 甲硫威 | 0.07 | 杀软体动物剂 | 无指定 |
| 15 | 乐果 | 0.5* | 杀虫剂 | GB 23200.113（参照） |
| 16 | 联苯菊酯 | 0.03 | 杀虫/杀螨剂 | GB 23200.113（参照） |
| 17 | 硫丹 | 5 | 杀虫剂 | GB/T 5009.19 |
| 18 | 氯氰菊酯和高效氯氰菊酯 | 0.1 | 杀虫剂 | GB 23200.113（参照） |
| 19 | 马拉硫磷 | 1 | 杀虫剂 | GB 23200.113（参照） |
| 20 | 灭多威 | 0.07 | 杀虫剂 | GB 23200.112（参照） |
| 21 | 氰戊菊酯和S-氰戊菊酯 | 0.03 | 杀虫剂 | GB 23200.113（参照） |
| 22 | 三唑磷 | 0.07 | 杀虫剂 | GB 23200.113（参照） |
| 23 | 杀螟硫磷 | 1 | 杀虫剂 | GB 23200.113（参照） |
| 24 | 杀线威 | 0.07 | 杀虫剂 | 无指定 |
| 25 | 涕灭威 | 0.07 | 杀虫剂 | GB 23200.112（参照） |
| 26 | 五氯硝基苯 | 0.02 | 杀菌剂 | GB 23200.113（参照） |
| 27 | 溴氰菊酯 | 0.03 | 杀虫剂 | GB 23200.113（参照） |
| 28 | 氧乐果 | 0.01 | 杀虫剂 | GB 23200.113（参照） |
| 29 | 乙硫磷 | 5 | 杀虫剂 | GB 23200.113（参照） |
| 30 | 保棉磷 | 0.5 | 杀虫剂 | SN/T 1739（参照） |
| 31 | 乙酰甲胺磷 | 0.2 | 杀虫剂 | 无指定 |
| 32 | 氯菊酯 | 0.05 | 杀虫剂 | GB 23200.113（参照） |
| 33 | 丙森锌 | 0.1 | 杀菌剂 | SN 0157、SN/T 1541（参照） |
| 34 | 代森铵 | 0.1 | 杀菌剂 | SN 0157、SN/T 1541（参照） |
| 35 | 代森联 | 0.1 | 杀菌剂 | SN 0157（参照） |
| 36 | 代森锰锌 | 0.1 | 杀菌剂 | SN/T 1541（参照） |
| 37 | 代森锌 | 0.1 | 杀菌剂 | SN/T 1541（参照） |
| 38 | 福美双 | 0.1 | 杀菌剂 | SN/T 1541（参照） |
| 39 | 福美锌 | 0.1 | 杀菌剂 | SN/T 1541（参照） |

## 8.8 孜然

孜然中农药最大残留限量见表 8-8。

**表 8-8 孜然中农药最大残留限量**

| 序号 | 农药中文名 | 最大残留限量 (mg/kg) | 农药 主要用途 | 检测方法 |
|---|---|---|---|---|
| 1 | 敌敌畏 | 0.1 | 杀虫剂 | GB 23200.113（参照） |
| 2 | 磷化氢 | 0.01 | 杀虫剂 | GB/T 5009.36（参照） |
| 3 | 乙拌磷 | 0.05 | 杀虫剂 | GB/T 20769（参照） |
| 4 | 乙烯菌核利 | 0.05 | 杀菌剂 | 无指定 |
| 5 | 丙溴磷 | 0.07 | 杀虫剂 | GB 23200.113（参照） |
| 6 | 丁硫克百威 | 0.07 | 杀虫剂 | GB 23200.33（参照） |
| 7 | 毒死蜱 | 1 | 杀虫剂 | GB 23200.113（参照） |
| 8 | 多菌灵 | 0.1 | 杀菌剂 | GB/T 20770（参照） |
| 9 | 二嗪磷 | 0.1 | 杀虫剂 | GB 23200.113（参照） |
| 10 | 伏杀硫磷 | 2 | 杀虫剂 | GB 23200.113（参照） |
| 11 | 氟氯氰菊酯和高效氟氯氰菊酯 | 0.03 | 杀虫剂 | GB 23200.113（参照） |
| 12 | 甲拌磷 | 0.1 | 杀虫剂 | GB 23200.113（参照） |
| 13 | 甲基嘧啶磷 | 0.5 | 杀虫剂 | GB 23200.113（参照） |
| 14 | 甲硫威 | 0.07 | 杀软体动物剂 | 无指定 |
| 15 | 乐果 | 0.5* | 杀虫剂 | GB 23200.113（参照） |
| 16 | 联苯菊酯 | 0.03 | 杀虫/杀螨剂 | GB 23200.113（参照） |
| 17 | 硫丹 | 5 | 杀虫剂 | GB/T 5009.19 |
| 18 | 氯氰菊酯和高效氯氰菊酯 | 0.1 | 杀虫剂 | GB 23200.113（参照） |
| 19 | 马拉硫磷 | 1 | 杀虫剂 | GB 23200.113（参照） |
| 20 | 灭多威 | 0.07 | 杀虫剂 | GB 23200.112（参照） |
| 21 | 氰戊菊酯和S-氰戊菊酯 | 0.03 | 杀虫剂 | GB 23200.113（参照） |
| 22 | 三唑磷 | 0.07 | 杀虫剂 | GB 23200.113（参照） |
| 23 | 杀螟硫磷 | 1 | 杀虫剂 | GB 23200.113（参照） |
| 24 | 杀线威 | 0.07 | 杀虫剂 | 无指定 |
| 25 | 涕灭威 | 0.07 | 杀虫剂 | GB 23200.112（参照） |

（续）

| 序号 | 农药中文名 | 最大残留限量（mg/kg） | 农药主要用途 | 检测方法 |
|---|---|---|---|---|
| 26 | 五氯硝基苯 | 0.02 | 杀菌剂 | GB 23200.113（参照） |
| 27 | 溴氰菊酯 | 0.03 | 杀虫剂 | GB 23200.113（参照） |
| 28 | 氧乐果 | 0.01 | 杀虫剂 | GB 23200.113（参照） |
| 29 | 乙硫磷 | 5 | 杀虫剂 | GB 23200.113（参照） |
| 30 | 保棉磷 | 0.5 | 杀虫剂 | SN/T 1739（参照） |
| 31 | 乙酰甲胺磷 | 0.2 | 杀虫剂 | 无指定 |
| 32 | 氯菊酯 | 0.05 | 杀虫剂 | GB 23200.113（参照） |
| 33 | 丙森锌 | 10 | 杀菌剂 | SN 0157、SN/T 1541（参照） |
| 34 | 代森铵 | 10 | 杀菌剂 | SN 0157、SN/T 1541（参照） |
| 35 | 代森联 | 10 | 杀菌剂 | SN 0157（参照） |
| 36 | 代森锰锌 | 10 | 杀菌剂 | SN/T 1541（参照） |
| 37 | 代森锌 | 10 | 杀菌剂 | SN/T 1541（参照） |
| 38 | 福美双 | 10 | 杀菌剂 | SN/T 1541（参照） |
| 39 | 福美锌 | 10 | 杀菌剂 | SN/T 1541（参照） |

## 8.9 小茴香籽

小茴香籽中农药最大残留限量见表 8－9。

**表 8－9 小茴香籽中农药最大残留限量**

| 序号 | 农药中文名 | 最大残留限量（mg/kg） | 农药主要用途 | 检测方法 |
|---|---|---|---|---|
| 1 | 敌敌畏 | 0.1 | 杀虫剂 | GB 23200.113（参照） |
| 2 | 磷化氢 | 0.01 | 杀虫剂 | GB/T 5009.36（参照） |
| 3 | 乙拌磷 | 0.05 | 杀虫剂 | GB/T 20769（参照） |
| 4 | 乙烯菌核利 | 0.05 | 杀菌剂 | 无指定 |
| 5 | 稻丰散 | 7 | 杀虫剂 | GB/T 5009.20（参照） |
| 6 | 毒死蜱 | 5 | 杀虫剂 | GB 23200.113（参照） |
| 7 | 二嗪磷 | 5 | 杀虫剂 | GB 23200.113（参照） |
| 8 | 伏杀硫磷 | 2 | 杀虫剂 | GB 23200.113（参照） |
| 9 | 甲拌磷 | 0.5 | 杀虫剂 | GB 23200.113（参照） |

（续）

| 序号 | 农药中文名 | 最大残留限量（mg/kg） | 农药主要用途 | 检测方法 |
|---|---|---|---|---|
| 10 | 甲基嘧啶磷 | 3 | 杀虫剂 | GB 23200.113（参照） |
| 11 | 甲霜灵和精甲霜灵 | 5 | 杀菌剂 | GB 23200.113（参照） |
| 12 | 抗蚜威 | 5 | 杀虫剂 | GB 23200.113（参照） |
| 13 | 乐果 | 5* | 杀虫剂 | GB 23200.113（参照） |
| 14 | 硫丹 | 1 | 杀虫剂 | GB/T 5009.19 |
| 15 | 马拉硫磷 | 2 | 杀虫剂 | GB 23200.113（参照） |
| 16 | 杀螟硫磷 | 7 | 杀虫剂 | GB 23200.113（参照） |
| 17 | 五氯硝基苯 | 0.1 | 杀菌剂 | GB 23200.113（参照） |
| 18 | 乙硫磷 | 3 | 杀虫剂 | GB 23200.113（参照） |
| 19 | 异菌脲 | 0.05 | 杀菌剂 | GB 23200.113（参照） |
| 20 | 保棉磷 | 0.5 | 杀虫剂 | SN/T 1739（参照） |
| 21 | 乙酰甲胺磷 | 0.2 | 杀虫剂 | 无指定 |
| 22 | 氯菊酯 | 0.05 | 杀虫剂 | GB 23200.113（参照） |
| 23 | 丙森锌 | 0.1 | 杀菌剂 | SN 0157、SN/T 1541（参照） |
| 24 | 代森铵 | 0.1 | 杀菌剂 | SN 0157、SN/T 1541（参照） |
| 25 | 代森联 | 0.1 | 杀菌剂 | SN 0157（参照） |
| 26 | 代森锰锌 | 0.1 | 杀菌剂 | SN/T 1541（参照） |
| 27 | 代森锌 | 0.1 | 杀菌剂 | SN/T 1541（参照） |
| 28 | 福美双 | 0.1 | 杀菌剂 | SN/T 1541（参照） |
| 29 | 福美锌 | 0.1 | 杀菌剂 | SN/T 1541（参照） |

## 8.10 芫荽籽

芫荽籽中农药最大残留限量见表8-10。

**表8-10 芫荽籽中农药最大残留限量**

| 序号 | 农药中文名 | 最大残留限量（mg/kg） | 农药主要用途 | 检测方法 |
|---|---|---|---|---|
| 1 | 敌敌畏 | 0.1 | 杀虫剂 | GB 23200.113（参照） |
| 2 | 磷化氢 | 0.01 | 杀虫剂 | GB/T 5009.36（参照） |
| 3 | 乙拌磷 | 0.05 | 杀虫剂 | GB/T 20769（参照） |

（续）

| 序号 | 农药中文名 | 最大残留限量（mg/kg） | 农药主要用途 | 检测方法 |
|---|---|---|---|---|
| 4 | 乙烯菌核利 | 0.05 | 杀菌剂 | 无指定 |
| 5 | 稻丰散 | 7 | 杀虫剂 | GB/T 5009.20（参照） |
| 6 | 毒死蜱 | 5 | 杀虫剂 | GB 23200.113（参照） |
| 7 | 二嗪磷 | 5 | 杀虫剂 | GB 23200.113（参照） |
| 8 | 伏杀硫磷 | 2 | 杀虫剂 | GB 23200.113（参照） |
| 9 | 甲拌磷 | 0.5 | 杀虫剂 | GB 23200.113（参照） |
| 10 | 甲基嘧啶磷 | 3 | 杀虫剂 | GB 23200.113（参照） |
| 11 | 甲霜灵和精甲霜灵 | 5 | 杀菌剂 | GB 23200.113（参照） |
| 12 | 抗蚜威 | 5 | 杀虫剂 | GB 23200.113（参照） |
| 13 | 乐果 | 5* | 杀虫剂 | GB 23200.113（参照） |
| 14 | 硫丹 | 1 | 杀虫剂 | GB/T 5009.19 |
| 15 | 马拉硫磷 | 2 | 杀虫剂 | GB 23200.113（参照） |
| 16 | 杀螟硫磷 | 7 | 杀虫剂 | GB 23200.113（参照） |
| 17 | 五氯硝基苯 | 0.1 | 杀菌剂 | GB 23200.113（参照） |
| 18 | 乙硫磷 | 3 | 杀虫剂 | GB 23200.113（参照） |
| 19 | 异菌脲 | 0.05 | 杀菌剂 | GB 23200.113（参照） |
| 20 | 保棉磷 | 0.5 | 杀虫剂 | SN/T 1739（参照） |
| 21 | 乙酰甲胺磷 | 0.2 | 杀虫剂 | 无指定 |
| 22 | 氯菊酯 | 0.05 | 杀虫剂 | GB 23200.113（参照） |
| 23 | 丙森锌 | 0.1 | 杀菌剂 | SN 0157、SN/T 1541（参照） |
| 24 | 代森铵 | 0.1 | 杀菌剂 | SN 0157、SN/T 1541（参照） |
| 25 | 代森联 | 0.1 | 杀菌剂 | SN 0157（参照） |
| 26 | 代森锰锌 | 0.1 | 杀菌剂 | SN/T 1541（参照） |
| 27 | 代森锌 | 0.1 | 杀菌剂 | SN/T 1541（参照） |
| 28 | 福美双 | 0.1 | 杀菌剂 | SN/T 1541（参照） |
| 29 | 福美锌 | 0.1 | 杀菌剂 | SN/T 1541（参照） |

## 8.11 芥末

芥末中农药最大残留限量见表 8-11。

**表 8-11 芥末中农药最大残留限量**

| 序号 | 农药中文名 | 最大残留限量（mg/kg） | 农药主要用途 | 检测方法 |
|---|---|---|---|---|
| 1 | 敌敌畏 | 0.1 | 杀虫剂 | GB 23200.113（参照） |
| 2 | 磷化氢 | 0.01 | 杀虫剂 | GB/T 5009.36（参照） |
| 3 | 乙拌磷 | 0.05 | 杀虫剂 | GB/T 20769（参照） |
| 4 | 乙烯菌核利 | 0.05 | 杀菌剂 | 无指定 |
| 5 | 稻丰散 | 7 | 杀虫剂 | GB/T 5009.20（参照） |
| 6 | 毒死蜱 | 5 | 杀虫剂 | GB 23200.113（参照） |
| 7 | 二嗪磷 | 5 | 杀虫剂 | GB 23200.113（参照） |
| 8 | 伏杀硫磷 | 2 | 杀虫剂 | GB 23200.113（参照） |
| 9 | 甲拌磷 | 0.5 | 杀虫剂 | GB 23200.113（参照） |
| 10 | 甲基嘧啶磷 | 3 | 杀虫剂 | GB 23200.113（参照） |
| 11 | 甲霜灵和精甲霜灵 | 5 | 杀菌剂 | GB 23200.113（参照） |
| 12 | 抗蚜威 | 5 | 杀虫剂 | GB 23200.113（参照） |
| 13 | 乐果 | 5* | 杀虫剂 | GB 23200.113（参照） |
| 14 | 硫丹 | 1 | 杀虫剂 | GB/T 5009.19 |
| 15 | 马拉硫磷 | 2 | 杀虫剂 | GB 23200.113（参照） |
| 16 | 杀螟硫磷 | 7 | 杀虫剂 | GB 23200.113（参照） |
| 17 | 五氯硝基苯 | 0.1 | 杀菌剂 | GB 23200.113（参照） |
| 18 | 乙硫磷 | 3 | 杀虫剂 | GB 23200.113（参照） |
| 19 | 异菌脲 | 0.05 | 杀菌剂 | GB 23200.113（参照） |
| 20 | 保棉磷 | 0.5 | 杀虫剂 | SN/T 1739（参照） |
| 21 | 乙酰甲胺磷 | 0.2 | 杀虫剂 | 无指定 |
| 22 | 氯菊酯 | 0.05 | 杀虫剂 | GB 23200.113（参照） |

## 8.12 八角茴香

八角茴香中农药最大残留限量见表 8-12。

**表 8-12 八角茴香中农药最大残留限量**

| 序号 | 农药中文名 | 最大残留限量（mg/kg） | 农药主要用途 | 检测方法 |
|---|---|---|---|---|
| 1 | 敌敌畏 | 0.1 | 杀虫剂 | GB 23200.113（参照） |
| 2 | 磷化氢 | 0.01 | 杀虫剂 | GB/T 5009.36（参照） |

（续）

| 序号 | 农药中文名 | 最大残留限量（mg/kg） | 农药主要用途 | 检测方法 |
|---|---|---|---|---|
| 3 | 乙拌磷 | 0.05 | 杀虫剂 | GB/T 20769（参照） |
| 4 | 乙烯菌核利 | 0.05 | 杀菌剂 | 无指定 |
| 5 | 稻丰散 | 7 | 杀虫剂 | GB/T 5009.20（参照） |
| 6 | 毒死蜱 | 5 | 杀虫剂 | GB 23200.113（参照） |
| 7 | 二嗪磷 | 5 | 杀虫剂 | GB 23200.113（参照） |
| 8 | 伏杀硫磷 | 2 | 杀虫剂 | GB 23200.113（参照） |
| 9 | 甲拌磷 | 0.5 | 杀虫剂 | GB 23200.113（参照） |
| 10 | 甲基嘧啶磷 | 3 | 杀虫剂 | GB 23200.113（参照） |
| 11 | 甲霜灵和精甲霜灵 | 5 | 杀菌剂 | GB 23200.113（参照） |
| 12 | 抗蚜威 | 5 | 杀虫剂 | GB 23200.113（参照） |
| 13 | 乐果 | 5* | 杀虫剂 | GB 23200.113（参照） |
| 14 | 硫丹 | 1 | 杀虫剂 | GB/T 5009.19 |
| 15 | 马拉硫磷 | 2 | 杀虫剂 | GB 23200.113（参照） |
| 16 | 杀螟硫磷 | 7 | 杀虫剂 | GB 23200.113（参照） |
| 17 | 五氯硝基苯 | 0.1 | 杀菌剂 | GB 23200.113（参照） |
| 18 | 乙硫磷 | 3 | 杀虫剂 | GB 23200.113（参照） |
| 19 | 异菌脲 | 0.05 | 杀菌剂 | GB 23200.113（参照） |
| 20 | 保棉磷 | 0.5 | 杀虫剂 | SN/T 1739（参照） |
| 21 | 乙酰甲胺磷 | 0.2 | 杀虫剂 | 无指定 |
| 22 | 氯菊酯 | 0.05 | 杀虫剂 | GB 23200.113（参照） |

## 8.13 山葵

山葵中农药最大残留限量见表 8－13。

**表 8－13 山葵中农药最大残留限量**

| 序号 | 农药中文名 | 最大残留限量（mg/kg） | 农药主要用途 | 检测方法 |
|---|---|---|---|---|
| 1 | 敌敌畏 | 0.1 | 杀虫剂 | GB 23200.113（参照） |
| 2 | 磷化氢 | 0.01 | 杀虫剂 | GB/T 5009.36（参照） |
| 3 | 乙拌磷 | 0.05 | 杀虫剂 | GB/T 20769（参照） |

（续）

| 序号 | 农药中文名 | 最大残留限量（mg/kg） | 农药主要用途 | 检测方法 |
|---|---|---|---|---|
| 4 | 乙烯菌核利 | 0.05 | 杀菌剂 | 无指定 |
| 5 | 丙溴磷 | 0.05 | 杀虫剂 | GB 23200.113（参照） |
| 6 | 丁硫克百威 | 0.1 | 杀虫剂 | GB 23200.33（参照） |
| 7 | 毒死蜱 | 1 | 杀虫剂 | GB 23200.113（参照） |
| 8 | 多菌灵 | 0.1 | 杀菌剂 | GB/T 20770（参照） |
| 9 | 二嗪磷 | 0.5 | 杀虫剂 | GB 23200.113（参照） |
| 10 | 伏杀硫磷 | 3 | 杀虫剂 | GB 23200.113（参照） |
| 11 | 氟氯氰菊酯和高效氟氯氰菊酯 | 0.05 | 杀虫剂 | GB 23200.113（参照） |
| 12 | 甲拌磷 | 0.1 | 杀虫剂 | GB 23200.113（参照） |
| 13 | 甲硫威 | 0.1 | 杀软体动物剂 | 无指定 |
| 14 | 克百威 | 0.1 | 杀虫剂 | GB 23200.112（参照） |
| 15 | 克菌丹 | 0.05 | 杀菌剂 | GB 23200.8（参照） |
| 16 | 乐果 | 0.1* | 杀虫剂 | GB 23200.113（参照） |
| 17 | 联苯菊酯 | 0.05 | 杀虫/杀螨剂 | GB 23300.113（参照） |
| 18 | 硫丹 | 0.5 | 杀虫剂 | GB/T 5009.19（参照） |
| 19 | 氯氰菊酯和高效氯氰菊酯 | 0.2 | 杀虫剂 | GB 23200.113（参照） |
| 20 | 马拉硫磷 | 0.5 | 杀虫剂 | GB 23200.113（参照） |
| 21 | 氰戊菊酯和S-氰戊菊酯 | 0.05 | 杀虫剂 | GB 23200.113（参照） |
| 22 | 三唑磷 | 0.1 | 杀虫剂 | GB 23200.113（参照） |
| 23 | 杀螟硫磷 | 0.1 | 杀虫剂 | GB 23200.113（参照） |
| 24 | 杀线威 | 0.05 | 杀虫剂 | 无指定 |
| 25 | 涕灭威 | 0.02 | 杀虫剂 | GB 23200.112（参照） |
| 26 | 五氯硝基苯 | 2 | 杀菌剂 | GB 23200.113（参照） |
| 27 | 溴氰菊酯 | 0.5 | 杀虫剂 | GB 23200.113（参照） |
| 28 | 氧乐果 | 0.05 | 杀虫剂 | GB 23200.113（参照） |
| 29 | 乙硫磷 | 0.3 | 杀虫剂 | GB 23200.113（参照） |
| 30 | 异菌脲 | 0.1 | 杀菌剂 | GB 23200.113（参照） |
| 31 | 保棉磷 | 0.5 | 杀虫剂 | SN/T 1739（参照） |
| 32 | 乙酰甲胺磷 | 0.2 | 杀虫剂 | 无指定 |
| 33 | 氯菊酯 | 0.5 | 杀虫剂 | GB 23200.113（参照） |

## 8.14 其他叶类调味料

其他叶类调味料中农药最大残留限量见表 8-14。

**表 8-14 其他叶类调味料中农药最大残留限量**

| 序号 | 农药中文名 | 最大残留限量 (mg/kg) | 农药主要用途 | 检测方法 |
|---|---|---|---|---|
| 1 | 敌敌畏 | 0.1 | 杀虫剂 | GB 23200.113（参照） |
| 2 | 磷化氢 | 0.01 | 杀虫剂 | GB/T 5009.36（参照） |
| 3 | 乙拌磷 | 0.05 | 杀虫剂 | GB/T 20769（参照） |
| 4 | 乙烯菌核利 | 0.05 | 杀菌剂 | 无指定 |
| 5 | 保棉磷 | 0.5 | 杀虫剂 | SN/T 1739（参照） |
| 6 | 乙酰甲胺磷 | 0.2 | 杀虫剂 | 无指定 |
| 7 | 氯菊酯 | 0.05 | 杀虫剂 | GB 23200.113（参照） |

## 8.15 其他果类调味料

其他果类调味料中农药最大残留限量见表 8-15。

**表 8-15 其他果类调味料中农药最大残留限量**

| 序号 | 农药中文名 | 最大残留限量 (mg/kg) | 农药主要用途 | 检测方法 |
|---|---|---|---|---|
| 1 | 敌敌畏 | 0.1 | 杀虫剂 | GB 23200.113（参照） |
| 2 | 磷化氢 | 0.01 | 杀虫剂 | GB/T 5009.36（参照） |
| 3 | 乙拌磷 | 0.05 | 杀虫剂 | GB/T 20769（参照） |
| 4 | 乙烯菌核利 | 0.05 | 杀菌剂 | 无指定 |
| 5 | 丙溴磷 | 0.07 | 杀虫剂 | GB 23200.113（参照） |
| 6 | 丁硫克百威 | 0.07 | 杀虫剂 | GB 23200.33（参照） |
| 7 | 毒死蜱 | 1 | 杀虫剂 | GB 23200.113（参照） |
| 8 | 多菌灵 | 0.1 | 杀菌剂 | GB/T 20770（参照） |
| 9 | 二嗪磷 | 0.1 | 杀虫剂 | GB 23200.113（参照） |
| 10 | 伏杀硫磷 | 2 | 杀虫剂 | GB 23200.113（参照） |
| 11 | 氟氯氰菊酯和高效氟氯氰菊酯 | 0.03 | 杀虫剂 | GB 23200.113（参照） |
| 12 | 甲拌磷 | 0.1 | 杀虫剂 | GB 23200.113（参照） |

（续）

| 序号 | 农药中文名 | 最大残留限量（mg/kg） | 农药主要用途 | 检测方法 |
|---|---|---|---|---|
| 13 | 甲基嘧啶磷 | 0.5 | 杀虫剂 | 无指定 |
| 14 | 甲硫威 | 0.07 | 杀软体动物剂 | GB 23200.112（参照） |
| 15 | 乐果 | 0.5* | 杀虫剂 | GB 23200.8（参照） |
| 16 | 联苯菊酯 | 0.03 | 杀虫/杀螨剂 | GB 23200.113（参照） |
| 17 | 硫丹 | 5 | 杀虫剂 | GB 23300.113（参照） |
| 18 | 氯氰菊酯和高效氯氰菊酯 | 0.1 | 杀虫剂 | GB/T 5009.19（参照） |
| 19 | 马拉硫磷 | 1 | 杀虫剂 | GB 23200.113（参照） |
| 20 | 灭多威 | 0.07 | 杀虫剂 | GB 23200.113（参照） |
| 21 | 氰戊菊酯和 S-氰戊菊酯 | 0.03 | 杀虫剂 | GB 23200.113（参照） |
| 22 | 三唑磷 | 0.07 | 杀虫剂 | GB 23200.113（参照） |
| 23 | 杀螟硫磷 | 1 | 杀虫剂 | GB 23200.113（参照） |
| 24 | 杀线威 | 0.07 | 杀虫剂 | 无指定 |
| 25 | 涕灭威 | 0.07 | 杀虫剂 | GB 23200.112（参照） |
| 26 | 五氯硝基苯 | 0.02 | 杀菌剂 | GB 23200.113（参照） |
| 27 | 溴氰菊酯 | 0.03 | 杀虫剂 | GB 23200.113（参照） |
| 28 | 氧乐果 | 0.01 | 杀虫剂 | GB 23200.113（参照） |
| 29 | 乙硫磷 | 5 | 杀虫剂 | GB 23200.113（参照） |
| 30 | 保棉磷 | 0.5 | 杀虫剂 | SN/T 1739（参照） |
| 31 | 乙酰甲胺磷 | 0.2 | 杀虫剂 | 无指定 |
| 32 | 氯菊酯 | 0.05 | 杀虫剂 | GB 23200.113（参照） |

## 8.16　其他种子类调味料

其他种子类调味料中农药最大残留限量见表 8-16。

**表 8-16　其他种子类调味料中农药最大残留限量**

| 序号 | 农药中文名 | 最大残留限量（mg/kg） | 农药主要用途 | 检测方法 |
|---|---|---|---|---|
| 1 | 敌敌畏 | 0.1 | 杀虫剂 | GB 23200.113（参照） |
| 2 | 磷化氢 | 0.01 | 杀虫剂 | GB/T 5009.36（参照） |
| 3 | 乙拌磷 | 0.05 | 杀虫剂 | GB/T 20769（参照） |
| 4 | 乙烯菌核利 | 0.05 | 杀菌剂 | 无指定 |

（续）

| 序号 | 农药中文名 | 最大残留限量（mg/kg） | 农药主要用途 | 检测方法 |
|---|---|---|---|---|
| 5 | 稻丰散 | 7 | 杀虫剂 | GB/T 5009.20（参照） |
| 6 | 毒死蜱 | 5 | 杀虫剂 | GB 23200.113（参照） |
| 7 | 二嗪磷 | 5 | 杀虫剂 | GB 23200.113（参照） |
| 8 | 伏杀硫磷 | 2 | 杀虫剂 | GB 23200.113（参照） |
| 9 | 甲拌磷 | 0.5 | 杀虫剂 | GB 23200.113（参照） |
| 10 | 甲基嘧啶磷 | 3 | 杀虫剂 | GB 23200.113（参照） |
| 11 | 甲霜灵和精甲霜灵 | 5 | 杀菌剂 | GB 23200.113（参照） |
| 12 | 抗蚜威 | 5 | 杀虫剂 | GB 23200.113（参照） |
| 13 | 乐果 | 5* | 杀虫剂 | GB 23200.113（参照） |
| 14 | 硫丹 | 1 | 杀虫剂 | GB/T 5009.19 |
| 15 | 马拉硫磷 | 2 | 杀虫剂 | GB 23200.113（参照） |
| 16 | 杀螟硫磷 | 7 | 杀虫剂 | GB 23200.113（参照） |
| 17 | 五氯硝基苯 | 0.1 | 杀菌剂 | GB 23200.113（参照） |
| 18 | 乙硫磷 | 3 | 杀虫剂 | GB 23200.113（参照） |
| 19 | 异菌脲 | 0.05 | 杀菌剂 | GB 23200.113（参照） |
| 20 | 保棉磷 | 0.5 | 杀虫剂 | SN/T 1739（参照） |
| 21 | 乙酰甲胺磷 | 0.2 | 杀虫剂 | 无指定 |
| 22 | 氯菊酯 | 0.05 | 杀虫剂 | GB 23200.113（参照） |

## 8.17 其他根茎类调味料

其他根茎类调味料中农药最大残留限量见表 8－17。

**表 8－17 其他根茎类调味料中农药最大残留限量**

| 序号 | 农药中文名 | 最大残留限量（mg/kg） | 农药主要用途 | 检测方法 |
|---|---|---|---|---|
| 1 | 敌敌畏 | 0.1 | 杀虫剂 | GB 23200.113（参照） |
| 2 | 磷化氢 | 0.01 | 杀虫剂 | GB/T 5009.36（参照） |
| 3 | 乙拌磷 | 0.05 | 杀虫剂 | GB/T 20769（参照） |
| 4 | 乙烯菌核利 | 0.05 | 杀菌剂 | 无指定 |
| 5 | 丙溴磷 | 0.05 | 杀虫剂 | GB 23200.113（参照） |

（续）

| 序号 | 农药中文名 | 最大残留限量（mg/kg） | 农药主要用途 | 检测方法 |
|---|---|---|---|---|
| 6 | 丁硫克百威 | 0.1 | 杀虫剂 | GB 23200.33（参照） |
| 7 | 毒死蜱 | 1 | 杀虫剂 | GB 23200.113（参照） |
| 8 | 多菌灵 | 0.1 | 杀菌剂 | GB/T 20770（参照） |
| 9 | 二嗪磷 | 0.5 | 杀虫剂 | GB 23200.113（参照） |
| 10 | 伏杀硫磷 | 3 | 杀虫剂 | GB 23200.113（参照） |
| 11 | 氟氯氰菊酯和高效氟氯氰菊酯 | 0.05 | 杀虫剂 | GB 23200.113（参照） |
| 12 | 甲拌磷 | 0.1 | 杀虫剂 | GB 23200.113（参照） |
| 13 | 甲硫威 | 0.1 | 杀软体动物剂 | 无指定 |
| 14 | 克百威 | 0.1 | 杀虫剂 | GB 23200.112（参照） |
| 15 | 克菌丹 | 0.05 | 杀菌剂 | GB 23200.8（参照） |
| 16 | 乐果 | 0.1* | 杀虫剂 | GB 23200.113（参照） |
| 17 | 联苯菊酯 | 0.05 | 杀虫/杀螨剂 | GB 23300.113（参照） |
| 18 | 硫丹 | 0.5 | 杀虫剂 | GB/T 5009.19（参照） |
| 19 | 氯氰菊酯和高效氯氰菊酯 | 0.2 | 杀虫剂 | GB 23200.113（参照） |
| 20 | 马拉硫磷 | 0.5 | 杀虫剂 | GB 23200.113（参照） |
| 21 | 氰戊菊酯和 S-氰戊菊酯 | 0.05 | 杀虫剂 | GB 23200.113（参照） |
| 22 | 三唑磷 | 0.1 | 杀虫剂 | GB 23200.113（参照） |
| 23 | 杀螟硫磷 | 0.1 | 杀虫剂 | GB 23200.113（参照） |
| 24 | 杀线威 | 0.05 | 杀虫剂 | 无指定 |
| 25 | 涕灭威 | 0.02 | 杀虫剂 | GB 23200.112（参照） |
| 26 | 五氯硝基苯 | 2 | 杀菌剂 | GB 23200.113（参照） |
| 27 | 溴氰菊酯 | 0.5 | 杀虫剂 | GB 23200.113（参照） |
| 28 | 氧乐果 | 0.05 | 杀虫剂 | GB 23200.113（参照） |
| 29 | 乙硫磷 | 0.3 | 杀虫剂 | GB 23200.113（参照） |
| 30 | 异菌脲 | 0.1 | 杀菌剂 | GB 23200.113（参照） |
| 31 | 保棉磷 | 0.5 | 杀虫剂 | SN/T 1739（参照） |
| 32 | 乙酰甲胺磷 | 0.2 | 杀虫剂 | 无指定 |
| 33 | 氯菊酯 | 0.05 | 杀虫剂 | GB 23200.113（参照） |

# 9 药用植物类

## 9.1 人参

人参中农药最大残留限量见表 9－1。

表 9－1 人参中农药最大残留限量

| 序号 | 农药中文名 | 最大残留限量（mg/kg） | 农药主要用途 | 检测方法 |
|---|---|---|---|---|
| 1 | 丙环唑 | 0.1 | 杀菌剂 | GB 23200.113、GB/T 20769（参照） |
| 2 | 噁霉灵 | 1*<br>［人参（鲜）］<br>0.1*<br>［人参（干）］ | 杀菌剂 | 无指定 |
| 3 | 醚菌酯 | 0.1 | 杀菌剂 | GB/T 20769（参照） |
| 4 | 苯醚甲环唑 | 0.5 | 杀菌剂 | GB 23200.8、GB 23200.49、GB 23200.113、GB/T 5009.218（参照） |
| 5 | 丙森锌 | 0.3 | 杀菌剂 | SN 0157、SN/T 1541（参照） |
| 6 | 代森铵 | 0.3 | 杀菌剂 | SN 0157、SN/T 1541（参照） |
| 7 | 代森联 | 0.3 | 杀菌剂 | SN 0157、SN/T 1541（参照） |
| 8 | 代森锰锌 | 0.3 | 杀菌剂 | SN/T 1541（参照） |
| 9 | 代森锌 | 0.3 | 杀菌剂 | SN/T 1541（参照） |
| 10 | 福美双 | 0.3 | 杀菌剂 | SN/T 1541（参照） |
| 11 | 福美锌 | 0.3 | 杀菌剂 | SN/T 1541（参照） |
| 12 | 嘧菌酯 | 1 | 杀菌剂 | GB 23200.46、GB/T 20770、NY/T 1453（参照） |
| 13 | 嘧霉胺 | 1.5 | 杀菌剂 | GB 23200.113、GB/T 20769（参照） |

## 9.2 三七块根（干）

三七块根（干）中农药最大残留限量见表 9－2。

**表 9－2　三七块根（干）中农药最大残留限量**

| 序号 | 农药中文名 | 最大残留限量（mg/kg） | 农药主要用途 | 检测方法 |
|---|---|---|---|---|
| 1 | 苯醚甲环唑 | 5 | 杀菌剂 | GB 23200.113、GB 23200.8、GB 23200.49、GB/T 5009.218（参照） |
| 2 | 丙森锌 | 3 | 杀菌剂 | SN 0157、SN/T 1541（参照） |
| 3 | 代森锰锌 | 3 | 杀菌剂 | SN/T 1541（参照） |
| 4 | 多菌灵 | 1 | 杀菌剂 | GB/T 20769（参照） |
| 5 | 戊唑醇 | 3 | 杀菌剂 | GB 23200.113、GB/T 20770（参照） |

## 9.3　三七须根（干）

三七须根（干）中农药最大残留限量见表 9－3。

**表 9－3　三七须根（干）中农药最大残留限量**

| 序号 | 农药中文名 | 最大残留限量（mg/kg） | 农药主要用途 | 检测方法 |
|---|---|---|---|---|
| 1 | 苯醚甲环唑 | 5 | 杀菌剂 | GB 23200.113、GB 23200.8、GB 23200.49、GB/T 5009.218（参照） |
| 2 | 丙森锌 | 3 | 杀菌剂 | SN 0157、SN/T 1541（参照） |
| 3 | 代森锰锌 | 3 | 杀菌剂 | SN/T 1541（参照） |
| 4 | 多菌灵 | 1 | 杀菌剂 | GB/T 20769（参照） |
| 5 | 戊唑醇 | 15 | 杀菌剂 | GB 23200.113、GB/T 20770（参照） |

## 9.4　三七花（干）

三七花（干）中农药最大残留限量见表 9－4。

**表 9－4　三七花（干）中农药最大残留限量**

| 序号 | 农药中文名 | 最大残留限量（mg/kg） | 农药主要用途 | 检测方法 |
|---|---|---|---|---|
| 1 | 苯醚甲环唑 | 10 | 杀菌剂 | GB 23200.113、GB 23200.8、GB 23200.49、GB/T 5009.218（参照） |

## 9.5　白术

白术中农药最大残留限量见表9-5。

**表9-5　白术中农药最大残留限量**

| 序号 | 农药中文名 | 最大残留限量（mg/kg） | 农药主要用途 | 检测方法 |
|---|---|---|---|---|
| 1 | 井冈霉素 | 0.5 | 杀菌剂 | GB 23200.74（参照） |

## 9.6　元胡

元胡中农药最大残留限量见表9-6。

**表9-6　元胡中农药最大残留限量**

| 序号 | 农药中文名 | 最大残留限量（mg/kg） | 农药主要用途 | 检测方法 |
|---|---|---|---|---|
| 1 | 霜霉威和霜霉威盐酸盐 | 2 | 杀菌剂 | GB/T 20769（参照） |

## 9.7　石斛

石斛中农药最大残留限量见表9-7。

**表9-7　石斛中农药最大残留限量**

| 序号 | 农药中文名 | 最大残留限量（mg/kg） | 农药主要用途 | 检测方法 |
|---|---|---|---|---|
| 1 | 井冈霉素 | 0.1 [石斛（鲜）] 1 [石斛（干）] | 杀菌剂 | GB 23200.74（参照） |
| 2 | 喹啉铜 | 3* | 杀菌剂 | 无指定 |
| 3 | 咪鲜胺和咪鲜胺锰盐 | 15 [石斛（鲜）] 20 [石斛（干）] | 杀菌剂 | 无指定 |
| 4 | 噻呋酰胺 | 2 [石斛（鲜）] 10 [石斛（干）] | 杀菌剂 | GB 23200.9（参照） |

（续）

| 序号 | 农药中文名 | 最大残留限量（mg/kg） | 农药主要用途 | 检测方法 |
| --- | --- | --- | --- | --- |
| 5 | 四聚乙醛 | 0.2［石斛（鲜）］<br>0.5［石斛（干）］ | 杀螺剂 | SN/T 4264（参照） |

# 10　动物源性食品类

## 10.1　猪肉

猪肉中农药最大残留限量见表 10－1。

**表 10－1　猪肉中农药最大残留限量**

| 序号 | 农药中文名 | 最大残留限量（mg/kg） | 农药主要用途 | 检测方法 |
| --- | --- | --- | --- | --- |
| 1 | 滴滴涕 | 0.2（脂肪含量 10%以下，以原样计）<br>2（脂肪含量 10%及以上，以脂肪计） | 杀虫剂 | GB/T 5009.19、GB/T 5009.162（参照） |
| 2 | 六六六 | 0.1（脂肪含量 10%以下，以原样计）<br>1（脂肪含量 10%及以上，以脂肪计） | 杀虫剂 | GB/T 5009.19、GB/T 5009.162（参照） |
| 3 | 2,4-滴和 2,4-滴钠盐 | 0.2* | 除草剂 | 无指定 |
| 4 | 2 甲 4 氯（钠） | 0.1* | 除草剂 | 无指定 |
| 5 | 百草枯 | 0.005* | 除草剂 | 无指定 |
| 6 | 百菌清 | 0.02* | 杀菌剂 | 无指定 |
| 7 | 苯并烯氟菌唑 | 0.03* | 杀菌剂 | 无指定 |
| 8 | 苯丁锡 | 0.05 | 杀螨剂 | SN/T 4558（参照） |
| 9 | 苯菌酮 | 0.01* | 杀菌剂 | 无指定 |
| 10 | 苯醚甲环唑 | 0.2（以脂肪中残留量表示） | 杀菌剂 | GB 23200.49（参照） |
| 11 | 苯嘧磺草胺 | 0.01* | 除草剂 | 无指定 |
| 12 | 苯线磷 | 0.01* | 杀虫剂 | 无指定 |
| 13 | 吡虫啉 | 0.1* | 杀虫剂 | 无指定 |
| 14 | 吡噻菌胺 | 0.04* | 杀菌剂 | 无指定 |
| 15 | 吡唑醚菌酯 | 0.5*（以脂肪中残留量表示） | 杀菌剂 | 无指定 |
| 16 | 吡唑萘菌胺 | 0.01* | 杀菌剂 | 无指定 |

（续）

| 序号 | 农药中文名 | 最大残留限量（mg/kg） | 农药主要用途 | 检测方法 |
|---|---|---|---|---|
| 17 | 丙环唑 | 0.01（以脂肪中残留量表示） | 杀菌剂 | GB/T 20772（参照） |
| 18 | 丙硫菌唑 | 0.01* | 杀菌剂 | 无指定 |
| 19 | 丙溴磷 | 0.05（以脂肪中残留量表示） | 杀虫剂 | SN/T 2234（参照） |
| 20 | 草铵膦 | 0.05* | 除草剂 | 无指定 |
| 21 | 虫酰肼 | 0.05（以脂肪中残留量表示） | 杀虫剂 | GB/T 23211（参照） |
| 22 | 除虫脲 | 0.1*（以脂肪中残留量表示） | 杀虫剂 | 无指定 |
| 23 | 敌草快 | 0.05* | 除草剂 | 无指定 |
| 24 | 敌敌畏 | 0.01* | 杀虫剂 | 无指定 |
| 25 | 丁苯吗啉 | 0.02 | 杀菌剂 | GB/T 23210（参照） |
| 26 | 丁硫克百威 | 0.05（以脂肪中残留量表示） | 杀虫剂 | GB/T 19650（参照） |
| 27 | 啶虫脒 | 0.5 | 杀虫剂 | GB/T 20772（参照） |
| 28 | 啶酰菌胺 | 0.7（以脂肪中残留量表示） | 杀菌剂 | GB/T 22979（参照） |
| 29 | 噁唑菌酮 | 0.5* | 杀菌剂 | 无指定 |
| 30 | 呋虫胺 | 0.1* | 杀虫剂 | GB 23200.51（参照） |
| 31 | 氟苯虫酰胺 | 2（以脂肪中残留量表示） | 杀虫剂 | GB 23200.76（参照） |
| 32 | 氟吡菌胺 | 0.01*（以脂肪中残留量表示） | 杀菌剂 | 无指定 |
| 33 | 氟啶虫胺腈 | 0.3* | 杀虫剂 | 无指定 |
| 34 | 氟硅唑 | 1（以脂肪中残留量表示） | 杀菌剂 | GB/T 20772（参照） |
| 35 | 氟氯氰菊酯和高效氟氯氰菊酯 | 0.2* | 杀虫剂 | 无指定 |
| 36 | 氟酰脲 | 10（以脂肪中残留量表示） | 杀虫剂 | SN/T 2540（参照） |
| 37 | 甲氨基阿维菌素苯甲酸盐 | 0.004* | 杀虫剂 | 无指定 |

（续）

| 序号 | 农药中文名 | 最大残留限量（mg/kg） | 农药主要用途 | 检测方法 |
|---|---|---|---|---|
| 38 | 甲胺磷 | 0.01 | 杀虫剂 | GB/T 20772（参照） |
| 39 | 甲拌磷 | 0.02 | 杀虫剂 | GB/T 23210（参照） |
| 40 | 甲基毒死蜱 | 0.1 | 杀虫剂 | GB/T 20772（参照） |
| 41 | 甲基嘧啶磷 | 0.01 | 杀虫剂 | GB/T 20772（参照） |
| 42 | 甲萘威 | 0.05 | 杀虫剂 | GB/T 20772（参照） |
| 43 | 喹氧灵 | 0.2（以脂肪中残留量表示） | 杀菌剂 | GB 23200.56（参照） |
| 44 | 联苯肼酯 | 0.05*（以脂肪中残留量表示） | 杀螨剂 | 无指定 |
| 45 | 联苯菊酯 | 3（以脂肪中残留量表示） | 杀虫/杀螨剂 | SN/T 1969（参照） |
| 46 | 联苯三唑醇 | 0.05（以脂肪中残留量表示） | 杀菌剂 | GB/T 20772（参照） |
| 47 | 硫丹 | 0.2（以脂肪中残留量表示） | 杀虫剂 | GB/T 5009.19、GB/T 5009.162（参照） |
| 48 | 螺虫乙酯 | 0.05* | 杀虫剂 | 无指定 |
| 49 | 螺螨酯 | 0.01（以脂肪中残留量表示） | 杀螨剂 | GB/T 20772（参照） |
| 50 | 氯氨吡啶酸 | 0.1* | 除草剂 | 无指定 |
| 51 | 氯丙嘧啶酸 | 0.01* | 除草剂 | 无指定 |
| 52 | 氯虫苯甲酰胺 | 0.2*（以脂肪中残留量表示） | 杀虫剂 | 无指定 |
| 53 | 氯氟氰菊酯和高效氯氟氰菊酯 | 0.05（以脂肪中残留量表示） | 杀虫剂 | GB/T 23210（参照） |
| 54 | 氯菊酯 | 1（以脂肪中残留量表示） | 杀虫剂 | GB/T 5009.162（参照） |
| 55 | 氯氰菊酯和高效氯氰菊酯 | 2（以脂肪中残留量表示） | 杀虫剂 | GB/T 5009.162（参照） |
| 56 | 麦草畏 | 0.03* | 除草剂 | 无指定 |
| 57 | 咪鲜胺和咪鲜胺锰盐 | 0.5（以脂肪中残留量表示） | 杀菌剂 | GB/T 19650（参照） |

（续）

| 序号 | 农药中文名 | 最大残留限量（mg/kg） | 农药主要用途 | 检测方法 |
|---|---|---|---|---|
| 58 | 咪唑菌酮 | 0.01*（以脂肪中残留量表示） | 杀菌剂 | 无指定 |
| 59 | 咪唑烟酸 | 0.05* | 除草剂 | 无指定 |
| 60 | 醚菊酯 | 0.5*（以脂肪中残留量表示） | 杀虫剂 | 无指定 |
| 61 | 醚菌酯 | 0.05* | 杀菌剂 | 无指定 |
| 62 | 嘧菌环胺 | 0.01*（以脂肪中残留量表示） | 杀菌剂 | 无指定 |
| 63 | 嘧菌酯 | 0.05（以脂肪中残留量表示） | 杀菌剂 | GB 23200.46（参照） |
| 64 | 嘧霉胺 | 0.05 | 杀菌剂 | GB 23200.46（参照） |
| 65 | 灭多威 | 0.02* | 杀虫剂 | 无指定 |
| 66 | 灭线磷 | 0.01 | 杀线虫剂 | GB/T 20772（参照） |
| 67 | 灭蝇胺 | 0.3* | 杀虫剂 | 无指定 |
| 68 | 嗪氨灵 | 0.01* | 杀菌剂 | 无指定 |
| 69 | 氰氟虫腙 | 0.02*（以脂肪中残留量表示） | 杀虫剂 | 无指定 |
| 70 | 氰戊菊酯和S-氰戊菊酯 | 1（以脂肪中残留量表示） | 杀虫剂 | GB/T 5009.162（参照） |
| 71 | 炔螨特 | 0.1（以脂肪中残留量表示） | 杀螨剂 | GB/T 23211（参照） |
| 72 | 噻草酮 | 0.06 | 除草剂 | GB/T 23211（参照） |
| 73 | 噻虫胺 | 0.02 | 杀虫剂 | GB 23200.39（参照） |
| 74 | 噻虫啉 | 0.1* | 杀虫剂 | 无指定 |
| 75 | 噻虫嗪 | 0.02 | 杀虫剂 | GB 23200.39（参照） |
| 76 | 噻节因 | 0.01 | 植物生长调节剂 | GB/T 20771（参照） |
| 77 | 噻螨酮 | 0.05*（以脂肪中残留量表示） | 杀螨剂 | 无指定 |
| 78 | 噻嗪酮 | 0.05 | 杀虫剂 | GB/T 20772（参照） |
| 79 | 三唑醇 | 0.02* | 杀菌剂 | 无指定 |

（续）

| 序号 | 农药中文名 | 最大残留限量（mg/kg） | 农药主要用途 | 检测方法 |
|---|---|---|---|---|
| 80 | 三唑酮 | 0.02* | 杀菌剂 | 无指定 |
| 81 | 杀螟硫磷 | 0.05 | 杀虫剂 | GB/T 5009.161（参照） |
| 82 | 杀线威 | 0.02 | 杀虫剂 | SN/T 0697（参照） |
| 83 | 霜霉威和霜霉威盐酸盐 | 0.01 | 杀菌剂 | GB/T 20772（参照） |
| 84 | 四螨嗪 | 0.05 | 杀螨剂 | GB/T 20772（参照） |
| 85 | 特丁硫磷 | 0.05 | 杀虫剂 | GB/T 23211（参照） |
| 86 | 涕灭威 | 0.01 | 杀虫剂 | SN/T 2560（参照） |
| 87 | 艾氏剂 | 0.2<br>（以脂肪计） | 杀虫剂 | GB/T 5009.19、GB/T 5009.162（参照） |
| 88 | 狄氏剂 | 0.2<br>（以脂肪计） | 杀虫剂 | GB/T 5009.19、GB/T 5009.162（参照） |
| 89 | 林丹 | 0.1<br>（脂肪含量10%以下，以原样计）<br>1<br>（脂肪含量10%及以上，以脂肪计） | 杀虫剂 | GB/T 5009.19、GB/T 5009.162（参照） |
| 90 | 氯丹 | 0.05<br>（以脂肪计） | 杀虫剂 | 无指定 |
| 91 | 七氯 | 0.2 | 杀虫剂 | GB/T 5009.19、GB/T 5009.162（参照） |
| 92 | 异狄氏剂 | 0.1<br>（以脂肪计） | 杀虫剂 | GB/T 5009.19、GB/T 5009.162（参照） |
| 93 | 多杀霉素 | 2 | 杀虫剂 | GB/T 20772（参照） |
| 94 | 矮壮素 | 0.2* | 植物生长调节剂 | 无指定 |
| 95 | 毒死蜱 | 0.02<br>（以脂肪中残留量表示） | 杀虫剂 | GB/T 20772（参照） |
| 96 | 二嗪磷 | 2* | 杀虫剂 | 无指定 |
| 97 | 克百威 | 0.05 | 杀虫剂 | GB/T 20772（参照） |
| 98 | 乐果 | 0.05 | 杀虫剂 | GB/T 20772（参照） |
| 99 | 杀扑磷 | 0.02 | 杀虫剂 | GB/T 20772（参照） |
| 100 | 双甲脒 | 0.05 | 杀螨剂 | 无指定 |

## 10.2　猪肾

猪肾中农药最大残留限量见表 10－2。

**表 10－2　猪肾中农药最大残留限量**

| 序号 | 农药中文名 | 最大残留限量（mg/kg） | 农药主要用途 | 检测方法 |
|---|---|---|---|---|
| 1 | 林丹 | 0.01 | 杀虫剂 | GB/T 5009.19、GB/T 5009.162（参照） |
| 2 | 2,4-滴和2,4-滴钠盐 | 5* | 除草剂 | 无指定 |
| 3 | 2甲4氯（钠） | 3* | 除草剂 | 无指定 |
| 4 | 百草枯 | 0.05* | 除草剂 | 无指定 |
| 5 | 百菌清 | 0.2* | 杀菌剂 | 无指定 |
| 6 | 苯并烯氟菌唑 | 0.1* | 杀菌剂 | 无指定 |
| 7 | 苯丁锡 | 0.2 | 杀螨剂 | SN/T 4558（参照） |
| 8 | 苯菌酮 | 0.01* | 杀菌剂 | 无指定 |
| 9 | 苯醚甲环唑 | 1.5 | 杀菌剂 | GB 23200.49（参照） |
| 10 | 苯嘧磺草胺 | 0.3* | 除草剂 | 无指定 |
| 11 | 苯线磷 | 0.01* | 杀虫剂 | 无指定 |
| 12 | 吡虫啉 | 0.3* | 杀虫剂 | 无指定 |
| 13 | 吡噻菌胺 | 0.08* | 杀菌剂 | 无指定 |
| 14 | 吡唑醚菌酯 | 0.05* | 杀菌剂 | 无指定 |
| 15 | 吡唑萘菌胺 | 0.02* | 杀菌剂 | 无指定 |
| 16 | 丙环唑 | 0.5 | 杀菌剂 | 无指定 |
| 17 | 丙硫菌唑 | 0.5* | 杀菌剂 | 无指定 |
| 18 | 丙溴磷 | 0.05 | 杀虫剂 | SN/T 2234（参照） |
| 19 | 草铵膦 | 3* | 除草剂 | 无指定 |
| 20 | 虫酰肼 | 0.02 | 杀虫剂 | 无指定 |
| 21 | 除虫脲 | 0.1* | 杀虫剂 | 无指定 |
| 22 | 敌草快 | 0.05* | 除草剂 | 无指定 |
| 23 | 敌敌畏 | 0.01* | 杀虫剂 | 无指定 |
| 24 | 丁硫克百威 | 0.05 | 杀虫剂 | GB/T 19650（参照） |
| 25 | 啶虫脒 | 1 | 杀虫剂 | GB/T 20772（参照） |
| 26 | 啶酰菌胺 | 0.2 | 杀菌剂 | GB/T 22979（参照） |

（续）

| 序号 | 农药中文名 | 最大残留限量（mg/kg） | 农药主要用途 | 检测方法 |
|---|---|---|---|---|
| 27 | 多菌灵 | 0.05 | 杀菌剂 | GB/T 20772（参照） |
| 28 | 噁唑菌酮 | 0.5* | 杀菌剂 | 无指定 |
| 29 | 呋虫胺 | 0.1* | 杀虫剂 | GB 23200.51（参照） |
| 30 | 氟苯虫酰胺 | 1 | 杀虫剂 | GB 23200.76（参照） |
| 31 | 氟吡菌胺 | 0.01* | 杀菌剂 | 无指定 |
| 32 | 氟啶虫胺腈 | 0.6* | 杀虫剂 | 无指定 |
| 33 | 氟硅唑 | 2 | 杀菌剂 | GB/T 20772（参照） |
| 34 | 氟氯氰菊酯和高效氟氯氰菊酯 | 0.02* | 杀虫剂 | 无指定 |
| 35 | 氟酰脲 | 0.7 | 杀虫剂 | SN/T 2540（参照） |
| 36 | 甲氨基阿维菌素苯甲酸盐 | 0.08* | 杀虫剂 | 无指定 |
| 37 | 甲胺磷 | 0.01 | 杀虫剂 | GB/T 20772（参照） |
| 38 | 甲拌磷 | 0.02 | 杀虫剂 | GB/T 23210（参照） |
| 39 | 甲基毒死蜱 | 0.01 | 杀虫剂 | GB/T 20772（参照） |
| 40 | 甲基嘧啶磷 | 0.01 | 杀虫剂 | GB/T 20772（参照） |
| 41 | 喹氧灵 | 0.01 | 杀菌剂 | GB 23200.56（参照） |
| 42 | 联苯肼酯 | 0.01* | 杀螨剂 | 无指定 |
| 43 | 联苯菊酯 | 0.2 | 杀虫/杀螨剂 | SN/T 1969（参照） |
| 44 | 联苯三唑醇 | 0.05 | 杀菌剂 | GB/T 20772（参照） |
| 45 | 螺虫乙酯 | 1* | 杀虫剂 | 无指定 |
| 46 | 螺螨酯 | 0.05 | 杀螨剂 | GB/T 20772（参照） |
| 47 | 氯丙嘧啶酸 | 0.3* | 除草剂 | 无指定 |
| 48 | 氯虫苯甲酰胺 | 0.01* | 杀虫剂 | 无指定 |
| 49 | 氯菊酯 | 0.1 | 杀虫剂 | GB/T 5009.162（参照） |
| 50 | 氯氰菊酯和高效氯氰菊酯 | 0.05 | 杀虫剂 | GB/T 5009.162（参照） |
| 51 | 麦草畏 | 0.7* | 除草剂 | 无指定 |
| 52 | 咪鲜胺和咪鲜胺锰盐 | 10 | 杀菌剂 | GB/T 19650（参照） |
| 53 | 咪唑菌酮 | 0.01* | 杀菌剂 | 无指定 |
| 54 | 咪唑烟酸 | 0.2* | 除草剂 | 无指定 |
| 55 | 醚菊酯 | 0.05* | 杀虫剂 | 无指定 |
| 56 | 醚菌酯 | 0.05* | 杀菌剂 | 无指定 |

（续）

| 序号 | 农药中文名 | 最大残留限量（mg/kg） | 农药主要用途 | 检测方法 |
| --- | --- | --- | --- | --- |
| 57 | 嘧菌环胺 | 0.01* | 杀菌剂 | 无指定 |
| 58 | 嘧菌酯 | 0.07* | 杀菌剂 | 无指定 |
| 59 | 嘧霉胺 | 0.1* | 杀菌剂 | 无指定 |
| 60 | 灭多威 | 0.02* | 杀虫剂 | 无指定 |
| 61 | 灭线磷 | 0.01 | 杀线虫剂 | GB/T 20772（参照） |
| 62 | 灭蝇胺 | 0.3* | 杀虫剂 | 无指定 |
| 63 | 嗪氨灵 | 0.01* | 杀菌剂 | 无指定 |
| 64 | 氰氟虫腙 | 0.02* | 杀虫剂 | 无指定 |
| 65 | 氰戊菊酯和 S-氰戊菊酯 | 0.02 | 杀虫剂 | GB/T 5009.162（参照） |
| 66 | 炔螨特 | 0.1 | 杀螨剂 | GB/T 23211（参照） |
| 67 | 噻草酮 | 0.5 | 除草剂 | GB/T 23211（参照） |
| 68 | 噻虫啉 | 0.5* | 杀虫剂 | 无指定 |
| 69 | 噻虫嗪 | 0.01 | 杀虫剂 | GB 23200.39（参照） |
| 70 | 噻节因 | 0.01 | 植物生长调节剂 | GB/T 20771（参照） |
| 71 | 噻螨酮 | 0.05* | 杀螨剂 | 无指定 |
| 72 | 噻嗪酮 | 0.05 | 杀虫剂 | GB/T 20772（参照） |
| 73 | 三唑醇 | 0.01* | 杀菌剂 | 无指定 |
| 74 | 三唑酮 | 0.01* | 杀菌剂 | 无指定 |
| 75 | 杀螟硫磷 | 0.05 | 杀虫剂 | GB/T 5009.161（参照） |
| 76 | 霜霉威和霜霉威盐酸盐 | 0.01 | 杀菌剂 | GB/T 20772（参照） |
| 77 | 四螨嗪 | 0.05 | 杀螨剂 | GB/T 20772（参照） |
| 78 | 特丁硫磷 | 0.05 | 杀虫剂 | GB/T 23211（参照） |
| 79 | 多杀霉素 | 0.5 | 杀虫剂 | GB/T 20772（参照） |
| 80 | 毒死蜱 | 0.01 | 杀虫剂 | GB/T 20772（参照） |
| 81 | 克百威 | 0.05 | 杀虫剂 | GB/T 20772（参照） |
| 82 | 杀扑磷 | 0.02 | 杀虫剂 | GB/T 20772（参照） |
| 83 | 杀线威 | 0.02 | 杀虫剂 | SN/T 0697（参照） |
| 84 | 双甲脒 | 0.2* | 杀螨剂 | 无指定 |
| 85 | 矮壮素 | 0.5* | 植物生长调节剂 | 无指定 |
| 86 | 丁苯吗啉 | 0.05 | 杀菌剂 | GB/T 23210（参照） |

（续）

| 序号 | 农药中文名 | 最大残留限量（mg/kg） | 农药主要用途 | 检测方法 |
|---|---|---|---|---|
| 87 | 二嗪磷 | 0.03* | 杀虫剂 | 无指定 |
| 88 | 甲萘威 | 3 | 杀虫剂 | GB/T 20772（参照） |
| 89 | 硫丹 | 0.03 | 杀虫剂 | GB/T 5009.19、GB/T 5009.162（参照） |
| 90 | 氯氨吡啶酸 | 1* | 除草剂 | 无指定 |
| 91 | 氯氟氰菊酯和高效氯氟氰菊酯 | 0.2 | 杀虫剂 | GB/T 23210（参照） |

## 10.3 猪肝

猪肝中农药最大残留限量见表 10-3。

**表 10-3 猪肝中农药最大残留限量**

| 序号 | 农药中文名 | 最大残留限量（mg/kg） | 农药主要用途 | 检测方法 |
|---|---|---|---|---|
| 1 | 林丹 | 0.01 | 杀虫剂 | GB/T 5009.19、GB/T 5009.162（参照） |
| 2 | 2,4-滴和2,4-滴钠盐 | 5* | 除草剂 | 无指定 |
| 3 | 2甲4氯（钠） | 3* | 除草剂 | 无指定 |
| 4 | 百草枯 | 0.05* | 除草剂 | 无指定 |
| 5 | 百菌清 | 0.2* | 杀菌剂 | 无指定 |
| 6 | 苯并烯氟菌唑 | 0.1* | 杀菌剂 | 无指定 |
| 7 | 苯丁锡 | 0.2 | 杀螨剂 | SN/T 4558（参照） |
| 8 | 苯菌酮 | 0.01* | 杀菌剂 | 无指定 |
| 9 | 苯醚甲环唑 | 1.5 | 杀菌剂 | GB 23200.49（参照） |
| 10 | 苯嘧磺草胺 | 0.3* | 除草剂 | 无指定 |
| 11 | 苯线磷 | 0.01* | 杀虫剂 | 无指定 |
| 12 | 吡虫啉 | 0.3* | 杀虫剂 | 无指定 |
| 13 | 吡噻菌胺 | 0.08* | 杀菌剂 | 无指定 |
| 14 | 吡唑醚菌酯 | 0.05* | 杀菌剂 | 无指定 |
| 15 | 吡唑萘菌胺 | 0.02* | 杀菌剂 | 无指定 |
| 16 | 丙环唑 | 0.5 | 杀菌剂 | 无指定 |

（续）

| 序号 | 农药中文名 | 最大残留限量（mg/kg） | 农药主要用途 | 检测方法 |
|---|---|---|---|---|
| 17 | 丙硫菌唑 | 0.5* | 杀菌剂 | 无指定 |
| 18 | 丙溴磷 | 0.05 | 杀虫剂 | SN/T 2234（参照） |
| 19 | 草铵膦 | 3* | 除草剂 | 无指定 |
| 20 | 虫酰肼 | 0.02 | 杀虫剂 | 无指定 |
| 21 | 除虫脲 | 0.1* | 杀虫剂 | 无指定 |
| 22 | 敌草快 | 0.05* | 除草剂 | 无指定 |
| 23 | 敌敌畏 | 0.01* | 杀虫剂 | 无指定 |
| 24 | 丁硫克百威 | 0.05 | 杀虫剂 | GB/T 19650（参照） |
| 25 | 啶虫脒 | 1 | 杀虫剂 | GB/T 20772（参照） |
| 26 | 啶酰菌胺 | 0.2 | 杀菌剂 | GB/T 22979（参照） |
| 27 | 多菌灵 | 0.05 | 杀菌剂 | GB/T 20772（参照） |
| 28 | 噁唑菌酮 | 0.5* | 杀菌剂 | 无指定 |
| 29 | 呋虫胺 | 0.1* | 杀虫剂 | GB 23200.51（参照） |
| 30 | 氟苯虫酰胺 | 1 | 杀虫剂 | GB 23200.76（参照） |
| 31 | 氟吡菌胺 | 0.01* | 杀菌剂 | 无指定 |
| 32 | 氟啶虫胺腈 | 0.6* | 杀虫剂 | 无指定 |
| 33 | 氟硅唑 | 2 | 杀菌剂 | GB/T 20772（参照） |
| 34 | 氟氯氰菊酯和高效氟氯氰菊酯 | 0.02* | 杀虫剂 | 无指定 |
| 35 | 氟酰脲 | 0.7 | 杀虫剂 | SN/T 2540（参照） |
| 36 | 甲氨基阿维菌素苯甲酸盐 | 0.08* | 杀虫剂 | 无指定 |
| 37 | 甲胺磷 | 0.01 | 杀虫剂 | GB/T 20772（参照） |
| 38 | 甲拌磷 | 0.02 | 杀虫剂 | GB/T 23210（参照） |
| 39 | 甲基毒死蜱 | 0.01 | 杀虫剂 | GB/T 20772（参照） |
| 40 | 甲基嘧啶磷 | 0.01 | 杀虫剂 | GB/T 20772（参照） |
| 41 | 喹氧灵 | 0.01 | 杀菌剂 | GB 23200.56（参照） |
| 42 | 联苯肼酯 | 0.01* | 杀螨剂 | 无指定 |
| 43 | 联苯菊酯 | 0.2 | 杀虫/杀螨剂 | SN/T 1969（参照） |
| 44 | 联苯三唑醇 | 0.05 | 杀菌剂 | GB/T 20772（参照） |
| 45 | 螺虫乙酯 | 1* | 杀虫剂 | 无指定 |

（续）

| 序号 | 农药中文名 | 最大残留限量（mg/kg） | 农药主要用途 | 检测方法 |
|---|---|---|---|---|
| 46 | 螺螨酯 | 0.05 | 杀螨剂 | GB/T 20772（参照） |
| 47 | 氯丙嘧啶酸 | 0.3* | 除草剂 | 无指定 |
| 48 | 氯虫苯甲酰胺 | 0.01* | 杀虫剂 | 无指定 |
| 49 | 氯菊酯 | 0.1 | 杀虫剂 | GB/T 5009.162（参照） |
| 50 | 氯氰菊酯和高效氯氰菊酯 | 0.05 | 杀虫剂 | GB/T 5009.162（参照） |
| 51 | 麦草畏 | 0.7* | 除草剂 | 无指定 |
| 52 | 咪鲜胺和咪鲜胺锰盐 | 10 | 杀菌剂 | GB/T 19650（参照） |
| 53 | 咪唑菌酮 | 0.01* | 杀菌剂 | 无指定 |
| 54 | 咪唑烟酸 | 0.2* | 除草剂 | 无指定 |
| 55 | 醚菊酯 | 0.05* | 杀虫剂 | 无指定 |
| 56 | 醚菌酯 | 0.05* | 杀菌剂 | 无指定 |
| 57 | 嘧菌环胺 | 0.01* | 杀菌剂 | 无指定 |
| 58 | 嘧菌酯 | 0.07* | 杀菌剂 | 无指定 |
| 59 | 嘧霉胺 | 0.1* | 杀菌剂 | 无指定 |
| 60 | 灭多威 | 0.02* | 杀虫剂 | 无指定 |
| 61 | 灭线磷 | 0.01 | 杀线虫剂 | GB/T 20772（参照） |
| 62 | 灭蝇胺 | 0.3* | 杀虫剂 | 无指定 |
| 63 | 嗪氨灵 | 0.01* | 杀菌剂 | 无指定 |
| 64 | 氰氟虫腙 | 0.02* | 杀虫剂 | 无指定 |
| 65 | 氰戊菊酯和S-氰戊菊酯 | 0.02 | 杀虫剂 | GB/T 5009.162（参照） |
| 66 | 炔螨特 | 0.1 | 杀螨剂 | GB/T 23211（参照） |
| 67 | 噻草酮 | 0.5 | 除草剂 | GB/T 23211（参照） |
| 68 | 噻虫啉 | 0.5* | 杀虫剂 | 无指定 |
| 69 | 噻虫嗪 | 0.01 | 杀虫剂 | GB 23200.39（参照） |
| 70 | 噻节因 | 0.01 | 植物生长调节剂 | GB/T 20771（参照） |
| 71 | 噻螨酮 | 0.05* | 杀螨剂 | 无指定 |
| 72 | 噻嗪酮 | 0.05 | 杀虫剂 | GB/T 20772（参照） |
| 73 | 三唑醇 | 0.01* | 杀菌剂 | 无指定 |
| 74 | 三唑酮 | 0.01* | 杀菌剂 | 无指定 |

（续）

| 序号 | 农药中文名 | 最大残留限量（mg/kg） | 农药主要用途 | 检测方法 |
|---|---|---|---|---|
| 75 | 杀螟硫磷 | 0.05 | 杀虫剂 | GB/T 5009.161（参照） |
| 76 | 霜霉威和霜霉威盐酸盐 | 0.01 | 杀菌剂 | GB/T 20772（参照） |
| 77 | 四螨嗪 | 0.05 | 杀螨剂 | GB/T 20772（参照） |
| 78 | 特丁硫磷 | 0.05 | 杀虫剂 | GB/T 23211（参照） |
| 79 | 多杀霉素 | 0.5 | 杀虫剂 | GB/T 20772（参照） |
| 80 | 氯氨吡啶酸 | 0.05* | 除草剂 | 无指定 |
| 81 | 毒死蜱 | 0.01 | 杀虫剂 | GB/T 20772（参照） |
| 82 | 克百威 | 0.05 | 杀虫剂 | GB/T 20772（参照） |
| 83 | 杀扑磷 | 0.02 | 杀虫剂 | GB/T 20772（参照） |
| 84 | 杀线威 | 0.02 | 杀虫剂 | SN/T 0697（参照） |
| 85 | 双甲脒 | 0.2* | 杀螨剂 | 无指定 |
| 86 | 矮壮素 | 0.1* | 植物生长调节剂 | 无指定 |
| 87 | 丁苯吗啉 | 0.3 | 杀菌剂 | GB/T 23210（参照） |
| 88 | 二嗪磷 | 0.03* | 杀虫剂 | 无指定 |
| 89 | 甲萘威 | 1 | 杀虫剂 | GB/T 20772（参照） |
| 90 | 硫丹 | 0.1 | 杀虫剂 | GB/T 5009.19、GB/T 5009.162（参照） |
| 91 | 氯氟氰菊酯和高效氯氟氰菊酯 | 0.05 | 杀虫剂 | GB/T 23210（参照） |
| 92 | 噻虫胺 | 0.2 | 杀虫剂 | GB 23200.39（参照） |

## 10.4 猪内脏

猪内脏中农药最大残留限量见表10-4。

**表10-4 猪内脏中农药最大残留限量**

| 序号 | 农药中文名 | 最大残留限量（mg/kg） | 农药主要用途 | 检测方法 |
|---|---|---|---|---|
| 1 | 林丹 | 0.01 | 杀虫剂 | GB/T 5009.19、GB/T 5009.162（参照） |
| 2 | 2,4-滴和2,4-滴钠盐 | 5* | 除草剂 | 无指定 |
| 3 | 2甲4氯（钠） | 3* | 除草剂 | 无指定 |

（续）

| 序号 | 农药中文名 | 最大残留限量（mg/kg） | 农药主要用途 | 检测方法 |
|---|---|---|---|---|
| 4 | 百草枯 | 0.05* | 除草剂 | 无指定 |
| 5 | 百菌清 | 0.2* | 杀菌剂 | 无指定 |
| 6 | 苯并烯氟菌唑 | 0.1* | 杀菌剂 | 无指定 |
| 7 | 苯丁锡 | 0.2 | 杀螨剂 | SN/T 4558（参照） |
| 8 | 苯菌酮 | 0.01* | 杀菌剂 | 无指定 |
| 9 | 苯醚甲环唑 | 1.5 | 杀菌剂 | GB 23200.49（参照） |
| 10 | 苯嘧磺草胺 | 0.3* | 除草剂 | 无指定 |
| 11 | 苯线磷 | 0.01* | 杀虫剂 | 无指定 |
| 12 | 吡虫啉 | 0.3* | 杀虫剂 | 无指定 |
| 13 | 吡噻菌胺 | 0.08* | 杀菌剂 | 无指定 |
| 14 | 吡唑醚菌酯 | 0.05* | 杀菌剂 | 无指定 |
| 15 | 吡唑萘菌胺 | 0.02* | 杀菌剂 | 无指定 |
| 16 | 丙环唑 | 0.5 | 杀菌剂 | 无指定 |
| 17 | 丙硫菌唑 | 0.5* | 杀菌剂 | 无指定 |
| 18 | 丙溴磷 | 0.05 | 杀虫剂 | SN/T 2234（参照） |
| 19 | 草铵膦 | 3* | 除草剂 | 无指定 |
| 20 | 虫酰肼 | 0.02 | 杀虫剂 | 无指定 |
| 21 | 除虫脲 | 0.1* | 杀虫剂 | 无指定 |
| 22 | 敌草快 | 0.05* | 除草剂 | 无指定 |
| 23 | 敌敌畏 | 0.01* | 杀虫剂 | 无指定 |
| 24 | 丁硫克百威 | 0.05 | 杀虫剂 | GB/T 19650（参照） |
| 25 | 啶虫脒 | 1 | 杀虫剂 | GB/T 20772（参照） |
| 26 | 啶酰菌胺 | 0.2 | 杀菌剂 | GB/T 22979（参照） |
| 27 | 多菌灵 | 0.05 | 杀菌剂 | GB/T 20772（参照） |
| 28 | 噁唑菌酮 | 0.5* | 杀菌剂 | 无指定 |
| 29 | 呋虫胺 | 0.1* | 杀虫剂 | GB 23200.51（参照） |
| 30 | 氟苯虫酰胺 | 1 | 杀虫剂 | GB 23200.76（参照） |
| 31 | 氟吡菌胺 | 0.01* | 杀菌剂 | 无指定 |

（续）

| 序号 | 农药中文名 | 最大残留限量（mg/kg） | 农药主要用途 | 检测方法 |
|---|---|---|---|---|
| 32 | 氟啶虫胺腈 | 0.6* | 杀虫剂 | 无指定 |
| 33 | 氟硅唑 | 2 | 杀菌剂 | GB/T 20772（参照） |
| 34 | 氟氯氰菊酯和高效氟氯氰菊酯 | 0.02* | 杀虫剂 | 无指定 |
| 35 | 氟酰脲 | 0.7 | 杀虫剂 | SN/T 2540（参照） |
| 36 | 甲氨基阿维菌素苯甲酸盐 | 0.08* | 杀虫剂 | 无指定 |
| 37 | 甲胺磷 | 0.01 | 杀虫剂 | GB/T 20772（参照） |
| 38 | 甲拌磷 | 0.02 | 杀虫剂 | GB/T 23210（参照） |
| 39 | 甲基毒死蜱 | 0.01 | 杀虫剂 | GB/T 20772（参照） |
| 40 | 甲基嘧啶磷 | 0.01 | 杀虫剂 | GB/T 20772（参照） |
| 41 | 喹氧灵 | 0.01 | 杀菌剂 | GB 23200.56（参照） |
| 42 | 联苯肼酯 | 0.01* | 杀螨剂 | 无指定 |
| 43 | 联苯菊酯 | 0.2 | 杀虫/杀螨剂 | SN/T 1969（参照） |
| 44 | 联苯三唑醇 | 0.05 | 杀菌剂 | GB/T 20772（参照） |
| 45 | 螺虫乙酯 | 1* | 杀虫剂 | 无指定 |
| 46 | 螺螨酯 | 0.05 | 杀螨剂 | GB/T 20772（参照） |
| 47 | 氯丙嘧啶酸 | 0.3* | 除草剂 | 无指定 |
| 48 | 氯虫苯甲酰胺 | 0.01* | 杀虫剂 | 无指定 |
| 49 | 氯菊酯 | 0.1 | 杀虫剂 | GB/T 5009.162（参照） |
| 50 | 氯氰菊酯和高效氯氰菊酯 | 0.05 | 杀虫剂 | GB/T 5009.162（参照） |
| 51 | 麦草畏 | 0.7* | 除草剂 | 无指定 |
| 52 | 咪鲜胺和咪鲜胺锰盐 | 10 | 杀菌剂 | GB/T 19650（参照） |
| 53 | 咪唑菌酮 | 0.01* | 杀菌剂 | 无指定 |
| 54 | 咪唑烟酸 | 0.2* | 除草剂 | 无指定 |
| 55 | 醚菊酯 | 0.05* | 杀虫剂 | 无指定 |
| 56 | 醚菌酯 | 0.05* | 杀菌剂 | 无指定 |
| 57 | 嘧菌环胺 | 0.01* | 杀菌剂 | 无指定 |
| 58 | 嘧菌酯 | 0.07* | 杀菌剂 | 无指定 |

（续）

| 序号 | 农药中文名 | 最大残留限量（mg/kg） | 农药主要用途 | 检测方法 |
| --- | --- | --- | --- | --- |
| 59 | 嘧霉胺 | 0.1* | 杀菌剂 | 无指定 |
| 60 | 灭多威 | 0.02* | 杀虫剂 | 无指定 |
| 61 | 灭线磷 | 0.01 | 杀线虫剂 | GB/T 20772（参照） |
| 62 | 灭蝇胺 | 0.3* | 杀虫剂 | 无指定 |
| 63 | 嗪氨灵 | 0.01* | 杀菌剂 | 无指定 |
| 64 | 氰氟虫腙 | 0.02* | 杀虫剂 | 无指定 |
| 65 | 氰戊菊酯和S-氰戊菊酯 | 0.02 | 杀虫剂 | GB/T 5009.162（参照） |
| 66 | 炔螨特 | 0.1 | 杀螨剂 | GB/T 23211（参照） |
| 67 | 噻草酮 | 0.5 | 除草剂 | GB/T 23211（参照） |
| 68 | 噻虫啉 | 0.5* | 杀虫剂 | 无指定 |
| 69 | 噻虫嗪 | 0.01 | 杀虫剂 | GB 23200.39（参照） |
| 70 | 噻节因 | 0.01 | 植物生长调节剂 | GB/T 20771（参照） |
| 71 | 噻螨酮 | 0.05* | 杀螨剂 | 无指定 |
| 72 | 噻嗪酮 | 0.05 | 杀虫剂 | GB/T 20772（参照） |
| 73 | 三唑醇 | 0.01* | 杀菌剂 | 无指定 |
| 74 | 三唑酮 | 0.01* | 杀菌剂 | 无指定 |
| 75 | 杀螟硫磷 | 0.05 | 杀虫剂 | GB/T 5009.161（参照） |
| 76 | 霜霉威和霜霉威盐酸盐 | 0.01 | 杀菌剂 | GB/T 20772（参照） |
| 77 | 四螨嗪 | 0.05 | 杀螨剂 | GB/T 20772（参照） |
| 78 | 特丁硫磷 | 0.05 | 杀虫剂 | GB/T 23211（参照） |
| 79 | 多杀霉素 | 0.5 | 杀虫剂 | GB/T 20772（参照） |
| 80 | 氯氨吡啶酸 | 0.05* | 除草剂 | 无指定 |
| 81 | 毒死蜱 | 0.01 | 杀虫剂 | GB/T 20772（参照） |
| 82 | 克百威 | 0.05 | 杀虫剂 | GB/T 20772（参照） |
| 83 | 杀扑磷 | 0.02 | 杀虫剂 | GB/T 20772（参照） |
| 84 | 杀线威 | 0.02 | 杀虫剂 | SN/T 0697（参照） |
| 85 | 双甲脒 | 0.2* | 杀螨剂 | 无指定 |

## 10.5　猪脂肪

猪脂肪中农药最大残留限量见表 10－5。

**表 10－5　猪脂肪中农药最大残留限量**

| 序号 | 农药中文名 | 最大残留限量（mg/kg） | 农药主要用途 | 检测方法 |
|---|---|---|---|---|
| 1 | 2 甲 4 氯（钠） | 0.2* | 除草剂 | 无指定 |
| 2 | 百菌清 | 0.07* | 杀菌剂 | 无指定 |
| 3 | 苯并烯氟菌唑 | 0.03* | 杀菌剂 | 无指定 |
| 4 | 苯菌酮 | 0.01* | 杀菌剂 | 无指定 |
| 5 | 苯嘧磺草胺 | 0.01* | 除草剂 | 无指定 |
| 6 | 吡噻菌胺 | 0.05* | 杀菌剂 | 无指定 |
| 7 | 吡唑萘菌胺 | 0.01* | 杀菌剂 | 无指定 |
| 8 | 敌敌畏 | 0.01* | 杀虫剂 | 无指定 |
| 9 | 丁苯吗啉 | 0.01 | 杀菌剂 | GB/T 23210（参照） |
| 10 | 啶虫脒 | 0.3 | 杀虫剂 | GB/T 20772（参照） |
| 11 | 氟啶虫胺腈 | 0.1* | 杀虫剂 | 无指定 |
| 12 | 甲氨基阿维菌素苯甲酸盐 | 0.02* | 杀虫剂 | 无指定 |
| 13 | 乐果 | 0.05* | 杀虫剂 | GB/T 20772（参照） |
| 14 | 氯丙嘧啶酸 | 0.03* | 除草剂 | 无指定 |
| 15 | 氯虫苯甲酰胺 | 0.2* | 杀虫剂 | 无指定 |
| 16 | 麦草畏 | 0.07* | 除草剂 | 无指定 |
| 17 | 咪唑烟酸 | 0.05* | 除草剂 | 无指定 |
| 18 | 醚菌酯 | 0.05* | 杀菌剂 | 无指定 |
| 19 | 嗪氨灵 | 0.01* | 杀菌剂 | 无指定 |
| 20 | 噻草酮 | 0.1 | 除草剂 | GB/T 23211（参照） |
| 21 | 噻虫胺 | 0.02 | 杀虫剂 | GB 23200.39（参照） |
| 22 | 噻螨酮 | 0.05* | 杀螨剂 | 无指定 |
| 23 | 克百威 | 0.05 | 杀虫剂 | GB/T 20772（参照） |
| 24 | 杀扑磷 | 0.02 | 杀虫剂 | GB/T 20772（参照） |

## 10.6 牛肉

牛肉中农药最大残留限量见表 10－6。

**表 10－6 牛肉中农药最大残留限量**

| 序号 | 农药中文名 | 最大残留限量（mg/kg） | 农药主要用途 | 检测方法 |
|---|---|---|---|---|
| 1 | 滴滴涕 | 0.2（脂肪含量 10%以下，以原样计）<br>2（脂肪含量 10%及以上，以脂肪计） | 杀虫剂 | GB/T 5009.19、GB/T 5009.162（参照） |
| 2 | 六六六 | 0.1（脂肪含量 10%以下，以原样计）<br>1（脂肪含量 10%及以上，以脂肪计） | 杀虫剂 | GB/T 5009.19、GB/T 5009.162（参照） |
| 3 | 2,4-滴和 2,4-滴钠盐 | 0.2* | 除草剂 | 无指定 |
| 4 | 2 甲 4 氯（钠） | 0.1* | 除草剂 | 无指定 |
| 5 | 百草枯 | 0.005* | 除草剂 | 无指定 |
| 6 | 百菌清 | 0.02* | 杀菌剂 | 无指定 |
| 7 | 苯并烯氟菌唑 | 0.03* | 杀菌剂 | 无指定 |
| 8 | 苯丁锡 | 0.05 | 杀螨剂 | SN/T 4558（参照） |
| 9 | 苯菌酮 | 0.01* | 杀菌剂 | 无指定 |
| 10 | 苯醚甲环唑 | 0.2（以脂肪中残留量表示） | 杀菌剂 | GB 23200.49（参照） |
| 11 | 苯嘧磺草胺 | 0.01* | 除草剂 | 无指定 |
| 12 | 苯线磷 | 0.01* | 杀虫剂 | 无指定 |
| 13 | 吡虫啉 | 0.1* | 杀虫剂 | 无指定 |
| 14 | 吡噻菌胺 | 0.04* | 杀菌剂 | 无指定 |
| 15 | 吡唑醚菌酯 | 0.5*（以脂肪中残留量表示） | 杀菌剂 | 无指定 |
| 16 | 吡唑萘菌胺 | 0.01* | 杀菌剂 | 无指定 |
| 17 | 丙环唑 | 0.01（以脂肪中残留量表示） | 杀菌剂 | GB/T 20772（参照） |
| 18 | 丙硫菌唑 | 0.01* | 杀菌剂 | 无指定 |
| 19 | 丙溴磷 | 0.05（以脂肪中残留量表示） | 杀虫剂 | SN/T 2234（参照） |

（续）

| 序号 | 农药中文名 | 最大残留限量（mg/kg） | 农药主要用途 | 检测方法 |
|---|---|---|---|---|
| 20 | 草铵膦 | 0.05* | 除草剂 | 无指定 |
| 21 | 虫酰肼 | 0.05（以脂肪中残留量表示） | 杀虫剂 | GB/T 23211（参照） |
| 22 | 除虫脲 | 0.1*（以脂肪中残留量表示） | 杀虫剂 | 无指定 |
| 23 | 敌草快 | 0.05* | 除草剂 | 无指定 |
| 24 | 敌敌畏 | 0.01* | 杀虫剂 | 无指定 |
| 25 | 丁苯吗啉 | 0.02 | 杀菌剂 | GB/T 23210（参照） |
| 26 | 丁硫克百威 | 0.05（以脂肪中残留量表示） | 杀虫剂 | GB/T 19650（参照） |
| 27 | 啶虫脒 | 0.5 | 杀虫剂 | GB/T 20772（参照） |
| 28 | 啶酰菌胺 | 0.7（以脂肪中残留量表示） | 杀菌剂 | GB/T 22979（参照） |
| 29 | 噁唑菌酮 | 0.5* | 杀菌剂 | 无指定 |
| 30 | 呋虫胺 | 0.1* | 杀虫剂 | GB 23200.51（参照） |
| 31 | 氟苯虫酰胺 | 2（以脂肪中残留量表示） | 杀虫剂 | GB 23200.76（参照） |
| 32 | 氟吡菌胺 | 0.01*（以脂肪中残留量表示） | 杀菌剂 | 无指定 |
| 33 | 氟啶虫胺腈 | 0.3* | 杀虫剂 | 无指定 |
| 34 | 氟硅唑 | 1（以脂肪中残留量表示） | 杀菌剂 | GB/T 20772（参照） |
| 35 | 氟氯氰菊酯和高效氟氯氰菊酯 | 0.2* | 杀虫剂 | 无指定 |
| 36 | 氟酰脲 | 10（以脂肪中残留量表示） | 杀虫剂 | SN/T 2540（参照） |
| 37 | 甲氨基阿维菌素苯甲酸盐 | 0.004* | 杀虫剂 | 无指定 |
| 38 | 甲胺磷 | 0.01 | 杀虫剂 | GB/T 20772（参照） |
| 39 | 甲拌磷 | 0.02 | 杀虫剂 | GB/T 23210（参照） |
| 40 | 甲基毒死蜱 | 0.1 | 杀虫剂 | GB/T 20772（参照） |
| 41 | 甲基嘧啶磷 | 0.01 | 杀虫剂 | GB/T 20772（参照） |
| 42 | 甲萘威 | 0.05 | 杀虫剂 | GB/T 20772（参照） |

（续）

| 序号 | 农药中文名 | 最大残留限量（mg/kg） | 农药主要用途 | 检测方法 |
|---|---|---|---|---|
| 43 | 喹氧灵 | 0.2（以脂肪中残留量表示） | 杀菌剂 | GB 23200.56（参照） |
| 44 | 联苯肼酯 | 0.05*（以脂肪中残留量表示） | 杀螨剂 | 无指定 |
| 45 | 联苯菊酯 | 3（以脂肪中残留量表示） | 杀虫/杀螨剂 | SN/T 1969（参照） |
| 46 | 联苯三唑醇 | 0.05（以脂肪中残留量表示） | 杀菌剂 | GB/T 20772（参照） |
| 47 | 硫丹 | 0.2（以脂肪中残留量表示） | 杀虫剂 | GB/T 5009.19、GB/T 5009.162（参照） |
| 48 | 螺虫乙酯 | 0.05* | 杀虫剂 | 无指定 |
| 49 | 螺螨酯 | 0.01（以脂肪中残留量表示） | 杀螨剂 | GB/T 20772（参照） |
| 50 | 氯氨吡啶酸 | 0.1* | 除草剂 | 无指定 |
| 51 | 氯丙嘧啶酸 | 0.01* | 除草剂 | 无指定 |
| 52 | 氯虫苯甲酰胺 | 0.2*（以脂肪中残留量表示） | 杀虫剂 | 无指定 |
| 53 | 氯氟氰菊酯和高效氯氟氰菊酯 | 0.05（以脂肪中残留量表示） | 杀虫剂 | GB/T 23210（参照） |
| 54 | 氯菊酯 | 1（以脂肪中残留量表示） | 杀虫剂 | GB/T 5009.162（参照） |
| 55 | 氯氰菊酯和高效氯氰菊酯 | 2（以脂肪中残留量表示） | 杀虫剂 | GB/T 5009.162（参照） |
| 56 | 麦草畏 | 0.03* | 除草剂 | 无指定 |
| 57 | 咪鲜胺和咪鲜胺锰盐 | 0.5（以脂肪中残留量表示） | 杀菌剂 | GB/T 19650（参照） |
| 58 | 咪唑菌酮 | 0.01*（以脂肪中残留量表示） | 杀菌剂 | 无指定 |
| 59 | 咪唑烟酸 | 0.05* | 除草剂 | 无指定 |
| 60 | 醚菊酯 | 0.5*（以脂肪中残留量表示） | 杀虫剂 | 无指定 |
| 61 | 醚菌酯 | 0.05* | 杀菌剂 | 无指定 |

（续）

| 序号 | 农药中文名 | 最大残留限量（mg/kg） | 农药主要用途 | 检测方法 |
|---|---|---|---|---|
| 62 | 嘧菌环胺 | 0.01*（以脂肪中残留量表示） | 杀菌剂 | 无指定 |
| 63 | 嘧菌酯 | 0.05（以脂肪中残留量表示） | 杀菌剂 | GB 23200.46（参照） |
| 64 | 嘧霉胺 | 0.05 | 杀菌剂 | GB 23200.46（参照） |
| 65 | 灭多威 | 0.02* | 杀虫剂 | 无指定 |
| 66 | 灭线磷 | 0.01 | 杀线虫剂 | GB/T 20772（参照） |
| 67 | 灭蝇胺 | 0.3* | 杀虫剂 | 无指定 |
| 68 | 嗪氨灵 | 0.01* | 杀菌剂 | 无指定 |
| 69 | 氰氟虫腙 | 0.02*（以脂肪中残留量表示） | 杀虫剂 | 无指定 |
| 70 | 氰戊菊酯和S-氰戊菊酯 | 1（以脂肪中残留量表示） | 杀虫剂 | GB/T 5009.162（参照） |
| 71 | 炔螨特 | 0.1（以脂肪中残留量表示） | 杀螨剂 | GB/T 23211（参照） |
| 72 | 噻草酮 | 0.06 | 除草剂 | GB/T 23211（参照） |
| 73 | 噻虫胺 | 0.02 | 杀虫剂 | GB 23200.39（参照） |
| 74 | 噻虫啉 | 0.1* | 杀虫剂 | 无指定 |
| 75 | 噻虫嗪 | 0.02 | 杀虫剂 | GB 23200.39（参照） |
| 76 | 噻节因 | 0.01 | 植物生长调节剂 | GB/T 20771（参照） |
| 77 | 噻螨酮 | 0.05*（以脂肪中残留量表示） | 杀螨剂 | 无指定 |
| 78 | 噻嗪酮 | 0.05 | 杀虫剂 | GB/T 20772（参照） |
| 79 | 三唑醇 | 0.02* | 杀菌剂 | 无指定 |
| 80 | 三唑酮 | 0.02* | 杀菌剂 | 无指定 |
| 81 | 杀螟硫磷 | 0.05 | 杀虫剂 | GB/T 5009.161（参照） |
| 82 | 杀线威 | 0.02 | 杀虫剂 | SN/T 0697（参照） |
| 83 | 霜霉威和霜霉威盐酸盐 | 0.01 | 杀菌剂 | GB/T 20772（参照） |
| 84 | 四螨嗪 | 0.05 | 杀螨剂 | GB/T 20772（参照） |

（续）

| 序号 | 农药中文名 | 最大残留限量（mg/kg） | 农药主要用途 | 检测方法 |
|---|---|---|---|---|
| 85 | 特丁硫磷 | 0.05 | 杀虫剂 | GB/T 23211（参照） |
| 86 | 涕灭威 | 0.01 | 杀虫剂 | SN/T 2560（参照） |
| 87 | 艾氏剂 | 0.2（以脂肪计） | 杀虫剂 | GB/T 5009.19、GB/T 5009.162（参照） |
| 88 | 狄氏剂 | 0.2（以脂肪计） | 杀虫剂 | GB/T 5009.19、GB/T 5009.162（参照） |
| 89 | 林丹 | 0.1（脂肪含量10%以下，以原样计）<br>1（脂肪含量10%及以上，以脂肪计） | 杀虫剂 | GB/T 5009.19、GB/T 5009.162（参照） |
| 90 | 氯丹 | 0.05（以脂肪计） | 杀虫剂 | 无指定 |
| 91 | 七氯 | 0.2 | 杀虫剂 | GB/T 5009.19、GB/T 5009.162（参照） |
| 92 | 异狄氏剂 | 0.1（以脂肪计） | 杀虫剂 | GB/T 5009.19、GB/T 5009.162（参照） |
| 93 | 矮壮素 | 0.2* | 植物生长调节剂 | 无指定 |
| 94 | 吡丙醚 | 0.01 | 杀虫剂 | GB 23200.64（参照） |
| 95 | 毒死蜱 | 1 | 杀虫剂 | GB/T 20772（参照） |
| 96 | 多菌灵 | 0.05 | 杀菌剂 | GB/T 20772（参照） |
| 97 | 多杀霉素 | 3 | 杀虫剂 | GB/T 20772（参照） |
| 98 | 二苯胺 | 0.01 | 杀菌剂 | GB/T 19650（参照） |
| 99 | 二嗪磷 | 2* | 杀虫剂 | 无指定 |
| 100 | 克百威 | 0.05 | 杀虫剂 | GB/T 20772（参照） |
| 101 | 乐果 | 0.05* | 杀虫剂 | GB/T 20772（参照） |
| 102 | 氯苯胺灵 | 0.1 | 植物生长调节剂 | GB/T 19650（参照） |
| 103 | 氯苯嘧啶醇 | 0.02 | 杀菌剂 | GB/T 20772（参照） |
| 104 | 噻菌灵 | 0.1 | 杀菌剂 | GB/T 20772（参照） |
| 105 | 杀扑磷 | 0.02 | 杀虫剂 | GB/T 20772（参照） |
| 106 | 双甲脒 | 0.05* | 杀螨剂 | 无指定 |

## 10.7 牛肾

牛肾中农药最大残留限量见表10-7。

**表10-7 牛肾中农药最大残留限量**

| 序号 | 农药中文名 | 最大残留限量（mg/kg） | 农药主要用途 | 检测方法 |
|---|---|---|---|---|
| 1 | 林丹 | 0.01 | 杀虫剂 | GB/T 5009.19、GB/T 5009.162（参照） |
| 2 | 2,4-滴和2,4-滴钠盐 | 5* | 除草剂 | 无指定 |
| 3 | 2甲4氯（钠） | 3* | 除草剂 | 无指定 |
| 4 | 百草枯 | 0.05* | 除草剂 | 无指定 |
| 5 | 百菌清 | 0.2* | 杀菌剂 | 无指定 |
| 6 | 苯并烯氟菌唑 | 0.1* | 杀菌剂 | 无指定 |
| 7 | 苯丁锡 | 0.2 | 杀螨剂 | SN/T 4558（参照） |
| 8 | 苯菌酮 | 0.01* | 杀菌剂 | 无指定 |
| 9 | 苯醚甲环唑 | 1.5 | 杀菌剂 | GB 23200.49（参照） |
| 10 | 苯嘧磺草胺 | 0.3* | 除草剂 | 无指定 |
| 11 | 苯线磷 | 0.01* | 杀虫剂 | 无指定 |
| 12 | 吡虫啉 | 0.3* | 杀虫剂 | 无指定 |
| 13 | 吡噻菌胺 | 0.08* | 杀菌剂 | 无指定 |
| 14 | 吡唑醚菌酯 | 0.05* | 杀菌剂 | 无指定 |
| 15 | 吡唑萘菌胺 | 0.02* | 杀菌剂 | 无指定 |
| 16 | 丙环唑 | 0.5 | 杀菌剂 | 无指定 |
| 17 | 丙硫菌唑 | 0.5* | 杀菌剂 | 无指定 |
| 18 | 丙溴磷 | 0.05 | 杀虫剂 | SN/T 2234（参照） |
| 19 | 草铵膦 | 3* | 除草剂 | 无指定 |
| 20 | 虫酰肼 | 0.02 | 杀虫剂 | 无指定 |
| 21 | 除虫脲 | 0.1* | 杀虫剂 | 无指定 |
| 22 | 敌草快 | 0.05* | 除草剂 | 无指定 |
| 23 | 敌敌畏 | 0.01* | 杀虫剂 | 无指定 |
| 24 | 丁硫克百威 | 0.05 | 杀虫剂 | GB/T 19650（参照） |
| 25 | 啶虫脒 | 1 | 杀虫剂 | GB/T 20772（参照） |
| 26 | 啶酰菌胺 | 0.2 | 杀菌剂 | GB/T 22979（参照） |

（续）

| 序号 | 农药中文名 | 最大残留限量（mg/kg） | 农药主要用途 | 检测方法 |
|---|---|---|---|---|
| 27 | 多菌灵 | 0.05 | 杀菌剂 | GB/T 20772（参照） |
| 28 | 噁唑菌酮 | 0.5* | 杀菌剂 | 无指定 |
| 29 | 呋虫胺 | 0.1* | 杀虫剂 | GB 23200.51（参照） |
| 30 | 氟苯虫酰胺 | 1 | 杀虫剂 | GB 23200.76（参照） |
| 31 | 氟吡菌胺 | 0.01* | 杀菌剂 | 无指定 |
| 32 | 氟啶虫胺腈 | 0.6* | 杀虫剂 | 无指定 |
| 33 | 氟硅唑 | 2 | 杀菌剂 | GB/T 20772（参照） |
| 34 | 氟氯氰菊酯和高效氟氯氰菊酯 | 0.02* | 杀虫剂 | 无指定 |
| 35 | 氟酰脲 | 0.7 | 杀虫剂 | SN/T 2540（参照） |
| 36 | 甲氨基阿维菌素苯甲酸盐 | 0.08* | 杀虫剂 | 无指定 |
| 37 | 甲胺磷 | 0.01 | 杀虫剂 | GB/T 20772（参照） |
| 38 | 甲拌磷 | 0.02 | 杀虫剂 | GB/T 23210（参照） |
| 39 | 甲基毒死蜱 | 0.01 | 杀虫剂 | GB/T 20772（参照） |
| 40 | 甲基嘧啶磷 | 0.01 | 杀虫剂 | GB/T 20772（参照） |
| 41 | 喹氧灵 | 0.01 | 杀菌剂 | GB 23200.56（参照） |
| 42 | 联苯肼酯 | 0.01* | 杀螨剂 | 无指定 |
| 43 | 联苯菊酯 | 0.2 | 杀虫/杀螨剂 | SN/T 1969（参照） |
| 44 | 联苯三唑醇 | 0.05 | 杀菌剂 | GB/T 20772（参照） |
| 45 | 螺虫乙酯 | 1* | 杀虫剂 | 无指定 |
| 46 | 螺螨酯 | 0.05 | 杀螨剂 | GB/T 20772（参照） |
| 47 | 氯丙嘧啶酸 | 0.3* | 除草剂 | 无指定 |
| 48 | 氯虫苯甲酰胺 | 0.01* | 杀虫剂 | 无指定 |
| 49 | 氯菊酯 | 0.1 | 杀虫剂 | GB/T 5009.162（参照） |
| 50 | 氯氰菊酯和高效氯氰菊酯 | 0.05 | 杀虫剂 | GB/T 5009.162（参照） |
| 51 | 麦草畏 | 0.7* | 除草剂 | 无指定 |
| 52 | 咪鲜胺和咪鲜胺锰盐 | 10 | 杀菌剂 | GB/T 19650（参照） |
| 53 | 咪唑菌酮 | 0.01* | 杀菌剂 | 无指定 |
| 54 | 咪唑烟酸 | 0.2* | 除草剂 | 无指定 |
| 55 | 醚菊酯 | 0.05* | 杀虫剂 | 无指定 |

（续）

| 序号 | 农药中文名 | 最大残留限量（mg/kg） | 农药主要用途 | 检测方法 |
|---|---|---|---|---|
| 56 | 醚菌酯 | 0.05* | 杀菌剂 | 无指定 |
| 57 | 嘧菌环胺 | 0.01* | 杀菌剂 | 无指定 |
| 58 | 嘧菌酯 | 0.07* | 杀菌剂 | 无指定 |
| 59 | 嘧霉胺 | 0.1* | 杀菌剂 | 无指定 |
| 60 | 灭多威 | 0.02* | 杀虫剂 | 无指定 |
| 61 | 灭线磷 | 0.01 | 杀线虫剂 | GB/T 20772（参照） |
| 62 | 灭蝇胺 | 0.3* | 杀虫剂 | 无指定 |
| 63 | 嗪氨灵 | 0.01* | 杀菌剂 | 无指定 |
| 64 | 氰氟虫腙 | 0.02* | 杀虫剂 | 无指定 |
| 65 | 氰戊菊酯和S-氰戊菊酯 | 0.02 | 杀虫剂 | GB/T 5009.162（参照） |
| 66 | 炔螨特 | 0.1 | 杀螨剂 | GB/T 23211（参照） |
| 67 | 噻草酮 | 0.5 | 除草剂 | GB/T 23211（参照） |
| 68 | 噻虫啉 | 0.5* | 杀虫剂 | 无指定 |
| 69 | 噻虫嗪 | 0.01 | 杀虫剂 | GB 23200.39（参照） |
| 70 | 噻节因 | 0.01 | 植物生长调节剂 | GB/T 20771（参照） |
| 71 | 噻螨酮 | 0.05* | 杀螨剂 | 无指定 |
| 72 | 噻嗪酮 | 0.05 | 杀虫剂 | GB/T 20772（参照） |
| 73 | 三唑醇 | 0.01* | 杀菌剂 | 无指定 |
| 74 | 三唑酮 | 0.01* | 杀菌剂 | 无指定 |
| 75 | 杀螟硫磷 | 0.05 | 杀虫剂 | GB/T 5009.161（参照） |
| 76 | 霜霉威和霜霉威盐酸盐 | 0.01 | 杀菌剂 | GB/T 20772（参照） |
| 77 | 四螨嗪 | 0.05 | 杀螨剂 | GB/T 20772（参照） |
| 78 | 特丁硫磷 | 0.05 | 杀虫剂 | GB/T 23211（参照） |
| 79 | 吡丙醚 | 0.01 | 杀虫剂 | GB 23200.64（参照） |
| 80 | 克百威 | 0.05 | 杀虫剂 | GB/T 20772（参照） |
| 81 | 乐果 | 0.05* | 杀虫剂 | GB/T 20772（参照） |
| 82 | 氯苯胺灵 | 0.01* | 植物生长调节剂 | 无指定 |
| 83 | 杀扑磷 | 0.02 | 杀虫剂 | GB/T 20772（参照） |
| 84 | 杀线威 | 0.02 | 杀虫剂 | SN/T 0697（参照） |
| 85 | 双甲脒 | 0.2* | 杀螨剂 | 无指定 |

（续）

| 序号 | 农药中文名 | 最大残留限量（mg/kg） | 农药主要用途 | 检测方法 |
| --- | --- | --- | --- | --- |
| 86 | 矮壮素 | 0.5* | 植物生长调节剂 | 无指定 |
| 87 | 丁苯吗啉 | 0.05 | 杀菌剂 | GB/T 23210（参照） |
| 88 | 毒死蜱 | 0.01 | 杀虫剂 | GB/T 20772（参照） |
| 89 | 多杀霉素 | 1 | 杀虫剂 | GB/T 20772（参照） |
| 90 | 二苯胺 | 0.01 | 杀菌剂 | GB/T 19650（参照） |
| 91 | 二嗪磷 | 0.03* | 杀虫剂 | 无指定 |
| 92 | 氟虫腈 | 0.02* | 杀虫剂 | 无指定 |
| 93 | 甲萘威 | 3 | 杀虫剂 | GB/T 20772（参照） |
| 94 | 硫丹 | 0.03 | 杀虫剂 | GB/T 5009.19、GB/T 5009.162（参照） |
| 95 | 氯氨吡啶酸 | 1* | 除草剂 | 无指定 |
| 96 | 氯苯嘧啶醇 | 0.02* | 杀菌剂 | 无指定 |
| 97 | 氯氟氰菊酯和高效氯氟氰菊酯 | 0.2 | 杀虫剂 | GB/T 23210（参照） |
| 98 | 噻菌灵 | 1 | 杀菌剂 | GB/T 20772（参照） |

## 10.8 牛肝

牛肝中农药最大残留限量见表 10－8。

**表 10－8 牛肝中农药最大残留限量**

| 序号 | 农药中文名 | 最大残留限量（mg/kg） | 农药主要用途 | 检测方法 |
| --- | --- | --- | --- | --- |
| 1 | 林丹 | 0.01 | 杀虫剂 | GB/T 5009.19、GB/T 5009.162（参照） |
| 2 | 2,4-滴和2,4-滴钠盐 | 5* | 除草剂 | 无指定 |
| 3 | 2甲4氯（钠） | 3* | 除草剂 | 无指定 |
| 4 | 百草枯 | 0.05* | 除草剂 | 无指定 |
| 5 | 百菌清 | 0.2* | 杀菌剂 | 无指定 |
| 6 | 苯并烯氟菌唑 | 0.1* | 杀菌剂 | 无指定 |
| 7 | 苯丁锡 | 0.2 | 杀螨剂 | SN/T 4558（参照） |
| 8 | 苯菌酮 | 0.01* | 杀菌剂 | 无指定 |

（续）

| 序号 | 农药中文名 | 最大残留限量（mg/kg） | 农药主要用途 | 检测方法 |
|---|---|---|---|---|
| 9 | 苯醚甲环唑 | 1.5 | 杀菌剂 | GB 23200.49（参照） |
| 10 | 苯嘧磺草胺 | 0.3* | 除草剂 | 无指定 |
| 11 | 苯线磷 | 0.01* | 杀虫剂 | 无指定 |
| 12 | 吡虫啉 | 0.3* | 杀虫剂 | 无指定 |
| 13 | 吡噻菌胺 | 0.08* | 杀菌剂 | 无指定 |
| 14 | 吡唑醚菌酯 | 0.05* | 杀菌剂 | 无指定 |
| 15 | 吡唑萘菌胺 | 0.02* | 杀菌剂 | 无指定 |
| 16 | 丙环唑 | 0.5 | 杀菌剂 | 无指定 |
| 17 | 丙硫菌唑 | 0.5* | 杀菌剂 | 无指定 |
| 18 | 丙溴磷 | 0.05 | 杀虫剂 | SN/T 2234（参照） |
| 19 | 草铵膦 | 3* | 除草剂 | 无指定 |
| 20 | 虫酰肼 | 0.02 | 杀虫剂 | 无指定 |
| 21 | 除虫脲 | 0.1* | 杀虫剂 | 无指定 |
| 22 | 敌草快 | 0.05* | 除草剂 | 无指定 |
| 23 | 敌敌畏 | 0.01* | 杀虫剂 | 无指定 |
| 24 | 丁硫克百威 | 0.05 | 杀虫剂 | GB/T 19650（参照） |
| 25 | 啶虫脒 | 1 | 杀虫剂 | GB/T 20772（参照） |
| 26 | 啶酰菌胺 | 0.2 | 杀菌剂 | GB/T 22979（参照） |
| 27 | 多菌灵 | 0.05 | 杀菌剂 | GB/T 20772（参照） |
| 28 | 噁唑菌酮 | 0.5* | 杀菌剂 | 无指定 |
| 29 | 呋虫胺 | 0.1* | 杀虫剂 | GB 23200.51（参照） |
| 30 | 氟苯虫酰胺 | 1 | 杀虫剂 | GB 23200.76（参照） |
| 31 | 氟吡菌胺 | 0.01* | 杀菌剂 | 无指定 |
| 32 | 氟啶虫胺腈 | 0.6* | 杀虫剂 | 无指定 |
| 33 | 氟硅唑 | 2 | 杀菌剂 | GB/T 20772（参照） |
| 34 | 氟氯氰菊酯和高效氟氯氰菊酯 | 0.02* | 杀虫剂 | 无指定 |
| 35 | 氟酰脲 | 0.7 | 杀虫剂 | SN/T 2540（参照） |
| 36 | 甲氨基阿维菌素苯甲酸盐 | 0.08* | 杀虫剂 | 无指定 |
| 37 | 甲胺磷 | 0.01 | 杀虫剂 | GB/T 20772（参照） |

（续）

| 序号 | 农药中文名 | 最大残留限量（mg/kg） | 农药主要用途 | 检测方法 |
|---|---|---|---|---|
| 38 | 甲拌磷 | 0.02 | 杀虫剂 | GB/T 23210（参照） |
| 39 | 甲基毒死蜱 | 0.01 | 杀虫剂 | GB/T 20772（参照） |
| 40 | 甲基嘧啶磷 | 0.01 | 杀虫剂 | GB/T 20772（参照） |
| 41 | 喹氧灵 | 0.01 | 杀菌剂 | GB 23200.56（参照） |
| 42 | 联苯肼酯 | 0.01* | 杀螨剂 | 无指定 |
| 43 | 联苯菊酯 | 0.2 | 杀虫/杀螨剂 | SN/T 1969（参照） |
| 44 | 联苯三唑醇 | 0.05 | 杀菌剂 | GB/T 20772（参照） |
| 45 | 螺虫乙酯 | 1* | 杀虫剂 | 无指定 |
| 46 | 螺螨酯 | 0.05 | 杀螨剂 | GB/T 20772（参照） |
| 47 | 氯丙嘧啶酸 | 0.3* | 除草剂 | 无指定 |
| 48 | 氯虫苯甲酰胺 | 0.01* | 杀虫剂 | 无指定 |
| 49 | 氯菊酯 | 0.1 | 杀虫剂 | GB/T 5009.162（参照） |
| 50 | 氯氰菊酯和高效氯氰菊酯 | 0.05 | 杀虫剂 | GB/T 5009.162（参照） |
| 51 | 麦草畏 | 0.7* | 除草剂 | 无指定 |
| 52 | 咪鲜胺和咪鲜胺锰盐 | 10 | 杀菌剂 | GB/T 19650（参照） |
| 53 | 咪唑菌酮 | 0.01* | 杀菌剂 | 无指定 |
| 54 | 咪唑烟酸 | 0.2* | 除草剂 | 无指定 |
| 55 | 醚菊酯 | 0.05* | 杀虫剂 | 无指定 |
| 56 | 醚菌酯 | 0.05* | 杀菌剂 | 无指定 |
| 57 | 嘧菌环胺 | 0.01* | 杀菌剂 | 无指定 |
| 58 | 嘧菌酯 | 0.07* | 杀菌剂 | 无指定 |
| 59 | 嘧霉胺 | 0.1* | 杀菌剂 | 无指定 |
| 60 | 灭多威 | 0.02* | 杀虫剂 | 无指定 |
| 61 | 灭线磷 | 0.01 | 杀线虫剂 | GB/T 20772（参照） |
| 62 | 灭蝇胺 | 0.3* | 杀虫剂 | 无指定 |
| 63 | 嗪氨灵 | 0.01* | 杀菌剂 | 无指定 |
| 64 | 氰氟虫腙 | 0.02* | 杀虫剂 | 无指定 |
| 65 | 氰戊菊酯和S-氰戊菊酯 | 0.02 | 杀虫剂 | GB/T 5009.162（参照） |
| 66 | 炔螨特 | 0.1 | 杀螨剂 | GB/T 23211（参照） |
| 67 | 噻草酮 | 0.5 | 除草剂 | GB/T 23211（参照） |

（续）

| 序号 | 农药中文名 | 最大残留限量（mg/kg） | 农药主要用途 | 检测方法 |
|---|---|---|---|---|
| 68 | 噻虫啉 | 0.5* | 杀虫剂 | 无指定 |
| 69 | 噻虫嗪 | 0.01 | 杀虫剂 | GB 23200.39（参照） |
| 70 | 噻节因 | 0.01 | 植物生长调节剂 | GB/T 20771（参照） |
| 71 | 噻螨酮 | 0.05* | 杀螨剂 | 无指定 |
| 72 | 噻嗪酮 | 0.05 | 杀虫剂 | GB/T 20772（参照） |
| 73 | 三唑醇 | 0.01* | 杀菌剂 | 无指定 |
| 74 | 三唑酮 | 0.01* | 杀菌剂 | 无指定 |
| 75 | 杀螟硫磷 | 0.05 | 杀虫剂 | GB/T 5009.161（参照） |
| 76 | 霜霉威和霜霉威盐酸盐 | 0.01 | 杀菌剂 | GB/T 20772（参照） |
| 77 | 四螨嗪 | 0.05 | 杀螨剂 | GB/T 20772（参照） |
| 78 | 特丁硫磷 | 0.05 | 杀虫剂 | GB/T 23211（参照） |
| 79 | 氯氨吡啶酸 | 0.05* | 除草剂 | 无指定 |
| 80 | 吡丙醚 | 0.01 | 杀虫剂 | GB 23200.64（参照） |
| 81 | 克百威 | 0.05 | 杀虫剂 | GB/T 20772（参照） |
| 82 | 乐果 | 0.05* | 杀虫剂 | GB/T 20772（参照） |
| 83 | 氯苯胺灵 | 0.01* | 植物生长调节剂 | 无指定 |
| 84 | 杀扑磷 | 0.02 | 杀虫剂 | GB/T 20772（参照） |
| 85 | 杀线威 | 0.02 | 杀虫剂 | SN/T 0697（参照） |
| 86 | 双甲脒 | 0.2* | 杀螨剂 | 无指定 |
| 87 | 矮壮素 | 0.1* | 植物生长调节剂 | 无指定 |
| 88 | 丁苯吗啉 | 0.3 | 杀菌剂 | GB/T 23210（参照） |
| 89 | 毒死蜱 | 0.01 | 杀虫剂 | GB/T 20772（参照） |
| 90 | 多杀霉素 | 2 | 杀虫剂 | GB/T 20772（参照） |
| 91 | 二苯胺 | 0.05 | 杀菌剂 | GB/T 19650（参照） |
| 92 | 二嗪磷 | 0.03* | 杀虫剂 | 无指定 |
| 93 | 氟虫腈 | 0.1* | 杀虫剂 | 无指定 |
| 94 | 甲萘威 | 1 | 杀虫剂 | GB/T 20772（参照） |
| 95 | 硫丹 | 0.1 | 杀虫剂 | GB/T 5009.19、GB/T 5009.162（参照） |
| 96 | 氯苯嘧啶醇 | 0.05* | 杀菌剂 | 无指定 |

（续）

| 序号 | 农药中文名 | 最大残留限量（mg/kg） | 农药主要用途 | 检测方法 |
|---|---|---|---|---|
| 97 | 氯氟氰菊酯和高效氯氟氰菊酯 | 0.05 | 杀虫剂 | GB/T 23210（参照） |
| 98 | 噻虫胺 | 0.2 | 杀虫剂 | GB 23200.39（参照） |
| 99 | 噻菌灵 | 0.3 | 杀菌剂 | GB/T 20772（参照） |

## 10.9 牛内脏

牛内脏中农药最大残留限量见表 10－9。

**表 10－9 牛内脏中农药最大残留限量**

| 序号 | 农药中文名 | 最大残留限量（mg/kg） | 农药主要用途 | 检测方法 |
|---|---|---|---|---|
| 1 | 林丹 | 0.01 | 杀虫剂 | GB/T 5009.19、GB/T 5009.162（参照） |
| 2 | 2,4-滴和2,4-滴钠盐 | 5* | 除草剂 | 无指定 |
| 3 | 2甲4氯（钠） | 3* | 除草剂 | 无指定 |
| 4 | 百草枯 | 0.05* | 除草剂 | 无指定 |
| 5 | 百菌清 | 0.2* | 杀菌剂 | 无指定 |
| 6 | 苯并烯氟菌唑 | 0.1* | 杀菌剂 | 无指定 |
| 7 | 苯丁锡 | 0.2 | 杀螨剂 | SN/T 4558（参照） |
| 8 | 苯菌酮 | 0.01* | 杀菌剂 | 无指定 |
| 9 | 苯醚甲环唑 | 1.5 | 杀菌剂 | GB 23200.49（参照） |
| 10 | 苯嘧磺草胺 | 0.3* | 除草剂 | 无指定 |
| 11 | 苯线磷 | 0.01* | 杀虫剂 | 无指定 |
| 12 | 吡虫啉 | 0.3* | 杀虫剂 | 无指定 |
| 13 | 吡噻菌胺 | 0.08* | 杀菌剂 | 无指定 |
| 14 | 吡唑醚菌酯 | 0.05* | 杀菌剂 | 无指定 |
| 15 | 吡唑萘菌胺 | 0.02* | 杀菌剂 | 无指定 |
| 16 | 丙环唑 | 0.5 | 杀菌剂 | 无指定 |
| 17 | 丙硫菌唑 | 0.5* | 杀菌剂 | 无指定 |
| 18 | 丙溴磷 | 0.05 | 杀虫剂 | SN/T 2234（参照） |
| 19 | 草铵膦 | 3* | 除草剂 | 无指定 |

（续）

| 序号 | 农药中文名 | 最大残留限量（mg/kg） | 农药主要用途 | 检测方法 |
|---|---|---|---|---|
| 20 | 虫酰肼 | 0.02 | 杀虫剂 | 无指定 |
| 21 | 除虫脲 | 0.1* | 杀虫剂 | 无指定 |
| 22 | 敌草快 | 0.05* | 除草剂 | 无指定 |
| 23 | 敌敌畏 | 0.01* | 杀虫剂 | 无指定 |
| 24 | 丁硫克百威 | 0.05 | 杀虫剂 | GB/T 19650（参照） |
| 25 | 啶虫脒 | 1 | 杀虫剂 | GB/T 20772（参照） |
| 26 | 啶酰菌胺 | 0.2 | 杀菌剂 | GB/T 22979（参照） |
| 27 | 多菌灵 | 0.05 | 杀菌剂 | GB/T 20772（参照） |
| 28 | 噁唑菌酮 | 0.5* | 杀菌剂 | 无指定 |
| 29 | 呋虫胺 | 0.1* | 杀虫剂 | GB 23200.51（参照） |
| 30 | 氟苯虫酰胺 | 1 | 杀虫剂 | GB 23200.76（参照） |
| 31 | 氟吡菌胺 | 0.01* | 杀菌剂 | 无指定 |
| 32 | 氟啶虫胺腈 | 0.6* | 杀虫剂 | 无指定 |
| 33 | 氟硅唑 | 2 | 杀菌剂 | GB/T 20772（参照） |
| 34 | 氟氯氰菊酯和高效氟氯氰菊酯 | 0.02* | 杀虫剂 | 无指定 |
| 35 | 氟酰脲 | 0.7 | 杀虫剂 | SN/T 2540（参照） |
| 36 | 甲氨基阿维菌素苯甲酸盐 | 0.08* | 杀虫剂 | 无指定 |
| 37 | 甲胺磷 | 0.01 | 杀虫剂 | GB/T 20772（参照） |
| 38 | 甲拌磷 | 0.02 | 杀虫剂 | GB/T 23210（参照） |
| 39 | 甲基毒死蜱 | 0.01 | 杀虫剂 | GB/T 20772（参照） |
| 40 | 甲基嘧啶磷 | 0.01 | 杀虫剂 | GB/T 20772（参照） |
| 41 | 喹氧灵 | 0.01 | 杀菌剂 | GB 23200.56（参照） |
| 42 | 联苯肼酯 | 0.01* | 杀螨剂 | 无指定 |
| 43 | 联苯菊酯 | 0.2 | 杀虫/杀螨剂 | SN/T 1969（参照） |
| 44 | 联苯三唑醇 | 0.05 | 杀菌剂 | GB/T 20772（参照） |
| 45 | 螺虫乙酯 | 1* | 杀虫剂 | 无指定 |
| 46 | 螺螨酯 | 0.05 | 杀螨剂 | GB/T 20772（参照） |
| 47 | 氯丙嘧啶酸 | 0.3* | 除草剂 | 无指定 |
| 48 | 氯虫苯甲酰胺 | 0.01* | 杀虫剂 | 无指定 |

（续）

| 序号 | 农药中文名 | 最大残留限量（mg/kg） | 农药主要用途 | 检测方法 |
|---|---|---|---|---|
| 49 | 氯菊酯 | 0.1 | 杀虫剂 | GB/T 5009.162（参照） |
| 50 | 氯氰菊酯和高效氯氰菊酯 | 0.05 | 杀虫剂 | GB/T 5009.162（参照） |
| 51 | 麦草畏 | 0.7* | 除草剂 | 无指定 |
| 52 | 咪鲜胺和咪鲜胺锰盐 | 10 | 杀菌剂 | GB/T 19650（参照） |
| 53 | 咪唑菌酮 | 0.01* | 杀菌剂 | 无指定 |
| 54 | 咪唑烟酸 | 0.2* | 除草剂 | 无指定 |
| 55 | 醚菊酯 | 0.05* | 杀虫剂 | 无指定 |
| 56 | 醚菌酯 | 0.05* | 杀菌剂 | 无指定 |
| 57 | 嘧菌环胺 | 0.01* | 杀菌剂 | 无指定 |
| 58 | 嘧菌酯 | 0.07* | 杀菌剂 | 无指定 |
| 59 | 嘧霉胺 | 0.1* | 杀菌剂 | 无指定 |
| 60 | 灭多威 | 0.02* | 杀虫剂 | 无指定 |
| 61 | 灭线磷 | 0.01 | 杀线虫剂 | GB/T 20772（参照） |
| 62 | 灭蝇胺 | 0.3* | 杀虫剂 | 无指定 |
| 63 | 嗪氨灵 | 0.01* | 杀菌剂 | 无指定 |
| 64 | 氰氟虫腙 | 0.02* | 杀虫剂 | 无指定 |
| 65 | 氰戊菊酯和S-氰戊菊酯 | 0.02 | 杀虫剂 | GB/T 5009.162（参照） |
| 66 | 炔螨特 | 0.1 | 杀螨剂 | GB/T 23211（参照） |
| 67 | 噻草酮 | 0.5 | 除草剂 | GB/T 23211（参照） |
| 68 | 噻虫啉 | 0.5* | 杀虫剂 | 无指定 |
| 69 | 噻虫嗪 | 0.01 | 杀虫剂 | GB 23200.39（参照） |
| 70 | 噻节因 | 0.01 | 植物生长调节剂 | GB/T 20771（参照） |
| 71 | 噻螨酮 | 0.05* | 杀螨剂 | 无指定 |
| 72 | 噻嗪酮 | 0.05 | 杀虫剂 | GB/T 20772（参照） |
| 73 | 三唑醇 | 0.01* | 杀菌剂 | 无指定 |
| 74 | 三唑酮 | 0.01* | 杀菌剂 | 无指定 |
| 75 | 杀螟硫磷 | 0.05 | 杀虫剂 | GB/T 5009.161（参照） |
| 76 | 霜霉威和霜霉威盐酸盐 | 0.01 | 杀菌剂 | GB/T 20772（参照） |
| 77 | 四螨嗪 | 0.05 | 杀螨剂 | GB/T 20772（参照） |
| 78 | 特丁硫磷 | 0.05 | 杀虫剂 | GB/T 23211（参照） |

（续）

| 序号 | 农药中文名 | 最大残留限量（mg/kg） | 农药主要用途 | 检测方法 |
|---|---|---|---|---|
| 79 | 多杀霉素 | 0.5 | 杀虫剂 | GB/T 20772（参照） |
| 80 | 氯氨吡啶酸 | 0.05* | 除草剂 | 无指定 |
| 81 | 吡丙醚 | 0.01 | 杀虫剂 | GB 23200.64（参照） |
| 82 | 克百威 | 0.05 | 杀虫剂 | GB/T 20772（参照） |
| 83 | 乐果 | 0.05* | 杀虫剂 | GB/T 20772（参照） |
| 84 | 氯苯胺灵 | 0.01* | 植物生长调节剂 | 无指定 |
| 85 | 杀扑磷 | 0.02 | 杀虫剂 | GB/T 20772（参照） |
| 86 | 杀线威 | 0.02 | 杀虫剂 | SN/T 0697（参照） |
| 87 | 双甲脒 | 0.2* | 杀螨剂 | 无指定 |

## 10.10　牛脂肪

牛脂肪中农药最大残留限量见表 10-10。

**表 10-10　牛脂肪中农药最大残留限量**

| 序号 | 农药中文名 | 最大残留限量（mg/kg） | 农药主要用途 | 检测方法 |
|---|---|---|---|---|
| 1 | 2 甲 4 氯（钠） | 0.2* | 除草剂 | 无指定 |
| 2 | 百菌清 | 0.07* | 杀菌剂 | 无指定 |
| 3 | 苯并烯氟菌唑 | 0.03* | 杀菌剂 | 无指定 |
| 4 | 苯菌酮 | 0.01* | 杀菌剂 | 无指定 |
| 5 | 苯嘧磺草胺 | 0.01* | 除草剂 | 无指定 |
| 6 | 吡噻菌胺 | 0.05* | 杀菌剂 | 无指定 |
| 7 | 吡唑萘菌胺 | 0.01* | 杀菌剂 | 无指定 |
| 8 | 敌敌畏 | 0.01* | 杀虫剂 | 无指定 |
| 9 | 丁苯吗啉 | 0.01 | 杀菌剂 | GB/T 23210（参照） |
| 10 | 啶虫脒 | 0.3 | 杀虫剂 | GB/T 20772（参照） |
| 11 | 氟啶虫胺腈 | 0.1* | 杀虫剂 | 无指定 |
| 12 | 甲氨基阿维菌素苯甲酸盐 | 0.02* | 杀虫剂 | 无指定 |
| 13 | 乐果 | 0.05* | 杀虫剂 | GB/T 20772（参照） |
| 14 | 氯丙嘧啶酸 | 0.03* | 除草剂 | 无指定 |
| 15 | 氯虫苯甲酰胺 | 0.2* | 杀虫剂 | 无指定 |

（续）

| 序号 | 农药中文名 | 最大残留限量（mg/kg） | 农药主要用途 | 检测方法 |
| --- | --- | --- | --- | --- |
| 16 | 麦草畏 | 0.07* | 除草剂 | 无指定 |
| 17 | 咪唑烟酸 | 0.05* | 除草剂 | 无指定 |
| 18 | 醚菌酯 | 0.05* | 杀菌剂 | 无指定 |
| 19 | 嗪氨灵 | 0.01* | 杀菌剂 | 无指定 |
| 20 | 噻草酮 | 0.1 | 除草剂 | GB/T 23211（参照） |
| 21 | 噻虫胺 | 0.02 | 杀虫剂 | GB 23200.39（参照） |
| 22 | 噻螨酮 | 0.05* | 杀螨剂 | 无指定 |
| 23 | 克百威 | 0.05 | 杀虫剂 | GB/T 20772（参照） |
| 24 | 杀扑磷 | 0.02 | 杀虫剂 | GB/T 20772（参照） |

## 10.11　羊肉

羊肉中农药最大残留限量见表10-11。

**表10-11　羊肉中农药最大残留限量**

| 序号 | 农药中文名 | 最大残留限量（mg/kg） | 农药主要用途 | 检测方法 |
| --- | --- | --- | --- | --- |
| 1 | 滴滴涕 | 0.2（脂肪含量10%以下，以原样计）<br>2（脂肪含量10%及以上，以脂肪计） | 杀虫剂 | GB/T 5009.19、GB/T 5009.162（参照） |
| 2 | 六六六 | 0.1（脂肪含量10%以下，以原样计）<br>1（脂肪含量10%及以上，以脂肪计） | 杀虫剂 | GB/T 5009.19、GB/T 5009.162（参照） |
| 3 | 2,4-滴和2,4-滴钠盐 | 0.2* | 除草剂 | 无指定 |
| 4 | 2甲4氯（钠） | 0.1* | 除草剂 | 无指定 |
| 5 | 百草枯 | 0.005* | 除草剂 | 无指定 |
| 6 | 百菌清 | 0.02* | 杀菌剂 | 无指定 |
| 7 | 苯并烯氟菌唑 | 0.03* | 杀菌剂 | 无指定 |
| 8 | 苯丁锡 | 0.05 | 杀螨剂 | SN/T 4558（参照） |
| 9 | 苯菌酮 | 0.01* | 杀菌剂 | 无指定 |
| 10 | 苯醚甲环唑 | 0.2（以脂肪中残留量表示） | 杀菌剂 | GB 23200.49（参照） |

（续）

| 序号 | 农药中文名 | 最大残留限量（mg/kg） | 农药主要用途 | 检测方法 |
| --- | --- | --- | --- | --- |
| 11 | 苯嘧磺草胺 | 0.01* | 除草剂 | 无指定 |
| 12 | 苯线磷 | 0.01* | 杀虫剂 | 无指定 |
| 13 | 吡虫啉 | 0.1* | 杀虫剂 | 无指定 |
| 14 | 吡噻菌胺 | 0.04* | 杀菌剂 | 无指定 |
| 15 | 吡唑醚菌酯 | 0.5*（以脂肪中残留量表示） | 杀菌剂 | 无指定 |
| 16 | 吡唑萘菌胺 | 0.01* | 杀菌剂 | 无指定 |
| 17 | 丙环唑 | 0.01（以脂肪中残留量表示） | 杀菌剂 | GB/T 20772（参照） |
| 18 | 丙硫菌唑 | 0.01* | 杀菌剂 | 无指定 |
| 19 | 丙溴磷 | 0.05（以脂肪中残留量表示） | 杀虫剂 | SN/T 2234（参照） |
| 20 | 草铵膦 | 0.05* | 除草剂 | 无指定 |
| 21 | 虫酰肼 | 0.05（以脂肪中残留量表示） | 杀虫剂 | GB/T 23211（参照） |
| 22 | 除虫脲 | 0.1*（以脂肪中残留量表示） | 杀虫剂 | 无指定 |
| 23 | 敌草快 | 0.05* | 除草剂 | 无指定 |
| 24 | 敌敌畏 | 0.01* | 杀虫剂 | 无指定 |
| 25 | 丁苯吗啉 | 0.02 | 杀菌剂 | GB/T 23210（参照） |
| 26 | 丁硫克百威 | 0.05（以脂肪中残留量表示） | 杀虫剂 | GB/T 19650（参照） |
| 27 | 啶虫脒 | 0.5 | 杀虫剂 | GB/T 20772（参照） |
| 28 | 啶酰菌胺 | 0.7（以脂肪中残留量表示） | 杀菌剂 | GB/T 22979（参照） |
| 29 | 噁唑菌酮 | 0.5* | 杀菌剂 | 无指定 |
| 30 | 呋虫胺 | 0.1* | 杀虫剂 | GB 23200.51（参照） |
| 31 | 氟苯虫酰胺 | 2（以脂肪中残留量表示） | 杀虫剂 | GB 23200.76（参照） |
| 32 | 氟吡菌胺 | 0.01*（以脂肪中残留量表示） | 杀菌剂 | 无指定 |
| 33 | 氟啶虫胺腈 | 0.3* | 杀虫剂 | 无指定 |

（续）

| 序号 | 农药中文名 | 最大残留限量（mg/kg） | 农药主要用途 | 检测方法 |
|---|---|---|---|---|
| 34 | 氟硅唑 | 1（以脂肪中残留量表示） | 杀菌剂 | GB/T 20772（参照） |
| 35 | 氟氯氰菊酯和高效氟氯氰菊酯 | 0.2* | 杀虫剂 | 无指定 |
| 36 | 氟酰脲 | 10（以脂肪中残留量表示） | 杀虫剂 | SN/T 2540（参照） |
| 37 | 甲氨基阿维菌素苯甲酸盐 | 0.004* | 杀虫剂 | 无指定 |
| 38 | 甲胺磷 | 0.01 | 杀虫剂 | GB/T 20772（参照） |
| 39 | 甲拌磷 | 0.02 | 杀虫剂 | GB/T 23210（参照） |
| 40 | 甲基毒死蜱 | 0.1 | 杀虫剂 | GB/T 20772（参照） |
| 41 | 甲基嘧啶磷 | 0.01 | 杀虫剂 | GB/T 20772（参照） |
| 42 | 甲萘威 | 0.05 | 杀虫剂 | GB/T 20772（参照） |
| 43 | 喹氧灵 | 0.2（以脂肪中残留量表示） | 杀菌剂 | GB 23200.56（参照） |
| 44 | 联苯肼酯 | 0.05*（以脂肪中残留量表示） | 杀螨剂 | 无指定 |
| 45 | 联苯菊酯 | 3（以脂肪中残留量表示） | 杀虫/杀螨剂 | SN/T 1969（参照） |
| 46 | 联苯三唑醇 | 0.05（以脂肪中残留量表示） | 杀菌剂 | GB/T 20772（参照） |
| 47 | 硫丹 | 0.2（以脂肪中残留量表示） | 杀虫剂 | GB/T 5009.19、GB/T 5009.162（参照） |
| 48 | 螺虫乙酯 | 0.05* | 杀虫剂 | 无指定 |
| 49 | 螺螨酯 | 0.01（以脂肪中残留量表示） | 杀螨剂 | GB/T 20772（参照） |
| 50 | 氯氨吡啶酸 | 0.1* | 除草剂 | 无指定 |
| 51 | 氯丙嘧啶酸 | 0.01* | 除草剂 | 无指定 |
| 52 | 氯虫苯甲酰胺 | 0.2*（以脂肪中残留量表示） | 杀虫剂 | 无指定 |
| 53 | 氯氟氰菊酯和高效氯氟氰菊酯 | 0.05（以脂肪中残留量表示） | 杀虫剂 | GB/T 23210（参照） |

（续）

| 序号 | 农药中文名 | 最大残留限量（mg/kg） | 农药主要用途 | 检测方法 |
|---|---|---|---|---|
| 54 | 氯菊酯 | 1（以脂肪中残留量表示） | 杀虫剂 | GB/T 5009.162（参照） |
| 55 | 氯氰菊酯和高效氯氰菊酯 | 2（以脂肪中残留量表示） | 杀虫剂 | GB/T 5009.162（参照） |
| 56 | 麦草畏 | 0.03* | 除草剂 | 无指定 |
| 57 | 咪鲜胺和咪鲜胺锰盐 | 0.5（以脂肪中残留量表示） | 杀菌剂 | GB/T 19650（参照） |
| 58 | 咪唑菌酮 | 0.01*（以脂肪中残留量表示） | 杀菌剂 | 无指定 |
| 59 | 咪唑烟酸 | 0.05* | 除草剂 | 无指定 |
| 60 | 醚菊酯 | 0.5*（以脂肪中残留量表示） | 杀虫剂 | 无指定 |
| 61 | 醚菌酯 | 0.05* | 杀菌剂 | 无指定 |
| 62 | 嘧菌环胺 | 0.01*（以脂肪中残留量表示） | 杀菌剂 | 无指定 |
| 63 | 嘧菌酯 | 0.05（以脂肪中残留量表示） | 杀菌剂 | GB 23200.46（参照） |
| 64 | 嘧霉胺 | 0.05 | 杀菌剂 | GB 23200.46（参照） |
| 65 | 灭多威 | 0.02* | 杀虫剂 | 无指定 |
| 66 | 灭线磷 | 0.01 | 杀线虫剂 | GB/T 20772（参照） |
| 67 | 灭蝇胺 | 0.3* | 杀虫剂 | 无指定 |
| 68 | 嗪氨灵 | 0.01* | 杀菌剂 | 无指定 |
| 69 | 氰氟虫腙 | 0.02*（以脂肪中残留量表示） | 杀虫剂 | 无指定 |
| 70 | 氰戊菊酯和S-氰戊菊酯 | 1（以脂肪中残留量表示） | 杀虫剂 | GB/T 5009.162（参照） |
| 71 | 炔螨特 | 0.1（以脂肪中残留量表示） | 杀螨剂 | GB/T 23211（参照） |
| 72 | 噻草酮 | 0.06 | 除草剂 | GB/T 23211（参照） |
| 73 | 噻虫胺 | 0.02 | 杀虫剂 | GB 23200.39（参照） |
| 74 | 噻虫啉 | 0.1* | 杀虫剂 | 无指定 |
| 75 | 噻虫嗪 | 0.02 | 杀虫剂 | GB 23200.39（参照） |

（续）

| 序号 | 农药中文名 | 最大残留限量（mg/kg） | 农药主要用途 | 检测方法 |
|---|---|---|---|---|
| 76 | 噻节因 | 0.01 | 植物生长调节剂 | GB/T 20771（参照） |
| 77 | 噻螨酮 | 0.05*<br>（以脂肪中残留量表示） | 杀螨剂 | 无指定 |
| 78 | 噻嗪酮 | 0.05 | 杀虫剂 | GB/T 20772（参照） |
| 79 | 三唑醇 | 0.02* | 杀菌剂 | 无指定 |
| 80 | 三唑酮 | 0.02* | 杀菌剂 | 无指定 |
| 81 | 杀螟硫磷 | 0.05 | 杀虫剂 | GB/T 5009.161（参照） |
| 82 | 杀线威 | 0.02 | 杀虫剂 | SN/T 0697（参照） |
| 83 | 霜霉威和霜霉威盐酸盐 | 0.01 | 杀菌剂 | GB/T 20772（参照） |
| 84 | 四螨嗪 | 0.05 | 杀螨剂 | GB/T 20772（参照） |
| 85 | 特丁硫磷 | 0.05 | 杀虫剂 | GB/T 23211（参照） |
| 86 | 涕灭威 | 0.01 | 杀虫剂 | SN/T 2560（参照） |
| 87 | 艾氏剂 | 0.2<br>（以脂肪计） | 杀虫剂 | GB/T 5009.19、GB/T 5009.162（参照） |
| 88 | 狄氏剂 | 0.2<br>（以脂肪计） | 杀虫剂 | GB/T 5009.19、GB/T 5009.162（参照） |
| 89 | 林丹 | 0.1<br>（脂肪含量10%以下，以原样计）<br>1<br>（脂肪含量10%及以上，以脂肪计） | 杀虫剂 | GB/T 5009.19、GB/T 5009.162（参照） |
| 90 | 氯丹 | 0.05<br>（以脂肪计） | 杀虫剂 | 无指定 |
| 91 | 七氯 | 0.2 | 杀虫剂 | GB/T 5009.19、GB/T 5009.162（参照） |
| 92 | 异狄氏剂 | 0.1<br>（以脂肪计） | 杀虫剂 | GB/T 5009.19、GB/T 5009.162（参照） |
| 93 | 多杀霉素 | 2 | 杀虫剂 | GB/T 20772（参照） |
| 94 | 毒死蜱 | 1 | 杀虫剂 | GB/T 20772（参照） |
| 95 | 二嗪磷 | 2* | 杀虫剂 | 无指定 |
| 96 | 克百威 | 0.05 | 杀虫剂 | GB/T 20772（参照） |

（续）

| 序号 | 农药中文名 | 最大残留限量（mg/kg） | 农药主要用途 | 检测方法 |
|---|---|---|---|---|
| 97 | 乐果 | 0.05* | 杀虫剂 | GB/T 20772（参照） |
| 98 | 矮壮素 | 0.2*（绵羊肉、山羊肉） | 植物生长调节剂 | 无指定 |
| 99 | 杀扑磷 | 0.02（绵羊肉、山羊肉） | 杀虫剂 | GB/T 20772（参照） |
| 100 | 双甲脒 | 0.1*（绵羊肉） | 杀螨剂 | 无指定 |
| 101 | 吡丙醚 | 0.01（山羊肉） | 杀虫剂 | GB 23200.64（参照） |

## 10.12　羊肾

羊肾中农药最大残留限量见表 10－12。

**表 10－12　羊肾中农药最大残留限量**

| 序号 | 农药中文名 | 最大残留限量（mg/kg） | 农药主要用途 | 检测方法 |
|---|---|---|---|---|
| 1 | 林丹 | 0.01 | 杀虫剂 | GB/T 5009.19、GB/T 5009.162（参照） |
| 2 | 2,4-滴和 2,4-滴钠盐 | 5* | 除草剂 | 无指定 |
| 3 | 2 甲 4 氯（钠） | 3* | 除草剂 | 无指定 |
| 4 | 百草枯 | 0.05* | 除草剂 | 无指定 |
| 5 | 百菌清 | 0.2* | 杀菌剂 | 无指定 |
| 6 | 苯并烯氟菌唑 | 0.1* | 杀菌剂 | 无指定 |
| 7 | 苯丁锡 | 0.2 | 杀螨剂 | SN/T 4558（参照） |
| 8 | 苯菌酮 | 0.01* | 杀菌剂 | 无指定 |
| 9 | 苯醚甲环唑 | 1.5 | 杀菌剂 | GB 23200.49（参照） |
| 10 | 苯嘧磺草胺 | 0.3* | 除草剂 | 无指定 |
| 11 | 苯线磷 | 0.01* | 杀虫剂 | 无指定 |
| 12 | 吡虫啉 | 0.3* | 杀虫剂 | 无指定 |
| 13 | 吡噻菌胺 | 0.08* | 杀菌剂 | 无指定 |
| 14 | 吡唑醚菌酯 | 0.05* | 杀菌剂 | 无指定 |
| 15 | 吡唑萘菌胺 | 0.02* | 杀菌剂 | 无指定 |

（续）

| 序号 | 农药中文名 | 最大残留限量（mg/kg） | 农药主要用途 | 检测方法 |
|---|---|---|---|---|
| 16 | 丙环唑 | 0.5 | 杀菌剂 | 无指定 |
| 17 | 丙硫菌唑 | 0.5* | 杀菌剂 | 无指定 |
| 18 | 丙溴磷 | 0.05 | 杀虫剂 | SN/T 2234（参照） |
| 19 | 草铵膦 | 3* | 除草剂 | 无指定 |
| 20 | 虫酰肼 | 0.02 | 杀虫剂 | 无指定 |
| 21 | 除虫脲 | 0.1* | 杀虫剂 | 无指定 |
| 22 | 敌草快 | 0.05* | 除草剂 | 无指定 |
| 23 | 敌敌畏 | 0.01* | 杀虫剂 | 无指定 |
| 24 | 丁硫克百威 | 0.05 | 杀虫剂 | GB/T 19650（参照） |
| 25 | 啶虫脒 | 1 | 杀虫剂 | GB/T 20772（参照） |
| 26 | 啶酰菌胺 | 0.2 | 杀菌剂 | GB/T 22979（参照） |
| 27 | 多菌灵 | 0.05 | 杀菌剂 | GB/T 20772（参照） |
| 28 | 噁唑菌酮 | 0.5* | 杀菌剂 | 无指定 |
| 29 | 呋虫胺 | 0.1* | 杀虫剂 | GB 23200.51（参照） |
| 30 | 氟苯虫酰胺 | 1 | 杀虫剂 | GB 23200.76（参照） |
| 31 | 氟吡菌胺 | 0.01* | 杀菌剂 | 无指定 |
| 32 | 氟啶虫胺腈 | 0.6* | 杀虫剂 | 无指定 |
| 33 | 氟硅唑 | 2 | 杀菌剂 | GB/T 20772（参照） |
| 34 | 氟氯氰菊酯和高效氟氯氰菊酯 | 0.02* | 杀虫剂 | 无指定 |
| 35 | 氟酰脲 | 0.7 | 杀虫剂 | SN/T 2540（参照） |
| 36 | 甲氨基阿维菌素苯甲酸盐 | 0.08* | 杀虫剂 | 无指定 |
| 37 | 甲胺磷 | 0.01 | 杀虫剂 | GB/T 20772（参照） |
| 38 | 甲拌磷 | 0.02 | 杀虫剂 | GB/T 23210（参照） |
| 39 | 甲基毒死蜱 | 0.01 | 杀虫剂 | GB/T 20772（参照） |
| 40 | 甲基嘧啶磷 | 0.01 | 杀虫剂 | GB/T 20772（参照） |
| 41 | 喹氧灵 | 0.01 | 杀菌剂 | GB 23200.56（参照） |
| 42 | 联苯肼酯 | 0.01* | 杀螨剂 | 无指定 |
| 43 | 联苯菊酯 | 0.2 | 杀虫/杀螨剂 | SN/T 1969（参照） |
| 44 | 联苯三唑醇 | 0.05 | 杀菌剂 | GB/T 20772（参照） |

（续）

| 序号 | 农药中文名 | 最大残留限量（mg/kg） | 农药主要用途 | 检测方法 |
|---|---|---|---|---|
| 45 | 螺虫乙酯 | 1* | 杀虫剂 | 无指定 |
| 46 | 螺螨酯 | 0.05 | 杀螨剂 | GB/T 20772（参照） |
| 47 | 氯丙嘧啶酸 | 0.3* | 除草剂 | 无指定 |
| 48 | 氯虫苯甲酰胺 | 0.01* | 杀虫剂 | 无指定 |
| 49 | 氯菊酯 | 0.1 | 杀虫剂 | GB/T 5009.162（参照） |
| 50 | 氯氰菊酯和高效氯氰菊酯 | 0.05 | 杀虫剂 | GB/T 5009.162（参照） |
| 51 | 麦草畏 | 0.7* | 除草剂 | 无指定 |
| 52 | 咪鲜胺和咪鲜胺锰盐 | 10 | 杀菌剂 | GB/T 19650（参照） |
| 53 | 咪唑菌酮 | 0.01* | 杀菌剂 | 无指定 |
| 54 | 咪唑烟酸 | 0.2* | 除草剂 | 无指定 |
| 55 | 醚菊酯 | 0.05* | 杀虫剂 | 无指定 |
| 56 | 醚菌酯 | 0.05* | 杀菌剂 | 无指定 |
| 57 | 嘧菌环胺 | 0.01* | 杀菌剂 | 无指定 |
| 58 | 嘧菌酯 | 0.07* | 杀菌剂 | 无指定 |
| 59 | 嘧霉胺 | 0.1* | 杀菌剂 | 无指定 |
| 60 | 灭多威 | 0.02* | 杀虫剂 | 无指定 |
| 61 | 灭线磷 | 0.01 | 杀线虫剂 | GB/T 20772（参照） |
| 62 | 灭蝇胺 | 0.3* | 杀虫剂 | 无指定 |
| 63 | 嗪氨灵 | 0.01* | 杀菌剂 | 无指定 |
| 64 | 氰氟虫腙 | 0.02* | 杀虫剂 | 无指定 |
| 65 | 氰戊菊酯和S-氰戊菊酯 | 0.02 | 杀虫剂 | GB/T 5009.162（参照） |
| 66 | 炔螨特 | 0.1 | 杀螨剂 | GB/T 23211（参照） |
| 67 | 噻草酮 | 0.5 | 除草剂 | GB/T 23211（参照） |
| 68 | 噻虫啉 | 0.5* | 杀虫剂 | 无指定 |
| 69 | 噻虫嗪 | 0.01 | 杀虫剂 | GB 23200.39（参照） |
| 70 | 噻节因 | 0.01 | 植物生长调节剂 | GB/T 20771（参照） |
| 71 | 噻螨酮 | 0.05* | 杀螨剂 | 无指定 |
| 72 | 噻嗪酮 | 0.05 | 杀虫剂 | GB/T 20772（参照） |
| 73 | 三唑醇 | 0.01* | 杀菌剂 | 无指定 |

（续）

| 序号 | 农药中文名 | 最大残留限量（mg/kg） | 农药主要用途 | 检测方法 |
|---|---|---|---|---|
| 74 | 三唑酮 | 0.01* | 杀菌剂 | 无指定 |
| 75 | 杀螟硫磷 | 0.05 | 杀虫剂 | GB/T 5009.161（参照） |
| 76 | 霜霉威和霜霉威盐酸盐 | 0.01 | 杀菌剂 | GB/T 20772（参照） |
| 77 | 四螨嗪 | 0.05 | 杀螨剂 | GB/T 20772（参照） |
| 78 | 特丁硫磷 | 0.05 | 杀虫剂 | GB/T 23211（参照） |
| 79 | 多杀霉素 | 0.5 | 杀虫剂 | GB/T 20772（参照） |
| 80 | 毒死蜱 | 0.01 | 杀虫剂 | GB/T 20772（参照） |
| 81 | 克百威 | 0.05 | 杀虫剂 | GB/T 20772（参照） |
| 82 | 乐果 | 0.05* | 杀虫剂 | GB/T 20772（参照） |
| 83 | 丁苯吗啉 | 0.05 | 杀菌剂 | GB/T 23210（参照） |
| 84 | 二嗪磷 | 0.03* | 杀虫剂 | 无指定 |
| 85 | 甲萘威 | 3 | 杀虫剂 | GB/T 20772（参照） |
| 86 | 硫丹 | 0.03 | 杀虫剂 | GB/T 5009.19、GB/T 5009.162（参照） |
| 87 | 氯氨吡啶酸 | 1* | 除草剂 | 无指定 |
| 88 | 杀扑磷 | 0.02（绵羊肾、山羊肾） | 杀虫剂 | GB/T 20772（参照） |
| 89 | 杀线威 | 0.02（绵羊肾、山羊肾） | 杀虫剂 | SN/T 0697（参照） |
| 90 | 矮壮素 | 0.5*（绵羊肾、山羊肾） | 植物生长调节剂 | 无指定 |
| 91 | 氯氟氰菊酯和高效氯氟氰菊酯 | 0.2（绵羊肾、山羊肾） | 杀虫剂 | GB/T 23210（参照） |
| 92 | 双甲脒 | 0.2*（绵羊肾） | 杀螨剂 | 无指定 |
| 93 | 吡丙醚 | 0.01（山羊肾） | 杀虫剂 | GB 23200.64（参照） |

## 10.13 羊肝

羊肝中农药最大残留限量见表 10-13。

## 表 10-13 羊肝中农药最大残留限量

| 序号 | 农药中文名 | 最大残留限量（mg/kg） | 农药主要用途 | 检测方法 |
|---|---|---|---|---|
| 1 | 林丹 | 0.01 | 杀虫剂 | GB/T 5009.19、GB/T 5009.162（参照） |
| 2 | 2,4-滴和2,4-滴钠盐 | 5* | 除草剂 | 无指定 |
| 3 | 2甲4氯（钠） | 3* | 除草剂 | 无指定 |
| 4 | 百草枯 | 0.05* | 除草剂 | 无指定 |
| 5 | 百菌清 | 0.2* | 杀菌剂 | 无指定 |
| 6 | 苯并烯氟菌唑 | 0.1* | 杀菌剂 | 无指定 |
| 7 | 苯丁锡 | 0.2 | 杀螨剂 | SN/T 4558（参照） |
| 8 | 苯菌酮 | 0.01* | 杀菌剂 | 无指定 |
| 9 | 苯醚甲环唑 | 1.5 | 杀菌剂 | GB 23200.49（参照） |
| 10 | 苯嘧磺草胺 | 0.3* | 除草剂 | 无指定 |
| 11 | 苯线磷 | 0.01* | 杀虫剂 | 无指定 |
| 12 | 吡虫啉 | 0.3* | 杀虫剂 | 无指定 |
| 13 | 吡噻菌胺 | 0.08* | 杀菌剂 | 无指定 |
| 14 | 吡唑醚菌酯 | 0.05* | 杀菌剂 | 无指定 |
| 15 | 吡唑萘菌胺 | 0.02* | 杀菌剂 | 无指定 |
| 16 | 丙环唑 | 0.5 | 杀菌剂 | 无指定 |
| 17 | 丙硫菌唑 | 0.5* | 杀菌剂 | 无指定 |
| 18 | 丙溴磷 | 0.05 | 杀虫剂 | SN/T 2234（参照） |
| 19 | 草铵膦 | 3* | 除草剂 | 无指定 |
| 20 | 虫酰肼 | 0.02 | 杀虫剂 | 无指定 |
| 21 | 除虫脲 | 0.1* | 杀虫剂 | 无指定 |
| 22 | 敌草快 | 0.05* | 除草剂 | 无指定 |
| 23 | 敌敌畏 | 0.01* | 杀虫剂 | 无指定 |
| 24 | 丁硫克百威 | 0.05 | 杀虫剂 | GB/T 19650（参照） |
| 25 | 啶虫脒 | 1 | 杀虫剂 | GB/T 20772（参照） |
| 26 | 啶酰菌胺 | 0.2 | 杀菌剂 | GB/T 22979（参照） |
| 27 | 多菌灵 | 0.05 | 杀菌剂 | GB/T 20772（参照） |
| 28 | 噁唑菌酮 | 0.5* | 杀菌剂 | 无指定 |
| 29 | 呋虫胺 | 0.1* | 杀虫剂 | GB 23200.51（参照） |

（续）

| 序号 | 农药中文名 | 最大残留限量（mg/kg） | 农药主要用途 | 检测方法 |
|---|---|---|---|---|
| 30 | 氟苯虫酰胺 | 1 | 杀虫剂 | GB 23200.76（参照） |
| 31 | 氟吡菌胺 | 0.01* | 杀菌剂 | 无指定 |
| 32 | 氟啶虫胺腈 | 0.6* | 杀虫剂 | 无指定 |
| 33 | 氟硅唑 | 2 | 杀菌剂 | GB/T 20772（参照） |
| 34 | 氟氯氰菊酯和高效氟氯氰菊酯 | 0.02* | 杀虫剂 | 无指定 |
| 35 | 氟酰脲 | 0.7 | 杀虫剂 | SN/T 2540（参照） |
| 36 | 甲氨基阿维菌素苯甲酸盐 | 0.08* | 杀虫剂 | 无指定 |
| 37 | 甲胺磷 | 0.01 | 杀虫剂 | GB/T 20772（参照） |
| 38 | 甲拌磷 | 0.02 | 杀虫剂 | GB/T 23210（参照） |
| 39 | 甲基毒死蜱 | 0.01 | 杀虫剂 | GB/T 20772（参照） |
| 40 | 甲基嘧啶磷 | 0.01 | 杀虫剂 | GB/T 20772（参照） |
| 41 | 喹氧灵 | 0.01 | 杀菌剂 | GB 23200.56（参照） |
| 42 | 联苯肼酯 | 0.01* | 杀螨剂 | 无指定 |
| 43 | 联苯菊酯 | 0.2 | 杀虫/杀螨剂 | SN/T 1969（参照） |
| 44 | 联苯三唑醇 | 0.05 | 杀菌剂 | GB/T 20772（参照） |
| 45 | 螺虫乙酯 | 1* | 杀虫剂 | 无指定 |
| 46 | 螺螨酯 | 0.05 | 杀螨剂 | GB/T 20772（参照） |
| 47 | 氯丙嘧啶酸 | 0.3* | 除草剂 | 无指定 |
| 48 | 氯虫苯甲酰胺 | 0.01* | 杀虫剂 | 无指定 |
| 49 | 氯菊酯 | 0.1 | 杀虫剂 | GB/T 5009.162（参照） |
| 50 | 氯氰菊酯和高效氯氰菊酯 | 0.05 | 杀虫剂 | GB/T 5009.162（参照） |
| 51 | 麦草畏 | 0.7* | 除草剂 | 无指定 |
| 52 | 咪鲜胺和咪鲜胺锰盐 | 10 | 杀菌剂 | GB/T 19650（参照） |
| 53 | 咪唑菌酮 | 0.01* | 杀菌剂 | 无指定 |
| 54 | 咪唑烟酸 | 0.2* | 除草剂 | 无指定 |
| 55 | 醚菊酯 | 0.05* | 杀虫剂 | 无指定 |
| 56 | 醚菌酯 | 0.05* | 杀菌剂 | 无指定 |
| 57 | 嘧菌环胺 | 0.01* | 杀菌剂 | 无指定 |
| 58 | 嘧菌酯 | 0.07* | 杀菌剂 | 无指定 |

（续）

| 序号 | 农药中文名 | 最大残留限量（mg/kg） | 农药主要用途 | 检测方法 |
|---|---|---|---|---|
| 59 | 嘧霉胺 | 0.1* | 杀菌剂 | 无指定 |
| 60 | 灭多威 | 0.02* | 杀虫剂 | 无指定 |
| 61 | 灭线磷 | 0.01 | 杀线虫剂 | GB/T 20772（参照） |
| 62 | 灭蝇胺 | 0.3* | 杀虫剂 | 无指定 |
| 63 | 嗪氨灵 | 0.01* | 杀菌剂 | 无指定 |
| 64 | 氰氟虫腙 | 0.02* | 杀虫剂 | 无指定 |
| 65 | 氰戊菊酯和S-氰戊菊酯 | 0.02 | 杀虫剂 | GB/T 5009.162（参照） |
| 66 | 炔螨特 | 0.1 | 杀螨剂 | GB/T 23211（参照） |
| 67 | 噻草酮 | 0.5 | 除草剂 | GB/T 23211（参照） |
| 68 | 噻虫啉 | 0.5* | 杀虫剂 | 无指定 |
| 69 | 噻虫嗪 | 0.01 | 杀虫剂 | GB 23200.39（参照） |
| 70 | 噻节因 | 0.01 | 植物生长调节剂 | GB/T 20771（参照） |
| 71 | 噻螨酮 | 0.05* | 杀螨剂 | 无指定 |
| 72 | 噻嗪酮 | 0.05 | 杀虫剂 | GB/T 20772（参照） |
| 73 | 三唑醇 | 0.01* | 杀菌剂 | 无指定 |
| 74 | 三唑酮 | 0.01* | 杀菌剂 | 无指定 |
| 75 | 杀螟硫磷 | 0.05 | 杀虫剂 | GB/T 5009.161（参照） |
| 76 | 霜霉威和霜霉威盐酸盐 | 0.01 | 杀菌剂 | GB/T 20772（参照） |
| 77 | 四螨嗪 | 0.05 | 杀螨剂 | GB/T 20772（参照） |
| 78 | 特丁硫磷 | 0.05 | 杀虫剂 | GB/T 23211（参照） |
| 79 | 多杀霉素 | 0.5 | 杀虫剂 | GB/T 20772（参照） |
| 80 | 氯氨吡啶酸 | 0.05* | 除草剂 | 无指定 |
| 81 | 毒死蜱 | 0.01 | 杀虫剂 | GB/T 20772（参照） |
| 82 | 克百威 | 0.05 | 杀虫剂 | GB/T 20772（参照） |
| 83 | 乐果 | 0.05* | 杀虫剂 | GB/T 20772（参照） |
| 84 | 丁苯吗啉 | 0.3 | 杀菌剂 | GB/T 23210（参照） |
| 85 | 二嗪磷 | 0.03* | 杀虫剂 | 无指定 |
| 86 | 甲萘威 | 1 | 杀虫剂 | GB/T 20772（参照） |
| 87 | 硫丹 | 0.1 | 杀虫剂 | GB/T 5009.19、GB/T 5009.162（参照） |

（续）

| 序号 | 农药中文名 | 最大残留限量（mg/kg） | 农药主要用途 | 检测方法 |
| --- | --- | --- | --- | --- |
| 88 | 杀扑磷 | 0.02（绵羊肝、山羊肝） | 杀虫剂 | GB/T 20772（参照） |
| 89 | 杀线威 | 0.02（绵羊肝、山羊肝） | 杀虫剂 | SN/T 0697（参照） |
| 90 | 矮壮素 | 0.1*（绵羊肝、山羊肝） | 植物生长调节剂 | 无指定 |
| 91 | 氯氟氰菊酯和高效氯氟氰菊酯 | 0.05（绵羊肝、山羊肝） | 杀虫剂 | GB/T 23210（参照） |
| 92 | 噻虫胺 | 0.2（绵羊肝、山羊肝） | 杀虫剂 | GB 23200.39（参照） |
| 93 | 双甲脒 | 0.2*（绵羊肝） | 杀螨剂 | 无指定 |
| 94 | 吡丙醚 | 0.01（山羊肝） | 杀虫剂 | GB 23200.64（参照） |

## 10.14　羊内脏

羊内脏中农药最大残留限量见表 10－14。

**表 10－14　羊内脏中农药最大残留限量**

| 序号 | 农药中文名 | 最大残留限量（mg/kg） | 农药主要用途 | 检测方法 |
| --- | --- | --- | --- | --- |
| 1 | 林丹 | 0.01 | 杀虫剂 | GB/T 5009.19、GB/T 5009.162（参照） |
| 2 | 2,4-滴和 2,4-滴钠盐 | 5* | 除草剂 | 无指定 |
| 3 | 2 甲 4 氯（钠） | 3* | 除草剂 | 无指定 |
| 4 | 百草枯 | 0.05* | 除草剂 | 无指定 |
| 5 | 百菌清 | 0.2* | 杀菌剂 | 无指定 |
| 6 | 苯并烯氟菌唑 | 0.1* | 杀菌剂 | 无指定 |
| 7 | 苯丁锡 | 0.2 | 杀螨剂 | SN/T 4558（参照） |
| 8 | 苯菌酮 | 0.01* | 杀菌剂 | 无指定 |
| 9 | 苯醚甲环唑 | 1.5 | 杀菌剂 | GB 23200.49（参照） |
| 10 | 苯嘧磺草胺 | 0.3* | 除草剂 | 无指定 |

（续）

| 序号 | 农药中文名 | 最大残留限量（mg/kg） | 农药主要用途 | 检测方法 |
|---|---|---|---|---|
| 11 | 苯线磷 | 0.01* | 杀虫剂 | 无指定 |
| 12 | 吡虫啉 | 0.3* | 杀虫剂 | 无指定 |
| 13 | 吡噻菌胺 | 0.08* | 杀菌剂 | 无指定 |
| 14 | 吡唑醚菌酯 | 0.05* | 杀菌剂 | 无指定 |
| 15 | 吡唑萘菌胺 | 0.02* | 杀菌剂 | 无指定 |
| 16 | 丙环唑 | 0.5 | 杀菌剂 | 无指定 |
| 17 | 丙硫菌唑 | 0.5* | 杀菌剂 | 无指定 |
| 18 | 丙溴磷 | 0.05 | 杀虫剂 | SN/T 2234（参照） |
| 19 | 草铵膦 | 3* | 除草剂 | 无指定 |
| 20 | 虫酰肼 | 0.02 | 杀虫剂 | 无指定 |
| 21 | 除虫脲 | 0.1* | 杀虫剂 | 无指定 |
| 22 | 敌草快 | 0.05* | 除草剂 | 无指定 |
| 23 | 敌敌畏 | 0.01* | 杀虫剂 | 无指定 |
| 24 | 丁硫克百威 | 0.05 | 杀虫剂 | GB/T 19650（参照） |
| 25 | 啶虫脒 | 1 | 杀虫剂 | GB/T 20772（参照） |
| 26 | 啶酰菌胺 | 0.2 | 杀菌剂 | GB/T 22979（参照） |
| 27 | 多菌灵 | 0.05 | 杀菌剂 | GB/T 20772（参照） |
| 28 | 噁唑菌酮 | 0.5* | 杀菌剂 | 无指定 |
| 29 | 呋虫胺 | 0.1* | 杀虫剂 | GB 23200.51（参照） |
| 30 | 氟苯虫酰胺 | 1 | 杀虫剂 | GB 23200.76（参照） |
| 31 | 氟吡菌胺 | 0.01* | 杀菌剂 | 无指定 |
| 32 | 氟啶虫胺腈 | 0.6* | 杀虫剂 | 无指定 |
| 33 | 氟硅唑 | 2 | 杀菌剂 | GB/T 20772（参照） |
| 34 | 氟氯氰菊酯和高效氟氯氰菊酯 | 0.02* | 杀虫剂 | 无指定 |
| 35 | 氟酰脲 | 0.7 | 杀虫剂 | SN/T 2540（参照） |
| 36 | 甲氨基阿维菌素苯甲酸盐 | 0.08* | 杀虫剂 | 无指定 |
| 37 | 甲胺磷 | 0.01 | 杀虫剂 | GB/T 20772（参照） |

（续）

| 序号 | 农药中文名 | 最大残留限量（mg/kg） | 农药主要用途 | 检测方法 |
|---|---|---|---|---|
| 38 | 甲拌磷 | 0.02 | 杀虫剂 | GB/T 23210（参照） |
| 39 | 甲基毒死蜱 | 0.01 | 杀虫剂 | GB/T 20772（参照） |
| 40 | 甲基嘧啶磷 | 0.01 | 杀虫剂 | GB/T 20772（参照） |
| 41 | 喹氧灵 | 0.01 | 杀菌剂 | GB 23200.56（参照） |
| 42 | 联苯肼酯 | 0.01* | 杀螨剂 | 无指定 |
| 43 | 联苯菊酯 | 0.2 | 杀虫/杀螨剂 | SN/T 1969（参照） |
| 44 | 联苯三唑醇 | 0.05 | 杀菌剂 | GB/T 20772（参照） |
| 45 | 螺虫乙酯 | 1* | 杀虫剂 | 无指定 |
| 46 | 螺螨酯 | 0.05 | 杀螨剂 | GB/T 20772（参照） |
| 47 | 氯丙嘧啶酸 | 0.3* | 除草剂 | 无指定 |
| 48 | 氯虫苯甲酰胺 | 0.01* | 杀虫剂 | 无指定 |
| 49 | 氯菊酯 | 0.1 | 杀虫剂 | GB/T 5009.162（参照） |
| 50 | 氯氰菊酯和高效氯氰菊酯 | 0.05 | 杀虫剂 | GB/T 5009.162（参照） |
| 51 | 麦草畏 | 0.7* | 除草剂 | 无指定 |
| 52 | 咪鲜胺和咪鲜胺锰盐 | 10 | 杀菌剂 | GB/T 19650（参照） |
| 53 | 咪唑菌酮 | 0.01* | 杀菌剂 | 无指定 |
| 54 | 咪唑烟酸 | 0.2* | 除草剂 | 无指定 |
| 55 | 醚菊酯 | 0.05* | 杀虫剂 | 无指定 |
| 56 | 醚菌酯 | 0.05* | 杀菌剂 | 无指定 |
| 57 | 嘧菌环胺 | 0.01* | 杀菌剂 | 无指定 |
| 58 | 嘧菌酯 | 0.07* | 杀菌剂 | 无指定 |
| 59 | 嘧霉胺 | 0.1* | 杀菌剂 | 无指定 |
| 60 | 灭多威 | 0.02* | 杀虫剂 | 无指定 |
| 61 | 灭线磷 | 0.01 | 杀线虫剂 | GB/T 20772（参照） |
| 62 | 灭蝇胺 | 0.3* | 杀虫剂 | 无指定 |
| 63 | 嗪氨灵 | 0.01* | 杀菌剂 | 无指定 |

（续）

| 序号 | 农药中文名 | 最大残留限量<br>（mg/kg） | 农药<br>主要用途 | 检测方法 |
|---|---|---|---|---|
| 64 | 氰氟虫腙 | 0.02* | 杀虫剂 | 无指定 |
| 65 | 氰戊菊酯和 S-氰戊菊酯 | 0.02 | 杀虫剂 | GB/T 5009.162（参照） |
| 66 | 炔螨特 | 0.1 | 杀螨剂 | GB/T 23211（参照） |
| 67 | 噻草酮 | 0.5 | 除草剂 | GB/T 23211（参照） |
| 68 | 噻虫啉 | 0.5* | 杀虫剂 | 无指定 |
| 69 | 噻虫嗪 | 0.01 | 杀虫剂 | GB 23200.39（参照） |
| 70 | 噻节因 | 0.01 | 植物生长调节剂 | GB/T 20771（参照） |
| 71 | 噻螨酮 | 0.05* | 杀螨剂 | 无指定 |
| 72 | 噻嗪酮 | 0.05 | 杀虫剂 | GB/T 20772（参照） |
| 73 | 三唑醇 | 0.01* | 杀菌剂 | 无指定 |
| 74 | 三唑酮 | 0.01* | 杀菌剂 | 无指定 |
| 75 | 杀螟硫磷 | 0.05 | 杀虫剂 | GB/T 5009.161（参照） |
| 76 | 霜霉威和霜霉威盐酸盐 | 0.01 | 杀菌剂 | GB/T 20772（参照） |
| 77 | 四螨嗪 | 0.05 | 杀螨剂 | GB/T 20772（参照） |
| 78 | 特丁硫磷 | 0.05 | 杀虫剂 | GB/T 23211（参照） |
| 79 | 多杀霉素 | 0.5 | 杀虫剂 | GB/T 20772（参照） |
| 80 | 氯氨吡啶酸 | 0.05* | 除草剂 | 无指定 |
| 81 | 毒死蜱 | 0.01 | 杀虫剂 | GB/T 20772（参照） |
| 82 | 克百威 | 0.05 | 杀虫剂 | GB/T 20772（参照） |
| 83 | 乐果 | 0.05* | 杀虫剂 | GB/T 20772（参照） |
| 84 | 杀扑磷 | 0.02<br>（绵羊内脏、山羊内脏） | 杀虫剂 | GB/T 20772（参照） |
| 85 | 杀线威 | 0.02<br>（绵羊内脏、山羊内脏） | 杀虫剂 | SN/T 0697（参照） |
| 86 | 双甲脒 | 0.2*<br>（绵羊内脏） | 杀螨剂 | 无指定 |
| 87 | 吡丙醚 | 0.01<br>（山羊内脏） | 杀虫剂 | GB 23200.64（参照） |

## 10.15　羊脂肪

羊脂肪中农药最大残留限量见表10-15。

**表10-15　羊脂肪中农药最大残留限量**

| 序号 | 农药中文名 | 最大残留限量（mg/kg） | 农药主要用途 | 检测方法 |
|---|---|---|---|---|
| 1 | 2甲4氯（钠） | 0.2* | 除草剂 | 无指定 |
| 2 | 百菌清 | 0.07* | 杀菌剂 | 无指定 |
| 3 | 苯并烯氟菌唑 | 0.03* | 杀菌剂 | 无指定 |
| 4 | 苯菌酮 | 0.01* | 杀菌剂 | 无指定 |
| 5 | 苯嘧磺草胺 | 0.01* | 除草剂 | 无指定 |
| 6 | 吡噻菌胺 | 0.05* | 杀菌剂 | 无指定 |
| 7 | 吡唑萘菌胺 | 0.01* | 杀菌剂 | 无指定 |
| 8 | 敌敌畏 | 0.01* | 杀虫剂 | 无指定 |
| 9 | 丁苯吗啉 | 0.01 | 杀菌剂 | GB/T 23210（参照） |
| 10 | 啶虫脒 | 0.3 | 杀虫剂 | GB/T 20772（参照） |
| 11 | 氟啶虫胺腈 | 0.1* | 杀虫剂 | 无指定 |
| 12 | 甲氨基阿维菌素苯甲酸盐 | 0.02* | 杀虫剂 | 无指定 |
| 13 | 乐果 | 0.05* | 杀虫剂 | GB/T 20772（参照） |
| 14 | 氯丙嘧啶酸 | 0.03* | 除草剂 | 无指定 |
| 15 | 氯虫苯甲酰胺 | 0.2* | 杀虫剂 | 无指定 |
| 16 | 麦草畏 | 0.07* | 除草剂 | 无指定 |
| 17 | 咪唑烟酸 | 0.05* | 除草剂 | 无指定 |
| 18 | 醚菌酯 | 0.05* | 杀菌剂 | 无指定 |
| 19 | 嗪氨灵 | 0.01* | 杀菌剂 | 无指定 |
| 20 | 噻草酮 | 0.1 | 除草剂 | GB/T 23211（参照） |
| 21 | 噻虫胺 | 0.02 | 杀虫剂 | GB 23200.39（参照） |
| 22 | 噻螨酮 | 0.05* | 杀螨剂 | 无指定 |
| 23 | 克百威 | 0.05 | 杀虫剂 | GB/T 20772（参照） |
| 24 | 杀扑磷 | 0.02（绵羊脂肪、山羊脂肪） | 杀虫剂 | GB/T 20772（参照） |

## 10.16 马肉

马肉中农药最大残留限量见表10-16。

**表10-16 马肉中农药最大残留限量**

| 序号 | 农药中文名 | 最大残留限量（mg/kg） | 农药主要用途 | 检测方法 |
|---|---|---|---|---|
| 1 | 滴滴涕 | 0.2<br>（脂肪含量10%以下，以原样计）<br>2<br>（脂肪含量10%及以上，以脂肪计） | 杀虫剂 | GB/T 5009.19、GB/T 5009.162（参照） |
| 2 | 六六六 | 0.1<br>（脂肪含量10%以下，以原样计）<br>1<br>（脂肪含量10%及以上，以脂肪计） | 杀虫剂 | GB/T 5009.19、GB/T 5009.162（参照） |
| 3 | 2,4-滴和2,4-滴钠盐 | 0.2* | 除草剂 | 无指定 |
| 4 | 2甲4氯（钠） | 0.1* | 除草剂 | 无指定 |
| 5 | 百草枯 | 0.005* | 除草剂 | 无指定 |
| 6 | 百菌清 | 0.02* | 杀菌剂 | 无指定 |
| 7 | 苯并烯氟菌唑 | 0.03* | 杀菌剂 | 无指定 |
| 8 | 苯丁锡 | 0.05 | 杀螨剂 | SN/T 4558（参照） |
| 9 | 苯菌酮 | 0.01* | 杀菌剂 | 无指定 |
| 10 | 苯醚甲环唑 | 0.2<br>（以脂肪中残留量表示） | 杀菌剂 | GB 23200.49（参照） |
| 11 | 苯嘧磺草胺 | 0.01* | 除草剂 | 无指定 |
| 12 | 苯线磷 | 0.01* | 杀虫剂 | 无指定 |
| 13 | 吡虫啉 | 0.1* | 杀虫剂 | 无指定 |
| 14 | 吡噻菌胺 | 0.04* | 杀菌剂 | 无指定 |
| 15 | 吡唑醚菌酯 | 0.5*<br>（以脂肪中残留量表示） | 杀菌剂 | 无指定 |
| 16 | 吡唑萘菌胺 | 0.01* | 杀菌剂 | 无指定 |
| 17 | 丙环唑 | 0.01<br>（以脂肪中残留量表示） | 杀菌剂 | GB/T 20772（参照） |
| 18 | 丙硫菌唑 | 0.01* | 杀菌剂 | 无指定 |
| 19 | 丙溴磷 | 0.05<br>（以脂肪中残留量表示） | 杀虫剂 | SN/T 2234（参照） |

（续）

| 序号 | 农药中文名 | 最大残留限量（mg/kg） | 农药主要用途 | 检测方法 |
|---|---|---|---|---|
| 20 | 草铵膦 | 0.05* | 除草剂 | 无指定 |
| 21 | 虫酰肼 | 0.05（以脂肪中残留量表示） | 杀虫剂 | GB/T 23211（参照） |
| 22 | 除虫脲 | 0.1*（以脂肪中残留量表示） | 杀虫剂 | 无指定 |
| 23 | 敌草快 | 0.05* | 除草剂 | 无指定 |
| 24 | 敌敌畏 | 0.01* | 杀虫剂 | 无指定 |
| 25 | 丁苯吗啉 | 0.02 | 杀菌剂 | GB/T 23210（参照） |
| 26 | 丁硫克百威 | 0.05（以脂肪中残留量表示） | 杀虫剂 | GB/T 19650（参照） |
| 27 | 啶虫脒 | 0.5 | 杀虫剂 | GB/T 20772（参照） |
| 28 | 啶酰菌胺 | 0.7（以脂肪中残留量表示） | 杀菌剂 | GB/T 22979（参照） |
| 29 | 噁唑菌酮 | 0.5* | 杀菌剂 | 无指定 |
| 30 | 呋虫胺 | 0.1* | 杀虫剂 | GB 23200.51（参照） |
| 31 | 氟苯虫酰胺 | 2（以脂肪中残留量表示） | 杀虫剂 | GB 23200.76（参照） |
| 32 | 氟吡菌胺 | 0.01*（以脂肪中残留量表示） | 杀菌剂 | 无指定 |
| 33 | 氟啶虫胺腈 | 0.3* | 杀虫剂 | 无指定 |
| 34 | 氟硅唑 | 1（以脂肪中残留量表示） | 杀菌剂 | GB/T 20772（参照） |
| 35 | 氟氯氰菊酯和高效氟氯氰菊酯 | 0.2* | 杀虫剂 | 无指定 |
| 36 | 氟酰脲 | 10（以脂肪中残留量表示） | 杀虫剂 | SN/T 2540（参照） |
| 37 | 甲氨基阿维菌素苯甲酸盐 | 0.004* | 杀虫剂 | 无指定 |
| 38 | 甲胺磷 | 0.01 | 杀虫剂 | GB/T 20772（参照） |
| 39 | 甲拌磷 | 0.02 | 杀虫剂 | GB/T 23210（参照） |
| 40 | 甲基毒死蜱 | 0.1 | 杀虫剂 | GB/T 20772（参照） |
| 41 | 甲基嘧啶磷 | 0.01 | 杀虫剂 | GB/T 20772（参照） |
| 42 | 甲萘威 | 0.05 | 杀虫剂 | GB/T 20772（参照） |

（续）

| 序号 | 农药中文名 | 最大残留限量（mg/kg） | 农药主要用途 | 检测方法 |
|---|---|---|---|---|
| 43 | 喹氧灵 | 0.2（以脂肪中残留量表示） | 杀菌剂 | GB 23200.56（参照） |
| 44 | 联苯肼酯 | 0.05*（以脂肪中残留量表示） | 杀螨剂 | 无指定 |
| 45 | 联苯菊酯 | 3（以脂肪中残留量表示） | 杀虫/杀螨剂 | SN/T 1969（参照） |
| 46 | 联苯三唑醇 | 0.05（以脂肪中残留量表示） | 杀菌剂 | GB/T 20772（参照） |
| 47 | 硫丹 | 0.2（以脂肪中残留量表示） | 杀虫剂 | GB/T 5009.19、GB/T 5009.162（参照） |
| 48 | 螺虫乙酯 | 0.05* | 杀虫剂 | 无指定 |
| 49 | 螺螨酯 | 0.01（以脂肪中残留量表示） | 杀螨剂 | GB/T 20772（参照） |
| 50 | 氯氨吡啶酸 | 0.1* | 除草剂 | 无指定 |
| 51 | 氯丙嘧啶酸 | 0.01* | 除草剂 | 无指定 |
| 52 | 氯虫苯甲酰胺 | 0.2*（以脂肪中残留量表示） | 杀虫剂 | 无指定 |
| 53 | 氯氟氰菊酯和高效氯氟氰菊酯 | 0.05（以脂肪中残留量表示） | 杀虫剂 | GB/T 23210（参照） |
| 54 | 氯菊酯 | 1（以脂肪中残留量表示） | 杀虫剂 | GB/T 5009.162（参照） |
| 55 | 氯氰菊酯和高效氯氰菊酯 | 2（以脂肪中残留量表示） | 杀虫剂 | GB/T 5009.162（参照） |
| 56 | 麦草畏 | 0.03* | 除草剂 | 无指定 |
| 57 | 咪鲜胺和咪鲜胺锰盐 | 0.5（以脂肪中残留量表示） | 杀菌剂 | GB/T 19650（参照） |
| 58 | 咪唑菌酮 | 0.01*（以脂肪中残留量表示） | 杀菌剂 | 无指定 |
| 59 | 咪唑烟酸 | 0.05* | 除草剂 | 无指定 |
| 60 | 醚菊酯 | 0.5*（以脂肪中残留量表示） | 杀虫剂 | 无指定 |
| 61 | 醚菌酯 | 0.05* | 杀菌剂 | 无指定 |

（续）

| 序号 | 农药中文名 | 最大残留限量（mg/kg） | 农药主要用途 | 检测方法 |
|---|---|---|---|---|
| 62 | 嘧菌环胺 | 0.01*（以脂肪中残留量表示） | 杀菌剂 | 无指定 |
| 63 | 嘧菌酯 | 0.05（以脂肪中残留量表示） | 杀菌剂 | GB 23200.46（参照） |
| 64 | 嘧霉胺 | 0.05 | 杀菌剂 | GB 23200.46（参照） |
| 65 | 灭多威 | 0.02* | 杀虫剂 | 无指定 |
| 66 | 灭线磷 | 0.01 | 杀线虫剂 | GB/T 20772（参照） |
| 67 | 灭蝇胺 | 0.3* | 杀虫剂 | 无指定 |
| 68 | 嗪氨灵 | 0.01* | 杀菌剂 | 无指定 |
| 69 | 氰氟虫腙 | 0.02*（以脂肪中残留量表示） | 杀虫剂 | 无指定 |
| 70 | 氰戊菊酯和S-氰戊菊酯 | 1（以脂肪中残留量表示） | 杀虫剂 | GB/T 5009.162（参照） |
| 71 | 炔螨特 | 0.1（以脂肪中残留量表示） | 杀螨剂 | GB/T 23211（参照） |
| 72 | 噻草酮 | 0.06 | 除草剂 | GB/T 23211（参照） |
| 73 | 噻虫胺 | 0.02 | 杀虫剂 | GB 23200.39（参照） |
| 74 | 噻虫啉 | 0.1* | 杀虫剂 | 无指定 |
| 75 | 噻虫嗪 | 0.02 | 杀虫剂 | GB 23200.39（参照） |
| 76 | 噻节因 | 0.01 | 植物生长调节剂 | GB/T 20771（参照） |
| 77 | 噻螨酮 | 0.05*（以脂肪中残留量表示） | 杀螨剂 | 无指定 |
| 78 | 噻嗪酮 | 0.05 | 杀虫剂 | GB/T 20772（参照） |
| 79 | 三唑醇 | 0.02* | 杀菌剂 | 无指定 |
| 80 | 三唑酮 | 0.02* | 杀菌剂 | 无指定 |
| 81 | 杀螟硫磷 | 0.05 | 杀虫剂 | GB/T 5009.161（参照） |
| 82 | 杀线威 | 0.02 | 杀虫剂 | SN/T 0697（参照） |
| 83 | 霜霉威和霜霉威盐酸盐 | 0.01 | 杀菌剂 | GB/T 20772（参照） |
| 84 | 四螨嗪 | 0.05 | 杀螨剂 | GB/T 20772（参照） |

（续）

| 序号 | 农药中文名 | 最大残留限量（mg/kg） | 农药主要用途 | 检测方法 |
| --- | --- | --- | --- | --- |
| 85 | 特丁硫磷 | 0.05 | 杀虫剂 | GB/T 23211（参照） |
| 86 | 涕灭威 | 0.01 | 杀虫剂 | SN/T 2560（参照） |
| 87 | 艾氏剂 | 0.2（以脂肪计） | 杀虫剂 | GB/T 5009.19、GB/T 5009.162（参照） |
| 88 | 狄氏剂 | 0.2（以脂肪计） | 杀虫剂 | GB/T 5009.19、GB/T 5009.162（参照） |
| 89 | 林丹 | 0.1（脂肪含量10%以下，以原样计）<br>1（脂肪含量10%及以上，以脂肪计） | 杀虫剂 | GB/T 5009.19、GB/T 5009.162（参照） |
| 90 | 氯丹 | 0.05（以脂肪计） | 杀虫剂 | 无指定 |
| 91 | 七氯 | 0.2 | 杀虫剂 | GB/T 5009.19、GB/T 5009.162（参照） |
| 92 | 异狄氏剂 | 0.1（以脂肪计） | 杀虫剂 | GB/T 5009.19、GB/T 5009.162（参照） |
| 93 | 多杀霉素 | 2 | 杀虫剂 | GB/T 20772（参照） |
| 94 | 克百威 | 0.05 | 杀虫剂 | GB/T 20772（参照） |
| 95 | 乐果 | 0.05* | 杀虫剂 | GB/T 20772（参照） |

## 10.17 马内脏

马内脏中农药最大残留限量见表 10－17。

**表 10－17 马内脏中农药最大残留限量**

| 序号 | 农药中文名 | 最大残留限量（mg/kg） | 农药主要用途 | 检测方法 |
| --- | --- | --- | --- | --- |
| 1 | 林丹 | 0.01 | 杀虫剂 | GB/T 5009.19、GB/T 5009.162（参照） |
| 2 | 2,4－滴和 2,4－滴钠盐 | 5* | 除草剂 | 无指定 |
| 3 | 2 甲 4 氯（钠） | 3* | 除草剂 | 无指定 |
| 4 | 百草枯 | 0.05* | 除草剂 | 无指定 |
| 5 | 百菌清 | 0.2* | 杀菌剂 | 无指定 |

（续）

| 序号 | 农药中文名 | 最大残留限量（mg/kg） | 农药主要用途 | 检测方法 |
|---|---|---|---|---|
| 6 | 苯并烯氟菌唑 | 0.1* | 杀菌剂 | 无指定 |
| 7 | 苯丁锡 | 0.2 | 杀螨剂 | SN/T 4558（参照） |
| 8 | 苯菌酮 | 0.01* | 杀菌剂 | 无指定 |
| 9 | 苯醚甲环唑 | 1.5 | 杀菌剂 | GB 23200.49（参照） |
| 10 | 苯嘧磺草胺 | 0.3* | 除草剂 | 无指定 |
| 11 | 苯线磷 | 0.01* | 杀虫剂 | 无指定 |
| 12 | 吡虫啉 | 0.3* | 杀虫剂 | 无指定 |
| 13 | 吡噻菌胺 | 0.08* | 杀菌剂 | 无指定 |
| 14 | 吡唑醚菌酯 | 0.05* | 杀菌剂 | 无指定 |
| 15 | 吡唑萘菌胺 | 0.02* | 杀菌剂 | 无指定 |
| 16 | 丙环唑 | 0.5 | 杀菌剂 | 无指定 |
| 17 | 丙硫菌唑 | 0.5* | 杀菌剂 | 无指定 |
| 18 | 丙溴磷 | 0.05 | 杀虫剂 | SN/T 2234（参照） |
| 19 | 草铵膦 | 3* | 除草剂 | 无指定 |
| 20 | 虫酰肼 | 0.02 | 杀虫剂 | 无指定 |
| 21 | 除虫脲 | 0.1* | 杀虫剂 | 无指定 |
| 22 | 敌草快 | 0.05* | 除草剂 | 无指定 |
| 23 | 敌敌畏 | 0.01* | 杀虫剂 | 无指定 |
| 24 | 丁硫克百威 | 0.05 | 杀虫剂 | GB/T 19650（参照） |
| 25 | 啶虫脒 | 1 | 杀虫剂 | GB/T 20772（参照） |
| 26 | 啶酰菌胺 | 0.2 | 杀菌剂 | GB/T 22979（参照） |
| 27 | 多菌灵 | 0.05 | 杀菌剂 | GB/T 20772（参照） |
| 28 | 噁唑菌酮 | 0.5* | 杀菌剂 | 无指定 |
| 29 | 呋虫胺 | 0.1* | 杀虫剂 | GB 23200.51（参照） |
| 30 | 氟苯虫酰胺 | 1 | 杀虫剂 | GB 23200.76（参照） |
| 31 | 氟吡菌胺 | 0.01* | 杀菌剂 | 无指定 |
| 32 | 氟啶虫胺腈 | 0.6* | 杀虫剂 | 无指定 |
| 33 | 氟硅唑 | 2 | 杀菌剂 | GB/T 20772（参照） |
| 34 | 氟氯氰菊酯和高效氟氯氰菊酯 | 0.02* | 杀虫剂 | 无指定 |

（续）

| 序号 | 农药中文名 | 最大残留限量（mg/kg） | 农药主要用途 | 检测方法 |
| --- | --- | --- | --- | --- |
| 35 | 氟酰脲 | 0.7 | 杀虫剂 | SN/T 2540（参照） |
| 36 | 甲氨基阿维菌素苯甲酸盐 | 0.08* | 杀虫剂 | 无指定 |
| 37 | 甲胺磷 | 0.01 | 杀虫剂 | GB/T 20772（参照） |
| 38 | 甲拌磷 | 0.02 | 杀虫剂 | GB/T 23210（参照） |
| 39 | 甲基毒死蜱 | 0.01 | 杀虫剂 | GB/T 20772（参照） |
| 40 | 甲基嘧啶磷 | 0.01 | 杀虫剂 | GB/T 20772（参照） |
| 41 | 喹氧灵 | 0.01 | 杀菌剂 | GB 23200.56（参照） |
| 42 | 联苯肼酯 | 0.01* | 杀螨剂 | 无指定 |
| 43 | 联苯菊酯 | 0.2 | 杀虫/杀螨剂 | SN/T 1969（参照） |
| 44 | 联苯三唑醇 | 0.05 | 杀菌剂 | GB/T 20772（参照） |
| 45 | 螺虫乙酯 | 1* | 杀虫剂 | 无指定 |
| 46 | 螺螨酯 | 0.05 | 杀螨剂 | GB/T 20772（参照） |
| 47 | 氯丙嘧啶酸 | 0.3* | 除草剂 | 无指定 |
| 48 | 氯虫苯甲酰胺 | 0.01* | 杀虫剂 | 无指定 |
| 49 | 氯菊酯 | 0.1 | 杀虫剂 | GB/T 5009.162（参照） |
| 50 | 氯氰菊酯和高效氯氰菊酯 | 0.05 | 杀虫剂 | GB/T 5009.162（参照） |
| 51 | 麦草畏 | 0.7* | 除草剂 | 无指定 |
| 52 | 咪鲜胺和咪鲜胺锰盐 | 10 | 杀菌剂 | GB/T 19650（参照） |
| 53 | 咪唑菌酮 | 0.01* | 杀菌剂 | 无指定 |
| 54 | 咪唑烟酸 | 0.2* | 除草剂 | 无指定 |
| 55 | 醚菊酯 | 0.05* | 杀虫剂 | 无指定 |
| 56 | 醚菌酯 | 0.05* | 杀菌剂 | 无指定 |
| 57 | 嘧菌环胺 | 0.01* | 杀菌剂 | 无指定 |
| 58 | 嘧菌酯 | 0.07* | 杀菌剂 | 无指定 |
| 59 | 嘧霉胺 | 0.1* | 杀菌剂 | 无指定 |
| 60 | 灭多威 | 0.02* | 杀虫剂 | 无指定 |
| 61 | 灭线磷 | 0.01 | 杀线虫剂 | GB/T 20772（参照） |
| 62 | 灭蝇胺 | 0.3* | 杀虫剂 | 无指定 |
| 63 | 嗪氨灵 | 0.01* | 杀菌剂 | 无指定 |
| 64 | 氰氟虫腙 | 0.02* | 杀虫剂 | 无指定 |

（续）

| 序号 | 农药中文名 | 最大残留限量（mg/kg） | 农药主要用途 | 检测方法 |
|---|---|---|---|---|
| 65 | 氰戊菊酯和S-氰戊菊酯 | 0.02 | 杀虫剂 | GB/T 5009.162（参照） |
| 66 | 炔螨特 | 0.1 | 杀螨剂 | GB/T 23211（参照） |
| 67 | 噻草酮 | 0.5 | 除草剂 | GB/T 23211（参照） |
| 68 | 噻虫啉 | 0.5* | 杀虫剂 | 无指定 |
| 69 | 噻虫嗪 | 0.01 | 杀虫剂 | GB 23200.39（参照） |
| 70 | 噻节因 | 0.01 | 植物生长调节剂 | GB/T 20771（参照） |
| 71 | 噻螨酮 | 0.05* | 杀螨剂 | 无指定 |
| 72 | 噻嗪酮 | 0.05 | 杀虫剂 | GB/T 20772（参照） |
| 73 | 三唑醇 | 0.01* | 杀菌剂 | 无指定 |
| 74 | 三唑酮 | 0.01* | 杀菌剂 | 无指定 |
| 75 | 杀螟硫磷 | 0.05 | 杀虫剂 | GB/T 5009.161（参照） |
| 76 | 霜霉威和霜霉威盐酸盐 | 0.01 | 杀菌剂 | GB/T 20772（参照） |
| 77 | 四螨嗪 | 0.05 | 杀螨剂 | GB/T 20772（参照） |
| 78 | 特丁硫磷 | 0.05 | 杀虫剂 | GB/T 23211（参照） |
| 79 | 多杀霉素 | 0.5 | 杀虫剂 | GB/T 20772（参照） |
| 80 | 氯氨吡啶酸 | 0.05* | 除草剂 | 无指定 |
| 81 | 克百威 | 0.05 | 杀虫剂 | GB/T 20772（参照） |
| 82 | 杀线威 | 0.02 | 杀虫剂 | SN/T 0697（参照） |

## 10.18 马脂肪

马脂肪中农药最大残留限量见表 10－18。

**表 10－18 马脂肪中农药最大残留限量**

| 序号 | 农药中文名 | 最大残留限量（mg/kg） | 农药主要用途 | 检测方法 |
|---|---|---|---|---|
| 1 | 2甲4氯（钠） | 0.2* | 除草剂 | 无指定 |
| 2 | 百菌清 | 0.07* | 杀菌剂 | 无指定 |
| 3 | 苯并烯氟菌唑 | 0.03* | 杀菌剂 | 无指定 |
| 4 | 苯菌酮 | 0.01* | 杀菌剂 | 无指定 |
| 5 | 苯嘧磺草胺 | 0.01* | 除草剂 | 无指定 |
| 6 | 吡噻菌胺 | 0.05* | 杀菌剂 | 无指定 |

（续）

| 序号 | 农药中文名 | 最大残留限量（mg/kg） | 农药主要用途 | 检测方法 |
| --- | --- | --- | --- | --- |
| 7 | 吡唑萘菌胺 | 0.01* | 杀菌剂 | 无指定 |
| 8 | 敌敌畏 | 0.01* | 杀虫剂 | 无指定 |
| 9 | 丁苯吗啉 | 0.01 | 杀菌剂 | GB/T 23210（参照） |
| 10 | 啶虫脒 | 0.3 | 杀虫剂 | GB/T 20772（参照） |
| 11 | 氟啶虫胺腈 | 0.1* | 杀虫剂 | 无指定 |
| 12 | 甲氨基阿维菌素苯甲酸盐 | 0.02* | 杀虫剂 | 无指定 |
| 13 | 乐果 | 0.05* | 杀虫剂 | GB/T 20772（参照） |
| 14 | 氯丙嘧啶酸 | 0.03* | 除草剂 | 无指定 |
| 15 | 氯虫苯甲酰胺 | 0.2* | 杀虫剂 | 无指定 |
| 16 | 麦草畏 | 0.07* | 除草剂 | 无指定 |
| 17 | 咪唑烟酸 | 0.05* | 除草剂 | 无指定 |
| 18 | 醚菌酯 | 0.05* | 杀菌剂 | 无指定 |
| 19 | 嗪氨灵 | 0.01* | 杀菌剂 | 无指定 |
| 20 | 噻草酮 | 0.1 | 除草剂 | GB/T 23211（参照） |
| 21 | 噻虫胺 | 0.02 | 杀虫剂 | GB 23200.39（参照） |
| 22 | 噻螨酮 | 0.05* | 杀螨剂 | 无指定 |
| 23 | 克百威 | 0.05 | 杀虫剂 | GB/T 20772（参照） |

## 10.19 鸡肉

鸡肉中农药最大残留限量见表 10－19。

**表 10－19 鸡肉中农药最大残留限量**

| 序号 | 农药中文名 | 最大残留限量（mg/kg） | 农药主要用途 | 检测方法 |
| --- | --- | --- | --- | --- |
| 1 | 2,4-滴和 2,4-滴钠盐 | 0.05* | 除草剂 | 无指定 |
| 2 | 2 甲 4 氯（钠） | 0.05* | 除草剂 | 无指定 |
| 3 | 矮壮素 | 0.04* | 植物生长调节剂 | 无指定 |
| 4 | 百草枯 | 0.005* | 除草剂 | 无指定 |
| 5 | 百菌清 | 0.01* | 杀菌剂 | 无指定 |
| 6 | 苯并烯氟菌唑 | 0.01* | 杀菌剂 | 无指定 |

（续）

| 序号 | 农药中文名 | 最大残留限量(mg/kg) | 农药主要用途 | 检测方法 |
|---|---|---|---|---|
| 7 | 苯菌酮 | 0.01* | 杀菌剂 | 无指定 |
| 8 | 苯醚甲环唑 | 0.01（以脂肪中残留量表示） | 杀菌剂 | GB 23200.49（参照） |
| 9 | 苯线磷 | 0.01* | 杀虫剂 | 无指定 |
| 10 | 吡虫啉 | 0.02* | 杀虫剂 | 无指定 |
| 11 | 吡噻菌胺 | 0.03* | 杀菌剂 | 无指定 |
| 12 | 吡唑醚菌酯 | 0.05* | 杀菌剂 | 无指定 |
| 13 | 吡唑萘菌胺 | 0.01* | 杀菌剂 | 无指定 |
| 14 | 丙环唑 | 0.01 | 杀菌剂 | GB/T 20772（参照） |
| 15 | 丙溴磷 | 0.05 | 杀虫剂 | SN/T 2234（参照） |
| 16 | 草铵膦 | 0.05* | 除草剂 | 无指定 |
| 17 | 虫酰肼 | 0.02 | 杀虫剂 | GB/T 23211（参照） |
| 18 | 除虫脲 | 0.05* | 杀虫剂 | 无指定 |
| 19 | 敌草快 | 0.05* | 除草剂 | 无指定 |
| 20 | 敌敌畏 | 0.01* | 杀虫剂 | 无指定 |
| 21 | 丁苯吗啉 | 0.01 | 杀菌剂 | GB/T 23210（参照） |
| 22 | 丁硫克百威 | 0.05 | 杀虫剂 | GB/T 19650（参照） |
| 23 | 啶虫脒 | 0.01 | 杀虫剂 | GB/T 20772（参照） |
| 24 | 啶酰菌胺 | 0.02 | 杀菌剂 | GB/T 22979（参照） |
| 25 | 毒死蜱 | 0.01 | 杀虫剂 | GB/T 20772（参照） |
| 26 | 多菌灵 | 0.05 | 杀菌剂 | GB/T 20772（参照） |
| 27 | 多杀霉素 | 0.2（以脂肪中残留量表示） | 杀虫剂 | GB/T 20772（参照） |
| 28 | 噁唑菌酮 | 0.01* | 杀菌剂 | 无指定 |
| 29 | 呋虫胺 | 0.02* | 杀虫剂 | GB 23200.51（参照） |
| 30 | 氟吡菌胺 | 0.01* | 杀菌剂 | 无指定 |
| 31 | 氟虫腈 | 0.01* | 杀虫剂 | 无指定 |
| 32 | 氟啶虫胺腈 | 0.1* | 杀虫剂 | 无指定 |
| 33 | 氟硅唑 | 0.2 | 杀菌剂 | GB/T 20772（参照） |
| 34 | 氟氯氰菊酯和高效氟氯氰菊酯 | 0.01* | 杀虫剂 | 无指定 |

（续）

| 序号 | 农药中文名 | 最大残留限量（mg/kg） | 农药主要用途 | 检测方法 |
|---|---|---|---|---|
| 35 | 氟酰脲 | 0.5（以脂肪中残留量表示） | 杀虫剂 | SN/T 2540（参照） |
| 36 | 甲胺磷 | 0.01 | 杀虫剂 | GB/T 20772（参照） |
| 37 | 甲拌磷 | 0.05 | 杀虫剂 | GB/T 23210（参照） |
| 38 | 甲基毒死蜱 | 0.01（以脂肪中残留量表示） | 杀虫剂 | GB/T 20772（参照） |
| 39 | 甲基嘧啶磷 | 0.01 | 杀虫剂 | GB/T 20772（参照） |
| 40 | 喹氧灵 | 0.02（以脂肪中残留量表示） | 杀菌剂 | GB 23200.56（参照） |
| 41 | 乐果 | 0.05* | 杀虫剂 | GB/T 20772（参照） |
| 42 | 联苯肼酯 | 0.01*（以脂肪中残留量表示） | 杀螨剂 | 无指定 |
| 43 | 联苯三唑醇 | 0.01 | 杀菌剂 | GB/T 20772（参照） |
| 44 | 硫丹 | 0.03 | 杀虫剂 | GB/T 5009.19、GB/T 5009.162（参照） |
| 45 | 螺虫乙酯 | 0.01* | 杀虫剂 | 无指定 |
| 46 | 氯氨吡啶酸 | 0.01* | 除草剂 | 无指定 |
| 47 | 氯虫苯甲酰胺 | 0.01*（以脂肪中残留量表示） | 杀虫剂 | 无指定 |
| 48 | 氯菊酯 | 0.1 | 杀虫剂 | GB/T 5009.162（参照） |
| 49 | 氯氰菊酯和高效氯氰菊酯 | 0.1（以脂肪中残留量表示） | 杀虫剂 | GB/T 5009.162（参照） |
| 50 | 麦草畏 | 0.02* | 除草剂 | 无指定 |
| 51 | 咪鲜胺和咪鲜胺锰盐 | 0.05* | 杀菌剂 | 无指定 |
| 52 | 咪唑菌酮 | 0.01*（以脂肪中残留量表示） | 杀菌剂 | 无指定 |
| 53 | 咪唑烟酸 | 0.01* | 除草剂 | 无指定 |
| 54 | 醚菊酯 | 0.01* | 杀虫剂 | 无指定 |
| 55 | 醚菌酯 | 0.05* | 杀菌剂 | 无指定 |
| 56 | 嘧菌环胺 | 0.01*（以脂肪中残留量表示） | 杀菌剂 | 无指定 |

（续）

| 序号 | 农药中文名 | 最大残留限量（mg/kg） | 农药主要用途 | 检测方法 |
|---|---|---|---|---|
| 57 | 嘧菌酯 | 0.01 | 杀菌剂 | GB 23200.46（参照） |
| 58 | 灭草松 | 0.03*（以脂肪中残留量表示） | 除草剂 | 无指定 |
| 59 | 灭多威 | 0.02* | 杀虫剂 | 无指定 |
| 60 | 灭蝇胺 | 0.1* | 杀虫剂 | 无指定 |
| 61 | 氰戊菊酯和S-氰戊菊酯 | 0.01（以脂肪中残留量表示） | 杀虫剂 | GB/T 5009.162（参照） |
| 62 | 炔螨特 | 0.1（以脂肪中残留量表示） | 杀螨剂 | GB/T 23211（参照） |
| 63 | 噻草酮 | 0.03 | 除草剂 | GB/T 23211（参照） |
| 64 | 噻虫胺 | 0.01 | 杀虫剂 | GB 23200.39（参照） |
| 65 | 噻虫啉 | 0.02* | 杀虫剂 | 无指定 |
| 66 | 噻虫嗪 | 0.01 | 杀虫剂 | GB 23200.39（参照） |
| 67 | 噻节因 | 0.01 | 植物生长调节剂 | GB/T 20771（参照） |
| 68 | 噻菌灵 | 0.05 | 杀菌剂 | GB/T 20772（参照） |
| 69 | 噻螨酮 | 0.05*（以脂肪中残留量表示） | 杀螨剂 | 无指定 |
| 70 | 三唑醇 | 0.01* | 杀菌剂 | 无指定 |
| 71 | 三唑酮 | 0.01* | 杀菌剂 | 无指定 |
| 72 | 杀螟硫磷 | 0.05 | 杀虫剂 | GB/T 5009.161（参照） |
| 73 | 杀扑磷 | 0.02 | 杀虫剂 | GB/T 20772（参照） |
| 74 | 杀线威 | 0.02 | 杀虫剂 | SN/T 0697（参照） |
| 75 | 霜霉威和霜霉威盐酸盐 | 0.01 | 杀菌剂 | GB/T 20772（参照） |
| 76 | 四螨嗪 | 0.05 | 杀螨剂 | GB/T 20772（参照） |
| 77 | 特丁硫磷 | 0.05 | 杀虫剂 | GB/T 23211（参照） |
| 78 | 五氯硝基苯 | 0.1 | 杀菌剂 | GB/T 5009.19、GB/T 5009.162（参照） |
| 79 | 艾氏剂 | 0.2（以脂肪计） | 杀虫剂 | GB/T 5009.19、GB/T 5009.162（参照） |

（续）

| 序号 | 农药中文名 | 最大残留限量（mg/kg） | 农药主要用途 | 检测方法 |
|---|---|---|---|---|
| 80 | 狄氏剂 | 0.2（以脂肪计） | 杀虫剂 | GB/T 5009.19、GB/T 5009.162（参照） |
| 81 | 林丹 | 0.05 | 杀虫剂 | GB/T 5009.19、GB/T 5009.162（参照） |
| 82 | 氯丹 | 0.5（以脂肪计） | 杀虫剂 | GB/T 5009.19、GB/T 5009.162（参照） |
| 83 | 七氯 | 0.2 | 杀虫剂 | GB/T 5009.19、GB/T 5009.162（参照） |
| 84 | 苯丁锡 | 0.05 | 杀螨剂 | SN/T 4558（参照） |
| 85 | 二嗪磷 | 0.02* | 杀虫剂 | 无指定 |

## 10.20　鸡内脏

鸡内脏中农药最大残留限量见表 10－20。

**表 10－20　鸡内脏中农药最大残留限量**

| 序号 | 农药中文名 | 最大残留限量（mg/kg） | 农药主要用途 | 检测方法 |
|---|---|---|---|---|
| 1 | 林丹 | 0.01 | 杀虫剂 | GB/T 5009.19、GB/T 5009.162（参照） |
| 2 | 2,4-滴和 2,4-滴钠盐 | 0.05* | 除草剂 | 无指定 |
| 3 | 2 甲 4 氯（钠） | 0.05* | 除草剂 | 无指定 |
| 4 | 矮壮素 | 0.1* | 植物生长调节剂 | 无指定 |
| 5 | 百草枯 | 0.005* | 除草剂 | 无指定 |
| 6 | 百菌清 | 0.07* | 杀菌剂 | 无指定 |
| 7 | 苯并烯氟菌唑 | 0.01* | 杀菌剂 | 无指定 |
| 8 | 苯菌酮 | 0.01* | 杀菌剂 | 无指定 |
| 9 | 苯醚甲环唑 | 0.01 | 杀菌剂 | GB 23200.49（参照） |
| 10 | 苯线磷 | 0.01* | 杀虫剂 | 无指定 |
| 11 | 吡虫啉 | 0.05* | 杀虫剂 | 无指定 |
| 12 | 吡噻菌胺 | 0.03* | 杀菌剂 | 无指定 |
| 13 | 吡唑醚菌酯 | 0.05* | 杀菌剂 | 无指定 |
| 14 | 吡唑萘菌胺 | 0.01* | 杀菌剂 | 无指定 |

（续）

| 序号 | 农药中文名 | 最大残留限量（mg/kg） | 农药主要用途 | 检测方法 |
| --- | --- | --- | --- | --- |
| 15 | 丙溴磷 | 0.05 | 杀虫剂 | SN/T 2234（参照） |
| 16 | 草铵膦 | 0.1* | 除草剂 | 无指定 |
| 17 | 敌草快 | 0.05* | 除草剂 | 无指定 |
| 18 | 敌敌畏 | 0.01* | 杀虫剂 | 无指定 |
| 19 | 丁苯吗啉 | 0.01 | 杀菌剂 | GB/T 23210（参照） |
| 20 | 丁硫克百威 | 0.05 | 杀虫剂 | GB/T 19650（参照） |
| 21 | 啶虫脒 | 0.05 | 杀虫剂 | GB/T 20772（参照） |
| 22 | 啶酰菌胺 | 0.02 | 杀菌剂 | GB/T 22979（参照） |
| 23 | 毒死蜱 | 0.01 | 杀虫剂 | GB/T 20772（参照） |
| 24 | 噁唑菌酮 | 0.01* | 杀菌剂 | 无指定 |
| 25 | 呋虫胺 | 0.02* | 杀虫剂 | GB 23200.51（参照） |
| 26 | 氟吡菌胺 | 0.01* | 杀菌剂 | 无指定 |
| 27 | 氟虫腈 | 0.02* | 杀虫剂 | 无指定 |
| 28 | 氟啶虫胺腈 | 0.3* | 杀虫剂 | 无指定 |
| 29 | 氟硅唑 | 0.2 | 杀菌剂 | GB/T 20772（参照） |
| 30 | 氟氯氰菊酯和高效氟氯氰菊酯 | 0.01* | 杀虫剂 | 无指定 |
| 31 | 氟酰脲 | 0.1 | 杀虫剂 | SN/T 2540（参照） |
| 32 | 甲胺磷 | 0.01 | 杀虫剂 | GB/T 20772（参照） |
| 33 | 甲基毒死蜱 | 0.01 | 杀虫剂 | GB/T 20772（参照） |
| 34 | 甲基嘧啶磷 | 0.01 | 杀虫剂 | GB/T 20772（参照） |
| 35 | 乐果 | 0.05* | 杀虫剂 | GB/T 20772（参照） |
| 36 | 联苯肼酯 | 0.01* | 杀螨剂 | 无指定 |
| 37 | 联苯三唑醇 | 0.01 | 杀菌剂 | GB/T 20772（参照） |
| 38 | 硫丹 | 0.03 | 杀虫剂 | GB/T 5009.19、GB/T 5009.162（参照） |
| 39 | 螺虫乙酯 | 0.01* | 杀虫剂 | 无指定 |
| 40 | 氯氨吡啶酸 | 0.01* | 除草剂 | 无指定 |
| 41 | 氯虫苯甲酰胺 | 0.01* | 杀虫剂 | 无指定 |
| 42 | 氯氰菊酯和高效氯氰菊酯 | 0.05 | 杀虫剂 | GB/T 5009.162（参照） |

（续）

| 序号 | 农药中文名 | 最大残留限量（mg/kg） | 农药主要用途 | 检测方法 |
|---|---|---|---|---|
| 43 | 麦草畏 | 0.07* | 除草剂 | 无指定 |
| 44 | 咪鲜胺和咪鲜胺锰盐 | 0.2 | 杀菌剂 | GB/T 19650（参照） |
| 45 | 咪唑菌酮 | 0.01* | 杀菌剂 | 无指定 |
| 46 | 咪唑烟酸 | 0.01* | 除草剂 | 无指定 |
| 47 | 醚菊酯 | 0.01* | 杀虫剂 | 无指定 |
| 48 | 嘧菌环胺 | 0.01* | 杀菌剂 | 无指定 |
| 49 | 嘧菌酯 | 0.01* | 杀菌剂 | GB 23200.46（参照） |
| 50 | 灭草松 | 0.07* | 除草剂 | 无指定 |
| 51 | 灭多威 | 0.02* | 杀虫剂 | 无指定 |
| 52 | 灭蝇胺 | 0.2* | 杀虫剂 | 无指定 |
| 53 | 氰戊菊酯和S-氰戊菊酯 | 0.01 | 杀虫剂 | GB/T 5009.162（参照） |
| 54 | 炔螨特 | 0.1 | 杀螨剂 | GB/T 23211（参照） |
| 55 | 噻草酮 | 0.02 | 除草剂 | GB/T 23211（参照） |
| 56 | 噻虫胺 | 0.1 | 杀虫剂 | GB 23200.39（参照） |
| 57 | 噻虫啉 | 0.02* | 杀虫剂 | 无指定 |
| 58 | 噻虫嗪 | 0.01 | 杀虫剂 | GB 23200.39（参照） |
| 59 | 噻节因 | 0.01 | 植物生长调节剂 | GB/T 20771（参照） |
| 60 | 噻螨酮 | 0.05* | 杀螨剂 | 无指定 |
| 61 | 三唑醇 | 0.01* | 杀菌剂 | 无指定 |
| 62 | 三唑酮 | 0.01* | 杀菌剂 | 无指定 |
| 63 | 杀扑磷 | 0.02 | 杀虫剂 | GB/T 20772（参照） |
| 64 | 杀线威 | 0.02 | 杀虫剂 | SN/T 0697（参照） |
| 65 | 霜霉威和霜霉威盐酸盐 | 0.01 | 杀菌剂 | GB/T 20772（参照） |
| 66 | 四螨嗪 | 0.05 | 杀螨剂 | GB/T 20772（参照） |
| 67 | 特丁硫磷 | 0.05 | 杀虫剂 | GB/T 23211（参照） |
| 68 | 五氯硝基苯 | 0.1 | 杀菌剂 | GB/T 5009.19、GB/T 5009.162（参照） |
| 69 | 苯丁锡 | 0.05 | 杀螨剂 | SN/T 4558（参照） |
| 70 | 二嗪磷 | 0.02* | 杀虫剂 | 无指定 |

## 10.21 鸡蛋

鸡蛋中农药最大残留限量见表 10-21。

**表 10-21 鸡蛋中农药最大残留限量**

| 序号 | 农药中文名 | 最大残留限量(mg/kg) | 农药主要用途 | 检测方法 |
|---|---|---|---|---|
| 1 | 2,4-滴和 2,4-滴钠盐 | 0.01* | 除草剂 | 无指定 |
| 2 | 2 甲 4 氯（钠） | 0.05* | 除草剂 | 无指定 |
| 3 | 矮壮素 | 0.1* | 植物生长调节剂 | 无指定 |
| 4 | 百草枯 | 0.005* | 除草剂 | 无指定 |
| 5 | 苯并烯氟菌唑 | 0.01* | 杀菌剂 | 无指定 |
| 6 | 苯丁锡 | 0.05 | 杀螨剂 | SN/T 4558（参照） |
| 7 | 苯菌酮 | 0.01* | 杀菌剂 | 无指定 |
| 8 | 苯醚甲环唑 | 0.03 | 杀菌剂 | GB 23200.49（参照） |
| 9 | 苯线磷 | 0.01* | 杀虫剂 | 无指定 |
| 10 | 吡虫啉 | 0.02* | 杀虫剂 | 无指定 |
| 11 | 吡噻菌胺 | 0.03* | 杀菌剂 | 无指定 |
| 12 | 吡唑醚菌酯 | 0.05* | 杀菌剂 | 无指定 |
| 13 | 吡唑萘菌胺 | 0.01* | 杀菌剂 | 无指定 |
| 14 | 丙环唑 | 0.01 | 杀菌剂 | GB/T 20772（参照） |
| 15 | 丙溴磷 | 0.02 | 杀虫剂 | SN/T 2234（参照） |
| 16 | 草铵膦 | 0.05* | 除草剂 | 无指定 |
| 17 | 虫酰肼 | 0.02 | 杀虫剂 | GB/T 23211（参照） |
| 18 | 除虫脲 | 0.05* | 杀虫剂 | 无指定 |
| 19 | 敌草快 | 0.05* | 除草剂 | 无指定 |
| 20 | 敌敌畏 | 0.01* | 杀虫剂 | 无指定 |
| 21 | 丁苯吗啉 | 0.01 | 杀菌剂 | GB/T 23210（参照） |
| 22 | 丁硫克百威 | 0.05 | 杀虫剂 | GB/T 19650（参照） |
| 23 | 啶虫脒 | 0.01 | 杀虫剂 | GB/T 20772（参照） |
| 24 | 啶酰菌胺 | 0.02 | 杀菌剂 | GB/T 22979（参照） |
| 25 | 毒死蜱 | 0.01 | 杀虫剂 | GB/T 20772（参照） |
| 26 | 多菌灵 | 0.05 | 杀菌剂 | GB/T 20772（参照） |

（续）

| 序号 | 农药中文名 | 最大残留限量（mg/kg） | 农药主要用途 | 检测方法 |
|---|---|---|---|---|
| 27 | 多杀霉素 | 0.01 | 杀虫剂 | GB/T 20772（参照） |
| 28 | 噁唑菌酮 | 0.01* | 杀菌剂 | 无指定 |
| 29 | 呋虫胺 | 0.02 | 杀虫剂 | GB 23200.51（参照） |
| 30 | 氟吡菌胺 | 0.01* | 杀菌剂 | 无指定 |
| 31 | 氟虫腈 | 0.02 | 杀虫剂 | GB 23200.11（参照） |
| 32 | 氟啶虫胺腈 | 0.1* | 杀虫剂 | 无指定 |
| 33 | 氟硅唑 | 0.1 | 杀菌剂 | GB/T 20772（参照） |
| 34 | 氟氯氰菊酯和高效氟氯氰菊酯 | 0.01* | 杀虫剂 | 无指定 |
| 35 | 氟酰脲 | 0.1 | 杀虫剂 | SN/T 2540（参照） |
| 36 | 甲胺磷 | 0.01 | 杀虫剂 | GB/T 20772（参照） |
| 37 | 甲拌磷 | 0.05 | 杀虫剂 | GB/T 23210（参照） |
| 38 | 甲基毒死蜱 | 0.01 | 杀虫剂 | GB/T 20772（参照） |
| 39 | 甲基嘧啶磷 | 0.01 | 杀虫剂 | GB/T 20772（参照） |
| 40 | 喹氧灵 | 0.01 | 杀菌剂 | GB 23200.56（参照） |
| 41 | 乐果 | 0.05* | 杀虫剂 | GB/T 20772（参照） |
| 42 | 联苯肼酯 | 0.01* | 杀螨剂 | 无指定 |
| 43 | 联苯三唑醇 | 0.01 | 杀菌剂 | GB/T 23211（参照） |
| 44 | 硫丹 | 0.03 | 杀虫剂 | GB/T 5009.19、GB/T 5009.162（参照） |
| 45 | 螺虫乙酯 | 0.01* | 杀虫剂 | 无指定 |
| 46 | 氯氨吡啶酸 | 0.01* | 除草剂 | 无指定 |
| 47 | 氯虫苯甲酰胺 | 0.2* | 杀虫剂 | 无指定 |
| 48 | 氯菊酯 | 0.1 | 杀虫剂 | GB/T 5009.162（参照） |
| 49 | 氯氰菊酯和高效氯氰菊酯 | 0.01 | 杀虫剂 | GB/T 5009.162（参照） |
| 50 | 麦草畏 | 0.01* | 除草剂 | 无指定 |
| 51 | 咪鲜胺和咪鲜胺锰盐 | 0.1 | 杀菌剂 | GB/T 19650（参照） |
| 52 | 咪唑菌酮 | 0.01* | 杀菌剂 | 无指定 |
| 53 | 咪唑烟酸 | 0.01* | 除草剂 | 无指定 |
| 54 | 醚菊酯 | 0.01* | 杀虫剂 | 无指定 |

（续）

| 序号 | 农药中文名 | 最大残留限量（mg/kg） | 农药主要用途 | 检测方法 |
| --- | --- | --- | --- | --- |
| 55 | 嘧菌环胺 | 0.01* | 杀菌剂 | 无指定 |
| 56 | 嘧菌酯 | 0.01* | 杀菌剂 | GB 23200.46（参照） |
| 57 | 灭草松 | 0.01* | 除草剂 | 无指定 |
| 58 | 灭多威 | 0.02* | 杀虫剂 | 无指定 |
| 59 | 灭蝇胺 | 0.3* | 杀虫剂 | 无指定 |
| 60 | 氰戊菊酯和S-氰戊菊酯 | 0.01 | 杀虫剂 | GB/T 5009.162（参照） |
| 61 | 炔螨特 | 0.1 | 杀螨剂 | GB/T 23211（参照） |
| 62 | 噻草酮 | 0.15 | 除草剂 | GB/T 23211（参照） |
| 63 | 噻虫胺 | 0.01 | 杀虫剂 | GB 23200.39（参照） |
| 64 | 噻虫啉 | 0.02* | 杀虫剂 | 无指定 |
| 65 | 噻虫嗪 | 0.01 | 杀虫剂 | GB 23200.39（参照） |
| 66 | 噻节因 | 0.01 | 植物生长调节剂 | GB/T 20771（参照） |
| 67 | 噻菌灵 | 0.1 | 杀菌剂 | GB/T 20772（参照） |
| 68 | 噻螨酮 | 0.05* | 杀螨剂 | 无指定 |
| 69 | 三唑醇 | 0.01* | 杀菌剂 | 无指定 |
| 70 | 三唑酮 | 0.01* | 杀菌剂 | 无指定 |
| 71 | 杀螟硫磷 | 0.05 | 杀虫剂 | GB/T 5009.161（参照） |
| 72 | 杀扑磷 | 0.02 | 杀虫剂 | GB/T 20772（参照） |
| 73 | 杀线威 | 0.02 | 杀虫剂 | SN/T 0697（参照） |
| 74 | 霜霉威和霜霉威盐酸盐 | 0.01 | 杀菌剂 | GB/T 20772（参照） |
| 75 | 四螨嗪 | 0.05 | 杀螨剂 | GB/T 23211（参照） |
| 76 | 特丁硫磷 | 0.01 | 杀虫剂 | GB/T 23211（参照） |
| 77 | 五氯硝基苯 | 0.03 | 杀菌剂 | GB/T 5009.19、GB/T 5009.162（参照） |
| 78 | 艾氏剂 | 0.1 | 杀虫剂 | GB/T 5009.19、GB/T 5009.162（参照） |
| 79 | 滴滴涕 | 0.1 | 杀虫剂 | GB/T 5009.19、GB/T 5009.162（参照） |
| 80 | 林丹 | 0.1 | 杀虫剂 | GB/T 5009.19、GB/T 5009.162（参照） |

（续）

| 序号 | 农药中文名 | 最大残留限量（mg/kg） | 农药主要用途 | 检测方法 |
|---|---|---|---|---|
| 81 | 六六六 | 0.1 | 杀虫剂 | GB/T 5009.19、GB/T 5009.162（参照） |
| 82 | 氯丹 | 0.02 | 杀虫剂 | GB/T 5009.19、GB/T 5009.162（参照） |
| 83 | 七氯 | 0.05 | 杀虫剂 | GB/T 5009.19、GB/T 5009.162（参照） |
| 84 | 狄氏剂 | 0.1 | 杀虫剂 | GB/T 5009.19、GB/T 5009.162（参照） |
| 85 | 二嗪磷 | 0.02* | 杀虫剂 | 无指定 |

## 10.22　鸭肉

鸭肉中农药最大残留限量见表 10－22。

**表 10－22　鸭肉中农药最大残留限量**

| 序号 | 农药中文名 | 最大残留限量（mg/kg） | 农药主要用途 | 检测方法 |
|---|---|---|---|---|
| 1 | 2,4-滴和 2,4-滴钠盐 | 0.05* | 除草剂 | 无指定 |
| 2 | 2 甲 4 氯（钠） | 0.05* | 除草剂 | 无指定 |
| 3 | 矮壮素 | 0.04* | 植物生长调节剂 | 无指定 |
| 4 | 百草枯 | 0.005* | 除草剂 | 无指定 |
| 5 | 百菌清 | 0.01* | 杀菌剂 | 无指定 |
| 6 | 苯并烯氟菌唑 | 0.01* | 杀菌剂 | 无指定 |
| 7 | 苯菌酮 | 0.01* | 杀菌剂 | 无指定 |
| 8 | 苯醚甲环唑 | 0.01（以脂肪中残留量表示） | 杀菌剂 | GB 23200.49（参照） |
| 9 | 苯线磷 | 0.01* | 杀虫剂 | 无指定 |
| 10 | 吡虫啉 | 0.02* | 杀虫剂 | 无指定 |
| 11 | 吡噻菌胺 | 0.03* | 杀菌剂 | 无指定 |
| 12 | 吡唑醚菌酯 | 0.05* | 杀菌剂 | 无指定 |
| 13 | 吡唑萘菌胺 | 0.01* | 杀菌剂 | 无指定 |
| 14 | 丙环唑 | 0.01 | 杀菌剂 | GB/T 20772（参照） |

（续）

| 序号 | 农药中文名 | 最大残留限量（mg/kg） | 农药主要用途 | 检测方法 |
|---|---|---|---|---|
| 15 | 丙溴磷 | 0.05 | 杀虫剂 | SN/T 2234（参照） |
| 16 | 草铵膦 | 0.05* | 除草剂 | 无指定 |
| 17 | 虫酰肼 | 0.02 | 杀虫剂 | GB/T 23211（参照） |
| 18 | 除虫脲 | 0.05* | 杀虫剂 | 无指定 |
| 19 | 敌草快 | 0.05* | 除草剂 | 无指定 |
| 20 | 敌敌畏 | 0.01* | 杀虫剂 | 无指定 |
| 21 | 丁苯吗啉 | 0.01 | 杀菌剂 | GB/T 23210（参照） |
| 22 | 丁硫克百威 | 0.05 | 杀虫剂 | GB/T 19650（参照） |
| 23 | 啶虫脒 | 0.01 | 杀虫剂 | GB/T 20772（参照） |
| 24 | 啶酰菌胺 | 0.02 | 杀菌剂 | GB/T 22979（参照） |
| 25 | 毒死蜱 | 0.01 | 杀虫剂 | GB/T 20772（参照） |
| 26 | 多菌灵 | 0.05 | 杀菌剂 | GB/T 20772（参照） |
| 27 | 多杀霉素 | 0.2（以脂肪中残留量表示） | 杀虫剂 | GB/T 20772（参照） |
| 28 | 噁唑菌酮 | 0.01* | 杀菌剂 | 无指定 |
| 29 | 呋虫胺 | 0.02* | 杀虫剂 | GB 23200.51（参照） |
| 30 | 氟吡菌胺 | 0.01* | 杀菌剂 | 无指定 |
| 31 | 氟虫腈 | 0.01* | 杀虫剂 | 无指定 |
| 32 | 氟啶虫胺腈 | 0.1* | 杀虫剂 | 无指定 |
| 33 | 氟硅唑 | 0.2 | 杀菌剂 | GB/T 20772（参照） |
| 34 | 氟氯氰菊酯和高效氟氯氰菊酯 | 0.01* | 杀虫剂 | 无指定 |
| 35 | 氟酰脲 | 0.5（以脂肪中残留量表示） | 杀虫剂 | SN/T 2540（参照） |
| 36 | 甲胺磷 | 0.01 | 杀虫剂 | GB/T 20772（参照） |
| 37 | 甲拌磷 | 0.05 | 杀虫剂 | GB/T 23210（参照） |
| 38 | 甲基毒死蜱 | 0.01（以脂肪中残留量表示） | 杀虫剂 | GB/T 20772（参照） |
| 39 | 甲基嘧啶磷 | 0.01 | 杀虫剂 | GB/T 20772（参照） |
| 40 | 喹氧灵 | 0.02（以脂肪中残留量表示） | 杀菌剂 | GB 23200.56（参照） |

（续）

| 序号 | 农药中文名 | 最大残留限量（mg/kg） | 农药主要用途 | 检测方法 |
|---|---|---|---|---|
| 41 | 乐果 | 0.05* | 杀虫剂 | GB/T 20772（参照） |
| 42 | 联苯肼酯 | 0.01*（以脂肪中残留量表示） | 杀螨剂 | 无指定 |
| 43 | 联苯三唑醇 | 0.01 | 杀菌剂 | GB/T 20772（参照） |
| 44 | 硫丹 | 0.03 | 杀虫剂 | GB/T 5009.19、GB/T 5009.162（参照） |
| 45 | 螺虫乙酯 | 0.01* | 杀虫剂 | 无指定 |
| 46 | 氯氨吡啶酸 | 0.01* | 除草剂 | 无指定 |
| 47 | 氯虫苯甲酰胺 | 0.01*（以脂肪中残留量表示） | 杀虫剂 | 无指定 |
| 48 | 氯菊酯 | 0.1 | 杀虫剂 | GB/T 5009.162（参照） |
| 49 | 氯氰菊酯和高效氯氰菊酯 | 0.1（以脂肪中残留量表示） | 杀虫剂 | GB/T 5009.162（参照） |
| 50 | 麦草畏 | 0.02* | 除草剂 | 无指定 |
| 51 | 咪鲜胺和咪鲜胺锰盐 | 0.05* | 杀菌剂 | 无指定 |
| 52 | 咪唑菌酮 | 0.01*（以脂肪中残留量表示） | 杀菌剂 | 无指定 |
| 53 | 咪唑烟酸 | 0.01* | 除草剂 | 无指定 |
| 54 | 醚菊酯 | 0.01* | 杀虫剂 | 无指定 |
| 55 | 醚菌酯 | 0.05* | 杀菌剂 | 无指定 |
| 56 | 嘧菌环胺 | 0.01*（以脂肪中残留量表示） | 杀菌剂 | 无指定 |
| 57 | 嘧菌酯 | 0.01 | 杀菌剂 | GB 23200.46（参照） |
| 58 | 灭草松 | 0.03*（以脂肪中残留量表示） | 除草剂 | 无指定 |
| 59 | 灭多威 | 0.02* | 杀虫剂 | 无指定 |
| 60 | 灭蝇胺 | 0.1* | 杀虫剂 | 无指定 |
| 61 | 氰戊菊酯和S-氰戊菊酯 | 0.01（以脂肪中残留量表示） | 杀虫剂 | GB/T 5009.162（参照） |
| 62 | 炔螨特 | 0.1（以脂肪中残留量表示） | 杀螨剂 | GB/T 23211（参照） |

（续）

| 序号 | 农药中文名 | 最大残留限量（mg/kg） | 农药主要用途 | 检测方法 |
|---|---|---|---|---|
| 63 | 噻草酮 | 0.03 | 除草剂 | GB/T 23211（参照） |
| 64 | 噻虫胺 | 0.01 | 杀虫剂 | GB 23200.39（参照） |
| 65 | 噻虫啉 | 0.02* | 杀虫剂 | 无指定 |
| 66 | 噻虫嗪 | 0.01 | 杀虫剂 | GB 23200.39（参照） |
| 67 | 噻节因 | 0.01 | 植物生长调节剂 | GB/T 20771（参照） |
| 68 | 噻菌灵 | 0.05 | 杀菌剂 | GB/T 20772（参照） |
| 69 | 噻螨酮 | 0.05*（以脂肪中残留量表示） | 杀螨剂 | 无指定 |
| 70 | 三唑醇 | 0.01* | 杀菌剂 | 无指定 |
| 71 | 三唑酮 | 0.01* | 杀菌剂 | 无指定 |
| 72 | 杀螟硫磷 | 0.05 | 杀虫剂 | GB/T 5009.161（参照） |
| 73 | 杀扑磷 | 0.02 | 杀虫剂 | GB/T 20772（参照） |
| 74 | 杀线威 | 0.02 | 杀虫剂 | SN/T 0697（参照） |
| 75 | 霜霉威和霜霉威盐酸盐 | 0.01 | 杀菌剂 | GB/T 20772（参照） |
| 76 | 四螨嗪 | 0.05 | 杀螨剂 | GB/T 20772（参照） |
| 77 | 特丁硫磷 | 0.05 | 杀虫剂 | GB/T 23211（参照） |
| 78 | 五氯硝基苯 | 0.1 | 杀菌剂 | GB/T 5009.19、GB/T 5009.162（参照） |
| 79 | 艾氏剂 | 0.2（以脂肪计） | 杀虫剂 | GB/T 5009.19、GB/T 5009.162（参照） |
| 80 | 狄氏剂 | 0.2（以脂肪计） | 杀虫剂 | GB/T 5009.19、GB/T 5009.162（参照） |
| 81 | 林丹 | 0.05 | 杀虫剂 | GB/T 5009.19、GB/T 5009.162（参照） |
| 82 | 氯丹 | 0.5（以脂肪计） | 杀虫剂 | GB/T 5009.19、GB/T 5009.162（参照） |
| 83 | 七氯 | 0.2 | 杀虫剂 | GB/T 5009.19、GB/T 5009.162（参照） |

## 10.23 鸭内脏

鸭内脏中农药最大残留限量见表 10－23。

表 10－23 鸭内脏中农药最大残留限量

| 序号 | 农药中文名 | 最大残留限量（mg/kg） | 农药主要用途 | 检测方法 |
|---|---|---|---|---|
| 1 | 林丹 | 0.01 | 杀虫剂 | GB/T 5009.19、GB/T 5009.162（参照） |
| 2 | 2,4-滴和 2,4-滴钠盐 | 0.05* | 除草剂 | 无指定 |
| 3 | 2 甲 4 氯（钠） | 0.05* | 除草剂 | 无指定 |
| 4 | 矮壮素 | 0.1* | 植物生长调节剂 | 无指定 |
| 5 | 百草枯 | 0.005* | 除草剂 | 无指定 |
| 6 | 百菌清 | 0.07* | 杀菌剂 | 无指定 |
| 7 | 苯并烯氟菌唑 | 0.01* | 杀菌剂 | 无指定 |
| 8 | 苯菌酮 | 0.01* | 杀菌剂 | 无指定 |
| 9 | 苯醚甲环唑 | 0.01 | 杀菌剂 | GB 23200.49（参照） |
| 10 | 苯线磷 | 0.01* | 杀虫剂 | 无指定 |
| 11 | 吡虫啉 | 0.05* | 杀虫剂 | 无指定 |
| 12 | 吡噻菌胺 | 0.03* | 杀菌剂 | 无指定 |
| 13 | 吡唑醚菌酯 | 0.05* | 杀菌剂 | 无指定 |
| 14 | 吡唑萘菌胺 | 0.01* | 杀菌剂 | 无指定 |
| 15 | 丙溴磷 | 0.05 | 杀虫剂 | SN/T 2234（参照） |
| 16 | 草铵膦 | 0.1* | 除草剂 | 无指定 |
| 17 | 敌草快 | 0.05* | 除草剂 | 无指定 |
| 18 | 敌敌畏 | 0.01* | 杀虫剂 | 无指定 |
| 19 | 丁苯吗啉 | 0.01 | 杀菌剂 | GB/T 23210（参照） |
| 20 | 丁硫克百威 | 0.05 | 杀虫剂 | GB/T 19650（参照） |
| 21 | 啶虫脒 | 0.05 | 杀虫剂 | GB/T 20772（参照） |
| 22 | 啶酰菌胺 | 0.02 | 杀菌剂 | GB/T 22979（参照） |
| 23 | 毒死蜱 | 0.01 | 杀虫剂 | GB/T 20772（参照） |
| 24 | 噁唑菌酮 | 0.01* | 杀菌剂 | 无指定 |
| 25 | 呋虫胺 | 0.02* | 杀虫剂 | GB 23200.51（参照） |

（续）

| 序号 | 农药中文名 | 最大残留限量（mg/kg） | 农药主要用途 | 检测方法 |
|---|---|---|---|---|
| 26 | 氟吡菌胺 | 0.01* | 杀菌剂 | 无指定 |
| 27 | 氟虫腈 | 0.02* | 杀虫剂 | 无指定 |
| 28 | 氟啶虫胺腈 | 0.3* | 杀虫剂 | 无指定 |
| 29 | 氟硅唑 | 0.2 | 杀菌剂 | GB/T 20772（参照） |
| 30 | 氟氯氰菊酯和高效氟氯氰菊酯 | 0.01* | 杀虫剂 | 无指定 |
| 31 | 氟酰脲 | 0.1 | 杀虫剂 | SN/T 2540（参照） |
| 32 | 甲胺磷 | 0.01 | 杀虫剂 | GB/T 20772（参照） |
| 33 | 甲基毒死蜱 | 0.01 | 杀虫剂 | GB/T 20772（参照） |
| 34 | 甲基嘧啶磷 | 0.01 | 杀虫剂 | GB/T 20772（参照） |
| 35 | 乐果 | 0.05* | 杀虫剂 | GB/T 20772（参照） |
| 36 | 联苯肼酯 | 0.01* | 杀螨剂 | 无指定 |
| 37 | 联苯三唑醇 | 0.01 | 杀菌剂 | GB/T 20772（参照） |
| 38 | 硫丹 | 0.03 | 杀虫剂 | GB/T 5009.19、GB/T 5009.162（参照） |
| 39 | 螺虫乙酯 | 0.01* | 杀虫剂 | 无指定 |
| 40 | 氯氨吡啶酸 | 0.01* | 除草剂 | 无指定 |
| 41 | 氯虫苯甲酰胺 | 0.01* | 杀虫剂 | 无指定 |
| 42 | 氯氰菊酯和高效氯氰菊酯 | 0.05 | 杀虫剂 | GB/T 5009.162（参照） |
| 43 | 麦草畏 | 0.07* | 除草剂 | 无指定 |
| 44 | 咪鲜胺和咪鲜胺锰盐 | 0.2 | 杀菌剂 | GB/T 19650（参照） |
| 45 | 咪唑菌酮 | 0.01* | 杀菌剂 | 无指定 |
| 46 | 咪唑烟酸 | 0.01* | 除草剂 | 无指定 |
| 47 | 醚菊酯 | 0.01* | 杀虫剂 | 无指定 |
| 48 | 嘧菌环胺 | 0.01* | 杀菌剂 | 无指定 |
| 49 | 嘧菌酯 | 0.01* | 杀菌剂 | GB 23200.46（参照） |
| 50 | 灭草松 | 0.07* | 除草剂 | 无指定 |
| 51 | 灭多威 | 0.02* | 杀虫剂 | 无指定 |
| 52 | 灭蝇胺 | 0.2* | 杀虫剂 | 无指定 |
| 53 | 氰戊菊酯和S-氰戊菊酯 | 0.01 | 杀虫剂 | GB/T 5009.162（参照） |

（续）

| 序号 | 农药中文名 | 最大残留限量（mg/kg） | 农药主要用途 | 检测方法 |
|---|---|---|---|---|
| 54 | 炔螨特 | 0.1 | 杀螨剂 | GB/T 23211（参照） |
| 55 | 噻草酮 | 0.02 | 除草剂 | GB/T 23211（参照） |
| 56 | 噻虫胺 | 0.1 | 杀虫剂 | GB 23200.39（参照） |
| 57 | 噻虫啉 | 0.02* | 杀虫剂 | 无指定 |
| 58 | 噻虫嗪 | 0.01 | 杀虫剂 | GB 23200.39（参照） |
| 59 | 噻节因 | 0.01 | 植物生长调节剂 | GB/T 20771（参照） |
| 60 | 噻螨酮 | 0.05* | 杀螨剂 | 无指定 |
| 61 | 三唑醇 | 0.01* | 杀菌剂 | 无指定 |
| 62 | 三唑酮 | 0.01* | 杀菌剂 | 无指定 |
| 63 | 杀扑磷 | 0.02 | 杀虫剂 | GB/T 20772（参照） |
| 64 | 杀线威 | 0.02 | 杀虫剂 | SN/T 0697（参照） |
| 65 | 霜霉威和霜霉威盐酸盐 | 0.01 | 杀菌剂 | GB/T 20772（参照） |
| 66 | 四螨嗪 | 0.05 | 杀螨剂 | GB/T 20772（参照） |
| 67 | 特丁硫磷 | 0.05 | 杀虫剂 | GB/T 23211（参照） |
| 68 | 五氯硝基苯 | 0.1 | 杀菌剂 | GB/T 5009.19、GB/T 5009.162（参照） |

## 10.24　鸭蛋

鸭蛋中农药最大残留限量见表 10－24。

**表 10－24　鸭蛋中农药最大残留限量**

| 序号 | 农药中文名 | 最大残留限量（mg/kg） | 农药主要用途 | 检测方法 |
|---|---|---|---|---|
| 1 | 2,4-滴和 2,4-滴钠盐 | 0.01* | 除草剂 | 无指定 |
| 2 | 2 甲 4 氯（钠） | 0.05* | 除草剂 | 无指定 |
| 3 | 矮壮素 | 0.1* | 植物生长调节剂 | 无指定 |
| 4 | 百草枯 | 0.005* | 除草剂 | 无指定 |
| 5 | 苯并烯氟菌唑 | 0.01* | 杀菌剂 | 无指定 |
| 6 | 苯丁锡 | 0.05 | 杀螨剂 | SN/T 4558（参照） |
| 7 | 苯菌酮 | 0.01* | 杀菌剂 | 无指定 |

（续）

| 序号 | 农药中文名 | 最大残留限量（mg/kg） | 农药主要用途 | 检测方法 |
|---|---|---|---|---|
| 8 | 苯醚甲环唑 | 0.03 | 杀菌剂 | GB 23200.49（参照） |
| 9 | 苯线磷 | 0.01* | 杀虫剂 | 无指定 |
| 10 | 吡虫啉 | 0.02* | 杀虫剂 | 无指定 |
| 11 | 吡噻菌胺 | 0.03* | 杀菌剂 | 无指定 |
| 12 | 吡唑醚菌酯 | 0.05* | 杀菌剂 | 无指定 |
| 13 | 吡唑萘菌胺 | 0.01* | 杀菌剂 | 无指定 |
| 14 | 丙环唑 | 0.01 | 杀菌剂 | GB/T 20772（参照） |
| 15 | 丙溴磷 | 0.02 | 杀虫剂 | SN/T 2234（参照） |
| 16 | 草铵膦 | 0.05* | 除草剂 | 无指定 |
| 17 | 虫酰肼 | 0.02 | 杀虫剂 | GB/T 23211（参照） |
| 18 | 除虫脲 | 0.05* | 杀虫剂 | 无指定 |
| 19 | 敌草快 | 0.05* | 除草剂 | 无指定 |
| 20 | 敌敌畏 | 0.01* | 杀虫剂 | 无指定 |
| 21 | 丁苯吗啉 | 0.01 | 杀菌剂 | GB/T 23210（参照） |
| 22 | 丁硫克百威 | 0.05 | 杀虫剂 | GB/T 19650（参照） |
| 23 | 啶虫脒 | 0.01 | 杀虫剂 | GB/T 20772（参照） |
| 24 | 啶酰菌胺 | 0.02 | 杀菌剂 | GB/T 22979（参照） |
| 25 | 毒死蜱 | 0.01 | 杀虫剂 | GB/T 20772（参照） |
| 26 | 多菌灵 | 0.05 | 杀菌剂 | GB/T 20772（参照） |
| 27 | 多杀霉素 | 0.01 | 杀虫剂 | GB/T 20772（参照） |
| 28 | 噁唑菌酮 | 0.01* | 杀菌剂 | 无指定 |
| 29 | 呋虫胺 | 0.02 | 杀虫剂 | GB 23200.51（参照） |
| 30 | 氟吡菌胺 | 0.01* | 杀菌剂 | 无指定 |
| 31 | 氟虫腈 | 0.02 | 杀虫剂 | GB 23200.11（参照） |
| 32 | 氟啶虫胺腈 | 0.1* | 杀虫剂 | 无指定 |
| 33 | 氟硅唑 | 0.1 | 杀菌剂 | GB/T 20772（参照） |
| 34 | 氟氯氰菊酯和高效氟氯氰菊酯 | 0.01* | 杀虫剂 | 无指定 |

（续）

| 序号 | 农药中文名 | 最大残留限量（mg/kg） | 农药主要用途 | 检测方法 |
|---|---|---|---|---|
| 35 | 氟酰脲 | 0.1 | 杀虫剂 | SN/T 2540（参照） |
| 36 | 甲胺磷 | 0.01 | 杀虫剂 | GB/T 20772（参照） |
| 37 | 甲拌磷 | 0.05 | 杀虫剂 | GB/T 23210（参照） |
| 38 | 甲基毒死蜱 | 0.01 | 杀虫剂 | GB/T 20772（参照） |
| 39 | 甲基嘧啶磷 | 0.01 | 杀虫剂 | GB/T 20772（参照） |
| 40 | 喹氧灵 | 0.01 | 杀菌剂 | GB 23200.56（参照） |
| 41 | 乐果 | 0.05* | 杀虫剂 | GB/T 20772（参照） |
| 42 | 联苯肼酯 | 0.01* | 杀螨剂 | 无指定 |
| 43 | 联苯三唑醇 | 0.01 | 杀菌剂 | GB/T 23211（参照） |
| 44 | 硫丹 | 0.03 | 杀虫剂 | GB/T 5009.19、GB/T 5009.162（参照） |
| 45 | 螺虫乙酯 | 0.01* | 杀虫剂 | 无指定 |
| 46 | 氯氨吡啶酸 | 0.01* | 除草剂 | 无指定 |
| 47 | 氯虫苯甲酰胺 | 0.2* | 杀虫剂 | 无指定 |
| 48 | 氯菊酯 | 0.1 | 杀虫剂 | GB/T 5009.162（参照） |
| 49 | 氯氰菊酯和高效氯氰菊酯 | 0.01 | 杀虫剂 | GB/T 5009.162（参照） |
| 50 | 麦草畏 | 0.01* | 除草剂 | 无指定 |
| 51 | 咪鲜胺和咪鲜胺锰盐 | 0.1 | 杀菌剂 | GB/T 19650（参照） |
| 52 | 咪唑菌酮 | 0.01* | 杀菌剂 | 无指定 |
| 53 | 咪唑烟酸 | 0.01* | 除草剂 | 无指定 |
| 54 | 醚菊酯 | 0.01* | 杀虫剂 | 无指定 |
| 55 | 嘧菌环胺 | 0.01* | 杀菌剂 | 无指定 |
| 56 | 嘧菌酯 | 0.01* | 杀菌剂 | GB 23200.46（参照） |
| 57 | 灭草松 | 0.01* | 除草剂 | 无指定 |
| 58 | 灭多威 | 0.02* | 杀虫剂 | 无指定 |
| 59 | 灭蝇胺 | 0.3* | 杀虫剂 | 无指定 |
| 60 | 氰戊菊酯和S-氰戊菊酯 | 0.01 | 杀虫剂 | GB/T 5009.162（参照） |
| 61 | 炔螨特 | 0.1 | 杀螨剂 | GB/T 23211（参照） |

（续）

| 序号 | 农药中文名 | 最大残留限量（mg/kg） | 农药主要用途 | 检测方法 |
|---|---|---|---|---|
| 62 | 噻草酮 | 0.15 | 除草剂 | GB/T 23211（参照） |
| 63 | 噻虫胺 | 0.01 | 杀虫剂 | GB 23200.39（参照） |
| 64 | 噻虫啉 | 0.02* | 杀虫剂 | 无指定 |
| 65 | 噻虫嗪 | 0.01 | 杀虫剂 | GB 23200.39（参照） |
| 66 | 噻节因 | 0.01 | 植物生长调节剂 | GB/T 20771（参照） |
| 67 | 噻菌灵 | 0.1 | 杀菌剂 | GB/T 20772（参照） |
| 68 | 噻螨酮 | 0.05* | 杀螨剂 | 无指定 |
| 69 | 三唑醇 | 0.01* | 杀菌剂 | 无指定 |
| 70 | 三唑酮 | 0.01* | 杀菌剂 | 无指定 |
| 71 | 杀螟硫磷 | 0.05 | 杀虫剂 | GB/T 5009.161（参照） |
| 72 | 杀扑磷 | 0.02 | 杀虫剂 | GB/T 20772（参照） |
| 73 | 杀线威 | 0.02 | 杀虫剂 | SN/T 0697（参照） |
| 74 | 霜霉威和霜霉威盐酸盐 | 0.01 | 杀菌剂 | GB/T 20772（参照） |
| 75 | 四螨嗪 | 0.05 | 杀螨剂 | GB/T 23211（参照） |
| 76 | 特丁硫磷 | 0.01 | 杀虫剂 | GB/T 23211（参照） |
| 77 | 五氯硝基苯 | 0.03 | 杀菌剂 | GB/T 5009.19、GB/T 5009.162（参照） |
| 78 | 艾氏剂 | 0.1 | 杀虫剂 | GB/T 5009.19、GB/T 5009.162（参照） |
| 79 | 滴滴涕 | 0.1 | 杀虫剂 | GB/T 5009.19、GB/T 5009.162（参照） |
| 80 | 林丹 | 0.1 | 杀虫剂 | GB/T 5009.19、GB/T 5009.162（参照） |
| 81 | 六六六 | 0.1 | 杀虫剂 | GB/T 5009.19、GB/T 5009.162（参照） |
| 82 | 氯丹 | 0.02 | 杀虫剂 | GB/T 5009.19、GB/T 5009.162（参照） |
| 83 | 七氯 | 0.05 | 杀虫剂 | GB/T 5009.19、GB/T 5009.162（参照） |
| 84 | 狄氏剂 | 0.1 | 杀虫剂 | GB/T 5009.19、GB/T 5009.162（参照） |

## 10.25 鹅肉

鹅肉中农药最大残留限量见表10-25。

表10-25 鹅肉中农药最大残留限量

| 序号 | 农药中文名 | 最大残留限量（mg/kg） | 农药主要用途 | 检测方法 |
|---|---|---|---|---|
| 1 | 2,4-滴和2,4-滴钠盐 | 0.05* | 除草剂 | 无指定 |
| 2 | 2甲4氯（钠） | 0.05* | 除草剂 | 无指定 |
| 3 | 矮壮素 | 0.04* | 植物生长调节剂 | 无指定 |
| 4 | 百草枯 | 0.005* | 除草剂 | 无指定 |
| 5 | 百菌清 | 0.01* | 杀菌剂 | 无指定 |
| 6 | 苯并烯氟菌唑 | 0.01* | 杀菌剂 | 无指定 |
| 7 | 苯菌酮 | 0.01* | 杀菌剂 | 无指定 |
| 8 | 苯醚甲环唑 | 0.01（以脂肪中残留量表示） | 杀菌剂 | GB 23200.49（参照） |
| 9 | 苯线磷 | 0.01* | 杀虫剂 | 无指定 |
| 10 | 吡虫啉 | 0.02* | 杀虫剂 | 无指定 |
| 11 | 吡噻菌胺 | 0.03* | 杀菌剂 | 无指定 |
| 12 | 吡唑醚菌酯 | 0.05* | 杀菌剂 | 无指定 |
| 13 | 吡唑萘菌胺 | 0.01* | 杀菌剂 | 无指定 |
| 14 | 丙环唑 | 0.01 | 杀菌剂 | GB/T 20772（参照） |
| 15 | 丙溴磷 | 0.05 | 杀虫剂 | SN/T 2234（参照） |
| 16 | 草铵膦 | 0.05* | 除草剂 | 无指定 |
| 17 | 虫酰肼 | 0.02 | 杀虫剂 | GB/T 23211（参照） |
| 18 | 除虫脲 | 0.05* | 杀虫剂 | 无指定 |
| 19 | 敌草快 | 0.05* | 除草剂 | 无指定 |
| 20 | 敌敌畏 | 0.01* | 杀虫剂 | 无指定 |
| 21 | 丁苯吗啉 | 0.01 | 杀菌剂 | GB/T 23210（参照） |
| 22 | 丁硫克百威 | 0.05 | 杀虫剂 | GB/T 19650（参照） |
| 23 | 啶虫脒 | 0.01 | 杀虫剂 | GB/T 20772（参照） |
| 24 | 啶酰菌胺 | 0.02 | 杀菌剂 | GB/T 22979（参照） |
| 25 | 毒死蜱 | 0.01 | 杀虫剂 | GB/T 20772（参照） |

（续）

| 序号 | 农药中文名 | 最大残留限量（mg/kg） | 农药主要用途 | 检测方法 |
|---|---|---|---|---|
| 26 | 多菌灵 | 0.05 | 杀菌剂 | GB/T 20772（参照） |
| 27 | 多杀霉素 | 0.2（以脂肪中残留量表示） | 杀虫剂 | GB/T 20772（参照） |
| 28 | 噁唑菌酮 | 0.01* | 杀菌剂 | 无指定 |
| 29 | 呋虫胺 | 0.02* | 杀虫剂 | GB 23200.51（参照） |
| 30 | 氟吡菌胺 | 0.01* | 杀菌剂 | 无指定 |
| 31 | 氟虫腈 | 0.01* | 杀虫剂 | 无指定 |
| 32 | 氟啶虫胺腈 | 0.1* | 杀虫剂 | 无指定 |
| 33 | 氟硅唑 | 0.2 | 杀菌剂 | GB/T 20772（参照） |
| 34 | 氟氯氰菊酯和高效氟氯氰菊酯 | 0.01* | 杀虫剂 | 无指定 |
| 35 | 氟酰脲 | 0.5（以脂肪中残留量表示） | 杀虫剂 | SN/T 2540（参照） |
| 36 | 甲胺磷 | 0.01 | 杀虫剂 | GB/T 20772（参照） |
| 37 | 甲拌磷 | 0.05 | 杀虫剂 | GB/T 23210（参照） |
| 38 | 甲基毒死蜱 | 0.01（以脂肪中残留量表示） | 杀虫剂 | GB/T 20772（参照） |
| 39 | 甲基嘧啶磷 | 0.01 | 杀虫剂 | GB/T 20772（参照） |
| 40 | 喹氧灵 | 0.02（以脂肪中残留量表示） | 杀菌剂 | GB 23200.56（参照） |
| 41 | 乐果 | 0.05* | 杀虫剂 | GB/T 20772（参照） |
| 42 | 联苯肼酯 | 0.01*（以脂肪中残留量表示） | 杀螨剂 | 无指定 |
| 43 | 联苯三唑醇 | 0.01 | 杀菌剂 | GB/T 20772（参照） |
| 44 | 硫丹 | 0.03 | 杀虫剂 | GB/T 5009.19、GB/T 5009.162（参照） |
| 45 | 螺虫乙酯 | 0.01* | 杀虫剂 | 无指定 |
| 46 | 氯氨吡啶酸 | 0.01* | 除草剂 | 无指定 |
| 47 | 氯虫苯甲酰胺 | 0.01*（以脂肪中残留量表示） | 杀虫剂 | 无指定 |
| 48 | 氯菊酯 | 0.1 | 杀虫剂 | GB/T 5009.162（参照） |

（续）

| 序号 | 农药中文名 | 最大残留限量（mg/kg） | 农药主要用途 | 检测方法 |
| --- | --- | --- | --- | --- |
| 49 | 氯氰菊酯和高效氯氰菊酯 | 0.1（以脂肪中残留量表示） | 杀虫剂 | GB/T 5009.162（参照） |
| 50 | 麦草畏 | 0.02* | 除草剂 | 无指定 |
| 51 | 咪鲜胺和咪鲜胺锰盐 | 0.05* | 杀菌剂 | 无指定 |
| 52 | 咪唑菌酮 | 0.01*（以脂肪中残留量表示） | 杀菌剂 | 无指定 |
| 53 | 咪唑烟酸 | 0.01* | 除草剂 | 无指定 |
| 54 | 醚菊酯 | 0.01* | 杀虫剂 | 无指定 |
| 55 | 醚菌酯 | 0.05* | 杀菌剂 | 无指定 |
| 56 | 嘧菌环胺 | 0.01*（以脂肪中残留量表示） | 杀菌剂 | 无指定 |
| 57 | 嘧菌酯 | 0.01 | 杀菌剂 | GB 23200.46（参照） |
| 58 | 灭草松 | 0.03*（以脂肪中残留量表示） | 除草剂 | 无指定 |
| 59 | 灭多威 | 0.02* | 杀虫剂 | 无指定 |
| 60 | 灭蝇胺 | 0.1* | 杀虫剂 | 无指定 |
| 61 | 氰戊菊酯和S-氰戊菊酯 | 0.01（以脂肪中残留量表示） | 杀虫剂 | GB/T 5009.162（参照） |
| 62 | 炔螨特 | 0.1（以脂肪中残留量表示） | 杀螨剂 | GB/T 23211（参照） |
| 63 | 噻草酮 | 0.03 | 除草剂 | GB/T 23211（参照） |
| 64 | 噻虫胺 | 0.01 | 杀虫剂 | GB 23200.39（参照） |
| 65 | 噻虫啉 | 0.02* | 杀虫剂 | 无指定 |
| 66 | 噻虫嗪 | 0.01 | 杀虫剂 | GB 23200.39（参照） |
| 67 | 噻节因 | 0.01 | 植物生长调节剂 | GB/T 20771（参照） |
| 68 | 噻菌灵 | 0.05 | 杀菌剂 | GB/T 20772（参照） |
| 69 | 噻螨酮 | 0.05*（以脂肪中残留量表示） | 杀螨剂 | 无指定 |
| 70 | 三唑醇 | 0.01* | 杀菌剂 | 无指定 |
| 71 | 三唑酮 | 0.01* | 杀菌剂 | 无指定 |
| 72 | 杀螟硫磷 | 0.05 | 杀虫剂 | GB/T 5009.161(参照) |

（续）

| 序号 | 农药中文名 | 最大残留限量（mg/kg） | 农药主要用途 | 检测方法 |
| --- | --- | --- | --- | --- |
| 73 | 杀扑磷 | 0.02 | 杀虫剂 | GB/T 20772（参照） |
| 74 | 杀线威 | 0.02 | 杀虫剂 | SN/T 0697（参照） |
| 75 | 霜霉威和霜霉威盐酸盐 | 0.01 | 杀菌剂 | GB/T 20772（参照） |
| 76 | 四螨嗪 | 0.05 | 杀螨剂 | GB/T 20772（参照） |
| 77 | 特丁硫磷 | 0.05 | 杀虫剂 | GB/T 23211（参照） |
| 78 | 五氯硝基苯 | 0.1 | 杀菌剂 | GB/T 5009.19、GB/T 5009.162（参照） |
| 79 | 艾氏剂 | 0.2（以脂肪计） | 杀虫剂 | GB/T 5009.19、GB/T 5009.162（参照） |
| 80 | 狄氏剂 | 0.2（以脂肪计） | 杀虫剂 | GB/T 5009.19、GB/T 5009.162（参照） |
| 81 | 林丹 | 0.05 | 杀虫剂 | GB/T 5009.19、GB/T 5009.162（参照） |
| 82 | 氯丹 | 0.5（以脂肪计） | 杀虫剂 | GB/T 5009.19、GB/T 5009.162（参照） |
| 83 | 七氯 | 0.2 | 杀虫剂 | GB/T 5009.19、GB/T 5009.162（参照） |

## 10.26　鹅内脏

鹅内脏中农药最大残留限量见表 10－26。

**表 10－26　鹅内脏中农药最大残留限量**

| 序号 | 农药中文名 | 最大残留限量（mg/kg） | 农药主要用途 | 检测方法 |
| --- | --- | --- | --- | --- |
| 1 | 林丹 | 0.01 | 杀虫剂 | GB/T 5009.19、GB/T 5009.162（参照） |
| 2 | 2,4-滴和 2,4-滴钠盐 | 0.05* | 除草剂 | 无指定 |
| 3 | 2 甲 4 氯（钠） | 0.05* | 除草剂 | 无指定 |
| 4 | 矮壮素 | 0.1* | 植物生长调节剂 | 无指定 |
| 5 | 百草枯 | 0.005* | 除草剂 | 无指定 |
| 6 | 百菌清 | 0.07* | 杀菌剂 | 无指定 |
| 7 | 苯并烯氟菌唑 | 0.01* | 杀菌剂 | 无指定 |

（续）

| 序号 | 农药中文名 | 最大残留限量（mg/kg） | 农药主要用途 | 检测方法 |
|---|---|---|---|---|
| 8 | 苯菌酮 | 0.01* | 杀菌剂 | 无指定 |
| 9 | 苯醚甲环唑 | 0.01 | 杀菌剂 | GB 23200.49（参照） |
| 10 | 苯线磷 | 0.01* | 杀虫剂 | 无指定 |
| 11 | 吡虫啉 | 0.05* | 杀虫剂 | 无指定 |
| 12 | 吡噻菌胺 | 0.03* | 杀菌剂 | 无指定 |
| 13 | 吡唑醚菌酯 | 0.05* | 杀菌剂 | 无指定 |
| 14 | 吡唑萘菌胺 | 0.01* | 杀菌剂 | 无指定 |
| 15 | 丙溴磷 | 0.05 | 杀虫剂 | SN/T 2234（参照） |
| 16 | 草铵膦 | 0.1* | 除草剂 | 无指定 |
| 17 | 敌草快 | 0.05* | 除草剂 | 无指定 |
| 18 | 敌敌畏 | 0.01* | 杀虫剂 | 无指定 |
| 19 | 丁苯吗啉 | 0.01 | 杀菌剂 | GB/T 23210（参照） |
| 20 | 丁硫克百威 | 0.05 | 杀虫剂 | GB/T 19650（参照） |
| 21 | 啶虫脒 | 0.05 | 杀虫剂 | GB/T 20772（参照） |
| 22 | 啶酰菌胺 | 0.02 | 杀菌剂 | GB/T 22979（参照） |
| 23 | 毒死蜱 | 0.01 | 杀虫剂 | GB/T 20772（参照） |
| 24 | 噁唑菌酮 | 0.01* | 杀菌剂 | 无指定 |
| 25 | 呋虫胺 | 0.02* | 杀虫剂 | GB 23200.51（参照） |
| 26 | 氟吡菌胺 | 0.01* | 杀菌剂 | 无指定 |
| 27 | 氟虫腈 | 0.02* | 杀虫剂 | 无指定 |
| 28 | 氟啶虫胺腈 | 0.3* | 杀虫剂 | 无指定 |
| 29 | 氟硅唑 | 0.2 | 杀菌剂 | GB/T 20772（参照） |
| 30 | 氟氯氰菊酯和高效氟氯氰菊酯 | 0.01* | 杀虫剂 | 无指定 |
| 31 | 氟酰脲 | 0.1 | 杀虫剂 | SN/T 2540（参照） |
| 32 | 甲胺磷 | 0.01 | 杀虫剂 | GB/T 20772（参照） |
| 33 | 甲基毒死蜱 | 0.01 | 杀虫剂 | GB/T 20772（参照） |
| 34 | 甲基嘧啶磷 | 0.01 | 杀虫剂 | GB/T 20772（参照） |
| 35 | 乐果 | 0.05* | 杀虫剂 | GB/T 20772（参照） |
| 36 | 联苯肼酯 | 0.01* | 杀螨剂 | 无指定 |

（续）

| 序号 | 农药中文名 | 最大残留限量（mg/kg） | 农药主要用途 | 检测方法 |
|---|---|---|---|---|
| 37 | 联苯三唑醇 | 0.01 | 杀菌剂 | GB/T 20772（参照） |
| 38 | 硫丹 | 0.03 | 杀虫剂 | GB/T 5009.19、GB/T 5009.162（参照） |
| 39 | 螺虫乙酯 | 0.01* | 杀虫剂 | 无指定 |
| 40 | 氯氨吡啶酸 | 0.01* | 除草剂 | 无指定 |
| 41 | 氯虫苯甲酰胺 | 0.01* | 杀虫剂 | 无指定 |
| 42 | 氯氰菊酯和高效氯氰菊酯 | 0.05 | 杀虫剂 | GB/T 5009.162（参照） |
| 43 | 麦草畏 | 0.07* | 除草剂 | 无指定 |
| 44 | 咪鲜胺和咪鲜胺锰盐 | 0.2 | 杀菌剂 | GB/T 19650（参照） |
| 45 | 咪唑菌酮 | 0.01* | 杀菌剂 | 无指定 |
| 46 | 咪唑烟酸 | 0.01* | 除草剂 | 无指定 |
| 47 | 醚菊酯 | 0.01* | 杀虫剂 | 无指定 |
| 48 | 嘧菌环胺 | 0.01* | 杀菌剂 | 无指定 |
| 49 | 嘧菌酯 | 0.01* | 杀菌剂 | GB 23200.46（参照） |
| 50 | 灭草松 | 0.07* | 除草剂 | 无指定 |
| 51 | 灭多威 | 0.02* | 杀虫剂 | 无指定 |
| 52 | 灭蝇胺 | 0.2* | 杀虫剂 | 无指定 |
| 53 | 氰戊菊酯和S-氰戊菊酯 | 0.01 | 杀虫剂 | GB/T 5009.162（参照） |
| 54 | 炔螨特 | 0.1 | 杀螨剂 | GB/T 23211（参照） |
| 55 | 噻草酮 | 0.02 | 除草剂 | GB/T 23211（参照） |
| 56 | 噻虫胺 | 0.1 | 杀虫剂 | GB 23200.39（参照） |
| 57 | 噻虫啉 | 0.02* | 杀虫剂 | 无指定 |
| 58 | 噻虫嗪 | 0.01 | 杀虫剂 | GB 23200.39（参照） |
| 59 | 噻节因 | 0.01 | 植物生长调节剂 | GB/T 20771（参照） |
| 60 | 噻螨酮 | 0.05* | 杀螨剂 | 无指定 |
| 61 | 三唑醇 | 0.01* | 杀菌剂 | 无指定 |
| 62 | 三唑酮 | 0.01* | 杀菌剂 | 无指定 |
| 63 | 杀扑磷 | 0.02 | 杀虫剂 | GB/T 20772（参照） |
| 64 | 杀线威 | 0.02 | 杀虫剂 | SN/T 0697（参照） |
| 65 | 霜霉威和霜霉威盐酸盐 | 0.01 | 杀菌剂 | GB/T 20772（参照） |

（续）

| 序号 | 农药中文名 | 最大残留限量（mg/kg） | 农药主要用途 | 检测方法 |
|---|---|---|---|---|
| 66 | 四螨嗪 | 0.05 | 杀螨剂 | GB/T 20772（参照） |
| 67 | 特丁硫磷 | 0.05 | 杀虫剂 | GB/T 23211（参照） |
| 68 | 五氯硝基苯 | 0.1 | 杀菌剂 | GB/T 5009.19、GB/T 5009.162（参照） |

## 10.27　鹅蛋

鹅蛋中农药最大残留限量见表10-27。

**表10-27　鹅蛋中农药最大残留限量**

| 序号 | 农药中文名 | 最大残留限量（mg/kg） | 农药主要用途 | 检测方法 |
|---|---|---|---|---|
| 1 | 2,4-滴和2,4-滴钠盐 | 0.01* | 除草剂 | 无指定 |
| 2 | 2甲4氯（钠） | 0.05* | 除草剂 | 无指定 |
| 3 | 矮壮素 | 0.1* | 植物生长调节剂 | 无指定 |
| 4 | 百草枯 | 0.005* | 除草剂 | 无指定 |
| 5 | 苯并烯氟菌唑 | 0.01* | 杀菌剂 | 无指定 |
| 6 | 苯丁锡 | 0.05 | 杀螨剂 | SN/T 4558（参照） |
| 7 | 苯菌酮 | 0.01* | 杀菌剂 | 无指定 |
| 8 | 苯醚甲环唑 | 0.03 | 杀菌剂 | GB 23200.49（参照） |
| 9 | 苯线磷 | 0.01* | 杀虫剂 | 无指定 |
| 10 | 吡虫啉 | 0.02* | 杀虫剂 | 无指定 |
| 11 | 吡噻菌胺 | 0.03* | 杀菌剂 | 无指定 |
| 12 | 吡唑醚菌酯 | 0.05* | 杀菌剂 | 无指定 |
| 13 | 吡唑萘菌胺 | 0.01* | 杀菌剂 | 无指定 |
| 14 | 丙环唑 | 0.01 | 杀菌剂 | GB/T 20772（参照） |
| 15 | 丙溴磷 | 0.02 | 杀虫剂 | SN/T 2234（参照） |
| 16 | 草铵膦 | 0.05* | 除草剂 | 无指定 |
| 17 | 虫酰肼 | 0.02 | 杀虫剂 | GB/T 23211（参照） |
| 18 | 除虫脲 | 0.05* | 杀虫剂 | 无指定 |
| 19 | 敌草快 | 0.05* | 除草剂 | 无指定 |
| 20 | 敌敌畏 | 0.01* | 杀虫剂 | 无指定 |

（续）

| 序号 | 农药中文名 | 最大残留限量（mg/kg） | 农药主要用途 | 检测方法 |
|---|---|---|---|---|
| 21 | 丁苯吗啉 | 0.01 | 杀菌剂 | GB/T 23210（参照） |
| 22 | 丁硫克百威 | 0.05 | 杀虫剂 | GB/T 19650（参照） |
| 23 | 啶虫脒 | 0.01 | 杀虫剂 | GB/T 20772（参照） |
| 24 | 啶酰菌胺 | 0.02 | 杀菌剂 | GB/T 22979（参照） |
| 25 | 毒死蜱 | 0.01 | 杀虫剂 | GB/T 20772（参照） |
| 26 | 多菌灵 | 0.05 | 杀菌剂 | GB/T 20772（参照） |
| 27 | 多杀霉素 | 0.01 | 杀虫剂 | GB/T 20772（参照） |
| 28 | 噁唑菌酮 | 0.01* | 杀菌剂 | 无指定 |
| 29 | 呋虫胺 | 0.02 | 杀虫剂 | GB 23200.51（参照） |
| 30 | 氟吡菌胺 | 0.01* | 杀菌剂 | 无指定 |
| 31 | 氟虫腈 | 0.02 | 杀虫剂 | GB 23200.11（参照） |
| 32 | 氟啶虫胺腈 | 0.1* | 杀虫剂 | 无指定 |
| 33 | 氟硅唑 | 0.1 | 杀菌剂 | GB/T 20772（参照） |
| 34 | 氟氯氰菊酯和高效氟氯氰菊酯 | 0.01* | 杀虫剂 | 无指定 |
| 35 | 氟酰脲 | 0.1 | 杀虫剂 | SN/T 2540（参照） |
| 36 | 甲胺磷 | 0.01 | 杀虫剂 | GB/T 20772（参照） |
| 37 | 甲拌磷 | 0.05 | 杀虫剂 | GB/T 23210（参照） |
| 38 | 甲基毒死蜱 | 0.01 | 杀虫剂 | GB/T 20772（参照） |
| 39 | 甲基嘧啶磷 | 0.01 | 杀虫剂 | GB/T 20772（参照） |
| 40 | 喹氧灵 | 0.01 | 杀菌剂 | GB 23200.56（参照） |
| 41 | 乐果 | 0.05* | 杀虫剂 | GB/T 20772（参照） |
| 42 | 联苯肼酯 | 0.01* | 杀螨剂 | 无指定 |
| 43 | 联苯三唑醇 | 0.01 | 杀菌剂 | GB/T 23211（参照） |
| 44 | 硫丹 | 0.03 | 杀虫剂 | GB/T 5009.19、GB/T 5009.162（参照） |
| 45 | 螺虫乙酯 | 0.01* | 杀虫剂 | 无指定 |
| 46 | 氯氨吡啶酸 | 0.01* | 除草剂 | 无指定 |
| 47 | 氯虫苯甲酰胺 | 0.2* | 杀虫剂 | 无指定 |
| 48 | 氯菊酯 | 0.1 | 杀虫剂 | GB/T 5009.162（参照） |
| 49 | 氯氰菊酯和高效氯氰菊酯 | 0.01 | 杀虫剂 | GB/T 5009.162（参照） |

（续）

| 序号 | 农药中文名 | 最大残留限量（mg/kg） | 农药主要用途 | 检测方法 |
| --- | --- | --- | --- | --- |
| 50 | 麦草畏 | 0.01* | 除草剂 | 无指定 |
| 51 | 咪鲜胺和咪鲜胺锰盐 | 0.1 | 杀菌剂 | GB/T 19650（参照） |
| 52 | 咪唑菌酮 | 0.01* | 杀菌剂 | 无指定 |
| 53 | 咪唑烟酸 | 0.01* | 除草剂 | 无指定 |
| 54 | 醚菊酯 | 0.01* | 杀虫剂 | 无指定 |
| 55 | 嘧菌环胺 | 0.01* | 杀菌剂 | 无指定 |
| 56 | 嘧菌酯 | 0.01* | 杀菌剂 | GB 23200.46（参照） |
| 57 | 灭草松 | 0.01* | 除草剂 | 无指定 |
| 58 | 灭多威 | 0.02* | 杀虫剂 | 无指定 |
| 59 | 灭蝇胺 | 0.3* | 杀虫剂 | 无指定 |
| 60 | 氰戊菊酯和 S-氰戊菊酯 | 0.01 | 杀虫剂 | GB/T 5009.162（参照） |
| 61 | 炔螨特 | 0.1 | 杀螨剂 | GB/T 23211（参照） |
| 62 | 噻草酮 | 0.15 | 除草剂 | GB/T 23211（参照） |
| 63 | 噻虫胺 | 0.01 | 杀虫剂 | GB 23200.39（参照） |
| 64 | 噻虫啉 | 0.02* | 杀虫剂 | 无指定 |
| 65 | 噻虫嗪 | 0.01 | 杀虫剂 | GB 23200.39（参照） |
| 66 | 噻节因 | 0.01 | 植物生长调节剂 | GB/T 20771（参照） |
| 67 | 噻菌灵 | 0.1 | 杀菌剂 | GB/T 20772（参照） |
| 68 | 噻螨酮 | 0.05* | 杀螨剂 | 无指定 |
| 69 | 三唑醇 | 0.01* | 杀菌剂 | 无指定 |
| 70 | 三唑酮 | 0.01* | 杀菌剂 | 无指定 |
| 71 | 杀螟硫磷 | 0.05 | 杀虫剂 | GB/T 5009.161（参照） |
| 72 | 杀扑磷 | 0.02 | 杀虫剂 | GB/T 20772（参照） |
| 73 | 杀线威 | 0.02 | 杀虫剂 | SN/T 0697（参照） |
| 74 | 霜霉威和霜霉威盐酸盐 | 0.01 | 杀菌剂 | GB/T 20772（参照） |
| 75 | 四螨嗪 | 0.05 | 杀螨剂 | GB/T 23211（参照） |
| 76 | 特丁硫磷 | 0.01 | 杀虫剂 | GB/T 23211（参照） |
| 77 | 五氯硝基苯 | 0.03 | 杀菌剂 | GB/T 5009.19、GB/T 5009.162（参照） |
| 78 | 艾氏剂 | 0.1 | 杀虫剂 | GB/T 5009.19、GB/T 5009.162（参照） |

（续）

| 序号 | 农药中文名 | 最大残留限量（mg/kg） | 农药主要用途 | 检测方法 |
|---|---|---|---|---|
| 79 | 滴滴涕 | 0.1 | 杀虫剂 | GB/T 5009.19、GB/T 5009.162（参照） |
| 80 | 林丹 | 0.1 | 杀虫剂 | GB/T 5009.19、GB/T 5009.162（参照） |
| 81 | 六六六 | 0.1 | 杀虫剂 | GB/T 5009.19、GB/T 5009.162（参照） |
| 82 | 氯丹 | 0.02 | 杀虫剂 | GB/T 5009.19、GB/T 5009.162（参照） |
| 83 | 七氯 | 0.05 | 杀虫剂 | GB/T 5009.19、GB/T 5009.162（参照） |
| 84 | 狄氏剂 | 0.1 | 杀虫剂 | GB/T 5009.19、GB/T 5009.162（参照） |

## 10.28 禽类脂肪

禽类脂肪中农药最大残留限量见表 10－28。

**表 10－28 禽类脂肪中农药最大残留限量**

| 序号 | 农药中文名 | 最大残留限量（mg/kg） | 农药主要用途 | 检测方法 |
|---|---|---|---|---|
| 1 | 2 甲 4 氯（钠） | 0.05* | 除草剂 | 无指定 |
| 2 | 百菌清 | 0.01* | 杀菌剂 | 无指定 |
| 3 | 苯并烯氟菌唑 | 0.01* | 杀菌剂 | 无指定 |
| 4 | 苯菌酮 | 0.01* | 杀菌剂 | 无指定 |
| 5 | 吡噻菌胺 | 0.03* | 杀菌剂 | 无指定 |
| 6 | 吡唑萘菌胺 | 0.01* | 杀菌剂 | 无指定 |
| 7 | 丙环唑 | 0.01 | 杀菌剂 | GB/T 20772（参照） |
| 8 | 除虫脲 | 0.05* | 杀虫剂 | 无指定 |
| 9 | 敌敌畏 | 0.01* | 杀虫剂 | 无指定 |
| 10 | 丁苯吗啉 | 0.01 | 杀菌剂 | GB/T 23210（参照） |
| 11 | 啶酰菌胺 | 0.02 | 杀菌剂 | GB/T 22979（参照） |
| 12 | 毒死蜱 | 0.01 | 杀虫剂 | GB/T 20772（参照） |
| 13 | 多菌灵 | 0.05 | 杀菌剂 | GB/T 20772（参照） |

（续）

| 序号 | 农药中文名 | 最大残留限量（mg/kg） | 农药主要用途 | 检测方法 |
|---|---|---|---|---|
| 14 | 氟啶虫胺腈 | 0.03* | 杀虫剂 | 无指定 |
| 15 | 甲基毒死蜱 | 0.01 | 杀虫剂 | 无指定 |
| 16 | 喹氧灵 | 0.02 | 杀菌剂 | GB 23200.56（参照） |
| 17 | 乐果 | 0.05* | 杀虫剂 | GB/T 20772（参照） |
| 18 | 氯虫苯甲酰胺 | 0.01* | 杀虫剂 | 无指定 |
| 19 | 氯氰菊酯和高效氯氰菊酯 | 0.1 | 杀虫剂 | GB/T 5009.162（参照） |
| 20 | 麦草畏 | 0.04* | 除草剂 | 无指定 |
| 21 | 咪唑菌酮 | 0.01* | 杀菌剂 | 无指定 |
| 22 | 咪唑烟酸 | 0.01* | 除草剂 | 无指定 |
| 23 | 噻草酮 | 0.03 | 除草剂 | GB/T 23211（参照） |
| 24 | 噻虫胺 | 0.01 | 杀虫剂 | 无指定 |
| 25 | 杀扑磷 | 0.02 | 杀虫剂 | GB/T 20772（参照） |
| 26 | 霜霉威和霜霉威盐酸盐 | 0.01 | 杀菌剂 | GB/T 20772（参照） |

## 10.29 生乳

生乳中农药最大残留限量见表10-29。

**表10-29 生乳中农药最大残留限量**

| 序号 | 农药中文名 | 最大残留限量（mg/kg） | 农药主要用途 | 检测方法 |
|---|---|---|---|---|
| 1 | 2,4-滴和2,4-滴钠盐 | 0.01* | 除草剂 | 无指定 |
| 2 | 2甲4氯（钠） | 0.04* | 除草剂 | 无指定 |
| 3 | 百草枯 | 0.005* | 除草剂 | 无指定 |
| 4 | 百菌清 | 0.07* | 杀菌剂 | 无指定 |
| 5 | 苯并烯氟菌唑 | 0.01* | 杀菌剂 | 无指定 |
| 6 | 苯丁锡 | 0.05 | 杀螨剂 | SN/T 4558（参照） |
| 7 | 苯菌酮 | 0.01* | 杀菌剂 | 无指定 |
| 8 | 苯醚甲环唑 | 0.02 | 杀菌剂 | GB 23200.49（参照） |
| 9 | 苯嘧磺草胺 | 0.01* | 除草剂 | 无指定 |
| 10 | 苯线磷 | 0.005* | 杀虫剂 | 无指定 |

（续）

| 序号 | 农药中文名 | 最大残留限量（mg/kg） | 农药主要用途 | 检测方法 |
|---|---|---|---|---|
| 11 | 吡虫啉 | 0.1* | 杀虫剂 | 无指定 |
| 12 | 吡噻菌胺 | 0.04* | 杀菌剂 | 无指定 |
| 13 | 吡唑醚菌酯 | 0.03* | 杀菌剂 | 无指定 |
| 14 | 吡唑萘菌胺 | 0.01* | 杀菌剂 | 无指定 |
| 15 | 丙环唑 | 0.01 | 杀菌剂 | GB/T 20772（参照） |
| 16 | 丙硫菌唑 | 0.004* | 杀菌剂 | 无指定 |
| 17 | 丙溴磷 | 0.01 | 杀虫剂 | SN/T 2234（参照） |
| 18 | 草铵膦 | 0.02* | 除草剂 | 无指定 |
| 19 | 除虫脲 | 0.02* | 杀虫剂 | 无指定 |
| 20 | 敌草快 | 0.01* | 除草剂 | 无指定 |
| 21 | 敌敌畏 | 0.01* | 杀虫剂 | 无指定 |
| 22 | 丁苯吗啉 | 0.01 | 杀菌剂 | GB/T 23210（参照） |
| 23 | 啶虫脒 | 0.02 | 杀虫剂 | GB/T 20772（参照） |
| 24 | 啶酰菌胺 | 0.1 | 杀菌剂 | GB/T 22979（参照） |
| 25 | 毒死蜱 | 0.02 | 杀虫剂 | GB/T 20772（参照） |
| 26 | 多菌灵 | 0.05 | 杀菌剂 | GB/T 20772（参照） |
| 27 | 多杀霉素 | 1 | 杀虫剂 | GB/T 20772（参照） |
| 28 | 噁唑菌酮 | 0.03* | 杀菌剂 | 无指定 |
| 29 | 二苯胺 | 0.01 | 杀菌剂 | GB/T 19650（参照） |
| 30 | 二嗪磷 | 0.02* | 杀虫剂 | 无指定 |
| 31 | 呋虫胺 | 0.1* | 杀虫剂 | GB 23200.51（参照） |
| 32 | 氟苯虫酰胺 | 0.1 | 杀虫剂 | GB 23200.76（参照） |
| 33 | 氟吡菌胺 | 0.02* | 杀菌剂 | 无指定 |
| 34 | 氟啶虫胺腈 | 0.2* | 杀虫剂 | 无指定 |
| 35 | 氟硅唑 | 0.05 | 杀菌剂 | GB/T 20771（参照） |
| 36 | 氟氯氰菊酯和高效氟氯氰菊酯 | 0.01* | 杀虫剂 | 无指定 |
| 37 | 氟酰脲 | 0.4 | 杀虫剂 | SN/T 2540（参照） |
| 38 | 甲氨基阿维菌素苯甲酸盐 | 0.002* | 杀虫剂 | 无指定 |
| 39 | 甲胺磷 | 0.02 | 杀虫剂 | GB/T 20772（参照） |

（续）

| 序号 | 农药中文名 | 最大残留限量（mg/kg） | 农药主要用途 | 检测方法 |
|---|---|---|---|---|
| 40 | 甲拌磷 | 0.01 | 杀虫剂 | GB/T 23210（参照） |
| 41 | 甲基毒死蜱 | 0.01 | 杀虫剂 | GB/T 20772（参照） |
| 42 | 甲基嘧啶磷 | 0.01 | 杀虫剂 | GB/T 23210（参照） |
| 43 | 甲萘威 | 0.05 | 杀虫剂 | GB/T 23210（参照） |
| 44 | 喹氧灵 | 0.01 | 杀菌剂 | GB 23200.56（参照） |
| 45 | 联苯肼酯 | 0.01* | 杀螨剂 | 无指定 |
| 46 | 联苯菊酯 | 0.2 | 杀虫/杀螨剂 | SN/T 1969（参照） |
| 47 | 联苯三唑醇 | 0.05 | 杀菌剂 | GB/T 23211（参照） |
| 48 | 硫丹 | 0.01 | 杀虫剂 | GB/T 5009.19、GB/T 5009.162（参照） |
| 49 | 螺虫乙酯 | 0.005* | 杀虫剂 | 无指定 |
| 50 | 螺螨酯 | 0.004 | 杀螨剂 | GB/T 23211（参照） |
| 51 | 氯氨吡啶酸 | 0.02* | 除草剂 | 无指定 |
| 52 | 氯苯胺灵 | 0.01 | 植物生长调节剂 | GB/T 23210（参照） |
| 53 | 氯丙嘧啶酸 | 0.02* | 除草剂 | 无指定 |
| 54 | 氯虫苯甲酰胺 | 0.05* | 杀虫剂 | 无指定 |
| 55 | 氯氟氰菊酯和高效氯氟氰菊酯 | 0.2 | 杀虫剂 | GB/T 23210（参照） |
| 56 | 氯氰菊酯和高效氯氰菊酯 | 0.05 | 杀虫剂 | GB/T 23210（参照） |
| 57 | 麦草畏 | 0.2* | 除草剂 | 无指定 |
| 58 | 咪鲜胺和咪鲜胺锰盐 | 0.05* | 杀菌剂 | GB/T 19650（参照） |
| 59 | 咪唑菌酮 | 0.01 | 杀菌剂 | GB/T 23210（参照） |
| 60 | 咪唑烟酸 | 0.01* | 除草剂 | 无指定 |
| 61 | 醚菊酯 | 0.02* | 杀虫剂 | 无指定 |
| 62 | 醚菌酯 | 0.01* | 杀菌剂 | 无指定 |
| 63 | 嘧菌环胺 | 0.000 4* | 杀菌剂 | 无指定 |
| 64 | 嘧菌酯 | 0.01* | 杀菌剂 | 无指定 |
| 65 | 嘧霉胺 | 0.01* | 杀菌剂 | 无指定 |
| 66 | 灭草松 | 0.01* | 除草剂 | 无指定 |
| 67 | 灭多威 | 0.02* | 杀虫剂 | 无指定 |

（续）

| 序号 | 农药中文名 | 最大残留限量（mg/kg） | 农药主要用途 | 检测方法 |
|---|---|---|---|---|
| 68 | 灭线磷 | 0.01 | 杀线虫剂 | GB/T 23211（参照） |
| 69 | 灭蝇胺 | 0.01 | 杀虫剂 | GB/T 23211（参照） |
| 70 | 嗪氨灵 | 0.01* | 杀菌剂 | 无指定 |
| 71 | 氰氟虫腙 | 0.01 | 杀虫剂 | SN/T 3852（参照） |
| 72 | 氰戊菊酯和S-氰戊菊酯 | 0.1 | 杀虫剂 | GB/T 5009.162（参照） |
| 73 | 炔螨特 | 0.1 | 杀螨剂 | GB/T 23211（参照） |
| 74 | 噻草酮 | 0.02 | 除草剂 | GB/T 23211（参照） |
| 75 | 噻虫胺 | 0.02 | 杀虫剂 | GB 23200.39（参照） |
| 76 | 噻虫啉 | 0.05* | 杀虫剂 | 无指定 |
| 77 | 噻虫嗪 | 0.05 | 杀虫剂 | GB 23200.39（参照） |
| 78 | 噻节因 | 0.01 | 植物生长调节剂 | GB/T 20771（参照） |
| 79 | 噻螨酮 | 0.05* | 杀螨剂 | 无指定 |
| 80 | 噻嗪酮 | 0.01 | 杀虫剂 | GB/T 23211（参照） |
| 81 | 三唑醇 | 0.01* | 杀菌剂 | 无指定 |
| 82 | 三唑酮 | 0.01* | 杀菌剂 | 无指定 |
| 83 | 杀螟硫磷 | 0.01 | 杀虫剂 | GB/T 5009.161（参照） |
| 84 | 杀扑磷 | 0.001 | 杀虫剂 | GB/T 20772（参照） |
| 85 | 杀线威 | 0.02 | 杀虫剂 | SN/T 0697（参照） |
| 86 | 双甲脒 | 0.01 | 杀螨剂 | GB 29707（参照） |
| 87 | 霜霉威和霜霉威盐酸盐 | 0.01 | 杀菌剂 | GB/T 23211（参照） |
| 88 | 四螨嗪 | 0.05 | 杀螨剂 | GB/T 23211（参照） |
| 89 | 特丁硫磷 | 0.01 | 杀虫剂 | GB/T 23211（参照） |
| 90 | 涕灭威 | 0.01 | 杀虫剂 | SN/T 2560（参照） |
| 91 | 艾氏剂 | 0.006 | 杀虫剂 | GB/T 5009.19、GB/T 5009.162（参照） |
| 92 | 滴滴涕 | 0.02 | 杀虫剂 | GB/T 5009.19、GB/T 5009.162（参照） |
| 93 | 狄氏剂 | 0.006 | 杀虫剂 | GB/T 5009.19、GB/T 5009.162（参照） |
| 94 | 林丹 | 0.01 | 杀虫剂 | GB/T 5009.19、GB/T 5009.162（参照） |

（续）

| 序号 | 农药中文名 | 最大残留限量（mg/kg） | 农药主要用途 | 检测方法 |
|---|---|---|---|---|
| 95 | 六六六 | 0.02 | 杀虫剂 | GB/T 5009.19、GB/T 5009.162（参照） |
| 96 | 氯丹 | 0.002 | 杀虫剂 | GB/T 5009.19、GB/T 5009.162（参照） |
| 97 | 七氯 | 0.006 | 杀虫剂 | GB/T 5009.19、GB/T 5009.162（参照） |
| 98 | 虫酰肼 | 0.01（生乳）<br>0.05*（牛乳） | 杀虫剂 | GB/T 23211（参照） |
| 99 | 矮壮素 | 0.5*（牛奶） | 植物生长调节剂 | 无指定 |
| 100 | 氟虫腈 | 0.02*（牛奶） | 杀虫剂 | 无指定 |
| 101 | 乐果 | 0.05*（牛奶） | 杀虫剂 | GB/T 20772（参照） |
| 102 | 噻菌灵 | 0.2（牛奶） | 杀菌剂 | GB/T 23211（参照） |
| 103 | 乐果 | 0.05*（羊奶） | 杀虫剂 | GB/T 20772（参照） |
| 104 | 矮壮素 | 0.5*（绵羊奶、山羊奶） | 植物生长调节剂 | 无指定 |

## 10.30 水产品

水产品中农药最大残留限量见表10-30。

**表10-30 水产品中农药最大残留限量**

| 序号 | 农药中文名 | 最大残留限量（mg/kg） | 农药主要用途 | 检测方法 |
|---|---|---|---|---|
| 1 | 滴滴涕 | 0.5 | 杀虫剂 | GB/T 5009.19、GB/T 5009.162（参照） |
| 2 | 六六六 | 0.1 | 杀虫剂 | GB/T 5009.19、GB/T 5009.162（参照） |

# 附　　录

## 附录 1　食品类别及测定部位

食品类别及测定部位见附表 1－1。

**附表 1－1　食品类别及测定部位**

| 食品类别 | 类别说明 | 测定部位 |
| --- | --- | --- |
| 谷物 | 稻类<br>稻谷等 | 整粒 |
| | 麦类<br>小麦、大麦、燕麦、黑麦、小黑麦等 | 整粒 |
| | 旱粮类<br>玉米、鲜食玉米、高粱、粟、稷、薏仁、荞麦等 | 整粒，鲜食玉米（包括玉米粒和轴） |
| | 杂粮类<br>绿豆、豌豆、赤豆、小扁豆、鹰嘴豆、羽扇豆、豇豆、利马豆等 | 整粒 |
| | 成品粮<br>大米粉、小麦粉、全麦粉、玉米糁、玉米粉、高粱米、大麦粉、荞麦粉、莜麦粉、甘薯粉、高粱粉、黑麦粉、黑麦全粉、大米、糙米、麦胚等 | |
| 油料和油脂 | 小型油籽类<br>油菜籽、芝麻、亚麻籽、芥菜籽等 | 整粒 |
| | 中型油籽类<br>棉籽等 | 整粒 |
| | 大型油籽类<br>大豆、花生仁、葵花籽、油茶籽等 | 整粒 |
| | 油脂<br>植物毛油：大豆毛油、菜籽毛油、花生毛油、棉籽毛油、玉米毛油、葵花籽毛油等<br>植物油：大豆油、菜籽油、花生油、棉籽油、初榨橄榄油、精炼橄榄油、葵花籽油、玉米油等 | |

（续）

<table>
<tr><th>食品类别</th><th>类别说明</th><th>测定部位</th></tr>
<tr><td rowspan="3">蔬菜（鳞茎类）</td><td>鳞茎葱类<br>大蒜、洋葱、薤等</td><td>可食部分</td></tr>
<tr><td>绿叶葱类<br>韭菜、葱、青蒜、蒜薹、韭葱等</td><td>整株</td></tr>
<tr><td>百合</td><td>鳞茎头</td></tr>
<tr><td rowspan="3">蔬菜（芸薹属类）</td><td>结球芸薹属<br>结球甘蓝、球茎甘蓝、抱子甘蓝、赤球甘蓝、羽衣甘蓝、皱叶甘蓝等</td><td>整棵</td></tr>
<tr><td>头状花序芸薹属<br>花椰菜、青花菜等</td><td>整棵（去除叶）</td></tr>
<tr><td>茎类芸薹属<br>芥蓝、菜薹、茎芥菜等</td><td>整棵（去除根）</td></tr>
<tr><td rowspan="3">蔬菜（叶菜类）</td><td>绿叶类<br>菠菜、普通白菜（小白菜、小油菜、青菜）、苋菜、蕹菜、茼蒿、大叶茼蒿、叶用莴苣、结球莴苣、苦苣、野苣、落葵、油麦菜、叶芥菜、萝卜叶、芜菁叶、菊苣、芋头叶、茎用莴苣叶、甘薯叶等</td><td>整棵（去除根）</td></tr>
<tr><td>叶柄类<br>芹菜、小茴香、球茎茴香等</td><td>整棵（去除根）</td></tr>
<tr><td>大白菜</td><td>整棵（去除根）</td></tr>
<tr><td rowspan="2">蔬菜（茄果类）</td><td>番茄类<br>番茄、樱桃番茄等</td><td>全果（去柄）</td></tr>
<tr><td>其他茄果类<br>茄子、辣椒、甜椒、黄秋葵、酸浆等</td><td>全果（去柄）</td></tr>
<tr><td rowspan="3">蔬菜（瓜类）</td><td>黄瓜、腌制用小黄瓜</td><td>全瓜（去柄）</td></tr>
<tr><td>小型瓜类<br>西葫芦、节瓜、苦瓜、丝瓜、线瓜、瓠瓜等</td><td>全瓜（去柄）</td></tr>
<tr><td>大型瓜类<br>冬瓜、南瓜、笋瓜等</td><td>全瓜（去柄）</td></tr>
<tr><td rowspan="2">蔬菜（豆类）</td><td>荚可食类<br>豇豆、菜豆、食荚豌豆、四棱豆、扁豆、刀豆等</td><td>全豆（带荚）</td></tr>
<tr><td>荚不可食类<br>菜用大豆、蚕豆、豌豆、利马豆等</td><td>全豆（去荚）</td></tr>
<tr><td>蔬菜（茎类）</td><td>芦笋、朝鲜蓟、大黄、茎用莴苣等</td><td>整棵</td></tr>
</table>

（续）

| 食品类别 | 类别说明 | 测定部位 |
| --- | --- | --- |
| 蔬菜（根茎类和薯芋类） | 根茎类<br>萝卜、胡萝卜、根甜菜、根芹菜、根芥菜、姜、辣根、芜菁、桔梗等 | 整棵（去除顶部叶及叶柄） |
| | 马铃薯 | 全薯 |
| | 其他薯芋类<br>甘薯、山药、牛蒡、木薯、芋、葛、魔芋等 | 全薯 |
| 蔬菜（水生类） | 茎叶类<br>水芹、豆瓣菜、茭白、蒲菜等 | 整棵（茭白去除外皮） |
| | 果实类<br>菱角、芡实、莲子等 | 全果（去壳） |
| | 根类<br>莲藕、荸荠、慈姑等 | 整棵 |
| 蔬菜（芽菜类） | 绿豆芽、黄豆芽、萝卜芽、苜蓿芽、花椒芽、香椿芽等 | 全部 |
| 蔬菜（其他类） | 黄花菜、竹笋、仙人掌、玉米笋等 | 全部 |
| 干制蔬菜 | 脱水蔬菜、（干豇豆）、萝卜干等 | 全部 |
| 水果（柑橘类） | 柑、橘、橙、柠檬、柚、佛手柑、金橘等 | 全果（去柄） |
| 水果（仁果类） | 苹果、梨、山楂、枇杷、榅桲等 | 全果（去柄），枇杷、山楂参照核果类 |
| 水果（核果类） | 桃、油桃、杏、枣（鲜）、李子、樱桃、青梅等 | 全果（去柄和果核），残留量计算应计入果核的重量 |
| 水果（浆果和其他小型水果） | 藤蔓和灌木类<br>枸杞（鲜）、黑莓、蓝莓、覆盆子、越橘、加仑子、悬钩子、醋栗、桑葚、唐棣、露莓（包括波森莓和罗甘莓）等 | 全果（去柄） |
| | 小型攀缘类<br>皮可食：葡萄（鲜食葡萄和酿酒葡萄）、树番茄、五味子等<br>皮不可食：猕猴桃、西番莲等 | 全果（去柄） |
| | 草莓 | 全果（去柄） |

（续）

| 食品类别 | 类别说明 | 测定部位 |
| --- | --- | --- |
| 水果（热带和亚热带水果） | 皮可食<br>柿子、杨梅、橄榄、无花果、杨桃、莲雾等 | 全果（去柄），杨梅、橄榄检测果肉部分，残留量计算应计入果核的重量 |
| | 皮不可食<br>小型果：荔枝、龙眼、红毛丹等 | 全果（去柄和果核），残留量计算应计入果核的重量 |
| | 中型果：芒果、石榴、鳄梨、番荔枝、番石榴、黄皮、山竹等 | 全果，鳄梨和芒果去除核，山竹测定果肉，残留量计算应计入果核的重量 |
| | 大型果：香蕉、番木瓜、椰子等 | 香蕉测定全蕉；番木瓜测定去除果核的所有部分，残留量计算应计入果核的重量；椰子测定椰汁和椰肉 |
| | 带刺果：菠萝、菠萝蜜、榴莲、火龙果等 | 菠萝、火龙果去除叶冠部分；菠萝蜜、榴莲测定果肉，残留量计算应计入果核的重量 |
| 水果（瓜果类） | 西瓜 | 全瓜 |
| | 甜瓜类<br>薄皮甜瓜、网纹甜瓜、哈密瓜、白兰瓜、香瓜等 | 全瓜 |
| 干制水果 | 柑橘脯、李子干、葡萄干、干制无花果、无花果蜜饯、枣（干）、枸杞（干）等 | 全果（测定果肉，残留量计算应计入果核的重量） |
| 坚果 | 小粒坚果<br>杏仁、榛子、腰果、松仁、开心果等 | 全果（去壳） |
| | 大粒坚果<br>核桃、板栗、山核桃、澳洲坚果等 | 全果（去壳） |
| 糖料 | 甘蔗 | 整根甘蔗，去除顶部叶及叶柄 |
| | 甜菜 | 整根甜菜，去除顶部叶及叶柄 |
| 饮料类 | 茶叶 | |
| | 咖啡豆、可可豆 | |
| | 啤酒花 | |
| | 菊花、玫瑰花等 | |
| | 果汁<br>蔬菜汁：番茄汁等<br>水果汁：橙汁、苹果汁、葡萄汁等 | |

（续）

| 食品类别 | 类别说明 | 测定部位 |
| --- | --- | --- |
| 食用菌 | 蘑菇类<br>香菇、金针菇、平菇、茶树菇、竹荪、草菇、羊肚菌、牛肝菌、口蘑、松茸、双孢蘑菇、猴头菇、白灵菇、杏鲍菇等 | 整棵 |
| | 木耳类<br>木耳、银耳、金耳、毛木耳、石耳等 | 整棵 |
| 调味料 | 叶类<br>芫荽、薄荷、罗勒、艾蒿、紫苏、留兰香、月桂、欧芹、迷迭香、香茅等 | 整棵，去除根 |
| | 干辣椒 | 全果（去柄） |
| | 果类<br>花椒、胡椒、豆蔻、孜然等 | 全果 |
| | 种子类<br>芥末、八角茴香、小茴香籽、芫荽籽等 | 果实整粒 |
| | 根茎类<br>桂皮、山葵等 | 整棵 |
| 药用植物 | 根茎类<br>人参、三七、天麻、甘草、半夏、当归、白术、元胡等 | 根、茎部分 |
| | 叶及茎秆类<br>车前草、鱼腥草、艾、蒿、石斛等 | 茎、叶部分 |
| | 花及果实类<br>金银花、银杏等 | 花、果实部分 |
| 动物源性食品 | 哺乳动物肉类（海洋哺乳动物除外）<br>猪、牛、羊、驴、马肉等 | 肉（去除骨），包括脂肪含量小于10%的脂肪组织 |
| | 哺乳动物内脏（海洋哺乳动物除外）<br>心、肝、肾、舌、胃等 | 肉（去除骨），包括脂肪含量小于10%的脂肪组织 |
| | 哺乳动物脂肪（海洋哺乳动物除外）<br>猪、牛、羊、驴、马脂肪等 | |
| | 禽肉类<br>鸡、鸭、鹅肉等 | 肉（去除骨） |
| | 禽类内脏<br>鸡、鸭、鹅内脏等 | 整副 |
| | 蛋类 | 整枚（去壳） |
| | 生乳<br>牛、羊、马等生乳 | |
| | 乳脂肪 | |
| | 水产品 | 可食部分，去除骨和鳞 |

# 附录2 豁免制定食品中最大残留限量标准的农药名单

豁免制定食品中最大残留限量标准的农药名单见附表2-1。

**附表2-1 豁免制定食品中最大残留限量标准的农药名单**

| 序号 | 农药中文通用名称 | 农药英文通用名称 |
|---|---|---|
| 1 | 苏云金杆菌 | *Bacillus thuringiensis* |
| 2 | 荧光假单胞杆菌 | *Pseudomonas fluorescens* |
| 3 | 枯草芽孢杆菌 | *Bacillus subtilis* |
| 4 | 蜡质芽孢杆菌 | *Bacillus cereus* |
| 5 | 地衣芽孢杆菌 | *Bacillus licheniformis* |
| 6 | 短稳杆菌 | *Empedobacter brevis* |
| 7 | 多黏类芽孢杆菌 | *Paenibacillus polymyza* |
| 8 | 放射土壤杆菌 | *Agrobacterium radibacter* |
| 9 | 木霉菌 | *Trichoderma* spp. |
| 10 | 白僵菌 | *Beauveria* spp. |
| 11 | 淡紫拟青霉 | *Paecilomyces lilacinus* |
| 12 | 厚孢轮枝菌（厚垣轮枝孢菌） | *Verticillium chlamydosporium* |
| 13 | 耳霉菌 | *Conidioblous thromboides* |
| 14 | 绿僵菌 | *Metarhizium anisopliae* |
| 15 | 寡雄腐霉菌 | *Pythium oligadrum* |
| 16 | 菜青虫颗粒体病毒 | *Pieris rapae* granulosis virus（PrGV） |
| 17 | 茶尺蠖核型多角体病毒 | *Ectropis obliqua* nuclear polyhedrosis virus（EoNPV） |
| 18 | 松毛虫质型多角体病毒 | *Dendrolimus punctatus* cytoplasmic polyhedrosis virus（DpCPV） |
| 19 | 甜菜夜蛾核型多角体病毒 | *Spodoptera litura* nuclear polyhedrosis virus（SpltNPV） |
| 20 | 黏虫颗粒体病毒 | *Pseudaletia unipuncta* granulosis virus（PuGV） |
| 21 | 小菜蛾颗粒体病毒 | *Plutella xylostella* granulosis virus（PxGV） |
| 22 | 斜纹夜蛾核型多角体病毒 | *Spodoptera litura* nuclear polyhedrosis（SlNPV） |
| 23 | 棉铃虫核型多角体病毒 | *Helicoverpa armigera* nuclear polyhedrosis virus（HaNPV） |
| 24 | 苜蓿银纹夜蛾核型多角体病毒 | *Autographa californica* nuclear polyhedrosis virus（AcNPV） |
| 25 | 三十烷醇 | triacontanol |
| 26 | 地中海实蝇引诱剂 | trimedlure |
| 27 | 聚半乳糖醛酸酶 | polygalacturonase |
| 28 | 超敏蛋白 | harpin protein |

（续）

| 序号 | 农药中文通用名称 | 农药英文通用名称 |
| --- | --- | --- |
| 29 | S-诱抗素 | S - abscisic acid |
| 30 | 香菇多糖 | lentinan |
| 31 | 几丁聚糖 | chltosan |
| 32 | 葡聚烯糖 | glucosan |
| 33 | 氨基寡糖素 | oligosaccharins |
| 34 | 解淀粉芽孢杆菌 | *Bacillus amyloliquefaciens* |
| 35 | 甲基营养型芽孢杆菌 | *Bacillus methylotrophicus* |
| 36 | 甘蓝夜蛾核型多角体病毒 | *Mamestra brassicae* nuclear polyhedrosis virus（MbNPV） |
| 37 | 极细链格孢激活蛋白 | plant activator protein |
| 38 | 蝗虫微孢子虫 | *Nosema locustae* |
| 39 | 低聚糖素 | oligosaccharide |
| 40 | 小盾壳霉 | *Coniothyrium minitans* |
| 41 | Z-8-十二碳烯乙酯 | Z - 8 - dodecen - 1 - yl acetate |
| 42 | E-8-十二碳烯乙酯 | E - 8 - dodecen - 1 - yl acetate |
| 43 | Z-8-十二碳烯醇 | Z - 8 - dodecen - 1 - ol |
| 44 | 混合脂肪酸 | mixed fatty acids |

# 附录3 农药ADI及残留物

农药ADI及残留物见表3-1。

**附表3-1 农药ADI及残留物**

| GB 2763中对应编号 | 农药中文名 | 农药英文名 | 农药ADI (mg/kg bw) | 农药残留物 |
| --- | --- | --- | --- | --- |
| 4.1 | 2,4-滴和2,4-滴钠盐 | 2,4-D and 2,4-D Na | 0.01 | 2,4-滴 |
| 4.2 | 2,4-滴丁酯 | 2,4-D butylate | 0.01 | 2,4-滴丁酯 |
| 4.3 | 2,4-滴二甲胺盐 | 2,4-D-dimethylamine | 0.01 | 2,4-滴 |
| 4.4 | 2,4-滴异辛酯 | 2,4-D-ethylhexyl | 0.01 | 2,4-滴异辛酯和2,4-滴之和，以2,4-滴表示 |
| 4.5 | 2甲4氯（钠） | MCPA（sodium） | 0.1 | 2甲4氯 |
| 4.6 | 2甲4氯二甲胺盐 | MCPA-dimethylammonium | 0.1 | 2甲4氯 |
| 4.7 | 2甲4氯异辛酯 | MCPA-isooctyl | 0.1 | 2甲4氯异辛酯 |
| 4.8 | 阿维菌素 | abamectin | 0.001 | 阿维菌素B1a |
| 4.9 | 矮壮素 | chlormequat | 0.05 | 矮壮素阳离子，以氯化物表示 |
| 4.10 | 氨氯吡啶酸 | picloram | 0.3 | 氨氯吡啶酸 |
| 4.11 | 氨氯吡啶酸三异丙醇胺盐 | picloram-tris (2-hydroxypropyl) ammonium | 0.3 | 氨氯吡啶酸 |
| 4.12 | 氨唑草酮 | amicarbazone | 0.023 | 氨唑草酮 |
| 4.13 | 胺苯磺隆 | ethametsulfuron | 0.2 | 胺苯磺隆 |
| 4.14 | 胺鲜酯 | diethyl aminoethyl hexanoate | 0.023 | 胺鲜酯 |
| 4.15 | 百草枯 | paraquat | 0.005 | 百草枯阳离子，以二氯百草枯表示 |
| 4.16 | 百菌清 | chlorothalonil | 0.02 | 植物源性食品为百菌清；动物源性食品为4-羟基-2,5,6-三氯异二苯腈 |
| 4.17 | 保棉磷 | azinphos-methyl | 0.03 | 保棉磷 |

（续）

| GB 2763 中对应编号 | 农药中文名 | 农药英文名 | 农药 ADI (mg/kg bw) | 农药残留物 |
|---|---|---|---|---|
| 4.18 | 倍硫磷 | fenthion | 0.007 | 倍硫磷及其氧类似物（亚砜、砜化合物）之和，以倍硫磷表示 |
| 4.19 | 苯并烯氟菌唑 | benzovindiflupyr | 0.05 | 苯并烯氟菌唑 |
| 4.20 | 苯丁锡 | fenbutatin oxide | 0.03 | 苯丁锡 |
| 4.21 | 苯氟磺胺 | dichlofluanid | 0.3 | 苯氟磺胺 |
| 4.22 | 苯磺隆 | tribenuron - methyl | 0.01 | 苯磺隆 |
| 4.23 | 苯菌灵 | benomyl | 0.1 | 苯菌灵和多菌灵之和，以多菌灵表示 |
| 4.24 | 苯菌酮 | metrafenone | 0.3 | 苯菌酮 |
| 4.25 | 苯硫威 | fenothiocarb | 0.007 5 | 苯硫威 |
| 4.26 | 苯螨特 | benzoximate | 0.15 | 苯螨特 |
| 4.27 | 苯醚甲环唑 | difenoconazole | 0.01 | 植物源性食品为苯醚甲环唑；动物源性食品为苯醚甲环唑与1-[2-氯-4-(4-氯苯氧基)-苯基]-2-(1,2,4-三唑)-1-基-乙醇）的总和，以苯醚甲环唑表示 |
| 4.28 | 苯嘧磺草胺 | saflufenacil | 0.05 | 苯嘧磺草胺 |
| 4.29 | 苯嗪草酮 | metamitron | 0.03 | 苯嗪草酮 |
| 4.30 | 苯噻酰草胺 | mefenacet | 0.007 | 苯噻酰草胺 |
| 4.31 | 苯霜灵 | benalaxyl | 0.07 | 苯霜灵 |
| 4.32 | 苯酰菌胺 | zoxamide | 0.5 | 苯酰菌胺 |
| 4.33 | 苯线磷 | fenamiphos | 0.000 8 | 苯线磷及其氧类似物（亚砜、砜化合物）之和，以苯线磷表示 |
| 4.34 | 苯锈啶 | fenpropidin | 0.02 | 苯锈啶 |
| 4.35 | 苯唑草酮 | topramezone | 0.001 | 苯唑草酮 |
| 4.36 | 吡丙醚 | pyriproxyfen | 0.1 | 吡丙醚 |
| 4.37 | 吡草醚 | pyraflufen - ethyl | 0.2 | 吡草醚 |

（续）

| GB 2763 中对应编号 | 农药中文名 | 农药英文名 | 农药 ADI (mg/kg bw) | 农药残留物 |
|---|---|---|---|---|
| 4.38 | 吡虫啉 | imidacloprid | 0.06 | 植物源性食品为吡虫啉；动物源性食品为吡虫啉及其含6-氯-吡啶基的代谢物之和，以吡虫啉表示 |
| 4.39 | 吡氟禾草灵和精吡氟禾草灵 | fluazifop and fluazifop-P-butyl | 0.004 | 吡氟禾草灵及其代谢物吡氟禾草酸之和，以吡氟禾草灵表示 |
| 4.40 | 吡氟酰草胺 | diflufenican | 0.2 | 吡氟酰草胺 |
| 4.41 | 吡嘧磺隆 | pyrazosulfuron-ethyl | 0.043 | 吡嘧磺隆 |
| 4.42 | 吡噻菌胺 | penthiopyrad | 0.1 | 植物源性食品为吡噻菌胺；动物源性食品为吡噻菌胺与代谢物1-甲基-3-（三氟甲基）-1H-吡唑-4-甲酰胺之和，以吡噻菌胺表示 |
| 4.43 | 吡蚜酮 | pymetrozine | 0.03 | 吡蚜酮 |
| 4.44 | 吡唑草胺 | metazachlor | 0.08 | 吡唑草胺 |
| 4.45 | 吡唑醚菌酯 | pyraclostrobin | 0.03 | 吡唑醚菌酯 |
| 4.46 | 吡唑萘菌胺 | isopyrazam | 0.06 | 吡唑萘菌胺（异构体之和） |
| 4.47 | 苄嘧磺隆 | bensulfuron-methyl | 0.2 | 苄嘧磺隆 |
| 4.48 | 丙草胺 | pretilachlor | 0.018 | 丙草胺 |
| 4.49 | 丙环唑 | propiconazole | 0.07 | 丙环唑 |
| 4.50 | 丙硫多菌灵 | albendazole | 0.05 | 丙硫多菌灵 |
| 4.51 | 丙硫菌唑 | prothioconazole | 0.01 | 脱硫丙硫菌唑 |
| 4.52 | 丙硫克百威 | benfuracarb | 0.01 | 丙硫克百威 |
| 4.53 | 丙嗪嘧磺隆 | propyrisulfuron | 0.011 | 丙嗪嘧磺隆 |
| 4.54 | 丙炔噁草酮 | oxadiargyl | 0.008 | 丙炔噁草酮 |
| 4.55 | 丙炔氟草胺 | flumioxazin | 0.02 | 丙炔氟草胺 |
| 4.56 | 丙森锌 | propineb | 0.007 | 二硫代氨基甲酸盐（或酯），以二硫化碳表示 |
| 4.57 | 丙溴磷 | profenofos | 0.03 | 丙溴磷 |
| 4.58 | 草铵膦 | glufosinate-ammonium | 0.01 | 植物源性食品为草铵膦；动物源性食品为草铵膦母体及其代谢物N-乙酰基草铵膦、3-（甲基膦基）丙酸的总和 |

（续）

| GB 2763 中对应编号 | 农药中文名 | 农药英文名 | 农药 ADI (mg/kg bw) | 农药残留物 |
|---|---|---|---|---|
| 4.59 | 草除灵 | benazolin - ethyl | 0.006 | 草除灵 |
| 4.60 | 草甘膦 | glyphosate | 1 | 草甘膦 |
| 4.61 | 虫螨腈 | chlorfenapyr | 0.03 | 虫螨腈 |
| 4.62 | 虫酰肼 | tebufenozide | 0.02 | 虫酰肼 |
| 4.63 | 除虫菊素 | pyrethrins | 0.04 | 除虫菊素Ⅰ与除虫菊素Ⅱ之和 |
| 4.64 | 除虫脲 | diflubenzuron | 0.02 | 除虫脲 |
| 4.65 | 春雷霉素 | kasugamycin | 0.113 | 春雷霉素 |
| 4.66 | 哒螨灵 | pyridaben | 0.01 | 哒螨灵 |
| 4.67 | 哒嗪硫磷 | pyridaphenthion | 0.000 85 | 哒嗪硫磷 |
| 4.68 | 代森铵 | amobam | 0.03 | 二硫代氨基甲酸盐（或酯），以二硫化碳表示 |
| 4.69 | 代森联 | metriam | 0.03 | 二硫代氨基甲酸盐（或酯），以二硫化碳表示 |
| 4.70 | 代森锰锌 | mancozeb | 0.03 | 二硫代氨基甲酸盐（或酯），以二硫化碳表示 |
| 4.71 | 代森锌 | zineb | 0.03 | 二硫代氨基甲酸盐（或酯），以二硫化碳表示 |
| 4.72 | 单甲脒和单甲脒盐酸盐 | semiamitraz and semiamitraz | 0.004 | 单甲脒 |
| 4.73 | 单嘧磺隆 | monosulfuron | 0.12 | 单嘧磺隆 |
| 4.74 | 单氰胺 | cyanamide | 0.002 | 单氰胺 |
| 4.75 | 稻丰散 | phenthoate | 0.003 | 稻丰散 |
| 4.76 | 稻瘟灵 | isoprothiolane | 0.1 | 稻瘟灵 |
| 4.77 | 稻瘟酰胺 | fenoxanil | 0.007 | 稻瘟酰胺 |
| 4.78 | 敌百虫 | trichlorfon | 0.002 | 敌百虫 |
| 4.79 | 敌稗 | propanil | 0.2 | 敌稗 |
| 4.80 | 敌草胺 | napropamide | 0.3 | 敌草胺 |
| 4.81 | 敌草腈 | dichlobenil | 0.01 | 2,6-二氯苯甲酰胺 |
| 4.82 | 敌草快 | diquat | 0.006 | 敌草快阳离子，以二溴化合物表示 |

（续）

| GB 2763 中对应编号 | 农药中文名 | 农药英文名 | 农药 ADI (mg/kg bw) | 农药残留物 |
|---|---|---|---|---|
| 4.83 | 敌草隆 | diuron | 0.001 | 敌草隆 |
| 4.84 | 敌敌畏 | dichlorvos | 0.004 | 敌敌畏 |
| 4.85 | 敌磺钠 | fenaminosulf | 0.02 | 敌磺钠 |
| 4.86 | 敌菌灵 | anilazine | 0.1 | 敌菌灵 |
| 4.87 | 敌螨普 | dinocap | 0.008 | 敌螨普的异构体和敌螨普酚的总量，以敌螨普表示 |
| 4.88 | 敌瘟磷 | edifenphos | 0.003 | 敌瘟磷 |
| 4.89 | 地虫硫磷 | fonofos | 0.002 | 地虫硫磷 |
| 4.90 | 丁苯吗啉 | fenpropimorph | 0.003 | 丁苯吗啉 |
| 4.91 | 丁吡吗啉 | pyrimorph | 0.01 | 丁吡吗啉 |
| 4.92 | 丁草胺 | butachlor | 0.1 | 丁草胺 |
| 4.93 | 丁虫腈 | flufiprole | 0.008 | 丁虫腈 |
| 4.94 | 丁氟螨酯 | cyflumetofen | 0.1 | 丁氟螨酯 |
| 4.95 | 丁硫克百威 | carbosulfan | 0.01 | 丁硫克百威 |
| 4.96 | 丁醚脲 | diafenthiuron | 0.003 | 丁醚脲 |
| 4.97 | 丁噻隆 | tebuthiuron | 0.14 | 丁噻隆 |
| 4.98 | 丁酰肼 | daminozide | 0.5 | 丁酰肼和 1,1-二甲基联氨之和，以丁酰肼表示 |
| 4.99 | 丁香菌酯 | coumoxystrobin | 0.045 | 丁香菌酯 |
| 4.100 | 啶虫脒 | acetamiprid | 0.07 | 啶虫脒 |
| 4.101 | 啶菌噁唑 | pyrisoxazole | 0.1 | 啶菌噁唑 |
| 4.102 | 啶酰菌胺 | boscalid | 0.04 | 啶酰菌胺 |
| 4.103 | 啶氧菌酯 | picoxystrobin | 0.09 | 啶氧菌酯 |
| 4.104 | 毒草胺 | propachlor | 0.54 | 毒草胺 |
| 4.105 | 毒氟磷 | dufulin | 0.54 | 毒氟磷 |
| 4.106 | 毒死蜱 | chlorpyrifos | 0.01 | 毒死蜱 |
| 4.107 | 对硫磷 | parathion | 0.004 | 对硫磷 |
| 4.108 | 多果定 | dodine | 0.1 | 多果定 |
| 4.109 | 多菌灵 | carbendazim | 0.03 | 多菌灵 |
| 4.110 | 多抗霉素 | polyoxins | 10 | 多抗霉素 B |

（续）

| GB 2763 中对应编号 | 农药中文名 | 农药英文名 | 农药 ADI (mg/kg bw) | 农药残留物 |
|---|---|---|---|---|
| 4.111 | 多杀霉素 | spinosad | 0.02 | 多杀霉素 A 和多杀霉素 D 之和 |
| 4.112 | 多效唑 | paclobutrazol | 0.1 | 多效唑 |
| 4.113 | 噁草酮 | oxadiazon | 0.003 6 | 噁草酮 |
| 4.114 | 噁霉灵 | hymexazol | 0.2 | 噁霉灵 |
| 4.115 | 噁嗪草酮 | oxaziclomefone | 0.009 1 | 噁嗪草酮 |
| 4.116 | 噁霜灵 | oxadixyl | 0.01 | 噁霜灵 |
| 4.117 | 噁唑菌酮 | famoxadone | 0.006 | 噁唑菌酮 |
| 4.118 | 噁唑酰草胺 | metamifop | 0.017 | 噁唑酰草胺 |
| 4.119 | 二苯胺 | diphenylamine | 0.08 | 二苯胺 |
| 4.120 | 二甲戊灵 | pendimethalin | 0.1 | 二甲戊灵 |
| 4.121 | 二氯吡啶酸 | clopyralid | 0.15 | 二氯吡啶酸 |
| 4.122 | 二氯喹啉酸 | quinclorac | 0.4 | 二氯喹啉酸 |
| 4.123 | 二嗪磷 | diazinon | 0.005 | 二嗪磷 |
| 4.124 | 二氰蒽醌 | dithianon | 0.01 | 二氰蒽醌 |
| 4.125 | 粉唑醇 | flutriafol | 0.01 | 粉唑醇 |
| 4.126 | 砜嘧磺隆 | rimsulfuron | 0.1 | 砜嘧磺隆 |
| 4.127 | 呋草酮 | flurtamone | 0.03 | 呋草酮 |
| 4.128 | 呋虫胺 | dinotefuran | 0.2 | 植物源性食品为呋虫胺；动物源性食品为呋虫胺与 1－甲基－3－（四氢－3－呋喃甲基）脲之和，以呋虫胺表示 |
| 4.129 | 呋喃虫酰肼 | furan tebufenozide | 0.29 | 呋喃虫酰肼 |
| 4.130 | 伏杀硫磷 | phosalone | 0.02 | 伏杀硫磷 |
| 4.131 | 氟胺磺隆 | triflusulfuron－methyl | 0.04 | 氟胺磺隆 |
| 4.132 | 氟胺氰菊酯 | tau－fluvalinate | 0.005 | 氟胺氰菊酯 |
| 4.133 | 氟苯虫酰胺 | flubendiamide | 0.02 | 氟苯虫酰胺 |
| 4.134 | 氟苯脲 | teflubenzuron | 0.01 | 氟苯脲 |
| 4.135 | 氟吡磺隆 | flucetosulfuron | 0.041 | 氟吡磺隆 |
| 4.136 | 氟吡甲禾灵和高效氟吡甲禾灵 | haloxyfop－methyl and haloxyfop－P－methyl | 0.000 7 | 氟吡甲禾灵、氟吡禾灵及其共轭物之和，以氟吡甲禾灵表示 |

（续）

| GB 2763 中对应编号 | 农药中文名 | 农药英文名 | 农药 ADI (mg/kg bw) | 农药残留物 |
|---|---|---|---|---|
| 4.137 | 氟吡菌胺 | fluopicolide | 0.08 | 氟吡菌胺 |
| 4.138 | 氟吡菌酰胺 | fluopyram | 0.01 | 氟吡菌酰胺 |
| 4.139 | 氟虫腈 | fipronil | 0.000 2 | 氟虫腈、氟甲腈、氟虫腈砜、氟虫腈硫醚之和，以氟虫腈表示 |
| 4.140 | 氟虫脲 | flufenoxuron | 0.04 | 氟虫脲 |
| 4.141 | 氟啶胺 | fluazinam | 0.01 | 氟啶胺 |
| 4.142 | 氟啶虫胺腈 | sulfoxaflor | 0.05 | 氟啶虫胺腈 |
| 4.143 | 氟啶虫酰胺 | flonicamid | 0.07 | 氟啶虫酰胺 |
| 4.144 | 氟啶脲 | chlorfluazuron | 0.005 | 氟啶脲 |
| 4.145 | 氟硅唑 | flusilazole | 0.007 | 氟硅唑 |
| 4.146 | 氟环唑 | epoxiconazole | 0.02 | 氟环唑 |
| 4.147 | 氟磺胺草醚 | fomesafen | 0.002 5 | 氟磺胺草醚 |
| 4.148 | 氟节胺 | flumetralin | 0.5 | 氟节胺 |
| 4.149 | 氟菌唑 | triflumizole | 0.04 | 氟菌唑及其代谢物［4-氯-α,α,α-三氟-N-（1-氨基-2-丙氧基亚乙基）-o-甲苯胺］之和，以氟菌唑表示 |
| 4.150 | 氟乐灵 | trifluralin | 0.025 | 氟乐灵 |
| 4.151 | 氟铃脲 | hexaflumuron | 0.02 | 氟铃脲 |
| 4.152 | 氟氯氰菊酯和高效氟氯氰菊酯 | cyfluthrin and beta-cyfluthrin | 0.04 | 氟氯氰菊酯（异构体之和） |
| 4.153 | 氟吗啉 | flumorph | 0.16 | 氟吗啉 |
| 4.154 | 氟氰戊菊酯 | flucythrinate | 0.02 | 氟氰戊菊酯 |
| 4.155 | 氟噻草胺 | flufenacet | 0.005 | 氟噻草胺和其代谢物 N-氟苯基-N-异丙基之和，以氟噻草胺表示 |
| 4.156 | 氟烯草酸 | flumiclorac | 1 | 氟烯草酸 |
| 4.157 | 氟酰胺 | flutolanil | 0.09 | 氟酰胺 |
| 4.158 | 氟酰脲 | novaluron | 0.01 | 氟酰脲 |
| 4.159 | 氟唑环菌胺 | sedaxane | 0.1 | 氟唑环菌胺 |

（续）

| GB 2763 中对应编号 | 农药中文名 | 农药英文名 | 农药 ADI (mg/kg bw) | 农药残留物 |
| --- | --- | --- | --- | --- |
| 4.160 | 氟唑磺隆 | flucarbazone - sodium | 0.36 | 氟唑磺隆 |
| 4.161 | 氟唑菌酰胺 | fluxapyroxad | 0.02 | 氟唑菌酰胺 |
| 4.162 | 福美双 | thiram | 0.01 | 二硫代氨基甲酸盐（或酯），以二硫化碳表示 |
| 4.163 | 福美锌 | ziram | 0.003 | 二硫代氨基甲酸盐（或酯），以二硫化碳表示 |
| 4.164 | 腐霉利 | procymidone | 0.1 | 腐霉利 |
| 4.165 | 复硝酚钠 | sodium | 0.003 | 5-硝基邻甲氧基苯酚钠、邻硝基苯酚钠和对硝基苯酚钠之和 |
| 4.166 | 咯菌腈 | fludioxonil | 0.4 | 咯菌腈 |
| 4.167 | 硅噻菌胺 | silthiofam | 0.064 | 硅噻菌胺 |
| 4.168 | 禾草丹 | thiobencarb | 0.007 | 禾草丹 |
| 4.169 | 禾草敌 | molinate | 0.001 | 禾草敌 |
| 4.170 | 禾草灵 | diclofop - methyl | 0.002 3 | 禾草灵 |
| 4.171 | 环丙嘧磺隆 | cyclosulfamuron | 0.015 | 环丙嘧磺隆 |
| 4.172 | 环丙唑醇 | cyproconazole | 0.02 | 环丙唑醇 |
| 4.173 | 环嗪酮 | hexazinone | 0.05 | 环嗪酮 |
| 4.174 | 环酰菌胺 | fenhexamid | 0.2 | 环酰菌胺 |
| 4.175 | 环酯草醚 | pyriftalid | 0.005 6 | 环酯草醚 |
| 4.176 | 磺草酮 | sulcotrione | 0.000 4 | 磺草酮 |
| 4.177 | 灰瘟素 | blasticidin - S | 0.01 | 灰瘟素 |
| 4.178 | 己唑醇 | hexaconazole | 0.005 | 己唑醇 |
| 4.179 | 甲氨基阿维菌素苯甲酸盐 | emamectin benzoate | 0.000 5 | 甲氨基阿维菌素 B1a |
| 4.180 | 甲胺磷 | methamidophos | 0.004 | 甲胺磷 |
| 4.181 | 甲拌磷 | phorate | 0.000 7 | 甲拌磷及其氧类似物（亚砜、砜）之和，以甲拌磷表示 |
| 4.182 | 甲苯氟磺胺 | tolylfluanid | 0.08 | 甲苯氟磺胺 |
| 4.183 | 甲草胺 | alachlor | 0.01 | 甲草胺 |
| 4.184 | 甲磺草胺 | sulfentrazone | 0.14 | 甲磺草胺 |

（续）

| GB 2763中对应编号 | 农药中文名 | 农药英文名 | 农药ADI（mg/kg bw） | 农药残留物 |
|---|---|---|---|---|
| 4.185 | 甲磺隆 | metsulfuron－methyl | 0.25 | 甲磺隆 |
| 4.186 | 甲基碘磺隆钠盐 | iodosulfuron－methyl－sodium | 0.03 | 甲基碘磺隆钠盐 |
| 4.187 | 甲基毒死蜱 | chlorpyrifos－methyl | 0.01 | 甲基毒死蜱 |
| 4.188 | 甲基对硫磷 | parathion－methyl | 0.003 | 甲基对硫磷 |
| 4.189 | 甲基二磺隆 | mesosulfuron－methyl | 1.55 | 甲基二磺隆 |
| 4.190 | 甲基立枯磷 | tolclofos－methyl | 0.07 | 甲基立枯磷 |
| 4.191 | 甲基硫环磷 | phosfolan－methyl | | 甲基硫环磷 |
| 4.192 | 甲基硫菌灵 | thiophanate－methyl | 0.09 | 甲基硫菌灵和多菌灵之和，以多菌灵表示 |
| 4.193 | 甲基嘧啶磷 | pirimiphos－methyl | 0.03 | 甲基嘧啶磷 |
| 4.194 | 甲基异柳磷 | isofenphos－methyl | 0.003 | 甲基异柳磷 |
| 4.195 | 甲硫威 | methiocarb | 0.02 | 甲硫威、甲硫威砜和甲硫威亚砜之和，以甲硫威表示 |
| 4.196 | 甲咪唑烟酸 | imazapic | 0.7 | 甲咪唑烟酸 |
| 4.197 | 甲萘威 | carbaryl | 0.008 | 甲萘威 |
| 4.198 | 甲哌鎓 | mepiquat chloride | 0.195 | 甲哌鎓阳离子，以甲哌鎓表示 |
| 4.199 | 甲氰菊酯 | fenpropathrin | 0.03 | 甲氰菊酯 |
| 4.200 | 甲霜灵和精甲霜灵 | metalaxyl and metalaxyl－M | 0.08 | 甲霜灵 |
| 4.201 | 甲羧除草醚 | bifenox | 0.3 | 甲羧除草醚 |
| 4.202 | 甲氧虫酰肼 | methoxyfenozide | 0.1 | 甲氧虫酰肼 |
| 4.203 | 甲氧咪草烟 | imazamox | 3 | 甲氧咪草烟 |
| 4.204 | 腈苯唑 | fenbuconazole | 0.03 | 腈苯唑 |
| 4.205 | 腈菌唑 | myclobutanil | 0.03 | 腈菌唑 |
| 4.206 | 精噁唑禾草灵 | fenoxaprop－P－ethyl | 0.0025 | 精噁唑禾草灵 |
| 4.207 | 精二甲吩草胺 | dimethenamid－P | 0.07 | 精二甲吩草胺及其对映体之和 |
| 4.208 | 井冈霉素 | jiangangmycin | 0.1 | 井冈霉素 |

（续）

| GB 2763 中对应编号 | 农药中文名 | 农药英文名 | 农药 ADI (mg/kg bw) | 农药残留物 |
|---|---|---|---|---|
| 4.209 | 久效磷 | monocrotophos | 0.000 6 | 久效磷 |
| 4.210 | 抗倒酯 | trinexapac - ethyl | 0.3 | 抗倒酸 |
| 4.211 | 抗蚜威 | pirimicarb | 0.02 | 抗蚜威 |
| 4.212 | 克百威 | carbofuran | 0.001 | 克百威及 3 -羟基克百威之和，以克百威表示 |
| 4.213 | 克菌丹 | captan | 0.1 | 克菌丹 |
| 4.214 | 苦参碱 | matrine | 0.1 | 苦参碱 |
| 4.215 | 喹禾糠酯 | quizalofop - P - tefuryl | 0.013 | 喹禾糠酯和喹禾灵酸之和，以喹禾灵酸计 |
| 4.216 | 喹禾灵和精喹禾灵 | quizalofop and quizalofop - P - ethyl | 0.000 9 | 喹禾灵 |
| 4.217 | 喹啉铜 | oxine - copper | 0.02 | 喹啉铜 |
| 4.218 | 喹硫磷 | quinalphos | 0.000 5 | 喹硫磷 |
| 4.219 | 喹螨醚 | fenazaquin | 0.05 | 喹螨醚 |
| 4.220 | 喹氧灵 | quinoxyfen | 0.2 | 喹氧灵 |
| 4.221 | 乐果 | dimethoate | 0.002 | 乐果 |
| 4.222 | 联苯肼酯 | bifenazate | 0.01 | 植物源性食品为联苯肼酯；动物源性食品为联苯肼酯和联苯肼酯-二氮烯｛二氮烯羧酸，2 - [4 -甲氧基-（1，1′-联苯基- 3 -基）- 1 -甲基乙酯｝之和，以联苯肼酯表示 |
| 4.223 | 联苯菊酯 | bifenthrin | 0.01 | 联苯菊酯（异构体之和） |
| 4.224 | 联苯三唑醇 | bitertanol | 0.01 | 联苯三唑醇 |
| 4.225 | 邻苯基苯酚 | 2 - phenylphenol | 0.4 | 邻苯基苯酚和邻苯基苯酚钠之和，以邻苯基苯酚表示 |
| 4.226 | 磷胺 | phosphamidon | 0.000 5 | 磷胺 |
| 4.227 | 磷化铝 | aluminium phosphide | 0.011 | 磷化氢 |
| 4.228 | 磷化镁 | megnesium phosphide | 0.011 | 磷化氢 |
| 4.229 | 磷化氢 | hydrogen phosphide | 0.011 | 磷化氢 |

（续）

| GB 2763 中对应编号 | 农药中文名 | 农药英文名 | 农药 ADI (mg/kg bw) | 农药残留物 |
| --- | --- | --- | --- | --- |
| 4.230 | 硫丹 | endosulfan | 0.006 | α-硫丹和β-硫丹及硫丹硫酸酯之和 |
| 4.231 | 硫环磷 | phosfolan | 0.005 | 硫环磷 |
| 4.232 | 硫双威 | thiodicarb | 0.03 | 硫双威 |
| 4.233 | 硫酸链霉素 | streptomycin sesquissulfate | 0.05 | 链霉素和双氢链霉素的总和，以链霉素表示 |
| 4.234 | 硫酰氟 | sulfuryl fluoride | 0.01 | 硫酰氟 |
| 4.235 | 硫线磷 | cadusafos | 0.000 5 | 硫线磷 |
| 4.236 | 螺虫乙酯 | spirotetramat | 0.05 | 螺虫乙酯及其烯醇类代谢产物之和，以螺虫乙酯表示 |
| 4.237 | 螺螨酯 | spirodiclofen | 0.01 | 螺螨酯 |
| 4.238 | 绿麦隆 | chlortoluron | 0.04 | 绿麦隆 |
| 4.239 | 氯氨吡啶酸 | aminopyralid | 0.9 | 氯氨吡啶酸及其能被水解的共轭物，以氯氨吡啶酸表示 |
| 4.240 | 氯苯胺灵 | chlorpropham | 0.05 | 氯苯胺灵 |
| 4.241 | 氯苯嘧啶醇 | fenarimol | 0.01 | 氯苯嘧啶醇 |
| 4.242 | 氯吡嘧磺隆 | halosulfuron - methyl | 0.1 | 氯吡嘧磺隆 |
| 4.243 | 氯吡脲 | forchlorfenuron | 0.07 | 氯吡脲 |
| 4.244 | 氯丙嘧啶酸 | aminocyclopyrachlor | 3 | 氯丙嘧啶酸 |
| 4.245 | 氯虫苯甲酰胺 | chlorantraniliprole | 2 | 氯虫苯甲酰胺 |
| 4.246 | 氯啶菌酯 | triclopyricarb | 0.05 | 氯啶菌酯 |
| 4.247 | 氯氟吡氧乙酸和氯氟吡氧乙酸异辛酯 | fluroxypyr and fluroxypyr - meptyl | 1 | 氯氟吡氧乙酸 |
| 4.248 | 氯氟氰菊酯和高效氯氟氰菊酯 | cyhalothrin and lambda - cyhalothrin | 0.02 | 氯氟氰菊酯（异构体之和） |
| 4.249 | 氯化苦 | chloropicrin | 0.001 | 氯化苦 |
| 4.250 | 氯磺隆 | chlorsulfuron | 0.2 | 氯磺隆 |
| 4.251 | 氯菊酯 | permethrin | 0.05 | 氯菊酯（异构体之和） |
| 4.252 | 氯嘧磺隆 | chlorimuron - ethyl | 0.09 | 氯嘧磺隆 |
| 4.253 | 氯氰菊酯和高效氯氰菊酯 | cypermethrin and beta - cypermethrin | 0.02 | 氯氰菊酯（异构体之和） |

（续）

| GB 2763 中对应编号 | 农药中文名 | 农药英文名 | 农药 ADI（mg/kg bw） | 农药残留物 |
|---|---|---|---|---|
| 4.254 | 氯噻啉 | imidaclothiz | 0.025 | 氯噻啉 |
| 4.255 | 氯硝胺 | dicloran | 0.01 | 氯硝胺 |
| 4.256 | 氯溴异氰尿酸 | chloroisobromine cyanuric acid | 0.007 | 氯溴异氰尿酸，以氰尿酸计 |
| 4.257 | 氯唑磷 | isazofos | 0.000 05 | 氯唑磷 |
| 4.258 | 马拉硫磷 | malathion | 0.3 | 马拉硫磷 |
| 4.259 | 麦草畏 | dicamba | 0.3 | 植物源性食品为麦草畏；动物源性食品为麦草畏和 3，6－二氯水杨酸之和，以麦草畏表示 |
| 4.260 | 咪鲜胺和咪鲜胺锰盐 | prochloraz and prochloraz－manganese chloride complex | 0.01 | 咪鲜胺及其含有 2，4，6－三氯苯酚部分的代谢产物之和，以咪鲜胺表示 |
| 4.261 | 咪唑菌酮 | fenamidone | 0.03 | 咪唑菌酮 |
| 4.262 | 咪唑喹啉酸 | imazaquin | 0.25 | 咪唑喹啉酸 |
| 4.263 | 咪唑烟酸 | imazapyr | 3 | 咪唑烟酸 |
| 4.264 | 咪唑乙烟酸 | imazethapyr | 0.6 | 咪唑乙烟酸 |
| 4.265 | 醚苯磺隆 | triasulfuron | 0.01 | 醚苯磺隆 |
| 4.266 | 醚磺隆 | cinosulfuron | 0.077 | 醚磺隆 |
| 4.267 | 醚菊酯 | etofenprox | 0.03 | 醚菊酯 |
| 4.268 | 醚菌酯 | kresoxim－methyl | 0.4 | 植物源性食品为醚菌酯；动物源性食品为 E－甲基－2－甲氧基亚氨基－2－[2－(o－甲苯氧基）苯基] 醋酸盐，以醚菌酯表示 |
| 4.269 | 嘧苯胺磺隆 | orthosulfamuron | 0.05 | 嘧苯胺磺隆 |
| 4.270 | 嘧草醚 | pyriminobac－methyl | 0.02 | 嘧草醚 |
| 4.271 | 嘧啶肟草醚 | pyribenzoxim | 2.5 | 嘧啶肟草醚 |
| 4.272 | 嘧菌环胺 | cyprodinil | 0.03 | 嘧菌环胺 |
| 4.273 | 嘧菌酯 | azoxystrobin | 0.2 | 嘧菌酯 |

（续）

| GB 2763 中对应编号 | 农药中文名 | 农药英文名 | 农药 ADI (mg/kg bw) | 农药残留物 |
|---|---|---|---|---|
| 4.274 | 嘧霉胺 | pyrimethanil | 0.2 | 植物源性食品为嘧霉胺；动物源性食品为嘧霉胺和 2 -苯胺基- 4，6 -二甲基嘧啶- 5 -羟基之和，以嘧霉胺表示（生乳）；嘧霉胺和 2 -（4 -羟基苯胺）- 4，6 -二甲基嘧啶之和，以嘧霉胺表示（哺乳动物肉类、内脏） |
| 4.275 | 棉隆 | dazomet | 0.01 | 棉隆及其代谢物异硫氰酸甲酯之和，以异硫氰酸甲酯表示 |
| 4.276 | 灭草松 | bentazone | 0.09 | 植物源性食品为灭草松，6 -羟基灭草松及 8 -羟基灭草松之和，以灭草松表示；动物源性食品为灭草松 |
| 4.277 | 灭多威 | methomyl | 0.02 | 灭多威 |
| 4.278 | 灭菌丹 | folpet | 0.1 | 灭菌丹 |
| 4.279 | 灭线磷 | ethoprophos | 0.000 4 | 灭线磷 |
| 4.280 | 灭锈胺 | mepronil | 0.05 | 灭锈胺 |
| 4.281 | 灭蝇胺 | cyromazine | 0.06 | 灭蝇胺 |
| 4.282 | 灭幼脲 | chlorbenzuron | 1.25 | 灭幼脲 |
| 4.283 | 萘乙酸和萘乙酸钠 | 1 - naphthylacetic acid and sodium 1 - naphthalacitic acid | 0.15 | 萘乙酸 |
| 4.284 | 内吸磷 | demeton | 0.000 04 | 内吸磷 |
| 4.285 | 宁南霉素 | ningnanmycin | 0.24 | 宁南霉素 |
| 4.286 | 哌草丹 | dimepiperate | 0.001 | 哌草丹 |
| 4.287 | 扑草净 | prometryn | 0.04 | 扑草净 |
| 4.288 | 嗪氨灵 | triforine | 0.03 | 嗪氨灵和三氯乙醛之和，以嗪氨灵表示 |
| 4.289 | 嗪吡嘧磺隆 | metazosulfuron | 0.027 | 嗪吡嘧磺隆 |
| 4.290 | 嗪草酸甲酯 | fluthiacet - methyl | 0.001 | 嗪草酸甲酯 |

（续）

| GB 2763 中对应编号 | 农药中文名 | 农药英文名 | 农药 ADI（mg/kg bw） | 农药残留物 |
|---|---|---|---|---|
| 4.291 | 嗪草酮 | metribuzin | 0.013 | 嗪草酮 |
| 4.292 | 氰草津 | cyanazine | 0.002 | 氰草津 |
| 4.293 | 氰氟草酯 | cyhalofop - butyl | 0.01 | 氰氟草酯及氰氟草酸之和 |
| 4.294 | 氰氟虫腙 | metaflumizone | 0.1 | 氰氟虫腙，E-异构体和Z-异构体之和 |
| 4.295 | 氰霜唑 | cyazofamid | 0.2 | 氰霜唑及其代谢物4-氯-5-(4-甲苯基)-1H-咪唑-2腈之和 |
| 4.296 | 氰戊菊酯和S-氰戊菊酯 | fenvalerate and esfenvalerate | 0.02 | 氰戊菊酯（异构体之和） |
| 4.297 | 氰烯菌酯 | phenamacril | 0.28 | 氰烯菌酯 |
| 4.298 | 炔苯酰草胺 | propyzamide | 0.02 | 炔苯酰草胺 |
| 4.299 | 炔草酯 | clodinafop - propargyl | 0.000 3 | 炔草酯及炔草酸之和 |
| 4.300 | 炔螨特 | propargite | 0.01 | 炔螨特 |
| 4.301 | 乳氟禾草灵 | lactofen | 0.008 | 乳氟禾草灵 |
| 4.302 | 噻苯隆 | thidiazuron | 0.04 | 噻苯隆 |
| 4.303 | 噻草酮 | cycloxydim | 0.07 | 噻草酮及其可以被氧化成3-(3-磺酰基-四氢噻喃基)-戊二酸-S-二氧化物和3-羟基-3-(3-磺酰基-四氢噻喃基)-戊二酸-S-二氧化物的代谢物和降解产物，以噻草酮表示 |
| 4.304 | 噻虫胺 | clothianidin | 0.1 | 噻虫胺 |
| 4.305 | 噻虫啉 | thiacloprid | 0.01 | 噻虫啉 |
| 4.306 | 噻虫嗪 | thiamethoxam | 0.08 | 噻虫嗪 |
| 4.307 | 噻吩磺隆 | thifensulfuron - methyl | 0.07 | 噻吩磺隆 |
| 4.308 | 噻呋酰胺 | thifluzamide | 0.014 | 噻呋酰胺 |
| 4.309 | 噻节因 | dimethipin | 0.02 | 噻节因 |
| 4.310 | 噻菌灵 | thiabendazole | 0.1 | 植物源性食品为噻菌灵；动物源性食品为噻菌灵与5-羟基噻菌灵之和 |

（续）

| GB 2763 中对应编号 | 农药中文名 | 农药英文名 | 农药 ADI (mg/kg bw) | 农药残留物 |
|---|---|---|---|---|
| 4.311 | 噻菌铜 | thiediazole copper | 0.000 78 | 2-氨基-5-巯基-1，3，4-噻二唑，以噻菌铜表示 |
| 4.312 | 噻螨酮 | hexythiazox | 0.03 | 植物源性食品为噻螨酮；动物源性食品为噻螨酮和反式-5-(4-氯苯基)-4-甲基-2-四氢噻唑-3-氨基脲、反式-5-(4-氯苯基)-4-甲基-2-四氢噻唑、反式-5-(4-氯苯基l)-N-(顺式-3-羟基环己基)-4-甲基-2-四氢噻唑-3-氨基脲、反式-5-(4-氯苯基)-N-(反式-3-羟基环己基l)-4-甲基-2-四氢噻唑-3-氨基脲、反式-5-(4-氯苯基)-N-(顺式-4-羟基环己基)-4-甲基l-2-四氢噻唑-3-氨基脲、反式-5-(4-氯苯基)-N-(反式-4-羟基环己基)-4-甲基l-2-四氢噻唑-3-氨基脲、反式-5-(4-氯苯基)-4-甲基-N-(4-环己酮基)-2-四氢噻唑-3-氨基脲、反式-5-(4-氯苯基)-N-(3，4-二羟环己基l)-4-甲基l-2-四氢噻唑-3-胺脲基之和，以噻螨酮表示 |
| 4.313 | 噻霉酮 | benziothiazolinone | 0.017 | 噻霉酮 |
| 4.314 | 噻嗪酮 | buprofezin | 0.009 | 噻嗪酮 |
| 4.315 | 噻酮磺隆 | thiencarbazone-methyl | 0.23 | 噻酮磺隆 |
| 4.316 | 噻唑膦 | fosthiazate | 0.004 | 噻唑膦 |
| 4.317 | 噻唑锌 | zinc thiazole | 0.01 | 2-氨基-5-巯基-1,3,4-噻二唑 |
| 4.318 | 三苯基氢氧化锡 | fentin hydroxide | 0.000 5 | 三苯基氢氧化锡 |
| 4.319 | 三苯基乙酸锡 | fentin acetate | 0.000 5 | 三苯基乙酸锡 |
| 4.320 | 三氟甲吡醚 | pyridalyl | 0.03 | 三氟甲吡醚 |

（续）

| GB 2763 中对应编号 | 农药中文名 | 农药英文名 | 农药 ADI (mg/kg bw) | 农药残留物 |
| --- | --- | --- | --- | --- |
| 4.321 | 三氟羧草醚 | acifluorfen | 0.013 | 三氟羧草醚 |
| 4.322 | 三环锡 | cyhexatin | 0.003 | 三环锡 |
| 4.323 | 三环唑 | tricyclazole | 0.04 | 三环唑 |
| 4.324 | 三甲苯草酮 | tralkoxydim | 0.005 | 三甲苯草酮 |
| 4.325 | 三氯吡氧乙酸 | triclopyr | 0.03 | 三氯吡氧乙酸 |
| 4.326 | 三氯杀螨醇 | dicofol | 0.002 | 三氯杀螨醇（o，p′-异构体和 p，p′-异构体之和） |
| 4.327 | 三氯杀螨砜 | tetradifon | 0.02 | 三氯杀螨砜 |
| 4.328 | 三乙膦酸铝 | fosetyl - aluminium | 1 | 乙基磷酸和亚磷酸及其盐之和，以乙基磷酸表示 |
| 4.329 | 三唑醇 | triadimenol | 0.03 | 三唑酮和三唑醇之和 |
| 4.330 | 三唑磷 | triazophos | 0.001 | 三唑磷 |
| 4.331 | 三唑酮 | triadimefon | 0.03 | 三唑酮和三唑醇之和 |
| 4.332 | 三唑锡 | azocyclotin | 0.003 | 三环锡 |
| 4.333 | 杀草强 | amitrole | 0.002 | 杀草强 |
| 4.334 | 杀虫单 | thiosultap - monosodium | 0.01 | 沙蚕毒素 |
| 4.335 | 杀虫环 | thiocyclam | 0.05 | 杀虫环 |
| 4.336 | 杀虫脒 | chlordimeform | 0.001 | 杀虫脒 |
| 4.337 | 杀虫双 | thiosultap - disodium | 0.01 | 沙蚕毒素 |
| 4.338 | 杀铃脲 | triflumuron | 0.014 | 杀铃脲 |
| 4.339 | 杀螺胺乙醇胺盐 | niclosamide - olamine | 1 | 杀螺胺 |
| 4.340 | 杀螟丹 | cartap | 0.1 | 杀螟丹 |
| 4.341 | 杀螟硫磷 | fenitrothion | 0.006 | 杀螟硫磷 |
| 4.342 | 杀扑磷 | methidathion | 0.001 | 杀扑磷 |
| 4.343 | 杀线威 | oxamyl | 0.009 | 杀线威和杀线威肟之和，以杀线威表示 |
| 4.344 | 莎稗磷 | anilofos | 0.001 | 莎稗磷 |
| 4.345 | 申嗪霉素 | phenazino - 1 - carboxylic acid | 0.002 8 | 申嗪霉素 |
| 4.346 | 生物苄呋菊酯 | bioresmethrin | 0.03 | 生物苄呋菊酯 |

（续）

| GB 2763 中对应编号 | 农药中文名 | 农药英文名 | 农药 ADI (mg/kg bw) | 农药残留物 |
|---|---|---|---|---|
| 4.347 | 虱螨脲 | lufenuron | 0.02 | 虱螨脲 |
| 4.348 | 双草醚 | bispyribac - sodium | 0.01 | 双草醚 |
| 4.349 | 双氟磺草胺 | florasulam | 0.05 | 双氟磺草胺 |
| 4.350 | 双胍三辛烷基苯磺酸盐 | iminoctadinetris (albesilate) | 0.009 | 双胍辛胺 |
| 4.351 | 双甲脒 | amitraz | 0.01 | 双甲脒及 N -（2,4 -二甲苯基）- N′-甲基甲脒之和，以双甲脒表示 |
| 4.352 | 双炔酰菌胺 | mandipropamid | 0.2 | 双炔酰菌胺 |
| 4.353 | 霜霉威和霜霉威盐酸盐 | propamocarb and propamocarb hydrochloride | 0.4 | 霜霉威 |
| 4.354 | 霜脲氰 | cymoxanil | 0.013 | 霜脲氰 |
| 4.355 | 水胺硫磷 | isocarbophos | 0.003 | 水胺硫磷 |
| 4.356 | 四氟醚唑 | tetraconazole | 0.004 | 四氟醚唑 |
| 4.357 | 四聚乙醛 | metaldehyde | 0.1 | 四聚乙醛 |
| 4.358 | 四氯苯酞 | phthalide | 0.15 | 四氯苯酞 |
| 4.359 | 四氯硝基苯 | tecnazene | 0.02 | 四氯硝基苯 |
| 4.360 | 四螨嗪 | clofentezine | 0.02 | 植物源性食品为四螨嗪；动物源性食品为四螨嗪和含 2 -氯苯基结构的所有代谢物，以四螨嗪表示 |
| 4.361 | 特丁津 | terbuthylazine | 0.003 | 特丁津 |
| 4.362 | 特丁硫磷 | terbufos | 0.000 6 | 特丁硫磷及其氧类似物（亚砜、砜）之和，以特丁硫磷表示 |
| 4.363 | 涕灭威 | aldicarb | 0.003 | 涕灭威及其氧类似物（亚砜、砜）之和，以涕灭威表示 |
| 4.364 | 甜菜安 | desmedipham | 0.04 | 甜菜安 |
| 4.365 | 甜菜宁 | phenmedipham | 0.03 | 甜菜宁 |

（续）

| GB 2763 中对应编号 | 农药中文名 | 农药英文名 | 农药 ADI (mg/kg bw) | 农药残留物 |
|---|---|---|---|---|
| 4.366 | 调环酸钙 | prohexadione - calcium | 0.2 | 调环酸，以调环酸钙表示 |
| 4.367 | 威百亩 | metam - sodium | 0.001 | 威百亩 |
| 4.368 | 萎锈灵 | carboxin | 0.008 | 萎锈灵 |
| 4.369 | 肟菌酯 | trifloxystrobin | 0.04 | 肟菌酯 |
| 4.370 | 五氟磺草胺 | penoxsulam | 0.147 | 五氟磺草胺 |
| 4.371 | 五氯硝基苯 | quintozene | 0.01 | 植物源性食品为五氯硝基苯；动物源性食品为五氯硝基苯、五氯苯胺和五氯苯醚之和 |
| 4.372 | 戊菌唑 | penconazole | 0.03 | 戊菌唑 |
| 4.373 | 戊唑醇 | tebuconazole | 0.03 | 戊唑醇 |
| 4.374 | 西草净 | simetryn | 0.025 | 西草净 |
| 4.375 | 西玛津 | simazine | 0.018 | 西玛津 |
| 4.376 | 烯丙苯噻唑 | probenazole | 0.07 | 烯丙苯噻唑 |
| 4.377 | 烯草酮 | clethodim | 0.01 | 烯草酮及代谢物亚砜、砜之和，以烯草酮表示 |
| 4.378 | 烯虫酯 | methoprene | 0.09 | 烯虫酯 |
| 4.379 | 烯啶虫胺 | nitenpyram | 0.53 | 烯啶虫胺 |
| 4.380 | 烯禾啶 | sethoxydim | 0.14 | 烯禾啶 |
| 4.381 | 烯肟菌胺 | fenaminstrobin | 0.069 | 烯肟菌胺 |
| 4.382 | 烯肟菌酯 | enestroburin | 0.024 | 烯肟菌酯 |
| 4.383 | 烯酰吗啉 | dimethomorph | 0.2 | 烯酰吗啉 |
| 4.384 | 烯效唑 | uniconazole | 0.02 | 烯效唑 |
| 4.385 | 烯唑醇 | diniconazole | 0.005 | 烯唑醇 |
| 4.386 | 酰嘧磺隆 | amidosulfuron | 0.2 | 酰嘧磺隆 |
| 4.387 | 硝苯菌酯 | meptyldinocap | 0.02 | 硝苯菌酯 |
| 4.388 | 硝磺草酮 | mesotrione | 0.5 | 硝磺草酮 |
| 4.389 | 辛菌胺 | xinjunan | 0.028 | 辛菌胺 |
| 4.390 | 辛硫磷 | phoxim | 0.004 | 辛硫磷 |
| 4.391 | 辛酰溴苯腈 | bromoxynil octanoate | 0.015 | 辛酰溴苯腈 |
| 4.392 | 溴苯腈 | bromoxynil | 0.01 | 溴苯腈 |

（续）

| GB 2763 中对应编号 | 农药中文名 | 农药英文名 | 农药 ADI (mg/kg bw) | 农药残留物 |
|---|---|---|---|---|
| 4.393 | 溴甲烷 | methyl | 1 | 溴甲烷 |
| 4.394 | 溴菌腈 | bromothalonil | 0.001 | 溴菌腈 |
| 4.395 | 溴螨酯 | bromopropylate | 0.03 | 溴螨酯 |
| 4.396 | 溴氰虫酰胺 | cyantraniliprole | 0.03 | 溴氰虫酰胺 |
| 4.397 | 溴氰菊酯 | deltamethrin | 0.01 | 溴氰菊酯（异构体之和） |
| 4.398 | 溴硝醇 | bronopol | 0.02 | 溴硝醇 |
| 4.399 | 蚜灭磷 | vamidothion | 0.008 | 蚜灭磷 |
| 4.400 | 亚胺硫磷 | phosmet | 0.01 | 亚胺硫磷 |
| 4.401 | 亚胺唑 | imibenconazole | 0.009 8 | 亚胺唑 |
| 4.402 | 亚砜磷 | oxydemeton - methyl | 0.000 3 | 亚砜磷、甲基内吸磷和砜吸磷之和，以亚砜磷表示 |
| 4.403 | 烟碱 | nicotine | 0.000 8 | 烟碱 |
| 4.404 | 烟嘧磺隆 | nicosulfuron | 2 | 烟嘧磺隆 |
| 4.405 | 盐酸吗啉胍 | moroxydine hydrochloride | 0.1 | 吗啉胍 |
| 4.406 | 氧乐果 | omethoate | 0.000 3 | 氧乐果 |
| 4.407 | 野麦畏 | triallate | 0.025 | 野麦畏 |
| 4.408 | 野燕枯 | difenzoquat | 0.25 | 野燕枯 |
| 4.409 | 依维菌素 | ivermectin | 0.001 | 依维菌素 |
| 4.410 | 乙拌磷 | disulfoton | 0.000 3 | 乙拌磷，硫醇式-内吸磷以及它们的亚砜化物和砜化物之和，以乙拌磷表示 |
| 4.411 | 乙草胺 | acetochlor | 0.01 | 乙草胺 |
| 4.412 | 乙虫腈 | ethiprole | 0.005 | 乙虫腈 |
| 4.413 | 乙基多杀菌素 | spinetoram | 0.05 | 乙基多杀菌素 |
| 4.414 | 乙硫磷 | ethion | 0.002 | 乙硫磷 |
| 4.415 | 乙螨唑 | etoxazole | 0.05 | 乙螨唑 |
| 4.416 | 乙霉威 | diethofencarb | 0.004 | 乙霉威 |
| 4.417 | 乙嘧酚 | ethirimol | 0.035 | 乙嘧酚 |
| 4.418 | 乙嘧酚磺酸酯 | bupirimate | 0.05 | 乙嘧酚磺酸酯 |

（续）

| GB 2763 中对应编号 | 农药中文名 | 农药英文名 | 农药 ADI (mg/kg bw) | 农药残留物 |
|---|---|---|---|---|
| 4.419 | 乙蒜素 | ethylicin | 0.001 | 乙蒜素 |
| 4.420 | 乙羧氟草醚 | fluoroglycofen - ethyl | 0.01 | 乙羧氟草醚 |
| 4.421 | 乙烯菌核利 | vinclozolin | 0.01 | 乙烯菌核利及其所有含3,5-二氯苯胺部分的代谢产物之和，以乙烯菌核利表示 |
| 4.422 | 乙烯利 | ethephon | 0.05 | 乙烯利 |
| 4.423 | 乙酰甲胺磷 | acephate | 0.03 | 乙酰甲胺磷 |
| 4.424 | 乙氧呋草黄 | ethofumesate | 1 | 乙氧呋草黄 |
| 4.425 | 乙氧氟草醚 | oxyfluorfen | 0.03 | 乙氧氟草醚 |
| 4.426 | 乙氧磺隆 | ethoxysulfuron | 0.04 | 乙氧磺隆 |
| 4.427 | 乙氧喹啉 | ethoxyquin | 0.005 | 乙氧喹啉 |
| 4.428 | 异丙草胺 | propisochlor | 0.013 | 异丙草胺 |
| 4.429 | 异丙甲草胺和精异丙甲草胺 | metolachlor and S - metolachlor | 0.1 | 异丙甲草胺 |
| 4.430 | 异丙隆 | isoproturon | 0.015 | 异丙隆 |
| 4.431 | 异丙威 | isoprocarb | 0.002 | 异丙威 |
| 4.432 | 异稻瘟净 | iprobenfos | 0.035 | 异稻瘟净 |
| 4.433 | 异噁草酮 | clomazone | 0.133 | 异噁草酮 |
| 4.434 | 异噁唑草酮 | isoxaflutole | 0.02 | 异噁唑草酮与其二酮腈代谢物之和，以异噁唑草酮表示 |
| 4.435 | 异菌脲 | iprodione | 0.06 | 异菌脲 |
| 4.436 | 抑霉唑 | imazalil | 0.03 | 抑霉唑 |
| 4.437 | 抑芽丹 | maleic hydrazide | 0.3 | 抑芽丹 |
| 4.438 | 吲唑磺菌胺 | amisulbrom | 0.1 | 吲唑磺菌胺 |
| 4.439 | 印楝素 | azadirachtin | 0.1 | 印楝素 |
| 4.440 | 茚虫威 | indoxacarb | 0.01 | 茚虫威 |
| 4.441 | 蝇毒磷 | coumaphos | 0.000 3 | 蝇毒磷 |
| 4.442 | 莠灭净 | ametryn | 0.072 | 莠灭净 |
| 4.443 | 莠去津 | atrazine | 0.02 | 莠去津 |
| 4.444 | 鱼藤酮 | rotenone | 0.000 4 | 鱼藤酮 |
| 4.445 | 增效醚 | piperonyl butoxide | 0.2 | 增效醚 |

（续）

| GB 2763 中对应编号 | 农药中文名 | 农药英文名 | 农药 ADI (mg/kg bw) | 农药残留物 |
|---|---|---|---|---|
| 4.446 | 治螟磷 | sulfotep | 0.001 | 治螟磷 |
| 4.447 | 种菌唑 | ipconazole | 0.015 | 种菌唑 |
| 4.448 | 仲丁灵 | butralin | 0.2 | 仲丁灵 |
| 4.449 | 仲丁威 | fenobucarb | 0.06 | 仲丁威 |
| 4.450 | 唑胺菌酯 | pyrametostrobin | 0.004 | 唑胺菌酯 |
| 4.451 | 唑草酮 | carfentrazone－ethyl | 0.03 | 唑草酮 |
| 4.452 | 唑虫酰胺 | tolfenpyrad | 0.006 | 唑虫酰胺 |
| 4.453 | 唑菌酯 | pyraoxystrobin | 0.001 3 | 唑菌酯 |
| 4.454 | 唑啉草酯 | pinoxaden | 0.1 | 唑啉草酯 |
| 4.455 | 唑螨酯 | fenpyroximate | 0.01 | 唑螨酯 |
| 4.456 | 唑嘧磺草胺 | flumetsulam | 1 | 唑嘧磺草胺 |
| 4.457 | 唑嘧菌胺 | ametoctradin | 10 | 唑嘧菌胺 |
| 4.458 | 艾氏剂 | aldrin | 0.000 1 | 艾氏剂 |
| 4.459 | 滴滴涕 | DDT | 0.01 | p,p′-滴滴涕、o,p′-滴滴涕、p,p′-滴滴伊和 p,p′-滴滴滴之和 |
| 4.460 | 狄氏剂 | dieldrin | 0.000 1 | 狄氏剂 |
| 4.461 | 毒杀芬 | camphechlor | 0.000 25 | 毒杀芬 |
| 4.462 | 林丹 | lindane | 0.005 | 林丹 |
| 4.463 | 六六六 | HCH | 0.005 | α-六六六、β-六六六、γ-六六六和 δ-六六六之和 |
| 4.464 | 氯丹 | chlordane | 0.000 5 | 植物源性食品为顺式氯丹、反式氯丹之和；动物源性食品为顺式氯丹、反式氯丹与氧氯丹之和 |
| 4.465 | 灭蚁灵 | mirex | 0.000 2 | 灭蚁灵 |
| 4.466 | 七氯 | heptachlor | 0.000 1 | 七氯与环氧七氯之和 |
| 4.467 | 异狄氏剂 | endrin | 0.000 2 | 异狄氏剂与异狄氏剂醛、酮之和 |

注：艾氏剂、滴滴涕、狄氏剂、毒杀芬、林丹、六六六、氯丹、灭蚁灵、七氯、异狄氏剂再残留限量应符合 GB 2763—2019 的规定。

# 附录4　GB 2763—2019中列出但未明确农药最大残留限量的食品

附表4-1中列出的食品在GB 2763—2019中没有明确农药最大残留限量，仅在GB 2763—2019附录A中列出了其分类，其最大残留限量在上级目录中明确列明的可以采用，否则只作参考，期待今后制定。在此书中也将其一一列明，并在此作一说明。

**附表4-1　列出其分类但未明确农药最大残留限量的食品及其参考限量和检测方法**

| 食品名称 | 参考限量及检测方法 |
| --- | --- |
| 莜麦粉 | 成品粮的相关限量及检测方法 |
| 赤球甘蓝 | 芸薹属类蔬菜的相关限量及检测方法 |
| 苦苣 | 叶菜类蔬菜的相关限量及检测方法 |
| 酸浆 | 茄果类蔬菜的相关限量及检测方法 |
| 莱豆 | 豆类蔬菜的相关限量及检测方法 |
| 干豇豆 | 干制蔬菜的相关限量及检测方法 |
| 苹果汁 | 饮料类的相关限量及检测方法 |
| 木耳 | 食用菌的相关限量及检测方法 |
| 银耳 | |
| 金耳 | |
| 毛木耳 | |
| 石耳 | |
| 艾蒿 | 调味料的相关限量及检测方法 |
| 紫苏 | |
| 留兰香 | |
| 月桂 | |
| 欧芹 | |
| 迷迭香 | |
| 香茅 | |
| 桂皮 | 根茎类调味料的相关限量及检测方法 |
| 天麻 | 药用植物的相关限量和检测方法 |
| 甘草 | |
| 半夏 | |
| 当归 | |
| 车前草 | |
| 鱼腥草 | |
| 艾 | |
| 蒿 | |
| 金银花 | |
| 银杏 | |

# 附录 5 GB 2763—2019 中未列出但明确了农药最大残留限量的食品

附表 5-1 中列出的食品在 GB 2763—2019 中有明确的农药最大残留限量，但在 GB 2763—2019附录 A 中未列出其分类，其最大残留限量可按照明确的农药最大残留限量标准采用。在此书中也将其一一列明，并在此作一说明。

**附表 5-1 明确农药最大残留限量但未列明分类的食品**

| 食品名称 | 限量及检测方法 |
| --- | --- |
| 小麦全粉 | 成品粮的相关限量及检测方法 |
| 含油种籽 | 大型油籽类的相关限量及检测方法 |
| 葵花油毛油 | 植物毛油的相关限量及检测方法 |
| 食用菜籽油 | 植物油的相关限量及检测方法 |
| 其他甘蓝 | 芸薹属类蔬菜的相关限量及检测方法 |
| 白菜 | 叶菜类蔬菜的相关限量及检测方法 |
| 豌豆（鲜） | 豆类蔬菜的相关限量及检测方法 |
| 醋栗（红、黑） | 浆果和其他小型水果的相关限量及检测方法 |
| 甜瓜 | 甜瓜类水果的相关限量及检测方法 |
| 胡椒（黑、白） | 果类调味料的相关限量及检测方法 |

# 索　引

## G



## H



## J

## K



## L



## M



## N



## P



## Q

## R



## S



## T



## W



## X

## Y



## Z

**图书在版编目（CIP）数据**

食品中农药最大残留限量查询手册：2020 版 / 欧阳喜辉，刘伟，肖志勇主编 .—北京：中国农业出版社，2020.8

基层农产品质量安全检测人员指导用书

ISBN 978-7-109-27032-9

Ⅰ.①食… Ⅱ.①欧… ②刘… ③肖… Ⅲ.①食品—农药允许残留量—中国—手册 Ⅳ.①TS207.5-62

中国版本图书馆 CIP 数据核字（2020）第 117684 号

**食品中农药最大残留限量查询手册：2020 版**

**SHIPINZHONG NONGYAO ZUIDA CANLIU XIANLIANG CHAXUN SHOUCE：2020 BAN**

---

中国农业出版社出版

地址：北京市朝阳区麦子店街 18 号楼

邮编：100125

责任编辑：冀　刚　冯英华

版式设计：王　晨　　责任校对：周丽芳

印刷：北京通州皇家印刷厂

版次：2020 年 8 月第 1 版

印次：2020 年 8 月北京第 1 次印刷

发行：新华书店北京发行所

开本：787mm×1092mm　1/16

印张：59

字数：1500 千字

定价：360.00 元

---